白话 C++之练武

(上册)

庄　严　编著

北京航空航天大学出版社

内容简介

《白话C++》将学习编程分成“练功”和“练武”两册。“练功”主讲C++编程基础知识、语言语法(包括C++ 11、14等标准)及多种编程范式。“练武”的重点内容有:标准库(STL)、准标准库(boost)、图形界面库编程(wxWidgets)、数据库编程、缓存系统编程、网络库编程和多媒体游戏编程等。

本书借助生活概念帮助用户理解编程,巧妙安排知识交叉,让读者不受限于常见的控制台下编程,快速感受C++编程的乐趣,提升学习动力。适合作为零基础编程学习从入门到深造的课程。

图书在版编目(CIP)数据

白话C++之练武 / 庄严编著. -- 北京 : 北京航空航天大学出版社, 2021.1

ISBN 978-7-5124-3236-9

Ⅰ. ①白… Ⅱ. ①庄… Ⅲ. ①C++语言—程序设计 Ⅳ. ①TP312.8

中国版本图书馆CIP数据核字(2020)第021067号

白话C++之练武(上册)

庄 严 编著

策划编辑 胡晓柏 责任编辑 剧艳婕

*

北京航空航天大学出版社出版发行

北京市海淀区学院路37号(邮编100191) http://www.buaapress.com.cn

发行部电话:(010)82317024 传真:(010)82328026

读者信箱:emsbook@buaacm.com.cn 邮购电话:(010)82316936

涿州市新华印刷有限公司印装 各地书店经销

*

开本:710×1 000 1/16 印张:92.5 字数:1 971千字

2021年1月第1版 2021年1月第1次印刷 印数:3 000册

ISBN 978-7-5124-3236-9 定价:199.00元(上、下册)

前 言

(一)

2000 年的时候我开始写《白话 C++》。那时候流行个人主页，就在搜狐网站上申请了一个，域名：mywlbcyl，取“没有弯路，编程摇篮”的拼音首字母，主要发表自己写的 C++入门课程。

然后，就走了十多年的弯路，当年要有摇篮里的宝宝跟我学 C++，现在都该读大学了。现实比这更残酷，跟着我的课程学习的人，当年多数是风华正茂的小鲜肉，现在都成大叔了。就说和我签订出书合同的胡编辑，转眼成了两个娃的爹。

可我的书还一直在“摇篮”里。

所以我肯定是一个“拖延症”加“完美臆想症”的严重综合患者，但我还是想找客观原因：C++的教程真的好难写，特别是结合我的想法和目标时。

(二)

十几年写一本书，要说是好事也可以。比如，这十几年来无论是 C++还是我，都成熟了好多。

先说 C++。新标准的制定与出台，各家编译器的进化，越来越多的开源 C++项目，基于 C++新标准的优秀书籍的出现，都是 C++长足发展的标志；还有一点，那就是人，当然我想特指中国人，前面提到的标准、编译器的实现、开源项目等，可以发现有越来越多优秀的中国 C++程序员参与其中；从人的因素出发很容易又能发现：C++编程的氛围也在变好。想当年有一个奇怪的氛围，那就是说到 C++就是 VC，说到 VC 就是 MFC。2000 年前后我曾在某论坛上发表了有关 MFC 设计不足之处的一些浅见，立刻淹没在一大波 C++网友唾弃的口水中。现在，尽管 C++早已不是编程语言上的“一哥”，但受益于多本的 C++在国内流行经典书籍，以及发达的网络和时间的沉淀，甚至也受益于更多其他编程语言的流行，使用者对这门语言的认识越趋成熟了(相信对其他语言也是)。

再说说我的成长。从二十多岁到四十多岁；从写几万行 C++代码到几十万行代码；从只玩 C/C++到在工作中用 PHP、Java、C#、Delphi 和 Python，还学习了 D 语言、Go 语言、JavaScript(Node)等；从嵌入式工控程序到 Office 桌面软件；从 C/S 结构的应用到 B/S 结构的 Web 程序，甚至偶尔充当“全栈工程师”。大约就是，周一写 JavaScript + HTML + CSS，周二写后台分布式服务，周三改数据库结构，周四换了一套相对整洁的衣服去拜访客户、讲 PPT，周五人事和我说：“帮忙面试个人吧?”周末？就像今天一样，白天补觉，晚上改《白话 C++》书稿。

东忙西忙的日子里,我偶尔也回想起大学毕业刚走上社会的那几年,觉得自己懂人生、懂社会、也懂编程,现在才发现这三样我哪样没能参透。所以我觉得自己应该是成熟了一些,并且觉得幸亏自己因为可怕的拖延症或懒惰,没有在十年前或更早以前写完本书。《白话 C++》的目的是帮助他人学习 C++,而那时我对目标中的“帮助”“他人”“学习”和“C++”的了解都流于浅显粗鄙,这样子写出来的书真有人喜欢吗?

(三)

十几年过去了,有将近一年的时间,我安排自己到社会培训机构兼职教 C++编程,非常辛苦也没什么钱可赚。学习上我自己买的以 C++为主的编程书籍近百本,阅读网络下载几十个开源 C/C++项目源代码;实践上,我在许多软件项目中掉进去、爬出来的坑,大大小小感觉像是青春期里永不消停的痘,有一天突然全被填平了。不管怎样,根据一件技能你学习 5000(或者更多点,8000)小时就能成为业界专家的民间“定律”,我觉得自己对程序员、对编程技术以及程序员怎么学习和应用编程技术的认识,都上了新的台阶。我慢慢地将这些认识写进这本书。一稿、二稿、三稿不断兴奋地写下,又不断沮丧地推翻;大家百度“白话 C++”,应该可以找到数个版本。

其中最重要和持续的第一个认识是:学习 C++应该既练功又练武。没错,我把学习 C++语言分成“练功”和“练武”两件事。

习武之人说的“武功”,通常“功”是身体素质、内气外力;而“武”是“招式”(可以外延到“十八般武艺”)。关于这二者,有句老话叫“练武不练功,到老一场空”,那意思是光练把式,不练气力,就容易止于花拳绣腿,一生难成高手。但在另外一个方向上,我记得霍元甲(电视里的)在创建迷踪拳时曾经说:“练功不练武,都是白辛苦。”说的是另一个极端:你苦练内功,马步一扎特别稳实,却什么拳法招式都不练,什么兵器也不学,就会变成空有一身力气使不出来,白辛苦。转个笑话加深大家理解这种尴尬局面。说是一个练“铁布衫”的和一个练“金钟罩”的比武,两人都一动不动呈现“入定”状态,裁判在边上哭着说:“你俩扛得住,我扛不住啊!”

那么编程行业中,什么是“功”呢?广义上讲,计算机原理、网络协议、算法、语言语法、编译原理、设计模式都可以归为“功”。而类似“如何创建一个窗口”“如何提交一个网页的表单”“网页局部刷新的 AJAX 技术怎么用”“某某语言解析 XML 用哪个类”“怎么实现 JSON 和对象的互换”“如何访问 MySQL 数据库”“如何在数据链路上加入缓存”“哪家的短信服务器好用又便宜”“安卓系统如何实现消息推送”以及“Linux 下的进程挂掉时怎么快速重启”等这些问题的答案,统统是“武”。

再进一步限定范围到“编程新人如何学习 C++”,我只能将“功”限定在 C++语言语法和编程范式(面向过程、基于对象、面向对象、泛型编程)等基础知识,但凡对 C++有一定了解的人,都应该清楚这已经可以写成厚厚的一本书了。以语言为主要教学内容的《C++ Primer》或《C++程序设计语言》的厚度便是佐证。“武”的方面则挑选来自标准库 STL 及“准标准库”boost 中的常用工具,桌面 GUI 编程、并发编程、数据库(MySQL)访问、缓存(Redis)访问、网络编程以及仅限于自娱自乐的简单多媒体游戏编程等等。

“武”强“功”弱的 C++工程师,通常解决实际问题的能力还不弱。项目要用到网络,就找个网络框架照着搭起来;项目要用到视频处理就找些视频代码改改用。

C++语言的特点是一方面很复杂很庞大，一方面只需学习一小部分(比如“带类的C语言”)就可以写程序，甚至可以“一招鲜、走遍天”。这就造成部分人在学习阶段就急于动手出成绩甚至上岗赚钱。如此情况下，当他们面对复杂问题时，往往采用堆砌代码等方式完成，一个人做到底看似很快，想要在团队分工中让别人看懂他的代码就很困难了。并且他所写的代码往往缺少正确的设计，通常在需求变化几次后，整个代码就膨胀得像生气的河豚。

再说说那些“练功不练武，都是白辛苦”的同学。C++语言还有个特点，就是它的标准库仅为一些有高度共性、高度抽象的逻辑提供功能，许多实际项目经常用到的业务功能统统没有。想象丁小明(本书中的重要人物)捧了一本厚厚的C++书籍辛苦学了一年，想上班时才发现老板是这么要求的：“听说QQ是C++写的，你来写个类似的窗口。”“听说C++写的程序性能好，你写个网络服务端，要求不高，1秒钟撑1万次访问就好。”“听说游戏引擎基本是C++写的哦，你开发个万人在线游戏吧。”“听说Photoshop也是C++写的，你写个程序来批量处理下公司年会上的照片吧。”难吗？不好说，只是丁小明清楚地记得学习所用的那本C++书籍快1千页了，但从头到尾没出现过网络、Windows系统窗口创建、游戏和图片处理等。丁小明很郁闷。

《白话C++》上册，重点负责“功”的部分，讲C++基本语法也讲二进制，讲编程环境如何搭建也讲“面向过程”“基于过程”和“面向对象”等编程范式，等等。下册负责“武”，提供如何用C++写窗口图形界面程序、多线程并发程序、网络通信程序、数据库程序和小游戏程序等具体技能。

(四)

关于如何学习C++，我的第二个认识是：你没办法学完一遍就能精通C++，事实上学习再多遍恐怕也精通不了，但请相信：刚开始学习时，通读一遍，练习一遍，再回头重新学习一遍，会比一节节死抠过去，结果一年时间未能读完一册的效果要好。C++中有许多知识点是交叉的，比如“指针”和“数组”，指针可以指向数组，数组的元素可以是指针，数组作为函数入参时会退化成指针。因此二者谁放前谁放后都有合理之处，学习完前面的有利于学习后面的，但学习了后面的同样有利于进一步理解前面的。拉长镜头看《白话C++》，许多篇章之间，甚至跨越上下册之间，都存在着后面内容对前面内容进行验证或补充的安排。另一方面，许多复杂的知识，书本会在出现相关联时，在靠前的章节就简略提及，这是刻意地对知识点做交叉学习的安排。最典型的如下册中的许多内容，在上册一开始就会有“不求甚解”地快速涉猎，让学习者感受C++的“能量”，避免一直埋头在黑乎乎的控制台窗口，误以为自己只能用C++写一些“玩具”代码。

以30天背30个英语单词为例，一天就背30个，连续背30天；其效果通常要比第一天背第1个，第二天背第2个一直背到第30个要好。机械记忆尚且如此，更何况是充满有机关联的编程语言。

作为一个极端的反例，学习编程语言一定不要过早变成“语言律师”。网上流传一个小视频，说是一位幼儿园老师想教会小朋友关于“小鸟听到枪声会吓飞”的知识，于是设计了一个问题：“树上停着七只鸟，猎人打了一枪后，树上剩下几只鸟？”没想到所有小朋友都很冷静，第一个问：“有没有耳聋的鸟？”第二个问：“有没有胆子大、神经大条的鸟?"第三个问:"有没有哪只鸟和死去的那只鸟的感情深厚,坚决要留下殉情的?"好嘛,为了回答老师那个看似简单的问题,这一下涉及到生理、心理和鸟类感情等方方面面的知识,这样的教学还如何进行呢?

《白话 C++》第一篇为读者圈出学习的最低起点,书的课程以该起点逐步推演。因此,许多知识点会反复出现,而且在不同的出现阶段会有不同的解释。靠后的解释相对全面、规范、简洁、深刻;靠前的解释就难免片面、粗浅、啰嗦甚至牵强——很可能低于您已有的水平,此时请各位一笑而过。

当然,以上有关"不求甚解"的说法,并非鼓励大家蜻蜓点水、囫囵吞枣般地学习。正确的方法应当是:遇上问题,加以思考;一时思考不出答案,应善于上网搜索;勤于编写程序测试或验证结果以及与人交流请教;如果还是不能解疑,也没必要卡在原地,可以做上标记,继续往下学习。

(五)

书中除了普通正文之外,还设置了"课堂作业""小提示""重要""危险""轻松一刻"等小段落。各自作用和学习要点如下:

"课程作业":一定要"现场"做,所谓"现场"就是不往后看新内容,立马做。出于排版需求,有一些作业并未单独成段,而是直接写在普通段落中。另外,更为重要的是,只要课程中出现示例代码,基本上要求读者亲自动手写程序并编译、测试通过。

"小提示":和当前课程内容有一定的相关性,用于辅助解释当前课程的部分内容。碰上时能看懂最好,但如果个别无法理解也不用放在心上,通常并不影响您继续阅读后文。

"重要":长远看都是重要的知识点,虽然现在一时读不懂不会影响继续学习,但长远看会影响关键知识的学习。因此应努力阅读,如果不懂应做标记,以期下一次阅读能理解、掌握。

"危险":如果现在搞不懂,很可能往下(特别是在写代码时)没多长时间学习就要出问题的知识点。

"轻松一刻":主要用于调节学习氛围,让大家临时放松,但也存在部分内容同时发挥"小提示"的作用,可当成相对有趣的"小提示"来看。当然出于行文的需要,也有大量轻松一刻的内容会以更加一本正经的方式躲在正文中。

(六)

希望《白话 C++》能帮助到正在或正要学习 C++的您。感谢购买本书。同时限于我个人能力,加上篇幅大,前后反复修改大,请读者多提宝贵意见,以期持续改进。

感谢一直信任我,也一直在为本书努力的编辑。

感谢我的父母。未能在我的父亲离世之前完稿,是我今生之憾。感谢我的妻女,是你们一直在鞭策和鼓励我。我一直以为《白话 C++》会是我的二女儿,可是书还没面市,家里二宝出生了,都上幼儿园了,这书要屈居老三。我在高兴中惭愧。

帮助我完成本书的还有我的同事、朋友、同行、老师以及学生,一并感谢。以下是致谢名单:涂祺招、刘弘钊、胡海、王嫣琪、卢森先、吴宸勖、颜闽辉、肖华、林起柄、揭英杰、陈婷婷、张晓晓、陈晓锋、白伟能、林柏年、卢毅、杨文、罗海翔、赖锦波、潘代淦。

目　录

第10章 STL和boost

我左STL，右boost，胸口刻着C++。

10.1 流

看这一段代码：

```
001 #include < iostream >

003 using namespace std;

005 int main()
006 {
007     cout  <<  "Hello world!"  <<  endl;
008     return 0;
009 }
```

没错，从第一次与C++代码“亲密”接触开始，我们就开始使用STL库了。STL全称“Standard Template Library(标准模板库)”，也称为C++的标准库。在“Hello World”的代码里，我们看到：

◇ “流”的头文件，名为“iostream”(001行)；

◇ 标准库的名字空间是“std”(003行)，标准输出流的具体对象，名为“cout”；

◇ 看到“ << ”用于输出，当然我们还知道“ >> ”用于输入；

◇ 还有一个“endl”，我们只知道它能够确保将待输出内容输出到屏幕，并且打印出一个换行符。

10.1.1 输入流、输出流、输入/输出流

STL中，输入、输出流在常规实现上，其类关系可按图10-1所示理解。

自打智能手机开始流行，大家都很习惯“屏幕”既是输出设备，又是输入设备，不过在C++库中，std::cout就代表一个纯粹的输出设备，所以cout是一个变量，类似：

```
std::ostream cout;
```

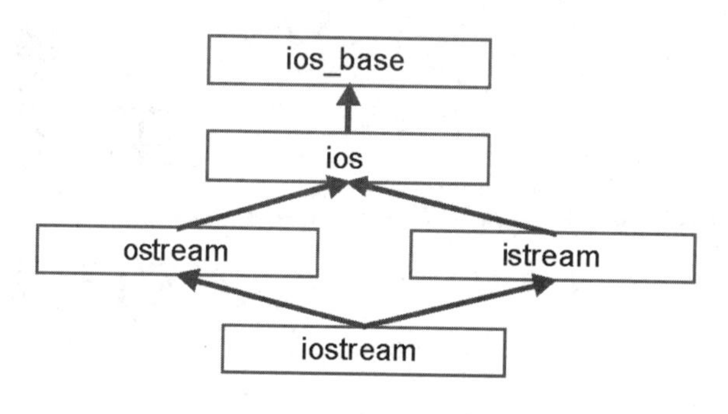

图 10-1　iostream 类关系

一则出于方便，二则为了确保同时被初始化，C++库代码将标准输入(cin)、标准输出(cout)、标准出错输出(cerr)等 std 名下的变量，集中声明在同一个头文件(iostream)中，所以哪怕 HelloWorld 代码中只用到标准输出，我们也必须包含 < iostream > 头文件而不是 < ostream > 头文件。

"流(stream)"的概念，类似于一条管道，下面的话有些绕：如果可以向某个对象输入一些信息，那这个对象就可以是一个"输出流(ostream)"；如果可以从某个对象里面输出一些信息，这个对象就可以是一个"输入流"。图 10-2 是输入/输出流示意图。

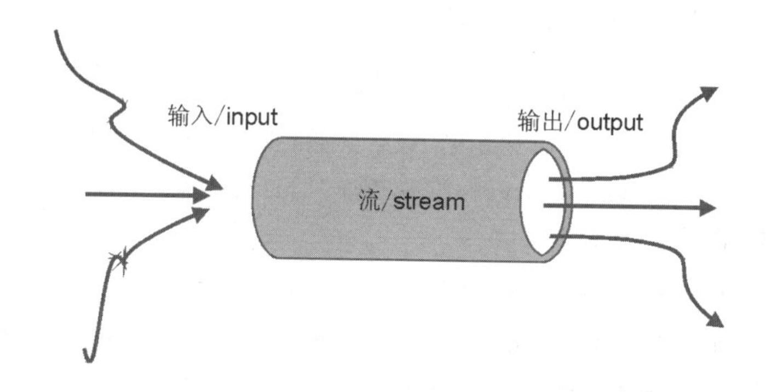

图 10-2　输入/输出流概念示意

简单地讲：可以接收输入的东西，叫输出流，可以提供输出的东西，叫输入流；而如果一个对象，既可以接收输入，也可以提供输出，那就是"iostream(输入/输出流)"。这样的对象，可以有许多具体类型，比如是屏幕、键盘、触摸屏、内存、文件、网络、数据库等等。标准库无法一个个去实现，所以在前面的类关系图中，不管是"istream"、"ostream"还是"iostream"，都是一种"抽象"，分别代表"可以输入的流"，"可以输出的流"以及"既可以输入又可以输出的流"。抽象可以给我们带来方便。

如果希望程序运行时，能输出一些调试信息，较为简单的方法如下：

```
void OutputDebugInfo(std::string const & debug_info)
{
    std::cout << debug_info << std::endl;
}
```

这个程序部署到用户环境，上线运行后，则在屏幕上打印出一大堆信息，你赶到现场时，它就宕机了，于是你什么也没看到，希望调试信息输出到磁盘文件，为此OutputDebugInfo函数做了如下改进：

```
void OutputDebugInfo(std::ostream & os, std::string const & debug_info)
{
    os << debug_info << std::endl;
}
```

要输出到屏幕，这么调用：

```
OutputDebugInfo(std::cout,"有些事情出错了...");
```

如果某些关键的出错信息必须输出到某个文件被永久地保留下来：

```
std::ofstream ofs("err.log");
...
OutputDebugInfo(ofs,"有些事情又出错了!");
```

如果有那么连续几条输出信息，希望合并成一段输出，可以通过ostringstream命令实现：

```
#include < sstream >
...
std::ostringstream oss;
...
OutputDebugInfo(oss, "估计是要出错了");
...
OutputDebugInfo(oss, "还真是出错了!");
...
OutputDebugInfo(oss, "出错的时间地点是……");
...//最后打包成一段输出到屏幕:
OutputDebugInfo(cout, oss.str());
```

和抽象的"ostream"一样，抽象的"istream"同样用于指征多种具体的输入流，比如需要从输入流中读入指定个数的整数，可以写一个这样的函数：

```
void Read(std::istream & is, std::vector < int > & v, int count)
{
    for (int i = 0; i < count; ++ i)
    {
        int value;
        is >> value;
        v.push_back(value);
    }
}
```

【重要】：使用 istream 和 ostream 定义操作

当需要表达一个操作时，使用抽象的 istream 和 ostream，等到实际调用时才决定是使用哪个具体的输入/输出流，这是一种习惯用法。

STL 中定义了常用的标准输入/输出流、文件流(ifstream，ofstream)、字符串流(stringstream，可以理解为内存流)，其中标准输出流又包括 cout，cerr，clog。作业：请上网搜索这三者之间的区别是什么?

包含文件流、字符串流等“流”类型的类关系图如图 10 - 3 所示。

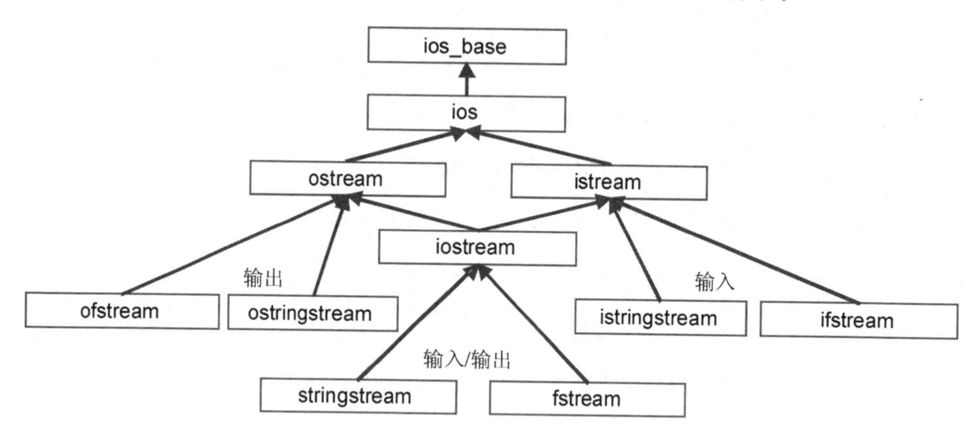

图 10 - 3　文件流、字符串等“流”类关系

10.1.2　同步 C 风格标准输入/输出

C++同样支持 C 语言经典的输入/输出函数，它们声明在“cstdio”头文件中。

```
#include < cstdio >

int main()
{
    char name[10];
    int age;

008 printf("please input your name: ");
009 scanf(" %s", name);

    printf("please input your age: ");
012 scanf(" %d", & age);

014 printf("hello %s, you are %d.", name, age);

    return 0;
}
```

C 语言使用 printf 往屏幕输出信息，使用 scanf 从屏幕读取用户输入的信息。前者最简单的用法如代码 008 行，直接输出一个字符串。复杂的用法则是它支持通过“格式指示串”，拼装并输出一个字符串，比如 014 行。通过%s 指明后面的“name”是一个字符串(string)，“age”是一个数字(digit)。有这样的“格式字符串”功能，正是函数名最后一个“f”所代表的含义(format)。

scanf 也有一个“f”结尾，它同样采用“格式指示串”来理解用户输入的字符串，最终被转换成什么类型的数据。这样您就能理解 009 行和 012 行中“%s”与“%d”的作用了：它分别用于告诉 scanf 函数，请将用户的输入转换为字符串和数字，并且存入到后面给定的变量，name 和 age。因为最终需要修改指定的变量的值，因此 scanf 在格式串后面的变量，必须传入变量的地址，所以 age 前面加了一个“&(取址操作符)”。但为什么 name 不需要呢？因为 name 是一个数组变量，数组的变量本来就对应了这个数组的地址。

可以少使用 C 风格的输入输出，通常端情况下，需要在某些 C++项目里和一些 C 语言的代码组合使用。这种情况下，就会有两套机制从同一处输入缓存读取数据，向同一处输出缓存写数据；哪怕是这样，也基本不用操作二者在控制台输入输出的同步问题，因为 C++默认负责这其中的同步工作。

请先确保完成前面小程序的编写与运行，然后再尝试下面这段存在同步问题的小程序：

```
#include < cstdio > //for c style io
#include < iostream > //for c ++ style io

using namespace std;

int main()
{
    ios_base::sync_with_stdio(false);  //故意取消同步保障

    for (int i = 0; i < 3; ++ i)
    {
        printf("hello from printf! \n");
        cout << "hello from cout.\n";
    }

    return 0;
}
```

运行上面程序之后，输出内容有些奇怪，在我的机器上，是这样的：

```
hello from printf!
hello from printf!
hello from printf!
hello from cout.
hello from cout.
hello from cout.
```

这让 cout 看起来像是一位特别有礼貌的司机，对以前的 printf 做到礼让三分。

我们用到了这个函数：

```
bool sync_with_stdio (bool sync = true)
```

它的作用就是设置 C 和 C++两套 IO 机制是否保障同步，默认为真。上面的代码看起来有些没事找事，人为地将这层保障取消了。

【危险】：有可能拖性能后腿的“sync_with_stdio”

sync_with_stdio 保障了 C 与 C++ 输入输出函数混用时的同步，但却拉低了(带有大量标准输入/输出操作的)程序的性能。

由于在多数情况下，我们并不会混合使用 C 与 C++的标准输入/输出机制(当然，你要确保你所使用的第三方库，也没有使用 C 风格 I/O 操作)，所以在这时候，默认的同步保障浪费了程序的性能，是令人发指的浪费！

```
#include < ctime >
#include < cstdio > //for c style io
#include < iostream > //for c ++ style io

using namespace std;

int main()
{
009 ios_base::sync_with_stdio(true); //要同步!

    clock_t beg = clock(); //取开始时间

    for (int i = 0; i < 3000; ++ i)
    {
        cout << "hello world.";
    }

    clock_t end = clock(); //取结束时间

    cout << "\n" << (end - beg) * 1000 / CLOCKS_PER_SEC << "ms." << endl;

    return 0;
}
```

clock()函数可得到计算机在当前程序身上花了多少时间(不同操作系统下实际含义会有不同)，所以我们取两个点的 clock()值一相减，就是中间这段代码运行所花费的时长。clock 获得的时间单位在不同的操作系统下也不同，不过 C 语言提供了一个宏“CLOCKS_PER_SEC”来表示“一秒内有多少个 CLOCKS”。代码中将它扩大了 1000 倍，单位变成更精准的毫秒。

我们使用 cout 和世界打了 3 000 次招呼……结果在我的机器上用了快 6 s(Release 版本）。请注意此时同步保障处于工作状态（009 行）。把 009 行中的“true”修改为“false”，重新编译，运行；结果是 357 ms，二者相比，1:16。

挽救这 16 倍的性能很简单，主动关掉同步就可以了。

10.1.3　格式化输出

C 语言 printf 函数，可以控制输出内容的格式，同样通过特殊字符指示，比如：

```
printf("\"%d, %4d, %04d\"", 11, 12, 13);
```

输出："11，　12，0013"。其中 %d 控制正常地输出一个数字，有多长就显示多长。4 d%控制输出至少 4 位的数字，不足 4 位前面填充空格，而%04d 表示输出至少 4 位的数字，不足 4 位前面填充 0。

有许多编程语言采用类 printf 的格式化语法，或进行改进。不过 C++采用了“流”的机制，你已经看到，这是天翻地覆的改变。

【课堂作业】：搜索 C++不沿用 printf 机制的理由

你没看错，这里先不告诉你这个理由，请上网搜索

对应流的输出操作，C++的控制符称为“manipulator”。事实上它是函数，对应的文件称为“< iomanip >”。

要设置输出宽度，需使用 setw(n)，n 是宽度，要设置输出填充符，需使用 setfill(c)，c 是填充字符。

```
#include <cstdio>

#include <iomanip>
#include <iostream>

using namespace std;

int main()
{
    printf("\"%d, %4d, %04d\"\n", 11, 12, 13);

    cout << '\"' << 11 << "," << setw(4) << 12 << "," << setw(4)
         << setfill('0') << 13 << '\n' << endl;

    return 0;
}
```

这个例子展现了输出前例同样结果时，C 和 C++风格迥异的代码，同时它也说明许多人并不喜欢 C++风格的原因——实在太长了。并且注意，setw 操作仅起一次作用。

另外一个常用的控制操作是设置数字(特别是浮点数)的精度,它叫 setprecision(n),n 是精度。

```
double PI = 3.14159;
cout << setprecision(5) << PI << '\n';
cout << setprecision(9) << PI << '\n';
```

结果输出:3.1416 和 3.14159。前者 5 个有效数字,后者 6 个(因为原值也就这么长)。

10.1.4 重温文件流和字符串流

请复习第 7 章 7.1 节"STL 常用类型",并重点复习其中的 std::ofstream, std::ifstream 和 std::stringstream 三小节。此处通过一段基于上册 7.8 节的代码,辅助各位复习(因为含有中文注释,在 Windows 下请注意将源文件保存为本地编码):

```
#include < iostream >
#include < fstream >
#include < sstream >

#include < string >
#include < list >
#include < vector >

using namespace std;

//一个工具函数模板:输出指定范围内的数据
template < typename Iter >
void output(Iter const & beg, Iter const & end)
{
    for (Iter it = beg; it ! = end; ++ it)
    {
        cout << * it << endl;
    }
}

void foo()
{
    stringstream bufss;

    bool is_first = true;
    do
    {
        //1、用户从控制台输入一个单词(不含空格)
        cout << "please input a word:";
        string word;
        cin >> word;
```

```
    //3、继续 1,2 步,保存在内存时,单词间用空格区隔
    //直到用户输入的单词是:"end"
    if (word == "end")
    {
        break;
    }

    if (!is_first) //也可以使用 !buffss.str().empty() 判断
    {
        //除了第一个不需要加空格区隔之外,后面都需要
        bufss << ' ';
    }
    else
    {
        is_first = false;
    }

    //2.程序将单词保存到内存
    bufss << word;
}
while(true);

//4、将内存中的单词串原样输出屏幕
cout << "buffer :\n";
cout << bufss.str() << endl;

list < string > lst;
vector < string > vec;

//5、读出内存中的每个单词
//偶数位置的单词,保存到 list 对象中
//奇数位置的,保存到一个 vector 对象中
int count = 0;
while(!bufss.eof())
{
    string word;
    bufss >> word;

    if (count % 2 == 0)
    {
        lst.push_back(word);
    }
    else
    {
        vec.push_back(word);
    }

    ++count;
}
```

```
    //6.输出 list 和 vector 中的每个单词;
    cout << "list :\n";
    output(lst.begin(), lst.end());

    cout << "vector :\n";
    output(vec.begin(), vec.end());

    //7.再将 list 和 vector 中的单词,按照原来输入的次序
    //保存到某个文件中;
    string filename = "./strings.txt";

    ofstream ofs(filename.c_str());
    list < string > ::const_iterator itOfLst = lst.begin();
    vector < string > ::const_iterator itOfVec = vec.begin();

    for(; itOfLst != lst.end(); ++itOfLst, ++itOfVec)
    {
        ofs << *itOfLst << endl;

        if (itOfVec != vec.end())
        {
            ofs << *itOfVec << endl;
        }
    }

    ofs.close(); //主动关闭,确保内容输出到磁盘

    //8、读出文件中单词,再次显示到屏幕上
    ifstream ifs(filename.c_str());
    if (!ifs)
    {
        cout << " file no found : " << filename << endl;
        return;
    }

    cout << "read from file :\n";
    while(!ifs.eof())
    {
        string word;
        ifs >> word;
        cout << word << endl;
    }
}

int main()
{
    foo();

    return 0;
}
```

10.1.5　重载 << 和 >> 操作

请复习上册第 7 章 7.10.9 小节中的“操作符重载”和第 8 章 8.2.13 小节中的“特定作为定制”。

经常碰上需要将一个自定义结构的对象输出到内存流或文件流，然后再从文件中读出。前者称为“系列化”，后者称为“反系列化”。

经常在这个网站注册或者那个网站注册的，或者身上有这张卡那张卡的，结果就有了一大堆密码，想写个简单的程序将这些密码信息保存到某个文件中，需要时可以再读出输出到屏幕上。先定义一个类用来表达密码信息：

```
struct PasswordInfo
{
    string title; //标题,简单说明
    string user_name; //用户名
    string password;  //密码
    string memo;  //附加说明
};
```

可以为这个结构定制一个输出流操作，它是一个自由函数：

```
ostream & operator <<  (ostream & os, PasswordInfo const & pi)
{
    os << pi.title << pi.user_name << pi.password << pi.memo;

    return os;
}
```

【课堂作业】：流输出的格式问题

上面代码虽能通过编译，但存在一个设计上的问题，造成后面要实现对应的 operator >> 操作时无法处理，你看出来了吗？

已经知道操作符重载就是一个函数，上面的函数名称为“operator << ”，入参是一个输出流（基类），和一个刚定义的，准备输出的密码信息。注意，这两个参数的次序有讲究，输出流的对象排前，要输出的对象排后，因为实际调用的代码，通常是这样的：

```
PasswordInfo pi;
pi.title = "QQ";
Pi.user_nae = "MM007";

cout << pi; //相当于operator << (cout, pi);
```

【轻松一刻】：如果你还年轻，你需要无处不在的叛逆

如果你就是想和这个世界的传统对着干，那么来吧，C++它会硬着头皮顶你：

```
ostream & operator << (int const & i, ostream & os)
{
    os << i;
    return os;
}

int main()
{
    20 << cout << endl; //很怪异的写法不是?但它真的可以工作
    return 0;
}
```

学完练功篇第 7 章,我们就已经告别叛逆,来吧,继续传统的说教:这里重载的 **operator <<** 操作,另一个惯用法是将入参的流对象返回,这是因为,我们希望代码可以连续的输出,比如:

```
PasswordInfo pi;
...

cout << pi << 10 << "WoW";
```

其中 cout 连续输出 3 个数据,这个调用过程非常类似于“1+2+3”的计算过程。先计算 1+2,返回值是 3,然后计算 3+3。“cout << pi”的返回值还是 cout,于是就继续调用“cout << 10”……非常方便,如果我们重载 << 操作返回的是一个 void,就得不到这个便宜。

将 PasswordInfo 中的所有字段(4 个字符串),一股脑输出,4 个“小”字符串就会串成一个“大”字符串。后面要读出来,怎么切割成 4 份呢?一种方法是在中间加一个空格,但万一字段内容本身也有空格呢?所以可以采用换行:

```
ostream & operator << (ostream & os, PasswordInfo const & pi)
{
    os << pi.title << '\n'
       << pi.user_name << '\n'
         << pi.password << '\n'
    << pi.memo << '\n';

    return os;
}
```

这样,当我们需要读出来时,就方便写对应的流输入操作符重载了:

```
istream & operator >> (istream & is, PasswordInfo& pi)
{
    std::getline(is, pi.title);
    std::getline(is, pi.user_name);
    std::getline(is, pi.password);
    std::getline(is, pi.memo);

    return is;
}
```

老朋友 std::getline 帮助我们方便地读出一行，并且它的处理过程，就是会将最后的'\n'字符吃掉，实在是太好了，如果当初某个字段是空数据，现在读回来，也是空的。似乎很完美，但如果某个字段，比如那个 memo，它含有换行符，怎么办？

使用 cin 输入，需要特殊处理，才能实现输入多行内容到某个字段，但考虑如果采用图形界面接受用户的输入内容，那“memo(备注)”字段中存在多行内容是常理，必须有个方法解决它。

很常见的方法是写入字符串时，先写入长度，等需要读出时，先读出长度，然后再根据长度，读出内容：

```
void write_string(ostream & os, std::string const & str)
{
    os << str.length() << '\n';
    os << str << '\n'; //为了美观,最后多输出一个换行符
}

void read_string(istream & is, std::string& str)
{
    size_t len;
    is >> len; //读出长度
    is.ignore(); //跳过数字后面的 '\n',因为我们没有使用 getline

    if (len == 0)
    {
        return;
    }

    char * buf = new char[len + 1];
    is.read(buf, len);
    str = std::string(buf, len);
    delete [] buf;

    is.ignore(); //跳过最后为了美观而加的换行符。
}
```

借助这两个函数，针对 PasswordInfo 的输出输入流操作重载，可以简洁地实现为：

```
ostream & operator << (ostream & os, PasswordInfo const & pi)
{
    write_string(os, pi.title);
    write_string(os, pi.user_name);
    write_string(os, pi.password);
    write_string(os, pi.memo);

    return os;
}
```

```
istream & operator >> (istream & is, PasswordInfo& pi)
{
    read_string(is, pi.title);
    read_string(is, pi.user_name);
    read_string(is, pi.password);
    read_string(is, pi.memo);

    return is;
}
```

实测很重要：

```
int main()
{
    PasswordInfo pi;
    pi.title = "my QQ password";
    pi.user_name = "101010200";
    pi.password = "ABCDEFG";
    pi.memo = "line1\nline2\nline3";

    cout << "before output :\n";
    cout << pi;

    ofstream ofs("pi.txt");
    ofs << pi;
    ofs.close();

    PasswordInfo pi2;
    ifstream ifs("pi.txt");
    ifs >> pi2;

    cout << "after input :\n";
    cout << pi2;

    return 0;
}
```

【危险】：千万别真把密码简单地保存到磁盘文件

别真把你的 QQ 密码、银行卡密码等用例子那样的代码，明文地保存在某个磁盘文件上。就算你已经聪明地准备了加密算法，也要小心。

10.1.6 友元与流重载

如果我们将 PasswordInfo 的成员变成私有，并且又恰好有某些个字段，我们没开放出公开的访问函数，这时就需要友元函数前来帮忙：

```
class PasswordInfo
{
    …
private:
    string title; //标题,简单说明
    string user_name; //用户名
    string password;  //密码
    string memo;  //附加说明

    friend ostream & operator << (ostream & os, PasswordInfo const &);
    friend istream & operator >> (istream & os, PasswordInfo&);
};

  ...
```

10.1.7　示例:日志流

在一个实际项目中,日志系统基本是不可或缺的重要模块。它能将系统运行时的一些关键状态记录到屏幕、文件、数据库、操作系统的日志系统,或者某个远程网络服务端,帮助我们维护系统的正常运行(统计、审计、排错等)。

有许多"C 风格"的日志工具,它们采用类"printf"不定参数的风格实现。我们当然不这么干,要搞就搞一个 C++风味十足的日志系统吧,它在使用时,看起来像是这个样子:

```
loger << "服务无法启动, IP " << ip << ", 端口" << port << "。" << Endl;
```

要达到这个效果,有几处小问题需要解决。

1. "尾部"的秘密

上一行示例代码中,ip 是一个 std::string 或者 char const * ,port 可能是一个 unsigned short 或 int,Endl 是什么呢? 可能会想到"std::endl"? 没错哦,Endl 和标准库中 endl 对象一样,是一个函数指针(虽然我知道你可能忘了书中提过 endl 是一个函数指针)。

函数指针,也有类型,所以也就可以为某种特定类型的函数指针,重载它的"<<"操作。我们做一个实验,首先写一个函数:

```
ostream & say_OK(ostream & os)
{
    os << "OK!" << endl;
    return os;
}
```

这个函数,入参是一个"输出流"引用,出参也是一个"输出流引用",所以如果有指针指向它,那指针的类型就是:"**ostream& (*)(ostream&)**"(请参看第 7 章"语言"的 7.10.12 小节)。接下来,我们写这样一段测试代码:

```
void test()
{
    cout << "Are you OK? " << say_OK;
}
```

say_OK 后面没有“()”，所以这里不是调用这个函数，只是表示函数的地址，但奇怪的是 cout 并不会输出一个内存地址，而是将自己作为入参调用了 say_OK 函数。这是因为针对“ostream& (*)(ostream&)”这一函数类型，C++标准库正好为它重载了输出流的“ << ”操作，在 gcc 的库代码中，内容大致如下：

```
/**
    *   Manipulators such as std::endl and std::hex use these
    *   functions in constructs like
    *  "std::cout << std::endl".  For more
    *   information, see the iomanip header.
*/
   __ostream_type &
   operator << (__ostream_type & ( * __pf)(__ostream_type &))
   {
     return __pf( * this);
   }
```

代码表明：“ << ”操作符(一种特定函数)支持以某种特定类型的函数地址为入参，即代码中的“__pf”，然后再以自己为入参，调用它，即代码中的“return __pf(* this)”。

当代码执行到“cout << say_OK; ”时，_ostream_type & 对应到 cout，__pf 就是 say_OK 函数地址，因此实际调用是 cout. operator << (sayOK)。进入“ << ”操作符函数体内，调用__pf(* this)，就是在执行 say_OK(cout)。

2. “头部”的秘密

一个专业的日志服务，需要保障将一条完整的日志内容输出到目标(屏幕或文件等)。在多线程环境下，如果有两个线程交叉运行，并且都采用 std::cout 输出一些内容，就可能发生问题。假设线程一在执行：

```
std::cout << "我是一个" << 13 << "岁的孩子。" << std::endl;
```

而线程二执行：

```
std::cout << "我是一个" << 73 << "岁的老头。" << std::endl;
```

那就不排除用户在屏幕上看到混杂的内容：

我是一个 73 岁的孩子我是一个 13 岁的老头。

这是因为，对 cout 每调用一次“ << ”操作，实际都是一次函数操作：“operator << (cout, "...")”，尽管“cout << "x" << "y" << "z" << endl”看起来是一行代码，但它和“cout << "xyz" << endl”仍有区别，后者至少在 C++函数调用这个层

次，是一次性输出 XYZ 的，而前者则是分成三次，多线程环境下，可能中间被来自别的线程的操作给插队了。你以为在网页上“快速地”，“连续地”单击按钮，就能抢到热销手机或者火车票吗？

实际上，哪怕是打包输出"xyz"，在底层作层面，仍然有可能被插队，但是今天我们不讲多线程下如何加锁保障，先学习如何保证让类似于“loger << "x" << "y" << "z" << Endl”这样的操作，可以将中间的输出内容一次打包输出。

思路是这样的：当往 loger 输出时，无论输出多少内容，都不往真正的目标（屏幕或文件等）输出，而是暂时缓存起来，直到输出的对象是“Endl”时，再一次性输出。

```
#include < iostream >
#include < sstream >

using namespace std;

struct Loger
{
    template < typename T >
    Loger & operator << (T const & t)
    {
        _buf_stream << t;
        return * this;
    }

    void Flush()
    {
        //真正输出到屏幕
        cout << _buf_stream.str() << endl;
        _buf_strecm.str("");//清除缓存内容
        _buf_stream.clear(); //清除可能的错误状态位
    }

private:
    std::stringstream _buf_stream;
};

typedef Loger & ( * PEndlFunction)(Loger & );

Loger & operator << (Loger & loger, PEndlFunction pfunc)
{
    pfunc(loger);
    return loger;
}

Loger & Endl(Loger & loger)
{
    loger.Flush();
    return loger;
```

```
}

int main()
{
    Loger loger;

    loger << "hello world." << ' ' << 1 << 2 << 3 << Endl;

    return 0;
}
```

【课堂作业】: 简单日志流

1)为什么 PEndFunction 类型,被设计为入参和返回值都是 Loger&?

2)请修改 Loger,让它可以在构造时指定日志文件名,然后实现将日志内容输出到屏幕之后,继续输出到指定的磁盘文件中。

10.2 常用小工具

上 STL 和 boost 更多大餐之前,先品尝几道开胃菜。

10.2.1 non-copyable

"面向对象"章节中为了让某类对象不可被复制,方法是将其复制构造和赋值操作符重载函数都声明为"= delete",更早之前的做法则是将二者私有化。这些动作可以"模板化",加引号是因为并不一定采用模板技术,而是想说明这类操作可以套某种特定模式以便快速实现。boost 就为我们提供了"non-copyable"工具类:

```
#include <iostream>

#include <boost/noncopyable.hpp>

using namespace std;

struct Report {};

struct Student
    : private boost::noncopyable
{
    std::string name;
    int age;
    Report * rpt;
};

int main()
{
    Student s1;
```

```
    Student s2(s1); //错
    Student s3 = s1; //错
    Student s4;
    S4 = s1; //错

    return 0;
}
```

从 boost::noncopyable 派生,只是为了让当前类拥有基类中已“私有化”的,或已声明为“被删除”的复制构造和赋值操作符重载,所以非常适合使用“私有派生”方式。

【重要】:如何学习 STL、boost 等大型工具库

STL 和 boost 有不少的工具小而简单,有的实现起来也不难,有的则很难,但此时通常不必太关心它们是如何实现的,而是更关心“为什么要有这个工具”。比如这里的“no—copyable”,各位一定要回想起我们在《面向对象》章节中有关“需要复制吗”的进阶思考。

相比为每个不需要复制功能的类写下复制构造和赋值操作的“delete”声明,来自 boost 的 oncopyable 可以让我们写更少的代码,并且在语义上 ,“noncopyable”这个词表意更加清楚。不过,如果因此引入 boost 库,可能会感觉代价有点大,为什么我们不直接学着实现一个呢?“老师你又食言了,刚刚还在说,‘通常不必太关心它们是如何实现’的啊 !”

```
class my_nocopyable
{
public:
    my_nocopyable() = default;

    my_nocopyable(my_nocopyable const & ) = delete;
    my_nocopyable & operator = (my_nocopyable const & ) = delete;
};
```

测试如下 :

```
struct MyStruct : private my_nocopyable
{
    int a, b;
};
int main()
{
    MyStruct ms;
    MyStruct ms2(ms);
}
```

看着源代码有利于分析：当编译器试图产生 ms2 从 ms 复制构造时，需要生成复制其基类部分的代码(尽管基类没有任何成员数据)。于是发现基类禁止了复制行为，于是报错。

10.2.2 随机数

一个硬币扔到地上躺着，是正面朝上，还是反面朝上，这是只有上帝才能决定的事情，这样的事情就叫做“随机事件”。大家都知道上帝做事情挺靠谱的：长期统计下来，正反面朝上的概率基本五五开。除了“不能事先确定”之外，也要求了各个随机事件之间，不能有某种规律，比如硬币扔地上，如果你发现在奇数次时固定出币值，在偶数次时固定出国徽，那这也不是随机，这是奇迹。

写打怪游戏，结果用户只需打过一遍，心中清楚这个怪打死后，一定会出现哪个怪，这就太没意思了。计算机编程很需要随机功能，但计算机能够提供真实的随机概率吗？通过 C 语言的函数 rand()，可以方便地获得“伪随机”数，比如：

```
int a = rand();
```

代码运行之后，a 肯定得到一个整数值，这个值是多少？除非运行之后看一眼，现在我是不知道的。

在调用 rand()之前，还需要先调用 srand(int seed)，作用是“种下一颗随机种子”，“种子”就是入参 seed，也是一个整数。播种之后，C 运行库就会依据该种子的值，生成一系列的数值，而后程序第一次调用 rand()，就得到该系列中的第一个数，第二次调用就得到系列中的第二个数……想象一下如果程序存在并发，自然容易发生分不清谁是第几次的情况，也就会存在某两个并发几乎“同时”调用了 rand()，于是得到了相同的两个随机数的情况。

更“伪”的事情是：如果两次调用 srand(seed)种下的种子是一样的，则所产生的两个系列数，将一一对应，完全相同。

```
#include < cstdlib > //rand()
#include < iostream >

using namespace std;

int main()
{
    srand(0); //以 0 为种子
    for (int i = 0; i < 10; ++ i)
    {
            cout << rand() << "\t";
    }

    return 0;
}
```

编译,执行这个程序,记下其输出的 10 个数,退出程序,再次运行又得到 10 个数,2 次输出的内容记录如下:

第 1 次:38　7719　21238 2437　8855　11797 8365　32285 10450　30612

第 2 次:38　7719　21238 2437　8855　11797 8365　32285 10450　30612

数据完全一样!这很不随机啊!事实上,当种子为 0 则第 1 个"随机数"必是"38"这件事情,我了然于心已过十载,当年一直以为是机器在骂我。如果在第 2 次运行之前,将代码中的种子数改成 1 或其他数,再编译,才会出现不同的一系列数据。原来一切变化来自最开始的那个种子。

试想写一个抽奖程序,则一切结果其实在"srand(0)"这行代码写下时就注定了,并且每次运行的抽奖结果都一个样,这样的抽奖程序太假了。我国古代程序员在面对这样的结果时,就曾仰天长叹:"真是种瓜得瓜,种豆得豆啊!"

能不能让"种子数"本身也随机呢?这除非有个硬件设备,比如可以采集周边光线、噪声、WiFi 强度、微博头条等等数据以便在每次运行时生成一个真正的随机数,否则软件模拟的结果,"伪随机"就是"伪随机"。常见的做法是,取当前时间作为随机数的种子。毕竟时间一直在变,前例的代码改变如下:

```
#include <cstdlib> //rand()
#include <iostream>
#include <ctime>   //time_t , time()

using namespace std;

int main()
{
    time_t seed_with_time = time(nullptr);
    srand(seed_with_time);//以 0 为种子

    for (int i = 0; i < 10; ++i)
    {
        cout << rand() << "\t";
    }

    return 0;
}
```

再运行两次,两次的结果不一样了。看起来很完美,但相当多的 C/C++程序员被这个方法坑过,因为在并发时,很可能会有两个或更多线程在同一秒内调用 time()函数得到的时间是一样的,可机器的 CPU 的计算能力随便就是 3 GHz,还多核。理论值上,一毫秒之内调用一百万次 time()得到的时间全相同。我们用单一线程就可以模拟出类似情况,比如循环 100 次调用 time():

```
for (int i = 0; i < 100 ++i)
{
    cout << time(nullptr) << ", ";
}
```

如果你的机器所输出的一百个数居然有不同的，立即打电话给你老婆(老公)，向她(他)申请换台新电脑，因为南老师都说它运行得实在有点卡啊。

问题已经说得很清楚了，接下来似乎该说答案了，让我们看看 STL 及 boost 中是否提供了相应的解决工具？居然没有。应该是意料之中的事，因为虽然你购置了新电脑，但 C++标准委员也没办法在你的电脑主板上插上可以产生随机"种子"的硬件。

做软件的虽然经常干不过做硬件的，但 C++标准委员会还是在新标准里提供了一个名为"random_device"的类，名字透露出委员们的良苦用心："C/C++的程序员将来可是要给大公司的'秒杀抢购'、'一元抢购'、'签到抽奖'等大并发程序写后台的呀，各位主子就给个'随机设备'吧……" 听起来有些伤感，还是先学习"random_device"的使用吧：

```
#include < iostream >
#include < random > //C+ + 11 random

using namespace std;

int main()
{
    for (int t = 0; t < 2; + + t)
    {
        std::random_device r;

        for (int i = 0; i < 5; ++i)
            cout << r() << ",";

        cout << "\n========================" << endl;
    }

    return 0;
}
```

注意这次有两层循环，内层循环输出 5 个随机数，外层循环负责同样的事情做两遍，所以测试时不再需要运行程序两次了。

外层循环中，定义了 random_device 类的一个变量 r，内层循环就用它产生随机数，一个变量直接挂一对括号，猜出来了吗？这是"函数对象"，random_device 应该是针对"()"做了操作符重载。连续调 5 次，产生 5 个随机数。在 Windows 下，两次调用果真产生了相同的系列，如图 10 - 4 所示。

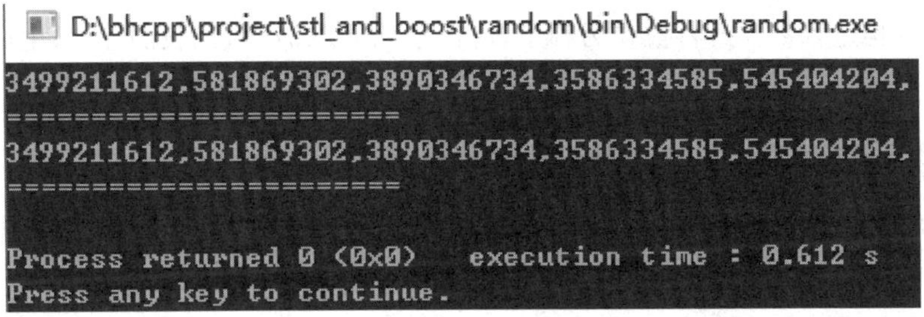

```
D:\bhcpp\project\stl_and_boost\random\bin\Debug\random.exe
3499211612,581869302,3890346734,3586334585,545404204,
========================
3499211612,581869302,3890346734,3586334585,545404204,
========================

Process returned 0 (0x0)   execution time : 0.612 s
Press any key to continue.
```

图 10-4　random_device 运行示例(Windows)

在 Ubuntu Linux 下编译了同样的代码,效果大不一样,如图 10-5 所示。

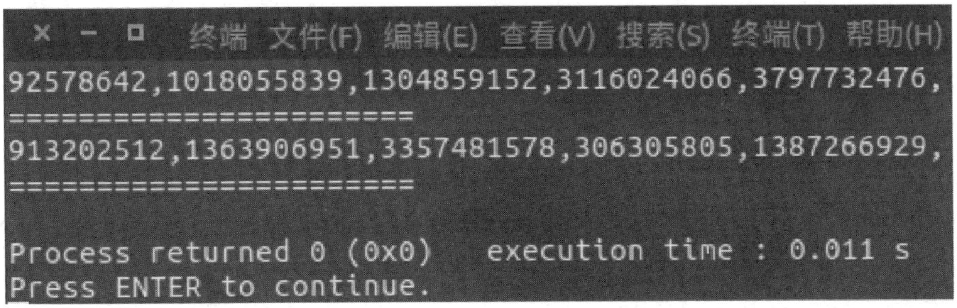

```
×  -  □  终端 文件(F) 编辑(E) 查看(V) 搜索(S) 终端(T) 帮助(H)
92578642,1018055839,1304859152,3116024066,3797732476,
========================
913202512,1363906951,3357481578,306305805,1387266929,
========================

Process returned 0 (0x0)   execution time : 0.011 s
Press ENTER to continue.
```

图 10-5　random_device 运行示例(Linux)

速度比较快不是重点,重点是在 Linux 下,两个随机系列完美的不相同! Linux 提供了良好的随机数设备模拟,其原理是利用系统当前的"熵"进行模拟。"熵"指系统整体上的信息混乱度,比如内存剩余多少,当前有几个进程,磁盘上最后一次读出的内容是什么,键盘刚刚哪个键被按下等等的变化数据,以某种算法计算出一个随机种子。

Windows 其实也提供类似功能,却没有绑定到当前使用的 C/C++运行库。结果是"random_device"仍然在取时间。当直接使用"random_device"产生随机数时,在 Linux 下每次都需要直接访问操作系统计算熵值,会比较慢(甚至可能堵塞),为此我们可以只向"random_device"要一次数据,然后以此为种子,再使用各种数学算法计算出随机数系列:

```
...
    std::random_device rd;
    std::mt19937 r(rd());

    for (int i = 0; i < 5; ++i)
        cout << r() << ",";
 ...
```

注意,random_device 变量更名为“rd”,用它所产生的随机数,被用于 mt19937 对象“r”的构造入参,“r”将被作为种子,以代号“mt19937”为代表的算法,生成一系列随机数。

**【小提示】: mt19937 随机算法**

mt19937 伪随机数产生算法,具有实现简易、占用内存少、速度高、所产生的随机分布均衡等优点,因此被广泛使用。更多解释请上网查阅“MersenneTwister”百科。

以上数例中产生的随机都或大或小,如果希望所产生的随机数值被控制在一定范围内,可以使用“求余”操作。比如一个“摇筛子”的游戏,每个筛子所产生的数必须在 1 到 6 之间:

```
int v = (rand() % 6) + 1;
```

**【课堂作业】: 使用 C++ 11 标准,写一段猜随机数**

首先由程序在“心中想”一个大小位于 1 到 10 之间的随机数,然后让用户输入一个数,程序给出回答:这个数太小,或太大,或者恭喜猜中了。在过程中打印猜的次数。家有 5~10 岁的孩子的老爸级程序员,一定要完成这个作业。

10.2.3 boost::UUID

UUID 是“全球唯一标志符(Universally Unique Identifier)”的缩写。换句话,就是一个(理论上)在全球空间和整个人类史的时间范围内,都不重复的字符串。它可长可短,为了在“不重复”这件事上更有保障,通常使用 128 位数,采用十六进制表达(这样看起来可以短一点)。

如何生成该范围内的唯一的字符串呢?最常用的两类方法:一是利用网卡号的唯一性来辅助生成(boost 暂未提供),另外一种方法就是使用随机数。包含 uuid_io.hpp 头文件,可以方便地将一个 uuid 串输出到多种流中;另外也可以使用 to_string()或 to_wstring()函数实现 uuid 到字符串(或宽字符串)的转换。

产生 uuid 必须事先构建一个“生成器”。nil_generator 用来产生“空”的 UUID,即 128 位 0,通常用于表示一个无效的 UUID,类似 C++中的 nullptr 值对应空指针变量。正常的 uuid 可以使用“随机产生器”,以下是例子:

```
#include < iostream >
#include < string >

#include < boost/uuid/uuid.hpp >
```

```
#include <boost/uuid/uuid_generators.hpp> //UUID 生成器
#include <boost/uuid/uuid_io.hpp> //UUID 流输入输出重载

using namespace std;

int main()
{
    boost::uuids::nil_generator nil_gen;
    boost::uuids::uuid nil_uuid_id = nil_gen();

    cout << nil_uuid_id << endl;

    boost::uuids::random_generator random_gen;
    boost::uuids::uuid id = random_gen();

    cout << id << endl;、

    string s = to_string(id);
    cout << s << endl;

    return 0;
}
```

【课堂作业】: 基于随机数产生 UUID

请首先查看上例的输出效果,然后使用 C++ 11 的随机功能,模拟产生 UUID 字符串。

10.2.4　命令行参数

操作系统支持,在启动一个程序时,从外部传入一些参数,在 C++语言中这些参数成为 main 函数的入参:

```
int main(int argc, char * argv[])
{
    ...
}
```

参数被传入时,全部变成字符串对待,使用空格切分,但如果多个子串使用一对双引号括住,则只当成一个参数。得到的参数保存在 argv 数组中, argc 是切分后的个数,但是固定包含程序的名称,所以如果 argc 是 5,则 argv 的元素也是 5,但实际从命令行传入的参数是 4 个,按次序存储在 argv[1]～argv[4]中,而 argv[0]则是程序的名称(包含路径)。

```
int main(int argc, char * argv[])
{
    cout << argc << ":\n";

    for(int i = 0; i < argc; ++ i)
    {
        cout << i << " = > " << argv[i] << std::endl;
    }

    return 0;
}
```

一个命令行参数都不传，但 argc 固定为 1，而屏幕输出 argv[0]的内容，正是程序的完整路径文件名。通过 IDE 设置程序的运行命令行参数：

```
Say "Hello world" from command line.
```

运行后，输出个数是 6 个，分别是(第一个参数因排版关系截短)：

```
0 = > C:\...\program_options\bin\Debug\program_options.exe
1 = > Say
2 = > Hello world
3 = > from
4 = > command
5 = > line.
```

每个程序员都可以按照自己的偏好，来制定命令行参数的格式。通常为了能直观阅读和方便解析，会采用“命令指示”字段来指示某个参数的意义。比如希望通过命令行向进程传递一个学生的六个信息：姓名、年龄、学号、语文成绩、数学成绩、英语成绩；程序将打印出该生的考试统计信息。某一科的成绩如果没传入，表示缺考。简单的方法是约定好按固定次序传入每个参数，如果某科缺考，则成绩传入－1，比如：

```
丁二 12 24 90 -1 90
```

但更直观的做法是用这种格式：

```
--name 丁二 --age 12 --number 24 --Ch 90 --En 90
```

传入 10 个参数，但其中有 5 个是用来指示其后紧跟的参数的含义，数学缺考，所以没有传，并不需要额外的处理逻辑。

使用 boost 库的 program_options 处理命令行参数，首先需要在代码入口处，定义参数格式，以匹配刚才设计的入参约定：

```
#include < boost/program_options.hpp >

using namespace std;

namespace bpo = boost::program_options;//太长,用新标为名字空间取别名

int main(int argc, char* argv[])
{
    bpo::options_description opts("student options");

010   opts.add_options()
        ("name", bpo::value < string >(), "学生姓名")
        ("age", bpo::value < int >(), "学生年纪")
        ("number", bpo::value < int >(), "学号")
        ("Ch", bpo::value < int >(), "语文成绩")
        ("Ma", bpo::value < int >(), "数学成绩")
        ("En", bpo::value < int >(), "英语成绩");

    cout << opts;

    return 0;
}
```

010行或许让你猜疑这是不是C++之外的另外一门语言,先别管,从字面上先定义"条件描述"对象opts,然后连续加入六个条件,其中"name"是string类型,并且提供给人看的说明是"学生姓名";"age"是int类型,说明是"学生年纪"……运行以上代码,屏幕输出是:

```
student options:
  --name arg          学生姓名
  --age arg           学生年纪
  --number arg        学号
  --Ch arg            语文成绩
  --Ma arg            数学成绩
  --En arg            英语成绩
```

用户拿到一个程序a,如果不知道怎么使用,在Windows下通常是输入"a /h",而在Linux下通常是输入"a —help",然后程序别的事不做,只是输出命令行参数的说明。这种设计太常见了,所以boost直接为options_description重载了流输出操作,方便打印给用户看。既然如此,后面我们将为命令行参数加上"help"指令。

有了"options_description",只是相当于有了一张"规则表",接下来我们就要用这个规则表,来解析实际的命令参数。负责解析的函数名为"parse_command_line()",解析后的结果,需要存放在特定的容器里,容器类型为"variables_map",概念和"std::map"相似,所存元素的KEY是参数指令,VALUE是参数值。

不过,由于还需要处理命令行参数的编码转换等问题,boost::program_options

提供了 store 函数,用于将 parse_command_line()返回的结果存储到一个 variables_map 的容器中去。现在 main 函数内容为:

```
int main(int argc, char * argv[])
{
    bpo::options_description opts("student options");

    opts.add_options()
        ("help", "输出本帮助内容\n")
        ("name", bpo::value < string >(), "学生姓名")
        ("age", bpo::value < int >(), "学生年纪")
        ("number", bpo::value < int >(), "学号")
        ("Ch", bpo::value < int >(), "语文成绩")
        ("Ma", bpo::value < int >(), "数学成绩")
        ("En", bpo::value < int >(), "英语成绩");

    bpo::variables_map vm;
    bpo::store(bpo::parse_command_line(argc, argv, opts), vm);

    if (vm.count("help") != 0)
    {
        cout << opts;
        return 0;
    }

    return 0;
}
```

现在运行程序,什么也没看到。在 IDE 中设置运行参数为"——help",则打印出类似之前的内容。另外请特别注意新加入的 help 参数,它只需要两个参数,因为它是一个纯粹的命令行参数而已,不需要值。

如果你的程序一定需要有一些参数,而用户不输入任何信息,则可以再改进一下程序,当发现用户"发傻"时,也打印出参数说明表。本例中更紧急的事,是需要检查并处理和学生信息:

```
int main(int argc, char * argv[])
{
    bpo::options_description opts("student options");

    ...

    bpo::variables_map vm;
    bpo::store(bpo::parse_command_line(argc, argv, opts), vm);

    if (vm.empty())
    {
        cout << "本程序必须带参,请使用:\n"
             << argv[0] << " --help 查看本程序的参数说明。\n" << endl;
```

```
        return 0;
    }

    if (vm.count("help") != 0)
    {
        cout << opts;
        return 0;
    }

    if (vm.count("name") == 0
            || vm.count("age") == 0 || vm.count("number") == 0)
    {
        cout << "name, age, number 参数必须提供。" << endl;
        return 0;
    }

    int count = 0;
    int total = 0.0;

    char const * subject_names[] = {"Ch", "Ma", "En"};

    for (int i = 0; i < 3; ++ i)
    {
        string key = subject_names[i];

        if (vm.count(key))
        {
            ++ count;
            total += vm[key].as < int > ();
        }
    }

    cout << "学号:" << vm["number"].as < int > ()
         << ",姓名:" << vm["name"].as < string > () << ","
         << vm["age"].as < int > () << "岁;参加"
     << count << "门考试,总分:" << total << "。" << std::endl;

    return 0;
}
```

从 variables_map 对象中取元素，首先需要检查一下它是否存在，方法是直接使用“count()”统计指定参数的个数，不为零表示存在。取值类似 std::map，可以使用[key]来获取，但所获得的结果是 boost::any 的类型数据，还需要通过 as <类型>()进行转换。

不要小看一个命令行参数，boost::program_options 提供了相当丰富而必要的功能，比如短参数支持(比如用“-h”表示“--help”)，默认值支持(当用户没提供某个必要参数时，使用默认值)，另外我们的代码也还需要一些出错处理，比如参数要求

是整数,用户却输入一串字母等等……最后,我们要研究的那个看上去不太像 C++语言的语法:

```
    opts.add_options()
        ("help", "输出本帮助内容\n")
        ("name", bpo::value < string >(), "学生姓名")
...
```

opts 是一个对象,add_options()是它的一个成员函数,这个函数返回一个对象,假设叫 b(实际类型叫“options_description_easy_init”),b 自己重载了()操作符(函数对象),并且至少有两个重载版本,一个接受两个参数,一个接受三个参数。函数对象返回的结果,仍然是 b 自身,所以就可以一个接一个地调用下去。写成函数就是:

```
opts.add_options().operator()(/ * 入参 * /).operator()(/ * 入参 * /);
```

将“operator()”替换成一个普通的函数,比如“add”就真相大白了:

```
opts.add_options().add (....).add (...);
```

给个实例,因为很快就要遇上类似的需求:

```
struct A;

struct B
{
    A * pa;

    B& operator() (string const & s);
    B& operator() (string const & s, int repeat_count);
};

struct A
{
    B Start();
    void Stop();

    void Append(string const & s, int repeat_count);

private:
    list < string > _lst;
};

B A::Start()
{
    B b;
    b.pa = this;

    return b;
}

void A::Stop()
```

```
{
    for (list < string > ::const_iterator it = _lst.begin()
          ; it ! = _lst.end(); ++ it)
    {
        cout << * it << endl;
    }
}

void A::Append(string const & s, int repeat_count)
{
    for (int i = 0; i < repeat_count; ++ i)
    {
        _lst.push_back(s);
    }
}

B& B::operator() (string const & s)
{
    pa ->Append(s, 1);
    return * this;
}

B& B::operator() (string const & s, int repeat_count)
{
    pa ->Append(s, repeat_count);
    return * this;
}

int main()
{
    A a;
    a.Start()("ab")("cd", 2)("fg");
    a.Stop();
}
```

【危险】: 不要卖弄语法

通过操作符重载,C++可以玩出许多语句花样,但不推荐大家故意设计这样的"新语法",它们并不直观。boost::program_options 之所以这样做,是因为需要"遮掩"掉其中间某个对象的生命周期管理,本章结束的实例,将重载 << 操作符,目的是为了和 C++的某些传统风格保持一致。总之,直观比"酷"重要无数倍,哪怕由于使用传统的函数名称,造成用户需要多输入数个字母,比如:

```
a.Start().add("ab").add("cd",2).add("fg");
```

10.2.5 Std::any

C++是一门强类型的语言,意味着一个"数据"的出现,必然要伴随着它有一个确定的类型。体现在 STL 中,则各类容器都要求所存储的数据,它们的类型都必须是一致的。尽管这些容器是模板,可以变幻出各种类型的容器,但每一个具体的容器对象,都只能存储一种类型的元素。

解决方法一是在容器里存储指针,然后再 new 出不同的对象,这其中又有两种做法,一是 C 语言风格,存储一个“void *”,再一个是面向对象的风格,设定一个共同的基类,然后存储该基类指针,实际 new 出的是各种派生类。

在 C++ STL 容器中直接存储指针,存在两个讨厌的地方,一是要记得最后需要清理这些指针(delete);二是类型不安全。从容器中取出指针时,为了得到它的真实指向,往往需要强制转换。我们把问题具体化一下:现在有三个变量,我想把它们都存储在 std::list <T> 中:

```
std::string name = "D2"; //一个字符串
int age = 12;   //一个整数
std::vector < int > scores; //一个整数的 vector

scores.push_back(91);
scores.push_back(92);
```

看起来要三个不同类型的 list 来分别存储:list < string > 、list < int > 、list < vector < int >> 。

“std::any”可以解决这个问题。any 是一个类,它被设计成可以持有各种类型的数据,对外则统统表现成一个类:any。这样一来只需一个 list < any > ,就可以存储多种类型的数据了:

```
#include < iostream >
#include < list >
#include < vector >

#include < any >

using namespace std;

int main()
{
    //准备数据
    std::string name = "D2";              //一个字符串
    int age = 12;                         //一个整数
    std::vector < int > scores;           //一个整数的 vector

    scores.push_back(91);
    scores.push_back(92);

    //用 any 包装
    any any1(name);                       //可以包装 string
    any any2(age);                        //可以包装整数
    any any3(scores);                     //连容器都可以再包装
```

```
    list < any > lst;
    lst.push_back(any1);
    lst.push_back(any2);
    lst.push_back(any3);

029 lst.push_back(4.3);

    return 0;
}
```

以 any 为元素类型的容器，简直像是吞食一样的鳄鱼。029 行的代码透露了一个“天机”，由于 C++在类型转换“会帮一次忙”(当然，你应该记得，它只帮一次忙)的功能，所以前面“用 any 包装”的工作其实是不必要的，可以用 list < any >：

```
lst.push_back(12);
lst.push_back(name);
lst.push_back(score);
```

无论是自己转，还是 C++帮我们转，总之五花八门的数据被放进容器之后，都被包装成 any 类型；所以也就很好理解，等从容器中取出数据时，它还是 any 类型的数据。面对一个 any 类型的数据，你要得到它原来的类型是什么，这只有靠你强大的记忆力了。

跳过上述代码和 list 有关的操作，直接看一个数据变成 any 之后，再如何从 any 变回原身。这个变回的过程，需要用到 any_cast <T> ()操作，它和标准库的 static_cast < > ()、dynamic_cast < > ()等等 case 操作有一致的界面。

```
any any1(std::string("D2"));
any any2(12);
any any3(scores);

//现出“原形”:
std::string s = any_cast < std::string > (any1);
int i = any_cast < int > (any2);
std::vector < int > v = any_cast < std::vector < int >> (any3);
```

凡是靠记忆的事都容易出错。在这一点上，any 的转换(转回原类型)发挥了 C++强类型的优点，他会帮你检查类型兼容，如果转换出错，就抛出一个异常，如果你不处理这个异常，程序就直接挂掉。

这个异常类型是“std::bad_any_cast”，下面尝试将一个 std::vector < int > 强制转换成一个 int，这太疯狂了不是？简直就像电影里一个阴影中的科学家，想把一只河马变成一个儿童一样让人不安：

```
try
{
    std::list < int > scores;
    std::any any3(scores);

    int i = std::any_cast < int > (any3);

    cout << i << endl;
    }
    catch(std::bad_any_cast const & e)
    {
        std::cout << e.what() << std::endl;
    }
```

【危险】:"any"的危险

一是如果让 any 包装一个指针,则它并不会在其自身生命周期结束时,自动释放所持有的指针,这和 STL 的容器设计理念一致。

二是从总体设计上讲,通常并不推荐积极使用 any,应该只把 any 当成项目中某个小功能模块里解决某个小问题的一个小工具。

注:使用 std::any,需要支持 C++17 标准的编译器,否则可以考虑使用 bost::any。

10.2.6 std::pair 和 tuple

在"泛型"一章中曾动手写过"Pair",相当于自造了一个轮子,因为 C++标准库提供了类似的实现:std::pair。pair 提供一对成员,两个成员的类型,分别通过模板参数指定,比如:

```
#include < utility > //包含 pair 及关系比较等小工具

...

std::pair < int, std::string > num_name;
num_name.first = 10;
num_name.second = "Tom";

std::pair < std::string, double > name_price;
name_price.first = "Apple";
name_price.second = 4980.00;

//也支持在构造时直接初始化:
std::pair < int, double > tmp(10, 2.3);
```

pair 在标准库中一个典型的应用,就是作为 std::map 容器内部存储的元素。map 容器可称为"映射表"或"键值对",它的每一个元素都由两个成员组成,第一个成员作为"KEY",第二个成员称为"(VALUE)值"。map 容器会在内部根据"(KEY)键"对元素进行排序。用户通过"KEY"快速找到元素,而用户实际需要的,往往是“VALUE”的内容。通过“pair”结构，用户可幸福美满而简单地实现在一起。

马上忘掉王子和公主幸福地在一起的事，现在研究如何让一大堆不相关的人员住在一起，这就是 std::tuple。std::tuple 支持让 0 个、1 个、以及多个数据“捆绑”在一起。其中 0 和 1 个没多大意义，2 个则可以找“std::pair”，所以应从 3 个说起。

```
#include < tuple > //注意加入新头文件
...
std::tuple < int, string, double > t3(100, "table", 89.20);
```

构造对象和 pair 一致，但如何取出这其中三个成员就很不相同了，first second third……这样的思路，tuple 提供成员函数“get < int > ()”来访问内部成员数据：

```
int score = t3.get < 0 > ();
string name = t3.get < 1 > ();
double price = t3.get < 2 > ();
```

有没有看出这其中的玄机？一旦一个 tuple 由模板出一个类型(class)，则这个 class 又会拥有一个成员模板函数，大致长这样子(示意代码)：

```
template < int Index >
Tconst & get < int Index > () const
{
    ...
}
```

既然这是一个函数模板，那么当传入的 Index 值不同，就会生成不同的函数，也就是说：get < 0 > ()和 get < 1 > ()是两个不同的函数。

一个“3－tuple”的类，会有三个 get < int > () 函数，这是在编译时就决定下来的，所以对例中的“t3”对象，不能幻想可以调用它的第 4 个访问元素：

```
t3.get < 3 > ();
```

这个错误不需要等待到运行期爆发，在编译期编译器就会以很委婉的口气、很复杂的心情告诉你搞不定。

正因为是需要在编译期就生成具体的函数(模板 —> 函数)，所以上例才能做到，每一个 get < > ()，都已经有一个明确的返回值了，它可不像 any 需在运行期去猜与试。比如对于 t3，get < 0 > ()返回的是 int，get < 2 > ()返回的是 double，错不了。

正因为是需要在编译期就生成具体的函数(模板 —> 函数)，所以也不能幻想给 get 传一个变量，期望在运行期再决定取得哪个成员：

```
int i
cin >> i;
??? = t3.get < i > (); //错
```

想要循环输出一个 tuple 内部的各个成员，这样看似朴素的梦想，也破灭了：

```
for (int i = 0; i < 3; ++i)
    cout << t3.get < i > ();
```

想象一下如果要制造一个“10－tuple”的对象，光写它的类型名称，就有够长的了，所以 stl 分别提供了 make_tuple 和 make_pair 函数，方便我们直接造出一个 tuple 或 pair 对象。假设我们有一个 map：

```
std::map < int, double > a_map;
```

要往里面添加成员(pair 对象)，方法一：

```
std::pair < int, string > pair_1(10, 0.1);
a_map.insert(pair_1);
```

方法二，使用 make_pair 函数：

```
a_map.insert(std::make_pair (10, 0.1));
```

当然，对于 map，也可以使用：“a_map[10] =　0.1;”。make_tuple 函数用法和 make_pair 类似：

```
make_tuple (10, 0.2); //生成一个 tuple < int, double > 对象

//生成一个 tuple < string(), vector < string >> 对象,
//俩成员的值都是各自类型的默认构造的初始化值:
make_tuple (string, vector < string > ());

//可以嵌套:
make_tuple (100, "ABC", 12.3, make_tuple(10, 0.4));
```

最后，无论是 pair 还是 tuple，都支持保存一个对象的引用(而非复制品)：

```
int i = 100;
std::pair < int &, double > tmp2(i, 0.0);
++tmp2.first;
cout << i << endl;
```

不过，如果要使用 make_pair()函数生成一个 pair < int &, double > 对象，如何写呢？下面的代码实现不了：

```
inti = 10;
pair < int & , double > tmp = make_pair(i, 1.2);
```

这段代码编译出错，因为代码中 make_pair 所生成的对象类型，是 pair < int, double >，而不是 tmp 的类型。这就需要学习 STL 提供的“引用”小工具。

10.2.7 std::ref/cref

C++ 11 新标准提供 ref 和 cref 工具，前者可将一个对象包装为它的“引用”，后者则是包装为“常量引用”：

```
#include < functional >        //注意加入新头文件
...

int i = 10;

pair < int &, double > tmp1 = make_pair(std::ref(i), 1.2);
pair < int const &, double > tmp2 = make_pair(std::cref(i), 1.3);
```

此时修改 tmp1 的 first,就是在修改外部的 i 变量,另外请严格保证 tmp1、tmp2 和 i 后续的生命周期一致。

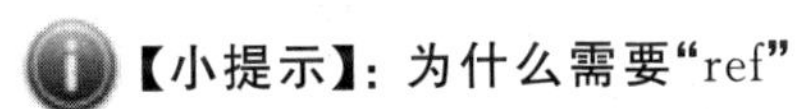

【小提示】: 为什么需要“ref”

说到引用,直觉会想到‘&’符号,于是会期望通过加上‘&’符号,让变量明确是引用:

```
pair < int &, double > tmp1 = make_pair(&i, 1.2);
```

这当然是个低级错误,当‘&’作用在变量上,是‘取址’操作;作用在类型之后,才表示‘引用”(见同一行代码中的‘int &’)。

10.2.8 比较操作自动推导

插播一道智力题,如果只能用“小于”比较两个对象,那么如何判断两个对象是否相等呢? 答案是:

```
if (! (a < b) && ! (b < a)) //相当于 if ( a== b ),但性能差一点点
{
...
}
```

事实上,只要两个对象可以使用“ < ”进行比较,并且满足必要的数学定理(比如:若 a < b,b < c,则 a < c 必须成立),那么就可以实现对这俩对象做“相等 = =”判断、“不等! =”判断、“大于判断 > ”、“大于或等于判断 > =”和“小于或等于判断 < =”。

为类定义对象之间的大小关系判断是很常见的需求,STL 为了减少自己写一整套大小关系判断操作符的重载,提供了一套“比较操作自动推导”工具。不过正如前面代码注释,使用“ < ”推出“= =”判断,会造成后者性能有所损失(因为变成两次判断),所以 STL 要求的是为类提供“ < ”和“= =”判断符重载即可,其他的由它来推导出。

这套小工具位于头文件“ < utility > ”中,并且各类符号被定义在 std 的子一级名字空间“rel_ops”内。

```
#include < iostream >
#include < utility >

using namespace std;

class S
{
    int a,b;

public:
    S()
        : a(0), b(0)
    {

    }

    S(int a, int b)
        : a(a), b(b)
    {

    }

023  bool operator == (const S & s) const
    {
        return  (a+b) == (s.a+s.b);
    }

028    bool operator < (const S & s) const
    {
        return  (a+b) < (s.a+s.b);
    }
};

void test()
{
    S s1(5,6), s2(8,3);

    cout << (s1 == s2) << endl;
    cout << (s1 < s2) << endl;

041  //using namespace std::rel_ops;

    //如不取消上一行注释,以下代码编译不过去:
    cout << (s1 < = s2) << endl;
    cout << (s1 > s2) << endl;
    cout << (s1 > = s2) << endl;
    cout << (s1 ! = s2) << endl;
}
```

将 041 行代码取消注释,原先不存在的 4 个关系判断符,就会被找到。请注意:

（1）023 行和 028 行，两个函数声明为“常量成员函数”是必须的，因为参与做大小比较的左右两个对象，往往是常量；

（2）牢记“就近定义原则”，在需要比较的时候，再引入 std::rel_ops 空间，如代码 041 行示意；

（3）例中为 S 类重载的两个基本比较符采用“常量成员函数”版本，另一种做法也可以将其重载为自由函数（通常需要声明为 S 的友元）。

【课堂作业】：手工完成比较操作的推导

请填写表 10－1。

表 10－1　关系比较符推导表（作业）

比较操作符	推导式	说明
<	a < b	原生代码提供
==	!(a < b) && !(b < a)	a 不小于 b，b 也不小于 a，所以 a 等于 b
<=	?	?
>	?	?
>=	?	?
!=	?	?

10.3　字符串处理

10.3.1　std::string

1. 纯 C 字符串

纯 C 语言使用 char * 处理字符串，会自动在字符串最尾部，添加一个零字符 '\0' 表示字符串的结束。这是个绝妙的创造，不过坏处也不是没有，比如有时字符串并不一定都是可视字符，如果不可视的内容含有“'\0'”会难办；再比如每一次取其长度，都需要从头找到尾计算一次；最后哪怕是这个“'\0'”结尾也不是 100％可依赖，C 语言中的字符数组，就不会为我们自动添加结束符。

【小提示】：字符串 VS. 字符数组

```
char* p = "ABC";                    //自动添加结束符
char abc[] = "abc";                 //自动添加结束符，abc 元素个数为 4
char abc2[] = {'a', 'b', 'c'};      //不会自动添加结束符
```

代码中，abc 含有 4 个元素，最后一个元素是自动添加的“'\0'”字符，而 abc2 含有 3 个元素。这个特性当然是对的，有时候确实只是想要一个“字符的数组”，而不是

要一个“字符串”。困难在于接下来的事：程序员需要很清楚 abc2 和 abc 之间的区别，如果有一个函数：

```
void foo(char * p);
```

foo 中对 p 的处理，往往依赖于它结束在“'\0'”上的这个事实。但程序员一不小心，就会把 abc2 传递给它！

纯 C 字符串最难搞的还是内存管理，常见的如：只是想修改字符串的内容：

```
char * p = "abc"; //好的 C+ + 编译环境下会得到编译警告
p[0] = 'A';
...
```

哦不！这样做程序会死的……我们后面再谈吧。

```
//一个初始化，牵涉 4 个知识点：
//1)内存分配
//2)字节尺寸
//3)类型强转
//4)结束字符
char * p = (char * )malloc(9 * sizeof(char));

//strcpy 不安全，复杂情况下建议使用 strncpy(...)
strcpy(p, "d2school");                          //前面的‘9’ = "d2school"的长度 + 1

//往短处改...
strcpy(p, "school");                            //方便，不过占用内存还是 9 byte

//实际内存不增加，但增加有效内容的字符个数
p[6] = '-';                                     //立即数很讨厌
p[7] = '\0';                                    //别忘了自己补零

//往长处改...
p = (char * )realloc(p, 10 * sizeof(char));   //realloc 保障原内容还在
strcat(p, "D2");
...

//释放：
free(p);
```

在 C++环境下，以上代码也可以使用 new[]/delete[]处理，但在模拟 realloc(保留原有内容)时，只会更复杂。所以，如果你的程序有大量字符处理，特别是修改字符串内容的操作，请自行或从别人那里搞一套字符串管理工具，通常都基于复杂的宏。

纯 C 字符串还有一些小特性是初学者的陷阱，比如用户会直觉地使用“==”来判断两个字符串是否相等，但这样其实是在比较两个字符指针的指向是否相等：

```
char const * p1 = "ABC";
char const * p2 =  "ABC";

if (p1 == p2)
{
        ...
}
```

除非代码太优化而带来副作用,否则以上条件判断理所当然不成立,因为 p1 和 p2 各自指向一段内存(仅管内存中的内容刚好一样)。

再如,由于需要兼容很长一段历史上 C 语言没有 const 修饰的问题,编译器允许用普通的 char * 指向一段其实是不可修改的内存:

```
char * ppp = "Tom"; //其实是: char const * ppp = "Tom";
ppp[1] = 'i';
cout << ppp << endl;

/*
上述代码想修改 ppp 的内容,所以正确写法是用字符数组(或者在堆中分配):
char ppp2[] = "Tom";
ppp2[1] = 'i';
cout << ppp2 << endl;
*/
```

执行以上代码,通常程序会挂掉,除了 const 问题之外,你还需要理解代码中,ppp 是指向一段静态数据段,而 ppp2 则是栈中分配内存,再从静态数据段中复制字符串内容……

尽管以上错误都不是 C 语言的错,都是程序员的误用,但对于天天时时要用的用户有这么多边边角角的阴暗知识需要了解……我看到纯 C 程序员拍桌而起:你 C++需知道的阴影不是更多吗?好吧好吧,我们暂不吵这个问题,反正 C++程序员是有好用、标准、一致,但必须承认并不完美的 std::string 以及 std::wstring 可用。

2. std::string 基础用法

尽管 std::string 用于代替纯 C 字符串,但在实现上,它内部记忆字符个数,不依赖于使用零字符指示结尾,因此完全可以存储不可视字符(比如加密或压缩算法处理之后的“字符串”)。所以事实上它统一了字符串和字符组的处理。

std::string 提供了自我内存管理,重载了判断操作符,因此修改、比较操作都变得简单了:

(1) 访问、修改单个字符

```
std::string s = "abc";
s[0] = 'A';
```

(2) 初始化、修改内容、追加

```
std::string s = "d2school";          //分配足够内存,初始化内容,一气呵成

//往短处改:
s = "school";                        //多么自然而然

//追加字符(也可以使用更自然的 append(c)):
s.push_back('-');                    //不用计算当前容量是否够用,不用操心结束符...

//往长处改:
s += "D2";                           //干净、漂亮、自然

//释放
//...不需要,会自动释放...或者...
s.clear();                           //也可以手动清
```

(3) 内容比较

```
std::string s1 = "ABC";
std::string s2 = "ABC";

if (s1 == s2)
{
        ...
}
```

全套包括大于、小于、大于等于、小于等于、不等于等等。不过,std::string 没有直接提供不区分大小写的比较,没关系,后面还会有第三方扩展提供的强大字符串武器库。

3. 内部类型、静态成员数据

(1) string::value_type

对于 std::string,该类型是 char,对于 std::wstring,该类型是 wchar_t,即:代表一个字符串中,字符的类型,比如:

```
std::string s = "ABC";
std::string::value_type c = s[0];
```

不过,推荐写法还是直接写 char 即可,通常该类型定义仅用于扩展或自定义字符串。

(2) string::size_type

用于表达字符串的长度数据的类型,相当于 size_t,比如:

```
std::string::size_type len = s.length();
```

(3) static const size_type std::string::npos

npos 是一个定义在 std::string 类中的静态常量,注意它的类型是前面提到的“string::size_type”。在 string 内查找字符或子串时,如果“查无结果”时,返回此值,

代表“非法位置”,或者,需要字符串的长度时,npos 用于表示取到最后一个字符的长度。

4. 构造、初始化

```
//构造一空串,size()为 0,empty()为真
string();

//复制构造,完整复制另一字符串
string (const string& str);

//从另一字符串的子串构造
//子串从 pos 位置开始(从 0 计),取 len 个字符串
//如果 len 不传入则默认取到结尾
//如果 len 不传入,或者 len 大于实际长度,请确保 str 必须有结束符
string (const string& str, size_t pos, size_t len = npos);

//从一个 C 风格的字符串构造,s 当然要“发誓”以它以'\0'结尾
string (const char * s);

//从一个 C 风格的字符串构造,但最多取 n 个字符或遇到 '\0'
string (const char * s, size_t n);

//构造一个长度为 n 的字符串,并且每个位置都是 c 指定的字符
string (size_t n, char c);

//从指定的迭代器范围构造,拷贝[first, last)之间的内容
template < class InputIteraor >
string  (InputIterator first, InputIterator last);
```

【小提示】: 区间表示方法

STL 中大量使用“[first, last)”表达从 first 到 last 但不含 last 的区间。

下面是部分构造函数的演示代码,请读者查找对应调用的构造函数。

```
string s;
assert(s.empty()); //s 肯定是空的

string s1("ABCD");
string s2(s1, 1, 2); //s2 : BC

string s3(s1, 2); //s3 : CD
string s4("ABCD", 2); //s4 : AB

string s5(5, '*'); //s5 : * * * * *
```

【危险】: string 功能接口对待标准库串和 C 风格串的不一致性

注意对比 s3 和 s4,发现:当构造源对象分别是 std::string 和 char cons * 时,第

二个整数入参代表的，分别是起始位置和长度，不仅构造函数如此，后续许多操作的接口都存在这一差异化。不管出于什么特殊原因，这都是一个令人不太舒服的设计。

还须注意，除了 C 风格字符串构造时 std::string 尊重(并且很大程度依赖)“'\0'”结束符之外，其他情况下，std::string 都无视结束符：

```
string s(5,'\0');
cout << s.length() << endl; // 5
```

以上代码执行后，s 保存了 5 个连续的“结束符”，但在 std::string 看来，这个字符串的内容，就是 5 个 '\0'。

构造之后，最方便的修改，当然是使用“=”赋值操作了，不过 string 还提供了几乎与构造一一对应的 assign 函数：

```
string& assign (const string& str);

string& assign (const string& str, size_t subpos, size_t sublen);

string& assign (const char* s);

string& assign (const char* s, size_t n);

string& assign (size_t n, char c);

template < class InputIterator >
string& assign (InputIterator first, InputIterator last);
```

assign 操作都返回当前字符串，assign 的名字如果取成“assign_from”也许更好一些，后面还有个家伙，我们希望它取名为“copy_to”，二者有一定的对应关系。

5. 插入、删除、清除

(1) insert 用来在字符串指定位置插入字符，位置有两种表达，一种是 size_t 类型，表示从 0 计起的字符串索引位置，一种是迭代器位置。

```
//在母串 pos 位置插入 str,原 pos 位置,及其后内容,均后移(下同)
string& insert (size_t pos, const string & str);

//在母串 pos 位置,插入 str 的子串
//子串为从 str 的 subpos 位置开始的 sublen 个字符,可以取 npos
string& insert (size_t pos, const string & str
               , size_t subpos, size_t sublen);

//在母串 pos 位置,插入 C 风格的字符串
string& insert (size_t pos, const char* s);

//在母串 pos 位置,插入 C 风格的字符串,但最多插入 n 个字符
string& insert (size_t pos, const char* s, size_t n);
```

```
//在母串 pos 位置，插入 n 个字符 c
string& insert (size_t pos, size_t n, char c);

//在母串的迭代器 p 的位置，插入 n 个字符 c
void insert (iterator p, size_t n, char c);

//在母串的迭代器 p 的位置，插入 1 个字符 c
iterator insert (iterator p, char c);

//在母串的迭代器 p 的位置，插入外部迭代器[first, last)区间的内容
//注意 first 与 last 应是除母串之外的同一个容器的迭代器
template < class InputIterator >
void insert (iterator p, InputIterator first, InputIterator last);
```

（2）删除操作

```
//从 pos 起，删除 len 个字符，默认是删除全部字符
string& erase (size_t pos = 0, size_t len = npos);

//删除本串迭代器 p 位置的字符，返回删除之后新获得的迭代器位置
iterator erase (iterator p);

//删除本串迭代器[first～last)区间内的字符
iterator erase (iterator first, iterator last);
```

C++ 11 还提供了 pop_back()操作，用于删除最后一个字符，对应于 push_back(c)操作。

（3）清空操作

```
void clear();
```

6. 替　换

std::string 的替换操作，就像是删除操作与插入操作的合作：先将母串中指定范围的字符内容 erase，然后再 insert 入指定子串的内容。

```
//将母串 pos,len 限定范围的内容，替换为 str
string & replace (size_t pos,  size_t len,  const string & str);
//同上，为 C 风格字符串版本
string & replace (size_t pos,  size_t len,  const char * s);

//将母串的迭代器[i1, i2)区间的内容，替换为 str
string & replace (iterator i1, iterator i2, const string & str);
//同上，为 C 风格字符串版本
string & replace (iterator i1, iterator i2, const char *  s);
//类上，但 s 最多取 n 个字符
string & replace (iterator i1, iterator i2, const char *  s, size_t n);
```

```
//将母串 pos, len 限定范围的内容,替换为 str 的 subpos,sublen 限定的子串内容
string & replace (size_t pos,  size_t len,  const string & str,
                  size_t subpos, size_t sublen);
//类上,为 C 风格字符串版本
string & replace (size_t pos,  size_t len,  const char * s, size_t n);

//将母串 pos 开始的 n 个字符,全部替换为字符 c
string & replace (size_t pos,  size_t len,  size_t n, char c);
//将母串[i1, i2)范围内的内容,全部替换为字符 c
string & replace (iterator i1, iterator i2, size_t n, char c);

//将母串[i1, i2)范围内的内容,替换为[first, last)范围内的内容
//注意:[first, last)应来自母串之外的另一个容器
template < class InputIterator >
string& replace (iterator i1, iterator i2,
                 InputIterator first, InputIterator last);
```

7. 查 找

(1) find

查找指定子串(或字符 c)在母串中出现的位置,从母串的 pos 位置开始找起,带参数 n 的版本,只需匹配 n 个字母即算查找成功:

```
size_t find (const string& str, size_t pos = 0) const;
size_t find (const char * s, size_t pos = 0) const;
size_t find (const char * s, size_t pos, size_t n) const;
size_t find (char c, size_t pos = 0) const;
```

返回值是子串在母串出现时,第一个字母的位置,如查不到,返回 string::npos。

【课堂作业】: 实现子串替换子串的 replace_by_str 算法

请结合 find 和 replace 函数,实现将母串中指定子串替换为新的子串的算法,比如有母串 "An orange is orange.",调用后将其中第一个"orange"替换为"Apple"。

利用"起始位置(pos)"这个参数,可以方便、高效地实现在母串中重复出现的子串的所有位置。不过如果要找的是母串最后一次出现子串的位置,就可以使用 rfind。

(2) rfind

```
size_t rfind (const string & str, size_t pos = npos) const;
size_t rfind (const char * s, size_t pos = npos) const;
size_t rfind (const char * s, size_t pos, size_t n) const;
size_t rfind (char c, size_t pos = npos) const;
```

起始位置 npos 默认值都变成代表字符串非法位置的 npos,所以容易理解,rfind 将只在母串的[0, pos)区间查找子串。但是,返回值仍然是匹配子串(从左到右)第 1 个字符的位置。

（3）find_first_of / find_first_not_of

刚说完“查找最后一次”，再一看“find_first_of”还以为是查找母串第一处出现的子串位置呢。错，这里是要查找母串中第一处出现子串中任意一个字符的位置。

```
size_t find_first_of (const string & str, size_t pos = 0) const;
size_t find_first_of (const char * s, size_t pos = 0) const;
size_t find_first_of (const char * s, size_t pos, size_t n) const;
size_t find_first_of (char c, size_t pos = 0) const;
```

示例一：

```
string ms = "ABCDEFG";
string ss = "EaDbC";

string::size_type pos = ms.find_first_of(ss);
if (pos != string::npos)
{
        cout << pos; //输出 4
}
```

示例二：cplugplug 网站给出的例子很棒，将一个字符串中所含有的元音字母，都替换为星号：

```
/* 本段代码来自 http://www.cplusplus.com */
// string::find_first_of
#include < iostream >            // std::cout
#include < string >              // std::string
#include < cstddef >             // std::size_t

int main ()
{
  std::string str
      ("Please, replace the vowels in this sentence by asterisks.");

  std::size_t found = str.find_first_of("aeiou");

  while (found != std::string::npos)
  {
      str[found] = '*';
      found = str.find_first_of("aeiou",found + 1);
  }

  std::cout << str << '\n';

  return 0;
}
```

输出：

```
Pl**s*, r*pl*c* th* v*w*ls *n th*s s*nt*nc* by *st*r*sks.
```

反义版本**find_first_not_of** 在母串中查找第一个在子串中不存在的字符的出现位置。例如：

```
string ms = "ABCDEFG";
string ss = "EADBC";

string::size_type pos = ms.find_first_not_of(ss);
if (pos != string::npos)
{
        cout << pos; //输出 5,因为 F 在 ss 中没有出现
}
```

无论是 find_first_of 还是 find_first_not_of 版本，都同样提供第二个参数 pos 用于指定从母串的哪一个位置开始向后找起。

(4) find_last_of / find_last_not_of

find_last_of 查找母串中最后一处出现子串中任意一个字符的位置。find_last_not_of 查找母串中最后一处出现未包含在子串中的任意一个字符的位置。

同样，无论是 find_first_of 还是 find_first_not_of 版本，都同样提供第二个参数 pos 用于指定从母串的哪一个位置开始向前找起。

8. 比较大小

<、<= 、>、>=、==都可以用在 std::string 身上，但它们返回的信息只有真或假。std::string 提供了 compare 成员函数，用于和另一个字符串(包括 C 风格)作比较，返回值信息为：正数 ：表示本串大于入参；0：表示二者相等；负数：表示本串小于入参。

```
int compare (const string & str) const;
int compare (const char * s) const;

int compare (size_t pos, size_t len, const string & str) const;
int compare (size_t pos, size_t len, const char * s) const;

int compare (size_t pos, size_t len, const string& str,
             size_t subpos, size_t sublen) const;
int compare (size_t pos, size_t len, const char * s, size_t n) const;
```

比较双方可以派出全部字母出场，也可以各自只出部分出场。其中 pos 和 len 限定本串的范围；subpos 和 sublen 或者 n，则限定参比串的范围。

【小提示】：字符串比大小的原则

从第 0 字符开始比较，碰到一个不同的字符时比出胜负。英文字符依据在 ASCII 表中的次序比较，靠前的较小，如果前面字符都一致，但一方还有未出场的队员，则该方为大。

如果使用 std::wstring 比较汉字，则依据 Unicode 值比较，排序意义不大。如果

要按汉字的拼音甚至笔划排序，效率好的需要操作系统特定API支持，或者将Unicode转换为GBK编码比较勉强有些效果（在Windows下可将源代码设置为“系统默认”，然后使用std::string存储并比较，有相同效果）。

另外，compare的返回值，仅可作大于零、等于零、小于零判断其意义，不能依赖于其具体的返回的大小，比如在某环境下，返回4785，在另一环境下，可能只返回1。

9. 求子串

```
string substr (size_t pos = 0, size_t len = npos) const;
```

substr得到当前串从pos位置开始，长度为len范围内的子串，参数采用默认值则相当于复制原串。

10. 字符串拼接

使用“+”号可以方便实现拼接两个字符串：

```
string s1 = "Hello";
string s2 = "Tom";

string s3  = s1 + " " + s2 + "!";
```

不过，由于字符串不是内置类型，所以加号两端，必须至少有一个是std::string类型，不支持直接相加两个C风格字符串：

```
string s = "Hello" + " Tom!"; //不支持,因为相加过程和std::string无关
string s1 = string("Hello") + " Tom!"; //支持
string s2 = "Hello" + string(" Tom!"); //支持
```

自加操作“+=”也有意义直观的支持：

```
string s = "Hello";
s += " Tom!";
```

不过，使用+和+=操作符拼接字符串虽然方便，但效率不高，另外也不方便拼接其他类型，比如整数，所以更常用的方法是使用标准库的内存字符流，std::stringstream：

```
#include < sstream >

string s1 = "How";
string s2 = "old";
char const * s3 = "are";

int age = 9;

std::stringstream ss;
ss << s1 << ' ' << s2 << ' ' << s3 << " you? I am " << age << '.';
string result = s1.str();
cout << result << endl;
```

11. 转换为 C 风格字符串

有三个函数可以将 std::string 的内容,转换为 C 风格的字符串或字符数组。

(1) c_str()

```
const char * c_str() const;
```

在数据后面故意添加上"'\0'"结束符(但并不影响 std::string 维护的字符串数),然后返回数据的指针。如果所包含的字符中,原来已经夹有"'\0'",则调用者将只得到被截断的字符串:

```
std::string s1 ("abc\0efg", 7);

cout << "s1.length = " << s1.length() << endl; //7
cout << "s1.c_str() is " << s1.c_str() << endl; //abc
```

c_str()返回的是 const char * ,所以调用者不能通过它修改 std::string 的字符内容。

(2) data()

在 C++ 11 中,data()和 c_str()干一模一样的活,同样返回补上"'\0'"的 C 风格的常量字符(const char *);在 C++ 11 之前,data()不会自动添加"'\0'",因此处理起来一定小心。

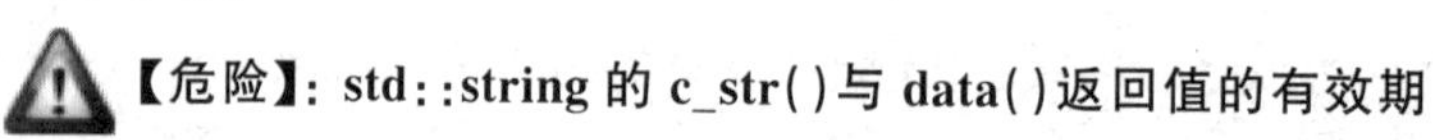

【危险】: std::string 的 c_str()与 data()返回值的有效期

c_str()或 data()都返回一个 const char * 的指针,这个指向的内存并不是一直有效,比如:

```
std::string s = "I am a programmer.";
char const * pstr = s.c_str();
s.clear();     //清除掉
cout << pstr << endl; //危险
```

一般这么认为:s.clear()只是将内存清掉,那之前的 pstr 就变成指向一个空字符串,最后一行代码大不了屏幕什么也没有输出而已。但事实 pstr 所指向的内容有可能是空,也有可能是原样,也有可能已经错乱了。

无论是 c_str()还是 data(),在原 string 对象调用了非常量的成员操作之后,就失效了。在实际项目中,推荐更严格而易于排察的规定:只在同一个语句中使用。

```
//比如需要给 C 函数 atoi 传递一个 C 风格的字符串,请写成:
int a = atoi(s.c_str());

//而不要写成:
char const * pstr = s.c_str();
...
int a = atoi(pstr);
```

因为，现在“...”的位置可能是空行，但以后搞不定就有哪位不听话的家伙，在那里插入一堆代码（不知不觉地毁掉 pstr 指针）。

12. 复制子串

c_str()和 data()没有复制内存的行为存在，所以高效是必然的，缺点一是前面提的危险，二是它返回的 const char * ，所以不允许修改内容，这就有了 std::string 的 copy 成员函数：

```
size_t copy (char* s, size_t n, size_t pos = 0) const;
```

或许 copy 应该取名为 copy_to 其功能体现能更直观点，它就是将内容（不添加“'\0'”），复制到入参的 char* s 中。n 则指定最多要复制多少个字符，pos 则表示从当前串哪个位置开始复制。返回值是实际复制了几个字符（因为源串的长度可能小于 n）。

```
std::string s ("0123456");
char buf[10];
size_t count = s.copy(buf, string::npos, 1);
buf[count] = '\0';  //别忘了手工添加结束符,因为下一行要输出

cout << buf << endl; //123456
```

13. 大小(Size)与容量(Capacity)

```
size_t size() const
//和
size_t length() const
```

这两个函数都返回字符串内部存储的字符个数（不受“'\0'”影响）。二者没有任何区别，后面仅以 size()说明。

```
bool empty() const
```

返回是否空字串，size()或 length()为零，但远比调用后二者再和 0 判断的操作来得高效。当然，如果当初命名“is_empty()”就更完美了。

```
void resize (size_t n);
void resize (size_t n, char c);
```

重新设置字符串长度，如果新长度较大，则新出现的字符内容，要么为随机，要么为指定入参 c 字符的值。如果新长度较短，则超出的原有内容被抛弃。

注意，为了性能，std::string 在正常的赋值过程中，尽管 size()返回值会长长短短，内部实际申请的内存尺寸，通常是只增不减。可以通过 capacity()成员函数探测实际已经分配的内存数。

```
void shrink_to_fit(); (仅 C++ 11)
void reserve (size_t n = 0);
```

C++ 11 提供了“shrink_to_fit()”成员函数，用于“祈求”一个 std::string 对象缩小内存。std::string 可以听话地缩小到 size()，但也可能根本不理。

C++ 98 中就存在 reserve 函数，意思是“储备”，所以它更多地用于事先预分配内存(并不改变字符串的 size()值)，需要分配的元素个数使用 n 表示，如果 n 为 0(默认值)并不是清空，事实上只要 n 比当前元素个数小，reserve 就和 shrink_to_fit()函数一个作用。

10.3.2 std::wstring

std::wstring 用于处理宽字符串，宽字符类型为 wchar_t。它有着和 std::string 类似的一整套的成员函数。事实上，std::string 和 std::wstring 是同一个类模板产生的两个类，然后各自取的别名。这个类模板是：

```
std::basic_string < typename charT > ;

typedef std::basic_string < char > string;
typedef std::basic_string < wchar_t > wstring;
```

在屏幕输出方面，string 对应 cout/cin，wstring 则对应 wcout/wcin，只是后者在 mingw 环境下没有得到完整的实现。在内存字符流方面，string 对应 stringstream/istringstream/ostringstream，wstring 则对应 wstringstream/wistringstream/wostringstream。

10.3.3 字符串格式化

还记得这段代码吗：

```
printf("\"%d, %4d, %04d\"\n", 11, 12, 13);

cout << '\"' << 11 << "," << setw(4) << 12 << "," << setw(4)
 << setfill('0') << 13 << '\n' << endl;
```

C++标准库中最容易让我产生轻生念头的东西，就是字符串格式化输出控制符，它们的名字实在不好记忆，并且有的持续有效，有的就单次有效，每次用到我几乎都要上一下 cppreference.com 或 cplusplus.com 网站(前者文档更佳，后者有不少好例子)。

大多数语言也都采用 printf 风格的格式化控制，比如 Python、C#，近一步加大了我记不得 C++一支奇葩的用法。但 C 语言的 printf，又确实有类型不安全的问题。如果我一个人在一个小项目里用也就算了，在涉及四、五个人大项目里放开了用，会感觉不太放心。boost::format 提供了两全齐美的解决方案：

```
#include < iostream >
#include < boost/format.hpp >

using namespace std;

int main()
{
    cout << boost::format("I'm %s. I'm %d.") % "Tom" %10 << endl;
    return 0;
}
```

屏幕输出“I’m Tom. I’m 10”。

用法是先构造出一个 boost::format 对象，构造时传入一个“格式符控制串”，然后用“%”操作符接收实际的参数。“格式符控制串”，采用和 printf 基本一致的控制符表示法。比如%s 表示这里需要一个字符串，%d 表示需要一个整数。

1. 类型指示符

格式化类型指示符如表 10－2 所列。

表 10－2　格式化指示符表

类型指示符	含义	备注
%c	一个字符	char
%d	一个整数	digit
%u	一个无符号整数	unisgned
%f	一个浮点数	float，double
%e	采用科学计数法的浮点数	
%g	自动选择%f 和%e	选择较短的表达法
%o	以八进制显示给定的整数	oct
%x	以十六进制显示给定的整数	hex，如果是%X，则字母大写
%s	字符串	直接支持 std::string
%p	指针（一个内存地址）	point，十六进制显示，如果确实是给一个变量的地址，则自动加上 0x 前缀
%%	输出一个百分号	

2. 常见格式控制符

接下来是常见的格式控制符。

宽度控制，在类型指示符前面加一个正整数，表示输出宽度，比如：

```
cout << boost::format("%10s, %4d") %"Tom" %123 << endl;
```

输出结果 Tom 前面将补充 7 个空格，123 数字前面补充 1 个空格。如果在宽度指示符前面再加一个 0，则不足位补充数字 0，而不是空格：

```
cout << boost::format("%010s, %04d") % "Tom" %123 << endl;
```

也可以控制数字的精度：

```
cout << boost::format("%8.3f, %3.2f") %100.2 %1234.567 << endl;
```

输出“ 100.200，1234.57”。

“%w.p”中，w 表示输出总长度，浮点数包含小数点占 1 位，实际长度不足则如前述补位，实际长度超过，则取实长。p 表示精度的表达长度，例中 100.2 被输出为 100.200，因为精度被指示为最少 3 位，实际精度不足自动补 0，实际精度超过则以“四舍五入”原则截断！

3. 简捷输出

为了快速组装不同数据成为一个字符串，boost 也支持用户向 C# 语言学习，不需要指定类型：

```
cout << boost::format("%1% %2% %3% %1%") % "Hello" % 3 % 29 << endl;
```

“%N%”表示这里要替换为后面第 N 个参数，N 从 1 开始(而不是 0)。上一行代码输出内容是“Hello 3 29 Hello”，打了两次招呼，是因为格式串中出现了两次“%1%”。

4. 构造 format 对象备用

boost::format 是一个类，可以事先构建出一个对象，这对于要整齐划一地输出一批数据，有提高性能的效果：

```
char const* names[] =
{
    "Tom", "Mike", "Mary", "Bill", "Alexander", "Bob"
};

int ages[] = {10, 22, 20, 32, 60, 7};
#define COUNT (sizeof(ages) / sizeof(ages[0]))

boost::format fmt("%10s ==> %2d");

for (size_t i = 0; i < COUNT; ++i)
{
    cout << fmt %names[i] %ages[i] << endl;
}
```

这里也可以看出，并不是 C++为“取余操作符(%)”提供了新的功能，而是 boost 为 format 这个类，重载了(%)操作符。

5. format 异常

事实上 boost::format 只要认为当前输出不会出现严重问题(内存越界，指针错指)等，它就会尽量输出，实际输出不了，它还是会抛出异常的，以下是 format 操作可能抛出的常见异常：

(1) bad_format_string；

(2) too_few_args；

(3) too_many_args；

(4) out_of_range。

每个异常的名字都基本做到了自我解释，实际使用时可以统一以它们的共同基类 boost::io::format_error 来捕获。

```
#include < boost/format.hpp >
#include < boost/format/exceptions.hpp > //io::format_error

...

try
{
        boost::format(...) ...;
}
catch(boost::io::format_error const & e)
{
        cout << e.what() << endl;
}
```

6. 更高级用法

boost::format 还有一些更高级的用法，比如定制宽度补充字符，绑定输入参数等，各位读者可后续自学。

最后，如果要处理 wstring 的格式化，需要采用对应的 wformat 类。

10.3.4 string 的武器库

C++标准库基本将 string 当成一个"字符容器"，然后在其上可套用多种通用算法，造成字符串算法严重不足。boost 又一次承担了救火员的角色，提供了丰富的字符串算法，并且同时支持 string 和 wstring。

这些扩展字符串算法，在 < boost/algorithm/string.hpp > 文件中声明，它们并不仅仅适用于 string 或 wstring，也适用于其他一些容器，但这里仍然简单称它们为"string_algo"。string_algo 中的许多算法都有多个版本，通过名字上的修饰字符不同，可做如下识别：

(1) 前缀 i：表示该算法不区分大小写；

(2) 后缀_copy：表示该算法将复制一份入参，再对复制品修改，不影响原入参；

(3) 后缀_if：表示该算法将提供一个函数对象，仅当该条件满足才处理过程数据。

和字符串最常相关的处理，无非是：大小写转换、去空白符、分类判断、查找、替换、删除、分割合并。

1. 大小写转换

```
void to_upper(T & input); //直接转成大写
void to_lower(T & input); //直接转成小写
T to_upper_copy(T const & input); //将复制品转成大写并返回
T to_lower_copy(T const & input); //将复制品转成小写并返回
```

这里的 T 代表 std::string 或 std::wstring 甚至其他类型,因此实际实现的都是模板,为了描述方便,我们将它们写成函数的形式。用例:

```
...
#include < string >
#include < boost/algorithm/string.hpp >
...

namespace str_algo = boost::algorithm;
...
void test_uppper_lower()
{
    string s = str_algo::to_upper_copy(string("hello"));
    cout << s << std::endl;
    str_algo::to_lower(s);
    cout << s  << std::endl;
}
```

2. 去空白符

当从文件、网络、数据库读入字符串时,往往需要去除其两端的空白字符:

```
void trim_left(T & Input); //去除 Input 左边的空白符
void trim_right(T & Input); //去除 Input 右边的空白符
void trim(T & Input); //去除 Input 两边的空白符
```

比如,原有字符串内容为:"# ABC　DE #",调用 trim 将变成"ABC　DE"。trim 函数同样都有_copy 版本,用于在得到去除空白符之后复制品。

trim 函数还提供了_if 版本,可用于实现去除特定的字符,比如有一个字符串内容为:"123ABC00DE456",若要将其改变成"ABC00DE",可以提供一个函数对象,作为判断式传入:

```
bool is_digit(char c)
{
    return (c > = '0' && c < = '9');
}

void test_trim()
{
    string s = "   ABC  DEF ";
```

```
    str_algo::trim(s);
    cout << s << endl;

    s = "123ABC00DE456";

    string s2 = str_algo::trim_copy_if(s, is_digit);
    cout << s2 << endl;
}
```

3. 分类判断

前面我们动手写了一个用于判断给定字符是否为数字的判断式:is_digit。所谓"判断式(predicate)",通常就是一个函数或一个函数对象,返回值是 bool 值,而入参则是调用者所要求提供判断的数据,在 string_algo 中,它是广义上的"字符"类型。string_algo 提供的常用字符分类判断如表 10-3 所列。

表 10-3　字符分类判断式

分类判断式	含义	备注
is_space	是否空白字符	至少包括 ' ''\t''\r'' \n'
is_alnum	是否字母或数字	
is_alpha	是否字母	
is_punct	是否标点符号	
is_lower	是否小写字母	
is_upper	是否大写字母	
is_print	是否可打印字符	
is_digit	是否数字(十进制)	
is_xdigit	是否数字(十六进制)	
is_any_of	是否是指定字符串中的某个字符	
is_form_range	是否指定范围内的字符	需一对入参表示范围:[from, to]

注意,这些函数若要支持汉字(比如汉字标点符号),需在操作系统环境支持,mingw 下由于没有实现汉字环境的本地化(locate),所以可知其明确不支持汉字。再者,如果你手快,你会发现下面的调用代码将编译不了:

```
boost::algorithm::is_space('\n'); //编译报错
```

因为要判断一个字母是不是空白符数字,确实不像我们想象中的那么简单,我们通常只处理英美的字符,但在法语或德语中,它们的字母表是什么? 这就需要有前面的本地化工作。

is_space()等函数,事实上有一个默认的 locate 参数,用于传递各国的本地化处理,中国字符由于涉及宽字符等,所以 mingw 环境下没有实现,但欧洲主要语言的字符的类型判断,确实可以通过本国 locate 参数实现,如果什么都不传,那么默认其就是纯 C 的环境，基本可认为就是英美字符体系。接着，is_space(const std::locale & Loc=std::locale())等函数，事实上创建了另外一个对象(正好也是一个函数对象)，然后再调用那个临时对象的括号重载操作：

```
boost::algorithm::is_space()('\n'); //编译通过
```

也有部分判断式不需要 locate 信息，但它们采用类似的设计，即通过入参先生成一个中间临时对象，然后再调用临时对象的括号操作符重载函数。比如，is_from_range 需要这样调用：

```
//判断 b 是否在'A'和'z'之间：
    boost::algorithm::is_from_range('A', 'z')('b');
```

而 is_any_of 这么调用：

```
//判断'B'是不是"ABCDEFG"中的某个字符
    cout << str_algo::is_any_of("ABCDEFG")('B');
```

4. 复杂查找

谷歌百度的搜索功能很强，不过再牛的搜索功能也要从基础打起，基础就在母串中搜索指定的子串。学完之本小节就可以谦虚而淡定且有意无意又偶然地对别人那么一提："说起我的那些在 google 工作的同行，我还是很敬佩的……"

根据 boost 的设计，从一个母串中查找子串，返回的结果是两个值，开始位置和结束位置，比如母串是"玛丽玛丽我爱你"，而查找的是"我爱"，则返回的母串分别位于 8 和 12 的迭代器，这一对迭代器构成一个"迭代范围"，体现为 boost 中定义的一个模板：iterator_range <T> 。其中 T 是所要查找的字符串(也可以其他内容)的迭代器，如果是 string，那就是 string::iterator 类型，如果是 wstring，那就是 wstring::iterator。

再次强调：返回的是两个迭代器，而不是两个数字。并且两个迭代器都指向母串身上的位置(有可能是无效位置，比如查找不到)，因此如果得到具体的偏移位置，需要和母串的起始位置迭代器相减：

```
    boost::format fmt("%s: %d ~ %d");

    string s = "玛丽玛丽我爱你";
    boost::iterator_range < string::iterator > result
            = str_algo::find_first(s, "我爱");

    if (result)
    {
        cout << fmt % result
                    % (result.begin() - s.begin())
                    % (result.end() - s.begin()) << endl;
    }
```

从代码中可看到，boost::**iterator_range** 还提供了转换为 bool 值的重载，用于判断是否找到。更有意思的是，它还提供了到字符串转换的重载，会输出其一对迭代器范围内的内容；如果查找到的话，就是子串。

【危险】：iterator_range 的有效期

注意，既然结果中的两个迭代器都指向母串身上的位置，所以如果在查找之后，母串内容被修改了，那么这两代迭代器就会失效，不应再访问！

还有以下几个 find 族函数：

```
//1)不区分大小写的 find_first
iterator_range ifind_first(Range1T & Input, const Range2T & Search);

//2)查找子串在母串中最后一次出现的位置（相当于倒查）
iterator_range find_last(Range1T & Input, const Range2T & Search);

//3)查找子串在母串的第 N 次出现的位置(N 从 0 开始)
iterator_range find_nth(Range1T & Input
                        , const Range2T & Search, int N);

//4)查找母串中的所有指定子串(不区分大小写),并存入 Reuslt 容器中
SequenceSequenceT ifind_all(SequenceSequenceT & Result
                            , Range1T & Input, const Range2T & Search);
```

后面两个函数也提供了 i 前缀的版本。另外 string_algo 也提供了基于正则表达式查找，请自行学习。现在特别关注在母串中连续查找子串的实现。

"find_nth"可以查找母串中第 N 次（N 从 0 开始）出现的子串的位置，但假设已经找到了第 N 个，则查找第 N+1 次出现的高效做法，应该是从上次查找的位置之后找起。下面是基于上述思路的一个"find_next"的实现：

```
/* 自定义的 find_next */
template < typename Range1T
         , typename Range2T
         , typename IteratorRangeT >
IteratorRangeT find_next (Range1T & Input
      , Range2T const & Search
      , IteratorRangeT & LastRange)
{
    if (! LastRange)
    {
        return LastRange;
    }

    //搜索范围：上次找到的结束位置，到母串的结束位置
    IteratorRangeT SearchRange(LastRange.end(), Input.end());
    return boost::algorithm::find_first(SearchRange, Search);
}
```

使用例子如下：

```
void test_find_next()
{
    string s = "0_ABC_1_ABC_22_ABC_33_ABC_4";
    string f = "ABC"; //我们要反复找 ABC

    cout << s << endl;

    //首先用 find_first 查找到一个
    boost::iterator_range < string::iterator > result
                = boost::algorithm::find_first(s, f);
    //然后反复查
    while(result)
    {
        cout << result.begin() - s.begin() << "\t";
        result = find_next(s, f, result);
    }
}
```

实测结果例中的查找过程，使用 find_next 比使用 find_nth 快 5 倍，如果母串更长，出现子串次数更多，速度差距还会更大。实现 find_next 的另一种做法是使用 stl 的算法，但后者的接口与 boost 此处的算法有较大区别。

最后，提供一个 wstring 的例子，如日常多数程序应使用 wstring 以便更好地支持中文：

```
//注意：请在 IDE 中，把代码所在源文件的编码，设置为 UTF - 8。
//并且本测试程序，不要和前面的 string 版本的各测试代码同时使用
void test_wstring_find()
{
    boost::format fmt("%d ~ %d");

    wstring s = L"玛丽玛丽我爱你"; //注意 L 前缀，表示使用 unicode

    boost::iterator_range < wstring::iterator > result
            = str_algo::find_first(s, L"我爱"); //注意 L 前缀

    if (result)
    {
        cout << fmt %(result.begin() - s.begin())
                    % (result.end() - s.begin()) << endl;
    }
}
```

由于 mingw 环境的限制，不尝试在屏幕上输出宽字符，但同样输出了位置，这回是 4～6。

5. 删除、替换

查找到子串位置，可以将子串删除，或替换成另一个子串。下面仅列出主要函数

的声明。

(1) 删除

```
//删除第一个子串
void erase_first(SequenceT & Input, const RangeT & Search);

//删除最后一个子串
void erase_last(SequenceT & Input, const RangeT & Search);

//删除第 N 个子串（N 从 0 开始）
void erase_nth(SequenceT & Input, const RangeT & Search, int Nth);

//删除母串中所有的指定子串
void erase_all(SequenceT & Input, const RangeT & Search);

//删除母串头部指定个字符
void erase_head(SequenceT & Input, int N);

//删除母串尾部指定个字符
void erase_tail(SequenceT & Input, int N);
```

(2) 替换

```
//将第一个子串 Search 替换为 Format
void replace_first(SequenceT & Input
         , const RangeT & Search, const RangeT & Format);

//将最后一个子串 Search 替换为 Format
void replace_last(SequenceT & Input
         , const RangeT & Search, const RangeT & Format);

//替换第 N 个子串 Search (N 从 0 开始)为 Format
void replace_nth(SequenceT & Input
         , const RangeT & Search, int Nth, const RangeT & Format);

//将母串中所有的子串 Search 替换成 Format
void replace_all(SequenceT & Input
         , const RangeT & Search,  const RangeT & Format);

//将母串头部指定个字符替换为 Format
void replace_head(SequenceT & Input, int N, const RangeT & Format);

//将母串尾部指定个字符替换为 Format
void replace_tail(SequenceT & Input, int N, const RangeT & Format);
```

其他还有不区分大小写的版本，以及不直接修改原串的_copy 版本。

6. 分割与合并

有一个字符串内容为“56, 37, 120, 90”，我们希望得到中间的 4 个数字求和，这就需要将数字从字符串中“抠”出来。若发现数字之间使用英文逗号区分，如果让母串以该字符拆分，就基本可以达成目标。boost::algorithm::split 正好派上用场。

```
SequenceSequenceT & split (SequenceSequenceT & Result
                    , RangeT & Input
                    , PredicateT Pred
                    , token_compress_mode_type type = token_compress_off);
```

split 将 Input(母串)进行切分，切分依据是"Pred"，Pred 正是前面我们提过的"判断式"；切分结果放入 Result 中(并返回)。

```
void test_split()
{
    string s = "56, 37, 120, 90";
    vector < string > v;

    str_algo::split(v, s, str_algo::is_any_of(","));

    int sum = 0;

for (vector < string > ::const_iterator it = v.begin()
        ; it ! = v.end(); ++ it)
    {
        string tmp = str_algo::trim_copy( * it); //去前后空格

        //转换 string 为 int。同样使用 boost 的方法，后面将学习
        int a = boost::lexical_cast < int > (tmp);
        cout << a << ", ";

        sum += a;
    }

    cout << " sum = " << sum << endl;
}
```

如果存在多种分隔符，可以在 is_any_of 中一一添加：

```
string s = "56, 37; 120, 90"; //37 和 120 之间使用 ';'分隔
...
split(v, s, is_any_of(",;")); //多添加一种分隔符
```

注意：使用 split 拆分复杂字符串时，分隔结果不一定就是我们直觉推想的结果，因此实际处理时需要小心印证，再对拆分结果做处理。

最后，split 还有一个"token_compress_mode_type"类型的参数，它表明如果分割符连续挨在一起，是否要跳过中间空的内容，设母串是"123,,456,7"，若 type 取 token_compress_off，则返回 4 个子串，其中第 2 个为空串；若 type 取 token_compress_on，则空子串被抛弃，默认值是 token_compress_off。

【课堂作业】：根据子串切分母串

split 只能处理单一字符，通过使用 wstring 以便使用汉字单字切分，仍然处理不了按多个字符的子串切分，比如母串是：123—>456—>789，希望用"—>"切分。请使用

前面学习过的字符串算法，实现这一功能。

join 是 split 的逆运算。它将存储在容器中的字符串，依序拼接成一个新串，并且可以指定连接的分隔符；它倒是可以方便地支持分隔符是一个子串。下面将前例的"test_split()"改名为"test_split_join()"，然后将前面切分得到的 v 中的子串，再连成一个长串：

```
void test_split_join()
{
        ....

        cout << str_algo::join(v, "==>") << endl;
}
```

join 还有一个版本，叫"join_if"，它允许提供一个判断式，以便设置要合并的子串的条件。比如可以要求，仅当子串转换成整数后，值大于 50 的才参与合并：

```
bool big_then_50(string const & s)
{
    int a =  boost::lexical_cast < int >(str_algo::trim_copy(s));
    return a > 50;
}

void test_split_join()
{
    ...

    cout << str_algo::join(v, "==>") << endl;
    cout << str_algo::join_if(v, "==>", big_then_50) << endl;
}
```

10.3.5　boost::lexical_cast

boost::lexical_cast 用于实现字符串和某些数据类型的转换。常见的如整值与字符串之前的转换：

```
#include < boost/lexical_cast.hpp >

    ...
//把字符串转换为……
int i = boost::lexical_cast < int >("1024");
long l = boost::lexical_cast < long >("20130");
double d = boost::lexical_cast < double >("0.123");

//把其他类型转换为字符串
string si = boost::lexical_cast < string >(i);
string sl = boost::lexical_cast < string >(l);
string sd = boost::lexical_cast < string >(d);
```

可见其用法是：目标数据 = lexical_cast < 目标类型 > (源数据)，形式与用法都和C++内置的static_cast < > ()等转换操作非常一致。利用“std::stringstream”，可以模拟lexical_cast的功能，从而加深对它的理解：

...

```
#include < sstream > //for stringstream
...

namespace my
{

template < typename TObj, typename TSrc >
TObj lexical_cast (TSrc const & src)
{
    std::stringstream ss;
    ss << src; //吃进源

    TObj obj;
    ss >> obj; //吐出目标

    return obj;
}

}
```

把前面测试boost::lexical_cast的代码，相关内容改为“my::lexical_cast”，看到的测试效果一致，虽然还是山寨班子，但所用的技术却和原厂的lexical_cast基本一致。都是利用了C++的“输入输出流”，可以“吃入”多种类型的数据，再以另外一种类型“吐”出来的基础(有点像魔术盒子)，来实现数据在不同类型之间的转换。

当然魔术的神奇终归是假的，C++的“流(stream)”对象也不是什么类型的数据都吃得进去或吐得出来的。用户的自定义的数据，它就处理不了，比如有一个坐标点：

```
struct MyPoint
{
    int x, y;
};
```

原装的lexical_cast暂时也不能把MyPoint的对象转换成字符串：

```
MyPoint pt;
string smp = boost::lexical_cast < MyPoint > (pt);
```

怎么办？解决方法是，为MyPoint分别提供输出与输入流的重载即可：

```
struct MyPoint
{
    int x,y;
};

//输出重载
ostream & operator << (ostream & os, MyPoint const & pt)
{
    os << pt.x << ' ' << pt.y; //两个数用一个空格分隔
    return os;
}

//输入重载
    istream & operator >> (istream & is, MyPoint & pt)
{
    is >> pt.x >> pt.y;
    return is;
}
```

然后先测试一下将 MyPoint 转成字符串：

```
void test_custom_lexical_cast()
{
    MyPoint pt;
    pt.x = 90;
    pt.y = -80;

    string s = boost::lexical_cast < string > (pt);
cout << "pt1 : " << s  << endl;
}
```

成功了！屏幕输出 s 的值是："90 -80"。

既然输入重载也已经写好了，那么上面的 s 再转换回 MyPoint 应该也是妥妥的了。

```
void test_custom_lexical_cast()
{
    MyPoint pt;
    ...

    string s = boost::lexical_cast < string > (pt);
    ...

    MyPoint pt2;
    pt2 = boost::lexical_cast < MyPoint > (s);
}
```

编译，运行，程序居然异常退出了，报告是 bad_lexical_cast……

突然想起山寨版本，以抱着对"山寨品牌"极其信任的感情，可将前面最后一行代码改成:"pt2 = my::lexical_cast < MyPoint >(s);"……全世界在这一瞬间安静下来了,国产山寨品牌成功了!顺利地将 s 转换成 pt2。国际顶尖大品牌 boost 都做不到的事,我们做到了!一时间掌声雷动,鲜花摇曳,山寨大师南郁眼噙热泪走上讲台……

好啦,幻想得有些过了,山寨版本转换成功了是没错,boost 版本转换异常了也没错,但当务之急不是吹嘘自己的功能如何了得,而是要搞清楚这中间发生了什么?这才是真正的、永远探索真相的程序员。

【重要】: 程序世界中的"薛定谔的猫"

写程序写多了,总难免会碰上一些奇奇怪怪的事,这些事最大的特征就是"状态不定",程序性能一会儿高一会儿低,程序运行一会儿好好的,突然就死了,同样的事情在这里可以,在那里就不行(比如前面两个版本的 lexical_cast)。普通程序员不相信程序的世界中也有"薛定谔的猫"存在,坚持去寻找其中的原因;文艺范儿的程序员:"从量子力学的角度看,人生不可能完美。这应该是微软的系统有缺陷,当然也可能是网络有问题,估计 C++标准库也有 BUG,或许 boost 也不是那么完美"……缺心眼程序员则在边上点头:"就是就是,我早就和你们说了,不要用 boost 这么复杂庞大的家伙!"

原因很简单,istream 默认启用了 std::ios::skipws 参数,当读入两个整数时,中间的空格被自动跳过。我们的代码"is >> pt.x >> pt.y"利用了这个特性,能够正确地从流中读出 x 和 y 的值 。boost::lexical_cast 所使用的流,为了严格起见,主动关闭了 std::ios::skipws 参数。所以我们的代码需做如下修改:

```
/* 根据 boost::lexical_cast 内部流的要求,重写 MyPoint 输入流的操作 */
istream & operator >> (istream & is, MyPoint & pt)
{
    //is >> pt.x >> pt.y;

    is >> pt.x;
    is.get(); //跳过空格
    is >> pt.y;

    return is;
}
```

10.4 智能指针

请首先复习《面向对象》篇 8.2.12 小节"复制行为定制"中有关"SomethingBuffer"类的设计,以及《泛型》篇中 9.4 节"泛型应用实例"中有关"AutoPtr"类的设计。

10.4.1 std::auto_ptr

std::auto_ptr是C++旧版标准中的智能指针，现已被C++ 11标记成“弃用”。虽然它确实还能用，但在编译时会得到警告。考虑到许多人会在不少旧代码中遭遇它们，就像在战地上会遭遇地雷，所以我们花一些时间来了解。之所以被抛弃，一是因为它存在使用习惯上的“陷阱”，初学者容易搞错（不是auto_ptr的错）；二是因为新标准中有更好用的智能指针（也不是auto_ptr的错）。

std::auto_ptr持有裸指针的控制权，却可以随随便便看似不经意地转移给另一个auto_ptr：

```
#include < memory >
using namespace std;

struct S
{
    int a;

    void SetA(int a)
    {
        this ->a = a;
    }

    ~S()
    {
        cout << "~S: bye - bye" << endl;
    };
};

void test_auto_ptr_crash()
{
023     auto_ptr < S > aps (new S);
024     auto_ptr < S > aps2(aps); //转移对裸指针的所有权
025     aps2 ->SetA(99);
026     aps ->SetA(100); //有可能造成程序挂掉
}
...
```

023行aps获得并负责管理一个新的裸指针（通过new S所得）；024行看似普通的“拷贝构造”操作，实际却是在做“转移”操作，aps拱手让出的原是它拥有且负责管理的裸指针。025行展示了aps2的“得意”，它拥有并可控制该裸针了；026行是“旧人”aps还想操作裸指针，但此时它拥有的裸指针是“null_ptr”。就像你曾经拥有一张百万存折，有一天我说做个复制操作，其实却是“转移”，然后你拿着旧存折非要银行给你一百万……轻则被送出银行，重则被告上法庭。但我们会那么傻吗？再看看复杂点的情况，比如将 auto_ptr 作为入参，传给函数：

```
void foo(auto_ptr < S > aps)
{
        ;
}

void call_foo()
{
        auto_ptr < S > aps (new S);
        foo(aps);
        cout << "===========" << endl;

        aps ->SetA(100); //程序通常要挂掉……
}
```

foo 函数的入参是一个 auto_ptr，而不是“auto_ptr < S > & ”或“ auto_ptr < S > * ”，因此当实参传递时，需要复制，这一复制，原 auto_ptr 即失去了原有的裸指针。那就试试将入参改成 auto_ptr 的引用：

```
void foo2(auto_ptr < S > &aps)
{
        ;
}
```

这将传递，没有发生裸指针转移所有权的事，但进入函数之后，万一又有复制的需要：

```
void foo2(auto_ptr < S > & aps)
{
        auto_ptr < S > aps2(aps);
        ...
}
```

以引用方式传递 auto_ptr 给某个函数，显然调用者更加没有安全感了，因为调用处的原 auto_ptr 到底会不会被“转移”走，调用者完全不可控。如果一个函数明确不准备转移 auto_ptr 入参的所有权，解决方法是“常量引用”：

```
void foo3(auto_ptr < S > const & aps)
{
        auto_ptr < S > aps2(aps); //编译不过去
        aps.release();            //也编译不过去
        ...

        //delete csp.get(); //代码阻止不了某些程序员的猥琐
}
```

这回可能让 foo3 函数作者感到迷惑了：我只是想以“aps”为模子复制一份，为什么编译不能过呢？当然，auto_ptr 本身也感到很委曲：“我早就说过了，我的‘复制’就是转移，是你们人类自己记不住啊！”既然如此，让我们来检查一下 auto_ptr 类模板的拷贝构造函数，看看它是不是真的一切声明在先？

<table>
<tr><th>典型的拷贝构造</th><th>auto_ptr 的拷贝构造</th></tr>
<tr><td><pre>
class XXX
{
    public:
    ...
    XXX(XXX const & other);
    ...
};
</pre></td><td><pre>
template < typename T >
class auto_ptr
{
    public:
    ...
    auto_ptr(auto_ptr & other);
    ...
};
</pre></td></tr>
</table>

对比两边的拷贝构造函数声明，左边入参带有 const 修饰，右边的没有。看来 auto_ptr 没有欺骗我们，它特意声明拷贝构造时的入参不能是常量，原因就在于当它复制 other 时，还会修改 other 的内容，这是合法的，因为 C++没规定拷贝构造的入参一定是 const。只是这违反了直觉，违反了“拷贝构造”的语义。

一切混乱还是来自 auto_ptr 的拷贝构造等“语义”违反了人类直觉和社会公德。想想吧，小宋抄小明的作业，抄就抄了，可抄完之后还把小明的作业偷偷撕掉两张，这就让人心寒了！想想吧，这样的孩子将来长大成人，万一当个明星的经纪人，天知道会把人家明星坑成什么样子……言归正传，C++标准委员会决定抛弃 auto_ptr，我很赞同。

再说说 auto_ptr 作为函数返回值的作法，这在旧代码中很常见。

```
std::auto_ptr < S > CreateS()
{
        ...
        S * ps = new S;
        ...

        return std::auto_ptr < S > (ps);
}
```

这个做法挺灵活的：如果调用者就不想理会什么智能指针，那完全还可以使用裸指针接盘：

```
S * sp = CreateS().release(); //取回裸指针,按常规方式使用,包括负责释放
```

如果调用者认同用智能指针有一定的方便性，那就保留 auto_ptr 接下：

```
std::auto_ptr < S > asp = CreateS(); //保留 auto_ptr,以方便自动释放。
```

如果调用者喝了点小酒，一不做二不休地调用 CreateS()函数却不理会其返

回值：

```
CreateS(); //不理会返回值,反正它会被自动释放……
```

如此也不会造成指针没人释放，当然，等酒醒之后，这位调用者应该会被批评。唯一不好的是，如果代码这么写：

```
S * sp = Create().get (); //可怕!
```

这样写，本意上应该是想达到第一种写法的效果，但后果相当可怕，请认真分析为什么。

10.4.2 boost::scoped_ptr

还记得那个《泛型》篇中提到的某 IT 项目的辩论会吗？一派坚持智能指针和裸指针可以“离婚”，他们是 std::auto_ptr 无悔的拥趸，一派认为智能指针和裸指针不可以“离婚”，boost::scoped_ptr 体现了他们的观点。先看 boost::scoped_ptr 的基本用法：

```
#include < boost/smart_ptr.hpp >

void testScorePtr()
{
    boost::scoped_ptr < S > ss (new S);

    if (ss) //判断是否不空
    {
        ss ->SetA(99);
        ( * ss).SetA(100); //和裸指针一样,也可以先用 * 取值
    }
}
```

同样模拟了裸指针的功能(重载了“->”和“ * ”操作符)；还提供了是否为空的判断(重载了‘!’操作符)；禁止了裸指针的偏移计算，比如：p++、p--、p+=5、p-=2 等。既然是智能指针，所以正如代码所演示的，不需要手工 delete。

scoped_ptr 明确禁用拷贝构造和赋值操作(回忆一下 boost::noncopyable)，所以只能通过指针或引用的方式将 soped_ptr 对象传给一个函数：

```
void foo4(boost::scoped_ptr < S > const & csp)
{
    csp ->SetA(100);

    //delete csp.get(); //代码阻止不了某些程序员的猥琐
}
```

就像注释代码说明的，程序员有权力强行释放智能指针返回(而非 release)的裸指针，这让人欲哭无泪。公司的管理人员很大一部分的工作，就是发现这样的程序员

然后劝退。

想在 scoped_ptr 身上犯错，哪怕是新手，可能性也挺小的，你看：

```
scoped_ptr < S > sp1(new int);

scoped_ptr < S > sp2 = sp1; //这样不 OK 的啦
scoped_ptr < S > sp3(sp1); //这样也不 OK 的啦
```

甚至在构造时都不允许使用‘=’操作了，比如：

```
scoped_ptr < S > sp4 = new int; //编译失败，简直是道德洁癖！
```

scoped_ptr 中的“scoped”意为“区域、范围”，所以它不仅信奉“从一而终”，而且信奉“老子”的“鸡犬之声相闻，民至老死不相往来”。因为无法复制，所以当需要传递给函数时，只能以引用或指针形式传入真身，无法传值；用作函数返回值也一样。

看起来“scoped_ptr”是个隐居山林的贤人啊，不过真相非常残酷，scoped_ptr 不支持在对象间复制、转移裸指针，但如果它对该裸指针不满意，那它可以“谋杀”这个裸指针，然后自行换个新的，这个“谋杀”函数就是“reset()”：

```
scoped_ptr sp1(new int);
sp1.reset(); //所拥有的指针被内部 delete 掉了
assert(! sp1);
```

调用 reset()之后，sp1 又恢复了自由身，现在它不拥有任何裸指针了，直到它看上新的：

```
scoped_ptr sp1(new int);
 * sp1 = 38;
sp1.reset(); //释放原有裸指针，恢复自由身
sp1.reset(new int(22)); //改为拥有传入的新指针
cout << * sp1 << endl;
```

甚至可以“在谋杀的同时娶得新人”：

```
scoped_ptr sp1(new int);
 * sp1 = 38;
sp1.reset(new int(22)); //释放原有，改拥新指针
```

好吧好吧，不过是程序代码，何必上升到道德批评呢？放开了讲吧，两个 scoped_ptr 可以交换所拥有的裸指针，（你说，这让我能如何比喻?）方法是通过成员函数 swap()：

```
scoped_ptr sp1(new int(0));
scoped_ptr sp2(new int(1));
sp1.swap(sp2);
cout << * sp1 << endl;
cout << * sp2 << endl;
```

从一个指针管理的功能来看,释放指针(reset)、释放指针并替换为新指针(reset(newPtr))、高效地交换两个指针都是必要的,这些功能也都不容易使用出错。boost::scoped_ptr 最本质的改进,就是不允许拥有权的"潜式"转移,也不提供直接交出所有权的操作(类似 auto_ptr 的 release()函数)。

有关 scoped_ptr 最后也是最重要的问题是:一个变量只在一定的范围(scope)内使用,可以自动释放,那不就是"栈"变量吗?为什么一定要使用 scoped_ptr?对比以下代码:

使用栈变量	使用"scoped_ptr"

void foo()
{
    int a = 10;
    cout << a << endl;
    ...
}
	void foo()
	{
	    scoped_ptr < int > a (new int(10));
	    cout << * a << endl;
	    ...
	}

很明显,右边使用的"scoped_ptr"方式纯属折腾,看不出任何必要性。

"面向对象"编程时,经常需要使用基类类型的指针,指向或创建派生类;如果有多种派生类,往往需要在运行期才能决定创建哪类对象,此时通常需要使用 new 操作以动态创建。如果这个堆对象正好符合"此处用完就删除"的特性,就可以使用 scoped_ptr 加以管理:

```
class Flyable {};

class Airplane : public  Flyable {};

class Duck : public Flyable {};

Flyable * CreateFlyable(char c)
{
    //根据入参值,创建指定类型的对象:
    if (c == 'A')  return new Airplane();
    else if (c == 'D') return new Duck();
    else return nullptr;
}

void Foo()
{
    cout << "请选择:a)创建 Airplane,d)创建 Duck。" << endl;
    char c;
    cin >> c;
    boost::scoped_ptr < Flyable >  flyable = CreateFlyable(c);

    if (flyable)
    {
        //...
    }
}
```

Foo 函数中事先并不知道将创建 Airplane 或 Duck 的对象，因此需要使用基类指针从堆中动态创建对象，而为了管理该堆对象，可以使用 scoped_ptr。

10.4.3 boost::scoped_array

当所要创建的具体类型必须在运行时才能确定，此时需要使用 new 来实现动态创建；另外还有一种：当需要一次性创建多个对象，但到底是几个无法在写代码时知道，需要在运行时动态创建，这种情况下也需要动态创建。此时我们可以使用 vector 这样可动态扩大容量，自动管理内存申请和释放的容器，也可以使用原始的 new[] 操作。

boost::scoped_array 就是用于封装 new[]操作，来实现自动释放一组对象，这是 std::auto_ptr 和 boost::scoped_ptr 所做不到的，比如：

```
boost::scoped_ptr sp (new int[100]);
```

这行代码可以通过编译，但在最后自动释放时，至少会出现 99 个 sizeof(int)的内存泄漏。scoped_ptr 在释放时使用的是“delete”操作，而非此时希望的“delete []”。

【危险】：慎用智能指针，管理 C 风格申请的内存

既然提到 new/delete 及 new [] /delete[]，那就非常有必要提一提 C 风格的动态内存分配：malloc()/free()。不能使用 auto_ptr 或 scope_ptr 等接管由 malloc() 分配得到的内存，因为释放时使用的是“delete”操作而非“free()”。

boost::scoped_array 用来管理 new[]操作创建的内存(通常称为动态数组)：

```
boost::scoped_array < int > a(new int[7]); //管理一个含 7 个元素的整数数组
```

既然是数组，当然需要支持通过[]操作符加下标来访问指定的元素(而不是“->”)：

```
a[1] = 10;
a[3] = a[1] + 2;
```

当作用域结束，scoped_array 的对象自动释放，于是在析构时自动调用 delete[] 处理之前托管的内存，免去我们人工调用。除此之外，scoped_array 真的没做什么了，裸数组下标越界时会发生灾难，scoped_array 也一样，它也不替我们检查数组有多大，本次访问是否越界等等，以保障性能：

```
a[7] = 0; //越界了,但 scoped_array 不管。
```

和 scoped_ptr 一样，scoped_array 也废掉了地址偏移计算：

```
*(a + 3) = *(a + 1) + 2; //错,不支持地址偏移计算
```

scoped_array 原汁原味在保留了裸数组就是一块内存的开始设定，下面测试使用 C 语言的 memset()函数，通过它直接将一块内存的每一个字节设置成指定的值：

```
boost::scoped_array < int > a (new int [7]);

a[0] = 11;

memset(& a[1], 0xA, 6 * sizeof(int));

boost::format fmt(" % x\t");

for (int i = 0; i < 7; ++ i)
{
    cout << fmt % a[i];
}
```

我们先用体面的方式，即下标访问，将第一个元素赋值为 11，接着通过“&a[1]”取得数组第二个元素的地址，将之后 6 * sizeof(int)个字节全部填充为 10(16 进制 0xA)，并以某种格式打印出来。

boost::scoped_array 同样提供“reset(T * p = 0)”操作，其作用释放原有裸数组并拥有新的裸数组(p 的声明虽然是指针形式，但那是因为作为函数入参，数组发生了“褪化”)。

scoped_ptr 未被引入 C++新标准，更多时候，我们使用功能更强但性能略差的 std::vector，或者使用模拟静态数组的 std::array。

10.4.4 std::unique_ptr

“unique”意为“独一无二”，那么“独一无二的智能指针”是什么意思呢？先说个 std::unique_ptr 暂时还是“独一无二”的功能：它可以同时处理普通指针和指向数组的指针：

```
# include < memory > //unique_ptr

void test_c11_unique_ptr()
{
    //以下代码，你需要打开工程的 C+ + 11 或更高标准的编译选项
    std::unique_ptr < S > s(new S);            //管理普通指针
    s ->SetA(1);

    std::unique_ptr < S[] > sa(new S[10]); //管理数组

    for (int i = 0; i < 10; ++ i)
    {
        sa[i].SetA(i);
    }
}
```

unique_ptr 像是 auto_ptr 的功能改良版。第一个改进就是可以管理指向单一对象的指针，也可以管理指向连续对象(数组)的指针。接下来，unique_ptr 要改进的肯定是 auto_ptr 最大的黑暗面："偷偷摸摸"的，看似"复制"其实却是"转移"的操作。

```
std::unique_ptr s1(new S);
std::unique_ptr s2(s1); //ERROR，拷贝构造，不行
std::unique_ptr s3 = s1; //ERROR，直接赋值，也不行
```

s2 想以 s1 为模复制，失败；s3 使用赋值操作(但通常会被优化成拷贝构造)复制，也失败。可见 unique_ptr 对象是将裸指针看得相对紧一点，不容易发生突然就转交给别的对象的事情。如果在使用过程中确实需要转移，方法一是让源对象非常清晰明确地主动释放：

```
std::unique_ptr s1(new S);
std::unique_ptr s4 (s1.release()); //主动声明'放手'后，可以转移至别人
```

s1 主动调用 release()方法，返回放手后的裸指针，然后作为另一个 unique_ptr 对象的构造入参，实现所有权转移。

另一个方法是使用转移语义，调用标准库的 move()方法：

```
std::unique_ptr s1(new S);
std::unique_ptr s4 = std::move (s1); //支持标准库转移函数
```

从字面上看，无论是自愿的"release()(释放)"还是被外部强行"move(转移)"，语义都非常明确，不容易误解误用。一旦主动释放或被转移，原 unique_ptr 对象所拥有的裸指针就是空指针 nullptr。原裸指针的管理责任，由接手者负责，这些功能和 auto_ptr 并无两样。

只是砍掉了一些功能(禁止拷贝构造和赋值复制)，然后正好有函数 release()，正好名字大家很喜欢，这就自称是新一代的智能指针？auto_ptr 功能不少，只是因为程序员自个儿容易用错，就把人家给打入冷宫了？这一天 unique_ptr 正在宫里走着，突然听到有人在冷言冷语，不由心头一紧。

unique_ptr 明确(采用"= delete"的方法)禁用了拷贝构造和复制操作，从而杜绝了 auto_ptr 面子上在"复制"，私下里却在"转移"的危险行为；但是，如果碰上看起来是在复制但其实是在转移的安全行为，unique_ptr 却又能放宽政策。咦，怎么理解这里说的"看起来是在复制，但其实是在转移的安全行为"呢？有这种情况吗？

假设你是一位神奇的魔法师。这一天正好看见张三从银行出来，扛着装有 100 万元的麻袋；你过去骗他："兄弟别走，让我以你的 100 万元为模，神奇地复制出另一个 100 万元！"。张三信了，你也成功地"复制"了百万元跑了。张三回到家打开麻袋，发现全是白纸。这种行为是危险的转移行为，人们纷纷谴责你。

你还是那位神奇的魔法师。这一天突然有只猩猩在闹市中抢了一个婴儿，大家追啊追啊，那畜生却上了高楼站在楼沿……说时迟那时快你使了魔法。当听得东西

落地，人群惊叫着围上去一看却是一个塑胶娃娃，真正的婴儿在你怀里甜甜地睡着。这就是不危险的转移行为，人们纷纷赞扬你。

让事情发生本质转变的，并不是“100 万元”变成“婴儿”，而是你在谁身上实施“乾坤挪移大法”。前者是一位回家后还要养妻育儿生活下去的人，后者是一个要跳楼的猩猩(我知道动物爱护协会的人正在路上)。

unique_ptr 是在对“转移”语义有良好定义的 C++ 11 新标的背景下引入的智能指针，所以它也能“识别”出哪些转移行为是安全可执行的，哪些是危险不能偷着来的。先看危险的：

```
std::unique_ptr up1(new int);
std::unique_ptr up2 = up1; //不允许
```

为什么不能通过第二行代码，将 up1 所管理的裸指针，转移给 up2？因为 up1 此时也还活着，就这样借着第二行代码(这可是一句复制操作)转移出去，也许 up1 是自愿的，可也许这根本就是某些程序员技艺不精或一时糊涂写错的啊(程序员本意也许就是想复制)。万一是后者，会让 up1 有冤无处说，最终搞垮整个程序。这种情况下，unique_ptr 要求程序员明确指出，我是要转移：

```
std::unique_ptr up2 = std::move (up1); //OK!
```

一切都要“明确！明确！”，生活中再好的朋友向你借 50 万元，也一定要让他写借条，就是这个道理。当然，如果是跟我借钱，我不会要求大家借条，因为我没钱借你们。借就写借条，没借就不写借条，多么明确，肯定不会出错。再来看另一个危险的情况：

```
void UsePtr(std::unique_ptr < int > aup)
{
    assert(aup);
    cout << *aup << endl;
}
```

注意，函数入参 aup 不是引用也不是指针(原始指针)，所以想调用该函数，必须复制一个 unique_ptr < int > 的对象传进去，但这是被禁止的：

```
void test()
{
    std::unique_ptr < int > upi(new int(0));
    UsePtr(upi);    //编译失败！
}
```

编译失败，因为 upi 无法以传值(复制)的方式，传给函数 UsePtr。根据需要，有两种解决方法，一是修改 UsePtr，将其入参改为引用或指针，以前者为例：

```
void UsePtr(std::unique_ptr < int > & aup);
```

这是常见的需求，即指针还是那个指针。如果确实需要将调用处的智能指针转移给函数入参，那就回到使用 move 的方法：

```
void test()
{
    std::unique_ptr < int > upi(new int(0));
    UsePtr(std::move (upi));     //编译通过!
}
```

此时调用处的代码明确写着“move”，这也是对调用者最好的提醒：你定义的 upi 所管理的内存，已经被转移走了，因此 upi 内部裸指针已经是 nullptr 了，请不要再访问它了。这个例子也用于演示如何使用 std::unique_ptr 作为函数入参。

接着说安全的情况，如果一个对象(通常是匿名对象)马上就要“死了”，那么就可以大大方方地把这个对象所占用的内存转移过来，典型的如一个函数返回的临时对象：

```
std::unique_ptr < int > CreatePtr(int value)
{
    std::unique_ptr < int > result(new int (value));
    return result;
}

void test2()
{
   std::unique_ptr < int > r = CreatePtr(1000000); //看似复制,其实转移
}
```

函数的返回值，被放在函数调用栈中，如果它不是指针也不是引用，那就意味着它很快就会消亡，因此它就是一个临时对象。test2()中，变量 r 就从容地“转移”走了 CreatePtr()返回的 unique_ptr 所拥有的裸指针。如果你不放心编译器，或者你有道德洁癖，可以坚持这样写：

```
std::unique_ptr < int > r = std::move(CreatePtr(1000000));
```

这个例子也用于演示如何使用 std::unique_ptr 作为函数返回值。

unique_ptr 语义明确，并且也方便在函数间传递，因此它进入了标准库。我们建议，如果只需要一个有长生命周期的堆对象，并不需要多个指针同时指向该对象时，就可以使用 unique_ptr 管理。

我们再次提醒：unique_ptr 也可以用来管理一堆“堆对象”(数组)。提醒之后就有了新问题：当 unique_ptr 在管理一个堆数组时，有没有办法从它身上得知所管理的数组包含了几个元素？

回忆一下原始的堆数组，它其实就是一个指针，除了靠自行记忆，当我们手上有一个指针，除非搞“黑科技”，否则我们还真不能识别出它是指向一个对象，还是指向一组对象，如果是后者，更无法得知所指向的数组有多大。让 unique_ptr 负责管理一个堆数组时，它同样没法给出数组大小的信息。

 【小提示】：如何临时从智能指针对象上取得裸指针

boost::scoped_ptr 和 std::unique_ptr 都提供 get()成员以返回其管理的裸指针(只是返回，并没有像 release()那样交出管理权)。由于 unique_ptr 同时也能管理堆数组，此时 get()返回的提针，就是指向该数组(一块连续内存)的指针。除了要和纯 C 的接口对接，否则我们很少有调用 get()以取得裸指针的需要。

10.4.5 std::shared_ptr

1. 问题和思路

shared_ptr 来自 boost，现在已经被 C++ 11 收入麾下。当确实需要在代码中有多处指针指向同一块堆内存时，unique_ptr 就用不上了，此时需要使用 shared_ptr。

编程语言中指针的引入，很大的一个原因就是需要在代码中的多处(空间或时间上)可以操作同一个对象(同一内存)，特别是当程序存在并发时，对同一对象的操作时序也无法保证。而在并发应用中，更是可能在不同的时间线上存在多个指针指向同一处内存。背后的业务逻辑是存在不同时间、不同地点操作同一数据对象的需求。

单一线程(无并发)的应用中，通常在流程复杂到一定程度时，才会造成指针管理困难。为了理解需求，我们还是生硬地造一个例子吧。先定义一个变量：ilst，它是一个用于保存指针的容器：

```
std::list < int * > ilst;
```

然后有个 Add_1(int * p)函数，它判断入参 p 指向的整数是不是奇数，如果是将它加入 ilst 中；再有一个 Add_2(int * p)函数，它判断入参 p 指向的整数是否是 3 的倍数，如果是，也加入 ilst 中。最后是 main()函数：

```
int main()
{
    std::list < int * > ilst;

    for (int i = 0; i < 100; ++ i)
    {
          int * p = new int(i);

          Add_1(p);
          Add_2(p);
}

    /* 此处是围绕 ilst 的其他处理 */

    //最后释放列表中的指针：
```

```
    for (auto it = ilst.begin(); it != ilst.end(); ++it)
    {
        delete *it;
    }
}
```

出大问题了。

一个整数可能既是奇数又是3的倍数，比如3、9、21等，所以存在一些指针p被前后加入到ilst中两次，于是最后在第二个for循环中被释放了两次！找到问题原因后要解决也不难，比如可以从ilst中先找到并移出重复的指针。但无论如何，这是个坑，平添了正确管理内存的困难。

**【小提示】：你在生造例子！**

不要因为这个例子生硬就觉得它没有代表意义。可以试试将“int * ”替换为“Student * ”对象的指针，再将“奇数”替换成“三好生”，将“3的倍数”替换成“优秀班干部”，将“列表”替换为“光荣榜学员表”。

既然问题出在内存释放上，能不能使用“std::unique_ptr”解决呢？不行，unique_ptr包装下的指针不能复制，决定了某个指针一旦采用push_back(move(p))的语法加入列表(其中p的类型是unique_ptr < int >)，p所拥有的裸指针将变成空指针，后续对它的取值，就是在访问非法内存。

**【课堂作业】：感受std::unique_ptr的唯一性**

请将上例代码中的int * 改为std::unique_ptr < int >类型，编译通过后测试运行。

说白了，我们就是既要让多个指针共享同一内存，又不想手工释放。因为越是存在多个指针指向多一块内存的情况，就越难以靠程序员的大脑去维护，哪块内存已经没有任何指针指向它(因此千万别忘了释放)，哪块内存还有几个指针在指向(因此千万别释放)。

要解决这一问题，引入GC(Garbage Collection(垃圾回收))是个办法。为此，程序需要有一个额外的“保姆”线程用于查找、标记哪些堆内存已经不在使用中(没有任何指针指向它)，然后释放；而为了保证标记的正确性，该线程在工作时，往往要求程序中的其他线程暂停工作。对程序性能，GC有正面影响，也有负面影响，总体上后者居大。

当前C++语言没有GC机制，除性能上的考虑之外，关键还在于引入GC后，会对原有的编程方式影响较大，特别像原有RAII机制中的析构函数调用时机的明确性等。

**【重要】: C++天生的 GC 机制:栈内存**

C++支持各种对象在栈上分配,而栈的内存可自动回收,因此事实上“栈”是C++语言中天生的性能高效加使用方便的 GC 实现。依赖独立线程实现 GC 的语言,通常只支持内置的简单类型(int、double、boolean 等)在栈中分配(会自动回收),复杂对象均需在堆中分配(必须由 GC 线程回收)。

shared_ptr 智能指针正如其名“shared”可用于管理多个指针共同拥有的内存。比如下面的代码:

```
int * pa = new int(123);
int * pb = pa;
```

如图 10-6 所示,pa、pb 两个指针共同指向同一块内存,就可以称作 pa、pb 共享内存,类似于信用卡中的主、副卡,都指向同一个账户。

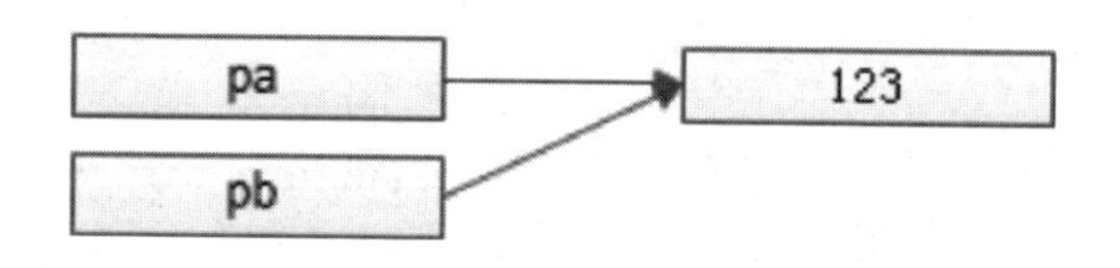

图 10-6　不同指针共享同一块内存

当我们说“删除指针”或“释放指针”时,其实都说错了,严谨的说法显然是“释放某个指针所指向的内存”,而不是删除指针本身;更严谨的说法是“通过某个指针释放它所指向的内存”。上例中,如果我们通过“pa”释放它所指向的内存,就会造成“pb”指向一块已经被释放的内存,如果随后又想通过“pb”访问那块内存,程序就会运行出错,结果可能悄无声息,也可能程序直接挂掉。示例如下:

```
delete pa;
 * pb = 124; //pb 所指向的内存,其实已被收回

//或者,尝试释放
delete pb;
```

shared_ptr 的思路是:另弄一个计数,记录待管理的那块内存到底有几个指针指向它,每当有个指针要被释放前,通过计数检查它是不是最后一个指向该内存的指针,如果不是,就不真正释放内存,只是将计数减一,如果是则释放内存。这个“计数”的专业术语叫做“引用计数”。

【轻松一刻】: “计数”技术我们经常在用

妈妈坐在沙发上看电视,几个孩子围着桌子吃饭,每当一个孩子吃完要离开,妈妈都看一眼,这时小明偷偷地想离开,妈妈叫了一声:“小明你又是最后一个吃完,你收拾桌子并且洗碗吧!”此时爸爸从书房出来说:“老婆,我还没吃呢。”于是妈妈说:“那你吃剩菜,并且记得收拾。”

试举一例，假设有一块内存叫 M，然后先后有两个智能指针引用它，我们画四步示意，如图 10-7 所示。

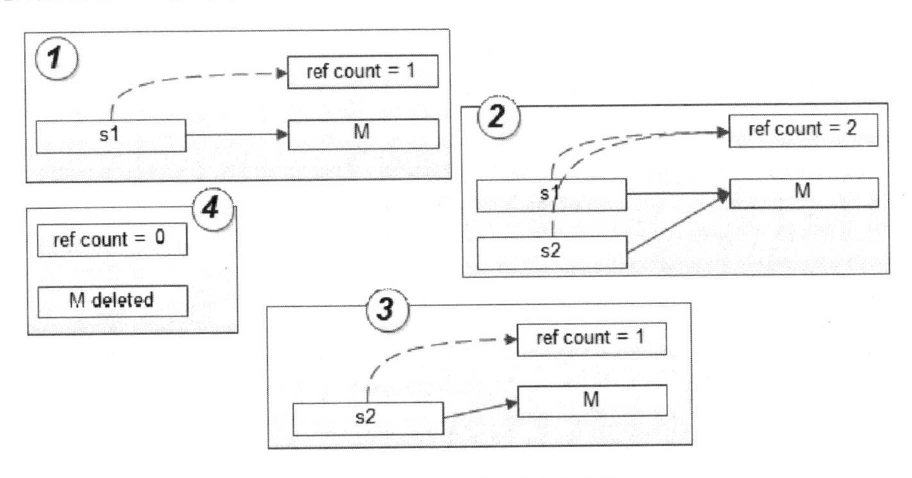

图 10-7　"引用计数"技术示意

首先，智能指针 s1 创建时申请了一块内存 M，这时计数值为 1。接着，智能指针 s2 也要引用内存 M，于是计数值升为 2。后面，智能指针 s1 出了作用范围，自动析构，于是计数减 1，但内存 M 并没有被释放，直到 s2 出了作用范围并析构，计数减为 0，M 被真正释放。

这其中最重要的一步是第 2 步，s2 创建时，并没有自己申请一块内存，否则，它和 s1 就井水不犯河水，不存在"共享"了。而这其中没有提到但最重要的一个实现原理，就是"智能指针"本身其实是一个"栈"对象，我不是特指某个智能指针，而是指全部，所以它才会有"出了作用范围"这一说。当新的智能指针对象构造时，会去自增引用计数，析构时则自减引用计数。

2. 模拟实现

为了更好地理解 shared_ptr 的机制，请大家跟随课程模拟实现一份简化的 shared_ptr。重点关心其"引用计数"的思路与实现：

```
#include <cassert> //当指针不可用，用户又要强行用时，一死了之

//用以记录引用计数
struct MyRefCount
{
    int count;

    MyRefCount()
        : count(1)
    {

    }
};
```

MyRefCount 只有一个成员,并且是公开的,用来记录引用计数,当对象构建时,count 直接就是 1。

```
template < typename T >
class MySharedPtr
{
public:
    explicit MySharedPtr(T * ptr)
        : _ptr(ptr), _rc(new MyRefCount ) //这里创建引用计数
    {

    }

    MySharedPtr(MySharedPtr const & sp)
        : _ptr(sp._ptr), _rc(sp._rc)
    {

        ++ _rc->count;
    }

    MySharedPtr & operator = (MySharedPtr const & sp)
    {
        if (& sp == this)
        {
            return * this;

        _ptr = sp._ptr;
        _rc = sp._rc;

        ++ _rc->count;
        return * this;
    }

    ~MySharedPtr()
    {
        -- _rc->count;
        if (_rc->count == 0)
        {
            delete _ptr;
            delete _rc;
        }
    }
    T* operator ->()
    {
```

```
        if (_rc->count == 0)
        {
            return nullptr;
        }

        return _ptr;
    }
    T & operator * ()
    {
        assert((_rc->count > 0));
        return * _ptr;
    }

    int GetRefCount() const
    {
        assert((_rc->count > 0));
        return _rc->count;
    }

private:
    T* _ptr;
    MyRefCount * _rc;
};
```

阅读该类代码，先要重点看构造、拷贝构造、赋值操作和析构函数，再看引用计数"_rc"的变化。包括：_rc 指针在哪里创建(new)出来的，在哪里被复制的，在什么条件下被释放的。再看对裸指针_ptr 的处理，什么时候被赋予初值，什么情况下被复制，什么条件下被释放。被复制的逻辑存在于赋值操作中，需要先检查当前指针原来所指向的内存是否需要释放，然后再改变指向。

代码余下的部分用于模拟裸指针，作为示意，这里仅简单重载"->"和"*"操作符。前者模拟访问裸指针，后者模拟访问裸指针所指向的内容。另外为方便观察引用计数的变化，特意提供 GetRefCount()方法。测试如下：

```
void testMySharedPtr()
{
003   MySharedPtr < int > sp1(new int);
004   cout << "ref count = " << sp1.GetRefCount() << endl;

006   {
007       MySharedPtr < int > sp2(sp1);
          cout << "ref count = " << sp2.GetRefCount() << endl;

010       * sp2 = 10;
```

```
        cout << "*sp2 = " << *sp2 << endl;
012  }

014    cout << "*sp1 = " << *sp1 << endl;
015    cout << "ref count = " << sp1.GetRefCount() << endl;
}
```

003 行产生一个全新的智能指针 sp1,它分配一个整数的内存。现在 sp1 的引用计数是 1。006 行特意嵌入一个子代码块,以便人为地改变变量的作用域。007 行从 sp1 拷贝构造出 sp2,意味着 sp2 和 sp1 各自拥有的裸指针指向同一块内存。现在 sp2 的引用计数是 2,sp1 的引用计数当然也是 2,因为它们各自的_rc 指向的引用计数对象是同一个。

010 行通过 sp2,修改了所指向的整数的值。012 行,内嵌的代码块结束,于是作为栈变量,sp2 结束生命周期,被析构。根据推理,此时引用计数减为 1,裸指针没有被删除。014 行尝试用来证明 sp1 还正常地活着,我们访问了它的裸指针的内容,确实还是 10。015 行输出当前引用计数,将是 1。

这个函数结束,sp1 也被析构,这次裸指针将被删除。修改代码,让 MgSharedPtr 持有一个用户自定义类,并尝试输出更加详细的信息。MySharedPtr 在模拟裸指针的行为上,还有许多事需要完善。比如它是并发不安全的,当多个线程同时修改引用计数等操作时,需要对计数操作加锁等。

3. 示例使用

容器中的指针在容器解体时经常忘了释放?指针存放在容器中多次,结果被重复释放?这两个问题,通过 std::shared_ptr 都可以完美地解决:

```
#include <list>
#include <vector>
#include <memory> //STL 的智指

struct BigS
{
    int data[100];
    ~BigS() { std::cout << "~BigS" << std::endl; }
};

void test_shared_ptr()
{
    typedef std::shared_ptr <BigS> BigSPtr;

    list <BigSPtr> lst;

    for (int i = 0; i < 5; ++i)
    {
```

```
        std::shared_ptr < BigS > pt (new BigS);
        lst.push_back(pt);
    }

    vector < BigSPtr > vec;
    vec.resize(5);
    copy (lst.cbegin(), lst.cend(), vec.begin());

    lst.clear();
    vec.clear();
}
```

先往 list 中添加 5 个新建的 BigS 堆对象(指针),然后将这些指针再复制到另一个容器 vector 中。最后清空两个容器,结果看到调用 5 次的~BigS()析构,不少不多,看起来好像是 lst 和 vec 很有默契的配合,以达成谁后面清空谁负责,其实真正调用 delete 操作的是容器中的智能指针,关容器什么事?

4. 常用功能

std:shared_ptr 的基本用法包括:

(1) 取裸指针

```
get()成员取回裸指针。
```

(2) 判断是否为"空"

肯定可以这样写:

```
std::shared_ptr < int > pa;
if(pa.get() ! == nullptr)
    ...
```

或者更具 C++风格的判断指针是否为空:

```
if (! pa.get())
        ...
```

以上都是通过 get 取得裸指针,不过 shared_ptr(其他智能指针也一样)重载了'!'操作符。对一个智能指针执行逻辑取反('!')操作,当它所管理的裸指针为空时,返回真:

```
std::shared_ptr < int > pa;
if (! pa)
        ...
```

也可以直接拿来和 nullptr 作相等比较,因为 shared_ptr(其他智能指针也一样)重载了和指针的逻辑相等判断('== ')操作:

```
if (pa == nullptr)
        ...
```

大家再试试逻辑不等判断操作'! ='。默认空构造产生的 shared_ptr 拥有空的裸指针,即拥有一个 nullptr。

(3) 比较操作

两个 shared_ptr 也可以用来比较,并且编译器能够帮我们杜绝风牛马不相及的比较:

```
std::shared_ptr < int > pi(new int);
std::shared_ptr < int > pi2(pi);

//断定 pi 和 pi2 相等(所拥有的指针指向相同)
assert(pi2 == pi); //成立

std::shared_ptr < char > pc(new char);
if (pi == pc) //编译出错
    ...
```

比较 pc 和 pi 时,编译就不通过。一个指向 int 数据的指针,一个指向 char 数据的指针,二者有什么好比的呢?

为了模拟裸指针间的比较,shared_ptr 也提供了'<'、'>'、'<='及'>='等大小的比较,以及前面提到的'== '和'!='。

(4) 拷贝构造、赋值

```
001 std::shared_ptr < int > pa(new int);
002 std::shared_ptr < int > pb(pa); //拷贝构造

003 std::shared_ptr < int > pc(new int);
004 pc = pb; //赋值
```

002 行 pb 从 pa 复制并构造时,主要结果一是二者所拥有的裸指针指向同一对象内存;二是二者所共有"引用计数"是 2。

003 行创建了 pc,它拥有自己的裸指针(后称'原裸指')。此时它和 pa、pb 没有关系。004 行 pc 改为从 pb 赋值,它将丢弃'原裸指',改为和 pa、pb 同指向。赋值时'原裸指'被释放(因为没有别的 shared_ptr 拥有)。严重危险的情况发生在下面这样的代码中:

```
int * pi = new int;

std::shared_ptr < int > sia (pi); //这没错
std::shared_ptr < int > sib (pi); //这?
```

sia 的构造没问题,构造之后智能指针对象 sia 就托管了裸指针 pi 所指向的内存(因此后面不应该有 delete pi 的操作)。

关键是 sib 的构建,它的构造入参也是裸指针 pi,而不是同类 sia。这就造成了 sia 认为:我是第一个管理 pi 的 shared_ptr;然而 sib 也认为自己是第一个管理 pi 的 shared_ptr。注意,此时 sia 和 sib 的状态是"它们管理着共同的裸指针",而非我们所要的“它们共同管理同一个裸指针”,此时 sia 中的引用计数是 1,而 sib 也一样,二者中任何一个结束生命周期,都会去释放 pi 所指向的内存。

这就好像有一座山头,已经有一个山大王说这山归我,再过来一个山贼时,按道上的规矩,我觉得应该是跑去找前面的山大王签定一个“搁置所有权,共同开发”的协约,而不能也插上一面旗,称这山归我管。

**【危险】: 同一裸指针,确保从 shared_ptr 对象开始“分享”**

做法很简单:如果你有一个裸指针需要使用 shared_ptr 管理,就确保一开始只用一个 shared_ptr 对象在创建时托管该裸指针,然后从第二个 shared_ptr 开始,就只从之前的 shared_ptr 拷贝构建。

再看看以下“不作不会死”的代码:

```
std::shared_ptr < int > sia (new int);
std::shared_ptr < int > sib (sia.get());
```

明明已经有一个智能指针 sia 了,可 sib 非要从 sia 身上得到裸指针然后再另立山头管理。下面代码犯了类似的问题,能看出来吗?

```
struct S2;

struct S1
{
    S1(S2 * ptr);

    std::shared_ptr < S2 > ps2;
};

struct S2
{
    S2();
    ~S2();

    S1 * ps1;
};

S1::S1(S2 * ptr)
019     : ps2(ptr)
{
}

023 S2::S2()
{
    ps1 = new S1(this);
}

S2::~S2()
```

```
{
    delete ps1;
}

void bad_test_1()
{
    S2 s2;
}

void bad_test_2()
{
    boost::scoped_ptr < S2 > ps2 (new S2);
}
```

先看 bad_test_1(),该函数创建一个 S2 的栈对象;于是看 S2 的构造函数在 023 行的实现,发现它构造了一个 S1 的堆对象,并且以自身作为指针入参传递给 S1 的构造函数;继续跟踪,看 S1 构造函数,关注它取入参(一个指向某 S2 对象的指针)做什么事。请看 019 行,这个指针被用来作为 S1 的成员数据 ps2 的构造入参,而 ps2 是一个 shared_ptr < S2 >。第一个问题出现了:ps2 是一个智能指针,但它却管理了一个并不需要释放的栈对象,即 bad_test_1()函数中的 s2。

bad_test_2()函数中创建的堆对象,已经托管给 scoped_ < S2 >,后面再七传八传最终又一次委托给某个 shared_ptr < S2 >。

(1) reset 操作

std::shared_ptr 的 reset 函数并不一定将裸指针释放,一样需要先判断引用计数是否归零。不过和其他智能指针一样,reset()函数可以带一个新的裸指针作入参。

(2) 管理辅助

unique()判断一个 shared_ptr 当前是否在和别的对象共享裸指针。返回真代表这个指针独立拥有裸指针。use_count()则返回共享引用的个数。这两个函数通常不会用于实际业务,仅作为程序员写程序时做一些简单的观察及测试。

(3) 管理多态指针

面向对象设计中,经常出现声明为基类的指针,实际指向派生类。shared_ptr 可以良好地处理这种情况。

下例演示一个基类 B,有两个派生类 D1 和 D2。我们没有忘记《面向对象》篇中学到的要点:基类作为一个接口,它拥有纯虚函数,特别是它拥有一个“虚析构”。后者是 shared_ptr 将来可以正确删除指针、释放内存的重要保障。

```
struct B
{
    virtual void prn() = 0;
    virtual ~B() {}
```

```
};

struct D1 : public B
{
    void prn() override { cout << 1 << endl; }
    ~D1() override { cout << "~D1" << endl; }
};

struct D2 : public B
{
    void prn() override { cout << 2 << endl; }
    ~D2() override { cout << "~D2" << endl; }
};
```

然后我们声明两个管理基类指针的 shared_ptr 变量。请注意二者的声明类型(也称静态类型)都是“shared_ptr < B >”,但实际创建的分别是派生类 D1 和 D2:

```
void test()
{
    std::shared_ptr < B > sb1 (new D1);
    std::shared_ptr < B > sb2 (new D2);

    sb1 ->prn();
    sb2 ->prn();
}
```

调用 test()函数,观察 sb1 和 sb2,二者和裸指针一样,完美支持面向对象的多态特性,最终释放所调用的析构函数,也完全正确。

(4) 类系指针转换

在类系中使用裸指针,可通过 dynamic_cast <T> ()或 static_cast <T> ()在基类和派生类指针间做转换。继续上例中的 B、D1、D2 三者:

```
B * pb = new D1;
D1 * pd = dynamic_cast < D1 * > (pb);
```

既然 pb 实际上是指向一个 D1 类对象,所以通过 dynamic_cast 转换,可以将 pb 向下转换为“D1 *”。甚至可以尝试将 pb 向下转换到“D2 *”,当然这样只会得到一个 nullptr,但代码合法:

```
if(D2 * pd2 = dynamic_cast < D2 * > (pb))
{
    //这里的代码永远不会执行,因为 pd2 必为 nullptr
}
```

dynamic_cast、static_cast、const_cast 等无法直接作用在智能指针身上:

```
std::shared_ptr < B > pb(new D1);

typedef std::shared_ptr < D1 > D1Ptr;
D1Ptr pd (dynamic_cast < D1Ptr >(pb));

//以下这样更不行
D1Ptr pd2 (dynamic_cast < D1 * >(pb));
```

编译失败，因为在编译看来，shared_ptr < B > 和 shared_ptr < D1 > 没有任何关系。这很合情合理，尽管 B 和 D1 是基类与派生类的关系，但将二者套入 shared_ptr <T> 之后，不能说 shared_ptr < B > 和 shared_ptr < D1 > 也有派生关系。就像我爷爷和我是爷孙关系，尔后他坐 7 路公交车，我坐 109 路，不能因此就说 7 路车从此是 109 路车的爷爷吧？

怎么解决呢？通过智能指针的 get()成员得到裸指针自然就可以继续使用 dynamic_cast/const_cast/static_cast 等，但这样做很危险，非常容易发生前面所说的“不作不会死”的情况。为此 C++ 11 在库中提供了标准实现，又是三个很丑的转换操作模板：

```
template < class T, class U >
std::shared_ptr < T >
static_pointer_cast (const std::shared_ptr < U > & r );

template < class T, class U >
std::shared_ptr < T >
dynamic_pointer_cast ( const std::shared_ptr < U > & r );

template < class T, class U >
std::shared_ptr < T >
const_pointer_cast ( const std::shared_ptr < U > & r );
```

名字中间都插入了“pointer”，不过其实只用于处理 shared_ptr 类型，作用和各自去除 pointer 的转换操作类似：“static_”版和“dynamic”版都可用于基类和派生类指针之间的双向转换，前者不作正确性检查，后者会在运行时尝试检查。“const”则用于处理常量和非常量指针(指智能指针所拥有的裸指针)之间的强制转换。使用示例：

```
std::shared_ptr < B > pb(new D1);

std::shared_ptr < D1 > pd (dynamic_point_cast < D1 >(pb));
pd->prn();
```

注意，套入 XXX_point_cast <T> 中的类型，并不是 shared_ptr < D1 >，而只是 D1。至于为什么不是“D1 *”，因为名称中的“point”已经说明所要转换的必须是指针，没必要再添加多余的“*”符号了。

5. make_shared

自从使用智能指针，我们已经很久没写“delete”这个关键字了，不过“new”关键字还一直在写，比如：

```
...
shared_ptr < Student > p (new Student);
p->foo();
...
```

这就造成了代码中的 new 和 delete 之间的对称性被严重破坏。以前我在团队中工作，我可是一个小头目，大王经常叫我来巡山，哦，不，是巡查代码。自从大家用了 shared_ptr 之后，我在统计时，发现代码中到处有 new 到基本没有 delete 了，这总会让我虚惊一场；更可恨的是，一小撮确实还是用在裸指针身上的“new”字眼，隐藏在用在智能指针身上的“new”的汪洋大海中，增加我巡查的难度。

标准库提供了 make_shared 方法，如其名，它可以创建出 shared_ptr，不需要字面上的 new 操作。比如创建一个指向值为 99 的整数的智能指针：

```
std::shared_ptr < int >   p (new int(99));
```

使用 make_shared 之后是：

```
std::shared_ptr < int >   p = std::make_shared < int >(99);
```

make_shared()是一个函数，因此返回的智能指针可以妥妥地运用转移语义，所以此时在定义 p 时回到使用“=”进行初始化的传统形式(编译器在这里用了优化手段)。事实上语义是如此的明确，所以也可以配合使用 auto 关键字的新作用：

```
auto p = std::make_shared < int >(99);
```

当然也可以用于自定义的 struct/class 对象的创建过程，运用模板技术，make_shared 支持构造各种自定义对象时，可能的入参个数：

```
class Coo
{
    Coo() {}; //0 个入参
    Coo(int a) {}; //1 个和 y 参
    Coo(int a, std::string s, bool b) {} //3 个入参
};

void test()
{
    auto p1 = std::make_shared < Coo >();
    auto p2 = std::make_shared < Coo >(100);
    auto p3 = std::make_shared < Coo >(100, "Tom", true);
}
```

make_shared 是一个模板函数，支持不定个数的入参，内部则调用所要创建的对

象的构造函数,并匹配入参。如果某个类的构造函数被刻意设定为非公开,那 make_shared 和位于类外的 new 操作都会失灵,通常改为调用该类设计者提供的其他构建方法。

不是很重要,但也提一下。通常使用 make_shared 创建 shared_ptr,会比先创建裸指针,再创建 shared_ptr 性能略好。原因在于 make_shared 明确地表明了操作目的,因此在实现上可以一次性分配裸指针和智能指针本身所需的内存。

6. 并发下 shared_ptr 实例

例子代码在主线程中循环创建 1000 个“DataABC”对象,每个对象包含三个整数成员。每个对象都被丢给两个处理者,一个是“Printer”,负责将收到的对象内容输出到屏幕,另一个是“Counter”,负责累加所有对象的三个整数。

以“Printer”为例,主线程创建完某个对象之后,将它“丢”给 Printer 对象。然而,主线程并不等待 Printer 完成输出,就立即“忙着”去创建下一个对象。这就像数学老师布置完作业之后,下一节课的语文老师从不等你完成数学作业,就直接布置语文作业。再后面的物理、化学老师也一样。

当然,同学们也不是吃素的,大家会在脑海或本子上建一个队列,将所有作业记录着。“Printer”和“Counter”类都有一个“队列(queue)”成员,队列像一条管子,一头接受主线程塞过来的作业,哦不,是塞过来的 DataABC 对象;另一头则各有一个专用的线程自个儿抓紧处理。大家先加入需要用的头文件,并引入名字空间 std:

```
#include < iostream >
#include < memory >
#include < string >
#include < sstream >

#include < queue >     //队列
#include < random >    //随机
#include < thread >    //线程
#include < mutex >     //互斥体

using namespace std;
```

不仅 Printer 需要输出,为了直观,我们让 Counter 在计算过程中也输出一些中间结果,由于二者各自使用独立的线程,意味着至少有两个线程可能同时往屏幕上输出,所以需要加上互斥,为此我们对带锁的 cout 操作加一个简单的封装:

```
struct COutWithMutex
{
public:
    static COutWithMutex& Get()
    {
        static COutWithMutex instance;
        return instance;
    }
```

```
    void PrintLn(string const & line)
    {
        lock_guard < mutex > g(_m);
        cout << line << endl;
    }
private:
    COutWithMutex() = default;

    mutex _m;
};
```

cout本是全局唯一对象，所以COutWithMutex也被设计成单例，构造函数私有化，然后提供一个静态成员“Get()”以返回全局唯一的对象，它来自该函数内部定义的一个局部静态数据。

重点是“PrintLn()”成员，在输出line之前，使用守护锁保证守护区域内的代码，同一时间内只有一个线程通过。建议复习第七篇《语言》中第16小节的“并行流程”。接着是DataABC的定义，一个简单的结构体：

```
struct DataABC
{
    DataABC() = default;

    DataABC(int a, int b, int c)
        : a(a), b(b), c(c)
    {
    }

    int a, b, c;
};
```

所有在DataABC对象，都将被扔到“Printer”或“Counter”中的队列中去。标准库 < queue > 中有现成的队列容器，不过由于主线程负责“塞入数据”，其他线程负责“取出数据”，意味着至少有两个线程会操作同一个队列，所以同样需要为标准库的队列加上锁，以下是我们的封装：

```
class DataABCQueue
{
public:
    void Push(shared_ptr < DataABC > data)
    {
        lock_guard < mutex > g(_m);
        _q.push(data);
    }
    shared_ptr < DataABC > Pop()
    {
        lock_guard < mutex > g(_m);
```

```
        if (_q.empty())
        {
            return shared_ptr < DataABC > (nullptr);
        }

        shared_ptr < DataABC > r = _q.front();
        _q.pop();

        return r;
    }

    bool IsEmpty()
    {
        lock_guard < mutex > g(_m);
        return _q.empty();
    }

private:
    mutex _m;
    queue < shared_ptr < DataABC >> _q;
};
```

DataABCQueue 包含一个 queue <T> 类型的对象，T 代表队列所要存储的元素类型，重点就在此：队列中存储的是 shared_ptr < DataABC >类型的元素，即 DataABC 的“共享型”智能指针。DataABCQueue 提供了三个对外接口：Push()、Pop() 和 IsEmpty()，分别发挥“塞入”、“弹出”和“判断是否为空”的作用，全部借由_q 成员实现，只不过相应操作之前都加了守护锁。

接着定义“Printer(打印机)”，它只有一个成员数据：DataABCQueue 类型的_q，可以称为“打印机队列”。“Printer”提供一个 Append 接口，当需要本“打印机”输出某个数据时，就调用它，我们已经知道数据类型是 shared_ptr < DataABC > 。不过，我们这打印机是半自动的，光把数据塞入只是让“打印机”记下数据，想要打印出来，需要不断地调用 PrintOne()方法，正如它的名字，这个方法每次把打印机队列中排在最前头的数据取出，执行打印。“Printer”的最后一个成员是“IsEmpty()”，用于判断当前打印机队列是否还有数据。

打印机在打印时(往屏幕上输出)，调用了“COutWithMutex”单例的功能：

```
class Printer
{
public:
    void Append(shared_ptr < DataABC > data)
    {
        _q.Push(data);
    }

    void PrintOne()
    {
```

```
        shared_ptr < DataABC > data = _q.Pop();

        if (! data)
        {
            COutWithMutex::Get().PrintLn("Waitting...");
            return;
        }

        stringstream ss;
        ss << "a = " << data->a
           << ", \tb = " << data->b
           << ", \tc = " << data->c
           << ".";

        COutWithMutex::Get().PrintLn(ss.str());
    }

    bool IsEmpty()
    {
        return _q.IsEmpty();
    }

private:
    DataABCQueue _q;
};
```

先不管"Counter(计数器)"的事，下面是 main 函数。它将创建"打印机"，创建驱动打印机所需要的独立线程，然后创建 1000 个 DataABC 的对象，将它一个个送给打印机：

```
int main()
{
    Printer printer;                        //打印机对象
    bool exit = false;                      //告诉打印机完事了，别再死等数据了

    //创建线程，我们使用了"lambda"函数
    std::thread trd1([&printer, &exit] ()
    {
        while(! exit || ! printer.IsEmpty())
        {
            printer.PrintOne();
        }
    });


    std::random_device rd;                  //随机数发生器
```

```
    for (int i = 0; i < 1000; ++ i)
    {
        //创建一个 DataABC 对象,使用智能指针包装
        auto data = make_shared < DataABC > (rd(), rd(), rd());

        //传给打印机:
        printer.Append(data);
    }

    // 至此,1000 个数据都产生了,
    //所以现在只需等 printer 输出队列中的所有数据
    //请认真分析线程任务中的 while 循环的条件
    exit = true;
    trd1.join();  //必须等线程结束循环

    return 0;
}
```

请直面一个现实:在创建 DataABC 数据之前,负责打印的 thd1 线程对象就已经创建并且执行了,那时候其内部队列肯定是空的,只不过 exit 为假,所以它不得不无聊地空转,这很浪费 CPU,幸好应该是在千分之一秒甚至万分之一秒后,for 循环启动了。依据经验,可以预测将创建 1000 个数据加入队列,比排队输出 1000 个数据肯定要快,这一点请你想办法验证。

循环结束后,将 exit 标志为“真”这点很重要,不然线程就会陷入死循环,有可能出大事。通过 join()方法安心等待线程确实退出,这一点也重要,不然子线程还在执行,主线程(main 函数所在线程)就退出了,这也可能酿成大祸。join()的调用必须在 exit 设置为“真”之后进行,这一点也很重要,不然……你倒是试试。

通观一下代码,我们造了很多堆对象并在线程间传播,既不写 new 也不写 delete,但没有内存泄漏发生。for 循环语句域内,每循环一次,都会创建一个 data (shared_ptr),然后销毁它,但它并不会真正地去释放所持有的 DataABC 堆对象,因为在析构之前,该智能指针已经通过函数传递的方式,共享给另一个智能指针,那个智能指针继续传递,进入 printer 对象的队列中存着,一直到另外一线程将它“抓”出去打印。

现在给出“Counter”的定义:

```
class Counter
{
public:
    void Append(shared_ptr < DataABC > data)
    {
        _q.Push(data);
    }

    void CountOne()
```

```
    {
        shared_ptr < DataABC > data = _q.Pop();

        if (! data)
        {
            return;
        }

        _sum += (data->a + data->b + data->c);
        stringstream ss;
        ss << "current sum is : " << _sum << ".";

        COutWithMutex::Get().PrintLn(ss.str());
    }

    bool IsEmpty()
    {
        return _q.IsEmpty();
    }

    long long GetSum() const
    {
        return _sum;
    }

private:
    DataABCQueue _q;
    long long _sum = 0;
};
```

请各位在 main 函数中再建一个线程加以累计。

7. 管理数组

std::unique_ptr 可以管理单一对象，也可以管理堆数组：

```
std::unique_ptr < int[] > a(new int[9]);
a[0] = 1;
```

std::unique_ptr 这个本事，std::shared_ptr 在 C++17 标准之后，可以完美支持，比如：

```
    std::shared_ptr < int > a(new int[9]);            //需 17 或更高标准
```

若采用不支持 17 新标的编译器，该代码也可以编译通过，但释放时采用的是 delete，而非 delete[]。如果你无法使用 17 新标，可以借助 shared_ptr 提供的第二个入参，以指定如何释放对象。既然数组需要“delete []”，我们可以提供一个特定的释放动作：

```
void delete_array(int * p)
{
    delete[] p;
}
```

然后将它指定为 shared_ptr 的第二个参数：

```
std::shared_ptr < int > a(new int[9], &delete_array);
```

虽然解决了释放问题,但在 17 之前的标准中 shared_ptr 没有提供针对堆数组所需的“[]”操作,因此要访问指定下标的元素,不得不这么写：

```
// a[0] = 1;不行,shared_ptr 没有重载[]操作符
a.get()[0] = 1 ; //可以,但太丑
```

当你阅读本书时,相信已经可以用上 C++17 甚至更高标准的编译器,所以上述烦恼应该不存在了。

10.4.6 std::weak_ptr

1. 问题分析

打开 Excel 软件,随便找三个格子(cell),在 A 格输入公式让其内容等于 B 格,让 B 格等于 C 格,让 C 格等于 A 格……你就会看到一个“循环引用”警告框。

shared_ptr 的设计“命中注定”拥有一个重大的“缺陷”,那就是它也会产生“循环引用”问题。不过说起来这也不能算是智能指针的错,哪怕是 GC 也同样要面对这种奇怪的情况;甚至是生活中,循环引用的问题也时有发生。上个月我邻居老李夫妇吵架,老李说除非你向我道歉,否则我将沉默到底,他老婆说除非你向我道歉,否则我将无言以对。就这么一个月过去了,居委会大妈一直来我家调查这对夫妻是怎么在语言表达上致残的。

shared_ptr 之间会发生循环引用,问题就在于“引用计数”：

```
struct C2; //前置声明 C2 类,因为 C1 中要用到

struct C1
{
    ~C1() { cout << "~C1" << endl;}

    shared_ptr < C2 > _c2;
};
```

注意,C1 结构中,包含一个对 C2 管理的 shared_ptr 指针。类或结构在析构时,必须先析构它的所有成员数据,也就是说当析构 C1 时,需要先析构_c2;而_c2 是一个 shared_ptr,所以它会先检查当前引用计数的值。再看 C2 的设计：

```
struct C2
{
    ~C2() { cout << "~C2" << endl;}
    shared_ptr < C1 > _c1;
};
```

注意,C2 类中含有一个 C1 的智能指针。也就是说当析构 C2 的对象时,需要先检查_c1 的引用计数。

是不是隐隐约约地感觉到什么不对头,其实现在一切还合情合法,主要看如何在 C1 和 C2 之间打个死结:

```
void test_circular_reference()
{
    C1 c1 = new C1;
    C2 c2 = new C2;

    shared_ptr < C1 > pc1(c1);
    shared_ptr < C2 > pc2(c2);

    pc1->_c2 = pc2;
    pc2->_c1 = pc1;

    cout << "c1's ref count = " << pc1.use_count() << endl; //2
    cout << "c2's ref count = " << pc2.use_count() << endl; //2
}
```

强调一下:当我们说"智能指针"对象时,我们说的是智能指针本身,比如上例代码中的 pc1 和 pc2,这两个智能指针对象,它们本身是栈对象(不靠 new 产生),它们会自动析构。而当我们说智能指针所管理的指针(或对象)时,说的是它所拥有的裸指针或裸指针所指向的内存中存放的对象,比如例中的 c1 和 c2。正是为了方便说明这一点,本例刻意将后者定义出来。

运行以上程序,输出两个 2,没有看到 C1 或 C2 析构过程的任何输出。没错,因为某种死结,c1 和 c2 最终都没有被删除,这个死结在加粗的两行代码执行时打上。

再强调另外一件事:在智能指针对象(本身)析构时,会检查引用计数,即检查有几个智能指针正在同时管理着同一个裸指针。如果引用计数是 1,说明就只剩下当前智能指针在管理当前裸指,于是真正释放该裸指。否则(引用计数大于 1),则只是将引用计数减 1,然后智指自个儿挥挥手告别世界,留下裸指所指向的堆对象继续活着。

test_circular_reference()函数结束时,依据规定将先释放 pc2。pc2 是一个 shared_ptr,指向堆对象 c2,所以需要检查现在有几个智能指针指向 c2? 除了 pc2 自身在管理 c2 以外,还有 c1 的成员数据_c2(另一个智能指针)也在管理 c2,因此计数为 2。于是 pc2 深情地对 c2 说:"我先走了,你要继续好好活着,c1 家里的_c2 是爱你的。"

接着要释放 pc1。pc1 也是一个 shared_ptr,指向堆对象 c1。类似的故事发生在它身上,最后他深情地对 c1 说:"我先走了,你要继续好好活着,c2 家里的_c1 是爱你的。"

事情就这样:两个智能指针 pc1 和 pc2 都被释放了,但却留下了彼此直接管理的 c1 和 c2 还活着。如果还不清楚,看一眼这时的最初情况,如图 10-8 所示:

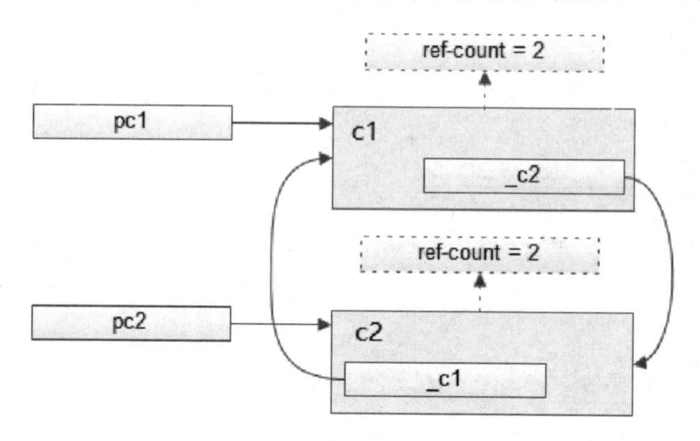

图 10-8　引用计数为 2

图中有两个箭头指向 c1,同样有两个箭头指向 c2,所以各自的引用计数都是 2。后来,pc1 和 pc2 都走了,留下了 c1 和 c2,以及二者各自的成员数据(shared_ptr 类型)_c2 和_c1,如图 10-9 所示。

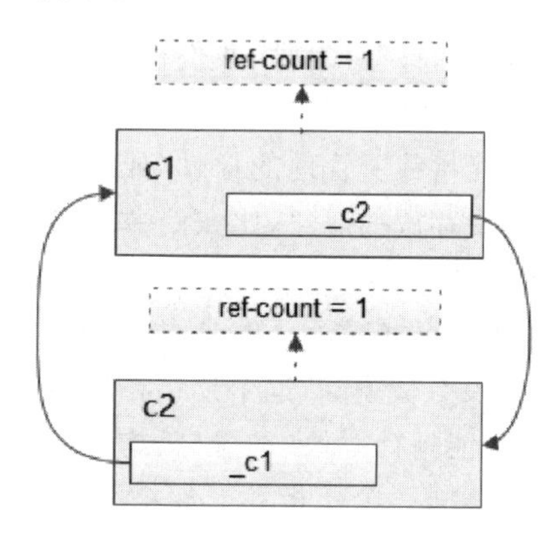

图 10-9　引用计数为 1

由于 c1 和 c2 一开始就托管给智能指针(pc1 和 pc2),可是那两个家伙已经走了,现在没有代码会去主动 delete c1 或 delete c2,它们就这样被遗忘在程序的世界一千年一万年……

如果一开始就不让 pc1 和 pc2 在内部互相指向,这样的事情就不会发生,不过互相指向的事情本来就很多,比如一个双向链表中的前后节点互相指向,如图 10-10 所示。

图 10－10　前后节点互相指向

用代码表达：

```
shared_ptr < Node > first_node = make_shared < Node > ();
shared_ptr < Node > second_node = make_shared < Node > ();

first_node ->next = second_node;  //next 也是 shared_ptr < Node >
second_node ->prev = first_node;  //prev 也是 shared_ptr < Node >
```

或者一棵“树”中的父子节点，如图 10－11 所示。

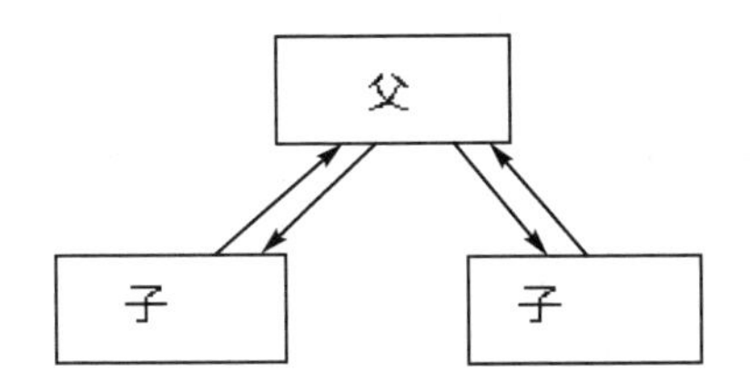

图 10－11　父子节点互相指向

用代码表达：

```
shared_ptr < Node > parent_node = make_shared < Node > ();
shared_ptr < Node > child_node_1 = make_shared < Node > ();
shared_ptr < Node > child_node_2 = make_shared < Node > ();

parent_node ->children.push_back(child_node_1);
parent_node ->children.push_back(child_node_2);

child_node_1 ->parent = parent_node;
child_node_2 ->parent = parent_node;
```

以上种种都可能造成循环引用。

**【课堂作业】：感受 shared_ptr 对象间的“循环引用”**

请根据以上示意代码，完成双向链表和树各自的“Node(节点)”定义，并完整地写出测试程序。编译运行，查看是否造成循环引用。

2．基本功能

“柔弱的”weak_ptr 专门用来解决上述设计中必须面对的循环指向问题。weak_ptr 不是真正的智能指针，它必须依附于 shared_ptr 存在。对应前面的 C1、C2，我们写一个弱引用版本的 C3 和 C4 的例子：

```
struct C4;
struct C3
{
    ~C3() {cout << "~C3" << endl;}
    weak_ptr < C4 > _c4;
};

struct C4
{
    ~C4() {cout << "~C4" << endl;}
    weak_ptr < C3 > _c3;
};

void test_weak_reference()
{
    shared_ptr < C3 > pc3 (make_shared < C3 > ());
    shared_ptr < C4 > pc4 (make_shared < C4 > ());

019     pc3 ->_c4 = pc4;
020     pc4 ->_c3 = pc3;

    cout << "c3's ref count = " << pc3.use_count() << endl; //1
    cout << "c4's ref count = " << pc4.use_count() << endl; //1
}
```

019 行，将一个 shared_ptr，赋值给一个弱指针(weak_ptr)，并不会造成 shared_ptr 的引用计数加 1。因此后续输出时的内容才会是两个 1。作为对比，将一个 shared_ptr 赋值给另一个 shared_ptr(前例的情况)，则会造成引用计数加 1。

既然不增加人家的引用计数，弱指针在析构时，当然也不会减少人家的引用计数。为什么说“人家的”呢？因为引用计数还是由那些 shared_ptr 在维护。弱指针其实一点也不“弱”，它不负责管理引用计数，却同样可以使用裸指针。就像几个孩子(shared_ptr)一起租了一套房子，却有一个坏家伙(weak_ptr)没交钱也来混着住，甚至还带着他的女朋友呢。现在的问题是，假设某天所有孩子都退租，这天晚上坏家伙还带着女友前来过夜，会发生什么情况呢？进不了门和女友在寒风中过了一夜？进了门被新房客痛打一顿？进了门独享空间和女友过了美妙的一夜？

放心，什么都不会发生。关键在于那些合租房子的孩子，他们都是好孩子。他们会在自己退租时，给这个坏家伙发短信：“我退租了，现在不算你还有 4 个人住”，另一个退租时短信内容差不多就是“我退租了，现在不算你还有 3 个人住”。最终当所有人退租时，这个坏家伙心里自然清楚，避免了房子已退，还带着女友过去的尴尬。这种设计通常称为“观察者”模式。

有没有人和我一样觉得不开心？凭什么“坏人”有“好报”呢？标准库的设计者三观也很正，他们把 weak_ptr 给“阉割”了。有读者打电话过来较真，说“原来有的功能后来没有了，才叫‘阉割’”，这种读者真扫兴！

前面说过，weak_ptr 不能算是真正的智能指针，因为它并没有直接模拟裸指针的行为。既不能使用“->”来访问所管理的指针，也不能使用“ * ”去访问所管理的裸指针所指向的对象。如果我们希望通过 weak_ptr 操作裸指针，必须从该裸指针反过来创建一个 shared_ptr：

```
shared_ptr < int > sp1(new int);
weak_ptr < int > wp (sp1);   //shared ->weak
cout << wp.use_count() << endl; //1
// *p = 10;不行

shared_ptr < int > sp2(wp); //weak ->shared
*sp2 = 10;
```

也可以通过 weak_ptr 提供的 lock()方法得到一个 shared_ptr：

```
shared_ptr < int > sp3 = wp.lock(); //weak ->shared
*sp3 = 11;
```

现在 sp3、sp2、sp1 有共同指向，引用计数为 3，指向的数值是 11。

不过，weak_ptr 也有可能获取不到有效的裸指针。所有伙伴都退租了，因此从 weak_ptr 身上得到 shared_ptr，有可能是空指针，为安全起见，应事先检查：

```
weak_ptr < int > wp;  //空的弱指针

shared_ptr < int > sp = make_shared < int >(12);
wp = sp;

//故意释放 sp
sp.reset();

shared_ptr < int > sp2 = wp;
assert(! sp2); //sp2 铁定是 nullptr。
```

另一个问题，既然引入弱指针的目的是为了解决 shared_ptr 之间的“循环引用”问题，那我们又从弱指针创建出一个 shared_ptr，“循环引用”岂不是又出现了？为此，通常从 weak_ptr 得到的 shared_ptr，都只在一个临时代码内使用，用完就丢。以 C3 和 C4 为例，假设为 C4 增加一个 IncC3Value()方法：

```
struct C4
{
    ~C4() {cout << "~C4" << endl;}
    weak_ptr < C3 > _c3;

void IncC3Value()
{
    if (auto p = _c3.lock())
```

```
    {
            ( * p) ++ ;
    }
    }
};
```

if 条件里的 p 就是一个 shared_ptr,但它肯定不会影响 C4 对象的正常析构,因为它很快(出了函数后)就消失了。

有了 weak_ptr 帮助躲过循环引用,我更加推荐被我称为"shared_ptr 一体化"的设计方法,意思是,如果一类对象在创建之后需要在多处使用,特别是跨线程使用,那么应该在创建或声明的地方,就为它绑上 shared_ptr。

无需质疑,shared_ptr 相比裸指针肯定会带来性能损耗。最直接的,为保障并发环境下引用计数变化的准确性,shared_ptr 一定在内部使用了相关锁操作,而这一定会带来性能损耗。不过,我们认为这一点点损耗在多数情况下可以接受,反过来裸指针内存管理哪怕只是出错一点点,却万万不可接受。

注意,"在创建或声明时就为它绑上 shared_ptr",这话听来简单,不就是在创建对象时直接使用 make_shared 吗?不仅如此,实际上还包括各处需要用到该类对象的声明,包括类的成员数据,包括函数入参和返回值等,比如有一个类 Coo:

```
class Coo {...};
```

如果我们在设计时就认为该类对象应当使用 shared_ptr 管理,那么首先建议在类中定义智能指针的别名,以方便使用:

```
class Coo
{
public:
        typedef std::shared_ptr < Coo > Ptr;
        ...
};
```

有函数的入参或返回值用到它,则:

```
Coo::Ptr foo(int a, Coo::Ptr pcoo)
{
    ...
}
```

注意,虽然别名叫做"Ptr",但其实就智能指针对象而言,这里使用的是传值,会带来复制的成本,包括 shared_ptr 在复制对象时必然的操作:加锁,然后让"引用计数"加 1,这样做的好处是安全,且 foo 在使用时,该智能指针永远有效(除非它一开始就无效),如果我们使用引用技术:

```
void foo_ref(int a,CooPtr & pcoo)
{
    ...
}
```

那么在函数体中,pcoo不一定一直有效,因为在复杂的并发情况下,foo_ref的调用可能是异步的,调用者可能在foo_ref还没执行完毕就先结束了,从而造成pcoo所引用的shared_ptr失效。

weak_ptr基本不用作函数的入参或返回值(特定目的下除外),它通常用作类成员,以化解循环引用。但是,并不是说只要是类成员,就一定使用weak_ptr而不使用shared_ptr,恰好相反,weak_ptr应该只用在可以打破循环的某一环即可。比如前例中的C3和C4,更好的设计是其中仅一个使用weak_ptr。

**【课堂作业】: 只需一环,打破“循环引用”**

请重新设计C3或C4类,以便只在其中某个类上使用weak_ptr即可打破循环引用。

3. enable_shared_from_this

说到“循环引用”,其中“自己对自己”的引用是最直接的循环引用,如图10-12所示。

而说到“自己”,在C++语言中应该首先想到类的“this”指针。不过,this指针是裸指针,如果我们在类中,需要传递当前对象本身,可是接受方却只能接受本类的智能指针,那该怎么办呢?比如前面提到的那个函数:

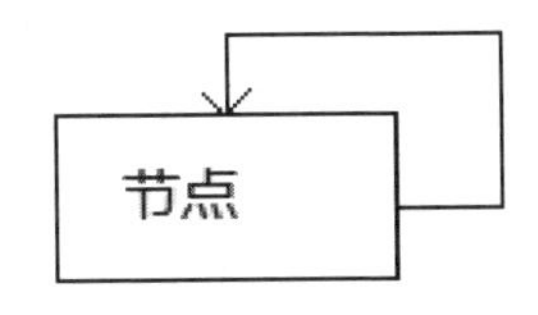

图10-12 自身的循环引用

```
Coo::Ptr foo(int a, Coo::Ptr pcoo)
{
    ...
}
```

foo函数有个入参必须是shared_ptr < Coo >类型,假设在Coo类中需要调用该函数:

```
class Coo
{
public:
    typedef std::shared_ptr < Coo > Ptr;

    voidTest()
    {
        foo(123, _______);
    ...
    }
...
};
```

下划线处,该填写什么呢?填this?foo不接受,编译失败。

既然 this 是裸指针,那就从它身上创建一个 shared_ptr 呗:

```
void Test()
{
        shared_ptr < Coo > shared_this(this);
        foo(123, shared_this);
    ...
}
```

编译,成功!哈,问题解决得易如反掌啊。可惜我们乐得太早了,有大问题发生了。先看看,如果类中 this 所代表的当前 Coo 对象,是这么创建的:

```
//灾难一:
int main()
{
    Coo   coo_1;    //coo_1 是个栈对象
    coo_1.Test();
}
```

使用 coo_1 调用成员函数 Test()时,Test()中的 this 就是 coo_1。coo_1 是一个栈对象,它会在 main()函数结束时自动释放。然而,foo()函数接过去的那个 shared_ptr 对象,它也会尝试释放所拥有的裸指针,也就是 this,而 * this 就是 coo_1,而 coo_1……它是一个会自动释放的栈对象!一个对象会被释放两次就是灾难,如果这个对象还是栈对象,那就是史诗般的灾难了,大家可以试试。要不,我们小心点,使用堆对象吧:

```
//灾难二:
int main()
{
    Coo * coo_2 = new Coo;    //coo_2 是个堆对象
    coo_2 ->Test();
    //coo_2 ->Test();
}
```

现在的问题是,main()函数中要不要主动 delete coo_2?如果释放,就会又发生重复释放的问题,如果不释放,有谁能从这几行代码中看出,当 coo_2 第一次调用了 Test()之后,coo_2 就很可能“挂掉了”呢?如果有人又调用 Test()一次,他知道其实 coo_2 是一个尸体吗?一切非常的恐怖,这一次应该称作“灾难恐怖片”。

还好《白话 C++》教会我们,如果一个类的对象需要用到 shared_ptr,那就在一开始绑定 shared_ptr,所以,第三个版本的灾难片呼啸而来:

```
//灾难三:
int main()
{
        Coo::Ptr coo_3 = make_shared < Coo > ();
        coo_3 ->Test();
}
```

因为绑定了shared_ptr，所以背地里所创建的Coo堆对象肯定会被释放啦，这应该是喜剧片啊。然后一运行程序，世界还是崩溃了。

问：出现过几个shared_ptr在共同管理背后所创建的Coo堆对象？

答：两个，一个是coo_3，另一个是Test()成员函数中的shared_this。

再问：那么，shared_this是从前一个智能指针创建出来的吗？

答：不是哦！它是从裸指针this创建出来的。

只要是从裸指针创建出来的，无论是来自this，还是来自某个智能指针的get()操作，都会让新建的智能指针，以为自己是这个裸指针的第一个保护者……

灾难悬疑大片真相大白。罪魁祸首正是this这个裸指针。每次我们用this创建一个新的shared_ptr，对裸指针的计数管理都会重新从1开始。this在关键时刻掉了链子，造成一堆管理同一对象却互不引用的shared_ptr。

手工解决的话，直觉上可能会为该类添加一个“shared_ptr”版本的this成员数据：

```
class Coo
{
    ...
private:
    shared_ptr < Coo > _shared_this;
};
```

但应该立刻清醒过来，这是在“自己引用自己”！所以应该换成weak_ptr：

```
class Coo
{
    ...
private:
    weak_ptr < Coo > _weak_this;
};
```

怎么初始化这个成员呢？干脆提供一个接口：

```
class Coo
{
    ...
public:
void SetWeakThis(shared_ptr < Coo > shared_this)
    {
    _weak_this = shared_this;
    }
private:
    weak_ptr < Coo > _weak_this;
};
```

可想而知，每次创建Coo的对象(智能指针)时，都得马上调用SetWeakThis()：

```
...
shared_ptr < Coo > sp = make_shared < Coo > ();
sp ->SetWeakThis(sp);
```

这样的代码又麻烦又丑陋。还好,标准库为我们提供了一个工具类,它有一个很长但直观的名字,叫“enable_shared_form_this(允许从自身共享)”,严格上讲是一个类模板。使用方法是将它作为基类,并将当前类作为它的模板入参。

很明显,派生它是希望继承它的名字所表达的能力,所以很合适采用私有派生:

```
class Coo : std::enabled_shared_from_this < Coo >
{
public:
        void Test()
        {
            foo(123, shared_from_this());
    ...
        }
};
```

注意尖括号中的 Coo。再注意加粗的“**shared_from_this()**”,这就是我们继承所得的能力,它保障传递给 foo 一个正确的 shared_ptr < Coo > 。测试一下:

```
//正确:
int main()
{
        Coo::Ptr coo_3 = make_shared < Coo > ();
        coo_3 ->Test();
}
```

一切都很正确,不存在重复释放。

让 Coo 认 enable_shared_from_this < Coo > 为父,更是注定 Coo 必须以智能指针面世,否则程序在运行时将因调用“shared_from_this()”而出错,原因可参考之前的分析,现在先牢记结论:

//运行:程序崩溃
int main()
{
    //栈对象
    Coo coo;
    coo. Test();
}
	//运行:程序崩溃
	int main()
	{
	    //普通堆对象
	    Coo * coo = new Coo;
	    coo->Test();
	}
		//运行正常
		int main()
		{
		    //shared_ptr
		    Coo:: ptr coo = make_shared < Coo > ();
		    coo->Test();
		}

【课堂作业】：指定要求的二叉树定义

请使用 shared_ptr 结合 enable_shared_from_this 等技术，实现一棵“二叉树”结构的定义。二叉树由节点组成。要求每个节点可以拥有一左一右的两个子节点，或者不拥有子节点（称为叶子节点），节点还需要拥有一个指针，指向父节点，最顶层的节点称为“根节点”，它的父节点为空。要求提供从根节点开始，逐步添加左右节点以生成一棵树的功能。

10.5　迭代器大观园

10.5.1　迭代器基本分类

有一家公园，只有一个导游，只支持一条路线。你到这家公园买了票想进，被拦下了，门岗说：导游还在带上一组客人，请稍候。像样的公园显然不是这样的，人家肯定支持多个导游，支持不断地开发多个游览路线。

如果将容器比喻成公园，那么迭代器就是导游。C++标准库的容器和迭代器分开设计。前者重点负责存储元素，后者负责遍历元素，不同的迭代器可以有不同的迭代路线（策略），并且通常多个迭代器可以同时“行走”在同一个容器之上。

当然，如果导游完全脱离公园的地形地貌及路径，就很可能把游客带进沟里。迭代器遍历，也需要遵循容器的结构特点。比如单向的列表，迭代器就只能在一个方向上前进。再如，多数游客在游览过程中会爱护公物，不破坏公园。如果极个别游客一边走一边搞破坏，比如拆掉人家的一座小桥，就会造成公园原有的某路线失效，此时其他守规矩的游客为了安全起见，只能停止游览。迭代器以只读型迭代器居多，但也有一些写入型迭代器，它会在迭代过程中改变容器内部数据，造成正在访问该容器的其他迭代器失效。

在使用的语法上，迭代器之于容器非常类似于指针之于指针所指向的内存。以一个裸数组和指向该数组的指针为例：

```
char buf [] = {'A', 'B', 'C', 'D', 'E'}; //数组 = 容器
char * p = buf; //指针 = 迭代器

//相关操作
//1、通过 '*' 可以取到当前指针指向位置数组中的元素
char c = *p; //c is 'A' now

//2、通过 ++ 或 -- ，可以改变指针指向数组的位置
p++;
++p;
c = *p; //c is 'C' now
--p;
c = *p; //c is 'B' now
```

将 int 裸数组换为 list < char >,指针 char* p 换成 list < char >::iterator,代码如下:

```
list < char > buf = {'A', 'B', 'C', 'D', 'E'}; //list = 容器
list < char >::iterator p = buf.begin();  //iterator = 迭代器

//相关操作
//1、通过 '*' 可以取到当前迭代器指向位置上,容器中的元素
char c = *p;

//2、通过 ++ 或 --,可以改变指针指向数组的位置
p++;
++p;
c = *p; //c is 'C' now
--p;
c = *p; //c is 'B' now
```

从注释"相关操作"开始,后面几行代码一字不差,迭代器操作被刻意设计得和指向数组的指针操作非常类似。反过来,很多时候我们把裸指针也视为一种迭代器。

根据不同维度,可对迭代器做多种分类,比如之前提到的那两种,就可以依据道德高下进行划分,分成"爱护公物"款和"破坏公物"款迭代器。

1. 输入/输出迭代器

根据从容器读出数据,还是往容器写入(删除、修改或添加)数据,迭代器可区分为输入和输出迭代器。

说到输入输出,我们最早学习的是 cin/cout,二者都是"流"。广义上,"流"包括标准输入输出设备,文件、网络、或者内存流。多数情况下我们直接在"流"上面进行输入输出操作,以 stringstream 为例:

```
#include < sstream >
...
std::stringstream ss;
ss << "123 456";  //输出操作:将字符串内容输出到"流"中
int i1, i2;
ss >> i1 >> i2;   //输入操作:将"流"中的数据输入到变量
```

今天学习另一种方法:将迭代器架在"流"上面,通过迭代器访问"流"。且慢,说到"流",容易想到"流动",即"流"本身"会动";说到"迭代器",自然关注"迭代",然后想到迭代器可以"游历"容器。因此,如果将迭代器架在"流"身上,到底是树动?风动?还是心在动?

标准要求"输入迭代器(Input Iterrator)"能从容器读出数据;同时也要求输入迭代器提供前进到容器下一可读位置的能力,但不保证在容器的同一位置上读多次,所读的内容或结果一致;不管是同一迭代器连续读多次,还是不同迭代器指向容器同一位置同时读多次。

同时，标准"输出迭代器(Output Iterator)"能够向容器写入数据；同时也要求输入迭代器提供前进到容器下一可写位置的能力，但不保证在容器的同一位置写多次，使得内容或结果一致；不管是同一迭代器连续写多次，还是不同迭代器指向容器同一位置同时写多次。

【轻松一刻】：树动？风动？心动？

有时候看起来是迭代器在动，却也可以理解成是容器在动，有时候觉得是容器在动，却也可以理解成是访问者在动。

为了更好地理解这一现象，我曾经和女友手拉手在灯红酒绿的夜街中站定，冷眼看人群如过江鲫鱼从身边汹涌而过……"虽千万人，我往矣"。为了更好地理解这一现象，我又曾经跳入河中站定，捧一汪清水入口，尔后起身二次跳入河中同一位置，再捧一汪清水入口，细细品尝两捧水之间的不同。古希腊哲学家赫拉克里特说："Any-one can not enter the same river twice"，诚不欺我。

下面就以 stringstream 为例，在上面搭建迭代器，先测试输入迭代器，即通过迭代器从流中读出数据：

```
#include < iterator > //先包含头文件

void test_iterator_on_stream()
{
    std::stringstream ss("123 456 789");
}
```

在"流"之上进行输入操作的迭代器，就叫"输入流迭代器(istream_iterator)"。在标准库中，它是一个类模板。定义流迭代器，需要指定我们以何种类型解读将要流动的数据，这里是 int，将它作为模板类入参，再以"流"对象作为迭代器构造入参：

```
void test_iterator_on_stream()
{
    std::stringstream ss("123 456 789");

    istream_iterator < int > ii(ss);
}
```

接下来就可以从迭代器身上读取数据了。直接从"流"中读数据时，可以通过 eof()方法判断"流"是否结束，我们将"流"视作"容器"，但"流"并没有提供"begin()/end()"等方法指定开始和结束的位置。事实上许多类型的"流"没有确切的结束位置，比如从键盘输入，不可能事先知道用户什么时候结束某次输入。为此，标准做一个简单的约定，默认构造的流迭代器，就表示流的结束位置。

```
void test_iterator_on_stream()
{
    std::stringstream ss("123 456 789");

     istream_iterator < int > ii(ss);
     istream_iterator < int >   eof;  //结束位置

    for( ;ii != eof; ++ii)
    {
        std::cout << *ii << std::endl;
    }
}
```

为什么要千辛万苦地将对“流”的访问,封装成对迭代器的操作?这是因为标准库许多算法(函数模板或函数)都以迭代器作为入口,有了“流迭代器”,就可以让不少算法可以套用,并最终作用在“流”身上。比如,标准库有 min_element 算法用于从指定迭代器范围内,取出最小的元素,它的入参要求是迭代器:

```
//min_element 算法
template < typename ForwardIterator >
ForwardIterator min_element (ForwardIterator first
                                 , ForwardIterator last);
```

将它套用在“流”身上效果怎样?先来定义一个含有多个整数的字符串流:

```
#include < algorithm > //标准库常用算法

void test_min_element_on_istream_iterator()
{
    std::stringstream ss("90 89 100 45 78");
}
```

将“流”中的数据视为整数,则最小的那个是 45,配合使用 min_element 和流迭代器,可以快速地将它从粘粘乎乎的“流”中干脆地揪出来:

```
void test_min_element_on_istream_iterator()
{
    std::stringstream ss("90 89 100 45 78");

    std::istream_iterator < int > beg(ss);//注意理解当中的类型 int 限定
    std::istream_iterator < int > end;//默认构造代表结束位置,也请注意 int

        auto the_min = std::min_element (beg, end);//the_min 的类型是?
        std::cout << *the_min << std::endl;
    }
```

“cin”是标准输入流,所以也可以在它身上搭建输入流迭代器,再套用算法,这次我们一是将元素类型以字符串对待,二是改成找最大元素:

```
#include < string >
#include < iterator >
#include < algorithm >

void test_max_element_on_istream_iterator()
{
    std::istream_iterator < std::string > beg(cin);
    std::istream_iterator < std::string > end;

    auto the_max = std::max_element (beg, end);
    std::cout << *the_max << std::endl;
}

int main()
{
    test_max_element_on_istream_iterator();
}
```

在 Windows 控制台下运行以上测试函数。注意，beg 对象创建时，控制台就进入等待用户输入的状态。请一行行或用空格区分输入多个单词，最后按 F6 功能键结束输入流，屏幕将打出按操作系统默认排序最大的一个。

再说说“输出迭代器(Output Iterator)”的例子。我们准备一个裸数组，视之为容器；准备一指向它的指针，视之为输出迭代器；接着使用标准库的 copy 算法将标准输入 cin 得到的数据，复制到裸数组中，最后使用 copy 算法将数组中的元素，复制到标准输出 cout，真是闲着没事干。先看 copy 算法的声明：

```
template < typename InputIt, typename OutputIt >
OutputIt copy (InputIt first, InputIt last, OutputIt d_first);
```

copy 将从[first, last) 范围内复制元素，从 d_first 开始一个个写入目标容器，当然，从入参看不到容器，因为这又是一个面向迭代器的算法。copy 算法返回最后一次输出时的迭代器位置：

```
void test_output_iteator()
{
    cout << "请输入四个整数:";

    std::istream_iterator < int > beg(cin);//控制台现在在等我们输入
    std::istream_iterator < int > end;

    int numbers[] = {0,0,0,0};
    int * p = numbers;

    //由于 number 大小固定，因此这段代码存在数组越界的隐患：
    std::copy (beg, end, p);

    int *s_beg = numbers, *s_end = numbers + 4;
    std::ostream_iterator < int >  d_beg(cout );//把 d_beg 理解为控制台当前光标位置
    std::copy(s_beg, s_end, d_beg);
}
```

以上主要以“流迭代器”为例说明输入和输出迭代器，千万别误以为纯正的容器，比如 vector、list 等没有输入输出迭代器(倒是“流迭代器”从实现的角度上看，算不得“纯正”的迭代器，它们更像某种适配器)。

假设容器类型为 T，则 T::const_iterator 通常是只读的输入迭代器类型 ，T::iterator 通常是既可读又可写的输出迭代器类型。

2. 前向/双向迭代器

前面用“写”或“读”的角度区分迭代器，“前向/双向”迭代器则从迭代器可行进的方向进行区分。注意，不是“前向”和“后向”之分，而是“只能前向”和 “既能前向又能后向”之分。

还以公园为例，导游 A 把游客从前门带到后门，导游 B 把游客从后门带到前门，这俩都是“前向迭代器”。跟他们的团，然后发现手机落在前一景点，怎么办？可以原路退回去找手机吗？还是只能一路走到底，然后再从头开始走？

前向迭代器称为“Forward Iterator”，双向迭代器称为“Bidirectional Iterator”。一个双向迭代器肯定同时也是一个前向迭代器。裸指针通常是双向迭代器，因为它既能通过“++”操作符前进，也可以通过“--”操作符后退，亲爱的裸指针，出来走几步吧：

```
p++;
p--;

 ++p;
 --p;
```

这里又碰上前置++(或--)和后置++(或--)的区分了。同样推荐能使用前置就用前置，对于多数迭代器，前置操作性能更好。

为什么会有“只能一个方向上前行”的迭代器呢？主要还是因为许多业务，就是不需要在容器中双向前进，可以简化容器的结构。你别说，生活中多数旅游都是前向迭代的。假设从厦门出发，杭州、苏州、上海、北京、西安一路迭代过去，请问你会准备西安到北京、北京到上海这样倒着来回的火车或飞机票吗？不会。

【轻松一刻】：记住：“单向”可以节省成本

再说个例子。前几天写书也是烦了。和家人都没交待，我当下来一趟说走就走的旅行。雅典→罗马→梵蒂冈→海德堡→鹿特丹→ 布鲁塞尔→巴黎……一路前行下去，教堂、古堡、大海，铁塔，还有广场上的鸽子，令人留连忘返；但作为一个程序员，我还是考虑了节省成本，不铺张浪费。因此选择“Forward Iterator”作为出游迭代器。大家关心我怎么回来的？很简单啊，导游周先生和我说：“醒醒吧！ 项目经理又在催你了！”我脚一抽筋，就发现自己回到家中的床上了。

那时候 ，我还没自学“双向迭代器”，所以我就想，等哪天有钱了，从此写程序一定不管什么容器，都配两个前向迭代器！ 以后再做梦就可以来回玩了。

3. 随机访问迭代器

就在我做梦都要两个“前向迭代器(Forward Iterator)”之后不久，我学习了“随机访问迭代器(Random－Access Iterator)”，这下我连“双向迭代器(Bidirectional Iterator)”都不想要了。想想，随机访问，刚刚还在西安看兵马俑，突然脚下青烟一阵，我出现在夏威夷看草裙舞了！“随机访问迭代器”肯定也是一种“双向访问迭代器”，事实上它可以想访问容器哪个元素，就直接跳去访问这个元素(这里的“随机”和“随机数”意义不同，它更多是随心所欲的意思)。裸数组是典型的，支持随机访问的容器，所以指向它的指针就是一个随机访问迭代器：

```
p[3] = 'd';                //直接访问第四个元素
p += 2;                    // 往前直接跳过两个元素(而不是一步步迈过去)
p -= 2;                    //往后跳多步
```

以 p －＝ 2；为例，前向迭代器不支持后退，没有“－－ ”和“－＝”操作。双向迭代器可以通过两次后退模拟实现，但这是“伪随机”。在标准库中，std::vector 是支持随机访问的典型容器。

10.5.2 迭代器辅助操作

1. 前进、后退

前面提到“＋＋”与“－－”可以用在多数迭代器上，但“+=”与“－＝”就只能支持随机迭代器。不过有时候，确实也需要在一些非随机迭代器上，执行前进或后退数步的操作，每到这时就要自己写一个循环，也太累人了。虽然倒不失为是一种强制提示我们此代码有性能损耗的办法，但人总是倾向于尽量少让自己干活的。

```
#include < iterator >
void advance (InputItrator & pos, Dist n);
```

advance 可以让一个迭代器(pos)，前进 n 步，如果 n 是负数，并且 pos 又支持双向，那就是后退 n 步。InputItrator 和 Dist 在这里都是函数模板参数，Dist 通常就是一个整数。advance 会识别出 pos 是否支持随机访问，如果支持，那就是一次 pos ＋＝ n 的操作，否则，会调用以下代码(假设 n 为正数)：

```
for (int i = 0; i < n; ++i)     ++pos;
```

 **【危险】：不负责的导游**

无论是包装好的 advance()操作，还是直接的＋＋，+=，－－，－＝操作，被前进或后退的迭代器，都不会主动检查自己是否已经越界了。

2. 计算迭代器之间的距离

两个迭代器都指向同一个容器(并且这个容器没有在变动)，那么可以计算这两

个迭代器之间的距离(隔几个元素):

```
#include < iterator >
void distance (InputIterator pos1, InputIterator pos2);
```

pos1 和 pos2 必须指向同一个容器。如果是随机迭代器,则简单返回 pos2－pos1;如果不是,该函数一直执行++pos1,直到它和 pos2 相遇,可见,pos2 必须确保在 pos1 相等或其后的位置。

distance 应用的典型场景,是在使用 find 算法查找到一个确切的位置之后,用来计算它距离前一个位置有多远。

3. 交换两个迭代器所指向的值

```
#include < algorithm > //在"算法"中声明
void iter_swap (ForwardIterator1 pos1, ForwardIterator2 pos2);
```

又是一个名字叫得不太好的地方,感觉在交换两个迭代器的指向,其实是交换二者所指向的值。所以允许 pos1 和 pos2 不一定指向同一容器,甚至两个迭代器的类型都可以不一致,只要它们所指向的内容可以交换(互相赋值)。

10.5.3 喜欢兼职的迭代器

就像一些导游喜欢兼职导购一样,一些迭代器也学会了"兼职"。

1. 逆向迭代器

倒着遍历一个容器,这个需求非常普遍。如果使用"双向迭代器",可以从容器的尾部(如果有提供的话)开始,然后使用"－－"操作,一步步退回来:

```
list < int > li {1, 2, 3, 4, 5, 6, 7, 8, 9, 10};

list < int > ::const_iterator it = li.end(); //尾部

for (; it != li.begin();)//不能是 for(--if;...),也不能是 for(;it!=begin();--it)
{
    --it;
    cout << *it << ",";
}
```

it 一开始指向容器的尾部节点(一个虚的节点,位于最后一个节点之后)。如果这个容器是空的,那么 begin()和 end()是相等的,所以 for 循环的判断条件在空容器的情况下,也是适用的。接下来需要主动先将迭代器"后退",然后输出所指向的内容,再判断当前位置是不是 list 的首节点(begin()返回值),是则结束循环。

这个过程显然没有正向遍历来得直观,所以有第一个兼职行业诞生了。"(Reverse)逆向迭代器"包装了正常的迭代器,重新定义了递增运算和递减运算,让二者的行为正好相反(镜相)。逆向迭代器就像一个"法师",它必须附身在一个"双向迭代器"身上(因为内部通过调用递减操作实现)。支持逆向遍历的容器,通常都提供了 rbegin()和 rend(),作用就像 begin()和 end(),只不过 rbegin()其实是容器的尾端,而 rend()是容器的开端。

```
...

    list < int > ::const_reverse_iterator it2 = li.rbegin ();

    for (; it2 ! = li.rend (); ++ it2)//回到正常的 for 循环写法了,舒服!
    {
        cout << *it2 << ",";
    }
```

相比前面那段"正派"的写法,可以猜测出:rbegin()的位置相当于 end(),但透过 rbegin()访问一个数据,访问到的是其前面的那个元素(因为我们不能在 end()位置上访问数据),如图 10-13 所示。

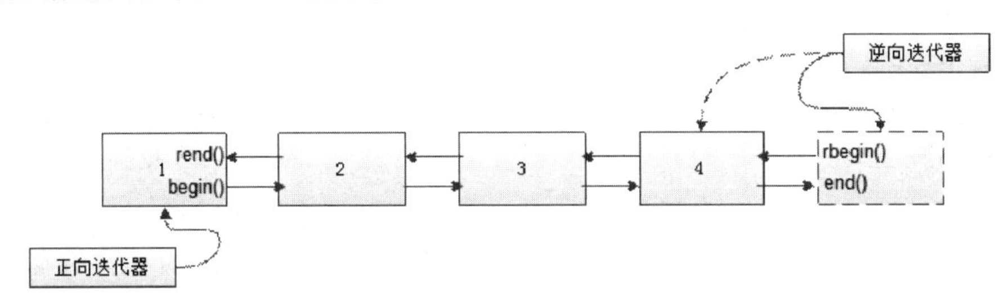

图 10-13 正向与逆向迭代器

正向迭代器表里如一,表现和实际指向的都是同一个节点。逆向迭代器逻辑上指向 n 位置上的节点,但实际访问的是 n-1 位置上的节点;只有这么做,方能让前面那段代码看起来自然而然,反派角色有时只是忍辱负重而已,不是吗?

**【危险】: 从正向迭代器,构造一个逆向迭代器**

可以通过一个正向迭代器,构造出一个逆向迭代器,不过由于上述的原因,经过构造转换之后,访问该逆向迭代器,得到的是其前一节点的位置。举个例子:如果将 begin()转换成逆向迭代器,就得到 rend(),可不能访问它的值,因为它实际指向的内容非法。

2. 插入型的迭代器

普通迭代器安份守纪的,它们对容器现有的数据或读或写,"(Insert)插入型迭代器"却拥有这样的"法术":当你通过它们向容器写数据时,它们可以直接在特定位置插入新数据。这就像一个扛着锄头的导游,走在公园里。有游客报怨公园太小,导游立即抡起锄头挖墙脚。

根据可插入的位置,"插入型迭代器"又区分为"Front-Inserter(前端插入器)"、"Back-Inserter(后端插入器)"和"General-Inserter(通用插入器)"。提供有 push_ back()操作的容器都可适用“Back－Inserter”。像标准库中的 vectors、deques、lists、strings 等等。以 vector 为例：

```
#include < iterator > //同样需要包含该头文件

void test_back_inserter()
{
    vector < int > v; //本来空无一物

    back_insert_iterator < vector < int >> it_inserter(v);

    for (int i = 0; i < 10; ++ i)
    {
        * it_inserter = i + 1;
    }

    //现在,v 里面有 10 个元素
    ...
}
```

重点在“ * it_inserter = i+1”这一句。它会调用 v. push_back(i+1)。

back_insert_iterator < typename T > 的模板参数是一个具体的容器类型，而构造参数则是一个容器。front_insert_iterator < typename T > 与之类似，只是改为要求容器提供 push_front()操作，STL 中此类容器有 deques 和 lists 等。从插入效果看，由于每次都在最前面插入，如果是无序容器，则存储元素的次序刚好和插入次序相反(有序容器会根据插入内容自动排序)。

所有提供 insert()操作的容器都支持“General－Inserter”。通用型插入器可在容器的各个位置插入。其构造函数也有所不同，必须指明插入位置：

```
insert_iterator < typename T, typename P > iter(T & c, P pos);
```

T 和 c 仍然是容器的类型的对象，pos 是一个迭代器，用于表示要插入的位置。

```
#include < list >
...

list < int > l;

//构造一个通用型插入迭代器,首先在 begin()处
insert_iterator < list < int >> it_inserter(l, l.begin());
* it_inserter = 1;
* it_inserter = 2;

list < int >::iterator it = l.begin();
++ it;

//再构造一个通用型插入迭代器,在 it 处
insert_iterator < list < int >> it_inserter2(l, it);
* it_inserter2 = 3;
* it_inserter2 = 4;
```

10.6 常用容器

10.6.1 std::array

建议先复习《语言》篇中"STL 常用类型"中和 std::array 相关的内容。

boost::scope_array 更多地用于对 C++程序采用在堆中分配的原生数组来实现自动管理(重点就是在超出生存区时,自动释放)。

std::vector 提供对连续内存的更多管理,包括分配、扩大、缩小(逻辑上);另外 std::vector 是一个标准的"容器",提供了对应的迭代器类型。如果我不需要在程序运行才动态决定数组大小,更不需要在程序运行时改变数组容量大小,那么,我们要的是一个最简单的栈数组:

```
int a[10]; //写代码时,编译时就决定这个数组是 10 个元素
```

std::array 就用来代替普通栈数组。栈数组伤心了,我这么一个简单的人,你们居然还不信任我?居然还要派人来替代我?可是,谁让栈数组有一个特性,叫"数组退化"呢?栈数组羞愧地低下了头,我们绅士一点,不重复揭人家的疤了。现在简单地看一些 std::array 的例子:

```
#include < array.hpp >

void test_boost_array()
{
        std::array < int, 10 > i10a;
        std::cout << i10a.size() << endl;  //10
        std::cout << std::array < int, 10 > ::size() << endl; //10
}
```

std::array 是一个严格的静态数组,而 size()则是类型的静态成员。std::array 可以方便地使用[]和下标,随机访问每个元素:

```
for (int i = 0; i < 10; i ++ )
{
    i10a[i] = 10 + i;
}
```

也可以用迭代器访问:

```
typedef std::array < int, 10 > IArray10;

for (IArray10::const_iterator it = i10a.begin()
                        ; it ! = i10a.end(); ++ it)
{
    cout << * it << "\t";
}
```

类似 vector 的 at(index)函数也存在，并且同样附加了越界检查功能，越界时将抛出异常。

【重要】："大一统"的设计，是"糟糕"的同义词

你会不会烦了一个"连续内存管理"，又有原生数组又有 scope_array，又有 shared_array、std::vector 又有 std::array?

或许有人推崇"以不变应万变"的思想，但在实际设计中，不变应万变并不是试图设计出一个不变的"万能"的工具，可以适应上层万变的业务需求。这办不到，如果你很牛地做到了，那它也会复杂得没人能用顺手，包括你自己。

真要找以不变应万变的实例，砖头算是一个。可以建高楼，可以砌厕所，可以砸邻居的恶狗，可以拍网上的"专家"。不变的是砖头的份量适当、形状上手、并且正好在中国的任何一个城市里，它似乎都随手可得。看似简单的设计，才叫大繁若简。

std::array 也提供了 empty()函数，同样静态成员：

```
static bool empty();
```

但除非我们一开始定义的是一个大小为零的 array 对象，否则通过 std::array 对象调用 empty()，总是返回 false，它的存在只是为了让 std::array 可以更好地参与标准库的基于容器的算法。高效低耗啊！std::array 看着远处舞台上风光的 std::vector，心里暗自说："人们都说我在模仿他，其实我要做一个和它不同的数组！"

std::array 还提供了 front()和 back()两个函数，方便得到数组的最前头元素和最后头的元素。再加上 size()、empty()等操作，array 比 vector 高效，比原生数组安全和方便，做 C++语言中有个性的数组类型，它做到了。

10.6.2 std::vector

建议先复习《语言》篇中"STL 常用类型"中和 std::vector 相关的内容。

vector 最大的特点是所存储的数据在内存上是连续的，可以通过对第 0 个元素取址，获得数据的起始内存地址。因为这个特性，vector 很方便被拿来做用 C++新写代码与用 C 写的旧代码之间的对接。比如我们有一段旧函数，它要求入参是一个裸数组(其实是指针)。函数中将对 p 所指向的内容做各类操作，但当然，它不应该将 p 给 delete 掉：

```
void do_something_with_array(int * p, unsigned int count)
{
    ...
}
```

我们又有一段用 C++风格写成的代码，使用 std::vector < int > ，需要调用该函数处理所存储的数据，这时，我们并不需要重新分配一段裸数组，可以直接将 vector 对象传入：

```
std::vector < int > v;
...
do_something_with_array(& v[0], v.size());
```

【危险】: 错误估法:把迭代器当作第 0 个元素的真实地址

上述代码,或许你看过有人是这么写的:

```
do_something_with_array(v.begin(), v.size());
```

这样写不仅同样可以通过编译,而且很多时候也能工作,但它依赖于 vector 的具体实现,并不是 C++ STL 标准的硬性规定,可能换一个编译环境就出错。允许用 &v[0]获得元素起始地址,是硬性规定(尽管是补充规定),有保障,除了 vector < bool >(请参看"10.7 特殊容器"章节)。

vector 的另一个特点就是可以通过下标实现高效的随机访问,或者通过 at(index)方法先检查下标是否越界,再访问指定元素。这和之前的 std::array 类似。vector 的第三个特点,它是操作方便的动态数组,可以在运行期动态调整数组大小。

1. 构造时动态指定大小

我们在"堆"上分配一个数组,而不是在栈上,通常就是为了可以在运行期才动态确定所要分配的数组元素个数是多少。好吧,虽然 C99 标准以及 gcc 的扩展造成在栈上动态分配也成为可行方案,但由于堆的内存要远远大于栈的内存,所以堆仍然是一个放心的选择。

std::vector 号称"动态数组",支持构建时动态指定元素个数(并且分配相应的连续内存),那是基本功(这一点是 std::array 所不具备的)。

```
int n(0);

do
{
    cout << "Please input count(1～10240) : ";
    cin >> n;

    if (n < = 0 || n > 10240)
        continue;
}
while(false);

std::vector < int > vi(n); //n 是动态得到的
...
```

若只这基本功,scoped_array 也做得妥妥的,所以接下来是 vector 的独门功夫,初始化之后动态改变(连续存储的)元素个数。

2. push_back、insert

虽然是动态数组,但也不能够通过[]或 at()来让一个 vector 对象自动添加元素并涨空间,如果一个 vector 对象 v 当前元素个数是 10 个,然后你这样访问:"cout << v[10] ";那就是越了 v 的界了。

必须明确地通过 push_back 函数,才能动态地往一个 vector 尾部添加元素,如果空间不够,就自动涨空间。通过 insert 则可以向一个合法的位置插入元素,当然,相比 push_back,它的性能会慢上许多,当然,哪怕是 push_back,由于需要保证在内存连续的前提下分配内存,所以没办法 100%保障性能。

为了避免反复分配内存,所以无论是追加还是插入 std::vector 都不会傻傻地来一个补一个的方式增加内存容量,通常它会一下子增加一批。也就是说,vector 分配的内存,往往要比实际存储的元素所占用的内存要大。size()函数用于探测实际存储的元素个数,capacity()则返回包含预分配的大小。

【小提示】: capacity()做什么用?

以用户友好的设计角度看,vector 应该隐藏"capacity()"这样的函数,因为用户不需要关心它到底"智能"地分配了多少内存。事实上也如此,当我们操作 vector 对象时,要严格按照 size()来读写它的元素,而不是依赖 capacity()。capacity()只应用于监控或测试的目的。

运行下面这段代码,我们可以观察到当前 vector 的策略是:一旦不够,就以当前元素个数为基数,直接翻倍(有够狠的):

```
#include < iostream >
#include < vector >

#include < boost/format.hpp >

using namespace std;

int main()
{
    boost::format fmt("%d ==> size = %d, capacity = %d\n");

    vector < int > vi(5); //初始化 size 为 5.
    cout << fmt % 0 % vi.size() % vi.capacity();

    for (size_t i = 0; i < 10; ++i)
    {
        vi.push_back(i);
        cout << fmt % (i+1) % vi.size() % vi.capacity();
    }

    return 0;
}
```

这还不是 vector 最狠的地方。

3. pop_back、erase、clear

```
//将最后的一个元素释放
pop_back();

//删除迭代器 pos 指示位置的元素,后面元素前移,并返回新的迭代器
erase(pos);

//删除[beg, end)之间的所有元素,后面元素前移,并返回新的迭代器
erase(beg, end);

//清除所有元素
clear();
```

无论是 pop_back、erase、还是 clear(),被删除的数据如果是一个对象,则析构函数会被一一调用,但真实占用的内存仍然归 vector 保留和管理。

4. reserve

```
voidr eserve ( size_type new_cap );
```

确保 vector 对象至少可以存储 new_cap。如果 new_cap 比当前已经分配的个数(capacity(),而非 size())小,则不作任何处理。

reserve 只是用于预备空间,所以只存在改变(严格讲是增大)capacity 的可能,并不会往 vector 中添加对象。

用好 reserve 是保障 vector 性能的必备招术。方法倒也简单:当你即将往一个 vector 多次加入元素时,可能的话,请先计算一下要插入多少个元素,然后用这个个数作为入参,调用 reserve。

5. resize

```
void resize (size_type new_size);
void resize ( size_type count, const value_type & value);
```

resize 真实改变 vector 中元素个数,如果新个数比原来少,则尾部多数的元素被释放,如果新个数比原来的多,第一个版本采用默认的构造函数创建多出的元素,第二个版本则以 value 提供的内容复制。

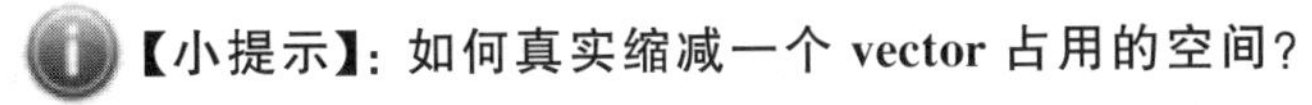

【小提示】: 如何真实缩减一个 vector 占用的空间?

无论是 resever 还是 resize,它们都不会释放 vector 已经占用的空间。resize 可能减少内部存储的元素个数,但空出来的内存仍然保留着,解决方法之一是调用 C++ 11 中增加的"shrink_to_fit()",但那其实也只是一个祈求,更可靠的代码如下:

```
template < typename T >
void my_shrink_to_fit(std::vector < T > & v)
{
        std::vector < T > tmp(v);
        v.swap(tmp);
}
```

10.6.3 std::deque

std::vector 的特点是内存连续,好处是提供随机访问,坏处是除了在尾部插入或删除数据,在其他地方插入数据或删除数据,都很低效。内存连续这个特性,当你需要时,比如要和纯 C 的裸指针对接,并且其他附加要求又逼着你用不了 scoped_array、shared_array 等工具,那 vector 就成为了不二之选。

内存连续也造成了没办法存储很多元素,特别是每个元素占用内存尺寸都比较大的情况下,使用 vector 保存就会发生程序卡的状态,甚至直接宣告失败(内存不足)。可见,内存连续带来了"随机访问"的好处,也带来前面提及的低性能的坏处。有没有折中办法呢?比如,我们并不需要和纯 C 的裸指针对接(这种需求确实越来越少了),但是,我们又需要"随机访问",然后我们还希望插入及删除操作的性能能够有所改善……这就是 deques 要做的事。std::deques 看着远处舞台上风光的 std::vector,心里暗自说:"人们都叫我'双向队列',可谁知 vector 才是最初指引我前进的偶像啊!"

下面通过多段演示代码学习 deque 的基本用法。请留意和 vector 的相似度:

```
#include < deque >

...

deque < int > de(5); //初始化含有 5 个元素

for (size_t i = 0; i < de.size (); ++ i)
{
    de[i] = i;
}
```

构造时,和 vector 一样,可以通过一个整数,指定初始化产生的默认元素个数。接着,演示为这 5 个元素赋值,使用的却是随机访问迭代。接着,从前面一个"弹出":

```
    while(! de.empty ())
    {
        int value = de.front ();
        cout << value << ',';

        de.pop_front ();
    }
    cout << endl;
```

front()返回队列前端第一个元素，不过调用它之前一定要先判断队列是否为空，front()和后面演示的 back()都不会主动做越界检查；pop_front()就是弹出(但并不返回，即这个函数返回是 void)第一个数据(如果有)。

除了支持从前面"弹出"，deque 也支持从前面"压入"，对应方法是 push_front()：

```
for (size_t i = 0; i < 5; ++ i)
{
    de.push_front (i);
}
```

作为对比，vector 只提供 front()读取操作，不提供 push_front()，尽管它肯定可以做到：调用 insert()在第一个位置插入即是。不直接提供"前插"操作是 vector 在暗示大家尽量不要对它做这个操作，因为对 vector 来说，push_back()性能可能是不好，而 push_front()的性能是肯定好不了。对于 deque，push_front()也是一个高效的操作。

```
while(! de.empty ())
{
    int value = de.back ();
    cout << value << ',';

    de.pop_back ();
}
cout << endl;

for (size_t i = 0; i < 5; ++ i)
{
    de.push_back (i);
}
```

尽管大家都有 front()和 back()，但相比 vector，deque 更需要二者，谁让它是一个"队列"呢？队列提供两端的操作是一种约定。其他从后面删除或插入，则与 vector 无异。

接下来，演示一下平凡无奇的前向迭代器和用于删除指定迭代器位置上的元素的 ease()操作：

```
    deque < int > ::iterator it = de.begin ();
advance (it, 2);
    it = de.erase (it);
```

演示逆向迭代器在 deque 上的使用：

```
de.erase (it, de.end());
cout << "count after erase : " << de.size() << endl;
```

演示如何删除指定区间内的所有元素：

```
for (deque < int > ::reverse_iterator rit = de.rbegin()
        ; rit != de.rend()
        ; ++rit)
{
    cout << *rit << ',';
}
cout << endl;
```

再次强调：访问元素时除了at(index)会做检查越界，并在越界时抛出out_of_ranges异常之外，其他通过[]、front()、back()操作，都不做越界检查。不管是array、vector，还是这里的duque。

deque彻底自我管理预备内存空间，不提供reseve()和capacity()函数。下面说说deque内部如何管理内存空间。首先明确一点：deque分配的内存，并不是完全连续的，所以肯定不能拿来和裸指针的接口对接。

deque会在内存中找出多块相对较富余的内存块(我们称为“大块”)，这些“大块”内存之间并不一定连续，但是每一“大块”内部的内存是连续的。当在某一“大块”内部进行随机访问时，它就是高效的随机访问。当需要跨块访问时，则需要额外的一点点附加的计算，具体计算过程由实作决定。如果你大学时数学还行，相信心里已经知道大致的计算方法。无论怎样，deque有办法保证它的随机访问总体上仍然高效。

了解这一特点可知：在deque前后两端插入或删除数据，都是高效的；在deque中间插入和删除数据，仍然和vector一样效率不高。好吧，双向队列，重点保障就是两端的操作(如果非要频繁地在中间增删数据，那得用std::list)。再者，deque可以比vector更有利于存储数据量大的数据。

那么，关于vector那个只涨不降的，让人不安的内存管理方法呢？这个deque没有特别要求，通常的实现，它是真正释放不用的内存的，当然得在它认为合适的时机。

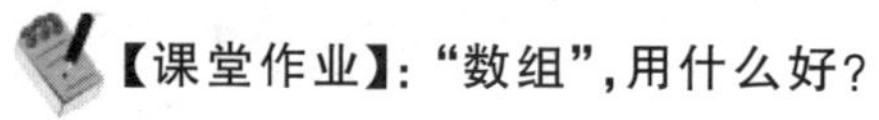

【课堂作业】：“数组”，用什么好？

栈中分配的裸数组？堆中分配的裸数组？scoped_array？std::array？c11的unique_ptr < T[] >？std::vector？std::deque？是时候了！这些家伙都允许你使用[i]访问数据，是时候了，请认真复习、对比、归纳、整理这些工具之间的同与异，长处短处，适用面，如何配合？

10.6.4 std::list

1. 基本概念与本质特性

std::list实现双向列表(也称链表)，每一个节点，都有一个指针，指向后一节点和前一节点(都可为空，比如首节点的“上一节点”)。

因为采用额外的指针维护前后关系，所以列表节点的内存完全不需要连续，这就让节点的插入、删除，甚至链表的合并操作，变得简单。要合并两个vector，需要在第1个vector开辟一大块连续内存，而合并两个列表，只需要让前一列表最后一节点的

"下一节点指针",指向第二个列表的首指针,再让后者的"前一节点指针",指向前者即可。

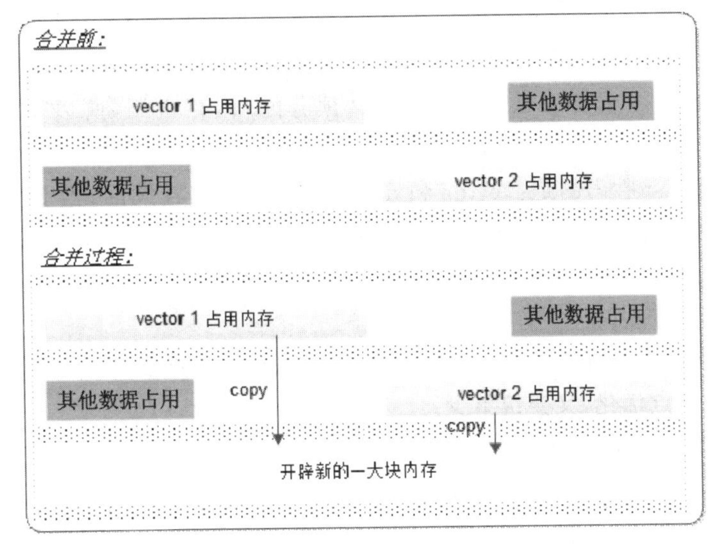

图 10-14　vector 空间大挪移

图 10-14 演示了两个 vector 合并最悲惨的一种情况:合并目标 vector1 后续可用的连续内存空间不足,只好另开新界,然后复制待合并的两份数据。list 合并就永远不会有这种情况发生,如图 10-15 所示。

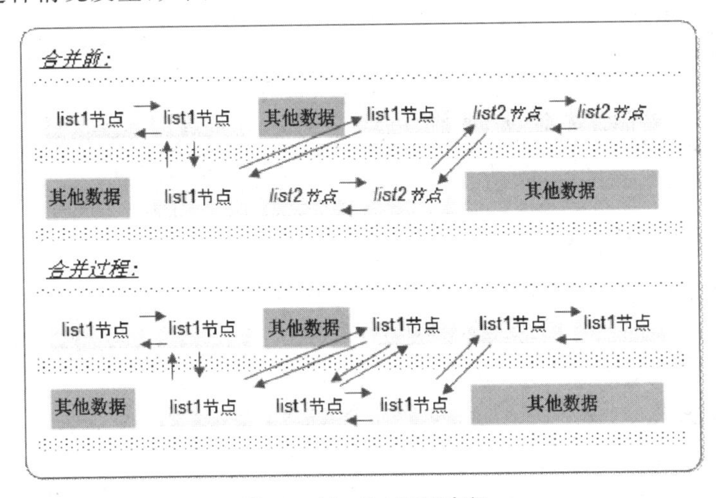

图 10-15　list 巧用空间

改变两个指针的指向,list2 就全部归顺 list1 了。

**【课堂作业】: 图解 list 操作**

请读者画出 list 插入一个节点与删除一个节点的操作过程。

在节点增删操作的性能上,list 完胜 vector 和 deque,但在定位节点的速度上,list 面露羞涩,它不支持随机访问,如果你要修改列表中第 9 个节点的内容,需要从前面爬起,连爬 8 次到达,或者考虑从后面倒着爬,如果总节点数没超过 17 个的话。

在内存占用上,list 和 vector 各有千秋,表面上 list 的每个节点都要至少多占用 2 个指针,但由于 vector 提出的是占用“连续内存”这样苛刻的要求,相比之下 list 的要求更好满足。更重要的是,list 不需要“预分配”内存机制,所以不会占用多余内存。

另外一点 list 胜出的是:vector 和 deque 由于内存是连续的,当变化发生后,容易造成所有数据移位,结果原来代码中使用的迭代器、指针、引用等,很多情况下会失效,需要重新指向。list 插入或删除某一节点,除了被删除的节点之外,其他迭代器、指针、引用等还有效。

某些算法在不支持随机访问的数据结构上执行,会慢许多,但某些算法如果针对 list 的结构做特点优化,又会快不少。

2. 常规的队列接口

尽管 deque 是相对整齐的队列,而 list 往往是歪来歪去的长蛇阵,但好歹都是队列,还都双向,因此 list 的一些操作接口,和 deque 是类似的:

```
T const & front();                      //取第 1 个元素,不判断是否为空
T const & back();                       //取最后 1 个元素,不判断是否为空

//在前端或后端入加新元素
void push_front(t);
void push_back(t);

//弹出前端或后端的 1 个元素,并不返回
void pop_front();
void pop_back();
```

其他标准容器所需要的:

```
//正向迭代器始末
begin();                      //返回正向迭代器
end();                        //返回正向迭代器结束位置

//逆向迭代器始末
rbegin();
rend();

/* C++ 11 提供,返回常量迭代器(const_iterator) */
cbegin();
cend();

bool empty();                 //是否为空,高效,判断 begin() == endl()
size_t size();                //返回个数,需遍历,效率一般
void resize(num);             //将元素个数变成 num 个,如有新增元素,采用默认构造
void resize(num, elem);       //将元素个数变成 num 个,如有新增元素,复制 elem
```

【课堂作业】：证明容器删除元素时，对象被析构

请写一个 list < S > 调用 resize 的例子，其中 S 是用户自定义 class/struct 类型，证明当 resize(num)所传入的 num 比当前元素个数少时，被扔出容器的元素对象将析构。

3. 高效的插入与删除

list 干得最快的事，就是插入新节点、删除新节点等。

(1) 插入操作

std::list 提供三个 insert 的重载版本：

```
//在迭代器 pos 指定位置上，插入一个新元素 elem
//返回插入后，同一位置上的有效迭代器
iterator & insert(pos, elem);

//在迭代器 pos 指定位置上，插入 n 个新元素 elem
//无返回值，原 pos 迭代器通常已经失效
void insert(pos, n, elem);

//在迭代器 pos 指定位置上，插入外来的[beg,end)区间的元素
//无返回值，原 pos 迭代器通常已经失效
void insert(pos, beg, end);
```

演示例子：

```
    # include < list >

...

    list < int > li;

    li.insert(li.begin(), 11);
    li.insert(li.begin(), 2, 22);

    list < int > li2;
    li2.insert(li2.begin(), ++ li.begin(), li.end());
```

入参 beg 和 end 也可以是指向裸数组的指针，下面演示这种情况，并同时演示使用 advance 调整插入位置：

```
    list < int > ::iterator pos = li2.begin();
    advance(pos, 2);

    int arr[] = {0,1,2,3,4,5};
    li2.insert(pos, arr, arr + sizeof(arr)/sizeof(arr[0]));
```

(2) 删除操作

list 提供 erase 和 remove 两种删除接口：

```
//删除提位迭代器位置的元素,返回删除后,同一位置上的有效迭代器
iterator & erase(pos);
//删除指定迭代器区间的所有元素[beg, end),没有返回值
void erase(beg, end);

//删除与指定值相等的所有元素
void remove(val);

//删除符合指定判断条件的所有元素
void remove_if(Pred);
```

erase 还是按迭代器位置删,remove 则是删除所有指定值的元素,而 remove_if 则是删除符合判断式 Pred 的数据:

```
//判断 v 是不是偶数
bool is_even_number(int v)
{
    return (v % 2) == 0;
}

void test_list_remove()
{
    list < int > li;

    for (int i = 0; i < 10; ++ i)
    {
        li.push_back(i/2);
    }

    li.remove (3);
    cout << li.size() << endl; //8

    li.remove_if(is_even_number);

    for (list < int > ::const_iterator it = li.begin()
            ; it ! = li.end()
            ; ++ it)
    {
        cout << * it << ',';
    }
}
```

既然本小节名为"高效的……",我们是不是该让 list 和 vector、deque 比拼一下呢?别急,在第七章《语言》的"STL 常用类型"中,我们已经让前两者对比过了,你的事情是……

**【课堂作业】:测试 list、vector、deque 的插入与删除性能**

请参考之前的例子,将 deque 加入测试。

4. 其他变动性操作

变动性操作是 list 的优势项目，所以它提供了许多这类操作，下面讲解几个较常用的操作：

```
//将所有元素，倒个序儿存储
/* 提醒：别和 reserve 混了 */
reverse();

//元素大小排序，元素之间需要支持使用 < 做比较
sort();
//采用 comp 方法比较两个元素，然后排序
sort(Compare comp);

//将当前 list 和传入的 list 中的元素进行有序合并
//注意：两个 list 中的元素在合并前必须已经有序，合并后仍然有序
merge(list & other);
//将当前 list 和传入的 list 中的元素根据给定的比较方法进行有序合并
//注意：两个 list 中的元素合并前必须已经是按 comp 方法排序，合并后仍然有序
merge(list & other, Compare comp);
```

参数中的"Compare"同样是一种判断式，判断原则是：对给定的两个入参比较大小，如果第 1 个入参比较小，就返回真，否则返回假。我们以第二个版本 sort 示例：

```
struct Total
{
    Total()
        : a(0), b(0), c(0)
    {
    }

    Total(int a, int b, int c)
        : a (a), b(b), c(c)
    {
    }

private:
    int a, b, c;

    //友元函数，因为需要访问 Total 的私有数据
    friend bool Compare_Total(Total const & t1, Total const & t2);

    //友元函数，用来重载流输出操作符 <<
    friend ostream & operator << (ostream & os, Total const & t);
};


bool Compare_Total(Total const & t1, Total const & t2)
{
    return (t1.a + t1.b + t1.c) < (t2.a + t2.b + t2.c);
```

```
}

ostream & operator << (ostream & os, Total const & t)
{
    os << "{total = " << (t.a + t.b + t.c) << "}";
    return os;
}

void test_list_sort()
{
    list < Total > lst;

    lst.push_back(Total());
    lst.push_back(Total(-2, 10, 6));
    lst.push_back(Total(20, -10, 16));
    lst.push_back(Total(13, 10, -7));
    lst.push_back(Total(-9, 12, -8));
    lst.push_back(Total(-5, 50, -10));

    //排序前
    cout << "before sort...\n";
    for (list < Total > ::const_iterator it = lst.begin()
                        ; it != lst.end()
                        ; ++it)
    {
        cout << *it << endl;
    }

    lst.sort(Compare_Total);

    //排序后
    cout << "after sort...\n";
    for (list < Total > ::const_iterator it = lst.begin()
                        ; it != lst.end()
                        ; ++it)
    {
        cout << *it << endl;
    }
}
```

list 还提供 unique 和 splice 函数,请读者另行学习。

【小提示】: 为什么 list 的接口功能"一枝独秀"?

这里提一个问题:list 提供的这么多特定操作(在 STL 中也称算法),难道别的容器不需要吗? 比如说"sort(排序)",难道 vector 中、deque 中的元素就没有排序的需求? 真相是,vector 和 deque 都可直接使用全局版本的 sort()等算法,因为它们支持随机访问。

10.6.5　std::set/std::multiset

1. 基本概念与基础用法

vector、deque、list 这类容器内部的元素的(逻辑)存储次序,由各元素插入选择的位置共同决定,你调用一个 push_back()插入新元素,新元素就肯定是在容器的尾部,除非事后我们调用了 sort 操作。

但有时候我们希望一个容器能够依据某种规则,维护数据的有序性。比如体育老师让同学从低排到高,此时他希望每当有同学站进队伍,就自觉地找到不比自己高和不比自己矮的两位同学之间站好。

set 和 multiset 都会根据既定的排序准则,在数据插入时,自动将元素排序,但 multiset 允许大小相等的两个元素加入而 set 不允许。

```
#include < iostream >
#include < string >
#include < set >

#include < algorithm >

using namespace std;

struct Student
{
    string name;
    int height;

    bool operator < (Student const & other) const
    {
        return height < other.height;
    }
};


void test_set()
{
023 typedef multiset < Student > SetT;

025  SetT sets;

    while(true)
    {
        cout << "请输入姓名 身高:"; //姓名和身高使用空格分开

        Student s;
        cin >> s.name >> s.height;

        if (s.name == "0" || s.height == 0)
```

```
        {
            break;
        }

039     SetT::const_iterator it = sets.insert(s);
        int index = distance(sets.begin(), it);

        cout << s.name << "身高" << s.height
<< ",暂排第" << index + 1 << "位。" << endl;
        cout << "================\n";
    }

    cout << ":::::::::::::::::::::::::\n";

    int index = 1;
    for(SetT::const_iterator it = sets.begin()
            ; it != sets.end()
            ; ++it, ++index)
    {
        cout << index << "=>" <<  it->name << "身高" << it->height << endl;
    }
}

int main()
{
    test_set();
}
```

以下是实际运行的结果：

```
请输入姓名 身高:段誉 169
段誉身高 169,暂排第 1 位。
==========
请输入姓名 身高:郭靖 175
郭靖身高 175,暂排第 2 位。
==========
请输入姓名 身高:令狐冲 173
令狐冲身高 173,暂排第 2 位。
==========
请输入姓名 身高:虚竹 173
虚竹身高 173,暂排第 3 位。
==========
请输入姓名 身高:0 0
:::::::::::::::::::::::::
1=>段誉身高 169
2=>令狐冲身高 173
3=>虚竹身高 173
4=>郭靖身高 175
```

测试表明：一是 multiset 确实会自动将元素排序，二是 multiset 确实允许输入大小一样的两个元素。

multset 默认对两个元素使用“<”比较大小，小排前，大排后。所以本例需要为自定义类型 Student 提供“<”的重载。

**【课堂作业】：结合 multiset 复习“<”操作符重载**

请修改本例，实现如果身高相同，则按姓名排序（考虑极端情况，请仍然使用 multiset）。

书归正传，multiset 默认采用“<”比较，但也允许我们在模板实例化时，提供自定义排序时使用的比较判断式：

```
multiset < T, Compare > ; //Compare：自定义的比较判断，注意：是类的名字
```

例如想让学生们从高排到低，粗暴的做法是人为地将 Student 中的“<”操作符返回“反逻辑”，符号是“小于号”，但比较结果是“大于”的判断。那样太坑爹了。（写这种代码的人应罚款，并且罚得越少越好，用他刚写的那个“小于号”比较）。

为 Student 写一个“>”重载？不行，sets 不会聪明到你写一个大于比较符重载，它就自动在内部改用大于判断，我们还是需要写一个判断式，作为第二个模板参数传入。但注意，之前我们碰上的“判断式”，都是作为一个对象，传递给某个函数，sets 所需要的“比较判断”是模板参数，它需要一个“类名（typename）”。普通函数胜任不了，我们必须写“函数对象”：

```
struct is_taller_then
{
    bool operator () (Student const & s1, Student const & s2)
    {
        return s2 < s1;  //利用前面的"<"判断，变化在于对调 s1,s2 位置
    }
};
```

以上代码插在 Student 的定义之后，然后将例中原 023 行的代码改为：

```
023  typedef multiset < Student, is_taller_then > SetT;
```

现在，同学们可以从高排到低啦。

提供包括“比较判断式类”在内的模板参数后，一个 sets 模板产生一个具体的 sets 类，那么，这个类是不是只能构造出采用一模一样的排序规则的 sets 对象呢？不是。sets 在构造对象时，还允许我们传入具体的函数对象。比如我们让“is_taller_then”复杂一些，实现比较身高时，可以选择是否考虑姓名的因素：

```
classis_taller_then
{
    bool _compare_name;
public:
    //构造时需指定名字是否影响比较
    is_taller_then(bool compare_name)
        : _compare_name(compare_name)
    {}

    bool operator () (Student const & s1, Student const & s2)
    {
        return (s2.height == s1.height)?
               (_compare_name ? (s2.name < s1.name) : false)
               : (s2.height < s1.height);
    }
};
```

接着,原 023 行的类型定义不变:

```
023 typedef multiset < Student, is_taller_then > SetT;
```

但 025 行构造 sets 对象时,传入一个特定的 is_taller_then 对象:

```
025  bool with_name = true;
026  SetT sets(is_taller_then (with_name)); //定制的 is_taller_then 一个对象作为入参
```

**【课堂作业】: 身高视力排排座**

体育老师满意地走了,但班主任来了,他想为班级同学排座位,除个矮排前,个高排后,还需要附加考虑视力。近视等级分 0~5 级,级别越高越近视;级别每高 1 级,可抵消身高 2 厘米。请使用自定义的函数对象作为判断式实现,同时要求,是否考虑近视的因素,需在运行期可设置。

2. 插入元素

前面看到 multiset 的 insert 操作,返回插入的位置(迭代器),set 不允许插入比较结果相同的元素,调用 insert 就有可能失败,所以 set 的 insert 函数的返回值,和 multiset 的不一样:

```
std::pair < iterator, bool > insert (const value_type & elem);
```

set 如果插入新元素失败,那么返回中的"second"值为 false。(其实,针对 set 的这一设计不是太有必要,后谈。)

回忆 vector、list 等容器,它们的 insert 都还有一个"pos"的入参,用于指示新元素插在哪个位置上,前面使用的 sets 的 insert 函数没有这个指示。这很好理解,因为一个元素要插在 sets(复数,表示 set 和 multiset,下同)中的哪个位置,这是调用者控制不了的。不过,sets 却又都拥有一个带 pos 版本的 insert 函数:

```
iterator insert(const_iterator hint_pos
                               , const value_type & value );
//(注:这里列的是 C+ + 11 的版本,老版本中 hint_pos 是 iterator 类型。)
```

当小朋友们在按身高排队时,新插入的同学肯定会大概估计一下自己的身高应该在哪个同学前后,哪怕是 5 岁的小朋友也不会笨到从第 1 个比起……

hint_pos 正是起“位置提示”作用的,sets 会以该迭代器作为判断起点,只要不是瞎提示,通常它的性能会较大提高;但有时候确实无法提示,则传根位置“begin()”等同普通版本。除了帮助提高性能,带“hint”版的 insert 函数另一个作用就是让 sets 拥有和其他容器接口一致的 insert 操作。

sets 带“hint”版的 insert,返回一个迭代器,要么是成功插入后的位置,要么是阻止本次插入的位置,要靠这个返回结果判断是否真正插入,有点难。但我们认为良好的设计,应该不需要关心“是否真正插入”。分析如下:若因非逻辑原因造成失败(比如内存不足),insert 函数将抛出异常,并且 sets 保持原状;若因针对 set 插入,由于元素重复而“失败”,那这“失败”就是我们想要的,既然使用 set,就说明我们不希望元素在容器中重复。

也许你想说,“我需要知道本次元素是否真的被容器接纳了,因为如果没有接纳,我需要对这个元素做一些额外的处理。”伪代码如下:

```
if (s.insert(elem) == fail)
{
        /* 此处做插入失败后的特定操作 */
}
```

这类需求,更良好的设计是:在插入前先判断同值元素是否存在,以避免依赖“插入”动作顺带做存在判断;并且良好的设计有办法做到“先查找再插入”的执行效率和“插入同时判断”近乎一致。

3. 查找元素

排序的序列,最有利于根据排序的键值查找元素,sets 提供了丰富的查找操作:

```
//计算与 elem 比较相等的元素个数
size_type count(elem) const;

//查找与 elem 比较相等的元素的迭代器位置
iterator find(elem);

//查找第一个 > = elem 的元素位置
iterator lower_bound(elem);
```

```
//查找第一个 > elem 的元素位置
iterator upper_bound(elem);

//返回前两个函数的返回值组成的 pair
pair < iterator,iterator > equal_range(elem);
```

除 count 已经是常量成员版之外，find、lower_bound、upper_bound、equal_range 都分别另有一个常量成员函数，对应返回常量迭代器。count 函数对于 set 而言要么返回 1，要么返回 0；对 multiset 则返回和 elem 比较结果相等的元素个数。

find 函数用于找到和 elem 比较结果相等的元素位置，找不到则返回 end()。标准没有规定当有重复元素时，find 会返回哪一个。后面三个函数，一图说之，如图 10-16 所示。

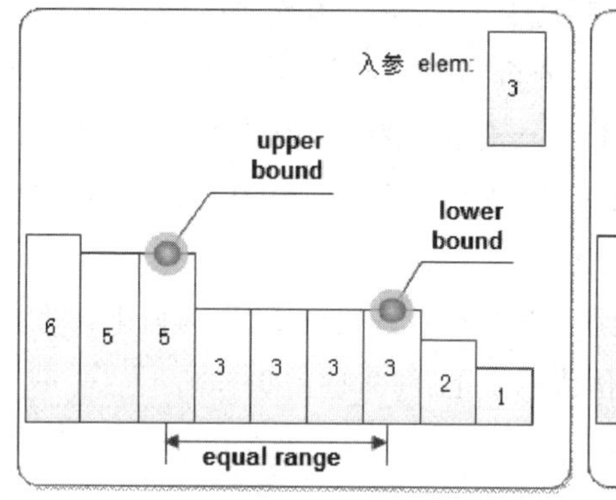

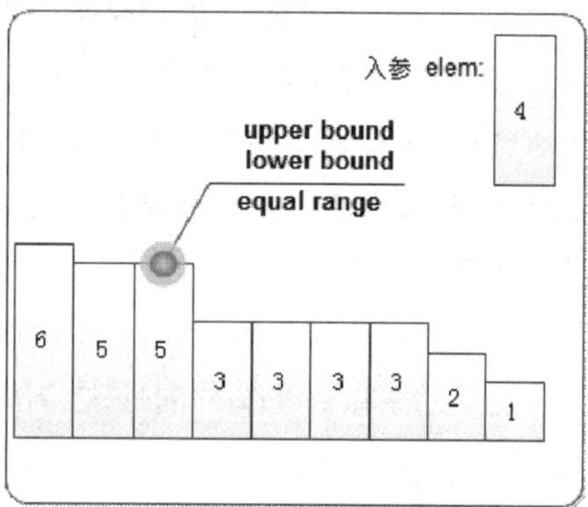

图 10-16 upper/lower—bound 和 equal—range

当待入参元素值为 3 时(左图)，lower—bound 是图中的第一个 3，正是 3 可以插入的第一个位置；upper—bound 是图中的第一个 5，正是 3 可以插入的最后一个位置。而当待元素值为 4 时(右图)，lower—bound 和 upper—bound 全部是图中的第一个 5，因为这里是 4 唯一可以插入的地方。

利用 equal_range()返回的范围，我们可以优化往 sets 插入元素的过程先判断元素是否存在，显然这需要查找，但我们又不希望这个事先查找降低代码性能，那就必须利用这次查找的结果，让后续的插入动作提高性能。直接使用 find()达不到目的，因为当查无结果时，find()返回了 end()位置，它对我们接下来的插入工作无所帮助。

使用 equal_range()，如果正要插入的 elem，和 sets 中已经存在的某个元素相等，那么返回的 lower—bound 就会落在这个元素上，而 upper—bound 则在其后元素上(哪怕是 end())。如果待插入的元素不存在，那么 lower 和 upper 指向同一个元素，而那个元素正是插入位置，两种情况下都可以把 lower 推荐给 insert(hint_pos,...)函数。

4. 删除元素

C++ 11 版的 sets 的 erase 操作接口与旧版不同：

```
//C+ + 11
iterator erase(const_iterator pos);
iterator erase(const_iterator beg, const_iterator end);

//老标准:
void erase(iterator pos);
void erase(iterator beg, iterator end);
```

新版更加与其他容器的接口保持一致，不再复述其含义。不过 sets 还提供了直接删除与指定值相等的所有元素的 erase 接口，尽管这个行为更应该取名为“remove”（像前面 list 那样），这个问题连 C++ 11 也只能睁一只眼闭一只眼了。

```
//删除指定值的所有元素,返回删除的个数
size_type erase(const key_type & value);
```

对于 set，返回值只有 0 或 1 的可能，对于 multiset，有多少个就删多少个，但有时候我们面临后羿射日的难题，这时前面与查找有关的函数正派上用场。假设我们有一个 multiset，并初始化：

```
multiset < int > ms;

ms.insert(1);

ms.insert(2);
ms.insert(2);
ms.insert(2);

...

ms.insert(3);
```

其中有一些元素重复（比如 2），我们希望删除重复的 2，只留下一个，普通程序员的做法直观但低效：

```
size_t count = ms.count(2); //先得出有几个 2

//然后...
for (int i = 0; i < count - 1; ++ i) //count - 1 保证留一个
{
        iterator it = ms.find(2);
        assert(it ! = ms.end());
        ms.erase(it);
}
```

有修养的文艺程序员的做法是：

```
typedef multiset < int > ::constiterator Iter;
pair < Iter, Iter > range = ms.equal_range(2);
ms.erase(range.first, -- range.second);// -- 是为了留下一个
```

最后，或“二”或“大愚若智”的程序员的做法是：

```
ms.erase(2); //全干掉先
ms.insert(2); //再补回去一个
```

5. sets 元素的不可修改性

是时候揭开 sets 这个“眼皮底下的黑幕”了。这个“黑幕”是 sets 内部使用平衡二叉树(通常是“红黑树”)存储元素吗？不，真正的“黑幕”是，在很多 STL 的实现里，sets 的 iterator 只是 const_iterator 的类型别名，看看 GCC 的一个实现：

```
typedef typename _Rep_type::const_iterator iterator;
typedef typename _Rep_type::const_iterator  const_iterator;

//另有逆向迭代器定义与上类似，略
```

这不骗人吗？我们知道，可以透过 iterator 修改容器中元素的值，而 const_iterator 则不可以，难道……你的猜测没错，我们不能通过 sets 的迭代器修改所指向的元素的值，const_iterator 不行，iterator 也不行。看一个简单类型的元素集合的例子：

```
set < int > iset;

iset.insert(2);

set < int > ::iterator it = iset.begin(); //表面上看非 const_
* it = 4; //编译不通过
```

再看自定义类型的元素集合的例子：

```
class Coo
{
public:
    Coo(int i = 0) : i(i) {}
    bool operator < (Coo const & o) const { return i < c.i; }
    int GetI() const { return i; }
    void SetI(int i) { this ->i = i; }
private:
    int i;
};

...
set < Coo > cset;
```

```
Coo c1;
cset.insert(c1);

set < Coo >::iterator it = cset.begin();
int i = it->GetI(); //OK,因为GetI()声明为常量成员函数
it->SetI(9); //编译失败
```

为什么sets不能有可写的迭代器?

从实现的角度看,sets是在元素插入的过程,找到合适的插入位置,以保障新元素加入队伍之后,整个队伍维持既定规则的有序性。如果元素入队后还允许修改,就必须在修改元素之后,重新查找该元素的存储位置。只要元素位置一改变,原本指在其身上的迭代器就会失效,其结果是:一旦通过一个迭代器修改元素的值,这个迭代器的有效性就马上存在问题,这会造成sets难以使用。

从使用的角度看,如果你只是需要元素一时的有序性,那么可以使用list等容器,需要时再进行排序。如果你希望元素一直按照某一种规则保持有序,但又可以修改其他属性(这些属性不影响元素的排序),那么,请用maps。

10.6.6 std::map/std::multimap

1. 基本概念与基础用法

maps和sets内部存储节点数据结构相同,同样会让元素保持有序,但maps将用于排序的数据和不影响排序的数据,分开表达、存储,在概念上,前者称为"Key",后者称为"Value"。这样,就解决了sets中元素不能被修改的结。

我们已经知道了,maps中元素的Key/Value对,使用std::pair存储。换句话说,maps的每一个节点,都是一个std::pair对象,针对存储内容,我们定制的是std::pair的两个模板参数,一个是键类型,一个是值类型,而不是像sets那样直接定制节点自身的类型。重复一次,maps的节点固定是std::pair。之前书中例子多有"std::map",加上学习sets的经验,从名字猜出multimap支持存储重复"键"值节点,而map不行(所以,在一些语言中,multimap也被称为"字典")。Key的类型可以各式各样,只要它们支持合乎逻辑的"<"比较操作。

maps比sets多出一个模板参数,第一为Key的类型,第二为Value的类型,第三为可选的比较判断式类型(后面参数略)。回到比较学生身高例子的最简单情况,既然只使用身高排序,那么姓名和身高就可以分开,前者用作Key,后者用作Value,在只有两样数据的情况下,Student定义也省了:

```
#include < iostream >
#include < string >
#include < map >

using namespace std;

void test_map()
```

```
{
    typedef multimap < int, string > MapT;

    MapT mm;

    while(true)
    {
        cout << "请输入姓名 身高:";

        string name;
        int height;

        cin >> name >> height;

        if (name == "0" || height == 0)
        {
            break;
        }

        MapT::const_iterator it
                    = mm.insert(make_pair(height, name));
        MapT::const_iterator const_beg = mm.begin();
030     int index = distance(const_beg, it);

        cout << name << "身高" << height
                  << ",暂排第" << index + 1 << "位。" << endl;
        cout << "================\n";
    }

    cout << ":::::::::::::::::::::::\n";

    int index = 1;
    for(MapT::const_iterator it = mm.begin()
          ; it != mm.end()
          ; ++it, ++index)
    {
        cout << index << "=>" << it->second
             << "身高:" << it->first << endl;
    }
}

int main()
{
    test_map();
    return 0;
}
```

由于 maps 的节点必须是 std::pair,所以数据在插入之前,需要将 Key 和 Value 组成一个 std::pair 对象。标准库“make_pair()”免除我们定义一个 pair 临时对象的烦琐。

和 sets 的情况类似，multimap 的单一参数版本的 insert(elem)函数，同样返回 pair < iterator, bool > 值，其中 second 表示插入是否成功。

【小提示】：使用旧版标准库 distance()函数的一点小问题

030 行若写成 distance(mm.begin(), it)直接计算，编译器会抱怨参数 1 是 maps::iterator，而参数 2 是 maps::const_iterator，二者不一致无法相减。

C++ 11 新标准库容器提供"cbegin()"，用于明确返回一个常量迭代器，正好可以解决当前问题。例中为了兼容，明确声明一个 const_iterator 变量"const_beg"。(之前 sets 例中没有碰到这个问题，实因 sets 的 iterator 其实就是 const_iterator)。

2. 遍历、查找、改值

maps 提供双向迭代器支持，下面演示逆序打印出 maps 中的元素：

```
typedef std::multimap < int, string > MapT;
MapT mm;

mm.insert(make_pair(173,"虚竹"));
mm.insert(make_pair(169,"段誉"));
mm.insert(make_pair(175,"郭靖"));
mm.insert(make_pair(173,"令狐冲"));

for (MapT::const_reverse_iterator  it = mm.rbegin()
        ; it != mm.rend(); ++it)
{
        cout << index << " = > " << it->second
            << "身高:" << it->first << endl;
}
```

【轻松一刻】：角度小不同，世界大不同

诗曰："远看泰山黑糊糊，上头细来下头粗，如把泰山倒过来，下头细来上头粗(民国·张宗昌·《游泰山》)。"可见，有时候我们不需要费劲写不同的排序判断式，当队伍已经从低排到高，那么站到后面看，它不就是从高排到低了吗？

和 sets 提供一样的查找算法，只是有入参都变成"key"：

```
//计算指定 key 的元素个数
size_type count(key) const;

//查找指定 key 的迭代器位置
iterator find(key);

//查找第一个键 > = key 的元素位置
iterator lower_bound(key);
```

```
//查找第一个键 > key 的元素位置
iterator upper_bound(key);

//返回前两个函数的返回值组成的 pair
pair < iterator,iterator > equal_range(key);
```

maps 内部使用“Key”排序,对应的查找都是在 Key 之间比较。下面示例查找身高为 173 的同学:

```
pair < MapT::iterator, MapT::iterator > range
        = mm.equal_range(173);

for (MapT::iterator it = range.first
            ; it != range.end
            ; ++it)
{
        cout << it->second << endl;
}
```

如果是在 std::map 中查找,由于不可存在重复项,或者在 std::multimap 中只需查找一个目标,推荐使用 find()函数更加简单明了。

不管是直接指向,还是从查找结果中得到 maps 的迭代器,我们可以得到一个键值对(pair),如果迭代器不是“const_iterator”版本,就可以透过该迭代器,修改其中的“值”,但不允许修改其中的“键”:

```
if (! mm.empty())
{
        MapT::iterator it = mm.begin();
        it->second = "张三丰"; //OK,值和排序无关
        it->first = 187;//编译失败
}
```

3. 使用下标访问、添加元素

为了方便通过“键”访问对应的“值”,std::map 重载了“[]”操作符(multimap 没有提供“[]”接口)。示意代码如下:

```
template < KeyT, ValueT >
class map
{
        ValueT & operator[] (KeyT const & key)
        {
            iterator it = this->find(key);

            if (it != this->end())
            {
                    return it->second;
            }
```

```
        ...
    }
};
```

“[]”操作的入参类型，是 map“键”类型的常量引用，“[]”操作的返回值，则是 map“值”类型的引用。这意味着，我们既可以方便地通过“[键]”访问值，也可以方便地通过“[键]”修改值，甚至可以通过“[键]”直接添加一个元素：

```
map < string, string > ssmap; //一个空的 map

//插入四个新节点
ssmap["dx"] = "黄药师";
ssmap["xd"] = "欧阳锋";
ssmap["nd"] = "一灯法师";
ssmap["bg"] = "洪七公";
```

一旦使用“[键]”访问，map 就会先查找同名键值是否存在，如果不存在，就会插一个新节点，如果这次访问是一次赋值操作，就将右值赋值给新节点，否则使用值类型构建一个默认对象。下例中，假设有人想查询“lwt(老顽童)”是哪位：

```
cout << ssmap["lwt"] << endl;
cout << ssmap.size() << endl; //5
```

所以“[键]”访问没有常量成员函数版本，因为它总是有可能修改或增加 map 的内部数据，如此，在一个 map 的 const 对象之上不能调用“[]”操作就很好理解了：

```
void foo(map < string, string > const & mm)
{
    //爱不爱药师,这里都编译失败,mm 是 const 参数
    cout << "Do you love " << mm["dx"] << "?" << endl;
}
```

如果确实只是想查询一下某个键值是否存在，不想因此而添加了一个垃圾数据(往往是空值)，使用 find 等函数才是正道：

```
map < string, string > ::const_iterataor  it = ssmap.find("lwt");

if (it == ssmap.end())
{
    cout << "客服,为什么游戏里没有老顽童呢?" << endl;
}
```

以上演示 maps 时，“键”类型是简单的 int 或 std::string，如果需要使用用户自定义的结构或类，同样需要为自定义类型重载“ < ”判断。另外和 sets 一样，可以为模板传递定制的小于判断式，在此基础上，还可以在构造 maps 对象时，传一个特定的判断式对象。

10.6.7 std::unordered_sets/maps

1. 基本概念

是时候伸出十指,计算一下 std::sets/std::maps 的查找效率了。如果我心里想一个 1 到 10 之间的整数,你来猜,每次你报一个数,我照实回答是猜小了?猜大了?还是猜中了?请问,你最多几次可以猜中?1 到 10 是有序的,所以可以采用“二分法”猜测。

模拟过程如:先猜 5,若小了,再猜 8,若大,后面最多猜两次够了。其他情况也都一样:最差只需 4 次。假设数是字 N,那么猜的次数是 log(n)的结果再向大取整,或称算法复杂度为 O(log(n))。

【小提示】:算法复杂度表示法:Big－O

Big－O 表示法将一个算法的运行时间以输入量(n)的函数表示,以下是五种典型的算法复杂度:

类型	表示法	含义 (n:个数,o:复杂度)
常数复杂度	O(1)	运行时间和元素个数无关
对数复杂度	O(log(n))	运行时间随元素个数增长呈对数增长 示例(n:o):1:1,4:2,16:4,256:8,65536:16
线程复杂度	O(n)	运行时间随元素个数增长呈线性增长 示例(n:o):1:1,4:4,16:16,256:256,65536:65536
n－log－n 复杂度	O(n * log(n))	运行时间随元素个数增长呈线性和对数的乘积增长
二次方复杂度	O(n * n)	运行时间随元素个数增长呈平方增长

Big－O 从数学的角度评估一个算法的复杂度,但编写程序是一门计算机技术与数学混合的科学,如果不关心内存分配、内存复制等问题,完全有可能写出 O(log(n))复杂度运行时间大于 O(n)复杂度的代码。

在内容无序的 vector、deque、list 中查找给定值的元素,算法复杂度就是 O(n)。但在有序的 std::sets/std::maps 中查找给定键的元素,算法复杂度为 O(log(n))。为了更好地执行二分法查找,std::sets/std::maps 在内部采用平衡二叉树存储元素。

【课堂作业】:什么叫“平衡二叉树”?

什么叫平衡二叉树?gcc 实现的 stl 中,sets 和 maps 具体采用哪一种平衡二叉树实现?在平衡二叉树中插入节点、删除节点和搜索节点的特点是什么?请上网搜

索相关知识。

有没有比二分法还要高效点的“猜数法”？在本游戏的情况下是没有的，不如我们改改玩法：你心里想100个数，但数值大小必须在1100～1199之间，然后将所想的数值减去1000后告诉我，我就可以“秒猜”出这个数，保证复杂度为O(1)。比如，你告诉我89，我就能立即“猜”出你想的数是1089。是不是很神奇？唉，大家不要向我丢鞋！

这种“作弊”方法还真的很常用。比如，宿舍有3个同学，就算每个人的身高都不相同，最多也就3种身高数据；再假设最低身高是169厘米，最高身高是175厘米，不考虑小数，这个范围内包含了7个可能的身高数据。我们用一个容量为7的数组来存储这3个同学的身高，如图10－17所示。

身高/键	169	170	171	172	173	174	175
姓名/值	张伟				林明		鲁迅

图10－17 身高-姓名对应表

有了这张表，当你问我“本宿舍身高173的人有谁”，我通过肉眼一眼就能找到对应的“林明”；不过如果给计算机处理，逻辑是这样的：先计算173－169得到4，然后在“姓名/值”这一行中，基于0偏移，于是对应到“林明”这一列。这个过程听起来复杂，但却有近乎普通数组的查询效率，算法复杂度仍然是O(1)。显然，查找时间的高效建立在存储空间的浪费(低效)上，如果将图10－16中170到172的空列删除，上述计算机查找过程就失效了。

7个空间存储3个数据，空间利用率约为43%，在保持O(1)复杂度的情况下能不能提高一些存储效率呢？针对我特意设置的这个例子，数学老师肯定一下子就找到答案了，那就是将图10－18中作为键值的身高数据，全部进行(n＋1)/2转换，得到如图10－18所示的数据。

(身高＋1)÷2/键	85	86	87	88
姓名/值	张伟		林明	鲁迅

图10－18 经特定算法压缩后的对应表

现在怎么通过“键”来查找对应的姓名呢？尽管“键”的取样公式是(身高＋1)/2，但压缩之后竟仍然是连续的：85、86、87、88，所以机器查找过程不变。以“87”为例，减去85得到2，于是在下一行像数组一样从零往后加2，就得到正确的列。现在的空间利用率是75%。

类似这样存在冗余空间以保持键值在某段范围内连续的数据结构,可称为"哈希表(Hash Table)",也称为"散列表"。你再看看第一张表,其中的数据陈列是不是够"散"的? 呵呵。

【重要】: 自学 hash 算法

有一众读者的算法知识比我好多了,看到上面我对 hash 算法的解释估计又要退书了,好吧,需要学习 hash 算法和 hash 表真知的读者,千万别尽信本书。

在 C++ 11 之前,竟然一直没有将"哈希表"纳入 STL 的标准容器之一,全靠各家 C++实际产品(包括 GCC)自行提供。等 C++标准制定委员会终于想起时才尴尬地发现,竟然没有好的名字可以用了。能想到的"hash_xxx"都被别人占用了,于是只要叫"unorder_xxx",它延续自 boost。"unorder"? "无序的"? 它也在暗示前面作者介绍的"哈希算法",真的不可尽信。

2. unordered_sets

以 unordered_set 为例,标准库中的模板定义为:

```
template <
        typename Key,
        typename Hash = std::hash < Key > ,
        typename Pred = std::equal_to < Key > ,
        typename Alloc = std::allocator < Key >>
class unordered_set
{
        ...
};
```

多数情况下通过模板产生一个 unordered_set 的类,只需要提供所要管理的元素类型。因为是"set",所以元素既作值,也作键。不过需要做某种转换,以生成合理的键。转换方法是借用 std::hash 模板,而键的比较方法是借用 std::equal_to 模板(是"相等(equal)"而不是"小于",因为 unordered_set 内部不需要依赖元素的值排序)。

下面代码对比 50 万个数据在 std::multise(基于树结构,使用二分法查找)和 std::unordered_multiset(基于哈希表,使用近乎随机的访问)进行插入和查找操作的性能比较。先看测试类:

```
#include < ctime >

#include < iostream >
#include < list >
#include < set >
#include < random >
#include < unordered_set.hpp >

#include < boost/format.hpp >
```

```
using namespace std;

template < typename C >
class Set_Tester
{
private:
    C _set;

public:
    template < typename SrcIter >
    int test_insert (SrcIter first, SrcIter last)
    {
        clock_t beg = clock();

        for (SrcIter it = first; it != last; ++it)
        {
            _set.insert(*it);
        }

        return (clock() - beg) / (CLOCKS_PER_SEC / 1000);
    }

    int test_find () const
    {
        clock_t beg = clock();

        for (auto v : _set) //把所有元素挨个查一遍
        {
            _set.find(v);
        }

        return (clock() - beg) / (CLOCKS_PER_SEC / 1000);
    }
};
```

以上代码定义了Set_Teser类模板。模板入参C用于泛化所要使用的Set类型，multiset和unordered_multiset。该模板提供test_insert()用于测试特定Set的插入性能，入参是源容器的开始迭代器和结束迭代器。test_find()用于测试在特定Set里查找元素的用时。使用基于范围的for循环将所有元素查找一遍。测试的代码如下：

```
int main()
{
    std::mt19937 r(time(nullptr));

    list < int > lst;

    //产生随机数
    #define INSERT_COUNT 500000
```

```
    for (size_t i = 0; i < INSERT_COUNT; ++ i)
    {
        lst.push_back(r() % INSERT_COUNT);
    }

    size_t m_i_time(0), h_i_time(0); //m_代表 std::map
    size_tm_f_time(0), h_f_time(0); //h_代表 std::underorder

    #define TEST_TIMES 3 //连续测试,取平均

    for (int i = 0; i < TEST_TIMES; ++ i)
    {
        {  //测试 multiset
            Set_Tester < multiset < int >> t;

            m_i_time += t.test_insert(lst.begin(), lst.end());
            m_f_time += t.test_find();

        }

        {  //测试 unordered_multiset
            Set_Tester < unordered_multiset < int >> t;

            h_i_time += t.test_insert(lst.begin(), lst.end());
            h_f_time += t.test_find();
        }
    }

    boost::format fmt("std::set - insert: %d ms\n"
                      "std::unordered - insert: %d ms\n\n"
                      "std::set - find: %d ms\n"
                      "std::unordered - find: %d ms\n");

    cout << "elems - count : " << INSERT_COUNT << "\n\n";
    cout << fmt % (m_i_time/TEST_TIMES)
% (h_i_time/TEST_TIMES)
% (m_f_time/TEST_TIMES)
% (h_f_time/TEST_TIMES)
            << endl;

    return 0;
}
```

我得到的测试结果是：

```
elems - count : 500000
std::set - insert: 283 ms
std::unordered - insert: 154 ms
std::set - find: 72 ms
std::unordered - find: 30 ms
```

测试中的没有使用 std::set 带有“提示位置”的 insert 操作，所以 std::set 没有作弊。从结果上看，它输了。

本例没有演示 unordered_sets 的删除操作如 erase(pos)、erase(value)，计算个数的操作 count(value)（区别于计算总数的 size()），判断是否为空的操作 empty()等等，这些和 std::sets 或其他容器并无差异。

在查找方面，由于内部无序性，所以 unordered_sets/maps 都不能提供“lower_bound(key)/upper_bound(key)”操作，但提供了 equal_range 查找 。

```
//返回指值在容器中在起始与结束位置
std::pair < iterator,iterator > equal_range(key);
```

3. unordered_maps

unordered_map/unordered_multimap 分别和 std::map/std::multimap 在用法上近似，在内部存储上，同样是 std::pair < KeyT, ValueT >类型。

unordered_map 同样提供了“[]”操作，且同样在访问时，如果发现所要的元素不存在，将直接创建一个默认对象加入。查找方面的变化请同时参考 std::unordered_sets 操作和 std::maps 的操作。

4. 用户自定义类型作为键值

要往 unordered_sets 中存放用户自定义的类或结构数据，或者要使用自定义类或结构作为 unordered_maps 的键类型，需要为自定义类型数据提供以下实现：第一，如何产生哈希值；第二，如何进行相等判断。后者无非是以自由函数或成员函数的形式，重载“== ”操作来比较两个自定义类型数据是否相等，但关键点是必须第一点所产生的哈希值保持逻辑同步，即：如果二者相等，则其所产生的哈希值必须相同。

要为某类数据产生哈希值，需要提供一个特定的函数对象。该函数对象的结构模板在标准中定义如下：

```
template < typename T >
struct hash
{
    size_t operator () (T & elem);
};
```

该函数对象入参为元素，返回值则是 size_t，即该元素的哈希值。标准库为常见类型提供对应的函数对象定义，比如 int、double、string、bool、char、thread::id 等，多数在 < functional >头文件中声明。以 int 为例：

```
#include < functional >

//单独为一个 int 产生哈希值：
int i = 101;

size_t a_hash_value_on_int = std::hash < int > (i);
cout << a_hash_value_on_int << endl;
```

下面则是一个自定义类作为 std::unordered_maps 的“键”类型的例子。先看自定义类的实现：

```
#include < unordered_map.hpp >
#include < functional > //hash_value

class S
{
    int a, b, c;
public:
    S()
        : a(0),b(0),c(0)
    {
    }

    S(int a, int b, int c)
        : a(a), b(b), c(c)
    {
    }

    bool operator == (const S & o) const
    {
        return (a == o.a && b == o.b && c == o.c);
    }

    std::string as_string() const //无关 hash,仅为方便输出内容
    {
        std::stringstream ss;
        ss << "{a=" << a << "}{b=" << b << "}{c=" << c << "}";
        return ss.str();
    }
};
```

该类含有三个 int 成员。根据前述要求,先提供“== ”定制相等判断。本例要求三个成员都一一相等,才算两个对象相等。接着需要为 S 类提供“hash”函数对象的特化实现：

```
template < >
struct hash < S >
{
    size_t operator()(S const & item)
    {
        size_t hash_seed  = 0;

        my_hash_combine(hash_seed, s.a);
        my_hash_combine(hash_seed, s.b);
        my_hash_combine(hash_seed, s.c);

        return hash_seed;
    }
};
```

my_has_combine 用于合并哈希值。例中第一次针对 a 成员产生哈希值并存储在入参 has_seed 中，第二次调用，则针对 s.b 产生哈希值，并与现有的 hash_seed 进行合并，结果是得到一个和 s.a 与 s.b 都有关的哈希值。boost 库为该功能提供了 hash_combine()方法，STL 却没有，所以我们照着 boost 库的实现写了一个，请将它实现在 hash < S > 的特化之前，或者将它收入到你的工具代码中，因为你以后会在各种项目中经常用到它：

```
template < typename T >
void my_hash_combine(size_t & seed, T const & item)
{
    std::hash < T > hasher;
    seed ^= hasher(item) + 0x9e3779b9 + (seed << 6) + (seed >> 2);
}
```

现在，S 类型的数据终于可以使用哈希表存储了：

```
void test_custom_key_type()
{
    typedef std::unordered_map < S, std::string > DemoMap;
    DemoMap demo;

    S s1(1,2,3);
    S s2(1,3,2);
    S s3(2,1,3);
    S s4(2,3,1);

    demo.insert(std::make_pair(s1, "123")); //容器传统 insert 方法
    demo[s2] = "132";  //更方便的插入方法
    demo[s3] = "213";
    demo[s4] = "231";
    demo[S(3,1,2)] = "312"; //直接构造临时对象
    demo[S(3,2,1)] = "321";

    for (auto it = demo.cbegin(); it != demo.cend(); ++ it)
    {
        cout << it->first.as_string() << " = > "
                                    << it->second << endl;
    }
}
```

注意，本例为 S 类型重载的“== ”判断，要求对象的每个值都相等才认为两个对象相等，对应的，后面提供的哈希值的产生方式，也复合三个成员的值。如果对 S 对象是否相等的判断依据是三个数的累加和，则后续产生 hash_value 的方式，也只需一句“returnstd::hash < int >(s.a + s.b + s.c)”即可，而不用反复调用“my_hash_combine”进行复合。

10.7 特殊容器

10.7.1 std::vector < bool >

存放“布尔值”的 vector,照理说和存放其他类型的 vector 没有什么两样,为什么会成为“特殊容器”呢?原来,由于 bool 值只有“真”和“假”两位,在内存中它至少占用一个字节(8 位),其中 7 位都浪费掉,因为逻辑上只要 1 位表示 0 或 1 即可。现在既然要把一大堆 bool 值存储在一起,为什么不将 8 个 bool 值,挤到一个字节(byte)中去,令空间占用变成原来的八分之一呢?

STL 竟然就是这么做的,提供针对 bool 类型进行特化的 std::vector 版本。结果造成 vector < bool > 对象的元素存储的逻辑结构发生大变化。假设某 std::vector < bool > 对象存放 8 个 bool 类型数据,但它总共才占用一个字节。

对 vector < bool > 对象的随机访问,也必须做一些位运算才能获值或设值。不知是不是为了勉强弥补上述缺陷,vector < bool > 额外提供了名为“flip”的操作,可用于对容器中存储的所有 bool 值逻辑取反,事实上是对那些“bits”实施按位取反。

```
std::vector < bool > bv;
bv.push_back(true);
bv.push_back(false);

cout << bv[0] << endl; //输出 1
cout << bv[1] << endl; //输出 0

bv.flip();

cout << bv[0] << endl; //输出 0
cout << bv[1] << endl; //输出 1
```

无论是通过“[]”方式,还是通过 vector < bool >::iterator 方式返回元素,vector < bool > 都无法真正返回一个 bool 变量的引用(内存地址),试想,连续的两个元素,很可能挤在同一个字节内,而字节是计算机可直接处理的最小单位,同一个字节必然是同一个地址,总不能 bv[0]和 bv[1]返回同一个地址吧?

所以,当访问 vector < bool > 元素时,程序会构造一个特定的临时对象,我们大概可以想像,它至少得含有这些信息:

```
struct BoolElemProxy
{
        byte * ptr;
        int bit_index;
};
```

其中 ptr 用于指向所在字节,bit_index 用于告知是该字节中的第几位。实际代码中，这个“代理(Proxy)”实现得挺强大，它也提供了“flip()”操作，所以我们可以对单一一个元素逻辑取反：

```
bv[1].flip(); //通过代理，最终实现所在位的取返。
```

【危险】："枪"抵在头上，再用 vector < bool >

vector < bool > 的特化行为，坏处太多了，在越复杂的环境下使用(比如多线程)，需要注意的地方就越多，因此除非有“枪”抵在头上，通常我们都不使用它。“枪”是指当你的内存确实不足了，而你要存储的 bool 值又确实太多了的时候。平常，为了绕开这个特化版本，可以简单地用 vector < unsigned char > 代替之。

另外，在一些情况下，也可以考虑同样使用 bit 存储数据的其他容器，比如 std::bitset 容器，它可用于事先确定大小的按位存储，或者使用 boost::dynamic_bitset 代替 vector < bool > 这样意义模糊的特化，个人认为较好的做法是在 dynamic_bitset 的基础上针对 bool 做特化。本书对这两个容器都均未提及，读者可自学。

10.7.2　std::queue/priority－queue

1. queue

我们学过“deque(双向队列)”，但它的人生偶像却是 vector。真正计算机科学中提到“队列”这一数据结构时，是这样子的：一个典型的 FIFO (first-in, first-out)的容器。想象老式银行窗口前，客户规规矩矩地排队，先排的先办理先走人，不许插队。

这个容器没有“迭代器”，这是它和后面的“std::stack”被归为特殊容器的原因。我们拿到一个“Q”(软件行业对“队列”概念最喜欢的简称，它的发音和 queue 一样只对它做这几样操作：

```
//操作一：往尾部插一个元素
void push(elem);

//操作二：从头部弹出一个元素
void pop();
```

注意，pop 没有返回值，数据弹掉就弹掉了。想要取值，那是在它没有弹出之前，可以从队列的一头一尾各取一个数据：

```
//取第一个元素引用
T & front();
T const & front() const; //常量版

//取最后一个元素引用
T & back();
T const & back() const; //常量版
```

经典的 Q，就是这么简单，你要是想又 push_back 又 push_front 的，那得去找

“deque”。其他的如何和别个容器交换内容的 swap()、判断是否为空的 empty()、取得个数的 size()等等操作，与标准容器一致。

2. priority－queue

“priority－queue”称为“带优先级的队列”，表示其内的元素根据优先级被读取，而不是完全按加入的时间先后。和 queue 一样，优先队列只能从尾部 push 数据。在读取时，优先队列只能从头部读取，所以它改名叫“top()”。理论上这才是真正的单向 Q，std::queue 提供 back()操作，多半是程序员没有按捺住内心深处“追求功能强大”那一瞬的邪恶念头。

```
push(value);

//得到当前队列中优先级最高的元素
T & top();
T const & top() const;

pop();
```

队列的接口简单清晰，不过切记在调用 front()、top()、back()之前请确保队列非空。下面演示优先级队列，请观察对于 int，priority_queue 默认采用什么方式确定访问优先级：

```
...
#include < queue > //和普通队列在一块
...

    priority_queue < int > pq;

    cout << "push 1,2,3..." << endl;
    pq.push(1);
    pq.push(2);
    pq.push(3);

    cout << pq.top() << endl; //3
    pq.pop();

    cout << pq.top() << endl; //2
    pq.pop();

    cout << pq.top() << endl; //1
    pq.pop();
```

输入 1,2,3，但按“top(顶部)”取值输出却得到 3,2,1。可以先简单认为，数据在进入优先队列之后即被从大到小排序，这体现了该容器的作者可能存在“大即优先”的腐朽思想。身为使用者，你要注意的是，模板参数提供的排序比较规则，仍然是使用“<”比较。具体实现上 std::priority_queue 采用“堆排序(heap sort)”维护次序。

【小提示】：queue、priority_queue的背后……

不管是queue还是priority_queue都不是从零实现的，queue在标准库的默认实现方法，是通过封装std::deque实现，而priority_queue默认通过封装std::vector实现。priority_queue所涉及的“堆排序”要求数据必须可以提供随机访问接口。

“priority—queue”允许提供自定义的排序比较准则，和std::sets等概念类似，但在实际实现上，有一些具体差别。首先，优先队类的类模板第二个入参用于指示“priority—queue”在底层采用的什么容器来实现，第三个参数才用于指比较判断式：

```
template < typename T,
        typename Container = vector < T > ,
        typename Compare = std::less < typename Container::value_type >>
class priority_queue
{
        ...
};
```

因此，如果只是想定制第三个参数，只好抄写第二个参数的默认实现，下面我们定义一个元素类型为int，但采用从大到小的比较规则。

如前所述，尽管队列中元素逻辑上是从大到小排列，在排序时，默认仍然是通过“小于”比较（std::less <T>将调用“ < ”比较两数据），所以如果要让“小”数的优先级高，应该传递std::greater <T>：

```
priority_queue < int, std::vector < int > , std::greater < int >> pq;
```

这就得到一个以较小的整数为高优先级的队列，其模板第二个类型入参，就是照抄默认值，如果你需要往priority_queue中存储的数据量比较大，可以考虑将该类型更换为deque。对于自定义类型的元素，需要为之重载“ < ”操作符：

```
#include < deque >

struct S
{
    S() : i(0) {}
    S(int i) : i(i) {}

    int i;

    bool operator < (const S & o) const
    {
        return i < o.i;
    }
};

void test_custom_priority()
```

```
{
    priority_queue < int, std::vector < int > , std::greater < int >> pq;

    pq.push(4);
    pq.push(3);

    cout << pq.top() << endl; //3

    priority_queue < S, std::deque < S >> spq;
    spq.push(S(1));
    spq.push(S(5));
    spq.push(S(3));
    cout << spq.top().i << endl; //5
}
```

使用 C++参加各种信息赛的同学们,上面的内容一定要认真学啊!

10.7.3 std::stack

std::stack 是一个默认基于"std::deque"实现的容器,它就是大名鼎鼎的"栈"。特点是:LIFO(last-in, first-out)。

stack 的主要接口和 priority—queue 在声明上颇为一致:

```
push(value);

//得到当前栈顶的元素
T & top();
T const & top() const;

pop();
```

但在实际效果上就和优先队列有很大差别了。首先 push 是从顶部压入的,pop 当然还是顶部弹出,而 top 则始终得到顶部数据,没有优先级干扰。

10.8 常用算法

10.8.1 基本概念

在 C++ STL 库中,"算法"可理解"操作",在编程语言表现上,对应到"函数"。但有别于通常的函数操作:这类操作要有很好的数据类型无关性,可以作用在各种不区分数据类型的迭代器或容器之上。

从学习过程看,我们学习了容器,容器里放着数据元素,接着学习迭代器,迭代器帮助访问容器里的元素,现在我们学习一些算法操作,用于实现按特定规则,透过迭代器处理容器里的元素。

以“排序”操作为例，整数可以排序，浮点数可以排序，字符串可以排序，用户自定义的各类数据结构，也可以排序。数据放在 vector 里可以排序，放在裸数组里可以排序，放在列表里可以排序；而放在“队”和“栈”里不让排序，那是因为业务逻辑不让排；放在用户自定义实现的容器只要提供符合标准的迭代器访问接口，也可以排序。

“查找”也是一个常用的算法。如果数据序列是排好序的，可以使用“二分法”查找否则就遍历所有元素进行比对。说到排序和查找，生活中可能谁都会遇上。比如 54 张扑克牌散乱在桌面，一个 6 岁的儿童，就能够将它们按 A 到 K，并且按花色收拾好，这中间小朋友就不自觉地运用了某种排序算法。但是，将收拾扑克牌的过程，归纳、抽象成一段通用的排序代码，如果没在专业的学校里认真研究过，是真的很难。如果要针对更复杂的应用环境，比如对 1 万张牌的排序进行优化，那就更难了。

这就是标准库或第三方库提供算法的价值所在，C++标准算法库，提供了不少需要相对专业的知识才能写成写好的算法，我们可以拿来就用。不过，也千万别认为 STL 里面的算法，都很“高级”、“专业”。说起来，STL 里的许多算法完全是基础工作，这是它存在的另一个价值：有些工作很基础，但每次去重复写难免觉得繁和烦，所以 STL 提供了些工具函数，它们内部没有复杂的数学逻辑存在，更多地是表现成一种代码“框架”。

【小提示】：小心 STL 在算法上历史遗留问题：命名有点小乱

用标准库巨著《The C++ Standard Library——A Tutorial and Reference》的作者，C++标准委员会成员之一，讲究精密的德国人 Nicolai M. Josuttis 的话来说就是：“……不幸的是，搜寻算法的命名方式却是一团混乱。”

本书仅挑选数个 STL 的算法讲解，完整算法建议读者购买小提示中提到的书学习。

10.8.2　遍历时操作

校场上，一排男新兵，一排女新兵，接受排长的检阅。假设你就是排长，你从每一位男兵面前走过，并依次往士兵的胸膛亲切的打一拳，然后说“好样的”。接下来你来到女兵面前……你想什么呢……给每一位女兵一个温暖的微笑，然后也说：“好样的”。

无论是男队还是女队，排长都要从每个人面前走过去（动作 A），并于此过程中对每个人做一件事情（动作 B）。这中间，动作 A 称为“遍历”，它是事件中的相同部分，而动作 B 是事件中的变化部分。

STL 将相同的部分抽象成一个框架算法，而我们则负责将变动的部分，写成自定义操作(普通函数或函数对象)，传递给“框架算法”，由它来在合适的时机(排长走到每个兵面前)执行这个动作。

1. for_each

```
#include < algorithm >

template < typename InputIt, typename UnaryFunction >
UnaryFunction for_each (InputIt first, InputIt last, UnaryFunction f);
```

for_each 在给定的[first, last)内遍历，并针对每一个元素，调用 f 操作，这个操作接受一个参数(遍历中的元素)。

首先定义“男兵”和“女兵”，在例中，他们暂时都没有什么操作，也没有什么关系，所以简单设计成两个类，仅为方便演示，都加个“名字”成员：

```
#include < iostream >
#include < string >
#include < list >

#include < algorithm >

//男兵
struct MaleSoldier
{
    MaleSoldier() {}
    MaleSoldier(string const & name)
        : name(name)
    {
    }

    string name;
};

//女兵
struct FemaleSoldier
{
    FemaleSoldier() {}
    FemaleSoldier(string const & name)
        :name(name)
    {
    }

    string name;
};
```

针对男兵女兵两个类型，领导（别不把排长当官看）的动作定义如下：

```
//领导行为
struct LeaderAction
{
036   void operator () (const MaleSoldier & ms) const
    {
        cout << "排长给[" << ms.name << "]胸膛一拳。";
        Praise();
    }

042 void operator () (const FemaleSoldier & fs) const
    {
        cout << "排长冲[" << fs.name << "]一个微笑。";
        Praise();
    }

private:
    void Praise() const
    {
        cout << "好样的!" << endl;
    }
};
```

“领导行为”结构重载了两个“() 操作符”(后面称“括号操作符”)，一个针对男兵类型，一个针对女兵类型。接下来需要两个 list < Soldier > 列表，一队男一队女，为了演示，我们分别加入几个兵：

```
void demo_for_each()
{
    list < MaleSoldier > mLst;
    list < FemaleSoldier > fLst;

    #define NAMES_COUNT 3
    char const * mNames[NAMES_COUNT] = {"张高", "王富", "李帅"};
    char const * fNames[NAMES_COUNT] = {"赵白", "陈富", "林美"};

    for (size_t i = 0; i < NAMES_COUNT; ++ i)
    {
        mLst.push_back(MaleSoldier(mNames[i]));
        fLst.push_back(FemaleSoldier(fNames[i]));
    }

    ...
}
```

队伍准备好了,排长视察了,for_each()要派上用场了。代码中不需要有排长的角色,只需要他的动作:

```
void demo_for_each()
{
    ...

    LeaderAction action;

    for_each (mLst.begin(), mLst.end(), action);
    for_each (fLst.begin(), fLst.end(), action);
}

int main()
{
    demo_for_each();

    return 0;
}
```

运行程序,可以看到 for_each 所做之事和前面描述是一致的,它针对给定范围内的每个元素,调用了 action,相当于:

```
//示意代码
Action for_each(ListIter beg, ListIter end, Action action)
{
    for (ListIter it = beg; it != end; ++it)
    {
A00         action(*it);
    }

B00 return action;
}
```

A00 行,对应到本例,就是调用了 LeaderAction 对象的“括号操作符”函数,并且根据 *it 的实际类型不同(男兵或女兵),确定是调用哪一个“括号操作符”函数。

B00 行,for_each 返回传入的 action 复制品,这是 C++惯用的小技巧,它可以让我们连续多级调用 for_each,比如我们可以把例中的两行 for_each 嵌套在一起调用,另外连 LeaderAction 变量的声明,也省了,改为在函数入参时构造一个临时对象:

```
    //示例代码 (不推荐,但能接受)
for_each (fLst.begin,  fLst.end()
    , for_each (mLst.begin(), mLst.end(), LeaderAction()));
```

5hy 这只是插曲，现在重点关注例中代码 036 行和 042 行，遵循“能用 const 就用 const”原则，现在 LeaderAction 提供的括号操作符入参所传的兵对象，都是“常量引用”，避免排长在视察时，不小心修改了士兵什么。但如果这就是业务需求，那我们完全可以去掉 const 修饰，记住：for_each 传递每个对象的引用给指定操作。

例子是：当排长向女生微笑时，女生的战斗力就会+1。我们先修改女兵的定义：

```
//女兵
struct FemaleSoldier
{
    FemaleSoldier()
        : fighting_capacity(10)
    {}

    FemaleSoldier(string const & name)
        :name(name), fighting_capacity(10)
    {
    }

    string name;
    int fighting_capacity; //战斗力
};
```

然后是 LeaderAction 中针对女兵的操作：

```
    void operator () (FemaleSoldier & fs) const
    {
        cout << "排长冲[" << fs.name << "]一个微笑。";
        ++ fs.fighting_capacity;
        Praise();
    }
```

**【课堂作业】：for_each 应用在裸数组上**

请写一个 for_each 应用在裸数组的例子。数组元素为整数，调用 for_each 之后，每个元素的值翻倍。

2. transform

“transform”单词的意义是“转换”，不过这转换操作，并不是直接作用在源数据身上（尽管也可以这么做），而是将转换后的新值，赋值给目标。

(1) 版本一

```
//第一个版本
template < typename InputIt
         , typename OutputIt
         , typename UnaryOperation >
OutputIt transform (InputIt first, InputIt last, OutputIt d_first,
                    UnaryOperation unary_op);
```

比 for_each 多了一个参数:“d_first”,它是目标的起始位置。transform 遍历[first, last)之间的元素,将每个元素传给指定操作(unary_op),然后再将操作返回值,赋值给输出系列,如图 10-19 所示。

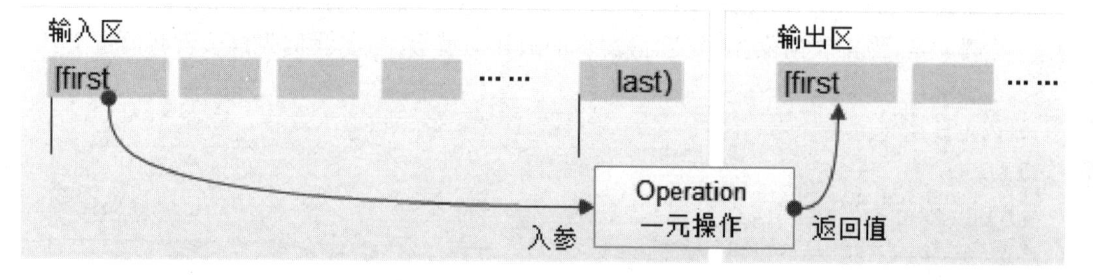

图 10-19 transform 带一元操作

下例演示将一个裸数组的数据,翻倍后,输出到一个 vector 中,以及将一个原生字符串中的每一个字符,复制至一个 std::string,其间如果字符是小写字母,则转变为大写;例中我们还使用了 for_each 实现逐个打印元素:

```
#include <cstring>

#include <iostream>
#include <algorithm>
#include <string>
#include <vector>

using namespace std;

template <typename T>
struct Printer
{
    Printer(char const * spe)
        : _spe(spe)
    {
    }

    void operator () (T const & elem)
    {
        cout << elem << _spe;
    }

    char const * _spe;
};

int MyDoubleUp(int i)
{
    return i + i;
```

```
}

char MyToUpper(char c)
{
    return (c >= 'a' && c <= 'z') ? (c - ('a' - 'A')) : c;
}

void test_transform_1()
{
    //=== demo int ===
    int isrc[] = {1,2,3,10,9,8};
    size_t count_of_int = sizeof(isrc)/sizeof(isrc[0]);

042 vector<int> idst (count_of_int); //确保目标空间充足
    transform(isrc, isrc + count_of_int, idst.begin(), MyDoubleUp);

    Printer<int> prnInteger("\t");
    for_each(idst.begin(), idst.end(), prnInteger);
    cout << endl;

    //=== demo string ===
    char const * ssrc = "I am 5.";
    size_t len_of_str = strlen(ssrc);

    string sdst;
054 sdst.resize(len_of_str); //确保目标空间充足
    transform(ssrc, ssrc + len_of_str, sdst.begin(), MyToUpper);

    Printer<char> prnChar("\t");
    for_each(sdst.begin(), sdst.end(), prnChar);
    cout << endl;
}

int main()
{
    test_transform_1();
    return 0;
}
```

当transform向目标输出数据时,它并不负责目标空间开辟,所以如042行和054行,一定要预备好元素。注意,这个预备不是调用容器的"reserve()"函数,因为reserve只是准备好内存空间,后面必须有类似于push_back()或insert()的操作,才会产生真正的元素。transform不会调用这些添加元素操作,它的操作是取到(它认为一定存在的)目标元素,赋值给它。

除非我们就是要修改已经存在的目标元素,否则这样做有几点不利,一是事先需要计算一番源元素有几个(如例中的count_of_int);二是要先产生默认构造的目标元素,然后再修改值,对于复杂数据,这很浪费性能。这时候,可以请出我们的法

师——"插入型迭代器":

```
...
#include < iterator >
...

void test_transform_2()
{
    int isrc[] = {1,2,3,10,9,8};
    size_t count_of_int = sizeof(isrc)/sizeof(isrc[0]);

    vector < int > idst; //没有预备空间
    back_insert_iterator < vector < int >> it_inserter(idst);
    transform(isrc, isrc + count_of_int, it_inserter , MyDoubleUp);

    Printer < int > prnInteger("\t");
    for_each(idst.begin(), idst.end(), prnInteger);
    cout << endl;
}
```

采用插入式迭代器,如果你还事先 resize(),针对上例,结果就是得到 12 个元素……倒是可以事先调用 resever(6),这就更完美了。

(2) 版本二

```
//第二个版本
template < typename InputIt1
        , typename InputIt2
        , typename OutputIt
        , typename BinaryOperation >
OutputIt transform (InputIt1 first1, InputIt1 last1
                    , InputIt2 first2
                    , OutputIt d_first
                    , BinaryOperation binary_op );
```

先看"BinaryOperation",看着"binary"有点眼熟?二进制?二元操作?没错,这回传入的操作"binary_op",它需要接受两个入参,而不是之前"UnaryOperation"表示的一个入参。这也就明白了又多出来"first2"的作用:它是第 3 个入参的来源系列。

这次不仅目标空间需要保证,输入区 2 从 first2 起往后的元素,须不少于[first1, last1)区间内的元素个数,如图 10-20 所示。

下面演示将一个 vector < int > 中的元素,和一个 list < int > 中的元素相加除 2,赋值给一个 deque < double > 容器:

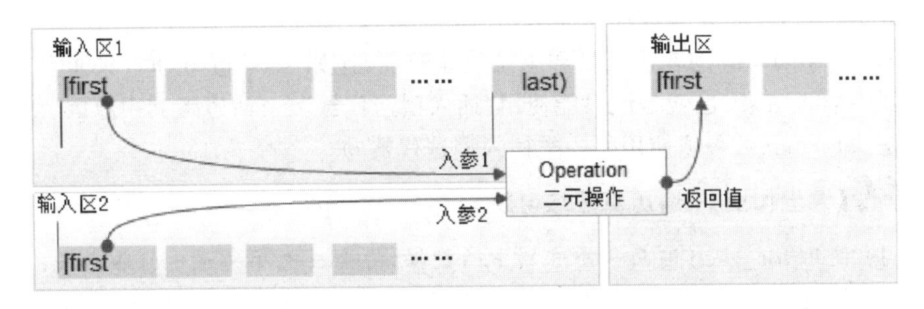

图 10-20　transform 带二元操作

```
...
#include < list >
#include < deque >
...

double get_average(int a, int b)
{
    return ((double)a + b) / 2;
}

void test_transform_3()
{
    vector < int > src1;
    list < int > src2;

    for (int i = 0; i < 10; ++i)
    {
        src1.push_back(10 + i/2);
        src2.push_back(90 + i * 3);
    }

    deque < double > dst;
    back_insert_iterator < deque < double >> it_inserter(dst);
    transform(src1.begin (), src1.end()
                        , src2.begin()
                        , it_inserter, get_average);

    Printer < double > prnDouble(", ");
    for_each(dst.begin(), dst.end(), prnDouble);
    cout << endl;
}
```

三个注意项：一是 transform 传递给操作的入参，也可以使用“常量引用”，这在元素是自定义类型时，可以提高性能，经过测试，我发现它甚至也可以是“引用”，并且在操作中修改源数据时也起作用了。但如果需要修改源数据，建议还是使用 for_each。

二是 transform 入参的几个不同区（输入区 1、输入区 2、输出区）的迭代器范围可以指向同一个容器，甚至区间之间彼此可以重叠。这种情况下，输出区应避免使用插入式迭代器,因为它会破坏相关迭代器的有效性。

三是 transform 的输出区域如果是关联容器,比如 sets/maps 时,只能实现往目标容器中插入结果,也就是说只能使用“插入型迭代器”。(请思考其中原因。请想想如果是 sets/maps,必须使用哪一类插入型迭代器?)

【课堂作业】: 遍历算法练习题

(1) 使用 for_each 遍历一个容器中的数据,将奇数次序的元素打印出来;

(2) 将例子“demo_for_each()”函数用于初始化男女兵列表的 for 循环,改为用 for_each 实现;

(3) 使用 transform 处理元素类型为用户自定义类的容器;

(4) 使用 transform 处理迭代器区域重叠的情况;

(5) 使用 transform 处理目标容器是关联容器(比如 std::multiset)的情况。

随着深度学习、人工智能等科技的快速发展,并行计算的时代已经来临。C++ 标准库中的 for_each()、transform()等算法也为此做了准备,从 17 标准开始,二者都有使用入参以指定“并行执行策略”的新版本。有此需求的同学可自学。

3. 使用 lambda

for_each 与 transform 将遍历框架,和遍历过程中对元素的处理剥开,这可以认为是有意为之,但实际上也是无奈之举。更理想的使用方式,应该是将选择权交给用户,如果对元素处理的部分,是复杂的或者是高可复用的,剥离出来乃正确之举;但如果处理逻辑简单(几行代码)又没有复用的意义,那这个剥离会造成代码编写与阅读上的双重困难。特别是,C++语法不允许在函数内部嵌套函数,而 for_each 又不允许调用嵌套在函数内部的函数对象,这会让二者是代码中的物理位置,离得更远。

以“transform”的例子说明,“MyDoubleUp()”和“MyToUpper()”简单到尽管独立出来有助于复用,但为一个“翻倍”操作写一个函数,然后当别的地方需要用到,特意在复用该函数,这是典型的将“复用”作为写代码最高理想的错误思路,更是忘记了复用同一模块,是造成模块产生耦合的重要病源。

为了减少让用户(普通程序员)自己撰写杂碎的“小操作”,STL 准备了许多“判断式”或“转换式”,比如“MyToUpper”的官方版本“to_upper()”等等,但由于这些“操作”颗粒度细小,实际业务往往需要“多种判断”或“多种转换”的组合,于是再提供一堆工具用于组合这些操作,称为“函数配接器(Function Object Adapters)”。进一步让简单的逻辑,用复杂的代码表达,比如原本一行“ a > 4 && a < 7)”的判断,使用配接器和函数对象使用 C++03 标准来表达是:

```
// a > 4 && a < 7
compose_f_gx_hx(logical_and < bool > ()
      , bind2nd(grater < int > (), 4) , bind2nd(less < int > (), 7)));
```

C++ 11 提供了新的 for 循环语法、“lambda 函数”以及 auto 语法,完美地解决了

for_each、transform 以及 STL 中所有与此类似的问题，这其中 lambda 函数是关键的改进。随着 C++ 11、14、17 标准自身以及周遭环境的越发成熟，新的用法必然迅速被采纳，所以我们必须抓紧时间，按照新标学习。

回想普通编程语言的函数的重要作用：一是功能复用：一类操作写成函数之后，该操作可以被多处调用，并且通过传递不同的入参，进一步强化函数的可重用性；二是函数“自封闭”特性：构成函数体的一对{}范围，是函数实现的“小天地”，与外部世界通过“入参”和“返回值”交流。我们反对使用全局变量，主要原因就是全局变量会入侵各类函数“小天地”的自我封闭性。

lambda 函数也可称为“匿名函数”。因为匿名所以外部难以找到并调用，所以函数的“可复用”下降，但匿名却让函数的“自封闭”特性加强了，那么匿名函数是不是整体都更“封闭”了呢？也不是。从目的分析，匿名函数完全是为了此时此刻的调用，所以它和它的直接调用者之间的关系，能够做到更紧密，甚至可以“融为一体”。为了做到这一点，匿名函数和它所处的环境之间的交流，除了常规的“函数入参”之外，另外提供一种称为“捕获(capture)”的信息传递方式。

让一个容器中的整数全都翻一倍，采用 for_each 但不使用 lambda 的做法是：

```
void MyDoubleUp(int & a) //传引用
{
        a += a;
}

void test()
{
        list < int > lst;
        ... //初始化

        for_each(lst.begin(), lst.end(), MyDoubleUp);
}
```

结合 lambda 函数，不需在外部定义 MyDoubleUp 函数：

```
void test()
{
        list < int > lst;
        ... //初始化

        for_each(lst.begin(), lst.end(), [](int & a) {a += a;} );
}
```

for_each 遍历 lst. begin()到 lst. end()中每个元素，然后以引用的形式，传递给所写的匿名函数。

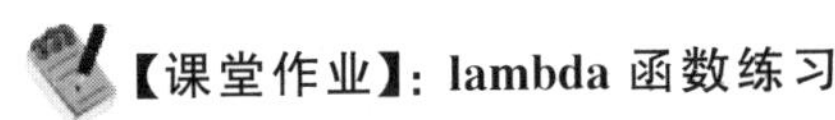

【课堂作业】：lambda 函数练习

将上例改成传递常量引用，然后打印出每一个元素。

使用 C++ 11，lambda 函数可以用在 for_each，也可以用在 transform，事实上可适用于 STL 库算法中，所有需要传递“操作”的地方。后续的算法小节中的某些例子，我们仍然会采用 lambda 函数。

4. 使用“range－for”

对于将元素翻番的操作，采用 for_each 算法，无论是使用传统的“函数对象”还是采用“lambda”，其实都显得大材小用。在采用 C++ 98 标准的实际项目中，我会规定就这么写：

```
for (list < int > ::iterator it = lst.begin(); it != lst.end(); ++it)
{
        * it += * it;
}
```

直观，明白，简单，没有技巧，简直完美。除了打的字母有点多，但在 C++ 11 下，事情更完美了。新的 for 循环支持对“范围(range)”的直接遍历：

```
for (int & i : lst)
{
        i += i;
}
```

工作机制是：自动遍历 lst 中的所有元素，过程中的每个元素以“int & ”的形式赋值给 i。注意，此时这个 i 不是 list 的迭代器了，而是直接得到了元素的引用。如果我们只是要输出，也可以采用常量引用，另外，在这里我们也可以使用 auto 定义：

```
for (auto const & i : lst)
{
        cout << i << endl;
}
```

10.8.3 复　制

copy 算法，实现将来源区间的元素复制到目标区间。

```
OutputIterator copy (InputIterator src_beg
            , InputIterator src_end
            , OutputInputItrator dst_beg);
```

完全可以将 copy 当成一个简单版的 transform 函数，它将[src_beg, src_end)区间内的元素，复制到 dst_beg 迭代器所指向的目标区域：

```
int src[] = {0,2,6,2,3,6};
list < int > dst;

#define COUNT_OF_SRC (sizeof(src)/sizeof(src[0]))
dst.resize(COUNT_OF_SRC);

copy(src, src + COUNT_OF_SRC, dst.begin());
```

copy 函数的输入输出区间,可以重叠,此时你想要清楚复制结果会受到什么影响,先看这样一个示意,如图 10－21 所示。

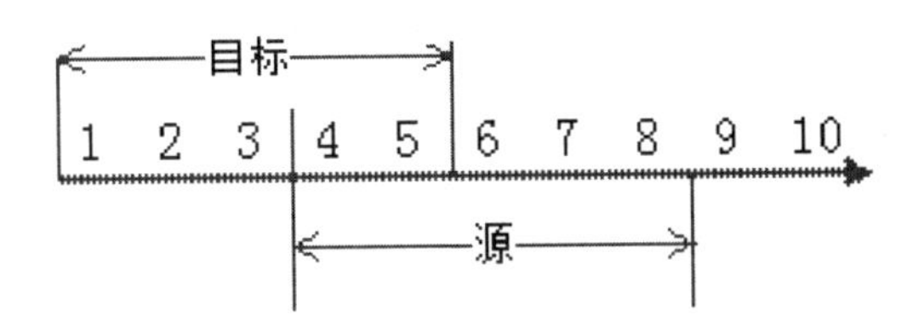

图 10－21 重叠区间(源数据头部与目标数据尾部)

容器的方向是“1→10”。现在要将后面的区域“4→8”copy 到目标区域“1→5”,源区与目标区部分重叠,但正确性却不受影响,因为 copy 正向拷贝,拷贝完“4,5”后,目标区是:“4,5,3,4,5”,最后成功成为:“4,5,6,7,8”。但如果将上述的目标与源对调,如图 10－22 所示。

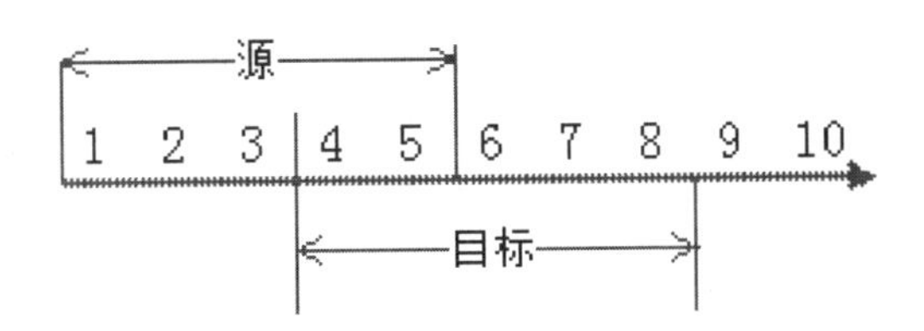

图 10－22 重叠区间(源数据尾部与目标数据头部)

拷贝完“1,2”后,目标变成“1,2,6,7,8”,不幸目标区中靠前的两个元素也正是源区的最后两个元素,最终拷贝结果,目标区将是“1,2,3,1,2”。

如果针对这个过程,我们从源区倒着复制,即以“5,4,2,1”的方向,将数据复制到目标区(同样倒着改写),结果就完美了。这中间需要用到“逆向迭代器”,另外源逆向迭代器的开始位置,应该从正向迭代器 6 的位置构造得到,目标逆向迭代器的开始位置,应该从图中 9 的位置构造得到。为了不去处理这些琐碎事,STL 也提供了“copy_backward”函数,它需要“双向迭代器”支持:

```
BidirectionIterator1 copy_backward(BidirectionIterator1 src_beg
            , BidirectionIterator1 src_end
            , BidirectionIterator2 dst_end);
```

注意,目标迭代器,从字面意义上看,需要提供“结束位置”而不是开始位置,这是因为进入函数后,它将把它转换为“逆向迭代器”。这次我们改成在讲解 copy 算法时,给出它和流迭代器的结合例子:

```
#include < iostream >
#include < algorithm >
#include < list >
#include < iterator >

using namespace std;
```

```
void test_copy()
{
    int src[] = {0,2,6,2,3,6};
    list < int > dst;

    #define COUNT_OF_SRC (sizeof(src)/sizeof(src[0]))
    dst.resize(COUNT_OF_SRC);

    copy(src, src + COUNT_OF_SRC, dst.begin());

    ostream_iterator < int > os_it(cout, ",");

    copy(dst.begin(), dst.end(), os_it);
}

int main()
{
    test_copy();
}
```

10.8.4 逆　转

怎么针对一个特定的容器，将其中的元素存储次序，高效地倒个个儿？比如容器是 vector 或 list（当然不是让你直接调用 list 自带的 reverse 函数）？这本应是一道作业题。

如果是要实现将源容器的元素，倒着复制到目标容器，就简单了。用 copy 函数，源采用逆向迭代器，目标采用正向迭代器。但如果是在一个容器里，自个儿倒序呢？这是现成的：

```
//将[beg, end)之间的元素的次序逆转
void reverse (BidirectionalIterator beg
                        , BidirectionalIterator end);
```

这个通用算法也可以用在 std::list 身上，不过别忘了 std::list 有自带版本。你的版本呢？

10.8.5 排　序

标准库提供的通用排序算法，要求作用在“随机访问迭代器”身上，这正是 std::list 提供独家专用排序函数的原因。如此一来用在下面我们介绍的排序方法，就可以用在裸数组之上，用在包装裸数组的智能指针之上，用在 std::vector 之上，std::deque 之上。std::maps 可不行，人家天生就是有序的。sort 方法声明如下：

```
//使用默认的 <  比较元素,以实现快速排序
void sort(RandomAccessIterator beg, RandomAccessIterator end);

//使用默认的 op 操作  比较元素,以实现快速排序
void sort(RandomAccessIterator beg
          , RandomAccessIterator end
          , BinaryPredicate op);
```

例子:

```
#include <iostream>
#include <algorithm>

#include <vector>
#include <deque>

#include <iterator>

using namespace std;

int main()
{
    #define COUNT_OF_NUM 6
    vector<int> v(COUNT_OF_NUM); //产生 6 元素
    deque<int> d(COUNT_OF_NUM); //产生 6 元素

    for (size_t i = 0; i < COUNT_OF_NUM; ++i)
    {
        int n;
        cout << "第(" << i+1  << ")个数:";

        cin >> n;

        v[i] = n;
        d[i] = n;
    }

    //默认排序
    sort(v.begin(), v.end());

    cout << "vector: ";
    copy(v.begin(), v.end(), ostream_iterator<int>(cout, " <= "));
    //从小到大排序  C++ 11 style
    sort(d.begin(), d.end(), [](int a, int b) {return a > b ;} );

    cout << "\ndeque: ";
    copy(d.begin(), d.end(), ostream_iterator<int>(cout, " >= "));

    return 0;
}
```

自定义比较规则时,我们使用了 C++ 11 的风格。sort 内部采用了“快速排序法”,算法复杂度为 n * log(n)。

STL 提供另外一些常用算法:

(1) **stable_sort**:和 sort 的参数完全一致,意义也一样,但被称为“稳定排序”。它提供一个额外的保证,即当源数据中存在相等的元素,在排序之后,相等元素间保留排序前的前后关系。

(2) **partial_sort**:你肯定经常听到“取前 N 名”的事情。partial_sort 称为“局部排序”,其实就是在 M 个元素中,只排出前 N 个,显然所有元素都要参与评比,但评比过程中一旦发现前 N 名出来了,后面的名次就不排了(作为一个落后生,我很能理解学校认为排出后面的名次是在浪费资源的想法)。

```
void partial_sort(RandomAccessIterator beg
            , RandomAccessIterator sortEnd
            , RandomAccessIterator end);

void partial_sort(RandomAccessIterator beg
             , RandomAccessIterator sortEnd
             , RandomAccessIterator end
             , BinaryPredicate op);
```

相比普通排序多出的 sortEnd,就是排名截止的位置,它应该处于 beg 和 end 之间,就像它在参数列表中的位置。下面我们给 10 个成绩,然后排出前 3 名:

```
double s[10] = {99, 99.5, 95, 96, 95.5, 99, 100, 87, 50, 51};
partial_sort(s, s + 3, s + 10, std::greater < double > ());
```

严格来讲,这个算法不太符合老师的需要,因为它是严格地排出前 N 个,而不是前 N 名。如果有并列的第三名,谁上榜,谁落榜,那是命呀。

STL 中还有更多的排序算法,可对相关细节做更多控制,请自学。

10.8.6 查 找

1. 二分查找

在“std::sets/std::maps”中通过键值访问元素时,其内部定位的过程就采用二分法,平均查找速度显然快过遍历元素(请参看 10.6 节《常用容器》中“std::unordered_sets/maps”的提及的算法复杂度)。

快速查找元素不是 sets/maps 的“专利”,当一个容器中的元素已经排过序,这时候若又有查找元素的需求,就应当使用二分查找算法。

(1) 判断指定值是否存在

```
bool binary_search (ForwardIterator beg
                  , ForwardIterator end
                  , const T & value);
```

```
bool binary_search(ForwardIterator beg
                  , ForwardIterator end
                  , const T & value
                  , BinaryPredicate op);
```

binary_search 只是判断给定的值在[beg, end)区间是否存在。第一个版本在查找过程中使用"=="比较元素和给定值,第二个版本使用给定的判断式。这个判断式也不能乱给,必须符合数学上的相等逻辑,如:若 a== b 及 b== c,则 a== c 成立。

(2) 搜索有序插入位置

```
ForwardIterator
lower_bound(ForwardIterator beg, ForwardIterator end
                         , const T & value);

ForwardIterator
upper_bound(ForwardIterator beg, ForwardIterator end
                         , const T & value);

ForwardIterator
equal_range(ForwardIterator beg, ForwardIterator end
                         , const T & value);

//以及三者对应的带有指定比较操作的版本:
ForwardIterator
lower_bound(ForwardIterator beg, ForwardIterator end
                 , const T & value, BinaryPredicate op);

ForwardIterator
upper_bound(ForwardIterator beg, ForwardIterator end
                 , const T & value, BinaryPredicate op);

ForwardIterator
equal_range(ForwardIterator beg, ForwardIterator end
                 , const T & value, BinaryPredicate op);
```

含义和 std::sets 的同名函数一致,lower_bound 在指定区间内找到第一个大于或等于 value 的位置,upper_bound 则明确只找第一个大于 value 的位置。如果二者返回的位置一样,说明区间中没有和给定值相等的元素。equal_range 得到的范围,就是待查找元素的位置范围。

下面的代码演示将一个 vector < int > 中的成绩排序,然后找到合理的位置插入一个新成绩,维持有序性;再后找到指定的成绩(59 分),统计其个数,最后分别输出其前与其后的成绩:

```
#include <iostream>
#include <vector>
#include <algorithm>
#include <iterator>

using namespace std;

int main()
{
    //高数成绩原始数据
    int arr[] = {23,34,59,56,12,34,59,44,100,74,63};
    #define COUNT_OF_SCORES sizeof(arr)/sizeof(arr[0])

    //复制到标准库容器
    vector<int> scores(COUNT_OF_SCORES);
    copy(arr, arr + COUNT_OF_SCORES, scores.begin());

    //排序,从低到高
    sort(scores.begin(), scores.end());

    #define PRINT_SCORES(S, BEG, END)  cout << S << endl; \
            copy(BEG, END, ostream_iterator<int>(cout, ","));\
            cout << endl

    //输出排序后的成绩
    PRINT_SCORES("after sort :", scores.begin(), scores.end());

    int new_score = 80;
    vector<int>::iterator insert_pos = lower_bound(scores.begin()
                                   , scores.end(), new_score);
    //插入新成绩
    scores.insert(insert_pos, new_score);

    //输出插入 80 分后成绩,检查是不是仍然有序
    PRINT_SCORES("after insert : ", scores.begin(), scores.end());

    //找到所有 59 分的成绩
    std::pair<vector<int>::iterator, vector<int>::iterator>
    range_of_59 = equal_range(scores.begin(), scores.end(), 59);

    int count_of_59 = distance(range_of_59.first
                                    , range_of_59.second);
    cout << "count of 59 : " << count_of_59 << endl;
    if (count_of_59 > 0)
    {
        //打印 59 分以前的成绩
        PRINT_SCORES("< 59 : ", scores.begin(), range_of_59.first);
        //打印 59 分以后的成绩:
        PRINT_SCORES("> 59 : ", range_of_59.second, scores.end());
```

```
    }

    return 0;
}
```

2. 遍历查找

当元素无序,就只好使用遍历查找了。

(1) 查找第一个匹配的元素

```
typedef < typename InputIterator, typename T >
InputIterator find(InputIterator beg
                      , InputIterator end
                      , const T & value);

typedef < typename InputIterator, typename T, typename UnaryPredicate >
InputIterator find_if (InputIterator beg
                      , InputIterator end
                      , const T & value
                      , UnaryPredicate is_equal);
```

【课堂作业】:练习实现遍历查找

请自行实现以上两个函数模板的代码(建议另取函数名)。

(2) 查找子集第一次出现的位置

```
ForwardIterator1
search(ForwardIterator1  beg, ForwardIterator1  end
        , ForwardIterator2 search_beg, ForwardIterator2 search_end);

ForwardIterator1
search(ForwardIterator1  beg, ForwardIterator1  end
        , ForwardIterator2 search_beg, ForwardIterator2 search_end
        , BinaryPredicate op);
```

搜索子区间[beg, end)在母区间[search_beg, search_end)中第一次出现的位置。比如子区域是 2,1,3,母区间是 1,2,3,3,**2,1,3**,4,**2,1,3**,2,搜索将返回系列中第一处加下划线的元素“2”的迭代器。

(3) 查找某些元素第一次出现的位置

```
ForwardIterator1
find_first_of (ForwardIterator1 beg, ForwardIterator1 end
        , ForwardIterator2 find_beg, ForwardIterator2 find_end);

ForwardIterator1
find_first_of (ForwardIterator1 beg, ForwardIterator1 end
        , ForwardIterator2 find_beg, ForwardIterator2 find_end
        , BinaryPredicate op);
```

同样在母区间 1,2,3,3,2,1,3,4,2,1,3,2 中搜索 2,1,3,使用 find_first_of 得到的位置将是头一个元素,即母区间中的第 1 个值为 2,或 1,或 3 的元素。

10.8.7 替 换

```
void replace (ForwardIterator beg, ForwardIterator end
        , const T & old_value, const T & new_value);

void replace_if (ForwardIterator beg, ForwardIterator end
        , UnaryPredicate op
        , const T & new_value);
```

replace 将区间[beg, end)内所有原 old_value 值替换为新值 new_value。例如:

```
    replace(scores.begin(), scores.end(), 59, 60);
    PRINT_SCORES("after replace", scores.begin(), scores.end());
```

replace_if 使用 op 来判断该原值是否被替换,我们采用 C++ 11 的 lambda 表达式:

```
replace_if(range_of_59.first
        , range_of_59.second
        , [](int const & value) ->bool {return (value < 60);}, 60);
```

再也没有挂科的同学了……

10.8.8 移 除

```
ForwardIterator
remove (ForwardIterator beg, ForwardIterator end, const T & value);

ForwardIterator
remove_if (ForwardIterator beg, ForwardIterator end
        , UnaryPredicate op);
```

移除操作比替换更简单,它只是删除掉找到的元素。

【小提示】: 我要专业的数学算法!

有读者不太开心:“算法,应该是图论,是方幂和,是矩阵乘法,是最小生成树,是单源最短路径,是快速傅里叶变换……”想要《算法导论》(英文名为《Introduction to Algorithms》)书中几乎所有数据结构和算法的 C++库支持吗? 让上网搜索:“Open-SAL(Open Standardized Algorithm Library)”。

10.9 函数绑定

本节我们重点介绍 std::bind 和 std::function 两个库,二者是现代化 C++的编程的重要基础设施,在C++ 11时纳入标准库。

10.9.1 基本概念

“我叫邦德,詹姆斯·邦德。”平静地说完这句话,枪口已经精准地顶在对手双眉之间,同时他的左眼微微下瞄,那也有个枪口,轻吻着他的胸口,这只枪他再熟悉不过,正是本次任务需要消灭的终极BOSS的枪。

沉默,可怕的沉默。

终于,对手不够淡定地开口了:“你就不能再说点别的吗?”

“好的,”邦德尽量让声音显得平静而有磁性:“我要代表月亮消灭你。”

“我要画个圈圈诅咒你!”身为终极BOSS却难掩此刻内心的气急败坏,“就让我们开始吧!”说话间,食指就要扣下扳机……

“等等,”邦德轻轻说。这让大BOSS一脸疑惑。

但邦德干脆把枪收回来,正费劲地从屁股位置的裤兜掏子弹,再慢腾腾地上膛。大BOSS脸色非常难看:“听着,007!你这是对我最大的侮辱!为什么不事先准备好子弹!给我一个理由,不然我这就崩了你!”BOSS的手抖了起来,内心是满满的委曲。

“别急。”邦德还在忙,这回是伸入右边胸口,那里有一块明显的突起。大BOSS盯过去,心想,“把胸肌练到这种变态级别,真是流氓呢!讨厌。”想到这一点,他脸色泛红,心扑通扑通地跳,双手缩回抱在胸前,紧盯邦德手上的动作,分明有一种才下眉头,却上心头的不安。

邦德小心翼翼地掏出来的却是一本书,书名赫然就是白话C++的英文版《Vernacular C++ Programming》。他翻到第八章的某节,深情地念了起来:

“就近定义。一个数据其作用范围越大、生存期越长,它和其他数据发生耦合的可能性就越高……就近定义数据就是这个意思,仅当你确实需要一个数据时,再定义(生成)这个数据(对应地,一旦不需要这个数据,就及时释放它)。”

然后邦德说:“老伙计啊,编程是一件美妙的事,它让我顿悟许多人生哲理,就像此刻这满天的星星……”合上书,继续无视对手,保持侧脸45度角仰视天空:“就近定义这件事用在我们枪手身上,那就是我要射杀你,但是我不会早早让子弹和枪发生耦合,我要在最后关头……”

“砰……”一声巨响,邦德的眼神里写着1K字节的无法相信。

是BOSS同学自杀了。邦德有些因事态失控而郁闷,再看看手头英文版的《白话C++》,思索片刻后满心欢喜:“肯定是走火了!这不就是南老师说的‘数据与操作过早耦合’所带来的危险吗?”他弯下腰把书放在尸体边上,“老兄,难得有这么一次你出枪比我快,可惜你这一生最大的缺憾,就是没有学习编程。”

“就近定义”是对的,避免数据太早耦合也是对的,但邦德同学的这种行为,实在是太危险了!除了常规,人生还有许多例外。以“用装有子弹的枪,射杀敌人”为例,要完成这件事，至少需要三个对象：子弹、枪、敌人，然后还要一个动作“扣动扳机”，相当于调用函数。

当邦德出门时，他有确切的枪、确切的子弹，就差敌人了。所以，为了方便后面快速完成杀敌这个动作，他应该及早地把“枪”和“子弹”耦合在一起，怎么可以在最后关头才让子弹上膛呢？

这种主动的提前耦合数据，我们就不称为耦合了，有个新动词，叫“绑定(bind)”。假设射击函数声明如下：

```
bool Shoot(Pistol pistol, Bullet bullet, Baddy baddy);
```

尽管邦德早早地就拥有了前二者(枪和子弹)，但因为没有“坏人”出现，所以他只能一直揣着枪和子弹，假设他要连续经过 AAction、BAction、CAction 等操作，才能碰上坏人然后调用“Shoot”，代码示意为：

```
//准备工作
void Prepare()
{
        //准备枪弹
        Pistol pistol;
        Bullet bullet;

        //调用 A 操作
        AAction(pistol, bullet);
}

//A 操作如下：
void AAction(Pistol p, Bullet b)
{
        /* 007 带着枪弹，从高楼跳下，半空中打开降落伞…… */

        //调用 B 操作
        BAction(p, b);
}

//B 操作如下：
void BAction(Pistol p, Bullet b)
{
        /* 007 带着枪弹，从半空中降落时，拉住飞来的直升机的绳梯…… */
        //调用 C 操作
        CAction(p, b);
}

void CAction(Pistol p, Bullet b)
{
        Baddy the_boss;

        /* 007 带着枪弹，从直升机一跃而出，穿过高楼玻璃窗，现身 BOSS 面前…… */
```

```
        //007 扣动扳机：
        Shoot(p, b, the_boss);
}
```

看到了吗？“枪(Pistol)”和“子弹(Bullet)”在好多个Action之间逐级传递，但二者都必须到见了BOSS之后执行“射击(Shoot)”操作时才能用上。感觉很麻烦吧？如果采用“绑定”技术，则Prepare()函数示意如下(伪代码)：

```
//准备工作
void Prepare()
{
        //准备枪弹
        Pistol pistol;
        Bullet bullet;

        //事先将“射击操作”和它所需要的入参：“枪”和“子弹”绑定
        function pending = bind(Shoot , pistol, bullet
                                , placeholders::_1);

        //调用A操作
        AAction(pending);
}
```

pending是绑定的结果对象，由于Shoot的第三个参数暂不存在，所以使用“placeholders::_1”暂时代替。接下来，所有的XAction入参，都变成“function”类型，最后要触发射击时，示意代码如下(伪代码)：

```
void CAction(function pending)
{
        Baddy the_boss;

        pending(the_boss);
}
```

最后射杀，仅一行“pending(the_boss)”，似乎没看到枪和弹，甚至没有“Shoot”这个函数，但其实三者已经在准备阶段就被绑定为一体了，现在只需补上第三个参数，即可完成对Shoot的函数调用。

下面是真实可运行的实际代码，去掉中间Action层层调用的过程，让敌人来得更直接一些：

```
#include <iostream>

#include <boost/bind.hpp>
#include <boost/function.hpp>

using namespace std;
```

```
struct Pistol {};
struct Bullet {};
struct Baddy {};

void Shoot(Pistol pistol, Bullet bullet, Baddy baddy)
{
    cout << "Shoooooooot!" << endl;
}

int main()
{
    Pistol pistol;
    Bullet bullet;

022 std::function < void (Baddy) > pending
              = std::bind(Shoot, pistol, bullet, placeholders::_1);

    //敌人此时出现
    Baddy the_boss;
027 pending(the_boss);

    return 0;
}
```

【重要】：可将“数据”和“操作”打包传递的好处

“让敌人来得更直接一些”的坏处是，它让上面的代码显得非常没有意义。在“调用函数”发生得如此直接的情况下，显然直接调用 Shoot 代码又短又简单。但前面的伪代码花了很大篇幅，就是为了说明：当数据的准备和数据的最终被使用之间，存在较长的链路，甚至存在线程之间的转手时，绑定会让传递过程更简洁。

10.9.2 std::function

std::function 是一个模板类，基本可作为函数指针的代替品，具备更多功能，特别是与函数对象及 bind 配合使用。使用 std:function 时，请在代码中添加如下包含：

```
#include < functional >
```

1. 代替函数指针

假设有一个函数声明形式为：

```
char foo(int i, double d);
```

该函数的返回值类型是 char，但函数本身的类型则是“char (int, double)”，即：这是一个"带有一个 int 入参、一个 double 入参，并且返回值是 char 的函数"。函数指针的作用是记下指定函数的地址，将来好调用这个函数（以前面的 foo 为例）：

```
typedef char ( * PFoo)(int, double);
PFoo pfoo = foo;
...
char c = pfoo(1, 0.2); //通过函数指针调用实际函数
```

std::function 和函数指针一样，可以存储不同类型的函数地址，但需要明确指定函数的类型。std::function 的定义类似于：

```
template < typename FunctionType >
class function
{
        ...
};
```

那么，使用 function 定义一个对象，就需要指明其函数类型，仍以前面的 foo 为例（并同样使用 typedef），则改用 std::function 后的代码是：

```
typedef std::function < char (int, double) > Foo;
Foo func_foo = foo;
...
char c = func_foo(1, 0.2);
```

以下是 std::function 记录一个普通函数的完整例子，请一定动手实践：

```
#include < iostream >

#include < functional >

char foo(int i, double d)
{
    return static_cast < char >(i + d);
}

void demo_function1()
{
    std::function < char (int, double) > pending = foo ;
    cout << pending(10, 23.5) << endl; //相当于调用 foo(...)
}

int main()
{
    demo_function1();
}
```

2. 存储“函数对象”

```
std::function 也可以记录一个“函数对象”:
...

struct Inc
{
    Inc()
        : sum(0)
    {
    }

    //()重载 1:
    int operator() () const
    {
        return sum;
    }

    //()重载 1:
    void operator ()(int n)
    {
        sum  +=  n;
    }

private:
    int sum;
};
```

Inc 结构针对“()”操作符,重载了两个版本,一个没有入参,返回 sum 的值,并且这是一个常量成员函数;另一个带入参与 sum 完成累加,没有返回值。依据函数对象的使用法,只要我们定义一个该结构对象,比如“Inc inc;”,就“相当于”是有了两个同名函数:“int inc();”和“void inc(int);”。

我们先创建一个 function,让它存储“void (int)”版本的 inc。

```
void demo_function2()
{
    Inc inc;

    std::function < void (int) > pending  =  inc;

    pending(20);
    pending(30);
}
```

如果想知道现在 inc. sum 的值是多少,使用 pending 对象是不行的:

```
    int sum  =  pending(); //ERROR! pending 只认识“void (int)”的操作.
```

好吧,让我们直接问 inc 去:

```
    cout << inc() << endl; //输出什么?
```

输出的结果居然是 0,而不是 50? 为什么,怎么解决?

3. 存储“函数对象的引用”

【危险】: **function 如何存储一个“函数对象”**

当使用 function 存储一个函数对象时,它的默认行为是复制该函数对象,存储复制所得的副本,而非直接引用它。(对于普通函数,则没有这个问题,因为普通函数只有地址)。

这时,可以利用之前介绍过的小工具:std::ref,我们把前面部分代码修改成:

```
...

    std::function < void (int) > pending = std::ref(inc);

    pending(20);
    pending(30);

    cout << inc() <<   endl; //这回是 50
```

4. 配套操作

std::function <T> ,还提供了以下成员:

```
void clear();      //清空原来所存储的函数指针或函数对象

T target();        //返回所存储的函数指针或函数对象(即“还原回裸的类型”)
                   //如果为空(比如调用 clear()之后),返回空指针
```

5. 非 OO 的多态实现

C 语言利用“函数指针”,能够实现复杂的多态效果,但由于函数指针有裸指针缺点,所以 C++在语言层面,采用“虚函数”掩盖了内部的函数指针指向、调用的过程。现在,既然我们有了一个安全的、对象版本的“函数指针”(std::function 对象),那为什么我们不学习一下类 C 的非 OO、非虚函数机制的多态技术呢?

还记得当时陪我们学习“多态”的美女吗? 美女和普通人的自我介绍很不一样,当时我们使用虚函数实现,现在是基于“std::function”的实现。首先我们定义一类 std::function,为了简短,我们事先为它定义一个别名:

```
typedef std::function < void (std::string) > IntroductionFunction;
```

然后我们定义人类“Person”:

```
struct Person
{
    Person(IntroductionFunction & f)
        : _introduction(f)
    {

    }

    void Introduction(std::string const & name) const
    {
        this ->_introduction (name);
    }

Private:
    IntroductionFunction _introduction;
};
```

请注意构造函数,本例仍然相信“基因”理论,认为一个人是不是美女,是在出生时就决定的,所以要求在构造时就确定“如何自我介绍”。再注意“Introduction”的函数,它只是简单地让 std::function 转发。

接下来,就是该分别实现不同的自我介绍方法了,这回我们有三类人:普通人、美女和“超级”大美女:

```
//普通人的介绍
void NormalIntroduction(std::string const & name)
{
    cout << "我是:" << name << endl;
}

//美女的介绍
void BeautyIntroduction(std::string const & name)
{
    cout << "我是大美女:" << name << endl;
}

//超级大美女的介绍
struct SuperBeautyIntroduction
{
    SuperBeautyIntroduction()
        : _count(0)
    {

    }

    void operator() (std::string const & name)
    {
        if (_count < 1)
```

```
        {
            BeautyIntroduction(name);
        }
        else
        {
            cout << "你们这些媒体烦不烦嘛,我这都第"
                     << _count + 1 << "次自我介绍了!" << endl;
        }

        ++_count;
    }

private:
    int _count;
};
```

超级美女自我介绍的最大特点,就是她有状态,也容易出状态,即只要让她多自我介绍一次,她就发小姐脾气!

怎么把 Person 和这些"介绍"结合起来呢?很简单:

```
void demo_polymorphism_without_virtual()
{
    std::list < std::pair < Person, std::string >> lst;

    IntroductionFunction n_introduce(NormalIntroduction);
    IntroductionFunction b_introduce(BeautyIntroduction);

    SuperBeautyIntroduction sb;
    IntroductionFunction sb_introduce(sb); //这里不用 ref

    lst.push_back(std::make_pair(Person(n_introduce),  "玫露"));
    lst.push_back(std::make_pair(Person(b_introduce),  "梦露"));
    lst.push_back(std::make_pair(Person(sb_introduce), "露露"));

    for it = lst.begin(); it != lst.end(); ++it)
    {
        //每人自我介绍两次:
        it->first.Introduction(it->second);
        it->first.Introduction(it->second);
    }
}
```

整个实现过程,和采用函数指针基本一样。除了这里它可以更方便地利用函数对象,以便支持复杂的带状态的逻辑以外,这种实现简直就是让许多只爱 C 不爱 C++的高手们拿来批评的教材。

这种实现方法有什么好处或必要性？先说它有什么坏处吧(和 C++比，而不是C)。如果不分青红皂白地就让原本 OO 中的类系改为这种方式实现多态，必有如下明显缺点：

(1) 不方便实现成组的多态特。比如，美女的特殊性，肯定不仅仅在“自我介绍”这个环节，但一个 function 对象只能存储一个“动作”，如果“购物”、“相亲”、“生气”、“进厨房”等等都要一个个设定，烦琐易错。考虑将所有这些行为归“类”，然后……但那就是“OO”的思想。

(2) 丧失天然的“分类”关系。人类天生就是逻辑动物，喜欢对种种事务抽象归纳、再分门别类处理。

(3) 缺少类系接口之间的约束关系和接口提示。使用派生实现多态，基类通过制定虚函数，特别是纯虚函数，约定了接口的形式(入参、出参、函数名)，给负责实现派生的程序员，提供了友好的提示。回忆一下，一个“IFlyable(会飞的东西)”定义了“Fly()”接口，后面的人无论是实现“鸭子”还是“飞机”，只要是派生自“IFlyable”，编译器都会提醒我们需要实现“Fly()”。

接下来，使用 std::function 实现多态的好处：

(1) 如果确实只需要相当局部的，一两个动作的多态，并且这数个动作之间没有太强的逻辑关联，那么使用 std::function 的机制显然比搞出一个派生类来得简洁。典型例子如 std::thread 类。

(2) 避免一定要“分类”。没错，人类天生喜欢搞分类，但分类也不是一件容易的事，从不同的角度看，就会有不同的分类法。当你根据一开始的角度，分类分得好好的时候，突然发现又需要一个新的角度……你不希望做两个角度左右互搏；另一种情况，如果你所要做的事情，本身就是必须不考虑类型束缚的，像 STL 中大量用到的算法，那么 function 机制能够帮到你。

(3) 前一点说的是“分类”客观上就是困难的，本点则想强调，主观上人类也很容易在分类上犯各种错误。经常在实际项目中，花大力气创建了一个“类系”的世界，结果在 18 个月后发现这个基于派生手段创建的世界……它不是完全错误，但就是有着各种各样的小问题。唉，如果您是一位已婚人士，那大概能懂我在说什么。这个世界无法推倒重来，你必须弥补，这时候 C++提供的 function 机制就很好，甚至往往就是最好的补充手段。

**【重要】：编程赠品：C++“心灵鸡汤”**

兄弟姐妹，别对婚姻或感情没信心！请理解 C++语言的精神，这对维护一生的美满婚姻大有裨益。C++的设计精神至少包括：a)别太追求完美(你不可能是个完美的家伙，所以 Ta 也不是)；b)别指望一步到位(婚姻会长久，是因为它需要持续成长，而不是因为在恋爱你们是完美的一对)；c)不要觉得自己熟悉的方法就是最好的方法(Ta 和你的成长经历不同，若你至今认定你妈妈教你的方法就是最好的，别放弃

治疗，买一本《白话C++》夜里看，有疗效）；d）别为不存在的未来背负不必要的成本（认真地想想，你们吵来吵去的内容，真的对明天的生活很重要？）；e）简单问题简单做，复杂问题复杂做（人生的许多错误源头，就是一边把简单的事想得很复杂，一边把复杂的事想得很简单，特别是婚姻里的事）。

（4）最后一点，C++的“OO”机制，通常依赖于指针，比如要往一个list中存储不同的派生类型，则常用做法就是存放基类的指针（或智能指针）；而采用function的方法，如前面代码所示，通常可以避过这个问题。

 **【小提示】：std::function性能如何？**

答案或许令人略失望：尽管STL和boost中许多泛型设计都有高性能保障，但std::function性能并不比虚函数高，只能认为基本持平，二者都低于函数裸指针。

10.9.3 std::bind

从语法上讲，bind()函数的返回值类型是“std::function”；从功能上讲，bind()是一个“适配器”。

下例定义了一个“考场”类，它安装了一个探头，用于监测各类考生进入考场，并明确指明考生只能带笔进入，但小丁同学想挟带手机进入，该怎么办呢？

```
class Student {...};
class Pen {...};
class Phone {...}; //小丁同学的需要

//考场
class ExaminationHall
{
public:
    typedef std::function < void (Student &, Pen & ) > EnterAction;
    void CheckEnterAction(EnterAction ea, Student & s, Pen p)
    {
        cout << "发现学员入场……\n";
        ea(s, p);
        cout << "结束。\n";
    }
};
```

诚实的学生这样进入考场：

```
void StudentEnterHall(Student & s, Pen & p)
{
        cout << s.Name() << "携带" << p.Description()  << "入场。" << endl;
}
```

具体调用示例如下：

```
void demo()
{
    Student XiaoHong("小红");
    Student LiMing("小明");

    Pen hero("朴素的英雄钢笔");
    Pen parker("奢侈的派克钢笔");

    ExaminationHall hall;
    hall.CheckEnterAction(StudentEnterHall, XiaoHong, hero);
    hall.CheckEnterAction(StudentEnterHall, LiMing, parker);
}
```

例子也演示了 std::function 的又一个便捷设计：入参“StudentEnterHall”被自动地转换为指定 function 类型的对象。接下来是作弊者如何进入考场：

```
void CheatEnterHall(Student & s, Pen & pen, Phone & phone)
{
    StudentEnterHall(s, pen);
    //谁也没注意到手机参数
}
```

作弊者带着手机入场，在接受考场的检测函数调用时，会发生一点小问题：

```
    Student XiaoDing("小丁");
    hall.CheckEnterAction(CheatEnterHall , XiaoDing, hero); //Error!
```

“CheatEnterHall(...)”这个动作多了一个入参，这不符合考场检测函数的入参规定，所以编译期就纠出骗子的行为。怎么办？骗子想到了 bind()这个适配函数，目标也很明确，将一个有三个入参的函数，伪装（适配）成一个有两个入参的函数，其中第三个入参，在适配时就偷偷“挟带（绑定）”：

```
    Student XiaoDing("小丁");
    Phone iphone5; //水果机一台

    ExaminationHall::EnterAction cheatAction
            = std::bind(CheatEnterHall , placeholders::_1
                                      , placeholders::_2, iphone5);
    hall.CheckEnterAction(cheatAction, XiaoDing,  hero);
```

现在，忘掉 007，忘掉子弹，忘掉小丁的新手机……bind 就是这些作用：一个有 N 个入参的动作（函数、函数对象），通过 bind 可以为它事先绑定好 1～N 个入参，剩下不能事先确定的入参（假设为 n 个，n 可能为 0），则留到调用现场再传入；它的返回值是一个有 n 个入参的 function 对象。

bind 也可以绑定成员函数，记住，非静态的成员函数，隐藏的第一个入参就是 this 对象（可能是 const 对象）。我们把骗子的一个行为，上升为一类行为：

```
struct CheatAction
{
    void EnterExaminationHall(Student & s, Pen & pen, Phone & phone)
    {
        StudentEnterHall(s, pen);
    }
};
```

注意,CheatAction 不是一个函数对象(它没有重载任何“()”操作符),所以我们没办法将一个 CheatAction 对象直接传给 ExaminationHal::CheckEnterAction,只能将 CheatAction 的成员函数 EnterExaminationHall 传递给后者。表面上看,这个成员函数仍然是比后者的要求多了一个参数:Phone,但其实还有一个隐藏的参数也是多出来的,大可将 CheatAction::EnterExaminationHall 视为:

```
/*
    CheatAction::EnterExaminationHall
    编译之后成为类似这样的一个自由函数:

void EnterExaminationHall(CheatAction * //多出来的
                          , Student &
                          , Pen &
                          , Phone & //多出来的
                          );
 */
```

没关系,不管多出几个参数,有 bind 就好办(采用非 C++ 11 实现的 bind,其所能绑定的参数个数事实上有一个上限):

```
    CheatAction ca;
    Student ma_bian("马扁");

    ExaminationHall::EnterAction enterAction
            = std::bind(& CheatAction::EnterExaminationHall
                        , & ca //多出来的 this
                        ,placeholders::_1  //student
                        ,placeholders::_2  //pen
                        , iphone5 //多出来的 phone
        );

    hall.CheckEnterAction(enterAction, ma_bian, hero);
```

提醒一点:和普通自由函数地址不一样,表达成员函数地址时必须加上取址操作符“&”。

【课堂作业】:“函数对象”和“对象+成员函数”使用区别

请将“CheatAction::EnterExaminationHall”改为函数对象版本,然后实现前面代码的同样功能,并思考为什么函数对象版本不需要为 this 参数做绑定。

10.9.4 用于标准库算法

bind 和 function 可以很方便地用在 STL 的许多算法之上,实现对入参的适配和传递,从而避免写太多的“函数对象”。

比如我们有一个字符串,希望遍历它,输出指定值(不区分大小写)的字符,假设我们正好有这样一个函数:

```
void OutputputChar(char a_char, char the_char)
{
    char C1 = std::toupper(a_char);
    char C2 = std::toupper(the_char);

    if (C1 == C2)
    {
        cout << a_char << endl;
    }
}
```

如果 a_char 和 the_char 相等(不区分大小写),就输出前者。显然这就是我们所需要的算法,但我们无法简单地将它用在 for_each 身上:

```
void demo_for_each_bind()
{
    std::string s = "Oh..How old are you?";

    //下一行逻辑有误,编译也会出错
    std::for_each(s.begin(), s.end(),std::bind(OutputputChar));
}
```

for_each 的逻辑,是将遍历过程中遇到的元素,逐个传递给指定算法,因此它要求算法的入参只有一个(并且是 char 类型,此例)。碰到这种做法,常规做法是写一个函数对象类,然后复用现有的函数,比如:

```
/* 传统方法:采用函数对象 */
struct Outputer
{
        Outputer(char the_char) : _the_char(the_char) {}
        void operator () (char a_char)
        {
            OutputputChar(the_char, a_char);
        }
};

void demo_for_each_bind()
{
    std::string s = "Oh..How old are you?";
```

```
    Outputer out('o');
    std::for_each(s.begin(), s.end(), o);
}
```

这样的过程实在无趣，类似的代码写多了容易让人抓狂，解决方法一个是使用 C++ 11 的 lambda 表达式（本质上是一个"syntactic sugar（语法糖）"），另一个就是使用 bind（别忘了，也是 C++ 11 新标准）：

```
/* 新方法：采用 bind 适配 */
void demo_for_each_bind()
{
    std::string s = "Oh..How old are you?";

    std::for_each(s.begin(), s.end()
                  , std::bind(OutputputChar, placeholders::_1
                              , 'o'));
}
```

修改一下需求，这回希望统计指定字符（同样不区分大小写）的出现个数，使用 bind 的方法是：

```
void CountChar(char a_char, char the_char, int & count)
{
    char C1 = std::toupper(a_char);
    char C2 = std::toupper(the_char);

    if (C1 == C2)
    {
        ++count;
    }
}

void demo_for_each_bind_2()
{
    int count = 0;
    std::for_each(s.begin(), s.end()
        ,std::bind(CountChar, placeholders::_1
                   , 'o', std::ref(count))
        );

    cout << count << endl;
}
```

10.10 日期与时间

10.10.1 C 时间类型与操作

时间无所不在，并且是影响许多逻辑的关键因素。在程序世界里，时间同样是重要的数据。在计算机硬件上，有一个电子时钟，用于持续提供时间；到了软件层面，内存是有限的，数据是有长度的，可是时间，我们不知何所起，亦不知何所终。

因此 C 语言扮演了一次上帝的角色，它说：让时间从 1970 年 1 月 1 日零点零分(那一天是周四好像)算起吧，用一个数据，存储这一起始点到当前总秒数这个数据的类型，称为“time_t”。

【小提示】：不精确的计时

C 语言提供的计时，并不精确，因为它不主动处理科学上的“闰秒”现象，比如 2012 年 6 月 30 日 23 点 59 分 59 秒之后，并不是 7 月 1 号的第 1 秒，而是 2012 年 6 月 30 日 23 点 59 分 60 秒，然而 C 语言不理解这一秒。

1. time_t

“time_t”实际是一个类型别名(typedef)，具体类型实现决定，通常精度不小于整数类型。有没有兴趣看一眼，在你的编程环境下，时间是多“长”呢？

```
#include <ctime>   //for  c time def
#include <iostream>

using namespace std;

int main()
{
    cout << "size of time_t is " << sizeof(time_t) << endl;
    return 0;
}
```

当使用 32 位 GCC 编译，time_t 的 size 为 4，换为 64 位 GCC 编译，则为 8，这符合 C/C++语言中“long”类型的长度规定；从 C++11 起，标准规定 time 应为实数类型表达。后面为了统一，我们都使用 32 位版本。

2. time(time_t *)函数

想知道当下距离 C 语言的时间原点已经过去了多少秒？也很简单，C 语言提供了“time()”函数返回这个数值，它声明如下：

```
time_t time (time_t * time);
```

入参是 time_t 的指针、出参也是 time_t，但其实该入参也是用来返回结果的，所以可以这样得到秒数：

```
time_t seconds = 0;
time(& seconds);
```

更直观和简便的做法，是传入空指针，通过返回值获得结果：

```
time_t seconds = time(nullptr);
```

例如：

```
cout << "距离 1970 年 1 月 1 日零点零分已经过去了："
          << time(nullptr) << "秒。" << endl;
```

3. tm 结构和 localtime 函数

localtime 函数，可以将前面提到的“秒数”，转换为具体的日历时间。（并且它会根据操作系统提供的时区进行调整，比如中国北京是东八区。）日历时间使用名为“tm”的结构存储，它有如下成员数据：

```
struct tm
{
    int tm_sec;      //秒 [0,60]，多数的 1 秒范围，可用于手工处理闰秒
    int tm_min;      //分 [0,59]
    int tm_hour;     //小时 [0, 23]
    int tm_mday;     //本月第几天 [1, 31]，从 1 起，和生活中的日历一致
    int tm_mon;      //月 [0, 11]，对不起，它从 0 开始，和生活经验不一致
    int tm_year;     //年，从 1900 年开始，而不是从 1970 开始
    int tm_wday;     //星期几，[0, 6] 从 0 开始，并且 0 代表星期天
    int tm_yday;     //一年中第几天[0, 365]，同样从 0 开始。
    int tm_isdst;    //1、0，表示是否夏时历，或为 -1 表示未知，中国不采用
};
```

对于一个东方人来讲，这个日期结构充满陷阱，所以一定要认真看各个成员的注释。localtime 函数声明如下：

```
tm* localtime( const time_t *time );
```

要知道现在是什么时候，可以先得到当前时间 time_t，再将它转换为 tm 结构：

```
    time_t now_time = time(NULL);

    tm now_tm = *localtime(& now_time);

    cout << (now_tm.tm_year + 1900) << "年"
     << now_tm.tm_mon << "月"
     << (now_tm.tm_mday + 1) << "日"
     << "星期" << ((now_tm.tm_wday == 0)? 7 : now_tm.tm_wday)
              << "," << now_tm.tm_hour << "点"
     << now_tm.tm_min << "分"
     << now_tm.tm_sec << "秒"
     << endl;
```

当我第一次写这段代码时，得到的输出：2013 年 8 月 20 日 星期 4，18 点 30 分 0 秒，没错，那是一个中秋节，可惜 C 语言没有提供中国的农历时间。

【课堂作业】：公历转农历

请上网百度“C 语言 公历 农历”，应该能搜索出不少使用 C 语言将公历日期转换为农历的代码。请复制一份，阅读、理解、编译，并检查正确性。

4. clock_t

尽管 time_t 所代表的历史并不长(大概就本书作者出生前 4 年的事)，但有时候我们的程序关心的历史更短一些，比如只关心程序启动之后的世界，这时候可以使用 clock()函数，它返回当前程序启动后的计时。因为关注的“历史”变短，所以关注的精度得以提高。它返回的整数，代表当前程序本次启动之后的“CPU 时间”。不过，根据平台不同，这里的“CPU 时间”所指的真实含义，大有不同，这一点必须注意，特别是编写跨平台程序时。

“clock”的字面意思(你可以把这个词当成“像声词”理解)，是时钟的一次“滴答”，有些人认为时钟一次滴答不就是一秒吗？这个可不一定，石英钟或许如此，但我记得老式座钟滴答几次才一秒，是需要物理学计算的。到了操作系统，Windows 环境(包括 mingw 环境)下滴答 1 000 次才一秒，而在 Linux 环境下滴答 1 000 000 次才是一秒，显然 Linux 追求更高的精度。

【危险】：Windows 和 Linux 下 clock()的关键差异

有关不同操作系统，规定一秒钟到底包含多少次“clock”的差异，只需通过一个宏“CLOCKS_PER_SEC”即可解决，真正让人“摔跟斗”的差异是同样调用 clock()，Windows 返回的是程序启动到现在的时间，和 CPU 其实无关，而 Linux 返回的是程序启动到现在它所占用的 CPU 计算时间。想想同一时刻里，你的电脑前台或后台中在运行的程序，可能上百个，而你的 CPU 可能就四核或八核，所以 Linux 下 clock()返回的数值，将远远小于 Windows 下的值。

clock()最常用来计时某段代码的运行时长，我们就曾经拿它对比过 vector 和 list 的插入性能。今天又知道它在不同操作系统下的关键差异。不过有关 clock()函数还有个危险点，那就是虽然它通常和 time_t 是同一类型的别名(比如 long)，但由于它对精度要求高，所以容易溢出。以 32 位 Windows 为例，clock_t 使用 long(有符号)表达，因此最大值是($2^{31}-1$)，因此程序连续运行 24.855 134 803 天之后 clock()返回值即溢出。

【课堂作业】：亲眼目睹 clock_t 的溢出

请写一段获程序，前后两次获取 clock()返回值，并想办法让第二次所得到的值溢出(打印到屏幕是负数)——办法之一是你开个程序不退出，再加不关机等它

25 天。

长期以来，C++程序员都直接使用 C 标准函数处理日期时间，它们的接口简单直接，但也有着这样或那样的陷阱，为此以下将介绍 C++新标准库以及 boost 提供的多项时间操作。

10.10.2 boost::timer

boost 提供了两个版本的计时器，第一版相当于是 C++版的 clock()，原有跨平台问题或仍然存在。我们直接学习第二版。这一版不同平台上提供了同一“CPU 时间”概念。以下例子来自 boost 官方文档：

```
#include < cmath >
002 #include < boost/timer/timer.hpp > //使用版本二

int main()
{
006     boost::timer::auto_cpu_timer t;

    for (long i = 0; i < 100000000; ++ i)
    {
        std::sqrt(123.456L);
    }

    return 0;
}
```

【重要】：boost 链接库后缀

工程需要按序添加以下两个链接库：boost_timer－mgw81－mt－1_57 和 boost_system－mgw81－mt－1_57。您所使用的版本可能已经更新。后面例子谈及链接库时，将忽略编译环境与版本号，比如简称为“boost_timer”和“boost_system”库。

002 行的库，必须指定 timer 子目录下的头文件，因为位置默认位置下的 timer.hpp 文件，在本书完稿的时间点，暂时被旧版本所占用，同样，006 行使用的 auto_cpu_timer 类，位于 timer 子空间内。意如其名，auto_cpu_timer 会在它析构时，自动往指定的流（默认是 cout），输出从它构造开始的时长信息，以下是调试版在我的机器上的某次输出：

```
3.270444s wall, 3.088820s user + 0.078001s system = 3.166820s CPU (96.8%)
```

它表示：这段程序运行的总时长，如果用墙上的时钟（和 CPU 无关）来测量，那是 3.270 444 s。而在计算机层面，系统在“用户空间”执行，花费 3.088 820 s，在“内核空间”执行，花费 0.078 001 s，合计 3.166 820 s，占用墙上时钟 96.8%。

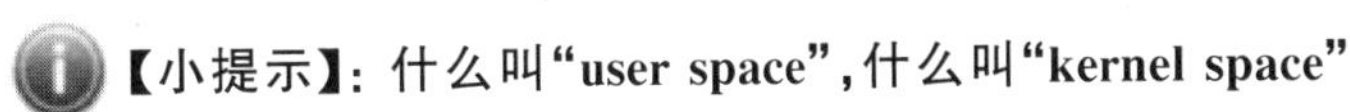

【小提示】：什么叫“user space”，什么叫“kernel space”

这里的"用户",不是指人,而是指普通应用程序,它们是操作系统的"进程用户"。现代操作系统通常会分配给每个进程独立的、虚拟的内存空间,称为"user space",通常进程在这个空间中完成大部分工作。当需要访问一些公共资源时,必须向操作系统提请,获得权限后进入"内核空间"。

通过构造参数,可以方便的控制打印时间的小数位数,同样的代码,如果构造计时器对象参数为:

```
boost::timer::auto_cpu_timer t(2);
```

则打印内容变成"3.27s wall, 3.08s ……"。

还可以设置成输出到别的流,比如输出到文件流或内存流。最后,那个怪怪的全是英文的输出格式,也可以替换掉,格式字符含义为:

(1) %w times.wall,即现实时钟(墙上的时钟);

(2) %u times.user, 用户空间;

(3) %s times.system, 内核空间时间;

(4) %t times.user + times.system, CPU 时间;

(5) %p The percentage of times.wall represented by times.user + times.system,百分比。

综合示例:

```
#include < cmath >

#include < sstream >
#include < boost/timer/timer.hpp > //使用版本二

int main()
{
    std::stringstream ss;

    {
        boost::timer::auto_cpu_timer t(ss, 2
                                      , "CPU 占时: %t,其中内核: %s。");

        for (long i = 0; i < 100000000; ++ i)
            std::sqrt(123.456L);
    }

    std::cout << ss.str() << std::endl;

    return 0;
}
```

auto_cpu_timer 是 cpu_timer 的派生类（典型的为了复用功能而派生），它在新增加自动输出到指定流的功能之外，也继承了基类的 start()、stop()、resume()、elapsed()等功能。

写程序时，使用计时功能检测某段代码的运行性能是很经常的事，如果因为需要计时功能而引入 boost 库，有些麻烦。后面我们会提供基于 STL 的实现。

10.10.3　boost::gregorian::date

"Gregorian Calendar（格里高利历）"很有学术气氛，但其实它就是我们常说的"公历"。当然，有关公历，多数人恐怕也懂的不多，我就是其中一个。

boost::date_time 库提供了许多关于日期和时间的功能，我们先从日期学起。

1. 构造日期对象

boost::gregorian::date 支持从 1400－01－01 到 9999－12－31 之间的日期。我们首先看默认构造：

```
boost::gregorian::date  d;
```

没有入参的构造，将得到一个"非法日期"（称为"not a date"），不能对这个日期对象进行除判断之外的大多数操作，否则将抛出一个异常。判断一个日期是否无效，可以调用成员函数："is_not_a_date()"。更多的情况下，构造时我们直接传入年、月、日：

```
boost::gregorian::date my_birthday(1974, 4, 20);
```

也可以通过 boost 提供 from_XXX_string()系统工厂函数创建：

```
boost::gregorian::date my_birthday(1974, 4, 20);

boost::gregorian::date d1, d2, d3;
d1 = boost::gregorian::from_simple_string("1984-10-22");
d2 = boost::gregorian::from_simple_string("1984/10/22");
d3 = boost::gregorian::from_undelimited_string("20040119");
```

如果所提供的年月日不是合法日期时间，构造过程也将抛出异常。另外，boost::date_time 还提供了一些枚举值，方便构造特殊日期：

```
//相当于空构造，但意义清晰
boost::gregorian::date d_not_date
                        (boost::date_time::not_a_date_time);
assert(d_not_date.is_not_a_date());

//9999-12-31
boost::gregorian::date d_max(boost::date_time::max_date_time);
//1400-01-01
boost::gregorian::date d_min(boost::date_time::min_date_time);
```

```
//一个负无限的日期
boost::gregorian::date d_neg_infin
                    (boost::date_time::neg_infin);
//一个正无限的日期:
boost::gregorian::date d_pos_infin
                    (boost::date_time::pos_infin);
```

配套提供 is_not_a_date()、is_neg_infinity()、is_pos_infinity()、is_special()成员函数用作特殊日期判断。

程序中最常见的事,还是构造出今天。这需要使用 boost::date_time 中的另一个日期工厂"day_clock",它是一个类模板,可以针对不同日期类型获得"今天",我们只学习"公历",所以需要使用:

```
boost::date_time::day_clock < boost::gregorian::date >
```

gregorian 名字空间内已经针对公历日期类型进行定义,因此简单的写法是:boost::gregorian::day_clock。

day_clock 有两个静态成员函数可分别创建两个不同的"今天",一个是本地日期,一个是 UTC:

```
//本地日期
boost::gregorian::date
today_local (boost::gregorian::day_clock::local_day());

//UTC 日期
boost::gregorian::date
today_utc (boost::gregorian::day_clock::universal_day());
```

二者的区别是本地日期带时区(比如北京时间处于东八区),和 UTC 有时差。比如北京时间 2019 年 9 月 20 日上午 8 点前取 universzl_day,将是 19 号。

boost::date_time 还提供诸如得到整个月份的最后一个星期天或者第一个星期一等等日期工厂,请自学。

2. 访问日期属性

如果这个日期对象是合法的,我们就可以方便的访问它的年、月、日等属性。(编译以下工程,需要在配置中依序加入链接库:boost_date—time 和 boost_system。)

```
#include < iostream >

#include < boost/format.hpp >
#include < boost/date_time/gregorian/gregorian.hpp >

using namespace std;

int main()
{
```

```
    boost::gregorian::date today
            (boost::gregorian::day_clock::local_day());

    int year = today.year();
    int month = today.month();
    int day = today.day();

    int wday = today.day_of_week();
    int week_number = today.week_number();
    int day_of_year = today.day_of_year();

    boost::format fmt
              ("今天是%d年%d月%d日，星期%d。全年第%d周,第%d天。");

    cout << fmt % year  % month % day
              % ((wday == 0)? 7 : wday)
              % week_number
              % day_of_year << endl;
    return 0;
}
```

其中,星期几仍然从 0 开始,0 依然表示周日。全年第几周,同样从 0 开始。day_of_year 返回 1～366。

date 对象还可以帮我们查看一个月结束在哪一天。所提供的"end_of_month()"函数,将返回另一个 date 对象,表示该月的最后一天,如果想知道 2013 年 2 月的最后一天是哪天,我们再补上两行代码测试:

```
boost::gregorian::date d(2013, 2, 1); //得到1号
cout << d.end_of_month().day() << endl; //28
```

【小提示】: 判断闰年

上述代码演示了判断闰年的一种方法,不过 boost::date_time 库有更简便的函数:

```
#include < boost/date_time/gregorian/greg_calendar.hpp >
...
cout << boost::gregorian::gregorian_calendar::is_leap_year(2020);
```

date 还内嵌一个结构(实际是类型别名):ymd_type,以及对应的 year_month_day()成员,用于一次性获得年月日数据:

```
boost::gregorian::date::ymd_type ymd = d.year_month_day();
cout << ymd.year << ymd.month << ymd.day << endl;
```

3. 输入输出日期对象

直接输出一个 gregorian::date 对象,月份是用英文表示的:

```
boost::gregorian::date d080808(2008,8,8);
cout << d080808 << endl; //2008 - Aug - 08
```

有三个全局自由函数,能够将一个 date 转换成字符串:

```
cout << "simple : " << to_simple_string(d080808) << endl;
cout << "iso : " << to_iso_string(d080808) << endl;
cout << "iso_extended : " << to_iso_extended_string(d080808)
                         << endl;
```

输出为:

```
simple : 2008 - Aug - 08
iso : 20080808
iso_extended : 2008 - 08 - 08
```

正好和"boost::gregorian::from_XXX_string"函数对应,可以使用 to_XXX_string 将日期变成字符串,保存到文件或数据库,然后再使用 from_XXX_string 从字符串转换回日期对象。直接使用 cin 输入一个日期对象也是可行的,但默认情况下它采用英文月份日期。

尽管 boost 还提供大量的日期格式化输入输出函数,但简单而直观的方法是针对年月日成员操作,下面是一个简单的输出中文星期的例子:

```
char const * week_ch[] = {"日", "一", "二", "三", "四", "五", "六"};
cout << "08 年奥运开幕是星期" << week_ch[d080808.day_of_week()] << endl;
```

【课堂作业】: 日期输出

(1) 通过 cout 输出前述几个特殊 boost::gregorian::date 对象;

(2) 查看您父母的生日各是当年的星期几;

4. 日期相关计算

让两个日期相加没有意义,而两个日期相减则用以表达两个日期之间的天数。不过日期相减的结果不是一个 int 类型,boost 采用一个专用类表达"天数",叫:"day_duration"。

【轻松一刻】: 程序员失眠怎么办?

夜深人静失眠,许多人数羊,还有些数日子。从 4 月 20 日数起,21 日,22 日,23 日……5 月 1 日,2 日……就睡着了,从没有真正数出自己到底已经活了几天,未料那天学习了 boost::date_time 以后,我数了一会儿就起来写代码了:

```
void test2()
{
    boost::gregorian::date my_brithday(1974, 4, 20);
    boost::gregorian::date today
                    (boost::gregorian::day_clock::local_day());
```

```
    boost::gregorian::date_duration mydays = today - my_brithday;

    cout << "亲爱的南郁,您已经在这个世界上混了" << mydays
                      << "天了! 努力吧。" << endl;
}
```

很好,就输出结果记录在此,纪念人生中那逝去的 1 万四千四百个日日夜夜:

亲爱的南郁,您已经在这个世界上混了 14400 天了! 努力吧。

如例所示,date_duration 支持直接输出,不过要想得到具体的天数,可以调用其成员函数:“days()”,返回类型是一个 long 类型的数值,表示真正数字意义上的天数。反过来,也可以用一个日期,加上或减去一个“天数(date_duration)”数据,变成另一个日期,现在我迫切地想知道,在我出生后的一万天是哪天:

```
boost::gregorian::date_duration days10000(10000); //构造时指定天数
boost::gregorian::date my_10000 = my_brithday + days10000;

cout << to_iso_extended_string(my_10000) << endl;
```

构造一个 date_duration 时,可以直接指定它所要代表的天数,示例是 1 万。原来这个特殊的日子是 2001－09－05,那一天我做了什么呢? 做了什么呢? 女儿不到五个月,我应该是在北京昌平区那间乱糟糟的出租屋里哄她吧……

date_duration 还有一个类型别名:days。这或许是为了少打点字母,但更多的是为了统一,因为 gregorian 下,还有 months、years、weeks:

(1) boost::gregorian::days(date_duration 的别名):表示天数;

(2) boost::gregorian::weeks,表示周数;

(3) boost::gregorian::months,表示月数;

(4) boost::gregorian::years,表示年数。

愚人节过后一个月,肯定是劳动节,但是 12 月 31 号加上 1 个月后,是不是 1 月 31 号? 1 月 31 日加一个月后,是 2 月末还是 3 月初? 而平年的 2 月 28 日加上一个月,是 3 月 28 日,还是 3 月 31 日呢?

```
    boost::gregorian::date d;

    boost::gregorian::months one_month(1); //1 个月长度
    d = boost::gregorian::date(2013, 4, 1) + one_month;
    cout << to_iso_extended_string(d) << endl; //2013 - 05 - 01

    d =  boost::gregorian::date(2012, 12, 31) + one_month;
    cout << to_iso_extended_string(d) << endl; //2013 - 01 - 31

    d =  boost::gregorian::date(2013, 1, 31) + one_month;
    cout << to_iso_extended_string(d) << endl; //2013 - 02 - 28

    d =  boost::gregorian::date(2013, 2, 28) + one_month;
    cout << to_iso_extended_string(d) << endl; //2013 - 03 - 31
```

可见 months(1)构造出的“一个月”，不是 31 天，不是 30 天，不是 29 天，也不是 28 天，它就代表一个月，所以 1 月 31 号加一个月，会聪明的变成 2 月 28 号，而后再加一个月，会变成 3 月 31 日，即月底变月底。

【课堂作业】：2 月 27 日加一个月，是……

平年的 2 月 28 号加一个月，变成 3 月 31 日，那 2 月 27 号加一个月，是 3 月的哪一天？闰年的 2 月 28 号加一个月，会是哪一天？3 月 30 号减一个月，会是哪一天呢？

years 和 months 道理一样，并不是按 365 或 366 天计算。一个闰年的 2 月 29 号减掉去一年，会得到前一年 2 月 28 号，倒过来，闰年前一年的 2 月 28 号加上一年后，会变成 2 月 29 号。

```
    d = boost::gregorian::date(2004, 2, 29);
    cout << to_iso_extended_string(d - boost::gregorian::years(1))
            << endl;

    d = boost::gregorian::date(2003, 2, 28);
    cout << to_iso_extended_string(d + boost::gregorian::years(1))
            << endl;
```

由此可见，“年”和“月”，都是在参与具体日期计算时，才能确定天数。如果你需要的是精确天数增减，则还是需要使用 gregorian::days(也就是 date_duration)。既然“年”和“月”都确定不了有几天，所以它们无法和“天”数进行转换或计算。但是月数和年数相加减，然后得到一个新的月数：

```
boost::gregorian::years oneYear(1);
boost::gregorian::months sevenMonths(7);

//1 年零 7 个月
boost::gregorian::months totalMonths = oneYear + sevenMonths;
cout << totalMonths.number_of_months () << "Monthes." << endl; //19
```

weeks 在内部实现上，是 days 的派生类，因为“星期”是“格里高利历”的特定概念，固定为七天：

```
boost::gregorian::weeks w(3); //3 周
cout << w.days() << endl; //21 天
```

【课堂作业】：年月日计算

(1) 可以通过 years 加上 months，得到新的 years 值吗？为什么？

(2) 可以通过 days 加上 months，得到新的 days 值吗？为什么？

(3) 可以通过 days 加上 weeks，得到新的 days 值吗？为什么？

(4) 今天是 2019 年 9 月 23 日，请计算 23 周之后是哪一天？

（5）请自学boost的日期期间类“date_period”以及日期迭代器day_iterator、week_iterator、month_iterator、year_iterator。

5. date_time和gregorian的关系

世界上不只“Gregorian”一种历法，所以boost::date_time名字空间下，定义的许多日期类，都是模板，模板的一个关键参数，就是“具体的历法类”。比如说日期天数“date_duration”，在date_time空间下，它类似这样的定义：

```
namespace boost {
namespace date_time{

template < typename T >
class date_duration ...
{
...
};

}}
```

而在boost::gregorian空间下，有一个同名的派生类：

```
// Durations in days for gregorian system
class date_duration :
    public boost::date_time::date_duration < date_duration_rep >
{
    ...
}
```

所以，尽管归属于boost::date_time库，但在实际使用时，我们一直在使用“公历”版本的日期定义。从这个设计结构上看，或许有一天boost会提供基于中国农历的日期实现。谁来实现最好？当然是中国人喽，各位，努力！

10.10.4 boost::ptime

date精确到天，ptime则在它的基础上精确到时、分、秒、毫秒、微秒甚至纳秒。ptime先使用一个“date”记录日期，再使用一个数据记录一个小于一天的时间长度，即该日期内已经过去了几时几分几秒几微秒。boost采用“time_duration”表示可精确到天以下的时间长度。

【小提示】：ptime中“p”是指什么

“ptime”中的p代表“POSIX（Portable Operating System Interface）”。所以ptime是“可移植的操作系统接口”规定的一种时间表示法。

和日期类似，在boost::date_time也定义了有关时间的相关类型定义，而ptime是这些时间类型针对“POSIX”规定的时间表达，派生或实现这些类型。

1. 时间长度/ time_duration

构造一个时间长度,可以指定时、分、秒:

```
#include < boost/date_time/posix_time/posix_time.hpp >

time_duration (hour_type h //几个小时
             , min_type m //几分钟
             , sec_type  //几秒
             , fractional_seconds_type fractional_seconds = 0);
```

比如要表达漫长的一节课,可以这样构造 time_duration:

```
time_duration dur1(0, 45, 0);
```

时分秒的具体类型,默认情况下都是 long,因此在当前环境下,它要么是 32 位,要么是 64 位。"fractional_seconds"表示秒以下的精度,但又不是我们相对熟悉的"毫秒(千分之一秒)",而是"微秒(千分之一毫秒)"或"纳秒(千分之一微秒)"。采用默认配置编译出来的 boost 库选用微秒,所以想表达 1 毫秒的时间瞬间长度:

```
time_duration dur2(0, 0, 0, 1000); //1000 微秒
```

各个时间长度入参并不需要限制在指定类型的时间长度,超出部分会自动进位。下面例子使用两种方法构造一个 61 分钟的长度:

```
#include < iostream >

#include < boost/date_time.hpp >
#include < boost/date_time/posix_time/posix_time.hpp >

using namespace std;

int main()
{
    boost::posix_time::time_duration dur_1h1m(1, 1, 0);
    boost::posix_time::time_duration dur_61m(0, 61, 0);

    cout << (dur_1h1m == dur_61m) << endl; //比较,输出:1

    return 0;
}
```

【危险】:负时长的含义

不能期待通过"负值",来取得上述效果,比如提供"2 小时负 59 分钟"构造时长,并不是得到 1 分 1 分钟,而是得到负的 2 小时 59 分钟。负时长表示从一个较晚的时间到一个较早的时间之间的差距,比如:从现在到刚才过去了负 50 秒。

time_duration 对象之间可以相互比较，以及相加、相减操作。通过一个“时长”对象，可以访问它包含多少小时，多少分钟，比如：

```
cout << dur_61m.hours() << ":" << dur_61m.minutes() << endl;//1:1
```

time_duration 默认构造函数得到是全零的时长：

```
    boost::posix_time::time_duration zero;
    cout << zero.hours() << ":" << zero.minutes()
            << ":" << zero.seconds()  << endl;
```

许多时候只关心几小时或几分钟等，time_duration 提供了一些派生类，用于快速构造指定的单位的时长：hours(小时数)、minutes(分钟数)、secondes(秒数)、milliseconds(毫秒数)和 microseconds(微秒数)。这些对象之间可以进行相加相减操作。如果想要表达前面的“2 小时负 59 分钟”，可以进行如下操作：

```
    boost::posix_time::hours h(2);
    boost::posix_time::minutes mins(-59);

    boost::posix_time::time_duration total = h + mins;
    cout << total.hours() << ":" << total.minutes() << endl;
```

通过成员函数“hours()”、“minutes()”、“seconds()、fractional_seconds()”可分别获得时长被分配成多少小时、多少分钟、多少秒……另有一套函数，则是“total_seconds()和 total_milliseconds()、total_microseconds()”，返回全部时长可折合为多少秒，或多少毫秒、微秒，返回类型通常是 long，所以如果时长太长太长，提醒您考虑溢出的情况，特别是后二者。time_duration 还提供以下常用成员：

```
bool operator < (const time_duration & o) const;  //小于判断
bool operator == (const time_duration & o) const; //相等判断
```

所以，如果把“时长”对象放在容器里，再套用标准库的排序或查找算法相当方便。

```
bool is_negative () const; //判断是不是一个负时长
time_duration invert_sign () const; //取反操作
```

前者判断是不是负时长，后者返回一个将当前进长取反(正变负，负变正)的时长。有两个自由函数，用于将时长对象转换为字符串：

```
//转换为:HH:MM:SS.ffffffff 格式的字符串
string to_simple_string(const time_duration & d);

//转换为: HHMMSS,ffffffff 格式的字符串
string to_iso_string (const time_duration & d);
```

其中的 ffffffff 仅在小于 1 秒的数据(微秒或纳秒)存在时，才会输出。to_simple_string 输出的字符串,可以直接转回成时长对象:

```
time_duration duration_from_string(std::string s);
```

例子:

```
boost::posix_time::time_duration src(1, 2, 3, 50000);
string s = to_simple_string(src);
cout << s << endl;
boost::posix_time::time_duration dst
        = boost::posix_time::duration_from_string(s);

cout << (dst == src) << endl;
```

2. ptime

ptime 是一个时间点,而 time_duration 则是一个时间长度,但在 ptime 内部表达上,可以理解为含有一个“date”成员用于记录日期,以及一个“time_duration”成员用于记录该日期过去了多久,这有点像一个浮点数,包含整数和小数。

比如要构造一个“2019 年 10 月 1 日 0 点 29 分”的时间点对象,我们可以提供一个“2019 年 10 月 1 日”的日期对象,然后再提供一个表示该日已经过去 29 分钟的时长对象:

```
using namespace boost::gregorian; //因为要用到 gregorian::date
ptime pt(date(2019, 10, 1), minutes(29));
```

不提供参数的默认构造函数,将产生一个非法日期,建议当有此需求时,应使用另一个构造函数以便明确指出:

```
ptime pt1;  //默认构造一个非法日期时间
ptime pt2(not_a_date_time); //显式构造一个非法日期时间
```

除“not_a_date_time”之外,也可以显式构造正无限或负无限日期:

```
ptime pt3(pos_infin);
```

ptime 提供“**is_special()**”、“**is_pos_infinity()**”、“**is_neg_infinity()**”和“**is_not_a_date_time()**”等判断操作。

类似 day_clock 用于构造当天日期,有两个时钟类用于构造当前时刻,即“second_clock”和“microsec_clock”,分别提供秒级和微秒级精度,构造当前时刻。每个类又分别提供“local_time()”与“universal_time()”接口,分别用于构造本地当前时间,和 UTC 当前时间。

有了 ptime 对象,即可通过成员函数“**date()**”访问日期,通过“**time_of_day()**”访问时间(实质是 time_duration 对象):

```
using namespace boost::gregorian;
using namespace boost::posix_time;

ptime pt_now = second_clock::local_time();

date today = pt_now.date();
time_duration day_time =  pt_now.time_of_day();

cout << "今天是" << today.year() << "年"
                << (int)(today.month()) << "月" //强制转换为整数
                << today.day() << "日" << endl;

cout << "北京时间"<< day_time.hours() << "点"
                << day_time.minutes() << "分"
                << day_time.seconds() << "秒" << endl;
```

ptime之间可作大小比较;可以相减求出两个时间点中间的长度(并且支持"正""负"信息);可以将时间点对象(ptime)加上或减去时长对象(time_duration),得到一个新的时间点:

```
    ptime birthday(date(1974, 4, 20), hours(1));
    time_duration live_len = pt_now - birthday;

    cout << "生命已经流逝" << live_len.hours() << "小时。" << endl;

    ptime date2 = pt_now + live_len;
    cout << "再过" << live_len.hours() << "小时后,将是" << date2 << endl;
```

ptime同样提供与字符串的互换。从字符串到时间点对象的函数,支持两种格式,分别由time_from_string()和from_iso_string()实现:

```
ptime p1 = time_from_string("2013-12-4 01:02:03");
ptime p2 = from_iso_string("20131204T010203");
```

输出为字符串则有以下三个函数:

```
//YYYY-mmm-DDD HH:MM:SS.ffffffff
string to_simple_string(ptime);

//YYYYMMDDTHHMMSS, ffffffff
string to_iso_string(ptime);

//YYYY-MM-DDTHH:MM:SS,fffffff
string to_iso_extended_string(ptime);
```

【小提示】:格式化输出boost日期时间对象

当我们需要输出或输入大量格式化日期或时间对象时,请使用boost::date_time库提供的date_facet和time_facet,请用户自学。但如果只是临时需要输出一种特定格式,建议写一个函数自行控制 date 或 ptime 的各个字段属性输入输出。

3. date_time 和 C 时间类型转换

(1) date 和 tm 的转换

boost::gregorian 提供两个函数和 C 语言的 tm 结构实现信息互换。函数均在 boost::gregorian 名字空间内定义。从 tm 转换到格里高利历日期:

```
boost::gregorian::date date_from_tm (const tm & c_tm);
```

从格里高利历日期转换到 tm:

```
tm to_tm (const boost::gregorian::date & grego_date);
```

转换过程中,tm 中用于表示时分秒等时间成员都被忽略,因为 gregorian::date 只用于表达日期,不存在时刻信息。

(2) ptime 和 tm、time_t 的转换

从 ptime 转换为 tm:

```
tm to_tm (const boost::posix_time::ptime & pt);
```

从 time_t 转换得到 ptime:

```
boost::posix_time::ptime from_time_t (time_t t);
```

再次提醒:别忘了 C 风格 tm 结构中的某些成员,其数值含义存在偏移,比如月份从 0 开始。

10.10.5 boost.date_time 小结

boost::timer 下的 auto_cpu_timer 和其基类 cpu_timer 用于得到程序启动至今的时间,支持 CPU 占用时间和普通闹钟时间,经常可用于简单计算一段程序的运行时长。

boost::gregorian::date 支持从 1400－01－01 到 9999－12－31 之间的公历日期。

boost::gregorian::day_clock 负责获得当天的日期,可以是当地日期,也可以是 UTC 日期。

boost::gregorian::date_duration 用于表示日期之间的间隔长度,包括一些派生类以方便直接表达多少年多少月等。

boost::posix_time::ptime 表达一个默认精确到微秒的时间点。

boost::posix_time::time_duration 表达两个时间点之间的间隔长度,包括一些派生类以方便直接表达多少小时、分钟、秒等。

boost::posix_time::second_clock 和 microsec_clock 以不同的精度,生成当前时间点。

1. 作业一:生日管理

【课堂作业】: 生日管理程序

请完成一个程序,通过 STL 容器存储你好友的生日,基础功能选择包括:

(1) 输入 1,从屏幕输入添加某个好友的生日信息(包括姓名,假设姓名不重复);

(2) 输入 2,删除某个好友的生日信息;

(3) 输入 3, 编辑某个好友的生日信息;

(4) 输入 4,查询指定姓名的好友生日信息;

(5) 输入 5,列出一周内即将过生日的好友;

(6) 输入 6,从近到远,列出今年未过生日的好友;

(7) 输入 7,按年纪从大到小列出所有好友。

另外要求能够自动将信息存储到文件内,程序启动时自动从文件中读取之前保存的数据。

2. 作业二:计划管理

【课堂作业】: 计划管理

请完成一个程序,通过 STL 容器,存储“待办事项”信息,包括事项计划启动时间(精确到分),事项标题。比如,事项计划启动:2013 年 10 月 5 日 13 点 30 分;事项标题:带妈妈去看《我和我的祖国》。

主要功能选择包括:

(1) 输入 1,列出所有事项;

(2) 输入 2,允许输入 1 或多个序号,然后删除这些待办事项;

(3) 输入 3,输入小时数,比如 N,然后列出在 N 小时计划要处理的事项;如果此时再输入字母‘p’,将把列表内容存储到一个用当前时间命名的文件中。

另外要求能够自动将信息存储到文件内,程序启动时自动从文件中读取之前保存的数据。

10.10.6 std::chrono

boost::date_time 没有进入 C++ 11,进入 C++ 11 的是一个名为“chrono”的时间库。所以前面我们学习的一大堆 date_time 的知识,可能是“过时”的……唉,大家别砸我!

从名字上看,“boost::date_time”更倾向于与日期、时间有关的操作,而“std::chrono”主要用于定时,更注重“Clocks(时钟)、Points in Time(时间点)和 Time Durations(时间长度)”,基本不特别为“日期”提供封装,所以多数情况下处理“日期/时

间”,我们推荐继续使用 boost::date_time。说它“过期”只是吓人的,std::chrono 也并非为了代替 boost::date_time 而设计。

1. clock/时钟

“Clock”提供“产生当前时间”的功能组织。标准库提供三种产生当前时间的 Clock。如表 10-4 所列。

表 10-4 三种不同时钟类型

clock 类型	说明	关键点
system_clock	系统时间,相当于读取操作系统提供的日期时间	(1) 不一定能确保程序中后读取的时间点,一定晚于程序中先读取的时间点,也不一定能保证时间稳定,比如用户手工修改系统时间; (2) 和 C 风格的 time_t 对应
steady_clock	一个稳定的时间系	不受操作系统的系统时间影响
high_resolution_clock	当前系统所能提供的最高精度的时间系	通常就是前两者之一,但也可能是特定定义的新实现

【危险】: std::chrono::clock 的实现度

在 mingw 环境下,如果使用的 GCC 不够新,则以上三种“clock”很可能只有“system_clock”有正确的实现,其他二者都只是简单地借用了“system_clock”的实现。这就造成它们无法满足 C++ 11 标准的要求(见表中“关键点”)。比如 steady_clock 可能仍然受操作系统的时间影响。

2. time_point/时间点

不同的 clock,会产生不同的时间点。chrono 使用 time_point 表示“时间点”。在实现外,time_point 并不是和 clock 并列的类,而是 clock 的内部类。下面的代码演示如何通过不同的 clock,得到不同的 time_point:

```
#include <chrono>
...
using namespace std;
...

chrono::system_clock::time_point
        tp_system = chrono::system_clock::now();
chrono::steady_clock::time_point
        tp_steady = chrono::steady_clock::now();
```

现在我们有两个时间点，一个由 system_clock 产生，另一个由 steady_clock 产生，并且都取当前时间。接下来需要将二者的内容（当前时间）以人类可读形式输出到屏幕，这个过程说起来竟有些复杂（特别是和刚刚学的 boost::data_time 库相比），先以 system_clock::time_point 为例，过程如下：

(1) 步骤1：首先将 time_point 转换成 C 风格的 time_t，方法是 system_clock 提供的静态成员 to_time_t()，这函数的名字很直观。假设有一个 time_point 类型的变量名为 point：

```
time_t a_time_t = chrono::system_clock ::to_time_t(point);
```

(2) 步骤2：得到 time_t 类型的数据，紧接好几步都是 C 语言的事，比如这一步，将 time_t 转换为 tm，用的是 C 的 localtime 函数：

```
//入参是 time_t * 类型指针，返回是 tm * 指针
tma_tm =  * localtime (& a_time_t);
```

(3) 步骤3：使用 C++ 11 新标提供**put_time()**函数，入参为 tm * 指针，输出到流。以 cout 为输出流为例：

```
cout << put_time( & a_tm, " %Y- %m- %d %H. %M. %S") << endl;
```

其中的%Y、%m、%d 等用于指定时间格式。本例中各格式串含义如表 10-5 所列。

表 10-5 std::put_time 时间格式化常用指示符

格式串	含义
%Y	大写的 Y，指示输出 4 位的年份，比如 2016
%m	小写的 m，指示输出 2 位的月份十进数，范围[01,12]
%d	小写的 d，指示输出 2 位的日期数，范围[01,31]
%H	大写的 H，指示输出 2 位的 24 小时制的小时，范围[00,24]
%M	大写的 M，指示输出 2 位的分钟数，范围[00,59]
%S	大写的 S，指示输出 2 位的秒数，范围[00, 60]

我们希望通过类似步骤，将 time_point 转换成指定格式的字符串，由于多处需要使用，因此将它写成自由函数，先包含所需的主要头文件：

```
#include < ctime >   //C 风格时间,tm、time_t 等类型所需
#include < iomanip > //put_time() 声明于此
#include < chrono >
#include < string >
#include < sstream > //stringstream
```

然后还是 system_clock 为例,看看函数如何实现:

```
string to_string (chrono::system_clock ::time_point const & point)
{
    time_t a_time_t = chrono::system_clock ::to_time_t(point );
    tm a_tm = * localtime(& a_time_t);

    stringstream ss;
    ss << put_time( & a_tm, "%Y-%m-%d %H.%M.%S");

     return ss.str();
}
```

这只是支持了 systcm_clock 下的 time_point 类型,如何支持另外两种时钟下的 time_point 格式化成字符串呢?看来得改成函数模板实现。现版 to_string 函数有两处用到"system_clock",但入参中那个,需要的类型是 time_point,因此我们还是对后者(入参的最终类型)进行泛化:

```
template < typename T > /* T 泛化的是 XXX_clock::time_point */
string to_string(T const & point)
{
    time_t a_time_t = T::clock ::to_time_t(point );
    tm a_tm = * localtime(& a_time_t);

    /* 见前面非泛化版本的实现 */

     return ss.str();
}
```

这里的小技巧是如何调用到时钟类中的 to_time_t()方法:在 time_point 类型定义中,反过来将它所属的时钟类型取别名为 clock。

基于 to_string 函数模板,再继续之前取当前时间的代码,就是一个简单测试函数:

```
    void test_clock_time_point()
    {
        chrono::system_clock ::time_point
            tp_system = chrono::system_clock ::now();
        chrono::steady_clock::time_point
            tp_steady = chrono::steady_clock ::now();

        cout << to_string(tp_system ) << endl;
        cout << to_string(tp_steady ) << endl;
    }
```

3. duration/时长

两个同类的时间点相减，可得到时间长度。chrono 中时间长度使用类模板“duration ”表达，并且可以使用“duration_cast <T> ()”模板函数，将该时长以各种单位表达，比如是多少秒，多少毫秒等，可选单位有：

```
chrono::nanoseconds  //纳秒
chrono::microseconds //微秒
chrono::milliseconds //毫秒
chrono::seconds  //秒
chrono::minutes //分钟
chrono::hours //小时
```

和 date_time 库类似，chrono 也为“时间长度”的概念提供一些简化类，分别是 hours(小时数)、minutes(分钟数)、seconds(秒数)等：

```
    chrono::system_clock::duration d = chrono::hours (1)
                        + chrono::minutes (29) + chrono::seconds (100);
```

以上代码用于组织出 1 小时 29 分钟又 100 秒的时长。三个简化类都直接位于 std::chrono 之下。时间长度则使用 duration 类表示。“duration_cast <T> (时长)”可用于将时长转换成指定的单位表示，下面一行代码计算出前面的 1 小时 29 分又 100 秒合计多少秒：

```
cout << chrono::duration_cast < chrono::seconds > (d).count();
```

4. 例一：对比“系统时间”和“稳定时间”

下面给出完整代码，对比 system_clock、steady_clock 和“稳定性”，同时演示 duration_cast 的用法：

```
#include < iostream >

#include < chrono >

using namespace std;

int main()
{
    auto beg1 = chrono::system_clock::now();
    auto beg2 = chrono::steady_clock::now();

    cout << "请修改操作系统时间，将它调整到 3 分钟前，按任意键继续……";
    cin.get();

    auto end1 = chrono::system_clock::now();
    auto end2 = chrono::steady_clock::now();

    cout << "system clock : "
```

```
        << chrono::duration_cast < chrono::milliseconds > (end1
                                                        - beg1)
                .count () << "ms" << endl;

    cout << "steady clock : "
        << chrono::duration_cast < chrono::milliseconds > (end2 - beg2)
                .count () << "ms" << endl;

    return 0;
}
```

本次测试重点在代码之外。代码先以两种时钟各自获取当前时间，然后要求大家修改系统时间，并且要求将时间调回去；而后代码再次获取新的时间。用后者减前者，对于 system_clock 会得到负数，而 steady_clock 则不受影响(如果在你的机器上后者也显示为负数，那应该是你用的编译器比我们的老太多)。

5. 例二：自行实现计时器

我们参考但并不完全依照 boost::cpu_timer 设计。我们添加了“暂停计时”功能：

```
#include < cassert >
#include < ctime >

#include < chrono >
#include < functional >
#include < thread >

struct MyCPUTimer
{
    typedef std::chrono::high_resolution_clock clock;
public:
    explicit MyCPUTimer(bool start)
    {
        if(start)
        {
            Start();
        }
    }

    ~MyCPUTimer() = default;

    MyCPUTimer(MyCPUTimer const & ) = delete;
    MyCPUTimer & operator = (MyCPUTimer const & ) = delete;

    void Start()
    {
        assert(! _is_start);
```

```
        _is_start = true;
        _is_paused = false;

        _duration = chrono::milliseconds(0);
        _pause_duration = chrono::milliseconds(0);

        _start_time = clock::now();
    }

    void Stop()
    {
        if(_is_start)
        {
            _duration = (clock::now() - _start_time)
                                        - _pause_duration;
            _is_start = false;
        }
    }

    void Pause()
    {
        assert(_is_start && ! _is_paused);

        _pause_start_time = clock::now();
        _is_paused = true;
    }

    void Resume()
    {
        assert(_is_start && _is_paused);

        _pause_duration += clock::now() - _pause_start_time;
        _is_paused = false;
    }

    int64_t Elapsed() const
    {
        if (! _is_start)
        {
            return chrono::duration_cast < chrono::milliseconds >
                                        (_duration).count();
        }

        clock::time_point now = clock::now();
        clock::duration duration = (now - _start_time);
        clock::duration pause_duration = _pause_duration;

        if (_is_paused)
        {
            pause_duration += now - _pause_start_time;
```

```
        }

        duration -= pause_duration;
        return chrono::duration_cast < chrono::milliseconds >
                                        (duration).count();
    }

private:
    bool _is_start = false;
    bool _is_paused = false;

    clock::time_point _start_time;
    clock::duration _duration = chrono::milliseconds(0);

    clock::time_point _pause_start_time;
    clock::duration _pause_duration = chrono::milliseconds(0);
};
```

先做常规测试：

```
void test_my_cpu_timer()
{
    //定义并启动一个定时器
    MyCPUTimer timer(true);

    //循环五千次,每次休眠 1 毫秒
    for (int i = 0; i < 5000; ++ i)
    {
        std::this_thread::sleep_for(chrono::milliseconds(1));
    }

    //结束定时
    timer.Stop();

    //看看上面是五千次循环的费时:
    std::cout << "total elapsed : "
            << timer.Elapsed() << " ms." << endl;
}
```

有关 sleep_for()的解释,见下一小节解说。循环的实际运行时长肯定超过 5000 毫秒,因为循环本身以及调用 sleep_for()本身也都需要一些时间。在我的机器上,大概花了 8 秒。在这 8 秒中,屏幕什么都不输出,我感觉不太好,于是在循环体中加上输出：

```
    //循环五千次,每次休眠 1 毫秒,并输出进度信息
    for (int i = 0; i < 5000; ++ i)
    {
        std::this_thread::sleep_for(chrono::milliseconds(1));
        std::cout << "(" << i << "), elapsed "
                << timer.Elapsed() << " ms." << endl;
    }
```

注意，Elapsed()方法被刻意设计只是返回当前已经花的时长(扣除暂停时长)，并不需要定时器停下来，更不会让定时器停下来。

加上输出之后，循环所需耗时剧增，于是我想扣除屏幕输出的时间，这就可以使用本类提供的“暂停”与“恢复”功能：

```
//循环五千次，每次休眠 1 毫秒，并输出进度信息，但屏幕输出时长不参加计时
for (int i = 0; i < 5000; ++ i)
{
    std::this_thread::sleep_for(chrono::milliseconds(1));

    timer.Pause(); //暂停计时
    std::cout << "(" << i << "), elapsed "
              << timer.Elapsed() << " ms." << endl;
    timer.Resume(); //恢复计时
}
```

嗯，感觉我们自己写的计时器还挺好用的。

10.10.7　线程休眠

让程序“休眠”的功能，或许应归类到“系统”范畴。因为和时间有很大的关系，所以放在这里讲解。假设要实现程序每隔 15 秒在屏幕上输出当前时间。思路大概是：先取一个当前时间点 beg，然后不断地取下一个时间点 end，计算并判断 end－beg 是不是大于或等于 15 秒，如果是则输出到屏幕；最后让 end＝beg，循环继续：

```
#include <chrono>
#include <ctime> //time_t

void print_time_by_loop()
{
    //使用 chrono::steady_clock，以获得稳定的时间点
    typedef chrono::steady_clock::time_point tpoint;

    tpoint beg = chrono::steady_clock::now(); //开始时间点

    for (;;) //死循环
    {
        tpoint end = chrono::steady_clock::now(); //当前时间点

        //两个时间点间隔秒数：
    long len = chrono::duration_cast<chrono::seconds>(end - beg)
                                    .count();

        if (len >= 15)
        {
            cout << len << endl;
            beg = end;
        }
    }
}
```

这就准备写 main()函数以便调用 print_time_by_loop()吗？别急。一旦调用它，你的电脑风扇很可能要高速旋转！

代码中死循环几乎百分百地占用了 CPU 资源。这叫“循环”，不是我们所要的休眠。休眠应该是你的程序基本没什么事做才对，即程序中的当前线程大方地让出 CPU 资源。

线程类 std::thread 提供名为“sleep_xxx”的函数，用于实现上述休眠功能。声明位于“std::this_thread”名字空间下。没错，this_thread 只是一个 namespace，并不是某个可以代表当前线程的对象。不过我们所需的，也只是在当前线程调用相关休眠函数然后让当前线程休眠，而不是让其他线程休眠：

```
//休眠指定时间长度：
void sleep_for (chrono::duration sleep_duration);

//休眠到指定时间点：
void sleep_until (const std::chrono::time_point sleep_time);
```

复制 print_time_by_loop，先改函数名，再插入几行 else 的代码：

```
void print_time_by_sleep ()
{
    ...

    for (;;)
    {
        ...

        if (len > = 15)
        {
            ...
        }
    else
        {
            std::this_thread::sleep_for(chrono::seconds(1));
        }
    }
}
```

当发现时间不足时，简单的休眠 1 秒，也许更好的方法是休眠剩余时长，但哪怕只是休眠这 1 秒，我们的 CPU 占用变成百分之一了，风扇也不转了，电脑也清凉了……

当前写的示例多数为单一线程程序，所以该线程一休眠就相当于整个进程休眠。多线程程序中，某个线程休眠不会造成整个进程休眠。

10.11 文件系统

STL 提供 ifstream 和 ofstream 分别用于实现对文件内容的读写操作,但有时我们需要的是对磁盘上的文件作为一个整体对象进行操作,比如复制文件、删除文件、更名文件,或从一个文件夹移动到另一个文件夹等等,这些是标准库“文件流”所不直接支持的。另外一个问题是“文件夹”操作,比如创建文件夹、遍历文件夹等,更无法通过“文件流”实现。

以上功能在 boost::filesystem 中有较好的实现,并且进入了 C++ 17 的标准。因此本书以 std:flesystem 进行讲解。

如果你只能使用 boost::filesystem,那么注意它需要 boost::system 支持,如此,编译以下例子,需要在项目链接库中先后添加“boost_filesystem”和“boost_system”库,并记得将编译器切换回当初编译 boost 库时的版本。

10.11.1 path 类

UNIX/linux 下的文件路径使用“/(斜杠)”分隔父子文件夹,而 Windows 下默认采用“\(反斜杠)”,不过后来倒也支持“/”了(提示:C++代码中包含头文件时,总是使用 UNIX 风格)。下面都是合法的路径(左边为 Windows 风格,右边为 Linux 风格)。

例一:

C:\My Document\abc. txt	/home/nanyu/my document/abc. txt

这是绝对路径,即从根目录开始的路径,abc. txt 通常是一个文件。

例二:

C:\Program Files\Oracle	/usr/bin/Oracle

这也是绝对路径,Oracle 通常应该是一个子目录,当然是一个文件也是有可能的。如果要明确指出“Oracle”是一个文件夹,可以这样表达:“C:\Program File\Oracle\”,即在最后加分隔符。

例三:

. /abc/temp. o	. /abc/tmp. o

这是相对路径,“. ”表示当前目录。当程序启动时,环境会为程序指定一个初始的当前运行路径,通常就是程序所在的路径。

例四:

.. /efg/	.. /efg/

“..”表示上级路径。

path 支持在 UNIX/Linux 下“当前用户目录”的特殊表示法，比如：“～/abc.txt”；在 Windows 则支持“\\shr\”之类的网络虚拟目录等。通过传递路径字符串，可以认证构造出一个 path 对象：

```
filesystem::path hello("c:\\abc\\efg\\123.txt");
```

因为‘\’正好是 C、C++语言中的转义字符，所以在字面上必须使用和“\\”来表示，这是让人厌烦的事，所以后面我们在实际代码中，会经常使用正斜杠：

```
filesystem::path hello("c:/abc/efg/123.txt");
```

 **【小提示】：别想太多，它只是一个“path”对象**

path 并不关心你传给它的路径是否真实存在，甚至连名字是否合法也不做严格判断，程序只是构造出一个内存数据，并不会真实去在你的磁盘上创建出相应的路径，同样当它释放时，它也不会删除你磁盘上的什么内容。

首要问题是：为什么不直接使用字符串来表达路径，非要定义一个专门的“path”类呢？原因就在于它在字符串的功能之上，加入了许多便利性。

(1) 特定判断

```
bool empty() const; //判断是否为空路径
```

类似于 std::string 的同名函数，默认构造的 path 对象为空路径。

```
bool has_root_name() const;          //是否有根名称
bool has_root_directory() const;     //是否有根目录
bool has_root_path() const;          //是否有根路径
```

是否有根名字：root_name()专用于 Windows 下，当路径含有盘符（即“C:”、“D:”等）时，has_root_name()返回真，否则返回假，非 Windows 系统上固定为假。

是否有根目录：root_directory()指是否有代表根路径的斜杠（或反斜杠）存在。比如“c:\”就含有 root_directory，而“c:”则没有。

是否有根路径：相当于“has_root_name() || has_directory()”。

```
bool has_relative_path() const;    //是否有相对路径
```

基本上只要提供路径，并且不是根路径，哪怕就是一个单纯的文件名，就认为存在相对路径，只提供根路径，比如“C:”或“C:\”时，返回假。如果要判断一个路径是否为相对路径，请使用 is_relative()。

```
bool has_parent_path() const; //是否有父路径
```

路径中包含两级，或者结在目录区分符上，就认为有父路径，比如：“"efg/a.txt”、“efg/”或者“/efg”都返回真，而“efg”返回假。

```
bool has_filename() const; //是否包含文件名
```

并不检查路径是否结束在真实存在的文件上，只要可以当成文件，就返回真，比如“c:/abc”都认为是有文件名，哪怕abc可能是一个文件夹，注意在UNIX/Linux下，“/abc/efg\\”也返回真，因为在该环境下，文件可以结束在“\”字符上。

```
bool has_extension() const; //是否含有文件扩展名
```

结束在带有“.”的文件名上。

```
bool has_stem() const; //是否有主文件名
```

比如“abc.txt”，其中“txt”为“扩展(extension)”名，而“abc”就是“主文件(stem)”名。

```
bool is_absolute() const; //是否绝对路径
bool is_relative() const; //是否相对路径
```

以根目录开始的路径，是绝对路径，在Windows下，“c:\\”是绝对路径，而“c:”不是，在Linux下，以“/”开始的是绝对路径。二者可能都返回假，比如空路径。

(2) 获取片段信息

前述以“has_”开头的函数，去掉该前缀，是path的另一类成员函数，用于返回指定的路径子信息，比如root_name()、rooot_direcotry()、root_path()、relative_path、parent_path()、filename()、extension()和stem()等等。

【课堂作业】：测试path的各类判断

请自行构造各种形式的路径，然后进行各类has_xxx或is_xxx判断，对于has_xxx判断返回为真的路径，输出其相应的片段内容。

path还提供了“迭代器”，方便遍历全部子信息，下面是一个完整的例子：

```
#include <iostream>

#include <filesystem>

using namespace std;

int main()
{
    filesystem::path hello("c:/abc/efg/123.txt");

    for (auto it = hello.cbegin(); it != hello.cend(); ++it)
    {
        cout << *it << endl;
    }
}
```

(3) 局部修改

文件名处理：

```
path & replace_extension(); //更改扩展名
path & remove_filename(); //从路径中移除文件名(如果有)
void clear(); //清空
```

修改或删除都是在当前对象上发生的，返回的也是“*this”，清空则直接变成一个空路径。

添加操作就更多了，包括 append、operator += 和 concat。有特色的是还提供了一个“/=”重载，当然不是要做“除法”的操作，而是在连接新字符串时，自动使用“/”或“\”作为中间连接符。请读者查找相关资料并编写实际代码测试以上内容，这里仅演示“/=”操作：

```
    filesystem::path base("c:\\abc\\");
    base /= "efg";
    base /= "1.dat";
    cout << base << endl; // c:\abc\efg\1.dat
```

对应“/=”操作，filesystem 也为 path 对象提供了“/”操作，比如：

```
    filesystem::path base("c:\\abc\\");
    filesystem::path dst = base / "efg" / "1.dat";
```

(4) 比较操作

path 类提供“compare”比较两个字符串的大小，返回可能为：小于 0、0 和大于 0 三种情况：

```
int compare(const path & other) const;
```

该函数还有针对裸字符串以及 std::string 的重载版本。filesystem 库还提供自由函数的“==”操作符重载。

(5) 转换操作

path 拥有一些成员函数，用于转换成各类字符串，比如 std:string、std::wstring 或者 C-style 字符串：

```
filesystem::path("c:\\abc\\");
std::string s = path.string();
std::wstring ws = path.wstring();
char const * ps = path.c_str();
```

【重要】：从 std::string 到 filesystem::path 的自动隐式转换

path 接受 std::string 为单一入参的构造函数，并没有“explicit”修饰，这意味着从 std::string 到 path 的转换，成为 C++编译器热心肠的“一次帮忙”义务。如此，当某些函数入参要求是 path 常量对象时，我们其实不需要构造一个 path 对象，直接使用 std::string 即可。

10.11.2　文件系统异常

马上我们就可以操控真实的磁盘了，在这之前，请先简单了解文件系统的异常。

想像一下，你构造了一个内容为“c:\windows”的 path 对象，然后在《最炫民族风》的歌声中拍下回车键，那种感觉就像大国总统按下了“核弹发射”按钮……向操作系统提请删除该目录！结果会怎样？我是没试，劝大家也别试……换个正常点的，你意欲创建一个文件夹，但同名文件夹已经存在了，错误将会发生。std::filesystem 支持将错误以异常的形式丢出来：

```
class filesystem_error : public system_error
{
public:
        ...
        const path & path1() const;
        const path & path2() const;

        const char * what() const;
};
```

除了常规的 what 信息之外，还可以获得发生异常的相关路径，最多可以获得两个，比如当我们在拷贝目录或文件时。

10.11.3　广义文件操作

请读者在磁盘上创建一个临时目录，以供本节文件操作练习使用，书中使用“c:\d2_temp”。

【重要】：广义上的“文件”

一个文件夹、一个网络连接、甚至一个设备……它们都有一个特点：可以读、可以写或二者兼备——和广义上的“流”一样，这些对象都可以被视成“文件”。

1. 文件状态与属性

文件状态，重点有二，一是文件类型（广义文件），二是文件的权限。filesystem 提供“file_status”以存储文件状态，二者都位于 std::filesystem 名字空间之下：

```
class file_status
{
public:
        ...

        file_type type() const;
```

```
        perms permissions() const;

        ...
};
```

其中 file_type 和 perms 都是 enum 类型:

```
enum file_type
{
        status_error //取状态出错
        , file_not_found //文件不存在
        , regular_file //普通文件(狭义上的文件)
        , directory_file //目录
        , symlink_file //"链接"文件,UNIX/Linux 上特有类型
        , block_file   //块文件
        , character_file //字符文件
        , fifo_file    //先入先出文件
        , socket_file  //网络 socket
        , type_unknown //未知类型
};

enum perms
{
      no_perms,
      owner_read, owner_write, owner_exe, owner_all,
      group_read, group_write, group_exe, group_all,
      others_read, others_write, others_exe, others_all, all_all,
      set_uid_on_exe, set_gid_on_exe, sticky_bit,
      perms_mask, perms_not_known,
      add_perms, remove_perms, symlink_perms
};
```

权限状态主要关心"xxx_read、xxx_write、xxx_exe、xxx_all",即该文件针对"xxx"用户,是否可读、可写、可执行以及三者皆可。而"xxx"可能是"owner、group、others",分别表示文件的"所有者"、"所在用户组"和"其他人"。

当我们拥有一个"path"对象,那么我们就可以获得该 path 对象实际对应的文件状态,请看 filesystem 下的"status()"的函数:

```
file_status status (path const & p);
file_status status (const path & p, std::error_code & ec) noexcept;
```

第一个版本有可能抛出异常,第二个版本不抛出异常,当有错误时,错误信息存储在 ec 入参返回。

【危险】: 关于"system_error/系统错误"的定义

std::error_code 常用于在和系统直接相关(文件、网络等)的操作出错时,返回错误信息,常用的属性有"value()"和"message()",前者返回 int 类型的错误代号,后者返回 string 类型的错误消息。

首先，让我们来检查各位是不是听话地创建了指定的实验目录：

```
#include <iostream>

#include <filesystem>

using namespace std;

int main()
{
    std::string the_test_root = "c:/d2_temp";

    namespace fs = filesystem;

    fs::file_status status = fs::status(the_test_root);

    if (status.type() == fs::file_not_found)
    {
        cout << "不听话！请先创建：" << the_test_root
                                    << "目录。" << endl;
        return -1;
    }
    else if (status.type() != fs::directory_file)
    {
        cout << "别骗我了啦，" << the_test_root
                              << "必须是一个文件夹！" << endl;
        return -1;
    }

    cout << "你是听话的好孩子！" << endl;

    return 0;
}
```

本例需注意两点，一是 status 针对广义的文件操作，比如例中先判断是不是存在，然后判断（如果存在）是不是一个文件夹。二是代码中没有看到 path 对象，为什么？

本例也演示出如何判断一个广义上的文件是否存在的方法，即判断它的状态如果是“file_not_found”，就是不存在。事实上 filesystem 也已经将这个操作进行封装：

```
bool exists(file_status s) noexcept;
bool exists(const path & p);
bool exists(const path & p, std::error_code & ec) noexcept;
```

对于其他文件类型，filesystem 也分别提供了“is_xxx”的判断式，比如“is_directory()、is_regular_file()”等。前者判断是不是文件夹，后者判断是不是常规意义上的文件。

【课堂作业】：明确判断指定文件或文件夹是否存在

请根据以上知识，自行写两个函数，分别判断指定文件(狭义)或文件夹是否存在：

```
bool is_file_exists(std::string const & file);
bool is_directory_exists(std::string const & directory);
```

出于检查的目的，后面例中我们会直接用到这两个函数，而在实际项目的逻辑中，我们可能更需要判断的是，不区分类型的文件是否存在。

接下来演示如何获得三个高频使用的文件属性：文件的大小(字节数)、文件最后修改时间和文件的绝对路径：

```
//文件字节数(uintmax_t 指当前能表达的最大无符整数的类型)
uintmax_t file_size (const path & p);
uintmax_t file_size (const path & p, std::error_code & ec);

//文件最后修改时间
std::time_t last_write_time (const path & p);
std::time_t last_write_time (const path & p, std::error_code & ec);

//文件的完整路径
path system_complete (const path & p);
path system_complete (const path & p, std::error_code & ec)
```

同样都是提供返回错误码与抛出异常(filesystem_error)的两个版本。略不爽地看到"最后修改时间"返回的是 C 风格的 time_t，并且它返回的是 ISO 的时间，也就是总比北京时间晚八个小时。

【重要】：当你负责写一个将在全球运行的程序……

当程序需要在全球各地运行，特别是有各地交互的需求时，类似上述的，在第一时间返回 UTC 时间，是个不错的机制。想想，万一你要将这个时间发给微软总部某个家伙，他要记住北京是在东八区没有夏时制而柏林是在东一区正在执行夏时制，那家伙会愤而辞职的。

接下来需要准备一个文件，我们请老朋友 STL 的文件流出场：

```
#include < fstream >
...

#include < boost/date_time/posix_time/posix_time.hpp >
...

    ...
    cout << "你是听话的好孩子!" << endl; //在此行后插入以下代码
```

```
fs::path file_path(the_test_root);
file_path /= "poem.txt";

if (!is_file_exists(file_path.string())) //如果文件不存在,才创建
{
    ofstream ofs(file_path.string().c_str());

    if (! ofs)
    {
        cout << "创建文件" << file_path.string() << "失败。" << endl;
        return -1;
    }

    ofs << "林中有两条路,你永远只能走一条,怀念着另一条。";
    ofs.close();
}

size_t fileSize = fs::file_size(file_path);
cout << file_path.string() << "的大小是:" << fileSize
                        << "个字节。" << endl;

time_t t = fs::last_write_time(file_path);
boost::posix_time::ptime pt = boost::posix_time::from_time_t(t)
            + boost::posix_time::hours(8);//强行复习 boost::date_time,以示真爱

cout << "最后修改时间是" << pt << endl;

...
```

【课堂作业】:文件大小溢出和你是不是好孩子

请计算一下,要多大的文件(几个 G),才能让上例中的 file_size()返回值溢出?然后在你的电脑找一找,是不是在某个隐秘的文件夹找到好多个这样的文件?呵呵,我怀疑你不是一个好孩子哦。

接下来单独演示文件绝对路径的获得。进程运行时,都会有一个当前目录,可以使用“./”直接表达,下面我们再加一行代码,演示如何将当前路径转换为绝对路径:

```
cout << fs::system_complete(fs::path("./").string()) << endl;
```

在我的环境里,输出是:

```
"C:\cpp\projects\bhcpp\d2school\stl_and_boost\filesystem\get_file_status\"
```

注意,双引号也是输出内容,这是为了避免路径中存在空格而分割路径。有关程序启动后,当前路径的知识,我们在后续“环境路径操作”中会有更多介绍。

2. 创建、复制、改名、删除、移动

(1) 创　建

创建一个全新文件,并不需要什么新的函数,使用 STL 文件流即可。创建目录需要使用“create_directory()”或“create_directories()”:

```
bool create_directory (const path & p);
bool create_directory (const path & p, std::error_code & ec);

bool create_directories (const path & p);
bool create_directories (const path & p, std::error_code & ec);
```

其中复数版本支持一次创建一个多级的目录,比如:

```
create_directories("c:/d2_temp/abc/efg");
```

假设原先只有“c:/d2_temp”存在,执行本函数后,会先创建出 abc 文件夹,再于其内创建 efg 文件夹。下面代码在练习目录下,创建一个新的子文件夹,名为“directory_created”:

```
//创建目录
fs::path dir_path(the_test_root);
dir_path /= "directory_created";

std::error_code ec;

if (fs::create_directory (dir_path, ec))
{
    cout << "创建" << dir_path.string() << "成功。";
}
else
{
    cout << ec.value () << ":" << ec.message () << endl;

    if (ec.value() != 0) //仅在错误码不为 0 时,才放弃治疗 ^_^
    {
        return -1;
    }
}
```

代码特意没有事先判断指定文件夹是否存在,就直接创建,所以第一次运行输出创建成功(若不放心,可在目录下检查一下文件夹是否出现了),然后再次运行,你会发现 create_directory()这回返回 false,而输出的错误消息则是:

0:操作成功完成。

【小提示】:操作失败,但“平安无事”……

这中间没有矛盾,对于“create_directory()”函数,它确实失败了,因为所要创建

的文件夹已经事先存在，它没办法删掉原来的重新创建一个新的（操作系统不给它这个权限，而这往往也不是你的意愿），结果是，它什么事也没有做，更重要的是它又不像人类一样会“抢功”，所以它乖乖地返回“false”，告诉调用者它失败了。

但对于操作系统来说，有个请求什么事也没有做，就要因此报告系统发生错误，这是系统所不能接受的。这类事情其实不少，想创建一个文件，可是文件已经事先存在了；想删除一个文件，可是根本就没有这个文件……想想，上局派一个警察到某学校门口击毙歹徒，警察到现场一看，没歹徒啊，任务执行失败，然后回局里打了一个报告，说学校系统出错，居然不及时提供歹徒在现场……这不合理。

最后，对于调用者，我们有时候可以直接忽略（此时我们的目的是，有这个文件夹在就行了），但有时则需要一些区分处理。结合前例，在真实项目中，当我们意欲创建一个文件夹，结果这个文件夹已经存在了，这就至少给了我们一个可能性：这个程序可能不是第一次运行，文件夹内可能已经有一些内容了，这种情况下，建议代码能更直接地体现逻辑，即先调用“exists()”进行判断。

creat_diredory()还有另外重载版本，各自多带一个“现存的目录”的入参，以使用它作为新建目录的模板（复制现有目录的属性）。请同学查询标准库自学。

(2) 复　制

从最简单的复制一个文件说起：

```
//依据默认条件复制：
void copy_file(const path & from, const path & to);
void copy_file(const path & from, const path & to
                                        , system::error_code & ec);

//依据指定条件复制：
void copy_file(const path & from, const path & to
               , copy_option option);
void copy_file(const path & from, const path & to
               , copy_option option, std::error_code & ec);
```

例子演示将“poem.txt”复制到“directory_created”子目录下：

```
    try
    {
        fs::copy_file("c:/d2_temp/poem.txt"
                    , "c:/d2_temp/directory_created/poem.txt");
    }
    catch(fs::filesystem_error const & ex)
    {
        cout << "拷贝文件任务无完成。" << ex.what() << endl;
        return -1;
    }
```

这一次我们改用异常捕获(copy_file 也没有返回值)。第一次执行一切正常,第二次执行会捕获到异常,但内容仍然是“操作成功完成”。默认条件下,拷贝文件的规则是,如果目标文件已经存在,不发生任何拷贝。如果就是要拷贝怎么办呢?修改目标文件的名字是可行的,如果这不是你想要的,那就意味着,你是准备来硬的了,好吧,请明确指定 copy_option:

```
enum class copy_option //C+ + 11 风格:“强类型枚举”
{
        none //前述默认条件
        fail_if_exists = none, //默认条件的更清晰直接的表达,我顶
        overwrite_if_exists //如果目标文件已经存在,覆盖掉它
        update_existing //如果目标文件已经存在,但此源文件时间旧才覆盖它
};
```

在 C++ 11 中,copy_option 已经成为“强类型枚举”,在非 C++ 11 的版本下,也采用其他手段模拟,结果就是使用其枚举值时,必须以“copy_option”作为范围限定。由于异常信息无从判断错误代码其实是 0,为了后续测试,请将原拷贝目录的语句更换为:

```
        fs::copy_file("c:/d2_temp/poem.txt"
                     , "c:/d2_temp/directory_created/poem.txt"
                     , fs::copy_option::overwrite_if_exists);
```

filesystem 还提供其他一些 copy 操作,包括 :“**copy_symlink()**(复制连接)”操作和 UNIX/Linux 的文件“软连接、硬连接”特定知识有关,同样的,还有“创建、改名、删除”等操作用在“连接文件”上的作用,此处我们一并略去。如果您需要在 UNIX / Linux 下工作,请一定自学。再就是一个通用的“copy()”函数,相当于自动判断源的类型,然后选择调用 copy_file()、copy_directory()、copy_symlink()等函数:

```
void copy (const path & from, const path & to);
void copy (const path & from, const path & to, system::error_code & ec);
```

此时,如果 from 是一个文件夹,将被复制为 to,并且 from 之下的文件被复制到 to 下,但不包括 from 下的子目录,也就是说,这两个 copy 函数用于复制文件夹时,不支持递归。想要真正复制整个文件夹,需要用到另外两个带 options 的重载版本,并将 optins 指定为 recursive:()

```
void copy (const path& from, const path& to, copy-options options);
void copy (const path& path& from, const path& to, copy-options options, std::error_code& ec);
```

(3) 改　名

```
void rename(const path & old_p, const path & new_p);
void rename(const path & old_p, const path & new_p
                      , std::error_code & ec);
```

把 old_p 指定的文件或文件夹，更名为 new_p 所提供的名字。如果 old_p 和 new_p 同名，那自然什么也没做。

rename 的细节在于，如果 new_p 所指定的文件或文件名已经存在了，会发生什么呢？如果 new_p 是一个空无一物的文件夹，那么它会被删除然后尝试复制，但如果在 Windows 下，则不会删除，而是返回失败。

下面的代码，我们将“directory_copy”更名为“directory_rename”，然后接受您的按键之后，做一个逆向操作，在之前的代码之后，增加以下内容：

```
std::string copy_name = "c:/d2_temp/directory_copy";
std::string rename_name = "c:/d2_temp/directory_rename";

ec.clear();
fs::rename(copy_name, rename_name, ec);
if (ec)
{
    cout << "更名文件夹失败了。" << ec.value()
                                << ":" << ec.message() << endl;
}
else
{
    cout << "请按任意键恢复......";
    cin.get();

    fs::rename(rename_name, copy_name, ec);
    if (ec)
    {
        cout << "恢复原名的操作失败了。" << endl;
        return -1;
    }
}
```

注：尽管我们演示的 directory_copy 正好是一个空文件夹，但 rename 可以直接起作用在非空文件夹上。

【课堂作业】：更名文件的详细测试

请自行写代码测试 rename，包括改名普通文件，改名非空文件夹；并测试当指定的新名字已经有文件或文件夹存在时的执行情况。

(4) 删　除

删除一个文件或文件夹，首先看这对函数：

```
bool remove(const path & p);
bool remove(const path & p, system::error_code & ec);
```

可能你猜到了，remove()无法直接删除一个非空的文件夹，下面代码是验证：

```
ec.clear();
fs::remove("c:/d2_temp/directory_created", ec);
if (ec)
{
    cout << "删除文件夹失败"
         << ec.value() << ":" << ec.message() << endl;
}
```

在 Window 环境下,将输出:"删除文件夹失败 145:目录不是空的。"

(5) 移　动

file_system 有没有提供移动文件的操作?有的,就是 rename()函数,强悍的"改名"操作,允许你将一个文件"改名"到别的目录下:

```
ec.clear();
fs::rename("c:/d2_temp/directory_created/poem.txt"
    , "c:/d2_temp/directory_copy/poem2.txt"
    , ec);

if (ec)
{
    cout << "通过 rename 模拟 move 失败:"
         << ec.value() << ":" << ec.message() << endl;
}
```

例中刻意将目标文件名也改了(poem2.txt),实际需求中,可能更多的是将文件或空文件夹,从某一父目录下,移动到别的目录中。

10.11.4 文件夹特定操作

1. 遍历文件夹

文件夹的结构,其实是一棵"树",比如我们假设"c:/d2_temp"目录下,有多个子目录,而每个子目录下又有子目录或文件,结构如图 10-23 所示。

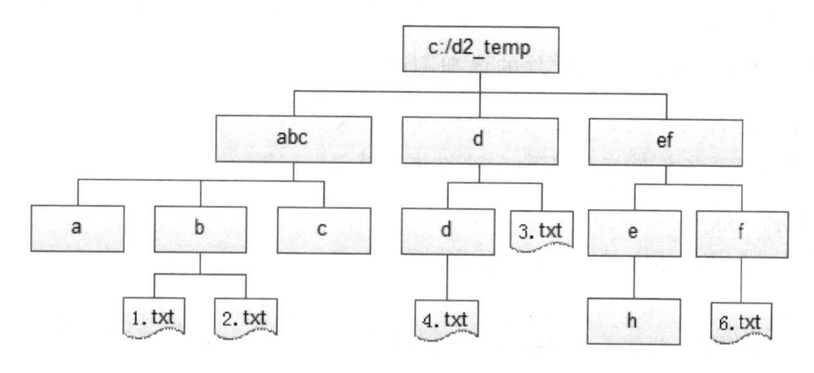

图 10-23　示例文件夹树

如果删除掉整个“c:/d2_temp”目录，程序上需要先删除空目录 a，再删除 1.txt 和 2.txt，使 b 目录也成为空目录，然后再删除 b 目录，接着删除 c 目录，造成 abc 目录为空；类似的过程删除 b 和 ef 目录，最终 d2_temp 变成空目录，才可调用 remove()删除。

filesystem 使用名为“directory_entry”的类，定义遍历过程中的每一个节点，每一节点，都存有对应的文件或文件夹的 path 信息和 file_status 状态：

```
class directory_entry
{
pubic:
        ...
        const path & path() const; //当前节点路径信息
        file_status status() const; //当前节点文件或文件夹的状态
        ...
};
```

我们说过，“迭代器”就像公园的向导，这回公园是一个指定的文件夹，参观的景点，是文件夹中的每个文件或子文件夹。filesystem 定义了“**directory_iterator**（目录迭代器）”类，负责遍历当前文件夹下的内容，但并不递归。以图 10 - 23 为例，“c:/d2_temp”的迭代器，只能直接访问“abc、d、ef”三个子文件夹，并不含有再往下的内容：

```
class directory_iterator
{
public:
        directory_iterator();
        directory_iterator(path  const & p);

        directory_iterator & operator ++ ();
};
```

directory_iterator()的默认构造函数所产生的对象，可作为迭代器的结束的位置（类似“流”的迭代器），而使用指定 path 对象（必须对应到一个文件夹）构造出来的迭代器，就是迭代器的第一个位置。

下面例子输出“c:/d2_temp”一级目录下的内容，您可以事先手工在该目录下新建一些文件或子文件夹：

```
#include < iostream >

#include < filesystem >

using namespace std;

namespace fs = filesystem;
```

```
int main()
{
    fs::path root("c:/d2_temp");

    fs::directory_iterator end;
    fs::directory_iterator it(root);

    for(; it != end; ++ it)
    {
        cout << it->path() << endl;
    }

    return 0;
}
```

结果是列出所有一级子目录：

```
"c:/d2_temp\abc"
"c:/d2_temp\d"
"c:/d2_temp\ef"
```

2. 编码实现递归文件夹

学习如何遍历一个文件夹树，这是每一个学习编程的人所逃不过的事。

(1) 个案一:打印目录树

如果想列出所有级别的内容，可以自己写递归实现：

```
//遍历指定文件夹，并打印内容
voidrecursive_directory(fs::path const & root)
{
    fs::directory_iterator end;

    for (fs::directory_iterator it(root); it != end; ++ it)
    {
        //如果下级仍然是一个目录就递归这个子目录
        if (fs::is_directory(it->path()))
        {
            cout << "+" << it->path() << endl;
            recursive_directory(it->path());
        }
        else //否则是普通文件
        {
            cout << "--" << it->path() << endl;
        }
    }
}
```

directory_iterator 在遍历时,会自动跳过代表当前目录的“.”和代表上一级目录的“..”这两个虚拟目录。

(2) 个案二:清空整个目录

上面例子只是显示出文件夹的内容,如果要删除,则需要注意先删除文件,再删除文件夹:

```
//清空指定目录下的所有内容
voidclear_directory(fs::path const & root)
{
    fs::directory_iterator end;

    for (fs::directory_iterator it(root); it ! = end; ++ it)
    {
        //如果下级仍然是一个目录,就递归这个子目录
        if (fs::is_directory(it ->path()))
        {
            clear_directory(it ->path());
            fs::remove(it ->path());
        }
        else //普通文件,直接删除
        {
            fs::remove(it ->path());
        }
    }
}
```

clear_directory 只会删除给定目录下的所有内容,结果是给定的顶级目录变成了一个空文件夹,但仍然存在,如果连它也不想要,就额外调用 remove 将其删除:

```
fs::path root("c:/d2_temp");
clear_directory(root);
fs::remove (root);
```

执行后,c:\d2_temp 其下所有内容,连 c:\d2_temp 自己,全消失了,请读者小心测试。

【危险】: 有些文件,不是那么好 remove……

示例代码没有任何异常处理,实际上因为权限等问题,比如隐藏文件等等,以及 Windows 下常有的“文件正在使用”的情况,都有可能造成某个文件无法被删除,所以实际项目需要为 remove_directory 加上可靠的错误检查或异常处理机制。

(3) 通用化处理

对文件夹的遍历工作,可以分成两大块:一是在“文件夹树”递归的框架,二是递归时碰上节点如何处理。

下面我们将这件事做得淋漓尽致一些。这次我们结合“面向对象”的思路进行设计。首先需要一个“接口”类：

```
//文件夹递归过程中,节点的处理者
struct DirectoryRecursiveHandler
{
    //进入顶级目录之前如何处理
    virtual void OnEnterToplevelDirectory(fs::path const & path) {}
    //最后离开顶级目录之后如何处理
    virtual void OnLeaveToplevelDirectory(fs::path const & path) {}

    //进入子目录之前如何处理
    virtual void OnEnterDirectory(fs::directory entry & entry) {}
    //离开子目录之后如何处理
    virtual void OnLeaveDirectory(fs::directory_entry & entry) {}

    //如何处理遍历遇上的普通文件
    virtual void OnHandleFile(fs::directory_entry & entry) {}
};
```

当我们遍历一个文件夹时,典型的有三个环节需要处理:一是在进入一个子文件夹之前,做些什么(此时该子文件夹的内容还没做任何处理);二是离开一个子文件夹之后,做些什么(此时该文件夹的内容已经被完整递归处理过);三是碰上一个普通文件时,做些什么。然后再加上专门用于最顶级要处理的文件夹的进入和离开的两个操作,合计五个接口。为了方便使用,我们全部为它们定义了空实现。

接下来将递归处理给定文件夹的所有内容,需要调用到前三个接口:

```
//递归指定文件夹下的所有内容
voidrecursive_directory_inner(fs::path const & dir
, DirectoryRecursiveHandler & handler)
{
    fs::directory_iterator end;

    for (fs::directory_iterator it(dir); it ! = end; ++ it)
    {
        //如果下级仍然是一个目录,就递归这个子目录
        if (fs::is_directory(it ->path()))
        {
            handler.OnEnterDirectory( * it); //进入子目录前

recursive_directory_inner( * it, handler);
```

```
            handler.OnLeaveDirectory( * it);  //离开子目录后
        }
        else //普通文件,直接处理
        {
            handler.OnHandleFile( * it); //碰上文件时
        }
    }
}
```

类似的,recursive_directory_inner 处理了给定顶级目录下的所有内容(名字中的_inner 后缀试图说明这一点),但顶级目录自身没有处理。所以我们需要再包装一层:

```
//递归一个指定的文件夹,包括处理顶级文件夹自身
void recursive_directory(fs::path const & topLevelDir
                , DirectoryRecursiveHandler & handler)
{
    if (! fs::is_directory(topLevelDir)) //确定给的是一个真实目录
    {
        return;
    }

    handler.OnEnterToplevelDirectory(topLevelDir);
    recursive_directory_inner(topLevelDir, handler);
    handler.OnLeaveToplevelDirectory(topLevelDir);
}
```

有了以上功能接口,就可以定制各类递归遍历文件夹的行为,先用它实现与前述一样的"删除目录"功能,方便大家对比理解:

```
//实现文件夹递归处理器:你可以称呼它是文件夹"终结者"
class DirectoryRecursiveRemover : public DirectoryRecursiveHandler
{
public:
    //进入顶级目录之前如何处理
    virtual void OnEnterTopLevelDirectory(fs::path const & path)
    {
        _level = 0;
        cout << "开始处理顶层文件夹:" << path << "\n";
    }

    //最后离开顶级目录之后如何处理
    virtual void OnLeaveTopLevelDirectory(fs::path const & path)
    {
        fs::remove(path);
```

```
        cout << "完成处理顶层文件夹:" << path << "\n";
    }

    //进入子目录之前如何处理
    virtual void OnEnterDirectory(fs::directory_entry & entry)
    {
        ++ _level;

        OutputLevelTab();
        cout << "即将处理文件夹:" << entry.path() << "\n";
    }

    //离开子目录之后如何处理
    virtual void OnLeaveDirectory(fs::directory_entry & entry)
    {
        fs::remove(entry.path());

        OutputLevelTab();
        cout << "已经删除文件夹:" << entry.path() << "\n";

        -- _level;
    }

    //如果处理遍历遇上的普通文件
    virtual void OnHandleFile(fs::directory_entry & entry)
    {
        fs::remove(entry.path());

        OutputLevelTab();
        cout << "\t已经删除文件:" << entry.path() << "\n";
    }

private:
    void OutputLevelTab()  //根据文件夹层级,提供漂亮的缩进
    {
        for (int i = 0; i < _level; ++ i)
            cout << "\t";
    }

private:
    int _level; //当前文件夹在第几层
};
```

这是一个话唠子“终结者”，因为在所有的五个环节中，它都输出了不少内容，并且很注重缩进格式……一切那么完美，还等什么呢？答：请等我手工创建文件夹和文件来接受删除。

```
//递归删除一个目录所有内容及自身
void remove_directory_recursive(fs::path const & dir_name)
{
    DirectoryRecursiveRemover remover;

    recursive_directory(dir_name, remover);
}
```

然后，在main()函数中合适的位置，调用：

```
    remove_directory_recursive(("c:\\d2_temp");
```

我所创建的目录结构与文件，和前图画的目录树完全一致，程序在删除时的输出，也留下了这棵目录树的身影（为了让它走得没有遗憾，我们特地使用了Windows的文件夹分隔符）请各位对照图、代码、输出内容，以便加快理解：

```
开始处理顶层文件夹:"c:\d2_temp"
    即将处理文件夹:"c:\d2_temp\abc"
        即将处理文件夹:"c:\d2_temp\abc\a"
        已经删除文件夹:"c:\d2_temp\abc\a"
        即将处理文件夹:"c:\d2_temp\abc\b"
        已经删除文件:"c:\d2_temp\abc\b\1.txt"
        已经删除文件:"c:\d2_temp\abc\b\2.txt"
        已经删除文件夹:"c:\d2_temp\abc\b"
        即将处理文件夹:"c:\d2_temp\abc\c"
        已经删除文件夹:"c:\d2_temp\abc\c"
    已经删除文件夹:"c:\d2_temp\abc"
    即将处理文件夹:"c:\d2_temp\d"
    已经删除文件:"c:\d2_temp\d\3.txt"
    即将处理文件夹:"c:\d2_temp\d\d"
    已经删除文件:"c:\d2_temp\d\d\4.txt"
    已经删除文件夹:"c:\d2_temp\d\d"
    已经删除文件夹:"c:\d2_temp\d"
    即将处理文件夹:"c:\d2_temp\ef"
        即将处理文件夹:"c:\d2_temp\ef\e"
        即将处理文件夹:"c:\d2_temp\ef\e\h"
        已经删除文件夹:"c:\d2_temp\ef\e\h"
        已经删除文件夹:"c:\d2_temp\ef\e"
```

```
        即将处理文件夹:"c:\d2_temp\ef\f"
        已经删除文件:"c:\d2_temp\ef\f\6.txt"
        已经删除文件夹:"c:\d2_temp\ef\f"
    已经删除文件夹:"c:\d2_temp\ef"
完成处理顶层文件夹:"c:\d2_temp"
```

【课堂作业】：复制整棵文件夹树

请利用上述机制，实现整棵文件夹树的复制，函数声明为：

```
void copy_directory_recursive (fs::path const & from
                               , fs::path const & to);
```

3. 使用文件夹递归迭代器

filesystem 事实上提供了一个“文件夹递归迭代器”，只要让它一直前进，它就会自动遍历整棵目录树，它就是：“**recursive_directory_iterator** ”。

除了提供用于“前进”的“++”操作符之外，这个迭代器也提供了一些额外的信息，以便帮助使用者确定它身处何处，以及如何临时放弃迭代某一层目录，或者临时回退到上一级：

```
class recursive_directory_iterator
{
public:
        ...
        int level() const; //当前遍历到第几层目录,top level 为 0
        void pop(); //回到上一级
        void no_push(); //本级目录不处理
        ...

        const path & path() const; //当前节点路径信息
        file_status status() const; //当前节点文件或文件夹的状态
        ...
};
```

recursive_directory_iterator 直接使用“栈”结构实现对“树”的遍历，相比使用“递归函数”调用技术的版本，性能更好；它的缺点是调用者如果关心遍历的关键环节，无法直接收到“事件通知”，必须自己在循环中通过检测 level()的信息的变化并做出判断。下例使用 recursive_directory_iterator 作一次循环，简单地打印出整个目录树的内容：

```
    fs::recursive_directory_iterator it("c:/d2_temp");
    fs::recursive_directory_iterator end;
    for(; it != end; ++it)
    {
        cout << it->path() << endl;
    }
```

以下使用递归迭代器，实现完整目录复制：

```
#include <boost/algorithm/string.hpp>

void copy_directory_recursive(fs::path const & from
                    , fs::path const & to)
{
    fs::copy(from, to);

    fs::recursive_directory_iterator it(from);
    fs::recursive_directory_iterator end;

    for(; it != end; ++it)
    {
        string dst = boost::algorithm::replace_first_copy(
                            it->path().string()
                            , from.string()
                            , to.string()); //简单替换源与目标，复杂情况可能存在问题

        fs::copy(it->path(), dst);
    }
}
```

10.11.5　环境路径操作

1. 进程启动路径、当前路径

每个进程都会拥有自己的“当前路径”，初始值为进程的“启动路径”(在哪个位置上运行这个程序)，程序运行时也可以修改“当前运行路径”的位置。

我们可以通过 main 函数的入参，来自行初始化“进程启动路径”：

```
#include <iostream>

#include <filesystem>

using namespace std;
```

```
int main(int argc, char * argv[])
{
    string name = argv[0];
    cout << name << endl;

    filesystem::path bin(name);

    filesystem::path startup_path = bin.remove_filename();
    cout << "This Process Startup at : \n" << startup_path << endl;

    return 0;
}
```

在 IDE 中启动一个进程,初始并不是进程文件所在的位置,而是该工程(.cbp 文件)所在的位置。程序运行之后,如果有需要,可以访问、修改程序的“当前运行路径”:

```
    path current_path();
    path current_path(system::error_code & ec);

    void current_path(const path & p);
    void current_path(const path & p, std::error_code & ec);
```

比如,我们希望程序可以在“c:\\d2_temp”下执行,因为这些例子程序老是要访问该目录下的内容,我们希望可以使用“./”来代表这个路径:

```
    cout << "Now current_path() return : \n";
    cout << filesystem::current_path() << endl;

    filesystem::current_path("c:/d2_temp");

    filesystem::create_directory("./AAA");
```

既然可以通过“current_path()”来获得程序的当前运行路径,那么将一个用“./xxx”或“../xxx”表达的相对路径,就可以很方便地转换成绝对路径,filesystem 提供了“absolute_path()”:

```
path absolute (const path& p, const path& base = current_path());
```

示例:

```
    cout << filesystem::absolute("./AAA") << endl;
```

2. 临时路径、临时文件

我们一直使用一个自己创建的“临时路径”做测试,其实主流操作系统也为上层应用提供了系统临时目录：

```
path temp_directory_path();
path temp_directory_path(system::error_code & ec);
```

示例：

```
cout << filesystem::temp_directory_path() << endl;
```

在 Windows 下，它类似于：

```
"C:\Users\ZHUANG~1\AppData\Local\Temp\"
```

第 11 章

GUI

所见皆表象——叔本华。

11.1 GUI 下的 I/O 基础

GUI(Graphical User Interface)是“图形用户界面”的英文缩写，也称为“图形用户接口”。由于在 IT 界这个缩写词被广泛使用，所以它有一个约定成俗的发音：“gooey”。

11.1.1 从“控制台”说起

我们写了很长时间的“控制台”的程序，这类程序与用户的交互过程，称为“命令行交互界面”(以下简称为 CUI，也有人称为 CLI)。从字面上理解，CUI 需要我们记忆并在控制台输入命令文本内容，而 GUI 则以图形的方式呈现、组织各类命令，比如 Windows 的“开始”菜单，用户只需通过简单的键盘或鼠标操作，就可以发起命令。

再者，作为资深的 Windows 用户，肯定知道在 GUI 操作系统中，用户可以同时处理多个任务，比如在电脑上一边写稿，一边听音乐。然而，一个总喜欢等待你“按下任意键”的 CUI 屏幕，就是史前操作系统展现给用户的全部，难以实现多任务。GUI 和 CUI 似乎就是一个在天上一个在地下了，不过，它们就没有什么相同的地方吗？

在漫长的 CUI 编程学习过程中，有一样记忆留在我们的脑海里，那就是我们写的许多与用户交互的代码，其过程基本都类似图 11-1。

“提示用户输入 → 接受用户输入 → 处理用户输入 → 再提示用户输入”这个过程几乎就是人类与计算机打交道的一个不变的模式。比如：我在电脑上写文章，光标闪烁提示我输入文字，然后通过文字处理软件排版，光标位置改变提示我在新位置输入……。而你有可能正在浏览网页，突然右下角飘出一张广告的图片，吸引你去单击，于是你大力地用鼠标单击，接着网页会弹出一个输入框，提示你输入银行账号和密码……

你可能不满意我举的例子，不过一个程序和用户之间的交互，最主要的就是输入和输出这两件事，这是结论。

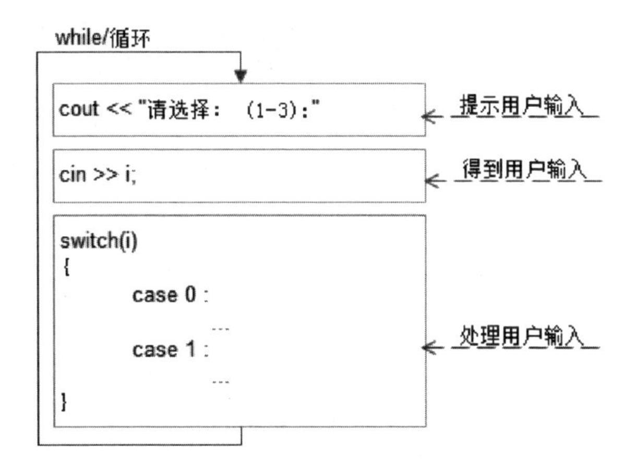

图 11-1　典型的 CUI 主循环

11.1.2　GUI 下的输入处理

编写基于控制台的程序，输入用 cin，输出用 cout，非常简单。进入 GUI 编程世界后，实现获得用户输入和向用户输出内容的方法，发生了天翻地覆的变化。先从输入说起，并非通过一个函数直接读取用户的一个按键操作或鼠标动作（也包括触摸屏的输入）的结果，是操作系统帮我们捕获这些输入操作，然后再由它转发到程序。

前面还提到，在 GUI 的世界里往往有多个程序同时运行，哪怕就只有一个程序在运行，屏幕也可能有多个"图形元素"等待用户输入，所以必须有一套机制，以方便操作系统将用户的输入准确地转发到特定的那个图形元素。这套机制最基础的要求是：每个图形元素都有一个"编号"（可以理解为"地址"）。综上所述，输入过程如图 11-2 所示。

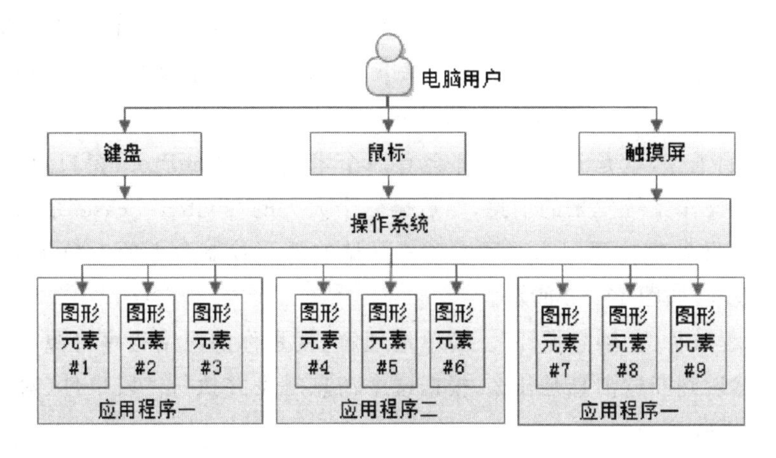

图 11-2　消息传递与分发

是时候统一术语了:以 Windows 操作系统为例,操作系统发送给各个应用程序的信息(包括用户输入),称为"消息(Message/Msg)";各个拥有编号的"图形元素",称为"窗口(Windows/Wnd)";而"编号"也不是普通编号,它叫"句柄(Handle)"。

【小提示】:"句柄"的含义

句柄就是每个窗口在操作系统中唯一的编号。"句"的含义我真不知道,"柄"就好理解了,窗口有了编号,操作系统就方便通过编号找到它们,感觉就像是找了一个可以抓的"柄"。

在控制台程序中,当程序运行到"cin >> i"之类的语句时,程序就卡在那里等待用户输入了,但在 GUI 环境下,一个带有窗口的程序运行起来之后,面对它的用户很可能是一个好动症的儿童,他可能不管当前逻辑需不需要,抓过鼠标就在窗口上挪来挪去并乱点一气……这些操作都被认为是合理的,于是就将这些消息依次发给的程序了;如果程序不处理这些消息(哪怕是收到后就直接丢弃),操作系统就会怀疑这个程序挂掉了。所以,编写一个 GUI 应用,最重要的一件事情,就是抓紧搞一个"死循环"来接收这些消息。以 Windows 操作系统为例,这个"死循环"的 C 代码类似:

```
//Windows API 编程示例的伪代码
MSG msg; //消息
while(::GetMessage(& msg))
{
        ::TranslateMessage(& msg);
        ::DispatchMessage(& msg);
}
```

三个全局函数,都是 Windows 操作系统提供的编程接口(API)函数。GetMessage 源源不断地获取属于当前进程的消息,然后通过 TranslateMessage 做必要的转换,再调用 DispatchMessage 将它们正确地分派给本进程内的窗口。但代码里没有看到窗口句柄,怎么知道各个消息属于哪个窗口呢?猜一下就知道了,MSG 结构里有一个成员,就是这个消息所属窗口的句柄。

再往后的工作,就是每个窗口都会有一个术语为"WndProc(窗口过程)"的函数,它会收到操作系统发来的消息,然后搞一个大大的"switch / case"结构来区分消息是什么,再做处理。请回头看看本章一开始的那张控制台下的 I/O 循环图,然后对比 GUI 版本,如图 11-3 所示。

这个过程被称为"消息循环"。简单地理解,就是你的应用程序将源源不断地接收到消息,然后判断这消息是什么,根据这个消息触发并执行一段事件(对应到某个函数),然后再收到新消息……

一个从零开始的 GUI 应用代码,需要从"GetMessage(...)"开始写起,但多数 C++ GUI 库,都将这个过程封装起来,所以编程重心变成是为每一类窗口(如图 11

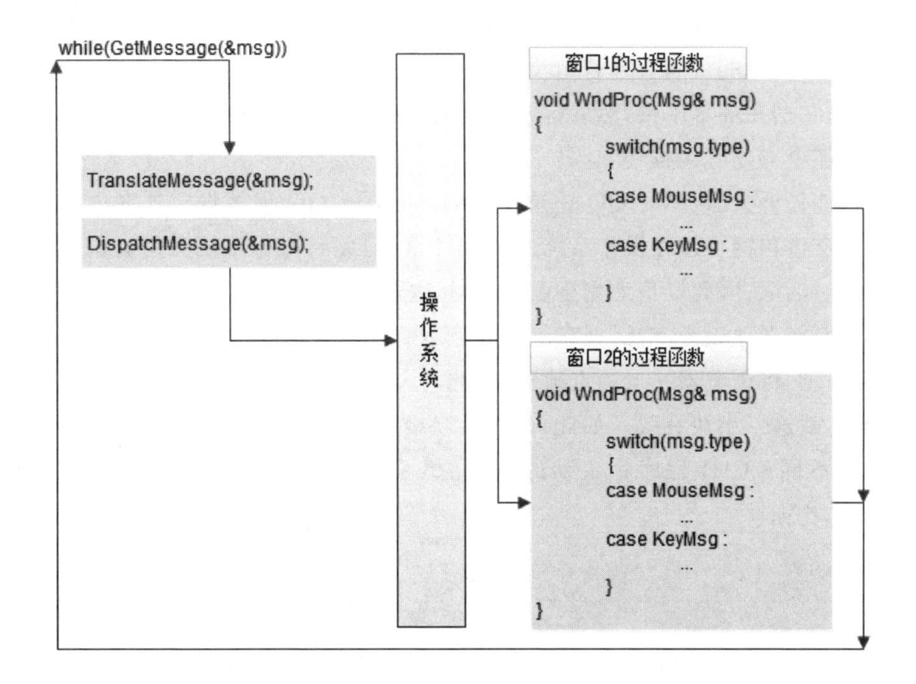

图 11－3 GUI 下的消息循环

－3 中的窗口 1 和窗口 2)写它处理消息的过程;但一大块的"switch/case"是令人厌烦的结构,所以 GUI 库提供了一些手段,帮助我们绕过"switch/case"。

11.1.3 GUI 下的输出处理

接下来谈 GUI 下的输出处理。

在控制台下,当我们使用 cout 输出一行"hello world!"时,这声问候就会在控制台窗口显示。如果后面有新的输出内容,并不会直接擦除前面的内容,而是会触发内容滚动,一直往上滚,直到超出控制台窗口所能保存的最大行数。

在 GUI 下,竞争更加激烈。既然叫"图形用户界面",自然要在屏幕上画各种信息。屏幕再大,面积总是有限的,外加"多任务",每个进程都抢着在屏幕上涂鸦,结果很容易想到:后面画的内容,会将前面画的内容覆盖掉。

我们做个实验。为保障效果,请读者找个人多的地方遵照如下步骤认真执行:

① 左手握手机,眼睛全神贯注盯 3 s,保持心灵平静;

② 右手持一本杂志,从右向左做缓慢位移,直至杂志全部挡住手机;

③ 做沉思状态;

④ 像哲学家一样大声问自己:"手机,你还在吗?"

之所以看到手机,是因为手机反射的光线投射在你的视网膜上,你的大脑做出一个直观的判断：手机就在眼前。当杂志挡住手机的部分光线，此时手机无法投射到你的视网膜上，但你的大脑会理智地反馈：手机还在。作为对比，请在电脑上打开 QQ 登录框，把它摆在屏幕中央；然后打开浏览器，拖过去盖住 QQ 登录框，此时，刚才我们看到的那个 QQ 登录框还在吗？

认真地告诉大家：那时 QQ 登录框真的不在了。QQ 程序肯定还在内存里，QQ 登录框的窗口句柄也还在操作系统的"账簿"里，但此时操作系统无需尝试往屏幕上"画"那个对话框；因此屏幕上完全没有该对话框的"投射"。依据生活经验，我们一般会直觉然而错误地以为，对话框在屏幕上显示着，只不过被浏览器挡住了而已。

假设我们将浏览器一点一点地挪开，此时 QQ 程序会收到一个消息："你快重画窗口，不过就这一小块有效。"如此，是否可以推出 GUI 程序和 CUI 程序在界面显示上最大的不同？CUI 程序是主动的，在你想要的时间、地点，想说一句话时，直接 cout 一下，比如：

```
char C;

//此时,此处,需要一句提示
cout << "请输入一个字母：";
cin >> C;

//此时,此处,又需要一句话
cout << "您输入的字母是：" << C << "。" << endl;
//想想,觉得需要再补一句
cout << "我是不是很聪明?" << endl;
```

GUI 程序在这方面却是被动的，它必须等操作系统发消息通知它："嘿，你可以在屏幕上输出点什么了。"它马上做出响应，操作系统通知一次就得响应一次。假设 GUI 程序使用 DrawText(int x, int y, char const * text) 函数可以在屏幕上指定位置上输出一句话，但程序只是主动调用一次，比如：

```
DrawText(100, 100, "Hello World");
```

屏幕确实有可能出现那句话，但此时再把浏览器拖过来，"盖住"那行话，然后移开……那行话消失不见了，浏览器就像一个橡皮擦，把那行话擦掉了。其间原因在于：我们写的程序也接收到了操作系统"快重画吧"的消息，却不理会这个消息，没有再次调用 DrawText()操作。

那么，是不是屏幕上显示的所有内容，都需要我们写代码自行绘画呢？当然不是，像常规窗口、对话框、按钮、列表框和菜单等标准元素，它们在不同应用中长的样子都相似，可见其画法都一样。因为它们统一由操作系统(或其 GUI 支持库)负责在屏幕上画出来，除非我们想搞定制，比如想画一个不规则多边形的按钮。

11.2　Windows 原生 GUI 程序

11.2.1　Win32 GUI 项目

在 Code::Blocks 新建项目，找到 GUI 组下的“Win32 GUI project”向导，如图 11－4 所示。

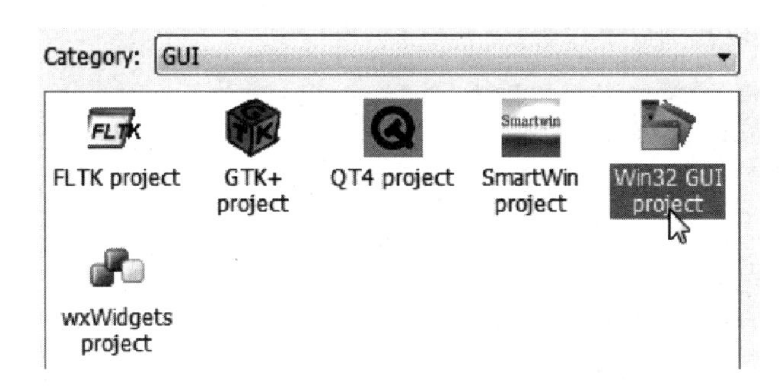

图 11－4　新建 Win32 图形用户界面工程

后续步骤中选择“Frame based(基于框架窗口)”，如图 11－5 所示。

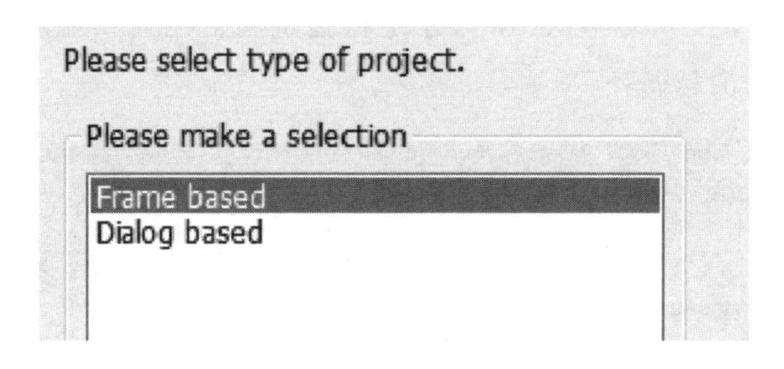

图 11－5　选择图形界面基础类型

项目名输入“win32_gui”。项目生成后，我们很习惯地在向导生成的 main.cpp 文件中查找熟悉的 main() 入口函数……居然找不到！

【小提示】：Widnows GUI 程序应用入口函数

居然找不到 main 函数？简单地说，Microsoft 为了更好地控制程序的入口，所以要求其系统上 GUI 程序必须使用它规定（名字和类型）的 WinMain 函数作为入口，大家可以在代码中看这个函数的入参和 main 函数是不一样的。我们曾经说过 main 函数并不是程序做的第一件事，无论是 main 还是 WinMain 事实上都不是程序的真正起始点，我们甚至可以通过链接选项自行定义程序入口。

11.2.2 Win32 API 创建一个窗口

程序开始后,怎么创建一个窗口呢? 既然我们是在 Windows 下写程序,要创建一个窗口,就必须调用该操作系统提供的开发函数即应用程序编程接口(Application Programming Interface, API)。Windows 的 API 是用 C 语言开发的,Linux 以及 UNIX 等主流操作系统"恰巧"也是,因此使用 C/C++调用,当然又方便又高效。

CreateWindowEx 就是 Windows(微软)提供的一个 API。在自动生成的 WinMain 函数内,可以找到以下代码:

```
/* The class is registered, let's create the program */
hwnd = CreateWindowEx (
        . . .
        );

/* Make the window visible on the screen */
ShowWindow (hwnd, nCmdShow);
```

CreateWindowEx()函数入参较复杂,暂不去理解它,不过从名字上可以猜出它用于创建一个窗口,返回的数据正是新窗口的句柄,例中使用变量 hwnd 保存。窗口创建成功之后,只是内存中的一堆数据,并不会立即显示在屏幕上,屏幕上的显示不过是表象。紧接着的"ShowWindow",才是将指定句柄的窗口显示出来。再往下的代码是之前提到的消息循环:

```
/* Run the message loop. It will run until GetMessage() returns 0 */
while (GetMessage (& messages, NULL, 0, 0))
{
    /* Translate virtual-key messages into character messages */
    TranslateMessage (& messages);
    /* Send message to WindowProcedure */
    DispatchMessage (& messages);
}
```

操作系统中有好多 GUI 程序(更专业的叫法是"进程(process)"在运行,每个进程都需要接受消息。消息往往很多,所以进程需要一个"消息队列(message queue)"。GetMessage()从队列中取出一个消息,存放在 message 中,然后通过 TranslateMessage()做一些必要的转换,最后通过 DispatchMessaeg()将该消息发送到目标窗口。目标窗口接收到该消息后,该如何处理呢?

11.2.3 注册"窗口类"

请把目光从 WinMain 函数稍上瞄几行,可以找到这样一个函数声明:

```
/*  Declare Windows procedure  */
LRESULT CALLBACK WindowProcedure (HWND, UINT, WPARAM, LPARAM);
```

WindowProcedure 直译就是“窗口过程”，实际就是窗口用于处理消息的过程，返回值的类型是一个宏定义，即 LRESULT。四个入参的类型依序是 HWND、UINT、WPARAM 和 LPARAM(同样是 Windows API 头文件中定义的一些宏，暂不理会)。再在 WinMain 中寻找到如下两行：

```
wincl.lpszClassName = szClassName;
wincl.lpfnWndProc = WindowProcedure ;
```

wincl 的类型是结构体“WNDCLASSEX”，称为“窗口类型”。(名称中有“CLASS”一词，但与 C++中的 class 没关系，不过两者都是为某一类事物提供既定的行为准则。)第一行将一个字符串赋值给 wincl 的一个成员，称为“窗口类名字”，在本例中值为“CodeBlocksWindowsApp”，第二行则赋值一个窗口过程函数的地址。跳过 wincl 以及其他许多个成员数据的赋值，看到如下的函数调用语句：

```
RegisterClassEx (& wincl)
```

这是向操作系统注册这个窗口类，其作用相当于程序告诉操作系统：“嗨哥们，将来我要是用“CodeBlocksWindowsApp”命名来创建一个窗口，你就把这个窗口的消息，都传给 WindowProcedure 这个函数。”

**【课堂作业】：理解 Win32 API 如何创建一个窗口(一)**

代码中的 CreateWindowEx()调用，并没有用到 wincl 这个数据，请思考 wincl 如何起作用？

11.2.4　窗口过程函数

例中的窗口过程函数 WindowProcedure 怎么处理消息呢？工程向导已经自作主张，帮我们生成了简单的处理过程：

```
LRESULT CALLBACK WindowProcedure (HWND hwnd, UINT message, WPARAM wParam, LPARAM lParam)
{
    switch (message)                    /* handle the messages */
    {
        case WM_DESTROY:
            PostQuitMessage (0);
            break;
        default:
            return DefWindowProc (hwnd, message, wParam, lParam);
    }

    return 0;
}
```

是时候理解 WindowProcedure 的四个参数了，如表 11-1 所列。

表 11-1 窗口过程函数的四个入参解释

参数	含义
HWND hwnd	窗口句柄,代表接收到消息的窗口
UINT message	UINT 是 unsigned int,用无符号整数表示接收到消息的类型 比如:数字 512 表示"鼠标移动"的消息,数字 2 表示"窗口要被销毁"
WPARAM wParam	消息的附加信息之一 比如:对一个鼠标移动的消息,wParam 用于表达在鼠标移动的同时,用户是否也按下了一些特殊的键
LPARAM lParam	消息的附加信息之二 比如:对一个鼠标移动的消息,lParam 存储有鼠标当前的位置坐标

表 11-1 中提到"数字 2 表示'窗口要被销毁'的消息",为便于理解及记忆,API 定义了许多宏,比如宏 WM_DESTROY。默认生成的窗口过程函数仅仅处理这个 2:当用户关闭窗口,窗口将收到"WM_DESTROY"这个消息,然后调用"PostQuitMessage(0)",该操作将创建另一个消息"WM_QUIT"并将其丢进消息队列等着,直到 GetMessage()将排在前面的消息取出并处理完后遇上它。

DefWindowProc()方法也是一个 Windows API 提供的"默认窗口过程",可以处理窗口最大化、最小化、退出(前面提到的 WM_QUIT)等消息。在概念上,是不是会联想到 C++中类的默认行为?一个只提供"默认行为"的窗口,是无聊而空虚的窗口,它长这样子,如图 11-6 所示。

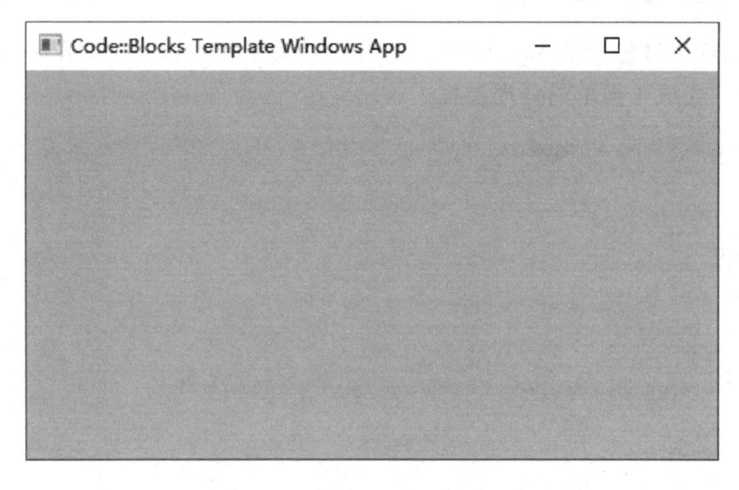

图 11-6 执行基础行为的窗口

**【课堂作业】: 理解 Win32 API 如何创建一个窗口(二)**

请在代码中找一找,这个窗口的标题"Code::Blocks Template Windows App"

是在哪里设置的?

11.2.5 处理“窗口绘画”消息

我们对向导生成的窗口过程很不满意,下面考虑如何在窗口上输出一行文字,哪怕就是一句“Hello World”,好怀念年少时我们写下的这行代码:

```
cout << "Hello World" << endl;
```

现在我们必须等操作系统发一个消息给我们的程序:“喂,到你了,在这些地方画吧!”

操作系统什么时候才会发消息给我们的程序呢?这个问题和“老爸什么时候才会发钱给我呢?”的答案有些类似:通常都是操作系统觉得这个程序应该重绘窗口了,它就(才)会发出,别的时候操作系统一概认为重画是一种浪费;当然,偶尔程序也可以主动地向操作系统吭一声:“您老就给我一个重画窗口的消息吧!”

窗口绘画消息的宏是“WM_PAINT”,默认窗口操作行为也处理了它,就是上面看到的一片灰色。如果有定制的内容想输出,需在窗口过程函数的 switch - case 分支中加入:

```
LRESULT CALLBACK WindowProcedure (HWND hwnd, UINT message, WPARAM wParam, LPARAM lParam)
{
    switch (message)                    /* handle the messages */
    {
        case WM_PAINT:
            return OnPaint(hwnd, message, wParam, lParam);
        case WM_DESTROY:
            PostQuitMessage (0);
            break;
        default:
            return DefWindowProc (hwnd, message, wParam, lParam);
    }

    return 0;
}
```

新的 switch - case 表明:如果遇上编号是 WM_PAINT 的消息,就调用 OnPaint()函数,名字自取,但返回值、入参以及特定的 C 函数调用约定(CALLBACK,同样是宏)都必须参照 WindowProcedure 的声明,具体实现如下:

```
LRESULT CALLBACK OnPaint (HWND hwnd, UINT message, WPARAM wParam
            , LPARAM lParam)
{
    PAINTSTRUCT pt;

    HDC hDc = BeginPaint (hwnd, &pt);

    std::string str = _T("Hello World");
```

```
    TextOut (hDc, 20, 50, str.c_str(), str.size());

    EndPaint (hwnd, &pt);

    return DefWindowProc (hwnd, message, wParam, lParam);
}
```

尽管我们一直在说:“在屏幕上的某个窗口上画”,但一个有节操的操作系统,它们支持程序以统一的方法在屏幕上、打印机上、绘图仪上或内存里输出文字或图形,并且支持不同的分辨率、不同的色彩。输出的目标设备、设备所支持的分辨率、色彩等,统称“设备上下文(Device Context)”,简称 DC。想要“画画”,就得先拿到设备上下文。

“方丈,我很想为宝刹题诗一首,能否给我个地方?”问完,我看向大雄宝殿那堵墙,但方丈却脱光上身,脸上一副“我不下地狱谁下地狱”的表情,慢慢转过身。

代码中,我们向 Windows 申请要画画的操作,由 BeginPaint()方法完成,后面还有 EndPaint()调用,以保证有借有还,代码中“hDc”就是借到的设备上下文。正常情况下,它应该不会是微软公司某位程序员的后背。hDc 的更多信息可以从“pt”变量得到,但此时我们不关心。

TextOut 函数就是往纸上输出文字(实际上也是画出来的文字),第一个入参是“纸”(设备上下文),然后是 X 和 Y 的值(相对于窗口客户区域的左上角)。然后是一个 C 语言的字符串,再后是字符串的长度,执行效果如图 11-7 所示。

图 11-7　响应 WM_PAINT 消息

【小提示】:“_T()”是什么

TextOut 的字符串入参被一个“_T(...)”包围着。“_T”也是 Windows 提供的一个宏,用来处理源代码中的字符编码如何转换。

11.2.6 处理“鼠标移动”消息

鼠标在当前窗口之上移动，哪怕不单击，也会造成操作系统向该窗口发送消息。鼠标移动消息是 WM_MOUSEMOVE，将它加入 switch - case：

```
...
        case WM_MOUSEMOVE :
            return OnMouseMove (hwnd, message, wParam, lParam);
...
```

OnMouseMove 自然又是我们自行定义的一个函数：

```
//两个全局变量
int xPos = 0;
int yPos = 0;

LRESULT CALLBACK OnMouseMove(HWND hwnd, UINT message, WPARAM wParam, LPARAM lParam)
{
    xPos = LOWORD(lParam); //此代码不支持多显示器
    yPos = HIWORD(lParam); //同上

    InvalidateRect (hwnd, NULL, TRUE);

    return DefWindowProc(hwnd, message, wParam, lParam);
}
```

居然有两个全局变量 xPos 和 yPos？纯粹的 Windows API 函数采用 C 语言接口，要在不能增加入参的函数间传递数据，需要增加不少代码以及配置大段注释来说明，为了避免喧宾夺主，还是使用全局变量吧。我们用这两个变量记住鼠标的当前位置。

OnMouseMove 先是使用 Windows API 的两个宏分别取得 lParam 的低 16 位值和高 16 位值(也称低字和高字)，在电脑只接一个显示器的“上下文”中，前者是鼠标位置的 x 坐标，后者是 y 坐标，相当于老朋友“struct Point”，可是当年微软就喜欢这么节约。

接下来调用**InvalidateRect** ()，该函数主动向操作系统叫到：“我真的很想在窗口上画一些新内容，请您发个 WM_PAINT 的消息过来吧！”最后一个入参为 TRUE 时表示在重绘窗口前，希望把窗口当前背景擦除掉。

操作系统心很软，果真发来 WM_PAINT 的消息，我们之前写的 OnPaint() 函数也该改改了：

```
LRESULT CALLBACK OnPaint(HWND hwnd, UINT message, WPARAM wParam, LPARAM lParam)
{
    PAINTSTRUCT pt;

    HDC hDc = BeginPaint(hwnd, &pt);

    std::stringstream ss;
    ss << _T("鼠标坐标:") << xPos << _T("-") << yPos ;
    std::string str = ss.str();

    TextOut(hDc, xPos + 10, yPos + 10, str.c_str(), str.size());

    EndPaint(hwnd, &pt);

    return DefWindowProc(hwnd, message, wParam, lParam);
}
```

几点变化：一是用到 stringstream，所以请记得包含 < sstream > 头文件；二是用到了汉字，需要调整源文件编码为“System default”；三是 TextOut 的坐标入参变了。

现在，在窗口上移动鼠标，鼠标之下将一直跟着一个小尾巴，如图 11－8 所示。

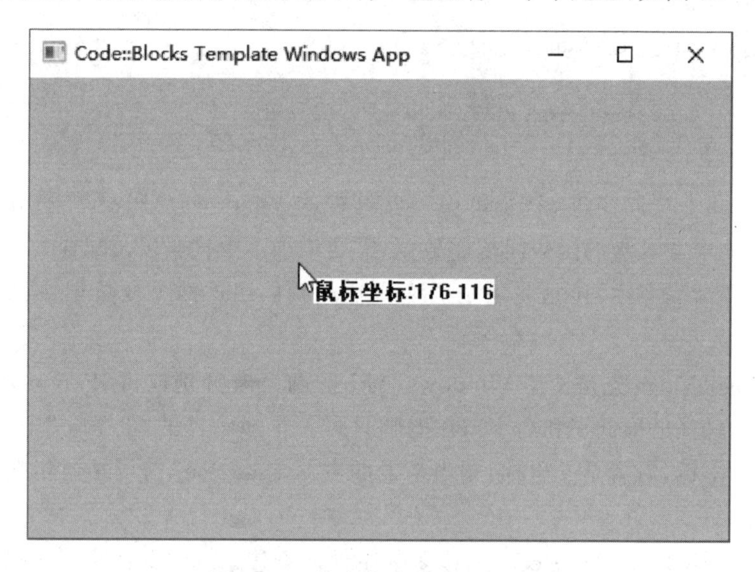

图 11－8　输出内容显示鼠标位置

【课堂作业】：理解绘图前擦除背景的作用

在完成课程例子的基础上，请试着将 InvalidateRect(...)最后一个入参改为 FALSE。运行程序后在窗口上移动鼠标看看会发生什么？再试着将窗口最小化恢复，看看又发生了什么？想想这些现象背后的逻辑。

11.3 跨平台GUI库基础

11.3.1 原生API的优点与缺点

使用操作系统原生API编写GUI应用至少有四个优点：

(1) 产生运行效率较高的图形界面程序；

(2) 产生文件尺寸较小的可执行程序；

(3) 帮助我们更深入地了解操作系统的实现机制，从更底层理解GUI机制从而写出更好的GUI应用；

(4) 更方便开发具有当前操作系统特色功能的图形界面应用。

使用操作系统原生API编程GUI应用，也有不少缺点：

(1) GUI界面不支持跨平台。比如前一小节的例子，只能运行在Windows操作系统下，换到Linux或Mac上，一堆代码全废了。

(2) 当前操作系统原生API，通常以C语言提供，加上为了确保性能，因而牺牲了接口的可读性，不可避免地提高了学习门槛。以鼠标移动的消息响应函数为例：

```
LRESULT CALLBACK OnMouseMove(HWND hwnd
                , UINT message
                , WPARAM wParam, LPARAM lParam);
```

看着这个函数声明，鼠标移动时的坐标信息"藏"在lParam中，并且x值位于低字中，y值位于高字中，如何才能知道呢？没别的办法，必须找微软提供的说明书。

再以OnPaint函数为例：

```
LRESULT CALLBACK OnPaint(HWND hwnd, UINT message, WPARAM wParam, LPARAM lParam)
{
    PAINTSTRUCT pt;
    HDC hDc = BeginPaint(hwnd, &pt);
    ...
    EndPaint(hwnd, &pt);

...
}
```

理解并记住调用BeginPaint()之后，必须匹配调用EndPaint()，这是个"坑"。

(3) 原生操作系统提供的API的变动性较快。比如取鼠标坐标的那两行代码：

```
    xPos = LOWORD(lParam); //此代码不支持多显示器
    yPos = HIWORD(lParam); //同上
```

Windows原来不支持一台电脑接多个显示器(比如双屏)，后来支持了，于是采用以上两行代码写成的所有图形化应用程序，支持多个显示器会有先天缺陷。当问题暴露时，首先要能意识到错在这两行代码，然后改用 Windows 规定的新接口，才能编译出解决问题的新程序。

11.3.2 wxWidgets GUI 项目例子

在 Code::Blocks 中新建项目，选择 GUI 分类下的 wxWidgets 项目向导，选择 wxWidgets 2.8.x 版本，项目名输入 wx28_gui，窗口框架和 GUI 助手选项如图 11-9 所选。

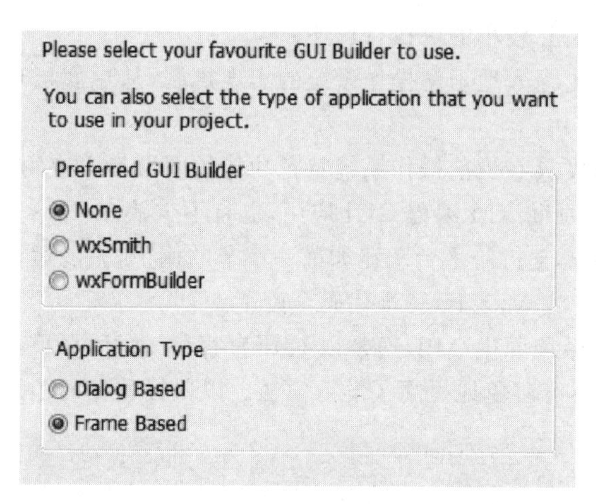

图 11-9　wx28_gui 图形界面设置

为了公平对比，我们不采用 GUI 助手，同样手工为待实现的功能输入新代码，窗口框架同样选择“Frame Based”。

从生成的项目结构看，基于原生 API 的项目完胜，你看它只生成了一个文件，如图 11-10 所示。

基于 wxWidgets 的项目生成 5 个文件，面子上有些挂不住，这时候……

【轻松一刻】：就连变化，也在变化

某位评委说：“我非常欣赏 win32 选手这种干净利落、不拖泥带水的表演风格。但是我也注意到 wx28 虽然动作多一些，但所展现的内涵更加完整。作为过来人，我认为这个行业最大的特色就是善变。某某某和某某刚开始人称金童玉女，可最后分手得一地鸡毛。某某某和某某曾经在综艺节目中秀过恩爱，可今晨却传来出轨和离婚的消息……(被主持人打断)……好吧，我对 win32 这位新人表示担忧：我们所处的这个 GUI 大环境和用户的需求是极其复杂的，刻意无视这种复杂，想用一种简单、自我、了无牵挂的态度杀入这个行业的新人，在后来的路上，往往会比那些一开始就对这个行业的复杂性有所忌惮的人，要复杂得更快、变化得更大……”

说了半天，就两个意思。第一，wxWidgets 的项目一来是因为它的向导可以生

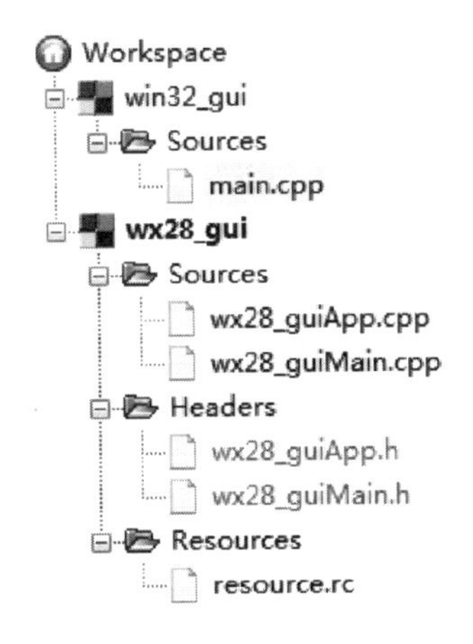

图 11－10 项目初始结构对比

成更多功能，二来是因为它需要支持跨平台，所以代码会多些；第二，随着功能的加入，win32 的项目代码其实会膨胀得更快。

编译、运行程序，会看到这样一个几乎为空的应用，如图 11－11 所示。

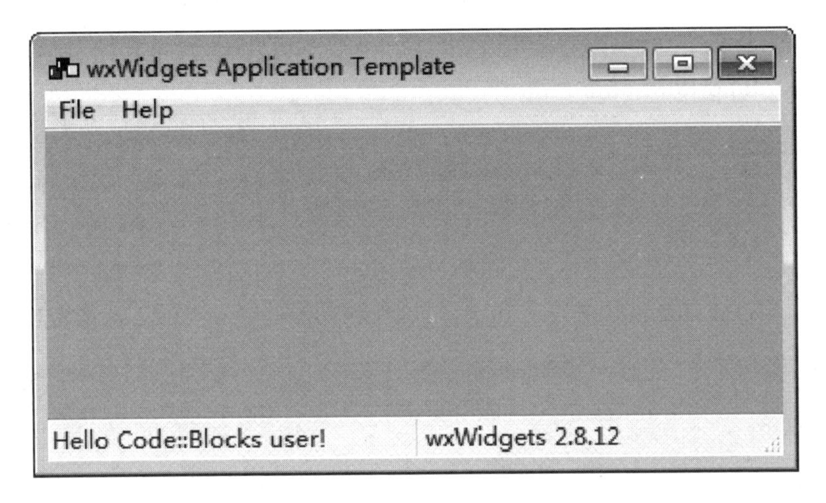

图 11－11 wxWidgets 项目向导生成的界面

额外功能其实都是常用功能：窗口有自己的个性图标（在 Windows 下），有主菜单，有状态栏。但我们的目标不变，仍然是要在客户区显示鼠标移动位置下的坐标。

打开 wx28_guiMain. h 文件，请确保它文件编码是 UTF－8，如果不是，那你需要把所有 cpp/h 文件打开并修改编码。在该头文件中，可以找到 wx28_guiFrame 的类定义，其内有 OnQuit、OnAbout 等函数，我们在其后加入 OnMotion 函数声明：

```
void OnMotion(wxMouseEvent & event);
```

“鼠标移动(MouseMove)”的概念在 wxWidgets 里称作“Motion”。接下来是在 wx28_guiMain.cpp 中实现该成员函数：

```
void wx28_guiFrame::OnMotion(wxMouseEvent &event)
{
    xPos = event.GetPosition().x;
    yPos = event.GetPosition().y;

    this->Refresh();
}
```

xPos 和 yPos 这次不需要是全局变量，我们将它们定义为 wx28_guiFrame 的私有成员数据：

```
class wx28_guiFrame: public wxFrame
{
    ...
        DECLARE_EVENT_TABLE()

    private:
        int xPos, yPos;
};
```

记得按照 C++的风俗将它初始化，在 wx28_guiMain.cpp 文件中找到 wx28_guiFrame 的构造函数，改成如下：

```
wx28_guiFrame::wx28_guiFrame(wxFrame * frame, const wxString& title)
    : wxFrame(frame, -1, title), xPos(0), yPos(0)
{
        ...
}
```

再加入 OnPaint 函数的声明和定义，过程和 OnMotion 类似。函数实现为：

```
void wx28_guiFrame::OnPaint(wxPaintEvent &event)
{
    wxString txt;
    txt << wxT("鼠标坐标:") << xPos << wxT("-") << yPos;
    wxPaintDC dc(this);
    wxPoint pos(xPos + 10, yPos + 10);

    dc.DrawText(txt, pos);
}
```

编译(如果出错，请考虑添加对 < wx/dcclient.h > 的包含)、运行程序……咦，居然什么都没有变化？看来光有函数不够。还要做点什么呢？请在 wx28_guiMain.cpp 文件中找到这样一段怪怪的代码：

```
BEGIN_EVENT_TABLE(wx28_guiFrame, wxFrame)
    EVT_CLOSE(wx28_guiFrame::OnClose)
    EVT_MENU(idMenuQuit, wx28_guiFrame::OnQuit)
    EVT_MENU(idMenuAbout, wx28_guiFrame::OnAbout)
END_EVENT_TABLE()
```

这些代码用到许多复杂的“宏”，wxWidgets 通过这种结构，实现将具体的“消息”类型和“处理这类消息的函数”绑定起来。绑定消息 M1 和函数 F1 在这里的意思是：如果窗口收到消息 M1，就让它调用函数 F1。

如果刚才你有玩一下本项目运行后的框架窗口的主菜单，应该知道本程序有两个主要菜单动作：一个是 File 下的 Quit，作用是退出程序；一个是 Help 下的 About，作用是弹出一个含有“关于”信息的消息框。所以，“EVT_MENU(idXXX, wx28_guiFrame::OnXXX)”背后所要实现的，就是告诉程序，当用户单击了 ID 为“idXXX”的菜单项，请执行 wx28_guiFrame 类的 OnXXX 函数。

“EVT_CLOSE(wx28_guiFrame::OnClose)”是另外一种绑定方法，因为一个窗口天生就有“关闭”事件（比如用户按 Alt＋F4 或直接单击窗口标题栏上的打叉按钮），所以不需要额外的命令 ID，直接表明窗口收到“CLOSE”类的消息时，就调用 OnClose 函数。我们要加入的“窗口鼠标移动事件”和“窗口绘画事件”也是窗口固定的事件，依葫芦画瓢，插入两行代码（加粗部分）：

```
BEGIN_EVENT_TABLE(wx28_guiFrame, wxFrame)
    EVT_CLOSE(wx28_guiFrame::OnClose)
    EVT_MOTION(wx28_guiFrame::OnMotion)
    EVT_PAINT(wx28_guiFrame::OnPaint)
    EVT_MENU(idMenuQuit, wx28_guiFrame::OnQuit)
    EVT_MENU(idMenuAbout, wx28_guiFrame::OnAbout)
END_EVENT_TABLE()
```

保存、编译并运行，如图 11-12 所示。

图 11-12 鼠标移动事件和绘图事件响应界面

对比一下 Win32 的版本，wxWidgets 还帮我们实现了一件事：默认将文字的输出背景设置成和窗口背景颜色一致。

**【课堂作业】：全面对比 w32_gui 和 wx28_gui 项目**

在 Windows 上，wxWidgets 就是对 Win32 GUI 的封装。请认真对比两个项目，同样功能在具体实现方案、代码和函数上的区别，找出 wxWidgets 做了哪些封装，并推测它是如何封装的。

本工程在 Linux 下使用 Code::Blocks 时，除了工程配置更简化以外，源代码一字未改，直接编译后即可运行，请看运行时的窗口截图，如图 11－13 所示。

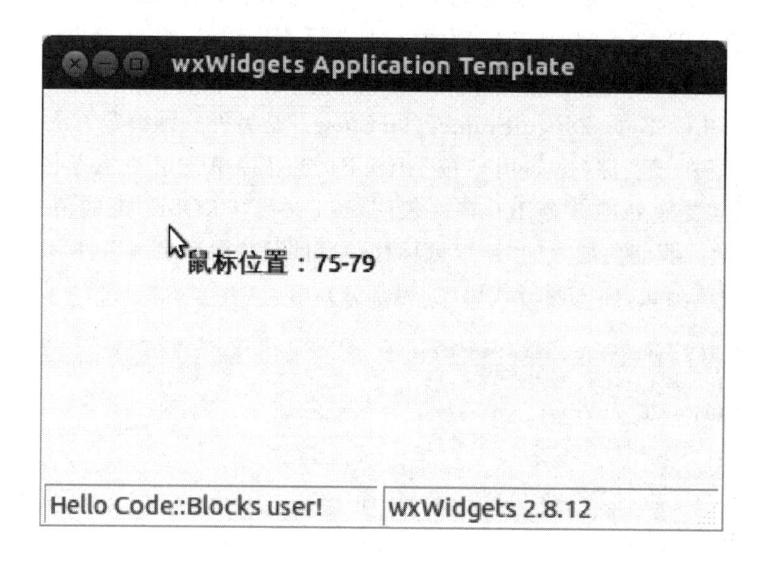

图 11－13　运行在 Ubuntu Linux 下的窗口截图

**【小提示】：在 Ubuntu 下的截图中没有看到应用主菜单**

如果你不熟悉最新的 Ubuntu Linux，可能会问怎么没有看到程序主菜单？这正是 wxWidgets 让人喜欢的地方：Ubuntu(某个版本)把应用主菜单从应用程序的主窗口剥离出来，放到了屏幕的顶部(没错，它“学习了”苹果的 Mac 操作系统)，而 wxWidgets 采用操作系统原生的 GUI API，所以它可以做到和所运行的操作系统拥有(尽量)统一的风格(不过新的 Ubantu 好像又把这一特性去除了)。

总之写的代码少了，功能却全了，而且还跨平台，何乐而不为呢？

11.3.3 wxWidgets 实例概貌分析

1. 应用类 / wxApp

wxWidgets 提供了 wxApp 类，来指征一个应用程序(Application)，所以一个应用程序的代码中，需要并且只能创建一个 wxApp 的对象，但 wxApp 只提供一个“应用”的主要接口和基础实现，实际程序必须定义 wxApp 的派生类。打开 wx28_guiApp.h 文件，为本项目定义的 App 类是：

```
class wx28_guiApp : public wxApp
{
    public:
        virtual bool OnInit();
};
```

可见要定制一个应用程序，最主要的操作就是实现它的这个程序的初始化方法 OnInit()，本例的定制实现是：

```
bool wx28_guiApp::OnInit()
{
    wx28_guiFrame* frame = new wx28_guiFrame(0L
                                , _("wxWidgets Application Template"));
    frame->SetIcon(wxICON(aaaa)); // To Set App Icon
    frame->Show();

    return true;
}
```

主要四行代码：一是 new 创建出一个“框架窗口(Frame Window)”对象：

```
wx28_guiFrame* frame = new wx28_guiFrame(0L
                        , _("wxWidgets Application Template"));
```

wx28_guiFrame 就是前面我们加事件处理代码的类，正是本项目主窗口的类。构造函数需要两个入参，一是父窗口，这里没有父窗口所以传 0，一个是窗口标题，其中宏“_()”的作用后面再说。

```
frame->SetIcon(wxICON(aaaa));
```

这一行设置本应用主窗口的图标，其中 wxICON(aaaa)也是一个宏，相当于“wxIcon(wxT("aaaa"))”，"aaaa"是 wxWidgets 向导在资源文件中默认提供的一个图标的名称。

```
frame->Show();
```

这一行将主框架窗口显示出来(你应该能隐隐想起 Win 32 版本中“ShowWindow (hwnd, ...)”)。最后一行是让 OnInit 函数返回真，用于告所调用该函数的代码,开始消息循环;如果返回假则程序将直接退出。

【课堂作业】: 修改 wxWidgets 应用的默认图标

“.rc”是 Windows 下图形应用程序的资源文件,它有特定的格式用于表示一个应用的图片、光标、声音、菜单、按钮等资源。打开项目树中的“resource.rc”文件(如果 IDE 提问如何打开,请选择“Open it in a Code::Blocks editor”)内容的第一行就是名为 aaaa 的图标定义:aaaa ICON "wx/msw/std.ico" 。在我的机器上,这个图标文件实际位于 wxWidgets 的安装路径“\include\wx\msw\std.ico”。请自行找一个可以创建、编辑 Windows 图标文件(.ico)的工具(Windows 自带的画笔好像是不支持的),画一个 16×16 像素的图标,命名为“my_icon.ico”,存放到和工程文件同一个目录中,然后修改上一行代码为:aaaa ICON "my_icon.ico",最后 rebuild 项目。

接下来的工作是在项目源代码中查找 main()或 WinMain()函数,结果是找不到的。

程序入口函数跑哪去了呢?为了更好地支持跨平台,wxWidgets 把程序的入口函数以及 wxApp 对象都放到宏定义中。在 wx28_guiApp.cpp 中有这么一行:

```
IMPLEMENT_APP(wx28_guiApp); //本书作者注:IMPLEMENT 是“实现”的意思
```

这个宏展开后极其复杂,并且一层嵌套一层。如果把它极度简化一下,针对本项目大致可以理解成这样:

```
wx28_guiApp wxTheApp; //定义一个全局的“应用类”变量
int WINAPI WinMain (HINSTANCE hThisInstance,
                    HINSTANCE hPrevInstance,
                    LPSTR lpszArgument,
                    int nCmdShow)
{
        ...
}
```

就是这样,在 wxWidgets 的版本中,wxApp 负责在初始化时创建一个主窗口,然后显示这个窗口。对比 Win32 的版本,诸如程序入口函数、注册窗口类、消息循环等工作,都被封装到 wxApp 背后。

2. 主框架窗口/wxFrame

再看 wx28_guiMain.h,包括增加了功能的窗口类代码如下:

```
class wx28_guiFrame: public wxFrame
{
    public:
        wx28_guiFrame(wxFrame *frame, const wxString& title);
        ~wx28_guiFrame();
    private:
```

```
        enum
        {
            idMenuQuit = 1000,
            idMenuAbout
        };
        void OnClose(wxCloseEvent & event);
        void OnQuit(wxCommandEvent & event);
        void OnAbout(wxCommandEvent & event);

        void OnMotion(wxMouseEvent & event);
        void OnPaint(wxPaintEvent & event);

        DECLARE_EVENT_TABLE()

    private:
        int xPos, yPos;
};
```

对外公开的,仅一个构造函数,一个析构函数。

内部私有定义中,无名的 enum 是向导默认生成的菜单项的 ID,每个 ID 的值必须唯一,代码中从 1000 开始编号,当用户单击菜单项时,ID 用于代表各菜单项的身份;接着是数个 OnXXX 函数。名字其实无所谓,但约定成俗的方式有利于理解。重点是参数,不同类型的事件处理函数,需要对应使用不同的“事件类”。比如 Close 事件,其事件类是 wxCloseEvent;Motion 事件,它的事件类是 wxMouseEvent,Paint 事件对应到 wxPaintEvent(相信你已经摸索出一点规律了)。菜单项的事件统一采用 wxCommandEvent 事件类。菜单供用户选择,其实质是用户向程序发出一个“命令(Command)”。

最为不理解的,应该是“DECLARE_EVENT_TABLE()”。但你也应该猜到了,这家伙肯定又是一个“宏”,它在 wxWidgets 的某个头文件中定义,用来向当前类添加存储事件用的成员数据(哈希表,类似 std::unordered_map)称为“事件表”,以及用于访问该事件表数据的一些成员的方法。

DECLARE_EVENT_TABLE()用于在类中声明事件表成员数据,与之对应的是在 cpp 文件中的事件表定义;用来定义、初始化事件表,包括相关的类静态成员数据和成员函数,那就是 BEGIN_EVENT_TABLE(...)和 END_EVENT_TABLE(),以及中间的各类消息与事件函数的绑定操作。

再看 wx28_guiMain.cpp 中的其他代码:

(1) 构造函数若是去除创建主菜单和状态栏的代码,基本就成了空函数;

(2) 析构函数还真就是空函数,一切有意义的行为,基类负责;

(3) OnClose 和 OnQuit 调用同一件事:Destroy()。这是窗口基类提供的函数,用于退出销毁主窗口自身。当主窗口退出,程序就准备退出;

(4) OnAbout 弹出一个消息框;

(5) OnMotion 和 OnPaint 是我们自己写的,虽然用到的函数没学过,但参考 Win32 的版本,应该可以猜出各自的作用;

(6) wx28_guiMain.cpp 中还有一个"wxbuildinfo()"函数,只是用于根据一些宏定义,组织出 wxWidgets 的版本信息字符串。

一个 Win32 窗口必须有"窗口过程函数",被 wxWidgets 的各级窗口类封装到了背后,窗口过程函数中烦人的 switch/case 结构,被事件表等宏定义给取代了。

前面分析的重点是代码,不过一个基于 wxWidgets 开发的应用,在编译上要用到该库的头文件,在链接上要用到该库的库文件;另外在 Windows 操作系统上,wxWidgets 又需依赖 Windows 的一些开发库,这些内容在下一小节单独讲解。

11.3.4 wxWidgets 项目配置

选中 w28_gui 项目,从 Code::Blocks 主菜单"Project"进入"Properties...",进入项目属性对话框,再切换到"Build targets"。本页配置一个项目的各个"构建目标",对于本项目无论是 Debug 目标还是 Release 目标,其"(类型)Type"都是"GUI application"。

【小提示】:当你需要创建 CUI 和 GUI 的混合应用

事实上在写一个 GUI 应用时,也可以让控制台出来帮帮忙,通常这种方法可用在 Debug 版本。请尝试:在上述对话框中,将 Debug 目标的类型修改成"Console application",然后在项目代码中找个合适的地方,使用 std::cout 输出一些调试信息,比如当前鼠标的坐标。

关闭本对话框。从主菜单"Project"进入"Build options...",进入项目的构建条件对话框。

1. 编译选项(Compliler settings)

左边目标树选中根节点(wx28_gui),即本项目的通用选项。Other options(附加配置):根节点(通用编译选项)的选项内容如图 11-14 所示。

附加的编译选项有三条:

(1) -pipe:一个编译过程的速度优化选项,即优先使用 PIPE(操作系统提供的"管道"),而不是临时文件;

(2) -mthreads:指示采用多线程序库编译,这是必选项;

(3) 第三行是根据相关条件生成的编译选项,当操作系统是 Windows,编译器是 gcc 并且版本大于或等于 4.0.0 时,将用于关闭掉一项警告。结合编译环境,可以直接写成"-Wno-attributes"。

接下来再看项目宏定义选项,切换到"#define"子页。通用的编译选项中,提供了以下几个预定义的宏:

(1) __GNUWIN32__:表明这是 mingw32 编译环境下的 Win32 环境;

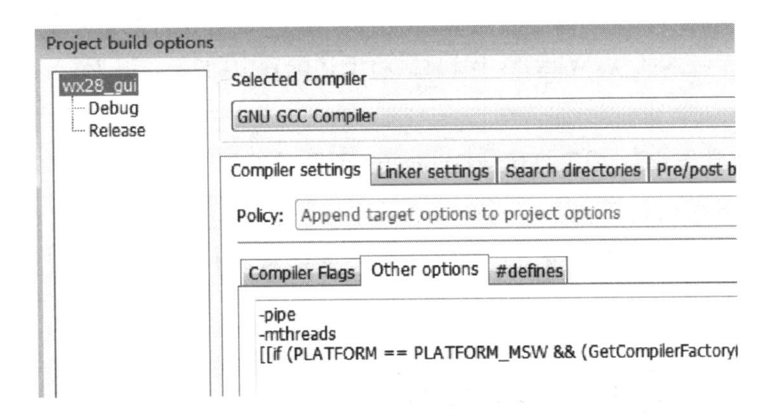

图 11－14 wx 项目的编译附加选项

(2) __WXMSW__：表明这是基于 Microsoft Windows 编译的 wxWidgets 库；

(3) wxUSE_UNICODE：表明当前 wxWidgets 库采用 UNICODE 编译选项。

DEBUG 目标下，还需要提供 __WXDEBUG__ 选项，以表示所使用的 wxWidgets 是带有附加的调试信息及调试代码。

2. 链接选项

通用链接选项(Link settings)中，主要是加入了 GNUWIN32 的链接库，用于提供 Windows 操作系统的相关功能，包括：libkernel32. a、libuser32. a、libgdi32、libwinspool. a、libcomdlg32. a、libadvapi32. a、libshell32. a、libole32. a、liboleaut32. a、libuuid. a、libcomctl32. a、libwsock32. a、libwsock32. a 和 libodbc32. a。

DEBUG 目标加入的是调试版本的 wxWidgets 库：libwxmsw28ud_core. a、libwxbase28ud. a、libwxpngd. a 和 libwxzlibd. a。

Release 目标中加入的是发行版本的 wxWidgets 库：libwxmsw28u_core. a、libwxbase28u. a、libwxpng. a 和 libwxzlib. a。

3. 搜索路径

搜索路径(Search directories)用于告诉编译器到哪个目录找头文件、库文件以及资源文件(Windows 下特有)，具体配置内容如表 11－2 所列(实际向导生成的内容与本表不太一致，但使用本表中的设置更简洁)。

表 11－2 wxWidgets 头文件与库文件的搜索路径配置

	Compiler	Linker	Resource compiler
根节点	$(#wx.include)	$(#wx.lib)\gcc_lib	$(#wx.include)
Debug	$(#wx.lib)\gcc_lib\mswud	空	$(#wx.lib)\gcc_lib\mswud
Release	$(#wx.lib)\gcc_lib\mswu	空	$(#wx.lib)\gcc_lib\mswu

当前示例的项目采用静态版的 wxWidgets 库(生成可执行的单一文件),如果需要改用动态库版本的 wxWidgets 库,只需将上述配置中的“gcc_lib”修改成“gcc_dll”即可。

【课堂作业】: 手工打造 wxWidgetes 项目

请尝试使用 Code::Blocks 的控制台向导生成项目,然后将它手工修改成一个 wxWidgets 的项目,主窗口基于 wxFrame,不要求菜单和状态栏,所有代码都写在 main. cpp 中。

11.4 基于框架窗口的应用

wx28_gui 项目基于框架窗口(wxFrame),这类应用通常有主菜单、状态栏还有工具条,通常还可以支持打开文档以显示(又区分为只能打开一个文档或同时可打开多个文档)。我们常用的 Code::Blocks 就是一个基于 wxFrame 的应用程序。

11.4.1 主菜单

1. 菜单基本概念

构建主菜单,需要用到 wxWidgets 中的三个类:wxMenuBar、wxMenu 和 wx-MenuItem,三者的对应物如图 11-15 所示。

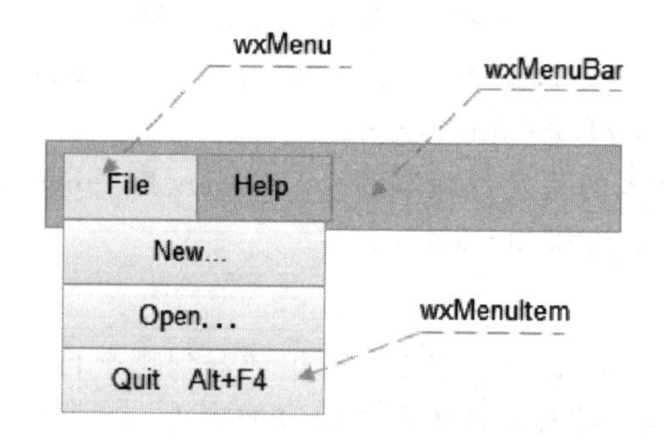

图 11-15 主菜单示意

打开 wx28_guiFrame. cpp,在框架窗口的构造函数中可以找到创建主菜单及其菜单项的实际代码。

【小提示】: 例中创建菜单和状态栏的代码怎么这么“灰”

由于 IDE 试图根据宏定义,判断某些代码是否有参与编译,这件事想完全做对真是难。Code::Blocks 判断 wxUSE_MENUS 和 wxUSE_STATUSBAR 宏定义的值就都出错了,结果相关的代码一片灰,难看极了。本例的解决办法是:请先简单地注释掉用于判断这两个宏的前后各两行预处理。

第一步需要创建一条“菜单栏(wxMenuBar)”:

```
// create a menu bar
wxMenuBar * mbar = new wxMenuBar();
```

一个菜单栏可以横排着许多下拉菜单,代码紧接着就创建了一个下拉菜单,即File菜单:

```
wxMenu * fileMenu = new wxMenu(_T(""));
```

这个菜单标题暂时是空的。一个下拉菜单可以有许多子菜单项(wxMenuItem),本例中File菜单仅包含一个子菜单项,即Quit:

```
fileMenu->Append(idMenuQuit, _("&Quit\tAlt-F4")
         , _("Quit the application"));
```

咦,没看到wxMenuItem出场?其实以上代码也可以这样写:

```
/*示意代码 */
wxMenuItem * quitMenuItem = new wxMenuItem(NULL
                              , idMenuQuit
                              , _("&Quit\tAlt-F4")
                              , _("Quit the application"));

fileMenu->Append(quitMenuItem);
```

将一个菜单项(MenuItem)添加到一个菜单(Menu)之后,该菜单项的生命周期归后者管理,使用示意代码写法显然更啰嗦,还令人担心菜单项的生命周期。现在,代码已经将Quit菜单项加入到File菜单中,但File菜单还没有加入到菜单栏呢。

```
mbar->Append(fileMenu, _("&File"));
```

这一行完成上述使命,同时为File菜单提供了正确的标题。接着看后续的三行代码,很容易理解它们在做什么:

```
wxMenu * helpMenu = new wxMenu(_T(""));
helpMenu->Append (idMenuAbout, _("&About\tF1")
               , _("Show info about this application"));
mbar->Append(helpMenu, _("&Help"));
```

最后一行:

```
this->SetMenuBar(mbar);
```

this是wx28_guiFrame框架窗口,它将mbar设置为自身的菜单栏。

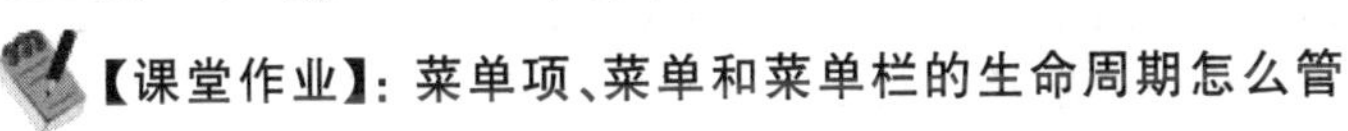

【课堂作业】:菜单项、菜单和菜单栏的生命周期怎么管

请回答:fileMenu和mbar的生命周期都是谁在管理?

2. 为菜单添加菜单项

具有历史意义的时刻来了，下面的内容在各位学习 GUI 编程的路上只是一小步，但却是各位在人生道路上正确认识自我的重要一步。

我们的目标是为 Help 菜单再添加一个子菜单项：

步骤 1：切换到 wx28_guiMain.h，在 wx28_guiFrame 类定义中的无名枚举中，添加一项“idMenuAboutAuthor”：

```
enum
{
        idMenuQuit = 1000,
        idMenuAbout , //记得加逗号
        idMenuAboutAuthor
};
```

步骤 2：在源代码找到合适的位置加入这一行：

```
helpMenu ->Append( idMenuAboutAuthor
        , _("About a&uthor")
        , _("Show info about author"));
```

编译运行，效果如图 11－16 所示。

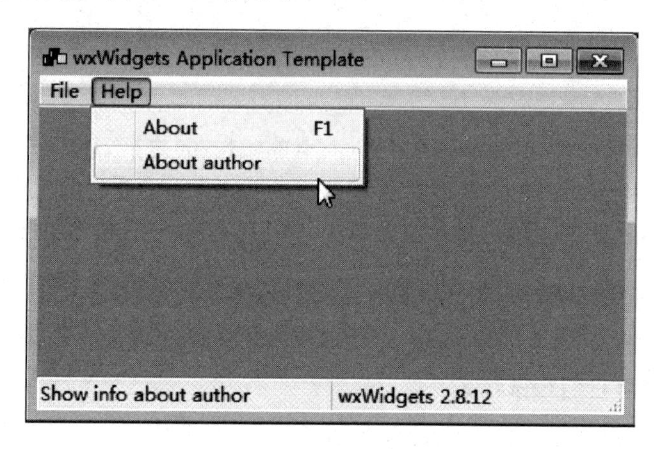

图 11－16　新添菜单项的效果

接下来该为“About author”菜单项写事件响应函数。相信在参考“About”菜单项的基础上，你一定能做到。真正的困难是弹出来的消息框上要写些什么。为了避免各位陷入对漫漫人生的思考，这里我大方地给出我的版本供各位参考：

```
void wx28_guiFrame::OnAboutAuthor(wxCommandEvent & event)
{
    wxString msg = wxT("关于作者南郁：帅气、智慧、没钱。");
    wxMessageBox(msg, _("About author"));
}
```

3. 添加菜单和 Check 菜单项

再接再励，这次任务更难：为菜单栏添加一项菜单和它的一个子菜单项，并且子菜单项不是一个普通的菜单，而是一个"带打勾"项的菜单；而且在不为它写事件响应函数的情况下，做到用它来控制是否在窗口上显示鼠标移动时的坐标。还有，要为这个菜单添加一个"热键"。

步骤 1：添加菜单项 ID：idMenuShowMotionInfo；

步骤 2：在 File 和 Help 菜单之间，添加"Options"菜单，并且为它加入前述 ID 的菜单项：

```
wxMenu * optionsMenu = new wxMenu(_T(""));
optionsMenu ->AppendCheckItem(idMenuShowMotionInfo
              , _("&Show montion info")
              , _("Show motion info or no")); //my poor english...
mbar ->Append(optionsMenu, _("&Options"));
```

AppendCheckItem 函数添加一个"可以勾选(Check)"的菜单项，这类菜单项的默认行为是根据用户的单击次数，来回地在"选中"和"没选中"的两个状态间切换，并且不影响其他菜单项。这个动作默认是自动的，无需写事件响应。

步骤 3：接下来修改 OnPaint 函数：

```
void wx28_guiFrame::OnPaint(wxPaintEvent &event)
{
    bool show_motion_info
         = this ->GetMenuBar() ->IsChecked (idMenuShowMotionInfo);

    wxString txt;
    wxPaintDC dc(this);

    if (show_motion_info)
    {
        txt << wxT("鼠标坐标:") << xPos << wxT(" - ") << yPos;
    }
    else
    {
        txt = wxT("你可以选中\"Show motion info\"来显示鼠标位置信息");
    }

    wxPoint pos(xPos + 10, yPos + 10);
    dc.DrawText(txt, pos);
}
```

奥妙就在"this->GetMenuBar()->IsChecked(...)"中。框架窗口首先获得菜单栏，然后通过菜单栏检查指定 ID 的某个菜单项是否选中。后续就根据该结果决定输出什么。(注：IsChecked()函数对普通菜单项没有意义，总是返回假。)

【课堂作业】：使用成员数据同步菜单项的选中状态

请为 idMenuShowMotionInfo 菜单项添加事件响应函数，实现在 OnPaint 函数中无需时时检查该菜单项的同步状态。

4. Radio 菜单项

收音机的按钮，一个时刻只能旋转到一个台，所以 Radio 菜单是“单选”菜单项的美式称呼，同一组的 RADIO 菜单项，当有一项被选中时，其他项会自动确保切换至“非选中”状态。接下来的目标是在 options 菜单下，增加两个单选菜单“Blue text”和“Red text”，用于控制屏幕输入信息的字体颜色。

步骤 1：在枚举定义中添加菜单项的 ID：idMenuBlueText 和 idMenuRedText；

步骤 2：接着是为 options 菜单添加两个子菜单项的代码：

```
optionsMenu->AppendRadioItem(idMenuBlueText, _("&Blue text"), _("Set text blue"))
    ->Check();
optionsMenu->AppendRadioItem(idMenuRedText, _("&Red text"), _("Set text red"));
```

为什么在添加“Blue text”菜单项之后还要调用 Check()? wxMenu::AppendXXXItem 函数的返回值是添加成功的子菜单项的对象(指针)。我们希望程序一启动，默认选中的字体颜色是蓝色，所以需要在菜单上保持状态同步。

步骤 3：在类中添加私有成员：int selectedColorId，用于记录当前选中的颜色菜单项的 ID。既然我们默认让“Blue text”的菜单项处于选中状态，所以在构造函数中，需要初始化该成员的值为 idMenuBlueText。

步骤 4：再在类中添加私有成员：void OnTextColorSelected(wxCommandEvent & event)。注意：两个菜单项，但只需一个事件响应函数。请看绑定代码：

```
EVT_MENU(idMenuBlueText, wx28_guiFrame::OnTextColorSelected)
EVT_MENU(idMenuRedText, wx28_guiFrame::OnTextColorSelected)
```

让两个颜色设置子菜单项绑定到同一个函数。那要怎样才能知道用户到底选了哪个菜单项呢?

步骤 5：这是 OnTextColorSelected 函数的实现，答案一目了然：

```
void wx28_guiFrame::OnTextColorSelected(wxCommandEvent & event)
{
    selectedColorId = event.GetId();
}
```

原来，wxCommandEvent 类型提供了 GetId()用于得到事件源起时的图形元素 ID，这里是菜单项 ID，将来如果是命令按钮，则可以是按钮的 ID。

步骤 6：最后就是修改 OnPaint 实现了，让它画出带颜色的字：

```
void wx28_guiFrame::OnPaint(wxPaintEvent &event)
{
    bool show_motion_info
        = this->GetMenuBar()->IsChecked(idMenuShowMotionInfo);

    wxString txt;
    wxPaintDC dc(this);

    wxColour const * txtColor = (selectedColorId == idMenuBlueText) ?
                                wxBLUE  :  wxRED;

    if (show_motion_info)
    {
        txt << wxT("鼠标坐标:") << xPos << wxT(" - ") << yPos;
    }
    else
    {
        txt = wxT("你可以选中\"Show motion info\"来显示鼠标位置信息");
    }

    wxPoint pos(xPos + 10, yPos + 10);

    dc.SetTextForeground( * txtColor);
    dc.DrawText(txt, pos);
}
```

wxColour(或 wxColor)用于表示颜色。为了效率,wxWidgets 库默认创建了一些常用的稳定色:红、蓝、白、黑等变量(指针),变量名称是 wx 前缀加上大写的颜色英文单词,比如:wxWHITE 和 wxBLACK 等。通过绘图的设备上下文(DC)设置颜色的函数是:SetTextForeground()。

5. 菜单分隔线

Options 菜单下新增的“Blue text”与“Red text”是一组,和其上的“Show motion info”没多大关系,为了让菜单项看起来更有逻辑性,我们在它们之间加条分隔线。分隔线其实也是一种菜单项,只是它仅用于视觉效果,不需要挂接事件,当然也不需要在意它的 ID。代码就一行,关键是要放对地方:

```
optionsMenu->AppendSeparator(); //菜单分隔行
```

最终效果如图 11-17 所示。

为了方便截屏,我通过键盘操作调出菜单。请你回答我的问题:菜单项中有个别字符有下划线,它们的作用是什么?又是哪些代码用于控制这些字母的下划线呢?

【小提示】:分隔线和 Radio 菜单项组的关系

wxWidgets 中 Radio 菜单项的分组规则是:插入第一个类型为 RADIO 的菜单项,然后在同一级菜单后面连续插入的所有 RADIO 菜单项都归为同一组,直到没有

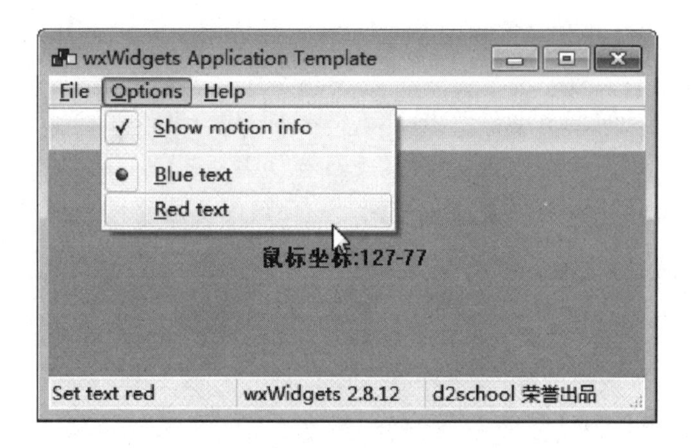

图 11-17 Check 菜单项、Radio 菜单项、分隔线菜单项

新的菜单项或者新的菜单项不再是 RADIO_ITEM 类型,最常见的如插入一条分隔线,可以结束一组 RADIO 菜单项。当然分隔线的另一作用是给用户更直观的提示,比如上例中用于分开"Show motion info"和后续的颜色选项。

11.4.2 状态栏

大家注意到没,当我们在选择菜单时,鼠标每经过一个子菜单项,状态栏的第一格都会显示该菜单项的提示内容。向导生成的代码是:

```
CreateStatusBar(2);
SetStatusText(_("Hello Code::Blocks user!"),0);
SetStatusText(wxbuildinfo(short_f), 1);
```

CreateStatus(int n)函数创建状态栏,入参表示状态栏分成几个子面板。SetStatusText(s, index)可以设置指定面板的状态信息。下面代码加出一个状态面板:

```
CreateStatusBar(3); //3 个面板
SetStatusText(_("Hello Code::Blocks user!"),0);
SetStatusText(wxbuildinfo(short_f), 1);
SetStatusText(wxT("d2school 荣誉出品"), 2); //第 3 个面板的内容
```

创建状态栏后,并不需要额外的对象保存它。若需要得到当前框架窗口的状态栏对象,可以使用 wxFrame 的 GetStatusBar()函数得到,不过这通常不太需要,因为 wxFrame 提供了许多直接操作状态栏的函数:

```
//为本框架窗口创建一个状态栏,入参是状态栏分隔成几个字段
wxStatusBar *   wxFrame::CreateStatusBar (int count);

//设置状态栏第 index(从 0 起)个字段的文本内容
void wxFrame::SetStatusText (wxString  const & text,  int index);

//设置状态栏各字段的宽度
```

```
void wxFrame::SetStatusWidths (int n, const int widths_field[]);

//设置应用程序帮助信息(比如菜单项提示信息)默认显示在哪个字段
//本例中显示在第0个字段上
void wxFrame::SetStatusBarPanel (int index);

//得到应用程序帮助信息(比如菜单项提示信息)默认显示在哪个字段上
int wxFrame::GetStatusBarPanel ();
```

下面我们演示如何设置状态栏各子面板的宽度,如果希望第0个状态栏(也就是用于显示帮助信息的字段)尽量占最大宽度,而第1和第2个占用固定宽度,可以在设置完各字段内容之后,加入以下代码:

```
int status_fields_widths[] = {-1, 120, 140};
#define STATUS_FIELDS_WIDTHS_COUNT \
        sizeof(status_fields_widths)/sizeof(status_fields_widths[0])

this->SetStatusWidths (STATUS_FIELDS_WIDTHS_COUNT, status_fields_widths);
```

即:宽度设置为-1的字段,将占用扣除被固定占用的宽度的剩余宽度。

上述代码中通过宏定义取得数组元素个数的方法我们很熟悉了,这种方法wxWidgets库也在使用,并提供宏"WXSIZEOF(数组变量)"以便简化处理:

```
int status_fields_widths[] = {-1, 120, 140};
this->SetStatusWidths(WXSIZEOF (status_fields_widths), status_fields_widths);
```

确实很方便,但《白话C++》并不推荐全面了解wxWidgets库中许多细节技术,为什么呢?在后面的"常用工具类"一节再详谈。

11.4.3 工具栏

wxWidgets项目向导没有生成工具栏,这可不好,传统的框架型应用可以没有状态栏,甚至没有主菜单,但工具栏真的很需要。

创建一个工具栏,最难的是为工具栏上的"工具按钮"配图标。在Windows上使用".ico"格式,要找免费的图标工具还有点小难,我直接上"http://www.xiconeditor.com/"网站上画了几个尺寸为16 x 16像素的图标,然后在wx28_gui项目下创建一个子文件夹名为icons,把这些图标取好名字,都扔进去,如图11-18所示。

其中"blue_txt.ico"和"red_txt.ico"的颜色不一样。

1. 加入工具栏

首先用一行代码创建出工具栏:

```
wxToolBar * tb = this->CreateToolBar();
```

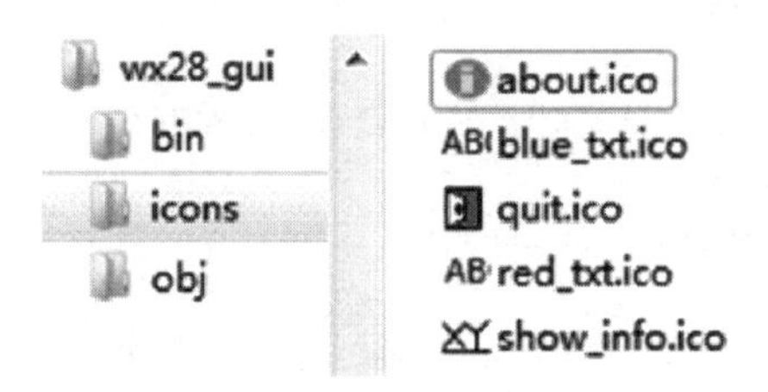

图 11-18 准备图标

Windows 下的效果如图 11-19 所示。

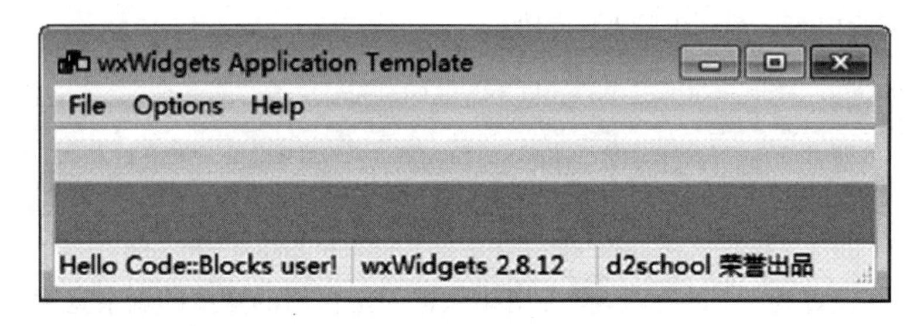

图 11-19 空的工具栏

2. 加入普通工具按钮

接着创建第一个工具图标：

```
wxIcon iconQuit(wxT("icons/quit.ico"), wxBITMAP_TYPE_ICO, 16, 16);
tb->AddTool(idMenuQuit, _("Quit"),  iconQuit,  _("Quit Application"));

tb->Realize();
```

第一行代码创建一个图标(ICON)对象，在 wxWidgets 中是 wxIcon 类(wxICON 则是一个宏)。构造函数第一个入参是文件，第二个参数是一个枚举值，用于指示图片格式是 ICO 类型(小心，不要写成“wxBITMAP_TYPE_ICON”)，后面两个参数是图标的大小(在 Windows 下一个文件可以包含多种尺寸的图标数据)。

第二行代码往工具栏添加一个工具按钮(tool-button)，wxToolbar::AddTool() 函数有许多重载版本，我们使用的是：

```
// the most common AddTool() version
wxToolBarToolBase * AddTool(int toolid,
                            const wxString& label,
                            const wxBitmap& bitmap,
                            const wxString& shortHelp = wxEmptyString,
                            wxItemKind kind = wxITEM_NORMAL)
```

第一个入参 tooid 就是将来事件的命令 ID，通常和对应的菜单项取同一个 ID，比如这次的 idMenuQuit；第二个入参是工具图标的标签文字，不过默认情况下工具栏隐藏了工具按钮的标签。接下来需要一个“位图”对象（但为什么我们传入 wxIcon 对象也可行呢？因为 wxBimap 有一个源自 wxIcon 的转换构造函数，并且没有声明为 explicit，于是根据“一次帮忙原则”……），显然这就是要显示的工具按钮的图标。最后，两个入参分别是工具按钮的提示内容和类型。

第三行代码调用 wxToolbar 的 Realize()函数，在加入或修改工具栏的布局之后，必须调用该函数才能起效。看看效果，这回我们只看工具栏，如图 11－20 所示。

图 11－20　加入一个按钮的工具栏

那图标是我画的一扇门，画得还可以吧？更神奇的是当你单击它时，程序真的就退出了。因为 ID 和之前的 Quit 菜单项相同，所以单击该按钮触发同一事件，触发事件过程如图 11－21 所示。

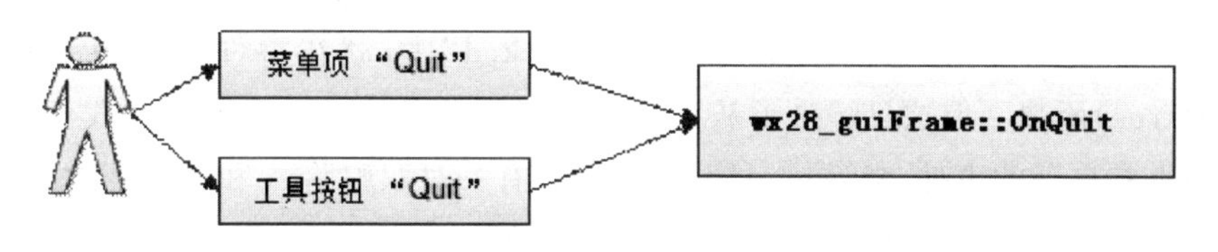

图 11－21　不同触发源因 ID 相同，触发同一事件

也就是说，“退出”工具栏的按钮和“退出”菜单项是两个不同的对象，但由于二者拥有相同的 ID，所以它们被绑定了同一个目标事件 OnQuit 函数。但另一方面它们又是互相独立的，当它们被按下时，都直接造成事件函数被调用，无需经由另一方。你可以这样认为：当你单击工具栏上的“退出”按钮时，“退出”菜单项是完全无知觉的。

3. 加入 Check 类型工具按钮

加入 Check 型的工具按钮也就一行代码，但是……唉，还是先加上再说吧：

```
tb->AddCheckTool(idMenuShowMotionInfo
                , _("Show info")
                , wxIcon (wxT("icons/show_info.ico"), wxBITMAP_TYPE_ICO, 16, 16)
                , wxNullBitmap //按钮变灰时使用的图片，默认是由系统生成
                , _("Show motion info or no")); //提示
```

记得加在“tb->Realize();”这行代码之前，运行后就可以看到第二个工具按钮，并且它自动带有“选中”的状态，如图 11-22 所示。

图 11-22 有“Checked”状态的工具按钮

现在的问题是：当工具栏的按钮切换成选中状态时，同一 ID(idMenuShowMotionInfo)的菜单项“Show motion info”却浑然不知。前面已经分析过这其中的原因了，即尽管他们拥有同一 ID，可是二者“真的没有关系”。

4. 按钮与菜单项状态同步

之前我们没有为“Show motion info”菜单项绑定过事件，全靠在 OnPaint 函数中读取它的状态来决定是否显示鼠标的坐标信息。现在我们希望用户也可以从工具按钮来控制“是否显示鼠标移动信息”的状态，可是工具按钮和菜单按钮的状态却不同步，那前者岂不成了摆设？

有个直观的解决方法，思路是：让工具栏按钮有自己的 ID，并且为它绑定事件，当按钮事件发生时，比如它发现自己被“Checked”了，就在事件里调用菜单项的 Check(true)函数。但这只解决了从工具栏按钮到菜单项的单向同步。我们还得让菜单项也有自己的事件，然后……简单地说吧，有一对双胞胎 A 和 B 分居北京上海，但又想做到两人每时每刻穿的衣服是同一款，怎么办？当 A 换衣服时打电话通知 B，当 B 换衣服时也要打电话通知 A……小心死循环呀。这个思路太烦了，并且有可能造成未来的麻烦，因为在程序世界中，为了方便用户，“三胞胎”的事情也常有，比如哪天再有个“右键菜单”，三者互相通知，太烦了。

【重要】：代码别扭，当思设计

有时候写代码会让我们烦，并不是因为逻辑上很复杂，往往是一个并不重要的功能，却被我们写得很复杂，比如前例。这时候千万不要说“wxWidgets 怎么连这样的‘同步’功能都不给提供”，或者干脆怀疑“是不是底层的操作系统就是这么弱智……鄙视！”

IT 行业的许多知识都很容易过时，所以有经验的 IT 前辈有时候就是比你多一样技能，那就是他们总是能做出正确的基本判断。其中一类判断就是判断自己可能在哪里出错了，然后停下工作，开始寻找正确的做法。不会做这种判断的人，则一边骂骂咧咧一边挽起袖子坚持着自己已经觉得非常别扭的方法并做到底……

什么叫"正确的基本判断"? 比如说"世上还是好人多",这就是一个正确的基本判断;再比如:操作系统以及 wxWidgets 应该有个优雅的方法,来解决"同一事件但不同入口的 UI 元素之间的状态同步"问题。

Windows 操作系统(其他的也类似)提供了一类消息叫"应用空闲消息 (App Idle)"。这类消息会在应用空闲时主动发送出来,我们可以为这类消息绑定事件函数,利用程序空闲时间来更新 UI 元素的状态显示。

为了在应用程序空闲时的事件函数中,能够知道"Show Motion info"菜单项和工具栏应该处于"选中"还是"没选中"状态,我们用一个成员数据"bool showMotionInfo"保存用户最后一次的选择(不管是通过菜单项还是工具按钮),并记得在构造函数时将它初始化为 false。首先为 idMenuShowMotionInfo 绑定事件函数:

```
    EVT_MENU(idMenuShowMotionInfo, wx28_guiFrame::OnShowMotionInfo)
```

它的实现只是更新 showMotionInfo 的布尔值,判断依据是事件提供的 IsChecked()函数,该函数告诉我们,当事件发生时(用户单击了菜单或工具按钮),对应 UI 元素的选中状态:

```
void wx28_guiFrame::OnShowMotionInfo(wxCommandEvent & event)
{
    this->showMotionInfo = event.IsChecked();
}
```

然后 OnPaint 函数中需要改为通过"this->showMotionInfo"来决定是否输出鼠标位置信息:

```
void wx28_guiFrame::OnPaint(wxPaintEvent &event)
{
    bool show_motion_info = this->showMotionInfo;
        // = this->GetMenuBar()->IsChecked(idMenuShowMotionInfo);上一版本的代码

    ......
}
```

如果现在运行程序,会发现菜单项和工具按钮都运行良好,各自逻辑也正确,唯一的问题就是二者之间不同步,那感觉就像你有两个领导,一个叫你往东,一个叫你往西……而你根据最后一次的命令执行,倒也正确,但两个领导之间对此事的状态掌握,将不一致。

wxWidgets 提供了 wxUpdateUIEvent 事件用于在应用程序空闲时,逐一更新各个 UI 元素的状态,以期望让它们都有机会更新成最新的状态。本例中我们当前只需要关心 ID 为 idMenuShowMotionInfo 的两个 UI 元素之间的状态。请在类中增加事件函数声明:

```
    void OnUpdateShowMontionInfo(wxUpdateUIEvent & event);
```

然后在事件表中绑定：

```
EVT_UPDATE_UI(idMenuShowMotionInfo, wx28_guiFrame::OnUpdateShowMontionInfo)
```

注意，绑定“状态更新”的事件，需要使用宏“EVT_UPDATE_UI”。最后实现这个事件响应函数如下：

```
void wx28_guiFrame::OnUpdateShowMontionInfo(wxUpdateUIEvent & event)
{
    event.Check(this->showMotionInfo);
}
```

wxUpdateUIEvent 类有一个“Check(bool checked)”的成员函数，它用于修改当前正在进行状态判断的 UI 元素的选中状态，整个过程如图 11-23 所示。

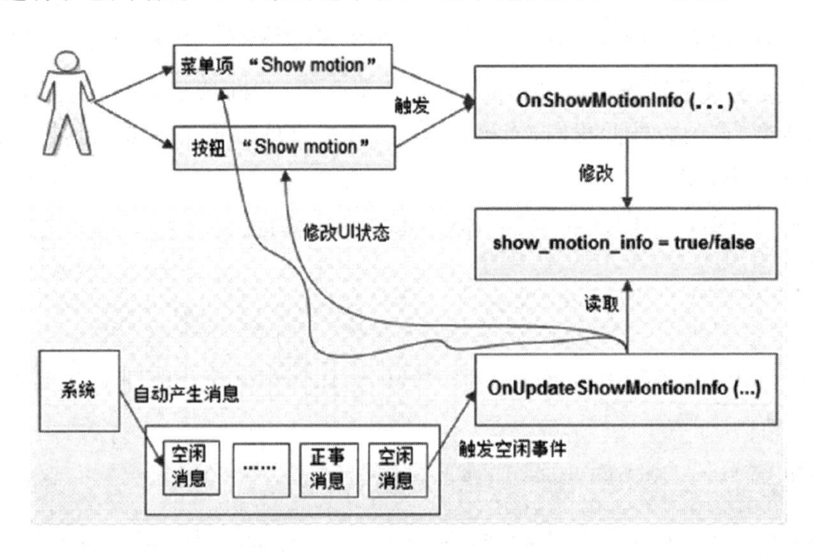

图 11-23　UI 元素状态“自动更新”过程

只要一个应用的主消息循环没收到代表“正事”的消息，就可认定它正闲着。以 CPU 的处理速度，哪怕你抓着鼠标在应用窗口上到处狂奔，它也能在这个过程中及时地夹塞进入许多空闲消息，所以不用担心空闲消息不够及时。有趣的是，反过来我们又不用担心因为空闲事件太多而造成 UI 界面性能受损，因为当产生这类消息时，就表明应用程序当前闲得慌，怎么会有性能问题呢？啊，多优雅的机制啊……

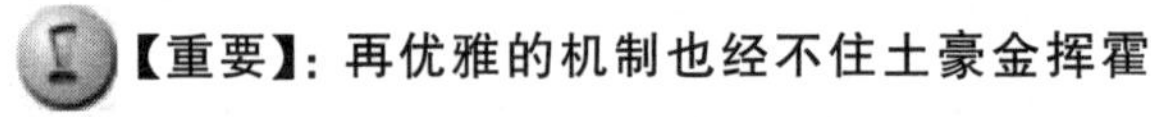

【重要】：再优雅的机制也经不住土豪金挥霍

根据以上设计，显然 wxUpdateUIEvent 事件响应，应该仅用于修改 UI 的状态。如果你非要在处理 wxUpdateUIEvent 的事件函数中做耗时的操作，那神也挡不住你的应用程序会变得行动缓慢。

5. 加入 Radio 类型工具按钮

有了 Check 类型的菜单及工具按钮状态同步的经验，加入“红”“蓝”颜色选择切换的工具按钮及相关处理就非常简单了。首先加入两个按钮，它们是 ID 相连的一组 Radio Button：

```
    tb->AddRadioTool(idMenuBlueText, _("Blue text")
                    , wxIcon(wxT("icons/blue_txt.ico"), wxBITMAP_TYPE_ICO, 16, 16)
                    , wxNullBitmap
                    , _("Set text blue")
                    );

    tb->AddRadioTool(idMenuRedText, _("Red text")
                    , wxIcon(wxT("icons/red_txt.ico"), wxBITMAP_TYPE_ICO, 16, 16)
                    , wxNullBitmap
                    , _("Set text red")
                    );
```

然后让它们和对应的菜单项保持状态一致，我们声明及实现成员函数 OnUpdateTextColor()：

```
void wx28_guiFrame::OnUpdateTextColor(wxUpdateUIEvent & event)
{
    event.Check(this->selectedColorId == event.GetId());
}
```

然后绑定：

```
    EVT_UPDATE_UI(idMenuBlueText, wx28_guiFrame::OnUpdateTextColor)
    EVT_UPDATE_UI(idMenuRedText, wx28_guiFrame::OnUpdateTextColor)
```

6. 加入工具分隔按钮

为了美观，我们在第 1 个按钮之后和第 2 个按钮之后都加入一个分隔线，加工具栏分隔线的代码是：

```
    tb->AddSeparator();
```

最终运行结果如图 11 - 24 所示。

7. 打包资源文件

前例中工具栏按钮所需的图标文件存储在程序之外的文件夹中，发布这个程序你需要随身带着这个文件夹，并且放好位置（和可执行文件同一目录），这倒也有好处：若嫌图标不好看，想换一下很方便。也可以把这些图片（以下称为资源）和可执行文件打包，当程序运行时，让其从自己身上读取这些资源数据。

在 Linux 下，图片可以用 C 语言的数组来表达（非常有趣不是），从而直接 in-

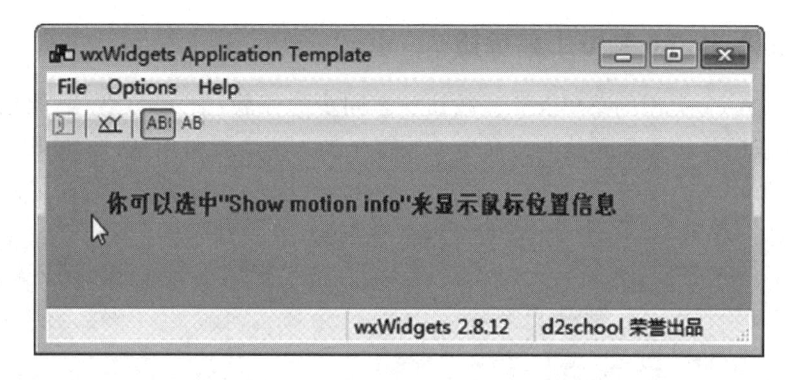

图 11-24 带工具栏的 Frame 应用

clude 到要使用这些图片的 CPP 文件中即可；在 Windows 下需要使用特定格式的“资源文件”描述，然后使用专门的资源编译工具(windres. exe)将其编译。

从项目树中双击打开 resource. rc(在 Resources 节点下)，然后在 aaaa ICON "wx/msw/std. ico" 之后，加入以下内容：

```
quit_ico ICON "icons/quit.ico"
show_info_ico ICON "icons/show_info.ico"
blue_txt_ico ICON "icons/blue_txt.ico"
red_txt_ico ICON "icons/red_txt.ico"
```

这就是资源文件对 ICON 的描述形式，第一个单词是用于访问该资源的关键字，接着的 ICON 表明该资源为图标，最后带引号的内容是该资源所在文件。

代码中需要加载相应图标资源时，原先是直接从文件中读取，现在需要改为从程序自身的资源数据中读取，我们以 quit 的按钮图标为例：

```
    wxIcon iconQuit(wxT("quit_ico"), wxBITMAP_TYPE_ICO_RESOURCE, 16, 16);
```

也可以直接在添加按钮时指定，以“关于”按钮为例：

```
    tb->AddTool(idMenuAbout, _("About")
            ,wxIcon(wxT("about_ico"), wxBITMAP_TYPE_ICO_RESOURCE, 16, 16)
            , _("About the application")
            );
```

第一个参数从文件名变成在资源文件中定义的资源关键字，第二个参数加了“_RESOURCE”后缀(再次提醒，ICO 不要写成 ICON)，以示图标来源发生变化。其他图标请各位依葫芦画瓢进行修改。最后编译出来的程序，又可以单独运行了。

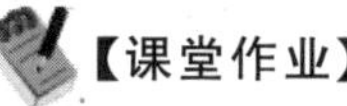

【课堂作业】：添加工具栏按钮

请为本应用加入“About”命令的工具栏按钮。

11.5 基于对话框的应用

11.5.1 应用初始化

“感受篇(二)”中的“Hello GUI”项目,我们第一次接触GUI的项目,就是一个基于对话框(dialog)的wxWidgets应用,请打开它,看这个函数(代码中有一些特殊格式的注释是集成的wxSmith设计器所需,阅读时可以忽略,但不能删除):

```
bool HelloGUIApp::OnInit()
{
    //(*AppInitialize
    bool wxsOK = true;
    wxInitAllImageHandlers();
    if ( wxsOK )
    {
        HelloGUIDialog Dlg(0);
        SetTopWindow(&Dlg);
        Dlg.ShowModal();
        wxsOK = false;
    }
    //*)
    return wxsOK;
}
```

在App的初始化过程中,首先调用wxInitAllImageHandlers(),以获得处理多种图片格式的能力,这并不是基于对话框的wxWidgets应用独有的,也不是必须的,只不过项目向导程序觉得这样比较省事,结果可能让程序文件尺寸变大了点。

对wxsOK的判断也不是必须的,看上去还冗余。不过这个冗余的写法暗示我们:如果本程序有额外的初始化工作应该在该判断之前进行,并且初始化过程如果失败,可以体现到wxsOK变量的值上。

wxsOK还有一个作用:最后它被设置为false,然后作为本函数的返回值,程序退出。真正用于显示对话框的是这三行:

```
HelloGUIDialog Dlg(0);
SetTopWindow(&Dlg);
Dlg.ShowModal();
```

第一行创建一个对话框栈对象,构造入参是0,表示这个对话框没有父窗口,因为它自己就是这个程序的唯一窗口,但对于一个对话框还需要额外地调用SetTop-Windows告诉wxApp,它就是本程序的主窗口。第三行以“模态”的形式,显示该对话框。

【小提示】：什么叫"模态窗口"？

当一个窗口(包括对话框)弹出时，应用程序的用户必须在该窗口上处理完事情，然后关闭该窗口才能回到应用程序的其他界面。而"无模态"的窗口可以安静地呆在边上，你需要时才到该窗口上做点操作。

本例中当前对话框因为是主窗口，如果关闭它就代表程序退出。所以程序其实是在该对话框的 ShowModal()函数内部堵塞住了，直到我们关闭该对话框。

本例以及前例还有一类典型的"模态"窗口就是单击"关于"之后弹出的消息框。

11.5.2 对话框

```
class HelloGUIDialog: public wxDialog
{
    public:

        HelloGUIDialog(wxWindow * parent,wxWindowID id = -1);
        virtual ~HelloGUIDialog();

    private:

        //(*Handlers(HelloGUIDialog)
        void OnQuit(wxCommandEvent & event);
        void OnAbout(wxCommandEvent & event);
        //*)

        //(*Identifiers(HelloGUIDialog)
        static const long ID_STATICTEXT1;
        static const long ID_BUTTON1;
        static const long ID_STATICLINE1;
        static const long ID_BUTTON2;
        //*)

        //(*Declarations(HelloGUIDialog)
        wxButton * Button1;
        wxStaticText * StaticText1;
        wxBoxSizer * BoxSizer2;
        wxButton * Button2;
        wxStaticLine * StaticLine1;
        wxBoxSizer * BoxSizer1;
        //*)

        DECLARE_EVENT_TABLE()
};
```

OnAbout(...)和 OnQuit(...)应该都觉得很熟悉，它们是事件响应函数，但这回不是响应菜单或工具栏按钮，而是显示对话框身上的普通按钮。

在基于框架窗口的应用中，菜单的ID值采用枚举定义，在对话框中则采用“static const long(静态常量数据)”定义，其实无所谓，enum方法需要手工设置ID的值，而采用静态常量方法，可以通过函数产生ID值，从而更容易产生不重复的ID。有个不好的地方是这些ID的名字，从名字上，比如“ID_BUTTON1”只能知道它是一个按钮，到底是“退出”还是“关于”就得靠猜了。

实际的wxWidgets图形对象在下一段出现，比如Button1、StaticText1……同样的问题就是没有合适的变量名。最后也有一个DECLARE_EVENT_TABLE()，表明这个对话框也需要处理事件，事实上这应该是所有我们创建的wxWidgets窗口类的标配。

HelloGUI项目采用wxSmith作为GUI设计器，下面我们就通过它订正前述不妥当的命名。请双击项目管理树中的“HelloGUIdialog.wxs”文件，再切换到项目管理的“R资源(esources)”面板。在可视化设计界面中，选中“关于”按钮，资源面板底部的组件属性显示如图11-25所示。

Label	关于
Is default	☐
Var name	Button1
Is member	☑
Identifier	ID_BUTTON1
Class name	wxButton

图11-25 “关于”按钮的部分属性

修改Var name的值为ButtonAbout，修改Identifier的值为ID_BUTTON_ABOUT，其他组件类似。

**【课堂作业】：复习Hello GUI课程**

Hello GUI系列的课程，结合多个实例详细地讲解了如何使用wxSmith实现布局，请即刻开始复习，建议是在阅读课程的基础上，重新实现一次课程的例子项目。

11.6 事 件

11.6.1 类“事件表”声明

在wx28_guiFrame和HelloGUIDialog的类定义中都有一个宏：DECLARE_EVENT_TABLE()，名字直译是“声明事件表”，那实质内容呢？

```
#define DECLARE_EVENT_TABLE() \
    private: \
        static const wxEventTableEntry sm_eventTableEntries[]; \
    protected: \
        static const wxEventTable          sm_eventTable; \
        virtual const wxEventTable *       GetEventTable() const; \
        static wxEventHashTable            sm_eventHashTable; \
        virtual wxEventHashTable &         GetEventHashTable() const;
```

果然,它"自作主张"地为当前的 class 加入了五个成员,三个静态常量成员数据,两个虚函数。在 wxWidgete 的设计中,一个类要能够自行响应事件,必须拥有这些"隐藏在背后"的家伙,这里做一个简单介绍:

(1) sm_eventTableEntries[]

一个大小暂未确定的数组,用来存储本类的"事件入口项(wxEventTableEntry)",而"事件入口项"就是我们在 CPP 文件中加入"EVT_CLOSE""EVT_MOTION"及"EVT_MENU"(它们也是宏)等内容时,所产生的数据。每一个事件入口项,都记录事件 ID 和事件函数的绑定关系。程序运行之后,一旦某个事件发生(比如某个按钮被按下),程序会得到这个事件的 ID,然后优先在当前类的事件入口表(sm_eventTableEntries[],所以这里的"表"其实是一个"数组")中查找是不是存在对应的事件入口,找到了就调用对应的事件函数,找不到呢?请看下一点。

(2) sm_eventTable

这个名字叫 eventTable 的家伙又是什么表呢?它其实只是记录两个指针。一个指向刚刚的 sm_eventTableEntries,另一个则指向父类的同名数据。想像一下,如果父类又有父类,那这些数据之间是不是形成了一个链表?结果是从任何一个派生类出发都可以顺着这个链往上访问各级父类的"事件入口表"。刚才说如果在当前类中找不到某个事件的入口,怎么办呢?方法之一就是从这个节点往上爬,看看父类能不能帮忙处理一下,拼爹的现象无处不在。

(3) sm_eventHashTable

哈希表?前面的数组不是表,链表更不是表。真正的表是这个哈希表,而看到哈希表就基本可以判断它是为了性能而生了。没错,它的作用就是把刚刚的 sm_eventTable 转化成一张真正的表(哈希),实现从一个事件 ID 快速查找到对应的事件入口。在 wxWidgets 的源代码中我们找到了作者的注释:wxEventHashTable:a helper of wxEvtHandler to speed up wxEventTable lookups。

你定义了一个类,结果因为一个宏引来了好多"表叔表嫂",你的眉头皱起来了。好吧,让我们原谅 wxWidgets 的设计者吧,这样做只是为了性能。并且这些数据是"静态"的,所以是每一个类,而不是每一个对象都要背这些额外的内存开销。

【小提示】:事件表真的只能用宏吗

当然不是!C++的虚函数其实也是一种"表机制"。只是如果全部使用虚函数来实现一个窗口类的事件响应，那就代表基类必须把它能处理的所有事件都声明为虚函数(包括纯虚函数)……这样一来各方面的代价更大。OO 不合适，那可不可以采用类似 std::bind 的方法呢？当然可以！wxWidgets 提供了一套类似的方法，称为“事件动态绑定”，后面很快会碰到。接下来的问题是为什么不采用 std::bind 呢？答：因为 wxWidgets 比 std::bind 库足足大了两个辈份，不过最新版本(3.0)中已经采用了非常接近的设计。

这些宏定义尽管复杂，但用起来倒也方便。前面在实例中添加事件时你应该有所体会了，是不是有一种“不明觉厉”的感觉？有关“DECLARE_EVENT_TABLE()”需要知道的只剩三个小小的注意项。

第一个注意事项必须将它提升到“危险，请注意”的级别：

【危险】：发生一起“宏”定义粗暴对待 OO 的恶性事件

在类中加入“DECLARE_EVENT_TABLE()”之后，就会“偷偷地”改变当前类定义中成员的可访问范围，变成 protected。因此，当后续需要加入私有成员数据时，记得一定要明确无误地加入成员数据的可访问范围，比如上例中的 xPos 和 yPos：

```
private:  //<- - - - - - -明确加入类成员访问限定符
      int xPos, yPos;
```

哪怕你要加入的成员数据正好也是 protected 类型，我也强烈建议不要去省这10个字母。另外一种更好的做法是：一直让这个宏出现在类定义的最后面就好！

第二个注意事项：并不是任何类加入一个“DECLARE_EVENT_TABLE()”就可以处理事件，它必须派生自 wxEvtHandler 类。所有 wxWidgets 类系的窗口类都符合这一条件。

最后一个注意事项涉及到 wxWidgets 3.0 的变化，我们把它写成“提示”吧：

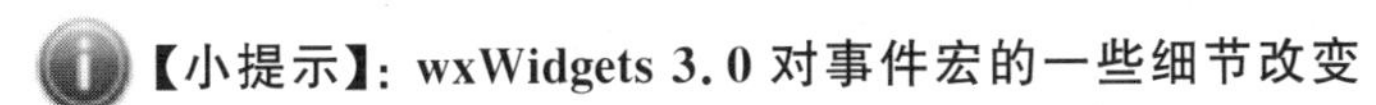

【小提示】：wxWidgets 3.0 对事件宏的一些细节改变

DECLARE_EVENT_TABLE 宏以及后面将提及的：BEGIN_EVENT_TABLE 和 END_EVENT_TABLE，在 wxWidgets 3.0 中都被推荐加上 wx 前缀，变成诸如“wxDECLARE_EVENT_TABLE”，理由是为了避免和其他库的宏定义恰巧重名。其中“wxDECLARE_EVENT_TABLE();”还要求用分号结束，理由是为了让它看起来更像是一行正常的 C++语句。

11.6.2　静态事件表

在类定义中声明的各类事件表数据，它们的初始化过程在编译过程中就完成了，在 CPP 文件的一些代码中，如下所示：

```
BEGIN_EVENT_TABLE(wx28_guiFrame, wxFrame)
    EVT_CLOSE(wx28_guiFrame::OnClose)
    EVT_MOTION(wx28_guiFrame::OnMotion)
    EVT_PAINT(wx28_guiFrame::OnPaint)
    EVT_MENU(idMenuQuit, wx28_guiFrame::OnQuit)
    EVT_MENU(idMenuAbout, wx28_guiFrame::OnAbout)

    EVT_MENU(idMenuAboutAuthor, wx28_guiFrame::OnAboutAuthor)
    EVT_MENU(idMenuShowMotionInfo, wx28_guiFrame::OnShowMotionInfo)
    EVT_UPDATE_UI(idMenuShowMotionInfo, wx28_guiFrame::OnUpdateShowMontionInfo)

    EVT_UPDATE_UI(idMenuBlueText, wx28_guiFrame::OnUpdateTextColor)
    EVT_UPDATE_UI(idMenuRedText, wx28_guiFrame::OnUpdateTextColor)

    EVT_MENU(idMenuBlueText, wx28_guiFrame::OnTextColorSelected)
    EVT_MENU(idMenuRedText, wx28_guiFrame::OnTextColorSelected)
END_EVENT_TABLE()
```

将其中的“BEGIN_EVENT_TABLE(wx28_guiFrarme, wxFrame)”展开后，会得到不少的代码，在此一段一段地讲解(为了讲解效果，实际代码次序略有调整)：

```
const wxEventTable wx28_guiFrame::sm_eventTable =
    { &wxFrame::sm_eventTable, &wx28_guiFrame::sm_eventTableEntries[0] };
```

首先是类的静态成员数据 sm_eventTable 的定义，如前所说它有两个数据，一个指向基类 wxFrame 的同名成员，另一个指向自己的事件表入口。

```
wxEventHashTable wx28_guiFrame::sm_eventHashTable(wx28_guiFrame::sm_eventTable);
```

接着是哈希表数据的定义，它从“sm_eventTable”构造而得。再下来是两个简单的 get 函数，一看就懂：

```
const wxEventTable * wx28_guiFrame::GetEventTable() const
{
    return &wx28_guiFrame::sm_eventTable;
}

wxEventHashTable &wx28_guiFrame::GetEventHashTable() const
{
    return wx28_guiFrame::sm_eventHashTable;
}
```

最后才是重点，它定义了一个事件入口项的数组：

```
const wxEventTableEntry wx28_guiFrame::sm_eventTableEntries[] = {
```

这个定义显然没有结束，它只是停在“{”，所以可以猜到最后的 END_EVENT_TABLE()宏应该要有一个“};”来结束这个数组的初始化。

中间那些一行一行的“EVT_XXXX”，每一项就定义一个 wxEventTableEntry

对象,只是不同类型的事件可能会有不同的构造入参类型及个数。

比如"EVT_CLOSE""EVT_MOTION"和"EVT_PAINT"只需一个入参(成员函数指针),这是因为对于一个窗口,关闭事件、鼠标移动事件和绘图事件的ID都是固定的——哪怕一台计算机插着一黑一白两个鼠标,当它们分别在窗口移动时,操作系统都只是把它们归为"鼠标移动事件"发给程序,到底是白鼠标还是黑鼠标呢?操作系统不想弄这麻烦事。而菜单项就不一样了,传统的应用通常只有一个主菜单,但菜单项却可能非常多。所以在事件产生时,wxWidgets 会告诉我们到底是哪个 ID 的菜单项被选中。这就是 EVT_MENU 和 EVT_UPDATE_UI 等事件入口需要多出一个 ID 入参的原因。

以上代码产生的事件绑定数据是类的静态成员数据,供所有由该类产生的对象共用,并且它是在编译期间就完成了数据的初始化,所以被称为"静态事件表"。

11.6.3 动态绑定事件

使用静态绑定事件,事件的处理关系一目了然,有利于阅读者快速了解(特别当你有好多好多种类的事件需要处理时)。但事件与处理函数的关系一经静态绑定就不好改变了,并且它不支持跨类绑定,比如将 A 类的事件绑定到 B 类的函数去处理;另外它是在程序编译时就早早设定了事件绑定关系(往严重了说就是指腹为婚),而有时我们需要做一些工作之后才好确定这种关系。

wxWidgets 提供了另一种事件绑定机制:动态绑定,具有更好的灵活性。它可以:

(1) 支持在程序运行期才决定或修改绑定关系;

(2) 支持跨类绑定(虽然不太推荐初学者这样做);

(3) 可以忘掉那些让人"不明觉厉"的宏。

好处这么多,所以建议在掌握静态绑定事件的方法之后,自己写的程序可以多采用动态绑定的方法,除非确实有太多事件要处理。采用动态绑定事件的类,仍然必须派生自 wxEvtHandler——由该基类提供的"Connect()"函数实现绑定,没错,叫"(connect)连接"而不是"bind(绑定)"。

打开"Hello GUI"项目,进入 HelloGUIMain.cpp,我们看到它的事件是空的,原来 wxSmith 向导虽然也生成了静态事件表,但却又弃之而使用动态绑定(它或许有意无意暗示了一个事实——静态绑定和动态绑定可以并存),请看 HelloGUIDialog 的构造函数最后有这样两行(为方便阅读,拆成多行):

```
Connect(ID_BUTTON_ABOUT
    , wxEVT_COMMAND_BUTTON_CLICKED
    , (wxObjectEventFunction)&HelloGUIDialog::OnAbout);

Connect(ID_BUTTON_QUIT
    , wxEVT_COMMAND_BUTTON_CLICKED
    , (wxObjectEventFunction) &HelloGUIDialog::OnQuit);
```

第一个入参是按钮的 ID,也是将来事件发生时的 ID。

第二个参数是事件类型的 ID,请注意它不是事件的 class,它是一个整数值,但又不是事件 ID。

第三个参数是成员函数的地址。

**【重要】: wxWidgets 新版新的动态绑定事件函数:Bind**

使用 Connect 函数动态绑定事件,代码需要将事件函数强制转换为 wxObjectEventFunction。wxWidgets 2.9 版本中 Connect 仍然可用,但它还提供模板风格的 Bind < > ()函数,它可以自动推导出事件函数的类型,相比 Connect 更加简便和灵活,包括可以绑定自由函数、静态成员函数甚至函数对象(这可是现代风格的 C++编程少不了的呀)。所以在 2.9 版本更推荐使用 Bind 函数。

另外,表面上看使用 Connect 函数动态绑定事件,需要多给出一个"事件类型"ID 的信息;但在静态绑定时,需要区分"EVT_CLOSE""EVT_MOTION"和"EVT_PAITN"等,事件类型其实隐藏在这些不同的宏之后。

要了解各种事件的类型 ID 名称,需要查看完整的 wxWidgets 文档,也可以查看头文件"wx/event.h"。我们已经碰上几类事件的类型 ID 说明,如表 11-3 所列,请特别注意 3.0 版本中的名称改进。

表 11-3 学习中的几类典型事件

事件类型 ID	事件类型说明	wxWidget 3.0 改名
wxEVT_COMMAND_BUTTON_CLICKED	按钮按下	wxEVT_BUTTON
wxEVT_COMMAND_MENU_SELECTED	菜单项被选中	wxEVT_MENU
wxEVT_COMMAND_TOOL_CLICKED	工具栏按钮被单击	wxEVT_TOOL
wxEVT_MOTION	鼠标移动	
wxEVT_UPDATE_UI	UI 元素更新	

在 3.0 版本中,基本就是静态绑定中的"EVT_XXX"前面加上 wx 前缀,就成为动态绑定时所需要的事件类型 ID。

打开 wx28_gui 项目,实现两件动态绑定事件的演示。一是将原有的 OnAboutAuthor 菜单事件改成动态绑定:

步骤 1:首先在 wx28_guiMain.cpp 文件的事件表中,将 idMenuAboutAuthor 所在行的代码注释(建议编译一下新代码运行,测试对应的菜单项是否还能工作);

步骤 2:在 wx28_guiFrame 构造函数尾部,加入以下绑定代码:

```
this ->Connect(idMenuAboutAuthor
        , wxEVT_COMMAND_MENU_SELECTED //菜单项选中的事件类型 ID
        , (wxObjectEventFunction ) &wx28_guiFrame::OnAboutAuthor);
```

再次编译运行,又可以看到作者的介绍了。

二是新增一个按钮并为它动态绑定事件函数：

步骤1：在头文件中，增加名为idButtonDemo的事件ID枚举项，用它作为即将新增的按钮的事件ID。

步骤2：然后在构造函数，加入以下代码：

```
//wxButton * btn =
new wxButton(this , idButtonDemo, wxT("About")); //新增一个按钮，它将充满窗口

Connect(idButtonDemo
        , wxEVT_COMMAND_BUTTON_CLICKED //按钮单击的事件类型 ID
        , (wxObjectEventFunction) &wx28_guiFrame::OnButtonDemoClicked);
```

不需要为按钮指定一个变量，直接创建它，并且指定当前框架窗口是它的父窗口（按钮的生杀大权也默认交由框架窗口处理）。

步骤3：在头文件中加入OnButtonDemoClicked成员函数声明，在CPP文件加入它的实现为：

```
void wx28_guiFrame::OnButtonDemoClicked(wxCommandEvent & event)
{
    wxString msg;
    msg << wxT("源于动态绑定的事件,ID = ") << event.GetId();
    wxMessageBox(msg, wxT("按钮单击事件"));
}
```

11.7　实例一：Windows屏幕保护程序

当用户不操作电脑一段时间，Windows支持运行一种全屏的程序，通常是在屏幕上展现一些奇奇怪怪的东西，或者就是干脆黑屏……直到用户又有了输入（动了鼠标或拍下键盘），这个程序就自动退出。这种程序就叫“屏幕保护”，至于保护的是什么？省电？隐私？视力？还是什么？我们不管，我们做这个例子是要复习一下事件绑定。

基本思路就是：先显示一个全屏窗口，然后绑定所有鼠标事件和键盘事件，一旦触发程序就退出。

11.7.1　使用向导创建项目

向导过程中几个关键配置请按下述说明填写。

(1) 取好项目名称：wxScreenSave，如图11-26所示；

(2) 仍然不采用GUI可视化助手，并且主界面将基于对话框实现，如图11-27所示；

(3) 采用UNICODE并且不使用动态库，如图11-28所示；

(4) 带上JPEG和TIFF图形支持库，如图11-29所示。倒不是要在本例中显

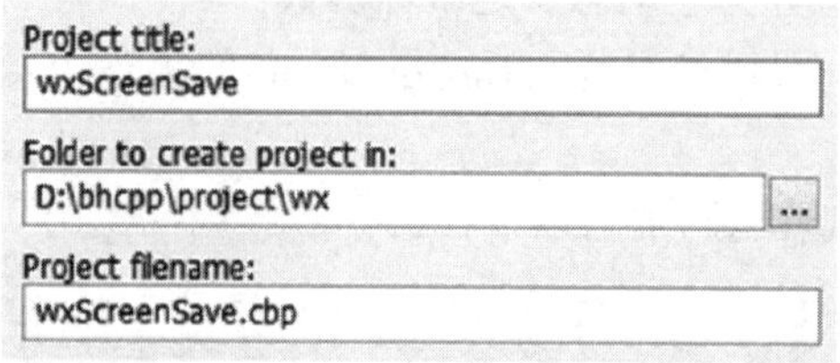

Project title:
wxScreenSave
Folder to create project in:
D:\bhcpp\project\wx
...
Project filename:
wxScreenSave.cbp

图 11-26　项目名称

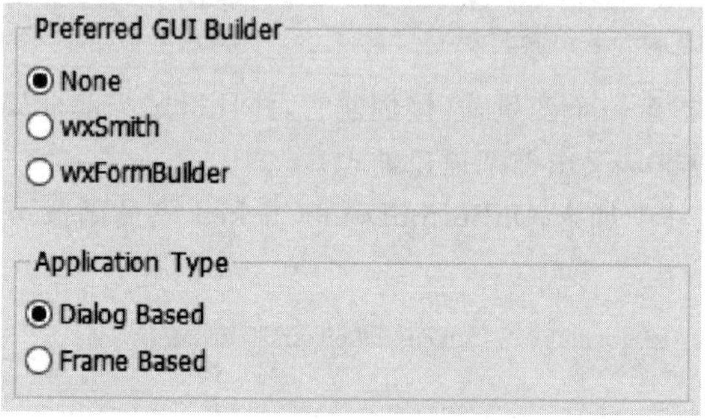

Preferred GUI Builder
None
wxSmith
wxFormBuilder
Application Type
Dialog Based
Frame Based

图 11-27　GUI 助手和主界面类型

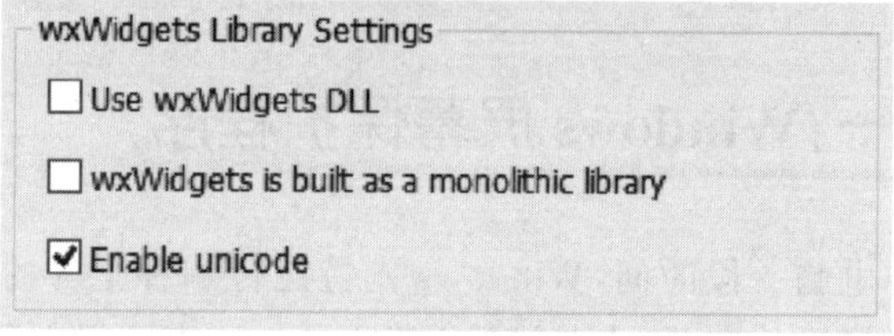

wxWidgets Library Settings
Use wxWidgets DLL
wxWidgets is built as a monolithic library
Enable unicode

图 11-28　wxWidgets 库设置

示什么图形,是一些基本功能需要它们。

wxNet
wxGl
wxQa
wxXml
wxAdv
wxHtml
wxJpeg
wxTiff
wxRegex

图 11-29　JPEG 和 TIFF 图形格式支持

11.7.2　配置屏保文件扩展名

Windows 下可执行文件的默认扩展名是“.exe”,不过屏幕保护程序的扩展名必须是“.scr”(Screen 的简写)。尽管可以在生成后再人工修改,但 CodeBlocks 允许我们配置生成文件的名称,如图 11-30 所示。请在主菜单“Project”下找到“Properties……”,进入“Build targets(构造目标)”页,将 Debug 和 Release 的“Output filename(输出文件名)”的扩展名都改为“.scr”,注意 Debug 和 Release 页面中,都需要先去除“自动生成扩展名”,再做修改。

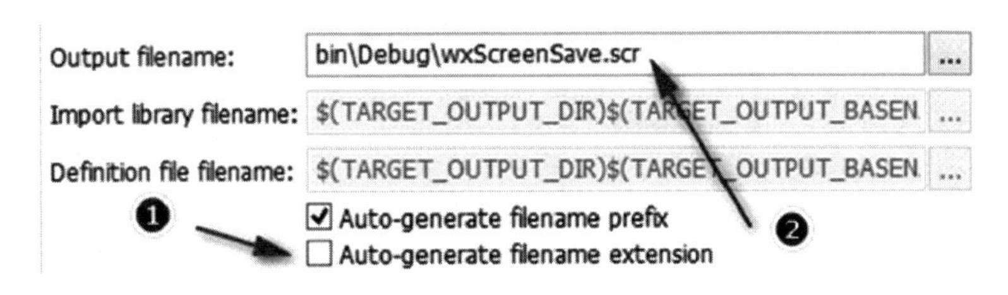

图 11-30　设置生成文件的扩展名

11.7.3　清理不需要的代码

向导生成代码,含有一些示例逻辑,我们将这部分清除掉,先清除 wxScreenSave.h 的内容,只留以下内容:

```
#ifndef WXSCREENSAVEMAIN_H
#define WXSCREENSAVEMAIN_H

#ifndef WX_PRECOMP
    #include < wx/wx.h >
#endif

#include "wxScreenSaveApp.h"

class wxScreenSaveDialog: public wxDialog
{
    public:
        wxScreenSaveDialog(wxDialog *dlg, const wxString& title);
        ~wxScreenSaveDialog();
    private:
        void OnClose(wxCloseEvent &event);

        DECLARE_EVENT_TABLE()
};

#endif // WXSCREENSAVEMAIN_H
```

即只有构造、析构和关闭事件。wxScreenSave.cpp 需要清除的内容更多,最后只剩下:

```
#ifdef WX_PRECOMP
#include "wx_pch.h"
#endif

#ifdef __BORLANDC__
#pragma hdrstop
#endif //__BORLANDC__

#include "wxScreenSaveMain.h"

BEGIN_EVENT_TABLE(wxScreenSaveDialog, wxDialog)
    EVT_CLOSE(wxScreenSaveDialog::OnClose)
END_EVENT_TABLE()

wxScreenSaveDialog::wxScreenSaveDialog(wxDialog *dlg, const wxString &title)
    : wxDialog(dlg, -1, title)
{
}

wxScreenSaveDialog::~wxScreenSaveDialog()
{
}

void wxScreenSaveDialog::OnClose(wxCloseEvent &event)
{
    Destroy();
}
```

编译、运行,应能看到一个普普通通的对话框出现在屏幕上。特别强调一点,看看它是不是有一个再常见不过的标题栏?

11.7.4 让窗口占据整个屏幕

这里的"让窗口占据整个屏幕"的完整含义是:一是窗口没有标题栏,并且最大化显示、还要能够盖住屏幕上其他应用程序的窗口界面,这些初始化工作,都在对话框构造函数内处理。

首先是去除标题栏风格:

```
wxScreenSaveDialog::wxScreenSaveDialog(wxDialog *dlg, const wxString &title)
    : wxDialog(dlg, -1, title)
{
    //去除标题栏
    long styles = this->GetWindowStyle();
    this->SetWindowStyle(styles & (~wxCAPTION));
}
```

代码就两行。先得到窗口的当前风格,这需要一个 long 数字来保存,其中每一位(bit)代表一种风格。接着通过位操作,将 wxCAPTION 风格从原来的风格中去除，这是一种典型的位操作，再使用 SetWindowStyle()方法重新设置窗口风格。实际运行时窗口经历一个从有标题栏到没标题栏的变化过程，只是速度太快，我们肉眼看不到。

有没有可能在窗口创建时，就直接提出要求：我不要标题栏呢？也可以，但是这涉及到窗口创建的过程详解，请阅读以下重要提示。

【重要】：窗口构造过程详解及如何在代码中指定窗口风格

构建一个 C++窗口类的对象，和要求操作系统真实生成一个窗口，是两件不同的事。

本例中 C++窗口类是 wxScreenSaveDialog，我们创建(比如通过 new 操作)这个类的一个对象(在程序中的内存对象)，肯定会让操作系统真实生成一个窗口(在屏幕上的窗口图形)。但是在哪个时机向操作系统提出这个要求，有两种方法。

第一种方法是调用基类，由基类负责向操作系统提出申请，并完成图形窗口的产生。本例就是采用这种方法，在基类 wxDialog 构造完成，而 wxScreenSaveDialog 自身的构造过程还没开始时，图形窗口其实已经出现了。既然窗口已经产生了，并且默认还是有标题栏的，那么现在我们的工作就是将已经存在的标题去掉。所以才会有上述添加的两行代码。

第二种方法是不调用基类构造(实质是调用基类空构造)，由当前类自行向操作提出申请，这就需要调用 Create 方法，这样，就可以在申请时直接提出不想要标题栏的要求了：

```
/* 直接创建一个没有标题栏对话框的例子  */
wxScreenSaveDialog::wxScreenSaveDialog(wxDialog * dlg, const wxString &title)
{
    Create(dlg, wxID_ANY
            , title //标题
            , wxDefaultPosition, wxDefaultSize //位置,大小
            , wxDEFAULT_DIALOG_STYLE & (~wxCAPTION) //风格
            , wxT("wxID_ANY") //名字
          );
}
```

请分别测试一下两种让窗口没有标题栏的方法。顺便提示可以通过 Alt + F4 关闭窗口。

接下来，要让窗口充满全屏。这更简单，所有从 wxTopLevelWindow 派生下来的窗口类，都拥有三个方法：

① Maximize(bool)，入参为 true(默认值)时，让窗口最大化，否则恢复窗口原大小；

② Iconize(bool)，入参为 true(默认值)时，让窗口最小(也称为“图标化显示”)，否则恢复窗口原大小；

③ Restore(),恢复窗口原大小。

当前我们要做的是在构造过程中最大化:

```
    //去除标题栏
    ......

    //最大化显示
    this ->Maximize();
}
```

最后,让窗口在桌面顶层显示:

```
    ......
    //顶层显示
    this ->Raise();
}
```

编译、运行程序,一个灰灰的窗口充满了整个屏幕。

11.7.5 让屏幕变幻颜色

我们希望窗口的背景颜色定时发生随机变化,这就需要用到随机数、定时器和颜色,先包含三者的头文件:

```
#include < ctime > //使用当时时间作为初始化随机数种子
#include < cstdlib > //随机数

#include < wx/timer.h > //wxWidgets 的定时器
#include < wx/colour.h > //wxWidgets 的颜色
```

然后继续在构造函数中初始化三者,其中颜色总是以白色开始:

```
......
    //白色开始
    this ->SetBackgroundColour( * wxWHITE);

    //以当前时间,作随机数种子
    std::srand(std::time(NULL));

    //创建定时器
    wxTimer * timer = new wxTimer(this);
    //绑定定时器事件:
    this ->Connect (wxEVT_TIMER
                , (wxObjectEventFunction)(& wxScreenSaveDialog::OnTimer));
    //开始,3000 ms 是定时间隔
    timer ->Start(3000);
} //构造函数结束
```

做些解释:

① wxWindow::SetBackgroundColour()用于设置窗口的背景颜色。

② wxWHITE 是 wxWidgets 预置的几个颜色之一，其他还有：wxBLACK、wxRED、wxBLUE 和 wxGREEN 等，它们都是指针。

③ wxTimer 是定时类，所谓定时器就是每隔一段时间后，它会触发一个事件。

④ wxEVT_TIME 就是前面说的，定时器到点后，触发的事件类型。将它连接到 OnTimer 方法，定义见后面。

⑤ 定时器的 Start()方法：启动定时器，并且指定多久触发一次。它还有第二个入参可用于指定定时器是不是只触发一次（想像一下定时炸弹），默认为 false，表示将周期性地，反复地触发定时事件，这是本例所需的。

接下来，就看定时事件响应函数长什么样子了：

```
void wxScreenSaveDialog::OnTimer(wxTimerEvent & event)
{
    unsigned char R = std::rand() % 256;
    unsigned char G = std::rand() % 256;
    unsigned char B = std::rand() % 256;

    this ->SetBackgroundColour(wxColour(R, G, B));
    this ->Refresh(true);
}
```

颜色由三原色红(R)、黄(G)、蓝(B)组成，在数字世界里，三原色各自取值范围是 0～255。三者全零为黑、三者全 255 为白。知道这个宝贵知识后，下次当您再次全裸躺在海滩日光浴时，就可以感受到有许多 255 的数字流入你的皮肤，然后它们在你体内进行了按位取反的操作，即全变成 0，于是你变黑了。

通过调整 RGB 三者的比例，就可以创建出 256 * 256 * 256 共计 16777216 种颜色了。最后调用 Refresh(true)方法，以确保窗口背景重绘。

编译、运行一下吧，很美的。并且作为一名 IT 人，我们现在终于可以很有底气地对别人喊："对我好点！不然我就 Give you some color to see see!"

【课堂作业】：让窗口一开始就使用随机色

如果要让窗口的背景色一开始就随机，而不是固定的白色，该怎么改上面的程序呢？

11.7.6 让世界充满爱

颜色有了，但作为这世界上为数不多的有品味的 C++程序员，我总感觉这个屏保缺少点积极向上的意味，就好像一面墙，但却没宣传口号？哇，我知道该做点什么了。

我们要在"墙"上刷文字，所以先加上字体的包含：

```
#include < wx/font.h >
```

接着继续在构造函数中绑定窗口的“绘图事件”：

```
    ......

    //绑定绘图事件
    this ->Connect(wxEVT_PAINT
          , (wxObjectEventFunction)(& wxScreenSaveDialog::OnPaint));
}
```

OnPaint 方法定义如下：

```
void wxScreenSaveDialog::OnPaint(wxPaintEvent & event)
{
    static wxString slogan = wxT("让世界充满爱!");

    wxPaintDC dc(this); //获得画图的上下文

    wxFont font = dc.GetFont(); //取出当前字体
    font.SetPointSize(48); //改变字体大小
    dc.SetFont(font); //重新设置

    //得到待输出文本的尺寸
    wxSize txtSize = dc.GetTextExtent(slogan);
    //得到当前窗口的尺寸
    wxSize scrSize = this ->GetClientSize();

    //根据文本大小和窗口大小,计算居中位置
    int x = (scrSize.GetWidth() - txtSize.GetWidth()) / 2;
    int y = (scrSize.GetHeight() - txtSize.GetHeight()) / 2;

    //文字取和背景相反的颜色
    wxColor bkgndColour = this ->GetBackgroundColour();
    int R = 255 - bkgndColour.Red();
    int G = 255 - bkgndColour.Green();
    int B = 255 - bkgndColour.Blue();
    dc.SetTextForeground(wxColour(R, G, B));

    //输出文字
    dc.DrawText(slogan, wxPoint(x, y));
}
```

在“Window 原生 GUI 程序”和“跨平台 GUI 库基础”的例子中，我们知道在窗口上画图，需要先取得“设备上下文”，即 DC；这个词不好理解，也可称它为“设备绘图环境”，意思是绘图的字体、颜色、背景色和粗细等设置，都需要在“环境”上设置好。本例先取出当前绘图环境使用的字体，然后将它改成 48 号。

接着我们想在窗口正中间显示口号，所以需要窗口的尺寸和口号的尺寸，前者通过窗口类的 GetClientSize()得到，后者仍然要交给“绘图环境”来计算。最后就计算出口号画在窗口的坐标了。

再往下是比较有趣的“颜色取反”操作，基于前面提到的颜色的知识，我看不用解释。最后调用设备上下文，画出这串文本。

编译、运行一下吧，太美了，太有爱了……顺便问你一句，你能手动计算出红色的相反色是什么吗？

【课堂作业】：加上宣传单位

请为口号加上宣传单位，并实现右对齐，效果如图 11－31 所示。

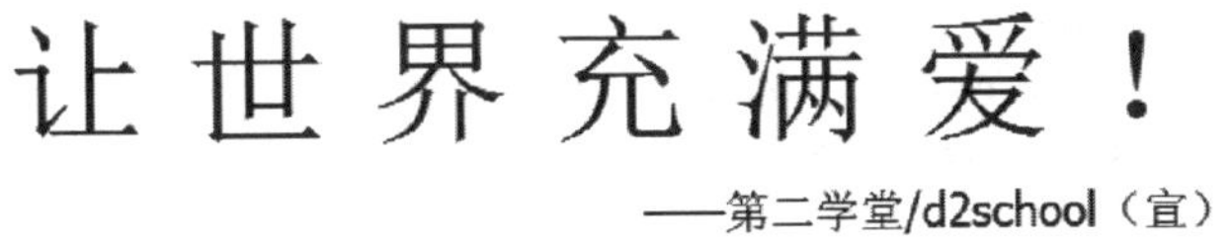

让 世 界 充 满 爱 ！

——第二学堂/d2school（宣）

图 11－31 作业：加上宣传单位

11.7.7 这样才是屏保

玩得太嗨了，可是我们都干了些什么？我们的目标是一个屏幕保护程序啊！它的特点是一有用户输入，就自动退出。输入包括鼠标和键盘，所以需要在构造函数内继续绑定和鼠标、键盘有关的事件。

鼠标的事件比较多，本例绑定：鼠标左中右任意一键按下、鼠标移动、中轮滚动五个事件：

```
……
    //绑定鼠标事件
    #define MOUSE_EVENT_FUNCTION \
            (wxObjectEventFunction)(& wxScreenSaveDialog::OnMouseEvent)

    this->Connect(wxEVT_LEFT_DOWN, MOUSE_EVENT_FUNCTION);
    this->Connect(wxEVT_MIDDLE_DOWN, MOUSE_EVENT_FUNCTION);
    this->Connect(wxEVT_RIGHT_DOWN, MOUSE_EVENT_FUNCTION);
    this->Connect(wxEVT_MOTION, MOUSE_EVENT_FUNCTION);
    this->Connect(wxEVT_MOUSEWHEEL , MOUSE_EVENT_FUNCTION);
}
```

而鼠标事件仅做一件事——关闭当前窗口：

```
void wxScreenSaveDialog::OnMouseEvent(wxMouseEvent & event)
{
    this->Close();
}
```

编译、运行……非常不幸，程序居然一闪而过，这是为什么呢？原因是那个“鼠标

移动(wxEVT_MOTION)太灵敏了,所以我们控制一下,仅当鼠标在横向或纵向一次性挪动 5 个像素时,我们才关闭窗口:

```
void wxScreenSaveDialog::OnMouseEvent(wxMouseEvent & event)
{
    if (event.GetEventType() == wxEVT_MOTION)
    {
        static wxPoint current_pos = event.GetPosition();

        wxPoint new_pos = event.GetPosition();

        if (std::abs(new_pos.x - current_pos.x) < 5
                || std::abs(new_pos.y - current_pos.y) < 5)
        {
            current_pos = new_pos;
            return;
        }
    }

    this->Close();
}
```

接着是键盘事件:

```
……

    //绑定键盘事件:
    this->Connect(wxEVT_KEY_DOWN
                , (wxObjectEventFunction)(& wxScreenSaveDialog::OnKeyEvent));
}
```

OnKeyEvent 需要做出的反应可想而知:

```
void wxScreenSaveDialog::OnKeyEvent(wxKeyEvent & event)
{
    this->Close();
}
```

编译 Release 版本,然后将生成的文件(切记检查扩展名是不是“.scr”)大胆地复制到“C:\Windows 目录”下,然后进入 Windows 的屏幕保护设置对话框,如图 11-32 所示。

11.7.8 待完善

待完善的功能:一是屏幕运行时,鼠标应该隐藏起来;二是不支持“设置”功能(参看图 11-32),应该允许用户通过操作系统的设置按钮,修改显示的文字。

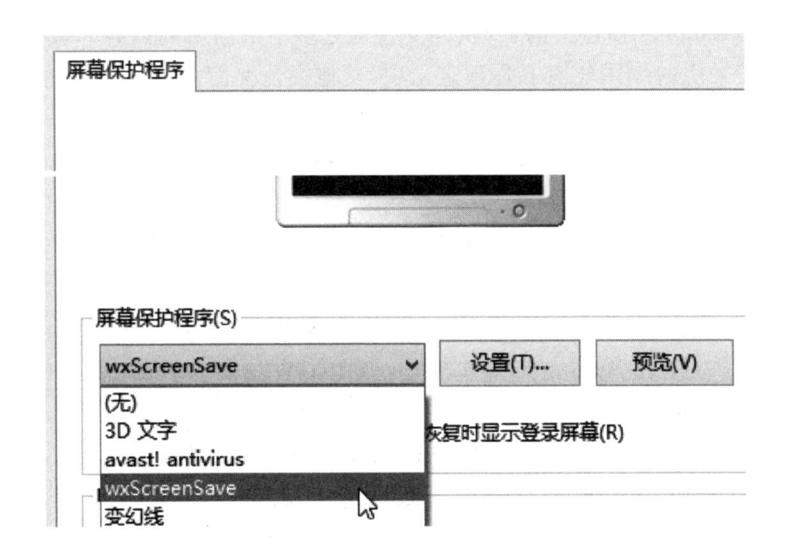

图 11－32 Windows 下设置屏保

11.8 wxWidgets 基础工具

11.8.1 预定义环境宏

wxWidgets 是一款跨平台的 C++ GUI 库，这里所跨的平台并不仅仅指操作系统（Windows、Linux、MAC 等），还包括编译器，CPU 架构（32 位、64 位等）、编译器（VC、GCC）等。另外，与 Windows 只有一套主流 GUI 界面（或者 GUI 界面虽有差别，但都主要由微软一家公司提供兼容性保障）不同，Linux 存在多套技术完全不同的 GUI 界面，这也是 wxWidgets 需要花大力气处理的主要差异化之一。我们把这些差异化称为“编译环境”的不同。

在不同的环境下编译 wxWidgets，需要事先通过一些配置或检测以确定当前编译环境的各项特征，进而确定各项与环境有关的宏定义。比如，在 Windows 定义__WXMSW__宏，而在 UNIX 或 Linux 下定义__UNIX__宏。让我们从前面的两个 wxWidgets 项目中，找出以下代码：

```
#if defined(__WXMSW__)
        wxbuild << _T ("-Windows");
                    #elif defined(__UNIX__)
        wxbuild << _T("-Linux");
#endif
```

在 Windows 下编译得到的版本信息将带有“-Windows”，而在 Linux 下，得到的是“-Linux”。wxWidgete 库一旦编译完成，这些宏定义就不会再改变。

以下 wxWidgets 预定义的宏(实际支持项远多于下面所列内容),其中加粗字体的宏,在本书采用的编译环境下是预定义项,其他视情况而定。

(1) 操作系统

__APPLE__、__LINUX__、__UNIX__、**__WINDOWS__**等。

(2) CPU 架构

__INTEL__(Intel i386 或兼容 CPU)、__IA64__ (Intel 64 位架构或兼容 CPU)。

(3) 编译器

__VISUALC__(微软 Virtual C++)、__GNUG__ (GNU g++编译器)、__GNUWIN32__ (GNU Win32 环境实现)、__MINGW32__ (MinGW32 环境)。

(4) GUI 环境

__WXMSW__(微软 Windows)、**__WIN32__**(32 位的微软 Windows,16 位已经放弃支持)、__WXCOCOA__(苹果公司最新的 OSX)、__WXGTK__(Linux/UNIX 下的 GTK 图形环境)、__WXMOTIF__ (Linux/UNIX 下的 Motif 图形环境)、__WXMAC__ (苹果的 MAC)、__WXUNIVERSAL__ (wxWidgets 自定义的统一 UI)

(5) 杂项

__WXWINDOWS__(使用 wxWidgets 就总有定义)、__WXDEBUG__ (使用调试版 wxWidgets 库时有定义)、**UNICODE** 或 **_UNICODE**(使用 UNICODE 版本的 wxWidgets 库)。

11.8.2 字符串字面常量编码

两个用于转换字符串字面常量编码的宏,如表 11-4 所列。

表 11-4 两个字符串编码转换宏

宏	含义	例子
wxT(S)	确保字面常量的字符串使用正确的类型编码。由于我们使用 UNICODE 编码,所以它的作用相当于标准 C++规定的 L 前缀。注意当使用 wxT 宏时,字符串常量的原始编码应使用 UTF-8(否则处理不了汉字)	wxString s1 = wxT("我爱你"); wxString s2 = L"我爱你";
_(S)	既确保字面常量的字符串使用正确的类型编码,同时还将到"语言包"中,以当前字符串为 KEY,找到对应的翻译。这是 wxWidgets 程序用于实现国际化的重要方法	mbar->Append(optionsMenu, _("&Options"));

11.8.3 字符串类 wxString

使用 UNICODE 编码的 wxWidgets 库,其字符串 wxString 以"宽字符"作为存储单元,所以和 std::wstring 类似。在 wxWidgets 3.0 版本中,宽字符版已经成为唯一选项,并且字符串的内部实现,已经慢慢地向C++的标准库靠拢,甚至也提供了基于STL实现wxWidgets库基础数据结构的编译选项。

wxString的存在有其历史原因,在C++的std::string乃至整个STL都仍不成熟的时代,几乎所有C++第三方库都自带XXXString。wxString一开始就是wx-Widgets库最关键的基础设施类之一,但以下是wxWidgets官网的最新说明:

"开发基于wxWidgets的程序是躲不开使用wxString的,但是应当在程序中优先考虑使用std::string或std::wstring,然后仅在需要和wxWidgets打交道时再将它们与wxString实现互换,这是受鼓励的做法。"

wxWidgets升级到3.0时,wxString也发生了比较大的改变,基于种种原因(包括我已经让出版社等太久了),我们仍然推荐使用暂时仍有更多方广泛支持的2.8版本。

11.8.4 基本功能

wxString刻意将许多功能都实现成std::string一样或相似,所以其一大票功能就不额外讲解了,举两个std::string不直接具备的功能。

1. 流式输入输出功能

第一个好用的地方,就是它结合了类似std::stringstream的功能:

```
wxString tmp;

tmp  <<  L"下一个春天还有"  <<  2.5  <<  L"个月就来了。";
```

使用方法和STL中的各类流基本一致,组装字符串特别方便。输出功能也类似,但用得比较少,请各位读者自行尝试。

2. 类型转换功能

以ToDouble为例:

```
bool  wxString::ToDouble(double * val) const
```

用法如下:

```
wxString tmp;
tmp << 3.14;
double d = 0.0;

if (tmp.ToDouble(& d))
{
        ...
}
else
{
        //转换失败
}
```

其余类似函数有 ToLong、ToULong、ToLongLong 和 ToULongLong(U 代表无符号),并且这些支持指定转换为几进制的整数。

11.8.5 和 UTF-8 编码转换

wxString 提供了与 UTF-8 编码字符串互相转换的函数:

```
static  wxString  wxString::FromUTF8(const char *  s);
static  wxString  wxString::FromUTF8(const char * s, size_t size);
```

UTF-8 和 UNICODE(双字节或双字版)的一种编码方式,所能表达的字符集范围是一致的二者可以通过一种计算关系实现互换。

UTF-8 兼容 C 语言的 char * 。所以平常我们编写程序时,推荐将源文件(.h 或.cpp 等)的编码设置为 UTF-8,使用数据库时也往往在库中将数据存储为 UTF-8 格式,在网络上传输时也采用 UTF-8 格式,所以类似以下的代码是非常典型的用法:

```
/* 本文件编码为 UTF-8 */
std::string buf = "一些直接写在源文件,或从外部文件或数据库或网络读入或……";
...
wxString  wx_buf = wxString::FromUTF8( buf.c_str());
```

假设 std::string 中间含有'\0'结束符,那么就需要用第二版本:

```
std::string s = "我说甲乙丙丁";
s.push_back('\0');
s + = "我还会说 ABCD";

wxString tmp = wxString::FromUTF8(s.c_str(), s.size());
```

注意两个版本都是静态成员函数。

与 FromUTF 对应的是 ToUTF8()函数:

```
const wxCharBuffer ToUF8() const;
```

返回值是一个 wxCharBuffer 类型的对象,这个对象会自动管理用于存储转换结果的内存,如果我们不及时用 std::string 等复制结果,它很快就会被释放。要取得其纯 C 字符形式的结果,需使用它的 data()成员,方法如下:

```
wxString  src = L"我还会说 ABCD";
std::string dst = src.ToUTF8().data();
```

如果直接使用 std::wsting,那么和宽字符版的 wxString 互换就简单了:

```
wxString  wxSrc = L"我是 UNICODE 字符串";
std::wstring  wsDst = wxSrc.data(); //wxString ->std::wstring
wxString wxDst = wsDst; //std::wstring ->wxString
```

11.8.6 和汉字字符集的转换

如何我们碰上采用 GB2312 或 GBK 的字符串，这也很常见，比如别人的数据库就是采用了这个字符串，或者有个网站就是对外提供这个字符串的内容，那就必须做字符集转换了。

在《感受篇(二)》中，我们已经有这样的函数：

```
#117 wxString FromGB2312(wxStreamBuffer const * buf)
{
    return wxString ((char const * )buf ->GetBufferStart ()
         , wxCSConv(wxT("gb2312"))
         , buf ->GetBufferSize());
}
```

这是针对“wxStreamBuffer”来源做的转换，换成源自 std::string 也很容易：

```
#include < wx/strconv.h >

wxString FromGB2312(std::string const & src)
{
    return wxString(src.c_str(), wxCSConv(wxT("gb2312")), src.size());
}
```

这样使用：

```
/* 本文件采用 GB2312 字符集编码 */

std::string sGB2312 = "我爱说中文。";
wxString  wxs = FromGB2312(sGB2312);
```

从 UNICODE 转换回 GB2312 更简单：

```
#include < wx/strconv.h >

wxCSConv cnv(wxT("gb2312"));

wxString wxs = L"我爱说中文。"
std::string sGB2312 = wxs.mb_str (cnv).data ();
```

我们也将这一过程封装成一个函数：

```
std::string ToGB2312(wxString const & str)
{
     return str.mb_str(wxCSConv(wxT("gb2312"))).data();
}
```

11.8.7 日期时间

对 wxDateTime 策略可以和 wxString 一致：平常可使用 std::chrono 或 boost::

date_time 存储及计算日期时间数据,仅在需要和 wxWidgets 打交道时(比如需要使用它的日历控件),将它们与 wxDateTime 互相转换。

1. 构　造

```
//空构造,将来再使用 Set 设置正确的值
wxDateTime();

//从 time_t 构造
wxDateTime(time_t t);

//从 struct_tm 构造
wxDateTime(struct_tm tm);

//仅构造时间部分
wxDateTime(h, m, s, ms)
//构造完整日期时间
wxDateTime(day, mon, year, h, m, s, ms)
```

另外还可以从静态成员函数得到当前时间或当前日期:

```
//静态成员函数,得到当前时间
static wxDateTime Now()

//静态成员函数,得到当前日期(时间为 0 点)
static wxDateTime Today();
```

例如:

```
wxDateTime now = wxDateTime::Now();
wxDateTime doday = wxDateTime::Today();
```

2. 修　改

```
//设置为当前时间,相当于 Now
SetToCurrent();

//从 time_t 或 struct_tm 取值
Set(time_t);
Set(struct tm);

//设置日期或时间各字段
Set(h, m, s, ms);
Set(day, mon, year, h, m, s, ms);

//时间设置为 0 时 0 分 0 秒,不修改原有日期字段
ResetTime();

//单独修改日期的各个字段,不影响其他字段
SetYear(int year);
SetMonth(Month month);
```

```
SetDay(wxDateTime_t day);

//单独修改时间的各个字段,不影响其他字段
SetHour(wxDateTime_t hour);
SetMinute(wxDateTime_t minute);
SetSecond(wxDateTime_t second);
SetMillisecond(wxDateTime_t ms);
```

其中的"wxDateTime_t"是 unsigned short 的类型别名,而 Month 则是一个枚举值,定义为:enum Month { Jan, Feb, Mar, Apr, May, Jun, Jul, Aug, Sep, Oct, Nov, Dec, Inv_Month}。所以一月份数值为 0,而数值为 12 表示非法月份。

3. 取值、判断

```
//判断是否有效的时间
bool IsValid() const;

//得到时间点的 time_t 值,即该时间距离 1970 年 1 月 1 日 0 时的秒数
time_t GetTicks() const;

//得到指字的字段:年、月、日、时、分、秒等
//入参 tz 是指定的时区,默认为本时区
int GetYear(const TimeZone & tz = Local) const;
Month GetMonth(const TimeZone & tz = Local) const;
wxDateTime_t GetDay(const TimeZone & tz = Local) const;
WeekDay GetWeekDay(const TimeZone & tz = Local) const; //星期几
wxDateTime_t GetHour(const TimeZone & tz = Local) const;
wxDateTime_t GetMinute(const TimeZone & tz = Local) const;
wxDateTime_t GetSecond(const TimeZone & tz = Local) const;
wxDateTime_t GetMillisecond(const TimeZone & tz = Local) const;

/* 还可以得到当前时间在年中或月中的信息 */
//是今年的第几天
wxDateTime_t GetDayOfYear(const TimeZone & tz = Local) const;

//是今年的第几周。可以指定每周从哪一天算起,默认是周一
wxDateTime_t GetWeekOfYear(WeekFlags flags = Monday_First
                                        , const TimeZone & tz = Local) const;

//是当月的第几周。可以指定每周从哪一天算起,默认是周一
wxDateTime_t GetWeekOfMonth(WeekFlags flags = Monday_First
                                         , const TimeZone & tz = Local) const

//有意思的,还可以查询是不是"工作日"
//好吧,在中国这可归"假日办"管的事,所以该实现仅供参考:
```

```
//必须指定国家,请自行查阅 Country 的定义
bool IsWorkDay(Country country = Country_Default) const;

//静态成员函数:判断是否闰年的 wx 版本
//Gregorian 这个单词您应该不陌生
static bool IsLeapYear(int year = Inv_Year, Calendar cal = Gregorian)
```

4. 计　算

wxDateTime 还提供不少日期数据的计算,包括比较操作,比如:IsEqualTo、IsEarlierThan 和 IsBetween,以及加减操作 Add 和 Subtract。后两个函数又涉及到"时间段"数据类型:wxDateSpan。

请读者参考 boost::date_time 中的类似知识,通过 wxWidgets 的官方文档、源代码中的例子自学 wxDateTime 的完整接口及相关类。

11.8.8 时间杂项

1. 休　眠

```
#include <wx/utils.h>

//当前线程休眠指定 ms:
void wxMilliSleep(unsigned long milliseconds);

//当前线程休眠指定 s:
void wxSleep(int secs);
```

2. 取当前时间

```
#include <wx/timer.h>

//取得自 1970 年 1 月 1 日零点至今的秒数
long wxGetLocalTime();

//取得自 1970 年 1 月 1 日零点至今的毫秒数
wxLongLong wxGetLocalTimeMillis();
//其中的 wxLongLong 相当于扩展的 long long 类型
```

11.8.9 日志机制

在程序发布给各类用户之前,程序员有必要对程序进行自我检查,尽量排除程序的错误,其中一种很常见也见效的自检方法,就是让程序在运行过程中,自行报告当前的运行状态,这些状态信息,习惯称为"日志"。GUI 程序的内部运行状态有先天的复杂性,为此提一套便捷的日志生成、输出和存储的机制很有必要,wxWidgets 在这方面做得相当不错。

1. wxLogStatus 函数

当写一个基于 wxFrame 的应用时，wxLogStatus 是最简单的一种日志输出机制。请打开 wx28_gui 工程，修改“wx28_guiMain.cpp”中的“OnMotion”函数：

```
void wx28_guiFrame::OnMotion(wxMouseEvent &event)
{
    xPos = event.GetPosition().x;
    yPos = event.GetPosition().y;

    wxString pos_status;
    pos_status << xPos << wxT("-") << yPos;

    wxLogStatus(pos_status); //增加此行

    this->Refresh();
}
```

因为要接收框架窗口上的鼠标移动消息，所以之前我们在动态事件样例中创建的大按钮，需要被临时屏蔽掉。请注释 wx28_guiFrame 构造函数中创建该按钮的语句，然后重新编译程序，即可在状态栏上实时看到鼠标的当前位置。无需等待 OnPaint 事件发生。假设有天我们写更复杂的绘图程序，屏幕上所画的信息有些差错，那么我们可以在信息产生的地方(比如这里的鼠标移动事件)，临时从状态栏直接观察到信息的基本状态。

wxLogStatus 函数默认将信息输出到当前程序主框架的状态栏，如果我们的程序复杂一些，有另外的框架窗口(并且有状态栏)，那么可以使用该函数的另一个重载版本，通过第一个入参指定目标框架窗口：

```
wxLogStatus(wxFrame *frame, const char *formatString, ...);
```

 **【小提示】：默认版本的 wxLogStatus()怎么找到状态栏?**

当我们没有为 wxLogStatus(...)提供目标框架窗口时，它是如何找到用来显示信息的状态栏呢？答：通过另一个自由函数 wxGetApp()可得到应用程序全局对象，再通过 App 找到主窗口(wxFrame)，最后通过框架窗口的“GetStatusBar()”找到状态栏。如果不是框架窗口类型的应用，或者主框架窗口没有创建状态栏，那么日志就会无声无息地消逝。

使用 wxLogStatus 及后续学习到的更多日志函数时，通常不需要包含额外的头文件，如果你是一位追求完美的人，那就：

```
#include < wx/log.h >
```

2. wxLogMessage 函数

上例中使用状态栏显示鼠标位置还有一个考虑：鼠标移动事件几乎一直在发生，

有时候我们只是想在某个环节了解当前时机的状态,比如在 wx28_gui 应用中,当用户切换文本颜色时,我们希望看到当前的事件 ID 是否正确,可以直接将 ID 的值采用弹出框的方式显示,可以修改“OnTextColorSelected”函数:

```
void wx28_guiFrame::OnTextColorSelected(wxCommandEvent & event)
{
    selectedColorId = event.GetId();

    //使用弹出框显示消息
    wxString msg_log;
    msg_log << wxT("当前选中的事件 ID 是") << selectedColorId << wxT("。");
    wxLogMessage(msg_log); //将弹出消息框
}
```

运行效果如图 11-33 所示。

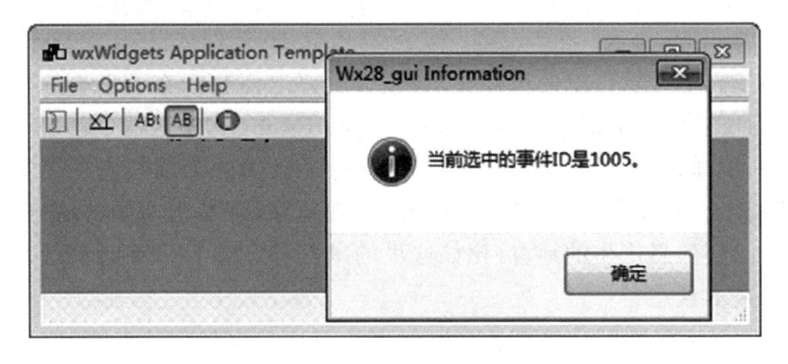

图 11-33 采用弹出框显示日志消息

【课堂作业】: 通用弹出框日志,判断事件是否发生

请看图 11-33,第二个“AB”工具栏按钮处于“选中”状态。请回答问题:关掉弹出框,然后再次单击这个已经处于选中状态工具栏按钮,OnTextColorSelected 事件是否会重复发生一次呢?

答案:当用户反复单击一个已经处于“选中”状态的 Radio 类型的按钮时,事件不会重复发生。因为当我们这样测试时,那个消息框并没有反复出现。

继续看图中的弹出框,它的标题含有“Information”字样,表示当前显示的一条“消息”类别的日志。日志需要分类,常见的类别有:

① Message (笼统的信息):当你不在意消息分类时采用它,或者程序一切正常,你只是了解当前运行状态的一些内容。

② Error (错误):唉呀,程序肯定是什么出错了,看看出错内容。

③ SysError (系统错误):程序出错了,但那不是程序的错,是外部系统,比如磁盘空间不够了。

④ ErrorFatal (致命错误):程序出错了,并且是致命问题,估计程序只能临时结

束了。

⑤ Warning（警告）：状态有些不对，但还算不上出错，不过必须给个警告，也许反复出现警告之后，就会升级成一种错误。

⑥ Debug（调试信息）：我知道程序已经出错，现在正在找错，我输出一些调试时的信息，等问题解决，程序编译为发行版，这些信息会被忽略（对于 wxWidgets 应用，调试版本带有__WXDEBUG__宏定义）。

⑦ Trace（跟踪信息）：功能和 Debug 基本一致，当你的应用中已经一堆调试信息，但你又需要针对某事进行跟踪时，可以用 Trace 使这些信息和普通调试信息有一些区别。

对应函数分别是：wxLogMessage、wxLogError、wxLogSysError、wxLogErrorFail、wxLogWarning、wxLogDebug 和 wxLogTrace 等。

其中的 wxLogSysError 函数，除了显示入参提供的消息外，还会先调用 wxSysErrorCode()获得外部系统（通常就是操作系统）最后一次出错的错误编号（如果一切正常编号为 0），然后以该编号为入参，调用 wxSysErrorMsg 获得对应的错误说明内容，组装成最后显示的出错消息。

11.8.10 有风度的日志函数

如果不是很深入的使用这些日志函数，那肯定会有一个印象：这些使用弹出窗口显示日志消息的函数，会不会只是简单地调用了 wxMessageBox()函数呢？比如 wxMessage（“ABC”），会不会只是转发为 wxMessageBox（“ABC”“Information”）呢？

当然不是这么简单！让我们做个测试，请将 OnAboutAuthor 事件的实现改成如下内容：

```
void wx28_guiFrame::OnAboutAuthor(wxCommandEvent & event)
{
    wxLogWarning(wxT("即将出现虚假广告!")); //加入此行

    wxString msg = wxT("关于作者南郁:帅气、智慧、没钱。");
    wxMessageBox(msg, _("About author"));
}
```

请回答该事件被触发时，你先看到的是有关作者的介绍，还是那行警告？估计十个人里有十一个程序员会回答“先看到‘即将出现虚拟广告！’”，但万万没想到……居然……不信你自己试试看！

这就是“有风度”的日志函数，当它们在事件中被调用时，它们会在事件结束后才低调弹出窗口。请注意，一个 wxWidgets 应用，几乎所有代码都是在某个事件（不一定是用户直接触发）中被调用，哪怕是主框架窗口的构造函数。

不仅如此,同一事件中的日志窗口,还会进行合并,继续修改前述函数:

```
void wx28_guiFrame::OnAboutAuthor(wxCommandEvent & event)
{
    wxLogWarning(wxT("即将出现虚假广告!")); //日志 1

    wxString msg = wxT("关于作者南郁:帅气、智慧、没钱。");
    wxLogWarning(wxT("万恶的虚假广告,它居然敢说:") + msg); //日志 2
    wxMessageBox(msg, _("About author"));

    wxLogSysError(wxT("虚假的系统错误。")); //日志 3
}
```

三处日志调用会被很智能的合并在一起,有图有真相,如图 11-34 所示。

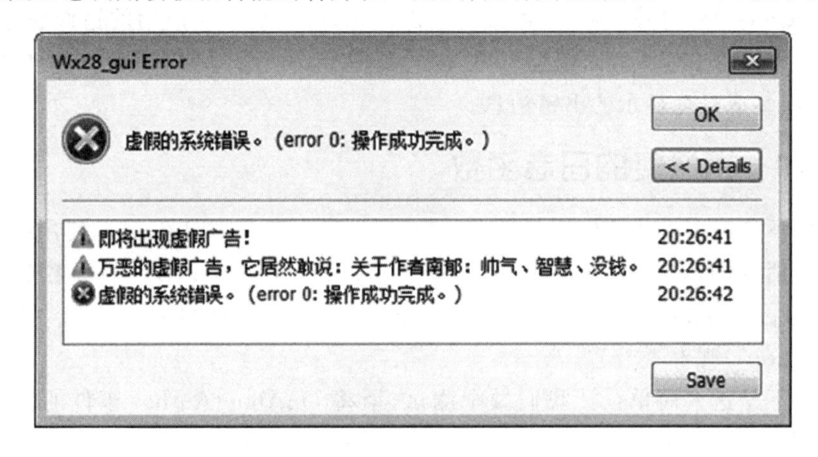

图 11-34 日志消息合并

11.8.11 日志重定向

日志无论是显示到状态栏,还是弹出框,真要调试跟踪系统的复杂问题时,仍有不方便的地方。来 wxWidgets 的日志大杀招吧!代码却很简单,请在 wx28_guiFrame 的构造函数加入下面这一行(建议放在第一行):

```
    new wxLogWindow(this, wxT("日志专用输出窗口"));
```

编译运行,现在这个应用多了一个新框架窗口,所有日志(包括状态栏上的)都被显示到这个窗口的一个文本框中了,如图 11-35 所示。

当采用这种"外挂式"窗口显示日志时,因为不会阻塞原有的事件处理,所以事件中的日志内容延后输出的机制已经不必要了,它的输出时机又及时了。

图 11-35 专用日志窗口

11.8.12 配置类

我们自行写过可处理 INI 格式(或类似)的配置文件的类，但是当使用 wxWidgets 时，我们有了现成的，并且更强大的 wxConfig(配置类)，比如它会根据操作系统定制。

打开 wx28_gui 工程，教程将为该程序提供配置功能，需要配置的内容倒也不多，一是是否显示鼠标位置信息，二是显示文字的颜色(红或蓝)。

首先需要在菜单"Options"下添加新菜单项"Save Options"，用作保存配置的功能入口，(为了美观，我们先在前面插入分隔线)，在头文件中，定义这个菜单项的 ID 为枚举值"idMenuSaveOptions"，然后为它绑定(动态或静态都可，随你)的成员函数为：

```
void wx28_guiFrame::OnSaveOptions(wxCommandEvent & event)
{
    std::unigue_ptr < wxConfig > cfg (new wxConfig (wxT("wx28_gui_app")));

    cfg ->Write(wxT("showMotionInfo"), this ->showMotionInfo);

    wxString selectedColorName = (selectedColorId == idMenuBlueText)
                                     ? wxT("BLUE") : wxT("RED");

    cfg ->Write(wxT("selectedColor"), selectedColorName);
}
```

为了使用 wxConfig 和智能指针，需要在该 CPP 中新添两个头文件的包含：

```
#include < memory >

#include < wx/config.h >
```

代码先构造一个 wxConfig 对象，入参必须是在操作系统当前登录用户下与其他应用入口不重复的注册表键值(称为应用名称)，这里简单地命名为“wx28_gui_app”。

接着就简单了，wxConfig 有一个成员函数叫 Write，它可以往配置文件中写入字符串、布尔值和整数等类型的配置值，我们先写“是否显示鼠标移动信息”这个选项(为了兼容，键名不要使用中文)。

再然后是信息文字颜色，当然可以直接写出 selectedColorId 的值，但考虑 selectedColorId 是程序代码中一个无直接字面意义的枚举值，所以我们转变为写一个字符串值。

最后，程序退出，因为是智能指针，所以 config 对象被析构，而析构前它肯定会负责地确保将以上内容真正地写出去。只是，它写到哪里去了呢?

这里是 Windows，所以默认情况下以上内容被写到系统的注册表中，请在控制台运行“regedit”调出注册表编辑器，然后在左边的注册表树中找到“HKEY_CURRENT_USER”的 Software 分支，再往下找到“wx28_gui_app”，就可以看到如图 11-36 所示的内容了。

图 11-36 写到注册表中的值

接下来的工作，是如何将它读出来，并且生效。同样是创建菜单项，连接事件，事件函数如下：

```
void wx28_guiFrame::OnLoadOptions(wxCommandEvent & event)
{
    std::unigue_ptr < wxConfig > cfg (new wxConfig(wxT("wx28_gui_app")));

    cfg->Read(wxT("showMotionInfo"), &this->showMotionInfo);

    wxString selectedColorName;

    if (cfg->Read(wxT("selectedColor"), &selectedColorName))
    {
        this->selectedColorId = (selectedColorName == wxT("BLUE")) ?
```

```
            idMenuBlueText : idMenuRedText;
    }

    this->Refresh();
}
```

还是那个 cfg,还是熟悉的“wx28_gui_app”,这一次我们调用 Read 函数,它和 Write 基本对称,可以读字符串、布尔值和整数,只不过要求第二个入参是指针类型。

Read 和 Write 都返回布尔值,分别表示本次读或写是否成功。我们仅在读“selectedColor”成功的情况下,才真正改变 selectedColorId。最后调用 Refresh()函数让改变项生效。

【小提示】: wxConfig 是一个宏定义

wxConfig 其实是一个宏定义,在 Windows 下它默认被定义为注册表配置类(wxRegConfig),其他情况被定义为配置文件类(类似 INI 格式, wxFileConfig)。wxRegConfig 和 wxFileConfig 有一个共同的抽象基类 wxConfigBase。

请自行了解有关 Windows 注册表的知识,并自行学习 wxConfigBase 所提供的更多方法。

11.9 重逢“史密斯”大叔

美国传统手工艺人,据说姓氏为“Smith(史密斯)”的比例最高。“wxSmith”就是用来帮助我们设计 wxWidgets 程序的好帮手,是 Code::Block 直接集成的一个可视化设计工具。

在学习本节之前,建议先复习第 4 章的《Hello GUI 基础篇》《Hello GUI 布局篇》等章节。

11.9.1 启用 wxSmith

要使用 wxSmith,关键是在使用项目向导创建 wxWidgets 应用时,必须在图 11－37 中所示的这一步做出选择。

其中“GUI Builder(图形界面设计器)”选择 Smith 先生。“Application Type(应用类型)”根据需要采用对话框或框架窗口作为主窗口,通常前者用于相对简单的小工具,后者用于相对复杂,往往有主菜单、工具栏和状态栏的应用。

请大家根据图 11－37 的选择,创建一个新的项目,名字为“HelloWxSmith”。最后一次提醒:有关 wxWidgets 库的设置,需要勾上“Enable unicode(启用 UNICODE)”,如图 11－38 所示。

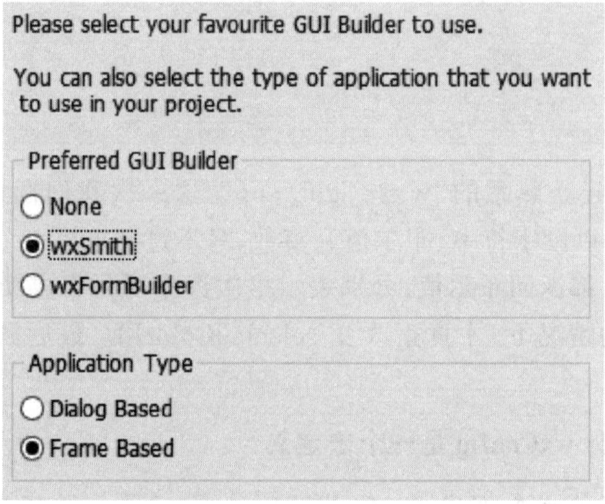

Please select your favourite GUI Builder to use.

You can also select the type of application that you want to use in your project.

Preferred GUI Builder

- None
- wxSmith
- wxFormBuilder

Application Type

- Dialog Based
- Frame Based

图 11-37 在 wxWidgets 项目向导中启支 wxSmith

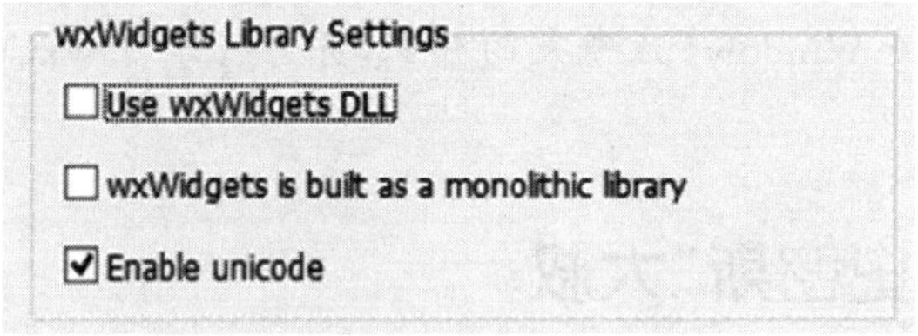

wxWidgets Library Settings

- Use wxWidgets DLL
- wxWidgets is built as a monolithic library
- Enable unicode

图 11-38 启用 UNICODE 编码

11.9.2 基本操作

1. 设计界面

wxSmith 设计界面如图 11-39 所示。

左边上半部分是资源树。请用户自行研究其中的 wxFrame 节点及其下的 HelloWxSmithFrame 节点,以及再往下的又一层 wxFrame 节点的关系;和第三级的 wxFrame 平行位置上,还有一个 Tools 节点。类似菜单、工具栏和状态栏等被当作"工具"归类放于其下。

左边下半部分,是控件属性/事件表,在资源树上选中一个控件,其下就会切换出该控件当前属性值和事件设置。单击"{}"可切换到事件页面。

wxSmith 页面的中间部分是设计的主战区,顶部的横条用于放置前述的 Tools 工具的控件,比如当前有主菜单和状态栏,底部是多页结构的控件区。控件看上去挺多的,并且每个控件你都可以添加到设计区玩一把,但是当初我们编译的 wxWidgets 库只含有该库的官方控件,因此类似"Contrib"页、"KWIC"页和"LED"页、"MathPlot"页上的控件,都无法脱离 Code::Blocks 的环境下使用。

最右边垂直的快捷工具栏,请见练功篇的《感受(二)》中的详细解释。

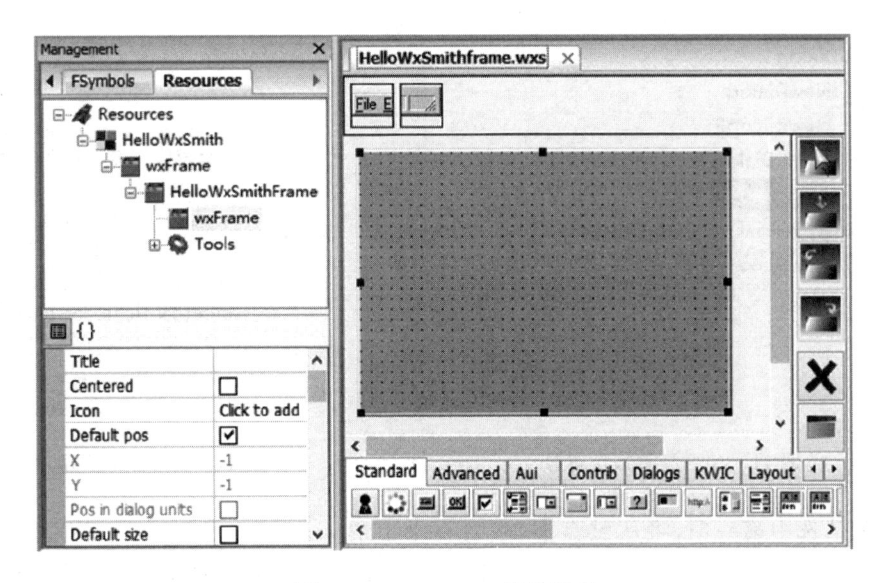

图 11－39　wxSmith 设计界面

2. 添加新资源

Code::Blocks 主菜单有一项 wxSmith 专属菜单，通过其下的各个"添加……"菜单项，可为项目添加新的窗口资源，包括 wxPanel（面板）、wxDialog（对话框）、wxScrollingDialog（自带滚动对话框）和 wxFrame（框架窗口）。

wxPanel 必须摆放在一个外部窗口上，并不能独立存在，但是有时候同样的一组控件，需要展现在不同的窗口上，所以 wxSmith 允许我们在设计期创建一个"看似独立存在的"面板，并在该面板设计好 UI，把它作为"模板"，将来根据需要，摆放到不同父窗口上。

wxScrollingDialog 不受推荐，因为它是 wxSmith 自带的扩展，要正常编译它需下载额外的源代码。通常使用 wxWiddget 库自带的 wxScrolledWindow 类实现相同的功能，后面将对 wxScrolledWindow 单独解释，并且会有一个完整的例子用于演示如何让一块区域中的内容自动滚动。

下面就请单击 Add Dialog，添加一个对话框，名字为默认的"NewDialog"，然后观察资源树节点的变化。

3. 删除资源

要删除某个 wxSmith 生成的资源，请在资源树中单击具体的资源节点，选择弹出菜单中的"Delete this resource"处理，如图 11－40 所示。

执行该命令之后，还将弹出对话框，如图 11－41 所示。

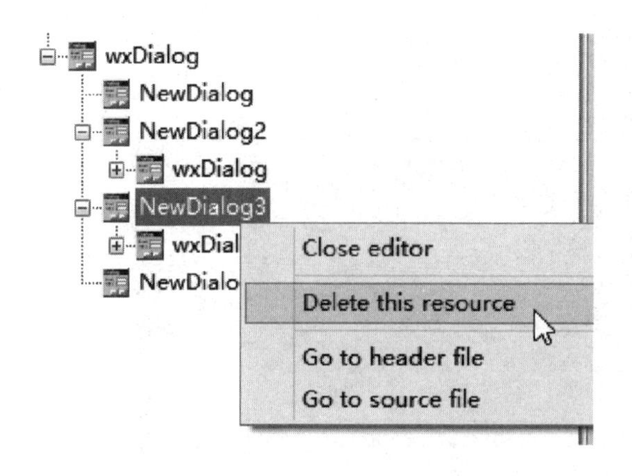

图 11-40 删除指定资源

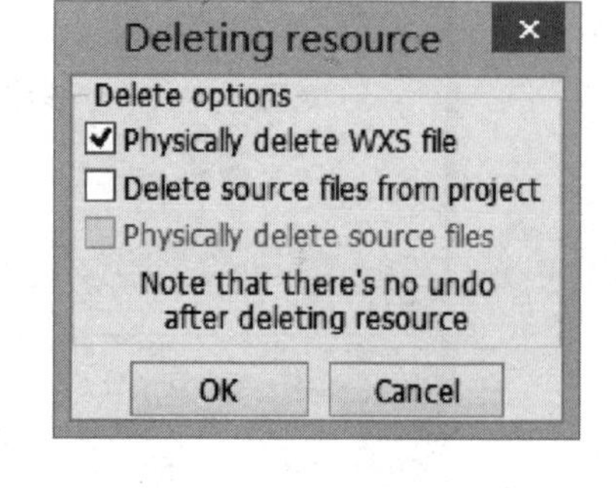

图 11-41 删除资源对话框

默认选中第一项,将从磁盘上(项目目录下的 wxsmith 子目录)删除资源文件(扩展名为.wxs);如果选中第二项,则同时将该资源对应的源文件(包括头文件)从项目中移除(但并不物理删除),通常这正是我们删除一个资源时同时也想做的事;最后一项则是物理删除对应的源文件(包括头文件)。

注意,正如对话框底部所提醒的:删除资源的操作无法撤消。

4. 定位到代码

在节点的右键菜单中,还可以看到这两项:"Go to header file"和"Go to source file",顾名思义,它们的作用是跳转到该资源对应的头文件或源文件。

11.9.3 布 局

1. 绝对坐标布局:使用 wxDialog 或 wxPanel

所谓绝对坐标布局,就是把控件拖到哪里放下,控件就将父窗口当前的 X,Y 坐标作为自己的布局位置,就像我们在桌子上摆放东西,非常直观。对话框(wxDialog)默认支持该布局方法,框架窗口(因为内部偷偷地事先使用了其他布局器),需要先放入一个"面板(Panel)"组件,然后就可以在该面板随意摆放子控件了。

请在前例的 HelloWxSmithFrame 框架窗口上,加入一个 wxPanel 控件(在标准控件页上),然后再往面板上随意的位置添加按钮、组合框和列表框等,如图 11-42 所示。

要改变设计期的窗口大小,可以在资源树上单击底层的"wxFrame"节点,从而在设计区选中框架窗口,然后用鼠标拖动改变窗口尺寸。

此时面板上的控件位置采用绝对坐标,控件大小也是固定值或者默认值,这种定位或布局方法的缺点是:

(1) 位置不精确:哪怕在 wxSmith 中的预览效果,和运行效果也可能不一致。

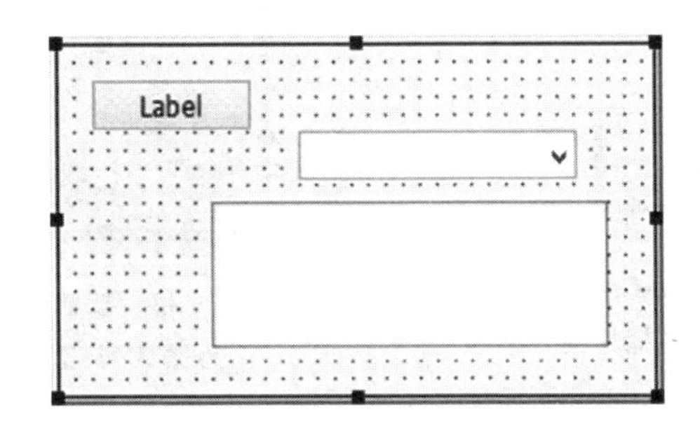

图 11 - 42 在面板上摆放控件

(2) 基本无法满足跨平台的需要：因为不同的 GUI 系统对控件默认大小、控件展现方式、使用字体等都存在差异，造成一个平台下好好的定位，到另一个平台却乱套的现象。

(3) 控件布局不能自动适应：父窗口运行时大小改变，其上控件位置和大小不会自动适应。大家可以马上使用快捷工具栏中的“预览”功能，测试一下；或者直接编译运行；原因很直白：绝对定位就是这个意思。如果想要实现这个功能，必须写大量的代码。

(4) 复杂布局难以维护：当需要布局的控件很多，会发现完全依靠坐标实现排列对齐会变得困难，一旦要做较大的布局改动，更显繁琐。雪上加霜的是，wxSmith 对绝对布局的支持很糟糕……

因此基于绝对坐标的布局，只适用于一些界面简单的应用的快速编写，比如小工具的原型开发等。

2. wxGridBagSizer：可伸缩、自定义

这描述听着很高端，实际意思是什么呢？

就是：面对一个窗口区域，心里默认把它分割成 3 行 4 列，这样这个窗口就有了 12 个格子用来放控件，这叫“自定义”。当窗口大小改变，通过配置，可以实现指定的行或列的高度和宽度也随之变大变小，这叫“可伸缩”。这样“高大上”的定位系统名为“wxGridBagSizer”，马上体验一下。

请在上一节添加的 NewDialog 设计区，放上一个 wxGridBagSizer……没错，对话框迅速缩成小小的……然后我们在其上摆放一个按钮（wxButton）……还是没有什么变化呀，如图 11 - 43 所示。

别急，现在我们心里默认把窗口分为 3 行 4 列，而我们希望这个按钮位于最右下角，因此需选中这个按扭，然后在控件属性表中设置 Col 为 3，Row 为 2，布局迅速有了变化（为了方便阅读，我们把按钮标题也做了修改），如图 11 - 44 所示。

图 11 - 43 wxGridBag Sizer 还没发挥作用

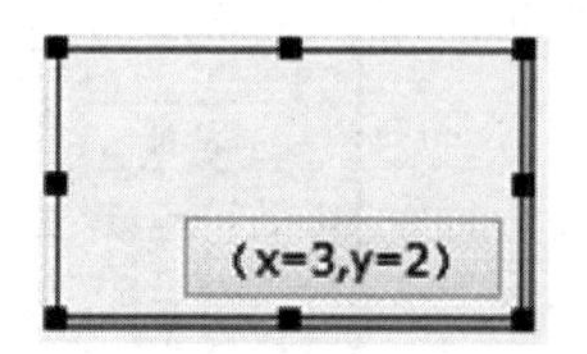

图 11 - 44 按钮位置设置为第 3 列,第 2 行

【小提示】: wxGridBagSizer 带来的附加属性

wxButton 并没有 Col(列)和 Row(行)属性,二者是布局器 wxGridBagSizer 为被布局控件提供的设置项,被 wxSmith 设计成控件的扩展属性。wxGridBagSizer 带来的除了行与列之外,还有 Colspan 和 Rowspan,它们的含义后面将讲到。

以上提及的"第 N 列"或"第 N 行"都从 0 开始计数。由于按钮的长度超出其所在格子,所以窗口被自动撑胖了点。

接下来保持行不变,依次插入第 0 列到第 2 列的三个按钮。每次新加入控件时,其行列值默认采用自增长策略,但只需正确设置前述的 Col 和 Row 的值,就可以得到如图 11 - 45 所示的效果。

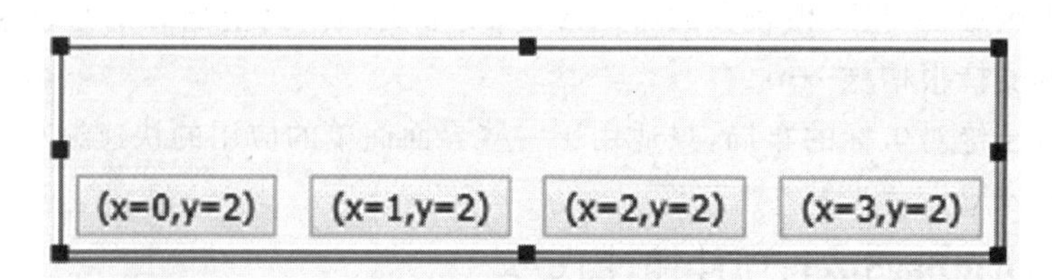

图 11 - 45 自动撑宽

看,对话框的宽度被四个按钮给撑宽了很多,但是高度没有变化,那么有没有办法不通过"撑"的方法来改变窗口的尺寸呢?这就得设置 wxGridBagSizer 的两个属性:横坐标间距(H - Gap)和纵坐标间距(V - Gap)。请在资源树中选中 GridBagSizer1,然后设置它的 V - Gap 属性为 50,将看到对话框变高了,如图 11 - 46 所示。

"自定义坐标"基本体现了,"可伸缩"的特性呢?为了能让对话框在预览时可以调整大小,请先为 NewDialog 的 Style 属性勾上"wxRESIZE_BORDER"以及"wxMAXIMIZE_BOX"项。然后单击右边快捷工具中的预览,再改变对话框大小,结果令人失望。按钮在原地没动,和之前谈的"绝对坐标"的布局效果没差别,如图 11 - 47 所示。

真相是 wxGridBagSizer 提供更强大的可控性——它允许我们指定特定的行或列,可以跟随父窗口的大小变化而变化。这两个值同样要选中 GridBagSizer1 布局

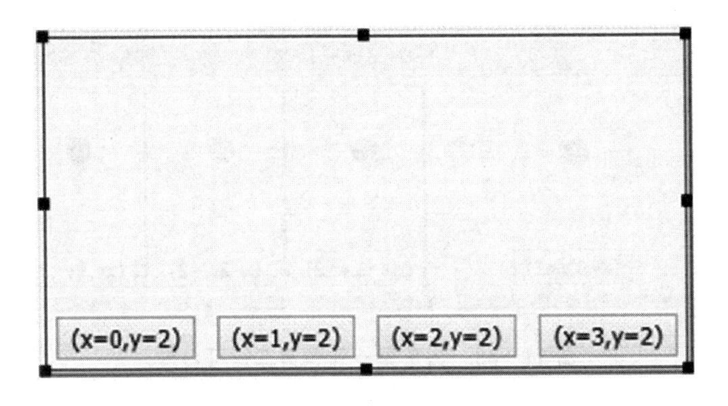

图 11-46 增大Y轴的坐标间距

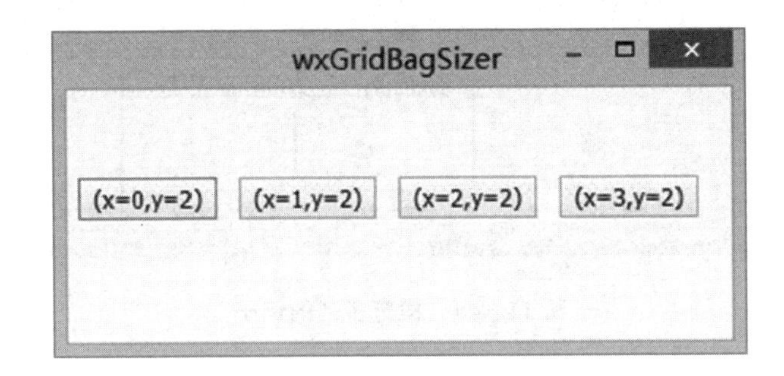

图 11-47 窗口大小不影响到控件的绝对位置

器，通过其"Growable cols"和"Growable rows"两个属性指定。如果要指定多列或多行，多个值之间使用逗号分开。

假设我们希望以上四个按钮无论窗口大小如何变化，它们都始终位于窗口的右下方，那么可以在前两行中随便挑中一行，以及前三列中随便挑中一列，指定为可自动伸缩。当窗口变高时，所指定的列高度跟着变大，于是将后面所有行都往下挤；同理，当窗口变宽时，所指定的行宽度跟着变大，于是将后面所有列都往右挤。马上试试，我们将"Growable cols"设置为0，"Growable rows"设置为1，即指定第一列和第二行都可自增，当对话框拉大以后效果如图11-48所示，为了直观，此处添加了四列之间的分隔线。

第一列的按钮并没有被挤到右边去，这是对的。因为它就在可自增的那一列上。怎么让它也自动靠右呢？把Growable cols填成"-1"肯定是很二的做法，交作业哦！

回过头来说说wxGridBagSizer为控件提供的扩展属性：Colspan和Rowspan。它们分别用于设置一个控件占用连续几列或几行，默认占用一格。基于前面的设置，再在对放框中加一个wxStaticText控件，设置其Col和Row为1和0，再设置它占用的列数是2，占用行数是1(默认值)。为了直观，在其Styles属性下，勾上"wxALIGN_LEFT"和"wxSIMPLE_BORDER"，最后修改文本内容，预览效果如

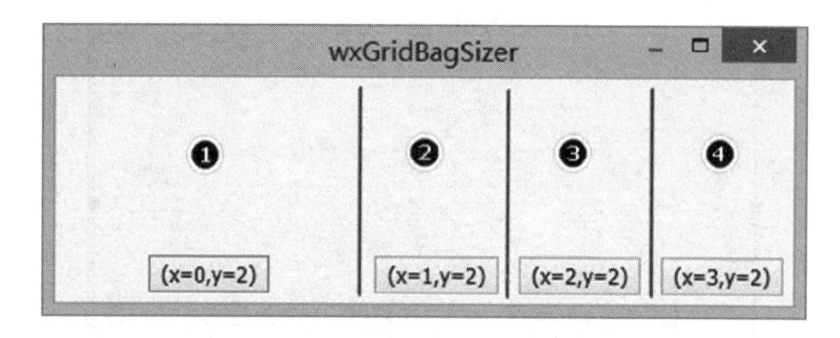

图 11-48 指定第一列和第二行可自增

图 11-49 所示。

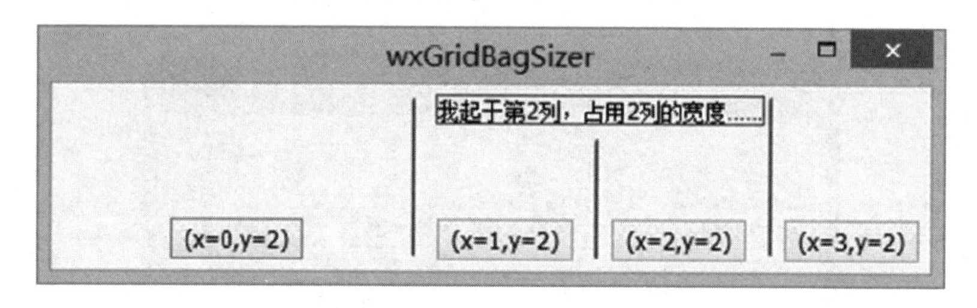

图 11-49 横跨多列的例子

**【课堂作业】: Grid 布局器下的 Expand、Shaped 和 Proportion 扩展属性**

wxGridBagSizer 下，控件也有“Expand”“Shaped”和“Proportion”这三个扩展属性。其中“Proportion(比例)”属性无效，因为控件所能占用的最大空间，完全由 wxGridBagSizer 布局器决定。事实上所有名字带有“Grid(格子)”的布局器都如此。

Expand 和 Shaped 仍然有效，请自行测试，可结合前面提到的“纵贯多行”一起测试。

3. wxGridSizer:排列整齐、大小一致

再准备好一个对话框，然后在上面摆放 wxGridSizer。之后设置它的 Cols 属性为 3，Rows 为 0。这里 Cols 可以理解为 wxGridSizer 的“最大列数”。

一旦设定 wxGridSizer 的列数，往里面摆放控件时，控件们就像小学生一样听话:这些控件横向一字排开。超过最大列数后，就自动另起一行。快来看小朋友排排队，如图 11-50 所示。

对于 wxGridSizer，Cols(最大列数)起主导作用，本例中我们设置 Rows 为 0，但这完全挡不住加入“小四”时，它自动站出新的一行。Rows 属性仅在 Cols 设置为 0 时才起作用，请大家自行测试效果。

wxGridSizer 像是 wxGridBagSizer 的简化版:它不允许控件跨行或跨列(没有“X Span”的扩展属性);它也不支持指定某一行或某一列可以自增长(Sizer 没有

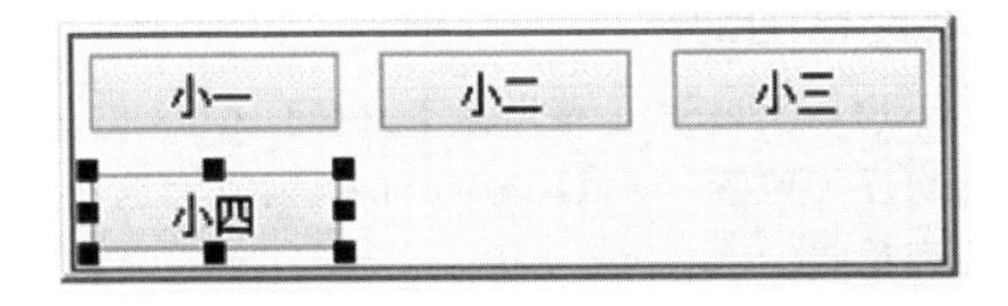

图 11-50 wxGrideSizer 布局效果

"Growable X"属性);它自动让所有格子平均分配行高和列宽,最后看看效果,如图 11-51 所示。

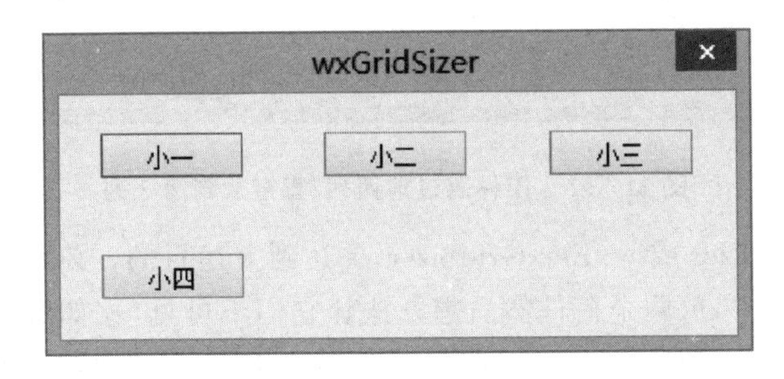

图 11-51 行列对齐、宽高均分的 wxGridSizer

假如要做一个计算器,那么 0~9 等按钮的排列,就适合使用 wxGridSizer。

4. wxFlexGridSizer:排列整齐、可伸缩

wxFlexGridSizer 和 wxGridSizer 一样有 Cols 和 Rows 属性,用于限制控件如何排列,但是它不像 wxGridSizer 那样"死板",它允许变化行高或列宽,这一点和 wxGridBagSizer 一样,拥有 Growable Cols 和 Growable Row 属性。

使用 wxFlexGridSizer,同样指定 Cols 为 3,Rows 为 0,然后指定 3 列和第 1 行可以自增,效果如图 11-52 所示。

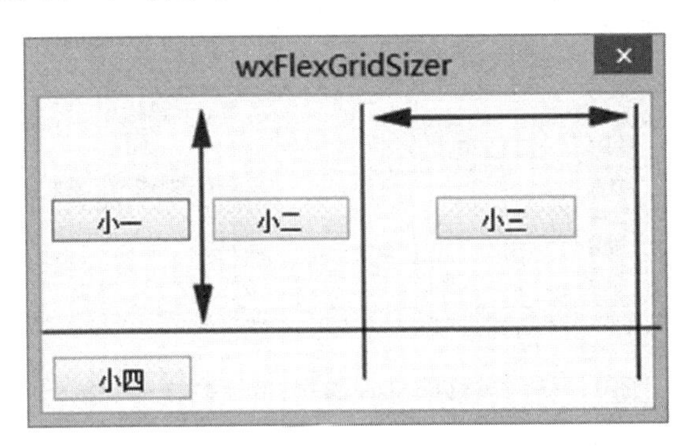

图 11-52 第 3 列撑宽,第 1 行撑高

5. 不同 Grid 布局器的对比

wxGridSizer 和 wxFlexGridSizer 布局器本身都有 Cols 和 Rows 属性,用于直接限定内部控件的排列次序和位置。wxGridBagSizer 则没有这两个属性,它支持让控件自身指定所在的行列位置。

举个例子,如果指定 Cols 为 3,然后我们想加入第一个控件,并且希望这个控件直接就排在第三列,如图 11 - 53 所示。

图 11 - 53　控件跳过前两列,直接放到第 3 列

对于 wxGridSizer 或 wxFlexGridSizer,要达到上述目的, 必须采用心理阴暗的做法:在前面两列中,放两个控件然后想办法让它们不可见(比如放两个没有文字内容的 wxStaticText);但是 wxGridBagSizer 就自由多了,你先摆上控件,然后指定它的 Row 为 0,Col 为 2 即可。

至于 wxGridSizer 和 wxFlexGridSizer 之间的区别,在前一小节已经讲得很清楚了,后者可以指定某几行可自动伸缩高度,或某几列可自动伸缩宽度,而这也是 wxGridBagSizer 所拥有的。由于可见,wxGridBagSizer 最自由也最复杂、而 wxGridSizer 最简单也最“笨”,wxFlexGridSizer 夹在中间。

wxFlexGridSizer 经常用于获得如图 11 - 54 所示的布局效果。

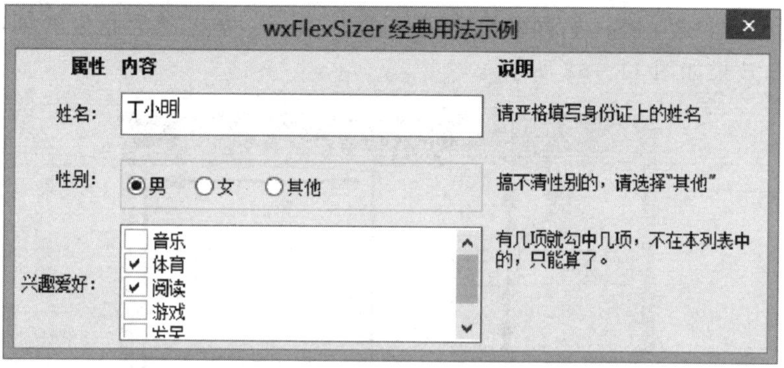

图 11 - 54　wxFlexSizer 典例:带标签的一组输入

这类对话框通常采用默认设置,窗口大小固定即可,但有时也需要考虑优化,比如本例中“内容”这一列,以及“兴趣爱好”这一行都很适合设置成自动伸缩。

wxGridSizer 过于规矩,使用范围也较为受限。通常用于局部布局,哪怕是前面提到的“计算器”,也不是所有按钮都排列整齐,不信我截张图,如图 11 - 55 所示。

图 11-55　计算器的布局

等号“=”占用两行，数字“0”占用两列，而最上面的“显示屏”可以认为占用 5 列，因此应该考虑使用“可伸缩、自定义”的 wxGridBagSizer 布局器，因为 wxGridSizer 和 wxFlexGridSizer 都不支持一个控件跨行或跨列的布局。如果想要进一步简化，还可以将其中 4 列 5 行大小一致、排列整齐的按钮，全部套在 wxGridSizer 之内，如图 11-56 所示。

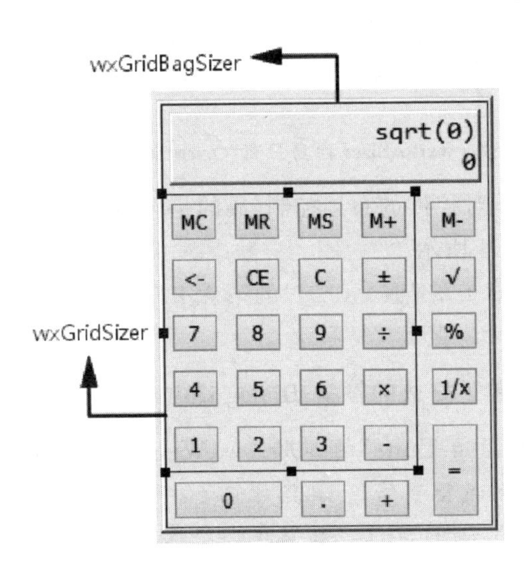

图 11-56　布局器嵌套

wxGridSizer 在 wxGridBagSizer 中，起始为 0 列 1 行，占用 4 列 5 行，它的内部当然又分成 4 列 5 行。（为了达成图 11-56 所示的对齐效果，还需要设置个别控件的“边界”等属性,以保证对齐。)

【小提示】: 如何快速添加相似的控件

例中有大量大小及布局属性相近的按钮,但您可能也发现了,Ctrl+C 和 Ctrl+V 居然在 wxSmith 中不能使用! 还好“编辑”主菜单下的“Copy/Paste”菜单项还是可用的,不过在粘贴之前,应保证选好目标位置。具体方法如下:比如已经添加了图 11－56 中的 MC 这个按钮,就可以选中它,然后执行 Copy 的菜单项操作,接着选中 wxGridSizer 对象,并确保快捷工具栏的插入位置选中的是“在当前选中项上插入”,然后执行 Paste 的菜单项操作。

6. wxBoxSizer:至强至简

(1) wxBoxSizer 属性

Grid 是网格的意思,它们都在试图模拟“坐标”,有行有列。接下来出场的是基于 Box 的布局器:wxBoxSizer。

wxBoxSizer 提供“Orientation/方向”属性,用于设置对内部的控件是按行(wxHORIZONTAL)或按列(wxVERTICAL)进行布局,除此之外,wxBoxSizer 自身就没有任何和布局相关的属性了,请看如图 11－57 所示一个 wxBoxSizer 控件的属性表。

Orientation	wxHORIZONTAL
Var name	BoxSizer1
Is member	☐
Class name	wxBoxSizer

图 11－57 wxBoxSizer 自身只有“Orientation”属性和布局有关

所以,wxBoxSizer 对控件的布局控制,靠的是它所赋予控件的附加属性决定,这些附加属性如图 11－58 所示。

所有扩展属性在第 4 章《感受(二)》的第 4.2 节《Hello GUI 布局篇.1》中“wxSmith 基础”中都有提到,请读者复习。

【小提示】: 等了好久的答案:Dialog Units 是什么

这里补充说明“Dialog Units”的作用。wxWidgets 支持以对话框的字体大小进行一定缩放后,作为“对话框单位”。具体计算是:字体宽度除以 4 作为 X 轴的单位,字体高度除以 8 作为 Y 轴的单位。如果我们勾选“Dialog Units”选项,则该控件四周的留空,将根据对话框(而不是控件)的字体大小而变化。

“Dialog Units”概念不仅仅用在控件布局留空大小上,也用于控件自身大小等,请读者自行在属性表查找与之相关的设置。

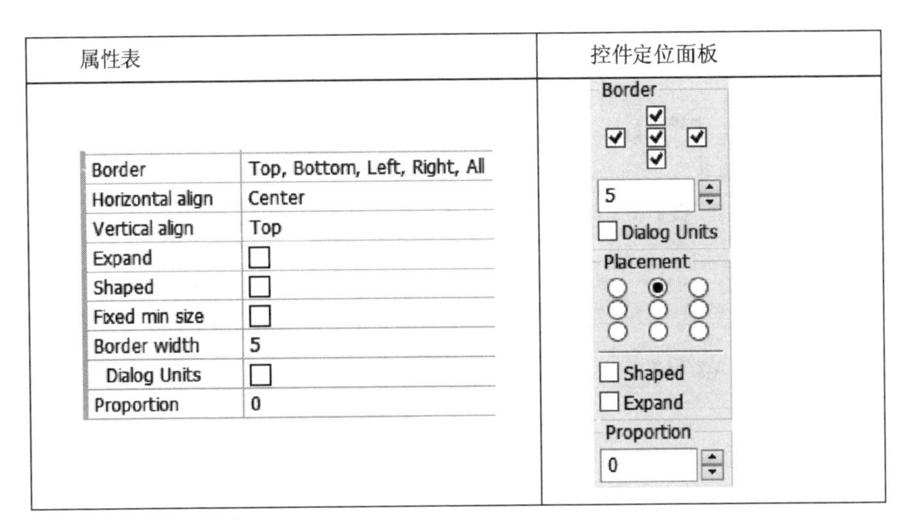

图 11－58　控件布局附加属性

(2) 嵌套布局器

单个 wxBoxSizer，无法满足日常应用的对话框布局，但通过嵌套多层 Sizer，或横或竖的 wxBoxSizer 却往往可以“组装”复杂的布局，请读者接着复习第 4 章《感受(二)》的 4.2《Hello GOI 布局篇》和 4.3《Hello Intenet》小节。

在实际设计之前，建议先用工具(比如原始的笔纸)画出对话框的布局，然后再分析需要几层、几个 wxBoxSizer 进行怎样的组装，然后再动手。

【课堂作业】：wxBoxSizer 组装

请完全仅使用 wxBoxSizer，重新设计出前一节中的“计算器”布局。

(3) 代码实现

某些时候，我们会希望完全通过代码实现布局，比如需要在程序运行时改变布局。下面通过一个 wxBoxSizer、三个按钮实现如图 11－59 所示的布局。

除图 11－59 所示指出的属性外，三个按钮的留空属性都保持默认值 5，但是 B2 取消左边的留空，因此可见 B2 右边的间距明显比左边的大。留空特意使用“对话框单位”，为足以显示这一设置带来的变化，请设置对话框字体大小为 16(三号)或更大。

B1 按钮设置顶部对齐，在设计期没看出作用。预览或运行时，拉高对话框，注意到 B2 仍然上下居中，但 B1 却浮在顶部。B3 设置了 Expand 属性，因此拉大对话框时，它的高度随之增大。

了解了实例布局的实际效果之后，我们看看对应的代码。请找到对话框构造函数的以下内容：

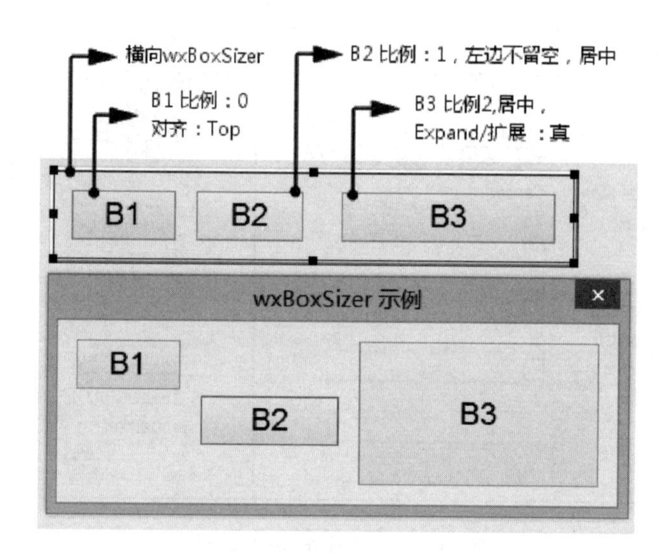

图 11-59 wxBoxSizer 布局实例

```
……
wxFont thisFont(16
        ,wxSWISS,wxFONTSTYLE_NORMAL
        ,wxNORMAL
        ,false,_T("Arial"),wxFONTENCODING_DEFAULT);

SetFont(thisFont);
```

这是构造了一个大小为 16 的字体，并设置成对话框字体，在本例中，这仅是间接影响到布局。继续看：

```
BoxSizer1 = new wxBoxSizer(wxHORIZONTAL);
Button1 = new wxButton(this, ID_BUTTON1
          , _("B1")
          , wxDefaultPosition, wxDefaultSize, 0
          , wxDefaultValidator, _T("ID_BUTTON1"));
```

先创建一个水平的 wxBoxSizer，就这么简单。然后创建 B1 按钮。接下来怎么让这二者产生关系呢？继续看：

```
BoxSizer1 ->Add(Button1
        , 0
        , wxALL | wxALIGN_TOP |wxALIGN_CENTER_HORIZONTAL
        , wxDLG_UNIT(this,wxSize(5,0)).GetWidth()
        );
```

BoxSizer1 把 B1 按钮加进来了，第二个参数是整数 0，表示控件在布局器中的次序号。第三个参数是三个枚举值按位“或”运算。其中 wxALL 表示四周都要留空，wxALIGN_TOP 表示顶部对齐，wxALIGN_CENTER_HORIZONTAL 表示水平方向居中。第四个参数“ wxDLG_UNIT(this,wxSize(5,0)).GetWidth()”通过 wx-DLG_UNIT 宏,将 5 个像素的宽度换算成前述的“对话框单位”。

```
Button2 = new wxButton(this, ID_BUTTON2 , _("B2"),……);

BoxSizer1 ->Add(Button2
        , 1
        ,wxTOP |wxBOTTOM |wxRIGHT
        |wxALIGN_CENTER_HORIZONTAL | wxALIGN_CENTER_VERTICAL
        , wxDLG_UNIT(this,wxSize(5,0)).GetWidth());
```

B2 按钮在 Sizer 中的次序号是 1,留空不再使用 wxALL,而是上、下、右,独缺左。水平和垂直均居中,留空大小依旧。

```
……
BoxSizer1 ->Add(Button3
        , 2
        , wxALL |wxEXPAND
        | wxALIGN_CENTER_HORIZONTAL |wxALIGN_CENTER_VERTICAL
        , wxDLG_UNIT(this,wxSize(5,0)).GetWidth());
……
```

B3 按钮加入 Sizer 时所指定的扩展属性中,相比 B1 和 B2 多了一个 wxEX-PAND,结果就只有 B3 会上下“撑开”。

现在仅仅完成了布局器和内部控件的关系,接着需要为布局器和其外部的对话框(真正要布局的家伙)建立关系:

```
SetSizer(BoxSizer1);
BoxSizer1 ->SetSizeHints(this);
```

第一行告诉对话框使用 BoxSizer1 作为布局器。通常这就成功地绑定了二者的关系,但对一个顶级窗口(对话框或框架窗口),还必须调用第二行,以明确让顶级窗口立马根据当前布局的要求,为窗口初始化一个合适的尺寸。

布局器支持继续嵌套子布局器,子布局器只需作为一个控件,加入到父布局器中。比如计算器的例子,wxGridBagSizer 包含一个 wxGridSizer:

```
GridBagSizer1 ->Add(GridSizer1
        , wxGBPosition(1, 0), wxGBSpan(5, 4)
        , wxALIGN_CENTER_HORIZONTAL|wxALIGN_CENTER_VERTICAL, 5);
```

其中 wxGBPosition 和 wxGBSpan 中的“GB”指的正是“Grid Bag”。前者将普通坐标转换为 GridBagSizer 自定义的坐标,后者转换所占用的行列数。

(4)“占位器”

BoxSizer 布局器除了可以放实际控件(按钮等),可以嵌套子布局器外,也可以入一个“占位符”,作用和你在大学晚自习教室占位一样,人不到却占了一个位置,真正来的人不得不往后面坐。你占用座位可能需要一本书,但在 BoxSizer 内占位子有挺牛的两个本事，一是使用无形之物占位，二是支持占的位置可以保持最大化。

wxSmith 为“占位器”提供了一个虚拟组件，图标还画得很形象，如图 11－61 所示。

图 11－60　wxSmith 中“占位器”控件

再看设计效果，如果在 B1 按钮之前（左边）加入一个“占位符”，效果如图 11－60 所示。

图 11－61　“占位符”设计效果

“占位器”也有 Proportion 布局属性，本例中设置为 1，因此当对话框变宽，它也将增长，把其他三个按钮依据比例往右边挤。实际运行时它确实是完全无形的，如图 11－62 所示。

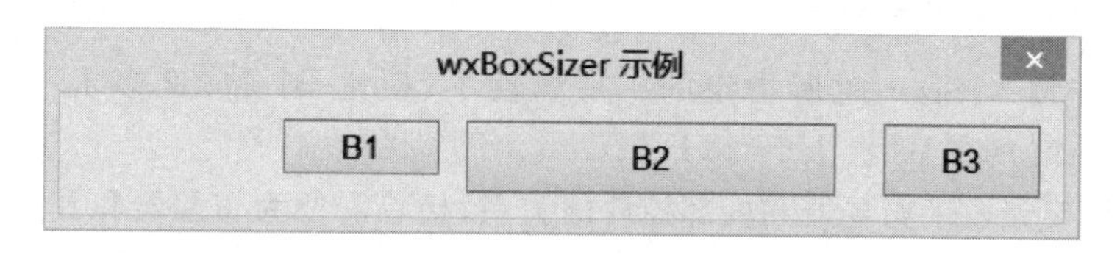

图 11－62　无形的“占位器”

为什么说“占位器”是虚拟组件呢？因为实际上并没这样的控件类，它完全是布局器提供的方法来实现的。直接观察本例生成的代码：

```
BoxSizer1 = new wxBoxSizer(wxHORIZONTAL);

BoxSizer1 ->Add( -1, -1, 1,……); //这一行加了最左边的“空白格”

Button1 = new wxButton(……);
BoxSizer1 ->Add(Button1,……);

……
```

Add(Button,……) 一看就知道是加入按钮，但 Add(－1，－1，1) 加入的是什么呢？三个－1 又是什么意思？下面是它的原形：

```
wxSizerItem * Add ( int  width,
                    int  height,
                    int  proportion = 0,
                    int  flag = 0,
                    int  border = 0,
                    wxObject *  userData = NULL
      );
```

用于实现加入指定宽(width)、高(height)或者比例(proportion)的占位符。当在wxBoxSizer中加入时,通常如本例设置成1或更大的数,以实现按比例在横向或纵向(视wxBoxSizer的方向)上固定撑开,此时宽或高无意义,可设置成-1。

7. wxStaticBoxSizer:带标题的Box

wxStaticBoxSizer和wxBoxSizer的布局逻辑一致,但是前者提供一个方框,并且方框还有一个标签,用于在视觉上为用户提供对分组内容的额外说明,如图11-63所示。

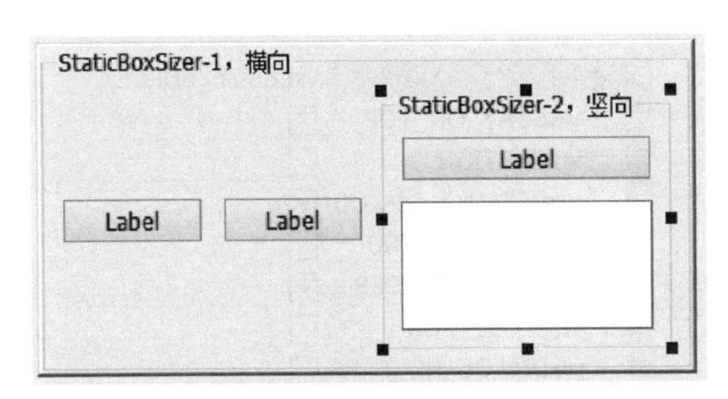

图11-63 含有两个StaticBoxSizer的例子

实际应用中,你当然不会为StaticBoxSizer提供这么无聊的标签。

11.9.4 属性设置

完成布局,接下来需要为已布局的控件设置属性。wxSmith常见的属性设置方式有:单行文本、多行文本、勾选切换、下拉选择、多选组合和专用设置器等,也包括以上手段的组合。

1. 文本编辑框

按钮的Label就是一个"多行文本"属性,如图11-64所示。

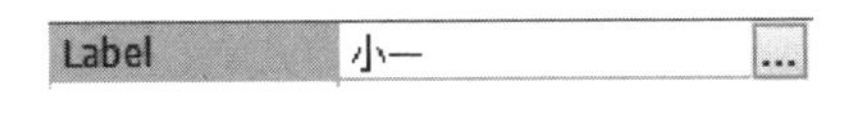

图11-64 多行文本编辑

单击右边的小按钮,将弹出更方便输入文本的对话框。单行文本输入的例子,比如控件的变量名和控件尺寸(Width和Height)等。有时候对文本内容的格式会有要求,比如尺寸值必须是整数。无论是单行还是多行,在属性设置表中编辑时,需要通过按回车键明确结束操作,修改才会生效。

2. 勾选切换和多选组合

许多控件都有 Enable 属性,表示该控件是否可用(是否允许接受用户输入),它的属性设置展现如图 11-65 所示。

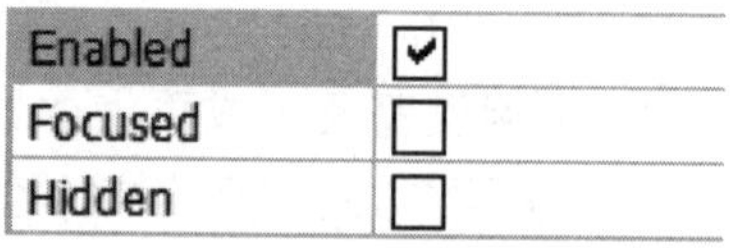

Enabled	☑
Focused	☐
Hidden	☐

图 11-65 勾选切换

和它相临的"Focused(是否拥有输入焦点)"和"Hidden(是否隐藏不显示)"这两个属性也是通过勾选进行切换的。有些属性由一组"布尔值"组成组合属性,典型的如控件的"Style(风格)"属性,如图 11-66 所示。

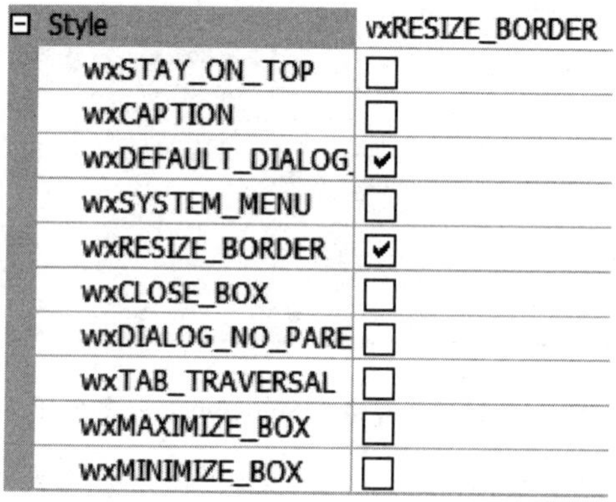

⊟ Style	vxRESIZE_BORDER
wxSTAY_ON_TOP	☐
wxCAPTION	☐
wxDEFAULT_DIALOG_	☑
wxSYSTEM_MENU	☐
wxRESIZE_BORDER	☑
wxCLOSE_BOX	☐
wxDIALOG_NO_PARE	☐
wxTAB_TRAVERSAL	☐
wxMAXIMIZE_BOX	☐
wxMINIMIZE_BOX	☐

图 11-66 多选组合

当你碰上这类属性时,建议在 wxWidgets 官网查找对应控件的说明,除非直接撞上,否则本书不对各类控件的此类属性做解释。

3. 下拉选择

前面提到的布局器带给控件的扩展属性中,"对齐"方式就是采用下拉选择,如图 11-67 所示。

4. 颜色选择

比如按钮的前景或背景色设置,如图 11-68 所示。

和"下拉选择"类似,但如果选择其中的 Custom 项,将弹出一个功能全面的颜色选择对话框,供我们定制颜色。

控件颜色通常的默认项叫 Default,表示采用操作系统 对 UI 的颜色配置。下拉表中的其他选项也并不是"赤、橙、黄、绿、青、蓝、紫"排开,而是如"Active Window

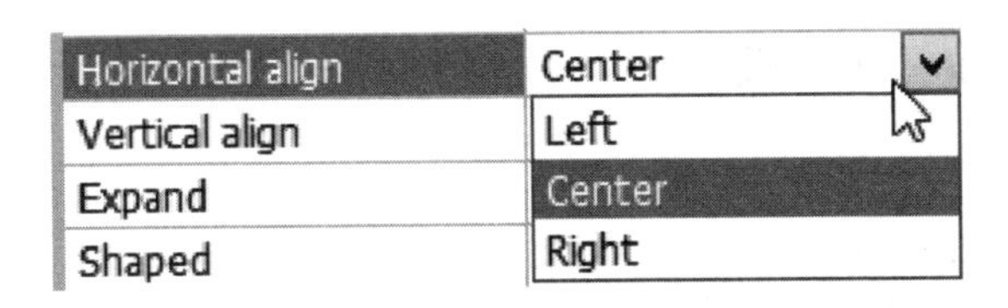

图 11－67 下拉选择

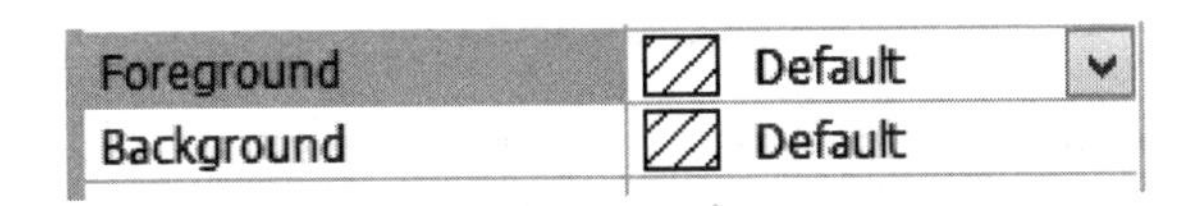

图 11－68 设置颜色

Caption(活动的窗口标题)"或"Inactive Window Caption(不活动的窗口标题)",表示操作系统针对某一 UI 状态设定的颜色,比如前者通常是蓝色,后者通常是灰色。

5. 字体选择

仍以按钮为例,单击其 Font 属性设置的按钮,弹出如图 11－69 所示的对话框。

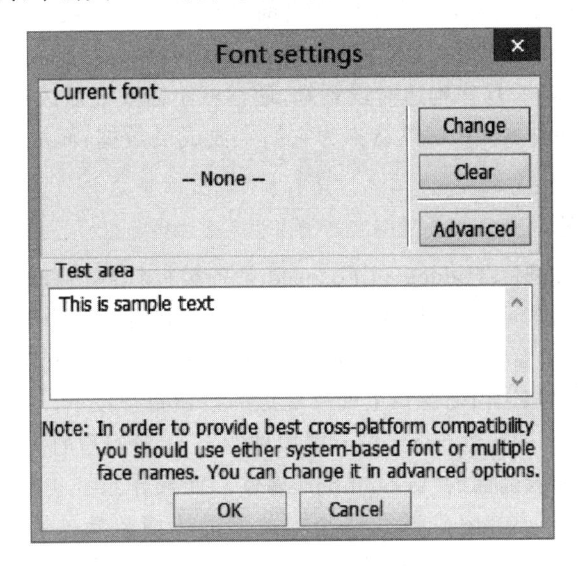

图 11－69 字体设置对话框

再单击 Change,就可以看到一个直观的字体选择对话框了。出于不同平台下字体的兼容需求,有时需要使用对话框中的 Advanced 按钮进入高级字体属性设计界面,这里简单略过。

11.9.5 控件通用属性

1. 代码属性

(1) “Class name”属性

我们在对话框上加一个按钮,通常它来自 wxWidgets 为我们提供的 wxButton 类,但如果我们想添加的按钮类型是我们自行派生的某个类,比如 wxMyButton,而 wxSmith 不认识它,怎么办? 这就得通过设置“Class name”来生成。当然在这种情况下,要求 wxMyButton 拥有和 wxButton 一样的构造接口,因为 wxSmith 只是把“new wxButton(……)”中的 wxButton 替换成 wxMyButton,构造的入参仍然不变。

如果自定义对象需要特殊的初始化,那么可以设置它的“Extra code”,这是一个“多行文本”属性,我们可以在里面直接写额外的初始化代码。

(2) “Var name”属性

变量名称,默认是 Button1、Button2 方式,所以一定要为它取一个好的名字。

(3) “Is member”属性

当“Is member”为真时,控件才成为当前窗口类的一个成员数据。如果我们需要在代码中继续直接处理该控件,需要勾上它。

一个窗口的布局一旦在构造时设置好,通常就不需要在后续运行时再做调整,所以 wxSmith 对待各种 Sizer,都默认不为它们生成成员数据;而类似按钮、列表框等,此项默认选中。

2. 基础属性

前面提到的 Enable、Hidden 和 Focused 是各类控件都拥有的基础属性,分别描述了控件“可不可用”“可不可见”和“是否有焦点”的状态。其中“Focused(焦点)”有点小特殊——同一个窗口上同一时间通常只能有一个控件拥有焦点。以按钮为例,当你拍下键盘空格键时,当前窗口上拥有焦点的按钮将被按下。

有一个非常基础的属性 Identifier,即控件的 ID。我们写的代码通常通过“变量”来访问一个控件(参看前面的“Is member”属性),而操作系统实际通过 ID 来标识和访问一个控件。在 wxWidgets 库中一个很典型的体现就是——事件绑定的是控件的 ID,而不是控件变量。wxSmith 会为我们自动生成不重复的控件 ID,通常我们接受这样的安排,唯一要做的是,很多时候应该修改一下这个 ID 的名称,让它更有意义一点,通常它们应该和前面提到的“Var name”有某种字面上的映射关系,比如一个按钮变量名是“ButtonOK”,那么它的 ID 可以改为“ID_BUTTON_OK”或者“idButtonOK”。

【课堂作业】: 观察生成 ID 的代码

请从源文件中,查看 wxSmith 生成的创建控件 ID 的代码,自行查找 wxNewId()函数的作用。

另外还有一组基础属性，用于描述控件的位置和大小：

"Default pos"用于指示是否使用默认的位置，如果不，则可以设置 X 和 Y 的属性；

"Default size"用于指示是否使用默认的尺寸，如果不，则可以设置 Width 和 Height 以调整大小。但是，我们推荐采用各种 Sizer 来定位控件，所以"Default pos"通常是"真"。至于大小，如果我们希望控件初始化的尺寸和默认有所不同(比如计算器例子中的按钮)，则可以直接通过 Width 和 Height 进行精确控制。

11.9.6 事件设置

1. 绑定事件

选中控件，然后将属性表切换到"{}"为标题的页面，就是控件的事件表。以 wx-Button 为例，wxSmith 为它提供了"EVT_BUTTON"事件，即按钮被按下时触发的事件，如图 11－70 所示。

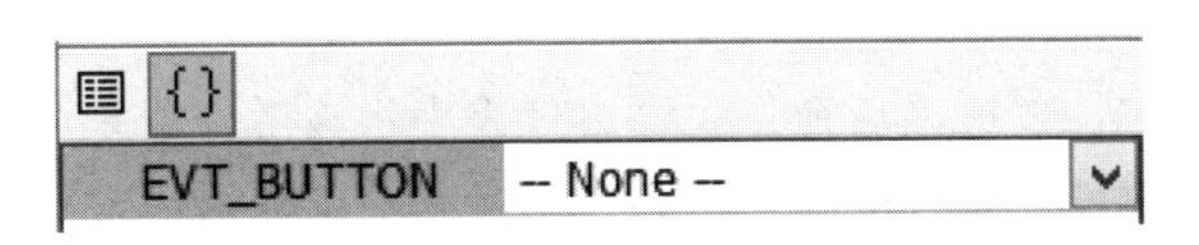

图 11－70 事件表

如果某个事件还没有指定响应函数，则如图 11－70 显示的"——None——"，单击下拉框，再选中其中的"Add new handler"，将出现为此事件生成响应函数的对话。请研究其默认生成的函数名字和控件、事件之间的关联，如图 11－71 所示。

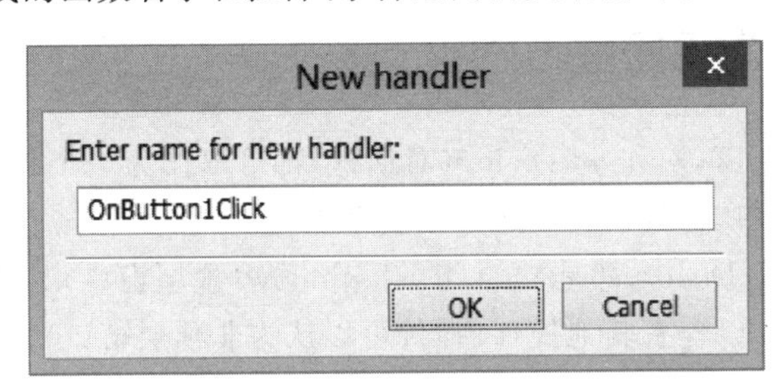

图 11－71 生成 Button1 的 EVT_BUTTON 事件响应函数

确认后 wxSmith 自动在窗口类生成 OnButton1Click 的声明和空的实现。想要在事件里做什么事，就得找到那个有着空实现的响应函数，往里面添加你的实现代码：

```
void NewDialog::OnButton1Click(wxCommandEvent & event)
{
}
```

**【小提示】：怎么快速找到某个控件某个事件的响应函数**

一旦为一个事件挂接了响应函数，就可以在事件表中双击左半位置的事件标签，比如前述的“EVT_BUTTON”(图 11－58)，快速跳转到该事件所挂接的响应函数，各位何不试试？

wxSmith 为方便管理它所生成的事件响应函数，特意在类定义中添加了格式有些特殊的注释，比如以下代码中的加粗部分：

```
//(*Handlers(NewDialog)
void OnButton1Click(wxCommandEvent & event);
//*)
```

各位在编写代码时，请不要删除或改动这些注释；另外也请大家在代码中再找找并想想，还有哪些此类的特殊注释，作用又是什么？

2. 解除事件

挂接一个事件后，也可以后悔。先在事件表中将该事件恢复成“－－None－－”的选择，从而解除事件和函数的绑定关系。不过相关函数的代码可没有被删除，如果确实不需要它们，请自行删除掉其在头文件中的函数声明和源文件中的函数实现。

同一个响应函数，可以绑定到兼容的事件上。比如说某个按钮、某个工具栏图标或某个菜单项，假设单击它们之后，希望调用同一个函数，将它们的事件绑定到同一个函数，是常用的事件函数复用的实现方法。

11.9.7 窗口常用属性

wxFrame(框架窗口)和 wxDialog(对话框)都可以作为一个程序的主窗口，前者适用于需要带主菜单、工具栏和状态栏的复杂情况。

wxFrame 和 wxDialog 都是“Top level window(顶层窗口)”，所谓“顶层”的意思是：这个窗口内部可以含有其他控件(控件可以认为非顶层窗口)，但窗口往外就是操作系统的桌面。

(1) Centered (居中)

是否居中。作为“顶层窗口”，它的居中就是指是否在操作系统的桌面上居中。Centered 事实上并不是窗口的一种“状态”。它只是指示窗口在第一次出场时，是否自动“站到”桌面这个大舞台的正中央而已。用户若是不爽，可以迅速将它挪到一边去。请大家设置 HelloWxSmithFrame 的 Centered 为真，然后看构造函数，看这一行：

```
......
    Center();
......
```

没错，窗口(Frame 或 Dialog)提供了 Center()函数，只要处于显示状态，我们可以随时调用这个方法让它自动在桌面上居中。

(2) 窗口颜色设置

Foreground 和 Background 可分别设置窗口的背景色和前景色(其上所有文字的默认颜色)。

(3) 通用窗口风格

Style 包含一组可选的窗口风格，常用的有：

wxCLOSE_BOX：指定窗口标题栏上是否提供关闭按钮(俗称："X"按钮)。

wxMAXIMIZE_BOX、wxMINIMIZE_BOX：指定窗口标题栏上是否有最大化或最小化按钮。

wxSYSTEM_MENU：指定窗口标题栏上是否有系统菜单按钮(Windows 下通常在最左边)。

wxCAPTION：好吧，如果不使用此项，你的窗口干脆没有标题栏。(咦？真的吗？)

wxRESIZE_BORDER：指定该窗口或对话框是否支持通过拉伸边缘以改变窗口大小。

wxSTAY_ON_TOP：如果勾选该项，则该窗口会尽量浮在窗口桌面的顶层，挡住其他无此属性的顶级窗口；当我们非常希望用户优先处理本窗口的事务时，可以用它。

wxTRANSPARENT_WINDOW：非常误导人的属性，选上它你的窗口并不会变成透明，它只是试图阻止窗口收到"绘图"消息，不触发 OnPaint 事件。想要做真正的带透明的窗口，需要一些本书不提及的高级手段。

wxTAB_TRAVERSAL：让键盘上的 Tab 键成为窗口的导航键(就是你每按一次该键，输入焦点会在不同的控件之间切换)，对于对话框，这是默认行为。

因为要一样样组合这些属性，会有些烦人，所以 wxFrame 和 wxDialog 都为自己提供了默认的组合项，分别是 wxDEFAULT_FRAME_STYLE 和 wxDEFAULT_DIALOG_STYLE，比如二者都包含 wxCAPTION。因此，如果你看到独立的 wxCAPTION 没有被勾选，但窗口仍然有标题栏，那是因为默认风格已经暗含了后者。

wxFrame 还有几样自己的特有的风格：

wxFRAME_NO_TASKBAR：选中本项，哪怕窗口是程序的主窗口，也不会在 Windows 的任务栏上出现切换条。

wxFRAME_TOOL_WINDOWS：同上，若外部 GUI 环境支持，窗口的标题栏变小一号。另外，带这个风格的窗口在出现时，不会抢当前系统的输入焦点，因此不会打断用户当前正在进行的工作(想像一下金山词霸取词后浮现的小窗口)。

wxFRAME_SHARPED:可以用来支持实现“异形”窗口。

11.9.8 菜单设计

1. 主菜单

请先复习 11.4 节中的主菜单内容,我们尝试了如何通过代码直接添加各类主菜单项。这一节我们学习如何借助 wxSmith 的帮助,快速添加主菜单项。

wxWidgets 只允许在“框架窗口”中使用主菜单(因为只有 wxFrame 类提供了 SetMenuBar()的方法)。请尝试用 wxSmith 添加一个新框架窗口,然后在控件栏上的“Tools”页中找到“wxMenuBar(菜单栏)”单击,设计页面顶部将出现一个表示主菜单的图标,如图 11－72 所示。

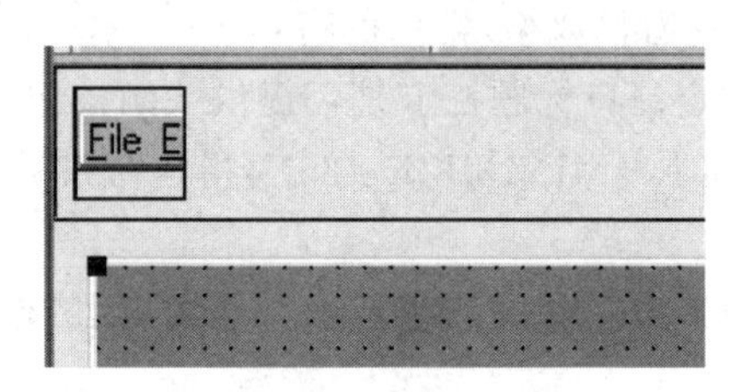

图 11－72 设计页面中的菜单栏(wxMenuBar)控件

选中这个控件,从控件属性表中查看到 wxMenuBar 只有“代码属性”,没有其他属性,也没有事件。“人如其名”,它的全部作用就是在框架窗口的顶部准备一条“菜单栏”,所有主菜单都是“挂”在这个栏上,可以把它当作是一个虚拟的“根”菜单项。

双击这个控件,出现对话框如图 11－73 所示。

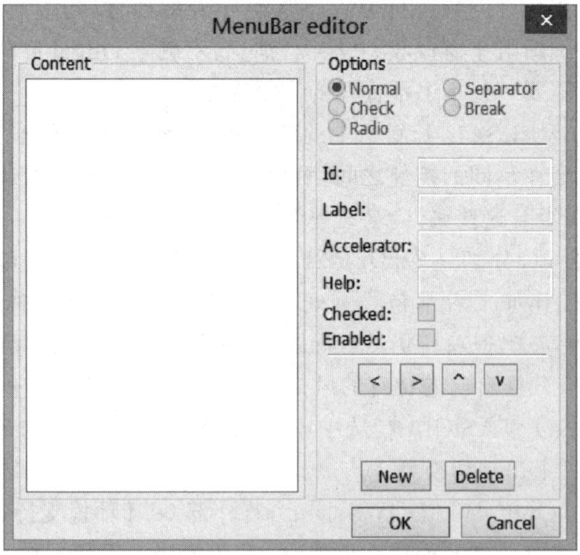

图 11－73 菜单编辑对话框

单击 New 按钮，可添加一个菜单项，然后可以通过"Options"设置它的类型，可选的有 Normal(普通菜单项)、Check(多选菜单项)、Radio(单选菜单项)、Separator(分隔线)和 Break(换行)。

其他设置我们以常见的"文件"菜单项为例：

(1) ID：为该菜单项指定 ID 名称。建议以"ID_MENU_"作为前缀，比如 ID_MENU_FILE。

(2) Label：菜单的标题，比如"文件[&F]"，& 指定其后的字母为菜单项快捷键(即当菜单项展现时，按下"Alt+该字母"，选中该项)。

(3) Accelerator：真正的热键，格式为：控制键+字母，比如保存文件的热键为：Ctrl+S；控制键还支持 Alt 等；本例不需要热键。

(4) Help：鼠标经过该菜单项时，可显示的帮助文本。

(5) Checked：仅对"Radio"或"Check"类型的菜单起作用，即菜单项是否处于选中状态；

(6) Enabled：该菜单项是否可用，不可用的菜单项一般会以"灰色"等颜色展现。

本例实际设置如图 11－74 所示。

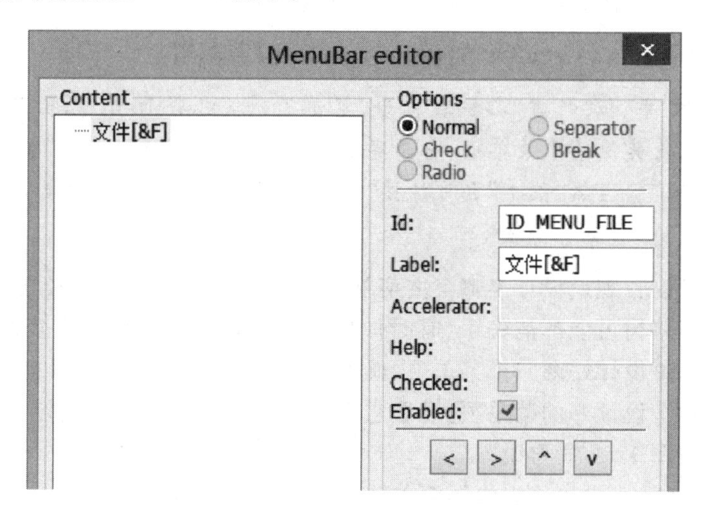

图 11－74　菜单项设置实例

【小提示】：无法预览主菜单的设计效果

可能你已经着急想通过 wxSmith 的"预览"功能查看主菜单设计效果了，可惜 wxSmith 居然地不支持预览主菜单！唉，写程序呢，最要紧的就是开心，开源软件的事呢，是不能强求的。各位可以向 wxSmith 作者提建议，以后 C++和 wxWidgetes 学得好了，还可以自己动手帮助开源项目，我们不能永远只当伸手党。

接着我们想在"文件"菜单项下，创建"新建"子菜单项。可以依样画葫芦，新加一个菜单项，但此时"新建"和"文件"菜单项是平级的，因此需要单击对话框中那一排示意"向左、向右、向上、向下"按钮中的"向右"按钮,让"新建"菜单项下降一级,成为"文件"菜单项的一个子菜单项,如图 11-75 所示。

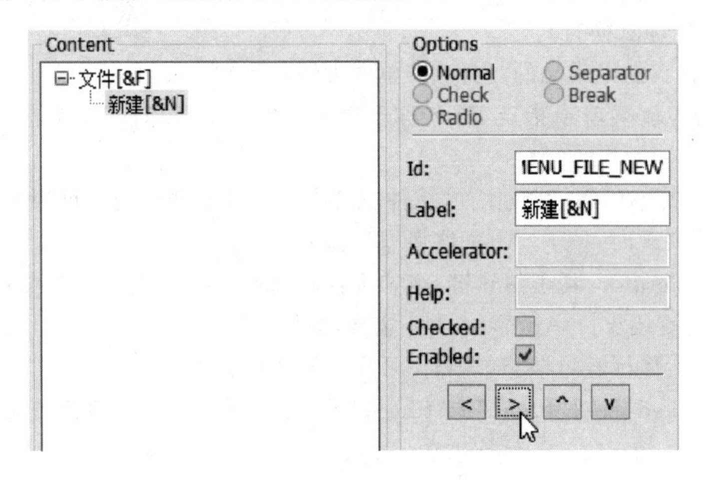

图 11-75 新建子菜单项

其他三个小按钮的作用是:向左上升一级,向上和向下用于调整次序。

**【重要】: wxMenu(菜单)和 wxMenuItem(菜单项)**

例中的"文件"和"新建"都被我称为"菜单项(wxMenuItem)",但其实一旦一个菜单项需要挂着其他的子菜单项,它其实就被称为"菜单(wxMenu)"了,即"菜单"下面挂着"菜单项"。当然"菜单"也可挂接"子菜单",而"子菜单"用于挂接下下级的"菜单项"。

如此就可以直观地设计出整个主菜单,最后一定要记得单击 OK 按钮,否则辛苦设计的整棵菜单树可能都消失了(有时你只是不小心在输入法界面多按了一次 Esc 键);建议还是每设计好两三个菜单项,就单击 OK 退出一次,一是及时保存;二是我们还需要为每个设计好的菜单项,设置它们的其他属性——必须在控件属性表中完成;三呢,看完图 11-76 再说。

原来,在属性表中也可以设置菜单项的属性。推荐用菜单编辑对话框创建、删除菜单项,以及修改父子关系和前后次序,而用属性表来修改属性。最为重要的是在属性表中修改菜单项的"变量名"和"是否是成员"属性。名称建议采用 MenuItem 作为前缀,在此我们将"新建"菜单项命名为"MenuItemNewFile"。图中还有一个"Bitmap"属性,我们放到"附加图标"小节讲解。

切换到事件页,wxSmith 为菜单项仅提供一个事件:EVT_MENU,即菜单项的单击事件。请大家实现单击:"新建"菜单项之后,弹出一个消息框,显示该菜单项"Label"和"Help text"的内容。

完成以上作业,请大家在菜单树中选中"文件"节点,对比它和"新建"菜单项有什么不同,然后将其变量名修改为 MenuFile。

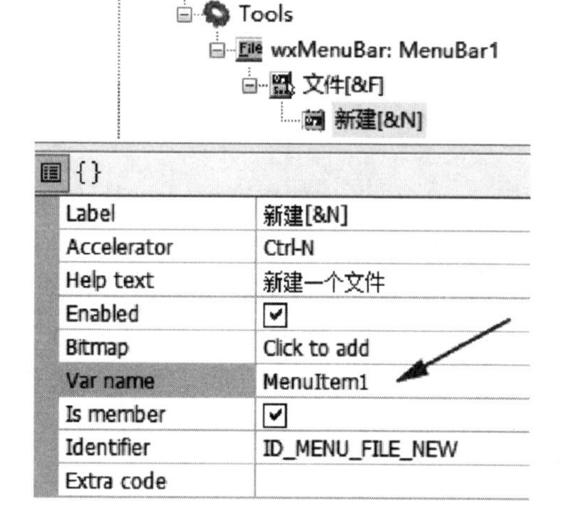

图 11-76 在属性表中设置菜单项

最后看看 wxSmith 为以上菜单配置生成的代码，加上注释：

```
//创建一个 MenuBar
MenuBar1 = new wxMenuBar();

//接着,创建一个菜单("文件"菜单)
005 MenuFile = new wxMenu();

//"新建"菜单项
MenuItemNewFile = new wxMenuItem(MenuFile //父菜单
, ID_MENU_FILE_NEW  //ID
, _("新建[&N]\tCtrl - N")  // 标题和热键
, _("新建一个文件")   //Help Text
, wxITEM_NORMAL); //菜单项类型
//哪怕在创建子菜单指了父菜单,这里还是要主动把它添加到父菜单尾部
MenuFile ->Append(MenuItemNewFile);

//将"文件"菜单加入菜单栏,并且指定它的标题
018 MenuBar1 ->Append(MenuFile, _("文件[&F]"));

//最后指定当前框架窗口使用 MenuBar1 作为菜单栏
SetMenuBar(MenuBar1);
```

【危险】："菜单的标题"和"菜单在菜单栏上的标题"

上述程序 018 行表明：在将菜单 MenuFile 加入到菜单栏时，才指定该菜单在菜单栏上的标题。为什么不能在构造菜单时(005 行)，事先指定菜单的标题，比如 005 行改成这样：

```
005 MenuFile = new wxMenu(wxT("文件"));
```

005 行这样修改确实可以指定该菜单的标题,但是在 wxWidgets 的定义中,“菜单的标题”和“菜单在菜单栏上的标题”是两个不同的东西。请读者试试将 005 行做如上修改(但别的地方,包括 018 行都不要修改),编译后看看运行效果。

2. 弹出菜单

弹出菜单英文是“Popup menu”,比如你在窗口右击,然后弹出一个下拉菜单,或者你单击某个按钮,然后就在按钮下弹出下拉菜单。

在 wxWidgets 中,并没有封装所谓的 wxPopupMenu,而是需要程序员自行通过 wxMenu 实现,至于 wxMenu 是什么,前面我们已经接触过。wxMenu 可以独立存在,也不一定非要挂在 MenuBar 身上,它支持从屏幕上的任意地方弹出来。wxMenu 控件就在控件栏上,wxMenuBar 的前面,如图 11-77 所示。

图 11-77 控件栏中的 wxMenu

同样是单击它,为窗口添加一个 wxMenu 控件,先把变量名改为“PopupMenuA”,再双击它,弹出熟悉的“菜单编辑对话框”。请示意性的添加一些菜单项,我添加的菜单项如图 11-78 所示(其中倒数第二项就是一个“Separator(分隔线)”)。

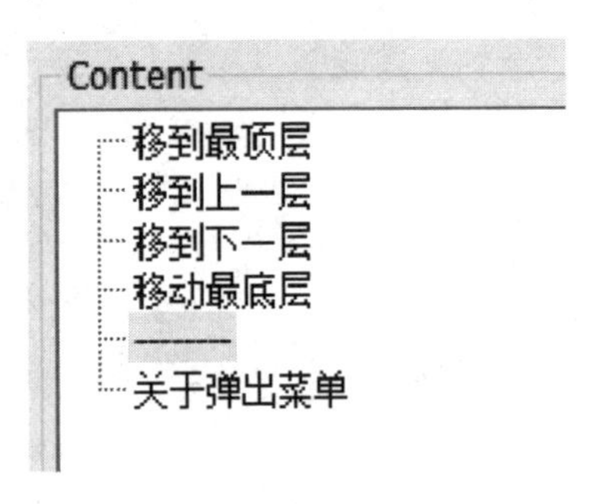

图 11-78 示意用的弹出菜单

接下来学习在窗口上右击时,如何弹出这个菜单。2.8x 版的 wxWidgets 没有提供专门的“弹出菜单”事件,因此我们需要响应窗口的“鼠标右键抬起”事件 EVT_RIGHT_UP(使用 EVT_RIGHT_DOWN 也未尝不可),代码如下:

```
void NewFrame::OnRightUp(wxMouseEvent & event)
{
    this ->PopupMenu(& PopupMenuA, event.GetPosition());
}
```

所有窗口类(派生自 wxWindow)都提供了“PopupMenu(菜单,坐标)”的方法,运行效果如图 11-79 所示。

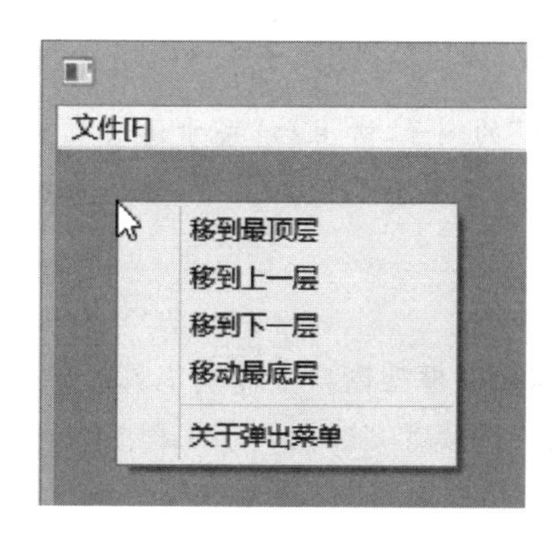

图 11-79 “弹出菜单”的运行效果

前面我们提到“菜单的标题”和“菜单在菜单栏上的标题”是两个概念，它们和“菜单项的标题”也是不同的概念。到底“菜单的标题”是什么呢？它主要用在“弹出菜单”上，通常用于提示整个弹出菜单的作用。我们直接在代码中为 PopupMenuA 添加一个标题：

```
void NewFrame::OnRightUp(wxMouseEvent & event)
{
    if(PopupMenuA.GetTitle().IsEmpty())
    {
        PopupMenuA.SetTitle(L"--请选择(我是高冷的菜单标题)--");
    }

    this->PopupMenu(& PopupMenuA, event.GetPosition());
}
```

高冷不高冷，大家自己看效果吧，如图 11-80 所示。

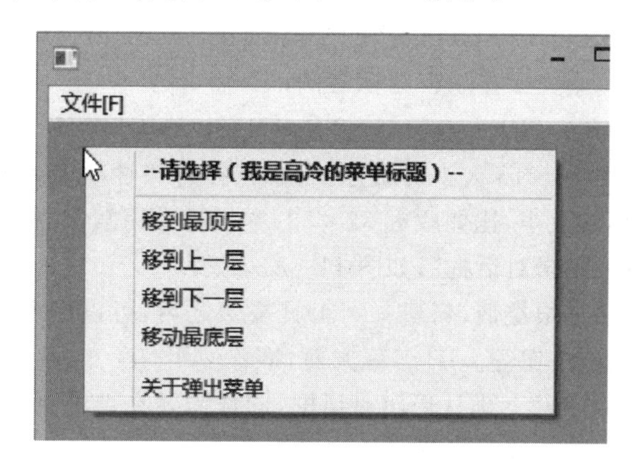

图 11-80 “菜单标题”的运行效果

【课堂作业】：完成“弹出菜单”例子

请完成上述“弹出菜单”的例子，并且为“关于弹出菜单”提供回调函数，函数中弹出一个消息框，显示该弹出菜单共有几个菜单项，每个菜单项的标题是什么。

11.9.9 工具栏设计

主菜单有了，通常还需要在框架窗口上提供工具栏。工具栏类名叫 wxToolBar，同样位于控件栏 Tools 页。请读者完成在例子工程中为一个框架窗口加入该控件。

工具栏控件事实上是一个窗口，派生自 wxWindow，并且有自己的一些扩展属性。

(1) wxTB_FLAT：让工具栏看起来有“扁平”风格(和最近手机上流行的界面没什么关系，别想太多)；

(2) wxTB_HORIZONTTAL：水平工具栏，默认值；

(3) wxTB_VERTICAL：垂直工具栏，比如工具栏放在窗口的左边或右边，较少用；

(4) wxTB_BOTTOM：如果是水平工具栏，此选项令工具栏布局在窗口的底部，否则为默认的顶部；

(5) wxTB_RIGHT：如果是垂直工具栏，此选项令工具栏布局在窗口的右边，否则是左边；

(6) wxTB_TEXT：工具栏上的工具图标，带有文字标签；

(7) wxTB_NOICONS：不显示工具图标，这种情况下，就应当选中 wxTB_TEXT，否则显示什么呢？很少这样用，同时在一些情况下 Windows 不支持这个属性。

(8) wxTB_HORZ_LAYOUT：当选中 wxTB_TEXT 时，默认文字显示在图标下侧，如果选中本项，则文字显示在图标右侧；

(9) wxTB_HORZ_TEXT：等于 wxTB_TEXT | wxTB_HORZ_LAYOUT。

工具栏默认采用 16×16 大小的图标，可以在控件属性栏中先选上“Use Bitmap size”，然后修改图标的大小，比如改成 32×32，本教程采用默认的尺寸演示。双击工具控件，弹出“工具栏编辑对话框”，如图 11-81 所示。

和菜单编辑对话框很类似，新建一个工具按钮之后，可以指定它是普通按钮、分隔线、单选按钮或多选按钮等。ID 名称方面，推荐使用“ID_TOOL_”作为前缀，比如“ID_TOOL_FILE_NEW”。确认退出对话框，同样需要在控件属性表中为新建的工具按钮命名，本例中的“新建”按钮，我们取名为 ToolItemFileNew。

接下来需要为工具按钮设置图标，菜单项也可以指定图标，但那是锦上添花，为工具按钮提供图标则是头等大事，除非你真想使用“wxTB_NOICONS”风格。

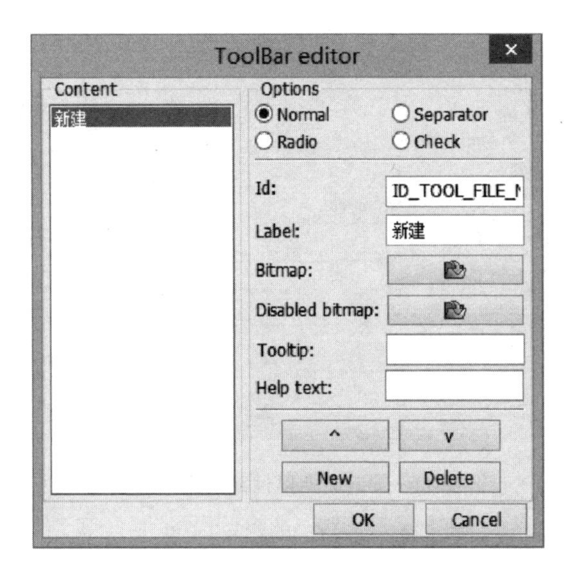

图 11-81 工具栏编辑对话框

11.9.10 图标属性

菜单项和工具按钮支持显示带上图标，方便识别。请从控件树中选中前述的"新建"工具栏按钮，然后查看它的属性表，如图 11-82 所示。

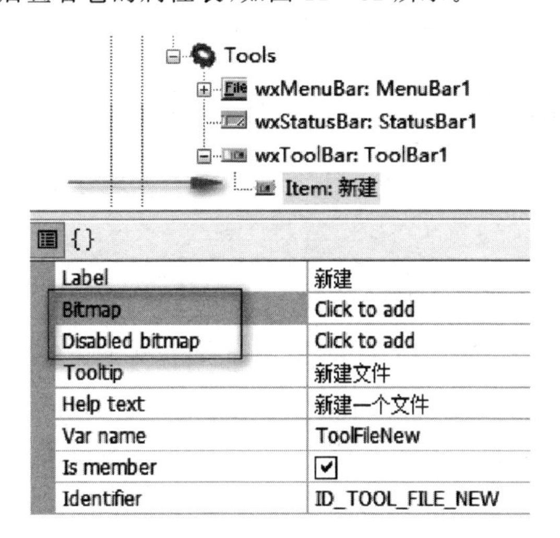

图 11-82 工具按钮的图标属性

其中的 Disabled bitmap 通常并不需要去设置，因为系统会根据某种算法，自动地从 Bitmap 生成一张灰度图片，用作当按钮不可按时显示的图片。单击 Bitmap 属性值右边的小按钮，出现图标设置对话框，如图 11-83 所示。

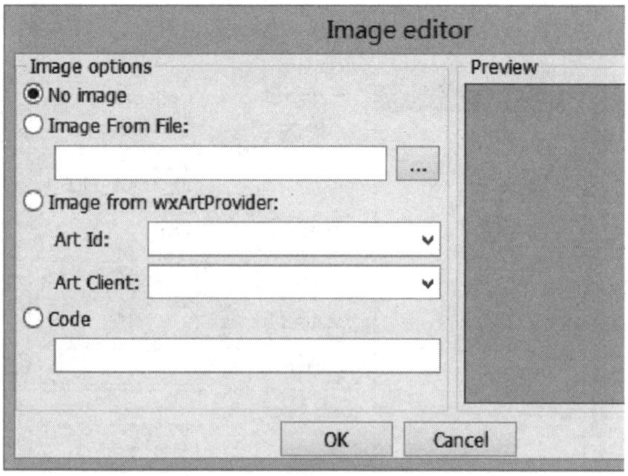

图 11-83 图标属性编辑器对话框

从图 11-83 中可以看到图标有三种来源:一是来自文件(From File),二是来自 wxWidgets 库内置图标库(From wxArtProvider),三是来自一段代码(From Code)。

我们先练习使用最方便的"From wxArtProvider",单击"Art Id"选择"wxART_NEW";单击"Art Client"选择"wxART_TOOLBAR";最后单击 OK 退出,编译运行,工具栏现在有一个小加号,表示"新建"图标的按钮。

wxSmith 在此情况产生的、用以创建工具按钮的代码是这样的:

```
ToolItemFileNew = ToolBar1->AddTool(ID_TOOL_FILE_NEW //工具图标 ID
        , _("新建") //工具图标标题
        , wxArtProvider::GetBitmap(
            wxART_MAKE_ART_ID_FROM_STR(_T("wxART_NEW"))
                , wxART_TOOLBAR)
        , wxNullBitmap  //不需要 Disabled Bitmap
        , wxITEM_NORMAL
        , _("新建文件")
        , _("新建一个文件")
    );
```

如果代码中需要动态地从内置库选择图标,可修改上述加粗部分的代码。

wxWidgets 内置提供的图标是有限的,这是它最大的缺点。当然 wxWidgets 允许我们派生 wxArtProvider 类,然后为添加新图标甚至修改它原有的图标……已经超出本书的范围。我们学习一种方法——From File。

继续上 www.xiconeditor.com 网站画一个 16×16 的图标,导出到工程目录下,再改名为"new.ico"。然后将 ToolItemFileNew 的图标,改为来自这一文件,如图 11-84 所示。

尽管内置的图标不多,但只要有,推荐就使用。因为内置的图标会尽量和外部操作系统保持和谐。实在没有的话,再使用自绘的文件。

正如图 11-84 中显示的,当使用"来自文件"选项时,wxSmith 会很不合理地使

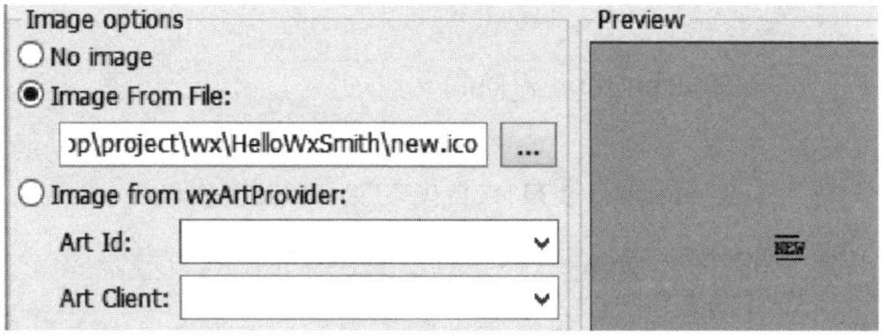

图 11-84 设置图标来自指定的文件

用图标文件的“绝对路径”，并且将它生成到代码中去：

```
ToolItemFileNew = ToolBar1->AddTool(ID_TOOL_FILE_NEW
                , _("新建")
, wxBitmap( wxImage (_T("D:\\bhcpp\\project\\wx\\HelloWxSmith\\new.ico")))
                , wxNullBitmap
                , wxITEM_NORMAL
                , _("新建文件")
                , _("新建一个文件")
        );
```

使用“来自文件”选项时，发布程序时肯定要附带图标文件，但打死也不能要求你的用户一定要把这些图标存放到和程序员开发机器上一模一样的目录路径下；所以如果使用文件模式，通常最终要修改代码中的路径，比如改为相对路径，或者应在程序启动时得到当前运行路径，然后使用一个 wxString 变量，来代替这些字符串字面值。的个人癖好是：如果使用 wxSmith，我就干脆不使用“来自文件”。那就来学习第三种吧：来自代码。

在 Windows 下，可以将图标等资源以“Resource file(资源文件)”的形式，在编译时打包到可执行文件中，然后可执行文件再从自身读出这些资源。还记得我们曾经修改过的 wxWidgets 程序的默认图标吗？请双击工程文件中 Resource 节点下的“resource.rc”，然后加入之前画的“new.ico”：

```
aaaa ICON "wx/msw/std.ico"
new_ico ICON "new.ico"

#include "wx/msw/wx.rc"
```

上面代码的第二行是新加的。“new.ico”使用的是相对路径，就在工程目录下。“new_ico”是我们为新增资源取的索引名称。然后再一次进入图标属性编辑对话框，这次我们改用 Code，如图 11-85 所示。

确认后看看生成的代码：

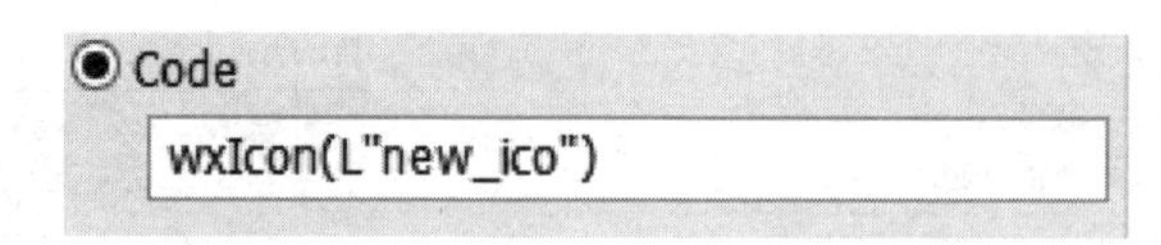

图 11-85 使用“来自代码”的方式设置图标

```
ToolItemFileNew = ToolBar1->AddTool(ID_TOOL_FILE_NEW
                  , _("新建")
                  , wxIcon(L"new_ico")
                  , wxNullBitmap
                  , wxITEM_NORMAL
                  , _("新建文件")
                  , _("新建一个文件")
        );
```

这种模式生成的代码,倒是最干净的。不过一编译,居然有错,报“class wxIcon”有不兼容以及只找到声明等? 没错,还没包含 wxIcon 类定义的头文件,加上:

```
#include < wx/icon.h >
```

再编译、运行……等一下,图标怎么被拉伸得完全走形了? 如图 11-86 所示。

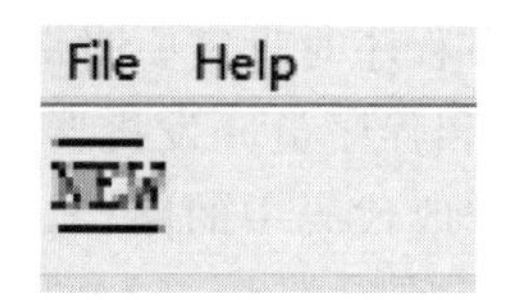

图 11-86 工具栏上走样的图标

查看 wxIcon 构造函数的说明,发现可以指定资源类型和图像大小,所以保险的构造方法应该是全部写上:

```
……wxIcon(L"new_ico", wxBITMAP_TYPE_ICO_RESOURCE, 16, 16 ) ,……
```

其中“wxBITMAP_TYPE_ICO_RESOURCE”指明资源类型,两个 16 分别指长和宽,但这样的代码太长不方便填写,所以我们定义一个宏:

```
#define GET_ICON_FROM_RC(NAME) wxIcon(wxT(#NAME)\
                    , wxBITMAP_TYPE_ICO_RESOURCE, 16, 16)
```

还记得吧,宏定义中的“#”符号,会自动为随后的符号加上一对双引号。因此使用时只需填写:GET_ICON_FROM_RC(new_ico),其中的“new_ico”不需要双引号,如图 11-87 所示。

重新编译,看看工具栏图标是不是恢复正常了。以上方法,只适用于 Windows 平台。

Linux 下将图标资源打包到可执行文件的做法在我看来很有趣:采用 C 语言的数据定义的代码来表达一张图标,这种格式称为“XPM”,更有趣的是,我找到了这个

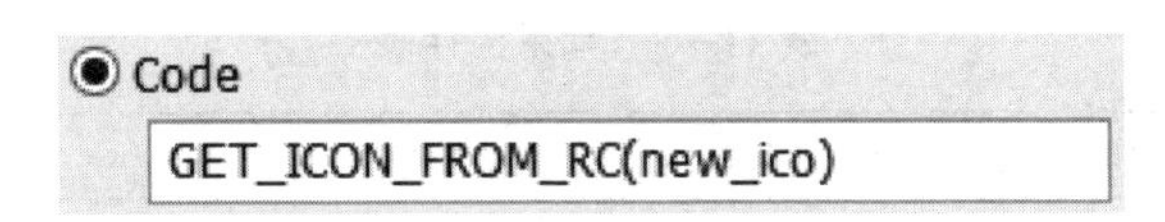

图 11-87　使用宏定义取图标的代码

网址：http://www.onlineconvert.org/convert-icon-to/online-convert-ico-xpm.html，通过它我将前面的“new.ico”文件转成了如下代码：

```
/* XPM */
static char *freeimage[] = {
          /*图片数据略 */
};
```

请首先将内容存储为文件：new_ico.xpm。然后请将其中第二行的变量定义，改成：

```
static char const * const new_ico[] = {
```

然后注释掉之前的宏 GET_ICON_FROM_RC，重新定义成如下实现：

```
#define GET_ICON_FROM_RC(NAME) wxImage(NAME)
```

没错，必须改为使用 wxImage，而不是 wxIcon，因为 Linux 下的“图标”这个词更多的是人类认知层面的概念，在技术层面上通通当成“图像”。（如果你非要在这里构造一个 wxIcon……你可以试试。）

使用宏的好处出现了：由于宏本身的格式没有变化，所以调用的地方保持不变。不过我们需要引用图像数据，请大胆地在主框架窗口的 CPP 文件合适的位置上加入下面这一行：

```
#include "new_ico.xpm" // new_ico.xpm 是前面保存的图标数据代码
```

编译、运行，图标好好的，但它现在和那个“rc”文件不再相关。

现在我们知道在 Windows 下可以通过“资源文件”实现内嵌图标数据，也知道在 Linux 下可以用 C/C++定义 xpm 图标数据的方法，实现内嵌图标数据。再往前走一步，可以借助之前提前的“WINDOWS”“_LINUX_”等宏定义实现跨平台。觉得这样区分很啰嗦？我来透露一个秘密：其实呢，Windows 也支持内嵌 xpm 数据，所以忽略平台差异，就用这一个方法。

11.9.11　更多控件

前面提到对话框默认支持绝对坐标布局，为了方便快速演示多个常用控件，请在工程中通过 wxSmith 添加一个新的对话框，取名为 NewDialog5，并加入以下控件，如表 11-5 所列。

表 11-5 常用控件表

#	wxSmith 图标	类名	说明
1	Abc	wxStaticText	标签,静态文字
2		wxStaticBox	静态框,带文字标题的分组框
3	OK	wxButton	按钮
4	Rb	wxRadioBox	单选按钮组
5		wxRadioButton	单选按钮
6		wxCheckBox	复选按钮
7		wxTextCtrl	编辑框,文本框
8		wxListBox	列表框
9		wxCheckListBox	条目可勾选的列表框
10		wxChoice	下拉选择框
11		wxComboBox	组合框
12		wxGauge	进度条
13		wxScrollBar	滚动条
14		wxScrolledWindow	滚动框
15		wxPanel	面板
16	A B	wxNotebook	多页组件

1. 标签/wxStaticText

在界面上显示一行文字，属性 Lable 指定文字内容，可在其中夹含转义符"\n"实现多行文字。wxSmith 没有为它提供事件，不过查看 wxWidgets 类文档，可发现它的父类是 wxControl，"爷爷类"是 wxWindow，因此说明它其实也是一个"窗口"，那么它应该能够接受一些事件才对。

常见的需求，比如单击一行标签时，我们希望触发一些事，怎么实现？老办法：事件绑定，我们演示动态绑定的方法。假设你已经在 NewDialog5 上摆上了一个 wxStaticText，名字是高大上的 StaticText1。那么我们在对话框的构造函数里加上：

```
StaticText1 ->Connect(wxEVT_LEFT_DOWN
        , wxObjectEventFunction(& NewDialog5::OnStaticText1LeftDown)
        , NULL /* 传给事件函数时的附加对象，此处不需要 */
        , this /* 很重要，表示调用事件函数的对象 */
        );
```

其中第一个入参指明绑定的是"左键鼠标落下事件"，第二个参数 OnStaticText1LeftDown 是我们为 NewDialog5 添加的一个私有成员函数，实现是：

```
void NewDialog5::OnStaticText1LeftDown(wxMouseEvent & event)
{
    wxMessageBox(wxT("你单击了一个静态标签。"));
}
```

本版本的 Connect 函数的第二个入参类型，必须是一个 wxObjectEventFunction 类型的"函数指针"，具体要求是：函数返回值必须是 void（所有事件响应函数都如此），唯一的入参必须是"wxMouseEvent（鼠标事件）"。这两样 OnStaticText1LeftDown 都满足了，但第三样是我们满足不了的要求：这个事件函数必须是类 wxObject 的成员，所以我们用到了强制转换。

类似的，我们直接用 StaticText1 对象来绑定事件函数，但所绑定的事件函数，其实是一个 NewDiadlog5，所以我们必须使用第 4 个入参 this 来指明事件函数的真正所有者。

【危险】：为什么需要指明事件函数的调用者

使用一个对象（比如上例的 StaticText1）"Connect（连接）"一个事件函数（通常是成员函数，比如上例的 NewDialog5::OnStaticText1LeftDown），如果不指定该事件函数执行时真正的调用者（上例中的第 4 个入参），当事件发生时，wxWidgets 其实是这样调用的：

```
StaticText1 ->OnStaticText1LeftDown(……);
```

但 OnStaticTextLeftDown 其实是 NewDialog5 类的成员，和 wxStaticText 类或

StaticText1 对象毫无关系,但一切就这么发生了,这完全是前面提到的“强制转换”带来的罪恶……更邪恶的是,上面的代码不仅骗过了编译器,而且在程序运行时也一切正常,因为整个 OnStaticTextLeftDown 函数,完全没有用到 this 入参。我认为大家有必要看到恶果,请注释掉第 4 个入参,然后修改事件响应函数为:

```
void NewDialog5::OnStaticText1LeftDown(wxMouseEvent & event)
{
    StaticText1 ->GetLabel(); //相当于 this ->StaticText1 ->GetLabel();
}
```

在我的机器上运行的结果是:程序直接挂掉。请把注释中的 this 也改为 Static Text1 加以理解。

既然 wxStaticText 其实也是一个“窗口”,所以可以设置它的背景颜色和前景色等。另外 wxStaticText 有一个自定义窗口风格:wxST_NO_AUTORESIZE,请各位自学它的作用。

2. 静态框/wxStaticBox

wxStaticBox 字面上翻译叫“静态框”,其实是一个“带标题的框框”。请回头看一眼“带标题的 Box 布局器”小节,因为 wxStaticBox 和该小节所讲的 wxStaticBox-Sizer 最终目标一致:创建一个带标题的框框,然后往上面摆放一组控件,表示这一组控件在逻辑上,或者至少在视觉上是一伙的。

本章使用“绝对坐标布局”,实际编程我们推荐使用布局器,因此当有上述为控件归组的需求时,都可以直接使用“wxStaticBoxSizer”而不是本小节所要讲解的 wx-StaticBox。wxStaticBox 适合在绝对坐标布局时使用,但事实上也不是很适合,因为要到 wxWidgets 3.0 版本,它才真正支持往其身上摆放子控件(参考后面 wxPanel 组件的说明);在当前版本,wxStaticBox 并不是一个真正的容器。真正的容器,你往它里面放子控件之后,然后拖着它走,所有子控件会跟着走。wxStaticBox 做不到这一点,我们只能是把它拉大一点,然后再通过 wxSmith 的右键菜单,将它“Send to back”,然后再把新控件假装摆在它里面。

为了避免一个控件对齐上的困难,可以先把控件放在真正的容器里,比如 wx-Panel(面板)上,然后再将整个面板摆在 wxStaticBox 之上。我们将 wxStaticBox 的例子,放在“单选按钮”小节讲解。

3. 按钮/wxButton

再熟悉不过了……不过有个属性可以讲讲:Is default,如果为真,则它成为其父窗口的“默认按钮”,即当用户在对话框内按下回车键,默认当成是按下这个按钮,经常用在 OK 按钮上。很显然,一个对话框上只应有一个默认按钮,所以这个属性其实是父窗口的属性,只不过通过按钮转发。如果想在运行期仍然通过按钮来设置或改变这个属性,代码如下:

```
wxWindow * oldDefaultButton = Button1 ->SetDefault();
```

返回值是原先的默认按钮(如果事先没有设置过的话,则为空)。按钮的默认事件只有“EVT_BUTTON”,它代表按钮被点按以后发生的事件。点按可以是因为被鼠标左键单击,也可以是因为当它拥有焦点时,用户按下了空格键或回车键,还可以是它没有拥有焦点,但它是“默认按钮”,并且用户按下了回车键……

如果你非要区分按钮通过鼠标还是通过键盘按下它,或者你特别关心按钮被鼠标右击的事情,前面 wxStaticText 自行绑定事件是个例子。你可以去做,并且能搞定,但千万不要和用户提这是谁教你的。

4. 单选按钮组/wxRadioBox

打印一份文档,是要打印全部页面,还是打印当前页面,或者打印用户选中的内容,需要提供给用户这样一个选择,如图 11 - 88 所示。

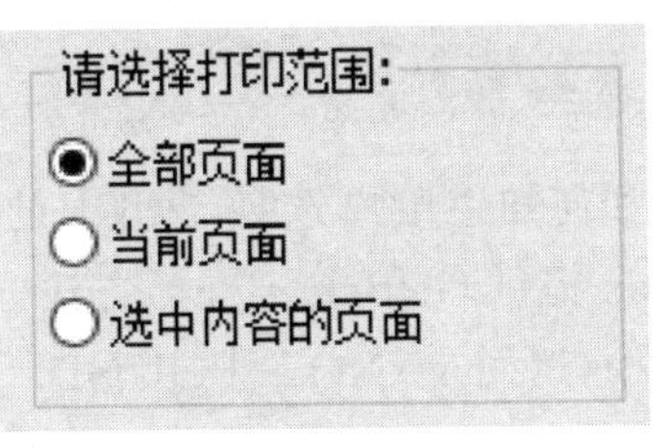

图 11 - 88 RadioBox 示例

这就是一个“wxRadioBox(单选按钮组)”控件,它自带一个“框”让各选项在视觉上自然成为一组。用户只能在这一组选项中选择一个。通常在设计期就定好了有哪些选项,单击其 Choices 属性出现编辑框,一行就是一个选项,实际是通过构造函数传入这些选项,wxSmith 产生的代码如下:

```
wxString __wxRadioBoxChoices_1[3] =
{
        _("全部页面"),
        _("当前页面"),
        _("选中内容的页面")
};

RadioBox1 = new wxRadioBox(this, ID_RADIOBOX1, _("请选择打印范围:")
          , wxPoint(160,24), wxSize(232,72)
        , 3    //可选项个数
        , __wxRadioBoxChoices_1  //选项 (字符串数组)
        , 1   //按几例布局,见后续说明
        , 0
        , wxDefaultValidator, _T("ID_RADIOBOX1"));
```

可以通过 Dimension 来设置选项分成几列,默认是一列,上例如果修改成两列,效果如图 11 - 89 所示。

运行期可以通过 GetColumnCount()成员得到列数,通过 GetRowCount ()得到行数。运行期也可以修改各选项的内容,比如以下代码为所有项加上前缀:

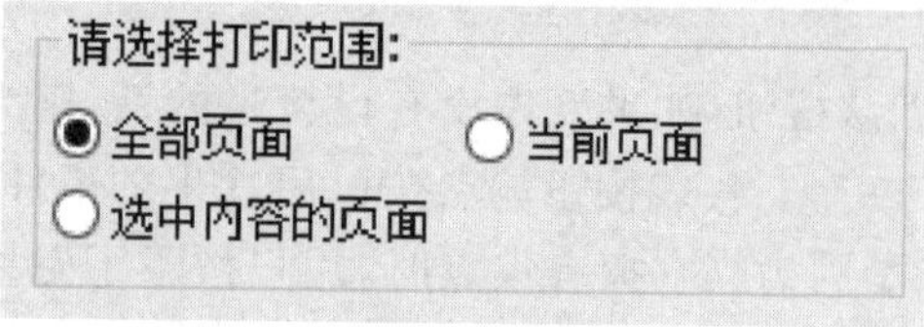

图 11-89　RadioBox 两列布局示例

```
for (size_t i = 0; i < RadioBox1 ->GetCount(); ++i)
{
    wxString txt = wxString(L"打印") + RadioBox1 ->GetString (i);
    RadioBox1 ->SetString (i, txt);
}
```

如何知道用户选择了组中的哪一项呢？不需要一个个选项检查过去，wxRadioBox 提供 GetSelection()方法，返回选中项的索引，从 0 开始，如果没有任何选项被选中，返回 wxNOT_FOUND。为什么会“没有任何选项被选中”呢？事实上一个 wxRadioBox 不允许没有任何项被选中……但如果它居然没有任何选项的话，程序可以使用 SetSelection(int n)修改选中项。

wxSmith 为 RadioBox 也只提供一个事件：EVT_RADIOBOX，当选中项变化时，它被触发，比如：

```
void NewDialog5::OnRadioBox1Select(wxCommandEvent & event)
{
    wxString txt;
    txt << wxT("选了第") << event.GetSelection() + 1 << wxT("项。");
    StaticText1 ->SetLabel(txt);
}
```

5. 单选按钮/wxRadioButton

金山 WPS 真正的打印范围选择框，如图 11-90 所示。

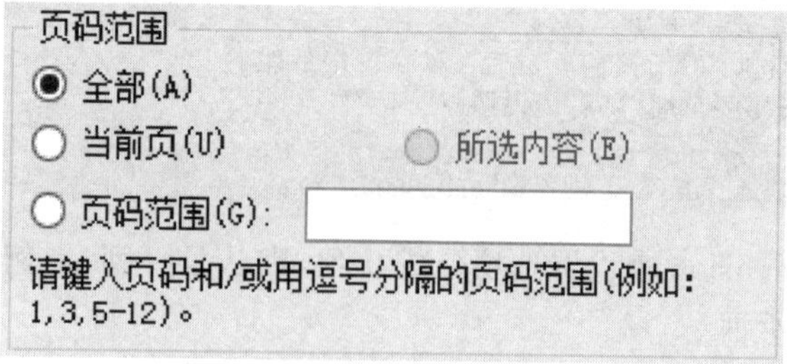

图 11-90　必须自定义的单选框(WPS 实例)

这种情况下，我们必须组合 wxPanel、wxStaticBox 或 wxStaticBoxSizer，以及一个个 wxRadioButton 来实现。必要时还需要添加其他控件，比如本例中的编辑框

(wxTextCtrl)和标签(wxStaicText)。在山寨工厂开工前重复说明两件事:一是由于本例没有使用Sizer,所以这里可以直接使用wxStaticBox,而不是wxStaticBoxSizer;二是记得在wxStaticBox上面,摆放一个大小合适的wxPanel(请复习前面的"静态框/wxStaticBox"小节)。

下面是我们山寨版的设计界面(其中的黑框是Panel,实际运行时看不到),如图11-91所示。

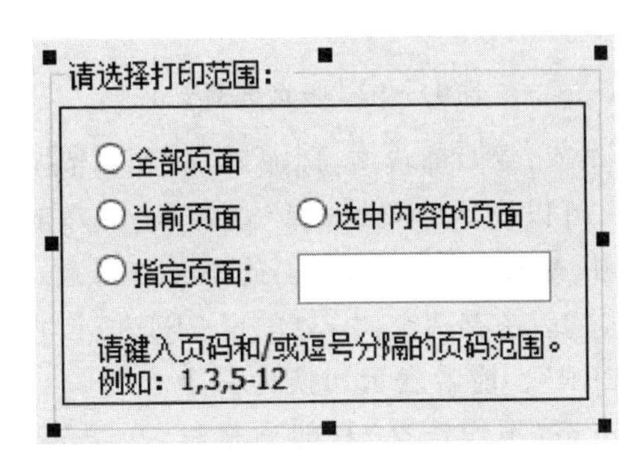

图11-91 自定义单选框的山寨例子

山寨版的截图中,没有一个单选按钮处于选中状态。没错,现在得靠自己。wxRadioButton有属性"Is Selected"控制是否选中。不过还好,由于它们拥有同一个父控件(wxStaticBox),所以它们自然是一组的,选中其中一个,其他的仍然会被自动切换成"未选中"状态。这一点在设计期就可以看到。运行期切换一个单选按钮是否选中的方法是使用它的"SetValue(bool checked)"方法,对应的得到是否选中的方法是:"bool GetValue()"。

想要得知自定义组合内哪一项被选中,方法一是在每次需要知道时,都对组内的单选按钮一个个检查过去;方法二是为组内每个单选按钮绑定一个事件,然后在事件中记下谁被选中;方法三是为组内的单选按钮绑定同一个事件,然后从事件的GetId()方法,区分出是哪一个按钮被按下。

6. 复选按钮/wxCheckBox

复选的逻辑比单选要简单得多,因为它只关心自己有没有被选中,不需要维护"当自己选中时,别人不能被选中"的逻辑。

在wxSmith中,复选框的"是否选中"的属性,不叫"Is Selected",而是更直观的Checked。所以,wxCheckBox虽然也以Box结尾,但它和wxRadioBox含义完全不一样,它就只是一个"可以勾选"的按钮,而不是一组"可以勾选"的按钮框。如果是我来命名,我更希望它叫wxCheckButton。判断一个wxCheckBox是否选中,仍然是GetValue()方法返回值的真或假,修改它的选中状态,同样是SetValue(bool)方法。

尽管在选中状态的切换逻辑上,CheckBox不需要归组,不过如果有许多CheckBox,那么在界面设计上,仍然需要考虑通过wxStaticBox/wxStaticBoxSizer或者分隔线等方式,在视觉上分组,如图 11-92 所示。

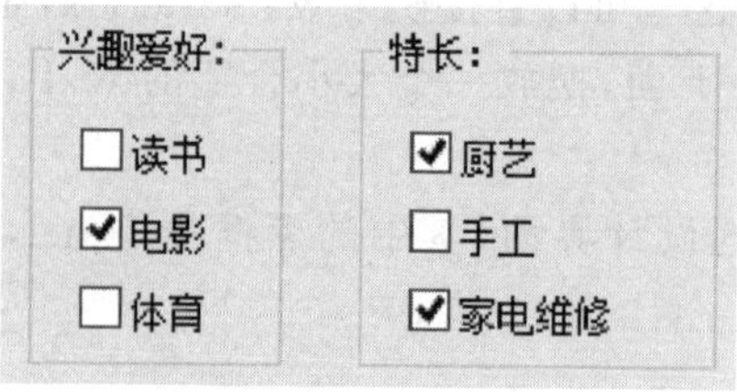

图 11-92　复选框例子

复选按钮在正常状态下,就两种状态:选或不选,某些情况也许需要允许用户在表达“是”或“不是”之外,可以表达“不做选择”或者“还不确定”的态度,合起来称为“三态”。请在属性表中查看 wxCheckBox 的 Style 列表,可以看到“wxCHK_2STATE”,这是默认项,其后还有两个:“wxCHK_3STATE”和“wxCHK_ALLOW_3RD_STATE_FOR_USER”。前者表示切换为一个三态复选框,但此时第三态(不作选择)只能通过程序代码切换,如果再勾上后者,则允许用户在三个状态(未选中,已选中,不作选择)来回切换。处于第三态的复选框例子,如图 11-93 所示。

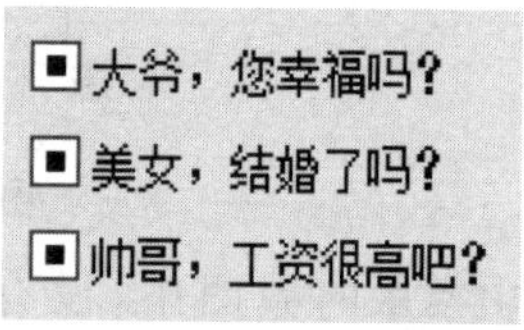

图 11-93　“三态”复选框

做这类调查时,就可以事先将状态都设置为第三态,表示用户不接受此调查。wxCheckBox 和三态相关的方法有:

```
bool Is3State () const; //是不是三态风格
bool Is3rdStateAllowedForUser () const; //是不是带三态风格且允许用户直接切换
void Set3StateValue (wxCheckBoxState state); //切换三态
wxCheckBoxState Get3StateValue () const; //获得当前是哪一种状态
```

其中 wxCheckBoxState 是一个枚举类型,可选值为:wxCHK_UNCHECKED 和 wxCHK_CHECKED、wxCHK_UNDETERMINED。

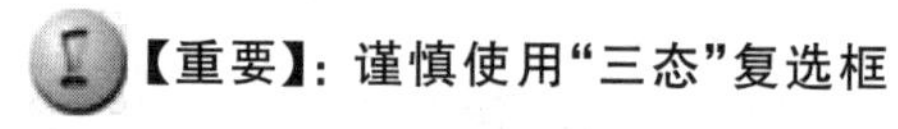

【重要】:谨慎使用“三态”复选框

“三态”复选框的表意较模糊,因此建议尽量不要使用这个特性。更好的方法是使用三个单选框等控件进行组合表达。

复选框的典型事件是“EVT_CHECKBOX”,当状态改变时触发。例子如下:

```
void NewDialog5::OnCheckBox2Click(wxCommandEvent & event)
{
    wxString title = CheckBox2->GetLabel();
    wxString msg = event.IsChecked()? wxT("选中") : wxT("未选");
    wxMessageBox(msg, title);
}
```

wxCommandEvent 的 IsCheck()方法,可用于查询发起事件的控件是否处于"选中"状态。

7. 编辑框/wxTextCtrl

wxTextCtrl 用于输入文字串,它有较多的自定义风格,其说明如表 11-6 所列。

表 11-6 编辑框窗口风格属性

Style	作用	备注
wxTE_MULTLINE	支持输入多行文字	默认无此风格,即文本框默认仅支持输入一行文字
wxTE_NO_VSCROLL	不显示垂直滚动条(哪怕文字内容已经超出文字框可视高度)	默认为假,即默认总是有垂直滚动条;仅对多行模式有意义
wxTE_PROCESS_ENTER	接受回车键	否则,用户在文本框中按下回车键时,将直接传递给顶层窗口(通常用作默认按钮按下)
wxTE_PROCESS_TAB	接受 TAB 键	否则,用户在文本框中按下 Tab(制表符)键时,将直接传递给顶层窗口(通常用作切换控件焦点)
wxTE_PASSWORD	密码输入框	所输入字符,会被全部显示成"*"或其他指定字符
wxTE_READONLY	只读	不允许修改
wxTE_RICH	带丰富格式的文本	称为"RichText(富文本)"
wxTE_RICH2	带丰富格式的文本,使用 Windows 操作系统较新版本的实现	仅对 Windows 操作系统有效
wxTE_AUTO_URL	将符合格式的内容,自动显示成类 URL 的格式。	必须有上面的"RICH"格式才支持
wxTE_NOHIDESEL	当文本框失去输入焦点时,被选择的内容仍然显示成选中状态。	Windows 操作系统下的文本框中如果有选中的内容,默认是仅当文本框有输入焦点时,才显示成"选中状态"
wxTE_DONTWRAP	不自动换行	多行状态下,如果一行文字太长,默认会自动换行;如果设置此风格,则不自动换行;用户要换行,必须真实输入换行符
wxTE_CHARWRAP	允许在字母位置换行	换行时,如果选中此风格,则允许在任意字母之后换行
wxTE_WORDWRAP	仅在单词之后换行	对字母式的语言(比如英文)来说,选中此项,则换行只会发生在用于切分单词的空格或标点符号上
wxTE_LEFT	左对齐	
wxTE_CENTER	居中对齐	
wxTE_RIGHT	右对齐	

以下是两个 wxTextCtrl 的例子,如图 11-94 所示。

请读者使用预览功能试验其他风格。

wxTextCtrl 的典型事件有:

(1) 文本内容变化事件/EVT_TEXT

当文本内容发生变化时,触发该事件。文本内容发生变化的原因,可以是用户在文本框内的编辑操作引起,也可以是代码中通过 wxTextCtrl::SetValue()等方法引起。如果希望代码修改时不触发该事件,可以使用 wxTextCtrl::ChangeValue()。

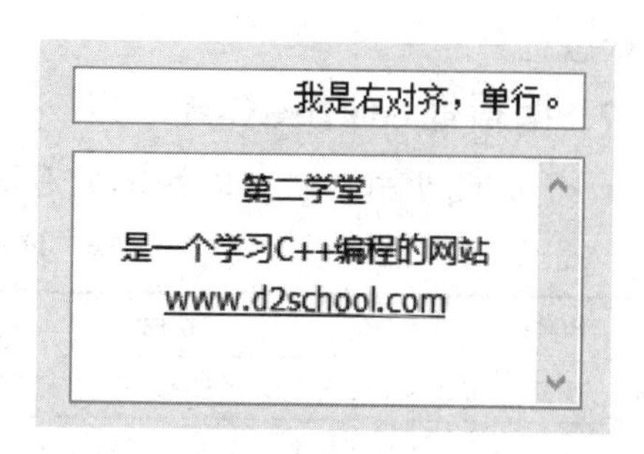

图 11-94 文本框例子

```
void NewDialog5::OnTextCtrl2Text(wxCommandEvent & event)
{
    StaticText3 ->SetLabel(wxT("当前输入的是:") + event.GetString());
}
```

添加一个 StaticText 控件以便观察文本内容的变化。wxCommandEvent 的 GetString()方法,可用以得到当前控件的文本内容,实际运行效果如图 11-95 所示。

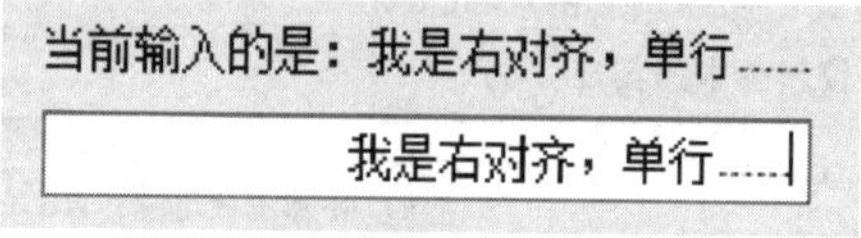

图 11-95 EVT_TEXT 事件实例

在事件之外要获得文本内容,可以使用 wxTextCtrl::GetValue();

(2) 回车输入事件/EVT_TEXT_ENTER

如果文本框带有"wxTE_PROCESS_ENTER"风格标志,当用户输入回车键,会触发该事件。

(3) URL 单击事件/EVT_TEXT_URL

如果文本框能够显示 URL,此事件在用户鼠标单击某个 URL 串时触发,当前仅支持 wxMSW 和 wxGTK2。

(4) 长度超限事件/EVT_TEXT_MAXLEN

可以通过 wxTextCtrl::SetMaxLength() 方法设置一个文本框能够接受的最大字符个数(由于我们使用的是 UNICODE 版本,所以一个汉字或一个英文字母都算一个字符),当文本内容已经达到最大字符数,但用户还要输入,则此事件发生。

8. 列表框/wxListBox

在 wxSmith 中,编辑列表框的 Choices 属性,可以输入列表框的一行行条目;然后通过它的 Default 属性，可以设置它控件默认中第几行，wxNOT_FOUND(预定义的宏，值通常为－1)表示不选中任何条目。Default 为 2 时，效果如图 11－96 所示。

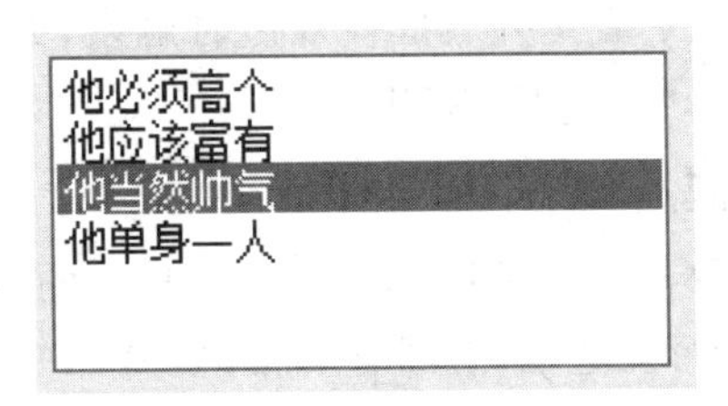

图 11－96 ListBox(Default 属性为 2)

示例效果也可以使用代码实现：

```
ListBox1 = new wxListBox(this, ID_LISTBOX1
          , wxPoint(656,176), wxSize(176,88), 0, 0, 0
          , wxDefaultValidator, _T("ID_LISTBOX1"));

ListBox1 ->Append(wxT("他必须高个"));
ListBox1 ->Append(wxT("他应该富有"));
ListBox1 ->SetSelection( ListBox1 ->Append(wxT("他当然帅气")) );
ListBox1 ->Append(wxT("他单身一人"));
```

Append 在列表末尾追加一行条目，并返回该行的行号(从 0 开始)，而 Deselect (int)用于取消选定。Append 的入参可以是 std::vector < wxString >，从而高效实现一次加入一整批字符串，并返回最后加入的行号。

Insert(wxString const & s, unsigned int pos)在第 pos 行插入条目，同样提供插入整批字符的重载。Delete 系列的方法，用于删除指定行的条目。

SetSelection(int)选中入参指定行的元素；int GetSelection()返回当前选中的行号，有可能为 wxNOT_FOUND；wxString GetStringSelection ()得到当前选中元素的文本内容。如果希望得到任意指定行的文本内容，方法是：GetString(unsigned int index)；修改指定行条目文本内容的方法是：SetString (unsigned int n, const wxString &str)；得到总条目数的方法是：GetCount()。

wxListBox 还有几个有趣的风格，解释如下：

① wxLB_SORT：如果设置本风格，加入的文本内容将自动排序；

② wxLB_MULTIPLE：如果设置本风格，允许多选，默认是通过鼠标单击某一行，切换该行的选中状态；也可以配合下一个属性，以修改多选的操作方法。

③ wxLB_EXTENDED：使用 Ctrl 或 Shift 键结合鼠标或键盘操作以实现多选。

在“多选”的风格下，使用以下方法得到选中的行号：

```
int wxListBox::GetSelections(wxArrayInt & sels);
```

返回选中条目的总行数，而每一个被选的条目行号，被记录在入参中。入参类型

wxArrayInt 类似 std::vecory < int >,请读者自学。

wxListBox 的典型事件是:EVT_LISTBOX 和 EVT_LISTBOX_DCLICK。前者在被选条目切换时触发,后者是列表框被双击时触发,处理时需要注意,事件发生时被选中的行号可能是 wxNOT_FOUND。

9. 带复选的列表框/wxCheckListBox

wxCheckListBox 就像 wxCheckBox 和 wxListBox 的合体,外面是一个列表框,列表框的内部元素是一行行复选框,有图有真相,如图 11-97 所示。

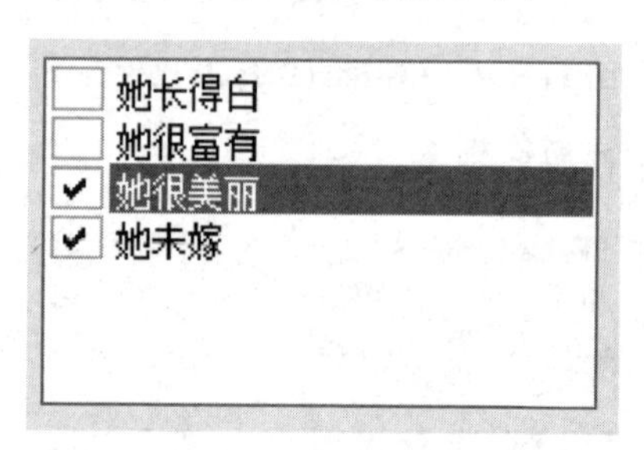

图 11-97 CheckListBox

wxSmith 没有为 wxCheckListBox 提供 Default 属性,不过我们可以同样使用 SetSelection(int)方法实现初始化时选中哪一行,GetSelection()和 Deselect(int)用法也一样。另外还有 Append、Insert 和 Delete 等操作来自父类 wxListBox。不一样的地方,当然是和"Check"有关:

```
void Check (unsigned int item, bool check = true);
```

用于设定的第 item 行(从 0 开始)的 Checked 或 Unchecked 状态具体,由第二个入参决定:

```
bool IsChecked(unsigned int item);
```

用以查询指定行的元素是否处于 Checked 状态:

```
unsigned int GetCheckedItems (wxArrayInt &checkedItems) const;
```

该方法用于得到当前已经处于 Checked 状态的所有行号,并返回其数目。

wxCheckListBox 在基类 wxListBox 的两个事件之外,新增某行 Checked 状态发生变化时触发的事件:EVT_CHECKLISTBOX,例子:

```
void NewDialog5::OnCheckListBox1Toggled(wxCommandEvent & event)
{
    wxString str;
    str << wxT("第") << event.GetSelection() + 1 << wxT("行");
    str << (event.IsChecked()? wxT("打勾") : wxT("取消打勾"));

    StaticText3 ->SetLabel(str);
}
```

注意：当 EVT_CHECKLISTBOX 事件触发时，事件入参 event. GetSelection() 返回的值代表当前 Checked 状态发生变化的行，而非基类 wxListBox 中被选中的行。

10. 下拉选择框/wxChoice

wxChoice 的作用类似一组 wxRadioButton：让用户从既定的一组选项中选出一项，不过 wxChoice 占用更小的界面，因为在平常的状态下，wxChoice 的各选项是隐藏的，当需要做选择时，通过用户单击，选项才会以下拉的形式显示出来，如图 11－98 所示。

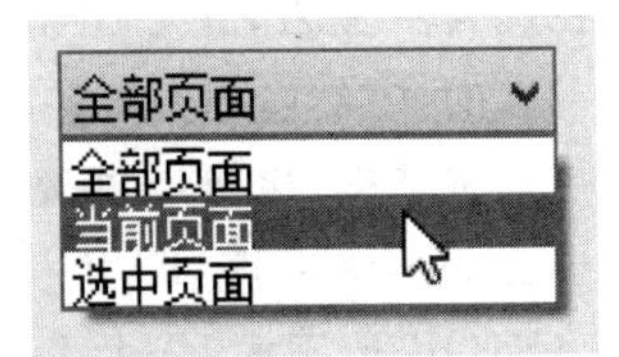

图 11－98 下拉选择框

尽管长得很不一样，但下拉选择框和列表框(wxListBox)接口相当类似，比如都可以使用 Append()追加条目、Insert()插入条目、Delete()删除条目、GetSelection()返回选中行、SetSelection()修改选中行等，这是因为二者拥有一个相同的基类：wxItemContainer。在 wxWidgets 中，所有拥有多个可选条目的控件，基本都派生自这个类。

不过，用户在 wxListBox 身上做选择时，鼠标点中哪一个条目，就是选中哪一个条目，过程直接了当。而在 wxChoice 身上做选择时，用户需要先让其出现下拉项，接着上下移动鼠标(不需要单击)，鼠标下的条目会呈现"临时选中"状态(图 11－98 就特意呈现了这一状态)，如果你的程序需要关心这样一个短暂的过渡阶段中用户正在哪一个条目上犹豫不定时，可以调用 GetCurrentSelection()方法获得。一旦用户确认后，它和 GetSelection()的返回值就又一致了。初始化时可通过 wxSmith 设置 wxChoice 的 Selection 属性以确定选中哪一项。

wxChoice 的主要事件是 EVT_CHOICE，它在选择变化落定时触发，例子：

```
void NewDialog5::OnChoice1Select(wxCommandEvent & event)
{
    int sel = event.GetSelection();

    if (sel != wxNOT_FOUND)
    {
        wxMessageBox(wxT("您选中的是") + event.GetString());
    }
}
```

多数情况下我们只是想知道当前 wxChoice 选中的文本是什么，上述代码演示了事件响应过程中，使用 event. GetString() 达成目的，在事件响应函数之外可直接调用 GetStringSelection ()方法取得，该方法同样来自基类。

11. 组合框/wxComboBox

wxComboBox 和 wxChoice 是一对失散多年的兄弟，名字不像但长得很像，如

图 11－99 所示。

区别在于顶部文本框，wxChoice 是只读的，只能用于显示最后的选择结果，而 wxComboBox 却可以在此自由输入，比如图中的“吹牛”，就是选项中所没有的。“组合框”的名字也正来于此：既可以从下拉框中选择，也可以直接在文本框中输入。

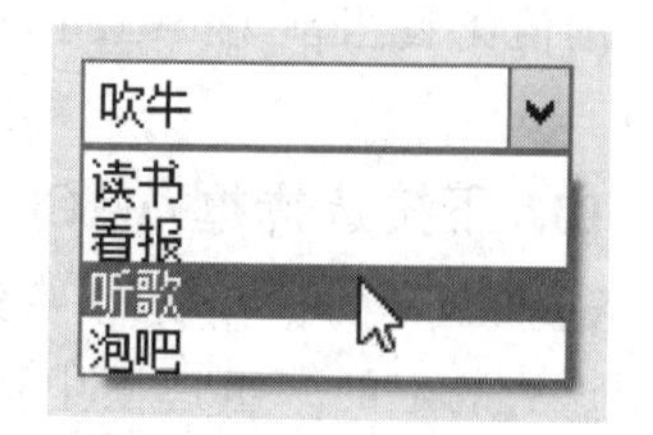

图 11－99　组合框

组合框主要事件：EVT_COMBOBOX 类似于 EVT_CHOICE 或者 EVT_LISTBOX，在选择项发生变化时被触发，但因为它组合了一个 wxTextCtrl，因此它还有 EVT_TEXT 和 EVT_TEXT_ENTER，请参看 wxTextCtrl 控件的说明。

12. 进度条/wxGauge

顾名思义，“进度条”是用于展现进度的控件。Range 属性设置进度最大值，最小值则固定为 0。考虑到生活中经常用“百分比”来描述进度，所以 Range 默认值是 100；Value 属性描述当前进度。

Range 对应的方法是：int GetRange() const 和 void SetRange(int range)；Value 对应的方法是：int GetValue() const 和 void SetValue(int value)；wxGauge 纯用于展现，不提供事件。

Windows 下 wxSmith 在展现 wxGauge 时有个 BUG：进度无法精确体现 Value 的值。这是因为从某个 Windows 的版本开始，进度条重绘时会有一个从 0“闪烁”到当前值的过程，而 wxSmith 的设计页面，对重绘事件的支持很有问题，造成进度闪到半途就停了。当然它不影响程序运行的正确性。

设置 wxGauge 的 Style(wxGA_HORIZONTAL 和 wxGA_VERTICAL)属性，进度条可以展现成水平方向(从左到右)或垂直方向(从下到上)。

13. 微调按钮/wxSpinButton

微调按钮有一上一下两个“旋扭”，通常用 wxSpinButton 来修改另一个控件的属性，下例就演示使用微调按钮修改进度条的值。

首先加入一个进度条，我把它设置成垂直方向，Range 取 100，Value 设为 50；然后在它边上加入一个 wxSpinButton，首先为它勾上“wxSP_VERTICAL”，然后将它的 Min Value 设置为 0，Max Value 成 10，Value 设置成 5。最小值和最大值限定按钮可以调节值的范围，预览效果如图 11－100 所示。

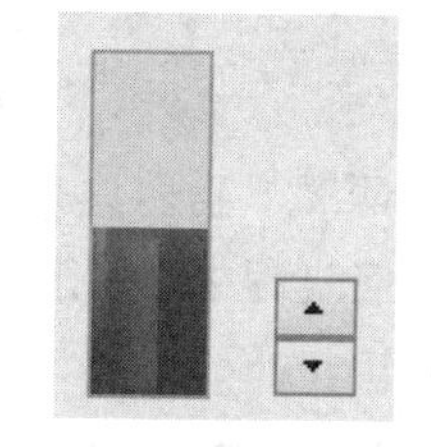
图 11－100　进度条和微调按钮

从这张图基本可以猜到我想做的例子是什么了，所以我们直接准备写代码吧。

wxSpinButton 有三个事件：EVT_SPIN、EVT_SPIN_UP 和 EVT_SPIN_DOWN，分别表示：按钮被按下时（不区分向上向下）、向上按钮被按下时、向下按钮被按下时发生的事件。现在我们为第一个事件添加响应函数：

```
void NewDialog5::OnSpinButton1Change(wxSpinEvent & event)
{
    Gauge1 ->SetValue(event.GetPosition() * 10);
}
```

wxSpinEvent 类中的 GetPostion()方法，返回微调后的值。

**【课堂作业】：测试 SpinButton 三个事件的微妙区别**

EVT_SPIN 事件看起来涵盖微调按钮向上或向下的事件了，为什么还要有后两者呢？请大家自行设计测试代码。

通过勾选 wxSpinButton 的 wxSP_WRAP 风格，可以允许微调值在调节超出最大值或最小值后，直接回转成最小值，或者从最小值直接逆转成最大值。

14. 微调控件/wxSpinCtrl

wxSpinCtrl 组合了 wxTextCtrl 和 wxSpinButton。因此它的 Style 和 wxSpinButton 是一样的。事件也类似，但只有一个：EVT_SPINCTRL。先看设计的界面例子，然后做作业，如图 11-101 所示。

图 11-101　SpinCtrl 例子

从图 11-101 基本可以猜出我们要做的作业是什么了，请看作业板。

**【课堂作业】：年月日输入组件**

暗藏的“杀机”是：如何确保“日子”微调控件的最大值。当月份经历大小月切换时，应正确设置日子的最大值。当年份遇上闰年，并且月份是 2 月时……请完善相应控件的事件代码。

15. 滚动条/wxScrollBar

日常编程中，单独使用“滚动条”的机会并不多，因为类似 wxListBox 和 wxTextCtrl 等因为内容超出控件尺寸而需要滚动的控件，都已经自带了滚动条，竖向的基本直接就有，横向的通过风格设置，一般也能出现。单独学习 wxScrollBar，重点是为了让我们了解区域内容“滚动”的一些逻辑。

请往对话框上放一个 wxScrollBar，默认它的垂直方向滚动，请从 Style 中选上

wxSB_HORIZONTAL，让它变成水平方向，并将大小拉伸至合适长度，然后在其上新放一个 wxStaticText，再设置它的标签文字和字体，最终二者的设计效果如图 11-102 所示。

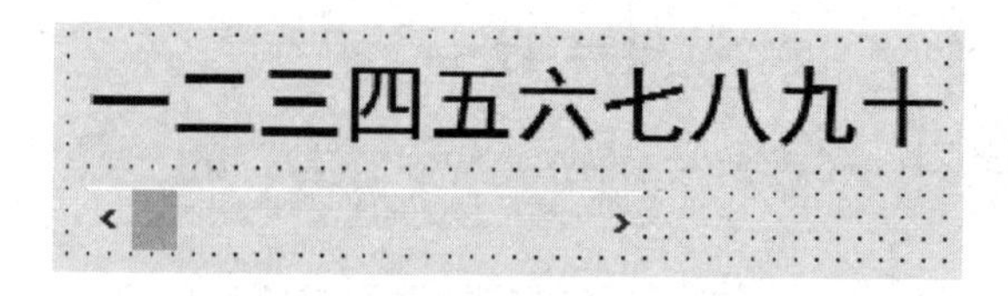

图 11-102　滚动条例子设计效果

接着我们希望水平滚动条向右滚动时，上面的标签文字能够向左滚动，对应的关系是：每按一次滚动条向右的箭头，标签就向左滚动一个字。标签总共有十个字，所以滚动条可滚动的范围(Range 属性)应该设置成 10，而滚动条滑块的位置(Value 属性)初始值应该是 0。

wxScrollBar 有不少事件，请为其中的“EVT_COMMAND_SCROLL_CHANGED”生成事件响应函数：

```
void NewDialog5::OnScrollBar1ScrollChanged(wxScrollEvent & event)
{
    static wxString fullStr = wxT("一二三四五六七八九十");

    int step = event.GetPosition();  //得到滚动条当前滚到哪里

    assert(step >= 0 && step < 10);

    //然后根据 step 来截字符串
    wxString subStr = fullStr.substr(step, 10 - step);
    StaticText4 ->SetLabel(subStr);
}
```

运行时，滚动了五次以后的效果如图 11-103 所示。

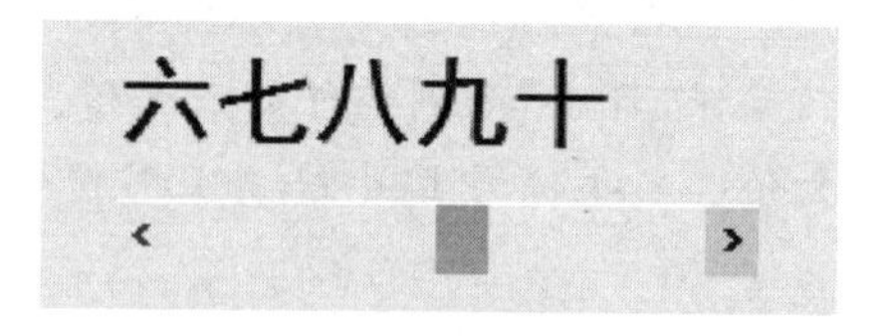

图 11-103　一个不是太有意义的滚动条实例

图的标注说这个例子没什么意义……它的意义就是学习滚动条的基本属性是做什么用的。前面我们知道了 Range 和 Value，接着请将它的 PageSize 属性修改成 3，然后再运行，但这次尝试按键盘上的“Page Down / Page Up”键来调整滚动位置，会发现上面的文字是每三个跳一下，没错，滚动条支持一行行滚，也支持一页页滚，PageSize 就是用来定义一页是多少行的；接着再设置它的 ThumbSize 为 5，在设计时就可以看滚动条的“滑块”变胖了，实际运行时发现文字无法完全滚到头了，请对比图 11－104 和图 11－103 之间的区别。

图 11－104 已经滚动到最右头了

没错，决定一个滚动条真实可以滚动的范围不仅仅是 Range，还有 ThumbSize。休息一下，好好想想 Range、Value、PageSize 和 ThumbSize 如何综合影响一个滚动条。

为什么这个例子没有太大的实际应用意义？作为 UI 控件，用户通过滚动条是为了在较小的展现面积上，查看较多的内容。一句话：用户滚动“滚动条”，目的是为了看见当前看不见的内容。上例中，“一”到“十”一开始就尽在眼底，我们让它滚左滚右，好像很酷，但不是好的 UI 设计。

现在我们让标签显示一行超长的文字，长到不能全部显示在对话框上。假设总长是 50 个字符，而对话框上能够最多显示 20 个，并且当前已经向左滚动了 10 个字符，此时滚动状态示意如图 11－105 所示。

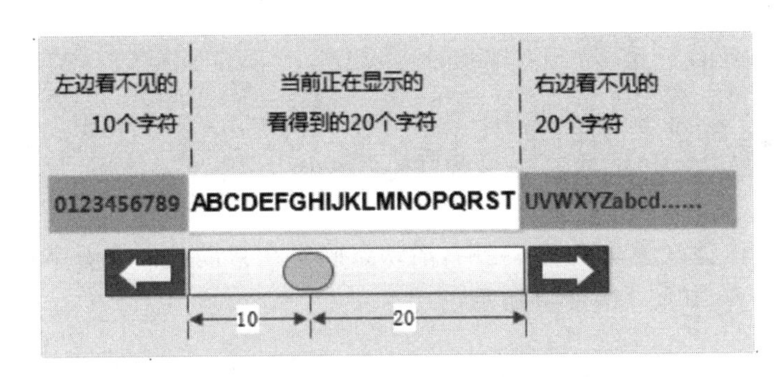

图 11－105 滚动条状态分析

图 11－105 中，左边“被挡住”的字符是 10 个，所以当前滚动条向左的可滚动范围是 10，同理右边可滚动范围是 20，合计可滚动范围是 30 个字符。公式为：需要滚动的范围 ＝ 待显示内容总长度－ 可显示长度。开始动真格的了，看如何实现这个例子。

先套用公式：本例中，总长 50，可显示长度 20，需要滚动的范围是 50－20 ＝ 30。首先请将 ScrollBar1 的 Range 设置成 30，ThumbSize 恢复为 1，Value 恢复为 0，PageSize 比较无所谓，设置成 5 吧。

接着，在对话框构造函数之前，实现一个自由函数：

```
wxString GetVisibleString(int offset)
{
    static wxString full_context =
        wxT("0123456789ABCDEFGHIJKLMNOPQRSTUVWXYZabcdefghijklmn");
    static size_t full_length = 50;

    if (offset < 0 || offset > = 50)
    {
        return * wxEmptyString;
    }

    int sub_start = offset;
    int remain = full_length - offset; //从 offset 开始往后,还余多少个字符
    int sub_length = ( remain > 20)? 20 : remain; //超过 20 个取 20,否则取余留的全部

    wxString subStr = full_context.substr(sub_start, sub_length);
    return subStr;
}
```

该函数首先准备了一个长度为 50 的字符串,然后从 offset 的位置开始,往后最长取 20 个字符,返回这个子串。接着,在对话框构造函数内最末加上一行初始化:

```
    StaticText4 ->SetLabel(GetVisibleString(0));
```

最后,需要修改 OnScrollBar1ScrollChanged()事件响应:

```
void NewDialog5::OnScrollBar1ScrollChanged(wxScrollEvent & event)
{
    int step = event.GetPosition();
    StaticText4 ->SetLabel(GetVisibleString(step));
}
```

编译,运行,尝试滚动……不错啊,滚动条确实在帮助我们查看字符串左右两端“被隐藏”的内容,如图 11 - 106 所示。

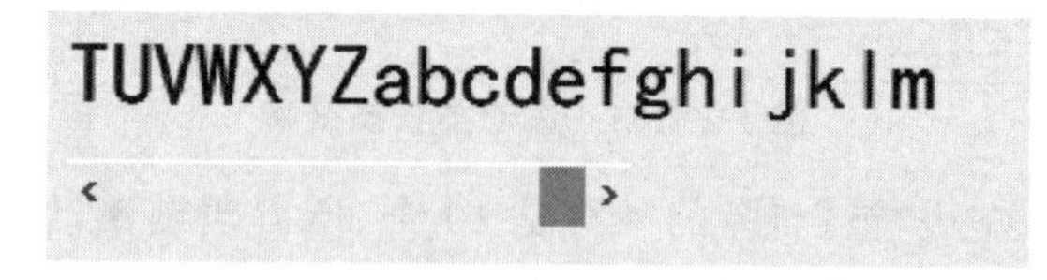

图 11 - 106 滚动以显示两端“被隐藏”的内容

一切正常的表面现象下,细心的人会发现,最后一个字符‘n’显示不出来啊!这是一个巨大的 BUG 啊(想想如果是一个金额)!原因是什么呢?让我们在对话框上再摆一个 StaticText,然后用它来观察滚动条的位置:

```
void NewDialog5::OnScrollBar1ScrollChanged(wxScrollEvent & event)
{
    int step = event.GetPosition();
    StaticText4 ->SetLabel(GetVisibleString(step));

    StaticText5 ->SetLabel(wxString() << step);
}
```

这下很清楚了，尽管滚动到最右边了，但 step 的值居然只是 29，而不是 Range 设置的 30。再一想，对啊，滑块同学的围度，正好是 1 呀。看来前面的公式有误，修订为：**需要滚动的范围 = 总的长度 − 可显示长度 + 滑块尺寸。**

所以将 Range 修改成 31，BUG 就解决了……但是内心总是觉得哪里怪怪的，这个 ThumbSize 挺惹人烦啊，滚动条为什么需要体现它的尺寸呢？

古老点的 GUI 系统，确实在逻辑上不体现滑块尺寸；但是后来的 UI 设计师发现，滑块的尺寸可以帮助用户更直观地感受总范围与可滚动范围的比例关系，并且还有利于简化滚动条各个参数的逻辑关系呢！

新方法的思路：一是滚动条的总范围就取可显示长度，即：**需要滚动范围(Range) = 总的长度**；二是让滑块的尺寸等于可显示的长度，即：**ThumbSize = 可显示长度**。

请根据这一思路，重新设置 ScrollBar1 的属性，代码无需修改，重新编译运行，感受一下，是不是有“设计小改进，世界大不同”的感觉？

**【课堂作业】：改变滚动单位或滚动方向**

以上例子中，滚动条的最小滚动单位，都是一个字符，即鼠标单击其两端箭头一次，文字滚动一个字符。有时会需要滚动得粗犷一些，比如单击箭头一次，文字滚动 2 个字符串，而按 Page Down/Page Up 时，文字滚动 6 个字符，此时滚动条的属性该如何设置？滚动值变动事件的响应函数又该如何写？另外，本例中滚动条和字符的滚动方向是相反的，请尝试如何实现同向滚动。

16. 滚动面板/wxScrolledWindow

wxScorllBar 往往用于控制另外一个控件，有时需要直接控制某个区域的滚动，此时可以使用 wxScrolledWindow，虽然是 Window，但我们还是称之为“Scrolled Panel(滚动面板)”更合适。

**【重要】：3.0 版本的 wxScorlled 模板**

wxWindows 3.0 将“可滚动”的行为，实现成模板：

```
template < typename T >  class wxScrolled < T >  {...};
```

T 可以是不同类型的窗口，因此 3.0 中 wxScrolledWindow 只是 wxScrolled < wxPanel >的别名。

wxSmith 对 wxScrolledWindow 的支持很差,差到无法简单地采用绝对坐标布局摆放一个 wxScrolledWindow,也无法正确地展现它的尺寸。请新建一个对话框,并设置该对话框可以拉伸尺寸,然后放一个 wxScrolledWindow,设计效果如图 11-107 所示。

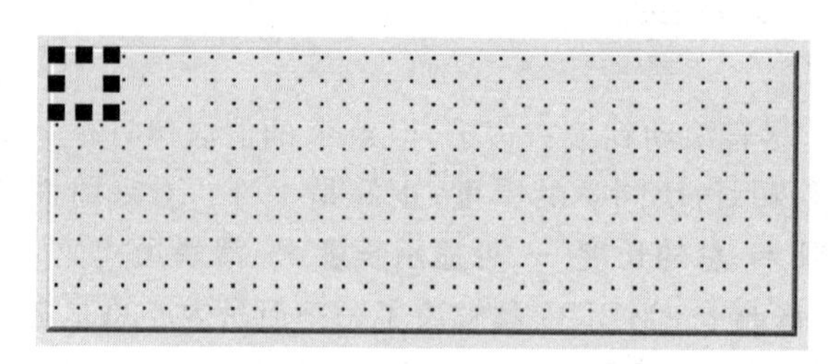

图 11-107 wxSmith 对 wxScrolledWindow 的糟糕支持

wxScrolledWindow 就这么挂在父窗口的左上角,拖不动,也拉不大。实际运行时是怎样的呢?为了方便观察 wxScrolledWindow 在哪里,有多大,请大家将它的背景颜色设置成纯白色,然后在 wxSmith 中预览。大家会发现小白块依然挂在原地,当尝试拉伸对话框的尺寸,wxScrolledWindow 这时倒是自动充满整个对话框。这就给了我们一个启发——可以在构造之后,稍微调整一下对话框的大小,代码如下:

```
NewDialog6::NewDialog6(wxWindow * parent,wxWindowID id
                       ,const wxPoint & pos,const wxSize & size)
{
    //(* Initialize(NewDialog6)
    Create(parent, id, _("wxScrollWindow Demo")
        , wxDefaultPosition, wxDefaultSize
        , wxDEFAULT_DIALOG_STYLE|wxRESIZE_BORDER, _T("id"));

    SetClientSize(wxSize(264,94));

    Move(wxDefaultPosition);

    ScrolledWindow1 = new wxScrolledWindow(this, ID_SCROLLEDWINDOW1
                      , wxPoint(0,0), wxSize(264,164)
                      , wxVSCROLL|wxHSCROLL
                      , _T("ID_SCROLLEDWINDOW1"));

    ScrolledWindow1 ->SetBackgroundColour(wxColour(255, 255, 255));
    //*)

    SetClientSize(wxSize(320, 250));  //就添加这一行
}
```

接下来,要在 wxScrolledWindow 中加入 40 个按钮,每个按钮宽 80、高 21,排成 8 行 5 列,行之间间隔为 12,列之间间隔为 6。代码还是加在构造函数中,就在之前最后一行“SetClientSize(...)”的后面:

```
……
    int w = 80, h = 21; //每个按钮都是宽 80,高 21

    for (int row = 0; row < 8; row + + ) //8 行
    {
        for (int col = 0; col < 5; col + + ) //5 列
        {
            wxString title;
            title << wxT("Button") << row << col;

            new wxButton(ScrolledWindow1, wxNewId(), title
                                , wxPoint(col * w + (col + 1) * 6, row * h + (row + 1)
* 12)
                                , wxSize(w, h));
        }
    }
```

需要在 CPP 中加入对 wxButton 的头文件：

```
#include < wx/button.h >
```

编译、运行，效果如图 11 - 108 所示。

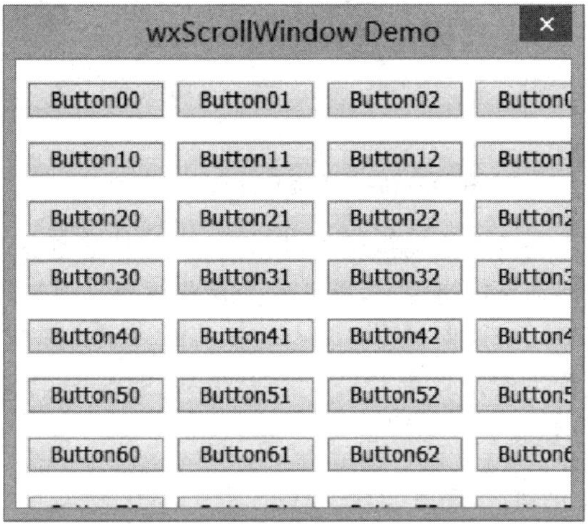

图 11 - 108　摆了 40 个按钮的 wxScrollWindow

一部分按钮被挡住了，但又没有滚动条，这是因为按钮的窗口 ScrolledWindow 没有聪明到能自动计算出滚动范围的水平。

“wxScrolledBar(滚动条)”小节提到计算滚动范围的两种方法，wxScrolledWindow 采用的就是其中的第二种：告诉它总的范围，它就能正确设置“滑块”的尺寸并制造出可滚动的正确范围。比如本例，在添加完按钮后，计算出八行五列的按钮占用多长多高：

```
int W = (w + 6) * 5;  //w是80,一个按钮的长度,6是按钮横向间距
int H = (h + 12) * 8;  //h是21,一个按钮的调度,8是行间距
```

然后通过 SetVirtualSize(w, h)设置滚动面板的“虚拟尺寸”：

```
ScrolledWindow1 ->SetVirtualSize(W, H);
```

什么叫“虚拟尺寸”呢？就是指客户区域逻辑上的总大小,对应的概念是“物理尺寸”,即当前实际可视的客户区域大小。比如例中的滚动面板,它的虚拟尺寸和物理尺寸关系如图 11－109 所示。

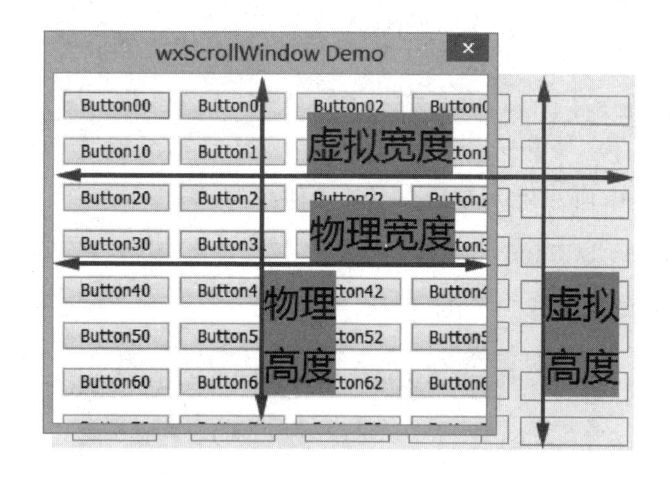

图 11－109　物理尺寸与虚拟尺寸

注意,物理尺寸不一定小于虚拟尺寸,用户可以拉伸物理窗口,造成物理尺寸大于虚拟尺寸,这时候滚动条没有意义,默认它会在此时自动消失。

光是设置虚拟尺寸,滚动面板还是不会在运行时显示出滚动条,我们还需要告诉它最小滚动单位(也称为滚动比率)是多少,方法是:SetScrollRate(dx, dy),通常是在横向和纵向上都设置成 1：

```
ScrolledWindow1 ->SetScrollRate(1, 1);
```

现在运行效果如图 11－110 所示。

如果 Rate 设置成 2,那么单击一次滚动条的小箭头按钮,会直接滚动 2 个像素。

**【重要】：窗口或对话框能滚动吗**

“可滚动”是窗口或对话框的基本功能。所以 wxWindow 或 wxDialog 也有 SetVirtualSize(W, H)和 SetScrollRate(dx, dy)等函数。所以,如果将本例的 wxScrolledWindow 去掉,再把所有按钮直接放在对话框中,然后设置对话框虚拟尺寸和滚动单位,则运行效果是一样的,并且代码更加简洁,那为什么还要有 wxScrolledWindow 这个控件呢？这是因为滚动面板不一定要充满整个父窗口的客户区域,这

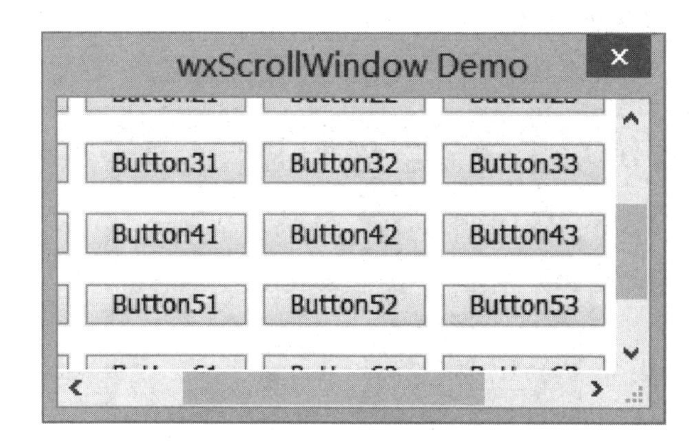

图 11-110 滚动面板运行示例

时就可以只在父窗口的某个区域内滚动了。

17. 固定面板/wxPanel

说完滚动面板，再来说说普通面板：wxPanel。wxPanel 可以方便地在父窗口中划分出一块独立的区域（实际上是创建一个新的子窗口），然后我们可以在这块区域内布局新的控件。

请将前例对话框中的 wxScrolledWindow 删除，然后加入一个布局器：wxBoxSizer（横向），再在布局器中先加入一个 wxPanel，右边加入 wxScrolledWindow（小心，不要加到 wxPanel 中去），然后做如下设置：

① 确保滚动面板的变量名仍然为 ScrolledWindow1；

② 将二者的布局附加属性“Proportion（比例）”都设置成 1，“Expand（扩展）”都选上；

③ 分别修改二者的背景颜色，以便区分；

④ 再在 wxPanel 中加入一个新的 wxBoxSizer 布局器，这次设置它为竖向；

⑤ 往 wxPanel 的布局器内，连续加入三个按钮。

设计效果如图 11-111 所示（右边白色区域为滚动面板）。

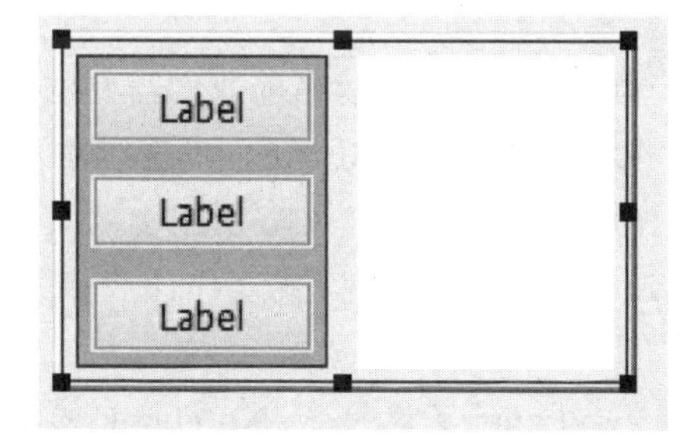

图 11-111 普通面板和滚动面板 1:1 布局

运行程序,之前的代码效果还在,只是左边多了一个固定的面板,如图 11-112 所示。

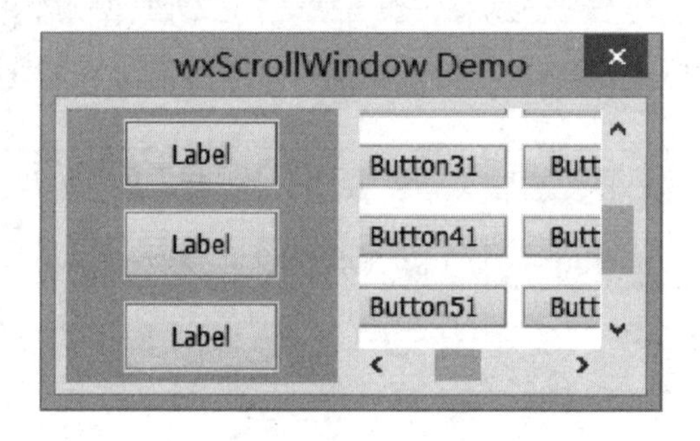

图 11-112 普通面板和滚动面板并存

有关固定面板我们就说这些,现在的任务,检查一下右边面板的滚动逻辑是不是如我们所期望的,继续表现正常?

18. 多页面板/wxNotebook

再往工程里添加一个对话框,这次该是 NewDialog7 了。然后加入 wxBoxSizer(没错,基本上 BoxSizer 可以包打天下),然后加入一个 wxNotebook,适当把它拉大点,设计效果如图 11-113 所示。

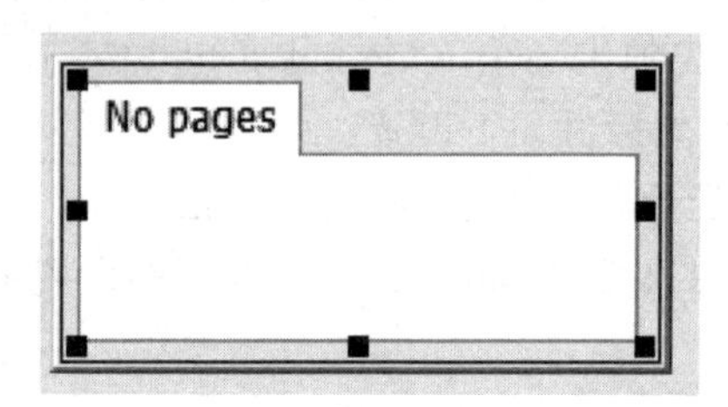

图 11-113 wxNotebook 设计期效果

图 11-113 中的"No pages"表明当前这个多页面板其实"一页"都没有,请选中它,右击,将出现弹出菜单(请记住 wxSmith 中这个很少见的操作过程),如图 11-114 所示。

后面两个菜单项用于调整页面的次序,当前我们需要的是第一个菜单项:添加一个新页面,并在随后弹出的对话框中设置好标题,我连续添加了两次,并分别设置标题为"基础"和"高级",设计期效果如图 11-115 所示。

此时偷偷地看一眼 wxSmith 的控件树,就这样让我们发现了一个惊天大秘密,如图 11-116 所示。

这个惊天大秘密就是:wxPanel 竟然是 wxNotebook 的私生子……大家别砸我,看书很累,偶尔娱乐嘛……没错,wxNotebook 就是使用 wxPanel 以实现多页面板,选中不同的 Panel,可以删除这个页面,也可以修改它的标题或背景色等。还可以将

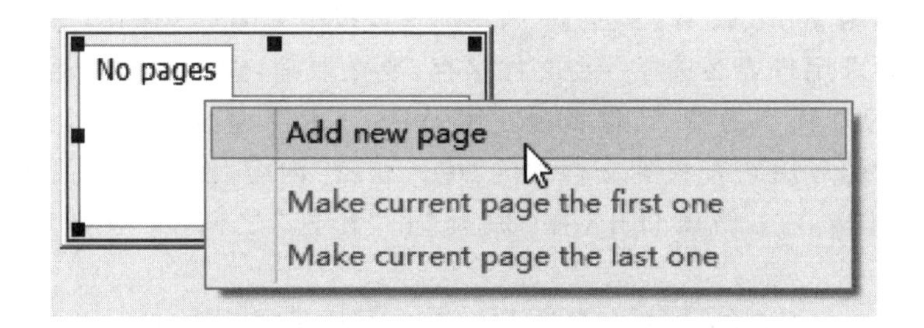

图 11 - 114　wxNotebook 的设计期弹出菜单

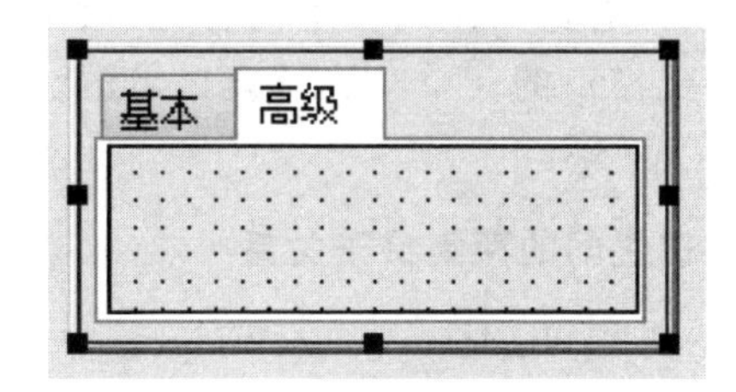

图 11 - 115　添加两个页面的 wxNotebook

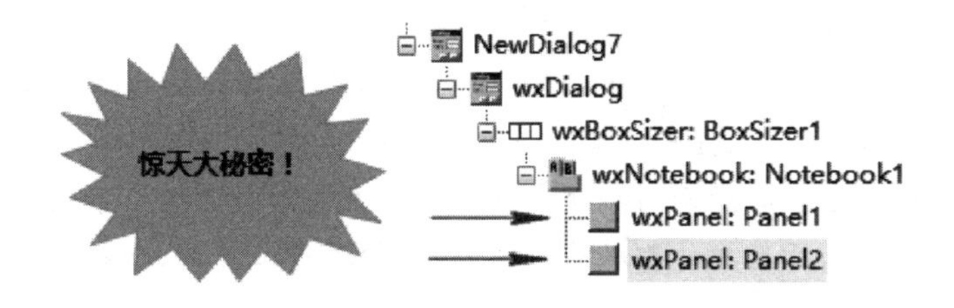

图 11 - 116　Wx/Notebook 和 wxPanel 的关系

某个页面的“Page selected”设置为真，这样当运行时，就会首先显示该页面等等。

11.10　模态、非模态

11.10.1　基本概念

用户在 A 窗口上操作，中间需要弹出另一个窗口（假设叫 B 窗口），临时改在 B 窗口上操作。此时，如果不关闭 B 窗口就回不到 A 窗口，也切换不到程序当前显示的其他窗口，那么 B 窗口被称为模态窗口（Modal - Window），模态窗口临时阻止了其父窗口及整个程序其余窗口的输入。如果不关闭 B 窗口就可以回到 A 窗口继续操作，则 B 窗口被称为非模态窗口（Modeless - Window）。用户可以在其他窗口和非模态窗口来回切换输入焦点。

窗口的模态或非模态，并非在创建时决定，而是在显示时才决定。举一个模态窗口的例子:用 Word 或 WPS 创建一个新文档,按下 Ctrl+S 保存,这时会弹出一个对话框,要求用户要么选择一个文件保存,要么取消,这个弹出对话框就是模态的。再举一个非模态的例子:作者现在用 WPS 写本课程,按下 Ctrl+F 弹出一个搜索对话框,然后用它查找到文档中的"惊天秘密"内容,然后无需关闭搜索对话框,就可以直接在文档窗口中,在"惊天"和"秘密"之间,又夸张地加上一个"大"字。

在 Windows 下,对话框基本都是模态窗口,同样是"搜索窗口",不少应用中也有可能是以模态方式显示的,比如 Code::Blocks。如果从父窗口和弹出窗口之间的关系来分析,父窗口往往要求模态窗口做出一个回答,然后父窗口才好继续当前的工作。而非模态窗口更像是父窗口的一个"助手"窗口,彼此之间可以随时切换,配合工作。

【重要】:理解窗口之间的两类父子关系

按钮、列表框等控件,都是 Window,在 wxWidgets 中的表现,就是它们派生自 wxWindow。但这些控件并不能独立显示,它们必须依附在某个"顶层窗口"上显示,或者依附在另一个类似 wxPanel 这样可做容器的控件之上,这是窗口之间的第一种父子关系。这种关系下:

①子控件的坐标系统是相对于父窗口的,就好像你在行驶的公交车上要找的座位,不会因为车在路上的位置而改变。

②子控件和父窗口的生命周期通常可以设计成基本一致。当最顶层的窗口要释放时,则一层层往下,所有控件都跟着被释放,尽管不是必然的,但确实是一种很自然的行为。

前面讲到从一个窗口弹出一个窗口。在 Windows 和 wxWidgets 中,也把前一窗口称为后一窗口的父窗口。但是在空间(显示的坐标体系)和时间上(生存周期),此类子窗口相比第一类子窗口有较大的独立性。

11.10.2 模态对话

使用 wxWidget 向导生成一个采用 wxSmith 设计器、UNICODE 编码、基于对话框的 wxWidgets 项目,取名 ModalAndModelessDemo。项目建成后拥有名为 ModalAndModelessDemoDialog 的第一个对话框(主窗口),修改向导生成的标签内容,让它看起来如图 11-117 所示。

然后通过 wxSmith 为项目添加第二个对话框,名为 NewDialog。再回到主窗口上,在 About 按钮后面添加一个按钮,标题为 Show Modal,双击挂接事件:

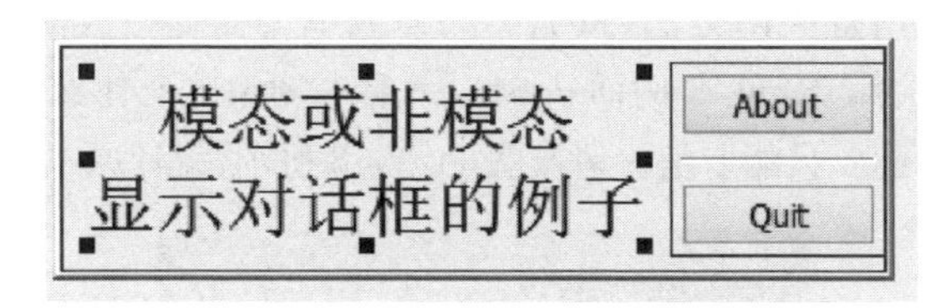

图 11-117 模态非模态例子的主窗口

```
#include "NewDialog.h"

……

void ModalAndModelessDemoDialog::OnButton3Click(wxCommandEvent & event)
{
    NewDialog dlg(this);
    dlg.ShowModal();
}
```

运行程序,单击 Button3,此时弹出的 NewDialog 即为模态状态。我们必须关掉它才能回到主窗口继续操作。可见,对话框的 ShowModal()方法名副其实。

ShowModal()方法有返回值,类型为 int,表示模态窗口关闭时返回的结果。当前 NewDialog 一片空白,我们只能使用 Alt + F4 或单击窗口右上角的红叉这种系统预置的方法关闭对话框,这种关闭方式对对话框返回的数是什么呢?让我们修改按钮事件如下:

```
void ModalAndModelessDemoDialog::OnButton3Click(wxCommandEvent & event)
{
    NewDialog dlg(this);
    int result = dlg.ShowModal();
    wxMessageBox(wxString() << result);
}
```

观察可得,result 是 5101,在这里是什么含义呢?让我们再次修改上述代码:

```
void ModalAndModelessDemoDialog::OnButton3Click(wxCommandEvent & event)
{
    NewDialog dlg(this);
    int result = dlg.ShowModal();

    if (result == wxID_CANCEL)
    {
        wxString ret;
        ret << wxT("返回数值") << result << wxT(",它是 wxID_CANCEL,表示取消。");
        wxMessageBox(ret);
    }
}
```

5101 是枚举 wxID_CANCEL 的值,它表示模态对话以“取消”的方式退出。由此可知,一个对话框内置关闭方法(按 Alt+F4 或单击标题栏上的小红叉),通常用于表示用户取消了本次操作,就本例而言倒也解释得通:一个什么内容都没有的对话框,能做些什么操作呢?只能取消。请按图 11-118 所示,设计原本空白的 NewDialog。

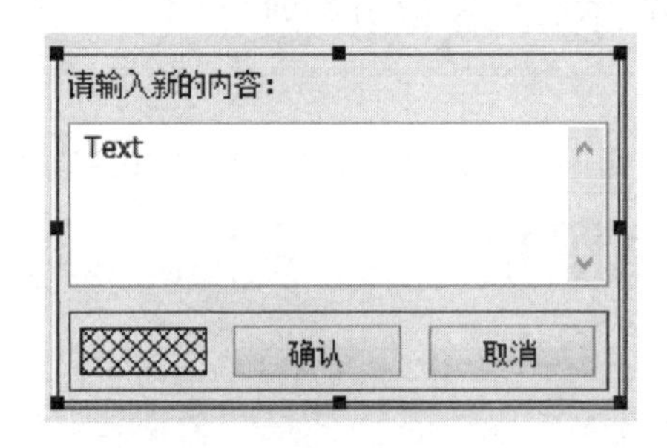

图 11-118　设计可以"确认"或"取消"退出的对话框

现在希望单击图 11-118 中的"确认"按钮,该对话框的 ShowModal()结果返回"确认(对应枚举是 wxID_OK)"。假设"确认"按钮变量名是 ButtonOK,那么挂接的事件函数是:

```
void NewDialog::OnButtonOKClick(wxCommandEvent & event)
{
    this->EndDialog(wxID_OK);
}
```

对应"取消"按钮的事件是:

```
void NewDialog::OnButtonCancelClick(wxCommandEvent & event)
{
    this->EndDialog(wxID_CANCEL); //也可以是 this->Close();
}
```

看来,wxDialog::EndDialog(int ret)方法用于让对话框关闭,并让其 ShowModal()方法返回指定的整数值。当然,想要以"取消"的方式退出,也可以直接调用 Close()方法。

当用户关闭模态对话框时,他之前在该对话框上的操作,是要取消呢,还是确认接受呢?现在可以用 ShowModal()的返回值做出判断。下面我们让例中的对话框用于编辑主窗口上的静态标签内容。

首先为 NewDialog 类添加一对接口以设置或得到编辑框中的内容,类定义中加入:

```
        ……
public:
        void SetEditText(wxString const & text);
        wxString GetEditText() const;

        ……
```

具体实现是：

```
void NewDialog::SetEditText(wxString const & text)
{
    this->TextCtrl1->SetValue(text);
}

wxString NewDialog::GetEditText() const
{
    return this->TextCtrl1->GetValue();
}
```

然后修改主窗口调用 NewDialog 的前后代码，OnButton3Click 事件修改如下：

```
void ModalAndModelessDemoDialog::OnButton3Click(wxCommandEvent & event)
{
    NewDialog dlg(this);

    dlg.SetEditText(this->StaticText1->GetLabel());

    int result = dlg.ShowModal();

    if (result == wxID_OK)
    {
        this->StaticText1->SetLabel(dlg.GetEditText());
        this->Fit(); //根据内容，自动伸缩窗口大小
    }
}
```

“wxID_CANCEL(确认)”和“wID_CANCEL(取消)”是对话框最常见的一对选择，有时候出于语义上的需求，也可以设置成返回“wxID_YES(是)”或“wxID_NO(否)”，必要时可再配上 wxID_CANCEL。

前面例子中，以模态方式弹出的 NewDialog 对象(dlg)都是栈对象，这是 wx-Widgets 库难得的允许在栈上创建 GUI 对象的上下文。我们在 dlg.ShowModal() 之前，就可以使用它(尽管此时窗口还没显示)，也可以在 ShowModal()之后，继续使用 dlg 对象，直到外部函数结束，dlg 将自动释放。

11.10.3 非模态对话

在 ModalAndModelessDemoDialog 对话框上再放一个按钮(Button4)，标题设为 Show Modeless，单击它以“非模态”的方式弹出 NewDialog：

```
void ModalAndModelessDemoDialog::OnButton4Click(wxCommandEvent & event)
{
    //有问题的代码
    NewDialog dlg(this);
    dlg.Show();
}
```

模态显式的例子中,调用的是对话框的 ShowModal()方法,去掉末尾的 Modal, Show()就是让对话框"非模态"显示的方法。以上代码看起来没有什么问题,但实际运行时你看到一个窗口一闪而过:dlg 通过 Show()函数以非模态方式显示之后,并不会"堵"住当前代码继续往前执行,于是 OnButton4Click() 函数运行结束,dlg 对象自动释放,它所管理的窗口迅速被销毁。

如果让 dlg 对象从堆中分配,那么外部函数结束时,它就不会被释放:

```
void ModalAndModelessDemoDialog::OnButton4Click(wxCommandEvent & event)
{
    //还是有点问题的代码:
    NewDialog * dlg = new NewDialog(this);
    dlg->Show();
}
```

对话框自动消失的问题解决了,但引发了不少新问题。

问题一:这样会不会内存泄漏? 函数里我们只 new 对象,却没有 delete 它呀?

在构造 NewDialog 时,传入了 this 对象作为新对话框父窗口,父窗口在退出时,将负责子窗口的释放。为了验证这一点,暂时让 NewDialog 在析构时弹出一个消息框:

```
……
#include < wx/msgdlg.h >
……

NewDialog::~NewDialog()
{
        //(*Destroy(NewDialog)
        //*)
        wxMessageBox(wxT("~NewDialog"));
}
```

测试方法是单击 Show Modeless 按钮,弹出新对话框,然后关掉它。你将发现没有任何消息框出现,"叉掉"一个窗口,对应的窗口对象竟然依然存在,没有析构…… 这一点我们后面再细说,现在重点关注:如果关闭主窗口,新窗口对象是否被析构? 测试结果给出了肯定的答案。

【重要】:"父窗口"管理子窗口的生存

子窗口将自己交给父窗口管理生存的过程可以简化描述成:父窗口拥有一个列表,存放那些向自己登记过的子窗口对象;然后在父窗口被释放之前,负责先将尚在列表中的子窗口对象 delete 掉。回想一下第一类子窗口:我们在对话框上摆放过很多控件,但我们从来没有写删除这些控件的代码。现在明白了,是对话框在关闭时完成的。这个设计很自然,因为控件和其所依附的父窗口的生命周期基本是一致的。

现在情况略有变化:所谓的子窗口现在真的是一个窗口,它独立显示在电脑桌

面，并不依附在对话框上，当它以“非模态”显示时，它和父窗口的生命周期很可能不一致：用户可以先关闭它，也可以先关闭父对话框，但不管如何，父对话框仍然会将子对话框放入其列表，以保证在自身退出时释放这些弹出窗口。

问题二：每单击一次 Show Modeless 按钮，就会弹出一个全新的对话框，这样对话框岂不是越来越多？

看图 11 - 119 所示的截图。

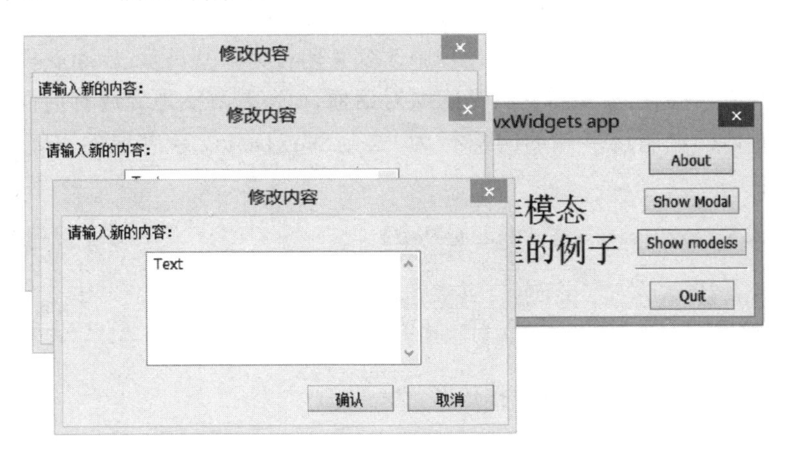

图 11 - 119 产生三个新对话框

且不说对话框打开越多内存占用越多的问题，单从业务上讲，需要同一类的对话框一直被产生的逻辑也是很少见的，常见逻辑应该是始终复用同一个对话框。为此可以将 dlg 变量定义成 ModalAndModelessDemoDialog 的成员数据、外部全局变量或者函数内静态变量，以函数内静态变量为例：

```
void ModalAndModelessDemoDialog::OnButton4Click(wxCommandEvent & event)
{
    static NewDialog * dlg = new NewDialog(this);
    dlg->Show();
}
```

因为是静态局部变量，dlg 只会（在事件函数第一次被调用时）初始化一次，至于 delete 操作，仍然由主窗口负责在退出时调用。

问题三：如果我们希望非模态的窗口在关闭时也能够自动释放对象，该怎么办？

wxDialog 的默认设计，当对话框被关闭（比如用户单击关闭按钮，或者代码中调用 Close()），对话框并不被释放，而只是将界面图形元素隐藏，不在屏幕上显示而已，内存中对话框对象仍然还在，一直到父窗口释放。这个默认行为对“模态”或“非模态”一视同仁。

wxWidgets 也支持在对话框关闭时，就立即释放对应的 C++对象。通常我们要求，生成某一对象的代码块，也负责该对象的释放。非模态显示的对话框在这里碰到了点难题:“你创建了我……OK”“你让我显示……也 OK”“你要干掉我……等等,我还在显示中啊!为什么删除我?”这就是问题所在:创建对话框的代码块结束了,但对话框很可能还在显示中。调用者不知道对话框什么时候才会关闭,那么谁才能方便、及时地知道对话框要关闭了呢?答:对话框自己!所以只好在这里破坏“谁创建、谁释放”的规矩,让对话框在关闭时自杀吧。

窗口有一个事件叫“EVT_CLOSE”,它在用户手动关闭对话框或在程序调用 Close()方法之后被触发。通过响应这个事件,可以解决两大问题:一是及时知道对话框被要求关闭,二是可以在响应过程中改变关闭行为。基类 wxDialog 提供了该事件的默认响应,我们已经知道它只是隐藏对话框,而不是真实地释放对话框对象。下面就来为对话框定制该事件的响应行为,这是 NewDialog 新绑定的 EVT_CLOSE 事件函数:

```
void NewDialog::OnClose(wxCloseEvent & event)
{
    this ->Destroy (); //真正释放对话框自身
}
```

【危险】: 窗口的“自我摧毁”行为

Destroy 意为“摧毁”,“this—>Destroy()”就是启动一个窗口“自我摧毁”的过程。你可以理解为,它最终将触发“delete this”操作。这通常是很不得已的一种设计。

编译、运行,单击 Show Modeless 按钮,dlg 以非模态方式显示,然后关闭它,变化出现了:NewDialog 析构函数中弹出的消息框此时出现了。接着,再单击一次 Show Modeless 按钮,程序异常退出。问题就在于 dlg 是静态局部变量,它只被初始化一次,第二次进入时,它所指向的对象,已经被 delete 掉了。整个过程有点绕,这正是不遵守规矩的代价之一。

将 dlg 定义成普通的局部变量,会解决这个问题吗?

```
void ModalAndModelessDemoDialog::OnButton4Click(wxCommandEvent & event)
{
    NewDialog * dlg = new NewDialog(this);

    dlg ->Show();
}
```

现在,一直单击 Show Modeless,就会弹出一个个完全独立、全新的 NewDialog 对话框,但是还好,只要关闭一个,就会立即释放一个。有时,这就是我们想要的结果。比如在 11.11 节中,我们就会用到需要一直打开新对话框,但对话框在关闭时就释放的例子。

【课堂作业】：非模态对话另一典型用法

请大家将本节的例子改成对话框非模态显示的另一种常用法：在程序初始化时(比如主窗口的构造函数中)就事先创建好所需的对话框，需要调用 Show()，用户可以临时关闭它，但它对应的 C++对象并不释放，生命周期和主窗口保持一致。

只有 wxDialog 有模态和非模态之分，而普通窗口，比如我们非常熟悉的 wxFrame(框架窗口)没有 ShowModal()方法，也就是说它只能以非模态方式出现，但是它又和对话框的非模态弹出，有一项重要的不同之处。

【危险】：wxFrame 关闭时的默认行为

普通对话框关闭时的默认行为是隐藏图形元素，对应的 C++对象并不释放；但 wxFrame 类因为经常用作主窗口，所以它关闭时的默认行为被设计成“自我摧毁”。

11.11　实例二：临时记事板

有时我正在用电脑，突然来了一个电话，交流过程中又要记下某个内容，比如另一个电话，这时我就会满桌子找纸笔。曾经有一次我扯了一张有字的纸，在空白处写下一串 QQ 号，电话结束时，才发现那是即将呈送用户的合同原件……于是有了下面这个简单但实用的软件，如图 11-120 所示。

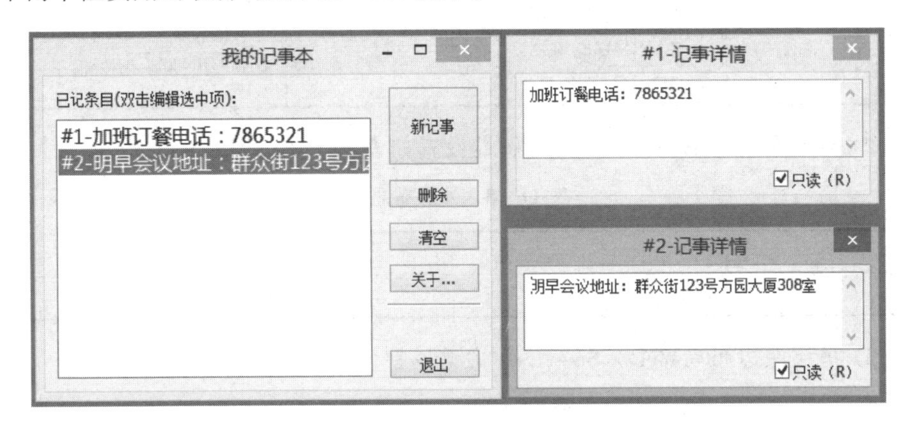

图 11-120　“我的记事本”运行效果

11.11.1　主对话框设计

使用 wxWidget 向导生成一个采用 wxSmith 设计器、UNICODE 编码、基于对话框、不使用动态库的 wxWidgets 项目，取名 wxNote。主对话框设计图如图 11-121 所示。

(1) 主对话框 wxNoteDialog 关键属性设置如表 11-7 所列。

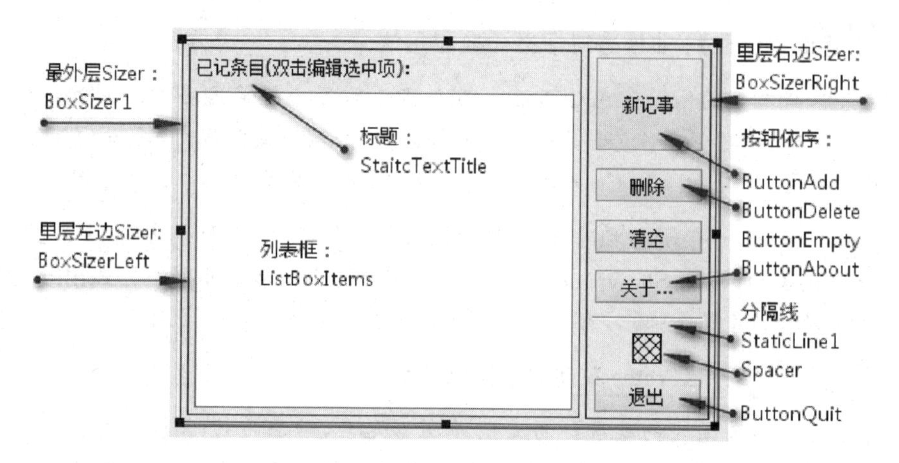

图 11-121 我的记事本主对话框设计

表 11-7 主对话框关键属性设置

属性	值	说明
Title	我的记事本	窗口标题
Centered	选中	居中显示
Default size	选中	由内部布局决定大小
Style	wxDEFAULT_DIALOG_STYLE, wxRESIZE_BORDER, wxMAXIMIZE_BOX, wxMINIMIZE_BOX	默认值基础上,增加: 可调整大小 有最大化、最小化按钮

(2) 外层布局器 BoxSizer1 关键属性设置如表 11-8 所列。

表 11-8 外层布局器

属性	值	说明
Orientation	wxHORIZONTAL	最外层水平布局

(3) 里层左边布局器 BoxSizerLeft 关键属性设置如表 11-9 所列。

表 11-9 左边布局器

属性	值	说明
Orientation	wxVERTICAL	左边采用垂直布局
Expand	选中	上下自动伸展
Proportion	1	左右自动伸展

(4) 标题 StaticTextTitle 在 BoxSizerLeft 内,关键属性设置如表 11-10 所列。

表 11-10 列表框顶上的标题

属性	值	说明
Label	已记条目(双击编辑选中项)	你可以写个更合理的
Expand	选中	左右自动伸展
Horizontal align	Left	左对齐
Proportion	0	固定大小

(5) 列表框 ListBoxItem 在 BoxSizerLeft 内,关键属性设置如表 11-11 所列。

表 11-11 列表框

属性	值	说明
Is member	选中	必须是成员变量
Expand	选中	左右伸展
Proportion	1	上下伸展
Font	……	根据口味酌情配置

(6) 里层右边布局器 BoxSizerRight 关键属性设置如表 11-12 所列。

表 11-12 右边布局器

属性	值	说明
Orientation	wxVERTICAL	左边采用垂直布局
Expand	选中	上下自动伸展
Proportion	0	固定大小

(7) ButtonAdd、ButtonDelete、ButtonEmpty、ButtonAbout 和 ButtonQuit 依序加入 BoxSizerRight 内,并拥有如表 11-13 所列的相同关键属性设置。

表 11-13 右边布局器

属性	值	说明
Is member	选中	必须是成员变量
Expand	不选中	固定大小
Proportion	0	固定大小

不同属性除名称和标题之外,ButtonAdd 的大小被特意拉大了些。

(8) 其　他

分割线是向导创建时自带的,Spacer 属性完全取默认值。

11.11.2 "新记事"对话框设计

通过 wxSmith 主菜单项,添加一个对话框,取名 DlgNewNote,用户需要做记录时将以模态方式弹出它,以便于用户专注输入。设计图如图 11-122 所示。

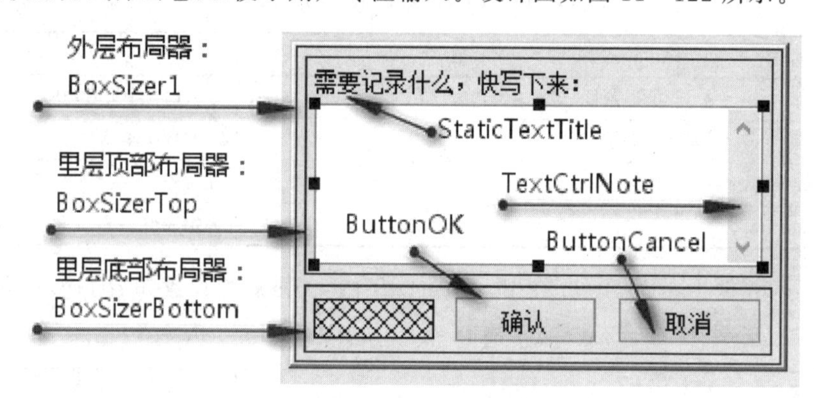

图 11-122 “新记事”对话框设计

(1) 对话框 DlgNewNote 自身的关键属性设置如表 11-14 所列。

表 11-14 DlgNewNote 关键属性

属性	值	说明
Title	新记事	窗口标题
Default size	选中	由内部布局决定大小
Style	wxDEFAULT_DIALOG_STYLE, wxRESIZE_BORDER	默认值基础上,增加:可调整大小

(2) 其 他

该对话框中同样有三个布局器,只是最外层布局采用垂直方向 。里层顶部的 BoxSizerTop 应该设置成自动上下(Proportion 为 1)伸展、自动左右伸展(Expand 选中),里层底部 BoxSizerBottom 的 Proportion 为 0。

TextCtrlNote 为 wxTextCtrl 控件,它的关键属性是:Style 需选中,wxTE_MULTILINE 实现可以多行输入;同时设置成自动上下(Proportion 为 1)伸展、自动左右伸展(Expand 选中)。两个按钮分别是 ButtonOK 和 ButtonCancel,前者用于确认并退出对话框,后者用于取消并退出对话框。

11.11.3 “记事详情”对话框设计

通过 wxSmith 主菜单项,添加一个对话框,取名 DlgNote,用户需要查看完整的某一条记事内容时,将以非模态方式弹出它,以便于用户随时切换到另一条记事。查看时还可以修改记事内容,并且修改过程将直接同步到主窗口。设计图如图 11-123 所示。

DlgNote 标题为“记事详情”,同样需要通过 Style 设置支持调整大小。BoxSizer1 为垂直布局。内部先放 TextCtrlNote,再一上一下摆两个控件。

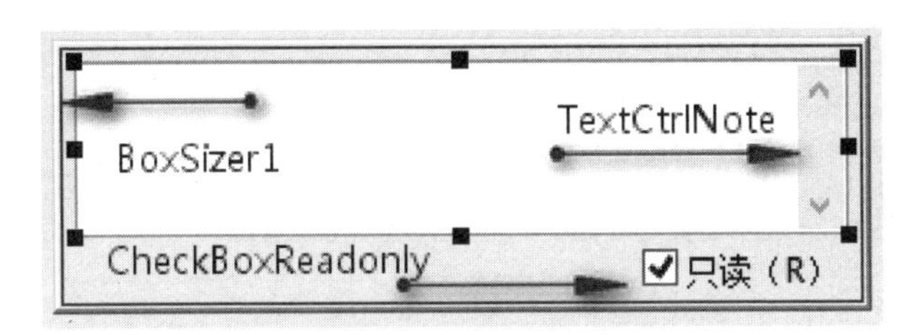

图 11-123 “记事详情”对话框设计

第一个控件 TextCtrlNote 是 wxTextCtrl 类型。Style 需选中 wxTE_AUTO_SCROLL、wxTE_PROCESS_ENTER、wxTE_MULTILINE 和 wxTE_READONLY。效果是自动滚动、允许输入回车键、允许多行以及初始化为只读(不允许修改内容),其他布局属性不再复述。

第二个控件 CheckBoxReadonly 是 wxCheckBox 类型,设置水平布局为右对齐,并设置成默认选中的状态。当它选中时,TextCtrlNote 将进入只读状态,不允许修改。运行期用户可将它切换成非选中状态,此时 TextCtrlNote 进入可编辑状态。之所以这么设计是考虑到记事一旦形成通常不会频繁修改,加一道手续可避免记事内容被无意改乱。

11.11.4 代 码

接下来我们给出主对话框、新记事对话框、记事详情对话框的完整代码(除去 wxSmith 或 GUI 向导生成的部分代码)。

(1) 主对话框头文件/wxNoteMain.h

```
#ifndef WXNOTEMAIN_H
#define WXNOTEMAIN_H

#include <map>
#include <vector>

//(*Headers(wxNoteDialog)
……wxSmith 生成的头文件包含……
//*)

class wxNoteDialog: public wxDialog
{
    public:

        wxNoteDialog(wxWindow* parent,wxWindowID id = -1);
        virtual ~wxNoteDialog();

    private:

        //(*Handlers(wxNoteDialog)
```

```
        void OnQuit(wxCommandEvent & event);
        void OnAbout(wxCommandEvent & event);
        void OnButtonAddClick(wxCommandEvent & event);
        void OnButtonDeleteClick(wxCommandEvent & event);
        void OnButtonEmptyClick(wxCommandEvent & event);
        void OnListBoxItemsDClick(wxCommandEvent & event);
        //*)

        //(*Identifiers(wxNoteDialog)
        static const long ID_LISTBOX1;
        ……wxSmith 生成的其他控件 ID 常量……
        //*)

        //(*Declarations(wxNoteDialog)
        wxListBox* ListBoxItems;
        wxButton* ButtonAbout;
        wxButton* ButtonEmpty;
        wxButton* ButtonAdd;
        wxBoxSizer* BoxSizerRight;
        wxButton* ButtonQuit;
        wxBoxSizer* BoxSizer1;
        wxButton* ButtonDelete;
        //*)

public:
    //用于被非模成的"详情窗口"调用
    void NotifyNoteDlgClosed(int id);//某个记事的窗口关闭了
    void NotifyNoteContentChanged(int id, wxString const & content);//记事内容变化了

private:
        typedef int NoteID;//每条记事,都有一个唯一的数字编号,自增
        typedef int ListBoxIndex;//记事在列表框中的位置

        void AddNewNote(wxString const & content);//添加
        void DeleteNote(ListBoxIndex index);//删除
        void ShowNote(ListBoxIndex index);//显示详情

        NoteID _maxNoteID;//当前记事的最大编号

        struct Note
        {
            NoteID id;
            wxString content;
        };

        std::map < ListBoxIndex, Note > _notes; //存储所有记事
        std::map < NoteID, wxDialog * > _dlgs; //有弹出的详情对话框

        DECLARE_EVENT_TABLE()
};

#endif // WXNOTEMAIN_H
```

从头文件中可看出，通过 wxSmith 为主对话框上的所有按钮挂接了事件，其中列表框挂接的是鼠标双击事件。

（2）主对话框源文件/wxNoteMain.cpp

```
#include "wxNoteMain.h"
#include < wx/msgdlg.h >

//包含其他两个对话框的定义
#include "DlgNewNote.h"
#include "DlgNote.h"

//(*InternalHeaders(wxNoteDialog)
#include < wx/font.h >
#include < wx/intl.h >
#include < wx/string.h >
//*)

//helper functions
enum wxbuildinfoformat {
    short_f, long_f };

wxString wxbuildinfo(wxbuildinfoformat format)
{
……GUI 向导自动生成的，获取 wxWidgets 版本信息的代码……
    return wxbuild;
}

//(*IdInit(wxNoteDialog)
const long wxNoteDialog::ID_LISTBOX1 = wxNewId();
……wxSmith 自动生成的其他控件 ID 初始化代码……
//*)

BEGIN_EVENT_TABLE(wxNoteDialog,wxDialog)
    //(*EventTable(wxNoteDialog)
    //*)
END_EVENT_TABLE()

wxNoteDialog::wxNoteDialog(wxWindow* parent,wxWindowID id)
    : _maxNoteID(0)
{
    //(*Initialize(wxNoteDialog)
……wxSmith 生成的创建控件、初始化窗口布局、事件挂接等代码……
    //*)
}

wxNoteDialog::~wxNoteDialog()
{
    //(*Destroy(wxNoteDialog)
```

```
    //*)
}

void wxNoteDialog::OnQuit(wxCommandEvent & event)
{
    Close();
}

void wxNoteDialog::OnAbout(wxCommandEvent & event)
{
    //"关于"信息,加入一点文字
    wxString msg = wxT("我的记事本 V0.9\r\n") + wxbuildinfo(long_f);
    wxMessageBox(msg, _("Welcome to..."));
}

//得到记事的简要内容(最多前面 24 个字),将用于在列表框中显示
wxString GetNoteBrief(wxString const & content, int id)
{
    size_t const max_display_len = 24;

    wxString brief;
    brief << wxT("#") << id << wxT("-");

    if (content.Length() <= max_display_len)
    {
        brief << content;
    }
    else
    {
        brief << content.SubString(0, max_display_len) + wxT("……");
    }

    return brief;
}

//添加新记事,入参是新记事的内容
void wxNoteDialog::AddNewNote(wxString const & content)
{
    Note note;
    note.content = content;
    note.id = ++_maxNoteID;  //自增最大 ID

    wxString item = GetNoteBrief(note.content, note.id);
    ListBoxIndex index = this->ListBoxItems->Append(item); //加入到 ListBox

    //将完整内容加入"_notes",以便在列表框中的位置为 std::map 键值
    this->_notes.insert(std::make_pair(index, note));

    this->ListBoxItems->SetSelection(index); //然后自动在列表框中选中新加入的记事
```

```
}

//用户单击“新记事”按钮触发的事件响应函数
void wxNoteDialog::OnButtonAddClick(wxCommandEvent & event)
{
    DlgNewNote dlg(this);

    if (dlg.ShowModal() == wxID_OK) //模态弹出“新记事”对话框,用户确认退出
    {
        wxString content = dlg.GetNote();

        if (! content.Trim().IsEmpty()) //非空的情况下,加入新记事
        {
            this->AddNewNote(content);
        }
    }
}

//删除列表框中指定位置的原有记事
void wxNoteDialog::DeleteNote(ListBoxIndex index)
{
    //从列表框中先删除,这个好理解
    this->ListBoxItems->Delete(index);

    //然后在“_notes”中找完整的内容,“_notes”是以在列表框的位置为键值
    //所以很方便查找
    std::map < ListBoxIndex, Note >::iterator noteIter = _notes.find(index);
    assert(noteIter != _notes.end());  //断言必然要能找到

    //接下来,得看看该记事是不是之前有弹出非模态的详情对话框
    //如果有,需要关闭它
    NoteID id = noteIter->second.id; //取到记事的 ID

    //_dlgs 的键值是记事的 ID
    std::map < NoteID, wxDialog * >::iterator dlgIter = _dlgs.find(id);
    if (dlgIter != _dlgs.end()) //找到了
    {
        wxDialog* dlg = dlgIter->second;
        dlg->Close(); //关闭,请注意 DlgNote 处理了 EVT_CLOSE 的行为是自我毁灭
    }

    _notes.erase(noteIter); //最后从“_notes”中删除该记事
}

//显示记事详情
void wxNoteDialog::ShowNote(ListBoxIndex index)
{
    std::map < ListBoxIndex, Note >::iterator noteIter = _notes.find(index);
```

```
    if (noteIter == _notes.end())
    {
        return;
    }

    //看看本条记事,之前是不是当前就有详情对话框存在
    NoteID id = noteIter->second.id;
    std::map < NoteID, wxDialog * > ::iterator dlgIter = _dlgs.find(id);
    if (dlgIter != _dlgs.end()) //确实存在
    {
        wxDialog* dlg = dlgIter->second;
        dlg->Show();  //确保显示
        dlg->SetFocus(); //然后让该记事的详情对话框拥有输入焦点

        return;
    }

    //之前没有详情对话框,创建一个新的
    DlgNote* dlg = new DlgNote(this);

    Note const & note = _notes[index];  //从"_notes"中找到这条记事
    dlg->SetNote(note.content, note.id);  //将记事内容和 ID 都传给详情对话框

    dlg->Show(); //非模态显示
    _dlgs.insert(std::make_pair(note.id, dlg)); //新详情对话框纳入管理(存入_dlg)

    //优化一下详情对话框的显示位置,以避免挡住主对话框
    wxPoint xy = this->GetPosition();
    wxSize sz = this->GetSize();

    xy.x += sz.GetWidth();
    dlg->Move(xy);  //移动指定位置
}

//用户单击删除按钮触发的事件函数
void wxNoteDialog::OnButtonDeleteClick(wxCommandEvent & event)
{
    int index = this->ListBoxItems->GetSelection();

    if (index == -1)
    {
        return;
    }

    wxString item = this->ListBoxItems->GetString(index);

    wxString msg;
    msg << wxT("确认要删除该记事吗? 记事内容是:\r\n") << item;
```

```
    int sel = wxMessageBox(msg, wxT("删除记事"), wxYES_NO, this);

    if (sel == wxNO)
    {
        return;
    }

    this->DeleteNote(index);
}

//用户单击"清空"按钮
void wxNoteDialog::OnButtonEmptyClick(wxCommandEvent & event)
{
    int count = this->ListBoxItems->GetCount();

    if (count == 0)
    {
        return;
    }

    wxString msg;
    msg << wxT("确认要清空所有记事吗? 共计") << count << wxT("条。");

    int sel = wxMessageBox(msg, wxT("清空记事"), wxYES_NO, this);

    if (sel == wxNO)
    {
        return;
    }

    this->ListBoxItems->Clear();
    this->_notes.clear();

    //关闭所有弹出框
    for (std::map < NoteID, wxDialog * >::iterator it = _dlgs.begin()
         ; it != _dlgs.end()
         ; ++it)
    {
        (it->second)->Close();
    }
}

//用户在列表框中双击某个记事,将弹出详情框
void wxNoteDialog::OnListBoxItemsDClick(wxCommandEvent & event)
{
    int index = this->ListBoxItems->GetSelection();

    if (index == -1)
```

```
    {
        return;
    }

    this->ShowNote(index);
}

//详情框关闭时,会调用本方法
//主要目的就是为了结束对该详情框的管理(因为它已经不复存在了)
void wxNoteDialog::NotifyNoteDlgClosed(int id)
{
    std::map < NoteID, wxDialog * >::iterator dlgIter = _dlgs.find(id);

    if (dlgIter != _dlgs.end())
    {
        _dlgs.erase(dlgIter); //从_dlgs 中去除
    }
}

//用户在详情框中修改记事内容时,会调用本方法
//主要目的就是为了同步更新列表框中的详情标题,以及"_notes"中的详情内容
void wxNoteDialog::NotifyNoteContentChanged(int id, wxString const & content)
{
    /* 根据记事 ID,在_notes 中找到需要同步的详情 */
    /* 只能循环找,因为_notes 的键是在列表框中的位置,而不是记事的 ID */
    for (std::map < ListBoxIndex, Note >::iterator it = _notes.begin()
        ; it != _notes.end()
        ; ++it)
    {
        if (it->second.id == id) //找到了
        {
            it->second.content = content; //更新详情

            //接着要更新列表框中的简述:
            ListBoxIndex index = it->first;  //先得有在列表中的位置

            wxString item = GetNoteBrief(content, it->second.id);
            ListBoxItems->SetString(index, item);

            break;  //退出循环
        }
    }
}
```

(3) 新记事对话框头文件/DlgNewNote.h

```
#ifndef DLGNEWNOTE_H
#define DLGNEWNOTE_H

//(*Headers(DlgNewNote)
```

```
……wxSmith 生成的头文件包含……
//*)

class DlgNewNote: public wxDialog
{
public:
        DlgNewNote (wxWindow * parent
                   ,wxWindowID id = wxID_ANY
                   ,const wxPoint & pos = wxDefaultPosition
                   ,const wxSize & size = wxDefaultSize);

        virtual ~DlgNewNote();

        //(*Declarations(DlgNewNote)
        wxTextCtrl * TextCtrlNote;
        wxStaticText * StaticTextTitle;
        wxButton * ButtonOK;
        wxButton * ButtonCancel;
        //*)

public:
    wxString GetNote() const
    {
        return TextCtrlNote->GetValue();
    }

protected:
    //(*Identifiers(DlgNewNote)
        static const long ID_STATICTEXT1;
        static const long ID_TEXTCTRL1;
        static const long ID_BUTTON1;
        static const long ID_BUTTON2;
    //*)
private:
    //(*Handlers(DlgNewNote)

        void OnButtonOKClick(wxCommandEvent & event);
        void OnButtonCancelClick(wxCommandEvent & event);
    //*)

    DECLARE_EVENT_TABLE()
};
#endif
```

同样可以看到通过 wxSmith 绑定了两个按钮的事件。

(4) 新记事对话框源文件/DlgNewNote.cpp

只需加入“确认”与“取消”按钮的事件：

```
void DlgNewNote::OnButtonOKClick(wxCommandEvent & event)
{
    this ->EndModal(wxID_OK);
}

void DlgNewNote::OnButtonCancelClick(wxCommandEvent & event)
{
    this ->Close();
}
```

(5) 记事详情对话框头文件/DlgNote.h

```
#ifndef DLGNOTE_H
#define DLGNOTE_H

//(*Headers(DlgNote)
#include <wx/sizer.h>
#include <wx/textctrl.h>
#include <wx/checkbox.h>
#include <wx/dialog.h>
//*)

class DlgNote: public wxDialog
{
public:
        DlgNote(wxWindow* parent
                ,wxWindowID id = wxID_ANY
                ,const wxPoint & pos = wxDefaultPosition
                ,const wxSize & size = wxDefaultSize);

        virtual ~DlgNote();

        //(*Declarations(DlgNote)
        wxTextCtrl* TextCtrlNote;
        wxCheckBox* CheckBoxReadonly;
        //*)
public:
    //传递记事详情和 ID 进来
    void SetNote(wxString const & context, int id);

private:
    int _noteID;  //用于记录本记事的 ID

protected:
        //(*Identifiers(DlgNote)
        static const long ID_TEXTCTRL1;
        static const long ID_CHECKBOX1;
        //*)
private:
        //(*Handlers(DlgNote)
```

```
        void OnClose(wxCloseEvent & event);
        void OnTextCtrlNoteText(wxCommandEvent & event);
        void OnCheckBoxReadonlyClick(wxCommandEvent & event);
        //*)

        DECLARE_EVENT_TABLE()
};
#endif
```

从头文件可以看出，通过 wxSmith 挂接了对话框退出事件、文本框修改事件和 CheckBox 框选中状态切换事件。

（6）记事详情对话框源文件/DlgNote.cpp

```
#include "DlgNote.h"

#include "wxNoteMain.h"   //需倒过来包含主对话框定义头文件

//(*InternalHeaders(DlgNote)
#include <wx/intl.h>
#include <wx/string.h>
//*)

//(*IdInit(DlgNote)
const long DlgNote::ID_TEXTCTRL1 = wxNewId();
const long DlgNote::ID_CHECKBOX1 = wxNewId();
//*)

BEGIN_EVENT_TABLE(DlgNote,wxDialog)
        //(*EventTable(DlgNote)
        //*)
END_EVENT_TABLE()

DlgNote::DlgNote(wxWindow* parent,wxWindowID id,const wxPoint & pos,const wxSize & size)
{
        //(*Initialize(DlgNote)
        ……wxSmith 生成的控件初始化、事件绑定代码……
        //*)
}

DlgNote::~DlgNote()
{
        //(*Destroy(DlgNote)
        //*)
}

//将传入的记事记录下来
void DlgNote::SetNote(wxString const & context, int id)
{
    wxString title;
```

```
    title << wxT("#") << id << wxT("-") << this->GetTitle();
    this->SetTitle(title);  //对话框标题显示当前记事 ID

    TextCtrlNote->SetValue(context); //文本框显示记事
    _noteID = id; //记事 ID
}

//关闭事件,很重要
void DlgNote::OnClose(wxCloseEvent & event)
{
    wxWindow * parent = this->GetParent();

    //wxDynamicCast 类型转换,类似 dynamic_cast
    if (wxNoteDialog * dlgMain = wxDynamicCast(parent, wxNoteDialog))
    {
        dlgMain->NotifyNoteDlgClosed(_noteID);
    }

    this->Destroy(); //熟悉的"自我摧毁"功能
}

//当文本内容在变化,说明用户在修改详情
//以下代码将"神奇地"同步到主对话框
void DlgNote::OnTextCtrlNoteText(wxCommandEvent & event)
{
    wxWindow * parent = this->GetParent();

    wxNoteDialog * dlgMain = wxDynamicCast(parent, wxNoteDialog);

    if (dlgMain)
    {
        wxString content = TextCtrlNote->GetValue();

        dlgMain->NotifyNoteContentChanged(_noteID, content);
    }
}

//"只读"按钮切换状态
void DlgNote::OnCheckBoxReadonlyClick(wxCommandEvent & event)
{
    bool readonly = event.IsChecked();
    TextCtrlNote->SetEditable(!readonly);

    if (!readonly) //既然"不只读"了
    {
        TextCtrlNote->SetFocus();  //何不人性化一点,让文本框直接拥有输入焦点
    }
}
```

11.11.5 待完善

(1) 记事不能存到文件中去；

(2) 不能缩小到 Windows 操作系统的托盘区。

11.12 实例三:我的"小画家"

本节将逐步实现一个简单的画图程序。将学习以下知识点：

(1) wxDC 画直线、矩形和圆形的方法；

(2) 通用的电脑绘图逻辑:组合鼠标落下、拉动或抬起的事件绘制多种图形；

(3) wxListBox(列表框)的详细用法；

(4) 右键弹出菜单,不同菜单项之间的共用事件；

(5) 逻辑坐标和物理坐标转换；

(6) 字体构造详细实例；

(7) 保存文件、打开文件或输入字符等常用的 wxWidgets 预置对话框的使用；

(8) 画笔、画刷、前景色、背景色、画笔等的尺寸；

(9) 如何降低画面刷新时的闪烁感?

(10) 利用定时器实现图形元素在画面上的闪烁；

(11) UNDO/REDO 实现完整思路与代码；

(12) 简单了解 wxWidget 事件传递；

(13) 剪贴板；

(14) 如何捕获到应用退出事件,保障程序退出时数据得以保存；

(15) wxWidgets 内置图标的使用；

(16) MVC 和"文档/视图"模式；

(17) 以多种图形的抽象和接口封装为例,实践 OO 思路下的类关系设计,贯穿整个例子,同时涉及一些简单的设计模式；

(18) 复杂程序调试的基本技巧或思路；

(19) 如何画一个箭头。

请在成功学习完本例后,重新回到这里,再看一眼上面的列表。当然,我们也想到了另外一种比较惨痛的情况,你可能无法通过这个实例的检验,所以本实例提供的最后一个作用:告诉你实际的应用程序就是这么难;不,基本都要比这更难,请多上网搜索课程中提到的技术点,多上本书官网咨询。

11.12.1 进化一:搭框架、滚动、坐标

1. 步骤一:搭框架

使用 Code::Blocks 的 wxWidget 项目向导,创建项目名称为 wxMyPainter 的

GUI 项目,向导过程中注意设置:

① 基于 wxFrame(框架)的项目;

② 使用 wxSmith 为 GUI 设计器;

③ 选中附加的 wx 库:wxJPEG、wxTIFF;

④ 老生常谈,使用 UNICODE。

完成项目创建后,按 Shift + F2 打开工程树面板,找到扩展名为". wxs"的文件节点,双击进入 wxSmith 设计界面。

首先往 Frame 框架中加入一个 wxBoxSizer,Orientation 设置成 wxHORIZONTAL。然后先在左边放入一个 wxListBox 控件,右边放一个 wxScrolledWindow。将列表框(默认变量名是 ListBox1)的 Proportion(占用比例)属性设置为 0,使其宽度固定,然后在控件属性表将 Width 修改至 168。将滚动窗口(ScrolledWindow1)的占用比例设置为 1,它将在横向上自动充满父窗口。再将它的背景颜色属性(Background)改为 Window backgorund。将设置 ListBox1 和 ScrolledWindow1 二者的布局附加属性 Expand 都勾上。最终设计效果如图 11-124 所示。

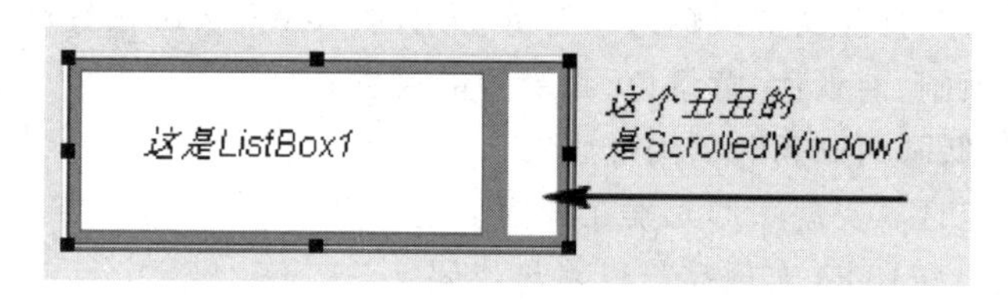

图 11-124 步骤一设计结果

编译、运行程序,试着改变窗口的大小,观察 ScrolledWindow1 是否正常改变大小。

2. 步骤二:画直线

我们希望用户在 ScrolledWindow1 上通过鼠标单击、拉动、抬起来画图,所以请大家通过 wxSmith 为 ScrolledWindow1 绑定以上三个鼠标事件和一个绘图事件,如表 11-15 所列。

表 11-15 ScrolledWindow 事件绑定说明

事件名称	事件功能	事件函数名
EVT_LEFT_DOWN 鼠标左键按下事件	①标记开始画直线 ②记下直线的起点坐标(sartPosition)	OnScrolledWindow 1LeftDown
EVT_MONTION 鼠标移动事件	如果处于画图状态做以下工作: ①记录当前鼠标位置(currentPostion) ②触发 OnPaint 事件,画出一条从 startPostion 到 currentPosition 的直线	OnScrolledWindow 1MouseMove

续表 11 - 15

事件名称	事件功能	事件函数名
EVT_LEFT_UP 鼠标左键松开	如果处于画图状态做以下工作： ①结束画图状态 ②其余同“鼠标移动事件”	OnScrolledWindow1LeftUp
EVT_PAITN 画绘事件	根据 startPostion 和 currentPostion，画一条直线	OnScrolledWindow1Paint

先在 wxMyPainterFrame 类定义中添加以下私有成员数据：

```
……
    private:
        bool _drawing; //绘图状态:真则表示正在绘图
        wxPoint _startPostion, _currentPostion; //正在画的图形的开始位置和最新位置
……
```

然后在构造初始化它们：

```
wxMyPainterFrame::wxMyPainterFrame(wxWindow * parent,wxWindowID id)
    : _drawing(false), _startPostion(0,0), _currentPostion(0,0)
{
    ……
```

三个事件函数代码如下：

```
void wxMyPainterFrame::OnScrolledWindow1LeftDown(wxMouseEvent & event)
{
    if (_drawing)
    {
        return;
    }

    _drawing = true;
    _startPostion = event.GetPosition();
}

void wxMyPainterFrame::OnScrolledWindow1MouseMove(wxMouseEvent & event)
{
    if (! _drawing) //不在绘画状态?
    {
        return;  //直接退出
    }

    _currentPostion = event.GetPosition();
    ScrolledWindow1 ->Refresh();
}

void wxMyPainterFrame::OnScrolledWindow1LeftUp(wxMouseEvent & event)
```

```
{
    if (! _drawing) //不在绘画状态?
    {
        return;  //直接退出
    }

    _currentPostion = event.GetPosition();
    ScrolledWindow1 ->Refresh();

    _drawing = false; //结束绘图状态
}

void wxMyPainterFrame::OnScrolledWindow1Paint(wxPaintEvent & event)
{
    wxPaintDC dc(ScrolledWindow1);
    dc.DrawLine(_startPostion, _currentPostion);
}
```

因为用到 wxPaintDC,所以需要在该 CPP 中包含如下头文件:

```
#include < wx/dcclient.h >
```

当前运行效果如图 11-125 所示。

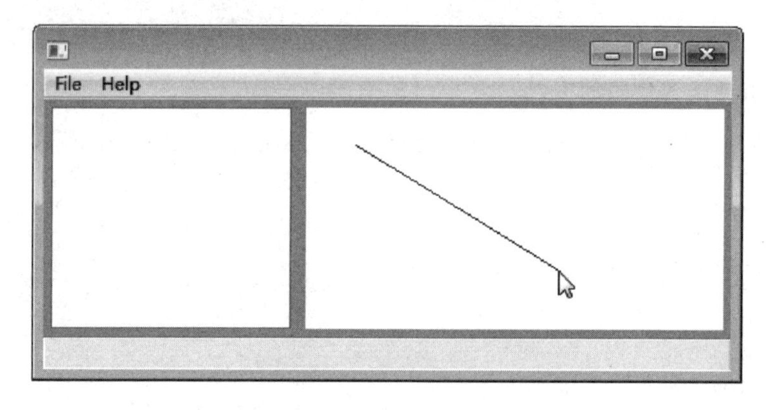

图 11-125 步骤一的效果

【轻松一刻】: 编程学霸怎么炼成:温故知新,融汇贯通

先心中默念 10 遍"我是学霸,我要温故知新、我要融汇贯通……"然后请认真地交叉学习 wx28_gui 项目和当前项目,再将以下几个词写成大字贴在墙上并对其苦思冥想:"状态、展现、控制……"然后从椅子上跳起做狂喜状:"啊……我终于懂了!"

3. 步骤三:设置滚动范围

ScrolledWindow1 还没有发挥作用,尽管我们对它并不陌生,但还是需要补充,或者强调一些窗口滚动的基础知识：

一个窗口(包括 ScrolledWindow)有以下基本行为：

① 默认的坐标原点:左上角。

② 默认的滚动方向:当竖向滚动条向下拉时,窗口客户区域的内容向上滚,反之则向下滚;当横向滚动条向右拉时,窗口区域的内容向左滚。

③ 默认的滚动单位:滚动时以屏幕“像素”作为计量单位,如果 ScrollRate 设置为 N,则单击一次滚动按钮,滚动 N 个像素。

④ 当物理窗口改变大小时,窗口会自动调整可滚动范围,包括“滑块”的大小。

有关滚动窗口的设置,还有许多高级内容,由于本例预计内容非常多,所以我们尽量简化有关滚动窗口的设置,保持与之前学习的 wxScrolledWindow 例子一致,我们只需要设置“虚拟尺寸”和“滚动率”,并且同样是在窗口的构造过程中完成初始化：

```
wxMyPainterFrame::wxMyPainterFrame(wxWindow * parent,wxWindowID id)
    : _drawing(false), _startPostion(0,0), _currentPostion(0,0)
{
    //(* Initialize(wxMyPainterFrame)
......
    //*)

   //设置滚动选项
   ScrolledWindow1 ->SetScrollRate(10, 10);
   ScrolledWindow1 ->SetVirtualSize(500,480);
}
```

其中的 500 和 480 可改大或改小,随你心意。这里仅要求它们足够大又不要大得过分,保障演示效果即可。

【重要】: 如何设置窗口的滚动范围

一种是设置固定大小,以绘图程序为例,用户可以先选择页面的大小(A4 纸、16 开等);另一种是动态设置改变,仍然以绘图程序为例,用户画图时把鼠标移出当前长宽范围时,就自动扩张绘图区域。本例为了简单,采用第一种逻辑。

编译运行之后,果真出现了滚动条(如果你没看到,试着把窗口拉小一些)。最大化窗口,然后从左上到右下画一条对角线,再缩小窗口,之后对着滚动条上下拉、左右拉……问题出现了,怎么线条乱了？如图 11 - 126 所示。

【重要】: 问题排查——优先排查新加代码

一个功能(画线),原来好好的(测试过的),但现在出现了怪现象,问题在哪？十之八九是新加的功能代码直接或间接地影响到原有代码的逻辑。

原来没有设置窗口的虚拟大小,所以应用在这个窗口身上的物理坐标和逻辑坐标是重合的,现在有了滚动条,但是当不去使用滚动条时,画线功能也是好好的。

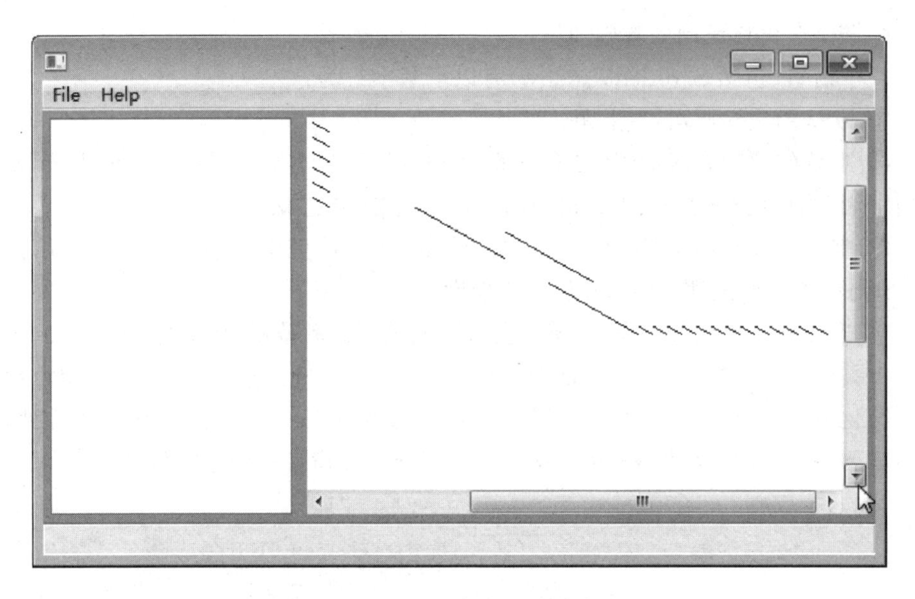

图 11-126 可以滚动了,但线条乱了

答案:问题出在坐标系上。

鼠标事件传过来的是物理坐标,和滚动无关,OnPaint 中的 DC 画线时,使用的也是物理坐标,这样设计有它的正确性。但是在我们潜意识里希望线是画在逻辑坐标上的,因为我们希望当滚动条滚动时,线会跟着移动,而不是悬浮在固定的物理位置上。

【课堂作业】:动手验证逻辑坐标与物理坐标的差异

请动手验证上一段课程的以下几点:

(1) 鼠标事件传过来的是物理坐标;

(2) DC 画图时,使用的也是物理坐标。

(3) 当前版本除了线条会乱以外,在某些情况下画线还会存在另一个 BUG,请找出;

(4) 文中提到"这样的设计有它的正确性",这一点怎么看?

在 wxWidgets 的绘画体系里,解决逻辑坐标与物理坐标之间的偏差有许多方法,这里讲一个最直观的:在鼠标事件中,将收到的物理坐标转换为逻辑坐标,然后在绘图事件中,再将它转回物理坐标。

肯定有个别同学转不过弯了,你看:先是物理坐标→逻辑坐标,然后是逻辑坐标→物理坐标,这过程有意义吗?这显然是忘了用发展的眼光看事物,忘了中间还有滚动条拖动的操作。假设开始滚动条都没有拉动,并且坐标就是原点,此时有:

① 物理坐标(0,0) → 逻辑坐标 (0,0)。

② 竖向滚动条被拉下 10 个单位,假设 ScoreRate 是 1:1,窗口向上滚动了 10 个

点；此时逻辑坐标还是(0,0)，但该点物理坐标已经是(0,－10)。

③ 绘图事件发生，线的起点将是位于窗口可视区域之上(0,－10)的位置。

这过程就像你把人民币转成美元，过了一段时间再转回人民币，但可能就不是原有的汇率了，道理差不多。

下面开始改代码：

(1) 将成员变量“_startPosition”和“_currentPosition”分别改名为“_startPositionLogic”和“_currentPositionLogic”，没错，我们用它们记录的位置，将变为逻辑坐标。

(2) 将三个鼠标事件中获得事件中鼠标位置的代码都改为“= ScrolledWindow1->CalcUnscrolledPosition(event.GetPosition())”；赋值符左边的变量就是经过第一步改名后的变量。CalcUnscrolledPosition 是 ScrolledWindow 的方法，用于将物理坐标点转换为逻辑坐标点。比如鼠标移动事件：

```
void wxMyPainterFrame::OnScrolledWindow1MouseMove(wxMouseEvent & event)
{
    if (! _drawing) //不在绘画状态?
    {
        return;  //直接退出
    }

    _currentPositionLogic = ScrolledWindow1 ->CalcUnscrolledPosition(event.GetPosition
());
    ScrolledWindow1 ->Refresh();
}
```

(3) OnPaint 事件则将逻辑坐标再转换为物理坐标，好交给 DC 画出线：

```
void wxMyPainterFrame::OnScrolledWindow1Paint(wxPaintEvent & event)
{
    wxPaintDC dc(ScrolledWindow1);

    wxPoint startPostion = ScrolledWindow1 ->CalcScrolledPosition(_startPositionLogic);
    wxPoint endPosition = ScrolledWindow1 ->CalcScrolledPosition(_currentPositionLog-
ic);

    dc.DrawLine(startPostion, endPosition);
}
```

【重要】：老师，你为什么会知道 CalcXXXPostion 这样的函数？

答：因为我知道有“物理坐标”和“逻辑坐标”这回事，所以我就去 wxWidgets 的官方文档中查找 wxScrolledWindow 的类说明，我以为会有 DeviceToLogicPostion 这样的成员，没找到，但看到一个 CalcScrolledPostion 函数，感觉它比较像，结果上当了，它做的是正好相反的 LogicToDevicePostion。于是这下我断定肯定有一个 CalcUnscrolledPostion 函数,果然!

问:那你为什么会事先就知道有“物理坐标”和“逻辑坐标”?

答:因为 20 年前一个风雨交加的夜晚,我花 65 元买了一本《Windows 3.1 程序开发指南》,书里讲过。

问:那我要怎么知道?

答:《白话 C++》等许多新的书,也在做知识传播。无论是变化的知识,还是不变的知识,你差的也许只是一个风雨夜。

问:但是《白话 C++》为什么不是 65 元?

答:20 年前我在北京读书,两个 65 元钱就能混一个月。

这里谈的是直观、直接通过手工处理坐标系的偏移,事实上有更方便的坐标系转换机制,比如说坐标系缩放甚至旋转,手工处理起来就慢了……本书无法一一展现,但力求为大家提供一个思路,而这些思路才是无价和不变的。20 年前的 Windows 3.1 是这样处理绘图时的坐标系的,20 年后的 Android 换开发库,换了开发语言,甚至换了操作系统,但它只是把 DC(设备上下文)抽象为更方便的 Canvas(画布),对坐标系的处理仍然是这些思路。比如“translate(平移坐标系)”方法、“scale(缩放)”“rotate(旋转)”“transform(切变)”,不仅是 Android,最新的 HTML5 中的 Canvas(实际上要通过画布取回一个“上下文”)也是如此,还有 OpenGL,还有 Qt,还有……

老师你为什么知道这些?因为 20 年前……

结论:知道“什么”只是“知道”;知道“会有什么”,才是知识。

打住!让我们编译、运行……一切正常,“小画家”程序的第一次进化完成。

11.12.2 进化二:更多图形、包括文字

是时候升华一下“小画家”程序存在的意义了。

工作之间需要交流,用纸笔画不好涂改和管理,用 VISIO 等绘图软件嫌复杂,用画笔嫌简陋,这时候程序员就有自己写一个简单画板程序的冲动了。我们的目标是:可以画直线、矩形、圆圈以及文字标签。另外还可以设置线条粗细,以及线条和填充的颜色。

1. 步骤四:显示多条直线

当前版本每画一条新的直线,原来的直线就会消失,我们先解决这个问题。首先为工程加入新的头文件:item_line.hpp,内容如下:

```
#ifndef ITEM_LINE_HPP_INCLUDED
#define ITEM_LINE_HPP_INCLUDED

#include < wx/gdicmn.h >
#include < wx/dc.h >

class LineItem
```

```
{
public:
    LineItem()
        : _startPosition(0, 0), _endPosition(0, 0)
    {
    }

    void SetStartPosition(wxPoint const & point);
    void SetEndPosition(wxPoint const & point);

    wxPoint const & GetStartPosition() const
    {
        return _startPosition;
    }

    wxPoint const & GetEndPosition() const
    {
        return _endPosition;
    }

private:
    wxPoint _startPosition, _endPosition; //不写 Logic 后缀,但仍然是存储逻辑坐标
};

#endif // ITEM_LINE_HPP_INCLUDED
```

按 F11,创建对应的源文件 item_line.cpp:

```
#include "item_line.hpp"

void LineItem::SetStartPosition(wxPoint const & point)
{
    this->_startPosition = point;
}

void LineItem::SetEndPosition(wxPoint const & point)
{
    this->_endPosition = point;
}
```

然后,wxMyPainterFrame 中的"_startPositionLogic""_currentPosition"以及"_drawing"成员,全都不需要了,改成:

```
......
    private:
        LineItem * _newItem;
        std::list < LineItem * > _items;
......
```

思路是:每当用户鼠标按下,就创建一个新的"_newItem",等画完之后(鼠标抬

起),就将它加入到“_items”列表中。这也解释了为什么不需要“_drawing”这个标志,因为当“_newItem”不为空,就说明用户正在画新的线。OnPaint 事件的思路配套调整为:每次都画出“_items”中的所有元素;然后如果“_newItem”不为空,则把用户正在拖拽的线也画出来。

先做构造时初始化列表的修改,它简单了很多,因为始末坐标点的初始化,已经变成 LineItem 的事了,我们只要确保“_newItem”为 nullptr(相当于“_drawing”为 false):

```
wxMyPainterFrame::wxMyPainterFrame(wxWindow * parent,wxWindowID id)
    : _newItem (nullptr)
{
......
```

(1) 鼠标左键按下事件:

```
void wxMyPainterFrame::OnScrolledWindow1LeftDown(wxMouseEvent & event)
{
    if (_newItem) //逻辑别搞反
    {
        return;
    }

    _newItem = new LineItem ();
    _newItem ->SetStartPosition(
                    ScrolledWindow1 ->CalcUnscrolledPosition(event.GetPosition())
                    );
}
```

用户一在画板(ScrolledWindow1)按下鼠标左键,就说明他要画一条新的直线,所以直接 new 出一个 LineItem 对象赋值给“_newItem”,然后记下当前鼠标点的逻辑坐标,作为新线的起始点。此时,这条线的结束点在哪里还未确定,所以不能直接将它加入到“_items”中。

(2) 鼠标移动事件:

```
void wxMyPainterFrame::OnScrolledWindow1MouseMove(wxMouseEvent & event)
{
    if (! _newItem) //不在绘画状态?
    {
        return;  //直接退出
    }

    _newItem ->SetEndPosition(
                    ScrolledWindow1 ->CalcUnscrolledPosition(event.GetPosition())
                    );

    ScrolledWindow1 ->Refresh();
}
```

（3）鼠标左键抬起事件：

```
void wxMyPainterFrame::OnScrolledWindow1LeftUp(wxMouseEvent & event)
{
    if (! _newItem) //不在绘画状态？
    {
        return;  //直接退出
}

    _newItem ->SetEndPosition(
                ScrolledWindow1 ->CalcUnscrolledPosition(event.GetPosition())
    );

    _items.push_back(_newItem); //记录到列表中
    _newItem = nullptr; //结束绘画状态

    ScrolledWindow1 ->Refresh();
}
```

与前一版本相比，最大的改进就是画完的每一条线都会被放到一个 list 中存储起来，最直接的目的当然就是为了后面能将所有的线画出来。

（4）OnPaint 事件

```
void wxMyPainterFrame::OnScrolledWindow1Paint(wxPaintEvent & event)
{
    wxPaintDC dc(ScrolledWindow1);

    //先画出 list 中的每一条线
    for (std::list < LineItem * > ::const_iterator it = _items.begin()
            ; it ! = _items.end(); ++ it)
    {
        LineItem const * item = * it;

        wxPoint startPostion = ScrolledWindow1 ->CalcScrolledPosition(
                                            item ->GetStartPosition()
                                        );
        wxPoint endPosition = ScrolledWindow1 ->CalcScrolledPosition(
                                            item ->GetEndPosition()
                                        );

        dc.DrawLine(startPostion, endPosition);
    }

    //如果刚巧用户正在画新线，把它也显示出来
    //否则用户只能“盲画”了
    if (_newItem)
    {
```

```
        wxPoint startPostion = ScrolledWindow1 ->CalcScrolledPosition(
                                        _newItem ->GetStartPosition()
                                    );
        wxPoint endPosition = ScrolledWindow1 ->CalcScrolledPosition(
                                        _newItem ->GetEndPosition()
                                    );

        dc.DrawLine(startPostion, endPosition);
    }
}
```

【课堂作业】: 当需支持画圆,OnPaint 事件的当前设计存在哪些问题

当前 OnPaint 事件的写法,在功能实现上没有问题,但我们马上就要添加对“圆形”的支持,此时看这一版本 OnPaint 在设计上存在一个什么问题?

再者,一条线有两个顶点,所以需要调用两次 CalcScrolledPosition(...),如果画一个有 N 个顶点的不规则多边形呢?难道只能一个劲地调用 CalcScrolledPosition(...)?

编译、运行当前版本,效果如图 11-127 所示。

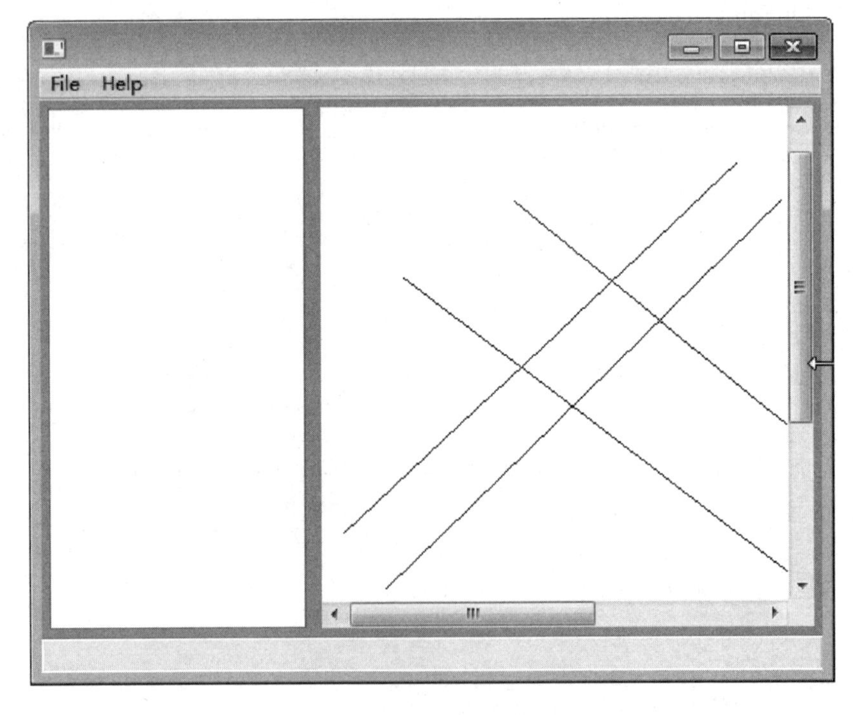

图 11-127 成功支持显示多条直线

除了 OnPaint 函数，听说还存在设计问题，其他功能一切正常啊！不过我们忘了在程序退出时，主动释放之前 new 出来的直线对象。作为一个对“逻辑完整性”的追求有强迫症的人群（指优秀的和即将成为优秀的 C++程序员，包括你），肯定要把它补上，这是一个私有成员函数，实现如下：

```
void wxMyPainterFrame::RemoveAllItems()
{
    for (std::list < LineItem * > ::iterator it = _items.begin()
                                ; it != _items.end(); ++ it)
    {
        delete ________;
    }

    _items. ________;
}
```

画线处的代码请自行脑补，最后记得在析构函数中调用 RemoveAllItems 以释放“_items”的所有元素。至于“_newItem”，我们认为它一旦产生就必然会被加入到“_items”中。

2. 步骤五：支持其他图形

事情开始复杂、啰嗦

首先需要提供菜单项，让用户有一个选择的入口，另外我们顺便也把默认生成的菜单汉化。请根据图 11 - 128 所示效果自行实现。

设计	运行效果（仅组件菜单）	各组件菜单变量名
wxMenuBar: MenuBar 文件[&F] 退出 组件[&I] 无 直线 矩形 圆形 文字 帮助[&H] 关于	文件[F] 组件[I] 帮助[H] 无 直线 矩形 圆形 文字	wxMenuQuit /退出 wxMenuNone /无 wxMenuLine /直线 wxMenuRectangle/矩形 wxMenuCircle /圆形 wxMenuText /文字 wxMenuAbout /关于

图 11 - 128 菜单设计

除了设置菜单项变量名之外，菜单项的 ID 属性也需要设置，ID 和变量名的关系是：将名字中的 MenuItem 前缀换成 idMenu，如：MenuItemLine → idMenuLine。另外，“直线”菜单项被默认选中，因为我们希望一上来就可以画直线。

现在假设在类 LineItem 之外，Arrow1Item、Arrow2Item、RectangleItem、CircleItem 和 TextItem 这些类的定义也已经有了，那么当用户按鼠标时，代码应该先检查组件菜单下的哪一项被选中了，然后 new 出对应类型的组件 NewItem，伪代码示意如下：

```
/*这只是示意用的伪代码 */
  if 选中直线 then
    _newLine = new LineItem;
  else if 选中矩形 then
    _newRectangle = new RectangeItem;
  else if 选中圆形 then
    _newCircle = new CircleItem;
  //最后，选中“无”
  else
    _newItem = NULL;
```

反复判断的代码让我胃酸急剧增多，但事情才刚刚开始，接下来我又处理了鼠标移动和鼠标抬起事件，最后来到 OnPaint 事件，它的代码大概是：

```
/*这只是示意用的伪代码 */
遍历_items :
    if 是 直线 :
          在 startPositon 到 endPosition 之间画一条直线；
    if 是 矩形
          以 startPositon 和 endPosition 为对角画一个框；
    if 是 圆形
          以 startPosition 为圆心，并根据 endPosition 计算出半径画圆，画一个圆；

if 存在正在画的组件：
重复一遍判断和绘图……
```

这里的 OnPaint 事件完整名称是：wxMyPainterFrame::OnScrolledWindow1Paint(...)。事件的拥有者是 ScrolledWindows1(滚窗君)，需要在它身上画图，事件函数却是 wxMyPainterFrame(框架君)的成员……其中框架君和画图没什么关系，它只是刚好集成了一个滚动君，因此滚窗君的 OnPaint 事件函数成了它的成员而已。这可以理解成框架君是房东，家里装有电话，滚窗君租了房间，没自己手机，于是需要通过房东帮他接电话，再喊他出来处理消息(事件)。

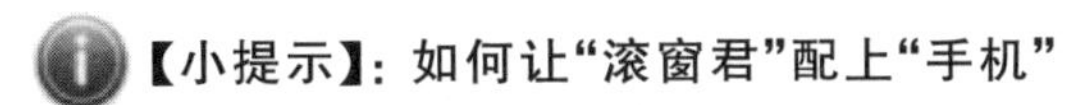

要让滚窗君自己直接掌管 OnPaint 事件，就需要写新的一个派生自 wxScrolledWindow 的类，然后为它实现 OnPaint(虚函数)。

wxFrame 负责装电话，wxScrolledWindow 负责处理画图事件，但是，整件事中我们忽略了一大波对象！这一大波对象就是我们所要画的东西：线、框、圆、文字……一条线应该怎么画，线对象最清楚；一个框应该怎么画，框对象最清楚；一个圆应该怎么画，圆对象最清楚……

面临这一大波对象时，原有 wxMyPainterFrame::OnScrolledWindow1Paint()函数设计需要一大堆 if/eles 来判断要画的对象是什么类型，然后还需要一大坨充满细节的画线、画框、画圆、画文字的代码……下面我们使用 OOD(面向对象的设计)来重新组织代码。

抽象出“图形元素”接口类

不管是线、框、圆或者文字，在本例中都是一个需要“画出来”的图形元素，所以需要先抽象出一个不是线不是框不是圆不是文字的“图形元素”接口：

在项目中新建 item_i.hpp 文件：

```
// item_i.hpp 抽象“图形元素”接口定义

#ifndef  ITEM_I_HPP_INCLUDED
#define  ITEM_I_HPP_INCLUDED

#include < wx/gdicmn.h >
#include < wx/dc.h >

class IItem
{
public:
    //作为接口，记得要有虚析构
    virtual ~IItem()
    {};

    //使用 DC 画出自己
    //注意:“画”的方法不应该修改对象的数据
    virtual void Draw(wxDC& dc) const = 0;

    //开始在某一点上绘图
    virtual void OnDrawStart(wxPoint const & point) = 0;
    //结束在某一点
    virtual void OnDrawEnd(wxPoint const & point) = 0;
};

#endif // ITEM_I_HPP_INCLUDED
```

几点注意：

① 虚的析构函数。

② Draw 等函数，都是纯虚函数。

③ Draw 函数入参是 wxDC，因为具体的画图方法都由“DC(设备上下文)”提供。另外 wxDC 也是一个接口(基类)，现在是将图画到电脑屏幕上，将来也许要画到打印机上(wxPainterDC)，本函数仍然可用。

④ OnDrawStart 代表着进入绘图状态，例中为左键鼠标按下事件，OnDrawEnd 代表结束绘图状态，例中为左键鼠标抬起事件。

⑤ 因为"～IItem()"直接在头文件中定义(空实现),其他成员函数又都是纯虚的,所以不需要 CPP 文件。

改造 LineItem

前一版本中很独立的 LineItem 类,现在需要认一个"爹"。请修改 item_line.hpp 文件:

```
//修改现有的 LineItem 类,实现 IItem 接口

#ifndef   ITEM_LINE_HPP_INCLUDED
#define   ITEM_LINE_HPP_INCLUDED

#include "item_i.hpp" //包含接口定义

class LineItem : public IItem
{
public:
    LineItem()
        : _startPosition(0, 0), _endPosition(0, 0)
    {
    }

    virtual void Draw(wxDC& dc) const;

    virtual void OnDrawStart(wxPoint const & point)
    {
        _startPosition = point;
    }

    virtual void OnDrawEnd(wxPoint const & point)
    {
        _endPosition = point;
    }

private:
    wxPoint _startPosition, _endPosition;
};

#endif // ITEM_LINE_HPP_INCLUDED
```

"线"将由线对象自行画出,而不是"框架君"或"滚窗君",所以它的起点终点信息暂时不需要暴露出来,我们干脆先直接删除了原来的 GetStartPositon()和 GetEndPosition()成员。OnDrawStart 和 OnDrawEnd 的处理超级简单,就是分别记录或更新起点或终点。

我们把 Draw 函数特意加上 virtual 修饰(或许你想使用 arerrik,那更好),具体实现只是一行代码:

```
//item_line.cpp 画出线

#include "item_line.hpp"

void LineItem::Draw(wxDC& dc) const
{
    dc.DrawLine(_startPosition, _endPosition); //就这一行,画直线
}
```

改造外部使用环境

现在,LineItem 实现把自身画出来,所以外部调用者(框架君)也需要改造。主要是图形元素的类型由实变虚,LineItem 都要变成 Item;

```
#include "item_i.hpp"
......

        IItem * _newItem;
        std::list < IItem * > _items;
```

构造时这个"_newItem"将被初始化为 NULL,这是我们在上一步就完成的工作。接下来是修改鼠标左键按下事件,原来仅支持画线的代码是这样的:

```
void wxMyPainterFrame::OnScrolledWindow1LeftDown(wxMouseEvent & event)
{
    if (_newItem) //逻辑别搞反
    {
        return;
    }
        _newItem = new LineItem();   //现在怎么办
        _newItem ->SetStartPosition(
                    ScrolledWindow1 ->CalcUnscrolledPosition(event.GetPosition())
                    );
    }
```

现在,我们需要根据用户在菜单项上选中了什么,来确定将 new 出什么对象。尽管我们当前也只有 LineItem 对象,但我们的目光是长远的……为此新增一个私有成员函数叫 CreateNewItem,暂时实现如下:

```
//wxPainterMain.cpp

IItem * wxMyPainterFrame::CreateNewItem ()
{
    if (this ->MenuItemLine ->IsChecked()) //小心,别写成 IsCheckable()
    {
        return new LineItem;
    }

    return nullptr;
}
```

代码先要检查代表画线的菜单项是否处于选中状态,如果是,则创建并返回一个新的线对象,否则返回 nullptr。有了它,OnScrolledWindow1LeftDown()函数未明了的部分,也就好实现了:

```
……
        _newItem   = this ->CreateNewItem();
        if (! _newItem)
        {
              return nullptr;
        }
……
```

鼠标的另俩事件都不需要变动,但 OnPaint 事件就有大变化了,请您先去看一下原来的实现,然后再回来看新实现:

```
void wxMyPainterFrame::OnScrolledWindow1Paint(wxPaintEvent & event)
{
    wxPaintDC dc(ScrolledWindow1);

    //DoPrepareDC 会自行调校
    ScrolledWindow1 ->DoPrepareDC (dc);

    for (std::list < IItem * > ::const_iterator it = _items.begin()
                        ; it ! = _items.end(); ++ it)
    {
        IItem const * item = * it;
        item ->Draw(dc);
    }

    if (_newItem)
    {
        _newItem ->Draw(dc);
    }
}
```

在鼠标事件中记录的坐标,仍然是逻辑坐标,所以在使用 DC 绘图之前,本应将它们一个个转换为 DC 所喜欢的物理坐标……但 20 年前那个风雨夜再次发挥作用,我"猜"到了 wxDC 应该会心疼程序员一个点一个点地调用 CalcScrolledPosition 的辛苦。好比有一块画了 100×100 的格子的黑板,然后给你一堆坐标,要求把对应的格子涂黑,并且要求所有坐标都要向下偏移 3 个格子,向左偏移 2 个格子……当然可以一个点一个点地做偏移计算,但也可以直接把黑板向上抽 3 格,再向右抽 2 格。

DoPrepareDC 函数就有类似的作用,甚至可以更有价值,比如坐标系变换不仅仅是简单的偏移,而是旋转、缩放……DoPrepareDC 函数当然不仅仅是减了我们手动调整点坐标的负担,悄然的变化是我们不再需要知道点的坐标了,请面对这样一个事实,我们的 IItem 根本就没提供如何获得图形的具体位置。

OnPaint 函数最精彩的变化当然不是用了 DoPrepareDC，而是它不需要具体实现如何画一条线了，所以此处也就不需要去“窥视”线的两点，这不就是我们学习过的最基本的对象封装吗？

当下，std::list 存储的只有 LineItem，但很快我们就要加入框、圆、文字……而这里的代码除了 CreateNewItem 需要相应增加所能创建的对象类型之外，别的一切都不需要改变，这是多态的好处。

加入对方框的支持

终于迎来第一个新图形的实现，要画框啦！

请在工程中添加头文件 item_rectangle.hpp，其中在类定义内容和 LineItem 除类名等不一样以外，其他一致的地方就省略了：

```
class RectangleItem : public IItem
{
public:
    RectangleItem()  ... /* 这里不变 */
    {}

    virtual void Draw(wxDC& dc) const;
    virtual void OnDrawStart(wxPoint const & point)  { ... } /* 这里不变 */
    virtual void OnDrawEnd(wxPoint const & point) { ... } /* 这里不变 */

private:
    wxPoint _startPosition, _endPosition;
};
```

两个点可以确定一条直线，同时也可以确定一个框，所以 RectangleItem 的类定义和 LineItem 很相近是正常的，关键是它的画图方法，按 F11 切换出 item_rectangel.cpp，看看它的 Draw 函数实现：

```
// item_rectangle.cpp
#include "item_rectangle.hpp"

#include <cmath> //需要一些数学函数 abs(绝对值) 和 min(二者取小)

void RectangleItem::Draw(wxDC& dc) const
{
    //得到左上角的坐标
    int left_x = std::min(_startPosition.x, _endPosition.x);
    int top_y = std::min(_startPosition.y, _endPosition.y);

    //得到长和宽(绝对值)
    int width = std::abs(_endPosition.x - _startPosition.x);
    int height = std::abs(_endPosition.y - _startPosition.y);

    dc.DrawRectangle (left_x, top_y, width, height);
}
```

wxDC 提供的 DrawRectangle 函数,是根据左上角和右下角画出方框,也许对调二者次序它也能聪明地画出来? 我还是先规规矩矩地通过取小判断,区分出哪个点是左上角,哪个点是右下角。前面的问题,有劳您来帮忙验证。

【危险】: 再次强调屏幕的默认坐标系

再次强调:在屏幕的默认坐标系中,Y 轴正伸展的方向是从上往下。当用户按下鼠标向上拉时,这时"_endPosition. y"就会比"_startPosition. y"来得小。

根据需要,wxDC 允许我们设置为和日常生活经验一致的坐标系,此时有关滚动条的逻辑也需要对应调整,读者有需要时可自行研究。

有新的可创建的图形类型,前面的 CreateNewItem()函数也该有新东西上架了:

```
#include "item_line.hpp"//记得包含线的定义
#include "item_rectangle.hpp"//记得包含框的定义

......

IItem * wxMyPainterFrame::CreateNewItem()
{
    if (this ->MenuItemLine ->IsChecked())
    {
        return new LineItem;
    }

    if (this ->MenuItemRectangle ->IsChecked())
    {
        return new RectangleItem;
    }

    return NULL;
}
```

但是等等,由于我们之前遵循了一致的命名,因此可以发现创建 Line 和创建 Rectangle 的代码,只是加粗部分的名词不同。所以我们准备用宏,没错,据说是万恶的、丑陋无比的宏来解决问题,请阅读最新版 CreateNewItem():

```
IItem * wxMyPainterFrame::CreateNewItem()
{
     #define CREATE_ITEM_IF_CHECKED(ITEM_TYPE ) \
        if (this ->MenuItem ## ITEM_TYPE ->IsChecked()) \
                return new ITEM_TYPE ## Item()

    CREATE_ITEM_IF_CHECKED(Line);
    CREATE_ITEM_IF_CHECKED(Rectangle);

    return NULL;
}
```

“##”在宏替换过程中，将把前后两部分天衣无缝地连在一起。如果你前面不听话，没有按要求命名相关符号，那上面的文字游戏就不灵了。

【课堂作业】：练习人肉展现宏定义

请自行展开例中的两个宏，以便加深理解。

编译运行就可以画框了，如图 11－129 所示。

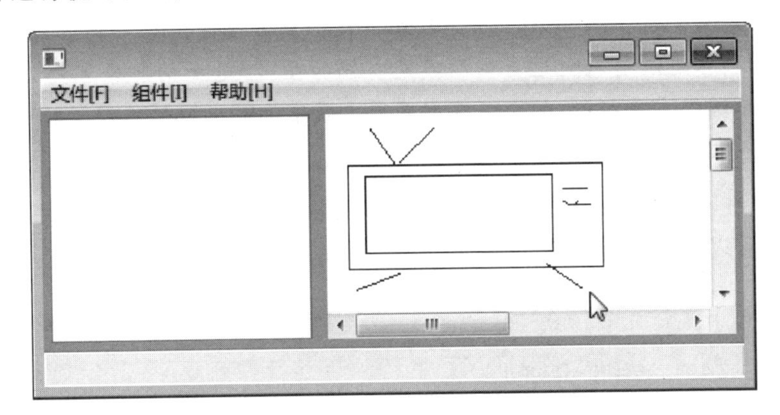

图 11－129　可以画框和直线

加入对圆的支持

接下来是圆。使用 wxDC 画圆，需要圆心的位置和半径。可以把第一个点“_startPosition”当作圆心，再根据随后的“_endPostion”来计算半径。

先说 wxDC 画圆的函数：

```
void DrawCircle(wxPoint  const & point ,  wxCood radius); //wxCood 通常是 int 的别名
```

入参一个是圆心，一个是半径，非常直观。有“_startPosition”和“_endPostion”，半径怎么计算？如果你不会，真是羞对初中几何老师。下面是 item_circle.cpp 文件的全部代码：

```
#include "item_circle.hpp"

#include < cmath >

int CalcRadius(wxPoint const & start, wxPoint const & end)
{
    int dx = end.x - start.x;
    int dy = end.y - start.y;

    return std::sqrt(dx * dx + dy * dy);
}

void CircleItem::Draw(wxDC& dc) const
```

```
{
    wxCoord radius = CalcRadius(_startPosition, _endPosition);
    dc.DrawCircle(_startPosition, radius);
}
```

【重要】: 强化:自由函数是更好的封装

为什么我要把 CalcRadius()写成一个自由函数,而不是“封装”到 CircleItem 类当中? 你身边可能有一些“资深”C++程序员就一直喜欢使用后一种方式,可能有以下几种说辞:“难道没有人说过自由函数是有罪的?”“难道面向对象不是应该尽量使用类吗?”“难道把方法扔进 class 不是封装得更紧密吗?”请用你的理解驳斥他,当然,理由不能是:白话 C++的作者就是这么说的。

接下来在 wxMyPainterMain. cpp 文件中先加“#include item_circle. hpp”,再加一行宏,就可以支持画圆形了,如图 11-130 所示。

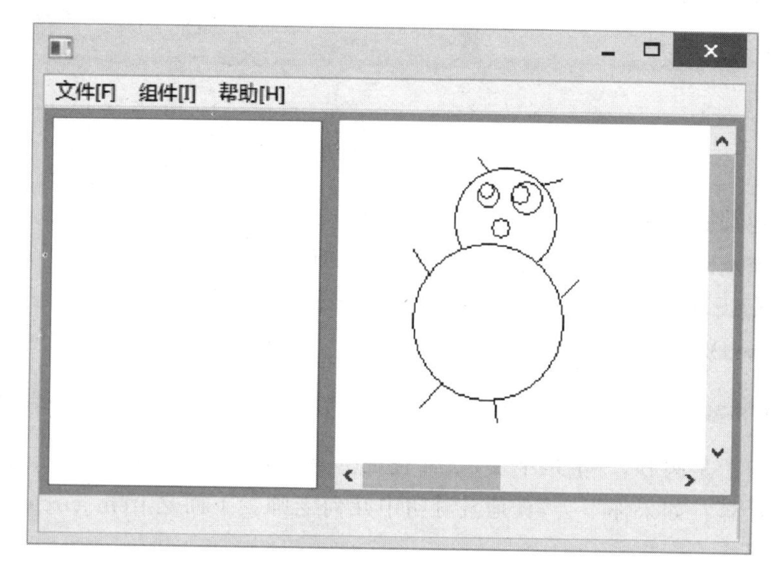

图 11-130 可以画圆圈了(我换电脑了,Windows 8)

3. 步骤六:支持添加文字

这次事情有些变化,我们要在屏幕上画出文字。没错,在 GUI 世界,文字也是画出来的,本章开头我们就了解到了。但那也不是说如果要显示一个“六”字,我们需要画一点一横,再画一撇一捺……一个字长什么样子,是由字库决定的,并且字库还区别字体,同样的字、楷体和仿宋体各有变化。

在 wxWidgets 中,wxFont 类用于定义一个字体,最常用的一个构造函数是:

```
wxFont (int pointSize, wxFontFamily family  //字体大类(我称为"字族")
        , wxFontStyle style //字样风格
        , wxFontWeight weight //字重(粗细)
        , bool underline = false //是否有下划线
        , const wxString &faceName = wxEmptyString //字体名
        , wxFontEncoding encoding = wxFONTENCODING_DEFAULT //字体编码
        );
```

就像人类一样，字体也分族，上官网查找一下 wxWidgets 对 wxFontFamily 的定义。字体是一项跨学科的知识，专业的美工应该能懂得诸如 decorative 表达的意思。我们只讲两个，一个是“wxFONTFAMILY_DEFAULT”，表示“当前系统环境默认”，这是最常用的偷懒选择；另一个是“wxFONTFAMILY_TELETYPE”，表示“所属的是等宽字体”，比如保障 W 和 i 在屏幕上占用的宽度(包括留白)是一样的，通常程序员写代码时，就需要用这种字体。

wxFontStyte 表示字体的风格，共三个：一个是普通的 wxFONTSTYLE_NORMAL，又是默认的偷懒选择；一个是斜体的 wxFONTSTYLE_NORMAL；最后一个很少用，并且在 Windows 环境下它等同于斜体，略。加粗为什么不算是一种字体风格？我也不懂。在构造参数中，有专门的 wxFontWeight 入参决定字体的“粗度”，共三个：一个是普通的 wxFONTWEIGHT_NORMAL，又是默认的偷懒选择；一个是减轻字体笔划粗度的 wxFONTWEIGHT_LIGHT，但在一些 GUI 环境下，并不起作用；最后是 wxFONTWEIGHT_BOLD，就是我们常说的“加粗”。

真正决定字体形状的是字体名，比如汉字有“宋体”“仿宋”和“楷体”等，英文就更多了，自己找找你的电脑中已经安装了什么字体吧。对了，“黑体”也是一种常见常用的字体，而不是指前面的“加粗”。

开始新行动！请添加 item_text.hpp，其中类定义如下：

```
class TextItem : public IItem
{
public:
    TextItem()
        : _startPosition(0, 0), _endPosition(0, 0)
    {
        _text = wxT("hello d2school");
    }

    void Draw(wxDC& dc) const;

    virtual void OnDrawStart(wxPoint const & point)
    {
        _startPosition = point;
    }

    virtual void OnDrawEnd(wxPoint const & point)
```

```
    {
        _endPosition = point;
    }

private:
    wxPoint _startPosition, _endPosition;
    wxString _text;
};
```

注意有一个“_text”的成员,并且在构造时,暂时将其值初始化成 hello d2school。item_text.cpp 中实现 TextItem 的 Draw 成员函数:

```
#include "item_text.hpp"

#include <cmath>
#include <wx/font.h>

void TextItem::Draw(wxDC& dc) const
{
    if (_text.IsEmpty()) //空字符串? 画什么
    {
        return; //直接返回,动作干脆利落还可以防止后面发生除零错。
    }

    int w = std::abs(_endPosition.x - _startPosition.x) / _text.Length();
    int h = std::abs(_endPosition.y - _startPosition.y);

    if (w == 0 || h == 0)
    {
        return;
    }

    wxFont old_font = dc.GetFont();
    wxFont font(wxSize(w, h)
                , wxFONTFAMILY_DEFAULT
                , wxFONTSTYLE_NORMAL
                , wxFONTWEIGHT_NORMAL);

    int x = std::min(_startPosition.x, _endPosition.x);
    int y = std::min(_startPosition.y, _endPosition.y);

    dc.SetFont(font);
    dc.DrawText(_text, x, y);
    dc.SetFont(old_font);
}
```

局部变量 w、h 将用作字体的宽和高。代码根据用户在画板上拖出的(无形的)矩形长宽(可参阅前面矩形的画法),来倒求字体的宽与高。其中宽度必须除以待显示字符的个数——这样简单地求平均,显然是一个为了简化问题而采用的很不精确的算法,因为除非前面提到等宽字体,否则不同字符宽度不同。当用户拖出的区域太小,w或h的值就会是0,此时暂不作实际输出。x、y在矩形的左上角,作为文字输出的起始位置。

每次在输出文字前,都备份一下原来的字体内容,然后再使用刚创建的字体输出文本,最后恢复原有字体。在本例中这并非必须,而且它显然有些浪费CPU,但这是推荐做法,能确保你的操作只在屏幕上输出所要内容,而不在画图上下文环境(可以理解成就是DC)留下状态。

回到wxMyPainterMain.cpp,加入对item_text.h的包含,然后在合适的地方加上一行宏“CREATE_ITEM_IF_CHECKED(Text);”。一切正确的情况下,随着鼠标的拉动(支持向上拉噢),显示的文本的字号会随之放大或缩小。你可以不断地问候第二学堂,但我知道这让你很不爽。

关掉程序回到IDE中本工程的UI设置界面(wxSmith),然后为菜单项MenuItemText添加事件响应函数,在CPP文件中完成它的实现:

```
#include < wx/textdlg.h >

......

void wxMyPainterFrame::OnMenuItemTextSelected(wxCommandEvent & event)
{
    _text = wxGetTextFromUser (wxT("请输入要显示的文本")
                , wxT("添加文本"), _text, this);
}
```

切换到头文件,在wxMyPainterFrame类中添加“_text”私有成员,类型为wxString。并且记得在窗口构造函数的初始列表中,将它初始化为……任何你喜欢的文本内容,比如“小梅小梅我爱你”。

wxGetTextFromUser()是一个函数,调用它可以看到一个弹出的小对话框,要求用户输入一行文本内容。函数有四个入参,前三个都是“wxString const &”类型,依次用作文本输入提示串、对话框标题文字、默认的内容;最后一个参数用作弹出对话框的父窗口,通常就是当前窗口。

继续之前的,你可以试着运行一下最新编译的程序,试着从菜单中选中“文本”,看看“文本输入框”的实际运作。接下来需要将“_text”中的内容,在TextItem创建时传给新对象。所以我们需要改造TextItem的构造函数,为它加一个入参:

```
//新改造的TextItem构造函数

    TextItem(wxString const & text)
        : _startPosition(0, 0), _endPosition(0, 0)
        , _text(text)
    {
    }
```

一旦完成以上改造,再编译程序就会报出乱七八糟的错误,原因在于那个 CREATE_ITEM_IF_CHECKED(Text)的宏所产生的代码无法正常工作了。没关系,删掉那一行,来一段干净的:

```
if (this->MenuItemText->IsChecked())
{
    return new TextItem(_text);
}
```

【小提示】: 如果你有"一致性"的强迫症……

也不一定是有强迫症,也许将来类似这样带一个参数的构造又多了起来,那我们可以再来一个宏,比如叫做 CREATE_ITEM_IF_CHECKED_WITH_1_PARAM(XXX, PARAM1)。

终于可以输出"我爱你"了! 如图 11-131 所示。

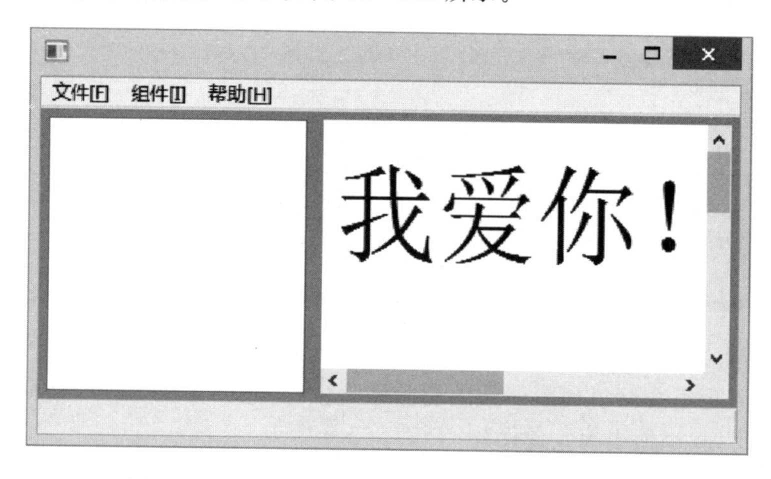

图 11-131 可惜不是微信,不然会飘落满屏的爱心

11.12.3 进化三:颜色、画笔、画刷、十字形

1. 步骤七:支持设置前景色

现在我们希望线、方块、圆和文字都有颜色。方块和圆还可以分为前景色和背景色,前者是线条的颜色,后者是填充的颜色。先来为原来的类添加前景色支持,有两种典型实现:

方法一:在 IItem 中,增加成员数据"_frontColor(前景色)"以及相应的成员方法,构造函数:

```
//方法一：
class IItem
{
public:
    IItem(wxColor const & frontColor)
        : _frontColor(frontColor)
    {
    }

    ……

    wxColor GetFrontColor() const;
    void SetFrontColor(wxColor const & color) ;
private:
    wxColor _frontColor;
}
```

这样设计有其合理之处，因为所有类型的图形都可以也需要拥有"前景色"这一属性。将共性放在基类中实现是 C++ 语言用于支持"基于对象"这一编程范式的常用法。它的好处也很明显：所有派生类都不需要添加"_frontColor"的相关处理——除了构造函数之外——甚至可以让 IItem 的构造函数尽量保持原样，各类元素只通过 SetFrontColor()来修改前景色。这样设计的坏处是破坏了 IItem 原有的"纯虚"特性，会成为未来 OO 设计的包袱。听起来有些"抽象"？来一段问答：

生：老师，为什么说在 IItem 这个基类中添加"_frontColor"会给 OO 设计带来包袱？

师：让基类 IItem 拥有一个"_frontColor"成员数据，就是逼着将来所有派生类都必须拥有这个数据。

生：嗯，但前面不是说，当前甚至将来各种派生的图形元素，都拥有一个"前景色"属性是客观存在的吗？

师：你可以提前接触《设计模式》这本书。OO 的设计虽然大量用到派生，但并不是只有派生关系。有时候一个"新类型"只是现有类型的一种"组合"。比如想添加一种新的图形叫"＃"形，可行但略显笨的做法，是从零开始实现这个类，聪明的设计则是让它拥有 4 条直线：

```
class SharpItem : public IItem
{
        ……
private:
        LineItem lines[4];
};
```

SharpItem 现在有 5 个"_frontColor"数据。要画出这个"＃"形，实质是调用四条线的 Draw 函数，所以决定"井"的颜色，是这四条线的颜色属性（当然在本设计中，四条线的颜色保持一致），如果要修改 SharpItem 的"前景色"属性，就是修改四条线的颜色，而 SharpItem 从 IItem 继承得到的"_frontColor"陷入被架空的尴尬处境。

方法二：将 IItem 的 Get/SetFrontColor 接口保留，但变成纯虚成员，具体的"_frontColor"属性则去除。

但是本例将使用的却是方法三，一个称得上两全齐美的做法，即我们保留 IItem 的纯虚特性，然后中间增加一层 ItemWithFrontColor 类，在 ItemWithFrontColor 类中完成通用的前景色操作。

(1) 原有的 IItem 类定义修改为：

```
......
#include < wx/colour.h >
......

class IItem
{
public:
    virtual ~IItem() {};

    //使用 DC 画出自己
    //注意"画"的方法不应该修改到对象的数据
    virtual void Draw(wxDC& dc) const = 0;

    //开始在某一点上绘图
    virtual void OnDrawStart(wxPoint const & point) = 0;
    //结束在某一点
    virtual void OnDrawEnd(wxPoint const & point) = 0;

    virtual void SetFrontColor(wxColor const & color) = 0;
    virtual wxColor const & GetFrontColor() const = 0;
};
```

设置与取得颜色的成员，是纯虚方法。

(2) 新增头文件"item_with_foreground_color.hpp"，其中的类定义为：

```
#include "item_i.hpp"

class ItemWithForegroundColor : public IItem
{
public:
    ItemWithForegroundColor()
        : _foregroundColor( * wxBLACK)
    {
    }

    virtual void SetForegroundColor(wxColor const & color)
    {
        this->_foregroundColor = color;
```

```
    }

    wxColor const & GetForegroundColor() const
    {
        return _foregroundColor;
    }

private:
    wxColor _foregroundColor;
};
```

【小提示】: wxWidgets 中带颜色的小秘密

wxWidgets 预定义了好些个颜色的常量，比如 wxBLACK、wxRED 和 wxBLUE 等，都是指针。另外 wxColor 是 wxColour 的类型别名。

(3) 原有的 LineItem 类定义修改为：

```
#include"item_with_foregrounnt_color.hpp" //代替 item_i.hpp

......

class LineItem : public ItemWithForegroundColor
{
public:
    LineItem()
        : _startPosition(0, 0), _endPosition(0, 0)
    {
    }

......
};
```

(4) 其他各类 Item 也做如上修改。

现在，Item 有了颜色属性，怎么用它呢？以 LineItem 为例：

```
#include < wx/pen.h >

......

void LineItem::Draw(wxDC& dc) const
{
    wxPen newPen(this->GetForegroundColor());
    wxPen oldPen = dc.GetPen();

    dc.SetPen(newPen);
    dc.DrawLine(_startPosition, _endPosition);
    dc.SetPen(oldPen);
}
```

原来修改 DC 的前景色需要通过“Pen(画笔)”对象实现。wxPen 的第一个入参是颜色,后续的入参是宽度(线条粗细)和类型(线条形状、实线、虚线等),本例中只用到颜色。如果不是坚持“不在 DC 中留下状态”的原则,少掉备份和恢复原有画笔的逻辑,代码会更精简。

RectangleItem、CircleItem 的 Draw 函数也做类似的修改,TextItem 则略有不同:

```
void TextItem::Draw(wxDC& dc) const
{
    if (_text.IsEmpty())
    {
        return;
    }

……

    dc.SetFont(font);

    wxColor oldColor = dc.GetTextForeground();
    dc.SetTextForeground(this->GetForegroundColor());

    dc.DrawText(_text, x, y);

    dc.SetTextForeground(oldColor);
    dc.SetFont(old_font);
}
```

记下哦:wxDC 用 Pen 对象维护所画的线条的颜色,但用专门的 Get/SetTextForeground 处理文本的颜色,和 wxFont 无关。余下的工作是弹出对话框让用户选择颜色,然后在创建各 Item 后修改前景色。

请在主菜单栏新建“配置”下拉菜单(变量名:MenuSetting),其下是“前景色”子菜单项(变量名:MenuItemFogndColor),为前者绑定以下事件的回调函数:

```
void wxMyPainterFrame::OnMenuItemFogndColorSelected(wxCommandEvent & event)
{
    _foregroundColor = ::wxGetColourFromUser(this
                        , _foregroundColor
                        , wxT("请选择前景色"));
}
```

“_foregroundColor”是在 wxMyPainterFrame 新增的私有成员(参考_text),并且在构造时初始化为黑色。wxGetColourFromUser()函数将弹出一个颜色选择对话框,“_foregroundColor”是进入时默认选中颜色。

在同一 CPP 文件中,找到对 CreateItem 函数的调用,修改为:

```
......

    _newItem = this->CreateItem();

    if (! _newItem)
    {
        return;
    }

    _newItem->SetForegroundColor(this->_foregroundColor);

    ......
```

2. 步骤八：支持“十字”形

为体现**ItemWithForegroundColor**的作用，现在“插播”一个功能：画“十”字形。为什么不是前面提的“#”形呢？因为我个人觉得在画草图时，十字好像比井字更有价值些——自己能决定软件需求的感觉真好。

第一件事是翻字典。然后项目中增加“item_cruciform.hpp/.cpp”两个文件。头文件中的类定义如下：

```
......

#include <cmath>
#include "item_line.hpp"

class CruciformItem : public IItem
{
public:
    CruciformItem()
        : _startPosition(0, 0), _endPosition(0, 0)
    {
    }

    virtual void SetForegroundColor(wxColor const & color)
    {
        _hor_line.SetForegroundColor(color);
        _ver_line.SetForegroundColor(color);
    }

    virtual wxColor const & GetForegroundColor() const
    {
        return _hor_line.GetForegroundColor();
    }

    void Draw(wxDC& dc) const;

    virtual void OnDrawStart(wxPoint const & point);
```

```
    {
        _startPosition = point;
    }

    virtual void OnDrawEnd(wxPoint const & point);

private:
    LineItem _hor_line, _ver_line;

    wxPoint _startPosition, _endPosition;
};
```

首先注意十字形的基类是 IItem 而非 ItemWithForegroundColor,前景色属性及相关功能通过横线和竖线实现。有派生类但不用再派生它,这正证明了该派生类有存在的价值。十字形拥有自己的“_startPosition”和“_endPosition”。画十字形有些类似画圆形,“_startPosition”是横竖线相交的点,类似圆心。之所以是类似而非相同,是因为希望支持横竖不一定相等的十字形。

要想正确画出横竖线组成的十字形,必须依据十字形的开始与结束点,计算出横线与竖线的开始点和结束点,这件事情在 OnDrawEnd()被调用时处理即可:

```
//
void CruciformItem::OnDrawEnd(wxPoint const & point)
{
    _endPosition = point;

    int dx = std::abs(_endPosition.x - _startPosition.x);
    _hor_line.SetStartPosition(wxPoint(_startPosition.x - dx, _startPosition.y));
    _hor_line.SetEndPosition(wxPoint(_startPosition.x + dx, _startPosition.y));

    int dy = std::abs(_endPosition.y - _startPosition.y);
    _ver_line.SetStartPosition(wxPoint(_startPosition.x, _startPosition.y - dy));
    _ver_line.SetEndPosition(wxPoint(_startPosition.x, _startPosition.y + dy));
}
```

计算好两条线的坐标,画十字形再简单不过:

```
void CruciformItem::Draw(wxDC& dc) const
{
    _hor_line.Draw(dc);
    _ver_line.Draw(dc);
}
```

运行效果如图 11-132 所示。

3. 步骤九:支持设置背景色

在对背景色支持的态度上各 Item 类型分歧较大:在本设计中,我们只想为圆和方块提供背景色属性。这次我们的方法比较差劲:在接口类中提供空实现。

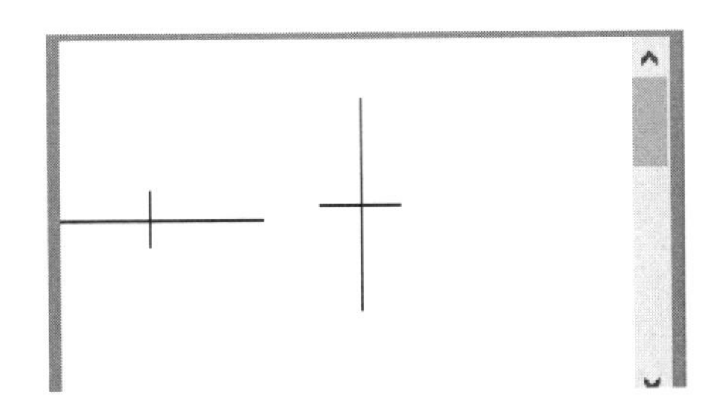

图 11－132　支持画十字形

```
#include < wx/colour.h >

class IItem
{
public:
    virtual ~IItem() {};

    //使用 DC 画出自己
    //注意"画"的方法不应该修改到对象的数据
    virtual void Draw(wxDC& dc) const = 0;

    //开始在某一点上绘图
    virtual void OnDrawStart(wxPoint const & point) = 0;
    //结束在某一点
    virtual void OnDrawEnd(wxPoint const & point) = 0;

    virtual void SetForegroundColor(wxColor const & color) = 0;
    virtual wxColor const & GetForegroundColor() const = 0;

    virtual void SetBackgroundColor(wxColor const & color)
    {
    }

    virtual wxColor const & GetBackgroundColor() const
    {
        returnwxNullColour ; //代表"空"颜色
    }
};
```

然后是圆和方块需要提供自己的实现，我们仅以前者为例：

```
class CircleItem : public ItemWithForegroundColor
{
public:
    CircleItem()
        : _startPosition(0, 0), _endPosition(0, 0)
        , _bkgndColor(wxNullColour)
    {
    }
```

```
    void Draw(wxDC& dc) const;

    virtual void OnDrawStart(wxPoint const & point)
    {
        _startPosition = point;
    }

    virtual void OnDrawEnd(wxPoint const & point)
    {
        _endPosition = point;
    }

    virtual void SetBackgroundColor(wxColor const & color)
    {
        this->_bkgndColor = color;
    }

    virtual wxColor const & GetBackgroundColor() const
    {
        return this->_bkgndColor;
    }

private:
    wxPoint _startPosition, _endPosition;
    wxColor _bkgndColor;
};
```

【小提示】：如何表达透明色

3.0 版的 wxWidgets 有专值表达透明色(wxTransparentColour)。2.x 版本中只能通过使用 wxNullColour 表示“透明的背景色”，并且在画图过程中根据实际需要，特别处理这个颜色。wxTransparentColour 和 wxNullColour 都是实际变量，而非指针。

和 wxPen(画笔)画前景的线条对应，在 wxWidgets 的绘图体系中，使用 wxBrush(画刷)画背景。画刷常用的构造函数是：

```
wxBrush(const wxColour & col, int style = wxSOLID);
```

其中 col 为颜色，style 为画刷的类型，默认是“wxSOLID(实心)”，如果想要透明效果，可以在此时指定“wxTRANSPARENT(透明)”风格：

```
……
#include < wx/brush.h >

void CircleItem::Draw(wxDC& dc) const
{
    int dx = _endPosition.x - _startPosition.x;
    int dy = _endPosition.y - _startPosition.y;
```

```
    int radius = std::sqrt(dx * dx + dy * dy);

    wxPen oldPen = dc.GetPen();
    wxBrush oldBrush = dc.GetBrush();

    dc.SetPen(wxPen(this->GetForegroundColor()));

    if (_bkgndColor != wxNullColour)
    {
        dc.SetBrush(wxBrush(_bkgndColor));
    }
    else
    {
        dc.SetBrush(wxBrush(_bkgndColor, wxTRANSPARENT));
    }

    dc.DrawCircle(_startPosition, radius);

    dc.SetBrush(oldBrush);
    dc.SetPen(oldPen);
}
```

请接着对 RectangleItem 做相似的修改。

接下来是为设置背景色提供菜单。认真地看看选择颜色的对话框，没有找到让用户选择“透明”色的地方，所以我们需要把菜单项搞得复杂一些，请参照图 11-133 设计。

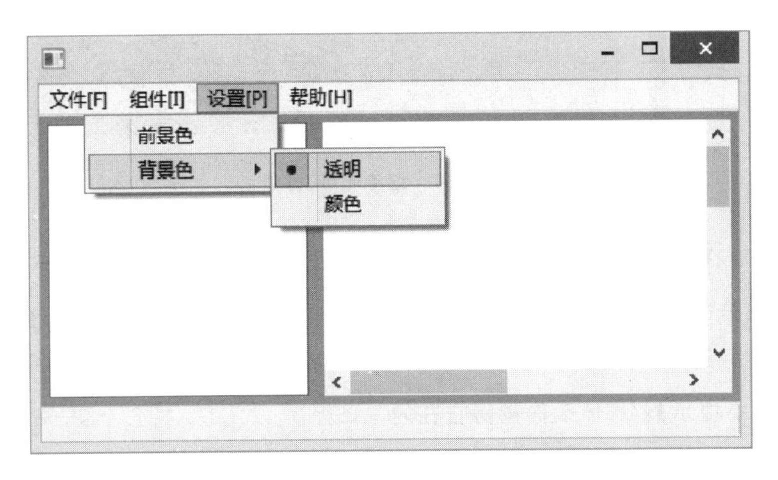

图 11-133　选择背景色的多级菜单

二级菜单项变量名分别是 MenuItemTransparent 和 MenuItemBkgndColor，菜单 ID 则分别为 idMenuTransparent 和 idMenuBkgndColor。二者都是 Radio 类型，默认选中的是“透明”项。为其中“颜色”菜单项设置事件响应函数为：

```
void wxMyPainterFrame::OnMenuItemBkgndColorSelected(wxCommandEvent & event)
{
    _backgroundColor = ::wxGetColourFromUser(this
                        , _backgroundColor, wxT("请选择背景色"));
}
```

请自行在类定义中加入“_backgroundColor”的定义，将在构造时将它初始化为“空颜色”，确保默认选中的菜单项与内部状态一致。再为其中“透明”菜单项设置事件响应函数为：

```
void wxMyPainterFrame::OnMenuItemTransparentSelected(wxCommandEvent & event)
{
    _backgroundColor = wxNullColour;
}
```

再次找到调用 CreateItem()的代码，在设置前景色的代码之后加入：

```
    _newItem ->SetBackgroundColor(this ->_backgroundColor);
```

编译，运行，结果如图 11-134 所示。

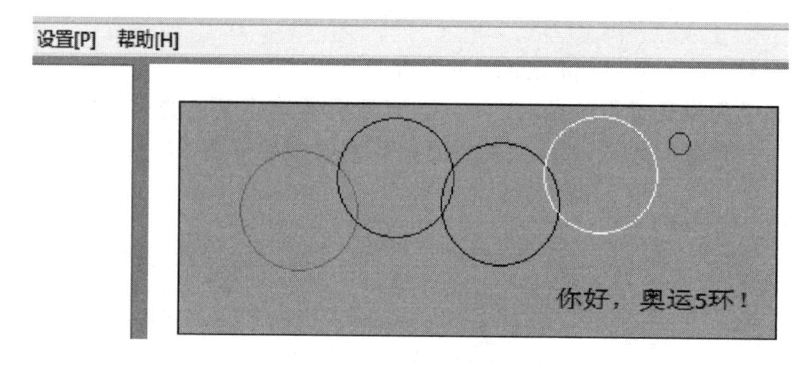

图 11-134 支持前景、背景色

11.12.4 进化四：降低画面闪烁感

前面示例画五环，如果继续画下去，六环、七环、八环……会怎样呢？城市越来越大？交通越来越堵？没这么惨啦，大家只会看到整个画板上的圈圈都在闪。

【小提示】：为什么你觉得它在闪

为什么会闪？是不是因为“画得太慢”？想象在黑暗中，点燃的香头慢慢地移动，我们不会觉得它在闪，但如果它被快速晃动，我们反倒看到一条条闪烁的光痕。真实的原因是，人眼看东西时，东西在视网膜上会有大约 40 ms 停留时间，在这 40 ms 内，那个东西的一切变化，人眼就看不到了。如果那个东西的变化快到在 40 ms 完成，完成之后恢复原状，那我们不会觉得它在闪；反过来，如果那个东西的变化，慢到要在 40 ms 之后才开始，那我们也不会觉得它在闪。

当在画板上用鼠标拖着画出第五个圆的过程中，请看“鼠标移动事件”中，有一行代码是“ScrolledWindow1->Refresh()”，每当鼠标移动，这行代码就要求画板重新刷新绘画内容(所有五个圆)，而重画之前需要将现有内容全部清除，在本例中相当于用白色填充了整个画板，这个填充动作是 wxScrolledWindows 的默认行为，不需要我们用代码实现。这就有了闪烁的第一个原因，即我们看到的画圆过程，其实是两段操作：先是看到窗口被白色刷完之后的一片空白(进入视觉短暂的延迟)，然后才看到五个圆的出现。

以下方法可以用于验证前述推论：请进入 wxSmith 界面，选中 ScrolledWindow1 控件，然后添加它的 EVT_ERASE_BACKGROUND 响应事件，也就是当一个窗口认为它的“背景需要擦除”时，我们要做点什么，默认生成的是一个空处理函数：

```
void wxMyPainterFrame::OnScrolledWindow1EraseBackground(wxEraseEvent & event)
{
}
```

前面说过，当我们完全不响应“背景擦除”事件时，系统默认的处理方法是使用窗口的背景色填充窗口可绘图区域。但是现在，我们既要求处理这个消息，但实际上又什么也不做……留着一个空的函数……“一不做二休”是真正的什么也不做，因为默认行为也没有了，没有人帮我们擦黑板了，看看效果，如图 11-135 所示。

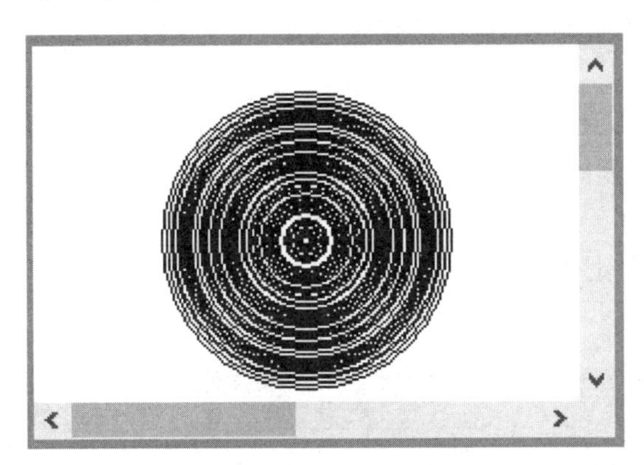

图 11-135　背景不擦除时的画圆效果——很酷的 BUG

从中心往外拉一个圆，但画的过程却在屏幕上留下了一圈又一圈的圆(试着将窗口最小化后再恢复，又只剩下最外圈的圆)。接下来我继续在上面画一个又一个的圈，因为没有擦除背景的中间过程，所以基本不怎么闪烁。

步骤十：使用“缓冲 DC”

尽管我女儿说上面的图很美，但那不是我们要的图，我们希望既没有擦除背景的中间过程，但背景又要被干净地擦掉。解决方法是：合二为一，空处理“背景擦除”事件(就是我们刚刚做的效果)，然后在 OnPaint 事件中，把“刷墙”当成是画图的第一件内容：

```
void wxMyPainterFrame::OnScrolledWindow1Paint(wxPaintEvent & event)
{
    wxPaintDC dc(ScrolledWindow1);

    //DoPrepareDC 会自行调校
    ScrolledWindow1 ->DoPrepareDC(dc);

    //第一件事:擦除背景
    int w, h;
    dc.GetSize(& w, &h);
    dc.SetBrush(wxBrush(ScrolledWindow1 ->GetBackgroundColour())); //背景
    dc.SetPen(wxPen(ScrolledWindow1 ->GetBackgroundColour())); //前景
    dc.DrawRectangle(0, 0, w, h); //画一个大框

    //后面的事处理代码不变
    ……
}
```

表面上我们在 OnPaint 函数中还是前后做了两件事,但由于所做的两件事(其实是非常多件事)处于同一函数中,衔接很快,通常是小于 40 ms,于是我们的眼睛还没有看到屏幕被擦除的结果,就看到各个图元了,所以闪烁减轻了,请大家试试。

但是,当我们画的图元非常多时,比如有 30 多个圆,闪烁又出现了,这回的原因是:一个个图元被画到屏幕上显示的过程,仍然会有延时。这次我们用"Buffered DC(缓冲 DC)"来解决。

所谓"缓冲 DC",是指将所有图元都先画到一个人眼看不到的"设备上下文"之上,最后再一次性复制到真正的屏幕 DC 之上,这样我们就看不到中间画的过程了,也就不会感到闪烁了。就好像一个家伙在你面前飞速地舞动画刷往墙上东涂西涂,你觉得头晕,于是你让他先把一切画在纸上(这时你不看他),最后再将整张纸贴上墙。

```
#include < wx/dcbuffer.h > //各类缓冲 DC 所在头文件

……

void wxMyPainterFrame::OnScrolledWindow1Paint(wxPaintEvent & event)
{
    wxBufferedPaintDC dc(ScrolledWindow1);

……
}
```

将 OnPaint 事件响应函数中的 wxPaintDC,改成 wxBufferedPaintDC,然后 include 对应的头文件,编译、运行……如果您正好编译的是 DEBUG 版本,一个警告框弹出来,大意是程序自动检测到某窗口的背景绘制模式不是"wxBG_STYLE_CUSTOM(定制背景模式)",这是为什么呢?

警告框来自 wxBufferedPaintDC 的代码,当我们使用了缓冲机制的 DC,就代表窗口原有的自动绘制窗口背景的机制是无效的,并且是在白白浪费 CPU 时间片,因为窗口自身再怎么画背景,最终都将被缓冲 DC 上的内容全部覆盖。

我们是在 ScrolledWindowe1 上面使用 wxBufferedPaintDC,所以解决方法是在框架窗口的构造函数中,添加以下一行代码:

```
ScrolledWindow1->SetBackgroundStyle(wxBG_STYLE_CUSTOM);
```

设置一个窗口采用定制背景模式,相当于告诉窗口:我将自行处理窗口的背景,你不用帮我处理了。这和我们前面故意提供"一不做二不休"的背景擦除事件响应函数的作用一致。所以可以通过 wxSmith 解除 ScorlledWindow1 和 OnScrolledWindow1EraseBackground() 的事件绑定,然后删除该函数的声明与实现。再次运行,画上一打的带背景的圆圈,也没有看到画面闪烁。

最后一点改进:由于有一些操作系统的 GUI 体系默认使用"Buffered DC 机制",所以对于这种环境,wxPaintDC 就天生具备不闪的效果,再使用 wxBufferedPaintDC 反倒是浪费时间,wxWidgets 为此提供了 wxAutoBufferedPaintDC,它在编译 wxWidgets 库的时候就做了处理,用它替换掉前面的 wxBufferedPaintDC,在减轻闪烁这件事上,我们功德完满。

11.12.5 进化五:列表框操作

列表框一直在程序的左边呆着,是该让它发挥作用了:一是用它显示现有图元的信息,二是实现更精确地控制图元。

1. 步骤十一:列出图元

先简单地让各个图元的类型名称,显示到列表中,因此当务之急是让图元类拥有汇报自己所属类型名称的接口,打开 item_i.hpp,为 IITem 类添加一个纯虚成员:

```
//item_i.hpp
……

class IItem
{
public:
……
    virtual wxString GetTypeName() const = 0; //注意,我们使用 wxString

    ……
}
```

接着以"直线"为例提供实现:

```
//item_line.hpp
......

class LineItem : public ItemWithForegroundColor
{
public:
......

    virtual wxString GetTypeName() const
    {
        return wxString(wxT("直线"));
    }

    ......
}
```

【危险】:源代码文件编码

请立即检查 item_line.hpp 文件的编码,是不是 UTF-8。因为我们使用的 wxWidgets 库是 UNICODE 版本的,而现在我们在源代码文件中直接写入汉字。

其余的圆、文字、方框……依样画葫芦。最后打开 MyPainterMain.cpp,找到鼠标抬起事件响应函数,修改为:

```
void wxMyPainterFrame::OnScrolledWindow1LeftUp(wxMouseEvent & event)
{
    if (! _newItem) //不在绘画状态?
    {
        return;  //直接退出
    }

    _newItem -> OnDrawEnd ( ScrolledWindow1 -> CalcUnscrolledPosition ( event. GetPosition
()));

    _items.push_back(_newItem);
    this ->ListBox1 ->Append(_newItem ->GetTypeName());

    _newItem = NULL;

    ScrolledWindow1 ->Refresh();
}
```

在"_newItem"被重置为 NULL 之前,将它的 TypeName 加入列表框。编译、运行,看一眼效果,这一次目光投向列表框,如图 11-136 所示。

2. 步骤十二:为图元编号

为了让列表框中的图元标题有更高的识别度,我们为 Item 添加唯一编号,然后

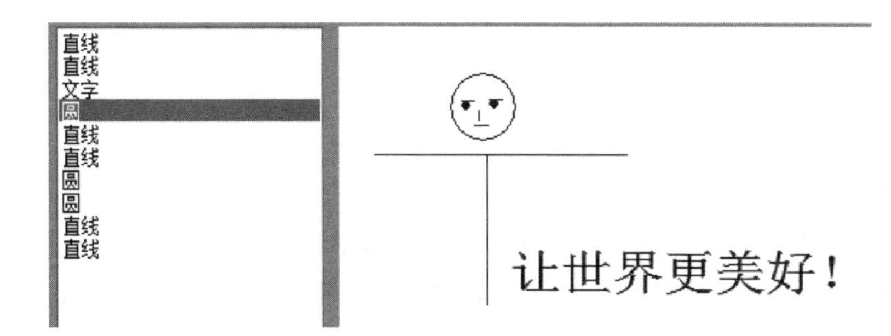

图 11-136 在列表框中显示各图元类型名

用其 TypeName 和该编号组成图元的标题。请找到 i_item.hpp,添加以下粗体内容:

```
class IItem
{
……

    wxString GetTitle() const
    {
        wxString title;
        title << this->GetIndex() <<  wxT(") ") << this->GetTypeName();
        return title;
    }

……

    virtual size_t GetIndex() const = 0;
    virtual void SetIndex(size_t index) = 0;
};
```

请你为所有具体的派生类添加 GetIndex 和 SetIndex 的实现,它们再简单不过了,只是需要一个 size_t 类型的私有成员数据,叫"_index"。

回到 wxMyPainterFrame 的类定义,添加一个 size_t 私有成员数据,用于为每次产生的图元递增编号,把它放在前景色及背景色之后:

```
size_t _item_id;
```

wxMyPainterFrame 构造初始化时,将其初始为 0,然后在创建图元时,用它来初始化新图元的编号:

```
void wxMyPainterFrame::OnScrolledWindow1LeftUp(wxMouseEvent & event)
{
    ……

    _newItem->SetIndex(_item_id++);
    _items.push_back(_newItem);
```

```
    this ->ListBox1 ->Append(_newItem ->GetTitle()); //改为使用 GetTitle()

......
}
```

3. 步骤十三:屏蔽小图元

在画板上非常邻近的两个点上,短暂地单击两次,画板上什么图元也没有增加,但列表框中忠实地记录了有新的图元被增加。列表框的眼睛是雪亮的,那些图元因为太小,所以无法显示在画板上。可以为图元加一个接口:IsLargeEnough(),意思是:你足够大吗?

```
//item_i.hpp

......

class IItem
{
public:
    virtual ~IItem() {};

    virtual bool IsLargeEnough() const = 0;

    ......
};
```

“线”的实现——至少长度要大于等于 5:

```
//item_line.hpp

#include < cmath > //数学
......

class LineItem : public ItemWithForegroundColor
{
public:
    LineItem()
        : _startPosition(0, 0), _endPosition(0, 0)
    {
    }

    virtual wxString GetTypeName() const
    {
        return wxString(wxT("直线"));
    }

    virtual bool IsLargeEnough() const
    {
        #define MIN_LENGTH_OF_LINE 5
```

```
        return  MIN_LENGTH_OF_LINE
                < = std::sqrt(std::pow(_endPosition.x - _startPosition.x , 2)
            + std::pow(_endPosition.y - _startPosition.y, 2));
    }

......
};
```

用到“pow(乘方)”和“sqrt(平方根)”函数,所以需要包含 < cmath > 头文件,后面不再重复。“方框”的实现——对角线的长度至少是 15:

```
//item_rectangle.hpp,节约版面,只给出方法的实现:

......
    virtual bool IsLargeEnough() const
    {
        #define MIN_LENGTH_OF_RECTANGLE_DIAGONAL 15
        return  MIN_LENGTH_OF_RECTANGLE_DIAGONAL
                < = std::sqrt(std::pow(_endPosition.x - _startPosition.x , 2)
                    + std::pow(_endPosition.y - _startPosition.y, 2));
    }

......
```

“文本”的实现——文本所在的框,对角线长度至少是 20:

```
//item_text.hpp

......
    virtual bool IsLargeEnough() const
    {
        #define MIN_LENGTH_OF_TEXT_RECTANGLE_DIAGONAL 20

        return  MIN_LENGTH_OF_TEXT_RECTANGLE_DIAGONAL
                < = std::sqrt(std::pow(_endPosition.x - _startPosition.x , 2)
                    + std::pow(_endPosition.y - _startPosition.y, 2));
    }
......
```

“圆”的实现——半径至少是 5:

```
//item_circle.hpp

......
    virtual bool IsLargeEnough() const
    {
        #define MIN_LENGTH_OF_RADIUS 5

        return  MIN_LENGTH_OF_RADIUS
```

```
                    < = std::sqrt(std::pow(_endPosition.x - _startPosition.x , 2)
                        + std::pow(_endPosition.y - _startPosition.y, 2));
    }
……
```

“十字形”的要求是:横线足够长,竖线也足够长。代码略。

最后,在 wxMyPainterMain.cpp 的鼠标抬起事件函数,判断新生成的图元是否足够大,太小的话就让它夭折:

```
void wxMyPainterFrame::OnScrolledWindow1LeftUp(wxMouseEvent & event)
{
    if (! _newItem) //不在绘画状态?
    {
        return;  //直接退出
    }

    _newItem -> OnDrawEnd ( ScrolledWindow1 -> CalcUnscrolledPosition ( event. GetPosition
()));

    if(! _newItem ->IsLargeEnough())
    {
        delete _newItem; //太小,直接干掉
    }
    else
    {
        _newItem ->SetIndex(_item_id ++ );
        _items.push_back(_newItem);
        this ->ListBox1 ->Append(_newItem ->GetTitle());
    }

    _newItem = NULL;
    ScrolledWindow1 ->Refresh();
}
```

添加了 IsLargeEnought()的相关机制之后,同时拥有一个“可以后悔”的机会:按下鼠标左键,只要不抬起,就可以后悔这次操作:只需故意把图形控制得很小,松开,什么也没有留下,无论是看得到还是看不到的地方(以后我们会实现真正的“后悔”机制)。

4. 步骤十四:闪烁选中图元

有了列表框,就拦不住用户会在列表框中选中某一行(拿着鼠标在屏幕上乱点,是人的天性),但这时画板上对应的图元却没有任何用于表达“被选中”显示特性,这太不人性了。怎么表达“被选中”呢?简单的方法是换个颜色,比如蓝色或者红色,但万一那个图元的前景色本来就是蓝色或红色呢?要不,使用“反色”表示?似乎是个好点子,但也经不起推敲:画板是白色的,这样一条被选中的黑线会直接在画板上“消

失”掉。

虽然坚持从颜色入手总还是能想出什么办法的，但为了让这个小程序显得高端大气上档次，我决定让选中的图元在屏幕上闪啊闪……

怎么人为地制造某个图元的闪烁呢？用定时器。第一秒显示该图元，第二秒不显示该图元，这个图元看起来就是在一直闪烁，而其他图元看起来根本没动。但其实它们也是在被一遍遍地重新绘制。得益步骤九的操作，那些同样在反复绘制，但没有变化的图元，它们一点都不会造成闪烁。

先在窗口中加入一个 wxTimer 的控件，并设置它的 Interval 属性为 500。然后在 wxMyPainterMain.h 中的类定义 wxMyPainterFrame，添加两个私有成员：

```
……
        int _selected_item_index;
        bool _selected_item_visible;
……
```

请在构造初始化列表中，分别初始化为－1 和 false。

为 ListBox1 添加 EVT_LISTBOX 事件响应函数，这是列表框的默认事件，即用户切换选中的元素：

```
void wxMyPainterFrame::OnListBox1Select(wxCommandEvent & event)
{
    _selected_item_index = event.GetSelection();
}
```

复习：对于那些带有“选择”操作的 wxCommandEvent 事件，事件对象提供 GetSelection()函数用于返回所选中元素的次序，从 0 开始，当未选中任何项时，返回－1。接着为定时器添加事件：

```
void wxMyPainterFrame::OnTimer1Trigger(wxTimerEvent & event)
{
    if (_selected_item_index > = 0)
    {
        this ->ScrolledWindow1 ->Refresh(false);

        _selected_item_visible = ! _selected_item_visible;
    }
}
```

逻辑：每当一个新 500 ms 定时到达，看一眼列表框中是不是真的有某一项被选中，若有，则重绘画板上的所有元素，然后将“_selected_item_visible”的值逻辑取反。

【小提示】：减轻定时器事件对外部的依赖

也可以在定时处理函数中直接取得当前选中的列表项：

```
_selected_item_index = this ->ListBox1 ->GetSelection();
……
```

这种情况下不需要现有的 OnListBox1Select() 这一事件响应。

如此看来,"_selected_item_visible"肯定要影响如何重绘了,这是更新后的 OnPaint 事件:

```
void wxMyPainterFrame::OnScrolledWindow1Paint(wxPaintEvent & event)
{
    ...... /* 前面不变 */

    int index = 0;
    for (std::list < IItem * > ::const_iterator it = _items.begin()
                        ; it != _items.end(); ++ it, ++ index )
    {
        IItem const * item = * it;

        if (index != _selected_item_index || _selected_item_visible)
        {
            item ->Draw(dc);
        }
    }

    if (_newItem)
    {
        _newItem ->Draw(dc);
    }
}
```

并不是所有图元都会被画出来,判断逻辑:如果一个图元不是被选中的那个图元,那么它不受影响,肯定要调用 Draw,如果它是那个图元,但是当前"_selected_item_visible"标记为真,那么也画出来。反过来说就是,如果当前"_selected_item_visible"标记为假,则不画那个被选中的图元。

编译、运行,画上几个图元,然后从列表中选中其中一个,就可以看到有个图元一直在闪烁而整个画面并不闪烁的效果了……真的很高端,很大气,很上档次!

【课堂作业】: 解决被覆盖的图元"不闪烁"的问题

先画一个小圆,再画一个有背景的大圆完全覆盖小圆,这时选中小圆,画面上看不到它的闪烁,请思考这是为什么?并通过代码解决这个问题。

也许有人不喜欢这个"闪烁"功能,所以本节最后让该功能成为一个用户选项吧。请在"设置"菜单中,先添加一个横隔线,再添加一个标题为"选中时闪烁"的菜单项,菜单类型为 Check,并且初始设计为选中状态,菜单项变量取名 MenuItemFlash。

"闪烁"功能是通过定时器实现的。当用户单击"闪烁选中项"的菜单项之后,我们可以写一个事件响应函数,根据该菜单项是否选中,暂停或者恢复定时器:

```
void wxMyPainterFrame::OnMenuItemFlashSelected(wxCommandEvent & event)
{
    bool will_flash = event.IsChecked();

    if (! will_flash)
    {
        this->Timer1.Stop(); //关闭定时器

        //确保在关闭闪烁之后,选中的图元能够显示
        _selected_item_visible = true;
        this->ScrolledWindow1->Refresh(false);

        return;
    }
    else
    {
        this->Timer1.Start();
    }
}
```

11.12.6 进化六:列表框弹出菜单

这次进化的内容:先为列表添加右键弹出菜单,然后实现各个菜单项的操作。

1. 步骤十五:设计弹出菜单

进入项目的 wxSmith 设计视图,先添加一个 wxMenu 菜单组件,命名为 MenuListBox,双击它进入菜单编辑,菜单项列表设计结果如图 11-137 所示。

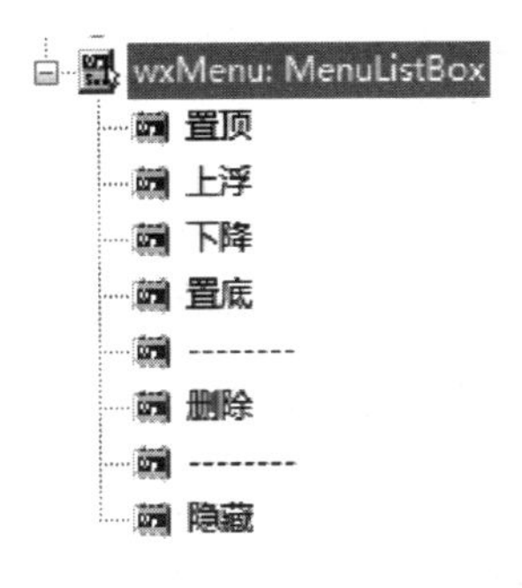

图 11-137 列表框弹出菜单菜单项列表

自顶向下各个菜单项的设计属性如表 11-16 所列(未列出属性取 wxSmith 提供的默认值):

表 11-16 列表框弹出菜单各菜单项设计属性表

菜单标题	菜单项 ID	菜单项变量名	菜单项类型	是否选中	说明
置顶	ID_POPMENU_TOP	MenuItemTopLevel			图元上升到最顶层

续表

菜单标题	菜单项 ID	菜单项变量名	菜单项类型	是否选中	说明
上浮	ID_POPMENU_BACK	MenuItemBackLevel			图元下降一层
下降	ID_POPMENU_FOWARD	MenuItem-FowardLevel			图元升一层
置底	ID_POPMENU_BOTTOM	MenuItemBottom-Level			图元下降到最底层
分隔线			Separator		
删除	ID_POPMENU_DELETE	MenuItemDelItem			删除图元
分隔线			Separator		
隐藏	ID_POPMENU_HIDE	MenuItemHide	Check	否	切换当前选中的图元是否隐藏，默认不隐藏 仅针对操作时选中的图元做切换

这个表格基本就是“剧透”,把接下来要做的事都给说了。

2. 步骤十六:挂接列表框右键事件

怎么把设计好的菜单变成列表框的右键菜单？显然需要处理列表框的右键事件,但是……看吧,在 wxSmith 设计视图中,我惊讶地发现,列表框君默认提供的事件只有两个,一是列表框默认事件(列表项选中),二是鼠标双击事件,如图 11－138 所示。

EVT_LISTBOX	OnListBox1Select
EVT_LISTBOX_DCLICK	-- None --

图 11－138　LIST_BOX 在设计视图提供的事件

没有鼠标右击事件！这不科学呀！自己写代码绑定吧。首先在框架窗口头文件的类定义中,加入右键事件响应函数的声明:

```
void OnListBox1RightClick(wxMouseEvent & event);
```

然后在 CPP 文件提供一个简单的实现,用于测试:

```
void wxMyPainterFrame::OnListBox1RightClick(wxMouseEvent & event)
{
        wxMessageBox(wxT("ListBox1 RightClick Event!"));
}
```

开始绑定啦,在 CPP 的构造函数,找到 OnListBox1Select 的绑定方法,复制它,改成如下代码,并加在构造函数体尾部:

```
Connect(ID_LISTBOX1
        ,(wxObjectEventFunction) (& wxMyPainterFrame::OnListBox1RightClick));
```

编译、运行、加入一条线、右击列表框，没看到有消息框弹出，事件绑定失败。

没错，键盘、鼠标等事件，是直接发送到各种“Control（控件）”（在 Windows 下，指拥有句柄，拥有自行的消息处理函数的各种窗口），除非该控件的实现代码，在处理这些消息时，将其转换成“COMMAND（命令）”类型的事件。这类事件如果当前控件不响应它，默认是向它的父窗口传播（如果父窗口又没有处理，就传给“爷爷”窗口），而其他事件则直接被源控件“吃掉”，比如鼠标单击或键盘事件。

【重要】：哪些事件会默认传给父窗口

所有 COMMAND 类型的事件，都是 wxCommandEvent 的派生类（及 wxCommandEvent 自身），请上 wxWidgets 官方查找该类的说明文档。

或问：为什么不让所有（至少是产生于“窗口”或“控件”的）事件，都默认可以传播给父窗口呢？这有许多原因，其中一个关键点是，许多事件如果走这种路线，将是“反人类”的。以“wxPanel（面板）”放在某个窗口之上为例，如图 11－139 所示。

图 11－139　鼠标单击 Panel 之后……

图中深色部分是一个 wxPanel，它的父窗口是对话框，如果用户单击 Panel 之后，Panel 没有处理这个鼠标事件，就自动将它传给后面的对话框，比如它弹出一个消息框说“唉呀，你点到本对话框了……”，用户通常要愣一会儿才能反应过来。而从程序员角度看，一旦对话框有许多子控件（通常是这样），那对话框就要处理太多无用的消息了。

书归正传，现在要处理的是：ListBox 接收到“鼠标右击”的消息之后（没错，它肯定收到了），它自己不处理，并且不把这个事件传给父窗口（类型为 wxMyPainterFrame），所以使用父窗口的 Connect 来绑定（非 wxCommandEvent 类型），事件失败了，正确方法是让 ListBox 自己来绑定这个事件：

```
ListBox1->Connect(ID_LISTBOX1
            , wxEVT_RIGHT_UP
            , (wxObjectEventFunction)&wxMyPainterFrame::OnListBox1RightClick
            , NULL
            , this);
```

测试通过之后，修改 OnListBox1RightClick 函数让它做正事：

```
void wxMyPainterFrame::OnListBox1RightClick(wxMouseEvent & event)
{
    this ->ListBox1 ->PopupMenu(& MenuListBox, event.GetPosition()); //弹出菜单
}
```

效果如图 11-140 所示。

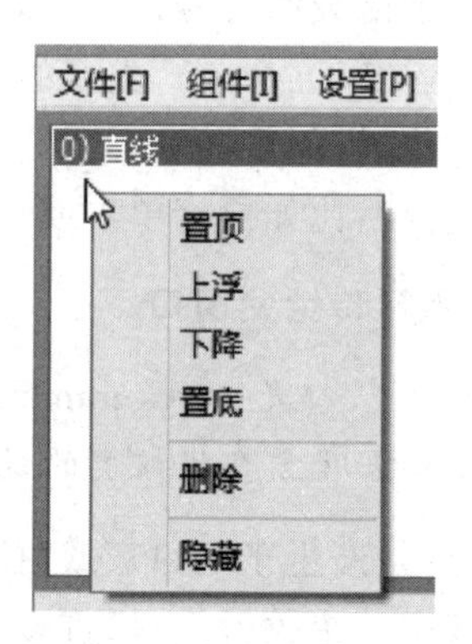

图 11-140 ListBox 的右键弹出菜单

3. 步骤十七:次序调整与删除操作

给出第一项"置顶"的实现:

```
//将选中项浮到最顶层
void wxMyPainterFrame::OnMenuItemTopLevelSelected(wxCommandEvent & event)
{
    _selected_item_index = ListBox1 ->GetSelection();

    if (_selected_item_index == -1)
    {
        return;
    }

    const size_t items_count = _items.size();

    if ((size_t)_selected_item_index == items_count - 1) //已经是最顶层了
    {
        return;
    }

    wxASSERT(items_count > (size_t)_selected_item_index);

    //调整元素在"_items"中的位置
    std::list < IItem * > ::iterator it = _items.begin();
    std::advance(it, _selected_item_index);

    IItem * current = * it;
    _items.erase(it);
```

```
    _items.push_back(current); //而不是 push_front()

    //同步调整元素 ListBox 中的位置
    wxString title = ListBox1 ->GetString(_selected_item_index);
    ListBox1 ->Delete(_selected_item_index);
    ListBox1 ->Append(title);

    //保持选中状态
    int last_item_index = items_count - 1;
    ListBox1 ->SetSelection(last_item_index);

    //及时更新"_selected_item_index"为最新选中项,
    //其实就是 last_item_index
    _selected_item_index = ListBox1 ->GetSelection();

    ScrolledWindow1 ->Refresh();
}
```

其中 GetString(size_t index) 方法可获得 ListBox1 指定次序号元素的文本内容。这就完成了"置顶"的功能,但我们很不满意,因为在这段代码中,不仅要"调整元素在'_items'中的位置",还要"同步调整元素 ListBox 中的位置",代码显得很啰嗦。更恐怖的是这仅仅只是开始,后面还有"上浮""下降"和"置底"等操作,都需要在"_items"和 ListBox 分别做雷同之事。

【重要】: 在源头位置处理数据的变化

用户单击"顶层"菜单项之后,上述代码先是调整"_items"中真实元素的位置,然后调整 ListBox1 中标题的位置,以保证"_items"中的数据和列表框控件所持有的数据信息同步——这不是一种优雅的设计。好的设计应该**只在数据源上做修改**,然后数据的最新结果,刷新界面。

本例中,"_items"是源头数据,而 ListBox1 则是画板之外的,用列表的形式展现数据,尽管它也在自行维护一份数据,如图 11 - 141 所示。

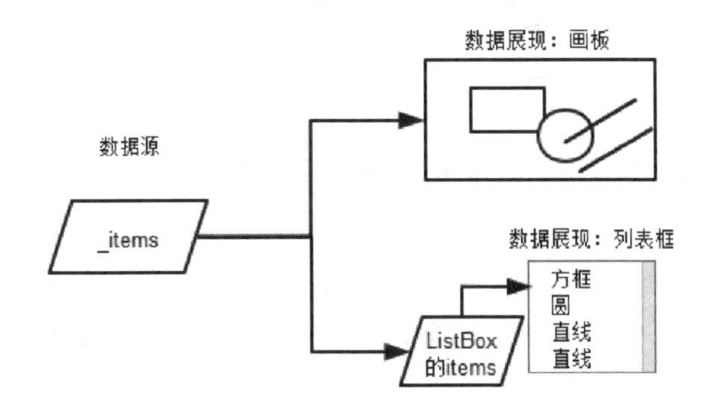

图 11 - 141　一个数据源,多处展现

下面就做这样的改进：只对_items 做特定逻辑的修改，比如本例是某个图元数据在列表中调到最后面。列表框中的数据次序调整，我们用非常"粗暴"的方法：全部清空，然后从_items 中重新载入：

```
void wxMyPainterFrame::UpdateListBox(int selected_index)
{
    ListBox1 ->Clear(); //清空

    //从"_items"中重新获得全部
    for (std::list < IItem * > ::const_iterator it = _items.begin()
         ; it ! = _items.end(); ++ it)
    {
        IItem const * item = * it;
        ListBox1 ->Append(item ->GetTitle()); //带编号的标题
    }

    //以下尽量选中第 selected_index 项
    size_t count_after_update = ListBox1 ->GetCount();

    if (count_after_update == 0)  //"_items"是空的
    {
        _selected_item_index = -1;
        return;
    }

    if (selected_index < 0) //selected_index 如果是负数，就选中第 1 项
    {
        selected_index = 0;
    }
    else if ((size_t)selected_index > = count_after_update) //如果超过项数，选最后一项
    {
        selected_index = count_after_update - 1;
    }

    ListBox1 ->SetSelection(selected_index); //真正选中列表框的指定项
    _selected_item_index = selected_index; //更新成员变量
}
```

请大家在 wxMyPainterFrame 类定义中对应添加上述函数的声明和私有成员。

【小提示】：全清再重新初始化，这样不浪费吗

把 ListBox 的现有元素全清，再重新一项项添加上，这样肯定浪费 CPU，体现到 GUI 上，关键是会不会造成"闪烁"。如果 ListBox 含有非常多的元素，确实会造成界面闪烁。不过现代的 GUI 框架都提供了在大批量更新控件数据时降低闪烁的机制，本课程对此不做深入讲解，同学可自行研究。

有了 UpdateListBox()方法，将图元调整到顶层的事件响应函数，可以进行如下

修改：

```
//将选中项浮到最顶层
void wxMyPainterFrame::OnMenuItemTopLevelSelected(wxCommandEvent & event)
{
……

    int last_item_index = items_count - 1;

    //同步调整元素 ListBox 中的位置
    UpdateListBox(last_item_index);
    ScrolledWindow1 ->Refresh();
}
```

“上浮”一层的事件响应函数则为：

```
//前进(上浮)一层
void wxMyPainterFrame::OnMenuItemFowardLevelSelected(wxCommandEvent & event)
{
    _selected_item_index = ListBox1 ->GetSelection();

    if (_selected_item_index == -1)
    {
        return;
    }

    size_t items_count = _items.size();

    if (size_t(_selected_item_index + 1) == items_count) //已经是最上层
    {
        return;
    }

    std::list < IItem * >::iterator it = _items.begin();
    std::advance(it, _selected_item_index); //前进到当前项

    std::list < IItem * >::iterator after = it;
    std::advance(after, 1);  //after 前进到当前项的后一项

    //交换：
    IItem* current = *it;
    *it = *after;
    *after = current;

    //同步调整元素 ListBox 中的位置
    UpdateListBox(_selected_item_index + 1);  //选中下一项
    ScrolledWindow1 ->Refresh();
}
```

【课堂作业】：ListBox1 右键菜单项功能完成

参考“置顶”与“上浮”一层的实现，请完成“下降”“置底”以及“删除”的功能，如有必要，也可以参考下一步“隐藏”功能的实现。

4. 步骤十八：实现“隐藏”图元功能

接下来实现“隐藏”功能，为 IItem 添加 IsVisible()和 SetVisible()接口，同时在 GetTitle()中，将“是否隐藏”这一信息也组合上：

```
class IItem
{
public:

......

    wxString GetTitle() const
    {
        wxString title;
        title << this->GetIndex() <<  wxT(") ") << this->GetTypeName();

        if (! isVisible())
        {
            title << wxT(" - [隐藏]");
        }

        return title;
    }

    ......

    virtual bool IsVisible() const = 0;
    virtual void SetVisible(bool visible) = 0;
};
```

然后修改各派生类，各自实现和 Visible 相关的两个接口。再修改“wxMyPainterFrame::OnScrolledWindow1Paint(...)”，实现仅当一个图元是 IsVisible()返回真时，才调用它的 Draw()操作。另一种思路是修改各图元的 Draw()操作，仅当 IsVisible()返回真时，才真正画出自己。接着为“隐藏”菜单项挂接事件响应函数：

```
void wxMyPainterFrame::OnMenuItemHideSelected(wxCommandEvent & event)
{
    _selected_item_index = ListBox1->GetSelection();

    if (_selected_item_index == -1)
    {
        return;
    }
```

```
    std::list < IItem * >::iterator it = _items.begin();
    std::advance(it, _selected_item_index);

    IItem* current = *it;
    bool visible = ! event.IsChecked();
    current->SetVisible(visible);

    ListBox1->SetString(_selected_item_index, current->GetTitle());

    ScrolledWindow1->Refresh();
}
```

此事件我们直接修改 ListBox 中相应项的标题，而不是清空后再重新生成所有项。至此，隐藏图元的功能好像也大功告成了，但其实有一个 BUG：假设有两个图元，我们只把第一个设置为“隐藏”，但切换到第二个时，单击弹出菜单，发现“隐藏”菜单项仍然处于选中的状态。

正确的逻辑是根据当前选中的图元，自动切换弹出菜单中“隐藏”项的选中状态。

5. 步骤十九：自动维护弹出菜单项状态

“隐藏”菜单项需要自动维护“是否选中”的状态，用于调整图元次序的菜单项和用于删除选中图元的菜单项，则需要自动维护“是否可用”的状态。比如说当前图元已经在最顶层了，那么当菜单弹出来时，它最好是 disabled 的状态。因为这时候用户单击了白点，不会有任何效果，前面的代码已经保证了这一点。

先来处理“隐藏”菜单项的选中状态维护，类定义中添加私有成员函数：

```
    void OnUpdateItemHideStatus(wxUpdateUIEvent & event);
```

源文件中实现为：

```
void wxMyPainterFrame::OnUpdateItemHideStatus(wxUpdateUIEvent & event)
{
    _selected_item_index = ListBox1->GetSelection();

    if (_selected_item_index == -1)
    {
        event.Check(false);
        event.Enable(false);
        return;
    }

    std::list < IItem * >::iterator it = _items.begin();
    std::advance(it, _selected_item_index);

    IItem* current = *it;
    bool hidden = ! current->IsVisible();
```

```
    event.Check(hidden);
    event.Enable(true);
}
```

逻辑是:如果当前没有选中项,则"隐藏"菜单项设置为不可用状态,即代码中的 event.Enabled(false),同时确保它不处于选中状态;否则检查该图元是否隐藏,将状态同步到菜单项,同时确保它处于可用状态。

必须手动在事件表中加上绑定关系:

```
BEGIN_EVENT_TABLE(wxMyPainterFrame,wxFrame)
    //(*EventTable(wxMyPainterFrame)
    //*)
    //下面这一行是你要添加的
    EVT_UPDATE_UI(ID_POPMENU_HIDE, wxMyPainterFrame::OnUpdateItemHideStatus)
END_EVENT_TABLE()
```

接下来处理所有改变图元次序的菜单项状态维护,它们没有选中状态,只有是否可用的状态。我们将一次绑定所有的四个菜单项,所以请在源文件中查找生成 ID_POPMENU_TOP 和 ID_POPMENU_BOTTOM 等 ID 的四行代码,确保它们相邻。事件函数声明略,实现为:

```
void wxMyPainterFrame::OnUpdateChangeItemIndexEnabled(wxUpdateUIEvent & event)
{
    _selected_item_index = ListBox1->GetSelection();

    if (_selected_item_index == -1)
    {
        event.Enable(false);
        return;
    }

    int id = event.GetId();

    bool enabled = false;

    if (ID_POPMENU_TOP == id || ID_POPMENU_FOWARD == id)
    {
        int last = ListBox1->GetCount() - 1;
        enabled = _selected_item_index != last;
    }
    else if (ID_POPMENU_BOTTOM == id || ID_POPMENU_BACK == id)
    {
        enabled = _selected_item_index != 0;
    }

    event.Enable(enabled);
}
```

在事件表添加的绑定代码,实际代码为一行:

```
    EVT_UPDATE_UI_RANGE(ID_POPMENU_TOP, ID_POPMENU_BOTTOM, wxMyPainterFrame::OnUpdate-
ChangeItemIndexEnabled)
```

最后是“删除”菜单项是否可用的状态维护:

```
void wxMyPainterFrame::OnUpdateDeleteItemEnabled(wxUpdateUIEvent & event)
{
    _selected_item_index = ListBox1->GetSelection();

    event.Enable(_selected_item_index != -1);
}
```

事件绑定代码:

```
    EVT_UPDATE_UI(ID_POPMENU_DELETE, wxMyPainterFrame::OnUpdateDeleteItemEnabled)
```

11.12.7 进化七:画板上选中图元

1. 步骤二十:实现各类图元的“命中”判断

接下来实现通过在画板上单击,击中哪个图元就是选中它。如果图元间有重叠,我们就选中靠顶层(其实就是后画的)那个。“框”和“圆”如果没有背景色,我们认为它是“中空”的,此时只有单击在边线或弧线上,才算选中。文字虽然也是基于“框”判断,但它总是被认为是“实心”的。

怎么判断一个点在一条直线(严格讲是线段)上呢?这得考验大家初中数学知识还记得多少了。不过为此要玩到“角度”“正弦/余弦”和“反正弦/反余弦”等概念的同学,肯定是当年的数学学霸,我想到判断点是否在线段上的方法是几何的第一条公理:“两点之间直线最短”。

为工程新建一对头文件和源文件,文件名为“hit_test_tool.hpp/.cpp”。头文件:

```
#ifndef HIT_TEST_TOOL_HPP_INCLUDED
#define HIT_TEST_TOOL_HPP_INCLUDED

//点 testX, testY 是否在给定的线段上
bool OnLineSegment(int startX, int startY
                , int endX, int endY
                , int testX, int testY);

//点 testX, testY 是否在给定的方框内
bool InRect(int startX, int startY
                , int endX, int endY
                , int testX, int testY
                , bool hollow); //hollow:是否“中空”

//点 testX, testY 是否在给定的圆内
```

```
bool InCircle(int centerX, int centerY, int radius, int testX, int testY, bool hollow);

#endif // HIT_TEST_TOOL_HPP_INCLUDED
```

源文件：

```
#include "hit_test_tool.hpp"

#include <cmath>
#include <algorithm>

//求两点间的直线距离（已知直角三角形两直角边长度,求斜边长度）
double get_line_length(int startX, int startY
                , int endX, int endY)
{
    double dx = endX - startX;
    double dy = endY - startY;

    return std::sqrt(dx * dx + dy * dy);
}

bool OnLineSegment(int startX, int startY
                , int endX, int endY
                , int testX, int testY)
{
    //允许的误差值,否则我们点半天也点不到线上
    const double MARGIN_FOR_LINE_HITTEST_ERROR = 0.01;

    double l1 = get_line_length(startX, startY, testX, testY);
    double l2 = get_line_length(testX, testY, endX, endY);
    double l = get_line_length(startX, startY, endX, endY);

    return std::abs(l - (l1 + l2)) <= MARGIN_FOR_LINE_HITTEST_ERROR;
}

bool InRect(int startX, int startY
                , int endX, int endY
                , int testX, int testY
                , bool hollow)
{
    int minorX = std::min(startX, endX);
    int minorY = std::min(startY, endY);

    int biggishX = std::max(startX, endX);
    int biggishY = std::max(startY, endY);

    if (hollow)
    {
    //如果“中空”,就简单粗暴地判断是不是在框的四条边线上
```

```
        return OnLineSegment(minorX, minorY, minorX, biggishY, testX, testY)
            || OnLineSegment(minorX, minorY, biggishX, minorY, testX, testY)
            || OnLineSegment(biggishX, biggishY, biggishX, minorY, testX, testY)
            || OnLineSegment(biggishX, biggishY, minorX, biggishY, testX, testY);
    }
    else
    {
        return (testX > = minorX && testX < = biggishX)
              && (testY > = minorY && testY < = biggishY);
    }
}

bool InCircle(int centerX, int centerY, int radius, int testX, int testY, bool hollow)
{
    double distance = get_line_length(centerX, centerY, testX, testY);

    const double MARGIN_FOR_CIRCLE_HITTEST_ERROR = 2.5;

    if (hollow)
    {
        return std::abs(distance - radius) < = MARGIN_FOR_CIRCLE_HITTEST_ERROR;
    }
    else
    {
        return distance < = radius;
    }
}
```

为抽象类添加新接口：

```
class IItem
{
public:
……
    virtual bool IsHitOn(int x, int y) const = 0;
};
```

【小提示】：在已经有不少派生类的情况下调试基类的新接口

一旦为IItem添加一个纯虚的接口，比如前述的IsHitOn()，就意味着我们不得不为所有当前已经存在的派生类都实现该接口之后，程序才能够编译通过，运行起来接受测试。小窍门是暂时将IItem::IsHitOn改成一个空的实现，默认返回false。等后续完成各派生类实现了，才将它恢复成纯虚接口——不少人这么做，但我并不推荐，我推荐的是为每个派生类写一个空的实现，先简单返回false。

各派生类的实现，我只给出最主要的代码，函数声明以及头文件包含等略去。

(1) 线：

```
bool LineItem::IsHitOn(int x , int y) const
{
    return OnLineSegment(_startPosition.x, _startPosition.y
                        , _endPosition.x, _endPosition.y
                        , x, y);
}
```

(2) 十字形:

横线或竖线被命中……请自行搞定。

(3) 方框:

```
bool RectangleItem::IsHitOn(int x, int y) const
{
    bool hollow = (_bkgndColor == wxNullColour); //背景颜色为空,表示"中空"

    return InRect(_startPosition.x, _startPosition.y
                 , _endPosition.x, _endPosition.y
                 , x, y
                 , hollow);
}
```

(4) 圆形:

参考其 Draw 方法求得半径,而"中空"判断则和方框一致。

(5) 文字:

和方框一致,只是 hollow 固定为 false。

2. 步骤二十一:为画板上鼠标左击添加新逻辑

万事俱备,只欠在画板的鼠标事件中处理了,而且我们手头其实已经拥有 OnScrolledWindow1LeftDown 事件方法,来看看怎么改,这是现有的:

```
void wxMyPainterFrame::OnScrolledWindow1LeftDown(wxMouseEvent & event)
{
    if (_newItem) //逻辑别搞反
    {
        return;
    }

298  _newItem = this ->CreateItem();

300  if (! _newItem)
     {
         return;
     }

    _newItem ->SetForegroundColor(this ->_foregroundColor);
    _newItem ->SetBackgroundColor(this ->_backgroundColor);

    _newItem ->OnDrawStart(ScrolledWindow1 ->CalcUnscrolledPosition(event.GetPosition()));
}
```

298行调用CreaterItem()方法，如果用户当前选中的图元类型是"无"，那么它就返回一个NULL值，表示用户并不是要真的画一个什么图形，他只是在"瞎点"……以前是，但现在我们要让这次单击有意义：判断点在哪个图元上，然后选中那个图元。这一小段代码改成如下：

```
……
    if (! _newItem)
    {
        //说明此时菜单中选中的图元是"无"
        //操作变成"击中测试"
         wxPoint hit_on = ScrolledWindow1 ->CalcUnscrolledPosition(event.GetPosition
());
        this ->HitTest(hit_on.x, hit_on.y);
        return;
}
……
```

HitTest()是需要添加的新成员函数：

```
void wxMyPainterFrame::HitTest(int x , int y)
{
    std::list < IItem * > ::const_reverse_iterator it = _items.rbegin();

    int index = _items.size() - 1;

    for (; it ! = _items.rend(); ++ it, -- index)
    {
        IItem const * item = * it;

        if (item ->IsVisible() && item ->IsHitOn(x, y))
        {
            ListBox1 ->SetSelection(index);
            break;
        }
    }
}
```

没错，我们使用了"逆向迭代器"，后面画的先做判断，因为后面画的图元叠在前面画的图元之上。鼠标单击先"碰"到上层的图元，这样似乎比较直观。但你也可以实现为底层优先判断，如果你能找到你的理由。

另外，我们不对隐藏的图元做命中判断。这层逻辑也可以直接放在各图元内部实现，但将它交给外部自由组合处理是推荐的做法。

【课堂作业】：支持在画图状态下，也能选中图元

必须从菜单中切换图元类型为"无"才能执行选择操作，感觉对用户不友好，其实只要简单地复制几行代码，就可以实现不切换也能做单击判断和选择操作。请你找到这几行代码,并将它们复制到合适的地方。

11.12.8 进化八:支持 Undo / Redo

1. 步骤二十二:一堂"Undo/Redo"的理论课

"Undo/Redo"对应的中文是"撤消/恢复",照理说"Undo/Redo"的实现和 GUI 没有直接关系,但它是在众多 GUI,特别是通过图形化界面进行某类数据编辑的程序的典型功能。比如我现在用 WPS 写作,在它的"编辑"菜单下就能找到这对菜单项,所以这里给出实现。

你做了一项操作,然后你可以"撤消"这一操作,比如在画板上画一条线,感觉不满意,于是按下 Ctrl + Z(Undo 的典型热键),那条线就从画板上消失了。但是你又马上觉得其实那条线它有什么错呢?还是留着它吧……真够纠结的,于是你按下 Ctrl + Shift + Z,又恢复曾经的那条线。

"Undo/Redo"的实现原理是通过一个链表,为每一步操作存储额外的信息,为方便描述,称额外信息为 Action。比如,在新画板上画一条直线、一个方框和一个圆圈,则 Action 的链表内容,如图 11-142 所示。

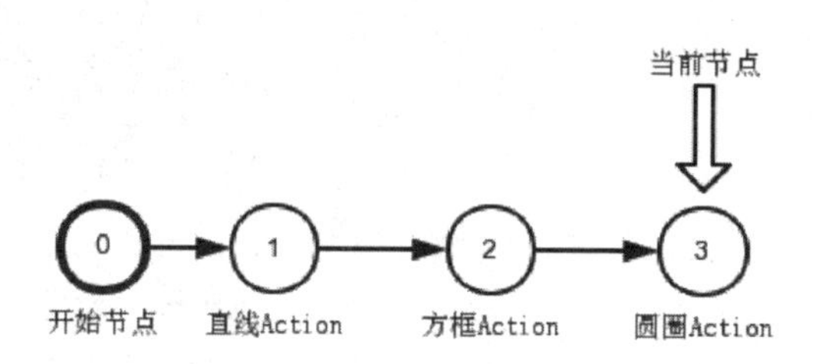

图 11-142 Action 链表初始状态

其中"开始节点"是一个特殊节点,不代表一个真实的操作;而每个"XX Action",表示一次"添加 XX 的操作";竖向箭头表示"当前节点"的位置,现在是最后一个节点。"当前节点"后退(往开始节点方向),就表示一次"Undo"操作,比如图中从 3 号退到 2 号,表示用户执行了一次 Undo 操作,撤消了刚刚的"圆圈操作",现在链表如图 11-143 所示。

假设现在用户执行 Redo 操作,那么就是"撤消"上次的"撤消",这样说法太绕了,所以正常人都说"恢复"。执行一次恢复之后,链表回到本例的初始化状态,但我特意保留下 Undo 和 Redo 的图标,如图 11-144 所示。

当"当前节点"在最后一个节点身上(如图 11-144 表示的状态),就表示没有什么可以 Redo 的了。请注意:执行 Redo 操作的,不是当前节点,而是当前节点的下一节点。比如上图中,用户先对 3 号执行了 Undo,随后执行 Redo,针对的也是节点 3,而不是节点 2。

当"当前节点"位于"开始节点"时,就表示没什么可以 Undo 的。后者正是我们

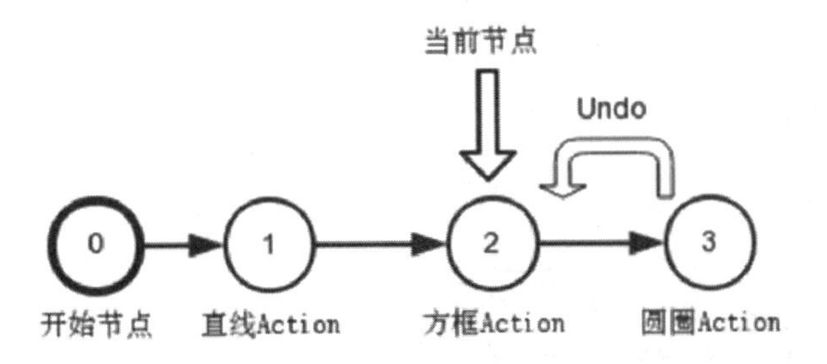

图 11-143 Undo 一次以后的 Action 链表

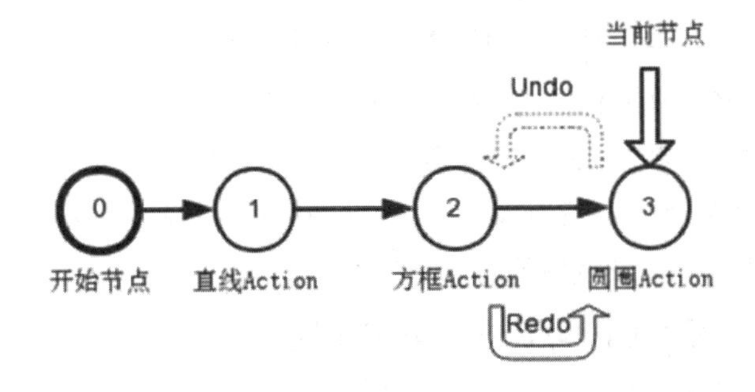

图 11-144 执行 Redo 之后的 Action 链表

增加"开始节点"的意图:在 1 号执行 Undo 之后,可以让"当前节点"有个落脚的地方。

以上示例过程中只有 Undo 或 Redo 操作,但用户有可能在中间夹有添加新图元的操作,比如他先连续执行两次 Undo,如图 11-145 所示。

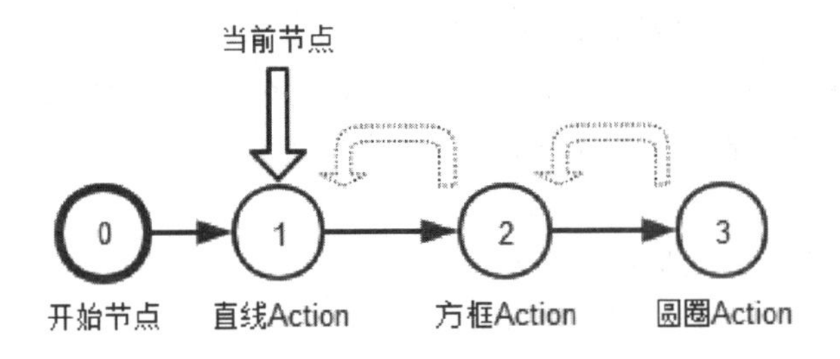

图 11-145 连续执行两次 Undo 之后

用户不纠结了,他接下来想添加一个"十"字形图元,这个十字形对应的 Action(编号为 4),需要在 Action 链表中的哪个位置呢? 直接补在 3 号之后,然后再将"当前节点"指向它? 这肯定不对,大家自行画图推理一下。

正确的做法是清除"当前节点"之后的所有节点,也就是 2 和 3,然后加上 4 号,并设置其为"当前节点",如图 11-146 所示。

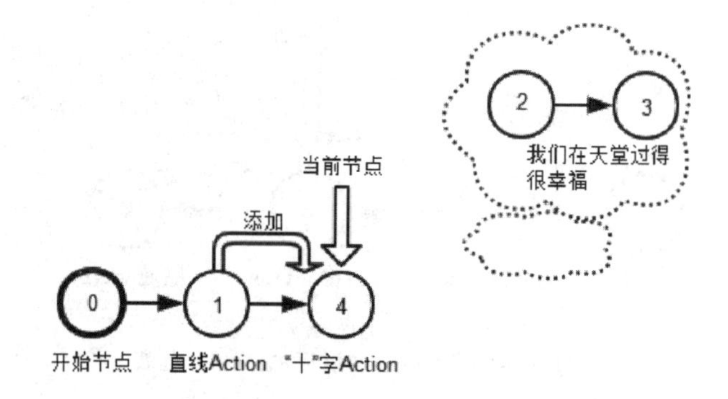

图 11-146 Undo 之后添加新节点

其逻辑就是:用户 Undo 一个节点,我们不直接删除这个节点,用户继续 Undo,我们就继续保留这中间被 Undo 掉的所有节点,因为我们要给用户 Undo 之后马上 Redo 的机会,但如果用户不后悔,直接添加新图元,那么之前他所 Undo 掉的所有节点,就被真正的抛弃掉了。后悔药有,但必须现服。

2. 步骤二十三:"Undo/Redo"操作类定义

接下来讲解 Action 如何实现。每个 Action 都必须提供 Undo 和 Redo 的接口,前者把自己所代表的某个"操作"从这个世界上抹去,后者则重新做一次自己的代表操作。

"小画家"程序现有哪些"操作"呢?请看大屏幕:

(1) 添加一个图元,对应类为 AddAction;

(2) 删除一个图元,对应类为 DelAction;

(3) 调整图元次序(包括:置顶、置底、上浮、下沉),对应类为 IndexAction。

其实还有一个"隐藏"或"取消隐藏",不过这一对操作本身就是互相切换,并且它们不影响所有其他操作的"Undo/Redo"操作,所以无需为它们提供"Undo/Redo"。

下面准备上代码。几点说明:

① 我们为所有操作,提供一个基类作为接口,称为 EditAction;

② 所有 Action 的定义及实现,集中放在"action_link. hpp/. cpp"文件中;

③ 考虑到"Undo/Redo"的逻辑相对复杂,我在代码中加了 wxLog 的机制;

④ 同样为了调试方便,要求每个 Action 提供 GetName()接口来获得它的自我描述;

⑤ 前面提到的"开始节点",代码中称为空 Action,即 EmptyAction,它被定义在 Action 链表(ActionLink)类内部,因为它只在链表内部使用。

(1) 头文件 action_link.hpp

```
#ifndef ACTION_LINK_HPP_INCLUDED
#define ACTION_LINK_HPP_INCLUDED

#include <list>

#include <wx/log.h>

#include "item_i.hpp"

//基类
struct EditAction
{
    virtual void Undo() = 0;
    virtual void Redo() = 0;

    virtual ~EditAction() = 0;

    virtual wxString GetName() const = 0;
};

//添加操作
struct AddAction : public EditAction
{
    AddAction(std::list <IItem *> & items);

    virtual ~AddAction();

    virtual void Undo();
    virtual void Redo();

    virtual wxString GetName() const {return wxT("添加");}

private:
    std::list <IItem *> & _items;
    IItem * _newItem;
};

//删除操作
struct DelAction : public EditAction
{
    DelAction(std::list <IItem *> & items, IItem* deletedItem, int deleteItemIndex);

    virtual ~DelAction();

    virtual void Undo();
    virtual void Redo();

    virtual wxString GetName() const {return wxT("删除");}
```

```
private:
    std::list < IItem * > & _items;
    IItem * _deletedItem;
    int _deleteItemIndex;
};

//调序操作
struct IndexAction : public EditAction
{
    IndexAction(std::list < IItem * > & items, int srcIndex, int dstIndex);

    virtual void Undo();
    virtual void Redo();

    virtual wxString GetName() const
    {
        wxString name = wxT("调序");
        name << _srcIndex << wxT(" = > ") << _dstIndex;

        return name;
    }

private:
    void Swap();

    void UnTop();
    void ReTop();

    void UnBottom();
    void ReBottom();

private:
    std::list < IItem * > & _items;
    int _srcIndex, _dstIndex;
};

//操作链
struct ActionLink
{
private:
    typedef std::list < EditAction * > List;
    typedef std::list < EditAction * > ::iterator ListIterator;

    //开始节点是一个特殊的"空节点"
    struct EmptyAction : public EditAction
    {
        virtual void Undo() {} //空操作
        virtual void Redo() {} //空操作
```

```
        virtual wxString GetName() const {return wxT("空");}
    };

    //当用户执行新操作前，需要抛弃所有之前 Undo 掉的操作
    void Discard()
    {
        ListIterator it = _iter;

        for ( ++ it; it ! = _actions.end(); ++ it)
        {
            wxLogWarning(wxT("废弃") + ( * it)->GetName());
            delete ( * it);
        }

        it = _iter;
        ++ it;

        _actions.erase(it, _actions.end());
    }

public:
    ActionLink()
    {
        _actions.push_back(new EmptyAction); //预告准备好"开始节点"
        _iter = _actions.begin();
    }

    ~ActionLink();

    //往链表中添加一个新操作
    void AddAction(EditAction * newAction)
    {
        Discard(); ////当用户执行新操作前，需要抛弃所有之前 Undo 的操作
        _actions.push_back(newAction);

        wxLogWarning(wxT("增加") + newAction->GetName());

        ++ _iter; //"当前节点"指向最新添加的操作

        wxLogWarning(wxT("当前") + ( * _iter)->GetName());
    }

    //判断是不是可以 Undo
    bool CanUndo() const
    {
        return _iter ! = _actions.begin();
    }

    //判断是不是可以 Redo
```

```
    bool CanRedo() const
    {
        ListIterator it = _iter;
        assert(it != _actions.end());

        return (++it) != _actions.end();
    }

    //对当前节点执行 Undo
    void Undo()
    {
        assert(CanUndo());

        EditAction* action = *_iter;
        action >Undo();

        -- _iter;
    }

    //对当前节点执行 Redo
    void Redo()
    {
        assert(CanRedo());

        ++_iter; //先前进到下一个节点

        EditAction* action = *_iter;
        action->Redo();
    }

private:
    List _actions;
    ListIterator _iter; //当前节点
};

#endif // ACTION_LINK_HPP_INCLUDED
```

所有 Action 在构造时,都要传入一个 item 列表的引用,它将是来自于 wxMyPainterFrame 类中的"_items"成员数据。

(2) action_link.cpp 文件

```
#include "action_link.hpp"

#include <cmath>

EditAction::~EditAction()
{

}
```

```
AddAction::AddAction(std::list < IItem * > & items)
    : _items(items), _newItem(nullptr)
{

}

AddAction::~AddAction()
{
    //如果_newItem 不为空,说明用户没有 Redo,我们就真正从内存释放这个
    //被 Undo 掉的家伙
    //重要:如果用户有调用 Redo,那一定要将它置为 NULL。
    delete _newItem;
}

void AddAction::Undo()
{
    assert(! _items.empty());
    assert(_newItem == nullptr);

    /*
    “添加操作”的 Undo 逻辑:找到图元列表的最后一个节点,从列表中
    删除它,但图元对象本身不释放,而是先用_newItem 记下来,因为也许
    用户马上就要 Redo。
    */
    std::list < IItem * >::iterator it = _items.end();
    -- it;

    _newItem = * it;

    _items.erase(it);
}

void AddAction::Redo()
{
    assert(_newItem ! = nullptr);

    /*
    “添加操作”的 Redo 逻辑:把之前 Undo 操作记下的元素,重新
    放回图元列表。
    */

    _items.push_back(_newItem);
    _newItem = nullptr; //很重要,因为如果不为空……请看析构函数
}

//“删除操作”除了需要元素列表(的引用),还需要告诉它,删除了哪个元素
//以及该元素的位置
DelAction::DelAction(std::list < IItem * > & items, IItem * deletedItem, int deleteIte-
mIndex)
    : _items(items), _deletedItem(deletedItem), _deleteItemIndex(deleteItemIndex)
```

```
{
    assert(_deletedItem ! = nullptr);
}

DelAction::~DelAction()
{
    //如果用户最后没有 Undo,那被删除的图元,在此时才真正释放
    delete _deletedItem;
}

void DelAction::Undo()
{
    assert(_deletedItem ! = nullptr);

    /*
    "删除操作"的 Undo 逻辑:在图元列表中,找到当初删除的位置,
    然后将当初删除的图元对象,重新插入到该位置(撤消删除)。
    */

    std::list < IItem * > ::iterator it = _items.begin();
    std::advance(it, _deleteItemIndex);

    wxString log;
    log << wxT("取消第") << _deleteItemIndex << wxT("个元素的删除。");
    wxLogWarning(log);

    _items.insert(it, _deletedItem);

    _deletedItem = nullptr;
}

void DelAction::Redo()
{
    assert(! _items.empty());

    /*
    "删除操作"的 Redo 逻辑:在图元列表中,找到当初删除的位置,
    然后将该位置上的图元对象,再次从列表中移除,但图元对象不释放,而
    是用_deleteItem 存储下来(因为纠结的用户既然会在 Undo 之后又 Redo,就有可能
    在 Redo 之后又马上再次 Undo……)。
    */

    std::list < IItem * > ::iterator it = _items.begin();
    std::advance(it, _deleteItemIndex);

    wxString log;
    log << wxT("恢复第") << _deleteItemIndex << wxT("个元素的删除。");
    wxLogWarning(log);

    assert(_deletedItem == nullptr);
```

```
    _deletedItem = *it;
    _items.erase(it);
}

//"调序操作"构造需要额外知道:源位置和目标位置
IndexAction::IndexAction(std::list<IItem*>& items, int srcIndex, int dstIndex)
    : _items(items), _srcIndex(srcIndex), _dstIndex(dstIndex)
{
}


/*
"调序操作"包含四小类操作:置顶,置底,上浮一层,下沉一层,其中后两者
可以合并为上下相邻的两个图元"对调次序",并且这二者正好互为"Undo / Redo"。
比如:上浮一层的 Undo 就是执行下沉一层……
 */


//对调次序
//开心! 因为只需提供一个交换次序就可以满足
//"上浮一层"与"下沉一层"的 Undo 和 Redo 合计四个动作
void IndexAction::Swap()
{
    //到源节点
    std::list<IItem*>::iterator src = _items.begin();
    std::advance(src, _srcIndex);

    //到目标节点
    std::list<IItem*>::iterator dst = _items.begin();
    std::advance(dst, _dstIndex);

    //交换内容
    IItem* tmp = *src;
    *src = *dst;
    *dst = tmp;
}

//撤消置顶 (置顶的 Undo 操作)
void IndexAction::UnTop()
{
    /*
        "撤消置顶"的逻辑: 先拿到顶部(其实就是最后一个节点)的图元,
    然后将它从图元列表中弹出。然后到源位置,将它插入
    */

    std::list<IItem*>::iterator dst = _items.begin();
    std::advance(dst, _dstIndex);

    IItem* item = *dst;
    _items.pop_back();
```

```
    std::list < IItem * >::iterator src = _items.begin();
    std::advance(src, _srcIndex);
    _items.insert(src, item);
}

//恢复置顶(置顶的 Redo 操作)
void IndexAction::ReTop()
{
    /*
        "恢复置顶"的逻辑:在源位置将节点从图元列表中删除,然后直接
    加到列表的尾部。
    */


    std::list < IItem * >::iterator src = _items.begin();
    std::advance(src, _srcIndex);

    IItem * item = * src;
    _items.erase(src);

    _items.push_back(item);
}

//撤消置底
void IndexAction::UnBottom()
{
    /*
        "撤消置底"的逻辑:先拿到底部(其实就是第一个节点)的图元,
    然后将它从图元列表中弹出。然后到源位置,将它插入。
    */

    std::list < IItem * >::iterator bottom = _items.begin();
    IItem * item = * bottom;
    _items.pop_front();

    std::list < IItem * >::iterator src = _items.begin();
    std::advance(src, _srcIndex);
    _items.insert(src, item);
}

//恢复置底
void IndexAction::ReBottom()
{
    /*
        "恢复置底"的逻辑:在源位置将节点从图元列表中删除,然后直接
    加到列表的头部。
    */

    std::list < IItem * >::iterator src = _items.begin();
```

```
    std::advance(src, _srcIndex);

    IItem* item = *src;
    _items.erase(src);

    _items.push_front(item);
}

//“调序操作”的 Undo 统一入口
void IndexAction::Undo()
{
    if (_srcIndex == _dstIndex)  //源位置和目标位置相同,“调序”? 非也!
    {
        return; //走开!
    }

    if (std::abs(_dstIndex - _srcIndex) == 1) //源位置和目标位置相邻? 上下交换即可
    {
        wxString log;
        log << wxT("取消交换") << _srcIndex << wxT("到") << _dstIndex;
        wxLogWarning(log);

        Swap();
    }
    else if ((size_t)_dstIndex == _items.size() - 1) //目标位置是最后一个图元? 置顶是
也
    {
        wxString log;
        log << wxT("取消置顶") << _srcIndex << wxT("到") << _dstIndex;
        wxLogWarning(log);

        UnTop();
    }
    else if (_dstIndex == 0) //目标位置是第一个图元? 是置底
    {
        wxString log;
        log << wxT("取消置底") << _srcIndex << wxT("到") << _dstIndex;
        wxLogWarning(log);

        UnBottom();
    }
}


//“调序操作”的 Redo 统一入口
void IndexAction::Redo()
{
    if (_srcIndex == _dstIndex)
    {
        return; //再走开
```

```
    }

    if (std::abs(_dstIndex - _srcIndex) == 1)
    {
        Swap();
    }
    else if ((size_t)_dstIndex == _items.size() - 1)
    {
        ReTop();
    }
    else if (_dstIndex == 0)
    {
        ReBottom();
    }
}

ActionLink::~ActionLink()
{
    for (ListIterator it = _actions.begin()
            ; it != _actions.end(); ++it)
    {
        //释放每一个 Action,Action 又将有可能释放其中可能持有的图元对象
        delete (*it);
    }

    _actions.clear();
}
```

3. 步骤二十四:嵌入“Undo/Redo”功能

头文件 wxMyPainterMain.hpp 先加入对 action_link.hpp 的包含,然后在 wxMyPainterFrame 类定义中加入新的私有成员数据:

```
ActionLink _actionLink;
```

建议就加在图元列表“_items”之后。请回头再看一眼 ActionLine 的构造函数,记得我们已经为它预先加入了一个“开始节点”。

接下来在 CPP 文件中为前面提到的各类操作,添加“撤消/恢复”功能。前面提到用于调试的 Log 功能,需要先在主框架窗口构造函数最后一行加入:

```
    new wxLogWindow(this, wxT("日志输出窗口"));
```

(1) 让“添加操作”支持“Undo/Redo”

首先是添加图元的操作(这里还有某次作业的答案,你做对了吗):

```
void wxMyPainterFrame::OnScrolledWindow1LeftUp(wxMouseEvent & event)
{
    ……

    if(! _newItem ->IsLargeEnough())
    {
        delete _newItem;

        //如果图元太小，我们放弃这次图元，改为判断是不是命中某个图元
         wxPoint hit_on = ScrolledWindow1 ->CalcUnscrolledPosition(event.GetPosition
());
        this ->HitTest(hit_on.x, hit_on.y);
    }
    else
    {
        ……

        //添加 Undo 动作
        _actionLink.AddAction(new AddAction(_items));
    }

……
}
```

“添加”操作的结果是新图元被加入到“_items”的末尾，AddAction 对象可以从中得到这个元素，所以不需要额外的构造入参。

(2) 让“删除操作”支持“Undo/Redo”

其次是删除操作，同样是作业答案：

```
//删除当前选中项
void wxMyPainterFrame::OnMenuItemDelItemSelected(wxCommandEvent & event)
{
    _selected_item_index = ListBox1 ->GetSelection();

    if (_selected_item_index == -1)
    {
        return;
    }

    std::list < IItem * >::iterator it = _items.begin();
    std::advance(it, _selected_item_index);

    IItem * current = * it;
    _items.erase(it); //从列表中删除

    /*   delete current;如果是不支持 UNDO 的删除，直接 delete 图元   */
    /*   undo 支持，则改为下一行：  */
    _actionLink.AddAction(new DelAction(_items, current, _selected_item_index));
```

```
    UpdateListBox(_selected_item_index);

    ScrolledWindow1->Refresh();
}
```

“删除”操作的结果是图元从“_items”中移出，构造 DelAction 对象需要知道在哪个位置移出，并且还要得到被移出队伍的那个家伙。由于要支持“Undo/Redo”，被移除的图元对象没有被直接释放，而是转交给 DelAction 管理。

(3) 让“置顶”操作支持“Undo/Redo”

```
//将选中项浮到最顶层
void wxMyPainterFrame::OnMenuItemTopLevelSelected(wxCommandEvent & event)
{
    ......

    int last_item_index = items_count - 1;
    _actionLink.AddAction(new IndexAction(_items
                          , _selected_item_index, last_item_index));

    //同步调整元素 ListBox 中的位置
    UpdateListBox(last_item_index);
    ScrolledWindow1->Refresh();
}
```

需要告诉新创建的 IndexAction 对象：调整位置的开始位置是“_select_item_index”，即选中项，而目标位置是最后一项。

(4) 让“上浮操作”支持“Undo/Redo”

```
//前进(上浮)一层
void wxMyPainterFrame::OnMenuItemFowardLevelSelected(wxCommandEvent & event)
{
    ......

    _actionLink.AddAction(new IndexAction(_items
                          , _selected_item_index, _selected_item_index + 1));

    //同步调整元素 ListBox 中的位置
    UpdateListBox(_selected_item_index + 1);  //选中下一项
    ScrolledWindow1->Refresh();
}
```

需要告诉新创建的 IndexAction 对象：调整位置的开始位置是“_select_item_index”，即选中项，而目标位置是它的下一项。

(5) 让“下降操作”支持“Undo/Redo”

也是作业答案：

```
//后退(下降)一层
void wxMyPainterFrame::OnMenuItemBackLevelSelected(wxCommandEvent & event)
{
    _selected_item_index = ListBox1 ->GetSelection();

    if (_selected_item_index == -1)
    {
        return;
    }

    if (_selected_item_index == 0) //已经是最底层
    {
        return;
    }

    std::list < IItem * > ::iterator before = _items.begin();
    std::advance(before, _selected_item_index - 1);

    std::list < IItem * > ::iterator it = before;
    std::advance(before, 1);

    IItem * current = * it;
    * it = * before;
    * before = current;

    _actionLink.AddAction(new IndexAction(_items
              , _selected_item_index, _selected_item_index - 1));

    UpdateListBox(_selected_item_index - 1);
    ScrolledWindow1 ->Refresh();
}
```

需要告诉新创建的 IndexAction 对象:调整位置的开始位置是“_select_item_index”,即选中项;而目标位置是它的上一项。

(6) 让“置底操作”支持“Undo/Redo”

同样完整包含之前的作业答案,并且加入粗体部分的新功能:

```
//置底
void wxMyPainterFrame::OnMenuItemBottomLevelSelected(wxCommandEvent & event)
{
    _selected_item_index = ListBox1 ->GetSelection();

    if (_selected_item_index == -1)
    {
        return;
    }

    if (_selected_item_index == 0) //已经是最底层
    {
```

```
        return;
    }

    std::list < IItem * >::iterator it = _items.begin();
    std::advance(it, _selected_item_index);

    IItem* current =  *it;
    _items.erase(it);
    _items.push_front(current);

    _actionLink.AddAction(new IndexAction(_items, _selected_item_index, 0));

    UpdateListBox(0);
    ScrolledWindow1->Refresh();
}
```

需要告诉新创建的 IndexAction 对象:调整位置的开始位置是“_select_item_index”,即选中项;而目标位置是第 0 项。

写了这么多代码,“_actionLink”有这么强大吗? 这就支持了所有操作的“Undo/Redo”?

4. 步骤二十五:添加“Undo/Redo”菜单项

在主菜单“文件[&F]”之后,“组件[&I]”之前加入“编辑[&E]”,其下再添加“撤消”和“恢复”两个子项:

(1) 菜单 ID 分别为 idMenuEditUndo 和 idMenuEditRedo;

(2) 热键分别为 Ctrl+Z 和 Ctrl+Shift+Z(这个很重要);

(3) 变量名分别为 MenuItemEditUndo 和 MenuItemEditRedo。

运行时菜单项效果如图 11 - 147 所示。

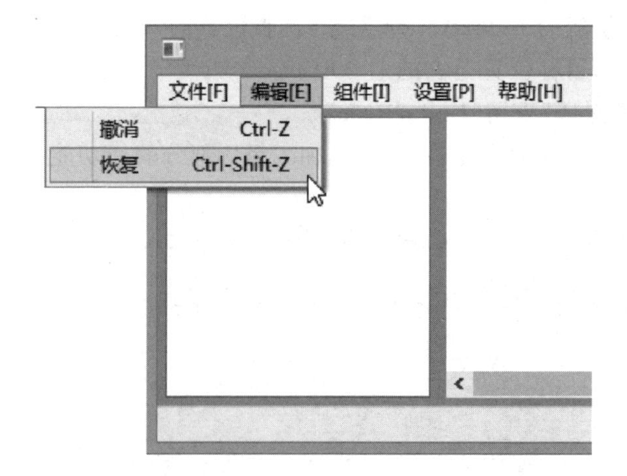

图 11 - 147　新添加的编辑菜单,暂时只有两项

分别添加事件：

```
void wxMyPainterFrame::OnMenuItemEditUndoSelected(wxCommandEvent & event)
{
    if (_actionLink.CanUndo())
    {
        _actionLink.Undo();

        this->UpdateListBox(_selected_item_index);
        this->ScrolledWindow1->Refresh(false);
    }
}

void wxMyPainterFrame::OnMenuItemEditRedoSelected(wxCommandEvent & event)
{
    if (_actionLink.CanRedo())
    {
        _actionLink.Redo();

        this->UpdateListBox(_selected_item_index);
        this->ScrolledWindow1->Refresh(false);
    }
}
```

编译、运行，哇，你做出了软件学院学生三阶水准才能完成的神奇的 Undo 和 Redo 功能，而你的外表却如此淡定，你的内心真的就没有一丝小惊喜？

以上代码在进行 Undo 或 Redo 之前，分别先进行 CanUndo 或 CanRedo 判断，这是一个良好的习惯，哪怕接下来我们马上就要从 UI 展现上来避免用户在不能做某事时，去触发该事件的命令。

在 wxMyPainterFrame 类定义找个合适的位置，加入这两行：

```
    void OnUpdateUndoStatus(wxUpdateUIEvent & event);
    void OnUpdateRedoStatus(wxUpdateUIEvent & event);
```

实现是：

```
void wxMyPainterFrame::OnUpdateUndoStatus(wxUpdateUIEvent & event)
{
    event.Enable(_actionLink.CanUndo());
}

void wxMyPainterFrame::OnUpdateRedoStatus(wxUpdateUIEvent & event)
{
    event.Enable(_actionLink.CanRedo());
}
```

最后绑定菜单 ID 和事件：

```
EVT_UPDATE_UI(idMenuEditUndo, wxMyPainterFrame::OnUpdateUndoStatus)
EVT_UPDATE_UI(idMenuEditRedo, wxMyPainterFrame::OnUpdateRedoStatus)
```

11.12.9 进化九:保存文件与加载文件

1. 步骤二十六:一堂关于"文档/视图"的理论课

文件操作并不是本节的重点,并且我们也将继续使用标准库的文件流操作,而不去碰 wxWidgets 的文件类。本节的学习重点你应该非常熟悉、许多应用程序都拥有的"新建""保存"和"另存为"等操作背后的逻辑。

(1) 程序内部维护着某种数据(本例中的 std::list < IItem * >);

(2) 这些数据在一或多个 UI 控件中展现(本例中在画板上显示图形,以及在列表框中显示图元标题);

(3) 用户可以通过交互修改这些数据(本例中可以在画板上添加图元,或者通过菜单命令删除图元、调整图层等);

(4) 这些数据可以被存储到程序外部,之后又可以从外部加载到程序(本节将实现的功能之一)。

以上逻辑,我们的"小画家"程序遵守,微软 Windows 提供的"画笔"也遵守,Word/Excel 也遵守,金山的 WPS 软件遵守,将来你在工作中需要写一个带数据编辑的桌面应用,也将如此。

【小提示】:单文档、多文档

Word/Excel/WPS,都支持同时打开多个文档数据,但我们的"小画家"和微软的"画笔"程序一样,一个时间内只支持打一份数据进行编辑,前者称为"多文档"应用,后二者称为"单文档"应用。多文档应用相对更复杂一些,但单一文档在打开、保存、另存和关闭等操作上,并无多大区别。

这类程序在数据与文档的转换环节上,通常都有如下交互设计:

(1) 如果用户修改了数据,并且还未保存(称为"脏"状态),那么应该在关闭前提示用户是否保存数据,并且通常会要窗口标题上加一个"*"提示(参考 Code::Blocks,或者 WPS);

(2) 如果这份数据从未保存过,那么称为一份新数据,存储前需要用户提供存储的文件名及存储位置;

(3) 如果用户创建了一份新数据,但从未在其上编辑,则不必提示存储。

以上提到的"关闭"指的是以下操作:

(1) 退出程序时;

(2) 用户准备从外部打开另一份数据,当前数据需要先关闭。

是时候上流程图了,因为看起来再寻常不过的"新建""保存"和"另存为"等操作,背后有着你恐怕没有意识到的复杂过程。我们先讲"新建"的流程,其流程如图 11 -

148 所示。

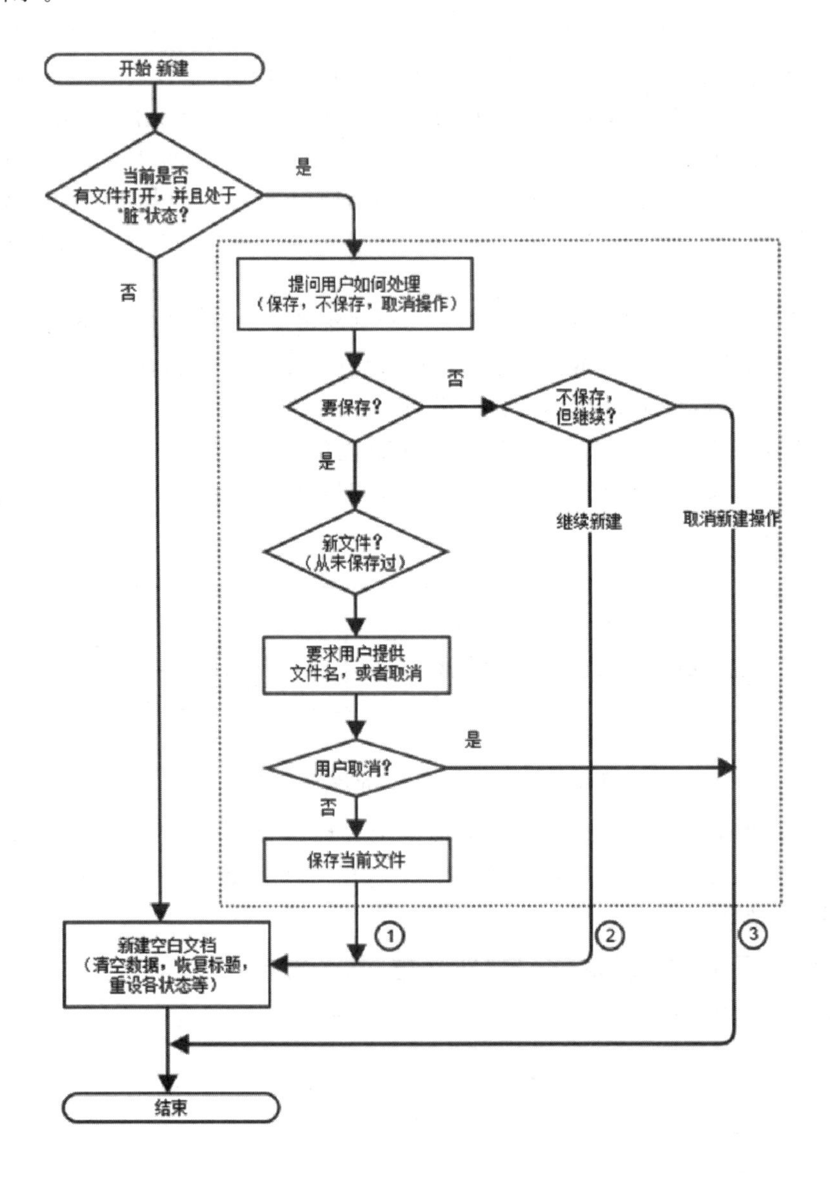

图 11-148　"新建"功能的流程图

这么复杂？其实也不要被吓到，纯粹新建一个空白文档，只需"_items"中现有的元素一清，接着画板一刷新变成一片空白就好，图中复杂的流程，全在虚线框中用于提示用户保存文件的过程。

那"保存文档"有这么复杂吗？其实纯粹的保存操作，也只是打开一个文件流，然后将"_items"中的数据写入，就完成了。图中虚线框内的操作过程到底是什么呢？

答：首先要提问用户是不是要保存，用户此时有选择保存、不保存以及取消的权利。又问,“取消”是什么意思?答:选择“取消”则不仅不保存,而且中断当前操作,回到原样,比如当前是“新建”操作,那就是用户后悔了,他不想新建什么文档,只想继续好好地画下去。接着,如果用户选择了要保存,但这个文档以前没有保存过,此时需要提示让用户输入文件名,这次用户可以选择正常输入(选择)新文件名,或者取消。

当一个文档要被关闭时,我们有义务检查文档是否“脏”,如果是,有义务提示用户是否保存。新建文档的操作是触发文档关闭的原因之一,其他如退出程序或者打开别的文档等操作,也同样会触发。因此很有必要将虚线框中的逻辑,单独封装成一个方法。

为了使用方便,我们将图中在虚线之外的“判断当前文件是否脏”的逻辑,也纳入该方法。接着再看虚线框的底部标了该过程可能拥有的三种出口:①保存了文件,继续目标操作;②没有保存文件,继续目标操作;③没有保存文件,并且取消目标操作。不过对于调用者来讲,只需要知道用户是否取消操作即可。

有关这个方法的具体实现,稍后再提,现在假设已经有了这个子流程,“新建”操作的流程就简单多了,如图 11-149 所示。

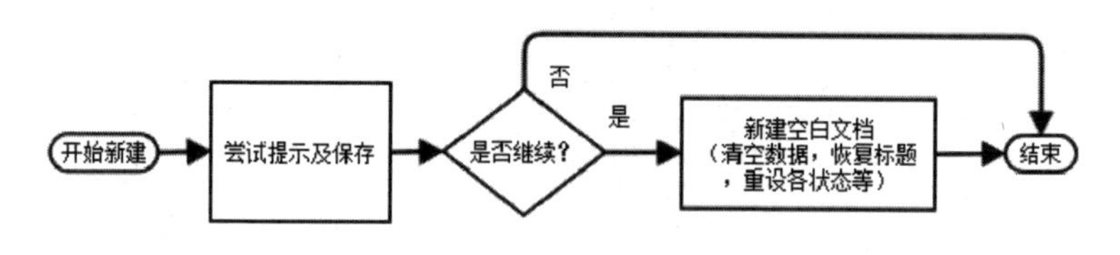

图 11-149 简化后的“新建”流程图

注意,我们不喜欢“反逻辑”,所以判断的内容称为“是否继续”,而不是“是否取消”。有了“尝试提示及保存”的子流程,有关“退出”或“另存”同样简化了不少,所以理论结束,又到动真格的时间了。

2. 步骤二十七:“脏数据”与“新文档”状态维护

先在 wxMyPainterFrame 类定义中声明以下两个新的成员:

```
bool _is_dirty; //数据是否“脏”
bool _is_new; //是不是新文件(从未保存过)
wxString _filename; //文件名

bool TrySaveFile(); //如果需要,尝试提示保存
bool SaveFile();  //真正的保存,保存失败返回 false
```

接着一定要在构造初始化列表中,将“_is_dirty”初始化为 false,“_is_new”初始化为 true。“_filename”则初始化为 wxT("未命名文件.d2_mp"),扩展名前两个字母用于刷某网站的存在感,后两个字母是“my painter”的简称,代码如下:

```
wxString file_default_name = wxT("未命名文件.d2_mp");  //全局变量

wxMyPainterFrame::wxMyPainterFrame(wxWindow * parent,wxWindowID id)
    : _newItem(NULL)
    ……
, _is_dirty(false), _is_new(true), _filename(file_default_name)
{
    ……
}
```

重点看 TrySaveFile 的实现：

```
//返回 false 表示用户取消
bool wxMyPainterFrame::TrySaveFile()
{
    if (! _is_dirty)
    {
        return true;
    }

    int sel = wxMessageBox(wxT("修改过的数据还没有保存,请问要保存吗?")
                    , wxT("温馨提示"), wxYES_NO | wxCANCEL
                    , this);

    if (sel == wxCANCEL)
    {
        return false; //第一个取消机会
    }

    if (sel == wxNO)
    {
        return true;
    }

    if (_is_new)
    {
        wxString fn = wxFileSelector(wxT("请选择要保存的文件名"));

        //如果返回的是空串,说明用户选择"取消"
        if (fn.IsEmpty())
        {
            return false; //第二个取消机会
        }

        _filename = fn;
    }

    return this->SaveFile();
}
```

当数据不“脏”(空的新数据也不脏)时,直接返回 true;否则弹出消息框提问用户如何处理,如果用户选择“CANCEL(取消)”,方法返回 false,表示事情保持原样,不再继续。

接着判断数据是否“新”,如果是,使用 wxFileSelector()方法弹出一个系统标准的文件选择对话框(请添加包含 < wx/filedlg. h > 的代码),此时用户有第二次后悔的机会。如果用户坚定不移,就将他输入的文件名,正式赋值给“_filename”。如果数据不是新的,那“_filename”肯定已经有了一个合适的值。

最后调用 SaveFile 方法,它用来真正地将数据写入“_filename”所代表的文件(暂时请你把它实现为一个空方法)。一旦保存后,文档就将永远不再是“新文件”(公司的新人奖只有一次机会),以及在下一次修改之前,不再是“脏”数据,所以 SaveFile()函数中,两个标志都将被置为 false。

“_is_dirty”和“_is_new”什么时候发生变化呢?先说简单的:当文件被第一次保存之后,_is_new 由真变假,并且该操作不能 Undo。再说“_is_dirty”,当数据被修改后,它就变成“脏”数据。wxMyPainterFrame 类中有这么几次修改了“_items”:

① 鼠标抬起时,添加新元素;

② 删除事件;

③ 置顶,上浮一层,下沉一层,置底四个事件中,修改了元素位置;

④ 隐藏事件中,修改了元素的可视属性。

以上事件是通过在代码中搜索“_items”的出现位置,认真检测后找到的,好像就这几处修改了“_items”(包括其内的元素)。接下来,我们就在以上事件的响应代码中,通通把“_is_dirty”设置为 true。

【小提示】:“在源头位置修改数据”的一次例外

依照之前提到的“仅在源头地方修改数据”的原则,好的设计是将“_items”封装到一个新的类中,对外提供数据访问与修改的接口,并在修改时将数据加上“脏”的标志。但一是不让事情越发复杂,二是考虑到项目进度问题(也就是本书完稿进度);三是为了向十数年前我学习的“文档/视图”模式例子致敬(它就是直接在窗口类中处理数据标志)。总之,我们就直接在窗口类中修改了。

我们还希望,当数据变“脏”时,在窗口的标题中,显示文档的标题并且在后面加一个“ * ”号,为此增加了以下两个新的私有成员方法:

```
//根据数据是否“脏”,设置 UI 状态
//现在仅是在标题上体现,将来也许可以在状态栏等地方也体现
void wxMyPainterFrame::UpdateFileStatusUI()
{
    wxString title = _filename;
    if (_is_dirty)
    {
        title << wxT(" * ");
```

```
    }

    this->SetTitle(title); //设置主窗口标题
}

//设置数据是否“脏”,并更新 UI
void wxMyPainterFrame::SetDirty (bool is_dirty)
{
    if (is_dirty == _is_dirty)
    {
        return;
    }

    _is_dirty = is_dirty;
    UpdateFileStatusUI();
}
```

再在前述的几处地方,调用 SetDirty(true):

(1) 添加新图元时:

```
void wxMyPainterFrame::OnScrolledWindow1LeftUp(wxMouseEvent & event)
{
    ......

    if(! _newItem->IsLargeEnough())
{
    ......
        }
    else
    {
        ......
        SetDirty(true);
    }

    ......
}
```

(2) 删除图元时:

```
void wxMyPainterFrame::OnMenuItemDelItemSelected(wxCommandEvent & event)
{

    ......
    SetDirty(true);
}
```

(3) 隐藏图元时:

```
void wxMyPainterFrame::OnMenuItemHideSelected(wxCommandEvent & event)
{
    ......
    SetDirty(true);
}
```

(4) 调整次序时:

涉及四个方法:OnMenuItemTopLevelSelected、OnMenuItemFowardLevelSelected、OnMenuItemBackLevelSelected 和 OnMenuItemBottomLevelSelected,全都是在函数最后加上对 SetDirty(true)的调用。

以上都是将数据设置为"脏",那什么时候将它设置为"不脏"呢?除了初始化时,当然就是每次存储文件之后,这正是之前被我们忽略了的 SaveFile()的重要职责之一:

```
bool wxMyPainterFrame::SaveFile()
{
    /*
        这里将用于实现真实的数据存盘操作,现暂未提供。
    */


    _is_new = false;
    _is_dirty = false;

    UpdateFileStatusUI();

    return true; //暂时假装保存成功了
}
```

等等!我们真的只在前面提到的四种地方修改了"_items"吗?不遵守原则的设计或实现方式是危险的!我们遗漏了对"Undo/Redo"事件也会改变数据是否"脏"的思考。

每个 Action 对象都带有一个"_iterms"的引用,这基本说明每一类每一步的"Undo/Redo"操作,都会修改到"_items",但微妙的是,并不是每一步"Undo/Redo"操作的结果,都是让数据变"脏",比如:用户保存了数据(此时数据不脏),接着用户又添加一个图元(数据又脏了),接着用户执行 Undo,显然,此时数据应当恢复到"不脏"的状态。

我们让每一步 Action 都记录当前数据是否脏,所以在基类 EditAction 上,简单地添加一个"_is_dirty"的属性:

```
struct EditAction
{
    EditAction(bool is_dirty = true)
        : _is_dirty(is_dirty)
    {
    }

    bool IsDirty() const
    {
        return _is_dirty;
    }

    void SetDirty(bool is_dirty)
    {
        _is_dirty = is_dirty;
    }

......
private:
    bool _is_dirty;
};
```

需要一个构造函数，入参 is_dirty 有默认值，这样可以不必修改现有派生类的构造过程。is_dirty 默认为 true 也是有道理的：因为每添加一个 Action，就是代表一次新操作，除了“开始节点”，它是定义在 ActionLink 类中的嵌套类 EmptyAction：

```
......
    struct EmptyAction : public EditAction
    {
        EmptyAction()
            : EditAction(false)//第一个节点是空操作，所以数据不脏
        {
        }

......
    }
......
```

基类 EditAction 的 IsDirty 和 SetDirty 方法一个用于查询，一个用于修改，但外部调用实际是通过 ActionLink 对象作为入口，所以需要为后者也添加类似的接口：

```
struct ActionLink
{
    ......

public:

    ......
    bool IsDirty() const
```

```
    {
        return ( * _iter) ->IsDirty();
    }

    void SetDirty(bool is_dirty)
    {
        if (( * _iter) ->IsDirty())
        {
            ( * _iter) ->SetDirty(is_dirty);
        }
    }

    ......
}
```

回到主窗口的代码,当有人调用 Undo 或 Redo 时,我们就从 Action 链表中查询一下,新到达的节点位置,记录的状态是什么:

```
void wxMyPainterFrame::OnMenuItemEditUndoSelected(wxCommandEvent & event)
{
    if (_actionLink.CanUndo())
    {
        _actionLink.Undo();

        this ->UpdateListBox(_selected_item_index);
        this ->ScrolledWindow1 ->Refresh(false);

        SetDirty(_actionLink.IsDirty());
    }
}

void wxMyPainterFrame::OnMenuItemEditRedoSelected(wxCommandEvent & event)
{
    if (_actionLink.CanRedo())
    {
        _actionLink.Redo();

        this ->UpdateListBox(_selected_item_index);
        this ->ScrolledWindow1 ->Refresh(false);

        SetDirty(_actionLink.IsDirty());
    }
}
```

对应的,SaveFile()操作,需要添加上 ActionLink 的 Save 操作,以便及时记录“此刻数据不脏”的状态:

```
bool wxMyPainterFrame::SaveFile()
{
    /*
    这里将用于实现真实的数据存盘操作,现暂未提供。
    */


    _is_new = false;
    _is_dirty = false;

    _actionLink.SetDrity(false);

    UpdateFileStatusUI();
    return true;
}
```

可以推理:当我们通过“_actionLink”记录每一步操作数据是否“脏”的状态后,wxMyPainterFrame 中的“_is_dirty”将变成多余的,同样 wxMyPainterFrame 原有的 SetDirty 方法也是多余的。所以我们需要一次有魄力的代码重构:

步骤 1:请将 wxMyPainterMain.cpp 中调用 SetDirty(……)的地方,全部改为调用 UpdateFileStatusUI(),包括前面刚刚在“Undo/Redo”响应函数加上的那两行;

步骤 2:原来需要判断“_is_dirty”的地方,都改成判断“_actionLink.IsDirty()”;

步骤 3:完成以上修改之后,从类 wxMyPainterFrame 的定义及实现代码终将“_is_dirty”和 SetDirty()清场。

【重要】:“正确设计”的强大气场

曾经我们想偷懒,想在窗口类中直接维护“_is_dirty”标志,但正确的设计总是有着它强大的气场,当逻辑变得复杂(比如此处的“Undo/Redo”与“_is_dirty”的关系),那些一时偷懒的做法,就会被逼到角落,最终退场。

反过来看,在提出“好的设计是将“_items”封装到一个新的类中,对外提供数据访问与修改的接口”时,我们并没有意识到,其实“_actionLink”就是这样一个合适的对象,直到我们开始考虑“Undo/Redo”与数据“脏”标志之间的逻辑时才开始浮现出正确的设计。

结论:请坚持做渐进式的正确设计。

编译后运行,添加第一个图元,注意看窗口标题将变成“未命名文件.d2_mp *”;然后执行一次 Undo,再注意看标题,变成“未命名文件.d2_mp”了,最后再做一次 Redo 操作,标题又恢复为以“ * ”结尾,可见我们通过在 ActionLink 中存储各步骤数据是否“脏”(反过来是数据“是否存盘”)的状态,然后在“Undo/Redo”操作时更新 UI(新增了窗口标题)的逻辑是正确的。

3. 步骤二十八:准备文件操作菜单

在“文件”主菜单项下,添加“新建”“打开”“保存”和“另存为……”等菜单项,并将原 Quit 菜单项标题改为“退出”，设计后主菜单的资源树如图 11－150 所示。

图 11－150　文件菜单

各子菜单项的属性设置如表 11－17 所列。

表 11－17　文件菜单项属性设置

标题	ID	变量名	热键	菜单项提示(Help Text)
新建	idMenuFileNew	MenuItemFileNew	Ctrl－N	新建一个内容空白的画板
———	Separator			
打开	idMenuFileOpen	MenuItemFileOpen	Ctrl－O	打开一个现有的画板文件
———	Separator			
保存	idMenuFileSave	MenuItemFileSave	Ctrl－S	将画板内容保存到文件
另存为	idMenuFileSaveas	MenuItemFileSaveas	无	将画板内容保存到另一个文件
———	Separator			
退出	idMenuQuit	MenuItemQuit	Alt－F4	

4. 步骤二十九：新建画板文件

为“新建”菜单项 MenuItemFileNew 挂接事件响应函数：

```
void wxMyPainterFrame::OnMenuItemFileNewSelected(wxCommandEvent & event)
{
    if (! this ->TrySaveFile())
    {
        return; //取消
    }

    this ->NewFile();
}
```

其中的 NewFile()是一个私有成员函数，实现如下：

```
void wxMyPainterFrame::NewFile()
{
    _item_id = 0; //编号重新从 0 开始
    _is_new = true;  //新文件标志
    _filename = file_default_name; //新文件使用的默认文件名

    assert(_newItem == nullprt);

    //list < IItem * > 中存的是堆对象,需要释放
    for (std::list < IItem * > ::iterator it = _items.begin()
         ; it ! = _items.end(); ++ it)
    {
        delete * it;
    }

    _items.clear();
    _actionLink.Reset();  //"Undo/Redo"的活动链,需要重置,实现见后

    UpdateListBox( - 1);  //ListBox1 中的图元将被全清
    UpdateFileStatusUI();  //更新窗口标题
    ScrolledWindow1 ->Refresh(); //刷新画板
}
```

ActionLink 可能存有许多 Action,现在需要重置,为它新增的方法名为"Reset":

```
void ActionLink::Reset()
{
    /* 偷懒的做法: 全部清掉,再重新加一个开始节点 */

    for (ListIterator it = _actions.begin(); it ! = _actions.end(); ++ it)
    {
        delete ( * it);
    }

    _actions.clear();

    _actions.push_back(new EmptyAction);
    _iter = _actions.begin();
}
```

5. 步骤三十:保存画板文件

为"保存"菜单项 MenuItemFileSave 挂接事件响应函数:

```
void wxMyPainterFrame::OnMenuItemFileSaveSelected(wxCommandEvent & event)
{
    this ->TrySaveFile();
}
```

实际运行时，发现现版的 TrySaveFile()方法有点傻：明明我们选择的就是“保存”菜单项，该函数还要问我们“要不要保存”。可以为它添加一个入参用于指明是否需要询问。先将类定义的该函数声明改为：

```
bool TrySaveFile(bool hint_on_dirty = true);
```

函数实现需要修改的地方如下：

```
bool wxMyPainterFrame::TrySaveFile(bool hint_on_dirty)
{
    if (! _actionLink.IsDirty())
    {
        return true;
    }

    int sel = (hint_on_dirty ? wxMessageBox(wxT("当前画板有新的修改,请问要保存吗?")
                    , wxT("温馨提示"), wxYES_NO | wxCANCEL
                    , this): wxYES ;
......
}
```

最后，OnMenuItemFileSaveSelected 中对 TrySaveFile 增加 false 值作为入参，其他地方的调用使用默认值。

尝试运行，这次我发现“保存对话框”的细节不够完善，一是不能指定我们的特有的扩展名“.d2mp”；二是明明要保存，但主按钮的标题却是“打开”。为此我们需要实现一个更完善的类 wxFileSelector()的函数：

```
#include <wx/filefn.h> //用于 wxSplitPath 函数

......

wxString wxMyPainterFrame::FileSaveDialog(wxString const & title)
{
    wxString FileDir;
    wxString FileNameOnly;
    wxSplitPath(_filename, &FileDir, &FileNameOnly, NULL);

    wxFileDialog dlg (this  //1 父窗口
                , title  //2 标题
                , FileDir //3 初始目录
                , FileNameOnly //4 默认文件名
                , wxT("第二学堂小画家文件(*.d2mp)|*.d2mp|所有文件|*.*") //5
                , wxFD_SAVE | wxFD_OVERWRITE_PROMPT //6
                );

    int sel = dlg.ShowModal();

    if (sel == wxID_OK)
```

```
    {
        return dlg.GetPath(); //完整路径和文件名(含扩展名)
    }

    return wxEmptyString;
}
```

wxFileDialog 是 wxWidgets 提供的可定制的“文件打开”对话框，前六个参数分别用于定制：

(1) 第1个参数：父窗口，本例是主框架窗口；

(2) 第2个参数：对话框标题，这是之前使用 wxFileSelector 也可以做到的事；

(3) 第3个参数：默认的文件夹位置，使用传入空串时，使用当前文件夹，我们尝试从现有文件名拆分出路径；

(4) 第4个参数：默认的文件名；

(5) 第5个参数：用于指定可选的文件类型，此例设置了两类文件，每一类文件又分为两部分，第一部分是文件描述，用于在对话框上显示给用户，通常会在描述中标明文件扩展名，第二部分则真正指定扩展名为；比如本例中第一类文件是“第二学堂小画家文件”，扩展名“*.d2mp”，第二类文件是“所有文件”，扩展名为“*.*”。每类文件之间，以及文件描述与扩展名之间，均使用‘|’字符分隔，分隔符前后不应有多余的空格。

(6) 第6个参数：对话框类型，默认是“wxFD_OPEN/打开”，本例改为“wxFD_SAVE/保存”，并与“wxFD_OVERWRITE_PROMPT”做位或运算，表示当文件已经存在时，将提问“是否覆盖”。

其中第三个参数默认的文件名，必须是纯粹的文件名，不含路径和扩展名，为此我们使用 wxSplitPath 函数用于拆分文件名信息，第一个入参是用于拆分的母串，后续是三个 wxString 指针，分别用于得到拆分后的路径、文件名和扩展名。

接着让对话框进入模态显示状态，得到其返回值，如果返回值是 wxID_OK，则得到用户输入的文件名，否则返回空串，说明用户在对话框上执行“取消”操作，逻辑和我们取代的 wxFileSelector 保持一致。

【危险】：对话框与消息框在返回值上的差异

注意：wxDialog 调用 ShowModal()之后，将等到用户做出选择后，才返回主窗口，这和之前经常使用的 wxMessageBox()函数很类似，但后者返回的是 wxOK、wxCANCEL、wxYES 或者 wxNO，而对话框模态显示后返回的是 wxID_OK(确认)和 wxID_CANCEL(取消)。

将代码中的 wxFileSelector 替换为 FileSaveDialog，再编译、运行试试。

接下来是第三次提到 SaveFile 函数，之前它一直没有真正实现数据存盘的逻辑，是否填这个坑？请为工程添加“tool_4_save_load.hpp/.cpp”文件，其中头文件内容为：

```
#ifndef TOOL_4_SAVE_LOAD_HPP_INCLUDED
#define TOOL_4_SAVE_LOAD_HPP_INCLUDED

#include <iostream>

#include <wx/string.h>
#include <wx/colour.h>
#include <wx/gdicmn.h>

void SaveColor(wxColour c, std::ostream & os);
void SavePoint(wxPoint const & p, std::ostream & os);
void SaveIndexAndVisible(size_t index, bool visible, std::ostream & os);
void SaveText(wxString const & text, std::ostream & os);

#endif // TOOL_4_SAVE_LOAD_HPP_INCLUDED
```

CPP 源文件为：

```
#include "tool_4_save_load.hpp"

void SaveColor(wxColour c, std::ostream & os)
{
    if (c == wxNullColour)
    {
        os << -1 << '\n'; //用 -1 表示透明颜色
    }
    else
    {
        os << c.GetPixel() << '\n'; //wxColour::GetPixel()返回一个正整数表示颜色
    }
}

void SavePoint(wxPoint const & p, std::ostream & os)
{
    os << p.x << ' ' << p.y << '\n'; // ' '中是空格
}

void SaveIndexAndVisible(size_t index, bool visible, std::ostream & os)
{
    os << index << ' ' << visible << '\n'; // ' '中是空格
}

void SaveText(wxString const & text, std::ostream & os)
{
    std::string str(text.ToUTF8()); //文件内容的编码采用 utf8
    os << str << '\n';
}
```

然后为 IItem 加上保存到流的接入：

```
……
#include < iostream >

……

#include "tool_4_save_load.hpp"


class IItem
{
public:
    ……

virtual void Save(std::ostream & os) const = 0;
};
```

以直线为例，保存方法实现为：

```
void LineItem::Save(std::ostream & os) const
{
    SaveColor(GetForegroundColor(), os);
    SavePoint(_startPosition, os);
    SavePoint(_endPosition, os);
    SaveIndexAndVisible(_index, _visible, os);
}
```

圆圈则多了背景色：

```
void CircleItem::Save(std::ostream & os) const
{
    SaveColor(GetForegroundColor(), os); //前景色,在基类
    SavePoint(_startPosition, os);
    SavePoint(_endPosition, os);
    SaveColor(_bkgndColor, os);
    SaveIndexAndVisible(_index, _visible, os);
}
```

“十”字形的实现需要借助直线：

```
void CruciformItem::Save(std::ostream & os) const
{
    _hor_line.Save(os);
    _ver_line.Save(os);

    SavePoint(_startPosition, os);
    SavePoint(_endPosition, os);

    SaveIndexAndVisible(_index, _visible, os);
}
```

其他图元类型请读者自行实现。

回到主框架窗口,真正用于保存文件的 SaveFile 函数实现如下:

```
bool wxMyPainterFrame::SaveFile()
{
    /*
    中文 Windows 操作系统要求文件名不是 UNICODE,就得是汉字编码,
为了使用 std::fstream,我们使用后者
    */
    std::string fn(ToGB2312(_filename)); //ToGB2312 请参看 11.7 小节的实现
    std::ofstream ofs(fn.c_str());

    if (! ofs)
    {
        wxString msg = wxT("无法打开文件:\n")
                 + _filename
                 + wxT("\n 请检查您是否有权限在指定目录下生成或修改文件。");

        wxMessageBox(msg, wxT("保存文件失败!"));
        return false;
    }

    size_t count = _items.size();
    ofs << count << '\n';

    for (std::list < IItem * > ::const_iterator it = _items.begin()
            ; it ! = _items.end()
            ; ++ it)
    {
        IItem const * item = * it;

        SaveText(item ->GetTypeName(), ofs);
        item ->Save(ofs);
    }

    ofs.close();

    if (_is_new)
    {
        _is_new = false;
    }

    _actionLink.SetDirty(false);
    UpdateFileStatusUI();

    return false;
}
```

请注意过程中的循环,每次保存一个图元前,应先保存该图元的类型名。再往前几行,请注意最先保存的图元个数。

6. 步骤三十一:另存为别的文件

当前的 TrySaveFile(bool hint_on_dirty = true)有两个特征无法满足“另存”的需求:一是 TrySaveFile 仅在数据为“新”的时候才提问用户输入文件名。而“另存”总是要求用户输入一个文件名,所以它总应该弹出一个文件选择对话框,这也正是菜单标题带有“...”的暗示的原因。二是 TrySaveFile 仅在文件确实有仍未保存新修改(即数据为“脏”)时,才真实的执行保存操作,否则它将聪明地直接返回。没办法,只能再为 TrySaveFile 添加两个新的标志:

```
// hint_on_dirty :为真时,当数据为脏时,弹出“是否保存”的消息框
// need_filename_always:是否总是需要用户输入文件名,否则仅当数据为新才需要
// save_always :不管数据脏不脏,强制保存
//返回 false 表示用户取消本次保存动作
TrySaveFile(bool hint_on_dirty = true
        , bool need_filename_always = false, bool save_always = false );
```

然后它的新实现是:

```
bool wxMyPainterFrame::TrySaveFile(bool hint_on_dirty
                , bool need_filename_always, bool save_always)
{
    if (! save_allways && ! _actionLink.IsDirty()) //如果 save_allways,那就 save always
    {
        return true;
    }

    ……

    if (_is_new || need_filename_always ) //如果总是需要文件名,那就……
    {
        wxString fn = FileSaveDialog(wxT("请选择要保存的文件名"));

        //如果返回的是空串,说明用户已“取消”
        if (fn.IsEmpty())
        {
            return false; //第二个取消机会
        }

        _filename = fn;
    }
```

接下来只是为“另存为...”菜单项 MenuItemFileSaveas 挂接事件响应函数:

```
void wxMyPainterFrame::OnMenuItemFileSaveasSelected(wxCommandEvent & event)
{
    this->TrySaveFile(false, true, true);
}
```

【重要】：令人糊涂的一连串 bool 类型入参

“TrySaveFile(假，真，真)”是在说什么？到了为它的入参设置一些位操作的时候了：

```
enum FileSaveFlags
{
    empty_file_save_flag = 0,
    hint_on_dirty_only_flag = 1,
    need_filename_always_flag = 2,
    save_always_flag = 4,
    default_file_save_flag = hint_on_dirty_only_flag
};

bool TrySaveFile(int file_savc_flags = default file_save_flag);
```

函数体前面加入几行：

```
bool wxMyPainterFrame::TrySaveFile(int file_save_flags )
{
    bool save_always = (file_save_flags & save_always_flag) ! = 0;
    bool hint_on_dirty = (file_save_flags & hint_on_dirty_only_flag) ! = 0;
    bool need_filename_always = (file_save_flags & need_filename_always_flag) ! = 0;

    ……
}
```

而“保存”和“另存”处的调用分别改为：

```
//保存：(直接传入 empty_file_save_flag 也可以,但没有强调去掉的是什么)
this ->TrySaveFile(default_file_save_flag & (~hint_on_dirty_only_flag));

//另存:(总是需要文件名,总是要保存)
this ->TrySaveFile(need_filename_always_flag | save_always_flag);
```

7. 步骤三十二:打开画板文件

首先提供和打开画板文件相关的工具类,请打开 tool_4_save_load. hpp,添加以下内容：

```
……

bool LoadColor(wxColour & c, std::istream & is);
bool LoadPoint(wxPoint & p, std::istream & is);
bool LoadIndexAndVisible(size_t & index, bool& visible, std::istream & is);
bool LoadText(wxString& text, std::istream & is);
```

切换至 tool_4_save_load. cpp,新增的四个函数实现为：

```
……

bool LoadColor(wxColour & c, std::istream & is)
{
    WXCOLORREF pixel;

    is >> pixel;
    is.ignore(); //跳过换行符 '\n'

    if (is.bad())
    {
        return false;
    }

    if (pixel == WXCOLORREF(-1))
    {
        c = wxNullColour;
    }
    else
    {
        c.Set(pixel);
    }

    return true;
}

bool LoadPoint(wxPoint & p, std::istream & is)
{
    is >> p.x >> p.y;
    is.ignore();

    return is.good();
}

bool LoadIndexAndVisible(size_t & index, bool& visible, std::istream & is)
{
    is >> index >> visible;
    is.ignore();
    return is.good();
}

bool LoadText(wxString& text, std::istream & is)
{
    std::string str;
    std::getline(is, str);

    text = wxString::FromUTF8(str.c_str());

    return is.good();
}
```

【危险】：什么时候需要跳过换行符

答：使用 std::getline 从流中读入一行之后，不需要跳过行尾的换行符'\n'，因为 getline 函数会自动吃掉它(但不包括在读入内容中)，而使用" >> "操作读入字符和整数等，如果是结束在空格字符，不需要处理，但如果是结束在换行符上，需要在继续读取时，调用 ignore()以跳过后续的'\n'。

然后为各图元类加上从流中加载图元数据的功能，先是接口声明：

```
class IItem
{
public:

......
    virtual bool Load(std::istream & is) = 0;
};
```

直线图元从流中加载数据的实现：

```
bool LineItem::Load(std::istream & is)
{
    wxColour c;
    if (! LoadColor(c, is))
    {
        return false;
    }

    SetForegroundColor(c);

    if (! LoadPoint(_startPosition, is) || ! LoadPoint(_endPosition, is))
    {
        return false;
    }

    if (! LoadIndexAndVisible(_index, _visible, is))
    {
        return false;
    }

    return true;
}
```

其他图元请自行实现。

当存储一个图元的数据时，其实我们手上已经有了这个图元的对象，并且程序知道这个图元的类型是什么，通过"虚函数"的机制，调用正确的 Save 操作。再回忆一下当用户画一个新图元时，我们是怎么预先知道用户即将下笔画的是线还是圆或其他什么？答：我们要求用户必须事先在菜单上做出选择。现在我们准备从文件数据

中构造出当初保存的图元,怎么判断即将读取的数据,是一条直线还是一个圆呢?这里有一个文件数据的实例,如图11-151所示。

```
2
直线
33554432
37 46
208 28
0 1
圆
33554432
64 72
103 103
-1
3 1
```

图11-151 "我的小画家"程序所生成的文件数据实例

第一行的数字2,表示有两个图元,而后有"直线"和"圆",用于表明其后数据的身份,这都是前面实现"保存"功能时预留的伏笔。所以只需先读一行,再反复做比较就可以得出后续的数据是直线还是圆或其他,但我们不想写这样的代码:

```
//伪代码

line = read_line;
if  line ==“直线”
{
    创建一个直线图元对象
}
else if line ==“圆”
{

}
else  ...
...
```

【重要】:尽量不要让字符串字面常量直接作用到流程逻辑

字面上的字符串,即"字面字符串常量",比如上面的"直线"和"圆"等在代码中写的值。请尽量在编程过程中,不要让这些字符串的值直接作用到程序的流程。上面的伪代码就是一个反面教材。如果有一天想把"圆"改名为"圆形",上述代码将出错;如果有一天代码文件编码变了(比如UTF8变成GB2312),上述代码将出错;如果不小心将“圆”写成“园”,上述代码将出错……使用字符串字面常量作用到程序的流程,是邪恶的。

我们已经为每个类都实现了 GetTypeName()方法,但要调用这个方法,需要先创建出一个对象,但每次要加一个对象的数据,就需要创建出各种类型的图元对象,然后仅仅只是为了通过它调用一下某个方法得到一个字符串,这太不科学了,所以让我们为各个图元类加一个静态版本获得类型名的方法,以 LineItem 为例,新增 GetTypeName_Static(),并且将原来的 GetTypeName()改为调用静态方法实现:

```
……
    virtual wxString GetTypeName() const
    {
        return GetTypeName_Static();  //改为调用静态版实现
    }

    static wxString GetTypeName_Static()
    {
        return wxString(wxT("直线"));
    }
……
```

请依葫芦画瓢,改造其他图元类(注:接口类 IItem 是不需要的,也没法要)。

除了不喜欢直接比较字符串字面常量,通过反复的 if/else 代码判断字符串值也是让人讨厌的,经典方法是将需要比较的字符串放入已序的容器,比如 std::map,然后调用 map 的 find 方法。

【重要】:设计模式的“工厂方法”

没错,如何根据某种标志,自动创建正确类型对象,在 C++语言中有一套经典做法,就是本文当下要讲的事。

打开 tool_4_save_load.hpp,添加以下两行:

```
class IItem; //声明
IItem * LoadItem(std::istream & is, wxString const & typeName);
```

LoadItem 函数的入参是“输入流”以及元素的类型名称字符串,然后它返回和类型名称相匹配的对象,并且从流中读出对象初始数据。

要实现这个函数,有些小复杂,请切换到 tool_4_save_load.cpp 文件,先加入以下内容:

```
#include "item_arrow1.hpp"
#include "item_line.hpp"
#include "item_circle.hpp"
#include "item_rectangle.hpp"
#include "item_cruciform.hpp"
```

```
#include "item_text.hpp"

template < typename ItemT >
ItemT * CreateItem()
{
    return new ItemT;
}

template < >
TextItem * CreateItem < TextItem > ()
{
    return new TextItem(wxEmptyString);
}
```

第一个 CreateItem 是一个泛型数，它能够创建出 ItemT 所指定的类型的一个新的对象指针，前提是该类型的构造函数不需要入参。TextItem 不符合这个条件，所以有了特化版本的第二个 CreateItem。

接下来继续在 CPP 文件中添加两个头文件的包含：

```
#include < map >

#include < functioncl >
```

map 的键将是各图元类型的 TypeName，而 map 的值则是前面的 CreateItem 函数，这样后面我们就可以通过前者，在 map 中找到后者，然后调用后者正确地创建一个图元对象的指针。

完全可以用 C 风格的函数指针来描述 CreateItem 函数的类型，但我们采用更 C++范儿的 std::function：

```
class ItemCreator
{
    typedef std::function < IItem * (void) > BuildFunction;
public:
    ItemCreator()
    {
        BuildFunction line_creator(CreateItem < LineItem > );
        _constructors.insert(std::make_pair(LineItem::GetTypeName_Static(), line_crea-
tor));

        BuildFunction circle_creator(CreateItem < CircleItem > );
        _constructors.insert(std::make_pair(CircleItem::GetTypeName_Static()
                                            , circle_creator));

        BuildFunction cruciform_creator(CreateItem < CruciformItem > );
        _constructors.insert(std::make_pair(CruciformItem::GetTypeName_Static()
                                            , cruciform_creator));
```

```
        BuildFunction rectangle_creator(CreateItem < RectangleItem > );
        _constructors.insert(std::make_pair(RectangleItem::GetTypeName_Static()
                                                              , rectangle _ crea-
                                                              tor));

        BuildFunction text_creator(CreateItem < TextItem > );
        _constructors.insert(std::make_pair(TextItem::GetTypeName_Static(), text_crea-
tor));
    }

    IItem * Create(wxString const & itemTypeName)
    {
        std::map < wxString, BuildFunction > ::const_iterator it
                              = _constructors.find(itemTypeName);

        if (it == _constructors.end())
        {
            return NULL;
        }

        return it ->second();
    }

private:
    std::map < wxString, BuildFunction > _constructors;
};
```

“_constructors”就是前述的 map,ItemCreator 构造时往其中添加了所有图元类型的 TypeName 和对应的创建函数。Create 成员函数在 constructors 查找指定类型名的创建函数,没找到则返回 NULL,找到则调用该创建函数,并返回创建结果。

回到 wxMyPainterMain.hpp/.cpp,为 wxMyPainterFrame 添加两个新成员函数,分别是 FileOpenDialog()和 OpenFile(),前者是 FileSaveDialog()的对应,用于提供一个让用户选择要打开哪个文件的对话框,实现为:

```
wxString wxMyPainterFrame::FileOpenDialog(wxString const & title)
{
    wxString FileDir;
    wxString FileNameOnly;
    wxSplitPath(_filename, &FileDir, &FileNameOnly, NULL);

    wxFileDialog dlg(this, title
                        , FileDir
                        , FileNameOnly
                        , wxT("第二学堂小画家文件(*.d2mp)|*.d2mp|所有文件(*.*)|
*.*")
                        , wxFD_OPEN);    //之前这里是 wxFD_SAVE

    int sel = dlg.ShowModal();
```

```
    if (sel == wxID_OK)
    {
        return dlg.GetPath();
    }

    return wxEmptyString;
}
```

OpenFile()完成打开文件的全部动作：

```
void wxMyPainterFrame::OpenFile()
{
    if (! TrySaveFile()) //又是它，想想为什么？
    {
        return;
    }

    wxString filename = FileOpenDialog(wxT("打开画板文件"));
    if (filename.IsEmpty())
    {
        return;
    }

    std::ifstream ifs(ToGB2312(filename));

    if (!ifs)
    {
        wxString msg = wxT("无法打开文件:\n")
                  + filename
                  + wxT("\n请检查该文件是否存在。");

        wxMessageBox(msg, wxT("打开文件失败!"));
        return;
    }

    size_t count = 0;
    ifs >> count;  //第一行是图元个数
    ifs.ignore(); //跳过'\n'

    _is_new = false; //打开的文件是以前的，肯定不算新文件
    _item_id = 0; //ID归零
    _items.clear();
    _actionLink.Reset();
    this->_filename = filename;

    for(size_t i = 0; i < count; ++ i)
    {
        std::string line;
        std::getline(ifs, line);
```

```
        wxString typeName;
        typeName = wxString::FromUTF8(line.c_str());

        IItem* item = LoadItem(ifs, typeName);

        if (!item)
        {
            wxString msg = wxT("无法从文件流数据构建第");
            msg << (i+1) << wxT("个图元,其类型名为\"") << typeName << wxT("\"。");
            wxMessageBox(msg, wxT("读取图元失败!"));
            return;
        }

        //让_item_id保持最大
        if (item->GetIndex() > _item_id)
        {
            _item_id = item->GetIndex() + 1;
        }

        _items.push_back(item);
    }

    UpdateListBox(-1);
    UpdateFileStatusUI();
}
```

循环体的逻辑很清晰:先读入当前图元的“类型名”,然后交给工厂方法 LoadItem(),由它创建出正确类型和状态图元对象。

“_item_id”是将来用于“画”新图元时新图元的 ID,我们通过每次判断,确保它是最大的那个,这样就可以简单地保障继续画图时,新图元的 ID 不会和现有的图元重复。如果你想说可以根据现有图元的个数来设置“_item_id”的值?真好,你和一开始的我犯同样的错。最后是为 MenuItemFileOpen 菜单项挂接响应函数:

```
void wxMyPainterFrame::OnMenuItemFileOpenSelected(wxCommandEvent & event)
{
    OpenFile();
}
```

11.12.10 进化十:支持剪贴板

1. 步骤三十三:一堂关于“剪贴板”的理论课

理论开始之前,请首先在“编辑”菜单下,添加“剪贴”“复制”和“粘贴”三个菜单项,三者的变量名称及菜单 ID 分别为:MenuItemEditCut/idMenuEditCut、MenuItemEditCopy/idMenuEditCopy 和 MenuItemEditPaste/idMenuEditPaste,对应的热键,是我们再熟悉不过的:Ctrl+X、Ctrl+C 和 Ctrl+V。

剪贴板是操作系统提供的一个全局功能：所有应用系统共用一个剪贴板，wxWidgets 自动为我们生成这样一个全局唯一的对象，名字就看得出来：wxTheClipboard，类型是 wxClipboard（注：wxTheClipboard 实际是一个宏）。

wxClipboard 有一对操作：Open() 和 Close()。因为它是系统范围内共享的对象，所以在使用程序时，别的程序就暂时不能使用，反过来如果别的程序刚好在使用剪贴板，那么我们调用 Open()就会失败，返回 false。Close()则告诉系统：好，我用完了，把剪贴板还给大家吧。

【危险】：全局的剪贴板

只“打开/占用”剪贴板而不 Close(归还)，有可能造成整个操作系统内的剪贴板操作都失效。

打开了全局的剪贴板之后，我们要么往剪贴板里写数据，要么从剪贴板里读数据。前者是“剪贴”或“复制”操作需要做的事，后者是“粘贴”操作需要做的事。往剪贴板里写数据，需要指定数据的格式，支持一次写多种格式的数据。我们的例子比较简单，就写纯文本格式内容——选中的图元对象。

现在有没有觉得，剪贴板就像是系统提供的一个位于内存的文件？

2. 步骤三十四：剪贴板实现

以下是“剪贴”菜单的事件响应函数：

```
#include < sstream > //stringstream

......

#include < wx/clipbrd.h > //剪贴板

......

void wxMyPainterFrame::OnMenuItemEditCutSelected(wxCommandEvent & event)
{
1182 if (_selected_item_index == -1)
    {
        return;
    }

    std::list < IItem * > ::iterator it = _items.begin();
    std::advance(it, _selected_item_index);

1190  IItem * current = * it;

    std::stringstream ss;
1193    ss << "#d2mp#\n";
```

```
1195    SaveText(current ->GetTypeName(), ss);
1196    current ->Save(ss);

    wxString data = wxString::FromUTF8(ss.str().c_str());

1200    if (wxTheClipboard ->Open())
    {
        wxTheClipboard ->SetData(new wxTextDataObject(data));
        wxTheClipboard ->Close();

1205        DeleteItem(it);
    }
}
```

1182～1190 行用于得到当前选中的图元对象。

我们在 1193 行玩了一个小技巧:用一个字符串"#d2mp#"作为图元数据的标志,它独立占用一行;接下来 1195 行输出图元类型名称,再然后将图元写入流中。这后续的动作和之前做图元保存操作完全一致,只不过之前是 filestream,这次是 stringstream。写入标准库流中的字符串是 UTF8 的编码,但我们使用的 wxWidgets 是 UNICODE 版本,所以将图元数据写入剪贴板时,也必须是 UNICODE 编码(wxString)。

1200 行尝试打开全局的剪贴板,打开成功,使用 wxClipboard 的 SetData 往里写数据,因为是文本类型,所以创建一个 wxTextDataObject 对象作为 SetData 的入参,这个对象也将由 wxTheClipboard 负责释放,最后关闭全局剪贴板。

1205 行是新增的一个方法,代码如下:

```
void wxMyPainterFrame::DeleteItem(std::list < IItem * >::iterator it)
{
    if (it == _items.end())
    {
        return;
    }

    _items.erase(it);

    _actionLink.AddAction(new DelAction(_items, *it, _selected_item_index));

    UpdateListBox(_selected_item_index);

    ScrolledWindow1 ->Refresh();

    UpdateFileStatusUI();
}
```

DeleteItem 的实现基本来自函数 OnMenuItemDelItemSelected(……)中用于删除当前选中图元的代码,我们将它封装成一个函数以避免重复写代码,哪怕只是使用了剪贴板功能。之所以要调用 DeleteItem(...),是因为“剪贴”操作要求源内容在放入系统剪贴板之后,必须从来源处消失掉。

编译、运行、画一个方框,选中它,然后按 Ctrl+X……咦,图元从画板上被“剪”走,然后回到 CodeBlocks 找一个文件,按下 Ctrl+V,如果看到一段文本,你基本上成功了。完成“剪贴”的功能 ,“复制”功能的实现就是先复制“剪贴”功能的代码,然后不要调用其中的 DeleteItem 就对了。

11.12.11 进化十一:完善细节

网上有一些教程,比如“五步画出一匹骏马”,前面四步都很简单,什么先画一大一小的椭圆是头和身体,再画 4 条直线当马腿,接着两点一弧线就有了眼睛和嘴……一直到最后一步称为“最后再简单的处理一下细节”。你就会惊讶地发现,小马从幼稚园风格,迅速变成徐悲鸿大师才画得出来的骏马图。这个“小画家”程序已经做了十个进化,三十四个步骤了,可还是丑! 没关系,这不是有最后一次名为“完善细节”的进化嘛!

1. 步骤三十五:处理应用退出事件

当程序退出时,应该检查数据是否“脏”,如是,则应调用 TrySaveFile()函数。不过程序有多种方式可以触发退出事件,比如从“文件”菜单单击“退出”,再如单击框架窗口右上角的“X”按钮,再如按 Alt+F4,再如当操作系统要退出时……“退出”菜单项的事件响应函数是工程向导生成的 OnQuit 函数,如果是选择单击“X”按钮退出应用,OnQuit 事件并不会调用(按快捷键 Alt + F4 倒是可以)。还好,窗口提供了一个各种方式触发的退出都会调用到的事件。请在 wxSmith 设计视图中,选中“wxMyPainterFrame”节点,然后切换到事件页,第一个事件就是 EVT_CLOSE,请为它生成事件响应函数,实现如下:

```
void wxMyPainterFrame::OnClose(wxCloseEvent & event)
{
    if(event.CanVeto())
    {
        if (! this->TrySaveFile()) //尝试保存文件
        {
                //TrySaveFile()返回假,说明用户选择的是“取消”
                event.Veto();          //明确表示:拒绝退出
                return;
        }
    }

    event.Skip(); //跳过,采用默认行为:正常关闭窗口
}
```

先调用 TrySaveFile 函数,如果返回“假”,说明用户选择了“取消”,于是调用事件的 Veto 方法。Veto 是“拒不接受”的意思,对于 wxCloseEvent 事件,就是无视退

出指令,拒绝退出程序。

并不是所有情况关闭事件都是可以拒绝的,比如某种关机行为,造成操作系统态度坚决地要求各个程序退出——所以函数需要首先通过 CanVeto()加以判断。

2. 步骤三十六:完善“编辑”菜单

列表框的右键菜单,可以复制一份到主菜单“编辑”之下。一种方法是到设计视图下,照着列表框的右键菜单,在“编辑”菜单下一项项添加,然后再将新菜单项的事件挂接到现有菜单项的函数上。这种方法尽管新菜单项的标题、帮助、事件都和旧菜单项一样,但它们的 ID 却不相同。列表框右键菜单项上绑定了“菜单项更新”的关系(请参看步骤十九):

```
EVT_UPDATE_UI_RANGE(ID_POPMENU_TOP, ID_POPMENU_BOTTOM, wxMyPainterFrame::OnUpdate-
ChangeItemIndexEnabled)
```

OnUpdateChangeItemIndexEnabled 将只作用在列表框的右键菜单上,新建的菜单项还得依样绑定一次。

另一个方法是同样新建菜单项,并且让新菜单项的 ID 和源菜单项一一对应,这样做的好处是不需要为新建的菜单项绑定事件,包括前述的 EVT_UPDATE_UI_RANGE 绑定。坏处是得很小心处理那些 ID。

因此最便捷的方法是不使用设计视图,完全通过代码实现复制,请在 wxMyPainterFrame 的构造函数尾部添加以下代码:

```
MenuEdit ->AppendSeparator(); //添加一个分行
for (size_t i = 0; i < MenuListBox.GetMenuItemCount(); ++ i)
{
    wxMenuItem * src = MenuListBox.GetMenuItems()[i];
    wxMenuItem * dst = new wxMenuItem(MenuEdit , src ->GetId()
                            , src ->GetText(), src ->GetHelp(), src ->GetKind());

    MenuEdit ->Append(dst);
}
```

不过想要让以上代码生效,还是需要进入设计视图,检查一下主菜单的“编辑”菜单的变量名是不是 MenuEdit(如果你没有修改,那它通常叫 Menu5 或 Menu6 之类的名称)。这段代码使用一个循环,遍历 MenuListBox 下的所有菜单项,使用源菜单项 ID、文本标题、帮助提示、类型新建一个菜单项,最后加入编辑菜单。

确实不需要为新菜单项绑定事件,因为 wxWidgets 的事件绑定的是菜单的 ID,而不是菜单对象。

 **【危险】:为什么不能直接在不同菜单下挂接同一个菜单项**

可不可以在得到 src 之后,直接 MenuEdit->Append(src),即将 src 菜单项同时挂在列表框右键菜单和编辑菜单下呢?

答:这样做表面上好像没有什么问题,并且能正常工作,但在程序退出时,会带来问题。因为菜单项对象(wxMenuItem)由其所属的菜单(wxMenu)对象释放。同一个菜单项挂在两个菜单下,就会使对象(指针)被释放两次。

编辑菜单还余留一点不完善:和剪贴板有关的三个菜单项,没有做 UpdateUI 的判断。“剪贴”和“复制”很容易实现:只要当前有选中项,就可以做这两个操作。而当前有没有选中项的判断,之前在判断是否可以执行“删除”操作时,已经有了“OnUpdateDelete...”的事件函数。为了代码表意清晰,我们还是另写一个:

```
void wxMyPainterFrame::OnUpdateCutCopyStatus(wxUpdateUIEvent & event)
{
    event.Enable(_selected_item_index != -1);
}
```

是否可以“Paste(粘贴)”的判断,相对复杂一些:

```
void wxMyPainterFrame::OnUpdatePasteStatus(wxUpdateUIEvent & event)
{
    wxString data;

    if (wxTheClipboard->Open())
    {
        if (wxTheClipboard->IsSupported(wxDF_TEXT))
        {
            wxTextDataObject object;
            wxTheClipboard->GetData(object);

            data = object.GetText();
        }

        wxTheClipboard->Close();
    }

    if (data.IsEmpty())
    {
        event.Enable(false);
        return;
    }

    std::stringstream ss(data.ToUTF8().data());

    wxString flag;
    LoadText(flag, ss);

    bool is_d2mp_data = (flag == wxT("#d2mp#")); //判断是否相等

    event.Enable(is_d2mp_data);
}
```

代码基本来自“粘贴”功能，只是在判断当前剪贴板中的内容之后，就可以给出该菜单是否可用的结论了。

3. 步骤三十七:支持“箭头”

这是我添加了“Arrow(箭头)”图元之后画的一张“军事活动图”，如图 11－152 所示。

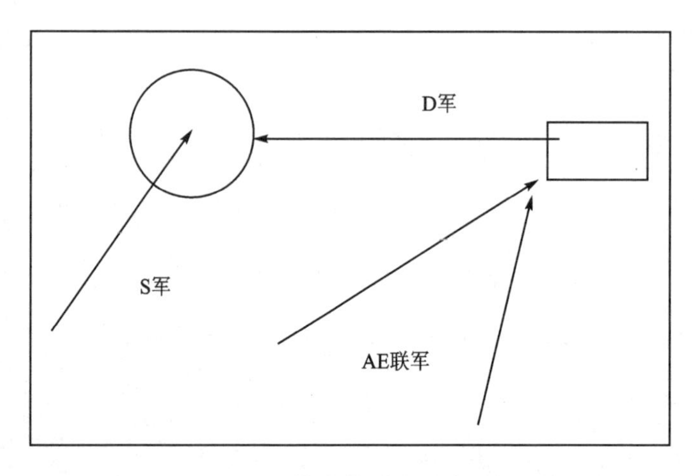

图 11－152　画箭头时，我好思念几何老师

是不是很酷？不过要正确的根据直线的角度和方向，画出那个三角形的箭头，对个别初中数学知识已还给体育老师的读者来说，有点小难度。我给出画箭头的函数：

```
#include < cmath >

#define IS_ZERO_DOUBLE(D) ((D) <= (0.0000001) && (D) >= (-0.0000001))

void DrawArrowOnLine(wxDC& dc, wxPoint const & startPoint, wxPoint const & endPoint
                    , double angle, size_t argle_length)
{
    if (argle_length <= 0 || IS_ZERO_DOUBLE(angle))
    {
        return;
    }

    double dx = endPoint.x - startPoint.x;
    double dy = endPoint.y - startPoint.y;
    double length_of_line = std::sqrt((dx * dx) + (dy * dy));

    float half_argle = angle / 2.0f;
    float half_argle_length = argle_length / 2.0f;

    double th = half_argle_length / length_of_line;
    double ta = half_argle_length / (std::tan(half_argle) * length_of_line);
```

```
    int leftX = -dy;
    int leftY = dx;

    wxPoint base(endPoint.x - ta * dx, endPoint.y - ta * dy);
    wxPoint left(base.x + th * leftX, base.y + th * leftY);
    wxPoint right(base.x - th * leftX, base.y - th * leftY);

    dc.DrawLine(endPoint, left);
    dc.DrawLine(left, right);
    dc.DrawLine(right, endPoint);
}

#define PAI 3.1415926

void DrawArrowOnLineEnd(wxDC& dc, LineItem const & line)
{
    DrawArrowOnLine(dc, line.GetStartPosition(), line.GetEndPosition(), 30 * PAI / 180,
18);
}
```

当你手上有 DC,有一条直线(LineItem)时,调用 DrawArrowOnLineEnd(dc, line),就可以在线的尾部画出前端夹角为 30 度,长度为 18 的箭头来。请自行添加完整的 class ArrowItem 定义与实现,并加入整个框架。

4. 步骤三十八:美化菜单项

接下来为菜单项添加图标,其中一些常见操作的图标,由 wxArtProvider 提供标准的图标,如表 11-18 所列。

表 11-18 使用标准图标配置的菜单项

菜单项	ART_ID	附加说明
文件|新建	wxART_NEW	
文件|打开...	wxART_FILE_OPEN	
文件|保存	wxART_FILE_SAVE	
文件|另存为...	wxART_FILE_SAVE_AS	
文件|退出	wxART_QUIT	
编辑|撤消	wxART_UNDO	
编辑|恢复	wxART_REDO	
编辑|剪贴	wxART_CUT	
编辑|复制	wxART_COPY	
编辑|粘贴	wxART_PASTE	
编辑|删除	wxART_DELETE	来自 MenuListBox
帮助|关于...	wxART_INFORMATION	

为了在让菜单项从 MenuListBox 的菜单上复制到主菜单之后,图标仍然还在,那段位于构造函数中的复制代码需要添加以下黑体部分:

```
for (size_t i = 0; i < MenuListBox.GetMenuItemCount(); ++ i)
{
    wxMenuItem * src = MenuListBox.GetMenuItems()[i];
    wxMenuItem * dst = new wxMenuItem(MenuEdit, src ->GetId()
                                , src ->GetText(), src ->GetHelp(), src ->GetKind
());

    if (! src ->GetBitmap().IsNull())  //如果源菜单项有图片…
    {
        dst ->SetBitmap(src ->GetBitmap());
    }

    MenuEdit ->Append(dst);
}
```

表格中没有列出的菜单项,就需要自己画了,但是所有菜单项都配有一个图标,这是一种欠缺品味的做法,所以 ListBox1 的弹出菜单项,除了上表中的“删除”菜单项之外,其他的我们就不管了。又到了秀画技的时候啦,如图 11 - 153 所示。

图 11 - 153　画图标或许比写代码更有成就感

它们全是 16×16 大小的 ICO 文件,图标样子大家自己画,但文件名称请和我所提供的保持严格一致,然后在项目工程目录下建设 icons 子文件夹,然后将以上图标全部保存到该目录下。再编辑项目的 resource.rc 文件,加入这些图标资源,并命名资源 ID:

```
aaaa ICON "wx/msw/std.ico"

none_ico ICON "icons/none.ico"
line_ico ICON "icons/line.ico"
arrow1_ico ICON "icons/arrow1.ico"
```

```
rectangle_ico ICON "icons/rectangle.ico"
circle_ico ICON "icons/circle.ico"
cruciform_ico ICON "icons/cruciform.ico"
text_ico ICON "icons/text.ico"

front_ico ICON "icons/front.ico"
transparent_ico ICON "icons/transparent.ico"
bkgnd_ico ICON "icons/bkgnd.ico"
flash_ico ICON "icons/flash.ico"

#include "wx/msw/wx.rc"
```

非常遗憾,“Radio(单选)”或“Check(选择)”的菜单项有自己默认的图标,所以为各图元菜单项(单选)、“透明”和“闪烁”菜单项(选择)准备的资源,都无法用到菜单项上,这里只是备着为后面的工具栏使用。最终上述自绘的图标,能用到菜单项上的只有 front_ico。

请利用前面学到的知识,通过 wxSmith 为主菜单和列表框弹出菜单的菜单项加上图标。

5. 步骤三十九:工具栏

工具栏通常仅作为常用菜单项的一个快捷入口(另一个是快捷键),可惜 wxSmith 没有提供根据菜单项快速生成匹配的工具按钮的功能;并且 wxSmith 在设计工具栏时还有一个缺陷:工具按钮的 ID 居然必须是新的,而我们最希望的是工具按钮的 ID 和功能对应的菜单项保持一致。

事实上在实际项目中(比如 Code::Blocks),主框架窗口的工具栏多数都使用代码生成,就像 11.4 节学的那样。下面来学习如何根据一个菜单项,生成一个对应的工具按钮。

首先通过 wxSmith,为主框架窗口添加一个菜单栏,但是不为它添加任何工具按钮。假设这个工具栏的变量名称是 ToolBar1,ID 是 ID_TOOLBAR1。为主框架窗口类添加两个重载版本的 AddToolFromMenuItem 函数,各自实现如下:

```
void wxMyPainterFrame::AddToolFromMenuItem(wxMenuItem const * menuItem)
{
    ToolBar1 ->AddTool(menuItem ->GetId()
                      , menuItem ->GetLabel()
                      , menuItem ->GetBitmap()
                      , wxNullBitmap
                      , menuItem ->GetKind()
                      , menuItem ->GetText()
                      , menuItem ->GetHelp()
                      );
```

```
}

void wxMyPainterFrame::AddToolFromMenuItem(wxMenuItem const * menuItem
                                    , wxString const & iconResId)
{
    ToolBar1 ->AddTool(menuItem ->GetId()
                    , menuItem ->GetLabel()
                    ,wxIcon(iconResId, wxBITMAP_TYPE_ICO_RESOURCE, 16, 16)
                    , wxNullBitmap
                    , menuItem ->GetKind()
                    , menuItem ->GetText()
                    , menuItem ->GetHelp()
                    );
}
```

第一个版本近乎从菜单项复制了一切,包括图标。第二个版本则不复制图标,图标由指定的资源 ID 字符串指定。之所以要有第二个版本,是因为我们不想在工具栏上直接显示那些类型为“Radio/Check”的菜单项的图标。接下来为主框架窗口类添加用于初始化工具栏的新成员函数:InitToolbar()。

```
void wxMyPainterFrame::InitToolbar()
{
    ToolBar1 = new wxToolBar(this, ID_TOOLBAR1
            , wxDefaultPosition
            , wxDefaultSize
            , wxTB_FLAT|wxTB_HORIZONTAL|wxNO_BORDER, _T("ID_TOOLBAR1"));

    //文件菜单
    AddToolFromMenuItem(MenuItemFileNew);
    AddToolFromMenuItem(MenuItemFileOpen);
    AddToolFromMenuItem(MenuItemFileSave);

    ToolBar1 ->AddSeparator();
    AddToolFromMenuItem(MenuItemQuit);

    ToolBar1 ->AddSeparator();

    //编辑菜单
    AddToolFromMenuItem(MenuItemEditUndo);
    AddToolFromMenuItem(MenuItemEditRedo);
    ToolBar1 ->AddSeparator();
    AddToolFromMenuItem(MenuItemEditCut);
    AddToolFromMenuItem(MenuItemEditCopy);
    AddToolFromMenuItem(MenuItemEditPaste);

    ToolBar1 ->AddSeparator();

    //组件菜单
```

```
    AddToolFromMenuItem(MenuItemNone, wxT("none_ico"));
    AddToolFromMenuItem(MenuItemLine, wxT("line_ico"));
    AddToolFromMenuItem(MenuItemArrow1, wxT("arrow1_ico"));
    AddToolFromMenuItem(MenuItemRectangle, wxT("rectangle_ico"));
    AddToolFromMenuItem(MenuItemCircle, wxT("circle_ico"));
    AddToolFromMenuItem(MenuItemCruciform, wxT("cruciform_ico"));
    AddToolFromMenuItem(MenuItemText, wxT("text_ico"));

    ToolBar1 ->AddSeparator();

    //设置菜单
    AddToolFromMenuItem(MenuItemFogndColor);
    AddToolFromMenuItem(MenuItemTransparent, wxT("transparent_ico"));
    AddToolFromMenuItem(MenuItemBkgndColor, wxT("bkgnd_ico"));
    ToolBar1 ->AddSeparator();
    AddToolFromMenuItem(MenuItemFlash, wxT("flash_ico"));

    ToolBar1 ->AddSeparator();

    //帮助菜单
    AddToolFromMenuItem(MenuItemAbout);

    ToolBar1 ->Realize();
    SetToolBar(ToolBar1);
}
```

最后在 wxMyPainterFrame 构造函数中，调用 InitToolbar()。

编译执行，如果确实没有在 wxSmith 中为工具条添加任何按钮，如果你的代码也没有写错，你的资源文件确实也准备对了（否则执行时会弹出异常框），那么现在主窗口的界面效果看起来将如图 11－154 所示。

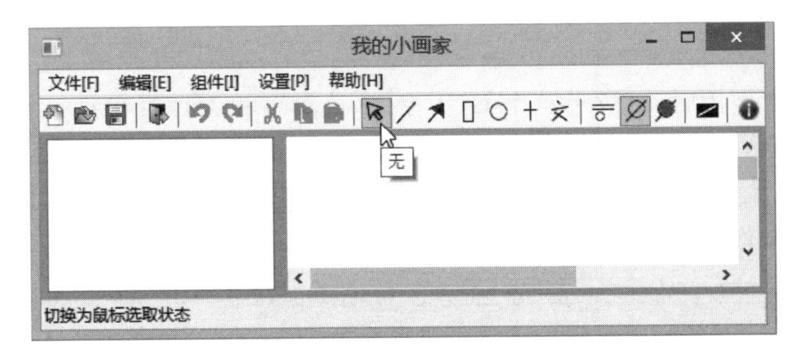

图 11－154　主窗口界面

很漂亮，并且除了“Radio/Check”类型的按钮之外，其他的工具栏按钮都提供正常的工作。Radio 类型的按钮就是图中鼠标位置开始的七个按钮，分别对应组件菜单下的七个菜单项：无、直线、箭头、方框、圆形、十字形和文字。各自拥有相同事件 ID，我们已经学习过如何让单选工具按扭和单选菜单项的选中状态保持同步，复习一下。我们先为 wxMyPainterFrame 类添加一个私有成员数据：

```
int _selected_item_type_id;
```

并在构造时初始化为 idMenuNone。接着，让前面六个图元类型的菜单项(除“文本”图元外)，全部挂接到以下这个事件响应函数：

```
void wxMyPainterFrame::OnMenuItemNoneSelected(wxCommandEvent & event)
{
    _selected_item_type_id = event.GetId(); //记住当前选中图元类型的事件 ID
}
```

“文本”图元的菜单项之前已经被挂接到 OnMenuItemTextSelected 函数，所以需要单独为它添加逻辑：

```
void wxMyPainterFrame::OnMenuItemTextSelected(wxCommandEvent & event)
{
    _text = wxGetTextFromUser(wxT("请输入要显示的文本")
                , wxT("添加文本"), _text, this);

    _selected_item_type_id = event.GetId();
}
```

通过以上代码，“_selected_item_type_id”负责记住用户最近的选择，接着我们依靠它来同步七个图元类型菜单项或七个图元类型工具按钮的选中状态。(在继续之前，请再检查一下，你真的已经通过 wxSmith 将所有图元类型的菜单项都正确挂接了事件响应函数吗?)添加私有成员函数：

```
void wxMyPainterFrame::OnUpdateItemTypeStatus(wxUpdateUIEvent & event)
{
    bool selected = event.GetId() == _selected_item_type_id;
    event.Check(selected);
}
```

系统将在空闲时，对“7＋7”个 GUI 控件(菜单项和工具按钮)一一调用这个函数，判断这个函数负责当前正在处理的 GUI 控件的事件 ID 是不是和之前选中的 ID 一致，如果一致，就让这个 GUI 控件处于“打勾”状态。当然，要让系统做这件事，需要我们绑定事件，由于 7 个图元类型对应的菜单 ID 是连续的，所以可以一次挂接：

```
EVT_UPDATE_UI_RANGE(idMenuNone, idMenuText, wxMyPainterFrame::OnUpdateItemTypeStatus)
```

完成代码编译运行，做以下两个实验：先是通过“组件”菜单切换图元类型，你应该能够看到工具栏上对应的图标按钮迅速做出响应；接着在工具栏上切换，再单击“组件”菜单查看，嗯，被选中的菜单项应该和工具栏也是同步的。一切 OK? 不，有 BUG 呢！请再次从工具栏上切换图元类型，然后不要点菜单项，直接在画板上画，你会发现刚才做的切换是无效的！偷偷地单击“组件”菜单，然后再到画板画，咦，居然又有效了。

这是怎么回事？原来，菜单项的“OnUpdate……”事件，只在它所在的上一级菜单被单击，也就是它不得不出现在用户眼前时，才会被调用（看来，系统也很爱偷懒，并不是真“空闲时”就会一定做什么），而之前我们一直是通过检查菜单项选中状态来判断当前选中的图元类型是什么，请从代码找到下面的宏定义再认真理解：

```
#define CREATE_ITEM_IF_CHECKED(XXX) \
    if (this->MenuItem##XXX->IsChecked()) \
        return new XXX##Item()
```

现在我们已经使用“_selected_item_type_id”来记忆选中的图元类型对应的菜单ID，所以可以不再依赖菜单项选中状态：

```
#define CREATE_ITEM_IF_CHECKED(XXX) \
if (this->_selected_item_type_id == idMenu##XXX) \
        return new XXX##Item()
```

别急，这段代码稍往下几行，还有这样一段：

```
if (this->MenuItemText->IsChecked())
{
    return new TextItem(_text);
}
```

用于产生文本图元的判断的条件，也要改成：

```
if (this->_selected_item_type_id == idMenuText)
……
```

再编译执行，这下没错了。工具栏中还有一对单选按钮，它们用于切换图元背景是透明还是非透明。请添加以下成员函数：

```
void wxMyPainterFrame::OnUpdateItemColorStatus(wxUpdateUIEvent & event)
{
    bool isTransparent = _backgroundColor == wxNullColour;

    if ((event.GetId() == idMenuTransparent) && isTransparent)
    {
        event.Check(true);
    }
    else if ((event.GetId() == idMenuBkgndColor) && !isTransparent)
    {
        event.Check(true);
    }
    else
    {
        event.Check(false);
    }
}
```

然后手工添加挂接事件的宏：

```
EVT_UPDATE_UI_RANGE(idMenuTransparent, idMenuBkgndColor, wxMyPainterFrame::OnUpdateItemColorStatus)
```

请确保背景色菜单之下的两个菜单项的 ID 分别是代码中的 idMenuTransparent 和 idMenuBkgndColor。

**【课堂作业】: 同步工具按钮与同 ID 菜单项的选中状态**

工具栏上用于切换“是否闪烁”的按钮。它现在可以起到切换作用，但它的选中状态，还没有和同 ID 菜单项的选中状态保持同步。请您解决这个问题。

6. 步骤四十:待完善

嗯，东半球最好用并且最有情怀的画笔程序就这样诞生了，后面就是产能问题了。当然，还是有一些遗憾的，比如：

(1) 粘贴时，当前会自动将粘贴得到的图元，自动找到鼠标的位置摆放……这其实有很大的问题，如果鼠标那时候就在单击工具栏或菜单栏上的“粘贴”控件怎么办？

(2) 剪贴板操作只能处理文本类型，不能剪贴或复制成图片。

(3) 不支持打印！

(4) 不能拖动图元在画板上到处跑。

(5) 想要更换文字内容，当前的操作方法也有些不顺。

(6) 画板的大小与滚动范围的确定，当前是直接写在代码里。

(7) 左边的列表框占了很大的位置，能不能让用户改变它的宽度甚至隐藏？

(8) 当前设置能不能保存到注册表或配置文件中？

(9) 不支持多国语言，“我的小画家”怎么推向全球呢？

(10) 没有 Linux 版本。

以上功能的实现都不容易，但别急，更别气馁！经此“我的小画家”一战，你的实战能力(不仅仅是 GUI 编程，而是整体编程的实战能力)，已经有了极大的提升。至于 GUI，将来工作中真的碰上了，可在今日所学的基础上再深造。

第12章 并发

你不是一个人在战斗。

12.1 基础知识

现代计算机很强劲,内存大、负责主要计算功能的CPU主频高(算得快),并且基本都是多核甚至多颗物理CPU了;特别是那些摆放在冰冷的机房里,支撑着整个IT世界的服务器们,往往一台机器就有八核、十六核的CPU。而在这些机器之上,采用C/C++编写的程序通常处在绝对的统治地位。一个C++程序员不能充分挖掘服务器CPU群的计算能力,那就是一个不及格的C++程序员。

请在Code::Blocks中新建一个控制台项目,命名为cpu_count_detection。在向导生成的main.cpp中完成以下十行代码:

```
#include <iostream>
#include <thread>

int main()
{
    std::cout << "我家电脑 CPU 共计:"
              << std::thread::hardware_concurrency()
              << "核。"
              << std::endl;
}
```

运行程序查看输出结果,然后启动Windows的任务管理器,查看“性能”页的内容,进行验证对比。我家电脑输出2,任务管理器则告诉我,我写的程序没骗我,不信看图12-1。

任务管理器说得够明白了,我的电脑只有一颗物理处理器,双核。

一位立志写书培养未来中国C++顶级程序员的作者,现在就要写“并发”章节了,可是家里的电脑却只有区区双核,这有点丢人啊!

有位读者哭了,说程序在他的机器上输出的是“我家电脑CPU共计:1核。”这就不好了,这会造成本篇的许多示例程序在他家电脑的运行结果,可能都和书里说的不太一样,甚至是得到反结果。请这位读者马上联系我。

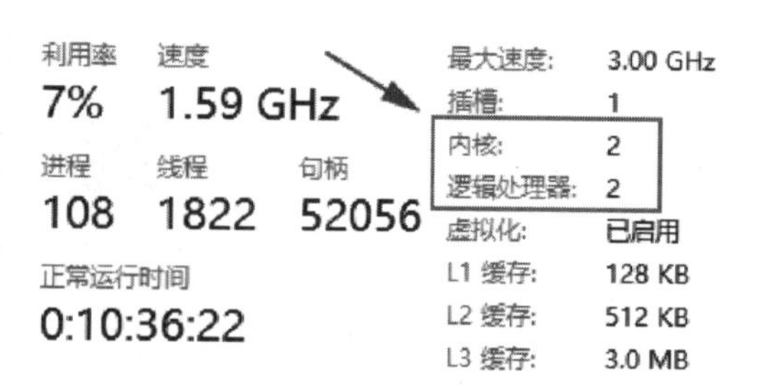

图 12-1　在任务管理器中查看 CPU 核数

一个程序要运转，背后必须有 CPU 在“推(执行)”它。大家再看看图 12-1 图上，显示当前我的电脑有“108 个进程和 1822 个线程”。可以推理出有不少进程同时拥有多个线程。CPU 在“推”程序前行时，以线程为单位。2 核的 CPU 要推动 1822 个线程，怎么做到的？大家把 1822 个线程想象成排成一排的 1822 台婴儿车，然后两位 CPU 叔叔在背后快速地一台台推动，推完第一台推下一台……切换的速度有多快？图上写着“最大速度：3G Hz”，作用到 1822 台婴儿车，相当于在 1 秒之内每台婴儿车平均被推动了大约一百七十六万七千九百六十一次(3 * 1024 * 1024 * 1024 / 1822)；结果每个婴儿都笑呵呵的，觉得自己的小车一直在欢快地跑着呢。建议复习第五章《基础》中的“线程”小节以了解更多。

我的机器是双核，所以在合理分工的情况下，每一核在一秒内只需负责推动八十八万三千九百八十次，这显然比只有单核的 CPU 要轻松得多。不过，以上基本是在理想情况下的推算。实际情况，CPU 在多个线程之间切换存在额外成本。假设我们要求更高点，要求大叔必须一边推车，一边唱儿歌，又正好这 1822 个宝宝喜欢听的儿歌都不相同，大叔就得在一秒内切换八十八万三千九百八十首不同的歌曲，我相信他的舌头都快打结了。

CPU 在不同线程之间的切换所需要的额外成本，主要是因为不同线程甚至不同进程之间存在一些共用的资源。既线程或进程很多，但有些资源却只有一套，于是 CPU 不得不来回为不同线程或进程切换这些资源。

大家在理发时，能看到理发师有自己的工具箱，放着剪刀、梳子、电吹风等。想象一位理发师要用同一套工具同时给三个顾客理发，每个顾客的状态都不相同，就会出现用剪刀为第一位修鬓角，马上切换到第二位为他梳头，再切换到第三位顾客身上，估计都忘了该哪道工序了。这种情况下，不管理发师的工作主频是多少赫兹，也不管他号称可以同时为几位顾客并行理发，其工作效率必然大为打折。

先以相对简单的进程为例，当前操作系统可以在逻辑层面上，为不同进程分配独立的内存区段，所以除非特殊需求，否则在内存方面，进程之间不存在共用的情况。只是，CPU 在处理内存时，通常并不直接操作内存，而是需要将待处理的指令、数据(包括地址)，拿到就近一个“工作面板(寄存器、内部缓存等)”上操作；每当要切换到下一个程序，就必须想办法记住当前工作面板的状态，然后切换成为下一个程序上次处理时的状态。这样来回切换的时间成本，有时甚至比处理程序自身业务逻辑还要大。

再说线程，就更复杂了。由于多个线程可能归属同一进程，因此存在不同线程需要共用同一内存（比如某一变量）的情况，所以在 CPU 的同一进程内的不同线程之间切换，需要做的工作也多（其中有一部分需要程序自行配合），额外付出的代价更大。

既然如此，那为什么还需要写多线程并发程序呢？把所有逻辑都写在一个线程里，让 CPU 不用分心全力以赴干好眼前事，再去处理下一件事不好吗？

至少有三类场景，我们需要或提倡在程序中使用并发设计：

(1) 并发应用典型场景一：程序在等待外部输入，比如接受网络发来的消息，或者更直接一些，在等用户的键盘输入，可是那个用户突然上厕所了。在这种情况下，如果程序还有不需要依赖这些输入的工作，当然应该再开一个线程处理；

(2) 并发应用典型场景二：电脑确实有多个 CPU（包括多核），而程序当前又确实有两件完全不相关或仅是低关联度的工作需要做，那总不能就让一个 CPU 忙得半死，另一个在喝茶侃大山吧？

(3) 并发应用典型场景三：程序用户想做多事，并且觉得每件事优先级都很高，都不能搁置，于是程序用上多线程，每件事都干一点就切换到另一件。类似的，这个程序必须面对多个用户（比如网站的访问者），则自然每个用户都不希望自己的请求被单线程的程序排在最后面处理。

学习本篇前，建议先复习第五章《基础》中的“线程”小节和第七章《语言》的“并行流程”小节。

12.2 异 步

12.2.1 概念和示例

一辆救护车，载着几位医生和病人急驰，目的是赶到医院抢救病人。这时车里有人突然腹痛必须下车如厕，请问该怎么处理？没有一定最好的答案，必须分不同的情况考虑。如果内急的家伙是救护车的司机、或者病人的主治医生、或者干脆是病人，那都只能乖乖地停车，等他完事再一起走；如果是一位并不重要的医师，或者虽然也重要，但他的工序靠后，那可以让他下车办事去，其他人继续赶往医院，等他完事了再想办法回医院汇合。

下面代码有两个很无聊的计算函数，分别叫 calc_1()和 calc_2()：

```
#include < iostream >
#include < future >   //async , future

using namespace std;

int calc_1()
{
    long r   = 0;
    for (int t = 1; t < = 10; + + t)
    {
        for (int i =  - 999990; i < = 999990;  ++ i)
            r += i;
        r / = t;
    }

    return r;
}

int calc_2()
{
    long r = 0;
    for (int t = 1; t < = 10; + + t)
    {
        for (int i =  - 999990; i < = 999990;  ++ i)
            r - = i;
        r / = t;
    }

    return r;
}
```

先不用管二者内部具体的计算过程，只需知道两个计算都需要耗费一些时间，另外都会返回一个整数即可。

然后我们做第一个测试，串行调用二者，并输出用时。计时器就使用第 10 章《STL 和 boost》“日期与时间”小节中我们自行实现的计时器。当然，也可以引入 boost 相关的库，直接使用该库的 cpu_timer 工具类：

```
void test1()
{
    MyCPUTimer timer (true);
    int sum = calc_1() + calc_2();
    timer . Stop();

    cout << sum << ", use " << timer.Elapsed()  << endl;
}
```

先调用 calc_1()，然后等该函数结束，返回结果之后再调用 calc_2()得到结果，与前一结果相加赋值给 sum。最后输出该值及所用时间。回头认真看看 calc_1()和 calc_2()实现,应该推算出 sum 值为 0。不过就算不认真看代码,也应该推算出所用时长基本就是 calc_1()执行时长加上 calc_2()执行时长。我在 main()里调用了 test()1,得到的输出是"0, use 105",可见耗时 105ms。

既然认真看了 calc_1()和 calc_2()的实现,应该能够发现这二者所做的事没有任何关系,完全互不影响;再考虑到我的机器好歹还有两核,为什么不让其中一核执行 calc_1(),另一核并行地执行 calc_2(),最后再相加呢?理论上讲这样操作应该大约需 53 ms。

C++ 11 提供了两个关键组件用于支持如下功能:一是当前线程不等某件事做完(甚至不等它是否开始),继续往下做事;二是当前线程在后续某个时候,等待前面事做完并得到结果。前者是标准库的 async() 函数模板,后者是标准库的 future 数据类模板。

async 是"asynchronous(异步的)"的意思,简化后的"声明"如下:

```
future < T >async (Function&& f, Args&&... args);
```

第一个入参 f 是指 C++中的可执行体(比如函数指针、函数对象、lambda 表达式、std::function 对象等),后续可变个数的入参,是执行 f 时所需要的入参。以 calc_1()函数为例,由于该函数不需要入参,所以想要异步调用它,只需写"async(calc_1);"即可。

future 是"未来"或"期货"的意思,它正是 async()函数返回结果的数据类型。更好的理解是将它当作"存根"或"收条"理解,我们让 async()去做某件事,但它不能立即返回做此事的结果,只是给我们一张"收条",未来我们可以依据它来取得真正的结果。以调用 calc_1()这件事为例,该函数真正返回的结果是一个整数,所以需要为 future 类模板指定 int 作为模板入参:

```
future < int >  future_1 = async (calc_1);
```

这行代码的解读是:我们真正想做的是调用 calc_1()并得到它的结果,但我们不想等它执行,所以将它交给 async()异步处理,async 收到任务后给了我们一张收据,名为 future_1,并且标明根据这张收条,将来可以得到一个 int 类型的数据(即 calc_1()的执行结果)。从收条得到真正的结果,代码也很简单:

```
    int result_1 = future_1.get();
```

就是在 future 对象上调用 get()方法,此时如果 async 已经调用完 calc_1(),就直接返回后者执行结果,如果还没有,就立即调用以便返回结果。

根据以上内容,写了 test2():

```
void test2()
{
    MyCPUTimer timer(true);
    std::future < int > future_1 = std::async(calc_1);
    std::future < int > future_2 = std::async(calc_2);

    int sum = future_1.get() + future_2.get();
    timer.Stop();

    cout << sum << ", use " << timer.Elapsed()  << endl;
}
```

在 main()函数中改为调用 test2(),得到结果 sum 当然还是 0,所用时间是 57ms,相比之前的 105ms,确实缩短接近了一半的时间。

为方便对比,干脆将两个测试都放在 main()中调用:

```
int main()
{
    test1();
    test2();
}
```

反复执行,并对比每次结果,可以发现 test1()的耗时较为稳定。相比之下,test2()耗时变化幅度较大,原因在于 async 比较任性,当我们执行语句"async(calc_1);"时,它会尽量立即启动一个新的线程以便执行 calc_1(),但也可能因为外部资源紧张等原因而拖拖拉拉甚至无动于衷。因此代码应该尽量给各异步操作多一些时间,在逻辑允许的情况下,尽量迟一些调用 future 对象的 get()成员。在启动异步操作和取该操作的结果之间,当前线程做什么?当然是抓紧干活。以 test2()为例,当前线程(本例中为主线程)启动了两个异步操作,让它们后台分别忙着搞定 calc_1()和 calc_2()时,当前线程本身却无事可做,光等结果……那感觉就像一个领导把手上两件事全交给下属做,自己却在办公室里翘脚泡茶,更充分利用资源的做法应该是让当前线程也干点活。我们再写一个测试方案:

```
void test3()
{
    MyCPUTimer timer(true);

    //先交待下属干活
    std::future < int > future_1 = std::async(calc_1);

    //交待完后,领导(调用者线程)别闲着,也干点活
    int r2 = calc_2();

    int sum = future_1.get() + r2;
    timer.Stop();

    cout << sum << ", use " << timer.Elapsed()  << endl;
}
```

【轻松一刻】: 怎样才是向家长要玩具的合理做法

小时候我们跟爸爸说:“爸爸,我真的好想要一个坦克玩具。”爸爸敷衍着回答:“好的,等明儿我有空了就买。”然而年幼的我们就痴痴地在心里等待着,等待着……一年过去了,也没见玩具的踪影,为什么天底下的爸爸都这么忙?

再长大点,我们又向爸爸提了提坦克,然后我们说:“我要一直等结果,没有结果之前,我不上学,不做作业,也不吃饭。”然后我们的臀部开了花。

又再长大点,我们再次向爸爸提出要求,然后安静地走开,努力学习,帮妈妈干家务,终于在某天清晨发现小坦克摆在床头。我们微笑着将它收到柜子里,那里有皮卡秋、奥特曼和红领巾。

这么一回忆,顿时感觉 C++ 11 提供的异步操作还是靠谱的。

本小节末尾,请复习第七章《语言》中的“并发流程”,试着将上述例子,改为直接使用 std::thread 实现,并思考它和使用“async()(异步调用)”实现有何异同。

12.2.2 异步调用策略

C++ 11 新标准提供的异步操作还是靠谱的,它的另一体现是:C++允许我们强行指定异步活动的启动策略(launch policy)。异步调用策略是一个枚举值,采用了 C++ 11 下带 class 的枚举定义:

```
enum class launch : {async /* 异步 */, deferred /* 延期 */};
```

标准暂时仅要求提供两种策略。launch::async 表示本次异步操作强制要求立即开工,通常就是后台必须立即启动新线程以便执行任务;而 launch::deferred 则强制要求本次异步操作暂不开始,直到遇上调用 future 对象的 get(),这种效果相当于延缓了任务的执行(原来代码也有拖延症)。

对应的 async()函数版本,是在参数列表最前面新加一个入参:

```
future < T > async (std::launch policy , Function&& f, Args&&... args);
```

【危险】: 发起异步操作的第三种策略

调用无 policy 入参版本的 async() 函数,使用的是什么策略?肯定不是 launch::deferred,但也不一定是 launch::async,而是交由程序临时决定。可能立即启动异步操作,也可能拖延一阵再开始,当然也有可能拖到 get() 函数被调用后才启动。后面我们称它为“临时决定”策略。

请牢记这一点,仅在你的确不在意异步操作可能延迟的情况下,才使用无需指定策略的异步调用函数。

下面测试带调用策略版的 async 函数。首先定义一个简单的任务函数,用于在屏幕上输出 100 次指定短字符串:

```
void output (char const * s)
{
    for (int i = 0; i < 100; ++ i)
    {
        cout << s;
        cout.flush (); //确保每次输出不缓存,直接输出到屏幕
    }
}
```

然后让第一个“下属”负责输出“呜”,第二个下属负责输出“哦”,领导比较重要,所以负责输出“哇”。如下:

```
void test4()
{
    //小张,你到门口持续叫“啊”
    std::future < void > future_1 = std::async(std::launch::async
                                    , output, "呜");

    //小李,你到门口持续叫“哦”
    std::future < void > future_2 = std::async(std::launch::deferred
                                    , output, "哦");

    //领导我负责就地持续叫“哇”
    output("哇");

    future_1.get();
    future_2.get();
}
```

那天我路过这家奇葩公司,听到了什么?请在 main()中仅仅调用 test4()。我们会先听到类似“呜呜呜哇哇哇”或“哇哇哇呜呜呜”,甚至“呜哇呜哇呜哇”这样交叉的声音,然后是连续的“哦”到结束 。很明显,小李在开始时偷懒,他是直到 future_2.get()时才开叫的。

【课堂作业】:异步调用 lambda

请将以上那个热闹的例子做如下修改:在调用 async 时直接传入 lambda 表达式。

这个例子还有一个地方需要稍加注意:output 函数有入参,无返回值,因此在调用 async 时,需要填写额外的入参,也就是各种叫声,而返回的 future 需以 void 作为模板入参,这会在背后产生一个特殊的 future,它的 get()方法同样返回 void。

另外,我们可能会不想重复写长长的 future <T> 类型,因此会用上 auto,类似:

```
auto f = async(launch::async , output, "哼");
```

12.2.3 异步过程的异常

异步操作将在另一个线程中执行，如果在尝试启动（此时还在当前线程内）或启动之后的执行过程中（此时肯定在另一线程中）发生异常，该如何处理？

C++语言不支持跨线程的异常捕获，不信试试：

```
#include < iostream >
#include < thread >

using namespace std;

void throw_int()
{
    throw 1; //啥事不干,纯心捣乱,就抛异常
}

int main()
{
    try
    {
            thread trd(throw_int);
            trd.join(); //等待线程执行完毕
    }
    catch(int e)
    {
            cout << "catch a integer " << e << "." << endl;
    }
}
```

新建一个 C++的线程对象，该对象将启动一个新线程，并在新线程内调用 throw_int()函数，后者啥事不干，就抛出一个整数作为异常。main()函数中使用 try - catch 以捕获线程创建、线程等待过程的异常，但由于异常在新线程执行的任务内抛出，也只能在新线程内捕获，而此处的 try - catch 在主线程中执行，因此无法捕获 throw_int()函数抛出的异常。运行此程序，果然“挂”得很难看。

说“async(函数)”还是靠谱的，第三个表现是 C++ 11 标准库帮我们做了一些工作，让我们可以在调用者线程中，捕获处理异步（当然也有可能就是同步）执行过程中抛出的异常；方法是在调用 future 的 get()时。这是一个合适的时机，大家想想为什么？

```
...以上代码照旧...

//改为使用 async
int main()
{
    aut of = async(throw_int);
```

```
    try
    {
        f.get();
    }
    catch(int e)
    {
        cout << "catch a integer " << e << "." << endl;
    }
}
```

这次执行，完美地“跨线程”捕获了异常，当然，背地里还是在 throw_int()执行时，在所处的线程里捕获异常，然后先交给 future <T> 的对象保存，待到原有线程在调用 future <T> 对象的 get()函数时，再重新抛出。这些工作让我们也可以在 thread 的基础上实现，只是麻烦点，并且容易考虑不周埋下错误。

12.2.4 异步等待

我们已经慢慢地发觉，C++ 11 标准库所提供的“async/future”，对“将某件事交给独立线程”这件事做了高度的封装，使得整个异步过程的实现，在明面上看不到“线程”的出现。那么，该封装会不会带来我们对异步过程的可控度变小呢?

future <T> 类除了提供“get()(提取)”接口之外，还提供三个“等待”接口，分别是 wait()、wait_for()和 wait_until()。

(1) wait()

wait()函数的作用和 get()接近。二者都会迫使目标过程马上执行(如果当时目标过程尚未执行的话)，并一直等到目标过程执行完毕或出错。差别则是：get()返回执行结果给调用者，wait()不返回(因为调用者不想要)。前面例子中的 output()和 throw_int()函数都没有返回结果，因此对它们“存根”的处理，就算使用了 get()也得不到结果，所以此时改为使用 wait()，可以更清晰地表达代码意图：

```
future < void > f = async(output, "咦");
  ...
f.wait (); //此处的 wait 和前面的 void 更配
```

(2) wait_for()

wait_for()带有一个表示时间长度的入参，并且有返回值，其实是一个函数模板，完整声明为：

```
template < typename Rep, typename Period >
std::future_status                //返回值类型
wait_for (std::chrono::duration < Rep, Period > const &
                                  timeout_duration) const;
```

声明很复杂，完全是因为入参所需要时间长度的定义带来的。

和 get()或 wait()不一样，wait_for(timeout_duration)不强制启动目标过程，它

只是纯粹地等上一段时间，如果等的时候目标过程执行完毕，它欢快地回来告诉调用者"异步过程执行完毕，可以调用 get()取结果啦"，否则它应该是很沮丧的，至于此时向调用者做何报告，请往下阅读。

有一种情况 wait_for()注定沮丧，那就是当初使用 async()发起异步过程时所采用的策略是 std::launch::deferred。采用这种策略，调用者的意图就是要让目标过程先别启动，且等到代码明确调用 get()/wait()再执行。这种情况下，wait_for()返回值是 std::future_status::deferred，又是一个枚举，并且和前面那个同名。

如果异步操作已经在进行之中，只是在超时之前还未完成，wait_for()返回的是 std::future_status::timeout。如果等到异步操作完成，则返回 std::future_status::ready。表示调用者可以继续调用 future <T> 的 get()或 wait()方法。

下面是 std::future_status 枚举的完整定义：

```
enum class future_status
{
    ready,
    timeout,
    deferred
};
```

(3) wait_until()

声明如下：

```
template < class Clock, class Duration >
std::future_status          //返回类型
wait_until (std::chrono::time_point < Clock, Duration > const&
                                timeout_time) const;
```

入参是一个"time_point(时间点)"，是它使得相关声明看起来很复杂。当我们说"time_point(时间点)"基本就是在指一个绝对的时间，在此处用于指示要等待到什么时候。比如现在是 2018 年 9 月 7 日 20 点 8 分 45 秒，如果 timeout_time 指定的时间点是 2018 年 9 月 7 日 20 点 9 分，则 wait_until 相当于改为调用 wait_for(15 秒)。

综合以上说明，下面是有关异步等待的例子：

```
#include < iostream >
#include < thread >
#include < future >
#include < chrono >
#include < string >

using namespace std;

int main()
{
        auto f = async([] () ->std::string
```

```
        {
            this_thread::sleep_for(chrono::seconds(10));
            return "finished";
        });

        // 每隔一秒循环
        // 调用一次 wait_for(1s)
        // 以查看 f 对应的目标过程是否完成
        for (int i = 0; i < 10; ++i)
        {
            auto status = f.wait_for(chrono::seconds(1));

            bool finished (false);

            switch(status)
            {
                case std::future_status::ready :
                    finished = true;
                    cout << f.get() << endl;
                    break;
                case std::future_status::timeout :
                    cout << i+1 << ") waiting..." << endl;
                    break;

                default :
                    break;
            }

            if (finished )
            {
                break;
            }
        }
}
```

12.2.5 避免时空错乱

假设在代码中有两次 async()函数调用，为方便说明，我们为 async 函数按调用次序加编号：

```
auto f1 = async_1(foo_1);
auto f2 = async_2(foo_2);
```

async_1()肯定比 async_2()先执行，但 foo_1()却不一定比 foo_2()先执行。有读者反应说他尝试了一千次也没有出现 foo_1()比 foo_2()晚执行的现象，尽管如此，可能性仍然存在，并且程序越复杂、越大，可能性越高。也许第一千零一次就发生了，甚至可能运行一千个日夜都没有发生，却在一千零一夜时发生……这才是恐怖的，要排查由此带来的系统故障，那叫一个酸爽！

再来看一个例子，这次时序问题发生在调用线程和异步操作之间，并且还涉及到对同一个变量的操作：

```
//一个全局变量，主线程和异步线程都会操作它
int N = 0;

//异步操作
void DecN()
{
    --N;
}

//主函数，主线程
int main()
{
    auto f = async(DecN);
    ++N;
015 cout << (N/N == 1) << endl;
    f.wait();
}
```

从这个问题开始解读上述代码：015行在计算N/N时，N的值是什么？如果异步调用DecN()来得及运行完毕，N是1；如果DecN()来不及运行，N是0，这个情况下会发生"除零错"造成程序异常退出。考虑到异步操作需要启动线程的时间成本，因此N为1的比例极大，但就有可能在程序员正度婚假时，它发生了。

有人说，我才不会轻易使用全局变量。如果结合数据传递，隐患更隐秘了：

```
//异步操作
void DecN(int& n) // 此处传址
{
    --n;
005  cout << n << endl; //这里输出什么
}

//主函数，主线程：
int main()
{
    int N(0);
011 auto f = async(DecN, std::ref(N)); //这里"接"收N
012 ++N;
    f.wait();
}
```

011行，async接走了局部变量N，接的时候N还是0，但由于目标过程DecN(n)需要的是一个引用(所以必须用std::ref()小工具)，这就有极大的可能是在执行DecN时，它再访问时，012行已经执行完毕，所以此N已经是1。

【重要】: future <T> 对象的析构

如果上面的代码没有调用 f.wait(),情况会怎样?试分析:①main()函数会在012行后直接退出;②然后栈变量N消失;③若此时async正好启动DecN(),正要通过"引用(内存地址)"访问N,④所以最终访问到一块已释放的"幽灵"内存。这个分析是错的。

一直没来得及告诉大家在future <T> 对象的析构过程中会检查是否调用过get()或wait(),如果没有则自动调用。在main()函数中,f的析构先于N的释放,保证了异步过程对N的正常访问。

并发程序最容易出错的地方,就是不同线程操作相同的资源,由于时序的不可确定性,很难清楚地知道最后是哪个线程对资源进行了修改;处理之道是尽量避免这样的时序依赖,尽量减少在不同线程上同期操作相同资源,除非所有线程都只是读取该资源,而非修改。线程之间传递数据,应按如下次序考虑:

①推荐:优先考虑传值(即复制)方式,根源上消灭"跨线程共用资源";

②推荐:考虑使用shared_ptr;

③不推荐:常量传址方式,即"T const&(常量引用)"或"T const *(常量指针)*";

④不推荐:使用传址方式,即"T&"或"T *"。

12.2.6 共享异步存根

刚还在说尽量不要在多线程间共用资源,马上我们就要自己打脸了。事情是这样的,很多时候异步处理一件事,会有不止一个线程都需要关心这件事情的结果。这个需求如果仅仅通过future <T> 对象的wait_for()或wait_until()接口等待结果,并不能满足。因为这二者都只负责等结果,不负责取结果,更不负责"催"结果。遇上有拖延症的异步过程还没启动,这二者都不负责"催促"启动。因此,最终需要调用future <T> 对象的get()或wait()。既然不止一个线程需要关注操作结果,就自然有多个线程会去调用同一个future <T> 的get()或wait()接口,这样可能造成目标操作被执行多次,过程示意如图12-2所示。

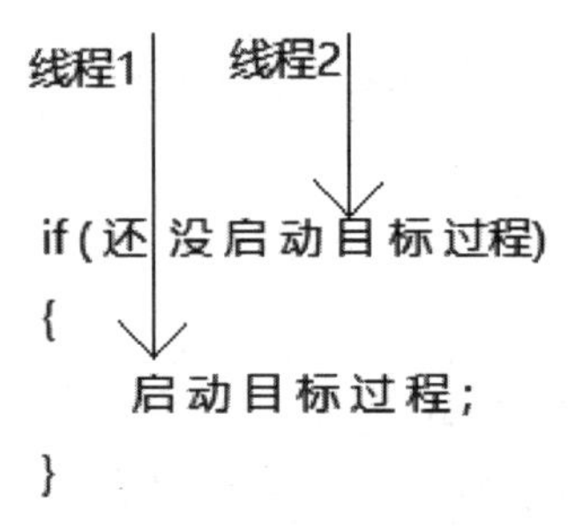

图12-2 并发调用同一 future <T> 对象

线程1判断目标过程未启动之后，刚刚要启动目标过程，线程2来了，它也发现目标过程还没启动，于是也会进入 if 内部语句……一句话，future <T> 的内部关键判断、操作过程未加锁，因此"线程不安全"。但这就是 future <T> 的设计意图：根本不希望被重复使用。包括多个线程重复使用同一个 future <T> 对象，也包括同一个线程重复调用同一个 future <T> 的 get()操作。该意图有两点体现：一是 future <T> 拷贝构造、复制操作都标示 deleted；二是 C++标准规定调用同一个 future <T> 的 get()操作多次，结果将"不可预期"，当前 GCC 的实现是在第二次调用时抛出 std::future_error 异常。请读者实测以上两点。

如果确定要在多个线程上处理同一异步操作的结果，需要使用**shared_future** 。

**【小提示】：如何理解 shared_future**

我们一直将 future 解释成"存根/收条"，以便强调通过它可以查询异步处理状态、获取异常处理结果。普通 future 就是一个收条只能用一次（钱还了，借条也请作废），而 shared_future 则是一个收条可以用多次。

张先生和李先生关系不好，这天他们同时进入一家洗车店。张先生的车进入一号洗车房，张先生进了店里雅座；李先生的车进入二号洗车房，李先生进了店里雅座。张先生在雅座上喝茶，不时伸头看一号洗车房出口。他关心自家的车何时洗好，但他也看二号洗车房出口，因为他不希望李家的车先出来，他摸了摸腰间的枪。李先生在雅座上喝茶，不时伸头看二号洗车房出口。他关心自家的车何时洗好，但他也看一号洗车房出口，因为他不希望张家的车先出来，他瞄了瞄夹在杂志里的刀。

可怜洗车店的人什么都不知道，店入口有一位阿姨静静地扫地。结果就是，张先生的车是否洗好这件事，张先生关心，李先生也关心；李先生的车是否洗好这件事，李先生关心，张先生也关心。

情况很复杂：张家车和李家车同时在清洗；张先生和李先生同时在等待；张先生喝茶时不断盯洗车房，李先生也是；最后，还有一个扫地阿姨，会不会是传说中的扫地僧？

实现程序，我们准备这么做：首先异步启动两位先生爱车的清洗流程。然后为这两位先生启动一个循环，每隔一秒检查一下两辆车的清洗过程是否结束。这个等待过程本身也是一个异步过程，两位先生各等各的。

先准备头文件、名字空间、以及加了锁的 cout 单例定义：

```
#include <iostream>

#include <string>
#include <sstream>

#include <ctime>
#include <random>
```

```
#include <chrono>
#include <future>

#include <thread>
#include <mutex>

using namespace std;

struct COutWithMutex
{
public:
    static COutWithMutex& Get()
    {
        static COutWithMutex instance;
        return instance;
    }

    void PrintLn(string const& line)
    {
        lock_guard <mutex> g(_m);
        cout << line << endl;
    }
private:
    COutWithMutex() = default;

    mutex _m;
};
```

接着是洗车过程。假设洗车需要五个步骤,每个步骤所花费的时间随机生成,以示公平:

```
int get_desc_id(string const& desc)
{
    int id = 0;

    for (auto c : desc)
    {
        id += static_cast <int> (c);
    }

    return id;
}

int Washing (string const desc)
{
    int total(0);

    int id = get_desc_id(desc);

    mt19937 rd(time(nullptr) + id);
```

```
    for(int i = 0; i < 5; ++i)
    {
        int seconds = 1 + (rd() % 10);

        stringstream ss;
        ss << "[洗车房]-正在执行清洗" << desc << "的第" << i+1
           << "道工序。预计需要" << seconds << "秒,累计已用"
           << total << "秒。";

        COutWithMutex::Get().PrintLn(ss.str());
        this_thread::sleep_for(chrono::seconds(seconds));

        total += seconds;
        this_thread::yield();
    }

    stringstream ss;
    ss << "[洗车房]-完成清洗" << desc
                              << "。累计使用" << total << "秒。";
    COutWithMutex::Get().PrintLn(ss.str());

    return total;
}
```

Washing()会被调用两次(一次洗张家车,一次洗李家车),为了显示区别,使用入参 desc 来描述所洗车的名称。另外,两次调用可能前后时差不超过 1ms,为此干脆将 desc 也弄为产生随机种子的因素之一,方法写成 get_desc_id()以求字符串中各字符的累加值(当然,两次的累加值也可能正好又相同,不过在本例中相等的概率不高)。

Washing()函数返回所有洗车步骤的总用时,再接着是 Waitting()函数。等什么过程?等的就是前面"Washing()"所代表的"洗车"异步过程,等完后取什么结果?取的就是 Washing()的返回值,即特定洗车过程所花费的总时长。依据剧情,张先生的车张先生等李先生也等,李先生的车李先生等张先生也等,这就需要 shared_future <T> 上场了。因此可以想到,两次异步调用 Washing()时,各自得到一个 shared_future <T>,而不是 future <T>。具体如何得到前者先不管,先看假设有这两个 shared_future <T> 之后,我们如何在二者身上调用 wait_for()和 get():

```
void Watting(shared_future < int > f_self
          , shared_future < int > f_other
          , char const * who, char const * action)
{
    bool finished_self(false), finished_other(false);
    bool lost = false;

    future_status status_self, status_other;
```

```
for(;;)
{
    if (! finished_self)
    {
        status_self = f_self.wait_for(chrono::seconds(1));
        finished_self = (status_self == future_status::ready);
    }

    if (! finished_other)
    {
        status_other = f_other.wait_for(chrono::seconds(1));
        finished_other = (status_other   == future_status::ready);
    }

    stringstream ss;
    ss << "[" << who << "]-";

    if (finished_self && ! finished_other)
    {
        int seconds = f_self.get();

        ss << "哈哈哈！谢谢店家看得起！回头给五星好评。"
           << "这位兄弟，" << seconds << "秒洗车的境界，有空来交流。"
           << "您慢慢品茶，我有个上千万的项目要忙，告退。";

        COutWithMutex::Get().PrintLn(ss.str());
        break;
    }

    if(finished_self && finished_other )
    {
        int seconds = f_other.get() - f_self.get();

        if (seconds > 0)
        {
            ss << "哈哈，快" << seconds << "秒也是快。走了！";
        }
        else if (seconds < 0)
        {
            ss << "店家，这" << - seconds
                           << "秒颜面损失无价，你赔我！";
        }
        else // seconds == 0
        {
            ss << "这么巧，走了！";
        }

        COutWithMutex::Get().PrintLn(ss.str());
        break;
```

```
        }

        if (! finished_self && finished_other && ! lost )
        {
            lost = true;
            int seconds = f_other.get();

            ss << "(" << action << ")店家你别急,豪车就需慢慢洗。"
               << "那位兄弟,洗个车才坚持" << seconds << "秒? 路上小心。";

            COutWithMutex::Get().PrintLn(ss.str());
            continue ;
        }

        ss << "我喝口茶,再等等。";
        COutWithMutex::Get().PrintLn(ss.str());
    }
}
```

Waitting()前两个入参都是 shared_future,带"_self"的代表等待自己车的洗车过程,带"_other"则为对方的,后续还有不少变量采用这一命名方法。第三个入参 who 是等车人的名称,第四个入参 action 则是等车人万一气急败坏的行为描述。什么时候等车人会气急败坏呢? 当然是发现自己的车比对方完工晚时。

代码的主要逻辑也不复杂。共有 5 组 if 语句。前两组用于查看自己家的车和对方的车是否已经完工,已经完工的话会分别设置 finished_self 和 finished_other 为真。后面三组 if 语句分别用于处理这几种情况:

(1)"我家车好了,对方还没好?"哈哈,太高兴了,得意一下;然后结束函数走人(当然不等对方了);

(2)"我家的车好了,对方的也好了?"好吧,比较一下双方秒数,再根据情况乐一下或不爽一下,也结束函数走人;

(3)"我家的车还没好,对方的居然好了!"生气,将自己标记为"失败了"(lost 设置为 true),强作镇定说点话,然后继续等。

逻辑性强的人,一眼就能看出以上漏了两家的车都还没洗好的情况。从代码中可以看出,这种情况下,这两人就各喝各茶,继续等。整个循环不需要调用当前线程的 sleep_for(),因为每次的 wait_for()都会等 1s,不会造成循环占用大量 CPU。最后就是 main()函数,它相当于洗车店的主门,看看两位先生进来后发生的事情:

```
int main()
{
    shared_future < int > f_wash_zhang = async (launch::async
                           , Washing, "~张家 - 宝牛车~");
    shared_future < int > f_wash_li = async (launch::async
                           , Washing, "~李家 - 倔驴车~");
```

```
    auto f_wait_zhang = async (Watting
                                    , f_wash_zhang, f_wash_li
                                    , "张先生"
                                    , "掏出枪形打火机点了颗烟");


    auto f_wait_li = async (Watting
                                    , f_wash_li, f_wash_zhang
                                    , "李先生"
                                    , "拿着刀伸进嘴里剔了剔牙");


    auto zero = chrono::seconds(0);
    while (f_wait_zhang.wait_for (zero) != future_status::ready
            || f_wait_li.wait_for (zero) != future_status::ready)
    {
        this_thread::yield ();
    }

    cout << "[扫地阿姨] - 两(kuai)位(dian)慢(gun)走(dan)!" << endl;

    return 0;
}
```

一进门就先用 async()启动张家宝牛车和李家倔驴车的异步洗车过程,并且指定策略是立即执行。两次异步调用结果返回 shared_future <T> ,这样说是不准确的,因为 async()函数只能返回 future <T> 对象,只不过它能一步转换为此时我们所需要的 shared_future <T> 。为此,这里不能使用 auto 简化 f_wash_zhang 和 f_wash_li 的类型声明。

【小提示】: 调用 async()时,避免写 shared_future <T> 的方法

倒也不是没有办法,可以这样写:

```
auto sf = async(...).share(); // "..." 为省略的入参
```

显然,future <T> 有一个成员函数叫 share()(提醒:不是 shared()),用于从自身转换得到一个 shared_future <T> 对象。各位可在自己的代码中使用。

开始洗车,两位先生就一边喝茶一边伸头张望等待,这又是一对需要同时进行的过程,所以又是一对 async()调用,不过这次不存在"多处共同获取"两人等待过程的需要,另外也没有指定异步过程启动策略。管他俩呢,爱等不等。

接下来的 while 循环倒比较有趣。循环条件没有什么奇怪的,无非是只要张先生或李先生还在等,就继续循环。有意思的是条件中对 future <T> 调用 wait_for()时,都指定"零秒",相当于函数一进入就立即检查 future <T> 的状态。这也可以理解,大家看上面代码中这两位先生所表现出来的嘴脸,还真是让人一秒钟都不愿意多等。包括循环体内也没有调用 sleep(),而是调用 yield()。CPU 会为每个线程不断地分配时间片，yield()的作用是让当前线程让出本次剩余的时间片给其他线程。综上所述，这里的while会超高速地循环，但又不会霸占CPU。到底有多高速呢？你们试着在循环内加一句cout的输出看看。

12.2.7 异步绑定和任务包裹

还记得“邦德”吗？他在第十篇《STL和boost》中出现过。我们在那一篇学会了如何将待执行的操作和执行该操作所需的部分或全部数据绑定成一个对象，直到需要时再执行。复习一下吧：

```
int action(string s, inti, int v1, int v2, int v3)
{
    cout << i << ':' << s << endl;
    return s.size() + v1 + v2 + v3;
}
```

不要问我这个操作在做什么，我就是需要一个有好多入参的函数而已。接下来造一个函数，用于绑定action和它的第1、3、4、5个入参：

```
void bind_action_and_parameters(std::string const& message)
{
    int item_1, item_2, item_3;

    cout << "请输入三个整数:";
    cin >> item1 >> item2 >> item3;

    //开始绑
    typedef std::function < int (string, int, int, int) > Action;
    Action f = std::bind (action , placeholders::_1, item1, item2, item3);

    //典型用法:把绑定好的结果传递出去
    foo(f);
}
```

不带“策略”入参的async()函数的入参列表是“(动作、入参1、入参2、入参3……)”，回头再看bind()函数的入参列表，二者是不是很像？二者都不立即执行动作，而是将动作和动作所需的数据打包；主要区别在于bind()在当前线程打包并得到一个“包裹”对象，该对象可在当前线程或者交给其他线程执行；async()则不关心绑定的细节，重点解决如何在当前线程得到其他线程执行某个“包裹”的结果，即“存根”。如果async()调用时指定使用“拖延”策略，在效果上就更接近bind()了。

还有一个细节上的区别：由于bind()最终动作调用代码由我们自己写，因此在绑定时可以只绑定部分数据，其他数据用“placeholders::_1、placeholders::_2”等预定义的常量代替。async()对操作的调用由标准库的作者实现，如果我们不给足数据，那边标准库要调用时，它怎么补？

继续以“射击、枪、子弹、敌人”为例 。bind()的情况是子弹上枪膛,枪挂在身上找敌人,找到后再瞄准射击;async()的情况是子弹上枪膛,把枪给一个小弟,交待他执行“找敌人、瞄准射击”的操作,而我们保留关注操作结果的权利和途径。

当然也可以在 bind()之后再通过 async()交给另一个线程运行。当我们连到时是自己(当前线程)还是别人(其他线程)来执行这个动作都无法一下子做决定,可手上又已经有了部分该动作所需的数据时,就特别需要这两兄弟“强强联手”。此处举一个“四强联手”的例子,多两个“强”是指 lambda 表达式和 auto:

```
#include < future >
#include < functional > //bind
#include < iostream >

using namespace std;

int main()
{
    auto f = [](int n1, int n2) ->int
    {
        cout << "thread id : " << this_thread::get_id() << endl;
        return (n1 + n2);
    };

    auto b = bind(f, 6, placeholders::_1);

    int sel = 0;
    cout << "选择,1) sync,2) async : ";
    sel = cin.get();

    if (sel == '1')
    {
        cout << b(8) << endl; //同步
    }
    else
    {
        auto r = async(b, 8);  //异步
        cout << r.get() << endl;
    }

    return 0;
}
```

不考虑例中选择“同步”执行的情况 ,将整件事简化为:在前面通过 bind()绑定操作和数据,得到一个“包裹”对象,而后在需要时将该“包裹”传递给 async()以实现异步调用。对应的需求是:我想打包一个异步任务,但现在不执行,将来需要时再执行。C++标准库使用一个很形象的名字 packaged_task <T> ,T 是某种操作的类型。操作可以是函数、函数对象、lambda、bind()的结果或 function <T> 等。

```
int add(int i1, int i2) { return (i1 + i2); }

int main()
{
005     packaged_task < int (int, int) > pkg(add);

007     future < int > r = pkg.get_future();
008     pkg(10, 11);

010     cout << r.get() << endl;
}
```

过程如下：

(1) 005 行创建一个“packaged_task(包裹任务)”。“包裹”中含有待执行的操作,本例为 add()函数。“包裹”里没有包含操作所需要的入参,如果有需要请结合 bind()使用。

(2) 007 行调用 packaged_task <T> 的 get_future()方法,从“包裹”中得到一个“存根”。

(3) 008 行调用 pkg()。其实 pkg 是一个对象变量,packaged_task <T> 是类模板。重点是此处调用机制等同于不带“策略”版本的 async()函数调用,同步异步皆可能。

(4) 010 行使用前面的“存根”对象查询、等待任务执行结果。

有了 bind(),邦德可以把枪和子弹装好,遇见敌人再开枪;加上 packaged_task(),邦德就可以将枪支子弹交给跟班,遇上紧急情况就让跟班开枪,那邦德忙什么呢?《白话 C++》后面某章节在教大家写俄罗斯方块,邦德学得正有趣。

12.3 线 程

12.3.1 从“异步”到“线程”

C++ 11 在并发方面提供的 async(异步)、future(存根)等概念,是相对靠近人类逻辑的概念;而 thread(线程)这样的概念,则更多来自计算机操作系统的概念。前者比较容易理解,因为它对应一种做事方式:你要做 A、B 两件事,但希望事 A 在进行的同时,你可以马上去做事 B。长辈曾经教导我们:想泡茶喝,在水烧开的过程中,应该先去洗茶壶、洗茶杯、备茶叶,而不是发呆或玩手机……“线程”这个词就更多的是在说操作系统的一种技术,它是实现“异步”效果首选的底层技术。在一些不提供线程的操作系统上,也可以用其他方式以便模拟“异步”的执行方式。

下面杜撰一个场景。我们为某商贸公司做了一套类似进销存的管理系统,正在试用的日子里,突然收到客户的投诉电话……

【轻松一刻】：当程序在忙时，用户可以做点什么？

客户："程序自动对账时，整个界面卡住 15 分钟！而这段时间内我什么事都不能干！结果我睡着了，被老板骂了一顿！"

客服："你干嘛不起来活动一下啊？"

客户："不行，老板不让我们轻易离开座位。"

客服："上网看点娱乐八卦新闻？"

客户："更不行，运行浏览器等软件，全公司拉响警报。"

客服："那你就坐在位置上闭目养神一阵嘛。"

客服："墙上和天花板都安装了人脸表情识别系统。"

客服："你能不能向贵司工会提一下建议？别管这么紧啊！"

客户："别扯这么宽。三天之内要是不能实现程序对账的同时可以让操作人员安全地干点什么有趣的事，我就向领导反馈说你们的程序存在严重的三观不正问题，今年别想通过验收。"

当负责该业务系统实现的程序员接到这么个需求，需要在多个层面进行思考，从而将用户表达的意思，转成代码逻辑。而代码逻辑如果再细分下去，通常还应该先想到与编程语言无关的通用概念和基本逻辑，然后才是考虑如何通过特定语言和库的功能加以实现。如果特定的语言和库中没有直接对应到所需的通用概念和基本逻辑的功能组织(函数、类、设计模式)时，那就寻找它是否提供某些更低层，通常也更细颗粒度、更基本的功能组织，可供我们以它们为基础来实现上层的概念或逻辑。

结合本例以及 C++语言特性，程序员听到用户想在"程序对账的同时可以让操作人员安全地干点有趣的事"这样的需求时，正常的逻辑应该是想到"异步操作"这个通用概念。也有些人会想到"并发"，但准确的概念还是前者。不管是哪个，由于 C++标准长期缺少提供对应到"并发"或"异步"概念的功能组织，所以 C++程序员不得不把目光再往下一些，翻起操作系统层面概念，这才看到了"线程"。

所幸，C++ 11 终于(在外部条件已经成熟了一段时间后)将这个坑补上，并且正如大家现在学习的一样，我们一定是先从 async()函数、future 类等讲起，而不是上来就讲 thread(线程)类。因此，使用 C++ 11 写并发应用，多数情况我们并不需要动用 thread 类，更多情况是库程序员才需要考虑它，如图 12-3 所示。

最终，我们为该应用加入一个新功能，即当程序进入某个耗时操作时，就让它异步执行，然后主界面背地里从网上拉取一些笑话供操作员阅读，并且设置了"老板键"，按下就让笑话自动变成公司行为指南的第 996 页。

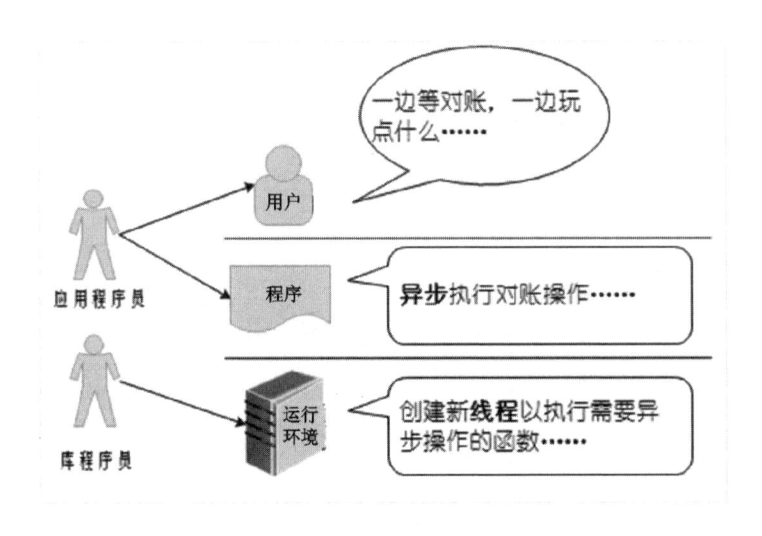

图 12-3 并发编程中的概念分层

【课堂作业】：模拟一边“看笑话”，一边等程序完成自动对账操作

请大家使用所学的 async 等知识，写一个模拟本例的控制台项目。

什么情况下才需要主动考虑使用 thread 这个概念呢？

第一种情况，我们也想基于线程以实现上层的某种概念。比如，要是现有的异步功能性无法很好地满足某些特定需要，那么我们可以自行基于线程实现新的异步机制。

第二种情况，我们就是有对操作系统提供的线程资源进行管理的需求。假设，程序需要每隔 2s 就执行某些异步一次，每次任务费时不超过 1s，如此连续执行一小时，底层就可能会有 1800 次创建再销毁线程的操作。我们就会想，为什么不让这个线程一直活着呢？一旦要主动考虑及运用“线程”这个概念，就得需要学习线程的一些相对技术化的功能特性。

12.3.2 线程汇合

1. 等不等

爸爸带三个小孩到儿童游乐场，小孩子们各玩各的，爸爸无聊地守在游乐场门口等他们，这场景就是一个父线程等待三个子线程的对照。这里的“父、子”表示后者由前者创建，用到线程汇合(join)函数：

```
int main()
{
    thread child_a ([]()
    {
```

```
        COutWithMutex::Get().PrintLn("小明:旋转木马");
    });

    thread child_b ([]()
    {
        COutWithMutex::Get().PrintLn("小红:过山车");
    });

    thread child_c ([]()
    {
        COutWithMutex::Get().PrintLn("小强:鬼屋");
    });

    child_c.join();   //等到 C 孩回来
    child_b.join();   //等到 B 孩回来
    child_a.join();   //等到 A 孩回来

    cout << "大家:回家喽" << endl;
}
```

一切都好,但也有不靠谱的爸爸,大家感受下:

```
int main()
{
    thread child_a ([]()
    {
        COutWithMutex::Get().PrintLn("小明:旋转木马");
    });

    thread child_b ( /*略*/ );
    thread child_c ( /*略*/ );

    cout << "爸爸:回家喽" << endl;
}
```

这是可能的一种输出,如图 12-4 所示。

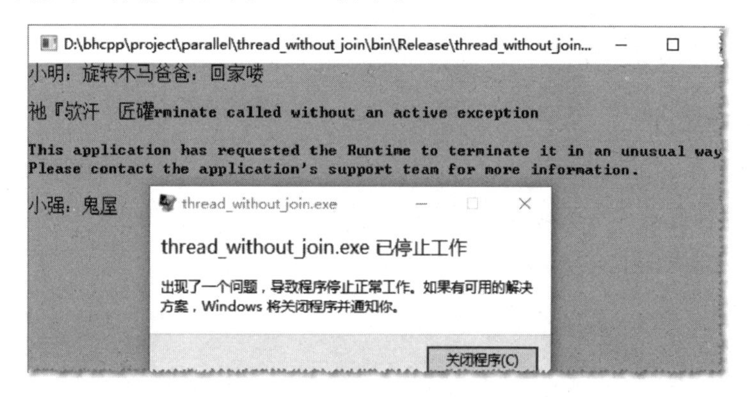

图 12-4　子线程未汇合,进程强行退出

忘了带孩子回家,可能让一个家庭从此崩塌;忘了等待子线程汇合,可能会乱了屏幕输出(哪怕我们加了锁),还会让一个进程直接中断(terminate),甚至惊动了操作系统大人。事情就这么大条!

更让程序员无法理解的是,等待一个线程汇合,不仅仅要做实际的等待(程序堵塞,啥事不干就等),而且还一定要有形式上的等待(程序一定要调用待汇合线程的join()方法)。南老师我有几位女学员,她们纷纷表示理解并赞同C++的这种设计。她们说这就像女孩子生气,有时男友的行为已经让女生心里不再生气,但还是一定要听到男友说出那句"对不起,我错了"。

下面演示主线程通过休眠,等所有子线程结束,但就是不调用join():

```
int main()
{
    thread child_a ( /*略*/ );
    thread child_b ( /*略*/ );
    thread child_c ( /*略*/ );

    //等!!!
    this_thread::sleep_for(chrono::seconds(5));

    cout << "爸爸:回家喽" << endl;
}
```

父线程睡了5s,足够三个熊孩子尽兴而归。除非你的电脑老到必须扔掉。有屏幕输出结果可供验证,如图12-5所示。

图12-5 有sleep()等,未调用join()

三个子线程以及主线程的屏幕输出都是正常的,说明子线程确实执行完毕,程序却还是在退出时崩溃了,同样惊动到操作系统大人。child_c对象最先被释放,它**在析构时**发现自己没有调用过join(),这下它不干了,**临死前**挣扎着上演"一哭二闹三上吊"。当然,在"析构时"或者"临死前"这样描述都在暗示:如果不释放线程对象,这些问题就不会发生,问题换成内存泄漏。

残酷的现实表明,除了主线程之外,其他线程就是得等。当然我们心里也产生了一万个为什么,为什么线程一定要等?为什么连已经干完活的线程也要等?更进一步思考,我们可能会提出:“为什么不让 thread 对象在析构时,自行判断要不要调用 join()?”

2. 谁等谁

线程不能自己等自己。当我们说线程“不能自己等自己”时,这里的“自己”指的是实际线程,而不是 C++代码中的 std::thread 对象。完整的表达应该是“不能调用当前线程对应的线程对象的 join()方法”。为了更好地理解“线程对象”与“线程对象对应的真实线程”之间的关系,我们把“在父线程中定义线程对象、创建实际线程,再通过线程对象调用 join()方法以便等待实际线程执行完毕”这一过程,画张图表示,如图 12-6 所示。

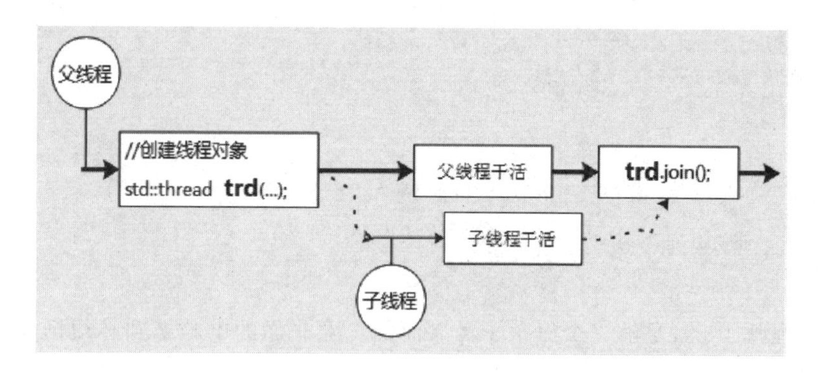

图 12-6 线程从创建到汇合

图中有两个圆圈,分别标示了“父线程”和“子线程”,这二者都指操作系统中的线程。前者在本例中正好是主线程(main()函数所在的线程),对程序来说是“与生俱来”的线程,而子线程则必须由程序提出申请,具体过程是定义 std::thread 的变量并指定新线程的目标过程。

再看一眼图 12-6:定义 trd 变量之时所处的环境是父线程;调用 trd.join()的也是父线程。显然,trd 这个线程对象没有在它所对应的实际线程中调用 join()方法。但作为一个有创(破)造(坏)力的 C++程序员,我们最擅长的就是“花样作死”嘛!先看“花样”:

```
int main()
{
    std::thread trd([&trd]()
    {
        cout << trd.get_id() << endl;
        assert(trd.get_id() == this_thread::get_id());
    });

    trd.join();
}
```

花样玩法是：为了创建 trd 对象，我们为它提供一个 Lambda 表达式作为它的构造入参，但这个 Lambda 表达式的实现又需要依赖于“捕获”到 trd 变量。概念上听着像是“循环”依赖的谬论，技术上实现倒不难：因为 Lambda 实际捕获的“&trd”，只是一个地址。新线程会输出 trd 的线程 ID，并断言它就是当前线程的 ID，这当然正确。

接着开始“作死”，代码作者突然脑筋一抽，将 trd.join()从父线程处挪入子线程的执行体：

```
int main()
{
    std::thread trd([&trd]()
    {
        cout << trd.get_id() << endl;
        assert(trd.get_id() == this_thread::get_id());
        trd.join();
    });
}
```

这个程序有两种死法，大概率情况是主线程直接退出，造成子线程释放，然后抱怨未经 join()；如果是在实际项目中，则往往是另一种情况：子线程调用当前线程的 join()操作，然后抛出抱怨“Resource deadlock avoided”的异常。也可让本例在 main()函数退出前休眠 1s 就可以看到。

【危险】：少玩花样，少作死

尽管我没有学过教育，但多年教学编程的实践，我还是懂了一个基本的道理：好的老师教平凡无奇的知识，差的老师总是憋不住要露一手新奇“大招”。让 Lambda 捕获未完整创建的对象(特别是栈对象)，基本不入 C++炫技者的法眼，但我还是要苦口婆心地提醒：少玩花样少作死；编程上绝大多数问题的解决，并不需要奇技淫巧。

一直以来举的多线程例子，都是父线程定义一个线程栈对象从而创建子线程，接着子线程做点事，同时父线程做点事，最后父线程调用子线程的 join()方法完成线程汇合。甚至这其中的“父线程”基本就是主线程，并且基本就是在 main()函数中开展一切。实际项目中情况往往会复杂一些，有时候会以 new 的方式创建堆中的 std::thread 对象，或者采用 shared_ptr < thread > 等智能指针管理，而指针非常方便传递，很可能被传递到对象实际对应的线程中去。

【小提示】：std::thread 析构函数为何不尝试调用 join()

std::thread 类被设计为在析构过程中不去尝试调用 join()，一个原因当然是避免在调用 join()这件事上掺和一把，更乱了程序员；另一个更主要的原因是，join()(汇合)操作不是严格意义上的资源回收，不应将它归到 RAII 的设计范畴里。

当我们在 A 线程中定义新线程对象并产生新线程 B,我们就称 A 是 B 的父线程,B 是 A 的子线程。不过,子线程并不一定需要由父线程汇合。比如,让 A 线程(主线程)创建 B 线程、后者再创建 C 线程,但最终 B、C 线程都在主线程中汇合,如图 12-7 所示。

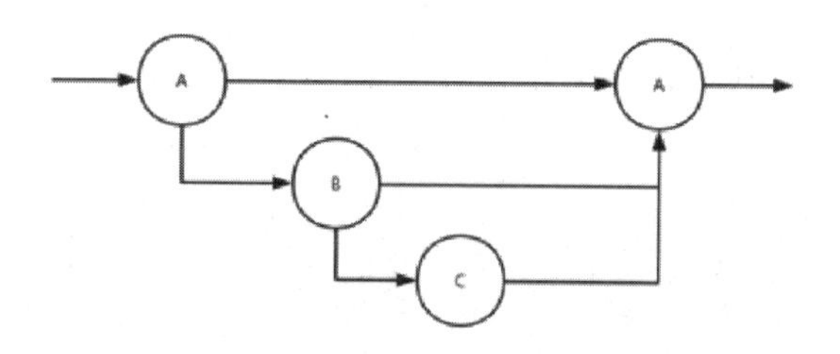

图 12-7　子线程不一定合并到父线程

在复杂需求下,将一些线程都交给某个固定线程(几乎就是主线程)统一管理及归并这样的设计并不罕见,但你一定要清楚,B 线程创建的 C 线程却交给 A 线程归并,显然又多了一处线程间的数据同步,发生"时空错乱"问题的机会大为增长。不信请看:

```
#include < iostream >

#include < thread >
#include < memory >
#include < vector >
#include < chrono >

using namespace std;

typedef vector < thread * > ThreadVector;

ThreadVector thread_vector; //全局线程容器

int main()
{
    //A 线程(主线程)创建 B 线程
    thread B([]()
    {
        //B 线程创建 C 线程
        thread * C = new thread([]()
        {
            cout << "thread C" << endl;
        });

025     thread_vector.push_back(C);
    });
```

```
028 for (auto ptr : thread_vector)   //这一行开始,又回到主线程
    {
        ptr->join();
        delete ptr;
    }

034 B.join();
}
```

代码定义了一个全局变量 thread_vector 用于存放线程对象的裸指针(更好的做法是使用 shared_ptr)。A 线程(主线程)创建 B 线程对象,后者又创建 C 线程对象指针,并将它加入到 thread_vector 中,最后循环汇合并释放该容器内的线程。这种做法很常见,稍做封装,就可以实现将所有需要在主线程做善后的线程,都加入该容器,最终全部由主线程处理。

【重要】: 四海之内皆兄弟——关于线程

将所有(或大部分)线程都交给主线程做善后,这一设计背后暗含的抽象是:不存在"父线程"和"子线程",只存在"进程"和归属于它的"线程"。"主线程"之所以有其特殊性,是因为通常它被用于代表"进程"。

既然线程之间不存在"父子"关系,那么所有线程之间就是兄弟关系了,A 线程创建 B 线程,此时就能解读为"A 线程'克隆'出 B 线程"。对"克隆"的通俗理解是衍生物之间高度相似,这正符合"线程"的客观特性:线程对象和线程对象之间是高度相似的。好的设计中,"线程类"不应该被派生,因为你又不是写操作系统的程序员,你对操作系统提供的实际线程做不出任何实质修改,有差异的只是线程所要做的任务不同。

如果有一天你写了一个类派生自 std::thread,你一定要想想真有必要吗?

扯得很远,想得很多,回到现实。上面的代码虽然才几行,但藏了一个大问题:028 行有极大概率要比 025 行先执行,你发现了吗?请分析后果,并找出合理的解决方法。

【课堂作业】: 改进主线程管理其他线程的例程

请按以下要求改进例程:

(1) 解决主线程遍历容器时,容器还是空的问题。如果你找不到解决之道,或者您想到的是 sleep_for()这样的土办法,建议捧着书站到墙根处,认真看 034 行代码五分钟;

(2) 将"thread *"改为使用 shared_ptr < thread >;

(3) B 的目标过程执行内容,改成循环创建 10 个 C 线程对象,cout 改为使用 COutWithMutex,输出内容需增加每个线程循环创建时的次序;

C++语言经常被用于实现后台服务程序,这类程序往往一年 365 天不能下线

(停止运行),程序的时间线近乎永恒。此时,线程相关的"时空错乱"问题往往变得更加隐秘,不易触发;另一方面,在主线程或某一专门线程中管理当前进程中的所有线程(或至少是由我们一手创建的线程)这一设计,在进程的监控维护、调优排错等方面实用性更强了。我们还只是 C++并发的初学者,因此平日写程序,还是老老实实按"父线程创建子线程,父线程负责汇合子线程"的思路写代码吧。

如果真的不想管子线程,我们很快要讲到一个正招:线程"detach(剥离)"方法。该方法让线程对象和它代表的实际线程挥手一别,相忘江湖。当然,如果就是想定义一个线程对象之后就不再理它,还有个"一不做二不休"的歪招。

3. joinable

想要创建完一个线程之后就不再搭理它,最简单的方法还是"一不做二不休":

```
...
    std::thread trd;
...
```

代码创建了一个线程对象,但没有为它指定任何目标任务,可以称之为"空线程对象"。空线程对象无事可做因此不会创建实际线程,因此它不仅不需要,而且不可以调用 join()方法,大家试试。

空的线程对象不能调用 join(),已经完成 join()调用的线程对象也不能重复调用。std::thread 类提供 joinable()方法,用于判断一个线程对象是否需要并且可以汇合。下面这段例程来自"cppreference.com"网站(一个值得所有 C++程序员经常浏览的好网站),我做了一点修改,也只是为了方便排版:

```
#include < iostream >
#include < thread >
#include < chrono >

using namespace std;

void foo()
{
    this_thread::sleep_for(chrono::seconds(1));
}

int main()
{
    thread t;
    cout << "before starting, joinable: " << t.joinable() << '\n';

    t = thread(foo);
    cout << "after starting, joinable: " << t.joinable() << '\n';

    t.join();
    cout << "after joining, joinable: " << t.joinable() << '\n';
}
```

除非就是为了实现完全不操心上层业务的线程管理功能，否则我们应该完全放弃使用 joinable()，就当你从来不知道有这么一个方法。当使用 async(异步)时，我们必须永远清楚对应的 future 对象需不需要 get()，当使用 thread 以实现对特定并发业务的支撑时，必须永远清楚这个 thread 对象当前是否 joinable。一旦你需要借助 joinable()帮你搞清楚某个线程是否需要以及可以汇合，你一定是乱了。再说 joinable()方法也不考虑我们曾经说过的“线程不能自己等自己”的情况。如果你的英语还有点基础的话，也应该懂得 able 这样的后缀含义，就不是用来回答程序员有关“啊，这里怎么有个线程对象？它要不要、可不可以汇合啊”这样的糊涂账。

12.3.3 线程剥离

1. 基本概念

一直在提两个概念：“线程”和“线程对象”。早先在学习 GUI 时，也曾提过“窗口”和“窗口对象”之间的差别。在女神 QQ 的“我的好友”列表上，如果有你的头像，就意味着你真的是女神的好友了？不一定呢。只需几步操作，她就可以完全剥离这软件里面的好友关系；而且一旦解除关系，你就再也不能发消息给她，也不能得到她的消息，更不能控制她了。

【轻松一刻】：如有联系必可控制

“老师，就算没有解除 QQ 上的好友关系，我也控制不了女神呀！”

“在聊天工具上，你不是可以让她一秒钟去洗澡？（不想聊天时的惯用借口）”

std::thread 提供线程剥离(detach)方法，用于解除线程对象和实际线程之间的关系。为了见证 detach()的强大破坏力，需要做一些对比。先看没有解除关系时的行为：

```
int main()
{
      thread trd([]()
    {
       this_thread::sleep_for(chrono::seconds(5));
    });

    cout << trd.get_id() << endl;   //输出 trd 线程的 ID
    trd.join();                     //等待 trd 线程执行完毕后汇合
}
```

主线程对线程对象 trd 做了两件事：取它的 ID，然后等待汇合 。

【小提示】：关于线程 ID

线程 ID 就是线程的编号。this_thread::get_id()取当前所在线程的 ID。调用指定线程对象的 get_id()则取其对应的实际线程的 ID。关于线程 ID 唯一可确定的是:同一进程中同时存活的任意两个线程对象的 ID,必不相同。其他的如:ID 长什么样?是数字还是字符串?如果是数字采用什么进制?一个线程对象生命周期结束之后,它的 ID 会不会给新的线程对象复用等,都不确定。

线程 ID 的类型是 std::thread::id,标准库为该类型重载了"<<"操作符以方便输出,同时也提供相等、不等和大小比较等操作。

运行上述例子,屏幕将输出 trd 线程的 ID,大约 5s 后程序优雅地退出。接下来,我们将剥离 trd 对象和它所代表的实际线程后,然后再尝试通过 get_id()方法取线程 ID,实际改动只是增加一行代码:

```
int main()
{
    thread trd([]()
    {
        this_thread::sleep_for(chrono::seconds(5));
    });

    trd.detach();//增加这一行
    cout << trd.get_id() << endl;
    trd.join();
}
```

取到 ID 了吗?不知道,因为程序崩溃了。问题不在 get_id(),而是 join()的调用。detach()是剥离,是分手,join()是汇合,是牵手……快听,背景音乐多感人:"当初是你要分开,分开就分开;现在又要用真爱,把我哄回来……"

对比结论就是:调用过 detach()的线程对象,就不允许再尝试 join()。具体技术过程是,一旦"犯贱想重来",程序就会抛出异常,如果不捕获,程序自然挂掉。detach()是一个不可逆操作,分就分了,永无复合。有空大家记得拿 joinable()测试执行过 detach()操作线程对象,不过当务之急是验证 get_id()这么简单的操作也失效了吗?下面代码用休眠操作代替会坏事的汇合操作:

```
int main()
{
    thread trd([]()
    {
        this_thread::sleep_for(chrono::seconds(5));
    });

    trd.detach();
    cout << trd.get_id() << endl;
    this_thread::sleep_for(chrono::seconds(5));
}
```

屏幕输出内容是:

```
thread::id of a non-executing thread
```

这其实是线程ID所属类型std::thread::id在没有绑定实际线程时,默认构造的值,这显然是一句错误提示,谁会相信会有线程的ID长这个样子?说“没有绑定实际线程”也不太准确,因为我们知道trd曾经拥有一个实际线程,只是没能走到白头,半路detach()掉了。面对现实吧,一旦分手之后,就连对方名字都不能再提起,人生最难的是放下。稍令人欣慰的是,至少程序没有因此崩溃。不过,如果是找我来设计标准库,我会让它崩的,不敢对别人狠一点的男人不是好程序员。

前面说到“走到白头”,自然有人会想:如果实际线程比线程对象先走一步,那么二者是不是也算是“分手”呢?生死之别嘛!感情的力量能不能穿透生死呢?《白话C++》读者中的数个文青又开始一场“血雨腥风”的大争辩。感情归感情、程序归程序,还是上代码吧:

```
int main()
{
    thread trd([]()
    {
        cout << this_thread::get_id() << endl;
    });

    this_thread::sleep_for(chrono::seconds(1));

    cout << trd.get_id() << endl; //可以输出正确的 ID
    trd.join();                   //可以正确汇合,相当于空操作
}
```

注释剧透了。我还是想啰嗦地解释一把:主线程休眠1s,但这1s里,trd对应的实际线程肯定必定一定完成任务了,并且挥手和trd告别,不复存在。1 s之后,孤独而不知情的trd先是访问了线程ID,成功了!然后它尝试合并线程,也成功了!怎么解释这一切?我们花巨资买一套《白话C++》难道就是听作者含泪说一通“生命短暂、真爱无敌”,就成功解释了世间万象吗?正确答案是:这是“程序员友好”的设计,或者叫“接口友好”的设计。想想,如果一个对象能不能调用某个方法,和某个实际线程是否还在运行有关,那程序员可就惨了,要么成天在掐指计算时间,要么就在代码中设置各种标志了。刚才就有读者打电话过来,说他家的机器执行上面的程序,1 s过后屏幕还是没有看到子线程的ID,所以他想把代码改成如下这样:

```
int main()
{
    bool trd_exitted = false;

    thread trd([&trd_exitted]()
    {
        cout << this_thread::get_id() << endl;
        trd_exitted = true;
    });
```

```
    while (! trd_exitted) //每睡 1s 起来看看子线程完事没
    {
    this_thread::sleep_for (chrono::seconds(1));
    }

        cout << trd.get_id () << endl;
        trd.join ();
    }
```

我很欣赏这位读者解决问题的能力,但电话里还是建议他直接把电脑送到当地博物馆。不过其他读者一定要想办法对他的这段代码留下深刻印象,有一天我们会用到的。

当前小节的结论:除非明明白白地调用 deatch(),否则,线程对象和线程之间的关系就是永恒的。至于调用 trd.join()等待一个已经不复存在的线程,背后到底发生了什么?江湖上一直流传着很多传说。有人说线程生前在内存城堡的密室里藏了一颗闪闪发光的绿宝石,当线程对象解锁打开密室,看到宝石暗淡无光,就知道它已经走了;另有人说线程生前给了线程对象一个令牌,线程对象持令牌去问众程序的大管家,大概就是它报上一个号"5201314",大管家沉默摇头,线程对象黯然而走。不过还有个最残酷的说法是,其实那些负责任的线程对象会让线程先走,所谓的 join()操作,要么是看着线程死,要么是去验尸。大家信哪个就哪个吧!接下来我们要当无情人了。

2. 为什么要分手

为什么要分手?当然是为感情所累。线程对象创建出实际线程,然后就立马和后者宣告分手,彼此间再无瓜葛,多轻松。例子如下:

```
int main()
{
    thread trd([]()
    {
        for (int i = 0; i < 10; ++ i)
        {
            cout << i << endl;
            this_thread::sleep_for(chrono::seconds(1));
        }
    });

    trd.detach(); //无情分手
    this_thread::sleep_for (chrono::seconds(5)); //我等 5 s
}
```

trd 所代表的线程每隔 1 s 输出一个数字,连续输出 10 次(有够无聊的)。主线程中 trd 调用 detach()宣告和那个无聊的线程分手。不过主线程其实更无聊,直接就睡了 5 s。等一等,这一段话下来,你没觉得有哪里不对吗?作为一位苦修过高等数学、离散数学和线性代数多年，然后在毕业后基本忘光的人，我那与生俱来的数字敏感性马上提醒我：子线程至少要执行10 s，可是主线程只等5 s就结束主函数最终导致程序结束，谁来对子线程人生中的最后5 s负责？这个程序就不会出点异常或报个错吗？当然不会，大家都是成年人，分手就各走各的。

结论：当主线程退出时，那些已经和相应对象"deatch()"的实际线程，如果还在运行，就只能强制地、不体面地中止。什么叫强制，什么叫不体面，典型的如，一个对象的析构过程不会被执行：

```
struct S
{
    ~S()
    {
        cout << "吾将死,万贯家财,回馈社会。" << endl;
    }
};

int main()
{
    thread trd([]()
    {
        S s; //这里有个路人对象

        for (int i = 0; i < 10; ++ i)
        {
            cout << i << endl;
            this_thread::sleep_for(chrono::seconds(1));
        }
    });

    trd.detach(); //无情分手
    this_thread::sleep_for(chrono::seconds(5));
}
```

事情就这样，线程如果剥离，程序就管不了它。大幕落下前，个别程序员想在主线程里sleep_for()数秒，内心祈祷所有线程都能体面地结束。善良的心思加幼稚的做法等于"妇人之仁、匹夫之勇"，肯定要被南老师批评。大家等我一下，有个组织在楼下抗议。咱们还是讲讲道理吧：第一，如果你觉得那些线程需要等，那当初就不应该调用人家的detach()方法啊！第二，退一万步，我接受你等，可是到底要等几秒合适呢？

但此组织已经破我家门而入。"这么高端的指纹锁，怎么会……"正迟疑间，一个人出现在我眼前，手里扬着《白话C++》大声说到："多睡一秒是一秒，你可知一秒就能让多少无辜的线程免遭灭顶之灾？"他们自带投影，在我家墙上播放起外星撞击地球，恐龙灭绝的画面……"这些都未经最后证实呢。"我喃喃自语，然后一本厚厚的书就砸了过来。

我倒在地上,感觉灵魂对肉体调用了 detach()函数。地上的我皱眉,脸发白,谢顶,身体萎缩。真是我吗?我本能地望向家中的大衣镜,里面有另一个我:年轻有朝气,坐在电脑前。哦,那是二十年前的我,那时正在赶项目。大伙儿写了十几万行代码,可是还差不少功能,偶发性程序还是会闪退,项目经理天天催。工厂等着刻上三千张光盘发货呢,每张光盘可赚 80 元。公司打成立以来外债快 20 万了,这还不算兄弟们的三个月工资拖欠。经理说,此项目不成功,他必走人。不过,程序闪退这问题不解决,这程序还是不要发布的好。我猜测是线程间哪里隐含了"时空错乱"的问题。有天我直接在代码某处加入一句"Sleep(400);",天哪!闪退现象消失了!经理一脸惊讶:"嗯?"我一脸开心:"嗯。"他摸了摸我年轻的脸。

虽然曾有那么一瞬间,我也好奇为什么一定是要休眠 400 ms?为什么小于 200 或大于 600 就不灵光了呢?但我还有好多 BUG 要改,好多功能要补,加上那时候的我们,程序员、技术、产品、项目、经理、管理,还有公司,一切都太年轻和幼稚。发布的日子很快来临,这一行"Sleep(400);"代码被编译成二进制目标可执行文件中的一连串 1 和 0。激光机对着 3000 张喷镀纯银的反射面之上所涂抹的以酞菁为主的有机染料加以烧灼,形成肉眼难以辨别的"凹坑"以表达那一串 0 和 1。市场部同事抱着光盘开产品发布会时,我在办公桌底下睡得昏昏沉沉。梦中出现一场庆功会,我被邀请上台介绍如何"妙手偶得"那神秘的 400 ms,台下掌声一片。后来项目解散了,经理走人了。我以为他会在走出主门前留下来等我们几秒,但他没有。我知道他是为我们好。

【重要】: 了解问题,才能真正解决问题

解决问题必须建立在对问题有足够了解的基础上。程序涉及多线程并发,就容易发生各种各样的问题。这时就会又开始找巧劲了:①让线程"睡"上几百毫秒,问题不发生了;②搞一把锁将大段并行操作硬生生搞成串行,成功解决并发冲突;③调试版没问题,发行版有问题,干脆就用调试版上线,反正也就慢那么一点;④Windows 版有问题,Linux 版没问题,那就不跨平台了吧;⑤明明服务资源还有大把剩余,可是 10 个并发不出问题,20 个并发程序就崩,干脆忽悠用户多买几套系统吧。这些方法也许一时一势是好办法,但从技术的角度上看,就是在欠各种技术债。

终于醒过来了,有些生气这些人的行为。《白话 C++》在这一不文明行为中所表现出来的强大知识力量,鼓舞了我。事情闹这么大,但我们的初衷不变:剥离线程就是为了给程序员和程序减负,减少程序员和程序的记忆负担。我们的原则也不变:一旦进行剥离,就不要再纠缠如何为这些线程善后,如果觉得一定要善后,那就不要剥离。

C++语言常被用于实现经年不停的后台服务程序,这么一听,感觉程序退出时不管部分线程死活的这一行为,似乎后果也没有那么恶劣了,好几个月甚至一年才退出一次嘛,并且维护人员可以挑选早晨 4 点才退出程序。让维护人员早上 4 点去重启程序，这当然又是一个解决问题的“巧劲”。比如这是一个大工厂计算工资的系统，夜里零点准时启动一个后台线程以计算全厂人员薪水，四个小时的时间，再多位工人也该算完工资了嘛。巧是很巧，但正确的做法是，计算工资这样重要的事情，不应该放到被剥离的线程里执行。

3. detach 小例子

公司里有一台年代久远的服务器，它的网卡工作不太正常：操作系统一进入休眠状态，网卡也会跟着睡着并且再也醒不过来，除非重启机器。解决这个问题当然有一手数不过来的方法，比如不让 Windows 休眠、换个网卡、升级操作系统等；但这些方法怎么体现我司程序员的能力？

有人提出：“最简单的方法，是每隔 5min 就‘ping’一下这台机器！”大家纷纷表示这个方法好，于是起身要回研发室，机房传出叫喊声：“就算要‘ping’，那我写个 SHELL 脚本分分钟的事啊，何劳各位动用 C++啊！”众人只好又坐下继续讨论。还是部门经理厉害，很快提出新思路：“根据我观察，咱们公司机房窗外那个路口，每 5 min 之内，必有至少一辆车经过。”“所以，”公司一直在做环境噪音采集项目的小丁兴奋了，“可以安装一个噪音采集器，每当发现有车经过，咱们就向那台破服务器‘ping’一把！”“哇，这真是一个好主意！”大家纷纷赞成。策划部经理正好路过，他插了一句：“小丁，能不能通过噪音计算出车的品牌、当时的行驶速度、车内乘客人数、乘客的三围数据等？拿到这一手数据，我可以做好多事情！”“噫！”程序员发出拖长的声音，一哄而散。“放我出去，放我出去……”机房里传来微弱的声音，可是渐走渐远的程序员耳里只听见窗外的噪音。

编这么长的故事就为说明一点：要找个适用 deatch 线程的小案例，基本只能靠编。来吧，别指望例子中会教各位如何采集噪音，这真是一个再简单不过的例子了：

```
#include < cstdlib > //system()

#include < iostream >
#include < string >
#include < sstream >
#include < thread >

using namespace std;

void ping(std::string const& host)
{
    std::stringstream ss;
    ss << "ping " << host << " > 1.txt";

    std::system(ss.str().c_str());
}
```

```
int main()
{
    for(;;)
    {
        std::string host;
        cout << "请输入目标服务器(Ctrl - c 退出):";

        std::getline(std::cin, host);

        std::thread trd(ping, host);

        trd.detach();
    }

    return 0;
}
```

大家可以先在控制台内输入“ping www.sina.com.cn > 1.txt”并执行，然后看看当前目录下 1.txt 的内容。

本例程中，整个进程的退出方式，就是让用户粗暴地按下“Ctrl + C”，在这样的大环境下，后台负责 ping 的线程我们更是不管不顾，所以刻意地调用 detach()以示分手。

12.4 承　诺

先复习一段 future 的代码：

```
...
    std::future < int > future_1 = std::async(calc_1);
    std::future < int > future_2 = std::async(calc_2);

    int sum = future_1.get() + future_2.get();
...
```

异步执行了 calc_1 和 calc_2，分别得到二者的返回值。然后请大家完整地检查一遍“12.3 线程”小节中的例程，你会惊讶地发现：除了某个例程中使用全局变量(一个 vector)以获得线程的运行结果之外，其他例程基本都不关心线程目标过程的执行结果。传给 std::thread()作为构造入参的方法，返回值都被设置为 void，尽管它们其实可以有返回值，比如有这么一个函数：

```
int calc(int a, int b) { return a + b; }
```

然后将它传给线程对象，作为构造入参：

```
...
std::thread trd(calc, 1, 2);
...
```

然后 trd 对象所代表的线程就执行了，可是我们得不到 calc 的返回值，因为它被作为线程构造的入参，而线程构造的结果要么是一个线程对象，要么是异常。

既然从线程目标函数返回值取值的路走不通，那就尝试走入参的方式，毕竟通过引用或指针入参得到处理结果是我们很早就学过的技术：

```
void calc(int a, int b, int& r)
{
    r = a + b;
}
```

多了一个入参 c，并且是引用方式：

```
void test()
{
    int r(0);
    std::thread trd(calc,1, 2, r);
}
```

编译，估计要报一大串错误内容，大意是找不到类型为“void (int, int, int)”的函数，原因是 test()函数中，我们传递第三个入参 r 时，没有按 calc 的要求使用引用，这时 2011 年新标的 std::ref 小工具就派上用场了，你还记得它吧？完整测试函数如下：

```
void test()
{
    int r(0);
    std::thread trd(calc, 1, 2, std::ref(r));

    /* 这个地方，实际项目中，当前线程应该需要处理点其他事 */

    trd.join();

    cout << r << endl;   //3
}
```

注意，我们在调用 trd.join()之后才访问 r，以确保线程目标过程确实完成对 r 的处理。

以上就是从某个线程中取回处理结果的标准做法之二，之一是使用全局对象（典型的如单例模式）。

【危险】：跨线程传递引用对象

使用引用传递对象，自然需要非常小心引用对象的生命周期，因此有时候也会改用指针，当然通常我们使用智能指针。

就算如此，相比高层概念“async/future”的功能，直接使用底层概念 thread 处理业务逻辑，还有一个大问题没解决：线程目标函数执行过程中发生异常时，外部调用线程怎么捕获？第一种做法当然又是“一不做二不休”。我们在线程目标过程中处理完所有异常，保证不向“外太空”抛出异常。第二种做法是使用标准库的 promise 工具，然后将该问题转由 future 来解决。promise 直译是“承诺”，受某些古装戏影响，我决定就称它为“诺”，没错，就是“一诺千金”中的“诺”。

某“线程国”大王派出使者前往另一“线程国”，大王拉着使者的手说“社稷江山，全赖先生此行，保重！”大使回答：“臣自当竭尽全力，若有好结果，一定返回，若是发生异常，臣将化作天边的一缕彩云，还望大王记得捕获！”这就是“诺”：无论生死，都会给出消息，绝对不会“肉包子打狗一去不回”。

现有的 calc 函数只是计算两数相加，假设两个巨大的数相加之后造成溢出，那就应该抛出一个异常。

【小提示】：怎么判断两个整数相加会发生溢出

有人说，假设计算机能表达的最大整数是 N，那么“a+b”是否发生溢出只需判断“a+b > N”是否成立就对了嘛。这个思路显然自相矛盾，因为既然 N 已经是当前计算机可以表达的最大整数了，那哪来的比 N 还要大的整数呢？

```
#include <limits>            //用于取最大或最小的数值
#include <stdexcept>         //溢出属于标准异常中的一种
#include <future>            //promise 和 future 在一起

void calc(int a, int b, int& r)
{
    if (a > 0 && b > 0 && a > std::numeric_limits<int>::max() - b)
    {
      throw std::overflow_error("太大了!");
    }

    if (a < 0 && b < 0 &&  a < std::numeric_limits<int>::min() - b)
    {
     throw std::overflow_error("太小了!");
    }

    r = a + b;
}
```

通常我们不直接修改现有函数，而是在它的基础上加一层“承诺(promise)”，得到一个带承诺版本的操作：

```
//带承诺版本的相加操作
void calc_with_promise(int a, int b, std::promise<int>& p)
{
    int r = 0;
    try
    {
        calc(a, b, r);
```

```
        p.set_value(r);
    }
    catch(...)
    {
        p.set_exception(std::current_exception());
    }
}
```

std::promise <T> 就是 T 带上承诺以后的类型，依据需要，这里是 int 类型。当一切顺利，通过 p.set_value(V)以设置正常结果；如果发生异常，通过 set_exception(E)设置异常。这里有个小小的偷懒行为：我们使用“…”捕获任意类型异常，然后通过 C++ 11 标准库提供 current_exception()获得当前线程最后一次发生的异常。

test()函数中，新线程的目标过程，改为使用 calc_with_promise，对应的，第三个入参改为使用带承诺的版本：

```
void test()
{
    try
    {
        int a, b;
        cout << "请输入加数一:";
        cin >> a;

        cout << "请输入加数二:";
        cin >> b;

        std::promise < int > p;
        std::thread trd(calc_with_promise, a, b, std::ref(p));
        trd.detach();

        std::future < int > f(p.get_future());
        std::cout << a << " + " << b << " = "
                  << f.get() << "。" << std::endl;
    }
    catch(std::exception const& e)
    {
        std::cerr << "异常 : " << e.what() << std::endl;
    }
    catch(...)
    {
        std::cerr << "异常:未知类型。" << std::endl;
    }
}
```

请注意代码中加粗的 detach()方法调用，使用“承诺”之后，最终是在 future 对象的 get()时等待，因此可以不管线程对象是否执行完毕。当然，线程对象的生命周

期在取得结果之前,必须有保障。最后,来看主函数:

```
int main()
{
    std::cout << std::numeric_limits < int > ::min() << "~"
              << std::numeric_limits < int > ::max() << std::endl;
    test();
}
```

从“线程”小节开始折腾,一直到“承诺”,感觉就是证明了一个定理:thread + promise = async。这个定理不太严谨,但却再次强调了 C++ 11 新标并发编程的一个原则:一般的并发问题,使用“异步”实现已经很够用了。

12.5 并发同步

桌上有个芝麻饼,你和你弟弟同时流着口水数上面有几颗芝麻,不会有什么问题。如果你要数芝麻,你弟弟却动手去抠芝麻吃掉,就容易出问题。如果此时还想同时满足两个人的需要,就需要双方约定好如何同步,比如你弟吃一颗,你数一颗。当然,他吃你数,你心里肯定不平衡,所以你也改为抠芝麻,于是你们之间又约定了一种同步策略:一个人从左边吃起,一个人从右边吃起,场面温馨和谐。万万没想到,当饼上余留最后一颗芝麻时,你们同时伸手去抠,两人为此大打出手,这就叫资源并发访问冲突。

【重要】: 并发来了,狼来了

书写这么厚,善良的作者一直是找丁小明等虚拟角色说事,今天唐突地开各位读者的玩笑,甚至让您弟弟都躺枪,真心是想用这种极端的方式提醒大家:并发来了!看别人热闹的日子过去了,请提起百倍精神学习,否则将来有的是别人围观你笑话的时候!

各位提起百倍精神,首先要背下的是这么一段南老师语录:避免资源并发访问冲突的最佳做法,当然是要避免资源并发访问。比如那块芝麻饼,聪明的家长会直接掰成两半,一个资源变成两个资源,家长再也不用担心兄弟干架啦!认真学习本课程,你会成为一个好家长!

12.5.1 并发冲突分析

多个线程中,同时使用 std::cout 这个资源,就会触发资源并发访问冲突。cout 代表标准输出(通常指显示屏),多个线程同时输出,就容易造成屏幕上一片混乱。

```
#include < iostream >
#include < future >

using namespace std;
```

```
void foo()
{
    for (int i = 0; i < 10; ++i)
    {
        cout << "i == > " << i << " <~~ " << endl;
    }
}

int main()
{
    std::future < void > f1 = std::async(foo);
    std::future < void > f2 = std::async(foo);

    foo();

    f2.wait();
    f1.wait();

    return 0;
}
```

以上程序多运行几次，你总会有机会看到屏幕上一两只落单的大雁往西飞。例中每个并发都会执行10次这个操作：

```
cout << "i == > " << i << " <~~ " << endl;
```

这看是一行代码，实际对应的CPU操作恐怕有上百个，至少我们语义层面划分，就可以分成四个：

① cout << "i ==> ";

② cout << i;

③ cout << " <~~ ";

④ cout << endl;

CPU会让同时运行的线程间高速地上演“你方唱罢我登场”的戏。这“高速”套用在本例上，就体现在没有一个线程可以独占CPU时间而从容地完成10次循环；甚至很难独占CPU时间而一口气完成四个步骤。很可能一个线程输出“i ==> ”，正要执行第二个步骤时，另一个线程就抢了CPU然后输出“ <~~ ”。

语言越高级（越方便人类表达思维），它的一行语句生成的机器指令往往越多。看个实例，C++代码如下：

```
int main()
{
    int a = 1;
    int b = 2;
    int c;
    c = a + b;

    cout << c << endl;
}
```

主函数中前四行代码的汇编结果(为方便比较,汇编之前插入对应的源代码)是:

```
        int a = 1;
movl   $0x1,-0xc(%ebp)
        int b = 2;
movl   $0x2,-0x10(%ebp)
        int c;
        c = a + b;
mov    -0xc(%ebp),%edx
mov    -0x10(%ebp),%eax
add    %edx,%eax
mov    %eax,-0x14(%ebp)
```

我们看到采用字面常量初始化 a 和 b 的 C++代码,各自确实仅生成一行汇编。作为对比,“c = a + b”却生成四行汇编语句:把 a 的值复制到寄存器 EDX;把 b 的值复制到寄存器 EAX,执行 add 指令将 EDX 的值加到 EAX 上;将 EAX 的值复制到变量 c。为了一个连小学生张口就来的计算,CPU 需要四步操作,真复杂!我记得将大象放到冰箱里也才三步。

某个操作有可能被打断,我们称该操作是“非原子操作”,不能或不允许被打断的操作,称为“原子操作”。绝大多数 C++写成的语句,都不是原子操作。比如例中出现的原子操作,我们强调是“采用字面常量初始化”的代码,如果是使用旧的变量初始化新的变量(类似拷贝构造),那就变成非原子操作了:

```
        int d = c;
mov    -0x14(%ebp),%eax
mov    %eax,-0x18(%ebp)
```

同样存在一个从源内存(变量 c)复制到寄存器,再从寄存器复制到目标内存(变量 d)的过程。不仅多数 C++语句操作不是原子操作,甚至连单个汇编指令也大有可能不是原子操作,因为一个指令可能需要 CPU 花费多个时间周期执行。那么,能在一个时间周期内完成的指令是不是就一定是原子操作?答案也是否定的。到底什么操作是不可分割的原子操作?对于初学者来说,此时应该有“置之死地而后生”的态度,干脆认定所有操作都可能被别的线程打断。原则简单,实际操作却很难,主要原因有二,一个源于主观,一个源于客观。主观上,人类的“并发”思维不发达,很容易潜意识认定一句汇编、一行 C++代码、甚至一整段 C++代码是一个不可打断的整体,比如:

```
    ...
001 COUNT = 5; //COUNT 是一个其他线程也可以修改的变量
002 double a = (1 / COUNT);
    ...
```

两行语句执行之后,a 的值是多少?单线程环境下是 0.2,多线程环境下有可能是其他值,不幸遇上 COUNT 为 0,程序还会挂掉。如果心里没有对并发环境下的共用资源时时刻刻留神，我们就非常容易认定 002 行一定会紧接着 001 行执行，忘了会有其他线程可能正好也在运行，并且正好也修改了 COUNT 的值，并且修改的时机正好位于 001 和 002 行之间。这就涉及到并发冲突问题难搞的第二个原因：冲突并不是总发生，许多时候它们隐藏得很深。

```
#include <iostream>
#include <future>
#include <thread>
using namespace std;
int COUNT;

void foo_1()
{
    COUNT = 0;
}

int foo_2(int v)
{
    COUNT = 5;
    return v / COUNT;
}

int main()
{
    std::thread tr(foo_1);
    std::future <int> f = async(foo_2, 100);

    tr.join();
    cout << f.get() << endl;
}
```

这段代码编译成程序，运行一百万次，可能也不会撞上冲突，但它的冲突逻辑问题客观存在。在实际项目中，由于代码更多更复杂，所以冲突逻辑更不容易被发现，但撞上冲突的机率会加大，依据项目经理的人品，可能在公司内部测试时就撞上，也可能在产品上线六个月后某天凌晨四点爆发。

12.5.2 互 斥

1. 并发冲突实例

认真看前面提到的并发冲突的例子，基本都是因为多个线程执行的目标过程共用了某些资源，并且至少有一个过程会修改该资源。比如前例中的 COUNT 变量。排在第一的解决方法我们再强调一次：能避免多线程共用资源就优先考虑避免。仍以 COUNT 的例子分析，显然纯粹是为了造一个并发冲突而写的例子，缺乏实质意义。

下面是一个至少看起来有点意义的例子。话说我们用 C++开发一个微店，需要高速地为每个前来注册的用户分配一个数字 ID。分配逻辑是第一个用户 1 号,第二个用户 2 号,第三个用户 3 号……不考虑并发冲突,前述需求实现的关键代码如下:

```
struct IDCreator
{
    static IDCreator& Instance()
    {
        static IDCreator instance;
        return instance;
    }

    int GetNewID()
    {
        return ++ _id;
    }

private:
    IDCreator()
        : _id(0)
    {
    }

    int _id;
};
```

“IDCreator(ID 创建器)”设计为单例类,每次调用它的 GetNewNumber()方法,都会先自增“_id”然后返回。先在单线程环境下测试:

```
#include < set > //使用 SET 容器,在添加新 ID 前检查该 ID 是否已存在

...

//写个辅助自由函数,方便使用
int  get_new_user_id()
{
     return IDCreator::Instance().GetNewID();
}

inttest()
{
    set < int > ids;

    for (int i = 0; i < 10000; ++ i)
    {
        int id = get_new_user_id();

        if (ids.find(id) ! = ids.end())
        {
            cout << "该 ID 已经存在了:" << id << "。" << endl;
```

```
            continue;
        }
    ids.insert(id);
    }
}

int main()
{
    test();
}
```

毫无问题,ID 一个也不重复。产品就这样上线跑了一个月,没有发生过问题,那是因为该微店缺少知名度,一个月也就 7 个人注册。老板使出大招,到处贴小广告,并写明第 8 名、第 88 名、第 888 名、第 8888 名以及第 88888 名用户,可得到相应金额的黄金。然后,我们惊讶地发现有大量用户 ID 重复了,包括有 9 个 888 号,项目组为此捐出了全部家庭中的铜制品。

多线程(异步)下的测试函数 test()实现以及需要增加的头文件,代码如下:

```
#include < vector >
#include < future >

...

//test 修改如下
void test()
{
    typedef future < int >  IntFuture;

    vector < IntFuture > futures;

    for (int i = 0; i < 1000; ++ i)
    {
        IntFuture f = async(get_new_user_id);
        futures.push_back(std::move(f)); //future 不允许复制
    }

    set < int > ids;

    for (auto& f : futures) //"auto&"使用引用,因为 future 不允许复制
    {
        int id = f.get();

        if (ids.find(id) != ids.end())
        {
            cout << "该 ID 已经存在了:" << id << endl;
            continue;
        }
```

```
        ids.insert(id);
    }
}
```

main()函数不变，还是调用 test()，重新编译后多次运行，应该可以看到重复的ID。如果着急看到效果，则可以在 main()中写个循环，连续调用 test()20 次。并发冲突问题发生在这一行代码：

```
return ++_id;
```

汇编中，"++_id"至少被拆成三个步骤：先将内存中现有"_id"的值复制到 CPU 寄存器，然后针对寄存器进行自增 1 操作，最后将自增得到的结果从寄存器复制到源内存。如果有两个线程同时执行(哪怕是交叉执行以上三个步骤)，重复号码就产生了。解决办法自然是：不要让两个(或更多)线程同时执行"++id"这个操作，换句话说，就是最多只让一个线程在执行"++id"这个操作。

2. 修建代码"独木桥"

说到同一时刻只允许一个线程通过某段代码，下面这段小故事，建议大家不要跳过。

【轻松一刻】：千军万马过独木桥

儿时父亲给我讲睡前故事：曹操带着三十万兵马来到一条大河边。河上一座独木桥，每次只能一人一马过去。第一个士兵走过去了，嘎吱嘎吱……第二个士兵走过去了，嘎吱嘎吱……

我们接下来的任务，就是要让"++id;"这行代码变成一座"独木桥"。让我们开始"建桥"的过程。首先，我们将要变成"独木桥"的代码，用一对花括号包围起来，明确划出边界(最好再立个牌，写上"闲人免进")。

```
……
int GetNewID()
{
    {  //独木桥工地开始段，闲人免进
            return ++_id;
    } //独木桥工地结束段
}
……
```

独木桥越长，曹军过河的时间也越长，因此如无必要，我们一定要减少每次只能一个线程经过的代码长度。"花括号"正好可以让几行代码明确成一个代码段，更精确地设定段内各类符号的作用范围和栈变量的生命周期。另外，我们还真的在代码中立了块"牌"。不过那些只是注释，还是很婆妈的注释，写起来麻烦并且多数人持"左耳进右耳出"的态度对待。"升级"一下，改用宏定义。我们暂时在当前源文件中 IDCreator 结构定义之前，定义一个宏：

```
#define __concurrency_mutex_block_begin__
```

这个宏就只是一个符号，没有任何实质内容，因此也不影响代码的任何逻辑，不过宏的名字有清楚的含义，这正是我们所需的。名字有些长，但现在任何的代码编辑器都不会在输入符号这件事累到我们。将它放到代码“独木桥”段的开始位置，然后去掉注释：

```
……
    int GetNewID()
{
    __concurrency_mutex_block_begin__
    {
            return ++_id;
    }
}
……
```

看上去是不是非常显眼而且清晰？更美妙的是，当我们使用类似 doxygen 的工具自动为代码生成文档时，工具会为用到该宏的代码生成索引，方便我们从几千几万行代码中检查几十甚至只有几处、需要关心是否存在并发冲突的地方。

至此，关于“独木桥”代码段的表面工作就完成了。接下来是真正让独木桥成为同时只能过一个线程的实质技术了。最主要的方法已经在《语言篇》学习过，即使用互斥量进行加解锁操作，加锁后的代码只能有一个线程经过，直到解锁：

```
……
#include < mutex > //互斥量
……

struct IDCreator
{
……

    int GetNewID()
    {
        int new_id;

        __concurrency_mutex_block_begin__
        {
            _m.lock();     //加锁
            new_id =  ++_id;
            _m.unlock();  //解锁
        }

        return new_id;
    }

private:
  ……
```

```
    int _id;
    std::mutex _m; //互斥量
};
```

请注意 GetNewID 函数引入一个临时变量,略显复杂,那是因为我们不能这么写:

```
int GetNewID()
{
    __concurrency_mutex_block_begin__
    {
        _m.lock();      //加锁
        return ++_id;
        _m.unlock();  //解锁,不行!函数在前面已返回,此行没机会执行
    }
}
```

很幸运,在《语言篇》我们学过"守护锁"。利用析构函数调用的确定性,守护锁不仅可以帮我们解决忘记解锁的问题,还可以让代码回归简洁。最新版的 GetNewID()代码是:

```
int GetNewID()
{
    __concurrency_mutex_block_begin__
    {
        std::lock_guard < std::mutex > lock(_m);
        return ++_id;
    }
}
```

前面没有听睡前故事的读者,需要回头补读,因为故事还在继续。话说时间如白驹过隙,一个月过去了,曹军中的大批人马还在嘎吱嘎吱地走独木桥。曹怒,令再修一桥。修完以后,河面上现在有两座桥,曹操很困惑:"怎么又是独木桥?"士兵齐声答:"剧情需要!"就算是独木桥,两座桥也能让大军过河速度提升翻倍嘛!于是曹下令让士兵分列两队,各自登桥。未料,两边各自踏上一个士兵后,其中有一个竟然卡住了,动弹不得!曹一着急,割下头发往地下一扔,土地公公跳出来说:"丞相莫要乱丢垃圾砸了花草!此处本是'独过河',水下一妖精长年作怪,纵修一百座桥,一个时刻也只能有一人独自过河。"曹听完仰天长叹,"天亡我也。"再也不肯过江东,丢下大军在河边寻得一寺院出家,法名智深。

这个悲伤的故事告诉我们:同一个"互斥量"作用到多段代码"独木桥",那么同一时刻只能有一个线程在其中的某一段代码上运行。

IDCreator 类的 GetNewID()每次递增 ID 的值 ,如果我们只是想知道 ID 是多大,可以再为它增加一个方法:

```
……
   //读取最后一次的 ID
   int  GetID() const
   {
        __concurrency_mutex_block_begin__
        {
          std::lock_guard < std::mutex > lock(_m);
          return this->_id;
        }
   }
……
```

这段代码又引出两个问题。先说第一个问题:GetID()函数只是在读取“_id”的值,需要互斥吗?要回答这个问题,得先清楚:谁和谁互斥?首先是抢着要通过GetID()的多个线程之间在互斥,其次是抢着要通过GetID()或者GetNewID()的多线程之间在互斥,因为两处用的是同一个互斥量“_m”,如图12-8所示。

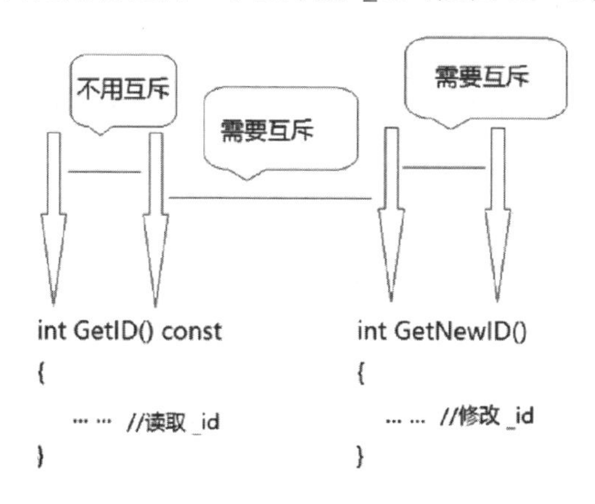

图12-8 读写间互斥

如图12-8所示,多个线程读取同一个值 ,这之间不需要互斥,但如果一个线程正好在通过GetNewID()修改“_id”的值,而另一个线程正在读取“_id”,那么并发冲突仍然会发生。来一个更直接粗暴的例子:有一个全局变量G,线程A正在将它修改为2014,线程B正在将它修改为981234,线程C正在将它修改为1655353,同时线程D正在读G的值,那么线程D读到的值是2014,是981234,还是1655353?这都正常,不正常的是线程D读到的值可能根本就不是这仨。

**【危险】:写一半的数据/Half-written data**

某个线程正在读数据,另一个线程却正在改动该数据,就有可能造成前者读到一个“写了一半”的数据。这类并发冲突发生的概率极低,一旦发生则极其难以排查。

为了避免读和写同时发生,却造成同时读也不再可行,这可能会令不少C++程序员浑身不自在,开始担心会不会因此影响程序性能?靠后点的章节将讲解名为“读写锁”的方案,它可以让 C++程序员自在一点。

3. 忽略互斥量成员的变动

第二个问题很直接,函数 GetID() **const** 根本无法通过编译!原因在于用到了成员数据“_m”,并且通过守护锁调用了“_m. lock()”和“_m. unlock()”,这二者都不是常量成员。调用 GetID()表面上只是读取“_id”的值,但实际操作过程中发生了成员数据“_m”先上锁再解锁的动作,如果强行认定 GetID()是常量成员操作,无疑会遮盖了“某个互斥体锁住了一段时间”的这一事实,因此编译器不认为 GetID()方法是常量成员,是很严谨的做法。此问题解决方法之一,显然是接受 GetID()不是常量操作这一事实,去除 const 的修饰。方法二是忽略过程中对互斥量成员的变动性操作,为互斥量成员“_m”加上 mutable(上一次这个关键字用在语言篇的“Lambda”章节中),以明确表明这是一个易变的成员,并且对其修改的效果可以忽略,不实质影响整个对象的状态:

```
struct IDCreator
{
    ……
    //读取最后一次的 ID
     int  GetID() const  // 保持常量成员函数修饰
     {
          __concurrency_mutex_block_begin__
          {
              std::lock_guard < std::mutex > lock(_m);
            return this->_id;
          }
     }

private:
   ……

    int _id;
    mutable std::mutex _m; //互斥量,被声明为 mutable
};
```

【重要】:不要轻易使用“mutable data members”特性

“mutable data membrs”是一种补丁特性,你也看到了,它具有欺骗性。答应我,用 C++写程序的前五年请将“可变的数据成员/mutable data members”这一技术特性仅仅用到互斥量身上。

4. 剥离“互斥”逻辑

人生在世,涉及为人处事时,经常思考的应该是两点:一、我是谁?我要做什么样的人?二、在别人眼里我是谁?在别人眼里我是怎样的一个人?设计一个类,同样是先考虑这个类是什么?然后考虑外部环境将会如何使用这个类?(聪明的你一定会明白这二者并非泾渭分明)。对于IDCreator而言,提供自增ID的功能,属于思索"我是谁"这样的哲学范畴里的设计;而"呀,'_id++'在并发时有问题,俺得解决它",这就属于应对外部环境这样的现实范畴里设计。

如果讲究面向对象设计"抓侧重、寻共性、究本质、理关系"四要素,那么在终极设计里,必须要应对外部环境的那一部分设计都可以被剥离成另外一个类(或函数),而这个类(或函数)的自我职责就是:"咦,我要怎么使用刚才那个类?"如此这般最大化地将A类的外部问题转化为B类的内部问题。正是在《线程》章节提出thread类不应该被派生的思想支撑。想想,如果跑A任务的线程和跑B任务的线程居然是两个不同的类,那么在设计公交车的类系时,难道跑108路的公交车和跑2路的公交车是两种公交车吗?二牛很不好意思地站起来说:"老师,在我家那边108路和2路公交车真的是很不相同的两类公交车,前者烧柴油,后者烧天燃气。"这也正是为师我想说的,"理想很丰满,现实很骨感嘛。"

IDCreator类如果奔着丰满的理想目标而设计,就应当将它的互斥量成员数据"_m"直接剥离掉,回到本节最初提供的那个单纯的版本。然后提供区分是否并发使用的辅助函数或辅助类,以对GetNewID()操作的封装为例:

```
......
int  get_new_user_id_without_multithreading()
{
    return IDCreator::Instance().GetNewID();
}

mutex mutex_for_new_user_id;

int get_new_user_id_with_multithreading
{
    __concurrency_mutex_block_begin__
    {
        lock_guard < mutex > lock(mutex_for_new_user_id);
        return IDCreator::Instance().GetNewID();
    }
}
```

假设我们写某个简单的程序正好不需要多线程,但却需要用户有各自唯一的ID,上面设计多完美啊。多线程的情况就使用"_with_multithreading"的版本,单线程环境下就用"_without_multithreading"的版本,无需承担加锁的成本(尽管此情况下所节约的成本微小到完全可以忽略,但终归可以让有着处女座般的完美主义的程序员感到一种毫无冗余和迁就的清爽,并且隐隐地在多线程版本和非多线程版本的代码之间发现一种对称的美)。

理想很丰满,现实的项目进度很赶,IDCreator现有设计已经非常适当,如果再要改进,那就不是为当下的需求考虑,而是为了未来的变化再预留可能。不过未来会怎么变化很难估计,这时候我们可以用上一些"惯用法",所谓的"惯用法"就是大家都在用,并且大家都说好的方法。和"互斥逻辑"相关的,刚讲过的"使用宏明确标识出并发冲突地段"和"使用 mutable 修饰互斥量以忽略它的变动性"二者都是惯用法。第三个惯用法是在类的内部刻意保留"非加锁"的版本,以 GetNewID()为例:

```
    ......
    int GetNewID()
    {
        __concurrency_mutex_block_begin__
        {
            lock_guard < mutex > lock(mutex_for_new_user_id);
            return GetNewIDWithoutLock ();
        }
    }
......

protected :
    int GetNewIDWithoutLock ()
    {
        return ++ _id;
    }
......
```

不少优秀的代码库,对不带锁的版本取名为 Innner_XXX,我认为其间含义显然没有"_WithoutLock"明确。相关功能不考虑外部并发需求在内部实现(通常是 protected 权限),对外的加锁版本改为转发调用未加锁版本,只是在外层加上锁。这种做法让当前类及派生类在同一功能上拥有考虑并发和无需考虑并发的两个实现,通常可以更好地应对将来的发展,同时保持优秀程序员固有的"懒惰"特性。

【重要】:通过调用转发,实现不同版本

先提供一个实现基础功能的版本(称为基础版本),再提供增加扩展功能版本,后者通过转发调用前者实现。除"不加锁"和"加锁"版本区分之外,"抛出异常"和"不抛出异常"之间的区分,也可以采用类似办法实现。

5. 完整示例

本节给出有关 IDCreator 的完整代码。包含以下示例内容:

① 通过宏标识只允许单一线程执行的代码;

② 一个互斥量锁两处代码;

③ 两个互斥量各锁各的代码;

④ 读写操作间的简单同步;

⑤ 可变的成员数据;

⑥ 并发环境下单例对象的使用;

⑦ 两个线程目标过程之间的数据同步(一个线程修改"_id"的值,另一线程反复

读取该值,并依此确定是否结束线程)。

```
#include < iostream >
#include < set >
#include < vector >
#include < future >
#include < mutex >
#include < sstream >

#define __concurrency_mutex_block_begin__

using namespace std;

struct COutWithMutex
{
public:
    static COutWithMutex& Get()
    {
        static COutWithMutex instance;
        return instance;
    }

    void PrintLn(string const& line)
    {
        __concurrency_mutex_block_begin__
        {
            lock_guard < mutex > g(_m);
            cout << line << endl;
        }
    }
private:
    COutWithMutex() = default;

    mutex _m;
};

struct IDCreator
{
    static IDCreator& Instance()
    {
        static IDCreator instance;
        return instance;
    }

    int GetNewID()
    {
        __concurrency_mutex_block_begin__
        {
```

```
            lock_guard < mutex > lock(_m);
            return GetNewIDWithoutLock();
        }
    }

    int GetID() const
    {
        __concurrency_mutex_block_begin__
        {
            lock_guard < mutex > lock(_m);
            return GetIDWithoutLock();
        }
    }

protected:
    int GetNewIDWithoutLock()
    {
        return ++_id;
    }

    int GetIDWithoutLock() const
    {
        return _id;
    }

private:
    IDCreator()
        : _id(0)
    {
    }

    int _id;
    mutable mutex _m;
};

int  get_new_user_id()
{
    return IDCreator::Instance().GetNewID();
}

#define MAX_USER_ID 1000

void test()
{
    typedef future < int > IntFuture;

    vector < IntFuture > futures;

    for (int i = 0; i < MAX_USER_ID; ++i)
    {
```

```
        IntFuture f = async(get_new_user_id);
        futures.push_back(std::move(f)); //future 不允许复制
    }

    set < int > ids;

    for (auto& f : futures) //auto& 使用引用,因为 future 不允许复制
    {
        int id = f.get();

        if (ids.find(id) != ids.end())
        {
            stringstream ss;
            ss << "该 ID 已经存在了:" << id << "。";
            COutWithMutex::Get().PrintLn(ss.str());
            continue;
        }

        ids.insert(id);
    }
}

void output_current_user_id()
{
    while(true)
    {
        int id = IDCreator::Instance().GetID();

        stringstream ss;
        ss << "当前 ID 是" << id << "。";
        COutWithMutex::Get().PrintLn(ss.str());

        if (id == MAX_USER_ID)
        {
            break;
        }
    }
}

int main()
{
    future < void > f = async(output_current_user_id);
    test();
    f.wait();
}
```

12.5.3 “半自动”锁

我一直只知道大学有“自动化”系,上班后遇上一位自称读的是“半自动化”的同

事,我笑话他:"人家全自动化系同学读四年大学,你们系是不是只需读两年呢?"他很生气地说:"我们得读六年才对!"那意思是说,他们得先学"全自动化"的知识,然后再学习不能全自动化时人工干预的知识……我似乎懂了。

全自动固然好,但在一些特定环境下如果没办法全自动,那也不代表就马上变成"全手动"操作,这中间还有一个很科学的"半自动"过程。lock_guard <T> 是封装互斥量得到的一把全自动化的锁,变量定义时自动上锁,变量析构时自动解锁。课程再往下几小节到达"atomic(原子操作)"时,就会有该全自动锁无法适用的代码结构出现。unique_lock <T> 是标准库提供的"半自动化锁"模板,具备 lock_guard <T> 的全部功能:

```
……
__concurrency_mutex_block_begin__
{
        std::unique_lock < std::mutex > lock(_m); //"_m"是 mutex 对象

       ……

}
……
```

lock 定义时,自动为互斥量"_m"加锁,析构时自动解锁。接下来就是各种半自动功能所要解决的问题了。

问 1:假设手上的互斥量已经加上锁了,但希望通过一个 lock 对象帮助自动解锁,怎么办?比如有这么一段代码:

```
     std::mutex M;
      M.lock(); //种种原因,这里 M 就是自行锁上了

……
      if (...)
      {
            M.unlock();
            return;
      }

      try
      {
         ……
         M.unlock();
          return;
      }
      catch(...)
      {
            M.unlock();
            return;
      }
```

函数有几个出口就写了几处的解锁操作,这太讨厌了,此局何解?

答1:如无必要,显然还是要避免M擅自加锁。不过如果无可避免,那么作为一个成熟的程序员只能选择面对现实。此时我们定义一个特殊的**unique_lock** <T>对象:

```
    std::mutex M;
    M.lock(); //种种原因,这里M就是自行锁上了

......
    std::unique_lock < std::mutex > lock(_m, std::adopt_lock);

...... //后面不需要任何手工解锁代码
```

"无耻!这算不得独门绝技!adopt意为'收养、领养'。用它作第二个入参构造一把锁,将认定接受的互斥量已经上锁,不会再次上锁!"边上为std::lock_guard涨红脸大声叫,"这个入参我也能接受,效果也一样!"好吧,我们承认"领养一个已经上锁的互斥量,并且承认以及接受它已经上锁的事实",这样的能耐,std::lock_guard <T> 确实也具备。

问2:接受一个未上锁的互斥量,但构造时不对它上锁,std::unique_lock能做到吗?又问,std::lock_guard能做到吗?

答2:std::unique_lock可以做到。第二入参改为std::defer_lock,则构造时不对互斥量调用lock()操作。(回忆下,在哪一节碰上defer这个词?)这个本事std::lock_guard不具备。

```
......
//暂不加锁
std::unique_lock < std::mutex > lock(_m, std::defer_lock);

......
//过一会儿才加锁
lock.lock();
...... //后续自动解锁功能依旧
```

问3:可不可以完全通过unique_lock <T>实现手工对互斥量加锁、解锁?

答3:完全可以。前例已有unique_lock <T>对象调用lock()的用法。对应的,也可以手工调用unlock()方法。unique_lock <T>对象在析构时会自动判断是否还需解锁。

**【重要】:强大皆因无奈,尽量保持笨而简单**

刚才还涨红了脸的std::lock_guard <T>正在向隅而泣。可是它不知道,在我们心里最爱的锁还是它。

12.5.4 递归锁

1. 锁的重入

我们想写一个银行自助取款机(ATM)相关的程序,需要提供"存款""取款"和"查询余额"三个功能,显然这是三个需要互斥的操作。为了简化,我们开的是私家银行,里面的钱全是咱家的。哈哈,写书多年,就这一刻忍不住笑出声来。

请在 Code::Blocks 中新建一控制台项目,取名 ATM_demo。main.cpp 内容如下,请读者认真阅读,并在阅读的过程中在纸上写下自己的思考。

```
#include <iostream>
#include <iomanip>   //setw
#include <sstream>
#include <random>

#include <mutex>
#include <thread>

//实际项目中该宏将在某个独立的头文件中定义
//以避免在各个源文件中到处定义
#define __concurrency_mutex_block_begin__

using namespace std;

struct MyATM //没错,就是我的 ATM
{
    //存款
    void Save(int cash)
    {
        if (cash <= 0)
        {
            return;
        }

        __concurrency_mutex_block_begin__
        {
            lock_guard <mutex> lock(_m);
            _money += cash;

            LogSuccess("存款", cash, _money);
        }
    }

    //取款
    void Takeout(int cash)
    {
        if (cash <= 0)
```

```
        {
            return;
        }

        __concurrency_mutex_block_begin__
        {
            lock_guard < mutex > lock(_m);

            if (_money < cash)
            {
                LogError("取款", "余额不足!", cash, _money);
                return;
            }

            _money -= cash;
            LogSuccess("取款", cash, _money);
        }
    }

    //查询
    void Query() const
    {
        __concurrency_mutex_block_begin__
        {
            lock_guard < mutex > lock(_m);
            cout << "余额:" << _money << "元。" << endl;
        }
    }

private:
    void LogSuccess(std::string const& title, int cash
            , int remain)
    {
        cout << title << "-成功。金额" << setw(7) << cash
                << "元,余额" << setw(7) << remain << "元。"
                    << endl;
    }

    void LogError(std::string const& title
            , std::string const& msg, int cash, int remain)
    {
        cout << title << "-失败。金额" << setw(7) << cash
                << "元,余额" << setw(7) << remain << "元。"
                << msg << endl;
    }

private:
```

```
    mutable mutex _m ;
    int _money = 0; //全是咱家的,单位:元
};

void test()
{
    default_random_engine dre;
    uniform_int_distribution < int > di(100, 10000);

    MyATM atm;

    //奋斗的人生轨迹:
    thread save_trd([&]()
    {
        for(int i = 0; i < 40; ++ i)
        {
            atm.Save(di(dre));
            this_thread::sleep_for(chrono::milliseconds(3200));
        }
    });

    //享受的人生轨迹:
    thread takeout_trd([&]()
    {
        for(int i = 0; i < 50; ++ i)
        {
            atm.Takeout(di(dre) * 4 / 5);
            this_thread::sleep_for(chrono::milliseconds(2500));
        }
    });

    save_trd.join();
    takeout_trd.join();

    cout << "走到人生尽头……" << endl;
    atm.Query();
}

int main()
{
    test();
}
```

基于统计,表 12-1 所列的是多数读者阅读以上代码时所记录的常见问题或感想,以及相关回复。

表 12-1 "ATM 模拟程序"问题集

#	问题	回复
1	"存钱""取钱""查询余额"的英文单词用对了吗?	汗……大致是那些意思
2	代码中每隔 3.2s 存一笔钱,但每隔 2.5s 就花一笔钱。是不是在告诉我们赚钱困难花钱容易?	嗯
3	代码中每次花钱的金额,都要先乘以 4/5,是不是在教导我们钱要省着点花?	嗯
4	uniform_int_distribution 是什么?	请自学"随机数分布"。
5	为什么不使用 COutWithMutex? 直接用 cout 不会造成屏幕输出混乱吗?	最好还是使用 COutWithMutex。这里为简化代码,刻意将所有可能冲突的屏幕输出都放在 ATM 类成员"_m"的互斥区域内。
6	LogSuccess 和 LogError 两个方法感觉不错,统一归口屏幕输出。	是不错,也方便将来改成使用 COutWithMutex 或增加给您发银行通知短信的功能。
7	一个人存钱然后取钱,这过程应该不并发呀?	不是一个人,是一家人。您在存钱,您的爱人在取钱。

很遗憾表中缺少我希望读者问到的一个重要问题。暂且按下这个遗憾不表,继续讨论 ATM 的新需求,这是一个让人开心的需求:存款抽大奖! 银行将每隔 5s 举办一次活动,活动期间储户需固定存入 168 元。所得的最新余额字面如含有 N 个幸运数 8,即可获得存入 168 元之前余额的千分之 N 的奖励。活动参与条件是账户现有余额在 1200 到 48000 之间。比如现有余额是 38000,存入 168 后新余额为 38168,含有 2 个 8,可获得奖励 38000 * 2 / 1000 = 76 元。

分析一下,ATM 需要新增一个特殊的存款功能,大概步骤如下:①存之前要记录现余额;②调用 Save(168);③根据新余额计算是否中奖;④如果中奖就再次调用 Save()存入中奖金额。更加细分的步骤,请看代码:

```
//存款赚大奖
void LotterySave()
{
    int money_bef_save = 0; //现余额
    int money_aft_save = 0; //新余额

    __concurrency_mutex_block_begin__
    {
        lock_guard < mutex > lock(_m);

        if (_money < 1200 || _money >= 48000)
        {
            cout << "抽奖-失败。余额在 1200 元到 48000 元之间"
                    "才能参与本行'存款抽奖'活动。" << endl;
```

```
            return;
        }

        //1.记录现余额
        money_bef_save = _money;
        //2.存入 168
       this ->Save(168);
        //3.记当新余额
        money_aft_save = _money;
    }

    //4.计算幸运数个数(该方法实现暂略)
    int lucky_count = count_lucky_number(money_aft_save, 8);

    if (lucky_count == 0)
    {
        return; //抱歉,未中奖
    }

    //5.计算中奖金额
    int reward = static_cast < double >(money_bef_save)
                * lucky_count / 1000;

    //6.自动存入中奖金额
    this ->Save(reward);
}
```

请注意该方法中,由“__concurrency_mutex_block_begin__”所标示出来的代码“独木桥”的长度。之前强调过,代码“独木桥”的长度越短越好。这段代码就刻意使用两个临时变量,分别在加锁区域内,记录下存入 168 元之前和之后的余额,然后就结束锁区域,开始利用这两个数值计算本次的中奖情况。也就是说,计算中奖情况这个操作,是在下了“独木桥”之后进行的;再换个说法,当程序在计算本次操作是否中奖时,您的爱人或小孩可以继续使用 ATM 存取款;结论是这样的设计在不影响中奖(以及其后的发奖)计算的正确性的同时,提高了 ATM 的可用性。“合理缩短代码‘独木桥’的长度”,其专业说法是“有效降低锁的颗粒度”。

上面那一段话显然很重要,但一惯自诩数学大牛的丁小明看上去有些不以为然,以为师对他的了解,我猜他是在想 money_bef_save 和 money_aft_save 这两个变量其实只需要一个就可以了。

【重要】:越细微的“重复”,越难以发现

我们都知道写程序要避免“重复”。注意:避免重复代码并不是为了提高我们写程序的效率。如果只是为了写得快,那么只需掌握“Ctrl+C/Ctrl+V”键盘大法,又何惧再多的代码重复?避免重复的真实目的是为了让代码更好地维护。在此基础上我们提出:越是细微之处的代码重复,越是要小心谨慎!因为任何维护工作的第一步必然是"发现"。大段大段的重复就像垃圾堆,虽然臭不可闻但容易寻源,某一行关键算法的重复,却能让我们大费周章。

本例中显然存在 money_aft_save= money_bef_save + 168 的公式。但我们却走"记录现有余额 → 存款 → 读取新余额"这样的笨方法;就是因为我们想让"新余额、原余额、新存款"这三者的计算关系,统一交由 Save()方法实现。将来存款政策有任何变化,我们可以不用抽着鼻子到处找。

发表完以上重要讲话,我意味深长地看向了丁小明。受我的鼓励,他站起来发言:"我知道老师刚才希望我们提问而我们没有提到的那个问题了! 在类 ATM 的现有设计中,没有采用'剥离互斥逻辑'这一惯用法!"真是我的好学生,虽然在一瞬间我的眼神变得有些尴尬。让我们回到主题。大家试试调用现在的 LotterySave()方法,会发现真的"中奖"了,该函数造成程序死锁,原因如下:

```
    /* 分析同一线程中,对同一个互斥量,重复加锁 */
……
    lock_guard < mutex > lock(_m); // 第一次加锁

    if (_money < 1200 || _money > = 48000)
    {
        cout << "抽奖 - 失败。余额在 1200 元到 48000 元之间"
                        "才能参与本行'存款抽奖'活动。" << endl;
        return;
    }

    //1.记录现余额
    money_bef_save = _money;
    //2.存入 168
    this->Save(168);   // 第二次加锁
    ……
```

LotterySave()方法为了在并发环境下安全地读到"_money"的值,必须使用"_m"进行加锁,然后为了更新余额,它在加锁区域内调用 Save()方法,而该方法同样需要使用"_m"进行加锁。同一把锁在同一线程连续加两次,就此走了"自己等自己"的不归路,专业的叫法是"锁的重入"。

 **【危险】: 程序死锁了怎么办**

一旦程序死锁,在 Windows 下,你会发现哪怕关掉了程序窗口,程序似乎也还在运行。你的 IDE(Code::Blocks)无法重新编译,更无法继续调试。解决方法是打开系统的任务管理器,找到进程,结束它。

解决本例的"锁的重入"这一问题,至少有三个办法,并且每个方法我们都有可能用上,因此都需认真学习。

2. 避免锁重入:调整算法

方法一:违背为师刚刚语重心长的嘱咐,通过在本方法中直接计算存款后的新余额,以便实现将 Save()方法从加锁区域中挪出:

```
//方法一:实现上避免开锁的重入
__concurrency_mutex_block_begin__
{
      lock_guard < mutex > lock(_m);

      if (_money < 1200 || _money > = 48000)
      {
          cout << "抽奖-失败。余额在 1200 元到 48000 元之间"
                                      "才能参与本行'存款抽奖'活动。" << endl;
          return;
      }

      //1. 记录现余额
      money_bef_save = _money;
      } //结束加锁

   //2.存入 168
   this ->Save(168); //该操作被移出前面的"独木桥"了

   //3.直接计算新余额
   money_aft_save = money_bef_save + 168;
   ……
```

步骤 2 和步骤 3 之间极可能有其他线程插入执行存取款操作,如果 money_aft_save 还是读取当前的"_money"值就会错得离谱且难以发现;因此不得不在此重复依赖存款的核心计算逻辑,哪怕该核心计算逻辑只有一行代码,只是一个加法,但终归违背了《白话 C++》的教义!

"老师,您能不能别把技术学习搞得像宗教一样啊……"好吧,客观地说,把 Save()放出加锁区域还有两个危害:一是它会打乱 ATM 日志原有次序。因为此处 Save()操作所打印出来的日志中的各项数值,和 money_bef_save 以及 money_aft_save 可能对应不上,如果将来需要增加对账功能,此处的乱序降低了日志的可读性。二是这样的调整会让整段代码的逻辑变得更加微妙,需要更加小心翼翼地处理。

必须承认在本例中,方法一具有极强的诱惑力。大家可以反感本书作者一口一个"为师",并且还抬出"教义"唬人,但古人云,"勿以恶小而为之,勿以善小而不为。"我们不在小程序上坚持使用看起来比较笨的"惯用法",而是这里那里的到处玩技巧,将来遇上大程序,大团队写代码时就容易碰上大问题。

【重要】: 设计就是玩平衡的艺术

尽信书不如无书。任何领域的任何设计,基本上都逃不了"玩平衡"这三个字。

尽管此刻本书一直在强调"笨"方法,但事实上就在稍往前一点,我们也在花力气讲解如何"缩小锁的颗粒"的技巧。二者如何取舍,恐怕需自行定夺。大的原则是:初学时应少玩技巧。

3. 避免锁重入:剥离互斥

方法二:使用惯用法,提供剥离"互斥"逻辑的版本以供更好的复用。以 ATM 为例,存款、取款、查询余额等属于基础功能,颗粒度小,具有较高复用需求,因此适合使用本惯用法,下面仍以"Save()"为例:

```
//方法二:提供剥离互斥逻辑的版本
……
    //存款
    void Save(int cash)
    {
        __concurrency_mutex_block_begin__
        {
            SaveWithoutLock (cash);
        }
    }
……
private:
    void SaveWithoutLock (int cash)
    {
        if (cash < = 0)
        {
            return;
        }

        _money += cash;
        LogSuccess("存款", cash, _money);
    }
```

LotterySave()方法的实现,对应改为调用仅供类内部使用的非加锁版:

```
        ……
        __concurrency_mutex_block_begin__
        {
            lock_guard < mutex > lock(_m);

            if (_money < 1200 || _money > = 48000)
            {
                cout << "抽奖 - 失败。余额在 1200 元到 48000 元之间"
                        "才能参与本行'存款抽奖'活动。" << endl;
                return;
            }

            //1.记录现余额
```

```
        money_bef_save = _money;
        //2.存入 168
        this->SaveWithoutLock(168);
        //3.记当新余额
        money_aft_save = _money;
    }
……
```

使用方法二的最大好处是,既解决了锁的重入问题,又提高了“存款”功能的可复用性。

4. 避免锁重入:重入检测

既然“锁的重入”是特指在同一线程的执行路径上,连续遇上对同一互斥量的两次加锁操作。那么能不能在每次加锁之前,检查当前线程下的当前互斥量,是不是已经处于加锁的状态了呢?如果不是就照常加锁,如果是不再加锁,这就有了方法三。标准库中有个 recursive_mutex 类型的互斥锁,意译是“可重入的互斥量”,直译是“递归互斥量”。显然前者更容易让人听明白。

将“锁的重入”小节中的代码,ATM 类的成员数据“_m”,类型定义由 mutex 改为 recursive_mutex,再将所有“lock_guard < mutex > lock(_m);”改为“lock_guard < recursive_mutex > lock(_m);”,不需要调整算法,不需要剥离互斥,但“锁的重入”问题已然解决了。

【危险】:“锁的重入”不是发生“死锁”的全部原因

请注意,解决“锁重入”只是避免同一线程内部的死锁问题,两个及更多个线程间发生死锁的情况不会因为锁重入的消除而自然消失。比如有两个互斥量 M1 和 M2,两个线程 T1 和 T2。T1 成功锁住 M1,然后在等 M2 解锁;T2 成功锁住 M2,然后在等 M1 解锁,此时死锁现象的发生无可避免,不管 M1 和 M2 可不可重入。

我不是受虐狂,但我不是很推荐使用“可重入的互斥量”,因为它有可能让我们放松对各种死锁发生的警惕性。测试 recursive_mutex 不需要用到多线程:

```
#include <iostream>
#include <mutex>

//假设宏“__concurrency_mutex_block_begin__”在以下头文件定义
#include "mutex_block_macro_def.hpp"

int main()
{
    std::recursive_mutex m;
    __concurrency_mutex_block_begin__
    {
        std::lock_guard <std::recursive_mutex> lock(m);
        std::cout << "level 1" << std::endl;
```

```
            __concurrency_mutex_block_begin__
            {
                std::lock_guard < std::recursive_mutex > lock(m);
                std::cout << "level 2" << std::endl;
            }
    }
}
```

编译运行,观察程序输出。然后将 recursive_mutex 改成 mutex 再编译运行,再观察对比。

在实现上,recursive_mutex 通常基于 mutex 实现。它增加记忆当前线程 ID 的成员,再增加一个整数用于记忆连续加锁的次数,当然加锁次数的增减本身也需要解决并发冲突。想要使用方便,总是要有些额外成本。请各位通过 mutex,手工实现以上逻辑,以更好地理解“可重入互斥量”能做什么不能做什么。

12.5.5 尝试上锁

1. try_lock 方法

不管是 mutex 还是 recursive_mutex 类,在 lock()方法之外,都提供了 try_lock()方法,直译是“尝试加锁”,该方法的返回值类型是“bool(布尔值)”。

“尝试”的意思是:如果当下可以加锁就直接加锁,如果不能加锁,当前线程并不会在该操作上“堵住”。try_lock()方法会在此时直接返回 false 以告诉调用者:加锁失败。调用者(当前线程)因此有机会思考一下:做这件事需要堵住一段时间,要不我先干点别的事吧。try_lock()用法如下:

```
  // M 是一个互斥量, mutex 或 recursive_mute 等类型
......
    if (M.try_lock ())
    {
        //成功加上锁(即没有其他代码块在占用 M 互斥量的资源)
        ......

        M.unlock();  // 注意
    }
    else
    {
        //加锁失败,做点别的事
    }
```

注意代码中的 M.unlock()。一是必须记得调用解锁方法(因为我们没有使用守护锁),二是只需在 try_lock()成功的分支下调用(另外,没有 try_unlock()这一说)。因为要尝试,所以必须手工调用加锁,对应的需要手工写解锁的代码,这让人难受。还好,守护锁 lock_guard <T> 考虑到该需求了。C++ 11 版的守护锁 lock_guard <T> 提供以下两种形式的构造方法:

```
//构造一
explicit lock_guard( mutex_type& m );

//构造二
lock_guard( mutex_type& m, std::adopt_lock_t t);
```

第一种形式就是我们一直在使用的构造方式，比如：

```
lock_guard < mutex > lock1(m);
```

该语句以互斥量 m 为入参构建一个守护锁对象 lock1，**并且调用**m.lock()以实现立即上锁。第二种形式多出一个类型为 adopt_lock_t 的入参：

```
lock_guard < mutex > lock2(m, std::adopt_lock);
```

std::adopt_lock 是标准库事先提供的一个对象(类似 cout、cin)，它的存在就是为了告诉本版本的构造函数：请构建出一个守护锁对象 lock2，但**并不调用**m.lock()；除此之外，lock2 和 lock1 并无两样，比如它们都肯定会在析构时自动调用 m.unlock()。

下面是使用 mutex 的 try_lock()方法的示例程序：

```
#include < iostream >

#include < mutex >
#include < thread >

using namespace std;

#define __concurrency_mutex_block_begin__

int VALUE = 0;
mutex M;

void task(char thread_flag)
{
    for (;;)
    {
        if ( ! M.try_lock())
        {
            cout << thread_flag << '.';
        }
        else
        {
            __concurrency_mutex_block_begin__
            {
                lock_guard < mutex > lock(M, adopt_lock);

                if (VALUE > 999999)
```

```
                {
                    break;
                }

                ++VALUE;
            }
        }
    }
}

int main()
{
    thread trd_A(task, 'Y');
    thread trd_B(task, 'i');

    trd_B.join();
    trd_A.join();

    cout << "\r\nVALUE => " << VALUE << endl;

    return 0;
}
```

程序创建两个线程,二者都调用 task()方法,一个额外传入字母 'Y',一个额外传入字母 'i'。task() 函数体是一个大循环,每次都先调用"M. try_lock()"以尝试加锁。假设当前线程加锁成功,进入 else 语句块内的代码"独木桥","独木桥"上将自增全局变量 VALUE,直到该值越过 999999 以结束外部的大循环。假设当时另一个线程前来调用"M. try_lock()",那么它应该加锁失败,于是在屏幕上输出 Y 或 i,这两个字母交错排列在屏幕上,将让你仿佛置身大森林。

【课堂作业】: try_lock()下并发冲突分析实例

例中"cout << thread_flag << '.'"行处于多线程运行环境下,其中 cout 是全局共用的变量,而代码没有为它加锁(比如类似 COutWithMutex 的处理),但实际运行上例时,并不会发生屏幕输出混乱,请分析其原因。

当出现锁重入时,在 mutex 和 recursive_mutex 身上调用 try_lock()的结果不一,前者返回 false,后者返回 true。以下是实测代码:

```
#include <iostream>
#include <mutex>

template <typename MutexType>
void test_try_lock()
{
    MutexType m;

    m.lock(); //先锁上,以尝试锁重入
```

```
    std::cout << "try lock "
        << (m.try_lock()? "success!" : "fail!") << std::endl;

    m.unlock();
}

int main()
{
    test_try_lock < std::mutex > ();
    test_try_lock < std::recursive_mutex > ();
}
```

2. timed_mutex 互斥量

try_lock()看上去就像一个做事不痛快的方法。不过,标准库还有一种互斥量类型名为 timed_mutex 和 recursive_timed_mutex,这两家伙做事更纠结。

timed_mutex 和 recursive_timed_mutex 这两类互斥量都有多达四种的加锁或尝试加锁的方法:lock()、try_lock()、try_lock_for()和 try_lock_until()。通过 timed_mutex 或 recursive_timed_mutex 对象调用这四个方法都执行上锁操作,但如果因为互斥量已被占用或不可重入而无法立即上锁时,四类方法区别如下:

① lock()堵塞当前线程直到其他线程解开且当前线程抢到锁(下称"上锁成功");

② try_lock()立即返回 false;

③ try_lock_for(T)会等待,直到上锁成功或等待超过 T 时长;

④ try_lock_until(P)会等待,直到上锁成功或等待到越过时间点 P。

后两个操作所需要的时间入参含义,分别和 sleep_for(T)、sleep_until(P)一致。

12.5.6 原子操作

1. atomic

我们已经知道,读数据和写数据,哪怕是读写简单的基础数据,一个整数、一个布尔值,都不是原子操作。想想百米赛跑,发令员负责喊"3、2、1,跑"。在此过程中,跑道上运动员们都得全神贯注,竖起耳朵听那个"跑"字,否则就错失起跑良机。为简单起见,我们用主线程模拟发令员,子线程模拟运动员,代码如下:

```
......

//发令员是否喊"跑"
bool start = false;

//运动员
void runner()
{
    while(! start ) //死等一个"跑"字
    {
        COutWithMutex::Get().PrintLn("预备中");
```

```
    }

        COutWithMutex::Get().PrintLn("开跑!");
}

//发令员
void starter()
{
    for (int i = 10; i > 0; --i)
    {
        COutWithMutex::Get().PrintLn(std::to_string(i));
        std::this_thread::sleep_for(std::chrono::seconds(1));
    }

    COutWithMutex::Get().PrintLn("预备……");
    COutWithMutex::Get().PrintLn("跑!");

    start = true;
}

int main()
{
    //先让运动员准备
    std::thread runner_thread(runner);

    //开始发令
    starter();

    runner_thread.join();
}
```

只要全局变量 start 不为真，子线程目标函数 runner()就在屏幕上一直刷“预备中”；负责让 start 为真的是主线程。尽管概率极低，但在极端情况下，runner()函数中某次循环读到的 start 值，有可能是一个被写到一半的 bool 值；C++标准说这会带来不明确的行为，难道会读出一个非真非假？或者说会让机器冒烟？不知道，反正听着像是种恐吓。为此，我们还是为多线程读写 start 的代码加上互斥锁吧。代码一下子变得啰嗦，先得增加一个互斥量：

```
……

bool start = false;

//增加一个互斥量
std::mutex M;

……
```

接下来，由于就在 while 循环的条件中反复读取 start，需要在读之前上锁，读之后马上解锁,接着执行循环体内代码(这部分代码也加锁,但不是这把),然后在下一次循环开始之前,再次上锁……这样的结构难以使用 std::lock_guard 以实现自动上锁解锁,我们让半自动的 std::unique_lock 上场 ,处理如下:

```
//运动员
void runner()
{
    __concurrency_mutex_block_begin__
    {
        std::unique_lock < std::mutex > L(M); //上锁
        while(! start ) //死等一个"跑"字
        {
            L.unlock();//手工解锁
            COutWithMutex::Get().PrintLn("预备中");
            L.lock(); //下一次循环之前,再次加锁
        }
    }

        COutWithMutex::Get().PrintLn("开跑!");
}

/* starter() 中设置 start 为真的代码也需加锁,代码略。*/
```

为读写一个简单类型的数据,而定义新的互斥量,然后手工写代码加解锁,尽管有"半自动化锁"帮忙,但终归还是令人有"性价比太低"的错觉。是时候让 atomic 出场了。

C++新标准库提供的 atomic 模板可用于封装整数、字符、布尔以及指针等数据,使得对这些数据的读或写都成为原子操作,不可拆分,从而避免读到写了一半的数据这样尴尬的局面。

首先需要包含 < atomic > 头文件:

```
……
#include < atomic >
```

然后,使用 atomic 模板包装 start 变量,并做明确的初始化:

```
std::atomic < bool > start(false);
```

接下来是读写操作,还是先看读操作:

```
//运动员
void runner()
{
    while(! start.load()) //死等一个"跑"字
    {
        ……
    }
    ……
}
```

没错，atomic 采用 load()方法取值，如果觉得不直观，也可以使用其所封装的原始类型执行转换，比如“while(! (bool)(start)) ……”。至于修改 start 的代码，可以继续使用“start = true;”，也可以使用和 load()对应的 store()方法，比如：

```
//发令员
void starter()
{
    ……
    start.store(true); //或者仍然使用“start = true; ”
}
```

不管采用什么语法，对 atomic <T> 的读写操作现在不会发生并发冲突。如果 T 是 int 等类型，仍然支持“++”“--”“+=”“-=”等操作，只不过因为确保语句执行的原子性，个别惯常行为可能发生轻微变化。请各位以 atomic 技术完成上例。

为方便使用，标准库默认定义了不少基础类型对应的原子类型，常用的如表 12-2 所列。

表 12-2 常用原子类型别名

可用别名	对应类型
atomic_bool	atomic < bool >
atomic_char	atomic < char >
atomic_uchar	atomic < unsigned char >
atomic_int	atomic < int >
atomic_long	atomic < long >
atomic_llong	atomic < long long >
atomic_wchar_t	atomic < wchar_t >
atomic_intptr_t	atomic < intptr_t >
atomic_size_t	atomic < size_t >

**【重要】：更多时候，你还要在里面使用“mutex/lock”**

atomic 可以被认为是颗粒度很小的锁操作，即完全仅针对一个简单变量的读或写操作的过程加锁。实际项目中通过读写一个简单数据就能完成线程间信息同步的机会并不多。如果你替某个变量加上 atomic <T> 的外衣，但还是不太拿得定这样是否解决并发冲突时，通常就是没有解决，此时请考虑使用 mutex。

2. 只调用一次

还记得“单例模式”吗？比如用于获得 COutWithMutex 单例对象的静态方法：

```
    static COutWithMutex& Get()
    {
        static COutWithMutex instance;
        return instance;
    }
```

假设多个线程同时调用该 Get()方法，未加互斥的 instance 对象会不会被构造多次呢？在 C++ 11 新标之前确实可能。C++ 11 新标明确规定函数中的静态数据创建过程必须是原子的，相当于编译器自动为此类对象的创建过程生成加锁的代码，从而确保对象只被构造一次。如果我们希望只执行一次的操作，不仅仅是构造对象，比如，采用“两段式”构造的对象，在构造之后还需要做一些初始化，如果这些初始化动作也只需要执行一次，就需要手工处理互斥冲突。

在单线程的程序中，经常使用一个变量以标识事情是否做过，比如：

```
//定义一个全局数据
bool is_xxx_initalized (false);

...
//某段可能被并发访问的代码
if (! is_xxx_initalized) //未初始化?
{
    /* 这里做仅需要执行一次的操作 */

    is_xxx_initalized = true; //已初始化
}
```

但是这样的代码到了多线程环境就行不通了，哪怕你使用 atomic <T> 封装 is_xxx_initalized 变量；因为有可能有多个线程同时执行 if 的条件，同时读到条件为假，然后重复初始化。安全的做法还是使用互斥量，或者使用“std::call_once()”函数和“std::once_flag”类型。二者是 C++标准库用于实现对指定操作只调用一次的便捷工具。上述代码在多线程环境下，可以改为：

```
#include < mutex >

//定义一个全局数据
std::once_flag initialized_once_flag;

...
//某段可能被并发访问的代码
std::call_once(initialized_once_flag,[]()
            {
                    /* 这里做仅需要执行一次的操作 */
            });
}
```

call_once()函数有两个入参，第一个是 std::once_flag 类型的一个变量，注意，多次调用 call_once()，该入参必须是同一个变量；第二个入参以可是一个自由函数、成员函数、函数对象或如例中的 Lambda 表达式等可执行体。标准库将保障该可执行体只被调用一次。

假设我们写一个游戏,玩家必须过五关斩六将才能遇上大 BOSS。显然游戏启动时不用立即加载 BOSS 角色的详细战斗数据,因为可能大半年没有哪个玩家真正碰上 BOSS。下面是 BOSS 角色类设计示意:

```
struct BOSS
{
        static BOSS& theBOSS() //单例
        {
            static BOSS boss;
             return BOSS;
        }

        //需要时,加载详细战斗数据,但只能加载一次
        //哪怕有多个玩家这天正好同时见到 BOSS
        void LoadDetailData()
        {
            std::call_once (_detail_data_load_once, [&]()
            {
                /* 加载 BOSS 酷炫的外观 ... */
                /* 加载 BOSS 迷人的声音 ... */
                /* 加载 BOSS 霸气的武器 ... */
            });
        }

private:
        BOSS() //BOSS 的构造
            : _detail_data_loaded_once (false)
        {
            /* 仅加载基础数据 */
        }

private:
        std::once_flag _detail_data_load_once;
};
```

12.5.7　条件变量

1. 基本概念

前一小节"原子操作"中,展示了一个线程等待另一线程处理某数据的一种"朴素"的做法:死循环,专业一点叫"轮询"。看看这些"全神贯注"的"运动员":

```
//运动员:
    ……
    while(! start.load()) //死等一个“跑”字
    {
        ……
    }
    ……
```

一个运动员一个“死循环”,要是有八个,哎呀,你家八核的CPU资源说不定全被占用,仿佛听到电脑风扇高速旋转的声音……“死循环”这么浪费CPU,要不在while循环体中塞一句“this_thread::sleep_for(...)”? 可是,让运动员蹲在起跑线上一边等发令枪响,一边小睡一会,这是哪位程序员的设计? 勇敢一点,站出来! 就算在轮询过程中执行“睡眠”,睡短睡长终究是个两难问题。短了浪费CPU,长了无法第一时间等结果,容易导致业务延误。

很多写程序的智慧,还是得从生活中来。严肃地回忆生活场景:老板派我们参加某个项目投标,他在公司等结果。此时并不是老板每隔三分钟打电话过来询问,而是我们在办成或办砸之后,主动向老板打电话汇报啊! “那老板在这期间做什么呢?”“成熟稳重的老板在这段时间内基本都在睡觉。”

C++提供condition variable用于支持类似场景。使用“条件变量”的线程分成两类身份:“通知者”和“等待者”。咦? 你有没有想到一位著名的老板? 斧头帮帮主呀! 当年他派小弟出门办大事,结果出异常了。小弟们负责抛出异常,老板负责捕获,这场景和现在要谈的“条件变量”略相似。只是异常在同一线程中传递信息,而“条件变量”在线程间传递信息。诸如1945年的某个时间,李大爷在烤地瓜,烤着烤着却全无味道;林婶在教孩子识字,教着教着却无语了;丁小明的爷爷对着油灯读唐诗,读着读着却掉泪了……街上突然传来大喇叭广播,有人以为是“三双五块”吗? 不,那次大家听到的是“快报,日本国无条件投降!”一时间所有人都知晓了这个消息,地瓜一下子飘出香味,孩子的眼神亮了,唐诗原来这么顿挫有力:“剑外忽传收蓟北,初闻涕泪满衣裳。却看妻子愁何在,漫卷诗书喜欲狂。”

若某条件满足,请通知我,这不就是“王师北定中原日,家祭无忘告乃翁”之意吗? 只是,陆程序员玩的是跨阴阳两界的条件传递,我们没敢玩这么大。

2. 详解条件变量通信过程

现在我们假设一个场景:线程A负责干一堆活,干完之后它设置变量finished为真,并且通过某个条件变量发出“完事了”的通知;而线程B就一直在等这个通知,等到以后它输出一句“干得好!”使用std::condition_variable时,发送通知和接收通知的线程都必须访问到条件变量。为简单起见,定义一个全局的“条件变量”:

```
std::condition_variable  CV;  //一个全局条件变量
```

条件变量负责收发通知,但通知的内容通常是另一个值(下文中的finished),为了实现跨线程安全读取该值，我们还需要一个全局的互斥量，现在代码是：

```
std::condition_variable  CV;         //一个全局条件变量
std::mutex process_mutex;            //配套的互斥量
```

当线程 A 完事后，它会设置 finished 为真，所以还需要第三个全局变量：

```
std::condition_variable  CV;  //一个全局条件变量
std::mutex pracess_mutex; //配套的互斥量
bool finished = false;
```

接下来先说“等待者”，也就是线程 B 应该怎么做。它应该先检查 finished 的值是真是假，是真说明已经完事了，还等待啥呢。finished 也是一个多线程共同读写的资源，并且它又未加 atomic 封装，所以取值时必须加锁：

```
//线程 B 的目标过程
void thread_B()
{
        __concurrency_mutex_block_begin__
        {
              std::unique_lock < std::mutex > lock(process_mutex);

              if (! finished ) //还未完事
              {
                  ……开始等……
              }
        }

        //等待完毕
        std::cout << "线程 A 完事了？干得好！" << std::endl;
}
```

此时 thread_B()代码中还没有用到 CV。定义的 lock 锁变量也只用于保护对变量 finished 的读取。此时若将 lock 的类型从 std::unique_lock 更换成 std::lock_guard 也是可以的。甚至如果将 finished 变量类型由 bool 更换为 std::atomic < bool >，那么连 lock 都不需要了。

std::condition_variable 类有个 wait(L)方法，入参必须是一把锁。非常有意思也非常重要的是：wait(L)方法所做的第一件事就是解锁，即调用 L.unlock()。因此 L 的类型不能是全自动的 std::lock_guard，而必须是半自动的，支持手工加解锁的 std::unique_lock 对象。条件变量的 wait(L)方法所做的第二件事是阻塞当前线程，进入等待，你可以简单地认为条件变量也有 sleep_for(N)的本事。没错，线程 A 此时可能热战正酣，但前面我们说过了，成熟稳重的老板，此时应该睡觉。睡觉是最好的等待。在指挥室坐立不安的等待没什么作用，只会浪费 CPU 资源，影响“前线”线程的发挥。

请一定记住:"老板"在睡觉等待之前,做了一件什么事?答:解锁、解锁、解锁。解除对"前线"线程也需要用到资源的锁定。如果忘记这件事,后果不堪设想。

【轻松一刻】:《老板的自我修养》

一方面装作非常从容淡定地呼呼大睡,一方面紧抓着关键资源不放手,这样的老板不少见。《白话 C++》的读者中一定会有不少人终将成为领导、老板。希望你们谨记:你是程序员,不要因为资源管理不当而让程序运行遭遇死锁;你是老板,不要因为资源管理不当而让公司发展遭遇死锁。

老板睡着了……谁来唤醒他呢?需要英俊的王子亲他一口?有两个醒来的方式,一是被其他线程唤醒,二是自然醒。通常人们喜欢自然醒,但此时的自然醒很痛苦。

没错,老板这个觉睡不踏实,毕竟心里有事。或许因为对手太强大,于是老板梦见一群霸王龙扑了过来,一骨碌从床上坐起来!老板自个儿惊醒后做的第一件事情是什么?当然是关心 finished 的真假;而为了读 finished 的值 ,又必须先加锁。如果读到 finished 为真,老板心想"可算能不睡这个觉了";如果为假,就得继续解锁、睡;然后梦到小行星撞击地球,于是又醒了;醒来后他先加锁然后读取 finished,判断真假……这是一个什么样的过程?有人说这真是一个折磨人的过程。正确答案:这是一个循环的过程。可是现在我们的代码中,有 for 或 while 吗?

启用条件变量的"等待"函数,并将只判断一次的 if 结构改为可以重复判断的 while 结构,现在等待线程的目标过程代码如下:

```
//线程 B 的目标过程,主要负责等
void thread_B()
{
    __concurrency_mutex_block_begin__
    {
        std::unique_lock < std::mutex > lock(process_mutex);

        while (! finished) //还未完事
        {
            //继续等……
            CV.wait(lock);
        }
    }

    //等待完毕
    std::cout << "线程 A 完事了?干得好!" << std::endl;
}
```

综合所述,"CV. wait(lock);"至少做如下事情:①解除 lock 锁;②进入类似睡眠的等待状态;③醒来(自醒或被唤醒);④恢复 lock 加锁。如果套上 while 循环,完整过程如图 12-9 所示。

图 12-9 中灰色块的内容,就是条件变量的 wait()方法执行的关键步骤。

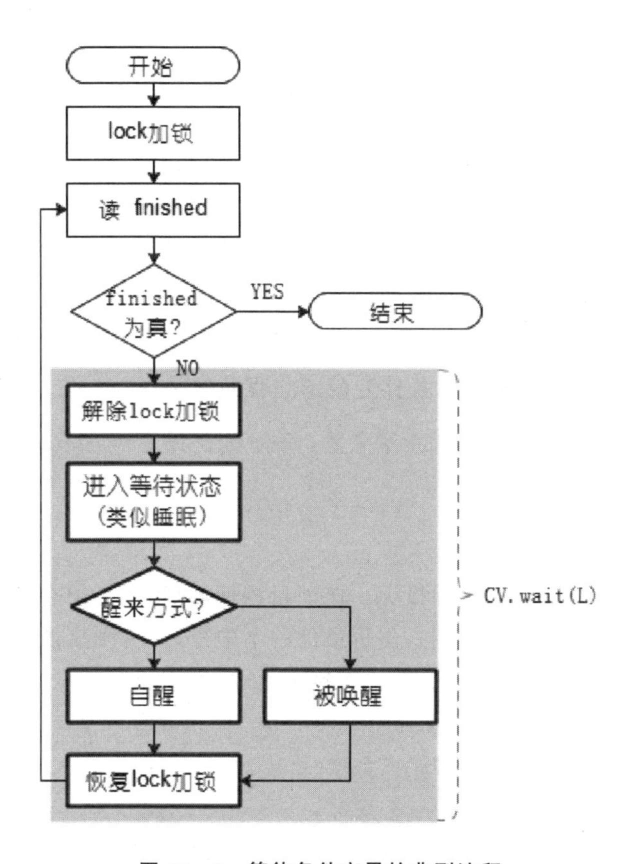

图 12-9 等待条件变量的典型流程

花开二朵，各表一枝，就在老板睡睡醒醒，互斥量锁锁开开的同时，负责干具体活的那个线程，又该做些什么呢？写下以下代码后，我顿悟了人生的很多事情：

```
//线程 A 的目标过程，负责干活和完事时的通知
void thread_A()
{
        cout << "我写标书啊我写标书。" << endl;
        /* 一个月过去了…… */

        cout << "我准备演示环境啊我准备演示环境。" << endl;
        /* 两个月过去了…… */

        cout << "我讲标啊我讲标。" << endl;
        /* 20 分钟过去了…… */

        //可以告诉老板活干完了
        __concurrency_mutex_block_begin__
        {
            std::lock_guard < std::mutex > lock(process_mutex);
            finished = true;
```

```
        }

        //真正发出消息
        CV.notify_one(); // 重要 !!!
}
```

不用讲步骤,不用画流程图,甚至我不解释为什么这里可以使用 lock_guard,相信读者都能读懂 thread_A()函数在做什么。就解释一下 notify_one()方法。条件变量还有另一个方法叫 notify_all()。如果同一个条件有多个线程在等(比如老板和老板娘),使用前者仅能随机通知到某一个等待者,使用后者则确保通知到所有等待者。

**【课堂作业】:加深理解条件变量跨线程通信过程**

完成上述例子,并与不使用条件变量,而是结合循环和 sleep()的实现版本做对比。

3. 条件变量实例

老板派我们去参与某项目的投标。该项目招标规矩是:必须有五家参与;各家出价在 30 万和 120 万之间(含两端);出价最低的不中标,出价第二低的才是中标人;如果出现两个最低价或两个第二低价,本次投标无效(称为流标)。

(1) 步骤 1:包含头文件。包括 < future >、< mutex >、< condition_variable >三个和并发直接相关的头文件:

```
#include < ctime >

#include < iostream >
#include < random >
#include < array >
#include < algorithm > //sort
#include < stdexcept > //logic_error

#include < future >
#include < mutex >
#include < condition_variable > //条件变量
```

(2) 步骤 2:定义宏、定义表达招标过程三个状态的枚举:

```
#define __concurrency_mutex_block_begin__

//投标结果标志
enum class TenderResult
{
    Unknown,      //还未开标
    Success,      //招标成功(有人中标)
    Fail,         //流标(没人中标)
};
```

(3) 步骤3:定义两个全局的条件变量和配套的互斥量:

```
std::mutex process_mutex;
std::condition_variable process_finished;
```

(4) 步骤4:定义投标人,包括编号、名称和出价三个成员:

```
//投标方
struct Bidder
{
    Bidder()
        : index(0), bid(0)
    {
    }

    int index; //编号
    std::string name;
    int bid;  //出价(单位:万元)
};
```

(5) 步骤5:重载全局的“ << ”流输出操作符,以便在屏幕上显示投标人信息:

```
std::ostream& operator << (std::ostream& os
                           , Bidder const& bidder)
{
    os << bidder.index << "号\t" << bidder.name
       << "\t 报价:" << bidder.bid << "万。";

    return os;
}
```

(6) 步骤6:定义招标方类型,它包含两个成员数据,一是参与投标的五方,二是投标过程状态。同时定义构造函数以正确初始化这两个数据。竞标人中第一个固定为“我方”,取名“程知”。请看看余下四个竞争对手,是不是足以令人睡不安稳?

```
//招标方
class Tender
{
    std::array < Bidder, 5 > _bidders;
    TenderResult _result;
public:
    Tender()
      : _result(TenderResult::Unknown)
    {
        std::string names [5] = {"程知", "苹果"
                                , "微软", "IBM", "甲骨文"};
        for (int i = 0; i < 5; ++ i)
        {
            _bidders[i].index = i + 1;
```

```
            _bidders[i].name = names[i];
        }
    }
};
```

(7) 步骤 7:继续定义 Tender 类。先为它加入两个访问方法。一个查询投标结果,另一个获取本次中标人:

```
//招标方
class Tender
{
……
public
    Tender()……

    TenderResult GetResult () const
    {
        return _result;
    }

    //查询中标人信息,如果未开标或流标,抛出逻辑异常
    Bidder const& GetWinnerBidder () const
    {
        if (_result != TenderResult::Success)
        {
            throw std::logic_error ("在招标未完成或已流标的情况下,"
                                    "不存在中标人。");
        }

        return _bidders[1]; //返回次低价方
    }
```

GetWinnerBidder()返回数组的第二个元素。第二个元素为什么就是本次项目的胜利中标人呢?后面会明白。

(8) 步骤 8:重头戏之一——通知发送过程来了;同时这也是一个模拟招标的过程。先是我方报价,其余四家使用随机数简单模拟出价。接着调用 sort()对五个投标人排序,排序策略是看谁家出价低。再往后是例行公示操作。最后一步非常重要:通过条件变量发出通知,这样各方老板就能得知结果了。当然,本例中只有我方有老板:

```
//招标方
class Tender
{
……
public:
    Tender()……

    TenderResult GetResult() const……
```

```
    //查询中标人信息,如果未开标或流标,抛出逻辑异常
    Bidder const& GetWinnerBidder () const……

    //招标过程
    void Process()
    {
        //1 我方出价过程
        int bid;
        while(true)
        {
            std::cout << "1 号公司请出价(范围:[30,120],单位:万元):";
            std::cin >> bid;

            if (bid < 30 || bid > 120)
            {
                std::cout << "价格不合要求,请重新出价。" << std::endl;
                continue ;
            }

            break;
        }

        _bidders[0].bid = bid;

        //2 其他四方用随机数模拟
        std::mt19937 rd(std::time(nullptr));
        for (int i = 1; i < 5; ++ i)
        {
            _bidders[i].bid = 30 + (rd() % (120 - 30));
            std::cout << (i + 1) << "号公司出价:"
                      << _bidders[i].bid << "万元。\n";
        }

        //排序,以便得知谁中标
        std::sort(_bidders.begin(), _bidders.end()
                  , [](Bidder const& bid_1, Bidder const& bid_2) ->bool
        {
            return bid_1.bid < bid_2.bid;
        });

        std::cout << "\n 投标情况公示:" << std::endl;
        for(auto bidder : _bidders)
        {
            std::cout << bidder << std::endl;
        }

        //确定招标结果
        //其中包含检查是否流标
        __concurrency_mutex_block_begin__
        {
```

```
            std::lock_guard < std::mutex > lock(process_mutex);

            //两个第 1 名或两个第 2 名,就算流标,否则招标成功
            _result = (_bidders[0].bid == _bidders[1].bid
                        || _bidders[1].bid == _bidders[2].bid) ?
                    TenderResult::Fail : TenderResult::Success;
        }

        //例行公示
        std::cout << "开标结果:";
        if (_result == TenderResult::Fail)
        {
            std::cout << "流标。" << std::endl;
        }
        else
        {
            std::cout << "中标人是" << _bidders[1] << std::endl;
        }

        //通知:(本例使用 notify_one()也可以)
        process_finished.notify_all();
    }
};
```

(9) 步骤 9:重头戏之二—等待中的老板。老板等什么?等招标结果。如果结果状态是 Unknown 表明招标还未结束:

```
//等待中的老板
void Boss(Tender& tender)
{
    //等待
    __concurrency_mutex_block_begin__
    {
        std::unique_lock < std::mutex > lock(process_mutex);

        while(tender.GetResult() == TenderResult::Unknown )
        {
            process_finished.wait(lock);
        }
    }

    //结束等待,看看是谁家中标
    int winner = tender.GetWinnerBidder().index;

    std::cout << "\n 老板感言:";

    if (winner == 1) //1 号是我方
    {
        std::cout << "中标! 干得漂亮!" << std::endl;
    }
```

```
    else if (winner == 0)
    {
        std::cout << "流标？一切重来!" << std::endl;
    }
    else
    {
        std::cout << "遗憾。下次努力!" << std::endl;
    }
}
```

(10) 步骤10：最后，主函数如下：

```
int main()
{
    Tender tender;
    std::future < void > r_tender = std::async(&Tender::Process
            , std::ref(tender));
    std::future < void > r_boss = std::async(Boss, std::ref(tender));

    r_boss.wait();
    r_tender.wait();
}
```

4. 带判断的条件等待

前例中老板等待投标结果的代码如下：

```
__concurrency_mutex_block_begin__
{
        std::unique_lock < std::mutex > lock(process_mutex);

        while (tender.GetResult() == TenderResult::Unknown )
        {
            process_finished.wait(lock);
        }
}
```

使用了 while 循环，循环条件通常就是本线程是否继续等的条件。本例只要招标工作还没有正式结束(流标或成功)，老板就继续等。std::condition_variable 提供了另一个版本的 wait(L,P)方法。该版本需要有第二个入参，称为 Predicate(谓语、判断)，用于告诉 wait()方法什么情况下结束等待。

```
//条件变量第二个 wait()方法的声明
template < class Predicate >
void wait(std::unique_lock < std::mutex > & lock, Predicate pred);
```

C++标准库中的 Predicate 入参，可以使用 Lambda 表达式传入(参看同例中 sort()算法的调用)。使用新版本 wait()方法，且第二入参使用 Lambda 表达式，代码如下：

```
__concurrency_mutex_block_begin__
{
        std::unique_lock < std::mutex > lock(process_mutex);
        process_finished.wait(lock, [&lock]() ->bool
        {
            return tender.GetResult() != TenderResult::Unknown;
        });
}
```

请注意 Lambda 表达式返回的结果是“什么情况下结束等待”，即所等待的条件发生了，正好和前一写法中 while 循环继续的条件互反。

12.5.8 互斥和数据结构

我们用“独木桥”比喻必须互斥的一段代码，在不影响功能正确，不造成并发冲突的前提下，尽量让代码“独木桥”越短越好，因为“独木桥”听着就会联想到低效率。千军万马过“独木桥”当然低效率，但如果只是偶尔的游兵散勇前来过河，独木桥其实也没有多大压力。再如果，我们在桥头立牌，上书“枯藤老树昏鸦，小桥流水人家，古道西风瘦马。夕阳西下，断肠人在天涯。”底下一行小字：“断肠人独孤过桥免费体验”。桥两边配置游客休息、餐饮、娱乐等付费服务。咦，此时行人过独木桥的效率低一些，我们反倒很开心呢。消解互斥的第一种方案是从业务需求层面化解。原本是不得不过独木桥，化解为就是享受过独木桥的感觉；将排队等着过桥不耐烦的数据，变成在桥两头乐享各种服务的数据。

消解互斥的第二种方案是改变处理流程。比如学校男浴室在修，临时改成和女生共用浴室，自然引发浴室资源访问冲突，怎么办？规定单号男生用，双号女生用即可。消解互斥的第三种方案是改变冲突资源本身。比如一条公路狭窄却来回跑运货的大卡车，会车时容易发生碰撞冲突。从车身上找方法，可将一架大卡车换成两辆小货车；从路身上找方法，可以扩建或再修一条路。

举个日志生成与处理过程并发冲突处理的实例。我们写了一个电子商城系统，系统会记录用户的各种操作日志。比如某用户某日上网店，看了看黄金饰品和家具电器，试读了《婆媳相安无事 100 招》前两章，最终购买了两款厨具。记录下这些详细信息，我们对各个用户的需求与购物习惯会了解更多。网站可能有成百上千个用户同时在“逛”商城，需要并发记录多用户的操作日志；但读取或分析这些日志不用太着急，一个线程慢慢处理就可以了。

我们用一个容器在内存中临时储存这些日志，然后多个线程往该容器尾部添加数据，但仅让一个线程从该容器头部取出数据，示意如图 12-10 所示。

尽管我们习惯将“往容器塞入数据”称为“写操作”，将“从容器里取出数据”称为“读操作”。但切记，不管是写入还是取出，都是在修改容器。既然存在多个线程同时修改同一容器的情况，所以对该容器的“写入”和“读出”操作都需要加锁，并且使用同一个互斥量。这就意味着，不仅老王、小李、大林等线程不能同时往容器里塞数据，

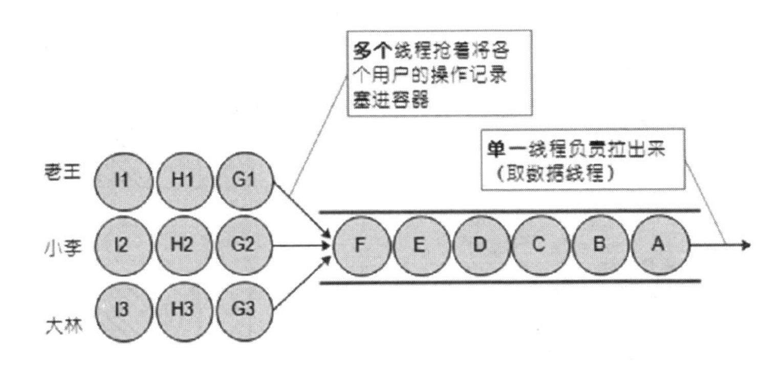

图 12-10 多写单读容器示例

而且如果有任何一个线程在塞数据，取数据这边的线程也只能等着。这一来取数据线程有意见了："它们那边那么多线程在同时塞数据，所以它们之间需要加锁我没意见。但我这头只有我一个线程在拉数据啊，我为什么要和他们凑一起加锁？凭什么他们在塞入数据时我不能拉出数据？"

咦？想想也对。车间的流水线，线那头有十个工人在堆零件，线这头只有一个人在取出零件。线那头十个工人打起来了，线这头的工人还不赶紧取零件，还要看人家打架？作为一种容器，车间流水线的物理结构，可以保证线那头无论如何闹，都不会和线这头的工人取出零件的操作发生冲突，最多就是流水线空了取不到零件。然而，C++标准库中的绝大多数容器，做不到塞入数据的操作，一定不和取出数据的操作不冲突。最典型的如 std::vector <T>，它用于存储元素的内存必须连续，一旦塞数据时发现内存不足，就存在将所有元素一块儿端到别处内存的可能，如图 12-11 所示。

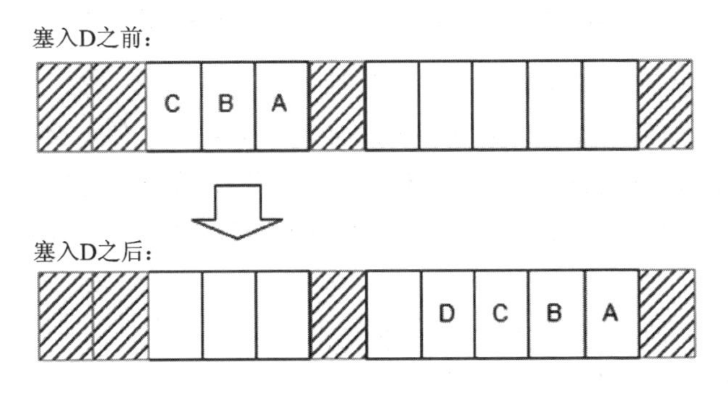

图 12-11 vector 追加元素，可能造成全部元素搬家

某个写线程想塞入数据 D，可是当前 vector 对象就地可得的连续空间不足，无奈之下举家乔迁(新内存为图 12-11 的右边空白位置)。如果在搬家的过程中读线程前来取数据，不仅有概率读到老地址上的元素，而且可能将老地址占用的内存释放。

vector <T> 不行，那换成 std::list <T>，后者占用内存无需连续。使用列表后，新元素加入前后变化如图 12-12 所示。

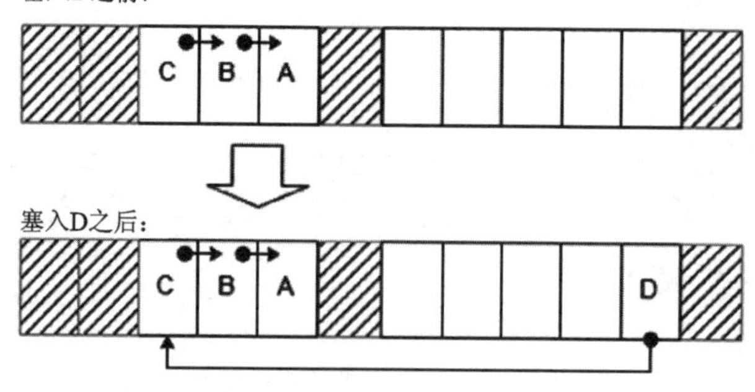

图 12-12　list 追加元素不影响前面的元素

看起来 std::list <T> 对象可以让“从尾部塞入数据”和“从头部取出数据”这两样操作井水不犯河水，互不干扰；更不会有并发冲突，但“看起来”的事情不够严谨周密。我嘴上吐出一口烟，烟气竟然直接进入鼻子，于是我想到了，list 的头部有可能也是尾部。如果只剩下一个元素 C，而后一个线程添加了 D 元素，并正在将后者的箭头指向 C；这时候读线程出场，读出 C 的值，再一把删除 C 节点……结果如图 12-13 所示。

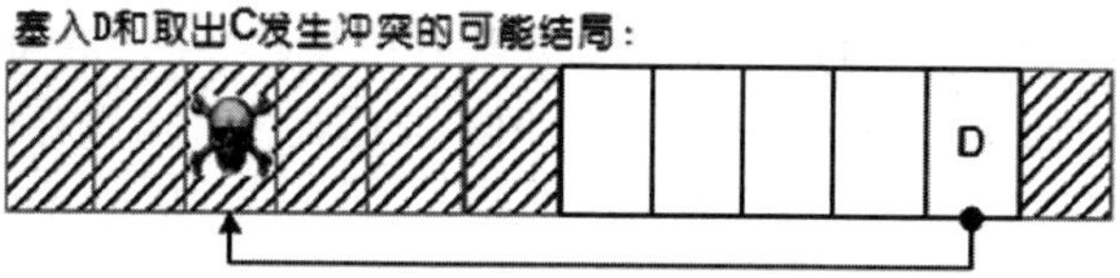

塞入D和取出C发生冲突的可能结局：

D

图 12-13　当 list 的只余一个元素时发生并发冲突

可怜的 D 一直以为在这世界上有一位哥哥叫 C，其实 C 已经走了，走了……问题说到这个地步，解决方案呼之欲出：原来，我们只需在元素仅剩余一个(严格讲还需加上元素为零个)的情况，避免并发冲突。有许多专为“多读单写”的链表实现这一目标而改进的数据结构，今天我们讲一个相当简单而又高效的结构：使用双链表模拟单一链表。

假设我们要存储的内存是字符串，那么我们会定义一个大小为二的 list < string > 数组，两个元素下面称为 0 号和 1 号：

```
list < string > _lst[2]; //大小为 2。0 号和 1 号链表
```

然后，先从零号链表取数据，对应地往 1 号链表写入数据。前者称为“取出链”，后者称为“写入链”。为方便记忆，定义一个变量用于标识哪个是“取出链”：

```
int _get_lst_index = 0; //一开始，0 号是“取出链”
```

不需要再定义一个“写入链”的编号，因为“写入链”编号可以通过“1－_get_lst_index”计算得到。现在“取出操作”和“写入操作”分别作用到两个不同的链表对象，二者之间再也不存在访问冲突了。由于“取出操作” 在本例中被限定为只有一个线程在执行，所以“取出操作”不需要加锁，不会出现“1 个线程等 100 个线程”的不公平待遇，可以全速运行。由于“写入操作”仍有多个线程在处理，所以仍然需要加锁，但它也获利了，因为终归少了一个竞争者。

不管是 1 号链还是 2 号链，一开始都是空的。此时读线程一读就发现上当了，这个链表空空如也！而另一边呢？我们期待有好多好多个线程抢着往“写入链”中塞入数据。关键的时刻来了，程序此时要对调“写入链”和“取出链”。对调之后，写线程们很高兴：哇！这个链表好空，大家快来灌数据；读线程更高兴：哇！这个链表满满的数据，够我取上一阵子了。也确实就一阵子，“取出链”又空了，于是再来玩“乾坤大挪移”的游戏。

怎么对调两个链表呢？不需要复制，不需要转移，需要的只是我们脑海里珍贵的小学算术知识：“_get_lst_index = 1－ _get_lst_index;”。执行之后，天旋地转，阴阳互换，就是这么快！在什么时候上锁呢？就在那个“天旋地转，阴阳互换”的前后，必须加锁。

下面给出完整的代码。不仅包括使用了“两个链表模拟一个链表”的实现，也给出了传统的“单一链表”的实现，并且还给出一个性能测试模板函数：

```
#include < cassert >
#include < ctime >

#include < iostream >
#include < list >
#include < string >
#include < thread >
#include < mutex >
#include < memory > //shared ptr

#define __concurrency_mutex_block_begin__

using namespace std;

struct ListSingle//只用一个 list 实现
{
    void Put(string const& log)
    {
        __concurrency_mutex_block_begin__
        {
            lock_guard < mutex > lock(_m);
            _lst.push_back(log);
        }
    }
```

```
    string Get() //外部确保只一个线程在读,但也不得不全程加锁
    {
        std::string s;

        __concurrency_mutex_block_begin__
        {
            lock_guard < mutex > lock(_m);
            if (_lst.empty())
            {
                return s;
            }

            //取出第一个,再从容器中删除
            list < string > ::iterator it = _lst.begin();
            s = * it;
            _lst.erase(it);
        }

        return s;
    }

private:
    mutex _m;
    list < string > _lst;
};

struct ListDouble //使用两个 list 实现
{
    void Put(string const& log)
    {
        __concurrency_mutex_block_begin__
        {
            lock_guard < mutex > lock(_m);
            int _put_lst_index = 1 - _get_lst_index;
            _lst[_put_lst_index].push_back(log);
        }
    }

    string Get()//外部确保只一个线程在读,加锁范围很小
    {
        string s;

        if (_lst[_get_lst_index].empty())
        {
            __concurrency_mutex_block_begin__
            {
                lock_guard < mutex > lock(_m);
                //请系紧安全带,马上体验“天旋地转,阴阳互换”
                _get_lst_index = 1 - _get_lst_index; //就这句话加锁
            }
```

```
            //换完之后的链表还是空的,返回空串
            if (_lst[_get_lst_index].empty())
            {
                return s;
            }
        }

        //取出第一个,再从容器中删除
        list < string > ::iterator it = _lst[_get_lst_index].begin();
        s = * it;
        _lst[_get_lst_index].erase(it);

        return s;
    }

private:
    mutex _m;
    int _get_lst_index = 0;
    list < string > _lst[2];
};

//测试模板:返回总用时,入参 read_clock 返回"取出数据"的用时
template < typename T >
int test(int& read_clock)
{
    typedef shared_ptr < thread > ThreadPtr; //智能指针,方便放入容器
    T log_lst;
    list < ThreadPtr > threads;

    #define THREAD_COUNT 100   //100 个线程在塞数据
    #define WRITE_COUNT 10000 //每个线程塞 1 万个数据

    clock_t beg = clock(); //计时开始

    //准备并启动写线程
    for (int i = 0; i < THREAD_COUNT; ++ i)
    {
        ThreadPtr trd = make_shared < thread > ([&log_lst]()
        {
            for(int i = 0; i < WRITE_COUNT; ++ i)
            {
                log_lst.Put("XX 年 XX 月 XX 日,一条 XX 日志。");
            }
        });

        threads.push_back(trd);
    }

    //准备"取出"操作的线程,只许一个,不能多
```

```
    thread read_trd([&log_lst, &read_clock]()
    {
        clock_t beg = clock(); //取数据线程开始计时

        int count = THREAD_COUNT * WRITE_COUNT; //日志条数

        while(count > 0)
        {
            if (! log_lst.Get().empty()) //非空的情况下,才扣数
            {
                --count;
            }
        }

        read_clock = clock() - beg; //取数据线程结束并记录计时
    });

    //确保所有写入线程结束了
    for(auto trd : threads)
    {
        trd->join();
    }

    //"取数据"线程结束
    read_trd.join();

    return clock() - beg; //返回总时长
}

int main()
{
    int total_clock1, read_clock1, total_clock2, read_clock2;

    total_clock1 = test < ListSingle >(read_clock1);
    total_clock2 = test < ListDouble >(read_clock2);

    cout << "单链表:总用时" << total_clock1 << "个时钟周期,"
         << "其中取出操作使用" << read_clock1 << "个周期。" << endl;

    cout << "双链表:总用时" << total_clock2 << "个时钟周期,"
         << "其中取出数据使用" << read_clock2 << "个周期。" << endl;

    cout << "总用时节省" << total_clock1 - total_clock2
         << "个时钟周期。"
         << "只计取出操作,节省" << read_clock1 - read_clock2
         << "个周期。" << endl;

    return 0;
}
```

以上例程总计代码不到200行，请各位一定要完整输入代码、编译通过、正确运行、查看屏幕输出并思考，然后进入课堂测试环节。

小测题一：程序中没有单独计算多线程并发“写入数据”的用时，请问该如何计算？

有一位说，已知总时长和单纯读取时长，所以“单纯写入的时长 = 总时长 - 单纯读取用时”。这答案让我一口老血涌上喉头。我们学了半天的并发、并发啊！读和写是并发运行的，二者经历的时间片断高度重叠！

又有一位说，既然读和写并发运行，那如果观察到单纯取数据的用时小于总时长，就可以推理出总时长也是单纯写入数据的时长。这个有点道理，但问题在于取数据操作和各线程写数据操作并不是完全重叠，比如各自开始的时间就不一样。

请定义一个 std::atomic < int > 类型的变量，用于累加写入的记录个数，会并且只会有一个线程累加得到最后的“THREAD_COUNT * WRITE_COUNT”个数，然后计算写数据的时长。请切记各个写入线程是并发运行的，莫犯前面的错误。

小测题二：如果就是希望有更多个“取出”线程，如何改进当前的双链表结构，才能支持多个“取出”线程呢？

尽管测试数据表明，单纯一个线程取出数据，足以应付多个线程写入数据。“不过，万一有一千个写入线程呢？”丁小明问，“那会不会造成取出线程应付不过来，跟不上数据增长的进度？”

首先，一千个线程，每个线程将一万个字符串加入链表，最大的可能性是出现系统资源不足，请各位先试试。其次，如果改为一万个线程，每个线程写一千个字符串，如此一来数据总量相同，并发更密集，但速度不会有提升，甚至可能会更慢。请各位也试试，并思考其中原因。

回到问题本身，不再增加写入线程，就是想把取出线程从1个变成2个。怎么办？有一个简单粗暴的方法，延续“一变二”的思路，我们来个“二变四”。这么说，难道我们是要定义一个“由四个 list 模拟组成的列表”？比如：

```
struct ListQuadruple  //4 in 1
{
    ...
      list < string > _lst[4];
};
```

当然不能这么干！真正简单而粗暴的做法，还是“一不做不二休”，请看：

```
ListDouble list[2];
```

定义两个或更多个 ListDouble。然后将 100 个并发写入线程中,分 500 个写入 list[0],另外 500 个写入 list[1]就好了。现在唯一的遗憾,就是 ListDouble 这个类名取得太差劲了,也许应该明确叫它 List_For_MultiPut_And_SingleGet。

12.5.9 读写锁

1. “误伤友军”的锁

先为“读写锁”术语中的“读”做严格的限定:就是纯粹地访问(通常是复制)共享资源的值,在取值的过程中完全不修改共享资源。这和前例“多写单读”链表的“读”不是一个概念。前例中的“读”将从链表中取出第一个元素(包含将元素从链表中删除的修改操作)。

多个线程同时读一个资源,并不需要加锁;一旦其中至少有一个线程需要改写该资源,就必须马上对读和写都上锁,并且锁的是同一个互斥量。12-3 表中,横向表示当前已有的操作,纵向表示准备开始的新操作,表中所列内容表示是否需要等到原有操作结束之后才能开始新操作。

表 12-3 读写操作并发关系

	有线程在读	有线程在写
有线程想读	不用等,可以并发地读	必须等
有线程想写	必须等	必须等

【轻松一刻】:一个真正擅长逻辑思维的悲观或乐观主义者

一个真正擅长逻辑思维的悲观主义者,会在一秒内将破坏现状的“写操作”抽象成 0,将维持现状的“读操作”抽象成 1,然后在脑海浮现一张“逻辑与”操作表。一个真正擅长逻辑思维的乐观主义者,会在一秒钟内将维持现状不思进取的“读操作”抽象成 0,将积极改变的“写操作”抽象成 1,然后在脑海浮现一张“逻辑或”操作表,如表 12-4 所列。

表 12-4 以逻辑思维抽象读写操作的并发关系

逻辑与	1—维持现状	0—破坏现状	逻辑或	0—不思改变	1—积极改变
1—维持现状	1—可以并发	0—不可并发	0—不思改变	0—不用锁	1—需要锁
0—破坏现状	0—不可并发	0—不可并发	1—积极改变	1—需要锁	1—需要锁

对读操作上锁,本意是为了防止写操作前来捣乱,可是却可能误伤友军。回到 IDCreator 类的例子(为排版方便,去掉不影响结果的代码):

<table>
<tr><th>带锁的读</th><th>带锁的写</th></tr>
<tr><td><pre>
int GetID() const
{
  lock_guard < mutex > lock(_m);
  return GetIDWithoutLock();
}
</pre></td><td><pre>
int GetNewID()
{
  lock_guard < mutex > lock(_m);
  return GetNewIDWithoutLock();
}
</pre></td></tr>
</table>

假设某一瞬间有100个线程要调用GetID(),没有任何线程在调用GetNewID(),没有敌人,可是100个线程却乖乖地排着队过代码的"独木桥"。C++程序员一想到这画面,内心就很是不安。所以我得先把结论性的重点说出来。

**【重要】: 结论:使用"读写锁"值不值,得看场景。**

优秀的C++程序不会有单纯增加线程数以提升性能的做法,因为"线程越多处理速度越快"这个想法本身就错得离谱;很多情况下,读和读的碰撞机率不会太高;另外,"读写锁"相比纯粹加锁要复杂,锁的复杂性会带来额外的资源损耗。因此使用"读写锁"可提升性能,经常没有想象中的那么好。

2. std::shared_lock

C++ 14的标准库提供std::shared_lock <T>可用于避免纯粹的读与读之间的不必要的互斥。其中的模板参数T仍然是某种互斥量类型。仍以IDCreator类为例,对应的读写加锁代码修改如下:

<table>
<tr><th>带锁的读</th><th>带锁的写</th></tr>
<tr><td><pre>
int GetID() const
{
    shared_lock < mutex > lock(_m);
    return GetIDWithoutLock();
}
</pre></td><td><pre>
int GetNewID()
{
    lock_guard < mutex > lock(_m);
    return GetNewIDWithoutLock();
}
</pre></td></tr>
</table>

修改很小,就是读操作所加的锁,现在是shared_lock < mutex >。要编译以上代码,需要在Code::Blocks中为项目配置编译器标志(Compiler Flags),勾上"Have g++ follow the C++ 14 ISO language standard [-std=c++14]"的选项。

3. 自行实现读写锁

自行实现读写锁是一个不错的C++并发知识的练习,它将同时用到"锁"和"条件变量"的知识。代码最主要的工作是处理读操作和写操作之间的关系。下面是"读写锁"实现及功能测试的完整代码,其中测试代码复用了IDCreator的例子:

```
//main.cpp
#include <cassert>
#include <iostream>
#include <sstream>

#include <vector>
#include <set>

#include <future>
#include <mutex>
#include <condition_variable>
#include <memory>

#define __concurrency_mutex_block_begin__

using namespace std;

struct COutWithMutex
{
public:
    static COutWithMutex& Get()
    {
        static COutWithMutex instance;
        return instance;
    }

    void PrintLn(string const& line)
    {
        __concurrency_mutex_block_begin__
        {
            lock_guard <mutex> g(_m);
            cout << line << endl;
        }
    }
private:
    COutWithMutex() = default;

    mutex _m;
};

class RWMutex
{
public:
    RWMutex()
        : _reader_count(0), _is_writting(false)
    {
    }

    //为读上锁
    void lock_for_read()
```

```
{
    __concurrency_mutex_block_begin__
    {
        std::unique_lock < std::mutex > lock(_m);
        //一直等到没人写
        _unlocked.wait(lock, [&](){return ! _is_writting;});

        //没人写了,可以读了,累加当前读操作的个数
        ++ _reader_count;
    }
}

//为读解锁
void unlock_for_read()
{
    __concurrency_mutex_block_begin__
    {
        std::unique_lock < std::mutex > lock(_m);

        //减少"_read_count",如果减完以后是 0
        //说明已经没有人在读,发出通知
        //如果此时有写操作正在等待,则收到通知
        //有机会继续
        if ((_reader_count > 0) && (0 == -- _reader_count))
        {
            _unlocked.notify_all();
        }
    }
}

//为写上锁
void lock_for_write()
{
    __concurrency_mutex_block_begin__
    {
        std::unique_lock < std::mutex > lock(_m);

        //一直等,直到没人在写也没人在读
        _unlocked.wait(lock, [&]()
        {
            return (! _is_writting) && (! _reader_count);
        });

        //标记为正在读
        _is_writting = true;
    }
}

//为写解锁
void unlock_for_write()
```

```
    {
        __concurrency_mutex_block_begin__
        {
            std::unique_lock < std::mutex > lock(_m);

            if (_is_writting)
            {
                //标记为没人在写了
                _is_writting = false;
                //然后通知大家
                _unlocked.notify_all();
            }
        }
    }

private:
    std::mutex _m;
    std::condition_variable _unlocked;

    int _reader_count;
    bool _is_writting;
};

//单独拆出"读锁",并提供 lock_guard < M >要求
//M 类型必须有 lock()和 unlock()方法
struct RWMutex_4_Read
{
    explicit RWMutex_4_Read(RWMutex * mutex)
        : _rwm(mutex)
    {
        assert(_rwm);
    }

    void lock()
    {
        _rwm->lock_for_read();
    }

    void unlock()
    {
        _rwm->unlock_for_read();
    }

    RWMutex * _rwm;
};

//单独拆出"写锁",并提供 lock_guard < M >要求
//M 类型必须有 lock()和 unlock()方法
struct RWMutex_4_Write
{
```

```
    explicit RWMutex_4_Write(RWMutex * mutex)
        : _rwm(mutex)
    {
        assert(_rwm);
    }

    void lock()
    {
        _rwm ->lock_for_write();
    }

    void unlock()
    {
        _rwm ->unlock_for_write();
    }

    RWMutex * _rwm;
};

struct IDCreator
{
    static IDCreator& Instance()
    {
        static IDCreator instance;
        return instance;
    }

    int GetNewID()
    {
        __concurrency_mutex_block_begin__
        {
            RWMutex_4_Write write(&_m);
            std::lock_guard < RWMutex_4_Write > lock(write);

            return GetNewIDWithoutLock();
        }
    }

    int GetID() const
    {
        __concurrency_mutex_block_begin__
        {
            RWMutex_4_Read read(&_m);
            std::lock_guard < RWMutex_4_Read > lock(read);

            return GetIDWithoutLock();
        }
    }

protected:
```

```
    int GetNewIDWithoutLock()
    {
        return ++ _id;
    }

    int GetIDWithoutLock() const
    {
        return _id;
    }

private:
    IDCreator()
        : _id(0)
    {
    }

    int _id;
    mutable RWMutex _m;
};


int  get_new_user_id()
{
    return IDCreator::Instance().GetNewID();
}

#define MAX_USER_ID 1000

void test()
{
    typedef future < int > IntFuture;

    vector < IntFuture > futures;

    for (int i = 0; i < MAX_USER_ID; ++ i)
    {
        IntFuture f  =  async(get_new_user_id);
        futures.push_back(std::move(f)); //future 不允许复制
    }

    set < int > ids;

    for (auto& f : futures) //"auto&"使用引用,因为 future 不允许复制
    {
        int id  =  f.get();

        if (ids.find(id) != ids.end())
        {
            stringstream ss;
            ss << "该 ID 已经存在了:" << id << "。";
```

```
            COutWithMutex::Get().PrintLn(ss.str());
            continue;
        }

        ids.insert(id);
    }
}

void output_current_user_id()
{
    while(true)
    {
        int id = IDCreator::Instance().GetID();

        stringstream ss;
        ss << "当前 ID 是" << id << "。";
        COutWithMutex::Get().PrintLn(ss.str());

        if (id == MAX_USER_ID)
        {
            break;
        }
    }
}

int main()
{
    future < void > f = async(output_current_user_id);
    test();
    f.wait();
}
```

12.6 GUI 下多线程编程

当使用 C++写各类后台服务时,C++标准库自带的并发功能是首选;不过如果使用第三方 GUI 库写图形化桌面应用时,如果不涉及界面显示,仍然可以使用标准库,但更推荐使用第三方库自带的线程类。GUI 库多线程比较特殊的一点是:通常只允许在主线程(也称为 GUI 线程)中操作图形界面。比如,让一个按钮变灰(disabled),或者往一个列表框中添加元素等。

本章我们以 wxWidgets 为例学习 GUI 下的多线程编程。

12.6.1 wxWidgets 线程基础

尽管很快我们就会发现 wxWidgets 对线程的封装方式和标准库的 std::thread 差别很大,但线程的有关概念是一致的。wxThread 线程基础功能与标准库对应功能的对照表如表 12－5 所列。

表 12－5 wxWidgets 线程与 STL 线程功能对应

线程概念	wxWidgets	标准库
线程	wxThread	thread
互斥量	wxMutex、wxCriticalSection	mutex 等
条件变量	wxCondition	condition_variable
获取 CPU 核心数	wxThread::GetCPUCount() (静态成员)	thread::hardware_concurrency() (静态成员)
当前线程 ID	wxThread::GetCurrentId() (静态成员)	this_thread::get_id() (自由函数)
让出时间片	wxThread::Yield()	this_thread::yield()
线程休眠	wxThread::Sleep()	this_thread::sleep_for() this_thread::sleep_until();

剥离线程	//构造线程对象时指定:
	new wxThread(wxTHREAD_DETACHED)
		//创建对象后,调用方法
		thread trd(…);
		trd. detach();

线程汇合等待	wxThread::Wait();	thread::join();

12.6.2 派生 wxThread

wxWidgets 提供 wxThread 类以封装线程相关功能,要定制线程的目标过程,需要写一个 wxThread 的派生类。这是在提醒我们,wxWidgets 确实是一个“古老”而又生命力强大的设计。

wxThread 类将一个线程要做的工作,分成两部分。主要工作交给 Entry()方法;而在线程退出时的收尾工作交给 OnExit()方法。其中 Entry()方法在 wxThread 中是纯虚函数,原型如下,返回值类型 ExitCode 是“void *”的别名:

```
virtual ExitCode Entry() = 0;
```

OnExit()方法原型为:

```
virtual void OnExit();
```

一个派生 wxThread 的简单例子代码如下,假设我们就让线程休眠 1s:

```
#include < wx/thread.h >

class wxMyThread : public wxThread
{
public:
    wxMyThread()
```

```
    {
    }

    virtual ExitCode Entry()
    {
        wxThread::Sleep(1000); //入参:ms
        return ExitCode(0);
    }

    virtual void OnExit()
    {
    }
};
```

接下来要创建 wxMyThread 的对象,此时需要区分是 joinable 或 detached,即可汇合等待的线程,还是"撒手不管"的线程。注意,wxThread 默认构建的是后者,这和 C++标准库的 thread 类默认创建一个 joinable 的线程正好相反。

另外一个和 std::thread 对象大不相同之处在于:wxThread 采用 wxWidgets 中大量存在的"两段式"构造,因此定义一个 wxThread 对象时,真实的线程并没有起来,Entry()方法也不会被立即调用。为了创建出操作系统中的真实线程,还需要调用 Create()方法,为了让真实线程运转起来,还需要调用 Run()方法。

1. 构造 wxThread 对象

wxThread 构造函数原型:

```
wxThread(wxThreadKind kind = wxTHREAD_DETACHED);
```

入参 kind 的可选值为:wxTHREAD_DETACHED(默认)和 wxTHREAD_JOINABLE。前者称作"剥离式线程",必须在堆中创建(和大多数 wxWidgets 的对象一样);后者称为"联合式线程",可以在栈中创建。

【重要】: 为什么剥离的 wxThread 对象必须在堆中创建

C++标准库中的"剥离式线程"是真正的"不管不顾",剥离之后完全切断真实线程和 std::thread 的 C++语言对象之间的关系。wxThread 的线程剥离,实质是将 wxThread 的对象交给真实线程管理,即真实线程结束时,将负责释放(delete) wxThread 的对象,因此要求在堆中创建。

联合式线程可以在栈中创建,也可以在堆中创建,如果是后者,需要手工释放。无论是在栈中还是堆中创建,联合式线程都需要调用 Wait()方法以等待实际线程结束任务后退出。

2. 创建实际线程

Create()方法创建真实的线程(但不立即运行),函数原型:

```
wxThreadError Create(unsigned int stackSize = 0);
```

入参 stackSize 用于指定新线程占用栈内存,默认为零表示由系统自行决定。返回值 wxThreadError 有三种可能:

① wxTHREAD_NO_ERROR:创建成功;

② wxTHREAD_NO_RESOURCE:资源不足,创建线程失败;

③ wxTHREAD_RUNNING:该线程已经创建过了,本次 Create()相当于空操作。

3. 启动线程

调用 Create()创建出真实线程之后,调用 Run()以执行线程的目标过程,即 Entry()方法。Run()只能由另外一个线程调用,意思是不能在 Entry()方法中再调用 Run()方法。

```
wxThreadError Run();
```

以下是联合式线程从构造到运行的示例:

```
wxMyThread trd(wxTHREAD_JOINABLE);
if (wxTHREAD_NO_ERROR == trd.Create())
{
    trd.Run();
    trd.Wait();
}
```

剥离式线程从构造到运行的示例:

```
wxMyThread * trd = new wxThread();
if (wxTHREAD_NO_ERROR == trd->Create())
{
    trd->Run(); //自行运行到结束,并释放包括 trd 堆对象在内的资源
}
```

4. 结束线程

和 std::thread 一样,当目标过程执行完毕后,线程就准备自行结束。不过 wxThread 中的剥离式线程,还可以在线程外部通过调用 wxThread 对象的 Delete()方法,以请求(通知)线程结束——早就说了,wxThread 的线程剥离,并没有真正砍断对象和实际线程之间的关系。不管是线程做完事情结束,还是接到 Delete()之后结束,OnExit()方法都会被调用。

wxThread 其实还提供了让线程非常不体面地结束的方法“Kill()”,此时线程会突然中断,OnExit()方法没有机会被调用。wxWidgets 自家的文档说这个方法非常危险,用户应当“not used at all whenever possible...”。

12.6.3 wxWidgets的并发同步

1. wxCriticalSection和wxMutex

Critical Section意为“临界段”,再演化一下,又是“独木桥”。临界段和互斥量作用相似,不过wxCriticalSection只用于同一进程内的代码加锁,而wxMutex可用于跨进程共享内存的加锁(在Windows系统环境下)。我们不太推荐进程间使用共享内存通信。另外一个区别是wxMutex在构造对象时可以选择要不要支持“递归”。wxMutex的构造函数:

```
wxMutex(wxMutexType type = wxMUTEX_DEFAULT);
```

type可选择wxMUTEX_DEFAULT和wxMUTEX_RECURSIVE,仅后者支持在同一线程内连续多次加锁。请基本不要使用递归锁,除非是在和wxCondition配合实现某些特定需要。为了行文方便,后面我们仍然使用互斥量称呼临界段,必要时称为轻量的互斥量。

有互斥量,还得有“锁”帮忙,以实现进入范围时自动加锁互斥量,出了范围时自动解锁,这就有了和wxMutex及wxCirticalSection分别对应的wxMutexLocker和wxCriticalSectionLocker。wxMutex和wxMutexLocker使用示意:如下

```
wxMutex M; //某个全局存在的互斥量
//进入需要加锁的地段(也称临界段)
{
    wxMutexLocker  lock(M); //自动加锁

     /* 这里是只能排队处理的相关操作 */
} //自动解锁
```

仅需替换一些单词,就可以换成wxCirticalSection和wxCirticalSectionLock的组合。无论哪个组合,都在利用C++对象的构造与析构的语言特性。如果不想因为占用不到资源而直接堵塞,也可以使用wxMutex的TryLock()方法,相当于标准库中互斥量或锁的try_lock()方法。

2. wxCondition

wxCondition提供Wait()方法,以便等待来自另一线程的信号,表明等待中的条件可能满足了。类似std::condition_variable的wait()方法。对应的发送条件满足的方法是Signal()和Broadcast(),前者的接收者随机在某个线程中等待,后者是广播,所有等待者都会收到。注意,信号的发送与接收次序必须是:先有线程在等(调用Wait()),再有线程发送。如果先有线程发出消息,再有线程等待,消息只会在风中消失,而后等待的人会一直等待。

wxCondition同样需要和互斥量wxMutex配合使用,方法是在构造前者时传入后者的引用。而其Wait()方法调用时,同样会确保先解锁,然后再进入堵塞。为了

保证前述提到的“先等后发送”条件，在构造 wxCondition 条件变量后，当前线程应立即加锁。因为其他线程想发送“条件满足”消息之前，必须先取得锁，可是锁已经被当前线程占用了，必须等当前线程调用 Wait()，在 Wait()的内部才会解锁。

下面是来自 wxWidgets 官方的一个例子，它故意无视联合式线程天生的、方便的 Wait()功能，非要 wxCondition 模拟：

```
class MySignallingThread : public wxThread
{
public:
    MySignallingThread(wxMutex * mutex, wxCondition * condition)
    {
        m_mutex = mutex;
        m_condition = condition;
    }
    virtual ExitCode Entry()
    {
        /* 这里做线程的实质工作，暂时就休眠一秒 */
        wxThread::Sleep(1000);

        //发送信号前，需要先占有互斥量
        wxMutexLocker lock( * m_mutex);
        //广播，不过本例就一个等待者
        //所以和调用 Signal()效果一样
        m_condition ->Broadcast();

        return wxExitCode(0);
    }
private:
    wxCondition * m_condition;
    wxMutex * m_mutex;
};

int main()
{
    wxMutex mutex;
    wxCondition condition(mutex);
    //没错，先上锁，以避免被子线程抢先
    mutex.Lock();
    MySignallingThread * thread = new MySignallingThread(&mutex
                        , &condition);
    if (wxTHREAD_NO_ERROR != thread ->Create())
        return -1;

    thread ->Run();
    //主线程开始等另一线程发送条件满足的信息，Wait()方法
    //将自动解锁所持有的 mutex
    condition.Wait();
```

```
    //后台线程已经结束，主线程可放心地退出
    return 0;
}
```

12.6.4 和 GUI 线程同步

1. GUI 界面全局锁

前面说过，除界面线程（主线程）之外，通常其他线程不能直接操作 GUI 元素（窗口、按钮、绘画上下文、图片资源等），不过在支持抢先式任务的现代操作系统（放心，Windows、Linux 等都很现代），如果能保障同一时刻仅有一个线程在操作 GUI 库，也是安全的。听起来很像是 wxMutex 或 wxCriticalSection 做的事。但 wxWidgets 提供了一对全局函数，方便我们针对 GUI 的操作加解锁：

```
void MyThread::Entry()
{
    //加上全局的 GUI 锁
    wxMutexGuiEnter();

    //调用相关的 GUI 操作，此处示意调用某个窗口绘图
    //窗口绘图通常使用 wxDC 类系，wxDC 也属于 GUI 库，不支持并发
    my_window ->DrawSomething();

    //解锁
    wxMutexGuiLeave();
}
```

手工解锁是危险、繁琐的，写一个工具类：

```
struct  AutoGUILocker
{
        AutoGUILocker()
        {
            wxMutexGuiEnter();
        }

        ~AutoGUILocker()
        {
            wxMutexGuiLeave();
        }
};
```

wxMutexGuiEnter()和 wxMutexGuiLeave()方法的声明位于 < wx/thread. h > 头文件。

2. 跨线程发送消息

通过全局锁实现后台线程操作前台图形界面，好处是方便，坏处是线程必须等到操作完成才能继续执行。wxWidgets 提供了另一个全局函数，可支持跨线程向某个

“事件处理者”发送消息。所谓的事件处理者即 wxEvtHandler 的派生类,“窗口”类是最常见的事件处理者。该方法为 wxPostEvent,原型:

```
#include < wx/utils.h >

void wxPostEvent (wxEvtHandler * dest, wxEvent& event);
```

dest 即接收消息的事件处理者,event 是封装好的消息。如果目标是 GUI 元素,比如窗口,则接收消息后并不立即处理,而是将消息丢入队列排队,因此 wxPostEvent()可以立即返回。使用 wxPostEvent 在子线程和前端 GUI 库之间通信,好处是后台线程无需等待前台处理,坏处是需要组装 wxEvent 消息数据。有时候可以直接复用 wxWidgets 库现有的事件类型,有时还需自定义 wxEvent 的派生类,同时还需要为目标窗口增加接收和处理事件的代码。

请在 Code::Blocks 通过向导创建名为 wxThreadEventDemo 的项目,向导关键步骤中配置包括:基于对话框(Dialog Based)、使用 wxSmith、使用 wxWidgets－2.8.x 库、启用 UNICODE(Enable unicode)。

项目生成后,打开项目中的所有头文件和源文件,全部通过 Code::Blocks 主菜单项 Edit 下的 File encoding 子菜单项,改为 UTF－8 编码。

另外,该例子并不处理任何图像,请打开 wxThreadEventDemoApp.cpp,找到 OnInit 方法中调用 wxInitAllImageHandlers()的代码,将它删除或注释掉。编译程序,看下是否能正常运行。

打开向导生成的对话框资源,不删除原有元素,添加一个进度条 wxGauge、一个按钮 wxButton,修改原标签的内容为“跨线程发送消息例子”,并将它拖入内层新加的布局器中,最终设计效果如图 12－14 所示。

图 12－14　跨线程发送事件例子对话框设计

图 12－14 中文字下面的灰色小长块,是一个 wxGauge 控件。

打开 wxThreadEventDemoMain.h 头文件,在类 wxThreadEventDemoDialog 的末尾处,添加一个私有方法:

```
   ...
private:
        void OnValueFromThreadEvent(wxCommandEvent& event);
```

当后台线程通过 wxPostEvent()发送事件,事件被放入应用消息队列,最终窗口处理时，将调用新添加的 OnValueFromThreadEvent()方法。打开 wxThreadEventDemoMain.cpp 源文件，加入该方法的实现：

```
void wxThreadEventDemoDialog::OnValueFromThreadEvent(
                                    wxCommandEvent& event)
{
    int value = event.GetInt(); //取出事件中一个整数值
    this->Gauge1->SetValue(value); //将它作为进度条的当前值
}
```

接着需为对话框绑定该事件，请在 wxThreadEventDemoMain.cpp 源文件顶部，在 wxbuildinfo()函数之后，加上一个匿名的枚举定义：

```
enum
{
    EVENT_VALUE_FROM_THREAD = 1000
};
```

每个事件都需要有自己唯一的编号，我们临时为它分配 1000。接下来找到对话框的静态事件表，加入新事件响应定义(加粗部分)：

```
BEGIN_EVENT_TABLE(wxThreadEventDemoDialog,wxDialog)
    //(*EventTable(wxThreadEventDemoDialog)
    //*)
EVT_MENU (EVENT_VALUE_FROM_THREAD
        ,wxThreadEventDemoDialog::OnValueFromThreadEvent)
END_EVENT_TABLE()
```

继续编辑同一源文件，挪到源文件最末位置，加入后台线程的定义：

```
class wxDemoThread : public wxThread
{
public:
    wxDemoThread(wxThreadEventDemoDialog* dlg)
        : _dlg(dlg)
    {
    }

    virtual ExitCode Entry()
    {
        for (int i=1; i<=100; ++i)
        {
            wxCommandEvent event( wxEVT_COMMAND_MENU_SELECTED
                                , EVENT_VALUE_FROM_THREAD);
            event.SetInt( i );

            wxPostEvent(_dlg, event);
        }

        return ExitCode(0);
    }
```

```
private:
    wxThreadEventDemoDialog * _dlg;
};
```

线程执行一个循环共计 100 次迭代,每次创建一个 wxCommandEvent 事件,该事件向对话框发送模拟某菜单项被单击的效果,并且为事件设置一个附加的整数值,依据循环的定义,该值将从 1 变到 100。每次都通过 wxPostEvent()函数向 dlg 发送该事件。dlg 将在构造线程时传入,就是本例程的主对话框。万事俱备,只欠东风。请回到对话框设计界面,双击新增的 Demo 按钮,然后将其事件响应函数改为:

```
void wxThreadEventDemoDialog::OnButton3Click(
                wxCommandEvent& event)
{
    wxDemoThread * trd = new wxDemoThread(this);
    trd->Create();
    trd->Run();
}
```

编译运行程序,单击 Demo 按钮,进度条的进度从 1 变到 100,看起来很简单,但我们心里清楚,这是来自另一线程的推动。

12.6.5 实例:图片搜索工具

没有人喜欢一个 GUI 程序界面会卡。一个 GUI 程序在某个事件响应中,如果直接在主线程处理耗时太长的事,比如按一下按钮,结果超过 3s 那按钮才"弹"起来,用户就会觉得卡了。我们今天就要先感受一件超卡的事。我打赌你不知道你的电脑 C 盘里藏着几张图片!我们今天有一个疯狂的计划:写一个工具,递归找出你的电脑里所有的图片!那边几个男同学脸色怪怪的,是不是昨晚学习到太晚了?一定要劳逸结合!

找出电脑上所有图片是一件非常耗时的事。如果放在程序主线程里干,在此期间程序整个界面都会"冻"住,用户只能先玩别的去,但我们肯定希望可以边找边看图片。

1. 界面设计

请在 Code::Blocks 通过向导创建名为 ImgFinder 的项目,向导关键步骤中配置包括:基于对话框(Dialog Based)、使用 wxSmith、使用 wxWidgets-2.8.x 库、启用 UNICODE(Enable unicode);并在提示选择 wxWidgets 的扩展库的步骤中,按下 Ctrl 键,用鼠标复选 wxJpeg 和 wxTiff。项目生成后,打开项目中的所有头文件和源文件,全部通过 Code::Blocks 主菜单项 Edit 下的 File encoding 子菜单项,改为 UTF-8 编码。

进入主对话框的设计界面(wxSmith),添加修改界面布局,添加控件,效果如图 12-15 所示。

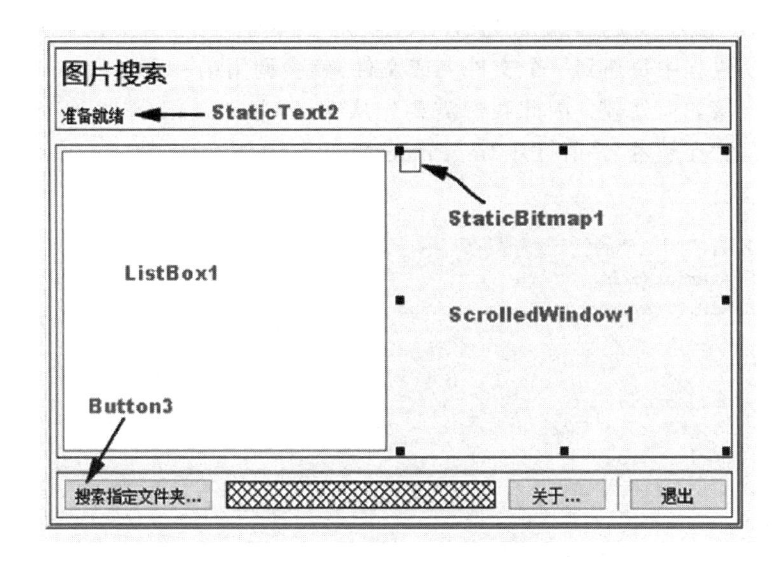

图 12-15 ImgFinder 对话框设计

其中 StaticText2、ListBox1、ScrolledWindow1 的布局属性 Expand 都需选上。ScrolledWindow1 的布局占比 Proportion 设为 1。图片控件 StaticBitmap1 就直接放在 ScrolledWindow1 内；选中 ListBox1，从属性表中找到 Style，勾上 wxLB_HSCROLL，为它加上横向滚动条，因为有些图片藏身的位置实在太深太深了。

从 wxSmith 的控件栏 Dialogs 选中 wxDirDialog，添加为 DirDialog1。最后，从控件树中选中对话框自身，到属性框中找到 Style 属性，选中以下几项让对话框可以改变大小：wxDEFAULT_DIALOG_STYLE、wxRESIZE_BORDER、wxMAXIMIZE_BOX 和 wxMINIMIZE_BOX。

从界面推出程序的大概工作过程：用户单击“搜索指定文件夹”按钮(Button3)，弹出文件夹选择对话框(DirDialog1)，用户选一个目录，比如“C:\”，程序开始递归寻找其下所有的图片文件，找到一个就将其完整文件名添加到列表框(ListBox1)。此时用户可以单击列表框中某个文件名，对应的图片显示在 StaicBitmap1，如果图太大，由滚动框(ScrolledWindow1)负责滚动。其间还有一些细节需要处理，比如按钮按下去之后，在检索工作结束之前，该按钮应该处于不可用的状态等。

2. 检索工作

wxWidgets 提供 wxDir 类用于表示一个文件夹。该类有一个常量成员函数 Traverse，原型如下：

```
size_t
wxDir::Traverse (wxDirTraverser & sink
              , const wxString &  filespec = wxEmptyString
              , int   flags = wxDIR_DEFAULT )const;
```

Traverse 意为“穿越”,那么 Traverser 就是“穿越者”了?该方法将遍历当前文件夹,在遍历过程中每遇到一个文件夹或文件,就会调用第一个入参 sink 对象的某些方法,询问该如何处理。因此我们需要先从 wxDirTraverser 派生一个类,创建一个我们需要的“穿越者”。请打开 ImgFinderMain.cpp 源文件,然后在底部添加一个类定义及实现:

```
//用于抓取所有图片文件的“穿越者”
class wxDirTraverserForImg
    : public wxDirTraverser
{
public:
    //入参是主对话框指针
    wxDirTraverserForImg(ImgFinderDialog * dlg)
        : _dlg(dlg) { }

    //重载基类虚函数之一:当遇到文件怎么办
    virtual wxDirTraverseResult OnFile(const wxString& filename)
    {
        //使用 wxFileName 工具,取该文件扩展名
        wxString ext = (wxFileName(filename).GetExt());

        //让扩展名变成全小写,方便后面比较
        ext.MakeLower();

        //暂时我们就要 png、jpg、jpeg 的扩展名
        //bmp 什么的通常不是照片,就不要了
        if (ext == wxT("png") || ext == wxT("jpg")
                    || ext == wxT("jpeg"))
        {
            //找到,调用对话框的 AppendNewImg()方法
            //将它添入列表框中,该方法一会儿再实现
            _dlg->AppendNewImg(filename);
        }
        //这个才是重点,返回 CONTINUE,表示继续查找
        return wxDIR_CONTINUE;
    }

    //重载基类虚函数之二:当遇到文件夹怎么办
    virtual wxDirTraverseResult OnDir(const wxString& dirname)
    {
        //系统中有不少文件夹,是我们没权限访问的,此时应跳过去,否则会报错
        //Windows 下典型不能访问的文件夹,比如隐藏在各磁盘分区的“回收站”
        //文件夹
        //还是用 wxFileName 工具,使用它的静态方法 IsDirReadabe 检查
        //该文件夹是否对当前程序可读,如果不可读,返回 IGNORE,表示跳过
        //这整个文件夹
        return wxFileName::IsDirReadable(dirname)? wxDIR_CONTINUE
                        : wxDIR_IGNORE;
```

```
    }

    //重载基类虚函数之三:碰上错误怎么办
    //万一还是碰到打开文件或文件夹错误,直接跳过
    virtual wxDirTraverseResult OnOpenError(const wxString& )
    {
        return wxDIR_IGNORE;
    }

private:
    ImgFinderDialog * _dlg;
};
```

接下来添加上述代码需要用到的 AppendNewImg()方法。先打开头文件 ImgFinderMain.h,在 ImgFinderDialog 类定义最后添加一个公有方法:

```
    public:
        void AppendNewImg(wxString filename);
```

再到源文件 ImgFinderMain.cpp 加入实现:

```
void ImgFinderDialog::AppendNewImg(wxString filename)
{
    this->ListBox1->Append(filename);

    wxString label;
    label << wxT("发现:") << filename;
    StaticText2->SetLabel(label);
}
```

此时一切都和多线程没有关系,因为我们要"作死"一把。进入主对话框设计界面,双击 Button3,在生成的事件响应方法内填写代码:

```
void ImgFinderDialog::OnButton3Click(wxCommandEvent& event)
{
    //弹出文件选择对话框
    int r = DirDialog1->ShowModal();

    //如果用户放弃,不作了
    if (r != wxID_OK)
    {
        return; //回去吧
    }

    //一意孤行,就是要作,那看看用户选择了哪个文件夹
    //想要作死,推荐选 C 盘,什么,你选的是"我的电脑"?
    wxString dir_name = DirDialog1->GetPath();

    if (dir_name.IsEmpty()) //万一没权限读,那可能取不到名字
    {
```

```
        return;
    }

    ListBox1 ->Clear(); //清除上次检索结果(如果有上次)

    //准备一个“穿越者”
    //注意该类的定义应该至少放到本方法之前
    wxDirTraverserForImg traverser (this);

    //使用用户选中的目录名称,创建一个 wxDir 对象
    wxDir dir(dir_name);
    //调用 Traverse,开始一次漫长的穿越之旅:
    dir.Traverse(traverser );
}
```

编译,运行。假设你选择的是 C 盘根目录,dir. Traverse()方法将遍历其下所有子文件夹,一个个文件找过去,每找到一个文件或文件夹,都会回调 traverser 的 OnFile()或 OnDir()方法,前者判断找到的文件扩展名,如果满足我们的要求,再交给主对话框处理。我选的就是 C 盘,结果整个程序界面完全卡住不能反应,在等待的期间,我抽了三根劣质烟,喉咙发痒我牺牲了健康,但证明了一个道理:界面卡顿的程序都是谋杀用户的凶器。

3. 后台检索

开始进行并发改造。先打开源文件 ImgFinderMain. cpp,加入之前我们说的界面全局锁辅助工具 AutoGUILocker 的类定义。然后加入线程类定义:

```
class wxTraverserThread : public wxThread
{
public:
    wxTraverserThread(ImgFinderDialog * dlg, wxString dir_name)
        : _dlg(dlg), _dir_name(dir_name)
    {
    }

    //遍历工作,交给线程在后台做
    virtual ExitCode Entry()
    {
        wxDirTraverserForImg traverser (_dlg);

        wxDir dir(_dir_name);
        dir.Traverse(traverser );

        return ExitCode(0);
    }

    virtual void OnExit()
    {
        //线程结束时,需要通知主对话框
```

```
        _dlg ->OnSearchImgStopped();
    }

private:
    ImgFinderDialog * _dlg;
    wxString _dir_name;
};
```

前面提到一个界面细节：当开始搜索时，“搜索指定文件夹”的按钮应该变得不可用(disabled)；对应的，当搜索结束时，该按钮需恢复可用。怎样才能知道搜索结束了呢？线程退出时是个好时机。所以线程重载的 OnExit()方法中，我们通过调用了主对话框的一个方法。该方法在头文件中声明如下(粗体部分)：

```
    public:
        void AppendNewImg(wxString filename);
        void OnSearchImgStopped();
```

在源文件 ImgFinderMain.cpp 中实现如下，注意，已经为它加上全局 GUI 锁，既然该函数将在后台线程中调用：

```
void ImgFinderDialog::OnSearchImgStopped()
{
    AutoGUILocker lock;
    Button3 ->Enable();

    wxString label;
    label << wxT("搜索结束,共找到:")
          << ListBox1 ->GetCount() << wxT("个图片文件。");

    StaticText2 ->SetLabel(label);
}
```

另外一个需要在后台线程调用的方法是 AppendNewImg()，在原有代码基础上加上全局 GUI 锁：

```
void ImgFinderDialog::AppendNewImg(wxString filename)
{
    AutoGUILocker lock;
    this ->ListBox1 ->Append(filename);

    wxString label;
    label << wxT("发现:") << filename;
    StaticText2 ->SetLabel(label);
}
```

还有个小小的准备工作，需要在构造函数中初始化滚动框横竖方向的滚动单位，否则滚动框会消极怠工：

```
ImgFinderDialog::ImgFinderDialog(wxWindow * parent,wxWindowID id)
{
    ...

    ScrolledWindow1->SetScrollRate(10, 10);//1 次滚 10 个单位
}
```

再一次万事俱备，只欠东风，最后要改的是 Button3 的事件响应函数：

```
void ImgFinderDialog::OnButton3Click(wxCommandEvent& event)
{
    int r = DirDialog1->ShowModal();

    if (r != wxID_OK)
    {
        return;
    }

    wxString dir_name = DirDialog1->GetPath();
    if (dir_name.IsEmpty())
    {
        return;
    }

    ListBox1->Clear();

    ////////改动从这里开始////

    //先让按钮变成不可用
    //当然,一个严谨的程序,不应该仅界面元素上控制某个功能是否可重入
    //通常需要通过定义类似 is_started 的标志变量,从逻辑上避免重入
    Button3->Disable();

    //创建后台线程,请检查该线程类定义的位置,必须在本方法之前
    //否则编译器会报不认识 wxTraverserThread
    wxTraverserThread * trd = new wxTraverserThread(this
            , dir_name);

    trd->Create();
    trd->Run();
}
```

编译通过，并运行程序，找一个大而深的目录，在搜索期间试着操作程序界面，确实可以反应哦。不过，单击列表框中的各项文件名，看不到图片啊！哦，我们都忘了件事！回到设计界面，选中 ListBox1，属性框中切换到“事件”页(标着“{}”的页)，为 EVT_LISTBOX 加上事件：

```
void ImgFinderDialog::OnListBox1Select(wxCommandEvent& event)
{
    int sel = event.GetInt();
    if (sel == -1)
        return;

    wxString filename = ListBox1->GetString(sel);

    wxImage img; //构建一个 wx 图片对象
    img.LoadFile(filename); //从内存流中读入图片到 img 对象
    wxBitmap bmp (img); //将 wxImage 对象转换为一个位图对象

    StaticBitmap1->SetSize(bmp.GetWidth()
                        , bmp.GetHeight());
    StaticBitmap1->SetBitmap(bmp);   //更新其位图
    StaticBitmap1->SetSizeHints(bmp.GetWidth()
                        , bmp.GetHeight()); //通知窗口改变大小

    ScrolledWindow1->SetVirtualSize (bmp.GetWidth(), bmp.GetHeight());
}
```

这个事件响应没有任何和多线程有关的东西,因为人家本来就在界面主线程中发起。

运行效果如图 12-16 所示。

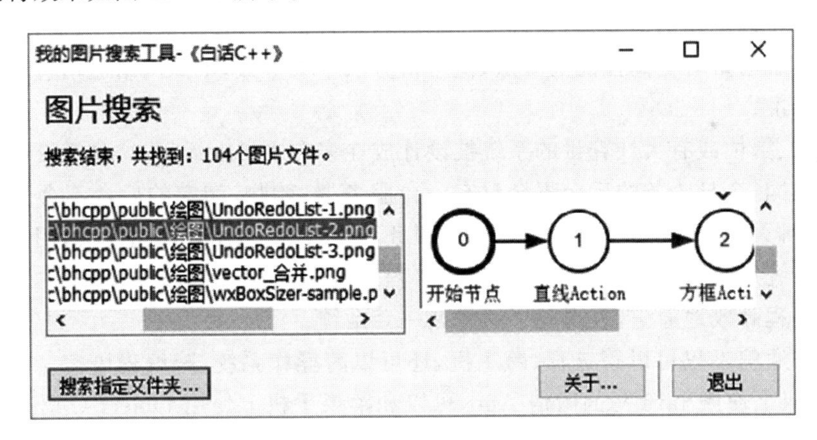

图 12-16 基于后台线程的文件检索工具运行效果

找到了 104 张,《白话 C++》一书用到的图远超这个数字,会不会是我们写的并发代码在累加或什么方面有问题? 通常并发程序很容易出这种错,但这一次真不是,是我之前心虚地将更多的图片文件移到别的目录下了。说到图片,下一章我们会从网上得到更多。

第13章 网络

世界正因网络而重构。

13.1 从线程到网络

在《并发》篇中讲了多线程，知道如何将任务拆分后交给多个线程并行处理。说到并发，玩多线程是小儿科，线程还在同一个进程内，伸手向操作系统能够要到的资源有限，毕竟人家操作系统还要照顾多个进程嘛。除了能抢到的资源不同之外，不同进程也要比同一进程内的不同线程彼此更独立、资源使用上更不容易冲突。多进程当然也有缺点，比如要实现进程和进程之间的复杂交流就比较困难。

进程间的交流最典型和通用的方法就是使用网络通信，两个进程不在同一台主机上运行可以使用网络通信，在同一台主机内运行也可以使用网络。当然，后一种情况操作系统通常有更高性能的方法，但可惜方法不太一致，不像网络通信遵循了同一套协议标准。

复杂、繁忙或有大计算量的系统被设计成在多台主机上运行，这是系统必然的发展。看新闻，今日头条的后台不会只有一台服务器；购物，淘宝的后台不会只有一台服务器；聊天，微信的后台不会只有一台服务器。其实，从用户的角度看，用户才不关心你的系统后台用了几台主机。这就要求程序员必须通过编程，让分布在多台主机的各个进程高效地通信，表现起来就像是一套系统。

网络通信不仅可以跨进程、跨主机，还可以跨操作系统、跨编程语言。比如 Android 手机上使用 Java 写的微信 App，可以和苹果手机上使用 Object C 语言写的微信 App 交流，而作为桥梁的微信后台服务程序，可能使用 C++写成的。

作为一个热爱世界和平的作者，写到此处我很激动，这就是“世界大同”嘛！出自不同程序员之手，运行在不同操作系统中，使用不同语言，拥有不同分工的程序，团结一心，形同一体，通过良好的沟通和高效的合作向全球提供服务，这是怎么做到的？是因为所有的参与者都信仰同一个标准。

回头看一眼感受篇（二）中的“Hello Internet”，以下是当时写的几行关键代码：

```
wxHTTP http;
http.Connect(_T("www.d2school.com"));
wxString url = _T("/hello.php ? name = 丁小明");
wxInputStream * in = http.GetInputStream(url);
```

访问的网络网址 hello.php，透露了这很可能是 PHP 语言写的后台脚本，但一点也不阻碍我们使用谦卑的 C++语言和它对话。“这就是境界！程序用什么语言写成并不重要，重要的是大家遵守共同的标准！”说完这句话我低头一看，台下的学生只剩一个人了。

【轻松一刻】：世界上最强大的语言(没有之一)

“大家都跑哪里去了？”我问那唯一的同学。

“都去隔壁班学 PHP 了。”

“那你？”

“家里穷，《白话 C++》书能退吗？”同学说着低下了头。

“为师不反对大家暂停学习 C++，但暂停期间应该去学习网络通信的基础知识。比如，什么叫 TCP/IP 协议呢？你看，这段代码中有个‘HTTP’，你知道‘HTTP’的八种请求方法吗？”

“老师，书给您搁这儿，您用微信或支付宝转账给我好吗？”同学掏出 iPhone。有那么一瞬间，我真的好恨网络通信为什么能够跨进程、跨主机，并且跨语言呢？

付完退款，偌大的教室里余我一人，但我坚信在网络的世界中，C/C++发挥着中流砥柱的作用！而我，一个 C++编程教育工作者，是这个世界不可或缺的人才！PHP 算什么？PHP 老师牛什么牛！我决定，“第二学堂”网站后台全部改用 C++写！等一下，教导主任好像正在通过网络远程监控我的教学现场……当务之急得把学生拉回来。用什么方法呢？思考间我不由自主地又一次站在了隔壁教室的窗口，看着台上那位教 PHP 的老师，还是那么的漂亮……啊，有办法了！

第二天，我在教室门口贴了一则广告，如图 13-1 所示。

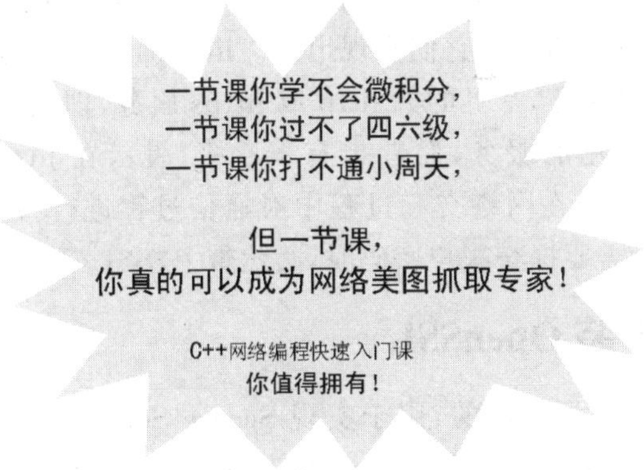

图 13-1 网络编程课的广告牌

13.2 用 libcurl 下载图片

现在这个社会我看是离不开网络了，没有网络真是度日如年。大家上网干什么呢？不管干什么，都以享受服务为主，看新闻、看视频、下载文件等。对应地，学习网络编程最合适的第一步，不是学习如何提供服务，而是学习如何享受互联网中既有的服务。网络编程中提供服务的一端称为“Server(服务端)”，享受服务的一端称为“Client(客户端)”。

客户端怎么得到服务呢？通常得主动联络服务方，称为“发起连接”。一旦服务端接受了，双方就在这个连接上进行对话交流。前面说过，对话和交流得有标准。移动用户拨通 10086，这就叫建立连接；接着服务端让你“按 1 键干嘛，按 2 键干嘛……重听请按星号键”等等，那就是标准。不遵标准乱按一通是得不到服务的。“原来网络间的标准是这样的……”几乎所有人的脸色沉起来。莫灰心呀，那只是比喻。实际的网络协议虽然冷冰冰的，但比起某些运营商提供的语音电话服务，那叫一个高效合理！

网络间的通信标准通常称为“某某协议”，“协议”英文是“Protocol”，所以各类协议的缩略语都以“P”字母结尾，比如：IP、TCP、UDP、FTP、HTTP 等等。

协议约定哪些内容呢？和人际交流需要遵守一些约定成俗的规矩差不多。比如交流双方的基本交互模式、使用的交流语言等。如果双方对协议的理解不同，交流就很不通畅，甚至会出差错。以父女交互为例，我以为应该是女儿恭恭敬敬才对，爸爸则可以很酷地回答“嗯、啊、哦”，但实际执行中采用的协议，正相反。

“老师，你广告可是写着一节课就能学会下载网上图片的，都快过去 10 分钟了，还在讲这些有七没八的理论？再说，谁爱听你家里的事啊？咱们尽量提高效率行吗？”

我估计把师生交互的协议也给记错了。

当前网络上有许多类型的服务，不同服务所采用的协议往往不同，不是短时间能够学会的，更别说用程序语言将它们实现出来。libCurl 是一套强大的开源网络客户端库，它支持访问多种服务，常见的如 http 或 https 服务，即我们使用浏览器阅读有字有图的新闻时所使用的服务，后者带有 s 后缀，表示在 http 的协议底层，加上“SSL/TLS”协议，以支持在网络交互过程中对通信过程进行报文加密及身份认证。当我们访问网上银行需要提交账户密码时，必然带上“SSL/TLS”。

13.2.1 下载安装 OpenSSL

OpenSSL 是一个广泛使用的，用于实现 Secure Sockets Layer(安全套接字层)的开源代码库。在 Windows 下使用 OpenSSL 相对麻烦，还好可以找到已经编译好的安装程序。请访问 https://slproweb.com/products/Win32OpenSSL.html(看，这就遇上 https 服务）。向下滚动页面可以看到 OpenSSL 在 Windows 下多个版本的下载链接。我们一直使用 32 位编译环境系统，所以请选择“Win32 OpenSSL v1.1.0c Light”版本，下载后得到一个可执行文件。下载过程如有问题，可上第 2 学堂网查找资源。

运行，在安装向导的过程中，选择目标路径为我们在《准备》篇创建的 C++第三方库路径，比如我的是“D:\cpp\cpp_ex_libs”，最终得到 OpenSSL 库的安装路径为“D:\cpp\cpp_ex_libs\OpenSSL－Win32”。打开 Code::Blocks，通过主菜单 Setting 下的 Global variables 菜单项进入全局路径变量配置，在 d2school 集合下，添加 openssl 变量，然后把 base、include、lib 三个字段全部填写前述的安装路径，如图 13－2 所示。

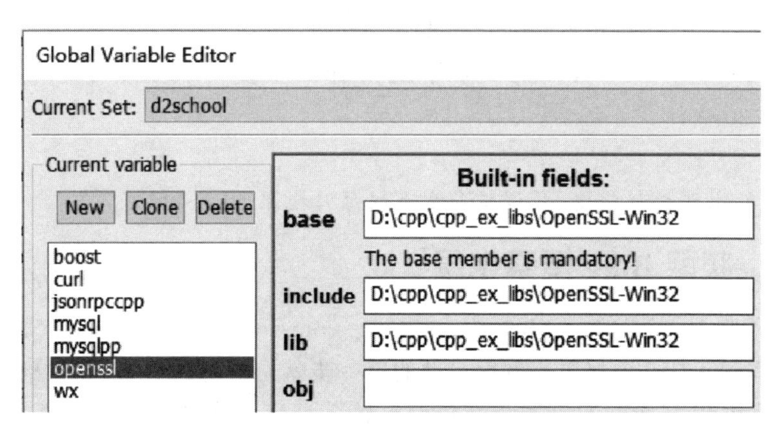

图 13－2　添加 openssl 全局路径变量

在实际编程过程中，我们并不直接和 OpenSSL 的源代码打交道，所安装的库也没有包括头文件，只是后续使用 libcurl 时，它需要用到 OpenSSL 的库。看了一下表，下载、安装和配置 OpenSSL，耗时 5 分钟。

13.2.2　下载安装 libcurl

进入 libcurl 官方下载页面 https://curl.haxx.se/download.html，在页面中搜索“Win32－Generic”表格，选择“7.51.0 binary SSL SSH”下载项（或更高的版本号），得到一个 7Zip 的压缩文件，名为“curl－7.51.0－win32－mingw.7z”，解压到在《准备》篇创建的 C++第三方库路径，比如我的是“D:\cpp\cpp_ex_libs”，最终得到 libcurl 库的安装路径为：D:\cpp\cpp_ex_libs\curl－7.51.0－win32－mingw，其下含有 bin、lib、include 等子目录。请进入 bin 子目录，将其中的 libcurl.dll 复制一份到 lib 目录下。

再次进入 Code::Blocks 的全局路径变量配置对话框，在 d2school 集合下，添加 curl 变量。base 项为前述的安装路径，include 和 lib 则为含有与名称对应的子目录路径,如图 13-3 所示。

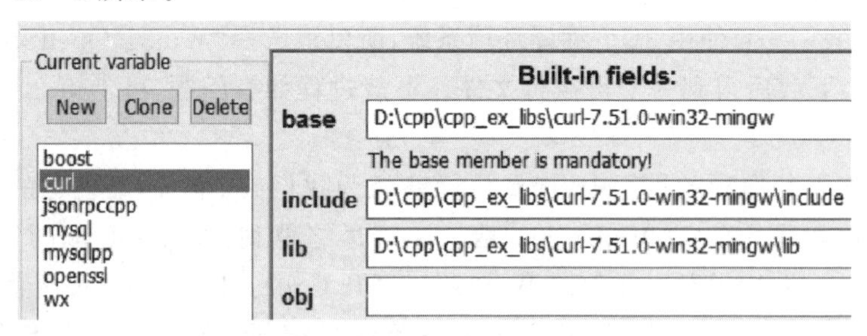

图 13-3 添加 curl 全局路径变量

这次用了 10 分钟,现在还有 40 分钟的时间。

【轻松一刻】: 上课的协议:一节课有多长

"老师,一节课 45 分钟,现在过去了 25 分钟,您只剩下 20 分钟了。"

"拖课 20 分钟。"

"为什么?"

"我校的上课协议规定,授课服务方有权每月拖课 10 分钟。"

13.2.3 获取 Bing 搜索结果

打开浏览器,输入地址:http://cn.bing.com/images/search? q=林志玲,回车。各位看到了什么?接下来程序要做的第一步就是模仿这一过程,得到按明星姓名找到图片索引页面。为了避免在控制台输入汉字所涉及的编码问题,以及提交 URL 时所需要的编码转换,我们要求用户输入不带空格的姓名拼音,比如:linzhiling。

在 Code::Blocks 中新建一控制台项目,命名 img_downloader。通过主菜单 Project 下的 Build options…子菜单项进入项目构建配置。在对话框左边的树控件中,选中根节点 img_downloader,右边选 Linker settings 页,加入本项目所需的 curldll 库,如图 13-4 所示。

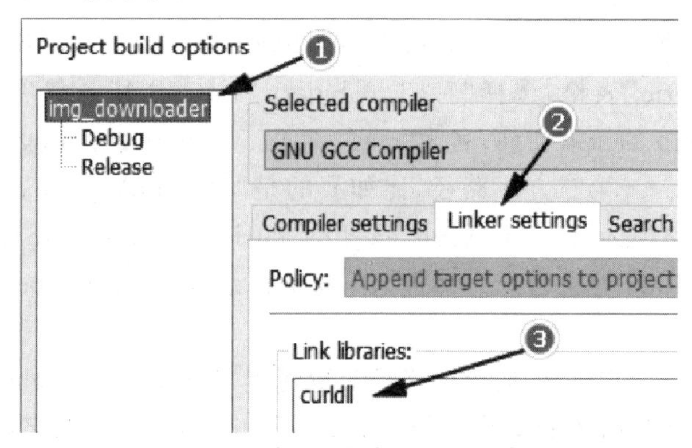

图 13-4 为项目添加 curldll 链接库

不关闭对话框，切换到 Search directoies 选项页，为其下的“Compiler（编译器）”添加“${#curl.include}”项，再为“Liner（链接器）”添加“${#curl.lib}”和“${#openssl.lib}”两项。以后者为例，如图 13－5 所示。

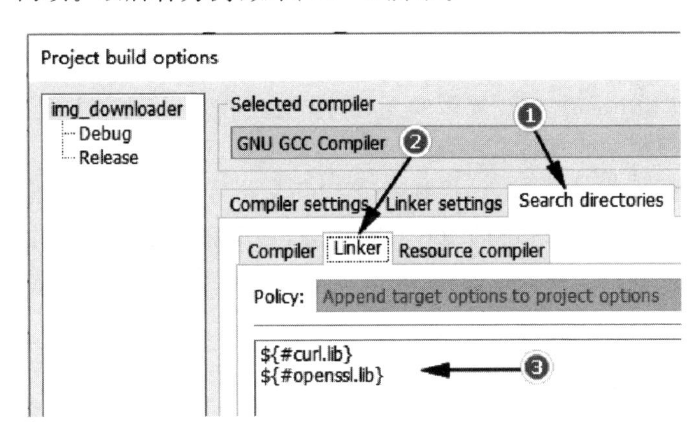

图 13－5　添加链接搜索路径

完成以上配置，打开 main.cpp 文件，给大家 10 分钟时间输入以下 34 行代码：

```
#include <curl/curl.h>
#include <iostream>
#include <fstream>
#include <string>

using namespace std;

string html_data;
size_t write_html (char * data, size_t size, size_t nmemb, void * )
{
    html_data.append(data, size * nmemb);
    return size * nmemb;
}

int main()
{
    cout << "请输入明星姓名的全拼(不要带空格或其他分隔):";
    string name;
    cin >> name;

021 curl_global_init(CURL_GLOBAL_DEFAULT);

023 CURL * handle = curl_easy_init();

025 string url = "http://cn.bing.com/images/search? q=" + name;
026 curl_easy_setopt(handle, CURLOPT_URL, url.c_str());
027 curl_easy_setopt(handle, CURLOPT_WRITEFUNCTION, write_html );
```

```
029 curl_easy_perform (handle);
030 curl_easy_cleanup(handle);
031 curl_global_cleanup();
    ofstream ofs("./data.html");
    ofs << html_data;
}
```

021 行是使用 libcurl 首先要做的全局初始化工作,为了避免并发冲突,通常就在主线程中调用一次。

023 行通过 curl_easy_init()得到一个 CURL 指针对象,后面我们就靠这个对象干活,比如用它连上微软 bing 的图片搜索服务,再用它获取指定姓名的明星图片等一系列的操作。libcurl 有三套接口,带 easy 字眼的这套接口,当然就是初学者最喜欢的“简易”接口。

025 行拼出了目标 URL 的字符串。curl_easy_setopt()方法用于设置待执行的网络操作所必需的条件。比如 027 行用于设置目标 URL,第二个入参是枚举值,用于标出所要设置的条件类型,设置目标 URL 就是 CURLOPT_URL。

027 行也在调用 curl_easy_setopt()。这次是 CURLOPT_WRITEFUNCTION,这是设置当 libcurl 从服务端读到数据时,该调用哪个函数来处理这些数据,我们设置的是自定义的 write_html()函数。libcurl 是纯 C 库,所以只能使用函数指针,其他 C++的“函数对象”“function 对象”和“Lambda 表达式”统统不灵。

最后,029 行调用**curl_easy_perform** (handle),perform 意为“执行”。libcurl 将连接指定 URL,并从中读取结果,结果就是之前使用浏览器看到的网页。现在发起访问的不是浏览器而是程序,我们该如何处理这些数据呢?请将目光到 write_html()方法,先看函数声明:

```
size_t write_html (char * data, size_t size, size_t nmemb, void * );
```

函数的名字对 libcurl 来说无所谓,入参 data 即执行 curl_easy_perform()时从服务端读到的数据,(size * nmemb)是 data 的总字节数,最后一个入参是一个无类型的指针,暂时无用,所以我们干脆没有给出形参名字。

注意,curl_easy_perform()执行时可能会分多段从服务端读取数据,每读到一段就回调一次负责处理数据的函数,即本例中的 write_html(),本例处理数据的方法简单,即一有数据就加到全局字符串变量 html_data 尾部:

```
html_data.append (data, size * nmemb);
```

最终 html_data 变量存储了本次访问服务器时所得到的全部数据。它其实是个网页。请将目光返回到 main()函数的最后两行,我们将 html_data 的内容,存成项目目录下名为 data.html 的文件了。

一切完事后,需要清理、释放 libcurl 库占用的资源,首先是 030 行清除指定 CURL 对象所占用的资源,方法是 curl_easy_**cleanup** (handle);它与之前的“handle

=curl_easy_init()"对应。再者是程序结束前的 curl_global_cleanup()用于收回 libcurl 全局初始化分配的资源,与 curl_global_init()对应。

编译、执行,输入 linzhiling,稍等片刻,到项目所在目录下用火狐或其他浏览器打开 data.html,是不是和之前直接用浏览器访问指定网址的内容差不多?

13.2.4 获取指定 URL 图片

如果花 35 分钟只是在模拟浏览器获取指定 URL 的网页文件,那人家还不如就用浏览器呢。所以最后的 30 分钟要做的工作,就显得很有价值。我将 data.html 文件扩展修改为".txt",然后使用 Code::Blocks 打开(强烈推荐另找一个强大点的文本编辑器),认真地观察一阵,借助一点点 HTML 知识,我在天书般的内容中发现了天机,有很多这样的内容(排版原因造成折行,实际内容是连续的一行):

```
< a class = "thumb" target = "_blank" href = "http://images.chinatopix.com/data/images/
full/66211/lin-chi-ling.jpg? w=600"
```

再如:

```
< a class = "thumb" target = "_blank" href = "http://chinesemov.com/images/actors2/Lin-
Chi-Ling-2.jpg "
```

将内容中加粗的部分抠出来再次粘贴到浏览器的地址栏,回车可以看到清晰的大图。

接下来要做的事情也清楚了:在字符串 html_data 变量中,找出第一处出现子串"< a class="thumb" target="_blank" href=""的位置,越过该子串,到达 http 的位置,往后找到第一个"""字符,中间那段文字就是对应的清晰大图的 URL。有了 URL,又可以使用 libcurl 库创建新的 CURL 对象访问,将获得的数据存成文件。

图片有可能是".jpg"".jpeg"或".png"等格式。图片格式多数可以从前面抠到的 URL 中找到,无非是再抠一次,比如前面两个例子对应的图片扩展名都是".jpg"。请特别注意第一个例子的扩展名不要弄成".jpg? w=600"了。

显示图片详情的网页 URL,有时会存在使用 https 协议的情况,此类走安全加密协议才能访问图片,我们放到下节课再处理。

html_data 字符串中列出的图片不止一张,一张张存为文件时,我们就用一个不断增长的 index 整数值为文件命名。为了不搞乱项目所在目录,请现在就在项目目录下新建 images 子目录,我们将把所有图片存于其下。

完整代码:

```
#include < curl/curl.h >
#include < iostream >
#include < sstream >
#include < fstream >
#include < string >

using namespace std;

//下载缩略图表
string html_data;
size_t write_html(char* data, size_t size, size_t nmemb, void* )
{
    html_data.append(data, size * nmemb);
    return size * nmemb;
}

//为指定 URL 取待存储文件的名字
string make_image_file_name(string const& img_url, int index)
{
    //抠扩展名
    size_t dot_pos = img_url.rfind('.'); //rfind:从尾部向前找
    string ext = img_url.substr(dot_pos);

    size_t q_pos = ext.rfind('?');
    if (q_pos != string::npos) //如果有 ? 号
    {
        ext = ext.substr(0, q_pos);
    }

    return std::to_string(index) + ext;
}

//将数据写入指定文件
size_t write_image (char* data, size_t size, size_t nmemb
                , void* userdata)
{
    ofstream* ofs = static_cast < ofstream * > (userdata);
    ofs->write(data, size * nmemb);

    return size * nmemb;
}

//下载大图
void download (string const& img_url, string const& filename)
{
    if ((img_url.substr(0, 5)) != "http:")
    {
        cerr << "无法处理:" << img_url << "。" << endl;
        return; //暂时只支持 http 协议
    }
```

```
051 ofstream ofs(filename, ios_base::out | ios_base::binary);

    CURL * handle = curl_easy_init();

    curl_easy_setopt(handle, CURLOPT_URL, img_url.c_str());

057 curl_easy_setopt(handle, CURLOPT_HEADER, 0);
058 curl_easy_setopt(handle, CURLOPT_FOLLOWLOCATION, 1);

060 curl_easy_setopt(handle, CURLOPT_WRITEFUNCTION, write_image);
061 curl_easy_setopt(handle, CURLOPT_WRITEDATA
                        , static_cast < void * > (&ofs));

064 curl_easy_setopt(handle, CURLOPT_TIMEOUT, 20);

    curl_easy_perform(handle);
    curl_easy_cleanup(handle);
}

int main()
{
    cout << "严正声明:本程序仅用于学习。\r\n"
         << "通过本程序下载的任何图片请在8小时之内删除,不得传播。\r\n"
         << "更不得使用于任何其他目的。\r\n" << endl;

    cout << "请输入明星姓名的全拼(不要带空格或其他分隔):";
    string name;
    cin >> name;

    curl_global_init(CURL_GLOBAL_DEFAULT);

    CURL * handle = curl_easy_init();

    string url = "http://cn.bing.com/images/search?q=" + name;
    curl_easy_setopt(handle, CURLOPT_URL, url.c_str());
    curl_easy_setopt(handle, CURLOPT_WRITEFUNCTION, write_html);

    curl_easy_perform(handle);
    curl_easy_cleanup(handle);

    ofstream ofs("./data.html");  //保存成临时文件的逻辑,调试成功后
    ofs << html_data;             //可以删除

094 string pre = "<a class=\"thumb\" target=\"_blank\" href=\"";
    size_t len_of_pre = pre.length();
096 size_t begin_pos = html_data.find(pre, 0);

    int index = 0;
099 while(begin_pos != string::npos)
```

```
    {
        begin_pos += len_of_pre;
102     size_t end_pos = html_data.find('\"', begin_pos);
        if (end_pos == string::npos)
            break;

        string img_url = html_data.substr(begin_pos
                        , end_pos - begin_pos);
108     string filename = ".\\images\\"
                        + make_image_file_name(img_url, index++);
        cout << img_url << " = > " << filename << endl;
110     download(img_url, filename);

        //下一张
        begin_pos = html_data.find(pre, end_pos + 1);
    }//while
    curl_global_cleanup();
}
```

先看 main 函数,该函数新增的代码从 094 行开始。096 行在 html_data 字符中查找第一处出现特定子串位置,102 行在该特定子串之后,找到英文双引号字符“"”,通过 std::string 的“substr(子串起始位置, 子串长度)”求子串方法,“抠”出大图的 URL,存成 img_url 变量。

108 行借助 make_image_file_name()方法,得到对应的文件名,并加上统一的子目录“.\images\”。紧接着 110 行调用 download(img_url, filename)方法,它将负责从 img_url 指定的 URL 下载图片,并存成由 filename 指定名字的文件。这仍然是一次使用 libcurl 库访问指定 http 服务以获得数据的过程。看 060 行,这次设置处理数据的函数是 write_image(),实现如下:

```
size_t write_image (char * data, size_t size, size_t nmemb
                , void * userdata )
{
    ofstream * ofs = static_cast < ofstream * > (userdata);
    ofs ->write(data, size * nmemb);

    return size * nmemb;
}
```

相比 write_html(),write_image()用到了第四个入参 userdata。函数内第一行代码,就是将 userdata 指针强制转换成一个标准库的输出文件流的指针(“ofstream *”)。问题来了,明明是无类型的“void *”,为什么一定可以,又一定要转换成“ofstream *”呢? 请看代码 061 行:

```
    curl_easy_setopt(handle, CURLOPT_WRITEDATA
                    ,static_cast < void const * > (&ofs));
```

CURLOPT_WRITEDATA 选项为将来调用处理数据的函数时，设定附加的参数，通常称为“user data(用户数据)”。我们就是在此时先将一个 ofs 对象的地址，强制转换为“void *”。由此，将来调用 curl_easy_perform()获得服务端的数据时，libcur 库将调用 write_image，并额外将 “&ofs”以“void *” 形式传递过去。这样的过程，是纯 C 语言编程中非常常见的“小把戏”，一头一尾的两次强制转换如果不匹配，比如开始将 A 类型变成 B 类型，后面 B 类型不是变回 A 类型，而是变成 N 类型，代码一样能通过编译，但运行结果……那酸爽！

除 CURLOPT_WRITEDATA 配置项之外，download()方法中还有三项新增的 CURL 对象配置：CURLOPT _ HEADER、CURLOPT _ FOLLOWLOCATION 和 CURLOPT_TIMEOUT，分别说明如下：

(1) CURLOPT_HEADER：http 以及 https 协议中，服务端返回的数据包含报头和报体两大部分。这里明确指定我们不需要存储报头数据。事实上该项默认就是 0，因此可以和之前的 write_html()一样，不调用；

(2) CURLOPT_FOLLOWLOCATION：有些网站在访问其名为“http:/www.abc. com/a”资源时，出于某些目的会自动改为访问“http://www. abc. com/b”的资源，称为“重定向”。此时将 FOLLOW - LOCATION 设置为真，表示我们接受这样的行为，只要网站最终能返回图片数据即可。

(3) CURLOPT_TIMEOUT：有些网站反应慢，这里设置读取数据最多等 20s。

内急的同学再克制一下，马上就结束了。确认前面要求的 images 目录都建成了吗？编译，运行……看起来一切正常！趁同学不注意，我赶紧输入年少时最喜欢的一位日本巨星的名字，那是一个可以满足我年少时所有幻想的名字。隔壁班的 PHP 老师和这位明星撞脸。今天我居然要用亲手写的程序，从网上下载这位巨星的靓照！手有些颤抖，但我还是准确而有力地输入了它的名字：duolaameng。

【课堂作业】：使用抽样数据对比智能手机的美誉度

找一家你喜欢的网络商城，再从其中找几款来自不同厂商的智能手机用户评论，抓取各条评论中用户给出的“星”数(通常星数越多，评价越高)；根据所抓取的数据，加以对比。

13.2.5 支持 https

前例下载指定图片时，我们只处理“http:”开头的 URL：

```
if ((img_url.substr(0, 5)) ! = "http:")
{
    cerr << "无法处理:" << img_url << "。" << endl;
    return; //暂时只支持 http 协议
}
```

网络提供文件下载服务的协议，最常用的就是 http 和 ftp，以及对应带上 SSL 的 https 和 ftps。“ftp/ftps”用于将相关资源直接下载为指定的文件，通过 bing 搜索到的资源通常采用方便浏览器展现的“http/https”协议。

SSL 全称为“Secure Sockets Layer(安全套接层)”，TLS 是它的继任者，全称“Transport Layer Security(传输层安全)”。它们在传输层为网络的连接通信进行加密(包括双方身份认证)，降低数据在传输过程中被窃取、破译和伪冒的可能。

【小提示】: OSI 七层协议

OSI[Open System Interconnection(开放系统互联)]是由 ISO[International Organization for Standardization(国际标准化组织)]发起的，促进计算机通信互联的一种协议模式。OSI 模型将计算机间通信协议划分为七层，由底至上分别是：物理层、数据链路层、网络层、传输层、会话层、表示层和应用层。SSL 及 TLS 位于其中的传输层。

如果想下载明星的图片，然而某个网站却要求使用加密的协议才能访问这张图片。“元芳，此事你怎么看?”“大人，我觉得此事有蹊跷。”有没有蹊跷以及有何蹊跷并不重要，重要的是此事激发了我们探索世界奥秘的求知欲与追问社会真相的责任感；为此，download()函数修改如下：

```
//下载大图
void download(string const& img_url, string const& filename)
{
    bool is_https;

    if ((img_url.substr(0, 5)) == "http:")
    {
        is_https = false;
    }
    else if ((img_url.substr(0, 6)) == "https:")
    {
        is_https = true;
    }
    else
    {
        cerr << "不支持的资源访问协议。" << img_url << endl;
        return;
    }

    ofstream ofs(filename, ios_base::out | ios_base::binary);

    CURL * handle = curl_easy_init();

    curl_easy_setopt(handle, CURLOPT_URL, img_url.c_str());

    curl_easy_setopt(handle, CURLOPT_HEADER, 0);
```

```
    curl_easy_setopt(handle, CURLOPT_FOLLOWLOCATION, 1);

    curl_easy_setopt(handle, CURLOPT_WRITEFUNCTION, write_image);
    curl_easy_setopt(handle, CURLOPT_WRITEDATA
                    , static_cast < void * > (&ofs));

    curl_easy_setopt(handle, CURLOPT_TIMEOUT, 20);

    if (is_https)
    {
        curl_easy_setopt(handle, CURLOPT_SSL_VERIFYPEER, 0);
    }

    curl_easy_perform(handle);
    curl_easy_cleanup(handle);
}
```

“SSL/TLS”不仅能对通信报文进行加密，还可以对通信的双方（客户端和服务端）进行身份验证，以便解决客户端不信任服务端（亲，你是真的工商银行网站吗?）或服务端不信任客户端的问题。此时通常需要双方事先进行证书授权等工作。如果碰到这类网站，我们只能放弃了，不过我们赌多数提供明星图片的网站，纵然使用 https 协议，也只是加密报文而不需要做身份认证。

新改的函数先判断当前 URL 是否采用 https 协议。如果是则额外设置 CURL 的**CURLOPT_SSL_VERIFYPEER** 选项为 0。这将告诉 libcurl，可以使用加密的报文访问该资源，但不用验证（VERIFY）对方（PEER）身份。输入 linzhiling，还真有两个采用 https 协议的图片资源，全部成功下载。“可是老师，这两张图都没有什么蹊跷啊?”“嗯? 你希望有什么蹊跷?”

13.2.6 笨拙的并发下载

libcurl 是使用 call back（回调），技术的典型例子。什么叫“回调”? 据传大牌的好莱坞明星在接到记者电话时，都会说，“你不要主动找我，我留下你的电话号码，当我认为时机合适时，我会打给你。”可是总有些记者不屈不挠……于是有了经纪人。

这一行代码给 libcurl 库留下了“电话号码”：

```
curl_easy_setopt(handle, CURLOPT_WRITEFUNCTION,write_image );
```

这里的 write_image 函数地址的作用类似电话号码。当 libcurl 库办完事，觉得需要了，它就会回调这个函数。有时候光给电话号码还不够，还需要附加的数据，比如姓名和邮箱等。libcurl 只允许我们在函数地址之外，再额外传递一个数据，由于它不知道我们将留下什么东西，所以要求通通转换成“void *”类型：

```
    curl_easy_setopt(handle, CURLOPT_WRITEDATA
                    , static_cast < void * > (&ofs ));
```

本例中,我们留下一个输出文件流对象的地址。最终回调发生在:

```
curl_easy_perform(handle); //该函数内部调用 write_image
```

正是在本行,libcurl 根据之前的条件设置,发起基于 http 或 https 协议的一次网络申请,并在收到响应数据时至少调用一次 write_image()函数。整个过程是堵塞的。部分网站性能一般,下载它们家的图片很慢!能不能同时下载多张图片呢?这就扯到道德观了。

服务端提供服务,客户端享受服务。一个以一挡百为无数客户端提供服务的服务端是高尚的,一个使用并发技术疯狂索取服务的客户端却是可疑的,写这样程序的员工是有可能被开除的,哪怕你只是想多抢点饼,如图 13-6 所示。

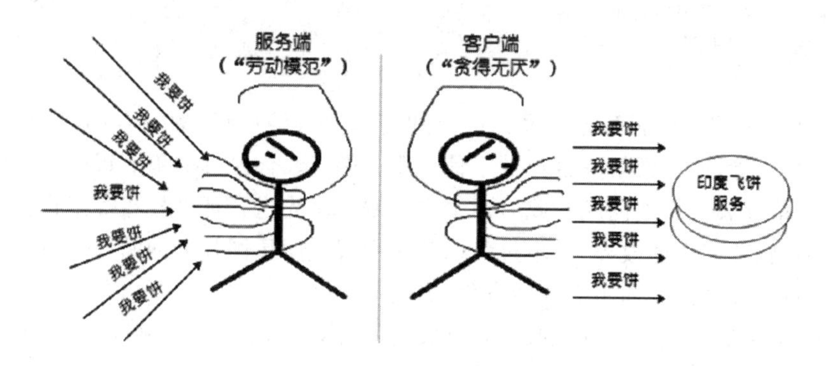

图 13-6　网络并发通信与“道德观”

我当然反对将技术特性和人文道德进行莫明其妙的绑定,这只是个比喻,一般业务的单一客户端很少需要大并发访问服务端。特殊情况有:一是这个客户端是一个网络压力测试工具,比如 LoadRunner;二是这个客户端先是另一个客户端的服务端,它从自己的客户那边承受了很大的并发访问压力,然后转嫁给下一服务端。两种情况本例都不是,本例只是想要一点小小的改善:能不能一次启动十张图片的下载任务?考虑到我们刚刚学习过并发篇章,这样的要求不算过份。

在原代码的基础上,首先添加并发下载需要的头文件:

```
……
#include < list >
#include < future >
#include < memory >
```

然后只需改动 main()函数,以下代码黑体部分为新增或改动处:

```
int main()
{
    ……
    cout << "请输入明星姓名的全拼(不要带空格或其他分隔):";

    ……
```

```
    int index = 0;
    /* int index = 0 及 以上代码都不需要变动……  */

    typedef future < void > VoidFuture;
    typedef shared_ptr < VoidFuture > VoidFuturePtr;
    list < VoidFuturePtr > lst;

    while(begin_pos != string::npos)
    {
        begin_pos += len_of_pre;
        size_t end_pos = html_data.find('\"', begin_pos);
        if (end_pos == string::npos)
            break;

        string img_url = html_data.substr(begin_pos
                                    , end_pos - begin_pos);
        string filename = ".\\images\\"
                        + make_image_file_name(img_url, index++);
        cout << img_url << "=>" << filename << endl;

        //改为异步调用
        auto f = make_shared < VoidFuture >
                    (async(download, img_url, filename));
        lst.push_back(f);

        if (lst.size() == 10)  //每十个为一批
        {
            for(auto f : lst)//开始等这一批
                f->wait();
            lst.clear();
        }

        //下一张
        begin_pos = html_data.find(pre, end_pos + 1);
    }//end while
    //可能不足十个的最后一批(必应搜索每页默认应是 27 条)
    for(auto f : lst)
        f->wait();

    curl_global_cleanup();
}
```

思路:将包装了下载图片操作的“std::future <T>”异步对象扔入一个列表(std::list)。不过“std::future <T>”对象是不让复制的,所以先将它包装成“std::shared_ptr < F >”。列表每凑够十个 future 对象才开始新的一轮循环,循环中将调用每个对象的 wait()方法,确保每个 future 对象启动并完成各自的图片下载任务。

运行,搜索同一个明星图片的总用时从 2 分钟减少到 1 分钟。效果显著,感觉很棒啊!可是为什么这一小节的标题要叫“笨拙的并发下载”呢?

13.3 用 libcur 实现 FTP 客户端

13.3.1 安装 FTP 服务端

FTP(File Transfer Protocol)服务可提供基于目录的文件上传下载服务，在互联网找一个可供下载文件的免费 FTP 服务不难，但要找到允许我们胡乱上传文件的服务器就有难度了。在实际企业应用中，往往在公司局域网内搭建一台 FTP 服务器，干脆我们也搭建一个 FTP 服务端吧。有许多免费或开源的 FTP 服务端软件，我推荐使用 FileZilla **Server**，官网是"https://FileZilla-project.org/"。注意，我们要下载的是 Server 而不是 Client。

为方便使用，FileZilla Server 自带一个图形界面的管理应用(好像是 wxWidgets 写的)。安装后第一次运行，该应用将弹出一个对话框，要求输入 Host、Port 和 Password，全部采用默认值：localhost、14147 以及空的密码。其中的 14147 是管理用的端口，而不是 FTP 服务监听的端口。单击管理应用的主菜单 Edit 下的 Settings，在 General settings 页面上的 Listen on these ports 配置项，其值应该是 21，这是 FTP 的默认服务端口。接着单击 Edit 下的 Users 菜单项。弹出用户对话框，右击 Users 列表框底下的 Add 按钮添加一个用户，名为 d2school，如图 13-7 所示。

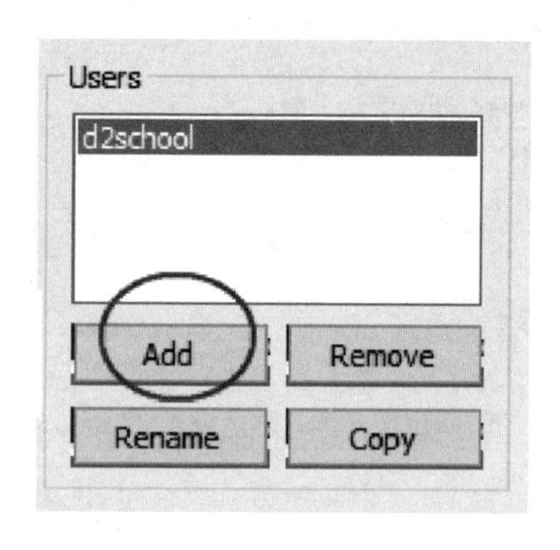

图 13-7 为 FileZilla Server 添加用户

接着，在同界面中部找到"Account settings(账户设置)"，选中"Enable account(启用账户)"和 Password，然后输入"123456"(不含引号)作为登录密码，如图 13-8 所示。

最后，在左边选项树中选中 Shared folders，然后单击图 13-9 中的 Add 按钮，选择一个你有权读写的文件夹作为 FTP 服务目录。考虑到我们将用它练手，因此千万不要选择含有重要文件的文件夹，本例选择的是我事先创建的"D:/mgdata/mg_fsp_dir"目录。最后是配置 FTP 客户端访问该目录时的权限，因为我们要大胆地练手，

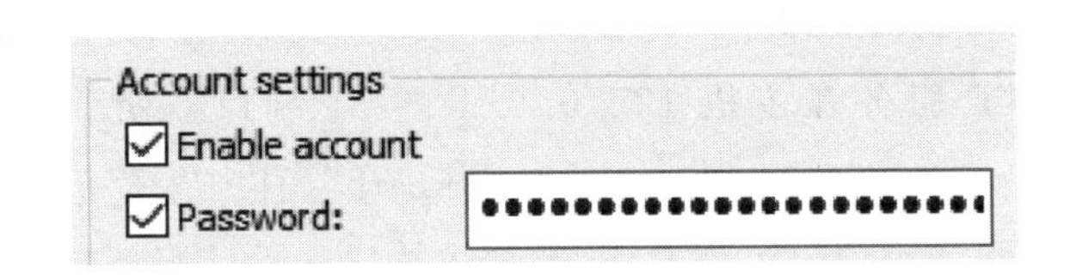

图 13-8 设置账户密码

所以请勾上图中 Files 和 Directories 下的所有选项，如图 13-9 所示。

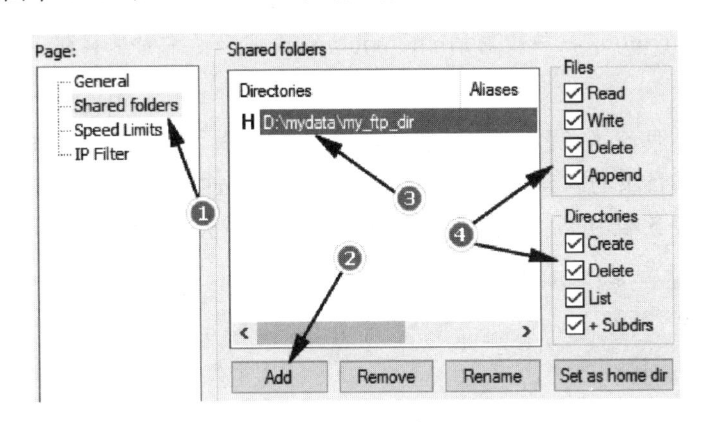

图 13-9 配置 FTP 服务目录

选中新添加的目录，单击图中右下角“Set as home dir”按钮，以确保 FTP 客户端连接上来之后，直接进入该目录。单击“OK”按钮退出配置。

完成以上配置，请回到 Windows 文件资源管理器，往上述目录中扔一些文件，比如上节课下载的图。然后在文件资源管理器或支持 FTP 协议的浏览器(比如 Firefox)的地址栏输入“ftp://127.0.0.1”，将弹出 FTP 服务登录对话框，输入用户名 d2school 和密码，登录成功后将看到文件目录。

【小提示】：查看 FTP 服务端日志

FileZilla Server 管理应用在最小化时将隐藏在 Windows 系统托盘内。后续编程过程，建议经常调出应用界面，通过查看服务端运行日志，加深 FTP 交互过程的理解，并有利于排查问题。

13.3.2 连接 FTP 服务

1. 在 URL 中设置账户

虽然都基于 TCP，但在客户端和服务端的交互过程以及报文格式方面，FTP 和 HTTP 大不相同；不过 libcurl 仍然将 FTP 的报文分成“报头”和“报体”，连接时同样采用 URL 的方式表示服务端的地址。连接所需的用户名和密码也可以放在 URL

中，比如，“ftp://d2school:123456@127.0.0.1:21/”表示用户名为 d2school，密码为“123456”，目标 FTP 服务在主机 127.0.0.1 的 21 端口监听。完整 URL 表达：“ftp://[user[:password]@]host[:port]/url－path”，其中“[]”包含内容为可选项。比如，例中的“:21”可省略，因为 21 是 FTP 协议约定的默认服务端口。

【小提示】：匿名登录 FTP 服务

一些 FTP 服务，特别是互联网上的 FTP 资源允许以匿名方式登录，此时用户名称固定为 Anonymous 或纯小写的 anonymous，而密码通常要求提供一个 email 格式的内容。

多数 FTP 服务端好客，当有新客户端连接上，服务端会返回一段欢迎词，通常还返回 FTP 当前目录的内容。这些返回内容都被 libcurl 归为报头数据。本节演示如何连上 FTP 服务端，并看看它说了哪些客套话。先看头文件包含：

```
#include < curl/curl.h >
#include < iostream >

using namespace std;
```

然后写处理服务端返回数据的函数，前次 http 图片下载例子中的 userdata 是输出文件流，这次我们使用更抽象的“输出流”，用它输出接收到的数据：

```
size_t to_stream(char * data, size_t size, size_t nmemb
                        , void * userdata)
{
    ostream& p = * static_cast < ostream * > (userdata);
    std::string line(data, size * nmemb);

    p << line;
    return size * nmemb;
}
```

主函数还是 libcur 简易接口的经典操作：初始化、设置条件、发起操作和清理：

```
int main()
{
    curl_global_init(CURL_GLOBAL_DEFAULT);

    CURL * handle = curl_easy_init();
    string url = "ftp://d2school:123456@127.0.0.1/";
    curl_easy_setopt(handle, CURLOPT_URL, url.c_str());

    curl_easy_setopt(handle, CURLOPT_HEADERFUNCTION , to_stream);
    curl_easy_setopt(handle, CURLOPT_HEADERDATA
            , static_cast < void * > (&cout));
    curl_easy_perform(handle);
```

```
    curl_easy_cleanup(handle);
    curl_global_cleanup();
}
```

因为欢迎词和目录属于报头数据,所以需要设置 CURLOPT_**HEADER**FUNCTION 和 CURLOPT_**HEADER**DATA,后者传入了标准输出流 cout 对象的地址,同样需要转换成"void *"指针。编译、运行,在我的电脑上看到如图 13-10 所示的结果。

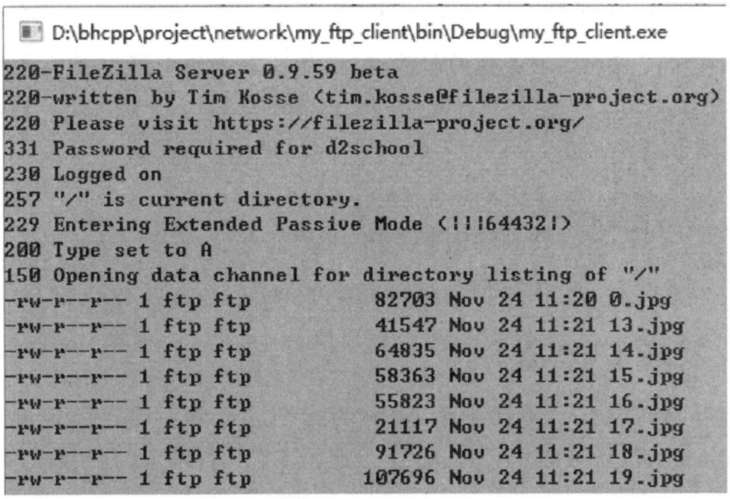

```
D:\bhcpp\project\network\my_ftp_client\bin\Debug\my_ftp_client.exe
220-FileZilla Server 0.9.59 beta
220-written by Tim Kosse (tim.kosse@filezilla-project.org)
220 Please visit https://filezilla-project.org/
331 Password required for d2school
230 Logged on
257 "/" is current directory.
229 Entering Extended Passive Mode (|||64432|)
200 Type set to A
150 Opening data channel for directory listing of "/"
-rw-r--r-- 1 ftp ftp          82703 Nov 24 11:20 0.jpg
-rw-r--r-- 1 ftp ftp          41547 Nov 24 11:21 13.jpg
-rw-r--r-- 1 ftp ftp          64835 Nov 24 11:21 14.jpg
-rw-r--r-- 1 ftp ftp          58363 Nov 24 11:21 15.jpg
-rw-r--r-- 1 ftp ftp          55823 Nov 24 11:21 16.jpg
-rw-r--r-- 1 ftp ftp          21117 Nov 24 11:21 17.jpg
-rw-r--r-- 1 ftp ftp          91726 Nov 24 11:21 18.jpg
-rw-r--r-- 1 ftp ftp         107696 Nov 24 11:21 19.jpg
```

图 13-10 my-ftp-client 运行效果

前面三行 220 是 FileZilla 欢迎新连接的套话,331 是在要求客户端出示密码,于是 libcurl 将来自 URL 中的密码传过去。230 表示登录成功;257 表示当前位于 FTP 服务目录的最顶层路径"/"。229 表示进入"被动模式",与"主动模式"对应。"200 Type set to A"表示当前传输过程设置为文本字符(ACII)模式。

【重要】: 主动模式和被动模式

FTP 将客户端和服务端之间的通信分为"指令"和"数据"的两类连接,并分别采用不同的连接处理。如果将 FTP 服务端比喻为"货仓",那么指令连接相当于客户端主动拨打服务端的电话,向对方下达指令:"给我来一吨大米。"接着就是建立数据连接。有两种模式,主动模式下,在电话中主动告诉服务端客户端地址,而后服务端发车送米上门;被动模式下,在电话中服务端告诉客户端仓库地点,而后由客户开车过去取货。此处的"主、被动"以服务端为主体划分。

访问复杂网络上的 FTP 服务,多数情况需要选择被动模式。因为客户端是被保护的一方,防火墙会阻止服务端找到客户端的真实地址。一句话,出于安全,我们希望服务器尽量被动地接受我们的请求,包括建立连接。

2. 使用函数配置账户

用户名和密码也可以不在 URL 中出现,改为使用配置函数。使用**CURLOPT_USERNAME** 配置用户名,使用**CURLOPT_PASSWORD** 配置密码:

```
string url = "ftp://127.0.0.1:21/";
curl_easy_setopt(handle, CURLOPT_URL, url.c_str());
curl_easy_setopt(handle,CURLOPT_USERNAME , "d2school");
curl_easy_setopt(handle,CURLOPT_PASSWORD , "123456");
```

【危险】: 不要直接传递 std::string 给 libcurl 的函数

为了实现可以接受不同类型的配置值,比如在本书的例程中就会用到:字符串、函数地址、整数、"void *"等类型;curl_easy_setopt 实际上是一个宏。宏不会检查数据类型。以设置密码为例,如下代码会编译通过,但运行时服务端总是报告密码错:

```
std::string password = "123456";
curl_easy_setopt(handle,CURLOPT_PASSWORD , password);
```

正确写法是将第三个参数改为 password.c_str()。

13.3.3 发送 FTP 指令

客户端可以向服务端提出申请,也称为指令。设置各协议特定的指令,使用 CURLOPT_CUSTOMREQUEST 配置。比如 FTP 中列当前目录文件的指令为 LIST(没错,不是 ls 也不是 dir),对应的配置代码为:

```
curl_easy_setopt(handle, CURLOPT_CUSTOMREQUEST, "LIST");
```

接前面的例子,尽管在欢迎时服务器主动提供了目录,但如果临时想知道当前目录下有什么文件,客户端可以主动发出指令:

```
int main()
{
    curl_global_init(CURL_GLOBAL_DEFAULT);

    CURL * handle = curl_easy_init();
    string url = "ftp://d2school:123456@127.0.0.1:21/";
    curl_easy_setopt(handle, CURLOPT_URL, url.c_str());

    curl_easy_setopt(handle, CURLOPT_HEADERFUNCTION, to_stream);
    curl_easy_setopt(handle, CURLOPT_HEADERDATA
                    , static_cast < void * > (&cout));
    curl_easy_perform(handle);

    system("pause");
    curl_easy_setopt(handle, CURLOPT_CUSTOMREQUEST, "LIST");
    curl_easy_perform(handle);
```

```
    curl_easy_cleanup(handle);
    curl_global_cleanup();
}
```

注意,我们直接复用现有的 handle,而不是清理后重建。

除 LIST 指令之外,和目标相关的常见 FTP 指令如表 13-1 所列。

表 13-1 其他和目录相关的指令

指令	功能	示例或说明
NLST	列出文件名字(name list)	和 LIST 相似,但仅列出当前工作目录下文件或子文件夹的名称
PWD	查看当前工作目录	
CWD	改变当前工作目录	示例:CWD fanbingbing 说明:进入当前目录下的 fanbingbing 子目录
CDUP	进入父一级目录	
MKD	在当前工作目录下创建一新的子目录	示例:MKD fengjie 说明:在当前工作目录下创建 fengjie 子目录
RMD	删除当前工作目录下的指定子目录	示例:RMD fengjie 说明:删除当前工作目录下的 fengjie 子目录。待删除的目录必须是空目录。

请做一些准备工作:在 FTP 服务端目录下新建一个子目录 fanbingbing,丢几个文件进去。下面代码演示 PWD、NLST 和 CDUP 的用法:

```
......
    system("pause");
    curl_easy_setopt (handle, CURLOPT_CUSTOMREQUEST
            , "CWD fanbingbing");//进入指定子目录
    curl_easy_perform(handle);

    //查看当前目录位置
    curl_easy_setopt (handle, CURLOPT_CUSTOMREQUEST, "PWD");
    curl_easy_perform(handle);

    //列出当前目录下的文件名(含子目录,如果有)
    curl_easy_setopt (handle, CURLOPT_CUSTOMREQUEST, "NLST");
    curl_easy_perform(handle);

    //回到上层
    curl_easy_setopt (handle, CURLOPT_CUSTOMREQUEST, "CDUP");
    curl_easy_perform(handle);

....../* 两行清除资源代码 */
};
```

13.3.4 文件下载

1. 使用指令下载

使用 libcurl 下载 FTP 服务器上的文件，有两种做法。第一种方法是继续用指令；FTP 下载文件的指令是“RETR 文件名”，其中文件名的路径相对于当前目录。比如要下载 fanbingbing 下的“1.jpg”文件，使用指令的方法是：连接服务端，执行“CWD fanbingbing”指令，执行“RETR 1.jpg”指令。当然，也可以在第二步直接执行“RETR fangbingbing/1.jpg”指令。以下是使用指令方式下载文件的例子：

```
#include <curl/curl.h>
#include <iostream>
#include <fstream>

using namespace std;

int to_stream(char* data, size_t size, size_t nmemb
                        , void* userdata)
{
    ostream& p = *static_cast<ostream*>(userdata);
    std::string line(data, size * nmemb);
    p << line;
    return size * nmemb;
}

int main()
{
    curl_global_init(CURL_GLOBAL_DEFAULT);

    CURL * handle = curl_easy_init();

    //连接
    string url = "ftp://d2school:123456@127.0.0.1:21";
    curl_easy_setopt(handle, CURLOPT_URL, url.c_str());

    curl_easy_setopt(handle, CURLOPT_HEADERFUNCTION, to_stream);
    curl_easy_setopt (handle, CURLOPT_HEADERDATA
                , static_cast<void *>(&cout));
    curl_easy_perform(handle);

    //进入子目录
    curl_easy_setopt(handle, CURLOPT_CUSTOMREQUEST
                            , "CWD fanbingbing");
    curl_easy_perform(handle);

    //下载子目录下指定文件
    curl_easy_setopt(handle,CURLOPT_CUSTOMREQUEST , "RETR 1.jpg");
    curl_easy_setopt(handle,CURLOPT_WRITEFUNCTION , to_stream);
```

```
    ofstream ofs(".\\fbb_1.jpg", ios_base::out | ios_base::binary);
    curl_easy_setopt(handle,CURLOPT_WRITEDATA
                     , static_cast < void * >(&ofs));

    curl_easy_perform(handle);
    ofs.close();

    curl_easy_cleanup(handle);
    curl_global_cleanup();
}
```

下载文件时需要设置 CURLOPT_WRITEFUNCTION 和 CURLOPT_WRITEDATA 参数。注意我们复用 to_stream 函数，但数据从 cout 改成一个输出文件流。

2. 指定完整 URL 下载

如果就是想下载一个确定的文件，那么可以使用第二种方法：直接在 URL 中带上目标文件。这种方法我们很熟悉了，当初使用 http 协议下载文件正是这种做法，这次我们只给出 main()方法：

```
……
int main()
{
    curl_global_init(CURL_GLOBAL_DEFAULT);

    CURL * handle = curl_easy_init();

    //连接
    string url
        = "ftp://d2school:123456@127.0.0.1:21/fanbingbing/2.jpg";
    curl_easy_setopt(handle, CURLOPT_URL, url.c_str());

    curl_easy_setopt(handle,CURLOPT_WRITEFUNCTION , to_stream);

    ofstream ofs(".\\fbb_2.jpg", ios_base::out | ios_base::binary);
    curl_easy_setopt(handle, CURLOPT_WRITEDATA
                , static_cast < void * >(&ofs));

    curl_easy_perform(handle);
    ofs.close();

    curl_easy_cleanup(handle);
    curl_global_cleanup();
}
```

13.3.5 文件上传

libcurl 不支持使用指令方式实现文件上传,这意味着我们必须自行维护 URL 中的文件路径。

和 CURLOPT_**WRITE**FUNCTION、CURLOPT_**WRITE**DATA 对应,需要为上传操作准备 CURLOPT_READFUNCTION、CURLOPT_READDATA 配置项,以便告诉 libcurl 如何获得待上传的数据。比较特别的是,上传文件必须额外配置 CURLOPT_UPLOAD 为 1。请在项目所在位置准备一个压缩文件,取名为 fbb.zip。

```
#include < curl/curl.h >
#include < iostream >
#include < fstream >

using namespace std;

size_t from_stream (char * data, size_t size, size_t nmemb
                    , void * userdata)
{
    //userdata 是一个输入流
    istream * p = static_cast < istream * > (userdata);

    p->read(data, size * nmemb);
    return p->gcount(); //返回上面 read()函数实际读到的字节数
}

int main()
{
    curl_global_init(CURL_GLOBAL_DEFAULT);

    ifstream ifs("fbb.zip", ios_base::in | ios_base::binary);
    if (! ifs)
    {
        cerr << "无法打开本地文件 fbb.zip。" << endl;
        return -1;
    }

    CURL * handle = curl_easy_init();
    string url =
    "ftp://d2school:123456@127.0.0.1:21/fanbingbing/1.zip";
    curl_easy_setopt(handle, CURLOPT_URL, url.c_str());
    curl_easy_setopt(handle, CURLOPT_UPLOAD, 1L);

    curl_easy_setopt(handle, CURLOPT_READFUNCTION, from_stream);
    curl_easy_setopt(handle
    , CURLOPT_READDATA, static_cast < void * > (&ifs));
```

```
    curl_easy_perform(handle);

    curl_easy_cleanup(handle);
    curl_global_cleanup();
}
```

编译、执行。会在FTP服务目录下的指定位置出现fbb.zip文件，如果能找到并正常打开，就说明上传无误。

如果在URL指定的路径中存在服务端不存在的目录层级，会造成传送失败，比如我们希望上传“2.zip”到URL：ftp://127.0.0.1/**fengjie**/**meili**/2.zip，但服务端当前没有fengjie这层目录，更没有其下的meili子目录。解决方法有二：第一种方法是连接服务端，然后依次执行以下FTP指令：MKD fengjie、CWD fengjie和MKD meili。第二种方法是配置CURLOPT_FTP_CREATE_MISSING_DIRS项，通知libcurl如果遇到不存在的目录层级，就自动创建：

```
#include < curl/curl.h >
#include < iostream >
#include < fstream >

using namespace std;

size_t from_stream(char * data, size_t size, size_t nmemb
                   , void * userdata)
{
/*略，见前例 */
}

int main()
{
    curl_global_init(CURL_GLOBAL_DEFAULT);

    CURL * handle = curl_easy_init();
    //打开待读取上传的文件
    ifstream ifs("fjml.7z", ios_base::in | ios_base::binary);
    if (! ifs)
    {
        cerr << "无法打开本地文件 fjml.zip。" << endl;
        return -1;
    }

    //设置用户密码
    curl_easy_setopt(handle, CURLOPT_USERNAME, "d2school");
    curl_easy_setopt(handle, CURLOPT_PASSWORD, "123456");

    //上传的目标
    string url = "ftp:// 127.0.0.1:21/fengjie/meili/2.zip";
        curl_easy_setopt(handle, CURLOPT_URL, url.c_str());
```

```
    curl_easy_setopt (handle
                    , CURLOPT_FTP_CREATE_MISSING_DIRS, CURLFTP_CREATE_DIR);
    curl_easy_setopt(handle, CURLOPT_UPLOAD, 1L);

    curl_easy_setopt(handle, CURLOPT_READFUNCTION, from_stream);
    curl_easy_setopt (handle, CURLOPT_READDATA
                    , static_cast < void * > (&ifs));

    curl_easy_perform(handle);

    curl_easy_cleanup(handle);
    curl_global_cleanup();

    ifs.close();
}
```

编译、执行后,服务端目录下将自动创建 fengjie 和其下的 meli 两层子目录,并可找到上传的文件。CURLOPT_FTP_CREATE_MISSING_DIRS 配置项可选值包括:

① CURLFTP_CREATE_DIR_NONE:遇到不存在的子目录,直接失败,结束操作;

② CURLFTP_CREATE_DIR:尝试创建不存在的子目录,如创建失败,结束操作;

③ CURLFTP_CREATE_DIR_RETRY:尝试创建不存在的子目录,如果创建失败,再次尝试进入该目录;如果还失败,结束操作。

最后一个选项是在干嘛呢?明明创建目录失败了,为何还要尝试进入该目录?设想有多个客户端访问同一个 FTP 服务端,并且同时尝试创建同一个子目录,自然只会有一个客户端能创建成功,但失败的一方也不要放弃,正所谓"成功不必在我"。

【课堂作业】:使用 http 下载时,如何取得文件大小

libcurl 提供 curl_easy_getinfo()方法以尝试获得 http 资源的信息,比如文件大小、文件时间等。请学习 libcurl 官方文档和示例,在之前的 http 图片下载例子的基础上,加上尝试取服务端图片大小的功能。注:部分网站禁止客户端取得 http 资源的大小。

13.3.6 更多 FTP 文件操作

1. 删除、重命名

删除文件指令:DELE 文件名。待删除文件可以是当前工作目录下的文件,或下级子目录内的文件,后者需指明相对路径,如:DELE fengjie/meili/1.zip。

重命名文件指令:RNFR 原文件名 RNTO 新文件名。待重命名文件可以是当前工作目录下的文件，或下级子目录内的文件，后者需指明相对路径，但文件的所属位置不能发生移动，如“RNFR fengjie/meili/1. zip RNTO fengjie/meili/fj_1. zip”。以删除文件为例：

```
#include < curl/curl.h >
#include < iostream >

using namespace std;
int main()
{
    curl_global_init(CURL_GLOBAL_DEFAULT);

    CURL * handle = curl_easy_init();
    curl_easy_setopt(handle, CURLOPT_USERNAME, "d2school");
    curl_easy_setopt(handle, CURLOPT_PASSWORD, "123456");

    string url = "ftp://d2school:123456@127.0.0.1:21/";
    curl_easy_setopt(handle, CURLOPT_URL, url.c_str());

    curl_easy_setopt(handle, CURLOPT_CUSTOMREQUEST
            , "DELE fengjie/meili/1.zip ");

    curl_easy_perform(handle);
    curl_easy_cleanup(handle);
    curl_global_cleanup();
}
```

2. 获取服务端文件大小

FTP 有个扩展指令 SIZE，可用于取得指定文件的字节数，比如：SIZE 0. jpg 用于取当前工作目录下的 0. jpg 文件的大小。将返回包含类似“21382703”的结果报文，其中 213 是响应编码，82703 是字节数。

```
#include < curl/curl.h >
#include < iostream >
#include < sstream >

using namespace std;

//读取报头中的返回数据
int to_size(char * data, size_t size, size_t nmemb
                            , void * userdata)
{
    int * result_code = static_cast < int * >(userdata);

    string s(data, size * nmemb);
    stringstream ss(s);
    ss >> result_code;
```

```
    if (! ss.bad() && result_code == 213)//读取成功,并且是 213
    {
        int * size_ptr = static_cast < int * >(userdata);
        if(size_ptr)
            ss >>  * size_ptr;
    }

    return nmemb * size;
}

int main()
{
    curl_global_init(CURL_GLOBAL_DEFAULT);

    CURL * handle = curl_easy_init();
    //配置登录信息
    string url = "ftp://d2school:123456@127.0.0.1:21";
    curl_easy_setopt(handle, CURLOPT_USERNAME, "d2school");
    curl_easy_setopt(handle, CURLOPT_PASSWORD, "123456");

    curl_easy_setopt(handle, CURLOPT_URL, url.c_str());

    //取指定文件大小
    curl_easy_setopt(handle, CURLOPT_CUSTOMREQUEST, "SIZE 0.jpg ");

    int filesize = 0;
    curl_easy_setopt(handle, CURLOPT_HEADERFUNCTION,to_size );
                            curl_easy_setopt(handle, CURLOPT_HEADERDATA
                            , static_cast < void * >(&filesize ));
    curl_easy_perform (handle);

    cout << filesize << endl;//输出刚取得的文件尺寸

    curl_easy_cleanup(handle);
    curl_global_cleanup();
}
```

【小提示】: 获取 FTP 服务端文件更多信息

获取 FTP 服务端文件信息的另一种做法,是解析 LIST 指令的报文,不仅可获得文件大小,还可以获得文件时间等信息。使用该法时一定要注意,不同操作系统上的 FTP 服务端返回的 LIST 结果格式会有不同。

13.4 libcurl 网络操作进度

不管是使用 http 还是 ftp，不管是上传还是下载文件，如果遇到大文件，最好能有个进度显示。libcurl 有两套接口用于显示进度，第二套是改进版本，因此我们就讲第二套。

稍有追求的程序员都不会满足于显示“当前已下载 19870 字节”这样的进度信息，至少得带上百分比“已下载 19870 字节，进度 25％ ”。基本满意的提示是：“用时 1min05s，已下载 19870 字节，进度 25％，估计还需等待 3min15s。”

【轻松一刻】：真正“完美”的操作进度提示

“用时 1min05s，已上传 19870 字节，进度 25％；您的网速为 305K/s，已击败全国 45％的电脑，升级绿钻速度翻番；全部下载完成估计还需 3min15s，建议去趟洗手间回来正好。”

要显示文件操作的进度必须知道文件总大小。如果是上传操作，文件就在本地；如果是下载操作，如何取服务端的文件大小在前一小节讲过。有了总大小，通过以下配置告诉 libcur 库：

```
curl_easy_setopt(handle,CURLOPT_INFILESIZE_LARGE , 文件总大小);
```

不管是使用 http 还是 ftp，不管是上传还是下载文件，显示进度的方法都是通过配置 CURLOPT_XFERINFOFUNCTION 和 CURLOPT_XFERINFODATA 实现。前者需要配置的函数原型如下：

```
int progress_callback(void * userdata
     , curl_off_t dltotal,    curl_off_t dlnow //总大小和当前已下载大小
     , curl_off_t ultotal,    curl_off_t ulnow //总大小和当前已上传大小
);
```

这回 userdata 变成第一个入参了，它同样来自对 CURLOPT_XFERINFODATA 的配置，本例暂不使用。后面四个参数两两一组，前面两个用于下载，后面两个用于上传。类型 curl_off_t 是 long long 的别名，用于对付超大文件。

要实现进度显示，还有个特殊配置项：CURLOPT_NOPROGRESS，NO PROGRESS 乃“无进度”之意，默认为 1；将它设置成 0，来个否定之否定。请先准备一个大点的文件，最好大于 5 兆，并取名为 fjml.zip。

13.4.1 带进度的 FTP 上传

新建一个控制台项目，项目配置中加入 libcurl 必要的搜索路径。最后，把 fjml.zip 放到项目目录下。项目默认生成的 main.cpp 代码修改如下：

```
#include <curl/curl.h>
#include <iostream>
#include <fstream>

using namespace std;

//当需要取文件数据时,回调
size_t from_stream(char * data, size_t size, size_t nmemb
                   , void * userdata)
{
    istream * p = static_cast<istream *>(userdata);
    p->read(data, size * nmemb);
    return p->gcount(); //返回 read 的字节
}

//当需要通知进度时,回调
int up_progress(void *
                , curl_off_t dltotal, curl_off_t dlnow
                , curl_off_t ultotal, curl_off_t ulnow)
{
    if (ultotal == 0) //预防除零,人人有责
        return 0;

   //50 表示当进度 100 % 时,会在屏幕上输出 50 个"="
    int count = (ulnow * 1.0 / ultotal) * 50;
    cout << (ulnow * 100 / ultotal) << "% "; //进度百分比
    for (int  i = 0; i < count; ++i)
        cout << '=';
    cout << endl;

    return 0;
}

//取本地文件大小
size_t get_file_size(ifstream& ifs)
{
    size_t old_pos = ifs.tellg(); //记下原来的位置

    ifs.seekg(0, ios_base::end); //移到文件最末尾位置

    //tellg()返回输入文件的当前偏移,由于是文件最末尾,所以就是文件大小
    size_t size = static_cast<size_t>(ifs.tellg());

    ifs.seekg(old_pos, ios_base::beg);//恢复
    return size;
}

int main()
{
    curl_global_init(CURL_GLOBAL_DEFAULT);
```

```
    CURL * handle = curl_easy_init();

    ifstream ifs("fjml.zip", ios_base::in | ios_base::binary);
    if (! ifs)
    {
        cerr << "无法打开本地文件 fjml.zip。" << endl;
        return -1;
    }

    size_t file_size = get_file_size(ifs);

    string url = "ftp://127.0.0.1:21/fengjie/meili/fjml.zip";
    curl_easy_setopt(handle, CURLOPT_URL, url.c_str());
    curl_easy_setopt(handle, CURLOPT_USERNAME, "d2school");
    curl_easy_setopt(handle, CURLOPT_PASSWORD, "123456");

    //告诉 libcurl 待上传文件的总大小
    curl_easy_setopt(handle, CURLOPT_INFILESIZE_LARGE
                , static_cast < curl_off_t >(file_size));
    //开启进度通知
    curl_easy_setopt(handle, CURLOPT_NOPROGRESS, 0L);
    curl_easy_setopt(handle, CURLOPT_XFERINFOFUNCTION
                                    , up_progress );
    curl_easy_setopt(handle  //允许自动创建目录
        , CURLOPT_FTP_CREATE_MISSING_DIRS, CURLFTP_CREATE_DIR);

    //开启上传模式
    curl_easy_setopt(handle, CURLOPT_UPLOAD, 1L);
    //设置从哪里以及怎样读取待上传的数据
    curl_easy_setopt(handle, CURLOPT_READFUNCTION,from_stream );
    curl_easy_setopt(handle, CURLOPT_READDATA
              , static_cast < void * > (&ifs));

    //干活,开始上传
    curl_easy_perform(handle);

    curl_easy_cleanup(handle);
    curl_global_cleanup();
}
```

为避免在控制台模拟的进度条出现折行,代码中使用最多 50 个“=”表示进度。由于表达的精度不足,显示结果会出现连续多行的长度一样的进度条。

13.4.2　带进度的 FTP 下载

本节我们就把前一小节上传的文件下载下来,带着那个只值五毛钱的进度显示特效:

```
#include < curl/curl.h >
#include < iostream >
#include < fstream >
#include < sstream > //stringstream

using namespace std;

//当需要从报头数据中取文件尺寸,回调
int to_size(char * data, size_t size, size_t nmemb
                                , void * userdata)
{
    int result_code = 0;

    string s(data, size * nmemb);
    stringstream ss(s);
    ss >> result_code;

    if (! ss.bad() && result_code == 213)
    {
        int * pcode = static_cast < int * > (userdata);
        ss >> * pcode;
    }

    return nmemb * size;
}

//当需要保存下载数据,回调
int to_stream(char * data, size_t size, size_t nmemb
                                , void * userdata)
{
    ostream& p = * static_cast < ostream * > (userdata);
    std::string line(data, size * nmemb);

    p << line;
    return size * nmemb;
}
//当需要通知进度时,回调
int down_progress(void *
                , curl_off_t dltotal, curl_off_t dlnow
                , curl_off_t ultotal, curl_off_t ulnow)
{
    if (dltotal == 0)
        return 0;

    int count = (dlnow * 1.0 / dltotal) * 50;
    cout << (dlnow * 100 / dltotal) << "% ";
    for (int  i = 0; i < count; ++ i)
        cout << '=';
    cout << endl;
```

```
    return 0;
}

//取 FTP 服务器指定文件的大小
int get_server_file_size(string const& server_url
                         , string const& username
                         , string const& password
                         , string const& pathfile)
{
    CURL * handle = curl_easy_init();

    curl_easy_setopt(handle, CURLOPT_URL, server_url.c_str());
    curl_easy_setopt(handle, CURLOPT_USERNAME, username.c_str());
    curl_easy_setopt(handle, CURLOPT_PASSWORD, password.c_str());

    string cmd = "SIZE " + pathfile;
    curl_easy_setopt(handle, CURLOPT_CUSTOMREQUEST, cmd.c_str());

    int filesize = 0;
    curl_easy_setopt(handle, CURLOPT_HEADERFUNCTION, to_size);
    curl_easy_setopt(handle, CURLOPT_HEADERDATA
                            , static_cast < void * > (&filesize));

    curl_easy_perform(handle);

    curl_easy_cleanup(handle);

    return filesize;
}

int main()
{
    curl_global_init(CURL_GLOBAL_DEFAULT);

    CURL * handle = curl_easy_init();

    ofstream ofs("a.7z", ios_base::out | ios_base::binary);
    if (! ofs)
    {
        cerr << "无法打开本地文件 a.zip。" << endl;
        return -1;
    }

    string server_url = "ftp://127.0.0.1:21/";
    string pathfile = "fengjie/meili/1.7z";
    string username = "d2school";
    string password = "123456";

    //取服务端指定文件大小
```

```
    size_t file_size = get_server_file_size(server_url
                        , username, password, pathfile);

    string url = server_url + pathfile;
    curl_easy_setopt(handle, CURLOPT_URL, url.c_str());
    curl_easy_setopt(handle, CURLOPT_USERNAME, username.c_str());
    curl_easy_setopt(handle, CURLOPT_PASSWORD, password.c_str());

    //告诉 libcurl 待下载文件的总大小
    curl_easy_setopt(handle, CURLOPT_INFILESIZE_LARGE
                , static_cast < curl_off_t > (file_size));
    //开启进度通知
    curl_easy_setopt(handle, CURLOPT_NOPROGRESS, 0L);
    curl_easy_setopt (handle, CURLOPT_XFERINFOFUNCTION
                    , down_progress );
    //设置如何处理下载的数据
    curl_easy_setopt(handle, CURLOPT_WRITEFUNCTION, to_stream);
    curl_easy_setopt (handle, CURLOPT_WRITEDATA
                    , static_cast < void * > (&ofs));

    //干活,开始下载
    curl_easy_perform(handle);

    curl_easy_cleanup(handle);
    curl_global_cleanup();
}
```

为了避免下载文件和取文件大小两个操作互相干扰,我们让它们各自拥有一个独立的 CURL 句柄。

13.5 libcurl 错误处理

13.5.1 CURLcode

因为 libcurl 是纯 C 写的库,所以操作结果是否出错,基本在返回值中体现(肯定不会抛出异常)。libcurl 使用 CURLcode 枚举定义各种出错码,其中 CURLE_OK 值为 0,表示一切正常。有了出错代码,再通过 curl_easy_strerror()函数可得到对应的出错说明。以 curl_global_init()为例,带错误处理的代码如:

```
CURLcode r = curl_global_init(CURL_GLOBAL_DEFAULT);
if  (r != CURLE_OK)
{
    cerr << curl_easy_strerror(r) << endl;
    return -1;
}
```

同样返回 CURLcode 的函数还有:curl_easy_setopt()、curl_easy_perform()等。

curl_easy_init()返回值是指针类型“CURL * ”,出错则返回空指针。

13.5.2 回调函数出错处理

基于 libcurl 库的网络编程经常用到回调函数,在回调的过程发生错误该如何处理呢？首先,像 userdata 指针如果不该为空却为空,应归到程序员写错代码的情况,可以直接使用“assert(断言)”处理。

真正的错误(或异常)类似以下情况:上传文件时,一开始读文件还正常,读到一半时发现读失败,是该文件突然被删除了？还是该文件的部分内容所在的磁盘竟然有了坏道？不管怎样,碰上这类问题,只能告诉调用当前函数的 libcurl:放弃吧,方法是该回调函数返回某个特定的值。加上错误处理的 from_stream()为:

```
//用于读取数据的回调过程,增加了出错处理
size_t from_stream(char* data, size_t size, size_t nmemb
                   , void* userdata)
{
    assert(userdata != nullptr); //本例中,userdata不可能为空
    istream* p = static_cast<istream*>(userdata);

    if (p->bad() || p->fail()) //输入流存在错误
        return CURL_READFUNC_ABORT; //返回一个特定值

    p->read(data, size * nmemb);
    return p->gcount(); //返回 read 的字节
}
```

当读过程返回 CURL_READFUNC_ABORT,外部 curl_easy_perform()函数返回的 CURLcode 将是 CURLE_ABORTED_BY_CALLBACK。有 CURL_**READ**FUNC_ABORT,却没对应的 CURL_**WRITE**FUNC_ABORT。当写过程出错时,只需返回与要求写出的字节数(也就是 size * nmemb)不同的任意一个数字,就可以达到中断写操作,并令外部的 curl_easy_perform()返回 CURLE_WRITE_ERROR:

```
//用于写出数据的回调过程,增加了出错处理
int to_stream(char* data, size_t size, size_t nmemb
                              , void* userdata)
{
    assert(userdata != nullptr);

    ostream& p = *static_cast<ostream*>(userdata);
    std::string line(data, size * nmemb);

    p << line;

    if (p.bad() || p.fail())
```

```
        return 0;//出错,返回零

    return size * nmemb; //一切正常,返回实际处理的字节数
}
```

13.6 用 C++封装 libcurl

13.6.1 curl_easy_setopt 入参检查

libcurl 让一直在学习 C++的我们真实地体验了一把纯 C 编程风格。都说 C++很多“奇技淫巧”,现在来看看 C 语言的玩法。先看之前提到的宏 curl_easy_setopt(),在 curl.h 头文件中可以找到它的定义:

```
#define curl_easy_setopt(handle,opt,param) curl_easy_setopt(handle,opt,param)
```

看出有什么奇怪之处吗?宏定义和宏的实现内容,一模一样,没错,每个字母都一样。让我们再找找,这回从 easy.h 里找出 curl_easy_setopt()函数的原型:

```
CURLcode curl_easy_setopt(CURL *curl, CURLoption option, ...);
```

最后一个入参是“...”,原来这是一个使用了 C 语言中可变入参的函数。可变入参支持入参的个数可变,也支持入参的类型不定,也就是说,在正确填写前两个入参之后,我们本应可以胡乱传入各类数据,比如:

```
struct Point {int x, y};          //老朋友出来当个路人甲吧
Point xy {1, 2};
curl_easy_setopt(handle, CURLOPT_WRITEDATA //正经的前两个入参
            , xy                  //路人甲
            , "ABC"               //路人乙
            , 3.14159             //路人丙
            );
```

如果这么玩,libcurl 显然既不知道我们会传入多少个参数,也不知道我们传入的都是些什么东西。为避免被玩坏,libcurl 使出第二招:用同名的宏来覆盖某个函数,而这个新的宏只设定了三个入参:handle、opt 和 param;于是,我们达成不能传了第四个入参却可以传入任意类型的第三个入参的目的。

说“libcurl 使出第二招”,那第一招是什么?就是“可变入参”。通过可变入参,curl_easy_setopt()的第三个入参允许是各种类型的数据,竟有些 C++的函数重载、面向对象之多态、泛型编程之类型无关的意思……可惜,大招还是存在漏洞:现在 curl_easy_setopt()函数仍然不知道这第三个入参是什么类型。

通过区分第二个入参 option 这个枚举值,curl_easy_setopt()函数知道它需要什么,例如,当 option 为 CURLOPT_WRITEDATA,入参三应该是一个“void *”;当

option 为 CURLOPT_URL,入参三应该是一个 char *;当 option 是 CURLOPT_READFUNCTION,入参三应该是一个函数指针……但一切都只是“应当”是,实际调用时传入的真实数据类型,curl_easy_setopt()无法检测。现在,你是不是更加理解下面代码造成的结果了?

```
std::string password = "123456";
curl_easy_setopt(handle,CURLOPT_PASSWORD , password);
```

curl_easy_setopt()知道以及期待入参三应该是一个“char *”,但实际传入的是std::string 对象,在函数内部被执行 C 风格的强制转换:

```
char* p = (char *)(password);
```

这就造成没有机会得到“123456”了。要解决此类问题,可以写一些辅助函数或类对 CURL 指针做轻量级的封装:

```
struct CURLLoginHeler
{
    CURLLoginHeler(CURL* curl)
            : _curl(curl);
     {}
     CURLcode SetURL(std::string const& url)
     {
         curl_easy_setopt(_curl, CURLOPT_URL, url.c_str());
     }
     CURLcode SetUserNamePassword(std::string const& username
                        , std::string const& password)
     {
        curl_easy_setopt(_curl, CURLOPT_USERNAME
                  , username.c_str());
        curl_easy_setopt(_curl, CURLOPT_PASSWORD
                  , password.c_str());
     }

private:
        CURL* _curl;
};
```

13.6.2 实现自动清理

有 curl_global_init()调用就要有对应的 curl_global_cleanup(),有 curl_easy_init()调用就要有对应的 curl_easy_cleanup(),C++ RAII 在这里可以派上用场。比如全局初始化和全局清理工作:

```
struct AutoCURLGlobalInit
{
    AutoCURLGlobalInit(long flags) { curl_global_init(flags); }
    ~AutoCURLGlobalInit() { curl_global_cleanup();}
};
```

简易句柄的自动清理工作可以参考上述方法，或者写一个 Deleter 用于定制智能指针，比如 std::unique_ptr：

```
struct CURLEasyCleanup
{
    void operator()(CURL * handle)
    {
        curl_easy_cleanup(handle);
    }
};

    //使用示例
void foo()
{
    CURL * handle = curl_easy_init();
    unique_ptr < CURL, CURLEasyCleanup > ptr(handle);
    ... //后续不需要再调用 cleanup
}
```

13.6.3 实现多样化回调

由于是纯 C 语言库，所以 libcurl 可供回调的实体只能是函数指针。在一个 C++项目中使用 libcurl，很快就会遇上一个问题：怎么让 libcurl 回调一个成员函数？

1. 使用自由函数或静态方法转接

相比自由函数或类的静态方法，调用非静态成员方法需额外的 this 指针，libcurl 在设置回调的地方，都提供设置额外传递的 userdata 数据。这就给了我们一个传递指定对象的指针的机会。以下载文件进度通知为例，原例中处理进度的逻辑很简单，现在故意复杂化一点（放心，没有广告）。首先去掉重复进度显示的问题，其次是加入速度展现：

```
class DownloadProgress //用于显示进度的类
{
public:
    DownloadProgress() = default;

    bool IsStarted() const { return _total_bytes != 0; }
    void Start(size_t total_bytes)
    {
```

```
        _last_progress = 0;
        _total_bytes = total_bytes;
        _beg = time(nullptr);
    }

    int OnProgress(size_t downloaded)
    {
        if (0 == _total_bytes)
            return 0;

        time_t now = time(nullptr);
        double finished_ratio =  (1.0 * downloaded) / _total_bytes;
        int current_progress = static_cast < int >(50 * finished_ratio);
        if (_last_progress != current_progress)
        {
            cout << static_cast < int >(finished_ratio * 100) << "%";

            for (int  i = 0; i < current_progress; ++ i)
                cout << '=';

            double seconds = now - _beg;
            if (seconds >= 1)
            {
                double speed = downloaded/seconds/1000;
                cout << "->" << speed << "K/S";
            }

            cout << '\n';
            _last_progress = current_progress;
        }

        return 0;
    }

private:
    time_t _beg;
    size_t _total_bytes = 0;
    int _last_progress;
};
```

现在有两个问题，一是 libcurl 如何回调类 DownloadProgress 的成员方法，二是所要调用的成员方法是**OnProgress(int)**，可是它的入参和 libcurl 规定的相差很大。解决方法还是“一不做二不休”，libcurl 才不管什么成员函数，继续调用它认识的自由函数，由后者转接到指定对象的成员函数。自由函数 down_progress()样子没变，但内部实现发生大变化：

```
//当需要通知进度时,回调
int down_progress(void * userdata
                , curl_off_t dltotal, curl_off_t dlnow
                , curl_off_t , curl_off_t )
{
    assert(userdata);

    DownloadProgress * dp =
            static_cast < DownloadProgress * > (userdata);

    if (! dp ->IsStarted())
        dp ->Start(dltotal);

    dp ->OnProgress(dlnow);

    return 0;
}
```

还是玩“void * ”指针的把戏。只不过 userdata 这回是**DownloadProgress** 的对象指针。它来自以下代码:

```
DownloadProgress dp;
curl_easy_setopt(handle,CURLOPT_XFERINFODATA
                , static_cast < void* > (&dp));
```

down_progress()表面自由,但内部实现其实已经和 DownloadProgress 类给绑定了,它的 userdata 只能是后者或后者派生类对象的指针。既然如此,不如将它直接归入 DownloadProgress 管理,把它变成后者的一个公开的(public)静态(static)成员函数。之所以 public,是因为外部需要访问或调用;之所以 static,是因为在纯 C 库的眼里,静态成员函数除了受类的访问权限控制之外,其他和自由函数一个样:

```
//将 down_progress() 移入 DownloadProgress 类,变身静态成员函数
class DownloadProgress
{
public:
    DownloadProgress() = default;

    //当需要通知进度时,回调
    static int down_progress(void * userdata
                    , curl_off_t dltotal, curl_off_t dlnow
                    , curl_off_t , curl_off_t )
    {
    ...实现不变...
    }
    ......
};
```

libcurl 设置进度回调的代码改变如下:

```
    curl_easy_setopt(handle, CURLOPT_XFERINFOFUNCTION
                              ,DownloadProgress::down_progress);
```

2. 用模板实现更强大的回调

C++语言可用来表示“动作、操作”的东西有:函数、函数对象、Lambda表达式和function对象,我们想让这些东西最终都可供libcurl回调,(哪怕是间接调用)。

是时候上C++独有的强大利器模板了。思路是:定义一个类,使用里面的某个静态成员用作间接层(类似前一小节的实现)。在该类中定义一个成员数据用于表达最终要调用的“动作、操作”。这个动作或操作可能是函数指针,也可能是函数对象,还可能是Lambda表达式,怎么办?没关系,用std::function表达即可,只是该function对象所持有的实际操作类型,应声明和libcurl要求的一致。以CURLOPT_WRITEFUNCTION、CURLOPT_READFUNCTION和CURLOPT_HEADERFUNCTION配置项为例,三者要求的操作都是:

```
size_t (char* , size_t,  size_t, void*);
```

所以我们要定义的function对象应为:

```
std::function < size_t (char* , size_t,  size_t, void*) > _callback;
```

下面就以libcurl库需要的读或写回调函数为例,先给出第一个版本辅助类,可以绑定函数指针、函数对象和Lambda表达式,但还对付不了成员函数:

```
......
# innclude < functional >
......

struct CURLFunctionHelper
{
    CURLFunctionHelper(CURL* curl, CURLoption opt_function
                , CURLoption opt_data)
    {
        curl_easy_setopt (curl, opt_function, inner_function );
        curl_easy_setopt (curl, opt_data, this );
    }

    template < typename Fn >
    void Bind(Fn&& fn)
    {
        _callback = std::move(fn);
    }
private:
    //简化 function 类型表达
    typedef std::function < size_t (char* , size_t, size_t) > CURLCallback ;
```

```
    //负责转接的静态成员函数
    static size_t inner_function(char* data
            , size_t size, size_t nmemb
            , void* userdata)
    {
        auto self = static_cast<CURLFunctionHelper*>(userdata);
        return self->_callback(data, size, nmemb); //在此处转发
    }

    //function<>成员
    CURLCallback _callback;
};
```

CURLFunctionHelper 可用于转接"CURLOPT_WRITEFUNCTION(写数据回调)"、"CURLOPT_READFUNCTION(读数据回调)"CURLOPT_HEADERFUNCTION(写报头数据回调)"等配置项所要求的回调,不过到底用在哪个回调?这就需要在构造时对两个入参加以指明。最终构造结果:回调函数固定绑定到本类的静态方法 inner_function;回调所需的额外数据固定绑定到当前对象(this 指针)。

前往 inner_function()看看,嗯,还是"void *"的把戏,但重点是相关操作在此转接到"_callback"身上。"_callback"就是前面提的 std::function < > 对象,它将持有最终要调用的操作,请同学们填空:可能是一个____,可能是一个____,可能是一个____,也可能是一个____。

Bind()方法用于设置"_callback"成员。这是一个成员函数模板,模板类型入参命名为 Fn。实际运行时,它可能是……可能是……可能是……但不管是什么,在本例中,它的出入参声明必须符合"size_t (char * , size_t, size_t, void *);",不然的话,将它赋值给"_callback"的操作在编译期就会报错。

在用 libcurl 实现 FTP 客户端小节中第一个例子"连接 FTP 服务",就有设置 CURLOPT_HEADERFUNCTION 回调的代码,当时使用的是自由函数,实现如下:

```
//传统、纯 C 风格的回调函数
size_t to_stream(char* data, size_t size, size_t nmemb
            , void* userdata)
{
    ostream& p = *static_cast<ostream*>(userdata);
    std::string line(data, size * nmemb);

    p << line;
    return size * nmemb;
}
```

设置回调用的代码如下:

```
curl_easy_setopt(handle, CURLOPT_HEADERFUNCTION, to_stream);
curl_easy_setopt(handle, CURLOPT_HEADERDATA
            , static_cast<void*>(&cout));
```

由于绑定的输出流对象是cout，所以最终在屏幕上输出了FTP连接过程中的报头数据。现在我们通过CURLFunctionHelper类的帮助，改为使用Lambda表达式：

```
//构造一个 CURLFunctionHelper 对象，指明配置项和 HEADER 相关
CURLFunctionHelper helper(handle
            , CURLOPT_HEADERFUNCTION , CURLOPT_HEADERDATA );

//绑定一个 lambda 表达式，注意它的入参和返回值
helper.Bind([](char * data, size_t size, size_t nmemb ) ->size_t
    {
        std::string line(data, size * nmemb);
        cout << line;
        return size * nmemb;
    });
```

编译、运行，效果如昨。不过，既然是Lambda表达式，怎么可以不让它“capture”点什么呢？

```
//绑定一个 lambda 表达式，捕获外部一个变量
string pre = "!!!";
helper.Bind([pre](char * data, size_t size, size_t nmemb)
            ->size_t
    {
        std::string line(data, size * nmemb);
        cout << pre << line;
        return size * nmemb;
    });
```

现在每一行屏幕输出都带上了三个感叹号了。接下来测试是否可以绑定“函数对象”，先定义一个结构：

```
struct StdOutputer
{
    size_t operator ()(char * data, size_t size, size_t nmemb)
    {
        std::string line(data, size * nmemb);
        cout << line << endl;
        return size * nmemb;
    }
};
```

重载了“()”操作符，所以该结构产生的对象被称为“函数对象”，重载的函数出入参声明完全符合libcurl对“读回调”的约定，接下来就看**CURLFunctionHelper**给不给力了。helper的构造过程不变，再将原来绑定Lambda表达式的代码改成绑定一个对象：

```
......
    StdOutputer outputer;
    helper.Bind(outputer);
......
```

编译、运行，一切正常。

Bind()方法当前还无法直接绑定类的非静态成员方法，因为后者可以理解为需要额外的一个 this 入参，而 Bind()方法当前只有一个入参。不过，借助标准库的 bind()方法可以解决问题。让我们试试。还是先写个待绑定的类和它的方法，干脆就把 StdOutputer 改一改吧：

```
struct StdOutputer
{
    size_t on_write (char * data, size_t size, size_t nmemb)
    {
        std::string line(data, size * nmemb);
        cout << line << endl;
        return size * nmemb;
    }
};
```

绑定方法：

```
......
    StdOutputer outputer;
    helper.Bind(std::bind(StdOutputer::on_write
                    , &outputer //this 指针
                    , std::placeholders::_1, std::placeholders::_2
                    , std::placeholders::_3));
......
```

那三个“placeholders(占位符)”就是将来回调时的入参。std::bind()方法的返回值可以认为就是 std::function 对象。每次写这么多 placeholder 令你“累觉不爱”的话，我们再改进，专门为绑定非静态的成员函数添加一个方法吧。完整的 CURLFunctionHelper 类实现如下：

```
struct CURLFunctionHelper
{
    CURLFunctionHelper(CURL * curl
                , CURLoption opt_function, CURLoption opt_data)
    {
        curl_easy_setopt(curl, opt_function, inner_function);
        curl_easy_setopt(curl, opt_data, this);
    }

    template < typename Fn >
```

```
    void Bind(Fn&& fn)
    {
        _callback = std::move(fn);
    }

    template < typename Fn, typename C >
    void BindMember (Fn&& fn, C * c)
    {
        _callback = MakeMemberCallBack (fn, c);
    }

private:
    typedef std::function < size_t (char * , size_t, size_t) >
                                    CURLCallback;

    template < typename Fn, typename C >
    CURLCallback MakeMemberCallBack (Fn&& fn, C * c)
    {
        return std::bind (C::on_write, c
        , std::placeholders::_1, std::placeholders::_2
            , std::placeholders::_3);
    }

    static size_t inner_function(char * data, size_t size
                , size_t nmemb , void * userdata)
    {
        auto self = static_cast < CURLFunctionHelper * > (userdata);
        return self ->_callback(data, size, nmemb);
    }

    CURLCallback _callback;
};
```

绑定成员函数的代码简洁了：

```
……
    StdOutputer outputer;
    helper.BindMember(StdOutputer::on_write, &outputer);
……
```

13.6.4 基于特定协议的封装

从设计上看，libcurl以保持简化的一致的接口形式，尽量在抹平不同协议间的差别，它做得很好，用起来也确实简捷明了，不过想要用好libcurl，前提是对所要使用的网络协议较为熟悉。比如libcurl支持POP3和SMTP，但我只知道它们用于收发电子邮件的协议。使用它们时，有哪些配置项？URL长什么样子？这些都需要去了解。我不懂这两项协议但作为一个老网民，我很熟悉“收发电子邮件”业务。如果有一个类就叫 Eail,然后有收信(Receive)和发信(Send)的方法,最多再加上邮件服务器配置的方法,就可达到更好地屏蔽底层协议的效果。

再以连接并登录 FTP 服务端为例,使用 lbicurl 风格的单一接口,或者你要去记忆如何在 URL 中填充用户名、密码、服务地址,或者面临这样一个问题:不管设置 URL,还是设置用户名、密码,请统统使用"curl_easy_setopt(handle, 配置编号, 配置值)"。作为对比,面向对象的风格应该是:创建一个 ftp 客户端对象,然后调用它的"Login()(登录)"方法,比如:

```
bool Login (std::string const& user_name
           , std::string const& password
           , std::string const& host
           , unsigned short int port = 21);
```

显然,后者对使用者更友好。

许多语言都基于 libcurl 实现了常见网络协议的客户端;我们正在学习 C++和网络,有什么理由不尝试一把呢?

1. HttpClient 类的封装

先简单学习一下 http 协议的内容。不是说可以更傻瓜化吗?那是在我们完成封装之后。

http 协议还真有点小复杂。先复习一下已经知道的几点:

(1) 客户端连上服务端,连接地址用"http://"格式表达;

(2) 客户先开口,向服务端发送请求数据;

(3) 数据分为报头和报体两部分;

(4) 服务端接到数据后返回响应数据,同样分为报体和报头两部分。

报头和报体之间夹着一行以回车换行('\r'、'\n')结束的空行。报体可先认为:结果数据是什么,它就是什么。报头数据则复杂一些。

先说请求数据中的报头。请求的报头数据中的第一行是此次请求的动作、资源以及协议版本,三者之间使用空格分隔,称为"请求行"。请求行中的资源即 URL[严格讲应是 URI,Uniform Resource Identifier(统一资源标志符)];动作则是 http 中的 Action,也被称为"方法"。当前广泛使用的 http 版本 1.0 和版本 1.1,至少包含八种方法,常用方法以及我的生硬解释见表 13-2 所列。

表 13-2 http 协议方法表

方 法	说 明
OPTIONS / 询问支持哪些方法	查询服务端支持哪些方法
GET / 取	向服务端要 URL 指定的资源
POST / 提交	将报体数据提交给服务端

续表 13-2

方 法	说 明
PUT /放	往服务端上传一个文件(类似 FTP),要求在服务端存放为 URL 指定的资源
DELETE / 删	删除 URL 所指定的文件
HEAD	和 GET 方法一样,只是不返回报体数据,只返回和该资源相关的报头数据

不过,这些常用方法及含义只是 http 最初的约定,http 协议现在也已经被广泛地应用在非"网页"传输的应用上,典型的如采用 REST[Representational State Transfer(表征状态转移)]风格设计的前后端通信应用中,在不改变报文结构的前提下,对这些方法提出了新的解释。比如接收到"PUT"方法请求后并不一定将收到的数据存成磁盘文件。

这是一个典型的 HTTP 请求:GET/index.html HTTP/1.1。请求报头下余下的数据,是一行行的键值对,中间使用":"英文符号和空格分隔,如:

```
Host: 127.0.0.1
User-Agent: Mozilla/5.0
Accept-Language: en-us
Accept-Encoding: gzip, deflate
```

所有换行符都必须是精确的"\r\n"两个字符,报头数据最终在一个空行前结束,空行之后就是报体数据。请求报体可能为空,比如"GET"方法通常就不带报体。

报头和报体间的空行非常重要,因为接收数据的程序,就依赖这个空格来告诉自己"报头结束了"。那客户端要怎么判断报体数据结束了呢?比如接收的很可能是"梨花体"诗歌,正文中就有空行或大把大把的"\r\n",因此不能使用它们来作为数据结束的标志。解决方法是在报头中夹一对键值用于描述报体的长度。在实际实现时,又有两种变化,一种是直接写上报体数据的总长度,一种是将报体分成一小块一小块,在报头中只给出第一小块的长度,等发出一小块之后,如果还有数据,就再写一个长度。

【小提示】:"有多少给多少"的好处是什么

之所以要搞出这第二种方法,是因为很多时候"手上有多少数据就赶紧先给出多少数据"会比"等凑齐全部数据再一次性给出"来得高效些。想想你和朋友下馆子时,饭馆提供的服务就是采用这种策略,唯一差别就是你们知道总共有几道菜。

接下来说服务端返回的数据,还好和请求数据的格式一致,只不过报头的第一行数据不是"请求行",而是"状态行"。"状态行"也包括三部分:HTTP 版本、状态码和状态的简易描述。比如"HTTP/1.1 200 OK"。服务端返回的报体也可能为空,比如"HEAD"方法得到的响应数据。实际实现中,当响应的报体数据量较大时,通信两

端还会约定对该数据进行压缩处理等,这里不详谈。

最后,HTTP 协议中,一次请求对应一次响应。因此在逻辑层面上,可以将"发出请求"和"收到回应"理解成一个堵塞的过程。尽管在实际实现上为了提升效率,我们可以在同个网络连接上连续 N 个请求,然后静等 N 个响应……几乎可以肯定,你用的浏览器就是以这种方式在请求同一网站内的多个资源。现在浏览器的竞争压力挺大的,我们没有这个压力,所以不考虑实现这个特性(哈哈,多好的借口)。这些基本就是想要使用 HTTP 必知必会的知识了。其他还有许多复杂的约定,比如通信过程中的"Cookie"约定。

HTTP 协议被设计为一种"不保存状态"的协议,即"stateless(无状态)"的协议。意思是,每当有新的客户端连接上,或新有的请求到达,服务端都认定这个客户端的这次请求和之前的任何客户端的任何请求都没有关系。"无状态"让通信逻辑保持简单。然而,随着 Web 的不断发展,需要保持状态的情况很快就出现了。比如用户打开淘宝网站时输入了用户名和密码完成登录,接着用户会有浏览商品、下单和结算等操作,淘宝网站并不会让用户在执行每个操作之前都填写密码,因为服务端记住了"该用户已经登录过了"的这个状态。为了实现"保存状态"逻辑,HTTP 协议中有了称为"Cookie"的内容。再有,还记得我们使用 libcurl 设置过 CURLOPT_FOLLOWLOCATION 选项吗?有时候客户端请求 A 资源,可是服务端出于种种原因认为应当访问 B 资源时,此时双方将就此先交流一番,意见一致后开始转为访问 B 资源。请各位现在就将 http 协议列入自学计划清单。

以上讲的协议要求,libcurl 当然都为我们实现了,扯了这么多,只为了能给出我们即将动手写的 HttpClient 类定义的雏形:

```
class HttpClient
{
public:
    //构造
    //timeout_seconds :网络超时,为 0 时表示不定置超时
    //cap_path: 使用 SSL/TLS 时,如果需要校验,此处指定证书的位置
    //cert_type :指定证书类型
    HttpClient(int timeout_seconds = 0
        , std::string const& cap_path = ""
        , std::string const& cert_type = "PEM");

    //初始化 curl 句柄
    bool Init();
    //清除 curl 句柄对应的资源
    void Cleanup();

    //清空之前设置的 HTTP 报头
    void ClearHeader();
    //设置或添加一个 HTTP 报头
    void SetHeader(std::string const& key, std::string const& value);
```

```
    /* 四个常用 Action,服务端返回的报头存入 header,报体存入 body 流 */
    //GET: 请求数据不需要报体
    bool Get (std::string const& url
                    , std::string& header, std::ostream& body);

    //PUT : 输入为指定数据的版本
    bool Put (std::string const& url
                    , std::string const& data
                    , std::string& header, std::ostream& body);

    //PUT : 输入为指定流的版本
    boolPut (std::string const& url
        , std::istream& is
                , std::string& header, std::ostream& body);

    //POST
    bool Post (std::string const& url
              , std::string const& data
              , std::string& header, std::ostream& body);

    //DELETE
    bool Delete (std::string const& url
                , std::string const& data
                , std::string& header, std::ostream& body);

private:
    int _timeout_seconds;
    std::string const _cap_path;
    std::string const _cert_type;

    CURL * _curl;
    std::map < std::string, std::string > _header;
};
```

先看构造函数:

```
    HttpClient(int timeout_seconds = 0
        , std::string const& cap_path = ""
        , std::string const& cert_type = "PEM");
```

出于简化,第一个参数 timeout_seconds 即将用于网络连接超时,也用于网络读写超时。后两个参数用于帮助访问需要证书认证的服务,前者指定证书所在路径,后者指定证书类型,默认是“PEM”类型。不过,由于自行搭建或寻找一个需要证书的访问服务都比较啰嗦,所以本例不实测带证书的服务访问。

访问 HTTP 服务,报头很重要,比如通常需要指定“User - Agent”报头以指明客户端的身份,比如你是 IE 浏览器还是火狐浏览器,是桌面电脑中的浏览器还是手机上的浏览器等。一些服务如果检测不到该报头信息,会拒绝服务。为了方便设置报头,我们提供 SetHeader()方法用于添加或修改自定义报头;ClearHeader()方法用于清空现有的全部自定义报头。这里特指“自定义”报头,因为对于特定协议必要的报头信息,libcurl 会自行维护。

余下的主体就是“Get”“Put”“Post”和“Delete”方法,分别对应 HTTP 协议的同名方法。其中“Put”方法多提供了一个版本,用于实现直接从“输入流”(比如文件流)读取待上传给服务端的数据。原因在于 HTTP 协议中的“PUT”方法本意用于上传文件。各方法的参数中,url 是所要访问的服务资源地址,data 是请求数据(需要发送给服务端的数据, Get 方法不需要)。后两个参数 header 和 body 用于存储服务器返回的报头和报体。前者使用简单的字符串,后者使用“输出流”。在实现上,除了使用“输入流”的“Put”方法以外,余下四个方法都将使用同一个基础方法实现。

新建一控制台项目,命名为 http_client。在构建配置中添加链接库 curldll,添加编译搜索路径“${#curl.include}”和链接库搜索路径“${#curl.lib}”。为项目添加新的一对头文件与源文件“curl_helper.hpp/curl_helper.cpp”,用于定义对 curl 操作的封装。头文件内容为:

```
//curl_helper.hpp
#ifndef CURL_HELPER_HPP_INCLUDED
#define CURL_HELPER_HPP_INCLUDED

#include <curl/curl.h>

#include <string>
#include <functional>

struct AutoCURLGlobalInit
{
        AutoCURLGlobalInit(long flags) { curl_global_init(flags);}
        ~AutoCURLGlobalInit() { curl_global_cleanup();}
};

struct CURLEasyCleanup
{
    void operator()(CURL* handle)
    {
        curl_easy_cleanup(handle);
    }
};

struct AutoCURLSListFree
{
    AutoCURLSListFree(curl_slist* lst)
        : _lst(lst)
    {
    }
```

```
    ~AutoCURLSListFree()
    {
        if (_lst)
        {
            curl_slist_free_all(_lst);
        }
    }

    curl_slist * _lst;
};

struct CURLFunctionHelper
{
/* 见前一小节“用模板实现更强大的回调”的实现 */
};

bool CheckCURLcode(CURLcode code, std::string& error_msg);
std::string URLEncode(std::string const& str);

#endif // CURL_HELPER_HPP_INCLUDED
```

对应的源文件 curl_helper.cpp 内容：

```
//curl_helper.cpp
#include "curl_helper.hpp"

#include <memory>

bool CheckCURLcode(CURLcode code, std::string& error_msg)
{
    if (code == CURLE_OK)
        return true;

    error_msg = curl_easy_strerror(code);
    return false;
}

std::string URLEncode(std::string const& str)
{
    std::unique_ptr<CURL, CURLEasyCleanup>
                            curl_ptr(curl_easy_init());
    return curl_easy_escape(curl_ptr.get()
                    , str.c_str(), str.size());
}
```

其中的 URLEncode 用于处理 url 中类似汉字等字符，各位可上网查询 url encode 以增加了解。通过 libcurl 带的 curl_easy_escape()方法实现。重头戏来了，请为项目添加一对新的头文件与源文件“http_client.hpp/.cpp”，头文件内容为：

```
//http_client.hpp
#ifndef HTTP_CLIENT_HPP_INCLUDED
#define HTTP_CLIENT_HPP_INCLUDED

#include <curl/curl.h>

#include <iostream>
#include <string>
#include <map>

class HttpClient
{
public:
    enum http_type
    {
        unknown, http, https
    };

    static http_type test_http_type(std::string const& url);

public:
    HttpClient(int timeout_seconds = 0
        , std::string const& cap_path = ""
        , std::string const& cert_type = "PEM");

    bool Init();
    void Cleanup();

    std::string const& GetErrorMsg() const
    {
        return _error_msg;
    }

    void SetHeader(std::string const& key, std::string const& value);
    void ClearHeader()
    {
        _header.clear();
    }

    bool Get(std::string const& url
            , std::string& header
            , std::ostream& body);

    bool Put(std::string const& url
            , std::string const& data
            , std::string& header, std::ostream& body);

    bool Put(std::string const& url
            , std::istream& is
            , std::string& header, std::ostream& body);
```

```
    bool Post(std::string const& url
            , std::string const& data
            , std::string& header, std::ostream& body);

    bool Delete(std::string const& url
            , std::string const& data
            , std::string& header, std::ostream& body);

private:
    bool CheckHttpType(std::string const& url, http_type* type);
    bool SetSSLOptions(http_type type);

    curl_slist* ApplyHeads();

    enum http_method
    {
        GET_METHOD, PUT_METHOD, POST_METHOD, DELETE_METHOD
    };

    bool CustomPost(std::string const& url
            , http_method method
            , std::string const& data
            , std::string& header, std::ostream& body);

private:
    int _timeout_seconds;
    std::string const _cap_path;
    std::string const _cert_type;

    std::string _error_msg;
    CURL* _curl;

    std::map <std::string, std::string> _header;
};

#endif // HTTP_CLIENT_HPP_INCLUDED
```

对应源文件 http_client.cpp 内容：

```
//http_client.cpp
#include "http_client.hpp"

#include <cassert>

#include "curl_helper.hpp"

HttpClient::HttpClient(int timeout_seconds
                , std::string const& cap_path
                , std::string const& cert_type)
```

```
    : _timeout_seconds(timeout_seconds)
      , _cap_path(cap_path), _cert_type(cert_type)
      , _curl(nullptr)
{
}

bool HttpClient::Init()
{
    if (_curl)
    {
        Cleanup();
    }

    _curl = curl_easy_init();

    if (! _curl)
    {
        _error_msg = "CURL 简易句柄初始化失败。";
        return false;
    }

    if (_timeout_seconds > 0)
    {
        curl_easy_setopt(_curl, CURLOPT_CONNECTTIMEOUT
                , _timeout_seconds);
        curl_easy_setopt(_curl, CURLOPT_TIMEOUT, _timeout_seconds);
    }

    return true;
}

void HttpClient::Cleanup()
{
    if (_curl)
    {
        curl_easy_cleanup(_curl);
        _curl = nullptr;
    }
}

HttpClient::http_type HttpClient::test_http_type(
                std::string const& url)
{
    std::string::size_type pos = url.find(':');
    if (pos == std::string::npos)
    {
        return unknown;
    }

    std::string flag = url.substr(0, pos);
```

```
    for (auto& c : flag)
    {
        if (c >= 'A' && c <= 'Z')
            c += ('a' - 'A');
    }

    if (flag == "https")
        return https;

    if (flag == "http")
        return http;

    return unknown;
}

bool HttpClient::CheckHttpType(std::string const& url
                            , http_type * type)
{
    assert(type != nullptr);

    *type = test_http_type(url);

    if (*type == unknown)
    {
        _error_msg = "不支持的协议类型。[" + url + "]。";
        return false;
    }

    return true;
}

bool HttpClient::SetSSLOptions(http_type type)
{
    CURLcode c;
   //如果指定了证书路径,就认为需要做 TLS 身份认证
    bool need_certificate_authority = ! _cap_path.empty();
   //除非所访问的协议根本不带 's'
    if (type == http || ! need_certificate_authority)
    {
        c = curl_easy_setopt(_curl, CURLOPT_SSL_VERIFYPEER, 0);
        if (! CheckCURLcode(c, _error_msg))
            return false;

        c = curl_easy_setopt(_curl, CURLOPT_SSLCERTTYPE, "");
        if (! CheckCURLcode(c, _error_msg))
            return false;
        c = curl_easy_setopt(_curl, CURLOPT_CAINFO, "");
        if (! CheckCURLcode(c, _error_msg))
            return false;
    }
```

```
    else if(type == https)
    {
        c = curl_easy_setopt(_curl, CURLOPT_SSL_VERIFYPEER, 1);

        if (! CheckCURLcode(c, _error_msg))
            return false;

        c = curl_easy_setopt(_curl, CURLOPT_SSLCERTTYPE
                    , _cert_type.c_str());
        if (! CheckCURLcode(c, _error_msg))
            return false;

        c = curl_easy_setopt(_curl, CURLOPT_CAINFO
                    , _cap_path.c_str());
        if (! CheckCURLcode(c, _error_msg))
            return false;
    }

    return true;
}

void HttpClient::SetHeader(std::string const& key
                    , std::string const& value)
{
    _header[key] = value;
}

//让 header 的配置生效
//注意,在该函数内创建(分配内存)了一个"curl_slist *"指针返回给调用者
curl_slist* HttpClient::ApplyHeads()
{
    assert(_curl);

    curl_slist* lst = nullptr;

    for(auto p : _header)
    {
        std::string line = p.first + ": " + p.second;
        lst = curl_slist_append(lst, line.c_str());
    }

    curl_easy_setopt(_curl, CURLOPT_HTTPHEADER, lst);
    return lst;
}

//最重要的方法:设置地址,设置条件,发起请求,接收结果
bool HttpClient::CustomPost(std::string const& url
            , http_method method
            , std::string const& data
            , std::string& header, std::ostream& body)
```

```
{
    assert(_curl);

    http_type type;
    if (! CheckHttpType(url, &type)) //只支持 https/http
    {
        return false;
    }

    if(! SetSSLOptions(type)) //看看 SSL 配置是否正确,如果正确则令其生效
    {
        return false;
    }

    //GET 方法不需要设置 CURLOPT_POST 为 1
    curl_easy_setopt(_curl, CURLOPT_POST
            , (method == GET_METHOD)? 0 : 1);

    AutoCURLSListFree slist_free(ApplyHeads ());
    curl_easy_setopt(_curl, CURLOPT_URL, url.c_str());

    //设置待提交(POST)的数据大小和数据内容
    //如果是 GET 方法也不要紧,因为此时 data.size()为 0,内容为空
    curl_easy_setopt(_curl, CURLOPT_POSTFIELDSIZE, data.size());
    curl_easy_setopt(_curl, CURLOPT_POSTFIELDS, data.c_str());

    //为设置 HTTP 的方法名,准备一个 map,方便将枚举值转换成字符串
    std::map < http_method, char const * > methods {
                {GET_METHOD, "GET"}, {PUT_METHOD, "PUT"}
            , {POST_METHOD, "POST" }, {DELETE_METHOD, "DELETE"}};

    //使用 CURLOPT_CUSTOMREQUEST 指令设置 HTTP 方法名
    curl_easy_setopt(_curl, CURLOPT_CUSTOMREQUEST
            , methods[method]);

    //使用读服务端报头的方法,使用我们自行封装的 Helper 类
    CURLFunctionHelper head_helper(_curl
                , CURLOPT_HEADERFUNCTION, CURLOPT_HEADERDATA);
    //用 lambda,方便
    head_helper.Bind([&header](char * data
                , size_t size, size_t nmemb) ->size_t
    {
        header.append(std::string(data, size * nmemb));
        return size * nmemb;
    });

    //报体
    CURLFunctionHelper body_helper(_curl
                , CURLOPT_WRITEFUNCTION, CURLOPT_WRITEDATA);
```

```
    body_helper.Bind([&body](char * data
                , size_t size, size_t nmemb) ->size_t
    {
        body << std::string(data, size * nmemb); //body是 ostream&
        return size * nmemb;
    });

    CURLcode c = curl_easy_perform(_curl); //执行
    return CheckCURLcode(c, _error_msg);
}

bool HttpClient::Get(std::string const& url
                , std::string& header, std::ostream& body)
{
    std::string empty_data; //GET 方法不需要从报体提交数据
    return CustomPost(url, GET_METHOD, empty_data, header, body);
}

bool HttpClient::Put(std::string const& url
        , std::string const& data
        , std::string& header, std::ostream& body)
{
    return CustomPost(url, PUT_METHOD, data, header, body);
}

bool HttpClient::Post(std::string const& url
        , std::string const& data
        , std::string& header, std::ostream& body)
{
    return CustomPost(url, POST_METHOD, data, header, body);
}

bool HttpClient::Delete(std::string const& url
        , std::string const& data
        , std::string& header, std::ostream& body)
{
    return CustomPost(url, DELETE_METHOD, data, header, body);
}

bool HttpClient::Put(std::string const& url
        , std::istream& is
        , std::string& header, std::ostream& body)
{
    assert(_curl);

    http_type type;
    if (! CheckHttpType(url, &type))
    {
        return false;
```

```
    }

    if(! SetSSLOptions(type))
    {
        return false;
    }

    curl_easy_setopt(_curl, CURLOPT_POST, 1);

    AutoCURLSListFree slist_free(ApplyHeads());
    curl_easy_setopt(_curl, CURLOPT_URL, url.c_str());

    curl_easy_setopt(_curl, CURLOPT_POSTFIELDS, nullptr);
    curl_easy_setopt(_curl, CURLOPT_CUSTOMREQUEST, "PUT");

    CURLFunctionHelper read_helper(_curl
                , CURLOPT_READFUNCTION, CURLOPT_READDATA);
    read_helper.Bind([&is](char * data, size_t size
                , size_t nmemb) ->size_t
    {
        if (is.bad() || is.fail())
            return CURL_READFUNC_ABORT;

        is.read(data, size * nmemb);
        return is.gcount();
    });

    CURLFunctionHelper head_helper(_curl
                , CURLOPT_HEADERFUNCTION, CURLOPT_HEADERDATA);
    head_helper.Bind([&header](char * data, size_t size
                , size_t nmemb) ->size_t
    {
        header.append(std::string(data, size * nmemb));
        return size * nmemb;
    });

    CURLFunctionHelper body_helper(_curl
                , CURLOPT_WRITEFUNCTION, CURLOPT_WRITEDATA);
    body_helper.Bind([&body](char * data, size_t size
                , size_t nmemb) ->size_t
    {
        body << std::string(data, size * nmemb);
        return size * nmemb;
    });

    CURLcode c = curl_easy_perform(_curl);
    return CheckCURLcode(c, _error_msg);
}
```

2. Http Client 简单试用

接下来,使用 Http Client 类尝试下载 libaurl 官方站的首页内容。通过该类调用互联网上开放 API 以实现查询天气,查询快递信息等例子,请上本书官网(www.d2school.com)查阅。

main.cpp 文件内容如下:

```
//main.cpp
#include <iostream>
#include <fstream>

#include "curl_helper.hpp"
#include "http_client.hpp"

using namespace std;

int main()
{
    AutoCURLGlobalInit curl_global(CURL_GLOBAL_DEFAULT);

    HttpClient http_client;

    if (! http_client.Init())
    {
        cerr << http_client.GetErrorMsg() << endl;
        return -1;
    }

    std::string url = "https://curl.haxx.se/";
    std::string head;
    if(! http_client.Get(url, head, cout))
    {
        cerr << http_client.GetErrorMsg() << endl;
        return false;
    }

    cout << head << endl;
}
```

编译执行,如果你搞定了一切,屏幕上先是刷出 libcurl 官网首页的 HTML 内容,接着是输出服务端返回的报头数据(不要误会,实际接收时当然是先收到报头)。

3. FTPClient

对 FTP 的 C++封装是一道作业。"FTPClient"结构的基本定义如下,请完善并实现该结构:

```
struct FTPClient
{
    FTPClient(int timeout_seconds = 0);
    ~FTPClient();

    bool Init();
    void Cleanup();

    std::string const& GetErrorMsg() const;

    bool Upload(istream& src_stream
                , string const& dst_url
                , std::function < int (long, long) > & on_progress);

    bool Download(string const& src_url
                ,  ostream& dst_stream
                ,  std::function < int (long, long) > & on_progress);
};
```

13.7 网络并发基础

13.7.1 基本原理

夕阳西下,又是一个黄昏,斧头帮帮主老 K 放下正在看的书,他饿了。楼下有熟悉的十个摊位:手抓饼、肉夹馍、煎饼果子、麻辣烫……这个时间,想必每个摊位都没闲着,为了第一时间买到吃的,老 K 悉数派出身边的十个小弟分别到十个摊位前守候着。

镜头拉远。另一座高楼上的某个窗户窗帘上投射出人影绰绰。一群人正在里面说话。"你确信?""爷,斧头帮的人烧成灰我也认得!他们确实都在楼下排队呢。""哈哈哈,天助我也!兄弟们,生擒老 K 者重赏!"锤子帮帮主老 L 双手背后,眼露凶光,五官排列组合成志在必得的表情。

请问,派出十个小弟去排十个队是否值得?老 K 的本意是让十个小弟盯十个摊位,不管哪个摊位先排到,都可以第一时间取到食物。作为替换方案,如果只派一个小弟在十个摊位来回跑,也许速度会稍微慢那么一点点,却可以留下九个小弟在身边供调遣,何至招来横祸呢?

在程序中,线程就是可供调遣的"小弟",是重要的、紧缺的资源。处理并发程序的能人,深知以少的线程处理大的并发的重要性。

【轻松一刻】:“并发”和“多线程”不是一个概念

有人来问“南兄,为何眉头紧锁?”我端起键盘边上的小茶杯,轻啜一口,“在处理一个并发问题,略有压力。”我不会回答:“在搞一个多线程程序,线程有点多。”前者让人想到一位书生,手上仅纸扇一把,面对千军万马;后者那是台上的武夫,脖后左右各插三把旗,双手再执两把锤,腰缠皮鞭,左挎刀右套弓,几把箭在高筒靴里……就是这么没品味。

接下来的问题听起来很蠢:一锅饭十个人吃,速度确实要比一个人快十倍,但为什么老 K 派出十个人去排队等食品,并不能比派出一个人快十倍呢?原因在于饭是小弟亲自吃,小摊的食品却不是小弟在做,再多的小弟也只能干等。这就是程序最主要的两种忙法,真忙和假忙。真忙是指 CPU 忙于运算,哪怕是简单到让程序从 1 累加到 1 万,忙的是 CPU(有些图形计算则交给 GPU);假忙是指程序在等待外部的输入输出(称为 IO),比如在等磁盘数据的输入输出,或者在等网络数据的输入输出。此时的实际工作必须在程序外部(系统底层软硬件甚至远程的另一台计算机)完成。对于“假忙”的情况,程序理所当然应减少等待 IO 操作的线程数,等待线程数目对比如图 13-11 所示。

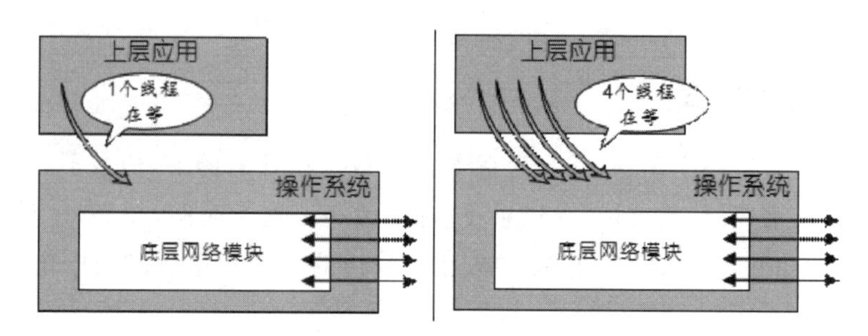

图 13-11 等待 IO 的线程数

如果同一秒种有一万人在访问新浪网首页,难道新浪的网页服务器需要消耗一万个线程?只要这么一想,就可以知道像图 13-11 右边所示的,每个网络请求起一个线程等待的做法不可行。有人表示想不通:“一个线程可以等待四个网络处理?”当然可以,最笨的方法是让这个线程一直轮询四个网络操作即可。另外,这里的“一个线程”是最简单的做法,实际项目中往往使用和 CPU 核数相同数目的线程数处理。比如一台八核的服务器需要处理同时存在的一千个网络连接,那就起八个线程吧。

说得更深入一点,实际上等待底层模块的输入输出操作,甚至一个线程都不需要,把操作系统想象成比普通应用多一个维度的世界,它会负责等待 IO 结果,再主动通知上层应用所启动的线程。

13.7.2 libcurl 多路处理

在使用 libcurl 下载图片时，有一节课叫“笨拙的并下载”。那时我们就是用十个 future <T> 对象（背后可能创建出十个线程）以便同时下载十张图片。libcurl 除了 easy 系列的接口，还有一套 multi 接口，multi 就是 multi - theading（多线程）中的“多”。使用 multi 接口，首先还是要做全局初始化：

```
curl_global_init(CURL_GLOBAL_DEFAULT);
```

接着是初始化一个 multi 系的“CURLM * ”指针，而不是“CURL * ”指针，初始化所用的函数是 curl_**multi** _init()，而不是以前的 curl_**easy** _init()：

```
CURLM * multi_handle = curl_multi_init();
```

可以将 multi_handle 理解成一个容器，它可以存放多个 easy 系的指针，所以我们马上又回到 curl_**easy** _int()函数，并一样要对其设置各类条件。出于简化目的，示例代码没有设置 WRITEFUNCTION 等回调函数：

```
CURL *   curl_sina = curl_easy_init();
curl_easy_setopt(curl_sina
        , CURLOPT_URL, "http://www.sina.com.cn");
```

接着将 easy 系的“CURL * ”指针加到 multi_handle，使用 curl_multi_add_handle()函数：

```
curl_multi_add_handle(multi_handle, curl_sina);
```

再来一个，这回改为搜狐网站，同样加入 multi_handle：

```
CURL *   curl_sohu = curl_easy_init();
curl_easy_setopt(curl_sohu
        , CURLOPT_URL, "http://www.sohu.com");
curl_multi_add_handle(multi_handle, curl_sohu);
```

如果是 easy 系接口，现在该调用 curl_**easy** _perform()方法以发起相关网络操作，换成 multi 系，执行函数相应改为“curl_**multi** _perform()”就对了。不过此处有重要差异：curl_**easy** _perform()是堵塞操作，该函数一直等到单一网络操作完成才退出。curl_**multi** _perform()却是非堵塞操作，它对加入 multi_handle 中的网络句柄全部尝试处理一遍。比如说，新浪网站最新回复 800 个字节的网页数据，那就读出这些数据，然后赶紧改看搜狐网站是否有新数据。

仍然以“小摊”为例。处理单一网络的 curl_easy_perform()是站在参数所指定的一家摊贩前，从打招呼开始到付钱拧着快餐盒离开全程做一遍才返回。curl_multi _perform()是在参数所包含的所有摊贩前跑一遍，比如：第一家啥都没完成？立刻离开到第二家；第二家正在问“要不要加辣？”回它一句“不加辣”立即跑到第三家；第三家说“付钱吧,5 块”,于是付钱,然后是第四家、第五家……有没有可能跑一圈发现白跑了呢? 有可能。

culr_multi_perform()函数原型:

```
CURLMcode curl_multi_perform(CURLM * multi_handle
                        , int * running_handles);
```

第一个入参就是前面示例中的 multi_handle,第二个入参用于返回本轮跑完之后,还余下多少个网络句柄待处理。一直(循环)调用该函数,直到 running_handles 减至零就说明所有网络句柄处理完毕(不管是成功或失败)。curl_multi_perform()函数自身的返回值类型是 CURLMcode 而不是 CURLcode。运行正常时返回枚举值 CURLM_OK。若出错,将其转为描述字符串的函数是 curl_**multi**_strerror()。

在 Code::Blocks 中新建一控制台项目,命名为 libcurl_multi。项目构建配置中加入链接库 curldll,编译搜索路径添加“$(#curl.include)”,链接路径添加“$(curl.lib)”和“$(#openssl.lib)”。main.cpp 代码如下:

```
#include <iostream>
#include <string>
#include <fstream>

#include <curl/curl.h>

using namespace std;

size_t to_stream(char* data, size_t size, size_t nmemb
                        , void* userdata)
{
    ostream& p = *static_cast<ostream*>(userdata);
    std::string line(data, size * nmemb);
    p << line;

    return size * nmemb;
}

int main()
{
    curl_global_init(CURL_GLOBAL_DEFAULT);

    CURLM * multi_handle = curl_multi_init();
    struct curl_slist * headers = nullptr;
    //不表明身份(User-Agent)就直接访问搜狐的话,搜狐会给你好看
    headers = curl_slist_append(headers, "User-Agent: curl/7.51");
```

```
//加入访问新浪的请求
CURL * curl_sina = curl_easy_init();
curl_easy_setopt(curl_sina
                , CURLOPT_URL, "http://www.sina.com.cn/");
curl_easy_setopt(curl_sina, CURLOPT_FOLLOWLOCATION, 1);
curl_easy_setopt(curl_sina, CURLOPT_HTTPHEADER, headers);

ofstream ofs1("sina.html");
curl_easy_setopt(curl_sina, CURLOPT_WRITEFUNCTION, to_stream);
curl_easy_setopt(curl_sina, CURLOPT_WRITEDATA
                , static_cast < void * > (&ofs1));
curl_multi_add_handle(multi_handle, curl_sina);

//加入访问搜狐的请求
CURL * curl_sohu = curl_easy_init();
curl_easy_setopt(curl_sohu
                , CURLOPT_URL, "http://www.sohu.com/");
curl_easy_setopt(curl_sohu, CURLOPT_FOLLOWLOCATION, 1);
curl_easy_setopt(curl_sohu, CURLOPT_HTTPHEADER, headers);

ofstream ofs2("sohu.html");
curl_easy_setopt(curl_sohu, CURLOPT_WRITEFUNCTION, to_stream);
curl_easy_setopt(curl_sohu, CURLOPT_WRITEDATA
                , static_cast < void * > (&ofs2));
curl_multi_add_handle(multi_handle, curl_sohu);

int running_handles;
do
{
    CURLMcode mc = curl_multi_perform (multi_handle
                                      , &running_handles);
    if (mc != CURLM_OK)
    {
        cerr << curl_multi_strerror(mc) << endl;
        break;
    }
}
while(running_handles > 0);
curl_slist_free_all(headers);
```

```
    curl_easy_cleanup(curl_sohu);
    curl_easy_cleanup(curl_sina);
    curl_global_cleanup();
}
```

先打开项目所在的文件夹,然后编译并运行程序。运行期间按在 Windows 文件管理器内反复按 F5 刷新,应能看到 sina.html 和 sohu.html 两个文件,并且可以发现二者的大小在交替增长。这并不能说明程序一定是在并发地访问两个网站。但肯定可以证明程序不是先下载完新浪网首页再下载搜狐的。实际情况是:当我们访问新浪或搜狐等远程网站时,尽管这两个网站都拼命想把网页数据快速传过来,但由于网络等原因,客户端程序从每个网站都表现为断断续续地读到数据。libcurl 的多路接口表现得还算聪明,它会在当前网络句柄暂时断供数据的时候,赶紧到下一家看看是不是有新的数据可读。如此努力地来回奔跑,只为了尽量减少“干等”。

13.7.3 libcurl+select 模式

前例,我们说“libcurl 的多路接口表现得还算聪明……”,显然,我们仍有不满意之处。大家先猜一猜上一节中的 do-while 循环调用了多少次?然后进行实测,方法是在 do-while 循环前中后各加一行代码:

```
    ……
    int loop_count = 0; //(1)
    do
    {
        CURLMcode mc = curl_multi_perform(multi_handle
                                        , &running_handles);
        if (mc != CURLM_OK)
        {
            cerr << curl_multi_strerror(mc) << endl;
            break;
        }

        ++loop_count; //(2)
    }
    while(running_handles > 0);
    cout << "loop count : " << loop_count << endl; //(3)
    ……
```

每次运行 loop_count 的值都在变，在我的机器上，连续运行十次取均值是 45 万次。调用了 45 万次 curl_multi_perform()函数才完成两个网站首页加起来约 1，052，758 个字节的数据；难道是每次循环下载 2.3 个字节？不，当然不是，可以猜出来这 45 万次调用大多数是在空跑（一个字节都没下载）。如果说小弟在摊位之间一圈一圈地跑还能强身健体的话，程序空跑会不会让 CPU 的针脚变粗啊？想想就害怕，想想就有罪恶感。

派出一堆线程小弟守在每个网络操作摆的小摊前，这是“干等”，写这样的程序会被嘲笑“笨”；派出一个线程小弟在每个网络操作摆的小摊前来回地跑，这是“空跑”，写这样的程序会被指责“有罪”。个别读者至此对程序员这个行业心如死灰，正在拨五台山招僧办的电话。有读者说，“那就让线程小弟跑一圈就睡一会嘛！”咦？这想法听着好熟悉呢？在《并发》篇学习“条件变量”时我们就说过，“睡短睡长终究是两难问题。短了浪费 CPU，长了无法第一时间得到结果，容易导致业务延误。”

有意思的是，libcurl 从 7.15.4 版本开始，添加了 curl_multi_timeout()函数，它的概要描述是“how long to wait for action before proceeding”，硬译的话就是“开干之前需要等多久”。curl_multi_timeout()方法可能返回－1，表示“我也不知道该等多久”；返回 0，表示“别等了”；返回一个正整数，然后该函数一脸半仙的表情，表示“信我的，最多再等这么久就来了”，单位是 ms。说实在的，libcurl 库和网卡之间还隔着超厚的操作系统呢，为了不为难该函数，我们在调用完某次 curl_multi_perform()之后再来调用 curl_multi_timeout()，意思是让小弟在各家摊子前面跑一圈有了新的实践之后，自个儿估一个容许喘息的时长。

现在循环操作如下，粗体部分是新增代码。注意，代码暂时只能在“半仙”告诉我们一个具体的正整数时做出处理；当“半仙”表示“我也不知道该等多久”时，我们干脆也不等：

```
#include < thread > //this_thead::sleep_for()
……
int main()
{
    ……
    int loop_count = 0;
    do
    {
        CURLMcode mc = curl_multi_perform(multi_handle
                                        , &running_handles);
        if (mc != CURLM_OK)
        {
```

```
            cerr << curl_multi_strerror(mc) << endl;
            break;
        }

        long wait_ms(0);
        curl_multi_timeout(multi_handle, &wait_ms);
        if (wait_ms > 0)
        {
            this_thread::sleep_for(chrono::milliseconds(wait_ms));
            cout << wait_ms << " ";
        }

        ++loop_count;
    }
    while(running_handles > 0);
    cout << "loop count : " << loop_count << endl;
    ……
}//main()
```

运行结果很让人失望。在本例中,“半仙”能够精确告诉我们时长的次数,基本不超出五次。看看这输出:

```
1 2 4 200 loop count : 436598
```

“半仙”只给了四个大于零的数,其中前面三个看起来还相当可疑,结果这次运行又转了 436,598 次。“半仙”很生气,“很多时候我会告诉你-1,那并不表示我不知道,而是因为天机不可泄露!”我在 libcurl 的文档中使劲地翻啊翻啊,终于找到这么一段话:“How long to wait? We suggest 100 milliseconds at least, but you may want to test it out in your own particular conditions to find a suitable value.”看来,“天机”很有可能是 100ms,所以再改改 do-while 循环:

```
    do
    {
    ……do-while 开头原有代码……

        long wait_ms(0);
        curl_multi_timeout(multi_handle, &wait_ms);
        if (wait_ms > 0)
        {
            this_thread::sleep_for(chrono::milliseconds(wait_ms));
```

```
        cout << wait_ms << " ";
    }
    else if(wait_ms < 0)
    {
        this_thread::sleep_for(chrono::milliseconds(100));
        cout << " ~TJ~ "; //天机不可泄露,所以只输出象征性的两字母
    }

    ++loop_count;
  }
  while(running_handles > 0);
```

再一运行,呀,只循环了40多次,万倍的提升啊!天机好灵啊!你信吗?反正我是不信。虽然效果很好,但那不过是经验值,一切还是恢复到"干脆睡一觉"的方式来避免空跑。还是那句"睡短睡长终究是两难问题"。那要不我们就用"条件变量"嘛!想象一下:线程小弟在边上睡着或玩儿手机,某网络小摊做好食品(有新数据要输出)或需要付钱(可以接受新数据输入),喊一句"客官,请来。"不就啥事都解决了吗?既不需要一堆线程干等,又不需要某个线程空跑。天啊,我们就这样轻描淡写地说出了"高性能网络编程"的核心秘密!

实际和网卡打交道的,不是程序也不是libcurl,而是操作系统,我们当然没办法和操作系统之间约定好一起用std::condition_variable;不过"条件变量"所体现的思路是相通的。操作系统有多种方法通知上层应用程序所关注的某个网络操作已经具备条件可供处理。我们先选择一个最"笨"的方式(又嫌笨,一定又是伏笔,套路),这个模式叫select()的模式。select网络并发模式下,最重要的函数当然是select函数,其原型为:

```
int select(int nfds
        , fd_set * readfds
        , fd_set * writefds
        , fd_set * exceptfds
        , timeval * timeout,
);
```

当我们流着口水站在一排小吃摊前苦苦等待时,我们在等待什么?除了等输入(比如可以取食品)和输出(比如需要付钱)之外,还有一种可能是小摊突然发生意外。当我们面对一个网络句柄,同样在等三样东西:可以从哪个网络句柄读出数据?可以向哪个网络句柄写入数据?还有哪些网络句柄出错了?这三者分别对应select函数入参中的readfds、writefds以及exceptfds。

【小提示】: fd_set 是什么

fd 是“file descriptor(文件描述符)”的缩写。因为 select 函数最早来自 UNIX 系统(berkeley socket 网络组件)。在 UNIX 系统下,“网络”也被视为“文件”,每个文件描述符就是一个长整数。fd_set 是一个结构,里面最多可能存放文件描述符系统默认值仅 64 个。

调用 select()函数之前,我们需要将所关心的小摊贩,啊不,是所关心网络句柄的文件描述符,装在 readfds、writefds 和 exceptfds 内;然后交给 select 函数执行,select()函数负责找出哪个网络句柄可以读数据、哪个网络句柄可以写数据,哪个网络句柄出错了。如果所有网络操作都既不可读又不可写并且还不出错……小时候,你花了一块钱打地鼠游戏,高高地举着锤子,然而一只地鼠都不冒头,可老板说“机器没坏呀”,就是这种情况。不要紧,最后一个入参 timeout 指定本次选择的最长等候时间。该入参类型为“timeval * ”,结构为:

```
struct timeval
{
        long tv_sec; //秒数
        long tv_usec; //微秒 (1/1000000 秒)
};
```

如果直接传入一个空指针(nullptr),select()函数就会一直等到确实有事件(可读、可写或出错)发生才返回;如果将秒数及微秒都设置为零,则 select()操作检查一下现状,不管有没有事件发生都直接返回;如果指定秒数或微秒数,则 select()操作将等到有事件发生或者超时。

剩下第一个入参 int nfds 还未解释。前面说“文件描述符”是一个长整数,我们把关心的描述符装在 readfds、writefds 和 exceptfds 内,nfds 就是这些文件描述符值中最大的那个再加 1(不过,Windows 版本的该函数不关心这个入参)。select()返回“可读+可写+出错”的网络句柄总数;也可能为零,比如超时了;或者是-1,表示本次执行发生错误。在第一种情况下,可读或可写或出错的网络句柄分别从 readfds、writefds 和 exceptfds 这三个入参传回来。接下来工作显然是从三者中取出网络句柄做相应的操作(读、写或者异常处理)。我们使用 libcurl 的 curl_multi_perform()方法,可以让事情简单不少。

【小提示】: 和 select()函数匹配的更复杂操作

如果需要对 select()的结果做更复杂的控制,要么使用 libcurl 提供的 curl_multi_socket_action(),要么干脆抛开 libcurl,直接使用操作系统提供的 socket 函数。

libcurl 提供 curl_multi_fdset()方法，用于从一个 multi handle 中取出 readfds、writefds 和 exceptfds，比如：

```
//定义三个 fd_set 变量 fd_set readfds, writefds, excepfds
//通过 FD_ZERO 对三个 set 做初始化，必须的
FD_ZERO (&readfds);
FD_ZERO(&writefds);
FD_ZERO(&excepfds);

int fd_max = -1;
curl_multi_fdset (multi_handle
                , &readfds, &writefds, &excepfds
                , &fd_max);
```

除三个集合(set)之外，cur_multi_fdset()函数还通过最后一个入参返回一个数值“fd_max”，它是三个集合所包含的号数最大的网络句柄(文件描述符，整数)，但这个数又有可能为－1，表示 libcurl 可能正在忙于某事，造成本次调用失败。正是针对失败情况，libcurl 官方文档给出天机：这个时候要不程序干脆休眠个 100ms 吧。取出三个集合之后，按说就是调用 select()函数，不过还是为该函数指定超时吧。这时我们请出半仙 curl_multi_timeout()，让天机再现。

如果 select()返回值不为－1，就得抓紧调用 curl_multi_perform()，该函数入参当然还是 multi_handle 和 running_handles，我们搞半天才得到的 readfds、writefds 和 exceptfds 根本用上不，原因在前面说过了，因为 curl_multi_perform()的简化。select()来自操作系统。在 Windows 下我们需要为项目 libcurl_multi 添加一个链接库“Ws2-32”，如图 13-12 所示。

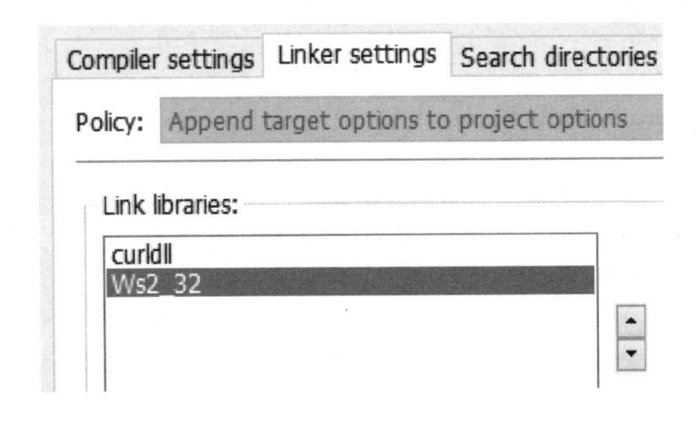

图 13-12 添加 select()函数所在的系统库

结合使用 libcurl 和 select()函数的 main.cpp,完整代码如下:

```
//main.cpp
#include <iostream>
#include <string>
#include <fstream>
#include <thread> //this_thread::sleep_for()

#include <curl/curl.h>

using namespace std;

size_t to_stream(char* data, size_t size, size_t nmemb
                    , void* userdata)
{
    ostream& p = *static_cast<ostream*>(userdata);
    std::string line(data, size * nmemb);
    p << line;

    return size*nmemb;
}

int main()
{
    curl_global_init(CURL_GLOBAL_DEFAULT);

    CURLM * multi_handle = curl_multi_init();

    struct curl_slist *headers = nullptr;
    headers = curl_slist_append(headers, "User-Agent: curl/7.51");

    //加入访问新浪的请求
    CURL* curl_sina = curl_easy_init();
    curl_easy_setopt(curl_sina
                , CURLOPT_URL, "http://www.sina.com.cn/");
    curl_easy_setopt(curl_sina, CURLOPT_FOLLOWLOCATION, 1);
    curl_easy_setopt(curl_sina, CURLOPT_HTTPHEADER, headers);

    ofstream ofs1("sina.html");
    curl_easy_setopt(curl_sina, CURLOPT_WRITEFUNCTION, to_stream);
    curl_easy_setopt(curl_sina, CURLOPT_WRITEDATA
                , static_cast<void*>(&ofs1));
```

```
curl_multi_add_handle(multi_handle, curl_sina);

//加入访问搜狐的请求
CURL * curl_sohu = curl_easy_init();
curl_easy_setopt(curl_sohu
                , CURLOPT_URL, "http://www.sohu.com/");
curl_easy_setopt(curl_sohu, CURLOPT_FOLLOWLOCATION, 1);
curl_easy_setopt(curl_sohu, CURLOPT_HTTPHEADER, headers);

ofstream ofs2("sohu.html");
curl_easy_setopt(curl_sohu, CURLOPT_WRITEFUNCTION, to_stream);
curl_easy_setopt(curl_sohu, CURLOPT_WRITEDATA
                , static_cast < void * > (&ofs2));
curl_multi_add_handle(multi_handle, curl_sohu);

int running_handles;
int loop_count = 0;

do
{
    fd_set readfds, writefds, excepfds;

    FD_ZERO(&readfds);
    FD_ZERO(&writefds);
    FD_ZERO(&excepfds);

    int fd_max = -1;
    curl_multi_fdset(multi_handle
            , &readfds, &writefds, &excepfds, &fd_max);

    int select_result = -1;
    if (fd_max < = -1) //curl_multi_fdset 操作失效?
    {
        select_result = 0;
        //"天机"再现
        this_thread::sleep_for(chrono::milliseconds(100));
    }
    else
    {
        long wait_ms(0);
        curl_multi_timeout(multi_handle, &wait_ms);
        if(wait_ms < 0)
        {
```

```
            wait_ms = 100;//“天机”再再现
        }
        if (wait_ms >= 0)
        {
            timeval timeout {wait_ms/1000
                    , (wait_ms % 1000) * 1000};

            //记得 fd_max 要加 1 后传入,虽然在 windows 下此入参没用
            select_result = select(fd_max + 1
                    , &readfds, &writefds, &excepfds, &timeout);
        }
    }

    if(select_result >= 0)
    {
        CURLMcode mc = curl_multi_perform(multi_handle
                        , &running_handles);
        if (mc != CURLM_OK)
        {
            cerr << "curl_multi_perform fail. " << mc << ".";
            break;
        }
    }

    ++loop_count;
}
while(running_handles > 0);

cout << "loop count : " << loop_count << endl;

curl_slist_free_all(headers);
curl_easy_cleanup(curl_sohu);
curl_easy_cleanup(curl_sina);
curl_global_cleanup();
}
```

代码长了好多,还需要附加链接库 Ws2_32,我满怀希望地编译并执行,结果……循环次数在 200 上下,虽然比原来的 40 多万次有巨大的进步,但比单纯听半仙简单睡 100ms 的那个版本的次数要多。请注意程序的运行时长,本版本运行速度提升一倍。如果不考虑最后清理工作占用的时长,倍数更大。这正体现了 select()的作用,它让程序的等待时长更加合理,而不是完全依靠神神秘秘的“天机”。

**【课堂作业】: select()函数发挥了什么作用**

请思考本例为什么循环次数增多,但执行时间变短?

13.7.4 libcurl 下载图片并发版

新建一控制台项目并命名为 img_downloarder_multi，编译配置中加上链接库 curldll 和 Ws2_32，再加上 libcurl 编译搜索路径"$(#curl.include)"和链接搜索路径"$(#curl.lib)"。main.cpp 实现如下：

```
#include <curl/curl.h>

#include <iostream>
#include <sstream>
#include <fstream>
#include <string>

#include <list>
#include <thread> //sleep_for

using namespace std;

//下载缩略图表所在网页
string html_data;
int write_html(char* data, size_t size, size_t nmemb, void* )
{
    html_data.append(data, size * nmemb);
    return size * nmemb;
}

//为指定 URL 取待存储文件的名字
string make_image_file_name(string const& img_url, int index)
{
    //抠扩展名
    size_t dot_pos = img_url.rfind('.'); //rfind:从尾部向前找
    string ext = img_url.substr(dot_pos);

    size_t q_pos = ext.rfind('?');
    if (q_pos != string::npos) //如果有？号(注意，半角字符)
    {
        ext = ext.substr(0, q_pos);
    }

    return to_string(index) + ext;
}

//将数据写入指定文件
int write_image(char* data, size_t size, size_t nmemb, void* userdata)
{
    ofstream* ofs = static_cast<ofstream*>(userdata);
    ofs->write(data, size * nmemb);
```

```
    return size * nmemb;
}

//添加下载大图的任务
void add_download_task(CURLM * multi_handle
            , list < CURL * > & easy_handle_list
            , list < shared_ptr < ofstream >> & ofs_list
            , string const& img_url, string const& filename)
{
    bool is_https;

    if ((img_url.substr(0, 5)) == "http:")
    {
        is_https = false;
    }
    else if ((img_url.substr(0, 6)) == "https:")
    {
        is_https = true;
    }
    else
    {
        cerr << "不支持的资源访问协议。" << img_url << endl;
        return;
    }

    auto ofs_ptr = make_shared < ofstream > (filename
                            , ios_base::out | ios_base::binary);
    if (! *ofs_ptr)
    {
        return;
    }

    ofs_list.push_back(ofs_ptr);

    CURL * handle = curl_easy_init();

    curl_easy_setopt(handle, CURLOPT_URL, img_url.c_str());

    curl_easy_setopt(handle, CURLOPT_HEADER, 0);
    curl_easy_setopt(handle, CURLOPT_FOLLOWLOCATION, 1);

    curl_easy_setopt(handle, CURLOPT_WRITEFUNCTION, write_image);
    curl_easy_setopt(handle, CURLOPT_WRITEDATA
                , static_cast < void * > (ofs_ptr.get()));

    curl_easy_setopt(handle, CURLOPT_TIMEOUT, 20);

    if (is_https)
    {
        curl_easy_setopt(handle, CURLOPT_SSL_VERIFYPEER, 0);
```

```
    }

    curl_multi_add_handle(multi_handle, handle);
    easy_handle_list.push_back(handle); //加入 list
}

void multi_download(CURLM * multi_handle
                    , list < CURL * > & easy_handle_list)
{
    if (easy_handle_list.empty())
        return;

    int running_handles = 0;

    do
    {
        fd_set readfds, writefds, excepfds;

        FD_ZERO(&readfds);
        FD_ZERO(&writefds);
        FD_ZERO(&excepfds);

        int fd_max = -1;
        curl_multi_fdset(multi_handle
                , &readfds, &writefds, &excepfds, &fd_max);

        int select_result = -1;
        if (fd_max <= -1) //curl_multi_fdset 操作失效?
        {
            select_result = 0;
            //"天机"再现
            this_thread::sleep_for(chrono::milliseconds(100));
        }
        else
        {
            long wait_ms(0);
            curl_multi_timeout(multi_handle, &wait_ms);

            if(wait_ms < 0)
            {
              wait_ms = 100; //"天机"再再现
            }
            if (wait_ms >= 0)
            {
                timeval timeout {wait_ms/1000
                       , (wait_ms % 1000) * 1000};

                //记得 fd_max 要加 1 后传入,虽然在 windows 下此入参没用
                select_result = select(fd_max + 1
                    , &readfds, &writefds, &excepfds, &timeout);
```

```
            }
        }

        if(select_result > = 0)
        {
            CURLMcode mc = curl_multi_perform(multi_handle
                , &running_handles);

            if (mc ! = CURLM_OK)
            {
                cerr << "curl_multi_perform fail. " << mc << " .";
                break;
            }
        }
    }
    while(running_handles > 0);

    //完成之后,从 multi_handle 中移走
    for (auto handle : easy_handle_list)
    {
        curl_multi_remove_handle(multi_handle, handle);
        curl_easy_cleanup(handle);
    }
}

int main()
{
    cout << "严正声明:本程序仅用于学习。\r\n"
         << "通过本程序下载的任何图片请在 8 小时之内删除,不得传播。\r\n"
         << "更不得使用于任何其他目的。\r\n" << endl;

    cout << "请输入明星姓名的全拼(不要带空格或其他分隔):";
    string name;
    cin >> name;

    curl_global_init(CURL_GLOBAL_DEFAULT);

    CURL * handle = curl_easy_init();

    string url = "http://cn.bing.com/images/search? q = " + name;
    curl_easy_setopt(handle, CURLOPT_URL, url.c_str());
    curl_easy_setopt(handle, CURLOPT_WRITEFUNCTION, write_html);

    curl_easy_perform(handle);
    curl_easy_cleanup(handle);

    ofstream ofs("./data.html");
    ofs << html_data;

    string pre = " < a class = \"thumb\" target = \"_blank\" href = \"";
```

```
    size_t len_of_pre = pre.length();
    size_t begin_pos = html_data.find(pre, 0);

    int index = 0;
    list < CURL * > easy_handle_list;
    list < shared_ptr < ofstream >> ofs_list;

    CURLM * multi_handle = curl_multi_init();
    while(begin_pos ! = string::npos)
    {
        begin_pos += len_of_pre;
        size_t end_pos = html_data.find('\"', begin_pos);
        if (end_pos == string::npos)
            break;

        string img_url = html_data.substr(begin_pos
                                          , end_pos - begin_pos);
        string filename = ".\\images\\"
                          + make_image_file_name(img_url, index++);
        cout << img_url << " = >" << filename << endl;

        add_download_task(multi_handle
                          , easy_handle_list, ofs_list
                          , img_url, filename);

        if (easy_handle_list.size() == 10)
        {
            multi_download(multi_handle, easy_handle_list);
            ofs_list.clear();
            easy_handle_list.clear();
        }

        //下一张
        begin_pos = html_data.find(pre, end_pos + 1);
    }
    //最后一批
    multi_download(multi_handle, easy_handle_list);

    curl_multi_cleanup(multi_handle);
    curl_global_cleanup();
}
```

13.8 boost.asio

13.8.1 异步、异步、异步

asio 的全称，依我的理解，大胆猜测是“asynchronous I/O”，官方解释，一套跨平台的网络及低阶 I/O C++程序库，提供统一的异步模型，并使用了现代的 C++方法。

【小提示】：两个 asio 官网

asio 分为独立的 asio(http://think - async.com/Asio)和纳入 boost 库的 boost.asio。boost.asio 总是基于 asio 的源代码进行自动转换，以实现融入 boost 库。

我们使用 boost.asio(后面也常常就称为 asio)，并且总是尽量将它和 C++新标准靠拢。

说到异步，自然想到《并发》篇中的 async 函数。比如，如果我们制作一枚定时炸弹并放在山脚下，启动它，然后干嘛？当然是拔腿跑，因为炸弹会在 5s 后“砰”的一声炸开。下面这段代码不使用“异步”，所以引爆人的尖叫声将夹杂在爆炸的回声中出现：

```
#include < iostream >
#include < thread >

//定时炸弹第一波
void sync_sleep(int s)
{
        //启动定时
        this_thread::sleep_for(chrono::seconds(s));
        //定时到
        cout << "!!! 砰!!!" << endl;

        //边跑边叫
        cout << "~我跑~" << endl;
}
int main()
{
        sync_sleep(5);
}
```

编译、运行，“~我跑~”肯定在“砰”之后发出，象征着这是引爆者的一声绝响。就算你作弊，硬是对换了两行输出的次序，也象征着引爆者刚想跑，那炸弹就爆炸了。解决方法还是引入异步，注意这回的函数名比刚才多了一个宝贵的“a”：

```
#include < iostream >
#include < thread >
#include < future >

//定时炸弹第二波
void async_sleep(int s)
{
        //启动定时
```

```
        std::future < void > f = std::async([s]()
        {
            this_thread::sleep_for(chrono::seconds(s));
        //定时到
            cout << "!!! 砰!!!" << endl;
        });

        //边跑边叫
        cout << "~我跑~" << endl;
        //在百米开外安心等
        f.wait();
}

int main()
{
        async_sleep(5);
}
```

这回“～我跑～”很快出现，然后确实是过5s后才出现“砰”，非常安全。当然，注释中说的“在百米开外安心等”很不客观，博尔特跑百米也要9s以上。跑不快也别担心，std::async()函数的第二个入参(上例中未用到)可以为这类场景给出更安全的方案，你还记得吗?

使用std::async()实现的异步，背后极大可能使用了一个新开的线程，一个两个三四个“定时炸弹”也就罢了，如果同时需要大量异步引爆炸弹的操作，就又陷入了线程“干等”的状态。这个场景下的干等更令我们生气：它居然就是在睡觉!

一个程序需要等一大堆线程“睡醒”的事是很少见的，但一个网络服务端的程序需要等待成千上万个网络连接的读写操作(即网络I/O)，就很常见了；所以我们引入boost.asio库，希望借助它来解决一堆线程在“干等”或若干线程在“空跑”的现象。其实不管是select()函数的机制，还是asio或其他高性能并发网络框架，统统都在和底层(操作系统自身或操作系统层面的组件)配合以实现一个目标：用很少的线程处理很多的网络I/O。让我们把分析工作做得更深入一点：

(1) 很少的线程处理很多的网络I/O意味着“人少事多”，所以这些线程都不能处于“干等”或“空跑”状态，否则线程会不够用。所有参与线程都要在忙有意义的事。

(2) 很少而又很忙的线程，意味着CPU不用维护一堆线程状态，并且在线程之间的每次切换是值得的。线程切换必然带来损耗，但线程不是罪恶，罪恶的是逼着CPU在一堆无所事事的线程之间切换。

(3) 几个线程才算少？通常一个进程开启处理I/O的线程总数是服务器的物理CPU数乘以每颗CPU的核心数，除非这台机器落后到只有一颗单核CPU。

(4) 很少的线程数为什么可以处理很多的网络I/O？因为我们假设网络I/O操作总是远远慢于CPU的内部计算性能。select()和libcurl结合的例子已经向我们演示了一个线程如何在多个网络操作间做高效的切换。注意,是“高效”而非“高速”,如果只是追求高速,那么“空跑”最高速。

select()模式仍显落后,每次可处理的网络句柄数有限(某些平台下默认最多 64 个),如果要同时处理更多网络句柄,只能开多个线程多处调用 select()。Windows、UNIX、Linux 等都提供了性能更高的网络并发编程接口,虽然原理有相近之处,可惜接口形式却大相径庭。asio 敢自称“跨平台”和“提供统一的异步模型”,正是因为它在尽量使用各系统性能所长的同时,也在尽量抹平各系统接口间的差异。

针对不同操作系统及其组件组成,asio 可能用到的底层实现包括:Windows 下的完成端口机制(IOCP: I/O completion ports)、Linux/UNIX 下的 epoll 或 kqueuey 组件,较低版本操作系统下使用 select()。“老师,实现机制就这么一小段?”“对,当前我们的学习重点是 asio 的运作机制,而非 asio 的实现机制”。

13.8.2 asio 异步运转机制

1. 一点准备工作

接下来我们也要做一件抹平差异的小工作。不同版本的 boost 库,或者使用不同版本的编译器,得到的 boost 库名称不一,比如使用 mingw - w646.20 版本的 mingw - gcc 编译 1.57.0 版本的 boost 库,得到的库名称如图 13 - 13 所示。

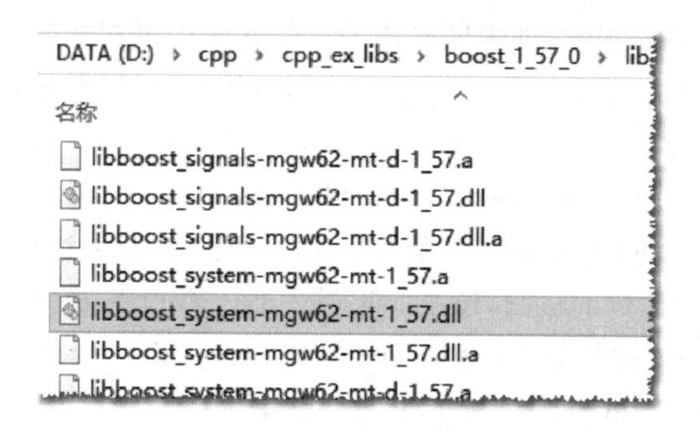

图 13 - 13 boost 库名称后缀“- mgw62 - mt - 1_57”

所有库带有“- mgw62 - mt - 1_57”的字样,其中还有一套带“- d -”,表示带有调试信息,通常不用。如果使用更新版本的 boost 库,则编译得到的 boost 库名称可能和图示不一。

为避免库名称不一带来干扰,请单击 Code::Blocks 主菜单 Settings 下 菜单项,在弹出的全局变量编辑器中选中学习《准备》篇时添加的 boost 项,然后添加一项用户自定义变量,名为“suffix”,值为前面提到的版本后缀信息,比如“- mgw62 - mt - 1_57”,注意包含有前面的“—”符号,如图 13 - 14 所示。

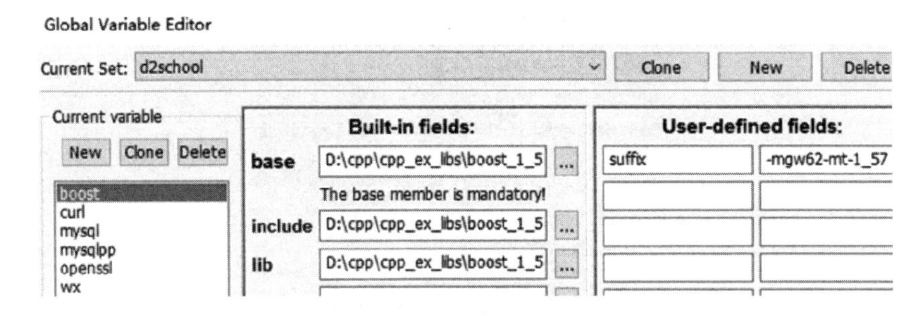

图 13 - 14　自定义 boost. suffix 变量

2. asio 定时器

新建控制台项目名为 asio_timer,然后配置项目构建选项。选中构建目标树的根节点,然后进入 Compiler settings 下的“# define”子页,添加一个宏定义 BOOST_NO_AUTO_PTR,过程如图 13 - 15 所示。

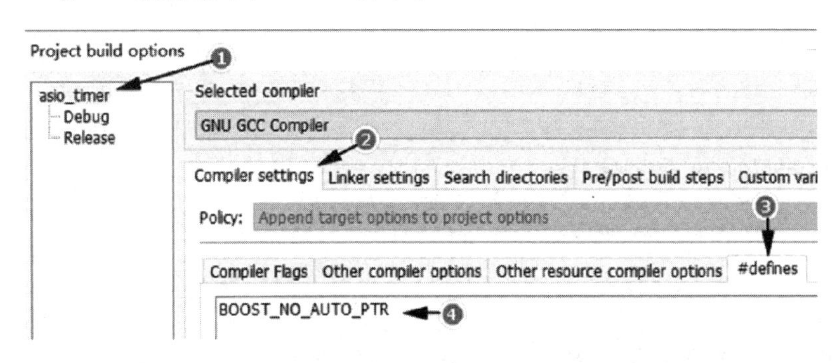

图 13 - 15　添加项目范围内的宏定义 BOOST_NO_AUTO_PTR

boost 库仍然兼容已被标识为“废弃”的 std::auto_ptr,只是编译时会带出一堆警告,在项目范围内加上该宏定义以放弃对 std::auto_ptr 的支持。然后添加 asio 项目经常需要的两个链接库,一是 boost_system,在我的机器它的全称应是 libboost_system - mgw62 - mt - 1_57,其中的版本后缀可以使用之前在 Code::Blocks 中自定义的变量取代,最终得到“boost_system $ (# boost. suffix)”。另一个库是来自操作系统的 Ws2_32,配置结果如图 13 - 16 所示。

最后要配置 boost 的编译和链接搜索路径,分别是“ $ (# boost. include)”和“ $ (# boost. lib)”。

asio 至少提供三种定时器:deadline_timer、system_timer 和 steady_timer。deadline_timer 仅支持和 boost 的时间类结合使用;后两者则可以使用标准库 std::chrono 的时间类,二者又分别基于 std::system_clock 及 std::steady_clock 实现,相关差异见《STL 和 boost》篇。本节仅以 system_timer 示例:

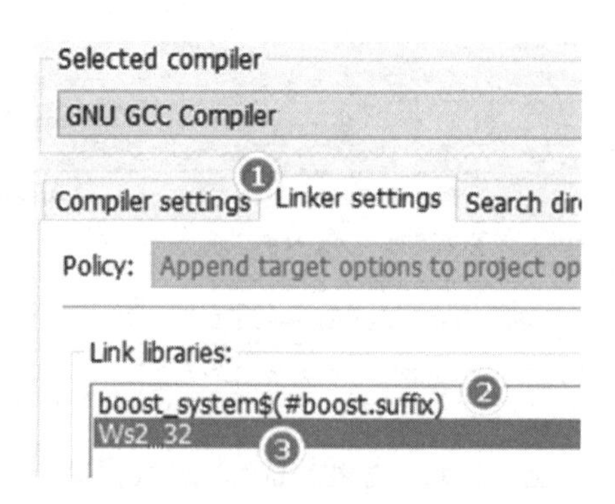

图 13-16 使用了自定义变量的链接库

```
#include <iostream>

#include <boost/asio.hpp>
#include <boost/asio/system_timer.hpp>

using namespace std;

int main()
{
    boost::asio::io_service ios;
    boost::asio::system_timer timer_1(ios);
    timer_1.expires_from_now(std::chrono::seconds(5));

    cout << "请等 5 秒" << endl;

    timer_1.async_wait([](boost::system::error_code const & err)
    {
        if (! err)
        {
            cout << "炸弹 1 !!! 砰!!!" << endl;
        }
        else
        {
            cout << "炸弹 1 定时出错" << err << "。" << endl;
        }
    });

    cout << "～我跑～" << endl;
    // ios.run(); //暂时注释掉
}
```

程序首先定义一个**boost::asio::io_service**对象，这是 asio 库中的一个核心类型。接着定义一个定时器对象 timer_1，并立即调用其**expires_from_now()**以设置定时为 5s。注意，这只是类似于将一颗定时炸弹的时间拨为“5s”，完成后你并不用紧张，也听不到定时炸弹“滴答、滴答”的声音。还得将炸弹上的一个按钮按下，这就是

async_wait()方法的作用;该方法接受一个活动(函数指针、函数对象、lambda 表达式、std::function 对象等)作为入参,当定时到了以后,该活动被回调。该活动的原型类似:

```
void on_timer (boost::system::error_code const & err);
```

如果运转失败,出错信息由入参 err 传入。正如例中的“if (! err) /else”所暗示的,boost::system::error_code 支持进行逻辑真假判断;另外它还支持通过流操作“ << ”输出出错内容。坚持好好写代码,定时器出错的机率近似为零;因此 5s 一过,屏幕应该输出:“炸弹 1 !!! 砰!!!”。编译运行,在屏幕输出“请等 5s”和“～我跑～”后程序就退出了,没有那一声“砰”,也没有报错。怎么搞的? 答案就在代码中,最后那行代码 ios. run()被注释掉了。请恢复该行,然后重新编译、运行。咦,一切都对了。

这 io_service 是何方神圣,它在背后发挥着怎样的作用呢?

3. io_service

io_service(输入输出_服务),在 asio 新版中也叫 io_context(输入输出_上下文)。我个人觉得更好的名称应是“io_engine(输入输出_引擎)”;而 run 一词大家也要有点想象力,不要简单地认为是有个小人在跑,而是要想到“运转”这个词。请容许我勾勒出当年我学习 asio 在脑海深处留下的一张图,如图 13 - 17 所示。

图 13 - 17 io_service 是一个任务引擎

当我们调用 io_service 的 run()方法,引擎的齿轮就转了起来;然后,需要说三遍的重要事情来了:io_service 对象的 run()方法并非永久地转下去,它只是**转到没有任务就立即停转**(函数返回)。请读者大声读三遍。

当 io_service 对象“转”起来(即 run()方法正在执行),它就会去处理身上的事件。当全部任务的全部事件都处理完成,该 io_service 对象就不再转动。后续要是又有新任务往它身上加,除非再次调用 run(),否则任务都不会被执行,最终也许任务堆积成山。

【重要】: 为什么 io_service 类的 run()方法不一直“转”下去

答:为了避免让 asio 变得过于“框架化”。一个一运行就不退出的“运转”函数,可以让我们不会有“整个机器不动了,所有任务都不被执行”的担心,少处理一些工作,但也会让 asio 变得更加具有侵入性,而更伤灵活性,还拉低性能。

作为一个有哲学思想、热衷探索宇宙奥妙的 C++程序员,难免会在此时点上一支烟,于烟雾缭绕中思考:"任务来自何处?任务谁来完成?任务去往何处?"考虑到吸烟有害健康,我们直接揭晓答案。

一、任务来自何处?任务来自应用程序,比如我们写的代码:

```
timer_1.async_wait( ... );
```

timer_1 在执行 async_wait()方法时,创建了一个异步任务,并且将该任务交给 io_service 对象,即本例中的 ios 变量。timer_1 什么时候认识的 ios 对象的呢?请看它的构造过程:

```
boost::asio::system_timer timer_1(ios );
```

timer_1 是一个对象,它拥有一件有赖外部环境推动完成的任务。这样的对象在 asio 中称为"I/O 对象"。比如说"定时器",之前在"异步、异步、异步"小节中演示了两种实现方法:一是当前应用程序的当前线程直接堵塞"睡"上一段时间,二是当前应用程序新开一个线程,让那个线程"睡"上一段时间。尽管后者的表现效果是"异步",但与前者没有本质区别,因为在等待事情完成的期间,都百分百地耗费当前应用程序的一个线程。asio 提供的 timer,则将定时的工作交给操作系统或特定支撑框架,因为底层往往可以提供低成本的定时器实现。

【小提示】:定时器和"I/O"有关系吗

可以这样理解,我们交给操作系统一个时长,经过该时长后,操作系统回馈一个信号以示"定时到啦",这一进一出不就是"I/O"?

呀!一不小心都快把后面两个问题的答案讲完了。

二、任务谁来完成?答:任务(本例中为定时工作)被 io_service 交给操作系统完成。

三、任务去往何处?答:任务完成后就结束使命了,但为了让上层应用程序知道任务完成了,io_service 对象会触发一个事件。事件就是创建任务时指定的回调动作,比如本例中 timer_1.async_wait(...)调用时入参所指定的 lambda 表达式。因此可以理解为任务走了,事件来了。当然,前提是有线程在调用该 io_service 对象的 run()方法。

现在,关于 io_service 的图示如图 13-18 所示。

任务交给操作系统之后,线程就空闲了,可以去处理别的任务。而操作系统完成任务后,将"吐"出事件给某个 io_service 对象,此时如果有一个线程正好在运行该 io_service 对象的 run()方法,并且它空闲(没有在处理之前的事件),它就有机会接收并处理该事件。如果这样的线程有多个,asio 保障只会有一个线程接收并处理同一个事件。如果没有任何这样的线程,新事件就会无人受理。

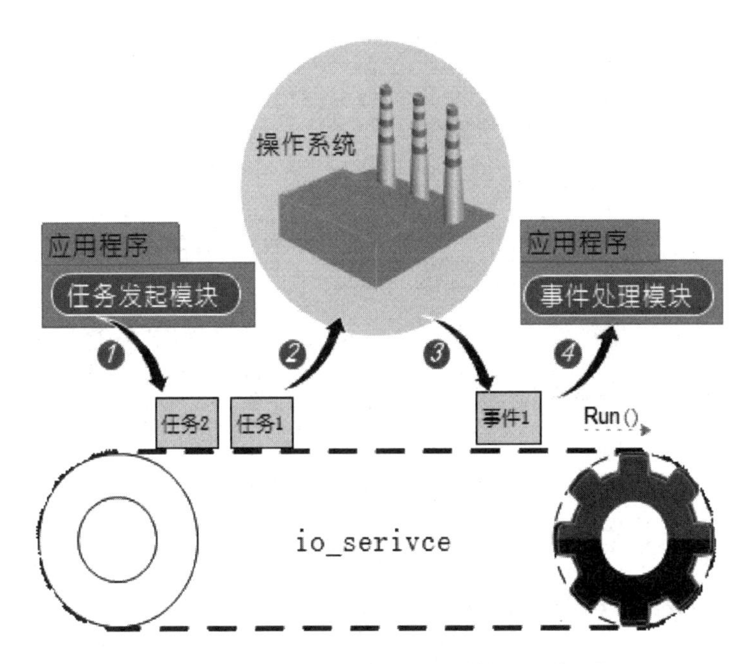

图 13-18 io_service 将任务交给操作系统处理

事件产生次序不一定和任务发起次序一致。比如应用程序先交给 io_service 对象任务 1,再交给它任务 2,而后应用程序的事件处理模块接收到第一个事件,有可能是任务 2 的完成事件。其实很好理解,先布置的任务不一定就先完成嘛! 比如,刚刚我就为自己列了两个任务:第一,写完第 13 章;第二,喝完冰箱里的可乐。我已经预感第二个任务一定会比第一个任务先完成。再比如说定时炸弹,早 1s 开始但定时 5s,和晚 1s 开始但定时 4 s,哪个先爆炸呢? 天知道。

```
//asio 定时器例子:后创建的定时器先产生到点事件
#include <iostream>
#include <sstream>

#include <boost/asio.hpp>
#include <boost/asio/system_timer.hpp>

using namespace std;

//因为两个定时器到点事件逻辑相近,弃 lambda,改用函数对象
struct Peng
{
    Peng(string const& name)
        : name(name)
    {
    }

    void operator() (boost::system::error_code const & err)
```

```
    {
        stringstream ss;
        //使用 message()方法也可以得到 error_code 的内容(字符串)
        ss << name << (err? err.message() : " !!! 砰!!!") << endl;
        cout << ss.str() << endl;
    }

    string name; //两个定时器除了定时时长可能不同,再有不同的话就是名字
};

int main()
{
    boost::asio::io_service ios;

    boost::asio::system_timer timer_1(ios);
    timer_1.expires_from_now(std::chrono::seconds(5));
    Peng peng1("炸弹 1");
    timer_1.async_wait(peng1);

    //~~~~上为定时器 1,下为定时器 2 vvvvvvv

    boost::asio::system_timer timer_2(ios);
    timer_2.expires_from_now(std::chrono::seconds(4)); //少 1 秒!
    Peng peng2("炸弹 2");
    timer_2.async_wait(peng2);

    cout << "~我跑~" << endl;
    ios.run();
}
```

运行该例程,需要看到一个最基本的现象:两个定时器合计的定时长度不是 9s,而是 5s。两个定时器尽管开始和结束时间都不同,但二者显然有接近 4s 的运转时间是重叠的,这就是并行。但在主线程之外我们的应用程序创建了第二个线程吗?没有。

【课堂作业】: 使用"定时器"理解 io_service 的运转机制

(1) 一边看 io_service 的"齿轮"图,一边把例程中两个定时器的运转在脑海中过一遍。(2) 为例程再加一个定时器,两个要求:一是定时为 8 s,二是请逐行逐字写一遍,别偷懒用拷贝粘贴。

除 run()这一主要运转方法之外,io_service 类还有三个可用于处理身上事件的方法:run_one()、poll()和 poll_one()。其中带有"_one"后缀的方法作用正如其名,一次调用最多只会执行一个事件(最少当然是零个)。至于 run()和 poll()的区别,我们留到后面再讲。课程将围绕最重要的 run()方法讲解。

当一个 io_service 对象正在执行 run()、run_one()、poll()、poll_one()中的任何一个方法时,我们称该 io_service 对象处于"运转"状态。为行文简捷,有时也会用

run()函数代表全部四个运转函数。

4. 链式任务反应

前面说过，当 io_service 对象身上没有任务的时候，当前正在运行 run()过程就结束了。这时再往它身上添加任务，程序收不到任务完成事件。如果在本次任务完成后，run()函数退出前再添加一项或更多任务，这就叫链式任务。你可能不太相信，在 asio 的异步世界里，链式任务是最常用的任务产生模式；正如你可能也没有意识到，人的一生其实也是一件事接着一件事，永远有做不完的任务，永远有响应不完的事件；终于有一天发现任务全部完成，“时间都去哪儿了”的歌声也就响起了。

【轻松一刻】：链式任务反应的生活实例

举个生活中的例子，早上我听到手机闹钟在响，挣扎着看了一眼是 6 点 40 分，于是我按下“10 分钟后才吵我”按钮倒头继续睡；十分钟后它还真的又响了，于是我再次设定，又十分钟后它又响了，如此反复到了 8 点，我终于成功地起床了。这其实是一个非常高科技的链式任务反应过程，中间任何一环出现错误，我半天的工资就没了。

再举个高大上一点的例子，前阵子我特意跑到西昌看卫星发射，我一直以为那 10s 倒计时只不过是个形式，这次近距离观摩后，才知道原来每一秒还真有固定的工作要做！回来之后我就想写个模拟程序，使用异步反应链将事情全部串起来，先输出 10，然后定时下一秒，下一秒到达后，输出 9，然后再定时下一秒……“老师能不能和我们讲讲现场观摩卫星发射的更多感受？”“现场？不是啦，我只是跑到西昌的一家宾馆，再打开床头的电视机。”

新建控制台项目并命名为 asio_countdown。参考 aso_timer 项目完成构建配置，包括添加两个链接库、添加编译搜索与链接搜索路径、添加项目全局宏定义 BOOST_NO_AUTO_PTR 等。

说一下思路：和 Peng 结构一样，由于存在状态传递以及会重复调用，所以考虑使用“函数对象”作为定时的回调动作（否则就可能要用到全局数据或者使用 binder 以绑定状态数据了）。这次的结构叫“DownCounter（倒计数器）”，其中最关键的括号操作符重载函数为：

```
struct DownCounter
{
    void operator() (boost::system::error_code const & err)
    {
        if (err)
            return;

        if (-- _count != 0)
        {
```

```
            //产生下一秒定时:
            timer.expires_from_now(std::chrono::seconds(1));
012         timer.async_wait( * this );
        }
    }
};
```

看到变量名字前面的下划线,应能猜到"_count"将是 DownCounter 结构的一个成员数据。另外也应该能想到"_count"会从 10 变到 0,只要还不是为零,就会在每次调用 asio 定时器 timer 的 async_wait()方法开始等下一秒,背后是向当前 io_service 对象添加一个新的任务。

012 行添加了新的定时任务,但这个定时任务的到点事件一定会发生吗?这就得看对应的 io_service 对象是否处于"运转"状态。012 行所处的位置就是一个事件函数,这个事件函数当前正在被执行,所以事件所属的 io_service 对象肯定在运转中。这正是 asio 编程的一个惯用法:在当前事件处理中,添加后续新的任务(也可以直接添加新事件,将在更后一点讲解),从而保障新事件有机会被触发。这个过程称为"链式反应"。链式反应的结果是,可怜的 io_service 对象将无休无止地处于"run(运转)"状态。

继续看 012 行处的代码,此处的 timer 对象从何而来?之前的 asio_timer 例子是在 main()函数中定义定时器对象。如果本例中也这样做,就需要在事件接口添加一个入参用于传递 timer 对象,造成入参和 async_wait(Action)所需要的回调原型不一致,于是需要使用"bind(绑定)"技术。尽管使用 asio 编程早晚得用到 bind()函数,但现在我们尽量不让事情变复杂。方法是将 timer 对象定义成 DownCounter 结构的成员数据,就像"_count"一样。如此我们得到一个直观而且简洁的封装。相对完整的 DownCounter 结构定义如下:

```
struct DownCounter
{
    DownCounter (boost::asio::io_service& ios, int count)
        : _timer (ios), _count(count)
    {
    }

    void operator() (boost::system::error_code const & err)
    {
        if (err)
            return;

        cout << _count << " "; /

        if ( -- _count ! = 0)
        {
            //产生下一秒定时
            _timer.expires_from_now (std::chrono::seconds(1));
```

```
            _timer.async_wait(std::ref(*this));
        }
    }

private:
    boost::asio::system_timer _timer; //变成一个成员
    int _count;
};
```

先看 DownCounter 的构造函数。“_timer”是一个“I/O”对象，它的构造需要一个 io_service 对象。接着看“产生下一秒定时”的地方，这次我们为“*this”加上了 std::ref()，以确保传递当前对象的引用而非复制品，因为 DownCounter 类含有 boost::asio::system_timer 类型的成员，它不支持简单的复制。

【危险】：危险游戏：在异步过程间传递对象的引用

既然改成传递“引用”，我们心里要拉紧一根弦：确保 DownCounter 对象的生命周期足够长。在异步过程中传递引用，非常容易引发“时空”混乱。

再看一遍 DownCounter 的定义，然后心中想象这样一个过程：第 1 秒过去，于是当前 DownCounter 对象的 operator()方法被调用，调用过程里执行“_timer.async_wait()”，传入的还是当前 DownCounter 对象；再过 1 秒，该 DownCounter 对象的 operator()方法又被调用，于是再来一次异步等待……其间“_count”成员每次减 1，直到变成 0，停下这个周而复始的过程。

你想到了什么？想到了“递归”？这确实是一个逻辑上的递归过程，但它确实不是程序中函数递归调用的过程；因为对 operator()方法的每次调用都是干干净净地退出。如果你不信，将来程序运行时，可以通过调试查看函数调用栈。

你还想到了什么？有没有想到牛顿？有没有想到上帝？有没有想到“第一推动力”？有没有想到在这个程序中谁负责调用“_timer”对象第一次的“aync_wait()（异步等待）”呢？

我是想到了牛顿，我是想到了上帝，我是想到了“第一推动力”，所以我才会决定为 DownCounter 类添加一个公开的 Start()方法以便上帝调用它。同时由于出现重复代码，所以我添加了一个私有的 StartNextSeconds()成员函数。至此，完整的 DownCounter 类设计出来了：

```
struct DownCounter
{
    DownCounter(boost::asio::io_service& ios, int count)
        : _timer(ios), _count(count)
    {
    }

    void Start()
```

```
    {
        StartNextSeconds ();
    }

    void operator() (boost::system::error_code const & err)
    {
        if (err)
            return;

        cout << _count << " ";

        if (-- _count != 0)
        {
            StartNextSeconds ();
        }
        else
        {
            cout << "发射!" << endl;
        }
    }

private:
    void StartNextSeconds ()
    {
        _timer.expires_from_now(std::chrono::seconds(1));
        _timer.async_wait(std::ref( * this));
    }

    boost::asio::system_timer _timer;
    int _count;
};
```

【课堂作业】: 再次理解expires_from_now()

请思考为什么上述代码,每次启动新定时都需要先调用“expires_from_now(1s)”? 为什么不能只调用一次,比如只在 DownCounter 类的构造函数中调用?

把输出“发射”这样的代码放入一个名为 DownCounter 的类中显然是设计上的败笔,但不管了,我们就是要爽一把。来吧,补全代码,我们要发射卫星了!

```
#include < iostream >

#include < boost/asio.hpp >
#include < boost/asio/system_timer.hpp >

using namespace std;

/*  这里是 DownCounter 结构的定义  */
```

```
int main()
{
    boost::asio::io_service ios;

    DownCounter counter(ios, 10);
    counter.Start();//上帝之手

    ios.run();
}
```

编译、运行。10、9、8、7、6、5、4、3、2、1，发射！

很爽！但这样的代码还是“小儿科”了，在C++主函数中，几行调用就能完成的事情，都略显幼稚。想要成为成熟的程序员，特别是成熟的C++程序员，下一节一定不能出错。

5. “I/O对象”的链式传递

想要成长为成熟的程序员很简单，把main()中实现具体业务的代码挪到外面，变成一个独立函数或独立类，最好放到独立的文件中，就不会有人揣测我们是刚刚踏出校门了。

继续上一节的例子，让我们践行以上“成熟”之道，main()函数的代码挪走了一些：

```
......
//火箭发射
void launch_rocket (boost::asio::io_service& ios)
{
    DownCounter counter(ios, 10);
    counter.Start(); //上帝之手
}

int main()
{
    boost::asio::io_service ios;
    launch_rocket(ios);
    ios.run();
}
```

之所以没有将io_service对象也挪到launch_rocket()函数中，是因为正常的asio程序肯定还会有大量的其他异步操作需要这个io_service对象。

【重要】：只能有一个io_service对象吗

倒不是说一个asio程序只能有一个io_service对象。看一眼我们曾经为io_service画的图，就知道它的作用非常像车间里的生产线，一家工厂当然可以有多条生产线。不过对于日常的 asio 程序来说,通常是只需一个 io_service 对象就足以驱动所有异步任务了。

编译以上“成熟”的代码并执行,屏幕上什么都没有输出,事实上,巨大的灾难发生了。由于代码被简单地挪到一个独立的函数中,所以在该函数,即本例中的 launch_rocket()结束时,其内的局部对象 counter 生命周期结束了,自然 counter 所包含的“_count”和“_timer”也玩完了。一切都没了,这时再调用 ios.run(),当然什么也没有发生。现在,没有同事会嘲笑我们,因为我们失业了。

要不,将 counter 改为指针?在堆中分配,这样当函数退出时,它不会被释放。如果你敢写这样的代码,为师我拼着一身老骨头,花数万机票费,天涯海角我也要找到你当面清理门户。

又不允许事情没完之前自动释放对象,又要最终能够在事情完成之后释放对象,自然是要想到 std::shared_ptr 了!但若因此写出以下代码,也是该打屁股的:

```
/* 没有用对的智能指针 */
void launch_rocket(boost::asio::io_service& ios)
{
    auto counter = make_shared < DownCounter > (ios, 10);
    counter ->Start(); //上帝之手
}
```

auto 类型用得很好,使用 make_shared 而不是裸的 new 调用,值得嘉奖,但这里的智能指针全然无用:当函数一结束,智能指针对象 counter 还是立即释放,不信你可以立即编译、运行,加以测试。

分析一下吧。在当前的代码中,智能指针 counter 从来没有被复制,所以它的引用计数就只是 1,当所处的函数结束,减至 0,于是释放。这效果和当初的栈对象版本有何区别?共享型智能指针 shared_ptr 称得上 C++新标准中的金箍棒,但如果是这样的一个用法,我要这铁棒有何用?有一个方法,可以让刚刚换为 shared_ptr 的 launch_rocket()函数代码一个字母都不改,也能达到我们要的效果:保证 counter 对象在“_count”为 0,屏幕输出“发射”之前一直存活,然后再自动释放。这是一个在 asio 的官方文档或示例中大量使用的方法。事实上,这是现代 C++程序解决此类问题的惯用法。

老老实实地说思路:前一小节说到链式任务,即上一个任务结束前负责产生下一个任务;而再往前一小节,说到异步任务都被丢给 io_service 对象管理;然后请看例中的 ios 变量,它在 main()中定义,所以虽不是全局变量,但至少在 main()函数内将一直存活。(别忘了,现在我们遇到全部问题,都是因为非要将某些代码挪到主函数外以体现我们的“成熟”。)如果我们在每次产生新任务丢给 io_service 对象时,都至少复制一次 counter，一并丢给 ios 对象处理，智能指针 counter 所指向的实质对象，就将像接力跑中的接力棒一样一直存活，直至链式任务反应结束。

既然要走链式传递智能指针的路，也就同样面临两个关键环节。第一个环节是什么时候创建出智能指针。这一步已完成，就在“lauch_rocket()”函数中：

```
auto counter = make_shared<…>(…);
```

第二个环节是产生新任务的环节如何复制该智能指针，先看该处的现有代码，重点是加粗的那一行：

```
void StartNextSeconds()
{
    _timer.expires_from_now(std::chrono::seconds(1));
    _timer.async_wait(std::ref( * this));
}
```

有一个好消息：async_wait()函数的入参用到 this，意味着正好把当前对象又传递下去了。当前对象是传给“_timer”对象，然后再由后者作为事件回调所需的一个入参，传递给 io_service 对象。

有两个坏消息：第一，this 永远是裸指针，此处它的类型是“DownCounter *”，而非我们想要的 shared_ptr < DownCounter >；第二，就算 this 是 shared_ptr < DownCounter >类型的智能指针，对其进行取值操作(* this)之后，它也要被打回原形，恢复到 DownCounter 值类型，其后对它进行 std::ref()也于事无补，不可能变回智能指针。

**【小提示】：为什么此处必须使用“ * this”**

DownCounter 被设计为“函数对象”的类(或结构)，假设定义的函数对象变量名为 fo，则调用函数对象所重载的“()”操作符的语法是 fo()，语法上就要求此处的 fo 必须是一个普通对象，而不能是指针。如果 fo 是一个指针，语法必须是“(* fo)()”。很快我们就会遇到。

如有需要，请认真复习《STL 和 boost》篇中的“智能指针”章节。此处我们将立即给出答案的关键：enable_shared_from_this 基类和该基类带来的 shared_from_this()方法。DownCounter 被加上基类 enable_shared_from_this <T> ：

```
struct DownCounter
        : public std::enable_shared_from_this < DownCounter >
{
……
};
```

StartNextSeconds()的代码变化比较大，因为又回到 lambda 表达式：

```
void StartNextSeconds()
{
    _timer.expires_from_now(std::chrono::seconds(1));

    //此处的 auto 类型是 std::shared_ptr < DownCounter >
    auto shared_this = this->shared_from_this();
    _timer.async_wait([shared_this](
                boost::system::error_code const & err)
    {
        //shared_this 是(智能)指针，调用其函数对象需先取值
        (* shared_this)(err);
    });
}
```

【危险】：你对 shared_ptr 及 weak_ptr 是否理解到位？

如有需要，请认真复习《STL 和 boost》篇中的“智能指针”章节。检查你是否“需要”，以及你的复习是否“认真”的方法，是回答这个问题：上例中 shared_this 为什么不能以如下方法产生：

```
auto shared_this = std::shared_ptr < DownCounter > (this);
```

代码先通过 shared_from_this()方法安全正确地复制智能指针 counter，再通过 lambda 表达式以“捕获”的方式实现传递。之前我们将重复代码封装成 StartNest-Seconds()函数，就算不是英明的预见，至少是勤快的好习惯。如果不想使用 lambda 表达式呢？让我们想想：(1) 函数对象？不行，之前就是使用函数对象，语法格式难以传递指针对象；(2) C 风格的函数指针？不好，成员函数的函数指针难弄还丑。

没错，只剩下 function 类型了，而且必须用上 bind()方法，该来的总是要来。boost 库先有的 boost::bind()方法，后被纳入 C++ 11 新标准变成 std::bind()。同样的情况发生在 shared_ptr <T> 。为避免冲突，有两个建议，一是相关代码写上完整的命名空间限定，二是尽量避免混用存在同名的定义。

【危险】：混用 stl 和 boost 的同名定义

asio 默认使用 boost 版本的绑定工具。怎么个默认法呢？比如当绑定需要使用入参占位符时，在 boost::asio::placeholders 之下定义的占位符变量的类型，全是 boost 库内定义的类型(建议查阅“boost\asio\placeholder.hpp”文件)。如果出现混用，比如使用 std::bind()方法，但方法中用到的入参占位符却使用 boost 定义的版本，会出现一堆编译问题。

下面是放弃 lambda，改用 function 对象作为 timer.async_wait()入参的完整代码。另一个变化是 DownCounter 的 operator()的重载被改为普通成员函数：

```
//functional 版本的链式传递(指向 I/O 对象的)智能指针
#include < iostream >
#include < functional >

#include < boost/asio.hpp >
#include < boost/asio/system_timer.hpp >


using namespace std;

struct DownCounter
    : public std::enable_shared_from_this < DownCounter >
{
    DownCounter(boost::asio::io_service& ios, int count)
        : _timer(ios), _count(count)
    {
    }

    void Start()
    {
        StartNextSeconds();
    }

private:
    void OnTimerExpired(boost::system::error_code const & err)
    {
        if (err)
            return;

        cout << _count << " ";

        if (-- _count != 0)
        {
            StartNextSeconds();
        }
        else
        {
            cout << "发射!" << endl;
        }
    }

    void StartNextSeconds()
    {
        _timer.expires_from_now(std::chrono::seconds(1));

        auto shared_this = this->shared_from_this();
        _timer.async_wait(std::bind (DownCounter::OnTimerExpired
                                    , shared_this //链式传递智能指针
                                    ,std::placeholders::_1));
```

```
    }

    boost::asio::system_timer _timer;
    int _count;
};

void launch_rocket(boost::asio::io_service& ios)
{
    auto counter = make_shared < DownCounter > (ios, 10);
    counter->Start(); //上帝之手
}

int main()
{
    boost::asio::io_service ios;
    launch_rocket(ios);
    ios.run();
}
```

【危险】:“异步运转机制”和网络的关系

在《网络》篇花很大篇幅谈和网络并不直接相关的“asio 异步运转机制”,但这一切真的很重要。“没有底层的异步机制,就没有高性能的网络框架”,这几乎是真理。在 asio 编程中,如果不认真搞懂以上异步运转机制的基础知识就直接往下学习,很危险。

13.8.3 TCP/UDP 简述

libcurl 是 C 语言写的网络编程工具库,asio 是 C++写的网络编程的基础类库。这二者都是网络库,也都可以用于 C++语言,但差异也是巨大的。

libcurl 只用于客户端,asio 既可以写客户端,也可以写服务端。libcurl 实现了 HTTP\FTP 等应用层协议,但 asio 却只实现了传输层的 TCP/UDP 等协议。之前在学习 https 时介绍过“OSI 网络七层协议”,但实际应用更多的是“TCP/IP 五层协议”,在后者的分层中,HTTP 和 FTP 均为在 TCP 之上实现的协议,如图 13-19 所示。

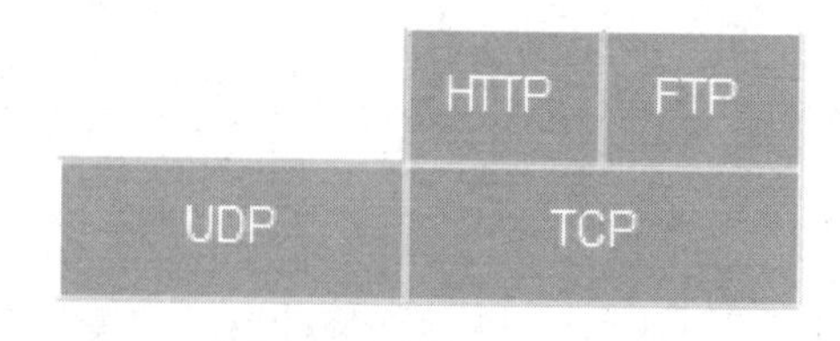

图 13-19 几个常用协议的层次关系

如图 13-19 所示,HTTP 和 FTP 基于 TCP 实现,前者针对网页内容传输的应用，后者针对文件数据传输的应用，分别定义非常不同的连接、交互方式及报文格式。假设我们想写一个下载新浪网页的客户端，使用 libcurl，它已经帮我们实现并封装了 HTTP 客户端的相关工作，比如如何打包请求报文，如何解析服务端返回的报文等；但如果改为使用 asio，这一切都需要我们编写代码。

网络通信协议存在分层，和我们写程序时进行分层设计的原因相同，都是为了解决"通用"和"定制"之间的矛盾。上层协议用于满足个性通信，下层协议用于满足共性通信。现实生活也广泛存在这样的现象，比如你从淘宝网支付下单，很快货品就送到家，表面上这完全是你和卖家之间围绕某笔买卖的一次通信，但其实互联网通道不是你俩搭建的，送货的物流通道不是你俩搭建的，物流可能用到的海陆空航道更不是你俩搭建的。更极端一点的理解方式，可以思考这么一个问题：当初修建马路的人，可曾想过会有那么一天，这条马路上会跑着用于支撑网络交易的物流电动车？肯定没有，因为在马路存在的绝大部分年代里都还没有互联网。如果我们将 TCP 协议理解为是在马路行车需要的约定和技巧，比如靠右行驶，红灯停绿灯行，夜间过十字路口打双闪……那 HTTP 可以理解成在马路上驾驶自动档小轿车需要的约定和技巧，而 FTP 就是在马路上驾驶有挂斗的大货车需要的约定和技巧。

TCP 和 UDP 都是传输层的协议，全称分别是"Transmission Control Protocol（传输控制协议）"和"User Datagram Protocol（用户数据报协议）"。二者重要的差别在于基于前者的网络通信被称为"有连接"的通信，基于后者的被称为"无连接"的通信。

有人（包括我自己）喜欢用"电话"比喻"有连接"的通信，用"信件"比喻"无连接"的通信。广东的小王打电话给北京的小李，当电话一接通，本次通信的"连接"就产生了，除非双方有一方在装傻，否则任何一方说话时，都可以知道对方有没有听到，万一没有听清，还可以重复说一遍。海南的小张给吉林的小赵寄出了一封信，当写着地址的信封丢入邮筒，通信过程已经开始，但小张却近半个月都不清楚小赵有没有收到这封信，这就是"无连接"通信特性之一的表现。有关"有连接"和"无连接"通信差异最简单的理解方法，其实是看通信双方是否有确认回馈机制。女神从我们身边经过，我打了声招呼你吹了声口哨，女神对我发出去的声音报文毫无反应，仿佛没有听到一样，却歪头瞪你一眼。恭喜，你成功地向女神发起了一次有连接通信，哪怕可能在下一秒这个连接就断开了。

"有连接"和"无连接"必须和协议会话层结合起来考虑。比如前面说的寄信，写信人通常在信的内容中写到"望复"；于是半个月后小张收到了小赵的回信，一来一往不就是建立了一种连接？就算中间有个别信件丢失，发信人在等一个月无回复后，判超时重发一封，这正是"有连接"通信中有关连接控制的典型做法。因此当我们谈到 TCP、UDP 有无连接之分时，一定要记住这是在讨论传输层上的协议。

对于"有连接"通信，自然就有建立连接和断开连接的过程。TCP 协议建立连接需要由客户端发起，服务端接受（当然也可以拒绝，从而无法建立连接）。为了在复杂的网络环境下保障建立连接的正确性，二者之间需要经过三次报文收发，俗称“三次握手”。

【轻松一刻】：和女神建立连接的方式

按照“三次握手”的标准，你作为客户端要和女神建立起真正的连接，步骤为：

(握手一)你吹口哨；(握手二)女神瞪你。(握手三)你：“瞅啥呢?”(通讯开始)@#￥@%#……我总是喜欢用温柔的玲姐作为女神的例子，竟忘了人世间还有一类女神，她们同时也是“女汉子”。

一旦连接建立，双方想痛快断开，则需要“四次握手”。当然，常常会有意外情况造成连接硬生生地断开，比如说通信双方有一方的程序出错直接退出了，或者有台关键设备网线被拔了，或者大半夜你正玩网游时你爸爸起床关掉了路由器……不管怎样，所有未经四次交互确认的连接断开，都是“不优雅”的断开，相对的，正常断开的过程被称为“优雅的断开”。

不仅建立连接需要有确认，每一次上层应用数据的收发，有连接的通信过程，都会有确认机制，在没有收到对端(peer)的确认之前，本地端(local)不会发新数据，最多是等到超时重发。无连接的通信则不一样，发送方可以可劲儿地发，不管也管不了接收方有没有收到。当然，前面提到了，如有需要，上层应用可以在无连接的传输层协议之上，尽量模拟有连接确认的重发等机制。但这真的是非常难和繁琐的，所以当我们的应用确实很在意数据收发的可靠性，应该尽量使用 TCP 协议。

【课堂作业】：了解学习 TCP/UDP 的更多知识

请上网搜索并自学：① TCP/UDP 更多关于有连接、无连接的区别；②二者的更多区别以及各自适用的场景；③TCP 建立和断开连接的过程；④二者具体的报文格式；⑤TCP 之上的更多协议。⑥什么叫 IP 地址，什么叫域名地址；⑦网卡、路由器、防火墙等的作用和基本工作原理。

不管是 UDP 还是 TCP 通信，通信双方都可以分为客户端和服务端，其中客户端通常指通信的发起者。对于 TCP，它有明确的区分方法，即发起连接的一方。对于 UDP，客户端与服务端的区分并不明显，简单但不精确的理解是；将第一次发送报文的一方当作客户端。区分客户与服务端的另一方法，服务端是可以以一对多的一方，典型的如 TCP 中服务端可以接受并同时处理多个连接。注意，这里提的客户端和服务端都是指网络编程中的独立模块，而非对应到通信双方的进程。一个进程可能既是通信的客户端也是通信的服务端，一个进程也可以包含多个通信的客户端或服务端。

现实网络还存在另外一个复杂性，既网络和网络之间的可见性和连通性。比如在公司里你可以访问公司的网络打印机，但你肯定不能从你公司直接访问到别家公司的打印机。哪怕就在同一家公司，部署在人事部某电脑上的“通信录”服务，允许从财务部门的电脑访问，但财务部门部署的某些服务，却只能从老板的电脑上访问。当涉及到互联网和局域网通信时，我们在家里的无线或有线路由器组成的局域网中，你写的“美图下载器”可以访问并获取互联网上的美图，但请放心，那些提供美图资源的互联网设备却不能使用相同的过程访问你电脑上的图。

简单的两个结论：服务端必然要部署在客户端可以主动访问的地方，但客户端可以隐藏在服务端可能看不到摸不着的地方。理解这一事实的正确方法是上网查询阅读更多有关“互联网”“局域网”和“广域网”等知识，不正确但临时有用的方法是回想自己过往的人生中，是否每次冲着女神吹口哨，对方都能事先看到你？别装纯洁了哦，我记得就是你有好几次都躲在阴暗角落干这事。至于吹完口哨后连接有没有建立成功？有啊，我记得当时女神服务器回复一声“变态”，作为客户端你迅速发出新数据：“都是因为爱”，很快脆弱的服务端崩溃了。

TCP服务端必须可见，因此服务端必须有一个客户端可到达的地址。通常是指一个主机地址和一个端口。主机地址通常是一个域名或一个IP地址，用于指向一台主机。端口则是一个数字编号，有效范围1～65535，用于区分同一台主机内不同的服务端。你可以把服务器想像成一座楼(假设楼栋编号为女78号)，有一面墙总共挖了65535个带着编号的窗(端)口，各个服务程序支着大大的耳朵贴近特定号码的端口上监听。“监听”在此处的翻译是listen，和select一样是一个socket函数。服务端程序一开始监听，就算是准备就绪了。客户端，也就是对面一堆男生楼，开始有人在喊：“女78楼80号端口的王美丽，我是男25楼520号的张有钱，我要和你申请建立连接，请接受。”女方心里暗自冷笑，“有钱就想连接美丽？”女方拒绝后，男方再三尝试后终于放弃。接着传来“女78楼80号端口的王美丽，我是男680楼52013号的付二袋，我要和你申请建立连接，请接受。”王美丽欣然接受连接。“接受”在此处的翻译是accept，也是一个socket函数。说半天，为什么不来段网络服务端程序的实际代码呢？之前一直在用libcurl写客户端，很腻了都。

13.8.4 asio核心类

除核心类型io_serivce之外，使用asio进行异步或同步网络还有不少关键类型，我们结合异步操作进行讲解。

1. ip::tcp::socket

libcurl库使用“CRUL * ”代表socket句柄，asio库使用ip::tcp::socket类用于代表TCP协议下的socket对象。将“句柄”换成“对象”，因为asio库是不打折扣的C++库。

ip::tcp::socket提供以下常用异步操作都以async开头，官方文档如表13-3所列。

表 13 - 3　tcp::socket 提供的异步操作

async_connect ()	Start an asynchronous connect
async_read_some ()	Start an asynchronous read
async_write_some ()	Start an asynchronous write

对应的注释以“Start...”开始，表明一个异步操作函数只是负责开始一件事，并不一直等到这件事情完成，通常在此时我会将 Start 翻译为“发起”。让我们看看 tcp::socket 能发起什么事：

(1) async_connect:主动发起一个连接请求。显然这是客户端的责任。

(2) async_read_some:从该网络“读一些”数据。即有多少读多少。

(3) async_write_some:向该网络“写一些”数据。即能写多少写多少。

网络数据的传输，无论是发是收，是快是慢，相比 CPU 的计算速度，总是可以认为数据是在“断断续续”地流动的。在使用 libcurl 下载新浪和搜狐网站的例子说明中，我们已经有过相关描述。带“_some”后缀的读写操作，正是用于实现“有多少处理多少”的思路。不过，也会有许多时候程序明确知道需要读入或写出多少字节。asio 提供一对自由函数，用于处理这种情况，如表 13 - 4 所列。

表 13 - 4　明确字节数的异步读写自由函数

async_read ()	Start an asynchronous read
async_write ()	Start an asynchronous write

【小提示】:“读/写”还是“接收/发送”

说到网络，我们更熟悉的或许是“receive(接收)”和“send(发送)”这对用词，所以 asio::ip::tcp::socket 干脆也提供 receive()和 send()方法。入参的功能与 read_some()和 write_some()一样。细微差异是“receive()/send()”有另一套较少使用的重载版本。

既然是异步操作，就和 C++的 async()方法类似，调用时需要传入一个动作，用于在操作完成时回调，不管是读操作还是写操作，它们都需要这样一个原型的操作：

```
void handler(/ * 原型的名字无所谓 * /
    const boost::system::error_code& error
    , std::size_t bytes_transferred
);
```

如果操作发生错误，error 传入出错信息，这一点和定时器的回调操作的入参一样，其实是 asio 中各类回调都必须有的入参。如果操作成功，第二个入参表示本次读到或者写出多少字节。

【课堂作业】: 对比 libcurl 和 asio 网络读写回调

请复习 libcurl 设置**CURLOPT_READFUNCTION**、**CURLOPT_RITEFUNCTION** 时所使用的原型，并与 asio 作对比。

作业的答案必须包含一点：libcurl 所需回调用的函数带有数据，比如当读到网页数据时，libcurl 回调我们设定的函数是：

```
size_t write_html(char * data , size_t size, size_t nmemb, void * );
```

第一个入参“char * data”就是 libcurl 读到的数据，通过回调交给我们处理，上例中我们将它写成一个磁盘文件；但 aiso 版本的回调，两个入参，一个是出错时才有用，另一个只是告诉我们数据的大小，可是我们更关心的是数据呀，特别是对于读操作。

“亲，去年你投资我的 5 万，经我炒股几天后赚到 100 万。”“100 万呀！钱呢？”“唉！你这人怎么这么贪财？知道个总数就好了！”asio 将如何让我们取到数据？相比 libcurl 在回调时直接“交货”的直观设计，asio 的设计有何利弊？这些问题的答案，都需要我们认真看看前面几个异步操作函数的原型。让从我们最关心的读操作看起。成员函数 async_read_some()原型如下：

```
template < typename MutableBufferSequence,  typename ReadHandler >
void async_read_some (const MutableBufferSequence & buffers
                     , ReadHandler handler);
```

是个简单的函数模板，两个入参类型都是模板。请先无视模板那一套东西，你就能看到简化版：

```
    void async_read_some (buffers, handler);
```

第一个入参要一个“内存块”对象，第二个入参就是前面说的 handler()回调操作，可以是函数指针、可以是……有搞音乐的读者吗？能否帮忙将这段话谱个曲，下次再遇上，我就直接话筒指向台下，请大家异口同声地唱出来。

buffers 的类型虽然是模板，但类型模板名称 MutableBuffer 透露端倪，它暗示我们这块 buffers 应该是“Mutable(可变的)”。在 asio 中，“可变的”内存块对象既表示其内容可被修改，也表示万一空间不足，该内存块对象还应支持扩张容量。简单地说就是类似 std::vector 类型的对象。这样的要求非常合理，因为 read some 正意味着事先不确定这次到底能读到多少字节的数据。用于明确读取指定字节内容的自由函数 async_read()简化原型如下：

```
void async_read (ip::tcp::socket& socket
                , const MutableBufferSequence & buffers
                , ReadHandler handler);
```

从外表上看多出第一个入参，指定负责异步读的网络底层套接字 socket；但重点是内部实现的读取数据过程，会反复地读取直到 buffers 填满或读操作出错为止。再

看异步写操作,async_write_some()原型如下:

```
template < typename ConstBufferSequence,  typename WriteHandler >
void async_write_some (const ConstBufferSequence & buffers
                      ,  WriteHandler handler);
```

ConstBufferSequence 表明,这次要的 buffer 不会被修改。因为待写的数据肯定得事先准备好,有多大,有什么内容一切都是定的。可见,对于网络读写操作所需的数据存储,asio 要求用户方在发起异步操作前就自行准备好(上述入参 buffers)。asio 通常将直接使用该内存;libcurl 则是由库创建内存,要求我们在回调操作时读出或写入。asio 的策略易用性较差,因为用户需要在异步操作发起到完成之间维护好这块内存;但性能较好,因为减少内存复制或内存申请的次数。

用于明确写出指定字节内容的自由函数 async_write()简化原型如下:

```
void async_write (ip::tcp::socket& socket
                 , const ConstBufferSequence & buffers
                 , ReadHandler handler);
```

多出的第一个入参用于指定负责异步读的网络底层套接字。内部实现的写数据过程,会负责将 buffers 内部的数据全部写出或操作出错为止。最后看异步发起连接,**async_connect** ()的原型为:

```
template < typename ConnectHandler >
void async_connect (const endpoint_type & peer_endpoint
                   , ConnectHandler handler);
```

入参 peer_endpoint 是待连接的目标地址,其数据结构留到下一小节讲解。入参 handler 是连接操作完成(失败或成功)后需回调的操作。连接操作不需要显式数据传递,因此和定时器回调一样,只有 error 入参:

```
void handler(const boost::system::error_code& error);
```

拥有"async_connect(异步连接)""async_read_some(异步读)"和"async_write_some(异步写)"方法,所以如果我们手上有一个 ip::tcp::socket 对象,就可以将"连接"、"读"、"写"串成异步操作链。应用代码、io_service 以及操作系统(OS)三者共同串成的,异步操作链示意如图 13-20 所示。

除连接操作只需一次之外,后续的读写操作可以根据需要各种组合。比如图中示意一写一读,实际应用也有可能是"写、写、读、读"或"读、读、写、写"等。需要等到"echo 通信示例"小节我们将给出链式异步操作的实现代码。

2. ip::tcp::endpoint

ip::tcp::socket 用于连接 TCP 服务端的 async_connect()方法的第一个入参是 const **endpoint_type**& peer_endpoint。此处的类型 endpoint_type 是 ip::tcp::endpoint 在 ip::tcp::socket 类内部的一个别名。libcurl 库采用字符串(URL)表达目标

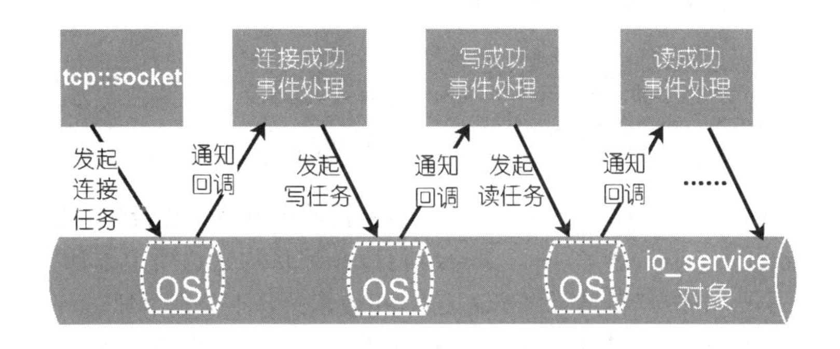

图 13-20 连接、写、读串成的异步操作链

的地址，如“http://www.sina.com.cn”。其中“www.sina.com.cn”代表主机在互联网中的位置，采用的是方便人类阅读、理解和记忆的字符串内容。实际访问前需要转换成形如 IP 地址（V4 或 V6 版本）。示例地址没有给出端口号，但是协议 http 约定了默认端口是 80。

asio 主要用于处理传输层的 TCP、UDP 等通信协议，这两个协议对目标地址的要求都是“主机地址＋端口号”。其中主机地址需要采用 IP（V4 或 V6）形式。ip::tcp::endpoint 类用于表达“主机地址（IP 形式）＋端口号”的组合。对应的成员方法是 address() 和 port()。以下结构用于示意：

```
struct endpoint //端地址
{
        address address () const; //取地址
        void address (address const& address); //设置地址
        unsigned short int port() const; //取端口号
        void port(unsigned short int port); //设置端口号
};
```

这种类型名和方法重名（比如“address”）；再加上取值方法和设值方法重名的效果，还真让人眼晕。不过很明显的事实是“端口号”就是一个无符短整数（0～65535），而 IP 地址竟然不是我们习惯的字符串形式，比如“60.215.128.246”。这是因为哪怕是这样一串以小数点区分的数字，仍然是为了照顾人类阅读而制定的。

address 类全名是 boost::asio::ip::address。注意它归属在 ip 之下，这意味着它通用于 TCP 和 UDP。address 类提供静态成员函数 from_string() 和普通成员函数 to_string()。二者实现 IP 地址的内部表达和 IPV4 或 IPV6 的字符串格式间的转换：

```
    boost::asio::ip::address adr;
    adr = boost::asio::ip::address::from_string ("60.215.128.246");
    cout << adr.to_string() << endl;
```

有 address，再加上端口号，可以拼出新浪网服务在传输层上的地址：

```
......
boost::asio::ip::tcp::endpoint sina_endpoint;
sina_endpoint.address(adr);
sina_endpoint.port(80);
```

然后就可以用 ip::tcp::socket 主动连接新浪的服务器。请新建一控制台项目，命名为 connect_to_sina，参考 asio_timer 项目，在项目构建选项中添加“boost_system $(#boost.suffix)”和 Ws2_32 链接库，在搜索路径下分别添加 boost 头文件与库文件的全局路径变量。最后再加上避免有关 auto_ptr 警告的 BOOST_NO_AUTO_PTR 宏定义。main.cpp 内容如下：

```
#include < iostream >

#include < boost/asio.hpp >

using namespace std;

int main()
{
    //准备主机地址(IP) address
    boost::asio::ip::address adr;
    adr = boost::asio::ip::address::from_string("60.215.128.246");
    cout << adr.to_string() << endl;

    //准备目标地址(主机 + 端口),endpoint
    boost::asio::ip::tcp::endpoint sina_endpoint;
    sina_endpoint.address(adr);
    sina_endpoint.port(80); //Web 服务的默认端口 80

    //核心对象 ios
    boost::asio::io_service ios;
    //I/O 对象,socket
    boost::asio::ip::tcp::socket socket(ios);

    //发起异步连接任务:
    socket.async_connect(sina_endpoint //目标地址
        , [](boost::system::error_code const& err) //完成事件
    {
        cout << (err ? err.message() : "连接新浪主机成功。") << endl;
    });

    ios.run(); //让“机器”转起来
}
```

如果在你运行该程序前，新浪网的服务器放弃“60.215.128.246”这个地址，那么你将看不到成功的消息，或者虽然你看到“连接新浪主机成功”的字样，但其实这个

IP 地址已经属于别人家了。怎么办呢？

3. ip::tcp::resolver

除了技术宅，没有人会用“60.215.128.246”访问新浪。ip::tcp::resolver 可以帮我们用上“www.sina.com.cn”，因为它负责将人类可读的多种网址信息，一步到位地解析成 ip::tcp::socket 建立连接所需要的 ip::tcp::endpoint 结构，address 类被直接跳过。说是一步到位，实际操作至少还需分成三步：

第一步，准备解析条件。条件竟然又是一个类型：ip::tcp::resolver::**query**，此处 Query 作名词解，较难翻译成中文。它支持表达多种地址，我们最关心的是网址加端口的形式：

```
//step 1: 准备解析条件
asio::ip::tcp::resolver::query  Q("www.sina.com.cn", "80");
```

第二步，创建 resolver 对象，并调用其 resolve()方法，入参是 query 对象：

```
//step 2:同步解析
aiso::ip::tcp::resolver R(ios);//ios : io_service 对象
R.resolve(Q);//可始解析
```

第三步用于取第二步的结果。resolver::resolve()方法返回结果类型你以为就是 ip::tcp::endpoint 了吗？想太简单啦！得到的是一个“iterator（迭代器）”。全称在代码中可以写成 ip::tcp::resolver::iterator。

既然自称迭代器，是得有一些迭代器的行为：

(1) 可通过“ * ”操作取值，也支持“->”操作，值类型也还不是我们想要的 endpoint，而是 basic_resolver_entry < tcp >。该类提供“endpoint()(地址)”“host_name()(主机名)”和“service_name()(端口)”等方法，同时还重载了目标类型为 endpoint_type 的转换符。

(2) 解析可能得到多个结果，可通过迭代器的“++”操作实现遍历。

(3) 可以判断是否处于结束的空迭代器；默认构造得到的 iterator 就是一个空迭代器：

```
//step 3 :取结果
asio::ip::tcp::resolver::iterator it = R.resolve(Q);
if (it != aiso::ip::tcp::resolver::iterator())
{
    //终于得到一个 endpoint
    aiso::ip::tcp::endpoint ep = * it;
}
```

例子最后一步的“ * it”，得到的是 basic_resolver_entry < tcp > 对象，但通过重载的转换符，转换成赋值操作中左值所需的 endpoint 对象。

新建一控制台项目命名为 my_resolver，为其构建选项添加 Ws2_32 和“boost_

system $(#boost.suffix)"两链接库;添加 boost 的头文件和库文件搜索路径;最后添加项目全局宏定义 BOOST_NO_AUTO_PTR。main.cpp 内容为:

```
#include <iostream>
#include <string>

#include <boost/asio.hpp>
#include <boost/asio/ip/basic_resolver.hpp>

using namespace std;
using namespace boost;

int main()
{
    asio::io_service ios;

    string web;
    cout << "请输入目标网址:";
    std::getline(std::cin, web);

    unsigned short int port;
    cout << "请输入目标端口号:";
    cin >> port;

    asio::ip::tcp::resolver::query Q (web.c_str()
                                    , std::to_string(port));
    asio::ip::tcp::resolver R(ios);
    asio::ip::tcp::resolver::iterator it = R.resolve(Q);

    asio::ip::tcp::resolver::iterator empty_iterator;//结束位置
    //遍历:
    for (asio::ip::tcp::resolver::iterator next = it
                        ; next != empty_iterator; ++next)
    {
        cout << "解析网址[" << web << "]结果:"
                << "\nendpoint.address : "
                << next->endpoint().address().to_string()
                << "\nhost_name : " << next->host_name()
                << "\nservice_name : " << next->service_name()
                << endl;
    }

    asio::ip::tcp::endpoint ep = *it;

    cout << "连接测试……";
    asio::ip::tcp::socket socket(ios);
    socket.async_connect(ep, [](system::error_code const& err)
```

```
    {
        cout << (err? err.message() : "成功。") << endl;
    });

    ios.run();
}
```

编译运行，并输入：www.d2school.com，结果如下：

```
请输入目标网址：www.d2school.com
请输入目标端口号：80
解析网址[www.d2school.com]结果：
endpoint.address : 112.124.15.143
host_name : www.d2school.com
service_name : 80
连接测试……成功。
```

试着输入代表本地主机地址的 localhost，如果操作系统支持并启用 IPV6，就能看到一个“::1”的 IPV6 地址，以及一个“127.0.0.1”的 IPV4 地址。也可以直接把 IP 地址交给 resolver，它会聪明地发现，“咦，这已经是解析好的地址了。”家里的无线路由器通常会提供一个管理服务，通常不是“192.168.1.1”就是“192.168.0.1”，请各位试试。接下来看这行代码“xxx = R.**resolve**(Q)”。解析网址也是一个网络 I/O 操作(虽然有可能读的是操作系统缓存在本地的解析结果)，如果要避免线程陷入等待，ip::tcp::resolver 类也提供了异步的**async_resolve()**方法。

让我来剧透吧：虽然 asio 是一个异步网络程序库，但它也提供同步版本的 I/O 操作接口，通常用在个别不太在意性能的地方。

**【课堂作业】：异步版网址解析**

请将上例中 R.resolve()调用改成异步调用版本：R.async_resolve()。该函数原型为：

```
void async_resolve(const query & q,  ResolveHandler handler);
```

其中回调操作 handler 原型为：

```
void handler(boost::system::error_code const& error
    , resolver::iterator iterator);
```

最后提一句：新版的 asio 在解析地址方面有些改变，解析结果不再是一个迭代器，而是容器或“范围(iange)”，使用时会方便些。

4. ip::tcp::acceptor

ip::tcp::socket 类提供用于客户端“async_connect()(发起连接)”方法，但没有提供服务端用于“async_accept()(接受连接)”的方法；这正对应了客户端和服务端之间的“多对一”关系：每一个 socket 都可以主动发起连接，但连接的目标可以是同一个服务端；倒过来，就是一个服务端可以接受并拥有多个客户端发起的连接。

“ip::tcp::acceptor(接受器)”就负责一件事:当有新的客户端发起连接请求时,acceptor 决定是否接受。接受则连接建立,不接受则连接被扼杀在摇篮里。“接受器”甚至没有义务管理这些连接,大家可以把“接受器”想象成服务端唯一的接线生。满屋子电话铃声此起彼伏,他高速地一个个接听,然后大叫“张三,你老婆找你!”“李四,你前任找你,我替你拒了!”……忙着接受或拒绝,至于后来人家在电话两头聊些什么,接线员没功夫管,也不应该管。所以,ip::tcp::acceptor 类的构造函数的常用版本声明如下:

```
acceptor(io_service& ios, endpoint_type const& endpoint
                        , bool reuse_addr = true);
```

服务端的“接受器”当然是一个“I/O 对象”,所以第一个入参是 io_service 对象。第二个入参指明当前服务的监听地址。最后一个入参指明端口是否可复用,如果不懂什么意思,就取默认值吧。该构造过程会自动执行服务端的监听(listen)动作。

除构造函数之外,“接受器”最重要的方法是 async_accept()。前面的剧透让我们可以猜到它应该还有一个同步版本 accept(),因为很少有不在意性能的网络服务端应用,所以我们重点讲异步版本。async_accept()又有两个常用版本,二者只差一个入参:

```
//版本一:三个入参
void async_accept (ip::tcp::socket& peer_socket
    , endpoint_type &peer_endpoint
    , AcceptHandler handler);

//版本二:两个入参(没有 peer_endpoint)
void async_accept (ip::tcp::socket& peer_socket
    , AcceptHandler handler);
```

版本二不提供第二个入参 peer_endpoint,可视为版本一的简化,下面我们以版本一作为讲解对象。

第一个入参 peer_socket 表示来自对端的网络套接字。当客户端发起连接,它会沿着网线穿过路由器、翻越防火墙,万里迢迢地往服务端传来一个 C++变量,并且区分为传值和传址两种方式。如果我这么说你都信,你肯定是学习编程学到走火入魔了。这个参数是作为入参传递给 async_accept()函数,此时还没有接收到任何连接请求,因此该变量只是服务端的程序预备用来存储未来可能有的新连接。

第二个入参 peer_endpoint 和 peer_socket 类似,同样是需要服务端在函数调用前,事先定义的一个变量。等到确实有客户端新请求到来时,用它来存储客户端的地址(主机地址+端口号)。

【小提示】:每个连接中,客户端也需有个端口吗

当客户端和服务端连接,双方都要各自开端口,只不过服务端必须事先确定并公开这个端口号,而客户端可以临时确定端口号。这其间的道理就像 10086、110、120

等服务号众所周知，任何用户、任何手机号都可以拨通它们。

当有新连接请求时，第三个入参所代表的回调操作被触发，该回调原型为：

```
void handler(const boost::system::error_code& error);
```

ip::tcp::resolver::**async_resolve()**的回调函数好歹传回了解析的结果 resolver::iterator iterator，但 ip::tcp::async_accept()的回调又只是传回是否出错的结果，代表网络连接的那个套接字变量 peer_socket 上哪去了？那个代表客户端地址的 peer_endpoint 又上哪去了？在对比 asio 与 libcurl 的差异时，我们就已经说过了，前者需要我们自行维护好这些数据。之前 my_resolver 程序在解析出 IP 地址后，会以客户端的身份，向该地址以及用户输入的端口所代表的目标，尝试发起连接，若成功就输出“成功。”不过到底有没有成功？会不会是 asio 逗我们玩而已？干脆让我们自个儿写一个服务端吧，为客户端提供什么服务呢？不，我们要写的服务端是一个内向的人，它坚决不向任何客户端反馈只言片语。

新建一控制台项目命名为 dumb_server，在构建选项中暂时先添加 Ws2_32 和“boost_system $(#boost.suffix)”两个链接库；再添加 boost 的头文件和库文件搜索路径；最后添加项目全局宏定义 BOOST_NO_AUTO_PTR。

该泡茶泡茶，该冲咖啡冲咖啡，请提起精神！在《网络》篇混了这么长时间，终于要动手写一个服务端了，哪怕这是一个“哑巴”服务端，但理解并实现它仍然是一个不小的挑战。我们对其中的 DumbServer 类做重点讲解。DumbServer 类只有一个成员数据，即一个 ip::tcp::acceptor。先看类的构造函数：

```
//“哑巴”服务类
class DumbServer
{
    public:
    DumbServer(asio::io_service& ios, char const * host
                        , unsigned short port)
        :_acceptor(ios, make_endpoint(host, port))
    {
        cout << "哑巴服务运行在"
             << host << ":" << port << "。" << endl;
        cout << "按 Ctrl-C 退出。" << endl;
    }
```

acceptor 和其他“I/O 类”一样，构造时所需的 io_service 入参必须以引用方式传入，因成员“_acceptor”必须在 DumbServer 初始化列表中完成构造，而它需要一个 io_service 对象。第二个入参服务监听的地址，此处通过一个工具函数 make_endpoint()创建，后续再给出该函数的实现。接着是 DumbServer 唯一的普通成员函数 Start()：

```
void Start()
{
        asio::io_service& ios = _acceptor.get_io_service();

        auto peer_socket = make_shared < asio::ip::tcp::socket > (ios);
        auto peer_endpoint = make_shared < asio::ip::tcp::endpoint > ();
```

Start()方法是要让“_acceptor”开始执行 async_accept(...)方法。以上代码就在准备该方法所需的前两个入参:peer_socket 和 peer_endpoint。由于前者是一个“I/O 对象”,必须在构造时传入一个 io_service 对象的引用。就在刚刚,我们刚用这个对象构造“_acceptor”成员,通过后者的 get_io_service()方法可以取到,所有“I/O 对象”都拥有这个方法。相比之下,peer_endpoint 的构造简单很多,因为它不是一个“I/O 对象”。peer_socket 和 peer_endpoint 都被定义为 shared_ptr。它们将存活着,当有新连接产生时,它们一个用来存储网络连接底下的套接字,一个用来存储网络连接对端的地址;直到连接被断开不再需要时,链式传递结束,二者自动释放。

重点来了,看看 async_accept()方法如何调用:

```
        _acceptor.async_accept ( * peer_socket, * peer_endpoint
            , [peer_socket, peer_endpoint, this ]
              (system::error_code const & e)
            {
                if (e)
                {
                    cout << e.message() << endl;
                    return;
                }

                cout << "接收到新连接,客户端主机是"
                     << peer_endpoint ->address().to_string()
                     << ",客户端端口是" << peer_endpoint ->port()
                     << "。" << endl;

                this ->Start(); //链式任务反应,确保一直在监听处理
            });
    } //end Start()
```

async_accept()前两个入参都是普通对象的引用,比如第一个入参类型应是“ip::tcp::socket& ”,第二个是“endpoint_type const& ”,而我们刚刚创建 shared_ptr 智能指针,所以只能乖乖地分别通过‘ * ’取值。这也暗示了我们,将二者传给 async_accept()函数并不是一次链式传递。async_accept()的第三个入参,本例使用 lambda 表达式,并且捕获了三个数据,前两个正是 peer_socket 和 peer_endpoint,这一次是链式传递。lambda 表达式将复制这两个智能指针,避免二者在异步调用之后

引用计数归零。捕获的第三个数据是 this。

"_acceptor.async_accept(...);"调用将立即返回,但包含了三个捕获数据的操作(通常称为"闭包")在此过程中被交到 ios 对象中以任务的形式排队。此时,当有客户端前来连接,并且操作系统完成"accept(接受)"连接后,ios 对象回调闭包中的动作,即代码中的 lambda 表达式。lambda 表达式做的事倒是很简单:先是判断是否错误,若有则报错,并且直接返回,没有产生链式任务反应,从而让 ios.run()方法退出。如果没有错误,"哑巴"服务输出该连接的地址信息。"哑巴"还会"说话"? 这里的"哑"是指服务端不会向客户端回复任何信息。

lambda 表达式做的第二件事非常重要:通过捕获到的 this 对象,再次调用 Start()方法。因为可能又有新的客户端连接要来了,服务端得赶紧创建新的 peer_socket,新的 peer_endpoint 从而发起新的一次 async_accept(),形成一次链式任务(本次任务完成时,发起下一次任务)。旧的 peer_socket 和 peer_endpoint 并没有跟着传递,所以在这个环节上,二者得以释放。

【重要】: 网络操作超时

如果真的就在执行 lambda 表达式中的 cout 这一行时有新的客户端连接请求发生,操作系统会不会因为服务端代码此时未在执行 async_accept(),就造成该网络连接失败? 通常,操作系统会帮上层应用"HOLD"住各类网段操作一段时间。如果上层应用在这段时间还不能前来接手,才会造成网络操作失败。比如连接无法建立,或者已经送达本机的网络数据被丢失等。

完整代码:

```
//dump_server 项目 main.cpp
#include < iostream >
#include < memory > //shared_ptr

#include < boost/asio.hpp >

using namespace std;
using namespace boost;

//工具函数,用于拼出一个地址(endpoint)
asio::ip::tcp::endpoint make_endpoint(char const * host
                                      , unsigned short port)
{
    //from_string 是静态成员
    asio::ip::address adr = asio::ip::address::from_string(host);
    return asio::ip::tcp::endpoint(adr, port);
}

//"哑巴"服务类
```

```
class DumbServer
{
public:
    DumbServer(asio::io_service& ios, char const * host
            , unsigned short port)
        : _acceptor(ios, make_endpoint(host, port))
    {
        cout << "哑巴服务运行在"
                << host << ":" << port << "。" << endl;
        cout << "按 Ctrl - C 退出。" << endl;
    }

    void Start()
    {
        asio::io_service& ios = _acceptor.get_io_service();

        auto peer_socket = make_shared < asio::ip::tcp::socket > (ios);
        auto peer_endpoint = make_shared < asio::ip::tcp::endpoint > ();

        _acceptor.async_accept( * peer_socket, * peer_endpoint
            , [peer_socket, peer_endpoint, this]
             (system::error_code const & e)
            {
                if (e)
                {
                    cout << e.message() << endl;
                    return;
                }

                cout << "接收到新连接,客户端主机是"
                     << peer_endpoint ->address().to_string()
                     << ",客户端端口是" << peer_endpoint ->port()
                     << "。" << endl;

                this ->Start();//链式任务反应,确保一直在监听处理
            });
    }//end Start()

private:
    asio::ip::tcp::acceptor _acceptor ;
};

int main()
{
    asio::io_service ios;
    DumbServer server(ios, "127.0.0.1",8099);
    server.Start(); //上帝之手,确保产生第一个任务

    ios.run();
}
```

在 Code::Blocks 中编译。咦,居然有错误,出现两行"undefined reference to 'XXXX'"。

【小提示】:怎么找到程序所需 Windows 系统动态库叫什么

这类说"未定义的某某某"的错误,很大一部分情况是因为少了某个系统链接库。请找到"XXXX"的具体内容,比如本例中的"AcceptEx@32"。上网使用 bing 搜索 AcceptEx,将找到该函数在 MSDN 中官方说明网页。页面靠底部有一张题为 Requirements 的表格指明该函数应该在系统的 mswsock 库中。

请在项目构造配置中的链接库加上 mswsock,再次编译、链接,通过了。运行该服务端程序,如果凑巧在你的机器执行失败,可以试着将代码中的 8099 换成另一个数,比如 18099 等。执行成功后,除了两行提示内容,屏幕静悄悄的。我们将运行前一示例项目 my_resolver 连接该服务。

【小提示】:需要外部动态库的程序如何在 Code::Blocks 外运行

如果直接在文件管理器双击 my_resolver 项目的可执行文件(文件在项目目录下的"bin\Debug"或"bin\Release"内),将弹出一个出错框,提示无法启动程序,因为计算机中丢失"libboost_system-mgw62-mt-1_57.dll"云云。

boost 的相关动态库当然没有丢失。比如在我的机器上,这个 DLL 文件位于"D:\cpp\cpp_ex_libs\boost_1_57_0\lib",正是当初我们在 Code::Blocks 中设置"$(#boost.lib)"变量的值。

请在 my_resolver.exe 所在目录(即前述"bin\Debug"或"bin\Release")下,新建一个文本文件另存为 my_resolver.bat,内容如下:

```
PATH=%PATH%;D:\cpp\cpp_ex_libs\boost_1_57_0\lib;
.\my_resolver.exe
```

将其中的加粗部分更换为 boost 库文件在你机器上的位置。注意整行的内容中不要包含任何空格。保存后,双击该文件以正常启动程序。

运行 my_resolver,先输入本机地址"127.0.0.1",再输入"哑巴服务"所使用的端口号 8099,查看最终是否报告连接成功,然后再看服务端是否有输出客户端的地址、端口等信息。如果你家里有两台以上电脑,都在运行 Windows,而且通过路由器组成了一个局域网,并且你知道每台机器在局域网的 IP 地址,则可以尝试修改服务端代码中的监听 IP 重新编译,然后将客户端和服务分别部署到不同的机器再做测试,真实验证跨主机通信。

5. buffer()

当使用 ip::tcp::socket 对象发送数据,程序需要给它一个存有待发送数据的缓存区,在发送过程中,缓存区及其内数据不应被修改。当使用 ip::tcp::socket 对象接收数据,程序需要给它一个用于存储将来收到的数据的缓存区。

asio::buffer()不是一个类型,而是一套自由函数,用于适配转换现有数据容器类型,从而拥有 socket 对象所要求的接口。比如手上有一个字符串,想将它通过 socket 对象以同步堵塞的方式发出,示例代码如下:

```
……
std::string source_data = "hello server.";
socket.write_some (asio::buffer (source_data )
                , &on_write_finished);
……
```

因为使用同步操作,所以此处不需要担心 source_data 的生命周期。但如果换为异步操作:

```
……
std::string source_data = "hello server.";
socket.async_write_some (asio::buffer(source_data)
                , &on_write_finished);
……
```

async_write_some()只是简单地将 buffer 数据和相关的操作要求打包成一个任务,然后交给 io_service 对象排队处理。asio::buffer()函数执行的操作,尽管确实在碰上内部的某些特定情况下会复制一份 source_data,但更直观的理解还是认为它只是使用一个指针指向 source_data,然后静等后续的异步操作通过该指针访问 source_data 的内容。然而,示例中 source_data 是一个很快就要灰飞烟灭的栈变量,有极大的可能要在别人需要访问它之前“死去”。

难道又要将**source_data** 变成一个 shared_ptr < string >? 程序模块间有太多变量需要转手这不是好事,如果需要转手的还是一堆智能指针,稍微好点,但是在实际设计中会把这些需要跨代码段自动维护生命周期的数据归成一个类。比如归入一个“连接”类,并让该“连接”类派生自 std::enable_shared_from_this <T>,以方便未来在异步任务和事件链上只需传递该类的一个对象:

```
class Connection
        :std::enable_shared_from_this < Connection >
{
……
private:
    std::string _buffer_to_write; //待写的缓存区
    std::vector < char > _buffer_to_read; //存储将来读入的数据
};
```

例中用于存储所读数据的缓存区,采用 std::vector < char >,当需要将它适配成 asio 异步操作所需要绑的缓存接口时,同样只需调用 asio::buffer()方法:

```
asio::buffer(_buffer_to_read);
```

asio::buffer()方法可以转换 std::string、std::vector <T> 和 std::array <T>，甚至支持C风格的原始数组。这四者都能够在编译期间求出元素个数，不过，其中的 std::string 只能用于构造待发送数据的缓存区（新版会改进）。如果万一遇上一个C风格的指针（包括数组经由函数入参传递退化而成指针）所指向的内存，asio 并不认为该指针一定以“\0”结束，所以此时需要多一个参数用于指出大小：

```
char * p = "abbbccc";
asio::buffer(p, strlen(p));
```

13.8.5　echo 通信示例

“echo（回显）”通信是指服务端收到客户端发送过来的数据就原样返回的过程。

1. Connect/连接类封装

尽管在网络连接的创建过程中，客户端和服务端有明显的权责分工，但一旦连接建立就基本可以不用区分连接中谁主谁客了。这就像打电话，当电话接通，大家寒暄几句谈开了，刚才是谁打的电话就不重要了。特别是在技术上，没有哪家运营商会针对通话中双方的身份而做出任何差异化处理，双方都可听可说，双方也都可以主动挂电话。套用在网络连接上，就是双方都可读可写，可断开连接。

我们将“网络连接”这个概念封装成“Connection（连接）”。一个 Connection 类肯定得包含一个 tcp::socket 成员，另外，还得支持异步读写操作，分别命名为 StartRead()和 StartWrite()。对应的，操作完成后回调的两个函数则分别是 OnReadFinished()和 OnWriteFinished()。

一旦连接创建，我们就让连接对象实现百分百的自我管理。包括决定什么时候读、什么时候写、什么时候不读以及什么时候不写。一旦一个连接“又不吃又不拉”，它就“自杀”。所以正如前一小节所说，该“连接”类派生自 **std::enable_shared_from_this <T>**，它将通过链式传递以自动维护生命周期。至此，Connection 类的设计如下：

```
class Connection
            :std::enable_shared_from_this < Connection >
{
public:
        Connection(asio::io_service& ios)
                : _socket(ios)
        {}
        void StarWrite();
        void StartRead();
private:
        void OnWriteFinished (system::error_code const& ec
                                , size_t bytes_write);
```

```
        void OnReadFinished (system::error_code const& ec);
                              , size_t bytes_read);
private:
    std::string _buffer_to_write; //待写的缓存区
    std::vector < char > _buffer_to_read; //存储将来读入的数据
    asio::ip::tcp::socket _socket; //底层套接字
};
```

注意,由于混合使用 std 和 boost,二者有几近一致的智能指针实现,因此建议不要省略基类**std** ::enable_shared_from_this <T> 的名字空间限定,以避免混乱。

2. 报文设计与数据读写

不管是客户端还是服务端,有了"Connection(连接)"之后,就可以在该连接上进行读写操作。此时我们应该使用"async_read **_some** ()/async_write **_some** ()"还是"async_read()/async_write()"呢? 如何做出选择,需要认真考虑上层的业务需求。

以 read 为例,async_read_some()是类 tcp::socket 的成员,这表明它是更底层的实现。async_read()则是 asio 的一个自由函数,它基于前者实现特定的上层需要。async_read_some()靠近底层,所以它比较像是位于操作系统的层面设计。比如,当操作系统收到 5 个字节,它就赶紧向上层应用报告"哎! 我们又收到 5 个字节,你们快拿走"。这里的"我们"就是底层,"你们"就是上层应用。async_read_some()就像在海边捡贝壳的孩子,很单纯。

上层应用却往往用于映射成年人的复杂世界。有时候上层应用确实希望底层有多少就第一时间上报多少,不允许底层模块把数据捂热了再上报。这个需求挺好理解的:第一、上层的应用希望控制更多环节;第二、希望第一时间拿到数据。然而任何一个成熟的人,任何一个成熟的管理者,都会知道前面两点在大多数情况下都是错误的。想一想你的下属做任何事都是事无巨细、一有任何进展就立即通过电话或微信向你汇报,你会不会疯? 你不断地接到信息,但却又发现你面对这些信息时十次有九次你做不了什么指示,这样效率能高吗? 更为可怕的是,在网络的世界里,某一时刻能够读到(read some)多少数据,那完全是个离散的事件,也就是说底层上报数据很可能发生在一个个非常不合适的时间点上。比如我们定义这么一个报文格式,如图 13-21 所示。

那么,下面这段数据,就是服务端可能返回的两个连续的消息,加粗段分别是两个消息的长度标志,第一个消息正文长度 5,第二个长度 12:

000512345**0012**A2B4C6X81012

现在,如果客户端使用 socket.async_read_some()从网络上读取数据,这个在海边捡壳的孩子,他读到的数据很可能是乱的。

【轻松一刻】: 捡贝壳的孩子

将例中的一段数据比喻成贝壳,socket.async_read_some()这个在海边捡贝壳

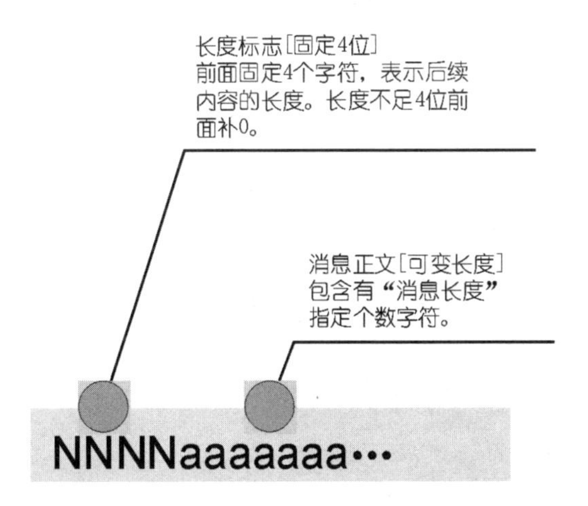
长度标志[固定4位]
前面固定4个字符，表示后续
内容的长度。长度不足4位前
面补0。
消息正文[可变长度]
包含有“消息长度”
指定个数字符。
NNNNaaaaaaa…

图 13-21 网络报文格式示例：固定长度标志加可变正文

的孩子和大人之间的对话可能是这样的：

“爸爸，我捡到三个贝壳，它们是000。”“哦？最关键的还没来，你继续捡。”

“爸爸，又捡到三个，它们是512。”“哦？让我分析一下，‘5’是长度，那就是说你还得再捡3个。”

半小时以后……

“爸爸，我多厉害！你看我捡到‘3450012A2B4’这一大串！”“先别捡，爸爸有点乱，宝宝你回忆一下上次捡到的是什么？”

这种情况下，我们就得用async_read()。在不出错的情况下，该函数将读满指定长度的内容之后才上报。全新的剧情来啦！你躺在沙滩椅上晒着太阳，发出指令：“孩子，捡到四个贝壳或者海水要冲走你的时候，再叫我！”

过一阵孩子前来报告：“四个贝壳，0005！”你推了推墨镜，目光没有离开沙滩上渐渐靠近的一团风景，你呼吸急促，然而需要下达的指令是如此的简单，以至于根本不用过大脑：“娃，再去捡5个，否则就算鲨鱼和你打招呼也不要叫我。”看看，高效地做出了精准的判断！5个。

3. EchoClient

请在Code::Blocks中新建一控制台项目，命名为echo_client。为其构建选项添加“boost_system$(#boost.suffix)”和Ws2_32两个链接库；添加boost头文件和库文件的搜索路径；添加BOOST_NO_AUTO_PTR宏定义。

main.cpp文件内容的逐段分析如下：

```
#include < iostream >

#include < memory >
#include < vector >
#include < functional >

#include < boost/asio.hpp >

using namespace std;
using namespace boost;

//客户端的连接,负责连接服务端,以及随后的一写一读
class Connection
    : public std::enable_shared_from_this < Connection >
{
public:
    Connection(asio::io_service& ios)
        : _socket(ios)
    {
    }

    void StartConnect(string const& host, unsigned short port);
    void StartWrite();
    void StartRead();

private:
    void OnConnectFinished(system::error_code const& error);
    void OnWriteFinished(system::error_code const& error
                        , size_t bytes_read);
    void OnReadFinished(system::error_code const& error
                        , size_t bytes_read);
private:
    asio::ip::tcp::socket _socket; //底层套接字

    std::string _buffer_to_write; //待发送的数据存于此
    std::vector < char > _buffer_to_read; //存储将来读入的数据
};
```

三个成员数据:底层 socket、发送数据缓存区(使用 std::string)、接收数据缓存区(使用 std::vector < char >)。三对“StartXXX()/OnXXXFinished()”分别对着异步连接、异步写、异步读和各自的完成事件响应操作。

在 Echo 的交互过程中,客户端必须先开口,所以整个事件链就是“启动连接服务端 → 连接成功 → 客户端写数据→ 客户读数据”的过程。因此下面要特别关注的,就是在这样的任务链中,“连接”如何以 shared_ptr < Connection > 的形式进行传递,为方便梳理,请各位特别关注代码中带有“~~~”的注释。

```
//开始连接
void Connection::StartConnect(string const& host
                , unsigned short port)
{
    //组装服务端地址,为简单起见,我们“写死”在代码中,见后续 main()
    auto dst = asio::ip::tcp::endpoint(
                asio::ip::address::from_string(host.c_str()), port
                );

    //this->shared_from_this()返回的是 std::shared_ptr < Connection >
    auto shared_this = this->shared_from_this();
    //~~~连接发起时,将 shared_this 打入“闭包”,传递下去
    auto call_back = std::bind(Connection::OnConnectFinished
                                    ,shared_this, std::placeholders::_1);

    _socket.async_connect(dst, call_back);
}

//连接完成
void Connection::OnConnectFinished(system::error_code const& error)
{
    if (error)
    {
        cerr << "连接失败" << error.message() << endl;
        //~~~连接失败,不再打包当前连接对象的智能指针
        //以让其因计数归零自动释放
        return;
    }

    //连接成功,作为客户端,开始准备发送数据
    //~~~StartWrite()内会继续传递 shared_from_this()
    StartWrite();
}

//开始写数据
void Connection::StartWrite()
{
    cout << "请输入发送内容(输入空串结束):";
    std::getline(cin, _buffer_to_write);

    if (_buffer_to_write.empty())
    {
        cout << "即将结束连接。" << endl;
        //~~如果用户直接回车,表示该客户端准备结束,此时不传递连接的智能指针
        return;
    }

    cout << "发送:" << _buffer_to_write << endl;
```

```
    //~~~来了,shared_this 准备传递
    //这次传给 OnWriteFinished()
    auto shared_this = this->shared_from_this();
    auto call_back = std::bind(Connection::OnWriteFinished
                               ,shared_this
                               , std::placeholders::_1
                               , std::placeholders::_2);

    asio::async_write (_socket
             , asio::buffer(_buffer_to_write), call_back);
}

void Connection::OnWriteFinished(system::error_code const& error
                               , size_t /* byte_write */)
{
    if(error)
    {
        cout << "写过程失败。" << error.message() << endl;
        //~~~同样,写失败时,也不再传递当前连接对象的智能指针
        return; //直接返回,当前连接准备呜呼哀哉
    }

    //写完了,开始读
    //~~~成功写出后,会在 StartRead()继续传递当前连接对象的智能指针
    StartRead();
    return;
}

//开始读
void Connection::StartRead()
{
    _buffer_to_read.clear();
    _buffer_to_read.resize(_buffer_to_write.size()); //准备空间

    //~~~又要异步操作了,继续传 shared_this
    auto shared_this = this->shared_from_this();
    auto call_back = std::bind(Connection::OnReadFinished
                               , shared_this
                               , std::placeholders::_1
                               , std::placeholders::_2);

    asio::async_read (_socket
             , asio::buffer(_buffer_to_read), call_back);
}

void Connection::OnReadFinished(system::error_code const& error
                               , size_t /* byte_read */)
{
    if(error)
    {
```

```
        cout << "读过程失败。" << error.message() << endl;
        //~~~读失败,不传递当前连接的智能指针……你懂的
        return;
    }

    string r(_buffer_to_read.begin(), _buffer_to_read.end());
    cout << "收到:" << r << endl;

    //链式任务
    //~~~读成功,准备下一轮,又回到 StartWrite(),异步事件链头尾相扣
    //从此生生不息
    StartWrite();
}
```

至此,客户端的 Connection 定义与实现代码齐全了。大家在处理对象的智能指针如何在 StartXXX 和 OnXXXFinished 之间传递的事上,是不是费了不少精力? 会不会因此而没注意到代码那两处字体特别加大的 async_write()和 async_read()? 没有注意到,EchoClient 客户端根本就用不到 async_xxx_some()。

先说写。待写的内容是程序从控制台读入的一行话。程序非常清楚地知道"_buffer_to_write"的长度。哪怕有无聊的用户一口气输入长达 1024 个字符的内容,我们当然希望 io_service 对象同样一口气将它们全部发出去。或许底层的套接字对象在实际发送时,可能需要发送多次,但这正是 asio::async_write()要处理的工作,它会反复多次调用以确保将"_buffer_to_write"中的全部字符写出。

再说读。别忘了我们写的是 Echo 式的对话通信。这个通信最大的特点就是客户端发什么,服务端就原样回什么,所以客户端每次读取前都清楚这一次应该以及最多可以读多少个字符。async_write()和 async_read()都从第一个入参取得缓存区的大小,从而保证写出或读出这个大小的数据。因此二者都不需要额外传递该大小。

【重要】:程序怎么知道用户输入多少字符

EchoClient 所要发出的内容,最初来源显然是人,是坐在电脑前的用户。他会输入"1234",还是会输入"abcdefghijk"? 程序无法预知。于是我们玩了个小花招,只允许用户输入一行,也就是说当"回车键"一按下,我们就认为用户输入完毕。这正是同样为自由函数的 std::getline()干的活。

asio 也提供了类似"一直读,直到遇上 XXX/read_until_XXX"的功能。我们以后再说。

剩下的代码主函数的实现。其中的 8099 来自我们人生第一个服务端例程 DumbServer。一会儿,EchoServer 程序必须用它作为监听端口:

```
int main()
{
    asio::io_service ios;

    auto c = make_shared < Connection > (ios);
    c ->StartConnect("127.0.0.1", 8099);

    ios.run();
}
```

请先保证编译通过,然后试着运行,正常情况它会因为连接不上服务端而直接退出。你的程序活下来了?难道是那个“哑巴服务”还在运行着?

4. EchoServer

请在 Code::Blocks 中新建一控制台项目,命名 echo_server。先和 echo_client 做一样的构建选项配置,再在链接库中加上 Mswsock。

服务端的 Connection 逻辑比客户端的要简单,请各位注意其中的异步读、异步写各用什么操作。以下是 main.cpp 文件:

```
#include < iostream >
#include < vector >
#include < boost/asio.hpp >

using namespace std;
using namespace boost;

class Connection
    : public std::enable_shared_from_this < Connection >
{
public:
    Connection(asio::io_service& ios)
        : _socket(ios)
    {
        //设定服务端每次 read_some 时,最多不超过 18 个字节
        //实际项目通常可以设置数百个字节
       int const MAX_READ_BYTES = 18;
       _buffer_to_read.resize(MAX_READ_BYTES);
    }

    //服务端的连接,无法自动创建(因为它是被动的,得等有客户端发起连接时)
    //服务端才能由 acceptor 创建连接
    //当后者在创建新连接时,每一个连接都需要一个空的底层套接字对象
    //所以这里提供访问该套接字对象的接口(注意,返回引用)
    asio::ip::tcp::socket& GetSocket()
    {
        return _socket;
    }
```

```
    void StartWrite();
    void StartRead();

private:
    void OnWriteFinished(system::error_code const& error
                        , size_t bytes_read);
    void OnReadFinished(system::error_code const& error
                        , size_t bytes_read);
private:
    asio::ip::tcp::socket _socket; //底层套接字

    std::vector < char > _buffer_to_read; //读取的数据
    std::string _buffer_to_write; //待写的数据
};
```

服务端的“连接”之所以相对简单，是因为它没有“发起连接”的责任。以下是该类的实现：

```
void Connection::StartRead()
{
    auto shared_this = this->shared_from_this();
    auto call_back = std::bind(Connection::OnReadFinished
                                , shared_this
                                , std::placeholders::_1
                                , std::placeholders::_2);

    _socket.async_read_some(asio::buffer(_buffer_to_read)
            , call_back);
}

void Connection::OnReadFinished(system::error_code const& error
                                , size_t byte_read)
{
    if(error)
    {
        cout << "读过程失败。" << error.message() << endl;
        return;
    }

    cout << "\r\n 读取" << byte_read << "字节。" << endl;

    /* 笨笨的方法，将一个“vector < char >”中的部分内容，转成 string。
      因为是“read_some”，所以有可能并没有填满“_buffer_to_read” */
    auto end = _buffer_to_read.begin();
    std::advance(end,byte_read); //结束位置
    _buffer_to_write = string(_buffer_to_read.begin(), end);

    cout << _buffer_to_write << endl;//输出所读内容

    //链式任务
```

```
    StartWrite();
}

void Connection::StartWrite()
{
    auto shared_this = this->shared_from_this();
    auto call_back =   std::bind(Connection::OnWriteFinished
                                 , shared_this
                                 , std::placeholders::_1
                                 , std::placeholders::_2);

    asio::async_write (_socket, asio::buffer(_buffer_to_write)
                , call_back);
}

void Connection::OnWriteFinished(system::error_code const& error
                                 , size_t /* byte_write */)
{
    if(error)
    {
        cout << "写过程失败。" << error.message() << endl;
        return;
    }

    //写完了,继续读,服务端的读写链也首尾相扣了
    StartRead();
    return;
}
```

服务端体现的就是“读多少写多少”的原则 ,其中第一个“多少”表示事先未知,第二个则表示第一个“多少”是多少,它就是多少。

服务端还需要“接受”连接的逻辑,我们将它封装成 Server:

```
class EchoServer
{
public:
    EchoServer(asio::io_service& ios
               , char const * host
               , unsigned short port)
        : _acceptor(ios, make_endpoint(host, port))
    {
        cout << "鹦鹉服务运行在"
             << host << ":" << port << "。" << endl;
        cout << "按 Ctrl - C 退出。" << endl;
    }

    void Start()
    {
        asio::io_service& ios = _acceptor.get_io_service();
```

```
        //准备一个新的连接对象，它当然得一开始就是一个 shared_ptr
        auto new_connection = make_shared < Connection > (ios);
        //注意，是“auto&”，而非 auto
        //实际类型是“asio::ip::tcp::socket&”
        auto& socket_ref(new_connection->GetSocket ());

        //使用 lambda 吧，用它“捕获”变量比用 std::bind()“绑定”变量要来得方便直观
        _acceptor.async_accept (socket_ref
            , [new_connection, this](system::error_code const & e)
        {
            if (e)
            {
                cout << "监听出错" << e.message() << "。" << endl;
                return;
            }

            new_connection->StartRead();
            //链式任务反应
            //注意，看起来在 Start()函数中又调用了 Start()
            //但它其实是在异步完成后的回调操作(此处为 lambda)中调用的
            //所以，这不是递归，这不是递归，这真的不是递归
            this->Start();
        });
    }//end Start()

private:
    asio::ip::tcp::acceptor _acceptor;
};
```

主函数实现：

```
int main()
{
    asio::io_service ios;
    EchoServer server(ios, "127.0.0.1",8099);
    server.Start();

    ios.run();
}
```

打开 Code::Blocks，通过主菜单 Settings 下的 Environment 子菜单项打开环境设置，左边选中 General settings，右边设置项中取消 Allow only one running instance 和 Use an already running instalce 两项的选中状态。关闭对话框，退出 Code::Blocks。

从开始菜单，打开第一个 Code::Blocks，用它打开 echo_client 项目；重复操作，但这次打开 echo_server 项目。现在，可以同时运行或调试 EchoServer 和 EchoClient 了。之所以要这么干，是因为除非你是专业打字员出身，否则我很怀疑你能完全

准确地完成以上两个项目的所有代码输入。一旦出错,到底是哪个项目的错?唉,干脆两个项目都调试吧。不相信有打字员出身的程序员?我!就!是!可惜我打的是五笔字型,只擅长于输入代码中的汉字注释。暂时还是乖乖地接受调试器的帮助吧,虽然我们的成长目标肯定是尽量摆脱它。

EchoServer 当然也同时接纳多个客户端,大家可以根据实际情况修改服务端的IP,将这服务端部署到公司局域网里的某台机器,再部署多个客户端,找几个人测试,记得哦,一定要先运行服务端。请看我的一次实测结果,如图 3-22 所示。

图 13-22　Echo 交互实测

注意:客户端一次性输入 20 个字符,但被服务端分成两次(read_some)读,这是因为服务端限定了读缓存区"_buffer_to_read"的大小为 18 个字节,请见服务端 Connection 的构造过程。不过,缓存区大小并不是影响 read_some()所到字节数的唯一因素。如果网络差一些,要传递的数据大一些,那么哪怕程序中缓存区准备得足够大,数据也有可能被断断续续读到。

**【课堂作业】: "read/write"和"read_some/write_some"**

请分析 EchoServer 中,为什么读数据时使用 async_read_some(),写数据时使用 async_write()。

13.8.6　格式化读取 read-until

这是一个 HTTP 客户端发给服务端的指令与报头示例:

```
GET /index.htmlHTTP/1.1
Host: 127.0.0.1
User-Agent: Mozilla/5.0
Accept-Language: en-us
Accept-Encoding: gzip, deflate
```

假设我需要写一个 HTTP 的服务端,我要对当初制定 HTTP 报文格式的人表示"不满",为什么不直接在最前面塞一个固定长度的数字串,以表示后续报头的字节数呢?该怎么读入 HTTP 报头? HTTP 报头和报体之间会夹一个空行("\r\n")。最笨的办法就是调用在"asio::async_read(socket, buffer)"时,将 buffer 的容量设为一，于是每次只读入一个字符，只要拼出"\r\n\r\n"，就说明遇到空行了。实现并不难，只是过程低效，如果需要读入字符的总数不超过十个，尚可考虑；多了，就该感觉对不起俺们 C++程序员这一颗天生骄傲的心。

要不，请回海边捡贝壳的小朋友，让他用 async_read_some()方法，然后在回调过程中将断断续续的片段，不，是支离破碎的片段拼成一大串，再在其中查找空行；万一小朋友不小心将 HTTP 的报体也读进来了，我们就缓存起来，一会儿真正要读报体时，少读一些就是了。这个思路是正确的，一点也不损失性能，唯一讨厌的就是实现起来很繁琐。幸好，asio 的 async_read_until()方法实现这一逻辑，虽然有一个微小的"坑"需要提防。

```
//版本一
void async_read_until (
    AsyncReadStream & s,  //就是 socket
    asio::basic_streambuf < Allocator > & b,
    char delim,    //单一字符分隔符,效率最高
    ReadHandler handler  //完成时的回调过程
);
```

相比 asio::async_read()，变化之一是入参二由原来的 buffer 对象，变成一个 stream - buf 对象，其类型可读为"流缓存区"；变化之二是在 handler 前面插入的 delim 入参。余下的入参 s 和 handler 保持一致。

先说新增的 delim 参数。其意为"分隔符、定界符"，就是用于中止本次读取操作的结束符；另一个版本用于支持由多个字符组成的分隔符：

```
//版本二
void async_read_until (
    AsyncReadStream & s,  //就是 socket
    asio::basic_streambuf < Allocator > & b,
    std::string delim,    //分隔字符串
    ReadHandler handler  //完成时的回调过程
);
```

如果要一行一行读出 HTTP 报头，就可以用这个版本，并将 delim 赋值为"\r\n"；如果要一次性读出整个报头，就赋值"\r\n\r\n"。delim 甚至可以是一个正则表达式，以实现更复杂的分隔符匹配。

```
//版本三
void async_read_until (
    AsyncReadStream & s,  //就是 socket
    asio::basic_streambuf < Allocator > & b,
    const boost::regex & exp,    //采用正则表达式匹配的分隔符
    ReadHandler handler  //完成时的回调过程
);
```

请安排时间自学正则表达式基础知识以及 boost::regex 的具体使用方法。想

当初我们使用 libcurl 下载图片，是将 bing 的搜索页内容全部读出来，再自行匹配子串以搜索图片链接位置，如果使用 asio，就可以一边读取一边搜索了。如果正则表达式还不能灵活匹配出客户想搜索的结束串，再看看这个版本：

```
//版本四
void async_read_until (
    AsyncReadStream & s,  //就是 socket
    asio::basic_streambuf < Allocator > & b,
    MatchCondition match_condition,   //在回调动作中,自行写代码匹配
    ReadHandler handler  //完成时的回调过程
);
```

没错，编程中有个"优雅原则"：优雅的代码总是通过定制数据(结构)以便解决问题，实在优雅不下去，只好采取定制动作(流程)的方案。match_condition 就是这样一个逼着我们挽起袖子的动作，其"动作要领"如下：

```
pair < iterator, bool >
match_condition(iterator begin, iterator end);
```

出入参中出现的 iterator 是"basic_streambuf < A >(流缓存)"的迭代器类型。迭代范围[begin, end)是新近读取的内容，请动手写出在该范围内匹配查找结束位置的算法。返回值中是一个 std::pair，其中 iterator 是本次查找结束位置(不管是否找到)，bool 标志着是否匹配到。

假设有报文如此：中国招商银行@丁小明 * 986700 $ 1508 #。我们希望依次读出银行名称、储户姓名、密码、余额。这就会变换四次分隔符："@""*""$"和"#"。可以写一个带状态的函数对象作为 match_condition：

```
struct BankDelim
{
    BankDelim() = default;

    template < typename Iterator >
    std::pair < Iterator, bool > operator()(
                        Iterator begin, Iterator end) const
    {
        static char delim[4] = {'@', '*', '$ , '#'};
        char c = delim[_index];

        Iterator it = begin;
        while (it != end)
        {
            if (c == *it++)
            {
                if( ++_index == sizeof(delim)) //递增"_index"
                    _index = 0; //回到 0,继续新报文中的"@"
                return std::make_pair(it, true);
```

```
            }
        }

        return std::make_pair(it, false);
    }
private:
    int _index = 0;
};
```

说完花样繁多的 delim 参数，接下来说暗流汹涌的 basic_streambuf < A >。这是一个模板类型，别名 streambuf。它可用于定制标准库的输入流 std::istream，例如：

```
    streambuf stream_buf;
    /* 这里 用于 填充 buf 的内容 */
    std::istream is(&stream_buf); //取地址
    char c ;
    is >> c; //读出 buf 中的第一个字符
```

即 asio::async_read_until(socket,stream_buf,...)负责往 streambuf 对象中填充内容。一旦需要读所填内容，可将 streambuf 对象转换成一个标准的输入流对象。另外，stream_buf 对象提供 size()方法以取得内部所存储的字符总数。

新建控制台项目，命名 asio_http_header_reader，添加两个链接库；添加 boost 头文件和库文件的搜索；添加 BOOST_NO_AUTO_PTR 宏定义。该项目示例如何使用 async_read_until()方法获取指定网站的 HTTP 报头。main.cpp 内容：

```
#include < iostream >
#include < memory >
#include < vector >

#include < boost/asio.hpp >
#include < boost/algorithm/string.hpp >

using namespace std;
using namespace boost;

//一个简单的 HTTP 请求，只需报头，不需报体，因为使用 GET 方法(HTTP 知识点，请自学)
//注意，每一行都以"\r\n"结束
char const * request_header_templ =
        "GET / HTTP/1.1\r\n"
        "Host:{WWW}\r\n"   //{WWW} 后面会被替换为实际网址
        "User - Agent: Mozilla/5.0 ASIO_HTTP_HEADER_READER/1.0\r\n"
        "Accept: text/html\r\n"
        "Accept - Language: zh - CN,zh\r\n"
        "Accept - Encoding: gzip, deflate\r\n"
        "\r\n";//< - -空行，以示结束
```

```
//将上面的字符串中的"{WWW}"替换为入参 www 指定的内容
std::string make_header(std::string const& www)
{
    std::string tmp = request_header_templ;
    boost::algorithm::replace_all(tmp, "{WWW}", www);
    return tmp;
}

//客户端连接类定义
class Connection
        : public std::enable_shared_from_this < Connection >
{
private:
    //将网址(比如"www.qq.com"解析成 IP 地址),端口固定为 80
    asio::ip::tcp::endpoint ResolveWWW()
    {
        asio::io_service& ios = _socket.get_io_service();
        asio::ip::tcp::resolver R(ios);

        asio::ip::tcp::resolver::query Q(_www.c_str(), "80");
        asio::ip::tcp::resolver::iterator it = R.resolve(Q);
        return * it;
    }

    typedef std::shared_ptr < Connection > Ptr;

public:
    Connection(asio::io_service& ios)
        : _socket(ios)
    {
    }

    void StartConnect(string const& www)
    {
        _www = www;

        asio::ip::tcp::endpoint dst = ResolveWWW();
        cout << dst.address().to_string() << endl;

        //shared_this 开始传递
        Ptr shared_this = this->shared_from_this();
        _socket.async_connect(dst
            , [shared_this](system::error_code const& e)
        {
            if (e)
            {
                cerr << e << endl;
                return;
            }
```

```
            shared_this ->StartWrite();
        });
    }

    void StartWrite()
    {
        _request = make_header(_www);

        cout << "请求报头:\r\n" << _request;

        Ptr shared_this = this->shared_from_this();
        asio::async_write(_socket, asio::buffer(_request)
            , [shared_this](system::error_code const& e, size_t)
        {
            if (e)
            {
                cerr << e << endl;
                return;
            }

            shared_this ->StartRead();
        });
    }

    void StartRead()
    {
    static char const * endflag = "\r\n\r\n";
        asio::async_read_until(_socket, _response, endflag
         , [this](system::error_code const& e, size_t read_bytes)
        {
            cout << "回调函数声称读到的字节数 : " << read_bytes << endl;
            cout << "流缓存实际存储的字节数: " << _response.size()
                                << endl;
        });
    }

private:
    asio::ip::tcp::socket _socket;
    std::string _www;

    std::string _request;
    asio::streambuf _response;
};

int main()
{
    asio::io_service ios;
    auto connect = std::make_shared < Connection > (ios);
```

```
    connect ->StartConnect("www.qq.com ");
    ios.run();
}
```

例中,Lambda 表达式全面取代 OnXXXFinished()回调函数,不过正所谓“换汤不换药”,重点还是“连接”对象在各异步任务与事件中的传递过程。在 async_read_until()的回调中没有输出所读到的内容,只是输出两个数据用于比较:

```
cout << "回调函数声称读到的字节数:" << read_bytes << endl;
cout << "流缓存中实际存储的字节数:" << _response.size() << endl;
```

多运行几次,你会观察到第二个数字总是大于或等于第一个数字,比如:

```
回调函数声称读到的字节数:366
流缓存中实际存储的字节数:372
```

这就是那个微小的“坑”。回调传入的 read_bytes,是上层希望读到的字节数。在本例中即服务端返回给客户端的报头大小,包括结束字符串“\r\n\r\n”;所有这些数据,都在“_response”这个“流缓存”对象内。然而,async_read_until()实际所读的字节数往往要比我们期望它读到的字节数要多。因为在内部,它也是依靠 async_read_some()读取。如果要求一个字节都不要多读,恐怕是要改用 async_read()并限定每次只读一个字节。我们是 C++程序员,人家 asio 的作者也是 C++程序员啊。

结论:“_response”这个 streambuf 对象中,当前不仅含有我们想要的报头数据,它几乎总是会多读出一些报体数据,这多出的数据一旦被 streambuf 对象吃入,它就不会吐回给网络。在实际项目中这些数据通常正是程序下一步要读取的内容。

在本例中,我们只希望输出报头,所以不能将“_response”包含的全部内容显示出来。“StartRead()”方法修改如下:

```
void StartRead()
{
    static char const * endflag = "\r\n\r\n";
    asio::async_read_until(_socket, _response, endflag
        , [this](system::error_code const& e, size_t read_bytes )
    {
        //使用 unique_ptr 准备好内存,注意多分配一个
        std::unique_ptr < char[] > header(new char[read_bytes + 1]);

        std::istream is(&_response);//作为流的缓存区
        is.read(header.get(),read_bytes);//只读 read_bytes 个字符
        header[read_bytes] = '\0';//最后一个字符用于存储“\0”

        _response.commit(read_bytes);

        cout << "响应报头:\r\n";
        cout << header.get();
    });
}
```

注意"_response.commit(read_bytes)"的调用,它用于告诉"_response"对象,前面 read_bytes 个字符已经处理过了。本例中有无此行并不影响输出;但通常的逻辑,后续马上又要针对该"_response"对象读取数据,并解析。如果不调用 commit(),下次处理时,还会带有这些已处理内容。

编译、运行查看输出,是不是一字节不多一字节不少地将腾讯 QQ 门户网站的 HTTP 报头信息打印出来了? 原来他们的服务端也在使用大名鼎鼎的 nginx 啊。有对应的 async_write_until()吗? 没有! 因为完全不需要。

13.8.7 asio 出错处理

前一小节"read - until"的例子,要是将 www.qq.com 改成一个不存在网址,比如:

```
connect ->StartConnect("www.qq - hehehe.com");
```

编译、执行,程序竟然立即崩溃。肯定是我们没有做好某些地方的出错处理。

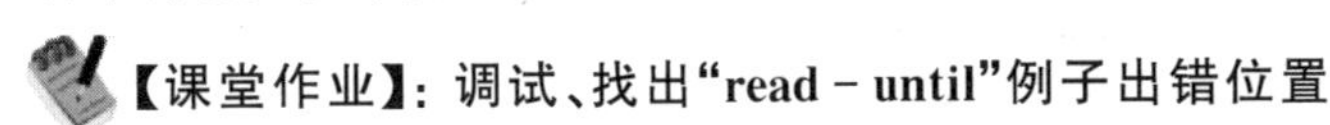

【课堂作业】:调试、找出"read - until"例子出错位置

请在 Code::Blocks 中调试运行修改过的 asio_http_header_reader 程序,尝试连接"www.qq—hehehe.com",恢复第一现场,找到杀死程序的真凶。

真凶是截止到现在为止,我们唯一使用到的 asio 同步函数调用 R.resolve(Q),位于 ResolveWWW()函数内。

难道只有同步操作会发生错误吗? 当然不是,同步或异步都会发生错误,关键在于发生错误之后,有没有配套的错误处理。当发起异步操作时,比如执行 async_write(),该函数并不真正实现网络写操作,所以就该函数自身而言,确实不会发生错误;但等到后台开始执行真正的网络操作,咦? 网络不通了! 于是错误就来了。asio 为异步操作设计的错误处理方式是:结束当前异步操作,回调用户事件,事件的第一个入参就是错误信息(包括没有错误的情况),比如我们已经写过不少类似代码:

```
void Connection::OnWriteFinished(system::error_code const& error, size_t)
{
    if(error)
    {
        //读数据的出错处理
        cout << "写过程失败。" << error.message() << endl;
        return;
    }
    //……读到数据后操作……
}
```

作为一个人生已过大半却还在和命运屡战屡败、屡败屡战的人,我对以上代码中的类型名 error_code、变量名 error 是有意见的。我对人生的理解是:错误不一定造成失败,失败也不一定是错误。当我们准备向大西洋海岸的朋友发一封电子邮件,突然网络断了!可能是因为猫拨掉了家里的出口网线,也可能大西洋海底地震造成通信中断。此时,客观事实就是我想发送邮件,但失败了,怎么可以说是我的错呢?

"老公,手机追剧又断了,你是不是又又又又忘了交宽带费!"……那这确实是我的错,但也不是我写的程序的错!以上代码输出"写过程失败"的最大可能原因,不是猫,不是地震,不是欠费,而是因为该网络连接的对端退出了。网络连接退出是再正常不过的操作了,又怎么可以算是一种错嘛?

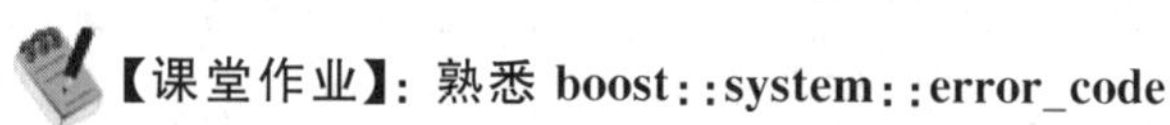

【课堂作业】: 熟悉 boost::system::error_code

查阅 boost 官方文档和 asio 源代码,熟悉 boost::system::error_code 类,并找出所有出错代号的定义;再从出错代号中找出,当连接的一方正常或异常退出时,另一端触发的错误。

本想做关联引申,讲讲"偷"不是"窃"、"窃"不是"偷"的道理,考虑到参与网络、操作系统或 asio 库编写的程序员都是成功人士,他们对于"失败不是错误"的人生理解想必肤浅。唉,算了,接受他们有关"EOF 是一种错误"的观点吧。大家把作业做了就好!

我很快又想起一个问题:同样是异步操作,同样是成功人士写的,标准库提供的 async()异步操作返回一个 future 对象,通过后者可以获取异步操作时发生的错误。为什么 asio 不采用类似方法呢?

答:标准库中的 future 概念,是更高层的抽象,使用起来更简单。但缺点是必须在异步发起线程中执行一次堵塞操作,即 future 对象的"get()/wait()"操作,或者使用"Shared Future"对象在其他线程中等待;难以满足大并发压力下的网络编程所需。如果不是很在意性能,其实 asio 的异步操作也能和"std::future"很好地配合,再过几节就讲到了。

回到正题,ip::tcp::resolver.resolve()解析失败时,并不是返回错误,而是直接抛出异常,程序中没有相应的捕获异常操作,所以挂了。可在外层代码调用 ResolveWWW()处,加上异常捕获与处理:

```
……
        asio::ip::tcp::endpoint dst;
        try
        {
```

```
        dst = ResolveWWW();
    }
    catch(boost::system::system_error const& e)
    {
        cerr << "解析网址发生异常。[" << e.what()
            << "][" << _www << "]。" << endl;
        return;
    }
……
```

注意：抛出的异常是 boost::system::**system_error** 类型，而不是 boost::system::**error_code**。

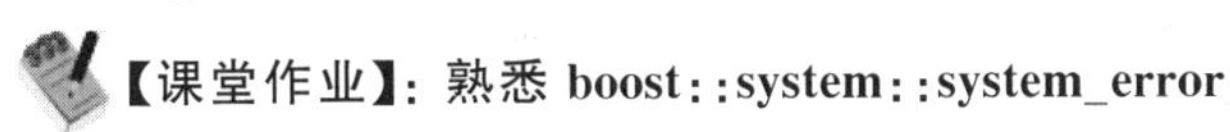

【课堂作业】：熟悉 boost::system::system_error

查阅 boost 官方文档和 asio 源代码，熟悉 boost::system::system_error 类，并理清它和 boost::system::error_code 的关系，比如二者是否可以转换？如何转换？

如果不想捕获异常，也可以让异常不发生，改用函数参数返回。asio 为所有同步操作函数都提供两个版本。比如 resolve()函数的两个版本：

```
//会抛出异常的版本
iterator resolve(query const& q);
//不抛出异常，错误通过参数 ec 返回：
iterator resolve(query const& q,  boost::system::error_code& ec);
```

注意，出错数据类型又回到 error_code。采用第二个版本重新实现的 ResolveWWW()函数如下：

```
asio::ip::tcp::endpoint ResolveWWW(boost::system::error_code& ec)
{
    asio::io_service& ios = _socket.get_io_service();
    asio::ip::tcp::resolver R(ios);

    asio::ip::tcp::resolver::query Q(_www.c_str(), "80");
    asio::ip::tcp::resolver::iterator it = R.resolve(Q, ec);

    if (! ec)
        return * it;
    //返回空地址
    return asio::ip::tcp::endpoint();
}
```

13.8.8 asio 同步操作

之前的课程全都采用异步操作，包括：异步建立连接、异步接受连接、异步读数据、异步写数据等。这些操作都有对应的同步函数，对照表如表 13－5 所列。

表 13-5 asio 常用操作同步异步函数对照

异步函数	同步函数	所属
async_connect();	connect();	ip::tcp::socket
async_accept();	accept();	ip::tcp::socket
async_read_some();	read_some();	ip::tcp::socket
async_write_some();	write_some();	ip::tcp::socket
async_read();	read();	asio
async_write();	write();	asio
async_read_until();	read_until();	asio
async_resolve();	resolve();	ip::tcp::resolver

其中的同步操作,都至少包含抛出和不抛出异常的两个版本。另外,还有一部分用于随机读写操作不在该表中,读相关的 read_at()、async_read_at()、read_some_at()、async_read_some_at()和对应的写操作 write_at()、async_write_at()、write_some_at()、async_write_some_at(),支持随机读取的流(比如文件流,与网络无关)。仅用于特定操作系统,本课程不讲解。

像 EchoClient 或 asio_http_header_reader 这样的客户端,只有一个连接,读和写也都无甚压力。比如,前者所要发送数据由人工输入,后者就一次连接、一次发送、一次读取操作,哪来的性能要求呢?这时候,可以考虑使用同步方式实现,代码会变得更简洁直观。asio_http_header_reader 的同步版本代码如下:

```
#include <iostream>
#include <memory>
#include <vector>

#include <boost/asio.hpp>
#include <boost/algorithm/string.hpp>

using namespace std;
using namespace boost;

char const * request_header_templ =
        "GET / HTTP/1.1\r\n"
        "Host: {WWW}\r\n"
        "User-Agent: Mozilla/5.0 ASIO_HTTP_HEADER_READER/1.0\r\n"
        "Accept: text/html\r\n"
        "Accept-Language: zh-CN,zh\r\n"
        "Accept-Encoding: gzip, deflate\r\n"
        "\r\n"; //<--空行
```

```
std::string make_header(std::string const& www)
{
    std::string tmp = request_header_templ;
    boost::algorithm::replace_all(tmp, "{WWW}", www);
    return tmp;
}

asio::ip::tcp::endpoint ResolveWWW(asio::io_service& ios
                    , std::string const&  www
                    , boost::system::error_code& ec)
{
    asio::ip::tcp::resolver R(ios);
    asio::ip::tcp::resolver::query Q(www.c_str(), "80");
    asio::ip::tcp::resolver::iterator it = R.resolve(Q, ec);

    if (! ec)
        return * it;

    return asio::ip::tcp::endpoint();
}

#define RETURN_ON_ERROR(EC, V)\
    do \
    { \
        if(EC) \
        { \
            std::cerr << EC << endl;  \
            return V; \
        }\
    }while(false)

int main()
{
    asio::io_service ios;
    boost::system::error_code ec;

    //亲爱的,你在哪里
    string www = "www.qq.com";
    asio::ip::tcp::endpoint dst = ResolveWWW(ios, www, ec);
    RETURN_ON_ERROR(ec, -1);

    //亲爱的,我来了
    asio::ip::tcp::socket socket(ios);
    socket.connect(dst, ec);
    RETURN_ON_ERROR(ec, -2);

    //亲爱的,我要说
```

```
    string request = make_header(www);
    cout << "请求报头:\r\n" << request;
    asio::write(socket, asio::buffer(request), ec);
    RETURN_ON_ERROR(ec, -3);

    //亲爱的,我听你说
    cout << "响应报头:\r\n";
    asio::streambuf response;
    asio::read_until(socket, response, "\r\n\r\n", ec);
    RETURN_ON_ERROR(ec, -4);

    string line;
    do
    {
        std::istream is(&response);
        std::getline(is, line); //以 '\n' 为结束符读一行
        cout << line << endl;
    }
    while(line != "\r");
}
```

13.8.9 asio 并发处理

1. 多线程运转

截至本节,我们所写的 asio 程序都是在单线程使用 io_service 对象;所有例程中的 ios.run(),都只会有一个线程在运行。

我们画过一张图,图中的 io_service 对象就像齿轮加皮带的引擎,当异步操作完成后,引擎上就会多出一个"事件包";如果 io_service 对象不运转起来,这个事件就不会被触发。怎么运转?就得调用 io_service 对象的 run()方法。谁来调用?当然是线程。一个线程调用一个 io_service 对象的 run()方法,从而得以触发并执行事件的过程,示意如图 13-23 所示。

重点在第 4 幅,当唯一的线程正在处理手上的事件 1 时,此时就算 io_service 对象身上添加了新的事件,它们也不会被立即执行,必须等到事件 1 结束。套用到"定时炸弹"的例子身上,设想场面上有两颗定时都是 5s 的炸弹,一前一后相隔 1s 开始定时。5s 后,第一颗引爆,未料它由于质量问题,在发出"砰"的过程中竟然卡了 10 秒。请问,第二颗要在几秒后爆炸?

按理说是第一颗引爆之后一秒,第二颗就要引爆,可是如果只有一个线程在运行 ios.run()的话,第二颗就要等到第一颗卡住的 10 s 后才爆炸。有点不敢相信?写段代码测试一下吧:

图 13-23 单一线程运转 io_serrices 对象

```
#include <iostream>
#include <thread>

#include <boost/asio.hpp>
#include <boost/asio/system_timer.hpp>

using namespace std;
using namespace boost;

void peng_1(system::error_code const& /* ec */)
{
    cout << "炸弹 1: !!! 石";
    this_thread::sleep_for(chrono::seconds(10));
    cout << "平!!!" << endl;
```

```
}

void peng_2(system::error_code const& /*ec*/)
{
    cout << "炸弹 2: !!! 砰!!!" << endl;
}

int main()
{
    asio::io_service ios;

    asio::system_timer timer_1(ios);
    timer_1.expires_from_now(std::chrono::seconds(5));
    timer_1.async_wait(peng_1);

    this_thread::sleep_for(chrono::seconds(1)); //中间隔一秒

    asio::system_timer timer_2(ios);
    timer_2.expires_from_now(std::chrono::seconds(5));
    timer_2.async_wait(peng_2);
    ios.run();
}
```

timer_1 和 timer_2 前后相差一秒,各往 ios 身上丢一件任务。五秒过去,timer_1 的任务完成,定时事件产生,负责执行 ios.run()的主线程同样负责回调该事件 peng_1()。未料在里面卡了十秒;尽管在第六秒时事件 2 已经在 ios 身上了,可是由于没有更多的线程在运转 ios,所以新事件无法被触发。解决办法很简单,再多一个线程也来执行 ios.run()吧:

```
int main()
{
......

    thread trd_A([&ios](){ios.run(); });//参看随后【重要】提示
    thread trd_B([&ios](){ios.run(); });//参看随后【重要】提示

    trd_B.join();
    trd_A.join();
}
```

【重要】: 解除特定线程与特定任务的绑定

在 asio 的异步架构下,负责执行异步任务,回调异步事件的线程,不能直接调用事件本身,而是统一调用 ios.run()。正如上例中,trdA 和 trdB 两个线程,并不直接调用 peng_1()或 peng_2())。最终哪个线程负责执行 peng_1(),哪个负责执行 peng_2()并无定论。即在 asio 的设计中,线程不做分工,只要是正在运行某个 io_service 对象的 run()的某个线程,一旦空闲就可以立即执行该 io_service 对象身上的所有未完成任务。

对比运行效果，虽然屏幕的输出有些混在一起，但 timer_2 定时到达后，回调事件确实可在第一时间内得到执行，不受 timer_1 事件卡住的影响。此时，io_service 对象和线程的关系如图 13-24 所示。

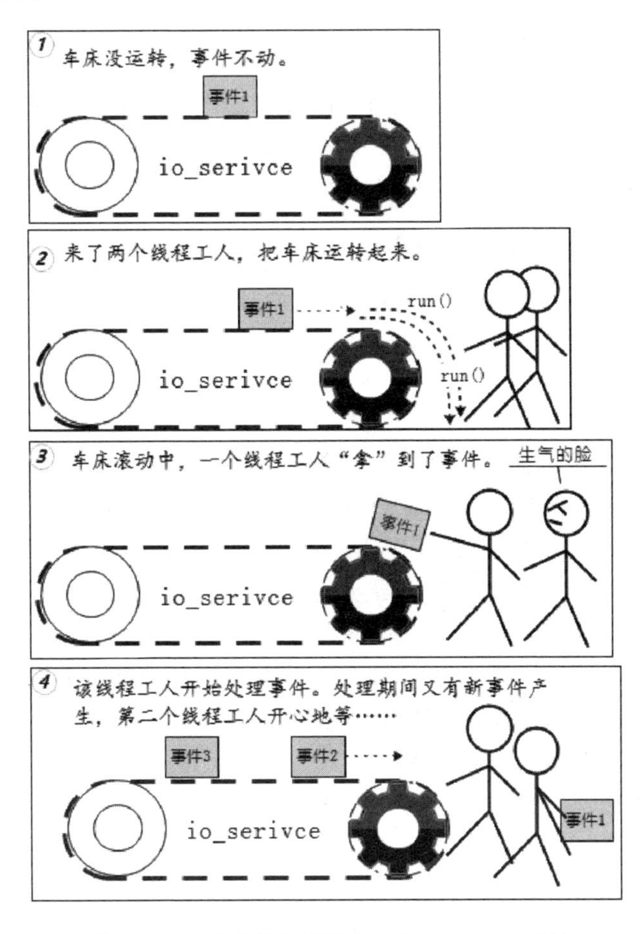

图 13-24 多个线程运转同一个 io_service 对象

所以干脆召唤 100 个线程来调用 io_service 对象的 run()方法？胡来！多一个工人多一份工资呢！增加线程必有成本。再者，一颗 CPU 所拥有的物理线程是有限的。雇佣的线程数一多，就容易“人浮于事”。通常一个进程适宜拥有的线程个数，与所在主机全部 CPU 所拥有的总线程个数接近就好。

【危险】：如何从根本上解决“线程不够用”的问题

“线程这么少，那我写的某个事件处理过程卡了怎么办？如果只有 8 个线程数，却正好有 8 个事件处理过程卡了，第 9 个、第 10 个事件来了怎么办?”

“碰到这种问题，公司通常的做法是将造成该问题的程序员开除。”

程序员想避免失业，一定要避免在事件处理函数中执行费时操作，避免事件函数长时间无法返回。"可是在'EchoClient'项目中，老师你在'OnReadFinished(读完成事件)'中调用了'StartWrite()'方法，而后者需要等待用户输入待发送的内容。人有三急，如果用户去了洗手间，程序岂不卡成狗？老师你要被开除了！"

EchoClient 的逻辑决定了它只需要单一线程支撑 io_service 的运转。它只负责一个连接，并且在这个连接上执行的动作是严格的"一写一读"，读之前必须先写，而下一次写之前必须先结束上一次的读任务；要第二线程做什么？EchoServer 倒是有必要添加线程。因为毕竟它是服务端，它有可能要同时面对来自好几个客户端的连接，虽然每个连接还是"一读一写"的串行操作，但多个连接之间的操作是并行的。

**【课堂作业】：多线程版 EchoServer**

请将 EchoServer 升级为双线程版，并上网搜索、下载 TCP 压力或性能测试工具，对单线程版与双线程版的性能做对比测试。

2. 异步到底

我是一名服务端程序员。我写的服务端接到一个客户端发来的指令，"请睡 5 s"，于是服务端在对应的事件函数 OnReadFinished()中执行 sleep_for(5s)。我就这样被开除了。我就这样被开除了？当然要开除！明明在《白话 C++》的 asio 网络编程章节中学的第一个知识点，就是异步的定时器。为什么还要调用 sleep_for()这样的同步操作从而硬生生地堵住线程 5s 呢？

还是两颗定时炸弹的例子，还是其中第一颗会卡 10 s，由于经费紧张只"雇佣一个线程"，请问如何让第二颗炸弹受到的拖延尽量减少？很简单，让我们"异步到底"。不要直接在事件中傻傻地等 10 s，而是再次发起一次异步定时任务。如此，唯一的线程就有机会先去处理 timer_2 的事件。完整代码如下：

```
#include < iostream >
#include < thread >
#include < memory >
#include < functional >

#include < boost/asio.hpp >
#include < boost/asio/system_timer.hpp >

using namespace std;
using namespace boost;

//10 s 后的下半场
void peng_1_second(system::error_code const& /* ec */)
{
    cout << "平!!!" << endl; //下半场"砰"出个'平'字
    return;
```

```
}

//上半场,由于需要继续定时,所以需要传入参数 timer 的引用
void peng_1_first(system::error_code const& /* ec */
                  ,asio::system_timer& timer )
{
    cout << "炸弹 1: !!! 石"; //上半场"砰"出个'石'字。

    timer.expires_from_now(std::chrono::seconds(5));//后一个 5s
    timer.async_wait(peng_1_second);
}

void peng_2(system::error_code const& /* ec */)
{
    cout << "炸弹 2: !!! 砰!!!" << endl;
}

int main()
{
    asio::io_service ios;

    asio::system_timer timer_1(ios);
    timer_1.expires_from_now(std::chrono::seconds(5));//第一个 5s
    auto callback = std::bind(peng_1_first
                              , std::placeholders::_1
                              , std::ref(timer_1));
    timer_1.async_wait(callback);

    this_thread::sleep_for(chrono::seconds(1));

    asio::system_timer timer_2(ios);
    timer_2.expires_from_now(std::chrono::seconds(5));
    timer_2.async_wait(peng_2);

    ios.run();
}
```

【课堂作业】:完成"定时"请求通信

请写一个 TimerClient 和 TimerServer,前者先接受用户输入一个数字(范围为 0～9),然后作为客户端将该数字发送给后者,后者收到后,以异步的方式定时该数字指定的秒数,定时到达后打出该数字。

举一反三,如果客户端 A 发来请求,要求服务端 B 干某件事。为了完成该事,B 再以客户端的身份连接服务端 C,发起请求,并从后者读取结果数据,再转手返回 A,

这称得上是一段跨主机的异步反应链。其中的关键过程是:B 收到 A 发来的请求,于是调用类似 OnReadFinished()事件函数,在该函数内,它必须通过一个 Connection 智能指针对象向 C 发起异步连接,再于 OnConnectionFinished()事件函数中向 C 发送数据……最后将从 C 端收到的数据,返回给 A。听起来很复杂,但如果你以为我不会把它布置成作业,那你就错了。

【课堂作业】:“三级跳”网络程序

完成前面课程提到的 A、B、C 三个程序配合的逻辑。具体要求:A 向 B 发送一个由长度指示子串加内容的字符串,比如“1 I”。前者表示后者的长度。B 收到后,在原内容上追加新内容,比如 Love,组成“5 I Love”发给 C。C 收到后如法炮制再添加内容返回给 B,B 收到后返回 A,A 收到后去除长度指示,在屏幕上输出最终内容。

3. 提交异步事件

如果客户端发来请求,要求服务端加载磁盘上的一个 1G 文件。如果我们在事件响应函数中,使用“ifstream ifs("file. 1G")”打开文件,然后开始读取,显然会让服务端的当前线程陷入耗时操作。Windows 操作系统提供异步读写磁盘文件的 API,并且 asio 也做了相关支持;更多内容可阅读 asio 官方文档中的 Windows - specific 部分,包括之前提到但未作讲解的“async_read_at()/async_write_at()”等函数的说明。

就算磁盘文件读写使用特定操作系统的异步接口避开了当前线程的堵塞,总还是会有一些耗时操作没有原生的底层异步支持。比如连接数据库并执行某个耗时的查询,但该数据库厂商没有提供异步编程接口,怎么办? 给对方发一封律师函,再不提供高性能的异步操作接口就起诉他们?

此时,我们不得不退而求其次,从底层环境原生的异步支持,退为在应用层面模拟实现异步。比如,如果让某个线程一口气从磁盘上读出 1G 的数据会长时间占用该线程,可以改为创建 20 个任务,每个任务中只读取 500M 数据;20 个任务交给 io_service 对象,一个线程一旦空闲,就前来执行一个任务。很容易又在这里陷入旧思维,觉得一口气读出全部数据肯定比每次读一点,连续读 20 次耗时较少。而且“谁有空谁来读”的策略,还会产生额外线程调度时间成本。这个说法没错,但我们说的是“性能高”,你说的是“耗时少”;我们说的是程序的综合性能,你说的是程序中某个特定操作的耗时。

从今天起,本书的读者再有将“耗时少”简单地等同于“性能高”,就请等着我和其他全体读者联名起诉吧。

同样是网络服务端程序,所处位置不同,所提供功能不同,因此所面临的主要矛

盾关系也会大有不同。今天我们只能笼统地说:一个网络服务端程序所面对的主要性能矛盾,通常是客户端日益增长的访问量需求和服务端捉襟见肘的资源之间的矛盾。

网络服务端玩的就是典型的双手抛五个苹果的游戏:任何一个苹果都必须及时地抓在手上,但任何一个苹果都不能在手上抓太久。如果一个服务端一方面要执行大量的网络操作,一方面又允许一个线程花连续好几"大"秒去读取磁盘文件,这样的程序员,如果不想开除,那就劝退。

一直在说 asio 是一个异步网络编程框架,现在大可以去掉当中的"网络"一词,就将它称为一个"异步编程框架"。快速体验一把 asio 宣称的"统一的异步模型"。假设当某个线程正忙,其中手上有一件事,不想由自己在当下执行,可以将此事"提交"给 io_service 对象,从而最终交给空闲线程(包括当前线程完成当下任务后)执行。

post()是 io_service 类的一个成员函数,原型如下:

```
template < typenameCompletionHandler >
void post (CompletionHandler handler);
```

其中 handler 就是当前线程不想现在就做的事,原型再简单不过了:

```
void handler();
```

由于该事件由应用层的代码直接提交给 io_serivce 对象,此类事件可称为"用户事件"。有关 post()所提交的事件谁来触发,何时触发,需要掌握以下两个要点。

第一点来自过往学到的知识:不管是当前线程还是其他线程,想要有机会执行某个 io_service 对象的事件(此时叫任务更准确些),前提必须是指定线程正在调用该 io_service 对象的 run()方法。第二点是:io_service 对象保证该事件不会在本次 post 函数执行期间被调用。想想这意味着什么?

新建控制台项目 asio_post,加上必要的链接库、宏定义以及 boost 库头文件和库文件各自的搜索路径。main. cpp 源代码:

```
#include < iostream >
#include < boost/asio.hpp >

void print() { std::cout << "~A~" << std::endl; }

int main()
{
    boost::asio::io_service ios;
```

```
    ios.post(print);
    ios.post(print);
    ios.run();
}
```

主线程向 ios 提交了两个一样的任务，要求执行 print()函数。当主线程调用 ios.run()时，print()确实执行两次。由于整个程序只有一个线程，所以可以确信两次都由主线程调用。如果程序改成由子线程调用 ios.run()，主线程现在很爽，管添加却不管执行任务：

```
#include < iostream >
#include < thread >
#include < boost/asio.hpp >

void print()
{
    std::cout << std::this_thread::get_id() << "\n";
}

int main()
{
    boost::asio::io_service ios;
    ios.post(print);
    ios.post(print);

    std::thread trdA([&ios](){ios.run();});
    std::thread trdB([&ios](){ios.run();});

    trdB.join();
    trdA.join();

    std::cout << "主线程 ID:"
        << std::this_thread::get_id() << std::endl;
}
```

print()方法只是输出当前线程 ID 和一对回车换行符，但多运行几次肯定可以看到，屏幕输出存在混乱，两次输出的对比如图 13-25 所示。

左上角的输出符合我们的期待，右下角是三号线程紧跟着二号线程输出 ID，然后再各自输出回车换行。铁一般的事实倒是表明了 trdA 和 trdB 确实在并行。

【重要】: asio 异步框架的作用

如果只是要并行效果，仅仅使用线程不是更简洁吗？比如：

```
......
    std::thread trdA(print);
    std::thread trdB(print);
......
```

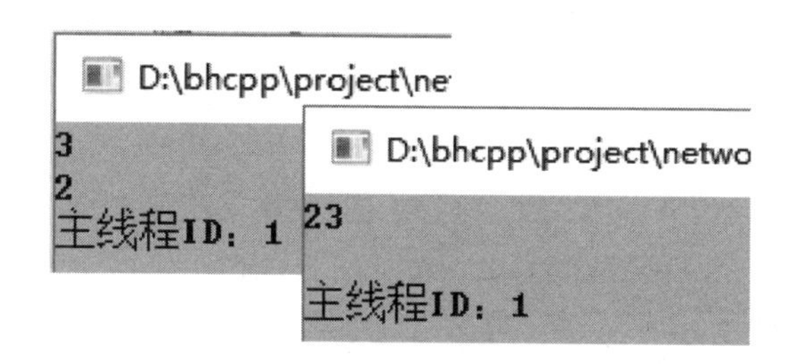

图 13-25　并发输出存在冲突

以上代码确实更简洁且直观，但如果要面对成千上万个接踵而至的并发任务，没办法一个个去创建线程对象，也不应该来一个任务就创建一个线程，然后完成任务就销毁一个线程，因为仅仅大量线程在频繁“生死”就能拖跨整个程序。

之前学习的 async_wait()、async_read()和 async_write()等函数，可以认为它们就是在内部自动调用 post()方法将各自入参中指定的事件或任务丢给 io_service 对象。这些事件或任务五花八门，但在 asio 的设计里，线程不仅持久可用，并且“不挑活”。任何执行 io_service 的 run()方法的线程只要空闲，就可以执行这些由 post()方法加进来的任务。

4. 分派事件

io_service 的 dispatch()方法也可以用来添加一个新任务，但该任务是被当前线程立即同步执行还是等待空闲线程异步执行，得视情况而定。dispatch() 方法原型如下：

```
template < typenameCompletionHandler >
void dispatch (CompletionHandler handler);
```

假设当前是 A 线程在调用特定 io_service 对象的 dispatch()方法，并且 A 线程发现自己有资格，那么它就会直接执行 handler 操作，不给其他线程机会。这里的“资格”呢，正是前面说过多次，必须正在调用特定 io_service 对象的 run()方法的线程才有机会执行该 io_service 对象身上的任务或事件。打个比方，有一场“线程跑步抢活干”的比赛，赛前裁判让小 D 负责将“活”送到终点摆着，好让大家抢；可是小 D 一想，“我就是参赛选手啊。”于是在送去的路上，它就先把这活给完成了！这时对 handler 的调用就是同步调用，handler 堵多久，线程小 D 就得等多久。

如果我们在事件 A 中调用 dispatch(handler)，并且入参 handler 又是事件 A，那就是在递归执行事件 A，会引起函数调用栈一层层地往上堆：

```
#include < iostream >
#include < thread >

#include < boost/asio.hpp >
```

```
boost::asio::io_service ios;
int count = 0;

void print()
{
011 std::cout << std::this_thread::get_id() << "\r\n";
    if(++count < 10)
013     ios.dispatch(print);
}

int main()
{
018 ios.dispatch(print);
    //本例中,ios 是全局变量,不需要捕获,可在 lambda 内直接使用
    std::thread trdA([](){ios.run();});
    trdA.join();
}
```

在 Code::Blocks 中将断点设置在 011 行,进入调试,在主菜单 Debug 的 Debugging Windows 子菜单项下,选中 Call stack 以打开函数调用栈窗口。每当经过一次断点,就能看到栈上多出好几层函数调用,并且都包含有 print()函数。经过三次断点后的调用栈截图,如图 13-26 所示。

Call stack

Nr	Address	Function
0		print ()
1	0x4038fd	boost::asio::asio_handler_invoke<void (*)()
2	0x403004	boost_asio_handler_invoke_helpers::invoke<void (*)()
3	0x4056aa	boost::asio::detail::win_iocp_io_service::dispatch<void (*)()
4	0x4037cf	boost::asio::io_service::dispatch<void (&)()
5	0x4016a7	print()
6	0x4038fd	boost::asio::asio_handler_invoke<void (*)()
7	0x403004	boost_asio_handler_invoke_helpers::invoke<void (*)()
8	0x4056aa	boost::asio::detail::win_iocp_io_service::dispatch<void (*)()
9	0x4037cf	boost::asio::io_service::dispatch<void (&)()
10	0x4016a7	print()

图 13-26 dispatch()带来的函数递归调用

作为对比,可将 013 行的 dispatch(print)改为 post(print),然后再观察调用栈。在 print()内执行 ios. post(print),将往 ios 身上扔一个新的 print 任务;而在 print()内执行 ios. dispatch(print),在条件允许下,将立即嵌套新的一次 print()调用;条件不允许则与 post(print)作用一致。

视调用线程的不同,dispatch()对具体 handler 的调用效果可能是同步也可能是异步。当处于同步的情况下,局部性能更好,操作的被调用时机更可控,但也容易因

为线程被一个操作占用太长时间造成整体性能变差。另外,dsispatch()应避免用于创建太长的任务"链",也要小心资源重入等问题,比如小心死锁。018 行也有一处"dispatch(print)"调用,但它的作用相当于 post(print),因为本例中主线程并没有调用对应 io_service 对象的 run()方法。

5. 异步事件串行化

回忆一下,多个线程并行处理同一个 io_service 对象,示意如图 13-27 所示。

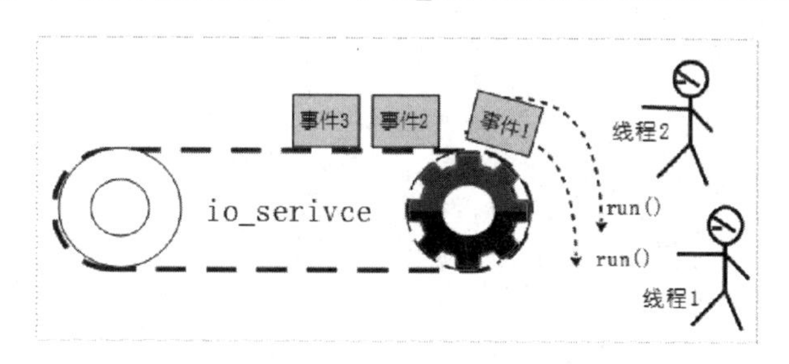

图 13-27 多个线程并发运转同一个 io_service 对象

看着图 13-27,我们关心一个结果:"事件 1"会被哪个线程接走? 哪个线程会抢走哪个任务,没有确切答案;可以确定的是:同一个事件不会被多个线程接走。这是 asio 对用户的庄严承诺。但这只是程序逻辑正确性最基本的保障,它并不能解决并发处理中可能存在的并发冲突。假设线程 1 抢了事件 1、线程 2 抢了事件 2 之后,示意如图 13-28 所示。

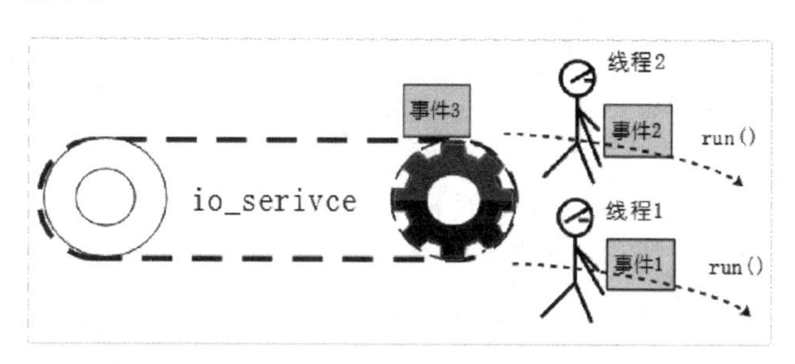

图 13-28 两个线程分头处理不同事件

线程 1 和线程 2 当然不会互相等待,它们各自处理手上的事。图中的"事件 1"和"事件 2"将同时执行。如果"事件 1"和"事件 2"存在对同一个资源的处理,就可能带来并发冲突。典型情况如,"事件 1"和"事件 2"是同一个函数,并且修改了同一个生命周期长于该函数的变量。

做个测试。变量 result 初始值为 0。在"事件 1 中"对它做自增一操作 5 万次;在"事件 2"中对它做自减一操作 5 万次。最终 result 应回到初值 0。

新建一控制台项目,并命名为 asio_strand,修改项目配置以添加必要的链接库、搜索路径和宏定义等。main.cpp 代码如下:

```
//asio_strand 版本一:存在并发冲突
#include < iostream >
#include < thread >
#include < functional > //std::bind

#include < boost/asio.hpp >

using namespace std;
using namespace boost;

int R = 0;
int const C = 50000;

void inc_handle()
{
    for (int i = 0; i < C; ++i)
        ++R;
}

void dec_handle()
{
    for (int i = 0; i < C; ++i)
        --R;
}

int main()
{
    asio::io_service ios;

    ios.post(inc_handle);
    ios.post(dec_handle);

    thread trdA([&ios]() { ios.run(); });
    thread trdB([&ios]() { ios.run(); });

    trdB.join();
    trdA.join();

    cout << "R = " << R << endl;
}
```

多运行几次,你将看到 R 的值变幻莫测,有时是 0,有时不是。问题出在"++R"和"--"R 都不是原子操作(详细解释见"并发"篇)。

【课堂作业】:"传统"方法解决并发冲突

请复习"并发"篇中的 std::mutex 相关知识,使用课程中提到的"代码独木桥"方法解决前例中的并发冲突。

针对本例,最简单的方法是将 R 的类型改成"并发"篇所学的 atomic_int,如此一来“++R”和“--R”都成为原子操作。当然,采用作业里提到的“std::mutex/互斥体”也是正确的做法,除非你把整个循环都锁上了。

正确的加锁范围	错误的加锁范围

void inc_handle()
{
    for (int i = 0; i < C ++i)
    {
        lock_guard < mutex > g(M);
        ++R;
    }
}
 	
void dec_handle()
{
    for (int i = 0; i < C ++i)
    {
        lock_guard < mutex > g(M);
        --R;
    }
}
	void inc_handle()
	{
	    lock_guard < mutex > g(M);
	    for (int i = 0; i < C ++i)
	    {
	        ++R;
	    }
	}
	
	void dec_handle()
	{
	    lock_guard < mutex > g(M);
	    for (int i = 0; i < C ++i)
	    {
	        --R;
	    }
	}

出于排版原因,我们没有使用宏“__concurrency_mutex_block_begin__”标出加锁范围,但还是可以很容易看出,正确加锁范围是R发生变动的一行代码,错误加锁范围是整个函数体。错误做法会让inc_handle()和dec_handle()从并行变成串行:谁先抢到锁资源,谁就安心地执行它的5万次循环,另一方只能干等。然而今天我们要学习的,竟然是“让并行变串行”的另一种做法,这种做法需要用到一类型名为asio::io_service::**strand**。strand就有“线、绳、链”的意思,它的“用心”也很明显:凡是经由该类同一对象发起的任务,都将串行。比如可以将上例中的inc_handle()和dec_handle()都改成由同一个strand对象发起,结果就是,二者不能并行,若一个在执行,另一个必须安心等。

“那还不如直接使用一个线程就好!”确实,就本例的当前代码逻辑而言,使用strand带来的效果和干脆改成一个线程(比如就留主线程或某个子线程)的效果是一样的甚至不如,因为凭空浪费了一个线程的资源。“那还不如使用全局锁将两函数的全部操作都加上锁呢!”确实,就本例的当前代码逻辑而言,使用strand带来的效果和干脆将 inc_handle()及 dec_handle()各自的代码全部锁的效果也是一样的甚至不如,因为后者的加锁效果更直观。

抱怨归抱怨,各位还是要热情万分地学习 asio::io_service::strand 哦! strand 有着和它的外部类 io_service 一模一样的 post()方法。我们将前面所有的 ios. post()调用都改改:

```
//asio_strand,版本二:改用 strand 对象发起异步任务,解决并发冲突
#include < iostream >
#include < thread >
#include < functional >

#include < boost/asio.hpp >

using namespace std;
using namespace boost;

int R = 0;
int const handle_count = 50000;

void inc_handle()
{
    for (int i = 0; i < handle_count; ++ i)
        ++ R;
}

void dec_handle()
{
    for (int i = 0; i < handle_count; ++ i)
        -- R;
}

int main()
{
    asio::io_service ios;
    asio::io_service::strand s(ios); //构造同样需要 io_service 对象

    s.post(inc_handle); //改由 strand 对象发起异步任务
    s.post(dec_handle); //两个任务是由同一个 strand 对象发起

    thread trdA([&ios]() { ios.run(); });
    thread trdB([&ios]() { ios.run(); });

    trdB.join();
    trdA.join();

    cout << "R = " << R << endl;
}
```

相比最初版本,变化就在于两个任务都改由 s 对象发起。其他的都没有变,包括

发起任务的线程仍然是主线程；然而，这次无论运行多少次，R 值都是正确无比的 0。顺便说一下，本次运行费时 0.027s。在这 0.027s 里发生的事情你应该很清楚：之所以没有并发冲突，原因是因为根本就没有发生过并发。完全浪费了 thdA 和 trdB。曾经我们握着“金箍棒”伤心欲绝：“我要这铁棒有何用？”今天我们双手捧着“混天绫”一脸茫然：“我要这绸缎有何用？”

考验各位智慧的时刻来了。让我们再看看这条“缎子”。你看它这一头串着 inc_handle()操作，里面有“沉甸甸”的五万次循环；那一头串着 dec_handle()操作，里面同样有“沉甸甸”的五万次循环。然后，画外音响起：“程序员想避免失业，一定要避免在事件处理函数中执行费时操作，避免事件函数长时间无法返回。”

在一个操作里做五万次自增或自减操作，当然算不上“卡”，所以我们的工作是保住了，但如果有一天遇到的真实项目，每次循环做的事需要耗时 100ms，5 万次就能让某个线程卡住 5s。为什么不将五万次同步循环，变成五万个异步操作呢？

接下来的工作，就是将合计十万次循环操作，全部变成异步操作，全部串到“混天绫”身上。当然，并不会出现十万个任务同时串在“混天绫”身上的现象，而是每执行一个任务的过程当中就将一个新的任务串上去，然后再结束本次任务。被比喻为“混天绫”的 strand 对象所起的作用是：确保这些任务不会被并行处理。strand 对象需要在链式任务中传递，因为每一次执行的任务，都包括通过它来创建新的任务，方法正是 post()函数：

```
//asio_strand 版本三：将单一耗时操作，分解成异步操作链
#include < iostream >
#include < thread >
#include < functional >

#include < boost/asio.hpp >

using namespace std;
using namespace boost;

int R = 0;
int const handle_count = 50000;
```

为了方便传递 strand 对象，以用户计数状态，我们改用函数对象实现任务：

```
struct IncHandle
{
private:
    asio::io_service::strand& _s; //引用
    int _count; //运行次数计数
public:
    IncHandle(asio::io_service::strand& s)
        : _s(s), _count(0)
    {
    }
```

```
    void operator() ()
    {
        if(_count < handle_count)
        {
            ++R;
            ++_count;

            _s.post(*this); //也可以使用 std::ref(*this)
        }
    }
};

struct DecHandle
{
private:
    asio::io_service::strand& _s; //引用
    int _count; //计数
public:
    DecHandle(asio::io_service::strand& s)
        : _s(s), _count(0)
    {
    }

    void operator() ()
    {
        if(_count < handle_count)
        {
            --R;
            ++_count;

            _s.post(*this); //也可以使用 std::ref(*this)
        }
    }
};
```

对应的,主函数中的 inc_handle 和 dec_handle 变成两个对象:

```
int main()
{
    asio::io_service ios;
    asio::io_service::strand s(ios);

    IncHandle inc_handle(s);
    DecHandle dec_handle(s);

    s.post(inc_handle);
    s.post(dec_handle);

    thread trdA([&ios]() { ios.run(); });
```

```
    thread trdB([&ios]() { ios.run(); });

    trdB.join();
    trdA.join();

    cout << "R = " << R << endl;
}
```

编译、运行，输出正确无比的0。费时0.160s，这是在异步链上执行十万个任务，每个任务只做一次整数加一或减一操作的总用时。之前是在异步链上执行只两个任务，每个任务各自做五万次整数加一或减一操作，用时0.027s。大家有什么疑问吗？

鸦雀无声。因为不想被本书作者和其他读者联名起诉。于是我把刀架在二牛的脖子上逼他，得到一个发自肺腑的提问："把原本两个串行的任务拆成十万个任务，并且这十万个任务还是串行执行，耗时却涨了近6倍。这真叫'综合性能更好'吗？"

如果有一件事从开始到结束的每一个步骤，本质上就不能被并发执行，那么拿再多的线程去处理，都不能减少总用时。此时，我们能做的事：一是接受这个费时操作只能串行的事实，简称"接受串行现实"；二是开始思考如何降低该费时操作对其他操作带来的负面影响，简称"降低整体影响"。

"接受串行现实"可以避免我们做这样的蠢事：一件只能串行的工作，却非要放在多线程并发环境下，然后再通过"加锁"，"逼迫"误闯而至的一堆线程在"锁"之前干等。打个比方：一群人玩探险活动，其中有一条每次只能上一个人的独木桥将活动区划成A、B两块。此时，"接受串行现实"的做法是每次就安排一个人去过桥，其他人继续在A区尽情地玩。等到此人下桥，再安排下一个人过来上桥。"不接受串行现实"的做法是每次都是一堆人挤在桥头，并且一个个争得头破血流，可最终还是只能一个个过桥。

以上谈的正是两种设计，分别是：一、开放多线程调用一个不能并发执行的操作，然后再通过互斥体等手段挡住并发线程；二、将不能并发执行的操作细分成小任务，如果这些小任务之间还是不能并发执行，那就仅安排一个线程执行某个小任务，完成后再安排空闲线程处理后续任务。

在一个线程资源非常有限（这几乎是必然的），却有大量并发任务需要执行的程序中，"降低整体影响"的最主要工作就是避免让某个线程限入耗时操作。此时，程序员的责任就是要找出，一件任务中哪些操作步骤是可以拆解成多个步骤的。有时候为了达到拆解的目的，甚至需要重新组织完成任务的流程步骤。

starnd对象在构造时需要一个io_service对象作入参，可以合理推测它在底层仍然基于io_service对象对异步任务或事件的排队。并且可以这样想象：strand对象对自己发起的任务做了特殊标记，方便后续线程取任务前，会对这些任务做检查，以保证最多只会有一个线程在处理这一类的任务；至于其他允许并行处理的任务，继续由io_service对象直接发起，它们仍然只遵守asio的最低保障，即同一个任务只会被一个线程处理，但不同任务可被多个线程并行处理。

为体现“综合性能”，让我们在 asio_strand 项目版本三的基础上，加上定时任务。当前定时任务结束前产生下一个定时任务，直到 IncHandle 和 DecHandle 任务全部完成。一个个定时任务最后在 io_service 对象身上和 IncHandle 或 DecHandle 任务参差出现：

```
//asio_strand 版本四：细小的 IncHandle 或 DecHandle 事件间夹杂着
//定时任务
#include < iostream >
#include < thread >
#include < functional >
#include < atomic > //atomic_int

#include < boost/asio.hpp >
#include < boost/asio/system_timer.hpp >

using namespace std;
using namespace boost;

int R = 0;
int const handle_count = 50000;
atomic_int finished(0);

struct IncHandle
{
private:
    asio::io_service::strand& _s;
    int _count;
public:
    IncHandle(asio::io_service::strand& s)
        : _s(s), _count(0)
    {
    }

    void operator() ()
    {
        if(_count < handle_count)
        {
            ++R;
            ++_count;

            _s.post(*this);
        }
        else
        {
            ++finished;
```

```
        }
    }
};

struct DecHandle
{
private:
    asio::io_service::strand& _s;
    int _count;
public:
    DecHandle(asio::io_service::strand& s)
        : _s(s), _count(0)
    {
    }

    void operator() ()
    {
        if(_count < handle_count)
        {
            --R;
            ++_count;

            _s.post(*this);
        }
        else
        {
            ++finished;
        }
    }
};

//定时任务
struct TimerHandle
{
private:
    asio::system_timer _timer;
public:
    TimerHandle(asio::io_service& ios)
        : _timer(ios)
    {
    }

    void Start()
    {
        _timer.expires_from_now(std::chrono::milliseconds(10));
        _timer.async_wait(std::ref(*this));          //“_timer”不允许拷贝,所以传引用
    }

    void operator() (system::error_code const& ec)
    {
```

```
        if (finished < 2)
        {
            cout << '.';
            Start();
        }
    }
};

int main()
{
    asio::io_service ios;
    asio::io_service::strand s(ios);

    IncHandle inc_handle(s);
    DecHandle dec_handle(s);

    s.post(inc_handle);
    s.post(dec_handle);

    TimerHandle timer_handle(ios);
    timer_handle.Start();

    thread trdA([&ios]() { ios.run(); });
    thread trdB([&ios]() { ios.run(); });

    trdB.join();
    trdA.join();

    cout << "R = " << R << endl;
}
```

system_clock 定时器的精度基本止于 10ms，但我们还是可以看到 10 个左右的小点点。

【重要】：存在需要串行的任务，就必须使用 strand 吗

也不是所有需要串行的任务，都需要使用 strand。比如以下三类情况：

(1) 本来就是单线程运转的 io_service 身上的对象，包括一个进程中有多个 io_service 对象，但每个对象都只使用一个线程运转的情况。这种情况下，每个 io_service 对象上的任务都天生是串行的，但不同 io_service 对象上的任务，有可能存在并发。

(2) 在任务添加的源头上，就决定了任务是串行发生，自然不用担心多个任务内部存在什么并发冲突，因为根本就不可能有多个任务。典型的如在“EchoClient/EchoServer”例子中，新任务总是在前一任务完成时才创建。

(3) 最后，有时候存在并发冲突的代码过于零散或者难以拆分，此时应大胆使用“传统”的互斥量、原子操作及条件变量等手段加以控制。

有关 strand 就这样吗？不，下一节能让我们对 strand 有更清晰的认识。

6. strand 的为与不为

前一小节的例子中，为了达到 inc_handle 和 dec_handle 的事件不被并发处理，做法如下：

```
……
    asio::io_service::strand s(ios);
……
    s.post(inc_handle);
    s.post(dec_handle);
```

往简单说，使用同一个 strand 对象“post(提交)”的事件，不会被并发执行。后来，我们又加了一个定时器事件 timer_handle，使用 io_service 对象发起定时任务，此时 timer_handle 和 inc_handle 或者 dec_handle 事件就可以并行处理，比如某个线程在处理后两者之一，同时有另一个线程在处理 timer_handler。

**【重要】：并不是由 io_service 对象提交的事件就一定会并发**

插一个问题，上例中 timer_handler 和 timer_handler 之间是什么关系？答：由于每个 timer_handler 事件都由 io_service 提交，所以在技术上它们可能存在并发；但是在实际业务逻辑上，总是由当前的 timer_handler 在结束之前才发起下一个定时任务，中间还隔着 10ms，所以可以肯定本例中的所有 timer_handler 事实上全是串行的。这正是前面分析不一定要使用 srand 时提到的第 2 种情况 。

中间隔着 10ms 的 timer_handler 和 timer_handler 之间不可能发生并行，这个比较容易理解。新的问题是：如果在 timer_handler 和 inc_handler 或 dec_handler 之间，也不希望存在并发，如何实现？“让 timer_handler 事件也由同一个 strand 对象提交就好了”，比如：

```
    IncHandle inc_handle(s);
    DecHandle dec_handle(s);
    TimerHandle timer_handle(ios);//定义函数对象

    s.post(inc_handle);
    s.post(dec_handle);
    s.post(timer_handler);  //用 s 提交定时事件
```

这段代码编译不过去，对比一下 timer_hander、inc_handle 和 dec_handler 三个函数对象对 operator ()的重载原型就清楚了。

异步定时操作、异步读操作、异步写操作、异步连接操作以及异步接受连接操作，都是一个从“任务”到“事件”的过程，细分起来是这样一条“链”：①发起任务；②执行任务；③任务完成；④提交事件；⑤执行事件。其中关键步骤及各自执行者和示例代码，示意如图 13-29 所示。

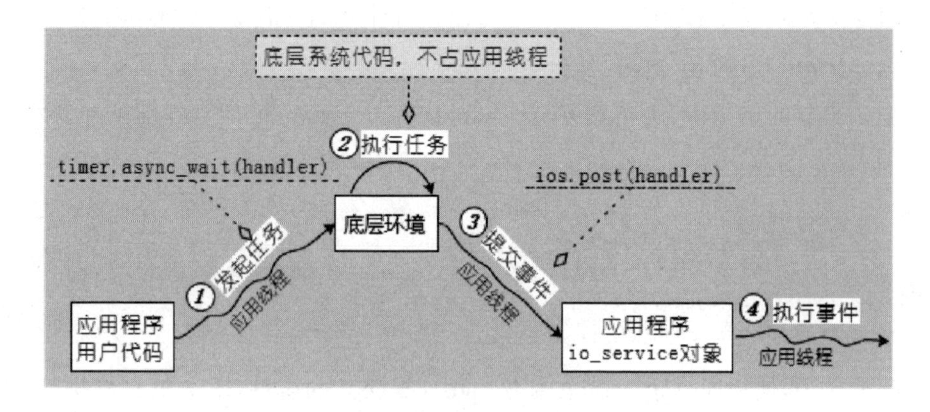

图 13-29 原生异步过程:从"任务"到"事件"

图 13-29 中第 3 步示例代码中的 ios,来自第二步中的 timer。后者当初在构造时需要一个 io_service 对象作为入参,并且拥有名为"get_io_service()"的方法以返回所依附的 io_service 对象。还是第 3 步,正是在这个环节,asio 底层框架调用 post()方法(或者相同作用的代码)以产生一个异步事件。而这里正是非原生的异步事件的开始点。非原生异步事件的过程是:提交事件和执行事件。什么叫"原生异步事件"? 请看第 2 步,这里有一段过程由底层环境(比如操作系统)执行,比如定时,比如从某个网络套接字读数据等。而"非原生的异步事件"正是之前说的"用户异步事件"。

无论是原生的还是用户的,当 io_service 对象身上积累了事件,所有运行着该 io_service 对象的 run()方法(事实上还有如下几个方法:run_one()、poll()和 poll_one())线程,如果正处于空闲(饥饿)状态,就会扑过来抢事件。而 strand 对象则在边上紧张地叫喊:"注意! 注意! 贴有红色标签的事件已经被小 A 线程抢到,并且正在执行! 不允许你们再拿贴红色标签的事件啦! 跳过它,跳过它,取后面那个……"在一个复杂的应用中可能不止一个 strand 对象,这位盯着红色的,那位盯着黄色的,现场着实热闹。

 **【危险】: strand 只作用于"执行事件"步骤**

"然而热闹只是它的……只是它的……它的。"灯火阑珊处传来第 1、2、3 步共同的叹息。没错,strand 只作用于"事件执行"。即保障特定的一组事件不会被并发执行,从而避免并发冲突;它完全不负责如何避免前三步也可能存在的并发冲突。

为了让 strand 对原生异步事件能发挥作用,似乎要修改第 3 步的代码,它将成为:

```
strand s;
s.post(handle);//原来是 ios.post(handle)
```

可惜这行代码藏在asio代码深处，我们动不得。只能在第1步，也就是发起任务的环节上处理。通过使用strand对象的wrap()方法，“包装”一个事件。假设s是用于串行化inc_handle和dec_handle的那个strand对象，请注意它在以下示例代码中的新用法：

```
_timer.async_wait(s.wrap(handle));
```

wrap的原意就是包装，受益于C++ 11的新语法，它可以轻松包装各种事件原型。也可以将它理解为有特定业务功能的bind()函数。经由同一个strand对象包装之后的事件，以及同一个strand对象提交的事件，将来都不会被并发执行。

再次注意，尽管我们在异步“任务→事件”链的第1步用strand的wrap()方法，但它必需在第3步才能产生类似s.post(handle)效果，而最终作用于第4步的事件调用。strand完全不负责前面三个步骤中可能存在的并发冲突。比如，我们(哪怕在同线程中)连续两次向同一个网络套接字发起异步写任务：

```
std::string aaa = "ABCDEFG";
std::string nnn = "123456790";

/*  socket 是一个全局的 ip::tcp::socket 变量
    strand 是一个全局的 io_service::strand 对象
   on_write_finished 是一个完成操作
 */
//第一次写,写的是"ABCDEFG"
socket.async_write(asio::buffer(aaa)
              , strand.wrap (on_write_finished));
//第二次写,写的是"1234567890"
socket.async_write(asio::buffer(nnn)
              , strand.wrap (on_write_finished));
......
```

async_write()只用于发起写操作，并不能立即将数据写出去，所以连续两次发起异步操作的效果，相当于有个长长的水管，你第一次发起“倒蓝墨水进水管”操作，未等蓝墨水完全灌完，你又开始往里灌进一杯红墨水，你觉得象征服务端的水管会流出什么颜色的水？

写数据如此，读数据也一样。网络连接上传输着的数据，虽然被称为“流”，却在绝大多数情况下是带格式的。对同一个连接使用多个线程并发抢读数据，你以为是京东快递骑着小三轮送货而至，一堆人扑上去各取各的包裹？错了，那算什么并发！真正的并发是每一件包裹都被“元器件”级撕裂，所有人都读不懂自己抢到的是什么。事情就是这样，一个正常的网络程序几乎逃避不了使用多线程处理网络操作，比如读写网络数据；而一个网络程序最愚蠢的表现，就是在连接的一端出现并发读写同一个套接字。有一张图可以表现这种愚蠢，如图13-30所示。

知其所为，知其所不为。切记，strand只对任务(如果有任务的话)完成之后所触

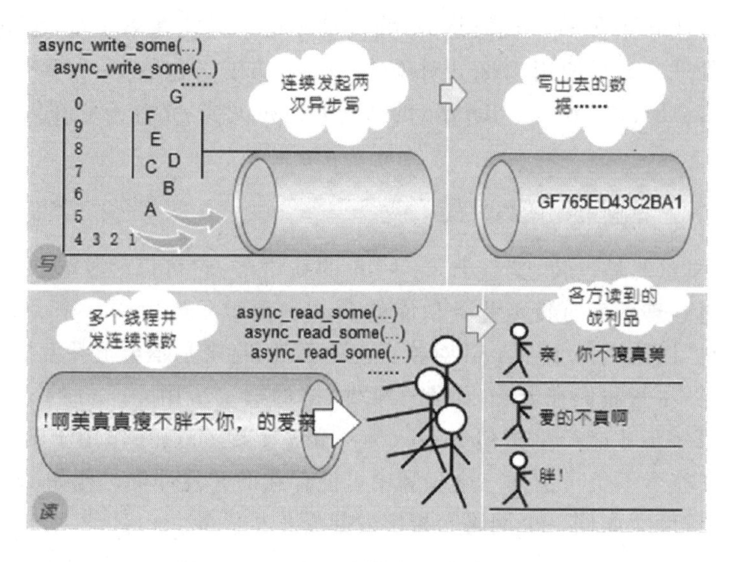

图 13-30 同一套接字上的并发读写

发的事件做串行化。

【课堂作业】:分析以下说法的错误之处

(1) 既然不允许并发读写同一个网络连接(对应到一个套接字),所以干脆为每个连接分配一个读写线程。

(2) asio 框架下,往往只使用几个线程以处理成千上万个网络连接,因此一个线程总是要高速地处理多个连接,怎么可能出现一个连接有多个线程并发处理的情况呢?

(3) 在链式任务反应过程中,新的网络读写操作,经常就是当前事件(以下称为 handle)执行过程中发起的。所以,使用同一个 strand 对象发起或包装 handle 事件,就可以避开对同一个连接的并发读写。

13.8.10 TCP 代理

1. 团队"链式反应"

链式反应不仅存在于异步网络编程的代码里,也存在于写代码的团队成员之间。在一个复杂的网络项目中,一个程序员往往是这个程序的下家,那个程序的上家,此时人际关系中的链式反应随时会爆发。

客户现场传来:"急报! 现场程序崩溃!"这是链式反应的导火索。程序什么时候崩溃? 崩溃时有什么现象? 报告的人只字不提,更别去想"为什么会崩溃"了。单纯的你正想扯一句"难道是'上帝之手'"以显示你的幽默,顺带缓和一下有些诡异的气氛。然而一切已来不及,链式反应正式开始。下家跳出来,横加指责你:“肯定是你发来的报文格式不对!”你被说得心慌,求助地望向上家。你的上家却已跳着从你身边跑过去亲密握着下家的手,全公司的人都听得到他在说:“我赞同你的判断。他这种人,肯定是收到我的报文之后胡乱解析,再随便拼个报文发给你了。”接下来,他俩就像绑定同一个 strand 对象上的一类任务,此一句彼一句,一句说完又一句,全场嗡嗡嗡全是他们的声音。

C 程序向 S 程序发送数据,S 程序突然挂掉,罪魁祸首有可能是因为 C 程序发来的报文格式不合约定,当然也有可能纯粹是 C 程序自己的错。为了方便查证,我们需要一个网络抓包工具,抓出 C 程序发给 S 的数据包加以检查。这样的工具很多,不过在实际项目中,往往自行写一个工具称作 P,将它插在 C 和 S 之间充当代理,同时查看二者之间特定连接的往来报文。C、P、S 三者的位置及基本关系如图 13-31 所示。

图 13-31 代理的位置

三方之间的通信都特指 TCP 协议上的网络通信。从图 13-13 可以看出,当面向客户端时,代理是一个服务端程序,而面向服务端时,代理则是一个客户端程序。

2. 功能设计

首先分析连接的建立与断开逻辑。连接总是由 C 端发起,代理一旦接受一个来自 C 端的连接,就立即向 S 端发起一人连接请求。连接的断开则可能是 C 端也可能是 S 端发起。不管哪一端发起,当代理感知到和某一端的连接断开,则相应地与另一端断开。asio 并没有明确的连接断开事件,因为需要依据回调事件收到的“system::error_code”入参加以判断。

由此可见,对 P 而言,来自 C 端的连接和去往 S 端的连接,二者就像一对命运共同体,君生我生,君逝我逝;所以我们将二者放在同一个对象中,称为 P 端的“连接”。其中来自客户端的套接字称为“_from_client”,面向它,P 端是服务端,因此该套接字需要开放出来以方便“acceptor(接受器)”使用。待连向服务端的套接字称为“_to_server”,面向它,P 端是客户端,因此需要提供一个方法 StartConnectToServer(host, port),用于在和客户端连接建立完成之后,主动连接服务端。

综上所述,P 端的 Connection 类设计如下:

```
//P 端逻辑意义上的连接，包含来自客户端和去往服务端的两段物理连接
class Connection
    : public std::enable_shared_from_this < Connection >
{
public:
    Connection(asio::io_service& ios)
        : _from_client(ios), _to_server(ios)
    {}

    asio::ip::tcp::socket& GetClientSocket() //供 acceptor 使用
    {
        return _from_client;
    }

    //连接到服务端
    void StartConnectToServer(char const * host
                              , unsigned short port);

private:
    asio::ip::tcp::socket  _from_client; //来自客户端的 socket
    asio::ip::tcp::socket  _to_server;//去往服务端的 socket
};
```

一旦连接建立，客户端和服务端谁会先说话？像 HTTP 和 FTP 都是客户端先发送数据，但确实也可以有服务端先发送数据的自定义协议。所以 P 端将来个“双管齐下”，既读客户端也读服务端，不管哪端发出数据，都读取后直接转发给另一端。如果以数据流动方向为箭头方向，在 P 端的任何一条连接上，都存在以下两个过程，如图 13－32 所示。

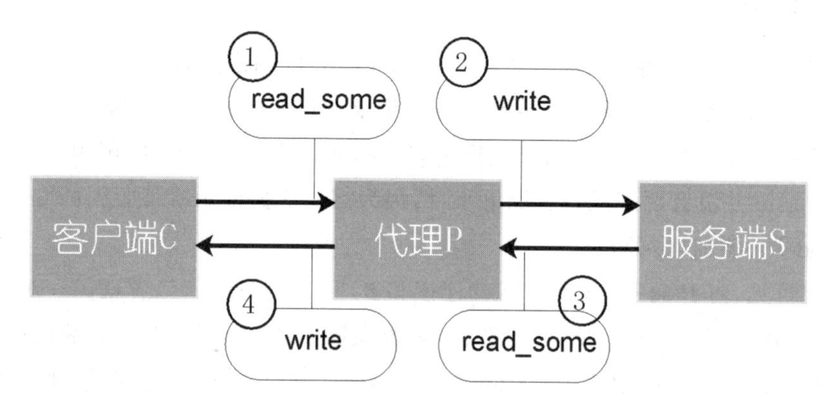

图 13－32　P 端读写操作

两个过程是指“1→2”和“3→4”。其中 1 与 2 串行，3 与 4 串行，但“1→2”与“3→4”之间可以并行。同一网络连接上行机下行两个方向的数据传输过程，至少在程序层面是独立的。实现步骤 1 与步骤 2 的串行化并不需要 strand 对象。我们将确保除了“上帝之手”启动步骤 1 之外，后续过程永远是在任务 1 的完成事件中发起任务

2,在任务2的完成事件中发起任务1。如此,无论有多少个线程在运转io_service对象,都不会出现并发冲突;3与4的过程类似。

由于步骤1和步骤2不会并发,因此步骤1从"_from_client"连接上读到的数据,可以直接在步骤2写入"_to_server"连接,这个方向上的数据流动,称为"上行数据"。以此对应,步骤3从"_to_server"连接上读到的数据,可以直接写入"_from_client"连接,称为"下行数据"。

变量"_c2p2s_buf"存储上行数据,变量"_s2p2c_buf"存储下行数据。作为一个代理,它不可能知道也不需要知道C端和S端通信的报文格式,所以无论在哪个方向上读取数据,都使用async_read_some(),即有多少读多少,写数据时则使用async_write(),之前读到多少,现在就写出多少。变量"_c2p2s_bytes"和"_s2p2c_bytes"用于表达刚刚说的"多少"。代理端整个过程图解如下,连接建立过程的示意图如图13-33所示。

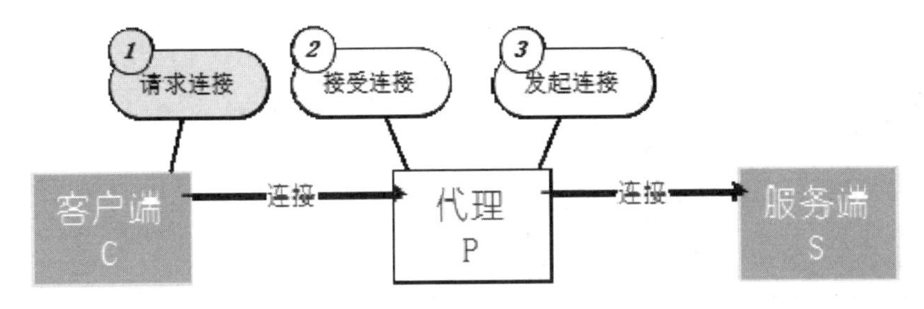

图13-33　代理连接建立过程

解读:客户端连接代理端,代理接受连接,然后马上向服务端发起连接。正常情况下,服务端会接受连接。接着两个方向上的代理读写过程如图13-34所示。

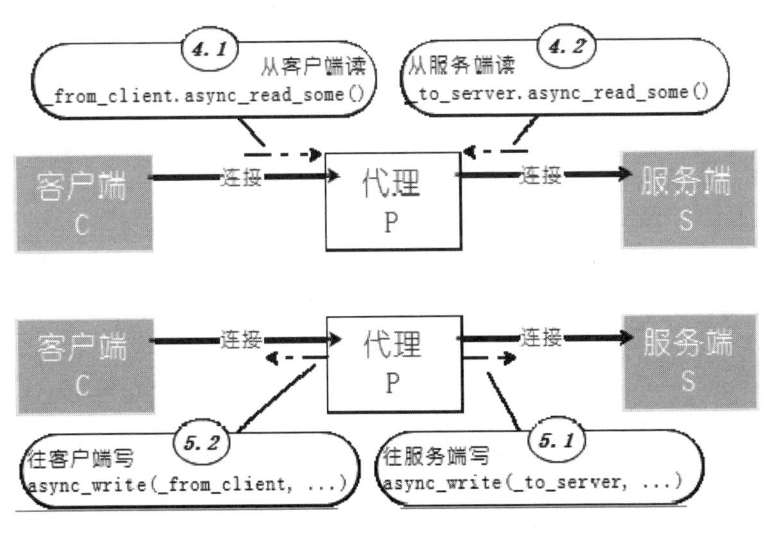

图13-34　双向代理读写过程

一旦服务端接受代理端的连接请求,代理马上开始从客户端和服务端分别读取数据,即图 13-34 中的 4.1 和 4.2 步骤。当 4.1 步骤"读取一些数据"完成,执行 5.1 步骤;当 4.2 步骤操作完成,执行 5.2 步骤。最后,5.1 步骤执行完成,执行 4.1 步骤;同理,5.2 步骤执行完成,执行 4.2 步骤。异步链生生不息。万一中间有哪一个步骤失败,调用"Close()"方法,输出出错原因,不再传递当前连接对象的智能指针,从而结束当前连接。

3. 实现代码

新建控制台项目,命名 tcp_proxy。构造选项中加入三个链接库:"boost_system $(#boost.suffix)" Ws2_32 和"Mswsock";加入编译搜索路径"$(#boost.include)"和链接搜索路径"$(#boost.lib)";编译配置中,加入禁止使用 auto_ptr 的宏定义 BOOST_NO_AUTO_PTR:

```
//main.cpp
#include <iostream>
#include <vector>
#include <thread>
#include <memory>

#include <boost/asio.hpp>

using namespace std;
using namespace boost;

//工具函数,用于将 IP 和端口拼出一个目标地址(endpoint)
asio::ip::tcp::endpoint make_endpoint(char const * host
                                      , unsigned short port)
{
    return asio::ip::tcp::endpoint(
                asio::ip::address::from_string(host)
                , port);
}

//工具函数,用于将"www.sina.com.cn"的域名解析为目标地址
asio::ip::tcp::endpoint ResolveDst(asio::io_service& ios
                                   , char const * host
                                   , unsigned short port
                                   , boost::system::error_code& ec)
{
    asio::ip::tcp::resolver R(ios);

    asio::ip::tcp::resolver::query Q(host, std::to_string(port));
    asio::ip::tcp::resolver::iterator it = R.resolve(Q, ec);

    if (! ec)
        return * it;
```

```
    //返回空地址
    return asio::ip::tcp::endpoint();
}

class Connection
    : public std::enable_shared_from_this < Connection >
{
public:
    Connection(asio::io_service& ios)
        : _from_client(ios), _to_server(ios)
    {
        _c2p2s_buf.resize(1024 * 2); //上行方向最多读2K
        _s2p2c_buf.resize(1024 * 2); //下行方向最多读2K
    }

    //连接到服务端
    void StartConnectToServer(char const * host
            , unsigned short port);

    asio::ip::tcp::socket& GetClientSocket() //供acceptor使用
    {
        return _from_client;
    }

private:
    void StartReadFromClient();
    void StartWriteToClient();

    void StartReadFromServer();
    void StartWriteToServer();

    void Close(system::error_code const& ec);

private:
    asio::ip::tcp::socket _from_client; //来自客户端的socket
    asio::ip::tcp::socket _to_server;   //去往服务端的socket

    std::vector < char > _c2p2s_buf; //上行数据
    std::vector < char > _s2p2c_buf; //下行数据

    size_t _c2p2s_bytes = 0;
    size_t _s2p2c_bytes = 0;
};

void Connection::StartConnectToServer(char const * host
            , unsigned short port)
{
    boost::system::error_code ec;
    auto server_addr = ResolveDst(_to_server.get_io_service()
```

```
                                        , host, port, ec);
    if (ec)
    {
        Close(ec);
        return;
    }

    auto shared_this = this->shared_from_this();

    _to_server.async_connect(server_addr
        , [shared_this](system::error_code const& ec)
    {
        if (ec)
        {
            shared_this->Close(ec);
            return;
        }

        shared_this->StartReadFromClient();
        shared_this->StartReadFromServer();
    });
}

void Connection::StartReadFromClient()
{
    auto shared_this = this->shared_from_this();

    _from_client.async_read_some(asio::buffer(_c2p2s_buf)
            , [shared_this](system::error_code const& ec
                                            , size_t count)
    {
        if (ec)
        {
            shared_this->Close(ec);
            return;
        }

        string tmp(&shared_this->_c2p2s_buf[0], count);
        cout << "==>\r\n" << tmp << endl;

        shared_this->_c2p2s_bytes = count;
        shared_this->StartWriteToServer();
    });
}

void Connection::StartWriteToServer()
{
    auto shared_this = this->shared_from_this();
```

```
    asio::async_write(_to_server
            , asio::buffer(_c2p2s_buf, _c2p2s_bytes)
            , [shared_this](system::error_code const& ec
                                                , size_t /* count */)
    {
        if (ec)
        {
            shared_this->Close(ec);
            return;
        }

        shared_this->StartReadFromClient();
    });
}

void Connection::StartReadFromServer()
{
    auto shared_this = this->shared_from_this();

    _to_server.async_read_some(asio::buffer(_s2p2c_buf)
            , [shared_this](system::error_code const& ec
                                                , size_t count)
    {
        if (ec)
        {
            shared_this->Close(ec);
            return;
        }

        string tmp(&shared_this->_s2p2c_buf[0], count);
        cout << "<==\r\n" << tmp << endl;

        shared_this->_s2p2c_bytes = count;
        shared_this->StartWriteToClient();
    });
}

void Connection::Close(system::error_code const& ec)
{
    cout << "\r\n代理中断。" << ec.message() << endl;
}

void Connection::StartWriteToClient()
{
    auto shared_this = this->shared_from_this();

    asio::async_write(_from_client
            , asio::buffer(_s2p2c_buf, _s2p2c_bytes)
```

```
            , [shared_this](system::error_code const& ec
                                                , size_t /* count */)
    {
        if (ec)
        {
            shared_this->Close(ec);
            return;
        }

        shared_this->StartReadFromServer();
    });
}

class Porxy
{
public:
    Porxy(asio::io_service& ios
            , char const * listen_host, unsigned short listen_port
            , char const * dst_host, unsigned short dst_port)
                : _acceptor(ios, make_endpoint(listen_host
                                                , listen_port))
                    , _dst_host(dst_host), _dst_port(dst_port)
    {
    }

    void Start()
    {
        asio::io_service& ios = _acceptor.get_io_service();

        auto new_connection = make_shared < Connection > (ios);
        auto& socket_ref(new_connection->GetClientSocket());

        _acceptor.async_accept(socket_ref
            , [new_connection, this](system::error_code const & e)
        {
            if (e)
            {
                cout << "代理程序监听出错" << e.message() << "。\r\n";
                return;
            }

            //启动新连接的链式任务
            new_connection->StartConnectToServer(_dst_host.c_str()
                                                    , _dst_port);
            //自身的链式反应
            this->Start();
        });
    }

private:
```

```
    asio::ip::tcp::acceptor _acceptor;

    std::string _dst_host;
    unsigned short _dst_port;
};

int main(int argc, char* argv[])
{
    if (argc < 3)
    {
        cout << "usage : tcp_proxy dst_host dst_port" << endl;
        return 0;
    }

    string listen_host = "127.0.0.1"; //代理在本机上的监听
    unsigned short listen_port = 9099; //代理在本机上的监听端口

    string dst_host = argv[1];
    unsigned short dst_port = std::stoi(argv[2]);

    cout << "==>代理位置:" << listen_host
                            << " : " << listen_port << "\r\n";
    cout << "代理目标==> :" << dst_host
                      << " : " << dst_port << endl;
    cout << "(Ctrl - C 退出程序)" << endl;

    asio::io_service ios;
    Porxy proxy (ios, listen_host.c_str(), listen_port
              , dst_host.c_str(), dst_port);
    proxy.Start();

    typedef std::unique_ptr < std::thread > ThreadPtr;
    std::vector < ThreadPtr > threads;

    int const max_thread_runs = 3;

    for (int i = 0; i < max_thread_runs; ++i)
    {
        auto thread_process = [&ios]() {ios.run();};
        std::thread* trd = new std::thread(thread_process);
        ThreadPtr ptr(trd);

        //unique_ptr < T >不允许复制,但可使用"转移构造""移进"容器
        threads.push_back(std::move(ptr));
    }

    for (int i = 0; i < max_thread_runs; ++i)
    {
        threads[i]->join();
    }
}
```

4. 测试

tcp_proxy 运行时，需指定 S 端的地址。在 Code::Blocks 中，可在主菜单 Project 下找到 Set programs' arguments...。在弹出的对话框中，视情况选择 Debug 或 Release 目标，其下添加内容：www.qq.com 80（端口和地址之间为空格），设置腾讯的官网作为代理的目标服务端。代理本身监听的地址，被直接写在代码中，IP 地址为“127.0.0.1”，端口 9099。运行代理程序，现在对“127.0.0.1:9099”的访问，将全部被转发到“www.qq.com:80”。

可以先拿浏览器试试。以火狐浏览器为例，进入其“选项”界面，“高级→网络”，单击界面上“连接”边上的“设置”按钮，将互联网代理设置为“手动配置代理”，然后 HTTP 代理填写“127.0.0.1”，端口填写“9099”，确定后退出选项。确保代理程序处于运行状态。在浏览器地址栏内输入“http://www.qq.com”，回车后，代理程序将疯狂刷屏，浏览器则能看到腾讯主页的内容。整个工作过程是这样的：虽然我们在浏览器输入“www.qq.com”网址，但浏览器会访问代理程序，代理程序才将收到的网页访问请求数据，转给腾讯服务器。

如果在浏览器中输入“http://www.sina.com.cn”，一个 HTTP 代理应该解析该地址，然后转送新浪服务器；但我们是简单的 tcp 代理，所以它会把对新浪的请求发到腾讯家，后者几近无语，估计内心受到了一万点伤害。也可去除浏览器的网络代理配置，然后在浏览器输入代理程序的地址：127.0.0.1:9099，而后请求被转送给腾讯服务器。咦？腾讯这回居然……居然……大家自己动手测试吧。

差点忘了我们写 tcp proxy 的初衷了。假设“echo 通信”项目的客户端 Echo Client 和服务端 Echo Server 分属两个程序员所写，他们正为报文格式争个不停，可以让本代理工具派上用场了。请先在 Echo Server 代码中找到它的监听地址，然后设置为代理程序命令行参数；再将 Echo Client 代码中的连接地址改为代理程序的监听地址。依序运行代表 S 端的 Echo Server，代表 P 端 tcp proxy 和代表 C 端的 Echo Client，开始测试吧。

13.8.11 运转状态

1. run/stop/reset

一直以来，我们都在这样使用 io_service 对象：先往它身上添加任务或事件，然后让某个线程“运转”它。比如：

```
asio::io_service ios;
ios.post([]() {cout << "handle" << endl; }); //step-1: 添加事件
ios.run(); // step-2: 运转 ios
```

可不可以对调步骤，先 run()再添加任务呢？

```
asio::io_service ios;
ios.run();
ios.post([]() {cout << "handle" << endl; });
```

不行，此时由于身上没有任何任务和可处理的事件，run()将立即退出，而后再添加事件，由于 ios 对象不在运转状态下而不被执行。甚至，不能简单地在后面再补一次 run()：

```
asio::io_service ios;
ios.run();
ios.post([]() {cout << "handle" << endl; });
ios.run(); //再运行一次居然也不行
```

运行，第二次 run()仍然直接退出，并不处理事件。解决办法是在第一次误打误撞的 run()调用结束后，重置它，方法是 reset()：

```
asio::io_service ios;
ios.run();
ios.reset();
ios.post([]() {cout << "handle" << endl; });
ios.run(); //现在可以了
```

网络上一句玩笑话，叫“药不能停”。对于 asio 编程中的 io_service 对象，适用的话应该是“事不能停”，一停就结束本次运转，一结束运转，后面的事件就无人受理。还好，实际项目中的程序，通过链式任务，很容易做到“事不能停”。比如一个服务端程序使用 acceptor 监听客户端的连接请求，如果接收不到任何请求，它会一直卡着；如果收到一个连接请求，我们会在请求处理事件中，再次让它继续准备接受新请求。再比如定时器，这也是实际项目中经常需要的。而有一个定时器我们就可以让它在本次定时到达时，定好下一次的时间。

使用“一个 io_service 对象，多线程运转”这种模式时，因为只有一个 io_service 对象，相对很容易让它一忙起来就永远忙下去，若有需要串行的事件，此模式需要借助 srand 提供保障。如果为了多压榨一点 CPU 服务器的性能并减少用错串并行，可以试试多 io_service 的模式。让不同的 io_service 对象承担不同的任务。如此，同一连接的续写同一时间只会有一个线程处理，省去不省并发冲突的担心，这一模式下，要尽量均摊各个 io_service 上的任务，避免闲的闲，忙的忙，以致“一核有难，八核围观”。

如有需要，也可以在 io_service 身上还有任务的时候，强行让它结束运转。比如程序要退出，但某个专门处理定时器的 io_service 对象身上还有几个定时事件，为避免程序退出时等待太久，可以考虑强行结束，调用 io_service 对象的 stop()方法可达到此目的。如果不是因为程序要退出的原因，那么在调用 stop()方法之后，要后续重新运转，同样需要调用 reset()。

2. run/poll 和 work

同样是在 io_service 对象上找活干，方法 run()和 poll()在态度上差别很大。poll()就像一个被派去处理事件，但内心很不希望碰上事件的人。run()方法正好相反，它很希望能碰上可处理的事件。

在检查任务是否完成时，poll()函数那是一毫秒都不愿意多等，迅速扫描一眼，“啊，太好了，没有任何已经完成的任务，我没事干了……”；作为对比，run()函数在查到无已完成任务后，会有一小段的等待，仿佛心里在叹息“怎么会一个任务都没完成呢？让我再看一眼”。类似“libcurl 多路处理”小节时提到的等待时长。run()方法不仅会多看一眼当前已经存在的任务是否已经完成，我们甚至可以在 run()调用之前提出要求：“这次你去检查事件，一定不能空手而归”。提这个要求需要用到 io_service::work 类。

如果按官方文档所说，那 io_service::work 类并不是在提要求，它只是在暗示 run()“事件马上就来，马上就来……”于是态度好，责任心强的 run()函数就信了，然后一遍遍地检查。

io_service::work 的全部用法，就是构造一个对象，构造时传入待暗示的 io_service 对象即可。将来对象析构时，就结束暗示。有了 io_service::work，就可以将向 io_service 对象添加任务和运转该 io_service 对象两个操作步骤对调次序了。先看看错误的调整方法：

```
    asio::io_service ios;
002 io_service::work w(ios);
003 ios.run(); //堵塞
004 ios.post([]() {cout << "handle" << endl; });
```

002 行暗示 ios 很快就会有事件到来，这确实是“暗示”而不是“欺骗”，因为 004 行确实会提交事件。问题出在 003 行，由于受到了暗示，所以此时调用 run()方法，它就堵塞在函数内部死等任务了，结果根本没有机会执行到 004 行。正确的做法是将 003 行交给另外的线程处理。比如：

```
asio::io_service ios;
io_service::work w(ios);
auto process = [&ios]() {ios.run();};
std::thread trdA(process);
ios.post([]() {cout << "handle" << endl; });
```

由于有可能受暗示而进入堵塞状态，run()方法是不可重入的，即不要在某个事件处理中，又调用当前 io_service 对象的 run()方法。不过，我们总是可以调用 poll()来快速处理当前确定可处理的事件，因为 poll()方法不受 work 的暗示。

13.8.12 结合 std::future

asio 的各个异步操作，都可以和标准库的 std::future <T> 结合使用，从而实现更高抽象层次的异步操作。可惜，当前使用的 1.57 版本，这样的结合代码却还无法通过 GCC 编译。因此以下代码需要使用更高版本的 boost 库。如果我们手上两个网址需要解析，比如：

```
asio::ip::tcp::resolver::query Q1("www.sina.com.cn", "80");
asio::ip::tcp::resolver::query Q2("www.qq.com", "80");
```

显然，解析两个网址不需一个任务链；可以创建两个线程并发解析，也可以使用更高的抽象，将 std::future 和 async_resolve()结合使用：

```
asio::io_service ios;
asio::ip::tcp::resolver R(ios);

std::future < asio::ip::tcp::resolver::iterator > future_iter_1
          =  R.async_resolve (Q1, asio::use_future );
std::future < asio::ip::tcp::resolver::iterator > future_iter_2
          =  R.async_resolve (Q2, asio::use_future );

asio::ip::tcp::resolver::iterator iter = future_iter_1.get ();
asio::ip::tcp::resolver::iterator iter = future_iter_2.get ();
```

asio 中以"async_"开始的函数，如果其传入的回调是预置的 use_future 动作，本次异步操作的返回值就可以赋值给一个 std::future <T> 对象。T 的类型可从对应的同步版本找到。比如 async_resolve()的同步版本是 resolove()，它返回"asio::ip::tcp::resolver::iterator"。

根据 std::future <T> 的用法知道，在对 future <T> 对象调用"get()/wait()"方法之前，操作可能执行也可能未执行，但在调用"get()/wait()"后，该操作必然被执行。不过在 asio 这边，事件要被执行还需要一个条件：对应的 io_service 对象必须处于运转状态。上面的示例代码中，我们没有看到 ios.run()，所以代码中的"async_resolve(Q2, asio::use_future)"不可能触发 use_future 事件，异步解析操作将一直处于"未完成"状态，从而造成 future_iter.get()取不到操作结果。合理的做法是使用 work，让 io_service 对象先多线程运转起来，后续再做添加任务：

```
asio::io_service ios;
io_service::work w(ios);
autoprocess = [&ios]() {ios.run ();};
std::thread trdA(process);
std::thread trdB(process);

asio::ip::tcp::resolver R(ios);

std::future < asio::ip::tcp::resolver::iterator > future_iter_1
          =  R.async_resolve (Q1, asio::use_future );
std::future < asio::ip::tcp::resolver::iterator > future_iter_2
          =  R.async_resolve (Q2, asio::use_future );

asio::ip::tcp::resolver::iterator iter = future_iter_1.get ();
asio::ip::tcp::resolver::iterator iter = future_iter_2.get ();
```

13.8.13 UDP

一直以来,我们都在这样使用 TCP,认真看看这几个核心类:

```
asio::ip::tcp::socket;       //网络套接字
asio::ip::tcp::endpoint;     //边接端地址
asio::ip::tcp::resolver;     //地址解析器
asio::ip::tcp::acceptor;     //连接接受器
```

除缺少"acceptor(接受器)"之外,前三者都有对应的 UPD 类:

```
asio::ip::udp::socket; //网络套接字
asio::ip::udp::endpoint;  //边接端地址
asio::ip::udp::resolver; //地址解析器
```

UDP 协议也称为"无连接协议",即通信之前不需要事先建立连接。就像全校同学从电影院刚涌出来,你突然想对某年某班的小花表白,人山人海你根本看不到她,但你相信她在,于是你手持喇叭大喊一声:"某年某班的林小花,我是某年某班的张大树,我爱你!"小花真的收到了你的数据,她轻轻回一句"流氓。"可惜你没有听到。

没错,就是这样,UDP 的通信不需要建立连接。不过在逻辑上仍然可以区分出"客户端"和"服务端",主动的那一端就是客户端。客户端也仍然提供"async_connect(异步连接)"或"connect(同步连接)"函数,但只是用于确定服务端是谁。相当于将表白内容先拆出一句用于确定双方对话身份和对话过程的开始,比如"某年某班的林小花,我是某年某班的张大树,下面我有话对你说"。这可算 UDP 的"连接",而后大树就可以哇啦哇啦说一通了。

以下是 UDP 客户端发起连接的示意代码:

```
asio::io_service ios;
asio::ip::udp::socket socket;
std::string data;
asio::ip::udp::endpoint dst(asio::ip::address::from_string("127.0.0.1"), 2345);
//连接
socket.async_connect(dst, [&ios](system::error_code const& ec)
{
        if (! ec)
        {
                data = "林小花,我爱你!";
                asio::async_write (socket, asio::buffer(data)
                                , on_write_finished);
        }
});
```

服务端同样直接使用一个 ip::udp::socket 变量,然后指定自己监听的端口,就可以收取任何往这台主机的这一端口上发送的数据。示意代码如下:

```
asio::io_service ios;

asio::ip::udp::socket socket(ios
    , asio::ip::udp::endpoint(asio::ip::udp::v4(), 2345);

socket.async_read_some(asio::buffer(vec), ……);
```

其余关于如何维护接发数据缓存,数据形成任务链等,和之前所学全都一致。

**【课堂作业】: UDP 版 ECHO 通信**

请将 echo 项目中的 Echo Client 和 Echo Server 改用 UDP 协议实现。

UDP 协议不需要建立连接(不需要三次握手),通信过程中交换数据不需要确认机制(数据检验、出错重发等功能),因此通信速度更快。只是世上没有免费的午餐,速度快和省事的代价是通信质量没有保障,丢数据包、数据包次序错乱等都有可能发生。以客户端发一句"林小花,我爱你!"为例,若是服务端只收到"林小花,"就没了下文,这是丢包。若是服务端按收到的次序将报文串起来,结果是"我爱你,林小花!",这是错序。当然,这只是一个例子,UPD 传输出错往往是在网络条件比较一般、发送的数据量又大又频繁的情况下发生。不管如何,一旦决定为了得到 UDP 的轻便性,上层应用就不得不实现某种程度的通信质量保障。比如在客户端为每个包编号,服务端再一个号一个号地检测等,事实上这正是 TCP 所做的基础工作。

13.9 wxWidgets 网络编程

13.9.1 wWidgets 网络组件

腾讯 QQ 是一个典型的 GUI 网络客户端程序。GUI 程序时时都要做好和用户交互的准备,设想某一时刻用户通过鼠标或键盘输入,程序却因为在等待网络数据而"卡"界面,用户体验就很差了;因此提供网络操作的 GUI 库,通常都会在这一问题上做特定处理。

wxWidgets 中,wxSocketBase 提供网络套接字的读写功能。其下有派生类 wxSocketClient 用于客户端;派生类 wxSocketServer 用于服务端。另有一事件类 wxSocketEvent,是 GUI 界面可收到的网络操作事件。

13.9.2 wxSocketBase

wxSocketBase 提供的主要读写操作方法为:

```
//从当前网络套接字读 nBytes 个字节的数据,存放到 buffer 内
wxSocketBase& Read(void * buffer, wxUint32 nbytes);
//将 buffer 内前 nbyte 个字的数据,写到当前网络套接字
wxSocketBase& Write(const void * buffer, wxUint32 nbytes);
```

相比 asio 异步读写所涉及的内存管理、回调事件,感觉这一对读写操作简直是“返朴归真”般地简洁明了。问题马上就来,当程序调用 Read()方法尝试从网络上读取数据,哪怕只想读一个字节,可是偏偏这时候就是没有数据可读,本次读操作是否会卡住?卡住多久?以网络即时聊天功能为例,你的程序想读到女神发来的消息的最低条件,一是程序要调 Read()函数,二得女神愿意给你发消息。这就有了 SetTimeout()方法,用于设置网络 I/O 操作时最长等待时间:

```
//设置网络 I/O 操作超时
void SetTimeout(int seconds); //入参单位为 s
```

注意,如果不进行此项设置,默认的 I/O 操作是 10min。

asio 有“read_some()/write_some()”操作用于实现“读到多少算多少”或“写出多少算多少”的策略;同时又提供 read()和 write()方法,用于实现读写指定字节后才算完成的策略。wxWidgets 使用一套“Read()/Write()”读写方法,就可以支持以上两种读写策略。这得用到 SetFlags()方法:

```
//设置读写策略
void SetFlags(wxSocketFlags flags);
```

入参类型 wxSocketFlags 是一个枚举,和读写相关的枚举值如表 13 - 6 所列。

表 13 - 6　wxSocketFlag 读写相关枚举值

枚举值	作用
wxSOCKET_NONE	类似 asio 的“read_some/write_some”功能,即尝试读写一点数据,如果没有数据可读(或者写不出数据),会等一段很小的时间
wxSOCKET_NOWAIT	“no wait”即完全仅读取已经到达本机、缓存在操作系统层面的数据,或者仅写出当前操作系统层面当前缓存可接纳大小的数据
wxSOCKET_WAITALL	“wall wall”类似 asio 的“read/write”,读写由“Read/Write”入参中的 nbytes 指定字节数据;直到超时或出错
wxSOCKET_BLOCK	是否堵塞在 GUI 界面

wxSOCKET_BLOCK 可用于和前三者进行“按位或”操作,比如:

```
socket.SetFlags(wxSOCKET_BLOCK | wxSOCKET_WAITALL);
```

以上操作用于设置当前套接字不仅要必须读写指定字节的数据,而且会造成 wxWidgets 程序的 GUI 界面堵塞,不响应界面输入消息(比如拖动窗口)。该标志通常用在使用 wxWidgets 写非 GUI 的网络程序时。如前所述,wxWidgets 对网络操

作做了特定处理，默认都不会造成 GUI 界面堵塞。

当设置“wxSOCKET_NONE(默认值)”或 wxSOCKET_NOWAIT 标志时，实际完成读写的字节数，可能小于入参 nbytes，甚至可能因出错而直接返回，此时可先通过 LastError()查询最后一次 I/O 操作是否出错：

```
//查询最后一次 I/O 操作出错值，返回 wxSOCKET_NOERROR 表示无误
wxSocketError LastError () const;
```

如操作无误，LastError()返回枚举值 wxSOCKET_NOERROR，则可通过 LastCount()查询真正读或写的字节数：

```
//查询最后一次成功的读写操作完成的字节数
wxUint32 LastCount () const;
```

1. wxSocketEvent

就算有了超时，就算可以在读写操作检查成功字节数，通过 wxSocketBase 对象向女神写出一句“你好”后，想要读到她的回复，那代码仍然是无尽的守候！

“老师，为什么此处的用词是‘守候’，而不是‘等候’呢？”“一两次等待叫等候，一次次循环反复的等待，就成了守候。”

```
socket.Write("你好", 4); //发送堵塞的机会较低，我们就当一次发送成功吧

//准备接受内存，女神一次回复从未超过 10 个字
char buffer[250] = "";//可我还是准备了这么大
int read_count = 0;
while(read_count >= 0)  //这就是无条件等待
{
    socket.Read(buf, 250);
    read_count = LastCount();
}
……
```

就算基于 wxWidgets 的保障，确保一次次的 Read()操作不会造成 GUI 界面失去反应，但程序一旦陷进这样的“守候”也就基本干不了别的事了，难道要动用 wxThread 开一个后台线程专门处理网络 I/O 操作吗？如果是，后台线程读到的数据，要如何跨安全地传给 GUI 展现给用户看呢？这时候，我们不禁称赞起 asio 的异步机制设计了，在事件办完之后，再回调用我们预先提供的操作。用 asio 库写的话，伪代码如下：

```
asio::async_read(socket, asio::buffer(buffer, 250)
                , [](error_code const& ec)
{
    if(ec) { /* 女神掉线了 */ }
    else  { /* 快别玩游戏了，女神有回复啦！ */ }
}
```

可以将 wxWidgets 的整个事件框架理解成 asio 的 io_service，尽管二者的实现效果和机制都大不相同，但至少都能起到“通知”和“回调”的作用。假设我们用 wxWidgets 写一个网络即时通信的客户端，主对话框类名为 wxChatClientDialog；那么可以通过事件机制，让一个网络套接字对象，在有数据可读的时候，产生一个 wxSocketEvent 事件以便通知对话框，触发对应的事件响应函数，并在响应函数响应后才调用 Read()。知道有数据才去读，总比傻傻地一直反复尝试读要显得聪明。人家 QQ 不也在收到消息时才响一声“嘀嘀”？

这个过程和对话框上的各种图形控件的事件响应过程保持一致。以鼠标在特定按钮上按下的事件为例，如表 13-7 所列。

表 13-7 按钮单击事件对比网络事件

步骤	操作层面	鼠标在按钮上的单击事件	网络数据到达事件
1	硬件设备	鼠标被用户移动或单击	网卡收到数据
2	操作系统	得到鼠标移动并在按钮上单击的具体数据(位置，在哪个窗口上等)	接收到从网卡传来的数据
3	GUI 框架	将前述数据包装成按钮被按下的事件作为入参，调用特定按钮“单击”事件函数	将网络数据到达的信息，包装成 wxSockEvent 事件，调用指定的事件函数

有两点关键差别：一是按钮等 GUI 控件，自带唯一 ID，用于在众多控件中标识出自己，而套接字控件没有这个唯一 ID；二是按钮被按下后，通常不再需要获取单击事件的更多数据，但网络 wxSocketEvent 事件不可能带着网卡上的数据过来，还有待程序在事件里主动读取。

【重要】：Reactor 和 Proactor

以上第二点也是 wxWidget 网络事件机制和 asio 异步机制的最大差别。前者称为 Reactor 模式，它将就绪事件(比如网络可读或可写)传递给处理器(回调操作)，最后由处理者负责完成实际读或写。后者称为 Proactor 模式，处理器更专注于处理读到的数据，以及发起新的读写请求，实际读写由底层系统实现。

为了解决第一点差别，在注册网络事件时，需要为每个套接字对象分配一个唯一的 ID。这个 ID 必须为 GUI 界面、套接字对象以及在二者之间传递的事件对象所知。习惯上使用一个枚举值定义事件 ID，比如：

```
//定义套接字事件 ID
enum
{
    SOCKET_ID = 2017 //一个足够比所有 GUI 控件的 ID 大即可
};
```

接着，先实现让GUI界面和事件对象知道这个ID，我们只演示静态事件绑定的方法：

```
BEGIN_EVENT_TABLE(wxChatClientDialog,wxDialog)
    // 编号←绑定→回调函数
    EVT_SOCKET(SOCKET_ID, wxChatClientDialog::OnSocketEvent)
END_EVENT_TABLE()
```

wxChatClientDialog是之前提到的对话框的类名，OnSocketEvent是我们为它添加的一个方法，相当于asio中的回调事件。原型要求：

```
void OnSocketEvent(wxSocketEvent& event);
```

入参类型正是事件类"wxSocketEvent& "，返回值为void。接下来就差让套接字对象知道自己已经通过某个特定ID绑定到某个特定GUI元素上，此时需用到wxSocketBase的成员函数SetEventHandler()：

```
void SetEventHandler(wxEvtHandler& handler, int id);
```

第一个入参handler指要处理事件的对象，通常就是GUI对象，比如对话框。第二个入参即前面设置的ID值 。示意代码如下：

```
    // 套接字对象←绑定→ GUI 对象 ←绑定→ 编号
    _socket.SetEventHandler ( * this, SOCKET_ID );
```

其中"* this"是当前对话框，即负责处理"_socket"身上的网络事件的GUI元素。

由于wxSocketBase被设计为既可以绑定事件，也可以不绑定而直接读写，所以仅仅让它"知道"已经被绑定到哪个事件还不够，还得让它"愿意"被绑定，强扭的瓜不甜嘛！wxSocketBase对象有权控制哪些网络事件发生后可以通知事件处理器，方法是SetNotify()：

```
void SetNotify (wxSocketEventFlags flags);
```

入参**wxSocketEventFlags**又是一个枚举的复合值，可供复合的值如表13-8所列。

表13-8　套接字事件标志

值	作用
wxSOCKET_INPUT_FLAG	套接字可读时
wxSOCKET_OUTPUT_FLAG	套接字可写时
wxSOCKET_CONNECTION_FLAG	连接建立时
wxSOCKET_LOST_FLAG	连接失去时

注意，读写事件是"事前通知"，而连接的建立和断开属于"事后通知"。以下代码

示意如何打开可读可写事件的通知开关：

```
//允许可读可写事件通知
_socket.SetNotify(wxSOCKET_INPUT_FLAG | wxSOCKET_OUTPUT_FLAG);
```

大功告成了吗？不，还需要一个总开关！

```
//套接字事件通知总开关
void Notify(bool notify);
```

示例：

```
//打开总开关
_socket.Nofity(true);
```

相应的，在套接字事件处理函数中，需要通过事件参数区分到底是哪一类网络事件的通知，以前述的 OnSocketEvent()为例：

```
//套接字事件中，区分不同通知
void wxChatClientDialog::OnSocketEvent(wxSocketEvent& event)
{
   switch(event.GetSocketEvent())
   {
      case wxSOCKET_INPUT :
          /* 处理可读事件，通常就是 调用 Read() */
          break;
      case wxSOCKET_OUTPUT_FLAG :
          /* 处理可读事件，通常就是 调用 Write() */
          break;
   }
} //end OnSocketEvent
```

注意，使用事件对象的**GetSocketEvent()**方法取得通知类型。

2. wxSocketClient

wxSocketClient 是 wxSocketBase 的派生类，特用于连接的客户端，因此多出了 Connect 功能：

```
bool Connect(wxSockAddress& address, bool wait = true)
```

入参 address 用于指定连接目标，即服务端的地址；wait 指定是立即返回(哪怕连接还未成功建立)，还是一直等到连接成功建立、出错或超时。超时同样受 SetTimeout()方法的影响。

wxSockAddress 可区分 IPV4 和 IPV6，不过当前(wxWidgets 2.8)版本只实现了前者，对应的实体类为 wxIPV4address。设定方法示例：

```
wxIPV4address server_addr;
  server_addr.Hostname("127.0.0.1");//主机
  server_addr.Service(8999);  //端口号
```

结合"超时"、"不等待"以及套接字事件,一个典型的连接过程为:

(1) 绑定事件、开启通知:

```
_socket.SetEventHandler( * this, SOCKET_ID); //设置事件
_socket.SetNotify(wxSOCKET_CONNECTION_FLAG  //开启通知
                  | wxSOCKET_LOST_FLAG);
_socket.Notify(true);//打开通知总开关
```

(2) 设置超时,发起不等待的连接请求:

```
//比如在某个按钮事件中,发起连接请求
_socket.SetTimeout(5); //5s 连接不成功,算失败
_socket.Connect(server_addr, false); //不堵塞,直接返回
```

注意,设置超时 5s,并非指如果连接不上此处的 Connect()会堵塞 5s 才返回。事实上由于后者的第二个入参指定为 false,所以哪怕一时连接不上,都会立即返回。但若是在 5s 之后,连接仍未成功,则将触发事件,从而发送 wxSOCKET_LOST 通知。

(3) 响应连接成功或失败的事件:

```
void wxChatClientDialog::OnSocketEvent(wxSocketEvent& event)
{
  switch(event.GetSocketEvent())
  {
    case wxSOCKET_CONNECTION :
        this->OnSocketConnect();
        break;
    case wxSOCKET_LOST : //连接断开,或连接不成功(包括超时)
        this->OnSocketDisconnect();
        break;
  }
}
```

3. wxSocketServer

wxSocketServer 是 wxSocketBase 的派生类,特用于连接的服务端,因此多出了"Accept(接受连接)"功能:

```
//接受连接
wxSocketBase * Accept(bool wait = true);
```

一旦接受成功,将返回一个新的 wxSocketBase 对象指针,代表具体的连接。不推荐使用 wxWidget 写网络服务端。更合理的模式是使用 asio 写网络服务端,wxWidgets 仅作为图形化客户和服务端打交道。

13.9.3 聊天程序功能与设计

1. 基本功能逻辑

接下来课程将使用 wxWidgets 和 asio 配合写一套简单的局域网聊天系统。这里的“简单”是相对腾讯 QQ 这样成熟而强大的即时聊天工具而言的。如果从程序代码来看,这是本书最困难的实战项目。基本聊天逻辑描述如下:

(1) 新的聊天客户端(以下简称客户端)连接上服务端,服务端将为它分配唯一的 ID 和用户昵称,并通知所有其他客户端:“某某某上线啦”;

(2) 客户端关闭或其他原因断开连接,服务端将通知所有其他客户端,“某某某掉线了”;

(3) 客户端可以写一段文字,发送到服务端,服务端将默认将它分发给所有其他聊天客户端,比如“大家好!”;

(4) 客户端发送的文字如果以“>”开头,并且后面接一个客户端编号,则为与编号所代表的客户端私聊。

是诡异还是有趣,有几个功能得先拿出来说说,免得大家在编码时百思不得解:第一,不仅用户 ID 由服务端产生,连昵称也由服务端随机产生,比如连接建立后,聊天者会发现自己叫“单纯沙和尚”;第二,用户可以自己和自己私聊,简称自言自语,并且确实会将消息发到服务端再送回给自己。

2. 长连接概念

存活的时间比较长就是长连接吗?多长时间算长?用时间长短界定连接的定义,本质上和“几根头发算秃头”一样无法确切。另一种常见的定义是同一个连接上,可以连续发多个数据包的算长连接,我认为也是错误的。这样的定义只是将“时间的长短”变成“包的多雾”,要发几个包算是长连接呢?一个包不是,两个包就算吗?举个例子,客户端向服务端请求一个资源,若资源小,服务端返回一个包了事;若资源大,服务端需分成三、四个包返回,所以前者是短连接,后者是长连接?再做一个对比,一是客户端发一句“请问几点了”,服务端回“10 点 30 分”;二是客户端发一张照片并问服务端“看看图中人芳龄几何”,服务端回“30 上下”。难道前者短连接,后者因为上传图片需要连接发多个数据包,所以就是长连接?也有文献着眼于交互次数。比如说,“一问一答”短连接,“多问多答”长连接。中间的“问”指客户端发的请求,“答”指服务端回的响应。这种说法忘了世上还有“不问就答”“只问不答”的交互模式,甚至还有一种“你说你的,我说我的”,完全不存在一对一可匹配的问答过程。

以上区分方法犯了一个错,即只在技术层面讨论问题。长连接的界定实际需要综合考虑业务功能和技术实现才好。比如你实现一个 FTP 客户端,其中的数据连接负责在下载时传输服务端的文件。假设文件比较大,需要持续传输数据包长达 30 分钟,然而下载完文件之后,该连接就断开;用户需要下载同一服务器的另一文件时,在技术上实现为重新建立连接、下载文件、断开连接，那么这是一个短连接；如果实现为连接不断开，可用于继续下载新的文件，这就是长连接。所以，在一个连接上做多个相同或不同的独立任务，这叫长连接。有人说“老师，你这样区分还是没有解决‘秃子’的问题。怎样的操作组合算是一个独立任务？怎样的操作组合不算是一个独立任务？”

问题很犀利也很有必要。核心要害：完成一件事，如何拆解、如何组合任务，是人可以并且必须去做的事，是体现人类的智慧比如程序员的设计能力的事。而像“连接的时间长短”，网速快慢都可以影响连接时长啊，关程序员何事？像“连续发多个包”，大数据就分包多，小数据就分包少，就算你坚决不分包，非要一个G的内存一次发出，别忘了TCP协议在底下也会拆包；程序员能奈它何？“交互次数”涉及到了业务，但它更多的是一个任务内部的客观逻辑。比如你和你爱人通话，你是以听为主还是以说为主，这涉及到你的家庭地位，电信技术人员影响不了；但如果你爱人要求手机接通后，24小时不断线地向她直播你的举动，这就得考虑改用流量加微信视频通话技术、外加大容量移动电源提供保障。这是技术人员或具备技术能力的用户可以做到的。

为什么我们不去喝茶，不去散步，却要在这里讨论“什么是长连接”这样一个看似无聊的问题？是因为同一个业务采用“长连接”或“短连接”设计，会对程序的实现有很大的影响。为特定业务正确地选择连接模式，最终会影响到程序员下了班之后是去喝茶、散步，还是加班、加班、加班，所以我们要关心这个问题。

不仅在一个连接上可完成多个相同或不同的独立任务，长连接还需要保障在业务上无事可做时，连接仍然存在。仍以同一个连接下载多个文件为例，用户下载完一个文件之后跑去喝茶、散步十分钟之后才回来，你的连接空闲着，但它还在。这里的“无事可做”仍然强调是在业务需求层面，已经明确知道存在或不存在这类场景。这和因为小区宽带网络的技术问题，造成你使用默认的wxSocketClient组件读不到数据空等了默认的10分钟不同。当然，最终我们还是要面对“秃子”问题。长、短连接终归是相对的。一个连接忙完一个任务，而后空闲几分钟没有新任务可做，不想浪费资源便自行断开。根据这样一次行为过程分析，确实是短连接的表现，但关键是在代码里，程序员是否将它设计成长连接。

之前我们写的网络图片下载程序，使用的连接是短连接，因为一旦图片下载完成，它就立即断开。“EchoClient/EchoServer”不是长连接，因为每次的收发操作，都是重新建立新的连接。tcp proxy程序是一个网络代理，如果以行为分析它是长连接还是短连接，那得看所代理的两端的交互过程；如果从设计上分析，当初为了实现精准的代理，任何一端和P端断开时，程序都会同步断开与另一端的连接，而不是留着等下次复用，所以仍然是短连接。“长连接可以方便地实现服务端向客户端主动推动消息。”但一定要清楚的知道，这里对“推送”的定义已经限定在之前提到的“长连接还需要保障在业务上无事可做时，连接仍然存在”的业务场景下。否则，技术上只要连接一建立,服务端就可以主动地向客户端推送数据,哪怕客户端只字不发。任何经历过一拨通电话我方未说一句,对方就主动推送半小时臭骂的人,都能深刻理解这不叫推送。符合定义的推送是,骂累了他要休息,但你不能挂断电话,甚至耳朵都不许离开话筒,随时恭候对方突然的推送。

现在可以说说聊天程序了。局域网内的即时聊天程序,更推荐采用“无连接”UDP 协议实现。但出于教学目的,我们使用 TCP。就算使用 TCP,也不一定要采用“长连接”设计。比如客户端 A 想对客户端 B 发一个消息。使用短连接实现如下:A 连接服务端;A 将消息发送给服务端;服务端保存该消息;A 断开和服务端的连接;B 连接服务端;服务端将之前的消息发送给 B。

【重要】: 为什么采用星形网络结构

上述过程为什么不实现为服务端主动连接 B 呢? 或者干脆实现 A 主动连接 B,然后发送消息了事呢? 之前说过,哪怕局域网,也很少有这么“纯净”的网络环境,B 很可能在财务室,根本不允许外部设备主动接入。因此设定一个人人可接入的点作服务端,从而形成“星形”网络结构。各客户端之间不直接通信,而是通过服务端(星形中心)转发。

接着,B 是知道自己有消息才连接到服务端吗? 不是,在短连接的即时聊天程序设计里,客户端需要定时连上服务端,检查自己是否有消息,有则接收然后断开,无则直接断开,下次再来。如果有一千个客户端,每个客户端一秒钟上来检查一次,会给服务端带来极大的干扰。原本双手扔五苹果的游戏,硬生生地玩成双手扔五百个苹果。

尽管在用户量大的情况下,会极大降低服务端的性能,但短连接极大地简化了双方通信的复杂度。大家更有兴趣学习哪一种模式呢? 长连接,较复杂的设计,高性能;短连接,简单的设计,性能差。我猜是前者。

3. 连接管理设计

聊天程序存在连接和连接之间的交互需要。以“群发”功能为例。假设客户端 A 和服务端之间的连接称为 ConnectionA,当 ConnectionA 从客户端收到一个消息,必须想办法将该消息转发给所有其他客户端连接,伪代码如下:

```
//完成事件
void ConnectionA::OnReadFinished()
{
    // received_buffer 是刚收到的数据
    Message msg = MakeMessageFrom(received_buffer);

    for (auto C :all_connections )
    {
            C ->StartWrite(msg);
    }
}
```

其中的**all_connections**是服务端手上维护的一个容器，里面存有当前所有的来自客户端的连接。之前的案例中，HTTP下载、Echo服务，连接之间都不需要交互；而我们也一直使用 std::shared_ptr <T> 实现连接对象的自管理。当连接还有事做，就在链式任务中传递该连接的智能指针从而维持连接存活，直到任务结束。

tcp proxy 代理程序中，每一对C到P和P到S的连接都存在交互需求，并且这一对连接的生存周期几近一致，所以程序仍然只需采用链式传递 std::shared_ptr <T> 对象的方式实现最基本的管理。在过往的这些示例程序中，一个连接如果不活动，程序甚至没办法访问它。在聊天程序的服务端，任何一人连接都必须可以访问到。比如，张三想发一个消息给李四，服务端就必须有办法精确找到来自李四所使用的客户端连接，除非李四已经下线。

每个与服务端连接的客户端，所使用的本端地址都不相同：如果客户端所在主机不同，则至少IP不同；如果同一台机器上运行多个客户端，那么至少端口不同（在本机上做测试时，就是这种情况）。为此，在服务端使用特定连接的对端地址（peer endpoint）作为该连接在现存连接中的唯一标志，是个惯用法。

【课堂作业】：服务端如何在接受客户端新连接时，得到其对端地址

请复习 asio 的 acceptor 类的课程，找到在 async_accept()操作时得到所接受连接的对端地址的方法。

不过，张三想发送消息给李四，让他输入"> 192.168.0.102:8456 四仔，晚上喝不?"，他肯定嫌麻烦。为此，我们额外为每个连接分配一个不断递增的唯一编号，比如张三是2号，则李四可以这样回复：> 2 三哥，晚上媳妇让俺一起看晚会。"所以，服务端将维护两张映射表。一是从连接编号到连接对端地址的映射，一是从对端地址到连接智能指针的映射：

```
//连接编号是 int,取别名 user_id_t
typedef int user_id_t;
//对端地址类型是字符串,取别名 client_addr_t
typedef std::string client_addr_t;

//映射表一,地址到用户 ID, addr_2_id (2 读作 to)
std::map < client_addr_t, user_id_t > addr_2_id ;
//映射表二,用户 ID 到对应连接(的智能指针)
std::map < user_id_t, std::shared_ptr < Connection >> connections ;
```

两张表的维护基本是同步的，所以暂时仅以表二 connections 为例。当有新用户上线时，必须往 connections 中添加元素；当有用户掉线时，必须在 connections 删除元素；当某个用户向其他用户发送消息时，需要遍历 connections 全体元素（群聊）或访问指定键的元素（私聊）。这三类操作都有可能并行发生，为防止并发访问冲突，现在有两个选择。一是使用一个 strand 对象，将以上操作全部串行化，二是使用传统的互斥量加锁。两个选择都是好选择，特别是除了"遍历"操作以外，其余的"添加"

“删除”和“键访问”都是很短的操作。使用互斥量,锁的颗粒也度足够细;使用串行化,操作的细分程度也足够细。如果非要优中选优的话,我们使用“互斥量”,为什么呢?

设想在“串行化”的队列上,有十个“添加”动作在排队等待处理,而此刻有一个用户要群发消息,因此必须在队列尾部加上“遍历”操作,不好插队。但在业务上,这类操作其实允许插队,因此我们干脆使用传统的“互斥”机制,各个待处理的操作,蜂拥而上争抢锁资源吧,拼人品吧!递增的用户 ID 也存在访问冲突,既不用互斥量,也无需串行化,而是使用了“atomic_int(原子操作)”。

假设连接类为 Connection,那么我们定义连接管理者类为 ConnectionMgr。它被设计为一个全局唯一的单例。暂时它的定义为:

```
/*连接管理者
负责:
            0.可为连接分配唯一 ID 和用户昵称
            1.Join():加入新上线连接
            2.Leave():删除下线的连接
            3.Transfer():转发消息
*/
class ConnectionMgr
{
    ConnectionMgr() {}
public:
    static ConnectionMgr& Instance () //单例
    {
        static ConnectionMgr mgr;
        return mgr;
    }
    //分配新的用户 ID
    Connection::user_id_t NewUserID ()
    {
        return ++_user_id_seek;
    }

    //一个静态成员,用于创建一个随机的用户昵称,比如“安静王子”
    //入参 user_id 只是作为随机数的种子之一,无实际意义
    static std::string NewUserNick (int user_id);

    //有新连接要加入
    void Join (client_addr_t client_addr //新连接对端地址
            , user_id_t user_id   //新连接编号(见 NewUserID)
            , std::string user_nick //新昵称 (见 NewUserNick())
            , Connection::Ptr new_connection//新连接
            );

  //有掉线的连接需要删除
```

```
    void Leave(client_addr_t const& client_addr);

    //转发消息,msg 中含有消息来源用户 ID 和去向用户 ID
    //后者为 0 表示群发
    void Transfer(Message const& msg);

private:
    std::atomic_int _user_id_seek;

    std::mutex _m; //互斥体
    std::map < client_addr_t, user_id_t > _addr_2_id;
    std::map < user_id_t, Connection::Ptr > _connections ;
};
```

4. 报文设计

聊天消息主体包括:消息发送者和消息接收者、消息内容。为了方便网络读取与接收者解析,还需要加上消息总长度、消息分类以及内容长度。格式说明如图 13-35 所示。

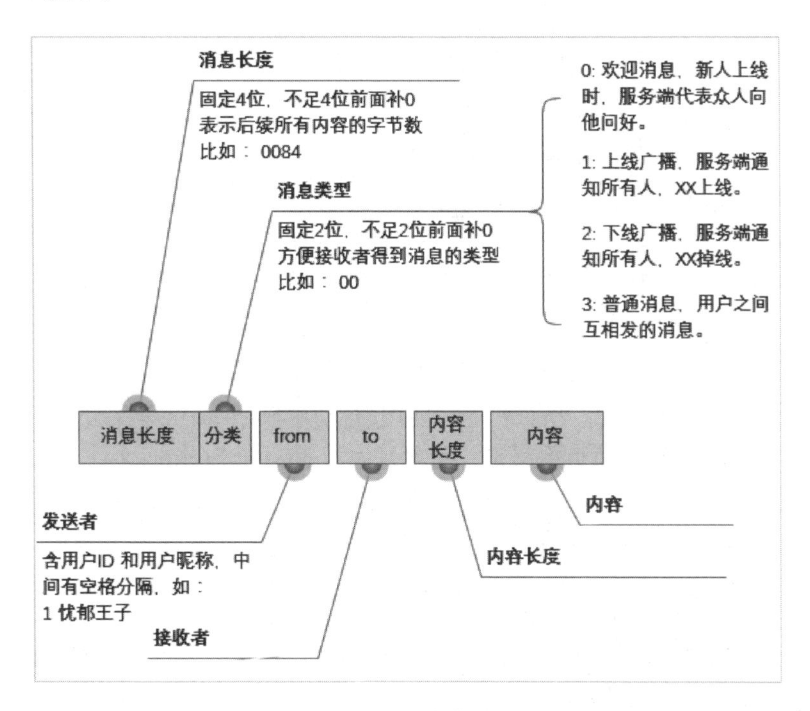

图 13-35　聊天报文格

其中在“分类”“from”“to”“内容长度”和“内容之间”,都使用一个空格字符分开,而消息长度和分类之间则没有空格分隔。正文内容采用标记“内容长度”的方法,因此消息内容可以放心地包含回车换行、空格等。from 和 to 又分别包含用户 ID 和用户昵称,中间使用空格区分。一个完整消息示例“003503 1 忧郁王子 2 体贴公主 8

我想你!”消息全部采用 UTF8 编码。在该编码下每个汉字的长度并不一定是 2 个字符,因此示例中的长度实际都是错的。接收端首先从连接中读出固定的 4 个字符,得到“0035”,然后往后读 35 个字符,得到“02 1 忧郁王子 2 体贴公主 8 我想你!”。后续借助 stringstream,读入分类、发送者和接收者等内容。

接下来,需要新建一个静态库项目。

【重要】:在不同项目中共用的模块

客户端和服务端都需要组装和解析报文。在正式项目中,遇到某些功能可供多个程序共用,这些功能通常以“库”的形式出现。包括独立于目标程序存在的动态库或共享库,以及最终将直接链接到目标程序的静态库。

为方便聊天客户端可以独立运行,我们将消息模块设定为静态库。在 GCC 编译环境下,默认扩展名为“.a”。

在 Code::Blocks 项目创建向导第一步,选中 Console 分类下的 Static Library 如图 13-36 所示。

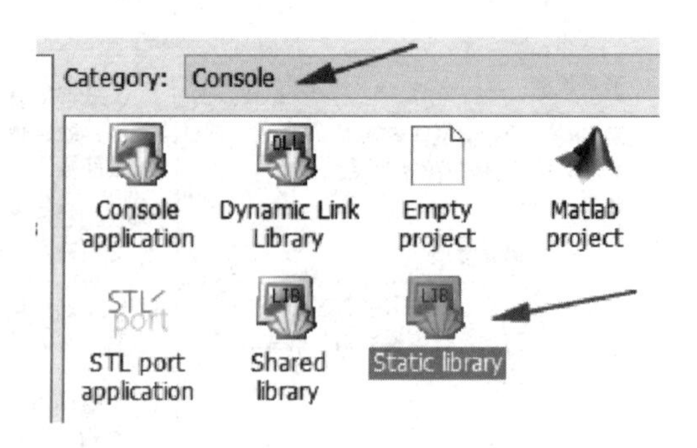

图 13-36 静态库创建向导

项目命名为 chat_msg。项目产生后,打开自动生成的 main.c 文件,将其全部内容删除,或者直接将它从项目中移走。为项目添加 chat_msg.hpp 文件,内容如下:

```
#ifndef CHAT_MSG_HPP_INCLUDED
#define CHAT_MSG_HPP_INCLUDED

#include < iostream >
#include < sstream >

//用户信息,即前文提到的“from(发送者)”和“to(接收者)”的结构
struct UserInfo
{
    int id;
    std::string nick;
};
```

```
//方便以流的方式输入、输出用户信息
std::istream& operator >> (std::istream& is,UserInfo& ui);
std::ostream& operator << (std::ostream& os,UserInfo const& ui);

//枚举(使用C++11的强类型枚举)
//标识消息分类
enum class DataType
{
    //server ->client,以下三个消息仅从服务端发给客户端
    welcome = 0,          //有新人来,回复他的ID和用户名
    newcomer_notify = 1, //有新人来,通知大家
    offline_notify = 2,  //有人掉线,通知大家

    //client <->server,以下消息可在服务端和客户端间双向发送
    message = 3,          //日常聊天消息
};

//强类型枚举值无法隐式转换成int,所以写个强制转换的宏
//比如 DATA_TYPE_VALUE(welcome) 得到0
#define DATA_TYPE_VALUE(V) static_cast < int >(V)

//消息结构,注意结构中并不包含报文总长度和消息分类
//大家想想为什么这么设计
struct Message
{
    UserInfo from; //发送者
    UserInfo to;   //接收者
    std::string content;  //消息正文
};

//方便以流的方式输入输出消息结构
std::istream& operator >> (std::istream& is, Message& msg);
std::ostream& operator << (std::ostream& os, Message const& msg);

//将指定类型的消息结构,转换成一个字符串,供网络发送
std::string MessageToBuffer(DataType data_id
                        , Message const& msg);
//将字符串内容转换成消息体,并得到消息类型
bool BufferToMessage(std::string const& buffer, int& data_type
                        , Message& msg);
//将流转换成消息体,并得到消息类型
bool StreamToMessage(std::istream& stream, int& data_type
                        , Message& msg);
#endif // CHAT_MSG_HPP_INCLUDED
```

为项目添加chat_msg.cpp文件,内容如下:

```
#include "chat_msg.hpp"
#include < iomanip >

//从输入流 is 中读取用户信息
std::istream& operator >> (std::istream& is, UserInfo& ui)
{
    is >> ui.id >> ui.nick;
    return is;
}

//将用户信息,输出到流
std::ostream& operator << (std::ostream& os, UserInfo const& ui)
{
    os << ui.id << ' ' << ui.nick;
    return os;
}

//从输入流中,读取消息
std::istream& operator >> (std::istream& is, Message& msg)
{
    is >> msg.from >> msg.to; //先读发送者和接收者

    int len;//消息内容本身,采用"前导长度"
    is >> len;  //读入消息长度

    //想想报文在网络中被恶意篡改,此处长度写个 2G
    if (len < 0 || len > 200)//自我保护,不允许过长
    {
        //在流上做"失败位"标记,方便调用者检查
        is.setstate(std::ios_base::failbit);
        return is;
    }

    //这是个坑:is.read() 属"非格式"读取
    //不会像" >> "操作符那样自动忽略空格
    is.ignore(1); //跳过空白字符

    char buf[201] = "";//最长 200 个字节,所以预留一个位置放结束符
    is.read (buf, len);
    buf[len] = '\0';  //结束符
    msg.content = buf;//最后赋值给 std::string

    return is;
}

//输出消息体到流,输出比较简单,注意该留空格的地方要留空格
std::ostream& operator << (std::ostream& os, Message const& msg)
{
    os << msg.from << ' ' << msg.to;
    os << ' ' << msg.content.size() << ' ' << msg.content;
```

```
    return os;
}

//把指定类型的消息变成一个 buffer,方便网络发送
std::string MessageToBuffer(DataType data_type
                    , Message const& msg)
{
    std::stringstream ss;
    ss << std::setw(2) << std::setfill('0')
       << DATA_TYPE_VALUE(data_type) << ' ' << msg;

    std::string data = ss.str();

    ss.str("");
    //总长度固定4位,不足4位前面补0
    ss << std::setw(4) << std::setfill('0')
                  << data.size() << data;

    return ss.str();
}

//从网络读到的数据,可能是一个字符串,将它转成消息
bool BufferToMessage(std::string const& buffer, int& data_type
                              , Message& msg)
{
    std::stringstream ss(buffer);
    return StreamToMessage(ss, data_type, msg);
}

//从网络读到的数据,可能是一个字符串流,将它转成消息
bool StreamToMessage(std::istream& stream, int& data_type
                              , Message& msg)
{
    stream >> data_type >> msg;
    return !stream.fail();
}
```

编译,如果是“调试版”,在项目的“bin\Debug”下将产生名为 libchat_msg.a 的文件。

13.9.4 聊天程序服务端

1. 服务端连接

服务端连接如何向客户端发送数据,是本例程中的一个设计难点。假设有 100 个聊天用户连接到服务端,然后有 10 个用户同时说一句“大家好!”。服务端将从 10 个连接上收到 10 个消息,而后需要将这 10 个消息发给全部的 100 个用户(没错,包括发送者本身)。也就是说,到达每个用户的连接,马上会有 10 个消息等待发送。这

十个消息当然不能往同一个连接上同时写,否则会出现数据混在一起的情况,它们只能排成一队,依序等待发送。为此,我们封装了一个非常简单的结构,全部功能无非是将一个 std::queue <T> 简化成一个只能后面进、前面出的队列结构:

```
#include < queue >

//服务端连接的写队列
struct DataWriteQueue
{
    //是否为空
    bool IsEmpty() const
    {
        return _q.empty();
    }

    //出队:(最前一个)
    std::string& Top()
    {
        return _q.front();
    }

    //删除最前面那个
    void Pop()
    {
        _q.pop();
    }

    //进队(在队列尾部)
    void Append(std::string const& msg)
    {
        _q.push(msg);
    }

private:
    std::queue < std::string > _q;
};
```

该封装如此简单,以至于如果不是出于教学目的,在实际项目中我可能就直接使用 std::queue <T> 了。教学目的是什么?就是为让大家看到:咦?这个队列竟然没有加上“互斥量”。对该结构进行并发访问的需求显而易见:十个用户同时发十个问候,这十个问候都争先恐后地想发给任何一个用户,最终都争先恐后地想进入每个用户连接身上的“写队列”。

之前被我们在“优中选优”中放弃的 strand 方案,这时候显得特别适用。在此处“插队”是不可接受的。尽管一直在说“同时”,但总是要分个先来后到;于是十个用户都说自己最早发送,但秉着“公平、公开、公正”的原则,反正服务端先收到谁的消息,就先将它发送给所有人。当然,程序肯定不会笨到等所有人都收到这个消息了,再处理下一个消息。程序只是将消息丢给每个连接身上的“写队列”，一个 DataWrite-Queue。为了确保有“先后”次序，将数据丢入各个连接“写队列”的动作，将交给每个连接的 strand 对象。

**【重要】：为什么是每个连接自己的 strand 对象**

为什么是每个连接自己的 strand 对象，而不是所有连接共同拥有一个 strand 对象？因为同时往同一个连接写数据会引发冲突，但同时往两个连接各写一个数据，不会发生冲突。

接下来是另一个和服务端写操作有关的难点。我们先来说一个恐怖故事：深夜，小红接到小明的电话，小明不说话，他的嘴巴不断地一张一闭，只是没有声音。故事到此结束。先从小红这一端做分析：当小红接到电话，她认为对方有话说，可是对方却不说话，这时小红将耳朵贴在话筒上试图听到声音，这样的行为很正常。这说明了一个道理：在一个连接中，哪怕一方不知道对方会不会发送数据，这一方都坚持去听，去读取，坚持调用 read()，这样的行为是正确的。再从小明这一端做分析，这就很神经病了，你明明没话可说，却还非要守着一个连接努力地准备说？

综上所述，结论：服务端可以守着每个客户端的连接尝试读数据，但如果当前某个连接就是没有数据可写，那它就必须中断和写有关的异步任务链。服务端连接的读任务链和我们之前写的其他 asio 服务端保持类似逻辑，是一条生生不息之“链”，如图 13－37 所示。

图 13－37　聊天服务端连接异步读任务链

还是那个熟悉的味道：“上帝之手”启动读，异步读完后处理数据，处理完之后继续读。对应的，写过程的逻辑很微妙，暂时还尚存一些疑问，如图 13－38 所示。

首先，数据来自其他连接（包括自身），兄弟们纷纷向当前连接提交写任务。当然由于采用 strand 的“串行化”技术，所以数据被有条不紊地添加到当前连接的“写队列”中。接着就是问题：当前连接它怎么知道自己的队列有新数据到来呢？如果它始终不知道写队列有待发送的数据，那么数据就会在队列中干等。怎么办？这个问题的解决方法，差劲但简单的做法就是搞一个定时器，让每个连接定时去看一眼写队列，如果有数据，就开始写。优雅、微妙并同样不失简单的做法是：借助兄弟之手。每当在新数据待加入队列之前，都检查一下自己是不是第一个？如果是，就启动该连接的写操作 StartWrite()，于是成功进入图 13－38 中的第 3 步。

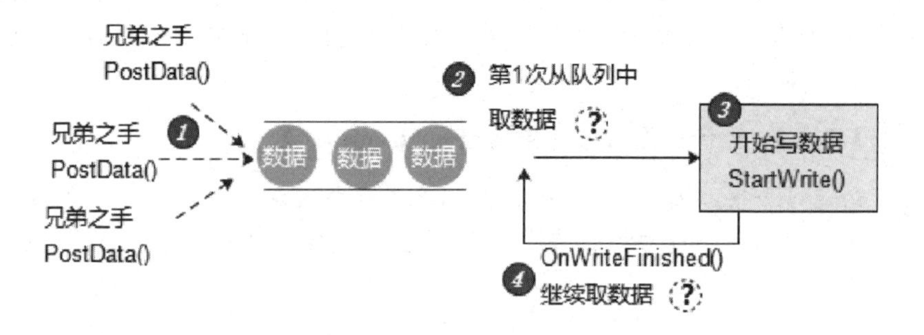

图 13－38 聊天服务端连接异步写任务链

写完成之后，进入第 4 步 OnWriteFinished()，这时连接应该自己动手继续从队列中取数据，如果有数据，就继续第 3 步，于是形成生生不息之“链”。但如果队列已经空了怎么办？当前连接要不要当深夜里电话那头的小明，明明没数据可写了，可还要启动写异步操作？这么做确实也可以达到效果：每次调用 StartWrite()像神经病一样写零个字节，然后触发 OnWriteFinished()事件，在该事件里检查队列中是否有新的数据，如果还是没有数据，继续当神经病。不，我们不想当神经病，所以图 13－38 中的第 4 步，有可能造成异步写操作链中断。中断之后怎么开始？没关系，当有新数据到达时，它发现在它到来之前此队列是空的，于是它以为自己是第一个，根据之前提到的逻辑 ，此时它充当“兄弟之手”调用 StartWrite()。

2. 服务端实现

在 chat_msg 项目的平级目录下，新建一控制台项目，取名 asioChatServer，并对其构建选项(build options)进行如下配置：

(1) 确保左边构建树选中根节为 asioChatServer，依序添加以下链接库：boost_system $(#boost. suffix)、Ws2_32、Mswsock 和 chat_msg。

(2) 确保左边构建树选中根节为 asioChatServer，在搜索路径(Search directiories)的 Compiler 分页内，添加“..\”和“ $(#boost. include)”。其中“..\”用于找到 chat_msg 项目的头文件。

(3) 确保左边构建树选中根节点 asioChatServer，搜索路径(Search directiories)的 Linker 分页内，添加“ $(#boost. lib)”；

(4) 左边构建树选中 Debug 节点，搜索路径(Search directiories)的 Linker 分页内，添加“..\chat_msg\bin\Debug”。切换到 Release 节点，添加链接搜索路径“..\chat_msg\bin\Release”。

服务端连接类

添加文件 chat_connection. hpp，确保将文件编码设为 utf－8。内容如下：

```
//chat_connection.hpp
#ifndef CHAT_CONNECTION_HPP_INCLUDED
#define CHAT_CONNECTION_HPP_INCLUDED

#include <vector>
#include <queue>
#include <mutex>
#include <memory>

#include <boost/asio.hpp>

#include "defs.hpp"

//服务端连接的写队列
struct DataWriteQueue
{
    //是否为空
    bool IsEmpty() const
    {
        return _q.empty();
    }

    //出队(最前一个)
    std::string& Top()
    {
        return _q.front();
    }

    //删掉最前面那个
    void Pop()
    {
        _q.pop();
    }

    //进队(在队列尾部)
    void Append(std::string const& msg)
    {
        _q.push(msg);
    }
private:
    std::queue <std::string> _q;
};

//服务端连接类
class Connection
    : public std::enable_shared_from_this <Connection>
{
public:
//注意：客户端地址和用户 ID 类型别名，改在连接内部定义
    typedef std::string client_addr_t;
```

```
    typedef int user_id_t;
    typedef std::shared_ptr < Connection > Ptr;
public:
    Connection(boost::asio::io_service& ios)
                : _strand(ios), _socket(ios)
    {
        _read_buffer.reserve(512);
    }

    boost::asio::ip::tcp::socket& GetSocket()
    {
        return _socket;
    }

    std::string GetClientNick() const
    {
        return _client_nick;
    }

    //连接创建后:1.将自身添加到连接管理器(管理器将向全体群发通知)
    // 2.向该连接发出欢迎信息
    // 3.上帝之手发起本连接的第一次读操作
    void OnConnected(std::string const& client_addr);

    //提交新的待发送数据
    void PostNewWriteTask(std::string const& msg_buffer);

private:
    void StartReadBufferLength();//开始读数据长度
    void OnReadBufferLengthFinished(
        boost::system::error_code const& ec , size_t bytes);

    void StartReadBuffer(size_t bytes); //开始读数据
    void OnReadBufferFinished(boost::system::error_code const& ec
                , size_t bytes);

    void StartWrite();
    void OnWriteFinished(boost::system::error_code const& ec
                                , size_t bytes);
private:
    //实际执行时将数据添加到"写队列"的函数
    void AddWriteTask(std::string msg_buffer);
private:
    //用于串行化处理"写队列"的 strand
    boost::asio::io_service::strand _strand;
    //套接字
    boost::asio::ip::tcp::socket _socket;
    //客户端地址
    client_addr_t _client_addr; //ip:port
    //用户昵称
```

```
    std::string _client_nick;

    std::vector < char > _read_buffer; //读缓存
    DataWriteQueue _write_q; //“写队列”
};

#endif // CHAT_CONNECTION_HPP_INCLUDED
```

添加 chat_connection.cpp，确保将文件编码设为 utf-8。内容如下：

```
//chat_connection.cpp
#include "chat_connection.hpp"

#include < cassert >
#include < functional >

//需要用到连接管理器
#include "chat_connection_mgr.hpp"
#include "chat_msg/chat_msg.hpp" //注意指定相对路径

using namespace boost;

//接受器接受新的连接，它会调用该接口，并负责传入客户端地址
//1.将自身添加到连接管理器(管理器将向全体群发通知)
//2.向该连接发出欢迎信息
//3.上帝之手发起本连接的第一次读操作
void Connection::OnConnected(std::string const& client_addr)
{
    assert(! client_addr.empty());

    //为“新生儿”编号、取名
    user_id_t user_id = ConnectionMgr::Instance().NewUserID ();
    this->_client_nick =
                ConnectionMgr::Instance().NewUserNick (user_id);
    this->_client_addr = client_addr;//记下客户端地址

    //有名字了？请持籍贯、身份和姓名等证件加入“连接之家”，接受管理
    auto shared_this = shared_from_this();
    ConnectionMgr::Instance().Join (_client_addr
                                   , user_id, _client_nick
                                   , shared_this);

    //向该连接发送欢迎信息，其实是告诉客户端他的 ID 和昵称
    Message msg_welcome;
    msg_welcome.from.id = 0;
    msg_welcome.from.nick = "all";
    msg_welcome.to.id = user_id;//接收方 ID
    msg_welcome.to.nick = _client_nick;//接收方昵称
    msg_welcome.content = "欢迎!";
```

```
    //指定类型是 DataType::welcome,包装成 buffer,然后提交写任务
    this->PostNewWriteTask(MessageToBuffer(DataType::welcome
                    , msg_welcome));
    //上帝之手,启动第一次读
    this->StartReadBufferLength();
}

void Connection::StartReadBufferLength()
{
    _read_buffer.resize(4);

    auto shared_this = shared_from_this();
    auto on_finished =
        std::bind(Connection::OnReadBufferLengthFinished
                            , shared_this
                            , std::placeholders::_1
                            , std::placeholders::_2);

    asio::async_read(_socket, asio::buffer(_read_buffer)
                            , on_finished);
}

void Connection::OnReadBufferLengthFinished(
            system::error_code const& ec, size_t bytes)
{
    if (ec)
    {
        ConnectionMgr::Instance().Leave(_client_addr);
        return;
    }

    std::string len_str(_read_buffer.begin()
                        , _read_buffer.begin() + bytes);
    int len = std::stoi(len_str); //得到数据总长度
    StartReadBuffer(len); //开始读数据
}

void Connection::StartReadBuffer(size_t bytes)
{
    _read_buffer.resize(bytes);

    auto shared_this = shared_from_this();
    auto on_finished = std::bind(Connection::OnReadBufferFinished
                            , shared_this
                            , std::placeholders::_1
                            , std::placeholders::_2);

    asio::async_read(_socket, asio::buffer(_read_buffer)
                            , on_finished);
```

```
}

void Connection::OnReadBufferFinished(
            system::error_code const& ec, size_t bytes)
{
    std::string buffer (_read_buffer.begin()
                    , _read_buffer.begin() + bytes);

    int data_type;
    Message msg;
    if (! BufferToMessage(buffer, data_type, msg)) //数据变消息
    {
        //该用户发的报文有问题,踢下线
        ConnectionMgr::Instance().Leave(_client_addr);
        return;
    }

    //暂时客户端只会传来这类消息
    if(data_type == DATA_TYPE_VALUE(DataType::message))
    {
        msg.from.nick = _client_nick;
        ConnectionMgr::Instance().Transfer(msg);
    }

    //又开始读数据长度,形成一个异步链闭环
    this->StartReadBufferLength();
}

/*  以下是和写相关的逻辑 */

void Connection::PostNewWriteTask(std::string const& msg_buffer)
{
    auto shared_this = shared_from_this();
    //打包任务,同时被打入的有 msg_buffer 的复制品,不用担心生存周期
    auto task = std::bind(Connection::AddWriteTask //打入包的动作
                        , shared_this
                        , msg_buffer //打入包的数据
                        );

        _strand.post(task); //"_strand" 唯一一次出场
}

//实际将消息加入“写队列”的函数
void Connection::AddWriteTask(std::string msg_buffer)
{
    bool i_am_first = _write_q.IsEmpty(); //我是第一个吗
    _write_q.Append(msg_buffer);

    if (i_am_first)
```

```
    {
        this ->StartWrite (); //我是第一个,那我启动写操作
    }
}

void Connection::StartWrite ()
{
    assert(! _write_q.IsEmpty());

    auto shared_this = shared_from_this();
    auto on_finished = std::bind(Connection::OnWriteFinished
                        , shared_this
                        , std::placeholders::_1
                        , std::placeholders::_2);

    asio::async_write(_socket, asio::buffer(_write_q.Top())
                    , on_finished);
}

void Connection::OnWriteFinished (system::error_code const& ec
                    , size_t bytes)
{
    assert(! _write_q.IsEmpty());

    _write_q.Pop();

    //检查"写队列"是否还有数据,有的话,继续写
    bool continue_write = ! _write_q.IsEmpty();

    if(continue_write)//如果为假,则异步写操作的链断开,因为不想当小明
    {
        this ->StartWrite (); //为真,继续写,形成异步写操作的闭环
    }
}
```

连接管理类

新建 chat_connection_mgr.hpp,确保将文件编码设为 utf - 8。完整的内容如下:

```
//chat_connection_mgr.hpp
#ifndef CHAT_CONNECTION_MGR_HPP_INCLUDED
#define CHAT_CONNECTION_MGR_HPP_INCLUDED

#include < string >
#include < map >
#include < mutex >
#include < atomic >

#include "defs.hpp"
```

```
#include "chat_connection.hpp"

#include "chat_msg/chat_msg.hpp"

/*连接管理者，单例设计
    负责：0. 可为连接取名和分配 ID
          1.Join()：加入新上线连接
          2.Leave()：删除下线的连接
          3.Transfer()：转发消息
*/
class ConnectionMgr
{
    ConnectionMgr() {}
public:
    static ConnectionMgr& Instance ()
    {
        static ConnectionMgr mgr;
        return mgr;
    }

    Connection::user_id_t NewUserID()
    {
        return ++_user_id_seek;
    }

    static std::string NewUserNick(int user_id);

    void Join (Connection::client_addr_t client_addr
               , Connection::user_id_t user_id
               , std::string user_nick
               , Connection::Ptr new_connection);
    void Leave (Connection::client_addr_t const& client_addr);
    void Transfer (Message const& msg);

private:
    //将消息推送给所有客户端
    void Notifyall(DataType data_type, Message msg);

    //将消息推送给指定用户,以及消息原始发送者
    //目标用户和来源用户的 ID 都在 Message 体中
    void Notifyone(DataType data_type, Message msg);

private:
    std::atomic_int _user_id_seek;

    std::mutex _m;
    std::map < Connection::client_addr_t
        , Connection::user_id_t > _addr_2_id;

    std::map < Connection::user_id_t, Connection::Ptr > _connections;
```

```
};

#endif // CHAT_CONNECTION_MGR_HPP_INCLUDED
```

新建 chat_connection_mgr.cpp，确保将文件编码设为 utf-8。完整的内容如下：

```
// chat_connection_mgr.cpp
#include "chat_connection_mgr.hpp"

#include <ctime>

#define __concurrency_mutex_block_begin__

std::string ConnectionMgr::NewUserNick(int user_id)
{
    static std::string adv[] = {"帅气", "忧郁", "开朗", "单纯", "寂寞"
                            , "漂亮", "平凡", "谦虚", "活泼", "强壮"
                            , "善良", "热情", "体贴", "可爱", "礼貌"};
    int const count_adv = sizeof(adv)/sizeof(adv[0]);
    static std::string role[] = {"王子", "公主", "队长", "超人", "悟空"
                            , "八戒", "蜘蛛侠", "阿童木", "葫芦娃", "沙和尚"
                            , "国王", "母后", "白晶晶", "蛇精", "将军"
                            , "紫霞", "花木兰", "军师", "宰相", "士兵"
                            , "女汉子", "汉子", "蓉儿", "靖哥哥", "良辰"};
    int const count_role = sizeof(role)/sizeof(role[0]);

    int seed_adv  = user_id;
    int seed_role = static_cast<int>(std::time(nullptr))
                              + user_id;
    return adv[seed_adv % count_adv] //形容词是循环的,角色是随机的
            + role[seed_role % count_role];
}

//有人上线
void ConnectionMgr::Join(Connection::client_addr_t client_addr
          , Connection::user_id_t user_id
          , std::string user_nick
          , Connection::Ptr new_connection)
{
    __concurrency_mutex_block_begin__
    {
        std::lock_guard<std::mutex> g(_m);

        //加入两张映射表
          _addr_2_id[client_addr] = user_id;
        _connections[user_id] = new_connection;

        Message msg;
```

```
        msg.from.id = user_id;
        msg.from.nick = user_nick;
        msg.to.id = 0;
        msg.to.nick = "all";
        msg.content = "大家好!";

        Notifyall(DataType::newcomer_notify, msg);
    }
}

//有人下线
void ConnectionMgr::Leave(Connection::client_addr_t const& client_addr)
{
    __concurrency_mutex_block_begin__
    {
        std::lock_guard < std::mutex > g(_m);

        auto iter1 = _addr_2_id.find(client_addr);
        if (iter1 == _addr_2_id.end())
        {
            return;
        }

        //从两张映射表中删除
        Connection::user_id_t user_id = iter1->second;
        _addr_2_id.erase (iter1);

        auto iter2 = _connections.find(user_id);
        if (iter2 != _connections.end())
        {
            //删除之前拿到昵称
            std::string user_nick = iter2->second->GetClientNick ();
            _connections.erase (iter2);

            Message msg;
            msg.from.id = user_id;
            msg.from.nick = user_nick;
            msg.to.id = 0;
            msg.to.nick = "all";
            msg.content = "再见!";

            Notifyall(DataType::offline_notify, msg);
        }
    }
}

//向所有人发同一消息
void ConnectionMgr::Notifyall(DataType data_type, Message msg)
{
```

```
    std::string buffer = MessageToBuffer(data_type, msg);
    for (auto kv : _connections)
    {
        //取所有连接,然后一个个提交写任务
        kv.second->PostNewWriteTask(buffer);
    }
}

//有人要发消息(可能是群发,也可能是私聊)
void ConnectionMgr::Transfer(Message const& msg)
{
    Connection::user_id_t to_user_id = msg.to.id;
    bool to_all = (to_user_id == 0);//接收方 ID 为 0,表示群发

    __concurrency_mutex_block_begin__
    {
        std::lock_guard < std::mutex > g(_m);
        //群发调 Notifyall,私聊调 Notifyone
        (to_all)? Notifyall (DataType::message, msg)
                : Notifyone (DataType::message, msg);
    }
}

//向指定目标和来源发消息
//比如,张三向李四私聊,则服务器收到张三消息后,会发给李四也发给张三自己
void ConnectionMgr::Notifyone(DataType data_type, Message msg)
{
    auto iter_to = _connections.find(msg.to.id);

    if (iter_to == _connections.end())
    {
        return; //查无此人,可能下线了
    }

    //补充收方昵称
    msg.to.nick = iter_to->second->GetClientNick();

    std::string buffer = MessageToBuffer(data_type, msg);
    iter_to->second->PostNewWriteTask(buffer);

    //还要发给发信人自己
    //除非发信人同时是收信人(自言自语)
    if (msg.from.id != msg.to.id)
    {
        auto iter_from = _connections.find(msg.from.id);
        if (iter_from == _connections.end())
        {
            return; //发完消息就下线了
        }
```

```
        iter_from->second->PostNewWriteTask(buffer);
    }
}
```

服务端主程序

打开 main.cpp 文件，内容如下：

```
//main.cpp
#include <iostream>

#include <boost/asio.hpp>

#include "chat_msg/chat_msg.hpp"
#include "chat_connection.hpp"

using namespace std;
using namespace boost;

//工具函数，用于拼出一个地址(endpoint)
asio::ip::tcp::endpoint make_endpoint(char const * host
                                  , unsigned short port)
{
    asio::ip::address adr = asio::ip::address::from_string(host);
    return asio::ip::tcp::endpoint(adr, port);
}

class ChatServer
{
public:
    ChatServer(asio::io_service& ios, char const * host
                , unsigned short port)
        : _acceptor(ios, make_endpoint(host, port))
    {
        cout << "ChatServer listen on "
             << host << ":" << port << endl;
        cout << "Press Ctrl-C to quit." << endl;
    }

    void Start()
    {
        asio::io_service& ios = _acceptor.get_io_service();
        auto new_connection = std::make_shared<Connection>(ios);
        auto& socket_ref(new_connection->GetSocket());
        auto peer_endpoint =
                    make_shared<asio::ip::tcp::endpoint>();

        _acceptor.async_accept(socket_ref, *peer_endpoint
            , [new_connection, peer_endpoint
```

```
                , this](boost::system::error_code const & e)
        {
            if (e)
            {
                cout << e.message() << endl;
                return;
            }

            std::stringstream ss;
            ss << peer_endpoint ->address().to_string() << ':'
               << peer_endpoint ->port();

            Connection::client_addr_t addr = ss.str();
            new_connection ->OnConnected(addr);
            this ->Start(); //链式任务反应
        });
    }//end Start()

private:
    asio::ip::tcp::acceptor _acceptor;
};

int main()
{
    asio::io_service ios;
    ChatServer server(ios, "127.0.0.1", 9981);
    server.Start();
    ios.run();
}
```

编译、运行,成功的话,聊天服务端将默认在本机的 9981 端口上恭候聊天客户端前来。

13.9.5 聊天程序客户端

1. 界面和应用框架

在 chat_msg 项目的平级目录下,新建名为 wxChatClient 的 wxWdigets 项目。向导过程关键配置如下:

(1) wxWidgets 库选择 2.8.x 版本;

(2) "GUI Builder(可视化界面设计器)"选择 wxSmith,"Application Type(应用类型)"选择"Dialog Based(基于对话框)";

(3) wxWidgets 库配置向导中,去除 Use wxWidgets DLL,因为我们希望聊天客户端是单一可执行文件;选中 Enable unicode,以方便和服务端返回的 UTF-8 编码的报文转换;

(4) 在扩展接库选择步骤中,复选:wxNet、wxAdv、wxHtml、wxJpeg 和 wxTiff,

如图 13-39 所示。

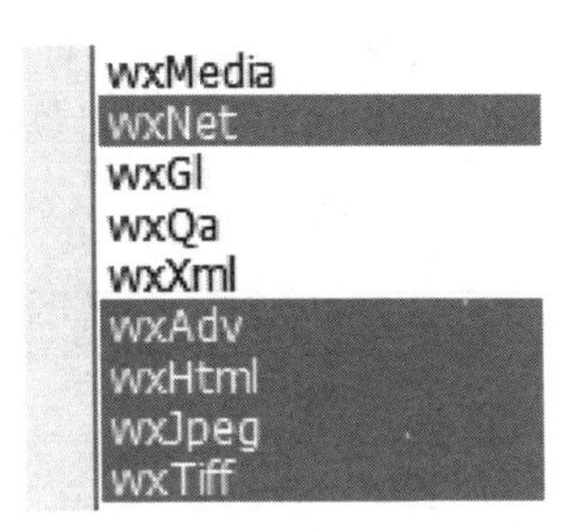

图 13-39 选择链接 wxWidgets 的哪些扩展库

完成项目创建之后，进入项目构造选项对话框，确保选中左边构建树根节点 wxChatClient，在右边切换到 Linker settings 页，加入新的链接库 libchat_msg.a。切换到 Search directories 页，在 Compiler 子页面内添加“..\”，用于搜索 chat_msg.hpp 头文件。

左边构建树切换到 Debug 构建目标，在 Search directories 下的 Liner 子页面内添加“..\chat_msg\bin\Debug”。在 Linker settings 页加入 libwxmsw28ud_richtext.a，并将它置顶，结果如图 13-40 所示。

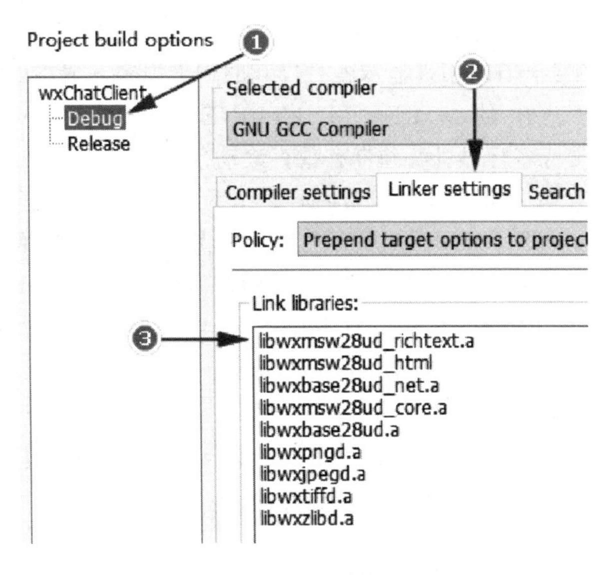

图 13-40 wxchatclient 链接项配置 lDebug

继续在 Debug 目标中，切换到 Search directories 内的 Linker 子页面，添加搜索路径“..\chat_msg\bin\Debug”。现在，将左边的构建树切换到 Release，在 Linker settings 页加入 libwxmsw28u_richtext.a，并将它置顶；再于在 Search directories 页的 Linker 子页面内添加搜索路径“..\chat_msg\bin\Relase”。最后，确认配置，关闭对话框，并保存项目。

在 Resource 内打开向导默认生成的对话框,保留原来的两个按钮、一个静态标签等控件,调整、添加布局器(全部使用 wxBoxSizer 即可),并添加一个"wxRichTextCtrl(富文本编辑框)"、一个"wxTextCtrl(文本编辑框)"和一个按钮,最终得到如图 13-41 所示的设计效果。

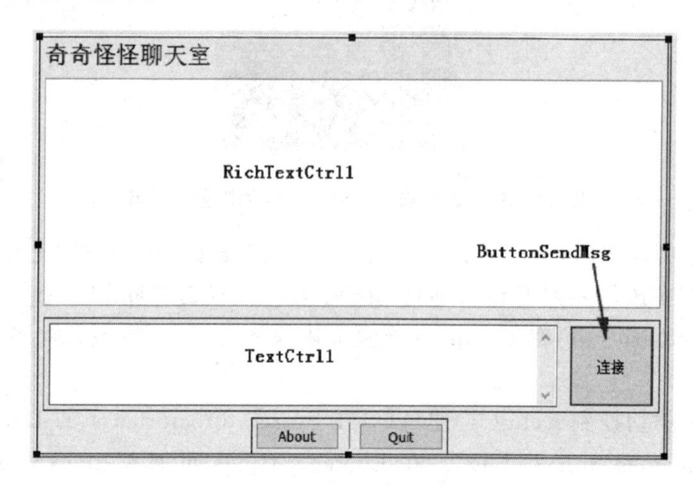

图 13-41 聊天客户端界面设计

图 13-41 中"奇奇怪怪聊天室"和"About""Quit"均为向导自动添加的控件,仅做属性修改,RichTextCtrl1 用来显示各方交互的聊天内容。请在属性设置栏中找到 Style 属性,勾中其中的 wxRE_MULTLINE、wxRE_READONLY 和 wxVSCROLL,使其支持多行、只读、并带有垂直滚动条。

TextCtrl1 用于输入待发送的聊天内容。请为其 Style 属性选中 wxTE_MULTILINE 和 wxWANTS_CHARS。后者允许其接受回车输入,并不触发对话框默认按钮。如需触发请使用"Ctrl + 回车"。新加的按钮取名为 ButtonSendMsg,标题改为"连接",并选中"Is default"选项。双击该按钮,自动在代码中生成 OnButtonSendMsgClick()事件,请在后续代码中注意它的实现内容。

2. 客户端实现

打开向导生成的 wxChatClientMain.h,确保将文件编码改为 utf-8。在 wxChatClientDialog 类中,添加如下代码中的黑体部分:

```
class wxChatClientDialog: public wxDialog
{
......
        DECLARE_EVENT_TABLE()            //这是原有的,不用加
    private:
        void ConnectToServer();          //连接到服务端,包括输入服务端地址
        void SendToServer();             //发送用户聊天内容
    private:
    //wxSocektClient 的事件
```

```
        void OnSocketEvent(wxSocketEvent& event);

        //三种事件的响应:连接成功、有数据可读、连接失败或掉线
        void OnSocketConnect();
        void OnSocketInput();
        void OnSocketDisconnect();

    private:
        //当读到数据之后,区分处理 4 种消息
        //有新用户上线的广播通知,上线用户 ID 是 user_id,叫 usre_nick
        void OnNewcomerNotify(int user_id, wxString user_nick
                        , wxString content);
        //有用户下线的广播通知:下线用户 ID 是 user_id,叫 usre_nick
        void OnOfflineNoitfy(int user_id, wxString user_nick
                        , wxString content);
        //连线后,得到的欢迎消息,用于读取自己的 ID 和昵称
        void OnWellcome (int user_id, wxString user_nick
                        , wxString content);
        //普通聊天消息:入参含发送者和接收者,以及正文
        void OnMessage(int from_user_id, wxString from_user_nick
                        , int to_user_id, wxString to_user_nick
                        , wxString content);
    private:
        bool _connected;              //标志当前是否已经连接到服务端
        wxSocketClient _client;       //就靠它操作网络了

        int _user_id;                 //我的 ID
        wxString _user_nick;          //我的昵称
};
```

打开向导生成的 wxChatClientMain.cpp,确保其文件编码改为 utf - 8。文件内容见后。为排版方便,部分由向导自动生成或维护的仅作标识:

```
/***************************************************************
 * Name:      wxChatClientMain.cpp
向导生成的文件注释,略去大部分内容
 * Copyright: zhuangyan (www.d2school.com)
 **************************************************************/

#include "wxChatClientMain.h"
#include <wx/msgdlg.h>

//(*InternalHeaders(wxChatClientDialog)
向导自动生成并维护的头文件包含内容,略
//*)

#include <wx/textdlg.h> //wxGetTextFromUser
#include <wx/string.h>

#include <sstream>
```

```
#include < string >

#include "chat_msg/chat_msg.hpp"

//helper functions
enum wxbuildinfoformat {
    short_f, long_f };

wxString wxbuildinfo(wxbuildinfoformat format)
{
/* 向导自动生成的版本信息,略 */
    return wxbuild;
}

//(*IdInit(wxChatClientDialog)
const long wxChatClientDialog::ID_STATICTEXT1 = wxNewId();
/* 向导自动生成的 控件 ID, 略 */
const long wxChatClientDialog::ID_BUTTON2 = wxNewId();
//*)

enum
{
    SOCKET_ID = 2017//定义一个 网络事件 ID
};

BEGIN_EVENT_TABLE(wxChatClientDialog,wxDialog)
    //(*EventTable(wxChatClientDialog)
    //*)
    //添加 socket 事件响应入口
    EVT_SOCKET(SOCKET_ID, wxChatClientDialog::OnSocketEvent)
END_EVENT_TABLE()

wxChatClientDialog::wxChatClientDialog(wxWindow* parent,wxWindowID id)
{
//(*Initialize(wxChatClientDialog)
        /* 向导自动生成和维护控件构建代码,略 */
    //*)

    _connected = false;//初始化为未连接
    //绑定 socket 控件事件,添加通知标志,打开总开关
    _client.SetEventHandler(*this, SOCKET_ID);
    _client.SetNotify(wxSOCKET_CONNECTION_FLAG |
                      wxSOCKET_INPUT_FLAG |
                      wxSOCKET_LOST_FLAG);
    _client.Notify(true);
}

wxChatClientDialog::~wxChatClientDialog()
{
    /*自动生成的析构代码,略*/
```

```
}

void wxChatClientDialog::OnQuit(wxCommandEvent& event)
{
    /* 自动生成的退出事件响应代码,略 */
}

void wxChatClientDialog::OnAbout(wxCommandEvent& event)
{
    /* 自动生成的“关于”事件响应代码,略 */
}

//Socket 事件回调入口
void wxChatClientDialog::OnSocketEvent(wxSocketEvent& event)
{
  switch(event.GetSocketEvent())
  {
    case wxSOCKET_INPUT :
        this->OnSocketInput();//有数据可读
        break;
    case wxSOCKET_LOST :
        this->OnSocketDisconnect(); //连接断开或连接失败
        break;

    case wxSOCKET_CONNECTION :
        this->OnSocketConnect(); //连接成功
        break;
    default :
        break;
  }
}

//全局变量,用于标志聊天名字,换一个你喜欢的叫法
wxString room_name = wxT("奇奇怪怪 - 聊天室");

//当连接成功时
void wxChatClientDialog::OnSocketConnect()
{
    _connected = true;
    StaticText1->SetLabel(room_name + wxT(" - 在线"));

    ButtonSendMsg->Enable();
    ButtonSendMsg->SetLabel(wxT("发送")); //“连接”按钮变“发送”按钮
    RichTextCtrl1->Clear();//清空掉线前的聊天历史内容(假如有)
}

//掉线
void wxChatClientDialog::OnSocketDisconnect()
{
```

```
    _connected = false;
    StaticText1->SetLabel(room_name + wxT(" - 掉线"));

    ButtonSendMsg->Enable();
    ButtonSendMsg->SetLabel(wxT("连接")); //按钮重新变成"连接"标题
}

//有数据可读
void wxChatClientDialog::OnSocketInput()
{
    _client.SetFlags(wxSOCKET_WAITALL);

    int const len_of_flag = 4;
    //先读 4 位,表示后续数据长度
    char buf_of_size[len_of_flag + 1] = "";
    _client.Read(buf_of_size, len_of_flag);
    int size = std::stoi(buf_of_size);

    /* 这里没有判断 size 的范围,直接分配内存了,危险! */
    char* buf_of_data = new char[size + 1];
    _client.Read(buf_of_data, size);
    buf_of_data[size] = '\0';

    std::stringstream ss(buf_of_data);//读到的内容变成流,方便解析
    delete [] buf_of_data;//释放内存,也许前面应该用 vector < char >

    int data_type;
    Message msg;
    if (! StreamToMessage (ss, data_type, msg)) //从流读出消息和类型
    {
        return;
    }

    //下面代码比较丑,开始按类型处理
    if (data_type == DATA_TYPE_VALUE(DataType::newcomer_notify ))
    {
        //使用 FromUTF8 将昵称和聊天内容转成 UNICODE 字串
        //(我们使用的是 UNICODE 版本的 wxWidgets)
        wxString user_nick = wxString::FromUTF8(
                                msg.from.nick.c_str());
        wxString msg_content = wxString::FromUTF8(
                                msg.content.c_str());
        this->OnNewcomerNotify (msg.from.id
                                , user_nick, msg_content);
    }
    else if(data_type == DATA_TYPE_VALUE(DataType::offline_notify ))
    {
        wxString user_nick = wxString ::FromUTF8(
                                msg.from.nick.c_str());
```

```
        wxString msg_content = wxString::FromUTF8(
                                    msg.content.c_str());
        this->OnOfflineNoitfy(msg.from.id, user_nick, msg_content);
    }
    else if (data_type == DATA_TYPE_VALUE(DataType::welcome))
    {
        wxString user_nick = wxString::FromUTF8(
                                  msg.to.nick.c_str());
        wxString msg_content = wxString::FromUTF8(
                                    msg.content.c_str());

        this->OnWellcome(msg.to.id, user_nick, msg_content);
    }
    else if (data_type == DATA_TYPE_VALUE(DataType::message))
    {
        wxString from_nick = wxString::FromUTF8(
                          msg.from.nick.c_str());
        wxString to_nick = wxString::FromUTF8(msg.to.nick.c_str());
        wxString msg_content = wxString::FromUTF8(
                          msg.content.c_str());
        this->OnMessage(msg.from.id, from_nick
                    , msg.to.id, to_nick, msg_content);
    }
}

//弹出输入框,要求用户输入服务端地址,然后尝试连接
void wxChatClientDialog::ConnectToServer()
{
    wxString server_host_port = wxGetTextFromUser(
        wxT("请输入聊天室服务端地址 (ip:port):")
        , wxT("连接 ...")
        , wxT("127.0.0.1 : 9981"));//默认是前面服务端监听的地址

    if (server_host_port.empty())//没有输入,或者用户放弃
    {
        return;
    }

    size_t pos = server_host_port.find(wxT(":"));
    if (pos == wxString::npos)
    {
        wxMessageBox(wxT("请使用':'符分隔 IP 和端口号。")
                , wxT("提示"));
        return;//错误处理 1,没发现冒号
    }

    wxString host = server_host_port.substr(0, pos);
    wxString port_str = server_host_port.substr(pos + 1);
```

```
    host.Trim();
    port_str.Trim();

    if (host.empty() || port_str.empty())
    {
        wxMessageBox(wxT("请输入 IP 地址和端口号。"), wxT("提示"));
        return;//错误处理 2,IP 或端口未填写
    }

    long port;
    if (! port_str.ToLong(&port) || port <= 0 || port > 65535)
    {
        wxMessageBox(wxT("请输入位于 1~65535 间的端口号。")
                        , wxT("提示"));
        return;//错误处理 3,端口号太大或者是负数
    }

    //终于可以产生服务端目标地址了
    wxIPV4address addr;
    addr.Hostname(host);
    addr.Service(port);

    //在连接期间,此按钮必须变灰,不允许再重复连接
    ButtonSendMsg->Disable();
    bool wait_and_block_gui = false;//一会儿将用作 Connect 的入参之一
    _client.SetTimeout(12);//连接最多等 12 s,放心,不会在此堵住,见上行
    _client.Connect(addr, wait_and_block_gui);

    TextCtrl1->Clear();//清空待发送的聊天内容
}

//发送聊天内容到服务端
void wxChatClientDialog::SendToServer()
{
    if (TextCtrl1->IsEmpty())
    {
        return;
    }

    long to_id = 0;
    //以下一大段代码,只是为了找到私聊对象的 ID
    wxString content = TextCtrl1->GetValue().Trim();
    if (content[0] == wxT('>'))
    {
        wxString space = wxT(" \t\r\n ");

        size_t pos = content.find_first_of(space, 1);
        if (pos != wxString::npos)
        {
```

```
            wxString to_id_str = content.substr(1, pos - 1);
            if (to_id_str.ToLong(&to_id))
            {
                pos = content.find_first_not_of(space, pos);
                if (pos != wxString::npos)
                {
                    content = content.substr(pos);
                }
            }
        }
    }

    Message msg;
    msg.from.id = this->_user_id;
    msg.from.nick = "-";
    msg.to.id = to_id;
    msg.to.nick = "-";
    msg.content = content.ToUTF8();
    std::string msg_buffer = MessageToBuffer(DataType::message, msg);
    _client.Write(msg_buffer.c_str(), msg_buffer.size());
    TextCtrl1->Clear();
}

//界面上最大的按钮按下时
void wxChatClientDialog::OnButtonSendMsgClick(wxCommandEvent& event)
{
    if (!_connected) //未连接?
    {
        ConnectToServer();//先连接
    }
    else
    {
        SendToServer(); //已连接? 那开聊吧
    }
}

//自由的工具函数,用于设置聊天内容显示样式
//可以指定颜色、对齐和字体
void BeginStyle(wxRichTextCtrl * c, wxColour color
                    , wxTextAttrAlignment alignment
                    , int font_size = 12)
{
    c->BeginAlignment(alignment);
    c->BeginFontSize(font_size);
    c->BeginTextColour(color);
}

//自由的工具函数,结束样式设置
```

```
void EndStyle(wxRichTextCtrl * c)
{
    c ->EndTextColour();
    c ->EndFontSize();
    c ->EndAlignment();
}

//自由的工具函数,将聊天内容滚动到最下面,以方便看到最新的
void ScrollToBottom(wxRichTextCtrl * c)
{
    c ->ShowPosition(c ->GetLastPosition());
    c ->Update();
}

//有新用户上线,如何展现呢
void wxChatClientDialog::OnNewcomerNotify (int user_id
                              , wxString user_nick
                              , wxString content)
{
    //确保在聊天内容最后位置准备插入
    RichTextCtrl1 ->SetInsertionPointEnd ();

    wxString msg;
    msg << content << user_id
            << wxT("#") << user_nick << wxT("上线了。\r\n");

    //深绿色、居中
    BeginStyle (RichTextCtrl1
            , wxColor(0,127, 0), wxTEXT_ALIGNMENT_CENTRE);
    RichTextCtrl1 ->WriteText (msg); //WriteText()才能应用样式
    EndStyle (RichTextCtrl1);
    ScrollToBottom (RichTextCtrl1);
}

//服务器代表所有聊天群众向我问候啊! 怎么隆重显示才好呢
void wxChatClientDialog::OnWellcome(int user_id
                              , wxString user_nick
                              , wxString content)
{
    RichTextCtrl1 ->SetInsertionPointEnd();

    //得到服务器为我们分配的 ID 和各种奇奇怪怪的昵称
    _user_id = user_id;
    _user_nick = user_nick;

    wxString title = StaticText1 ->GetLabel();
    title << wxT ("-") << user_nick
              << wxT("(") << user_id << wxT(")");
    StaticText1 ->SetLabel(title);
```

```
    StaticText1 ->Update();

    wxString msg;
    msg << wxT("你好,") << user_id << wxT("#") << user_nick
            << wxT("! 欢迎加入") << room_name << wxT("\r\n");

    //蓝色,居中
    BeginStyle(RichTextCtrl1
            , wxColor(0, 0, 255), wxTEXT_ALIGNMENT_CENTRE);
    RichTextCtrl1 ->WriteText(msg);
    EndStyle(RichTextCtrl1);
    ScrollToBottom(RichTextCtrl1);
}

//有人下线了,怎么显示这样一个悲伤的信息
void wxChatClientDialog::OnOfflineNoitfy(int user_id
                        , wxString user_nick
                        , wxString content)
{
    RichTextCtrl1 ->SetInsertionPointEnd();

    wxString msg;
    msg << content << user_id << wxT("#")
            << user_nick << wxT("下线了。\r\n");

    //红色(感觉会不会太过于喜庆了),居中
    BeginStyle(RichTextCtrl1
            , wxColor(255, 0, 0), wxTEXT_ALIGNMENT_CENTRE);
    RichTextCtrl1 ->WriteText(msg);
    EndStyle(RichTextCtrl1);
    ScrollToBottom(RichTextCtrl1);
}

//终于有正常消息来了
void wxChatClientDialog::OnMessage(int from_user_id
                    , wxString from_user_nick
                    , int to_user_id, wxString to_user_nick
                    , wxString content)
{
    RichTextCtrl1 ->SetInsertionPointEnd();
    //一堆判断
    bool from_self = (from_user_id == this->_user_id);//你发的?
    bool to_you = (to_user_id == this->_user_id);//私信给你的?
    bool to_self = (from_self && to_you);  //你自己给自己的?
    //你给别人的私信?
    bool to_someone = (from_self && to_user_id != 0 && ! to_you);

    wxString msg;
```

```
    wxColour color;
    wxTextAttrAlignment alignment;

    if (to_self) //自言自语
    {
        color = *wxLIGHT_GREY;
        alignment = wxTEXT_ALIGNMENT_RIGHT;//靠右
        msg << wxT("\r\n你自言自语地说:")
                     << content << wxT("\r\n");
    }
    else if (to_someone) //你发的私信
    {
        color = *wxBLACK;
        alignment = wxTEXT_ALIGNMENT_RIGHT; //靠右
        msg << wxT("\r\n你私下对") << to_user_id  << wxT("#")
               << to_user_nick
         << wxT(" 说:\r\n") << content << wxT("\r\n");
    }
    else if (from_self) //你发的公开消息
    {
        color = *wxBLACK;
        alignment = wxTEXT_ALIGNMENT_RIGHT; //靠右
        msg << wxT("你(") << from_user_id << wxT("#")
            << from_user_nick
             << wxT(") 说:\r\n") << content << wxT("\r\n");
    }
    else if (to_you) //别人发给你的私信
    {
        color = *wxRED;
        alignment = wxTEXT_ALIGNMENT_LEFT;//靠左
        msg << from_user_id << wxT("#") << from_user_nick
            << wxT("私下对你说:\r\n") << content << wxT("\r\n");
    }
    else //别人发的公开消息
    {
        color = *wxBLACK;
        alignment = wxTEXT_ALIGNMENT_LEFT;//靠左
        msg << from_user_id << wxT("#") << from_user_nick
            << wxT("说:\r\n") << content << wxT("\r\n");
    }

    BeginStyle(RichTextCtrl1, color, alignment);
    RichTextCtrl1->WriteText(msg);
    EndStyle(RichTextCtrl1);
    ScrollToBottom(RichTextCtrl1);
}
```

你可以打开两个 Code::Blocks 做好两边联调的准备了。反正我是调了半天,就差启动前面写的 tcp proxy 程序了。调试时,如果需要测试两边对聊,可在 Code::

Blocks 中运行一个客户端，再在 Windows 下运行一个 wxChatClient。看看效果吧，如图 13-42 所示。

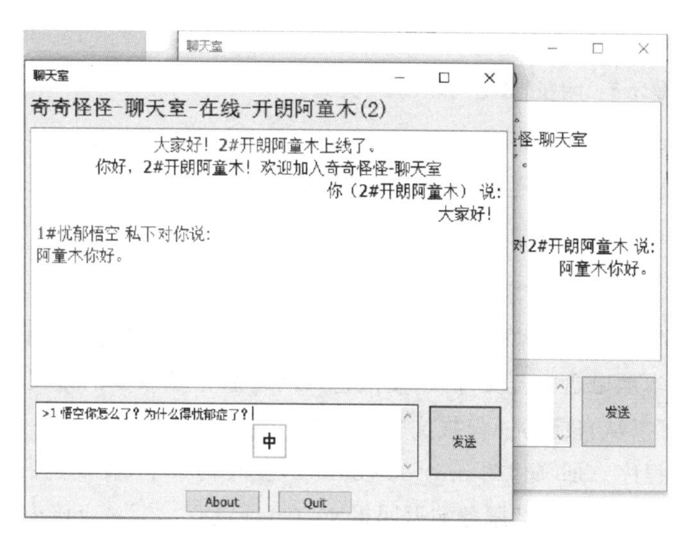

图 13-42 聊天室实际运行效果

多开几个窗口，不，把它们部署到一个局域网，多叫几个人，你一言我一语地进行火热的测试。但你有没有看到，在整个过程中，我们的聊天服务端程序除了负责迎与送，其余时间都是一言不发。这是所有亲手写过聊天程序的人心里都能懂的一件事：越忙的角色，越要守得住寂寞。

13.10 C++与 WEB 编程

据说，美国标准铁路轨距是 4.85 英尺，由负责修建的英国移民制定，而英国移民制定这个距离，据说是因为之前修建电车轨道就用这个距离，电车的轨距又从何而来？原来早先修电车的人使用了更早的造马车的一套工具，自然就顺用了马车的轮距。而马车的轮距来自于一直以来路面上深深的辙印。至于此辙印，历史可就长了，两千年前古罗马帝国的主力战车使用两匹战马驱使，而两匹战马站成排的屁股宽度，就是这个 4.85 英尺。不知道这段子中说的事是真是假，不过世上有许多人认定就是这样或就不是这样的观点，如果认真地往前追溯其整个形成过程或根本原因，往往也会令人莞尔。

C++和 WEB 编程放在一起，也有人一直觉得哪里不对。先不讨论这些是非，我们来看看 WEB 编程是怎么一回事吧。

13.10.1 WEB 编程常见模式

我们刚写过的聊天程序，是一套典型的"Client/Server"模式程序，简称"C/S"模式。Web 编程则被称为“B/S”模式,其中的 B 指“Brower(浏览器)”,因为它的客户端是浏览器,通过服务端传给客户端提供表达力特别强的报文,结合浏览器特别强大的解释能力,以实现丰富多变的应用。

【小提示】: 闲扯“B/S”和“C/S”关系

常见说法是将“B/S”和“C/S”并称,我要表明我的观点:“B/S”也是一种“C/S”。“B/S”与“C/S”之间的关系,和“电子产品”与“电子计算机类产品”有些类似。至于我们平常看到的这两类网络软件,比如打开腾讯 QQ 聊天,和打开浏览器看新浪新闻,在一个网络程序员的眼里,二者的本质区别,要远远小于电视和电脑之间的区别。

既然“B/S”模式下的客户端是各位家中电脑都必备的浏览器,而大多数浏览器都支持直接从本地磁盘打开文件,以模拟它从网络服务端收到的报文,那对“B/S”模式的感受,就可以从自己写一份报文做起。等一等,我们曾经编写一个获取 bing 图片搜索结果的程序。那项目叫 img_downloder,在其目录下,我找到一个叫 data. txt 的文件,那其实就是“必应”服务端返回报文,在自己动手之前,应该先看看微软家程序员搞的报文。打开后随便一瞧,好家伙!如图 13-43 所示。

```
data.txt - 记事本
文件(F) 编辑(E) 格式(O) 查看(V) 帮助(H)
<!DOCTYPE html><html lang="zh" xml:lang="zh"
xmlns="http://www.w3.org/1999/xhtml"
xmlns:Web="http://schemas.live.com/Web/"><script
type="text/javascript">//<![CDATA[
si_ST=new Date;
//]]></script><head><!--pc--><title>linzhiling - 必应
images</title><meta content="text/html; charset=utf-8"
equiv="content-type" /><link href="/sa/simg/bing_p_rr_
rel="shortcut icon" /><script type="text/javascript">//<![
_G={ST:(si_ST?si_ST:new Date),Mkt:"zh-
CN",RTL:false,Ver:"47",IG:"89313AD6DEA847D1AC4526D
ID:"FAA954739B6E4582A8890340E92A66CC",V:"images
K2",CID:"328A5D41D8266E283E4F5490D9876E14",SUIH:"
```

图 13-43 bing 搜索结果报文数据

乱。并不是微软家的程序员不爱简洁,事实上就没有哪家的 HTML 是简洁的。为什么这么乱?学完本章课程,也许大家会有答案。现在我们只看文档最前面的两个词 DOCKTYPE html,它表明这是一个“HTML5”的文档。

**【小提示】：Web Application 选择了 HTML 吗**

HTML 全称“Hypertext Markup Language(超文本标记语言)”。就像当初的罗马人从来没有思考过行驶火车的铁轨间距应该是多少一样，HTML 最初的设计目的也不是为了支撑某种复杂应用。只是，从最初发布的 2.0 版本一路走来，经历曲折的路线，HTML 已经是世界上应用最广泛的一种特定应用报文规范。特别是当前已成主流的 5.0 版本，实现了这门语言史上目标最明确、意见最统一、意志也最坚决的一次重大修改。尽管在支持原有版本方面，HTML5 采用的态度不是“兼容”，不是“包容”，而是“宽容”；若不如此，它恐怕不能成功。

HTML(及相关竞争技术)的发展史很曲折，甚至充满政治斗争，我们不再回顾。有人说“历史是一个供人随意打扮的小姑娘”，哈哈，今天的天气真好。下面我将完全不顾 HTML 经历过的混乱，我要开启“上帝模式”，告诉大家一段目标明确、思路清晰，甚至充满前瞻性设计的 HTML 伪进化史。以下描述只是为了有利于大家学习，希望 Tim Berner - Lee 和 Rasmus Lerdorf 不要来找我。

早在 1980 年软件编程还是科学家事业的时候，物理学家 Tim Berner - Lee 在钻研他的 ENQUIRE 软件系统时，为了实现文档分享等功能，内心深处有了“超文本”思想的种子，并且在 1990 年前后提供了原型实现。Tim Berner - Lee 对未来洞若观火，他看到未来二三十年软件编程必然是“旧时王谢堂前燕，飞入寻常百姓家”，将成为全球宅男养家糊口的热门职业。因此，一个人包干整个软件编制的做法，非常不利于各国政府创造工作岗位。为此，尚处于萌芽状态的“超文本”概念，迅速上升成一门语言。

在 Tim Berner - Lee 的构想中，借助这门语言，除了个别不思进取的系统之外，所有软件应用都至少可以分成两大部分，前端负责展现与人机交互的系统，交由 HTML 以及买一送二的 Javascript 和 CSS 负责。至于后台软件的编写，1994 年 Tim Berner - Lee 打了个电话给 Rasmus Lerdorf 以后就解决了。

【轻松一刻】：WWW 发明人与 PHP 发明人的一通电话

小道消息称，两人对话如下：

Tim：“小伙计，听说你发明了一门语言叫 Personal Home Page?”

Rasmus：“是啊，简称 PHP。”

Tim：“一门编程语言的名字叫‘个人主页’？你不觉得这是一件很 low 的事吗?”

Rrasmus：“是有点，但是已经叫出去了，大哥您有什么建议吗?”

Tim：“这样吧，我把 **Hypertext** 这个词借给你，以后你的语言就叫‘PHP：**Hypertext** Preprocessor’，简称还是 PHP。但是你要答应我，一定要把 PHP 培养成全世界最强大的编程语言，不能有之一。”

Rrasmus:“大哥,成为最强大这个我有信心,但全称和简称之间是一种递归关系,合适吗? 大哥、大哥?”

电话那边传来了忙音。Rrasmus 思索片刻后把宣传处的工作人员都叫进了他的办公室。*N* 年以后,HTML 是网页描述语言全球唯一的霸主;而 PHP 也早就是群众口口相传的最强大的语言,没有之一。

非常完美,前端的语言叫 Hypertext Markup Language,后端的语言解除递归之后叫 Hypertext Preprocessor,这组合无论从名字的匹配还是操作的分工上,直接打败了其他选手组合。二者如何具体分工呢? 先看一个网页的展现,如图 13-44 所示。

图 13-44　网页展现效果

如果我被要求只能看两眼,那么第一眼我将看到:网页上有张图,然后上下有些描述文字,分别是商品名称和商品价格等,最底下是一个超链接;第二眼重点注意:商品名称 APPLE WATCH 颜色是白的,背景是深灰的;图片有虚点组成的外框;购买链接是带下划线的;整体布局是偏向长条状的……这两眼所见,一是展现的数据,二是展现的格式。后端的“PHP(超文本预处理语言)”和前端的“HTML(超文本标记语言)”分工,答案的要点就在这里:一个重点负责提供数据,一个重点负责如何提供格式,二者一结合,展现的内容就有了。

当然,身为前端界面,除展现之外还需提供程序与用户交互。比如本例中“立即购买”这个链接就是一个交互入口。用户单击它,是弹出一个框,还是在底部浮现一个面板? 或者是跳转到另一个页面? 这些是有关“交互”的设计,它同样需要前后端配合处理。如果套用我们之前学习的“动作也是一种数据”的说法,那么有关“交互”的设计,仍然抽象成“数据”和“形式”;此时后端同样会更侧重于提供操作的数据,而前端更侧重于设计操作的“形式”。

【重要】: 区分展现数据和展现格式的目的

区分展现数据和展现格式的目的,除了好分工之外,还有另一个重要的原因是,这二者的变化时机、变化频率通常很不相同。比如,假设上面的案例是网页上浮动的一个小广告,并且每十秒切换一次商品,比如切换成“苹果手机”。此时,第一眼所见的商品名称、商品图片和商品价格全部要变;而第二眼所见的内容通常不会在此刻变化。把展现数据和展现格式做区分处理,有利于我们更好地分别控制或应对二者的变化。

如果让你看第三眼，在前例中你会看到什么？应该可以看出如此丑的展现，肯定不是苹果公司的原版设计。没错，除了那个手机是我从苹果网站截的图之外，其他全是我写的一个 HTML 本地文档，内容如下：

```
< ! DOCTYPE html >
< html >
< body >
< div style = " background - color : white; vertical - align : middle;  text - align : cen-
ter;" >
< div >
< div style = " font - size: 28px; margin: 0 auto; width: 230px; background: gray; color:
white;" > APPLE WATCH < /div >
< img src = "apple_watch.png"  style = "max - width: 220px; border: dotted; border - color:
gray" / >
< /div >
< div style = "font - size:14pt;" >
        RMB < span style = "color: blue" > 2188 < /span > 起售
< span style = "display:block" > < a href = "http://www.apple.com/cn/" > 立即购买 < /a >
< /span >
< /div >
< /div >
< /html >
```

同样很乱，先只看其中商品名称展现的一小段，结合重新排版，会更清楚一些：

```
< div style = "
        font - size:28px;
        margin : 0 auto;
        width:230px;
        background:gray; color:white;" >
APPLE WATCH
< /div >
```

面对代码片段，这一次让你只看两眼，应该很快做出区分，除非你英语差到没话说。否则第一眼应能看到展现内容原来写在这里：APPLE WATCH；而第二眼看到有一堆格式控制："font - size(字体-尺寸)""margin(边距)"、"width(宽度)"、"background(背景)"和"color(颜色)"等。当浏览器要提供最终的展现（也称为渲染）时，它必然要拿到展现所需的数据和格式，以及二者正确的组合。比如，上例 HTML 源码中，如果 APPLE WATCH 不小心写到"< div > < /div >"的外面，那么展现的内容就会乱套。

谁负责提供展现的格式？谁负责提供展现的数据？又是谁负责将这二者组合起来？前两个问题比较容易理解，肯定是前端工程师负责提供展现格式，后端工程师负责提供展现的数据。比如前端工程师写出以下内容：

```
……
< div style = "
        font - size:28px;
        margin : 0 auto;
        width:230px;
        background:gray; color:white;" >
    {商品名字}
< /div >
……
```

这些内容被存成一个文件,名为 demo.html。后端工程师把这个文件放在后台程序运行的地方,在程序中打开它,然后再从数据库或磁盘文件中读到商品名字,并用它替换掉上述内容中的"{商品的名字}";最后,作为服务端,将数据从网络连接发送给浏览器,浏览器将它展现出来。

第三个问题的答案也有了:是后端工程师在负责组合展现的格式和展现的数据。在此情况下,可以将前端工程师写的内容,称为"展现的模板"。和咱们学习的 C++模板差不多意思,套苹果手表数据就得到苹果手表的小广告,套苹果手机数据就得到苹果手机的小广告。PHP 语言改名后为什么带有一个"Preprocessor(预处理器)"?当然不是因为那一通虚构的电话,而是因为它确实在处理扩展名为".php"的模板,为它加入数据(如前所述,数据可以包含交互动作),加工得到最终完整的 HTML 数据。后面事情就和预处理无关了,服务端将使用 HTTP 协议打包 HTML 数据,通过网络返回给正在请求这一页面的浏览器连接。

不仅仅是 PHP,还有 ASP(Avtive Server Page)、JSP(Java Server Page)等,其原理一致,只不过后台处理语言不同而已。甚至也有人发明 CSP,使用 C++处理。比如以上例子如果采用偏 C++风格的伪代码,示意如下 :

```
    std::ifstream ifs("demo.html");
    if (! ifs)
        return 404 找不到指定资源;

    std::string buffer;

    /* 此处将 ifs 中内容,全部读到入 buffer 中 */
    size_t  pos  = buffer.find("{商品名字}");

    /* 此处得检查是否找到,找不到可能错误处理等 */

    std::string  goods_name = db->get_next_goods_name();
    buffer.insert(pos, goods_name, ...);

    asio.async_write(_socket, buffer, on_write_finished);
……
```

行啊!把 asio 都扯出来了。拿一门编译型语言,并且标准库中的 std::string 功能偏弱的语言,这么生硬地处理字符串,非常繁琐枯燥,并且每次调整页面模板之后都要改代码再重新编译……能把程序员逼得一口老血吐出来。字符串都还是裸指针的C语言更是如此。显然按这种模式,C/C++不太适合干这话,而是更适合为WEB编程提供更底层的支持。比如C程序员说,“要不我写个HTML语言的预处理器吧?”“HTML语言的预处理器?”怎么听着有点熟悉?

在编程分工上,将HTML的组成从源头上分成数据和格式两大块,事情还远未结束。前面提到HTML买一送二的JavaScript和css技术又是怎么一回事?先说JavaScript当服务端将组装好的报文数据返回给客户端之后,客户端往往还需要再加工。比如,希望某一行文字一会儿显示成红色,一会儿显示成绿色;希望页面上的七张大雁图一会儿排成一字一会儿排成人字;希望用户将鼠标移到商品小图上边自动显示大图;希望用户在收货地址栏输入“福建”后下一行自动显示该省所有地市……这些功能尽管也需要后端的某种支持,但主要还是前端展现与人机交互方面的需求,并且这些展现和交互都带有“动作”。我们说过,优雅的代码总是偏爱通过定制数据来解决问题,实在优雅不下去,只好采取定制动作的方案。纯HTML内容侧重静态的数据,为了实现动态,浏览器需要支持一门语言以方便表达“动作”,这就是JavaScript。

CSS,全称“Cascading Style Sheets(层叠样式表)”,简称“样式”,其作用更好理解。我们将展现格式再细分,于是发现有一类格式侧重表达版面框架,而另一类格式侧重表达样式。就像房子一样,三房两厅两卫表达框架,而墙刷什么颜色,沙发什么款式这是在表达样式。在前例中,图片放在一个框中,框的边线由虚点组成,这些是样式。将控制样式的数据从HTML中再剥离,就有了css文件,此时HTML中的相关内容可以精简为:

```
……
< div class = "title_bar " >
    {商品名字}
< /div >
……
```

title_bar是某个样式文件中定义的一种样式。

13.10.2 WEB编程新模式

回忆写过的聊天程序。客户端会依据消息的类型,以不同的方式展现。比如系统通知类的居中并大字体显示,自言自语的内容居右并灰色显示,普通消息居左显示等。这些展现格式上的控制,都交由客户端处理,在服务端返回的数据报文,完全看不到字体、颜色等格式控制的内容。将展现数据和展现格式进行分离,这样的设计非常合理;但是,将展现格式完全交给客户端处理,这样的设计就不那么合理了。一旦需要对展现格式做调整,就得重新编写升级客户端。

那么,为了实现在服务端可以方便地控制展现格式,是不是一定要牺牲数据与格式分离的优点呢?很多人说当然得牺牲!若问他为什么?他想了想也只能说:现状就是这样子,你看大家都是在服务端将展现格式和展现数据组合好之后,才交给浏览器啊!对于这样的人,我们一定要问他一句:“你知道两匹马的屁股是多宽吗?”

在“由服务端负责组装展现数据和展现格式”的选项边上,一直都有另一个选项是“服务端返回分离的展现数据和展现格式,由客户端负责组装”。采用第一个选项的后端编程模式如13-45所示。

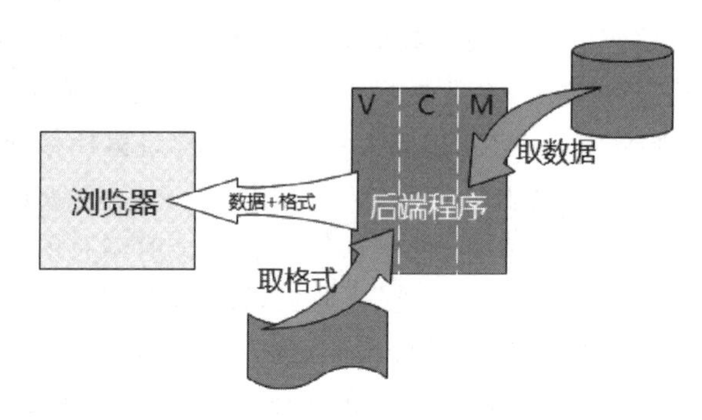

图 13-45 后端负责组合格式与数据

这种模式有如下缺点:

(1) 破坏输出结果的通用性。“数据”是客观的,“格式”却是主观的。客观数据有很强的通用性,但主观数据正好相反,严重依赖客户端类型。比如输出的是HTML内容,前端是原生移动App就很难处理;前端哪怕都是浏览器,也存在兼容问题;就算不考虑兼容问题,前端的屏幕大小、交互方式不同,也会给后端从准备到处理再到输出这一份HTML的编程工作平添许多负担。并且,任何想在报文(也就是HTML)上再揉入点东西以解决这一问题的技术,都只能是一种补救措施。像是在一条底部漏水的船上再把水往外部泼,既影响航行,又无法最终解决问题。

(2) 加重后台程序的逻辑复杂程度。如图13-46所示,尽管在客观上,数据和格式的输入,通常来自后端程序的两侧,二者先天具有一定距离。但由于要放在同一程序中由同一个人或同一拨人处理,就容易在程序中产生本不该有的隐性耦合,严重时甚至可能造成格式中混有数据,数据中混有格式的后果。为此,软件工程师们提出“MVC”模型,以分离业务逻辑(C)、数据(M)、界面(V),严格控制其中数据和界面之间的耦合。有如我们把糖果放在蛀牙的儿童手上,确实很有必要反复教育他要控制吃糖的欲望。事实上必然增加了程序员的心智负担。

(3) 降低前端缓存命中率。相比数据,格式的变化频率通常较低。比如说页面上商品的价格涨了一块钱,尽管展现格式不变,但整个页面数据都必须重新获取、传输。如果说在客户端兼容性上,格式拖了数据的后腿,那么在数据缓存可用度上,数据拖了格式的后腿。

(4) 加重后台程序运行时的计算压力,因为要组合。

以上问题中,(1)和(2)是关键问题,(3)和(4)的影响面主要在性能,是非关键问题。尽管在后端合并待展现数据和待展现格式有如上弊端,但"历史"还是选择了它。其中最为关键的原因:浏览器和 HTML 都不是一开始就像现在这么强大的。将组装工作交给浏览器实现,对 HTML 的表达能力、浏览器解析的功能和性能都有很高的要求,在很长的一段时间里,二者都达不到可用程度;所以必须由后台处理。其次,采用后台合并处理的选项,也可以有改进的空间,比如,可以在服务端进行分层,从而解决(1)和(2)这两个关键问题,分层模式示意如图 13-46 所示。

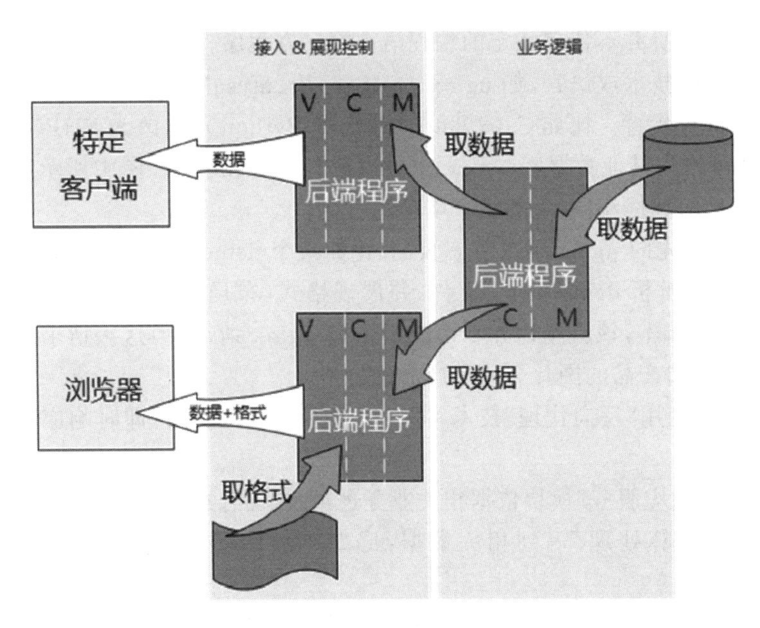

图 13-46　多层后台结构

在此模式下,组装展现数据和展现格式工作,交给用于响应浏览器请求的独立程序处理。而通用于所有客户端的业务逻辑交由图 13-46 中最右侧的独立程序处理。总而言之:剥离不同层次的逻辑,是程序设计中天经地义的操作。MVC 中,展现第一相关的是 V,弱相关的是 C,基本不相关的则是 M。这一部分的逻辑,交给 C++语言毫无问题。比如,产品当前库存有 100 件,如果有人过来买走 1 件,库存变成 99 件,这是业务逻辑;如果同一秒内有 1 万个人过来买,如何保障我们只能卖出 100 件?这也是业务逻辑。而这些逻辑的实现,不正是我们之前一直在学习的课程内容吗?有什么是不合适 C++程序来做的呢?

13.10.3　总体结构概述

以下介绍的 C++ WEB 编程模型的总体结构,后端采用分层设计,同时还将"数据"与"格式"的组装工作近乎全部交给前端浏览器处理,如图 13-47 所示。

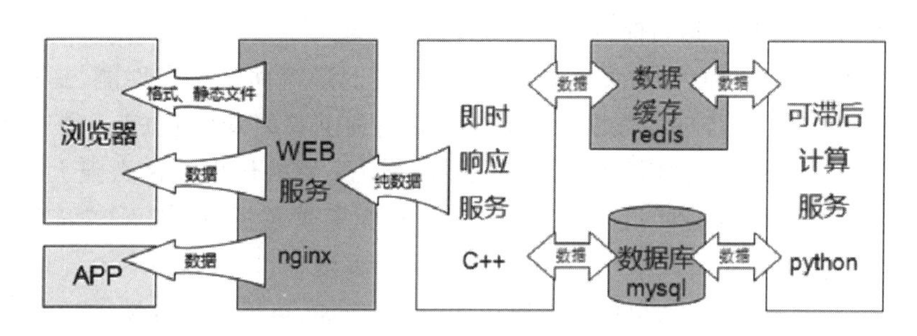

图 13-47　C++ Web 编程推荐框架

推荐结构本身并不依赖特定的编程语言第三方程序，比如图 13-47 中各层次或模块中所标注的技术或语言，如 nginx、C++、redis、mysql、python 等，均可以使用其他类似技术进行代替。比如 C++可以改为 Java，Python 可以改为 PHP(终端运行模式)，mysql 可改为其他数据库、nginx 也可以改为 Apache 等。图中所示箭头仅用于表示后端产生的数据流向，完整请求响应过程为：

(1) 浏览器先向 nginx 请求静态页面，比如某个 demo.html 文件。

(2) 浏览器解析 demo.html 文件，并展现格式(布局和基本元素)，同时支持其上的 javascript 脚本，该脚本以异步模式再次向 nginx 请求，但这次请求的是前述的待展现数据，比如产品的图片名称和产品的价格。

(3) nginx 使用“反向代理”技术，将该请求转发给图中的“即时响应服务”，它由 C++写成。

(4) “即时响应服务”模块依据相关业务逻辑，从缓存或数据库中读取数据，通过简单或复杂的计算处理，得到相关数据，比如产品图片名称和价格等，并返回给 nginx。

(5) 相关数据一路返回到浏览器，浏览器通过运行脚本程序，实现数据与格式的组合。

流程中未涉及的“可滞后计算服务”，负责处理不需要在用户每次请求中即时处理的业务计算，类似现实商业活动中的“盘点”功能。比如周期性数据统计、分析与挖掘工作等。典型如计算网店每月订单的累加金额、分析用户购买行为等。这类工作通常实时性要求不高，无需借助 C++编程压榨服务器性能。功能上则通常需要分析复杂日志字符串，需要处理许多临时需求等，因此推荐使用 Python 或 PHP 这类脚本语言处理。

在以上架构中，从前端到后端一路涉及“HTML+CSS+JS”、前端模板、nginx、C++、redis、数据库(mysql)和 Python 编程等众多知识点。我赞同及鼓励程序员应该对整个系统的每一个层面都有掌握，且需达到一个人可以全部处理的程度。有人说，这不就是“全栈工程师”吗？身为一个工程师，我明确反对“全栈工程师”这样的岗位或角色的设定，除非技术环境特别好或特别恶劣。特别好是指身边的每个人都是全栈专家；特别恶劣是指干活的只有你一个，否则团队的人才结构应该和待构建的软件系统架构保持某种对应关系。当然，这句话也可以倒过来执行：你所设计或采用的系统架构，应该和你所拥有的团队人才结构保持某种对应关系。

【重要】：欲立系统架构，当思人才结构

有一天，诸位读者中间必将有人成长为技术经理、架构师或技术总监。当你在负责或参与软件系统架构设计时，如果这个小提示对各位有所帮助，那是我的荣幸。

和数据相关的 redis 及 mysql 数据库，将在《数据篇》讲解；其余许多知识点已经出了《白话 C++》讲解 C++的“功”与“武”设定的范围。下面我们先给出一个最简例子的实现与解释。相对完善的 C++ Web 应用后台，我以开源项目的例子形式在互联网上提供，请访问本书官网或 github 网站上的“da4qi4(大器)”项目。本书官网“第2学堂”后台正是基于该开源项目开发。大器框架支持上述前端模式，也支持传统的后端组合视频与数据模式，后者搜索引擎等友好。

1. Json RPC

在最简例子中，我们将让前端浏览器，通过同步方式从 ngnix 服务得到一个网页展现数据，然后再通过“AJAX，即 Asynchronous JavaScript and XML(异步的 JavaScript 和 XML)”方式向 ngnix 服务获取商品信息。nginx 服务将转手此请求，转为从 C++写的 web 后台服务获取商品信息。

【小提示】：AJAX 中的 XML 起什么作用？

当初命名时，比较流行使用名为 XML 的另一种格式来格式组织和传递数据，但现在更多使用 JSON 格式，只是名字已经叫开，就不好改成 AJAJ 了。

2. JSON 数据

前后端的通信报文采用 JSONRPC 协议。其中的 JSON 是一种数据格式，比如：

```
{
    "id" : "001",
    "jsonrpc" : "2.0",
    "method"  : "hello",
    "params"     :  ["Tom", 1, 3.44, true]
}
```

JSON 数据使用一对“{}”表示一个对象数据(类似于 C++中的 struct 数据)，比如例中整个报文就是一个对象结构，对象的每个成员带有名称，比如例中的 id、jsonrpc、method 和 params，分别是四个对象成员的名称；而各成员“:”之后为对象的值，比如 id 成员的值是“"001"”。JSON 数据使用一对“[]”表示一个数组，同样类似于 C++中的数组，只是 JSON 的数组内容可以是异构的。比如例中的 params 其值为一个数组，内有四个元素，第一个元素为字符串类型，值为 Tom；第二个元素为整数，值为 1；第三个元素为实数，值为 3.44，第四个元素为布尔类型，值为 true。JSON 数据支持的简单类型包括:字符串、数字(整数或浮点数)和布尔值等,字符串类型通常使用一对双引号包围以标示其类型。布尔值则只能是 true 或 false。

在 C++后台应用这一端,有许多优秀的第三方 C++库用于处理(解析、生成等)JSON 数据,本例重点在于网络通信,将先不解析前端传来的 JSON 数据,而后直接使用字符串拼出一个 JSON 报文作为结果数据返回给前端(浏览器)。而在前端,JSON 数据已经成为浏览器原生支持的数据格式。有关 JSON 如何使用处理,将在下一篇《数据》中讲解。

3. RPC

RPC 全称为"Remote Procedure Call",即"远程过程调用"。实际就是一个进程如何将事情分给通常位于别的主机的另一个进程去做,并得到做的结果。

在 C++作为 WEB 编程的结构下,发起请求的进程是前端的浏览器,它说,"我想要这个商品的数据,快点给我。"然后它向 WEB 服务(本例中为 nginx)伸手,后者说,"我也没有商品的数据啊。"于是转为向 C++写的负责业务逻辑的服务程序要。有趣的是,在这一过程中,通常浏览器和 nginx 都不谈什么 RPC,它们都觉得自己是在使用 http 协议彼此通信交流而已。只有我们写的 C++程序,必须清楚地知道自己是 RPC 过程中那个被调用的服务。

浏览器端不使用第三方库,直接发起一个 ajax 请求的例子,其 JavaScript 代码如下:

```
< ! DOCTYPE html >
< html >
< body >
< script >
    //创建一个请求对象(相当于 C+ + 网络编程中的客户端)
var requester = new XMLHttpRequest();
//设置收到服务端响应之后要执行的动作
//相当于 C+ +程序中的设置回调(callback),所以并不会现在就调用
//语法上也略似 lambda 表达式
//注意,onreadstatechange 就得是很丑的全小写:
requester.onreadystatechange = function()
{
      //判断 HTTP 协议中,用于表示响应成功的两个条件
      if (requester.readyState == 4 && requester.status == 200)
        {
            //alert 函数会让浏览器弹出一个消息框
            //暂时我们就把服务端的响应内容显示出来
            alert(requester.responseText);
        }
    }

    //连接后台,并指出所要的资源 URI 是"/goods/"
    //POST 表示使用 POST,ture 表示使用"异步"方式
```

```
    //相当于 C++ asio 编程的异步发起连接：asyn_connect()
    requester.open("POST","/goods/", true);
    //在 http 报头中,加入标记,以示后面传的数据是 json 格式
    requester.setRequestHeader("Content-type","application/json");

//待发送的 json 格式报文字符串
//JavaScript 语言可以使用单引号包含字符串
//可以不对字符串中所含有的双引号使用转义符
//示例随便发一个 json 报文,并不符合 jsonrpc 的规范
var body = '{"id" : "001"}';
//真正发出数据,后续收到服务端响应时,才会调用前面
// onreadystatechange 指定的回调函数:
    requester.send(body);
</script>
</body>
</html>
```

更多有关 JavaScript 语言的知识,如有需要请自学。

由于服务端还没有准备好,所以这些代码还没办法正确运转;但是你还是需要将以上代码写好,存成 demo.html,并在浏览器中打开。请完成以下作业。

【课堂作业】:在浏览器调试 JavaScript 代码

自学如何在浏览器(建议 Firefox)调试 JavaScript 脚本,然后观察以上代码如何一步步执行到最后一行的 send()方法调用。

4. nginx 的安装和配置

浏览器打开"http://nginx.org/en/download.html"或本书官网,下载 nginx 的 Windows 版安装包,页面上的链接文字为"nginx/Windows-x.xx.x"。"x.xx.x"为版本号,有稳定版和最新主线版可选。在 Windows 下使用 nginx 的唯一目的就是学习,所以可以选择最新版。我下载时的版本号是 1.11.8,下载后得到文件"nginx-1.11.8.zip",将其直接解压即可。比如我将它解压到 D 盘,因此安装路径为"D:\nginx-1.11.8"。进入该目录,可以看到几个子目录:

① conf 是配置目录,很快我们需要用到它;

② html 是存放网页静态文件的地方,请将前述的"demo.html"复制到此处;

③ logs 内可以查到访问日志和出错日志等。

双击目录下的 nginx.exe,然后进入 logs 子目录,查看是否有 nginx.pid 文件。nginx 在启动时生成该文件,用于记录自身的进程 ID。如果查无此文件,请打开同目录下的"error.log"查看原因。我们还可以运行任务管理器,在正常情况下应当找到至少两个名为 nginx.exe 的进程。退出 nginx 的方法是打开控制台,进入"D:\nginx-1.11.8"目录,运行以下命令:

```
nginx -s stop
```

启动 nginx,在浏览器中访问“http://127.0.0.1/”,应能看到 nginx 服务端的欢迎页面。按前述方法退出 nginx,进入其 conf 目录,打开 nginx.conf 文件,使用记事本或 Code::Blocks 打开它,添加一些以下加粗内容的配置(标记 "#/*略*/" 的内容代表一大段内容都不需要修改):

```
#user  nobody;
worker_processes  2;

#error_log  logs/error.log;
#error_log  logs/error.log  notice;
#error_log  logs/error.log  info;

#pid        logs/nginx.pid;

events {
    worker_connections  1024;
}

http {
    include       mime.types;
    default_type  application/octet-stream;

    #/* 略  */

    #第一处修改:
    # 在“server”之上,添加一个 upstream 服务
    # 127.0.0.1:9090 是后续我们写的 C++服务准备监听的地址
    upstream goods_server {
        server 127.0.0.1:9090;
    }

    server {
        listen       80;
        server_name  localhost;

        #charset koi8-r;

        #access_log  logs/host.access.log  main;

        location / {
            root   html;
            index  index.html index.htm;
        }

        #第二处修改:
        #添加一个 location 处理
        #表示浏览器对 URI “/goods/”的访问
        #都将由 nginx 转发到前面配置的 goods_server 服务
```

```
        #也就是后续我们使用C++写的服务
        location /goods/ {
            proxy_pass http://goods_server;
        }

#/* 略  */
  后面全部保持不变

}
```

启动 nginx，当我们在浏览器中访问“http://127.0.0.1/demo/”资源时，nginx 将把请求转发至下面课程要完成的网络服务端。

5. C++ WEB 服务

接下来要做的，是使用 C++写一个超简陋版本的 JSONRPC 服务端，它不满足标准，不支持 http 协议中的 keep-alive 连接，不做错误处理，无法自动绑定 RPC 要调用的目标函数，未做任何性能优化。但这都不要紧，当下我们的任务是将整个系统以原型的模式搭建起来，在实践中理解各个节点的分工。

新建一控制台项目，命名为 goods_server。设置构建选择，加入全局 BOOST_NO_AUTO_PTR 宏定义；加入链接库 boost_system$(#boost.suffix)、Ws2_32 和 Mswsock；添加编译搜索路径“$(#boost.include)”；添加链接搜索路径“$(#boost.lib)”。

6. JsonRPCConnection 类

Connection 类负责读取浏览器发来的 HTTP 报文，包括报头和报体；然后粗暴简单地组织一个固定的结果报文返回给浏览器。有必要重温 HTTP 的报文结构，这回我们使用完全真实的例子：

```
POST /demo/ HTTP/1.1
Host: 127.0.0.1
User-Agent: Mozilla/5.0  Firefox/51.0
Accept: */*
Accept-Language: zh-CN,zh;q=0.8,en-US;q=0.5,en;q=0.3
Accept-Encoding: gzip, deflate
Content-Type: application/json
Referer: http://127.0.0.1/demo.html
Content-Length: 14
Connection: keep-alive
Cache-Control: max-age=0

{"id" : "001"}
```

报头和报体之间使用一行空行分隔，报体的长度写在报头的 Content-Length 项中，本例为 14 个字节。我们将使用 asyn_read_until()方法，结合 boost::asio::streambuf 对象读取 HTTL 报文。先是读到空行为止，目的是读出报头，但之前有说过，该方法实际能把报体的数据也读在 streambuf 中。请认真阅读代码如何处理以上逻辑。

现代的 HTTP 连接,都已经支持长连接化,以求更好的性能,此时在同一连接上读取多次请求数据的逻辑将更加复杂,本例所写的服务端,将无视浏览器的请求,收到数据再发回数据之后,就粗暴简单地关闭连接。

为项目新建 jsonrpc_connection.hpp 文件,内容如下 :

```
#ifndef JSONRPC_CONNECTION_HPP_INCLUDED
#define JSONRPC_CONNECTION_HPP_INCLUDED

#include <string>
#include <vector>
#include <memory>

#include <boost/asio.hpp>

class JsonRPCConnection
    : public std::enable_shared_from_this <JsonRPCConnection>
{
public:
    typedef std::shared_ptr <JsonRPCConnection> Ptr;

public:
    JsonRPCConnection(boost::asio::io_service& ios)
        : _socket(ios)
    {
    }

    boost::asio::ip::tcp::socket& GetSocket()
    {
        return _socket;
    }

    void OnConnected()
    {
        StartReadHeader();
    }

private:
    void StartReadHeader();
    void OnReadHeaderFinished(boost::system::error_code const& ec, size_t count);

    void StartReadBody(size_t content_length);
    void OnReadBodyFinished(boost::system::error_code const& ec, size_t count);

    void StartWrite();
    void OnWriteFinished(boost::system::error_code const& ec, size_t);

    void Response(std::string const& body_str);
```

```
private:
    boost::asio::ip::tcp::socket _socket;
    boost::asio::streambuf _streambuf;
    std::vector < char > _body; //浏览器发来的报体
    std::string _response;  //要发给浏览器的数据
};
#endif // JSONRPC_CONNECTION_HPP_INCLUDED
```

在 jsonrpc_connection.hpp 中按 F11 键，添加 jsonrpc_connection.cpp 文件，内容如下：

```
#include "jsonrpc_connection.hpp"

#include < iostream >
#include < sstream >
#include < functional >

using namespace boost;

void JsonRPCConnection::StartReadHeader()
{
    char const static * empty_line_flag = "\r\n\r\n";

    auto shared_this = this->shared_from_this();
    auto on_finished
                = std::bind(&JsonRPCConnection::OnReadHeaderFinished
                            , shared_this
                            , std::placeholders::_1
                            , std::placeholders::_2);

    asio::async_read_until(_socket
        , _streambuf, empty_line_flag, on_finished);
}

void JsonRPCConnection::OnReadHeaderFinished(
        system::error_code const& ec, size_t)
{
    if (ec)
    {
        return;
    }

    //创建输入流
    std::istream is(&_streambuf);

    //第一行是 HTTP 的请求行
    std::string line;
    std::getline(is, line);
    std::cout << line << std::endl; //不检查,只是输出
```

```
    //后面是一行一行的 HTTP 报头数据,直到遇到空行
    //暂时我们只关心其中的 Content - Length 项
    //因为它指示后续报体的长度
    size_t content_length = 0;

    std::getline(is, line);
    while(line ! = "\r" && is.good())
    {
        std::stringstream ss(line);

        std::string key, value;
        std::getline(ss, key, :');
        std::getline(ss, value, '\r');

        std::cout << key << ":" << value << std::endl;
        if (key == "Content - Length")
        {
            content_length = std::stoi(value);
        }

        //读下一行
        line = "";
        std::getline(is, line);
    }

    if (content_length > 0)
    {
        this ->StartReadBody(content_length);
    }
}

void JsonRPCConnection::StartReadBody(size_t content_length)
{
    //流缓存内还剩余多少数据
    size_t const streambuf_size = _streambuf.size();

    //报体总字节数 content_length
    //已经缓存在流中的字节数是 streambuf_size
    //所以接下来真正要从网络上读取的是 content_length - streambuf_size
    size_t  need_read_bytes = content_length - streambuf_size;

    //预备 body 的内存
    _body.resize(content_length);

    //产生流,继续读
    std::istream is(&_streambuf);
    is.read(&_body[0], streambuf_size);

    //出于简化,哪怕 need_read_bytes 为 0,我们也要读
```

```
    auto shared_this = this->shared_from_this();
    auto on_finished = std::bind(&JsonRPCConnection::OnReadBodyFinished
                                 , shared_this
                                 , std::placeholders::_1
                                 , std::placeholders::_2);

    asio::async_read(_socket, asio::buffer(&_body[streambuf_size]
                     , need_read_bytes)
                     , on_finished);
}

void JsonRPCConnection::OnReadBodyFinished(system::error_code const& ec, size_t)
{
    if (ec)
    {
        return;
    }

    //终于读完报体,我们只是将它输出,不解析
    std::string str(&_body[0], _body.size());
    std::cout << str << std::endl;

    //不管怎样,就是返回下面报体
    std::string response_body =
            "{"
              "\"name\"  : \"大力 C+ + 丸\", "
              "\"price\" : 999 ,"
              "\"image\" : \"/dlcppw.png\", "
              "\"url\"   : \"http://www.d2school.com\" " //没有逗号
            "}";

    Response(response_body);
}

void JsonRPCConnection::Response(std::string const& body)
{
    std::stringstream ss;
    ss << "HTTP/1.1 200\r\n";

    //拼返回的报头
    std::map < std::string, std::string > m;
    m["Content - Type"] = "application/json";
    m["Content - Length"] = std::to_string(body.size());

    for (auto const& item : m)
    {
        ss << item.first << ":" << item.second << "\r\n";
    }

    ss << "\r\n"; //报头和报体间的空行
```

```
    ss << body; //报体

    _response = ss.str();
    StartWrite();
}

void JsonRPCConnection::StartWrite()
{
    auto shared_this = this->shared_from_this();
    auto on_finished = std::bind(&JsonRPCConnection::OnWriteFinished
                                , shared_this
                                , std::placeholders::_1
                                , std::placeholders::_2);

    asio::async_write(_socket, asio::buffer(_response), on_finished);
}

void JsonRPCConnection::OnWriteFinished(system::error_code const& ec, size_t)
{
    if (ec)
    {
        return;
    }

    std::cout << "response finished!" << std::endl;
}
```

7. RPCServer 类

为项目添加 rpc_server.hpp 文件，内容如下：

```
#ifndef RPC_SERVER_HPP_INCLUDED
#define RPC_SERVER_HPP_INCLUDED

#include < boost/asio.hpp >

class RPCServer
{
public:
    RPCServer(boost::asio::io_service& ios
            , char const * host
            , unsigned short port);
    void Start();

private:
    boost::asio::ip::tcp::acceptor _acceptor;
};

#endif // RPC_SERVER_HPP_INCLUDED
```

添加 rpc_server.cpp 文件，内容如下：

```
#include "rpc_server.hpp"

#include <iostream>
#include <string>
#include "jsonrpc_connection.hpp"

using namespace boost;

asio::ip::tcp::endpoint make_endpoint(char const* host
                                      , unsigned short port)
{
    asio::ip::address adr
          = asio::ip::address::from_string(host);

    return asio::ip::tcp::endpoint(adr, port);
}

RPCServer::RPCServer(asio::io_service& ios
           , char const* host, unsigned short port)
       : _acceptor(ios, make_endpoint(host, port))
{
    std::cout << "RPCServer listen on " << host << ":" << port;
    std::cout << "\r\nPress Ctrl-C to quit." << std::endl;
}

void RPCServer::Start()
{
    asio::io_service& ios = _acceptor.get_io_service();
    auto new_connection
        = std::make_shared<JsonRPCConnection>(ios);
    auto& socket_ref(new_connection->GetSocket());

    _acceptor.async_accept(socket_ref
        , [new_connection, this](system::error_code const & e)
    {
        if (e)
        {
            std::cout << e.message() << std::endl;
            return;
        }

        //让连接开始读 HTTP 报头
        new_connection->OnConnected();
        this->Start(); //接受器的链式任务反应
    });
}
```

8. 主函数

main.cpp 内容修改如下：

```
#include < iostream >
#include < memory >
#include < boost/asio.hpp >
#include "rpc_server.hpp"

using namespace boost;
int main()
{
    asio::io_service ios;
    RPCServer server(ios, "127.0.0.1", 9090);
    server.Start();
    ios.run();
}
```

如果 9090 端口在你的机器已经被其他程序占用，记得不仅要修改此处的代码，还需要修改 nginx 的配置项。编译运行本程序，并确保 nginx 处于运行状态。打开浏览器，访问“http://127.0.0.1/demo.html”。浏览器将从 nginx 服务下得到网页文件 demo.html，而后执行其中的 javascript 代码，后者将以异步的方式，再次访问 nginx 以申请“http://127.0.0.1/goods/”资源。最终结果是浏览器将弹出如图 13-48 所示的对话框。

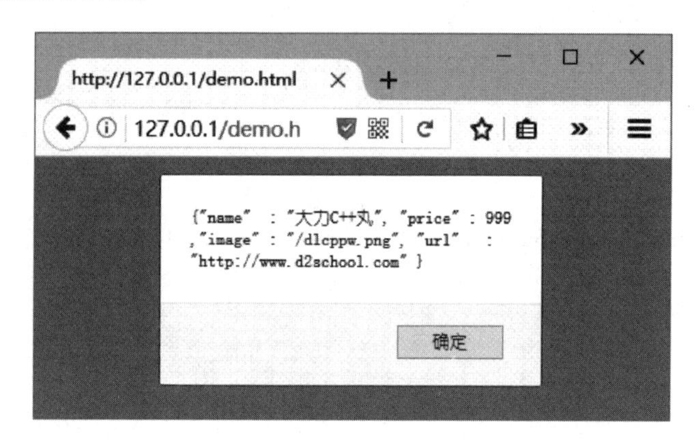

图 13-48 来自 C++程序返回的数据

9. 完善页面

接下来的工作离一个 C++程序员似乎很遥远；但是听说“全栈工程师”工资比较高，所以各位别偷懒，继续。使用记事本或其他编辑器打开 html 子目录下的 demo.html 文件，加入相关展现数据，并修改原有的 JavaScript 代码，最终文件内容如下，注意其中字体加粗的内容：

```
<! DOCTYPE html >
< html >
< body >
< div style = " background - color : white; vertical - align : middle;  text - align : cen-
ter;" >
    < div >
        < div id = "id_name" style = "font - size:28px;margin: 0 auto; width:230px; back-
ground:gray; color:white;" > </div >
        < img id = "id_image"  src = ""  style = "max - width: 220px; border: dotted; bor-
der - color: gray" / >
    </div >
    < div style = "font - size:14pt;" >
     人民币 < span id = "id_price" style = "color: blue" > 2188 </span > 起售
          < span style = "display:block" >
< a id = "id_url" href = "" > 立即购买 </a >
</span >
    </div >
</div >
< script >
    var requester = new XMLHttpRequest();

    requester.onreadystatechange = function()
    {
      if (requester.readyState == 4 && requester.status == 200)
        {
            var  result =  JSON.parse(requester.responseText);

            //修改产品名称
            var elem = document.getElementById("id_name");
            elem.innerText = result.name;

            //修改产品图片
            elem = document.getElementById("id_image");
            elem.src = result.image;

            //修改产品价格
            elem = document.getElementById("id_price");
            elem.innerText = result.price;

            //修改产品链接
            elem = document.getElementById("id_url");
            elem.href = result.url;
        }
    }

    //连接后台,并指定所要的资源 URI 是"/goods/"
    //true 表示使用"异步"方式
    requester.open("POST","/goods/", true);
    //在 http 报头中,加入标记,以示后面传的数据是 json 格式
    requester.setRequestHeader("Content - type","application/json");
```

```
    var body = '{"id" : "001"}'; //随便组织一个报文,反正后台不处理
    requester.send(body);
</script>
</body>
</html>
```

有四处加粗部分,分别是用于展现商品名称、价格、图片以及链接的 HTML 元素,它们都被添加 id 属性。后续 JavaScript 脚本将使用这些 id,倒查出特定的 HTML 元素,比如:

```
        //修改产品名称:
        var elem = document.getElementById("id_name");
        elem.innerText = result.name;
```

通过 id_name 找出一个元素,然后修改它的内部文本内容为服务器返回的数据,回头看看 C++代码,应该能够找到那个奇怪的"大力 C++丸"字样。

【小提示】:更优雅的前端代码组织

示例代码将 HTML(框架)、样式(装饰)、JavaScript 代码(逻辑)全部混成一个 demo.html 文件,这不是一个好示范。实际项目通常将三者各自组织成独立文件。

还差一件事,代码中写着的 dlcppw.png 还没画。我知道这更不是一个 C++程序员该干和能干的活,但不要阻挡我!我就要亲手描绘它。在本例中,图片文件需要存在 html 目录下和 demo.html 做邻居。

打开浏览器再次访问"http://127.0.0.1/demo.html",小伙伴们,都过来围观我的大作吧!大家一起来分析回答,图 13-49 所示的界面内容,哪些数据由静态的网页文件提供?哪些由 C++服务动态提供?又为什么要这样分工?顺带说一下,本书官网有售"大力 C++丸",价格可谈。

图 13-49 Web 程序示例完整展现效果

在创作欲得到充分满足的愉悦感中,我愉快地结束了这一篇章。